超值 DVD 多媒体光盘内容预览

本书附赠的 DVD 中包含 5 小时多媒体教学视频和 100 个本书工程文件，另额外赠送 3D 建模、建筑、机械、二维室内设计、三维室内设计、产品设计等 8 大类共 600 个 CAD 图纸及效果图，帮助读者在实际工作中灵活运用，提高工作效率。

600个CAD图纸及效果图

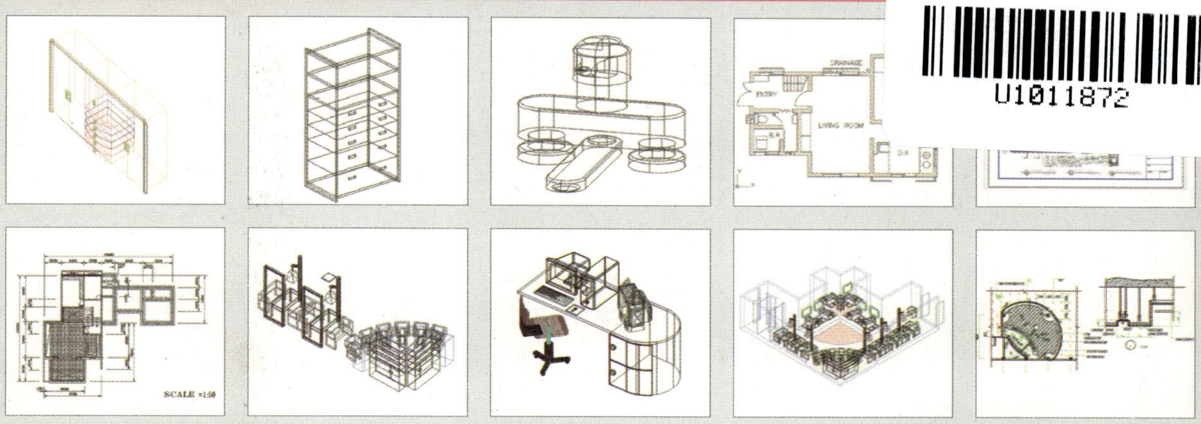

本书多媒体教学视频

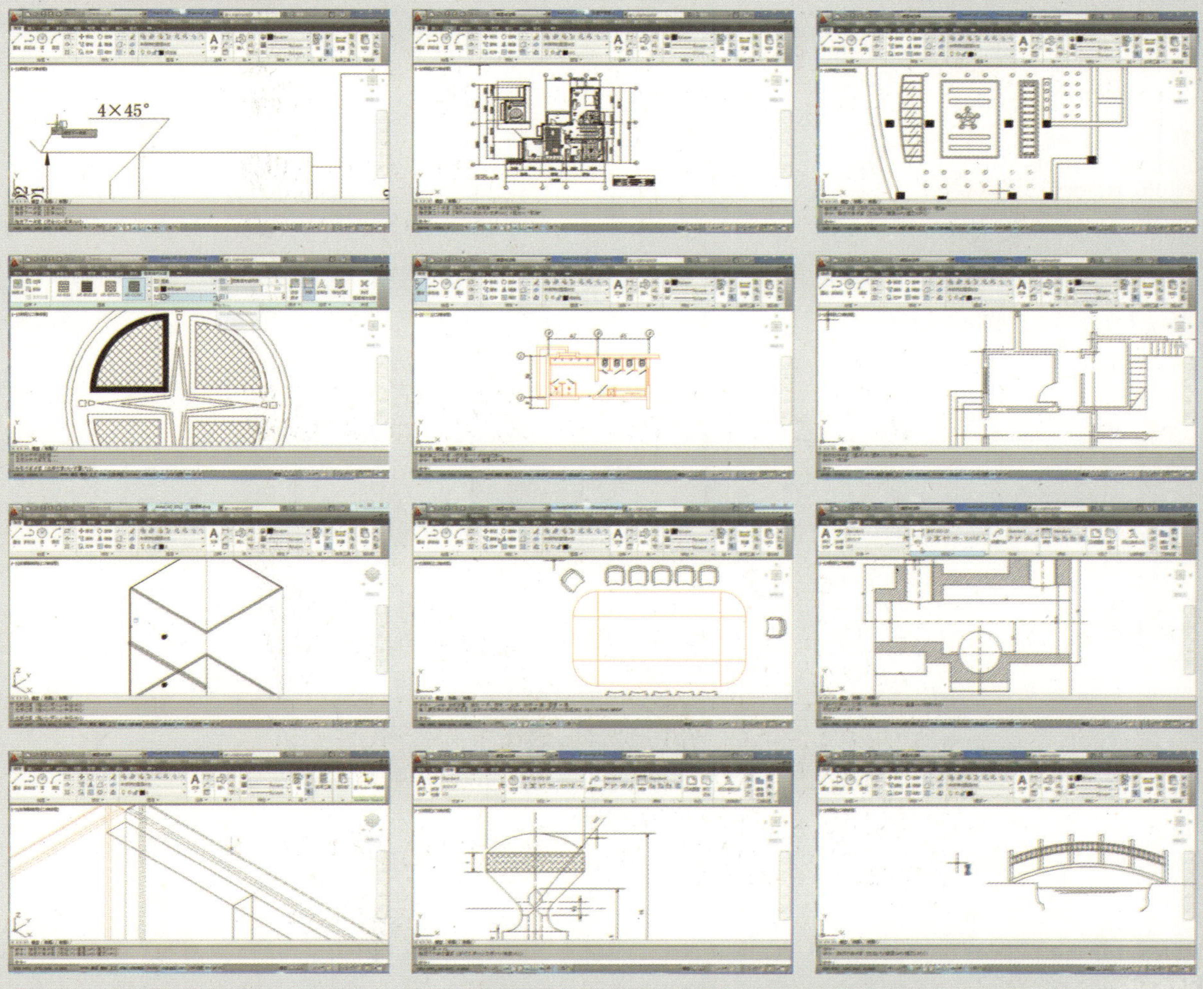

U1011872

二维图形

二维绘图命令是使用 AutoCAD 绘图最基础的命令，熟悉掌握它们，可以为绘图打下良好的基础。

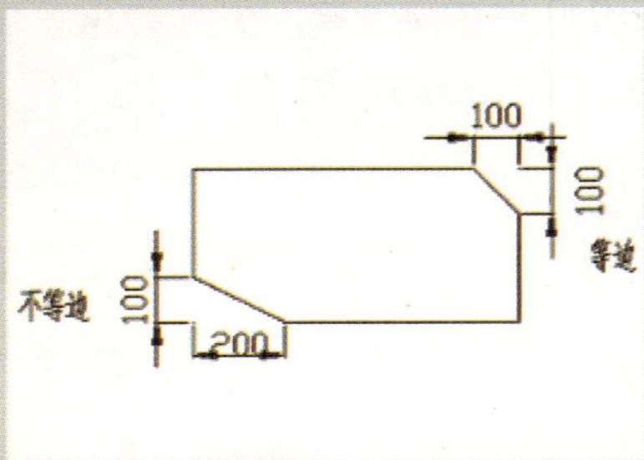

▶倒角

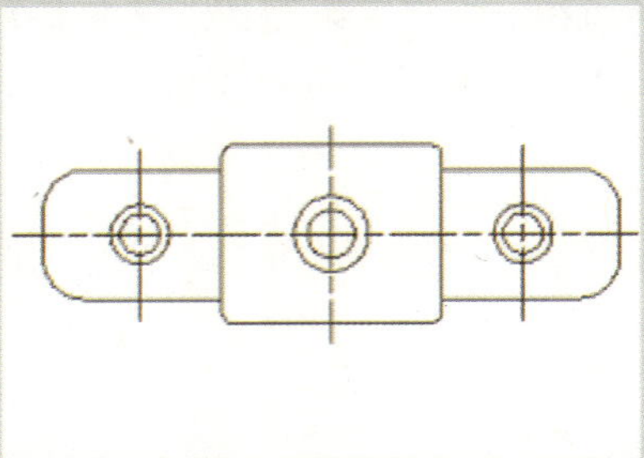

▶倒圆

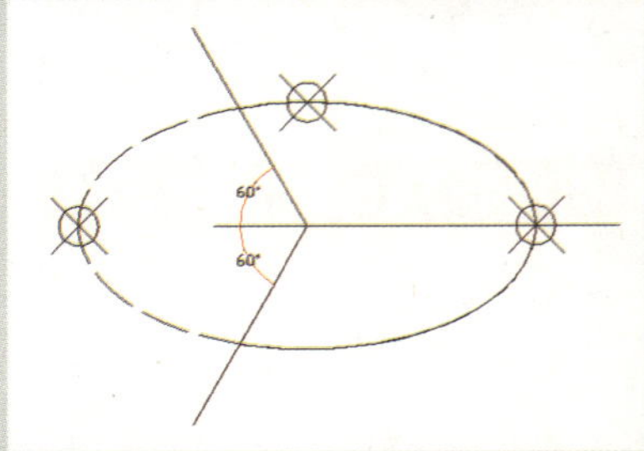

▶绘制椭圆弧

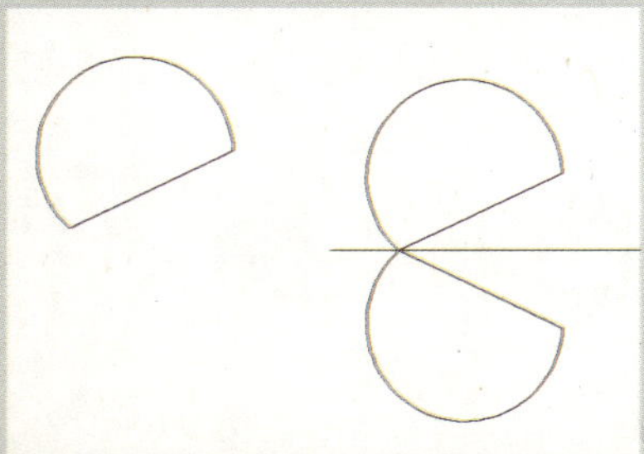

▶镜像

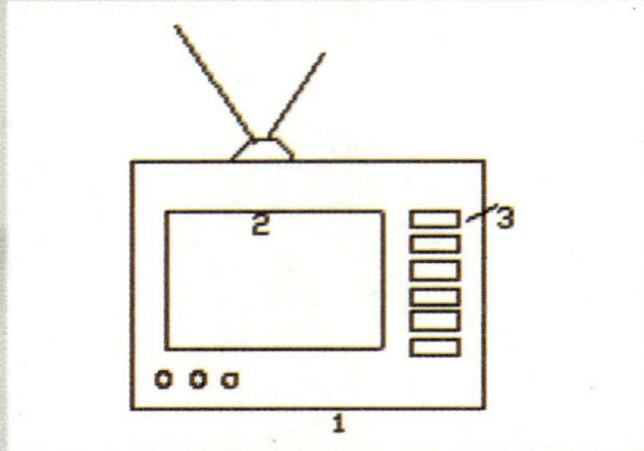

▶绘制电视模型

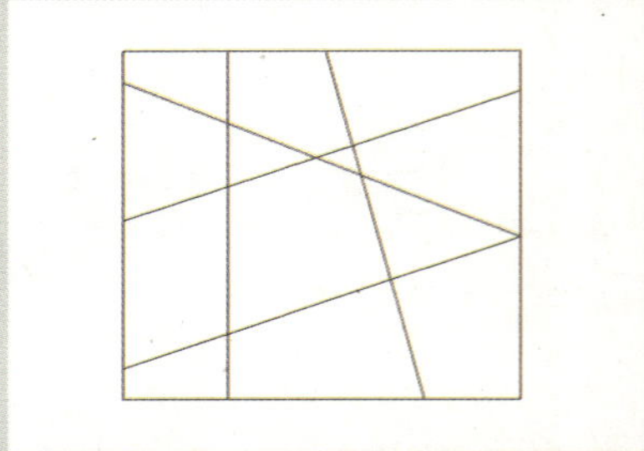

▶栏选

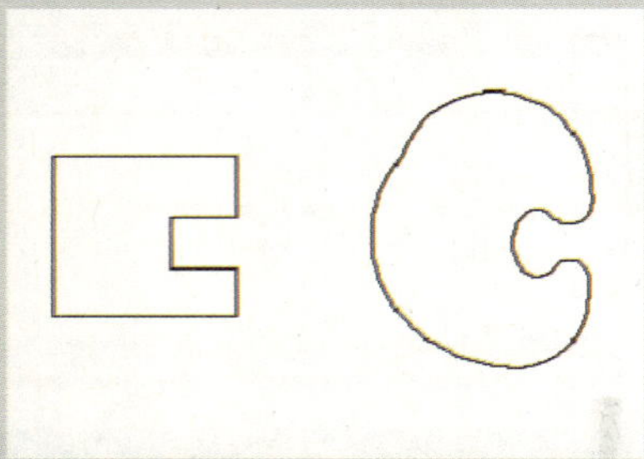

▶生成拟合曲线

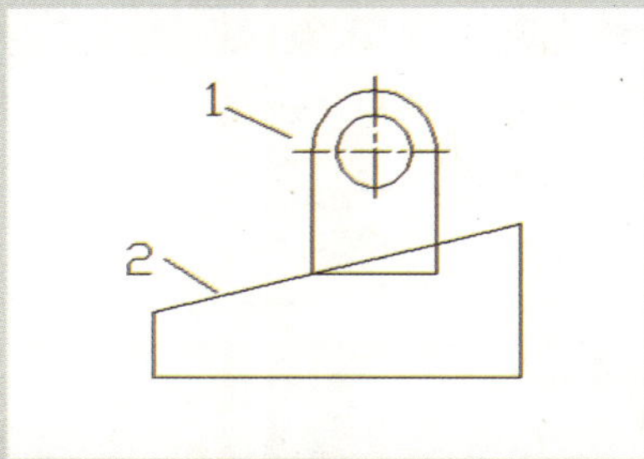

▶旋转

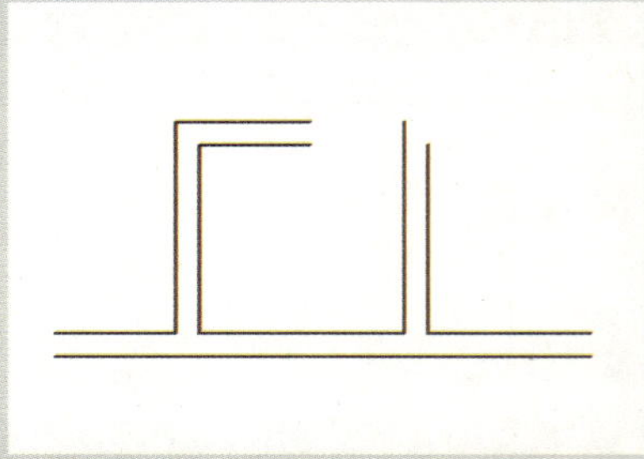

▶修剪

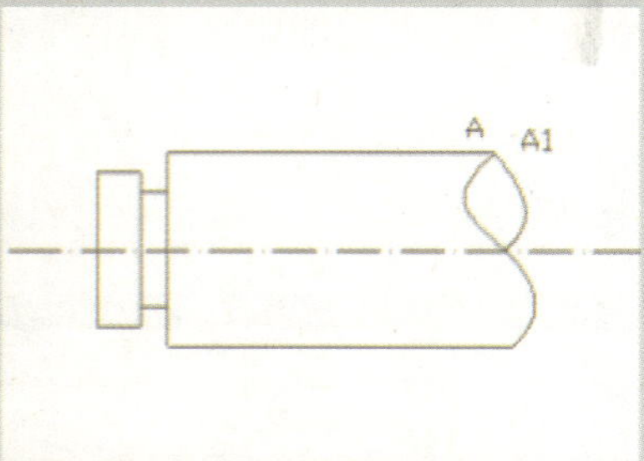

▶样条曲线的应用

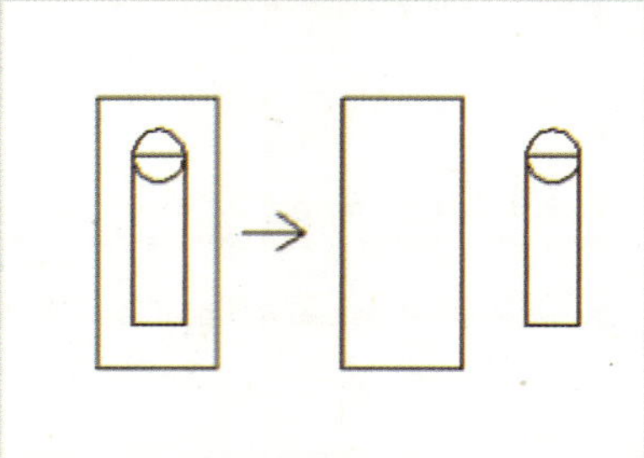

▶移动命令

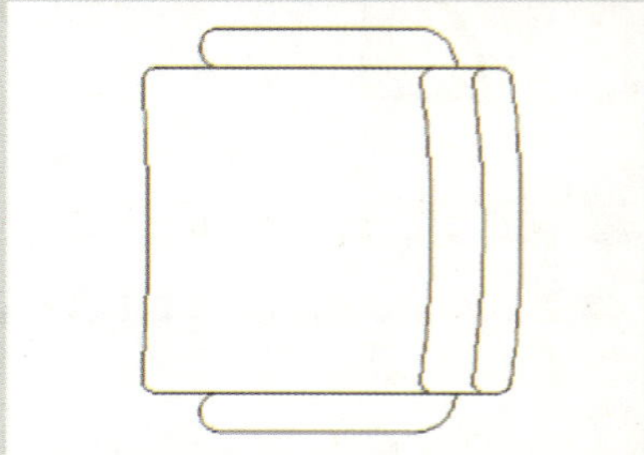

▶椅子

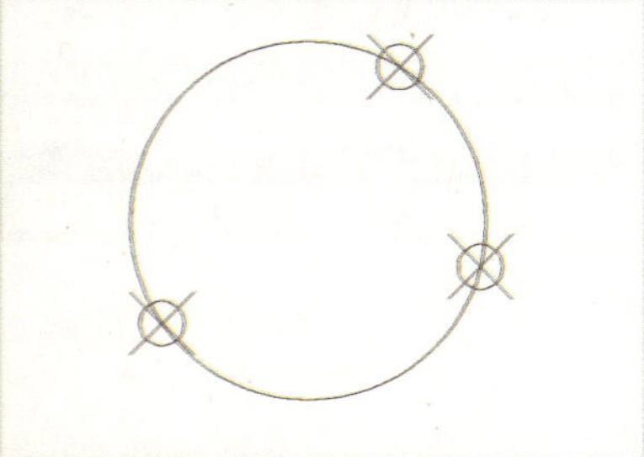

▶使用三点法画圆

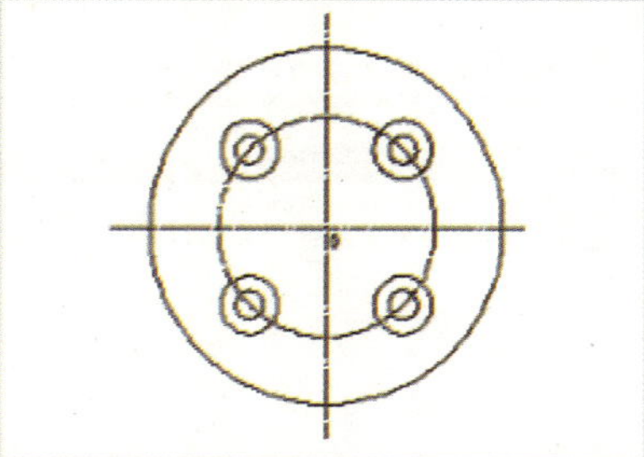

▶阵列结果

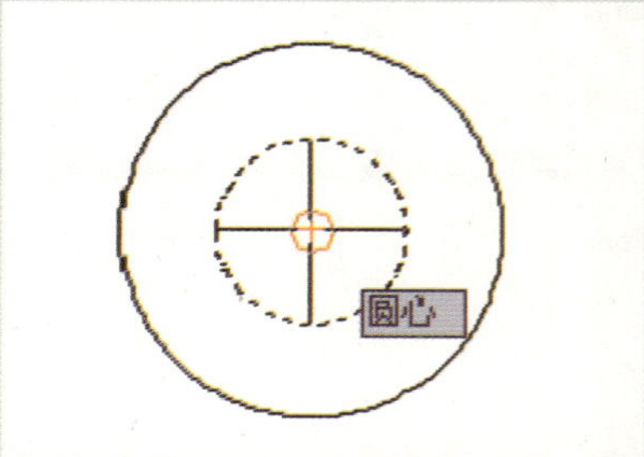

▶指定基点

图案填充和图块编辑

图案填充和图块编辑对整体图纸起到了细节修饰的作用，是非常重要的基础操作之一。

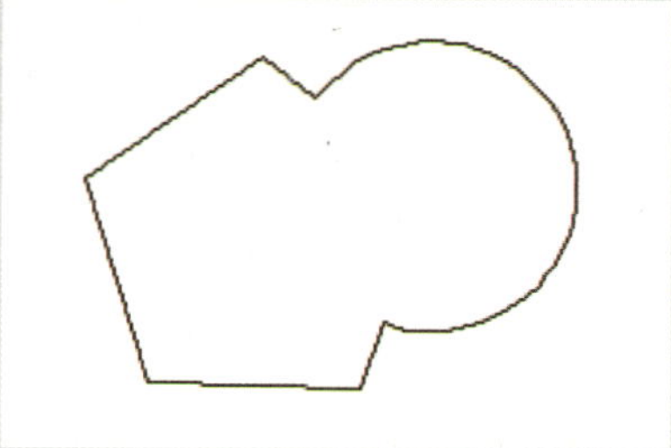

▶并集运算

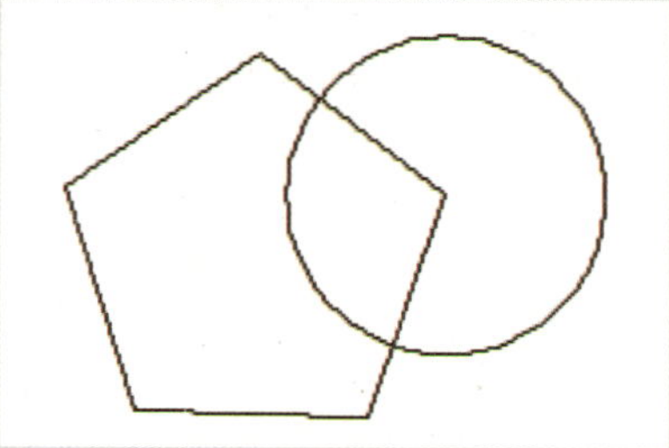

▶布尔运算

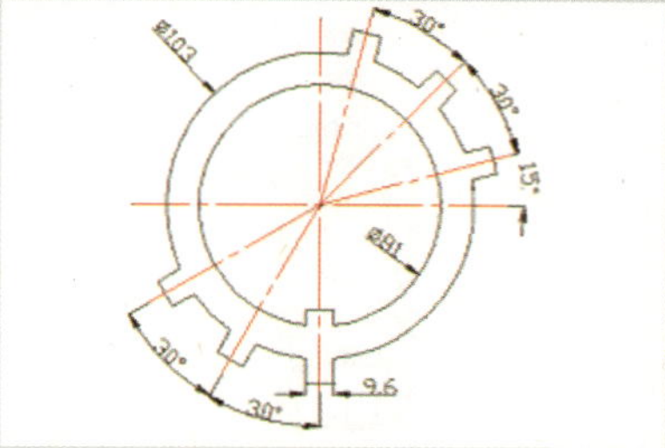

▶创建块

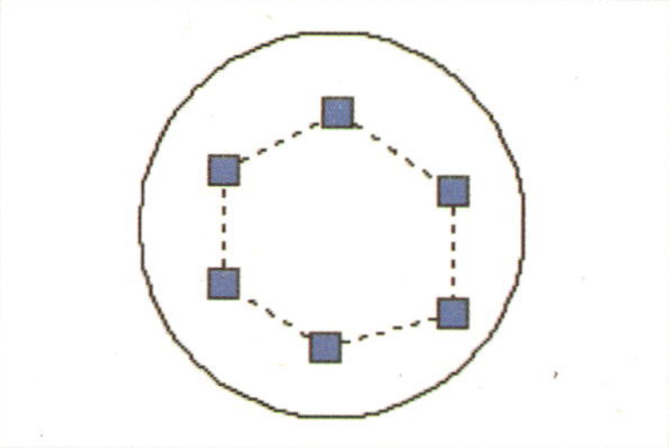

▶面域的创建

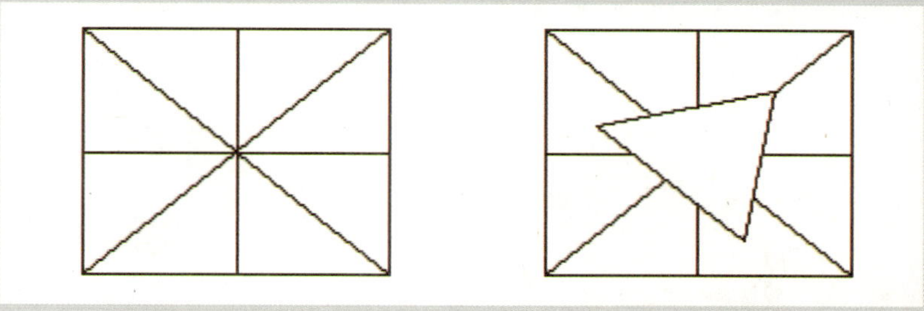

▶区域覆盖

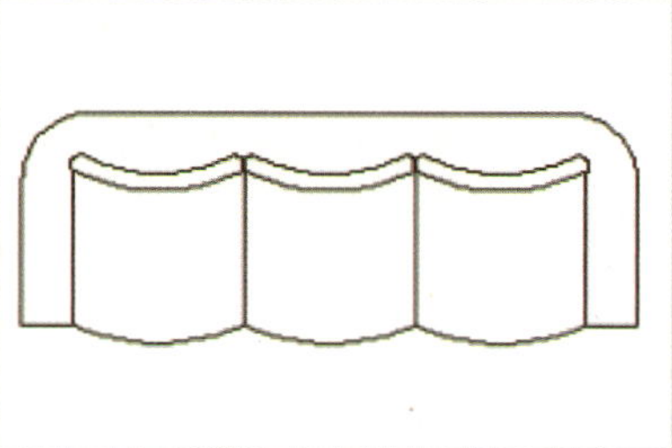

▶沙发图块

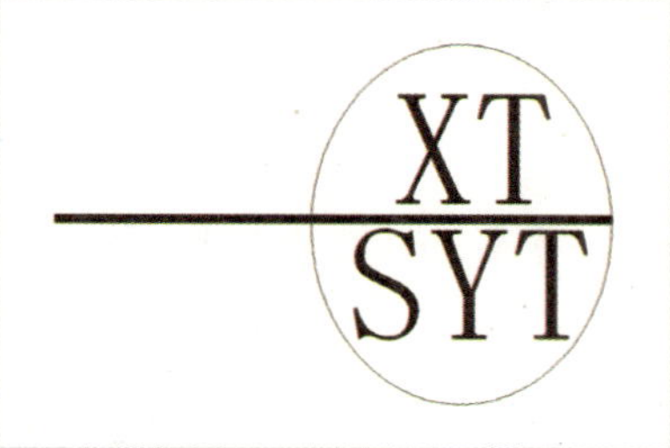

▶索引符号的图块

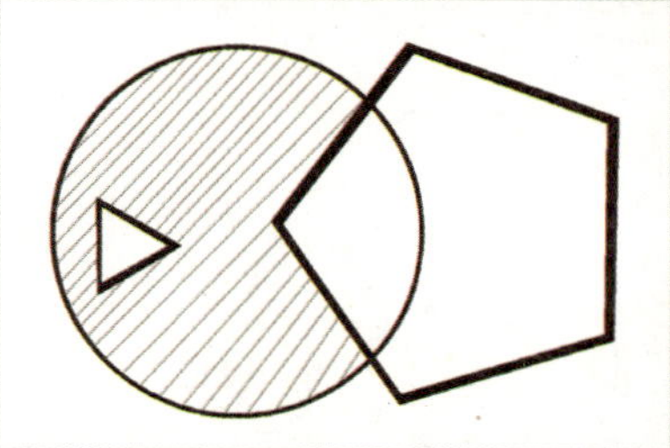

▶填充结果

尺寸标注

尺寸标注可以精确地反映图形对象各部分的大小及其相互关系，是使用图纸指导施工的重要依据。

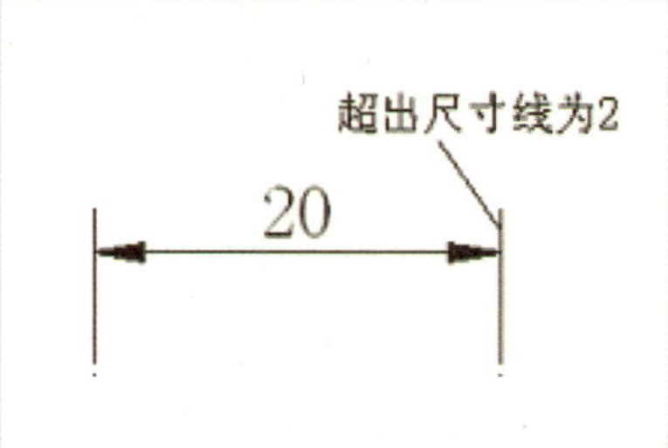

▶超出尺寸线距离设置

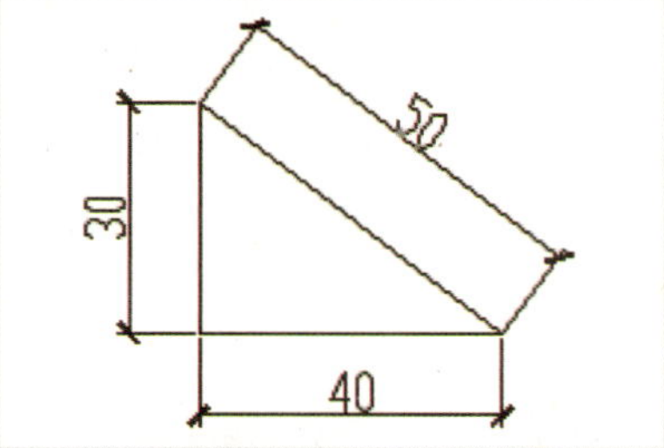

▶对齐标注

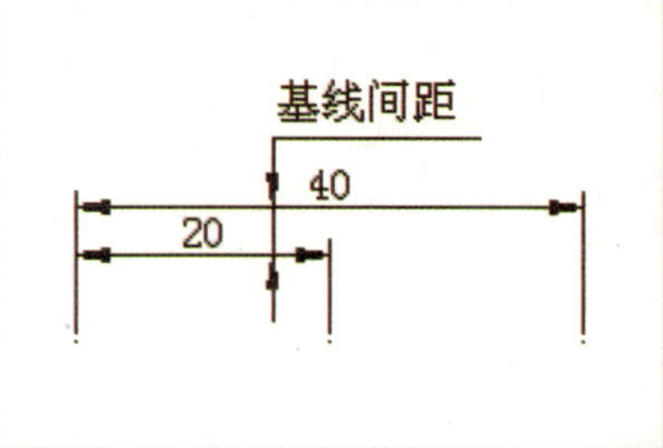

▶基线间距

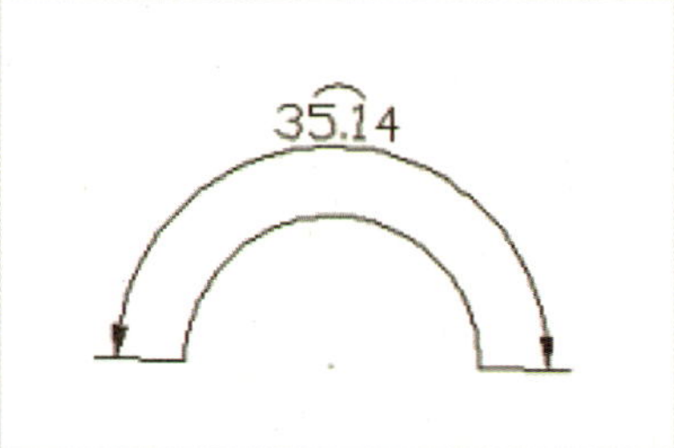

▶弧长符号

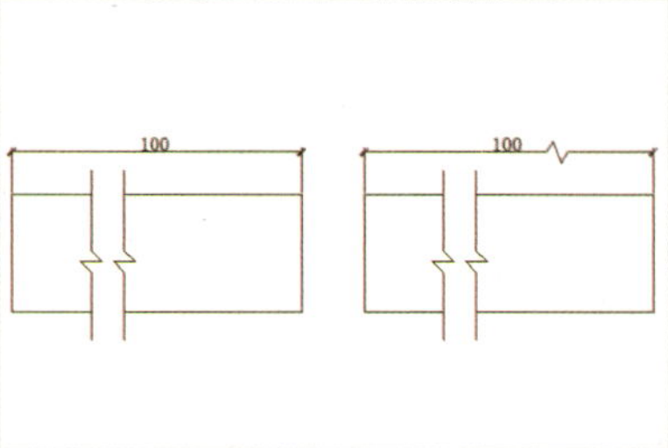

▶折弯线性标注

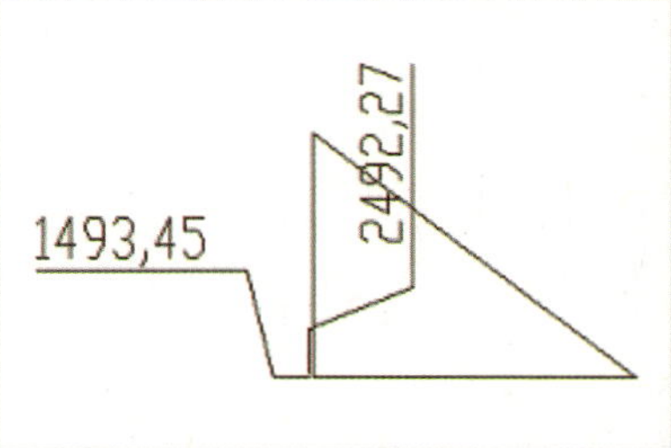

▶坐标标注

三维图形 使用 AutoCAD 软件绘制三维图形，这使工程图纸对实际的施工工作更具指导意义。

▶酒瓶

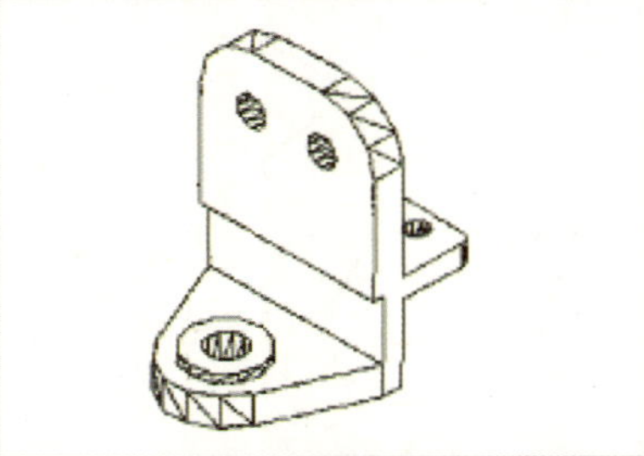

▶零件

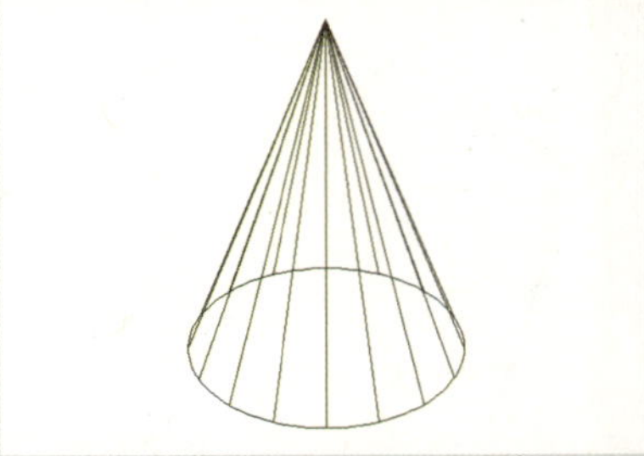

▶圆锥面

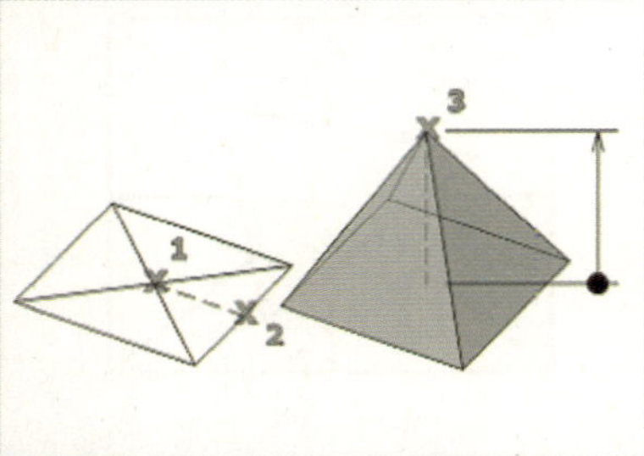

▶棱锥体

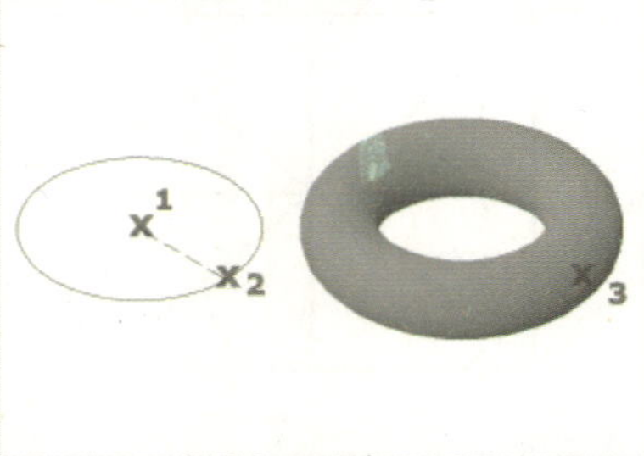

▶圆环体

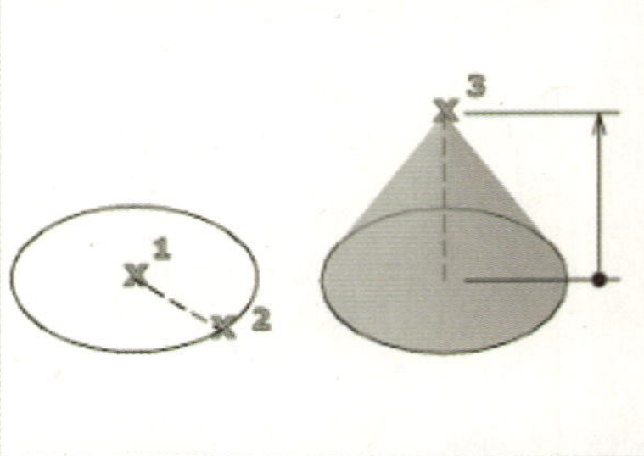

▶圆锥体

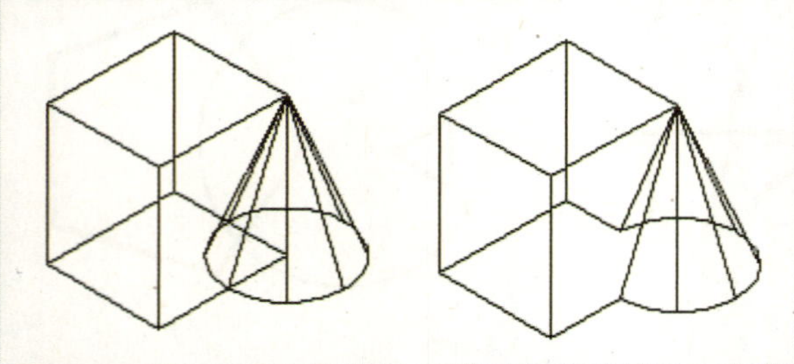

▶并集

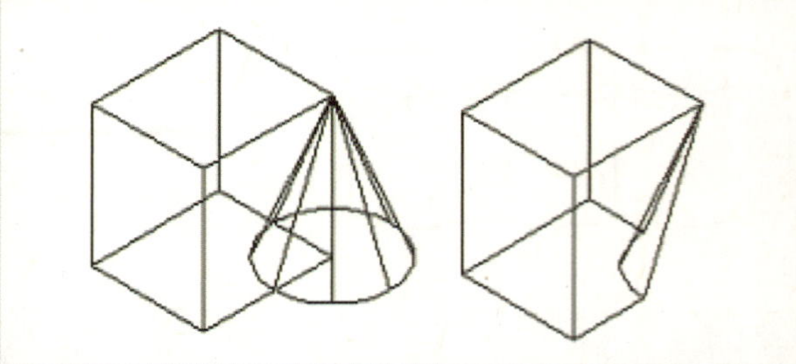

▶差集

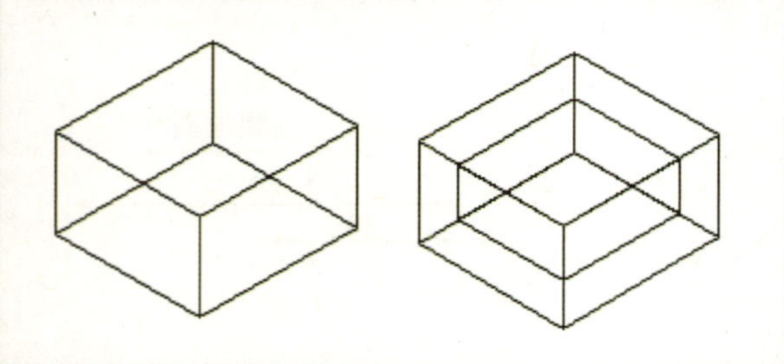

▶抽壳

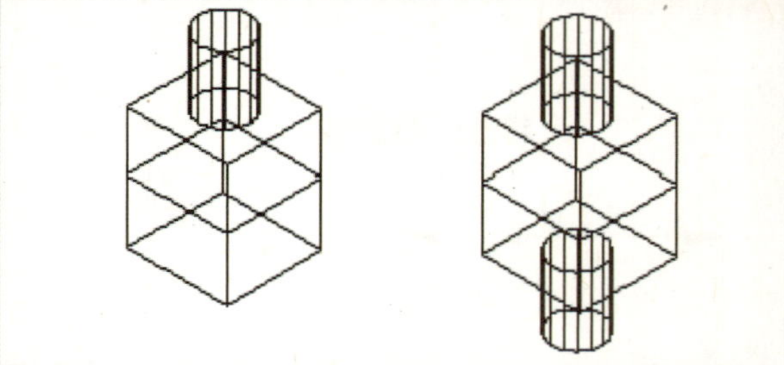

▶三维镜像

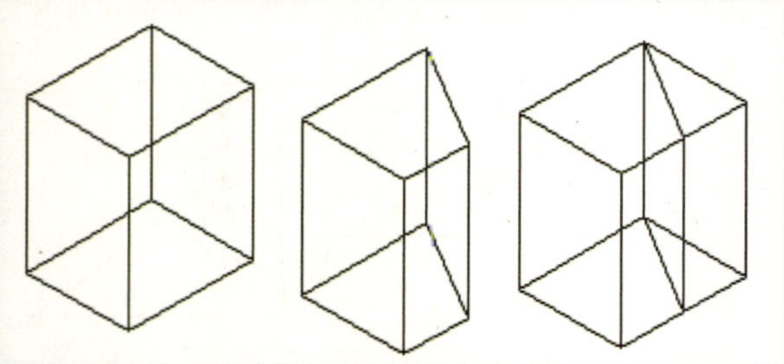

▶剖切

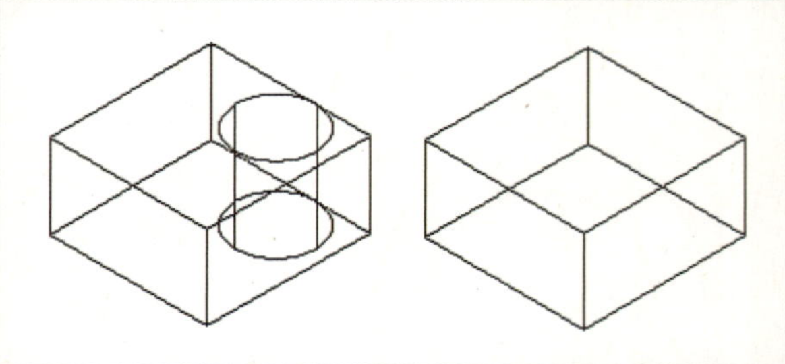

▶清除

对象捕捉与缩放

对对象进行捕捉和缩放，使之符合图纸的要求，这是使用 AutoCAD 绘制的基础操作之一。

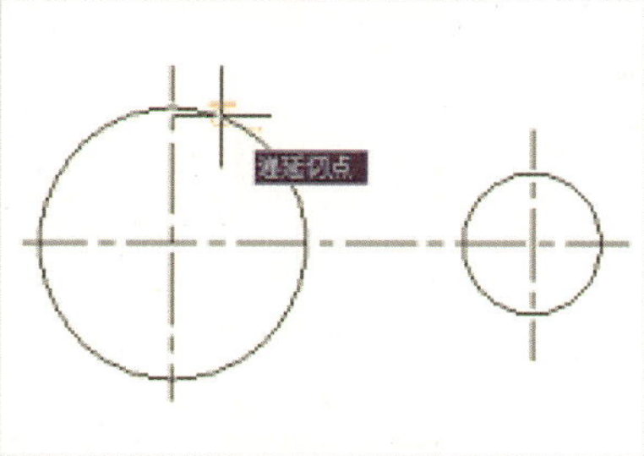

▶捕捉切点

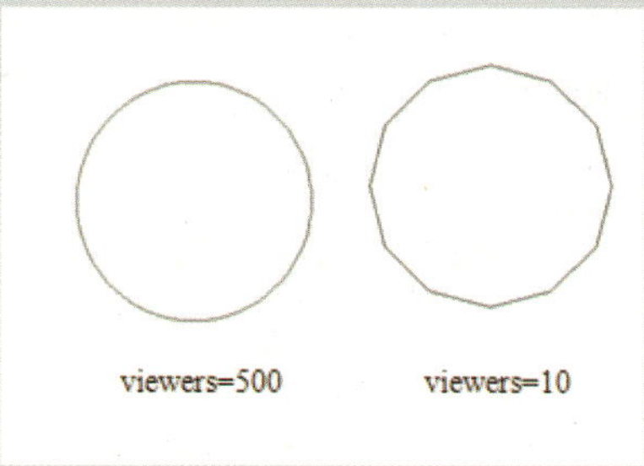

▶不同扫描精度的对比

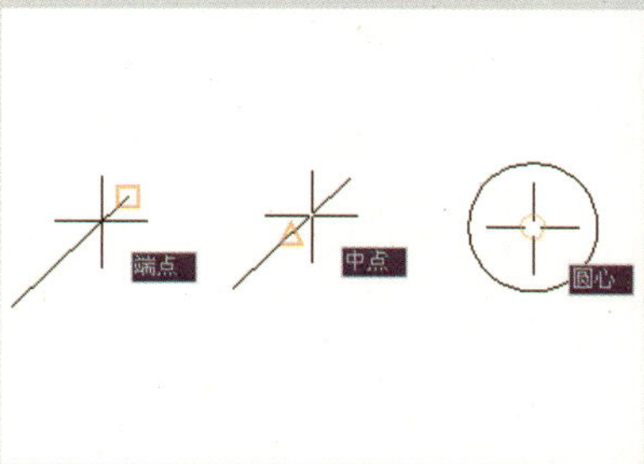

▶对象捕捉模式

▶动态显示命令提示

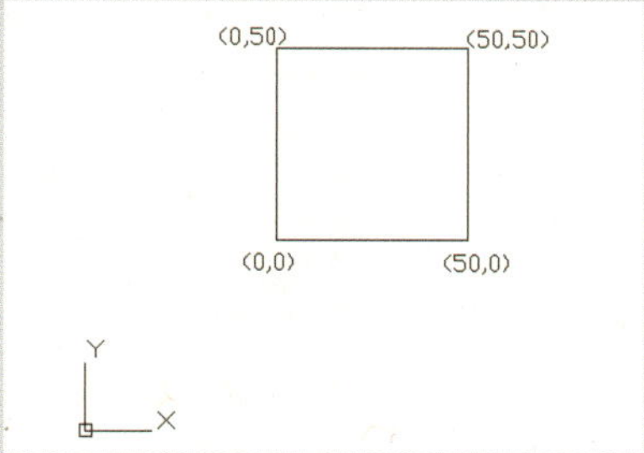

▶矩形坐标值

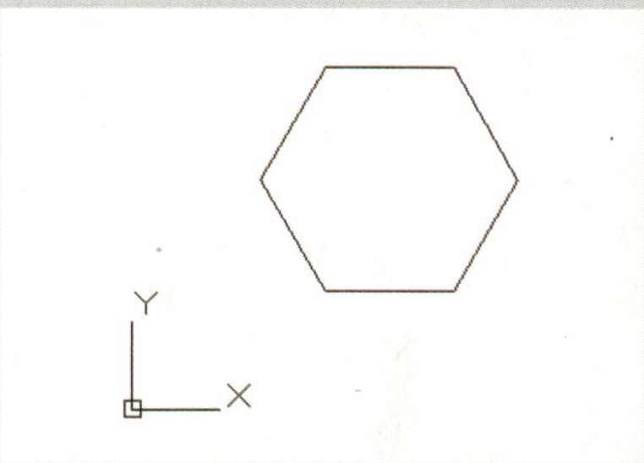

▶默认情况下的坐标系图

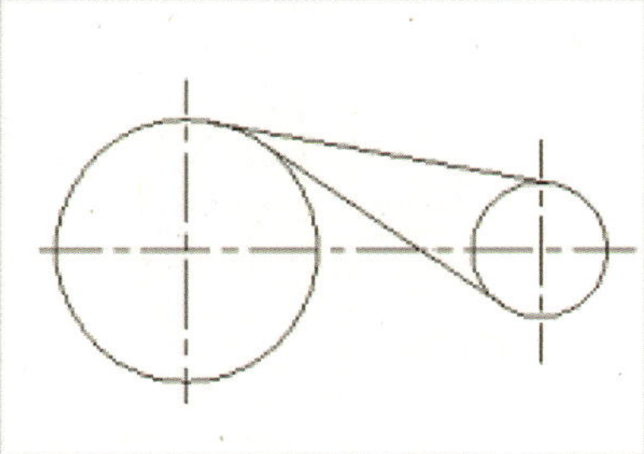

▶切线

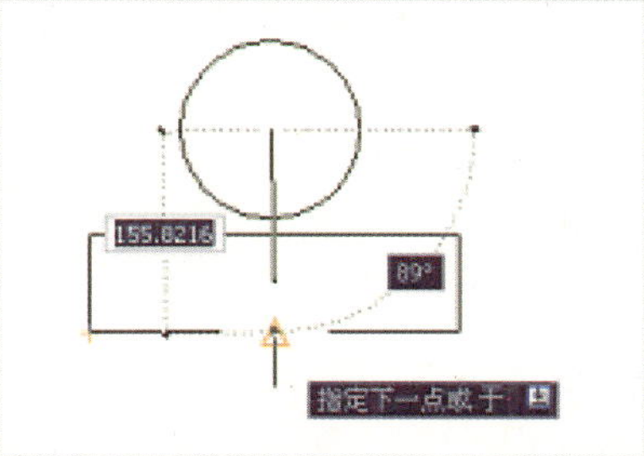

▶拾取矩形下边的中点

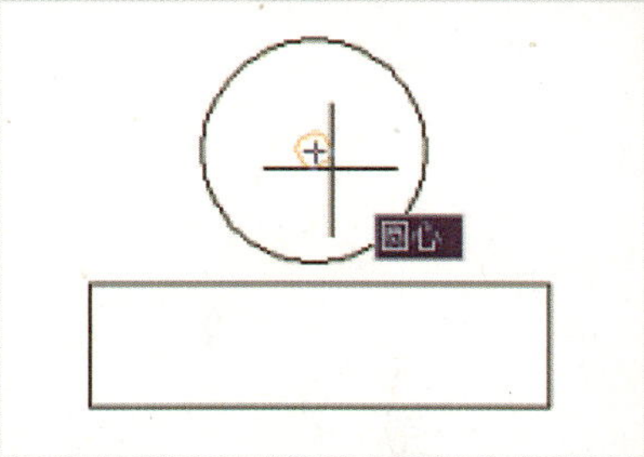

▶拾取圆心

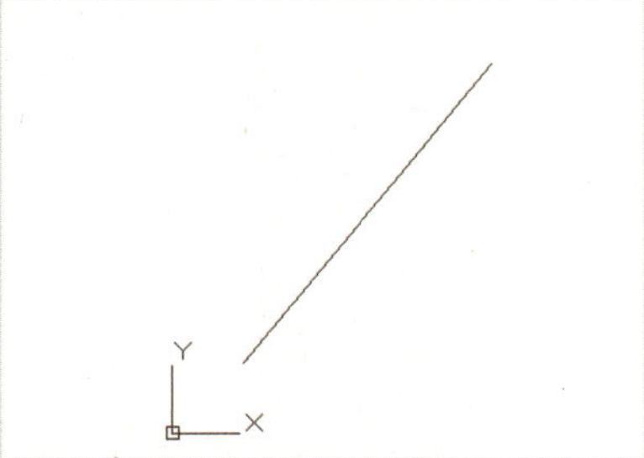

▶利用“基点捕捉”绘制的直线

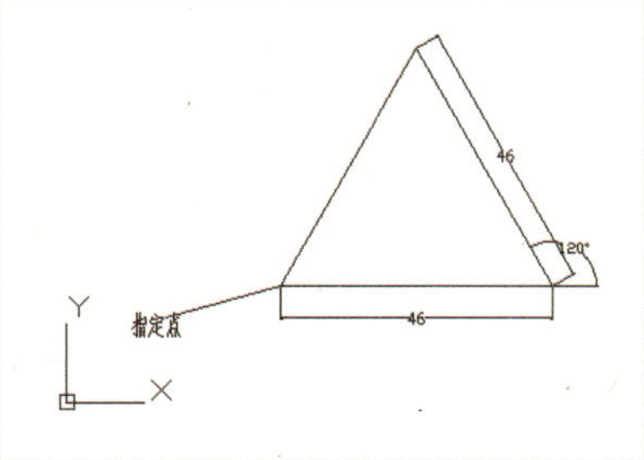

▶利用相对极坐标绘制等边三角形

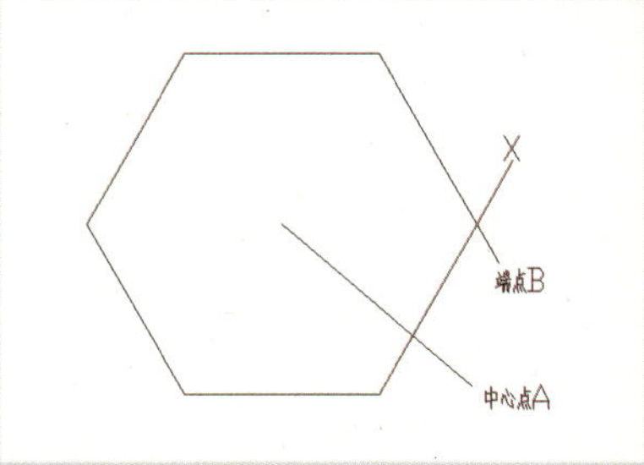

▶重新设定后的坐标系

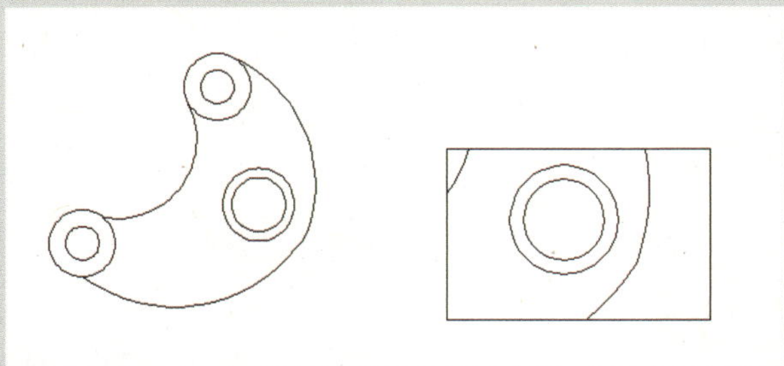

▶窗口缩放

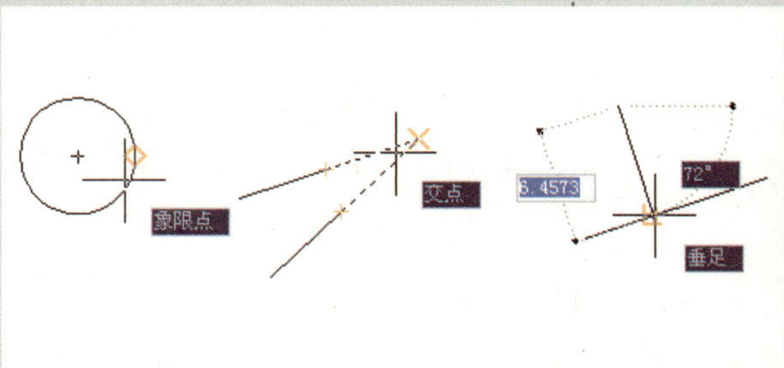

▶对象捕捉点模式

实例效果图

以下是使用 AutoCAD 软件各种工具或命令绘制的案例效果图。

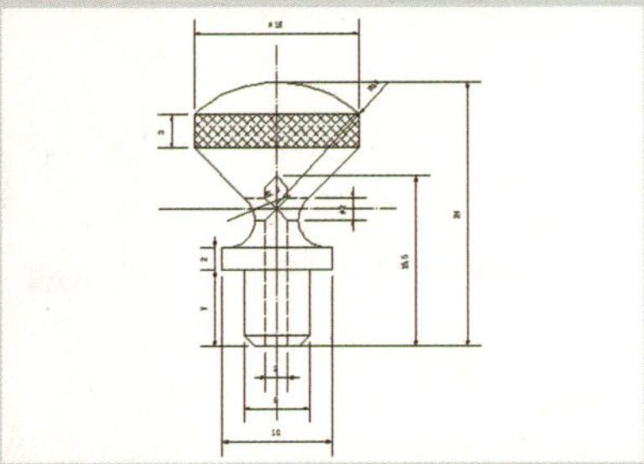

▶通气器图形

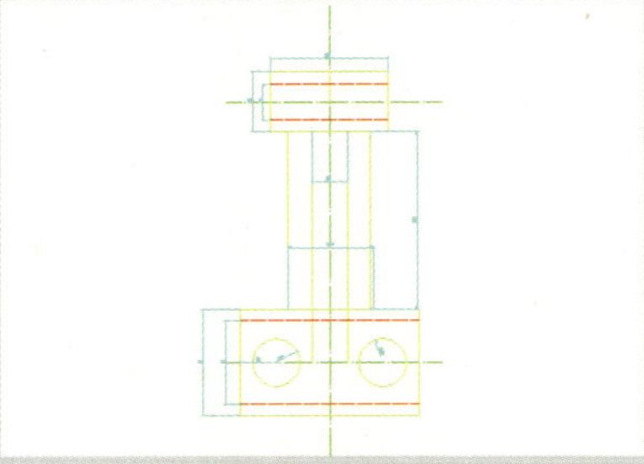

▶支架图形

▶门

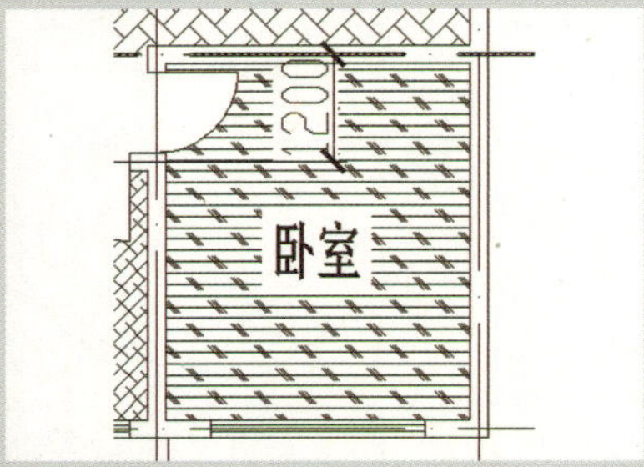

▶地板图案

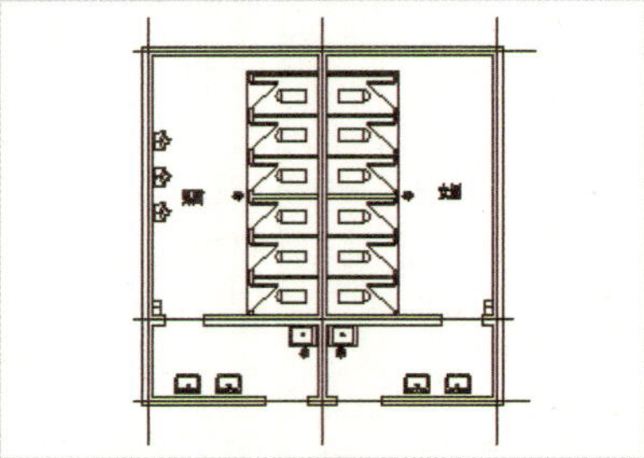

▶卫生间平面图

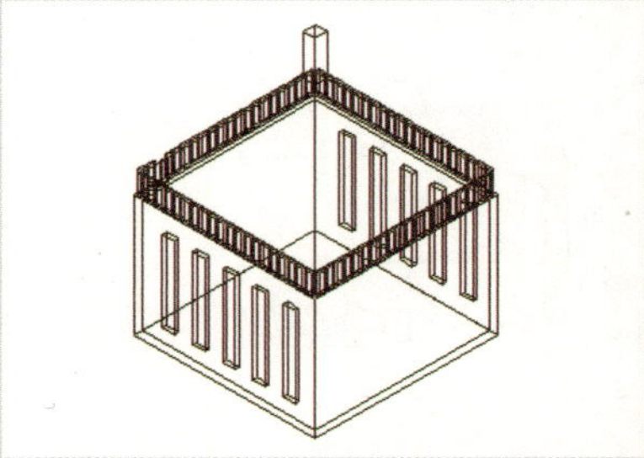

▶锥形楼

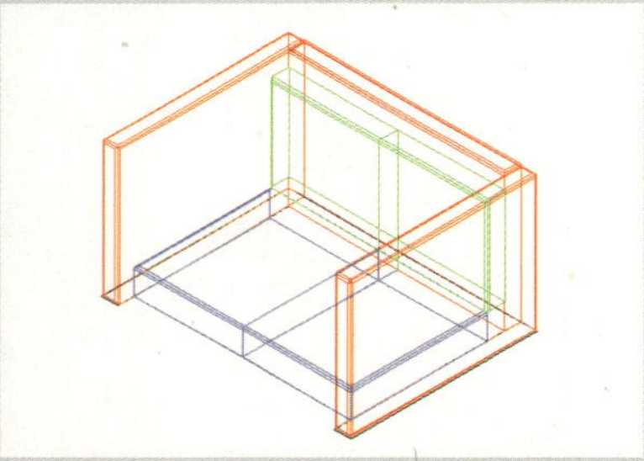

▶沙发

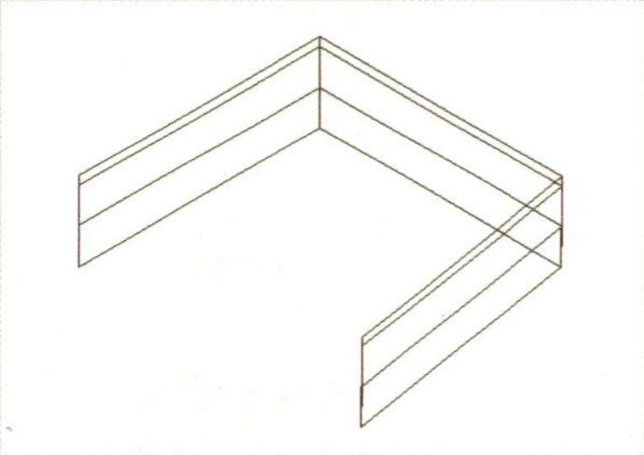

▶多段面

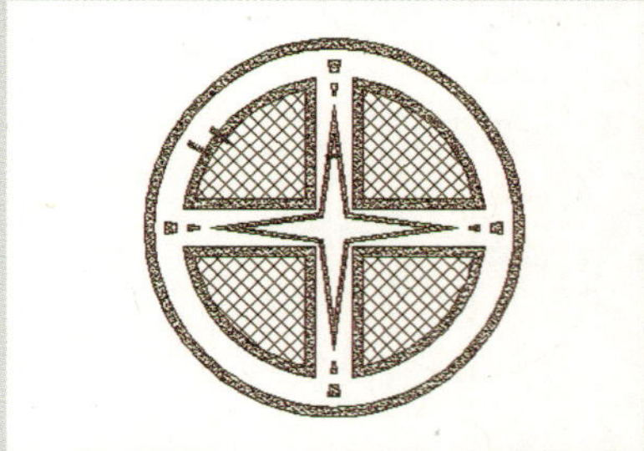

▶地板拼花图

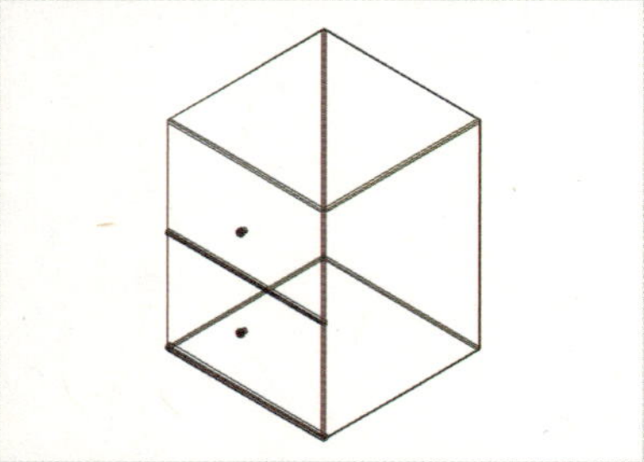

▶床头柜

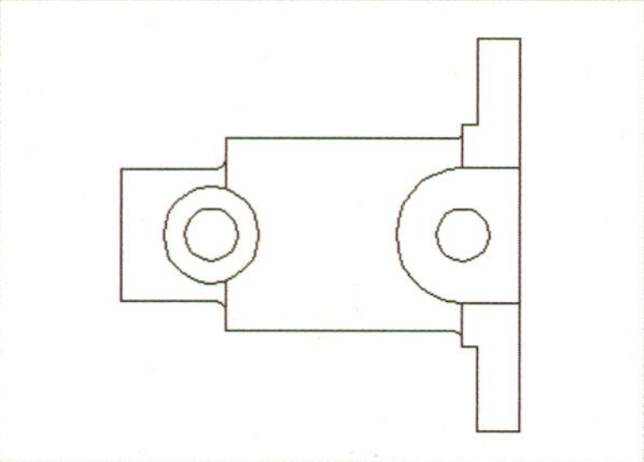

▶俯视图

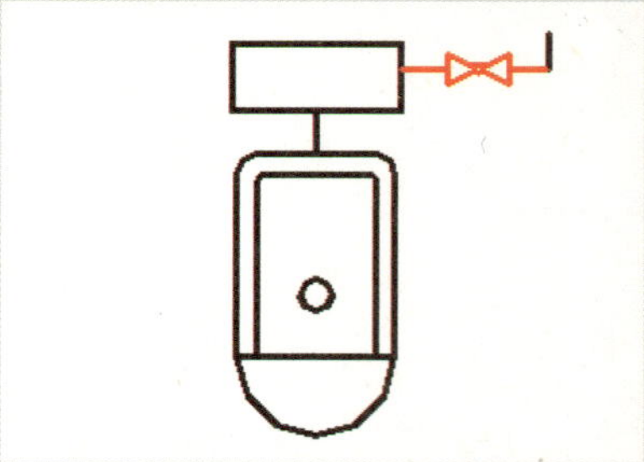

▶座便器

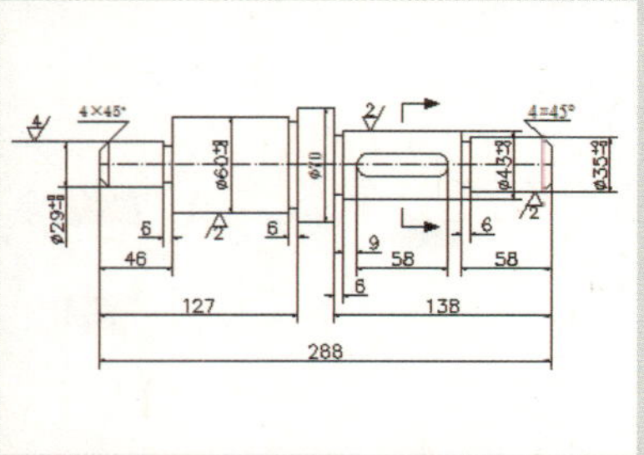

▶标注轴

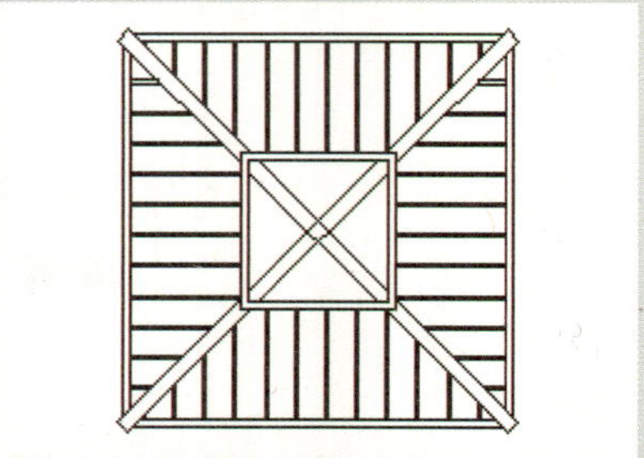

▶园林凉亭平面图

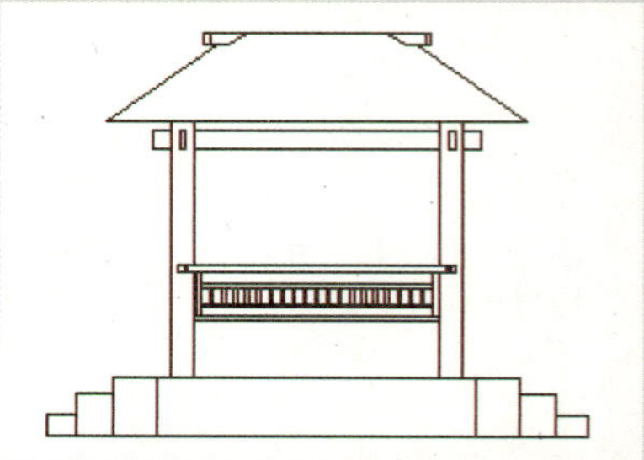

▶园林凉亭立面图

园林建筑立面图 园林建筑中，桥、凉亭和长廊是最常表现的对象，下图为这些表现对象的立面和平面图。

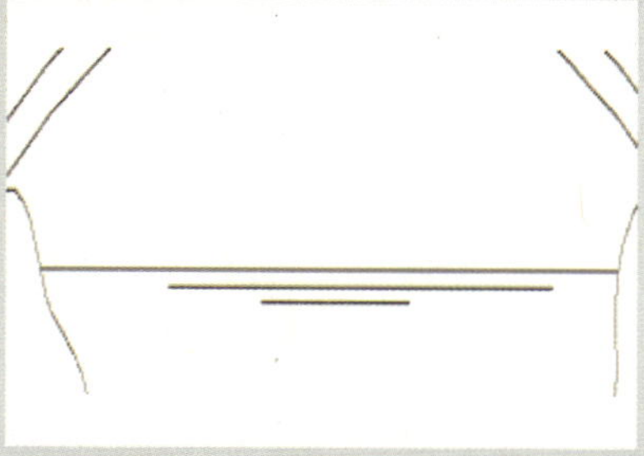

▶绘制水面

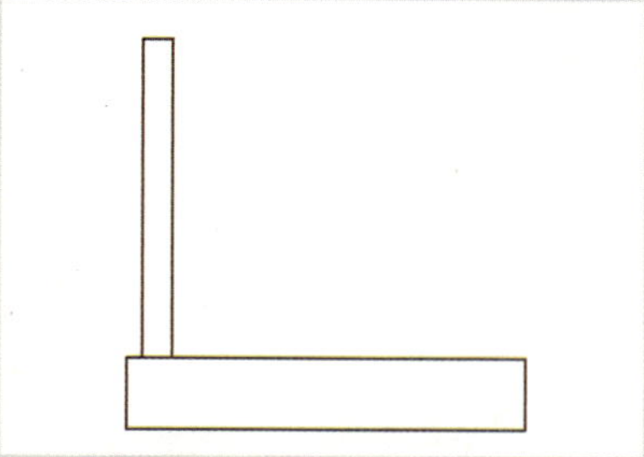

▶绘制柱子

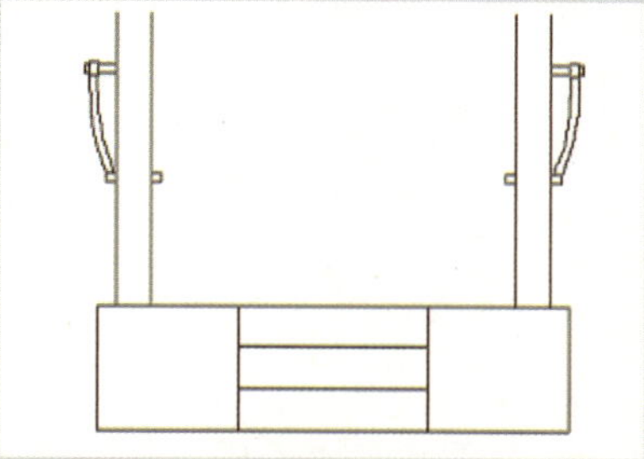

▶靠背侧面

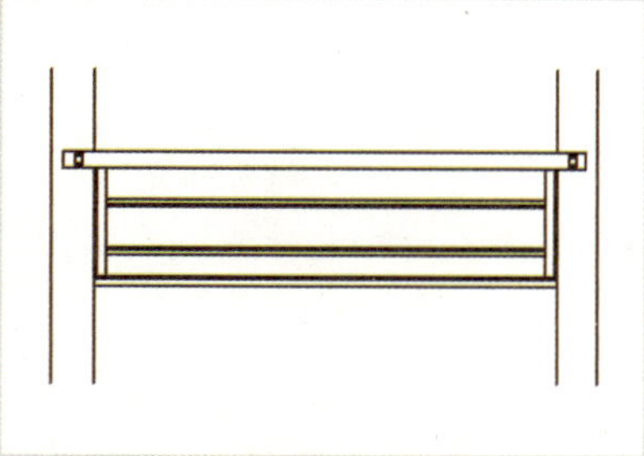

▶栏杆

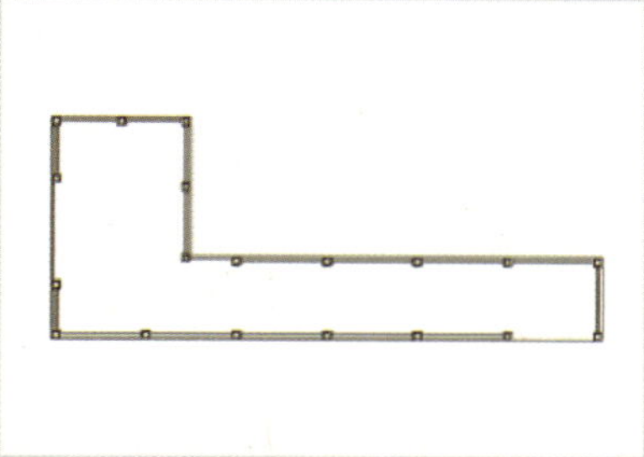

▶栏杆和柱子

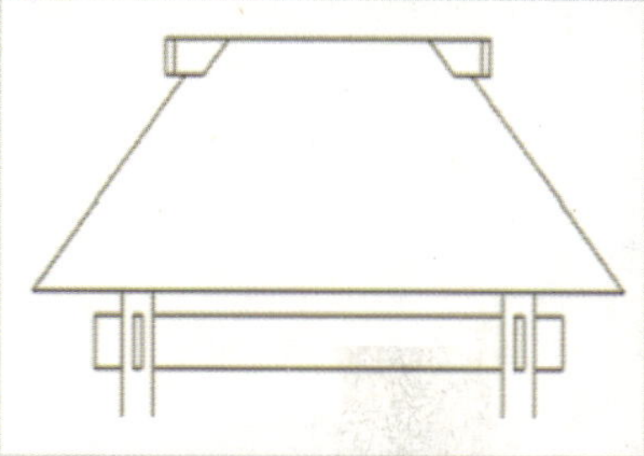

▶凉亭的顶部

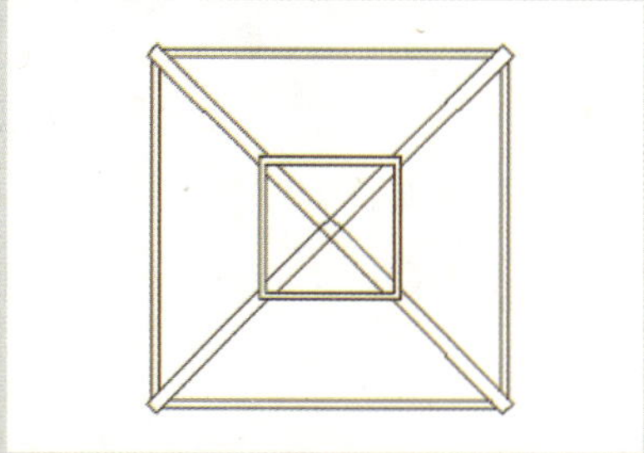

▶凉亭顶部支架

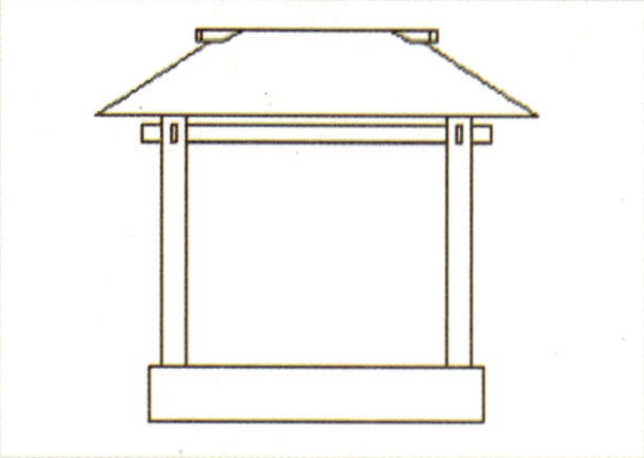

▶凉亭支架

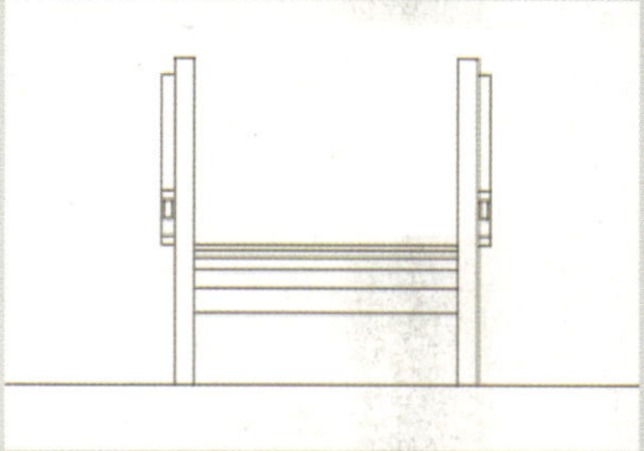

▶园林桥侧面

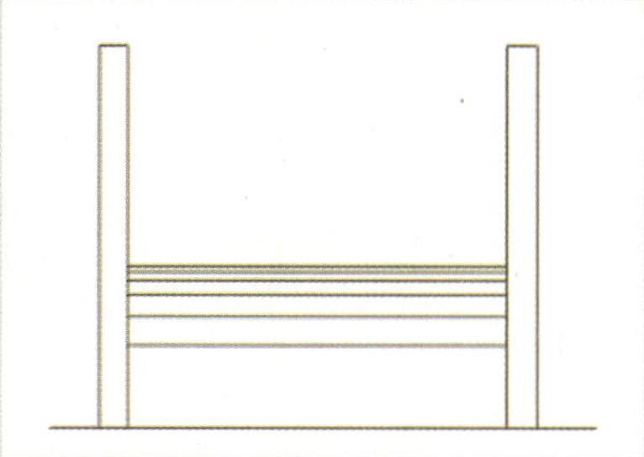

▶园林桥台阶

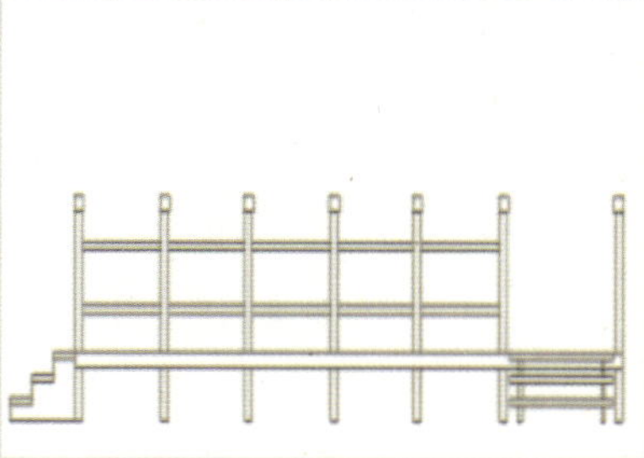

▶园林走廊

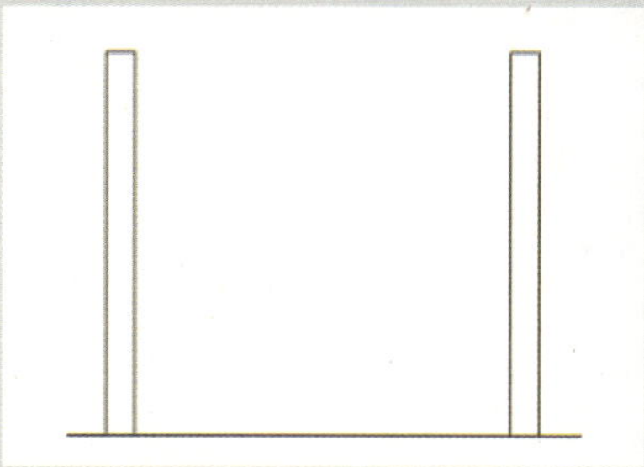

▶支撑柱

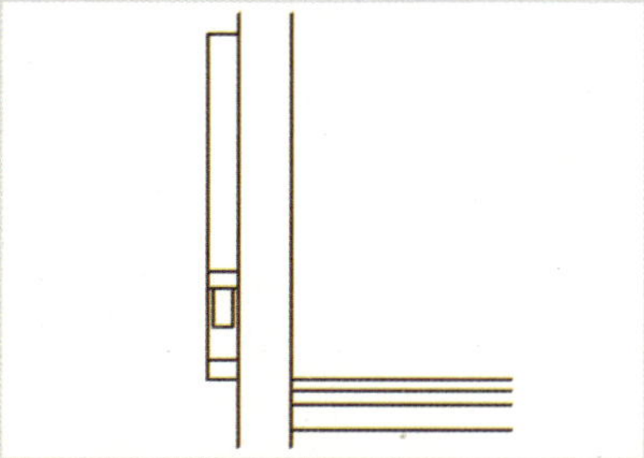

▶装饰

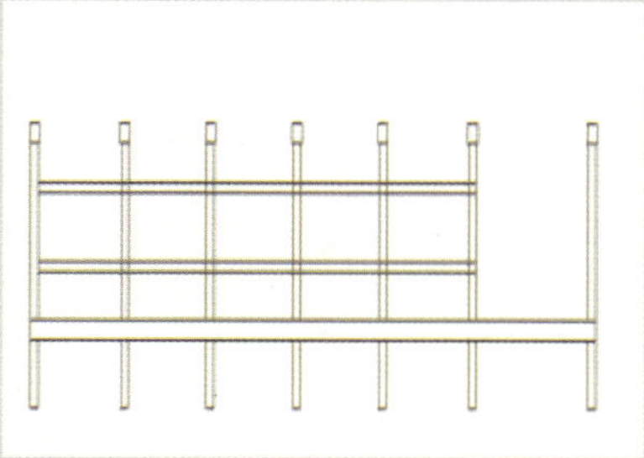

▶走廊栏杆

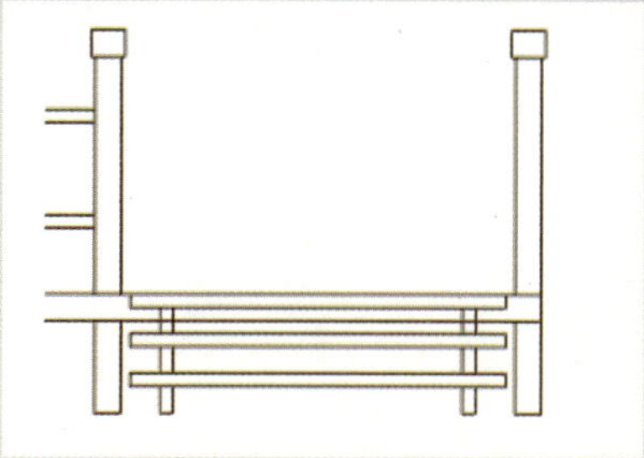

▶走廊台阶

装潢施工图

装潢施工图的绘制综合应用了AutoCAD 的多种命令和功能，是最为常见的建筑工程图。

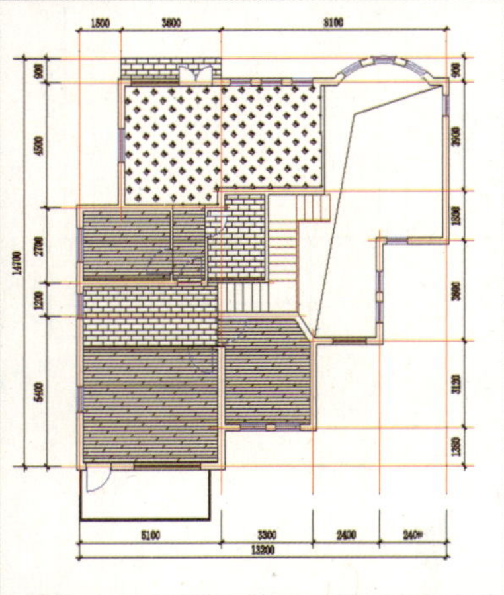

▶二层地面装修图

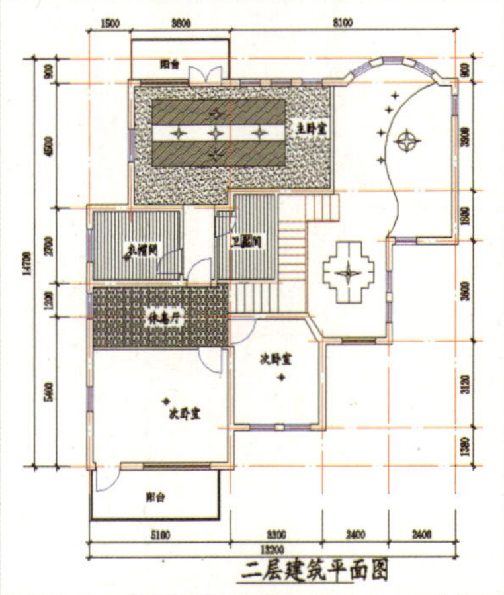

▶二层天花装饰图

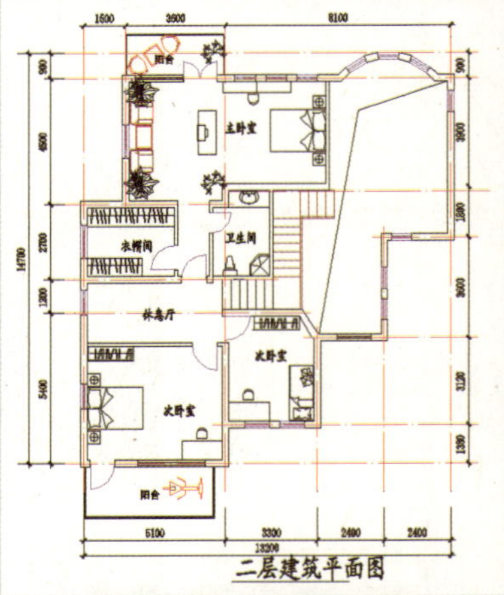

▶二层建筑平面图

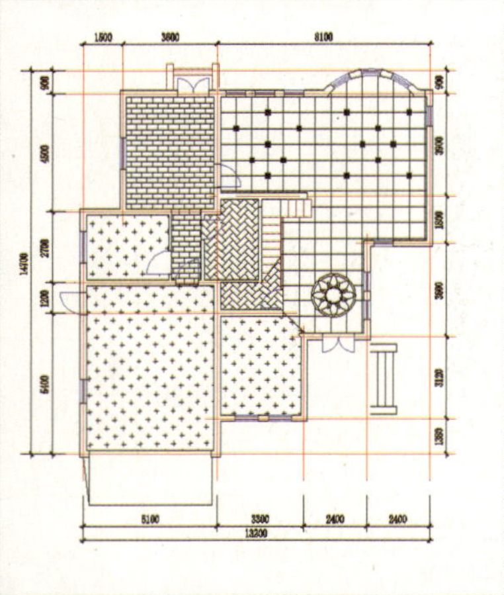

▶首层地面装修图

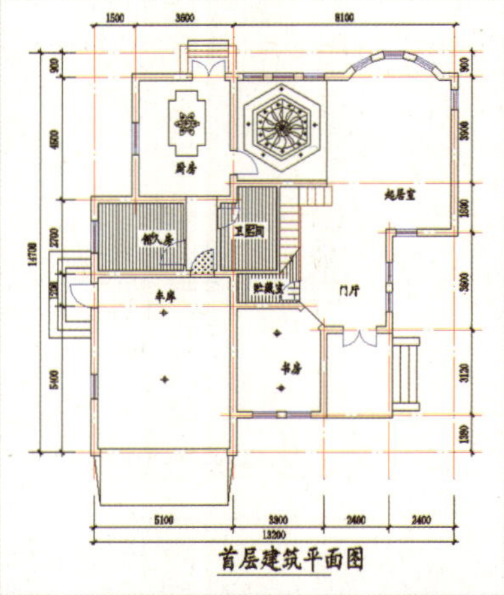

▶首层天花装饰图

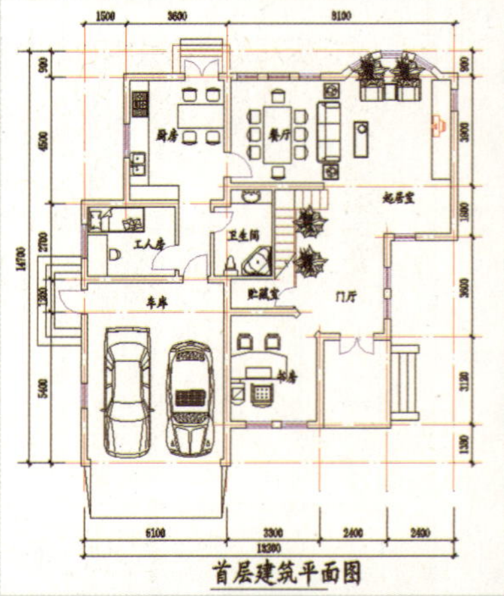

▶首层建筑平面图

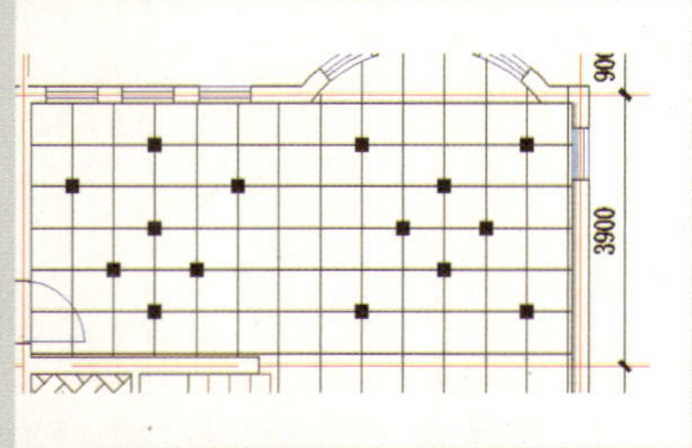

▶地面图案造型

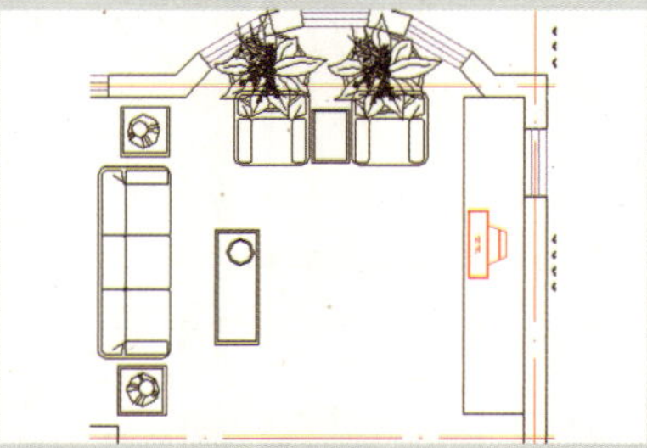

▶插入块布置起居室

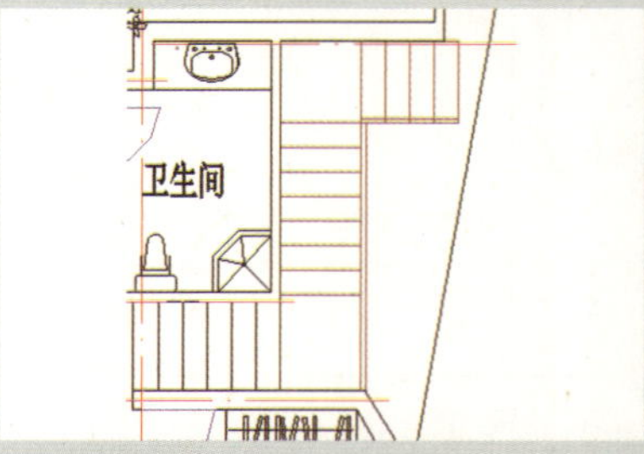

▶二层楼梯造型

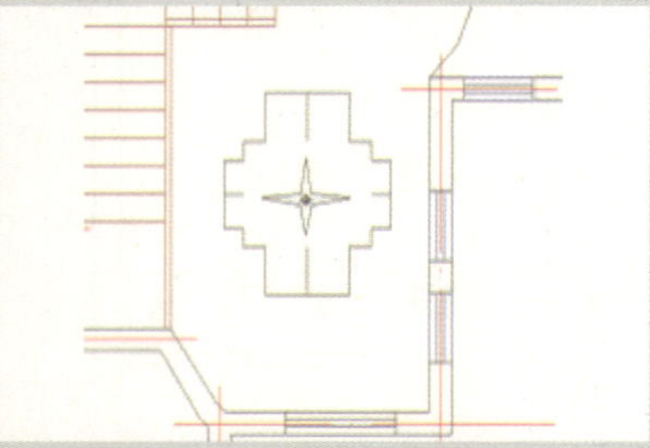

▶门厅布置灯具

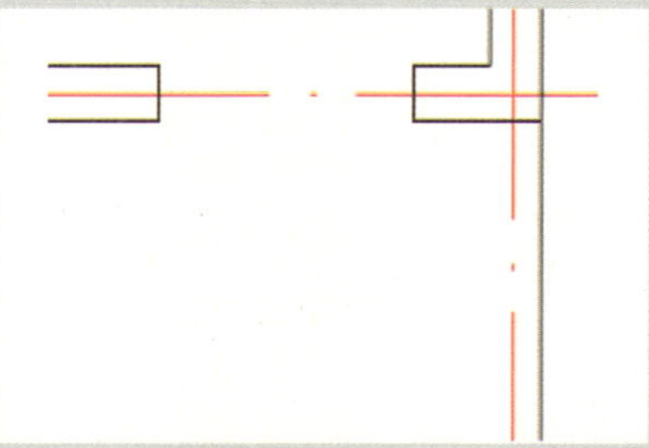

▶剪切墙体线

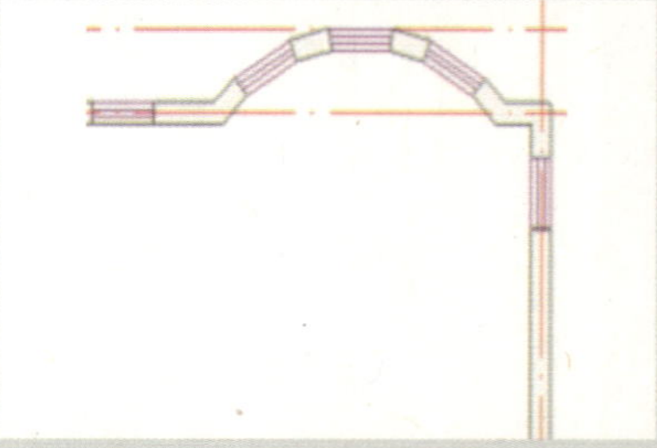

▶弧形窗户

集经验、技术与创意于一体，历经千锤百炼华丽登场！

中青雄狮

从入门到精通

系列总销量突破

300万

AutoCAD 2012 中文版 从入门到精通

施教芳　陈帅佐

李小雷　刘宏芹｜编著

纪　刚　曾　颖｜参编

中国青年出版社

CHINA YOUTH PRESS

中青雄狮

律师声明

图书在版编目（CIP）数据

AutoCAD 2012 中文版从入门到精通 / 施教芳等编著．— 北京：中国青年出版社，2011.11

ISBN 978-7-5153-0345-1

I. ① A… II. ①施… III. ①计算机辅助设计 — AutoCAD 软件 IV. ①TP391.72

中国版本图书馆 CIP 数据核字（2011）第 226577 号

AutoCAD 2012 中文版从入门到精通

施教芳　陈帅佐　李小雷　刘宏芹 | 编著

出版发行：中国青年出版社

地　　址：北京市东四十二条 21 号

邮政编码：100708

电　　话：（010）59521188 / 59521189

传　　真：（010）59521111

企　　划：北京中青雄狮数码传媒科技有限公司

责任编辑：郭　光　张　鹏　沈　莹　高　原

封面设计：张宇海　王玉平

印　　刷：湖南天闻新华印务有限公司

开　　本：787 × 1092　1/16

印　　张：33.25

版　　次：2011 年 12 月北京第 1 版

印　　次：2018 年 5 月第 9 次印刷

书　　号：ISBN 978-7-5153-0345-1

定　　价：49.90 元（附赠 1DVD，包含视频教学与工程文件）

本书如有印装质量等问题，请与本社联系　电话：（010）50856188 / 50856199

读者来信：reader@cypmedia.com　投稿邮箱：author@cypmedia.com

如有其他问题请访问我们的网站：http://www.cypmedia.com

前言

为何编写本书

计算机辅助设计技术是一门集成计算机技术、图形学、工程分析、模拟仿真、数据库、网络等多种技术于一体的综合学科，目前该技术已经广泛应用于机械、电子、化工、建筑等行业，并为这些行业带来了显著的社会效益和经济效益。而 AutoCAD 则以友好的用户界面、丰富的命令和强大的功能，逐渐赢得了各行业的青睐，成为国内外最受欢迎的计算机辅助设计软件。为了让读者能够更深入地了解掌握 AutoCAD 2012，我们编写了此书。

AutoCAD 软件简介

AutoCAD 是由美国 Autodesk 公司开发的一套通用的计算机辅助设计软件，该公司自 1982 年推出 AutoCAD 软件以来，先后经历了十多次的版本升级，AutoCAD 2012 是 Autodesk 公司最新开发的二维绘图 CAD 系统。Autodesk 将工作空间的重新设计看得举足轻重。新版本整合了制图和可视化，新的界面根据用户需求优化，旨在使用户更快完成常规 CAD 任务、更轻松地找到更多常用命令。

本书内容特色

（1）内容专业，从易到难、从整体到局部

编写本书的目的是使 AutoCAD 的初学者能够快速入门、学有成效，使已入门者能进一步提高 AutoCAD 的应用水平和操作技巧，在工作中更能得心应手。

（2）文中穿插“工程师点拨”知识板块

全文贯穿“工程师点拨”知识板块，提高读者对软件操作能力和理解。

（3）实战案例贴近用户实际应用

全书穿插多个小型的“操作示例”，帮助读者理解软件命令的具体操作。在最后的第 15 章至第 19 章又分别通过大型的综合案例介绍了壳体的绘制、装潢施工图的绘制、园林建筑立面图的绘制、锥形楼三维模型的绘制以及水管布置图形的绘制。

（4）语音视频强化学习

随书附赠专业语音视频教学录像，结合实际操作，让学习变得更加容易直观。

内容纲要

章 节	内 容
第 1 章	介绍 AutoCAD 2012 系统的安装、启动、退出、AutoCAD 2012 系统的基本界面以及 AutoCAD 2012 的新功能
第 2 章	介绍图层特性管理器、图层的特性设置以及如何管理图层
第 3 章	介绍精确定位图形的操作方法

（续表）

第 4 章	介绍 AutoCAD 控制图形显示的方法
第 5 章	介绍二维基本平面图形的绘制方法
第 6 章	介绍如何使用基本修改命令对二维图像进行修改和编辑
第 7 章	介绍图案填充和面域的应用方法和技巧
第 8 章	介绍图块及其属性的概念、定义和使用，文字和表格的概念、命令、设置及应用
第 9 章	介绍 AutcCAD 设计中心浏览、查找、预览和管理图形、块、外部参照等资源文件的方法，以提高绘图效率和协同设计的能力
第 10 章	介绍尺寸标注的组成、样式、常用尺寸标注及其编辑的方法和技巧
第 11 章	介绍三维图形绘制的环境建立、三维用户坐标系和观察三维模型的方法以及利用消隐和着色命令处理三维图形等
第 12 章	介绍 AutcCAD 创建实体的基本命令及实体编辑命令的使用，进一步掌握快速创建三维实体的技巧
第 13 章	介绍打印样式、页面设置及图形的各种打印输出方法
第 14 章	介绍天正软件的使用方法和技巧
第 15 章	详细讲解壳体绘制
第 16 章	详细讲解装潢施工图绘制
第 17 章	详细讲解林建筑立面图绘制
第 18 章	详细讲解锥形楼三维模型绘制
第 19 章	详细讲解水管布置图形绘制

多媒体视频教学光盘内容

（1）5 小时本书基础知识 + 案例操作语音视频教学，及时解开学习中的疑惑。

（2）近 100 个本书实例涉及的工程文件。

（3）赠 3D 建模、建筑、机械、二维室内设计、三维室内设计、产品设计等 8 大类共 600 个 CAD 图纸及效果图。

适合读者群

（1）AutoCAD 初、中级用户

（2）AutoCAD 工程设计人员

（3）AutoCAD 培训班师生

由于编者水平有限，本书难免有不足之处，恳请广大读者批评指正！

编者

目录

CHAPTER 01 AutoCAD 2012入门

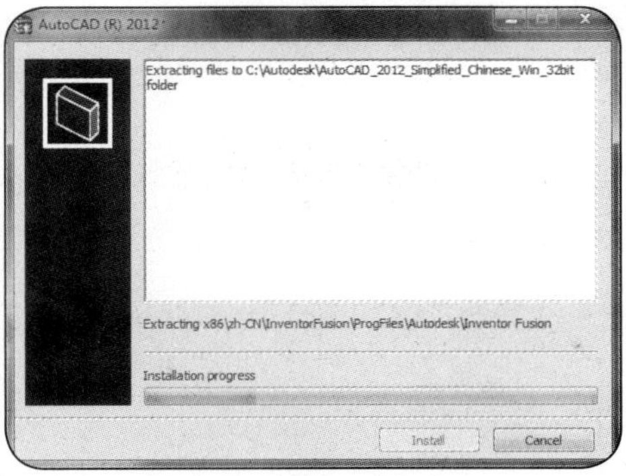

◎ 中文版AutoCAD 2012的解压缩界面

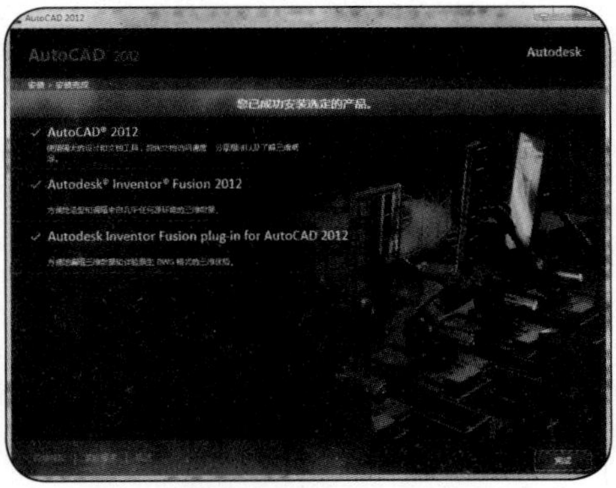

◎ 中文版AutoCAD 2012的安装完成界面

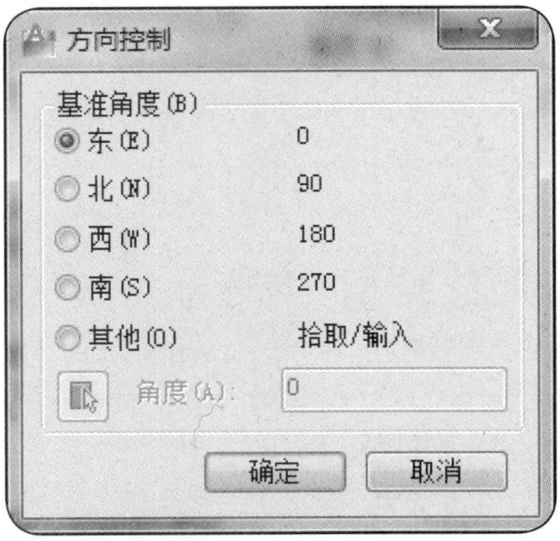

◎ “方向控制”对话框

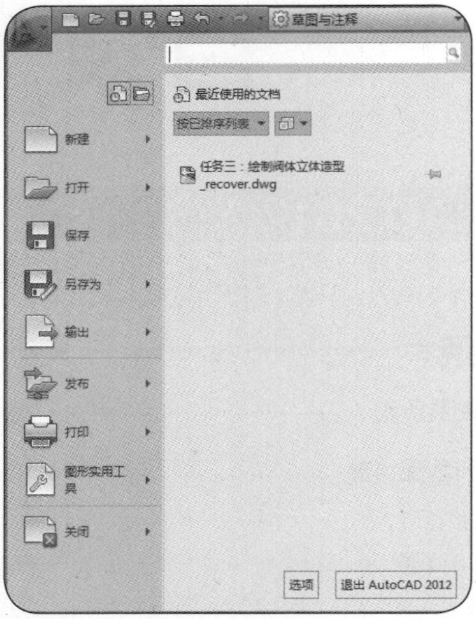

◎ AutoCAD 2012菜单浏览器

CHAPTER 02 使用与管理图层

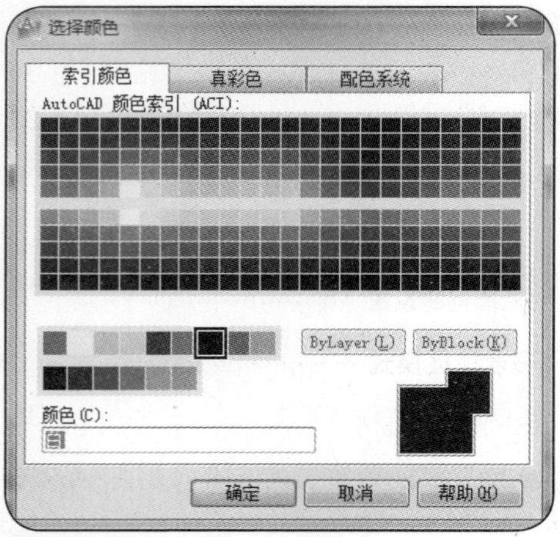

◎ 选择颜色

◎ 图层特性管理器

◎"图层"面板

CHAPTER 03 精确定位图形

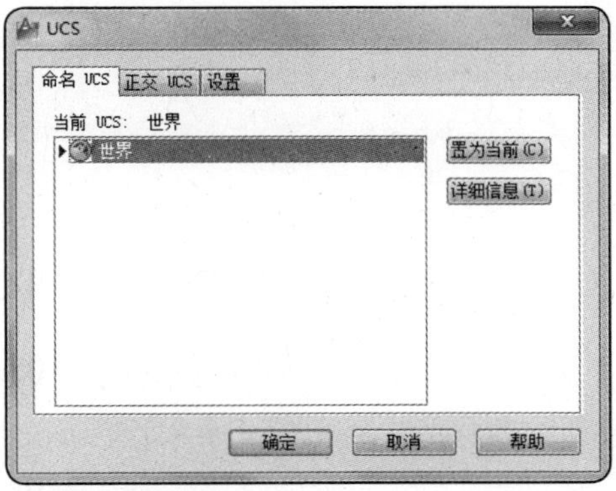

◎UCS对话框

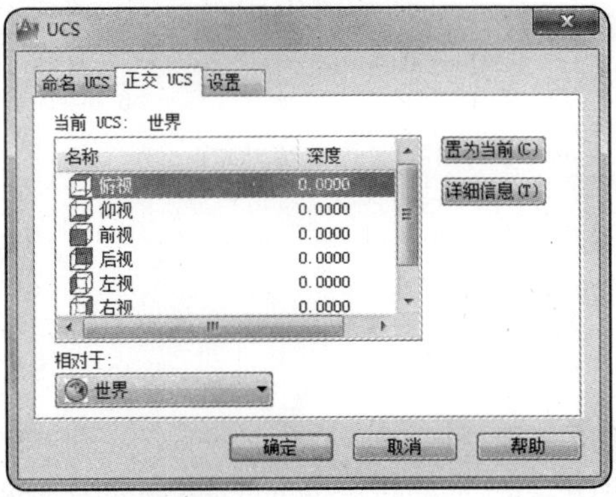

◎"正交UCS"选项卡

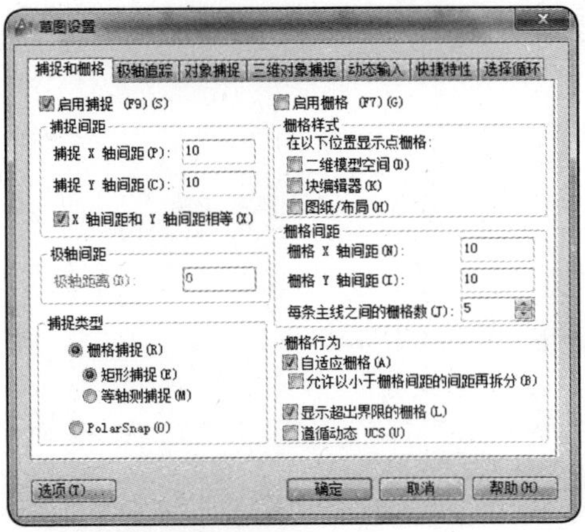

◎"草图设置"对话框

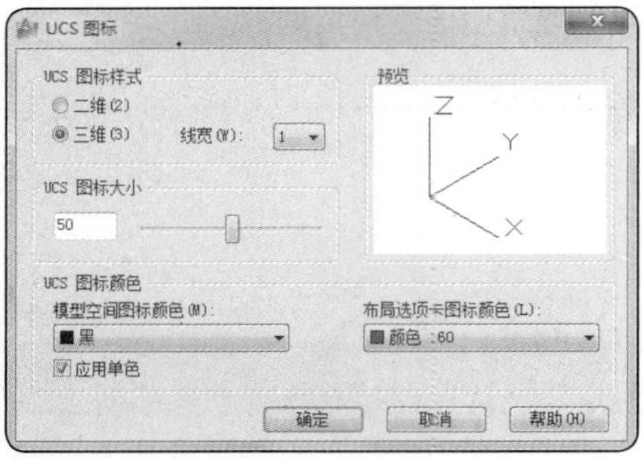

◎“UCS图标”对话框

CHAPTER 04 控制图形显示

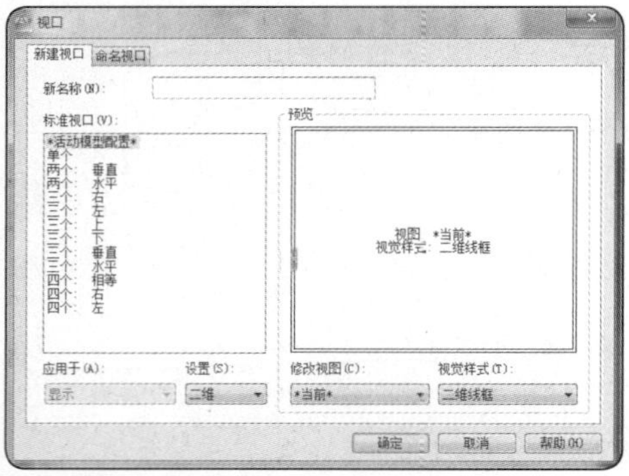

◎“新建视口”选项卡

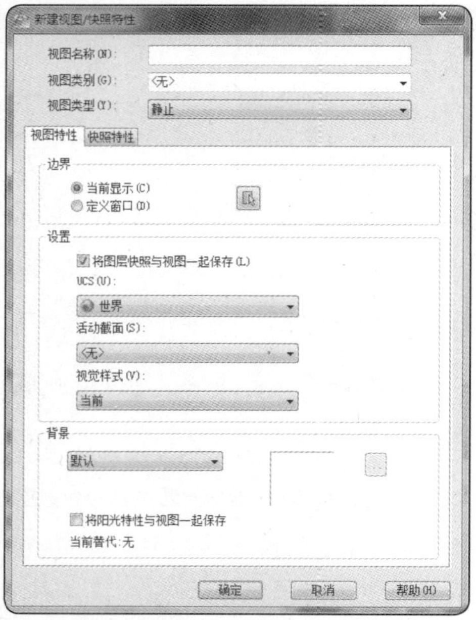

◎“新建视图/快照特性”对话框

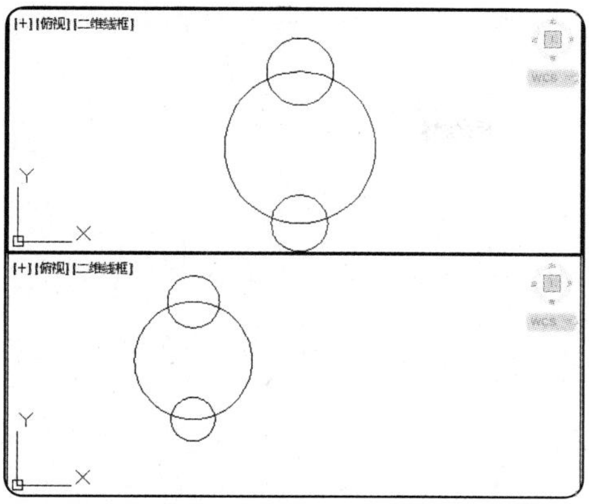

◎ 两个视口

CHAPTER 05 绘制二维图形

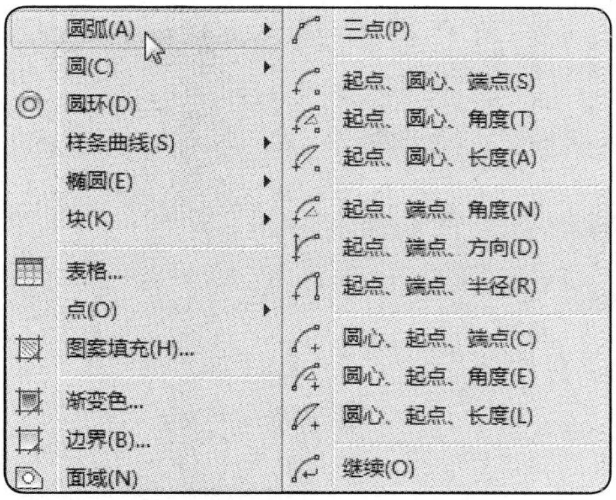

◎ "圆弧" 级联菜单

◎ 徒手绘制的图形

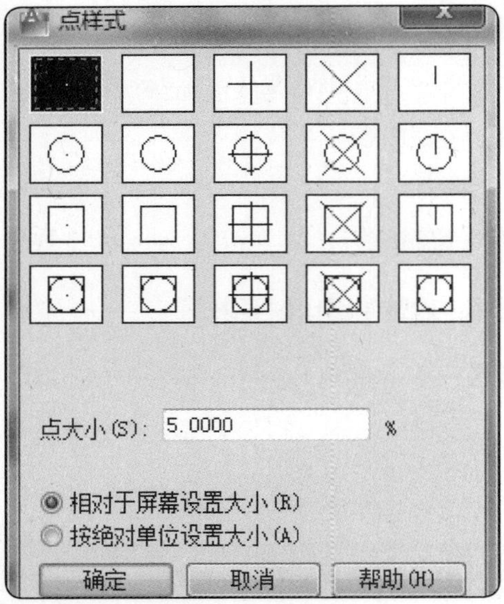

◎"点样式"对话框

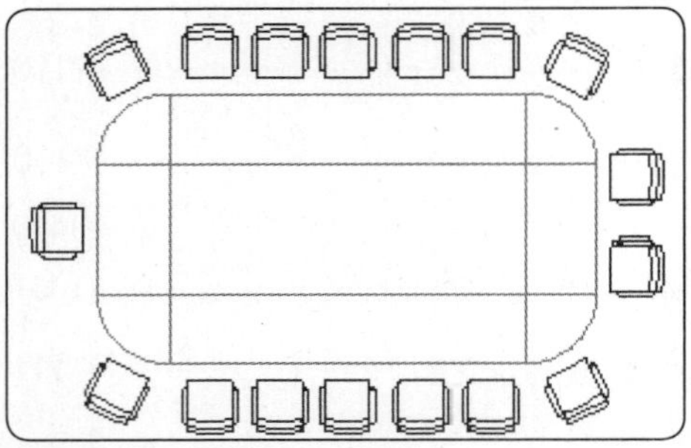
◎会议桌椅

CHAPTER 06 编辑二维图形

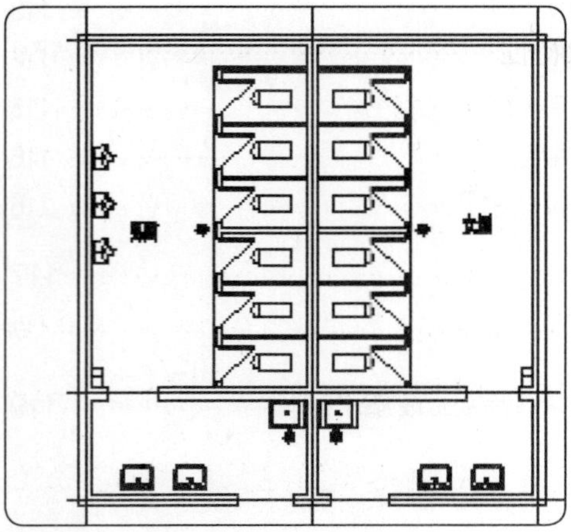
◎ 卫生间平面图

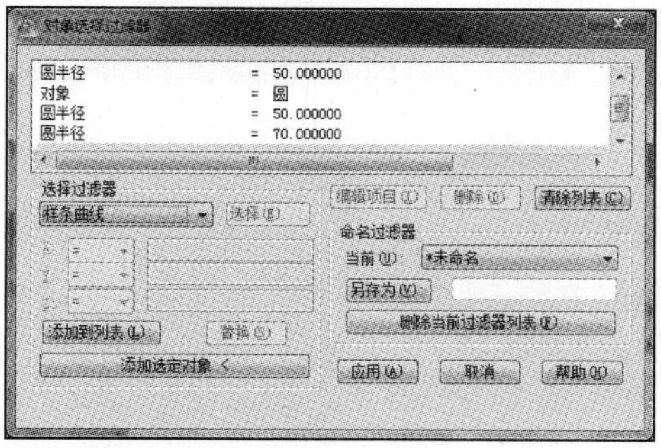
◎“过滤器列表框”中所列信息

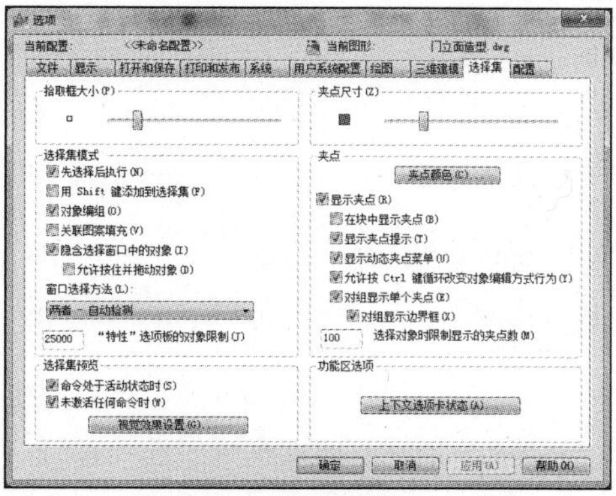
◎用“选项集”对话框设置选择模式

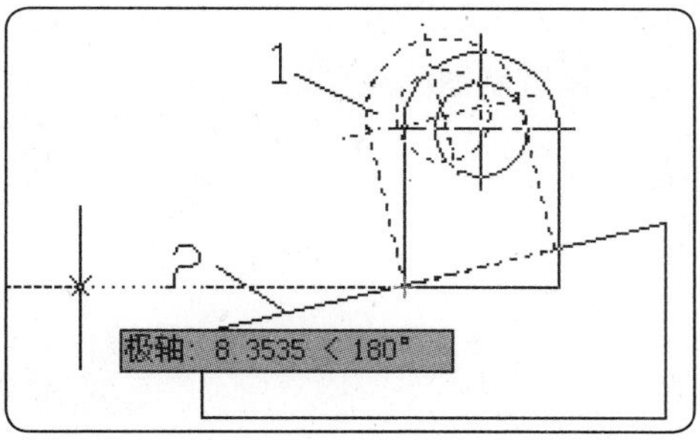

◎ 旋转操作

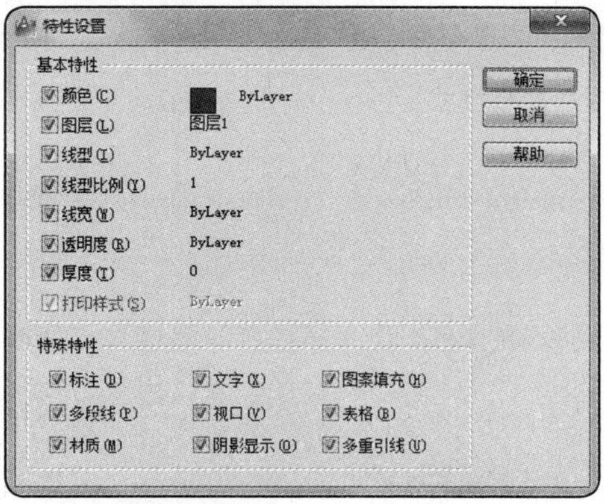

◎“特性设置”对话框

CHAPTER 07 面域和图案填充、渐变色

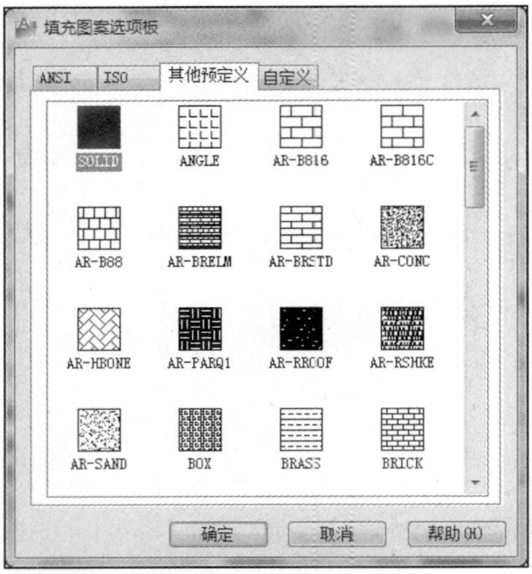

◎"填充图案选项卡"对话框

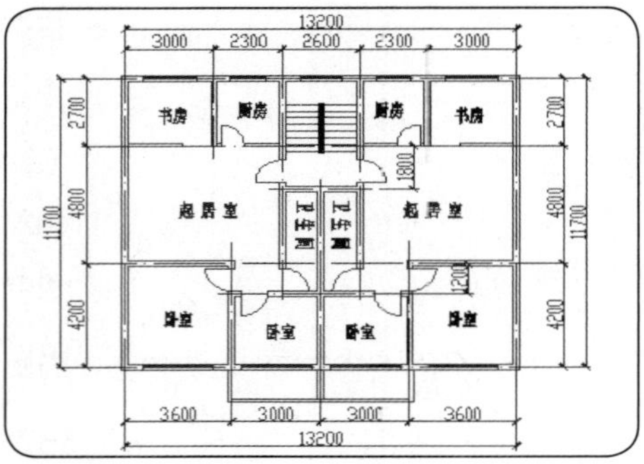

◎ 填充图形

CHAPTER 08 图块、文字和表格

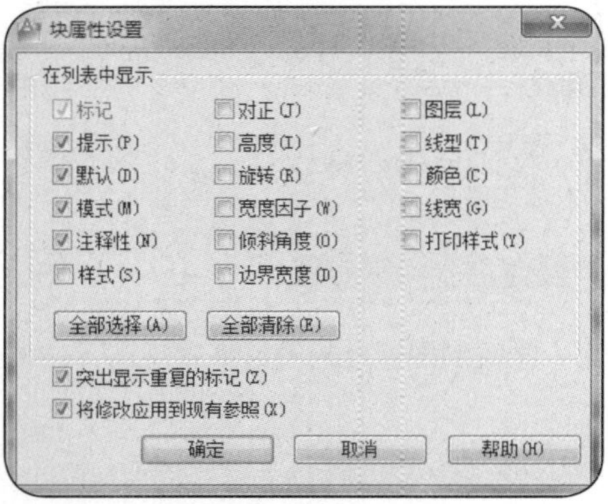

◎"块属性设置"对话框

◎"表格样式"对话框

◎"管理单元样式"对话框

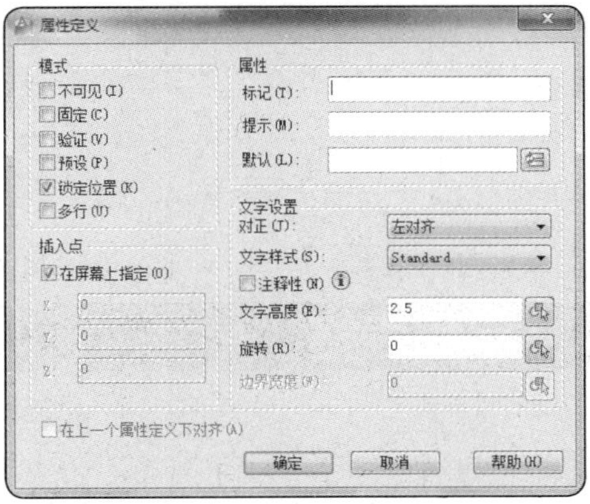

◎"属性定义"对话框

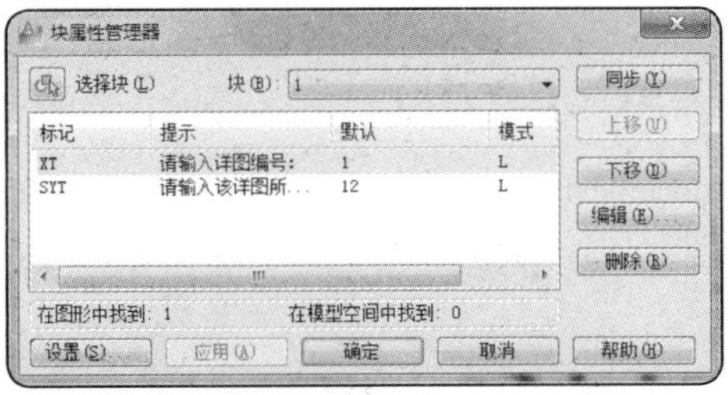

◎"块属性管理器"对话框

CHAPTER 09 Internet 功能、外部参照和设计中心

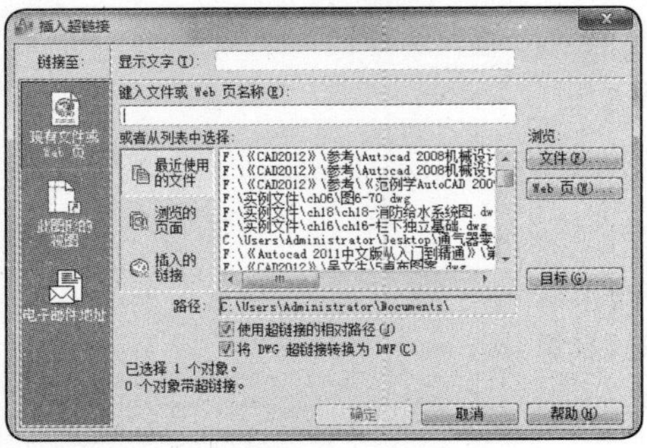

"插入超链接"对话框

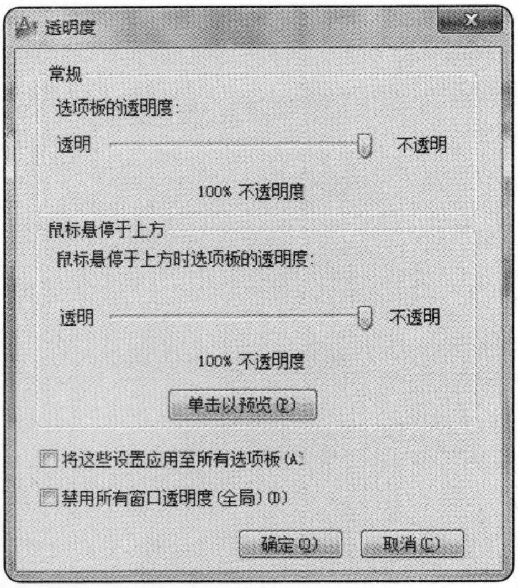

"透明度"对话框

"附着外部参照"对话框

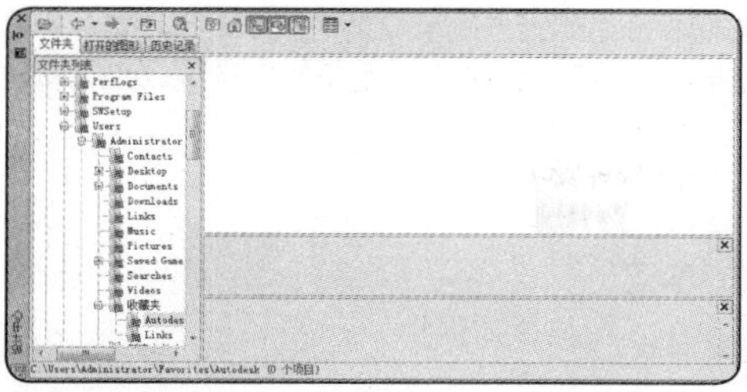

◎“收藏夹”界面

CHAPTER 10 尺寸标注

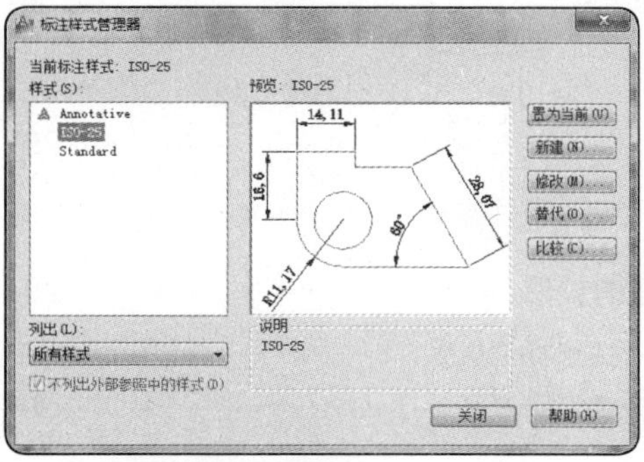

◎“标注样式管理器”对话框

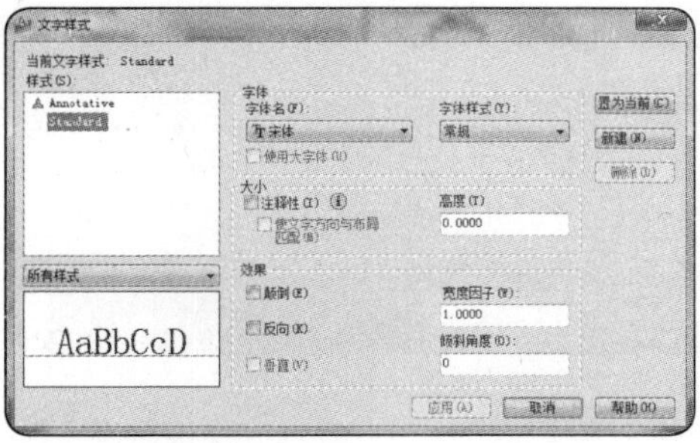

◎“文字样式”对话框

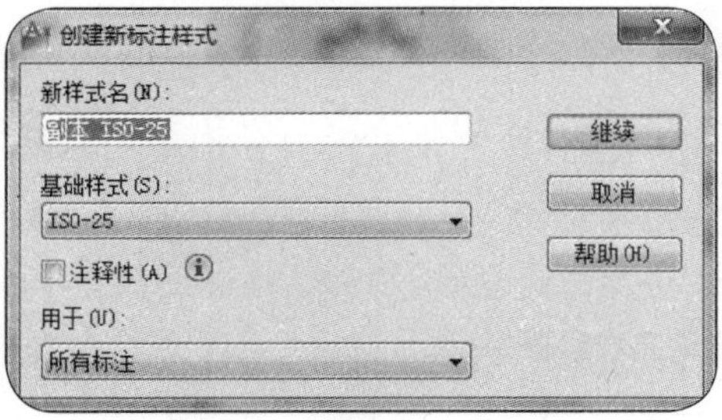

◎“创建新标注样式”对话框

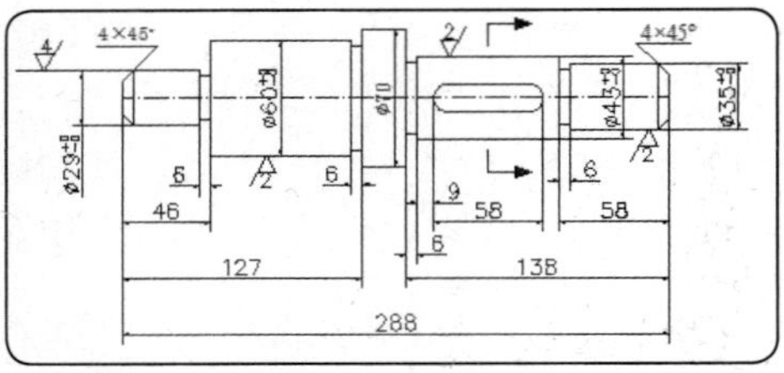

◎ 标注轴

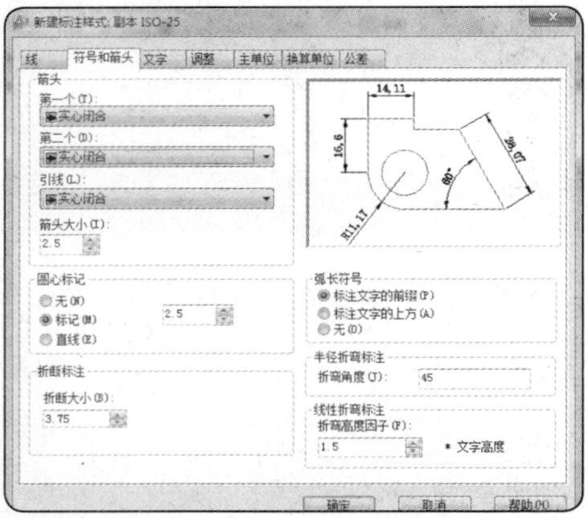

◎ 四个视口

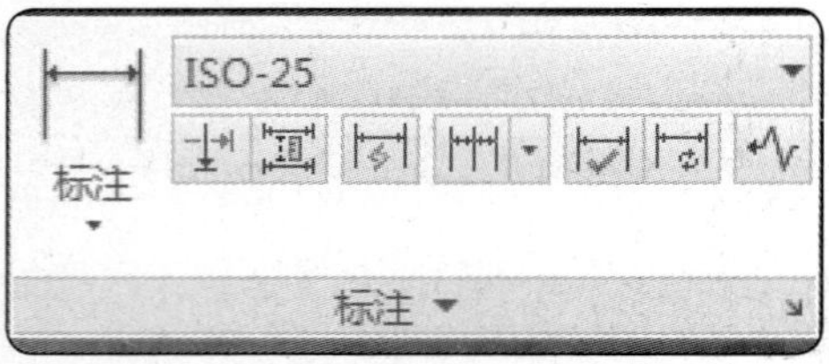

◎ "标注"面板

CHAPTER 11 绘制简单三维对象

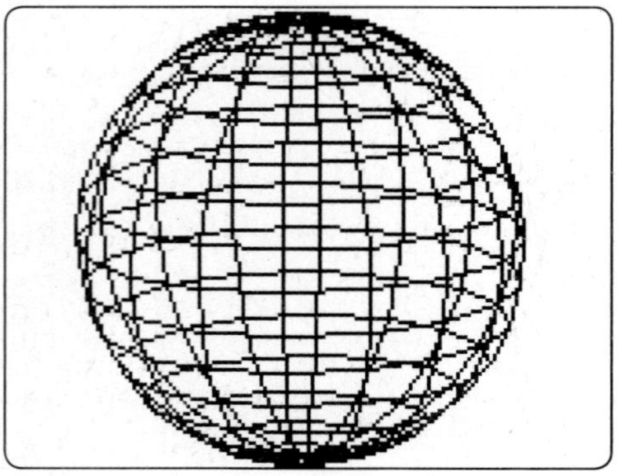
◎ 绘制球面

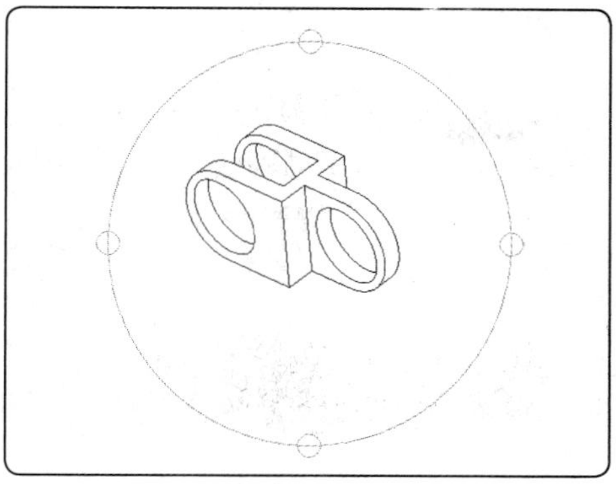

◎ 观察器

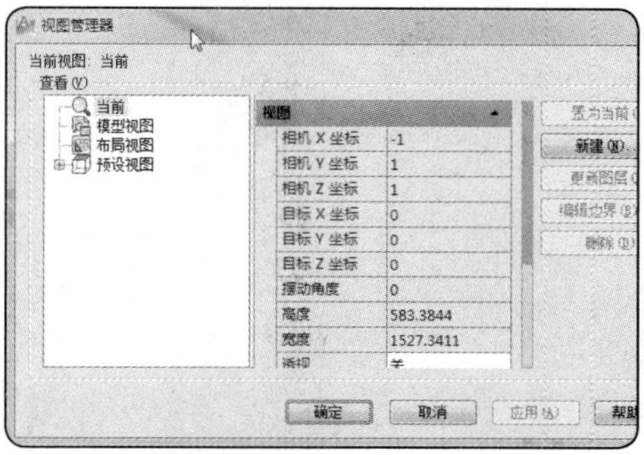

◎ “视图管理器” 对话框

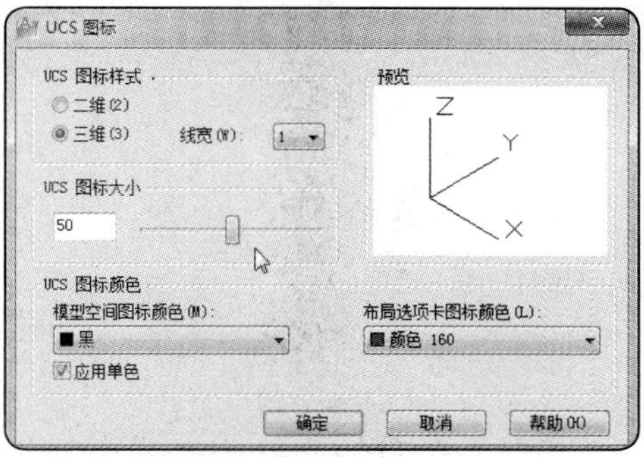

◎ “UCS图标” 对话框

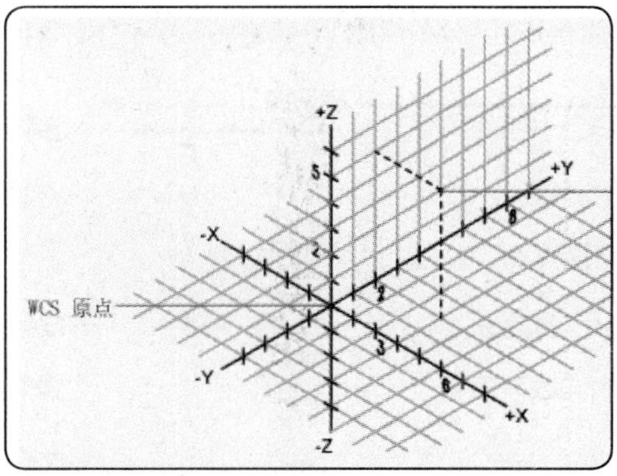

◎ 笛卡尔坐标系统

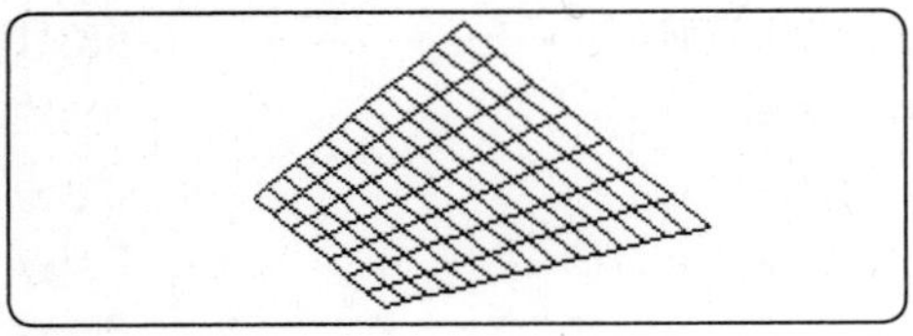

网格

CHAPTER 12 实体造型

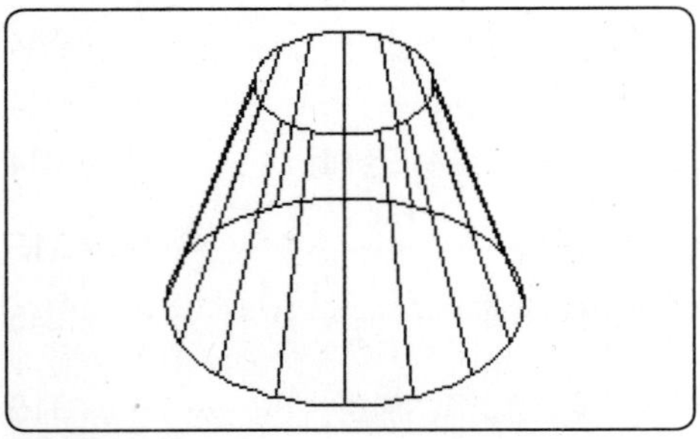

绘制圆台

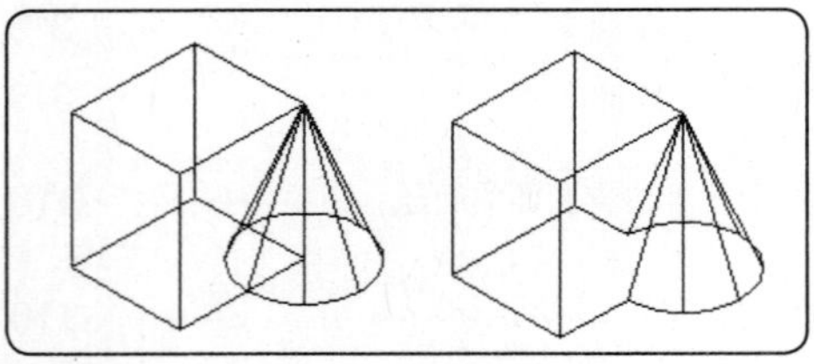

并集运算

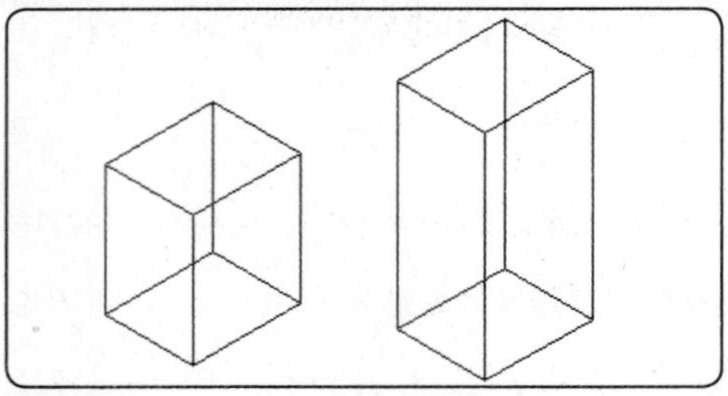

拉伸面

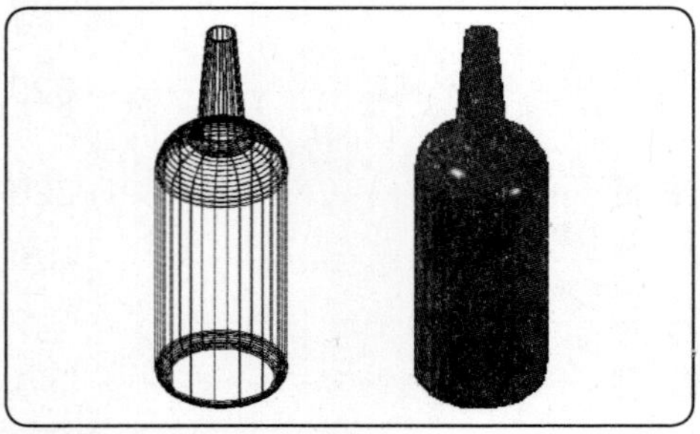

三维实体及其渲染效果

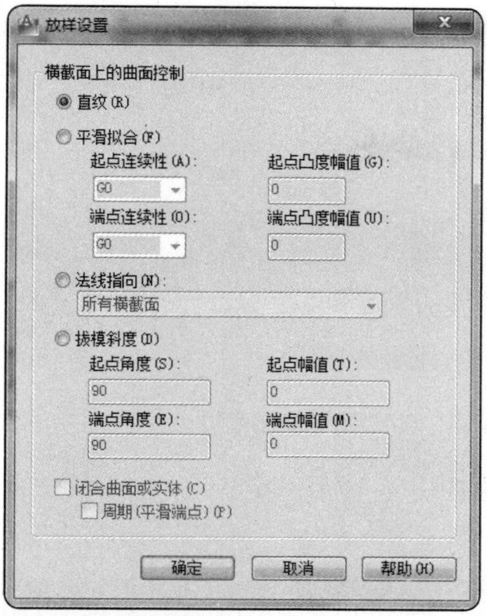

◎"放样设置"对话框

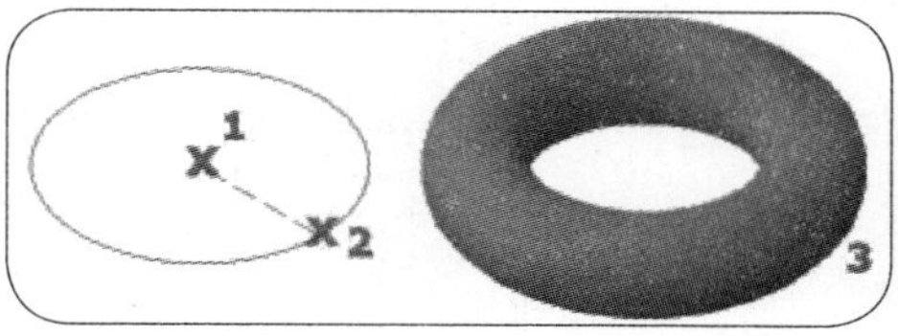

◎圆环体

CHAPTER 13 图形的输出

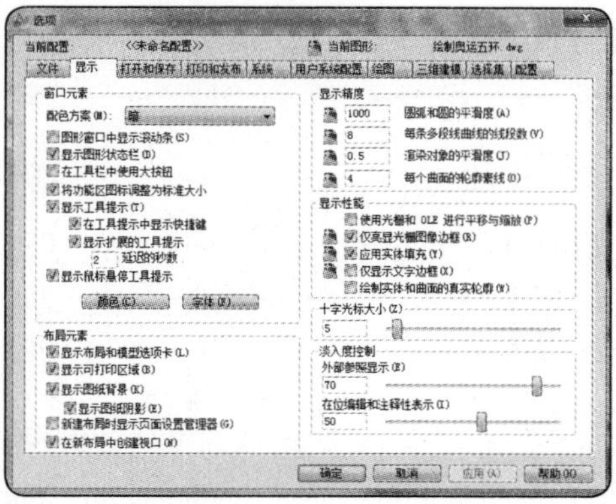
◎"显示"选项卡

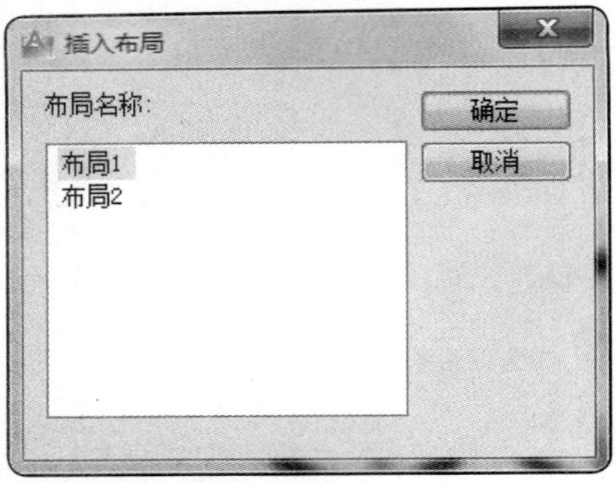

◎"插入布局"对话框

CHAPTER 14 天正软件

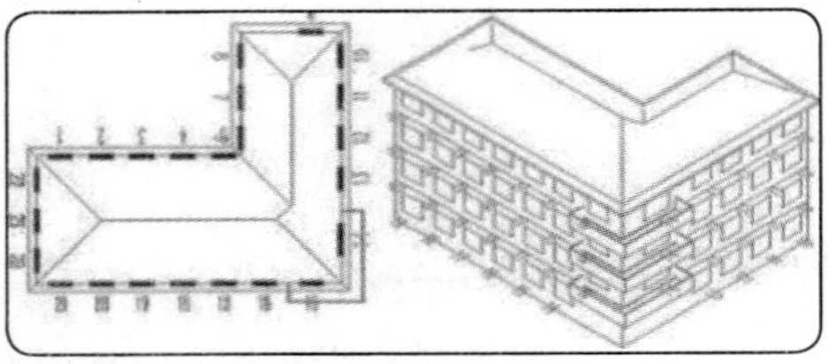
◎节能建筑分析模型

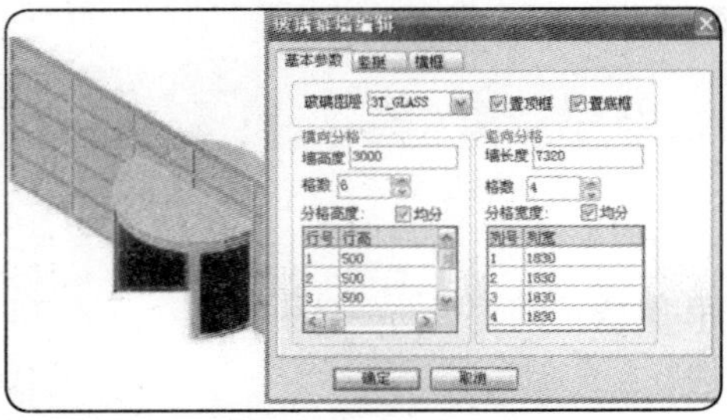
◎"玻璃幕墙编辑"对话框

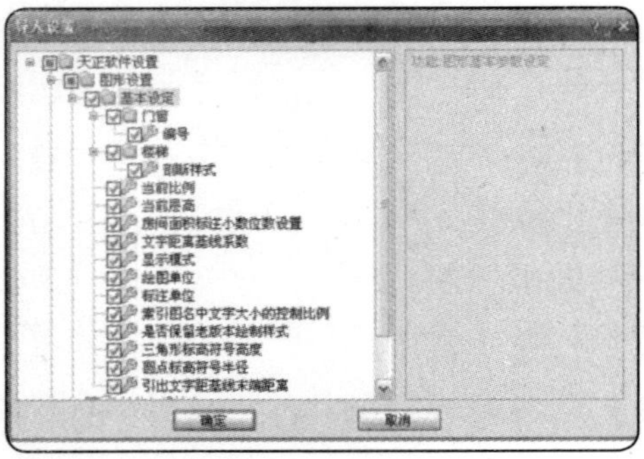
◎"导入设置"对话框

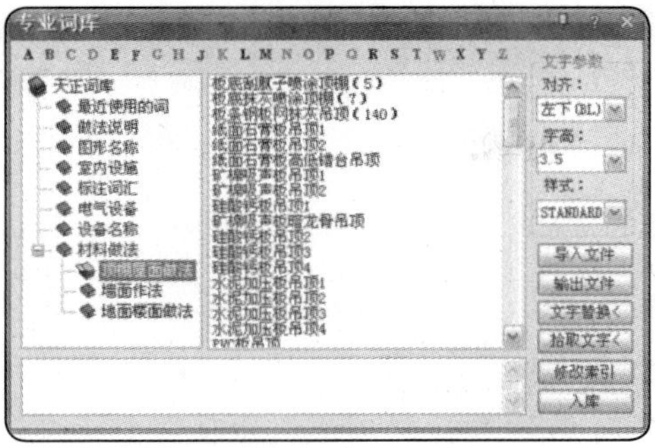

◎"专业词库"对话框

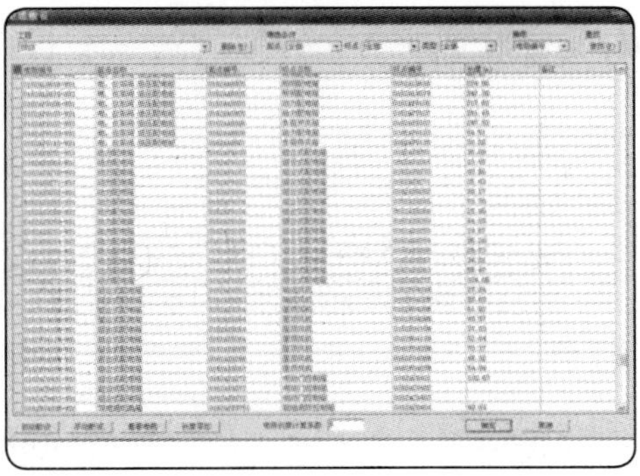

◎电缆敷设

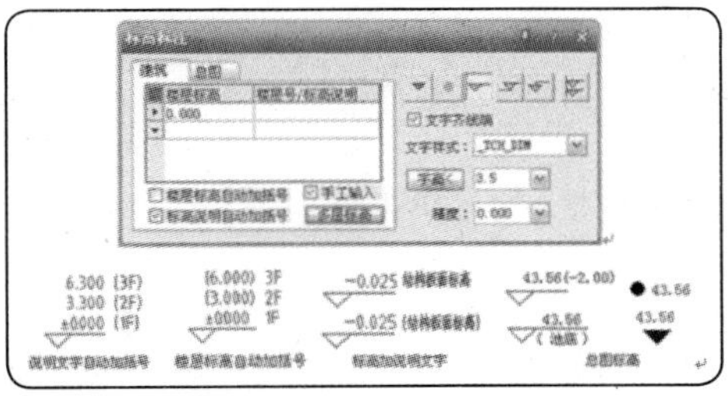

◎"标高标注"对话框

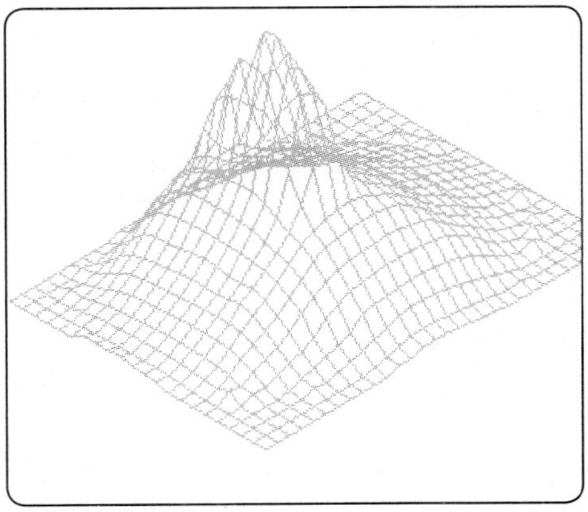

◎三维地形

CHAPTER 15 绘制壳体

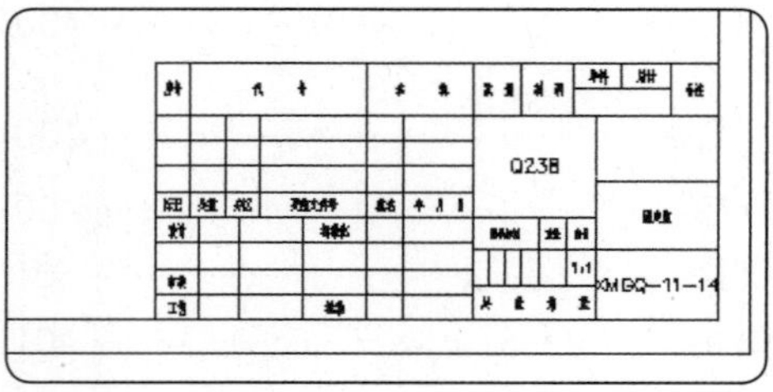

◎ 标题栏

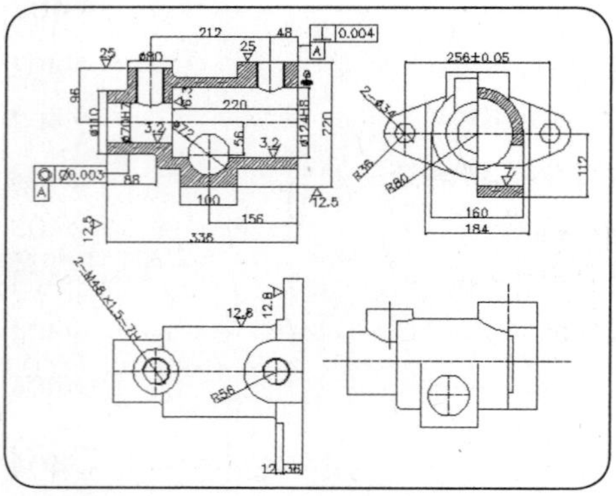

◎ 四视图

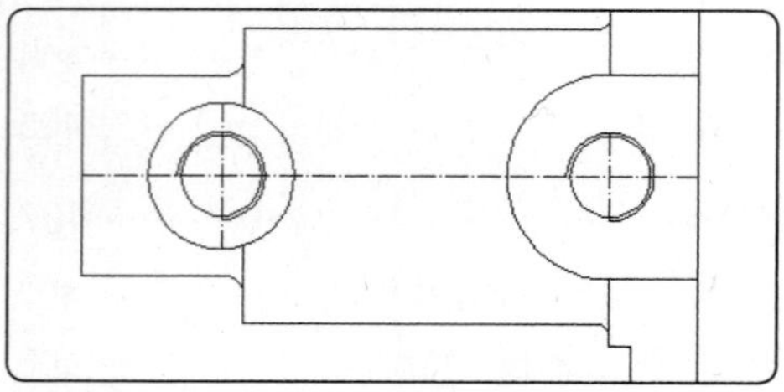

◎ 俯视图

CHAPTER 16 装潢施工图的绘制

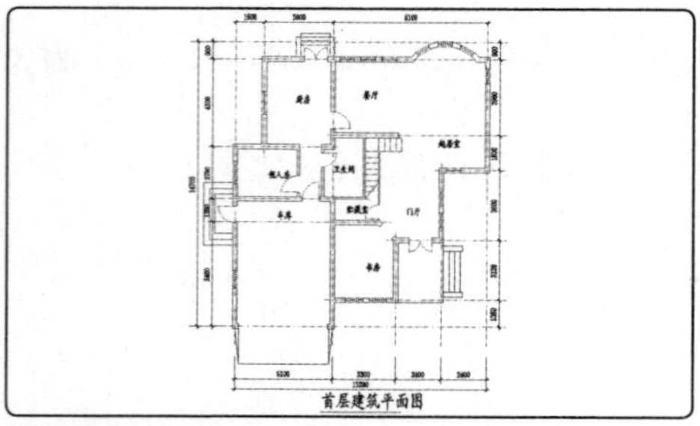

◎ 首层建筑平面图

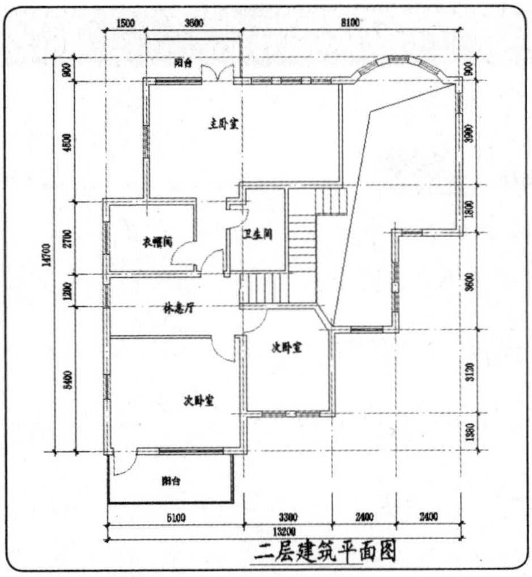

◎ 二层建筑平面图

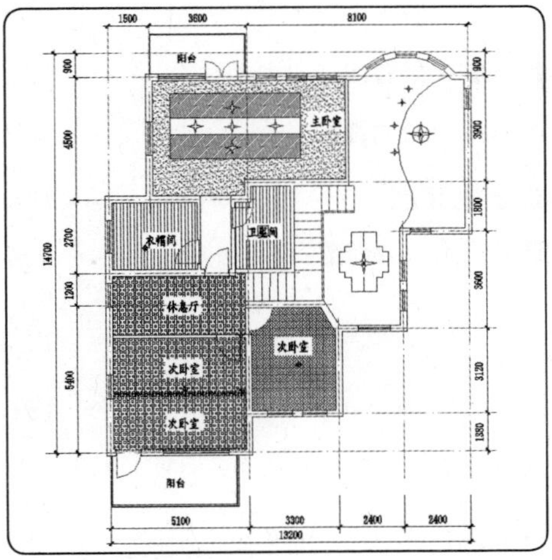

◎ 二层天花布置图

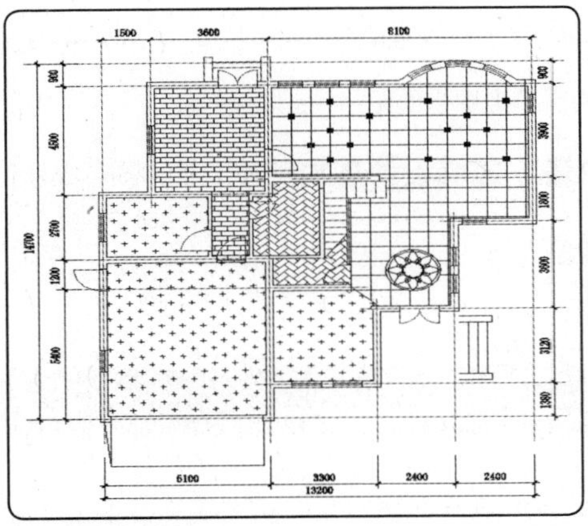

◎ 首层地面铺装图

CHAPTER 17 园林建筑立面图绘制

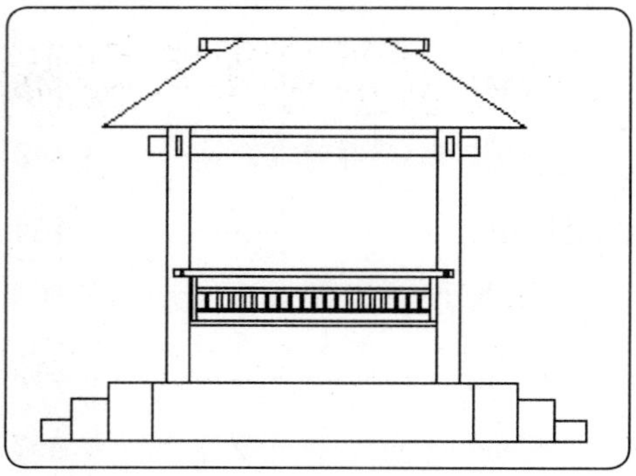

凉亭

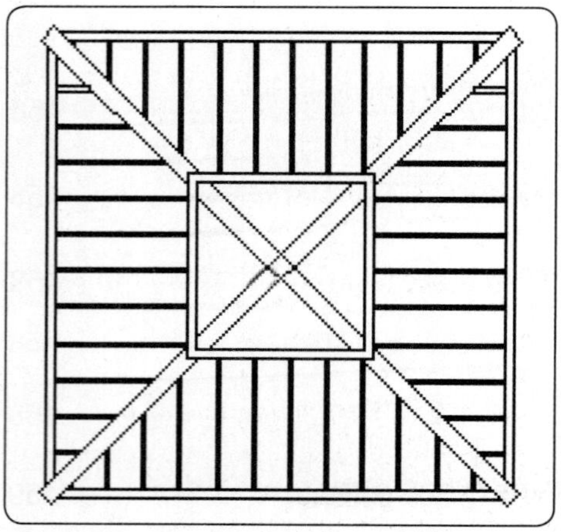

凉亭顶部

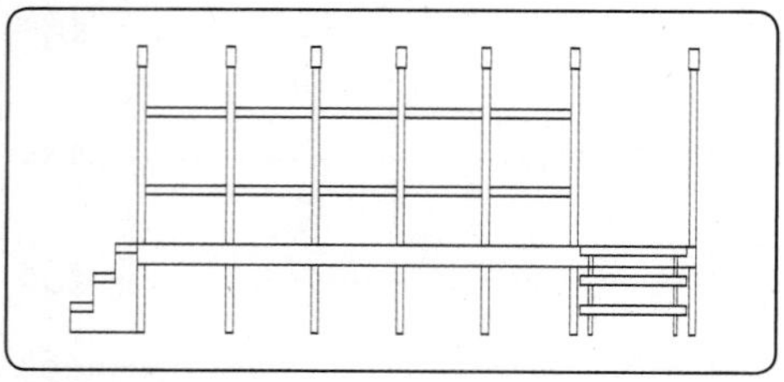

走廊立面图

CHAPTER 18 锥形楼三维模型

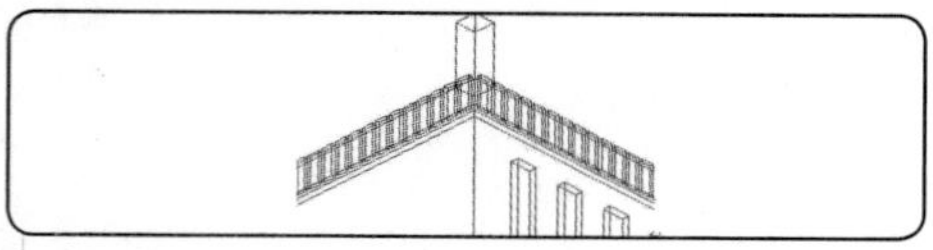

拉伸操作

CHAPTER 19 水管布置图形

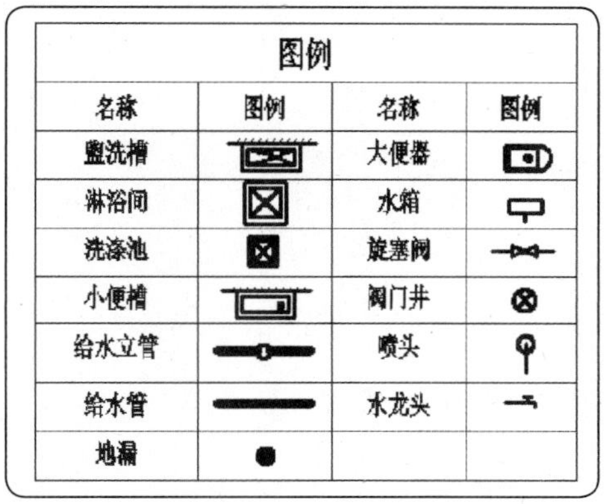

图例表格

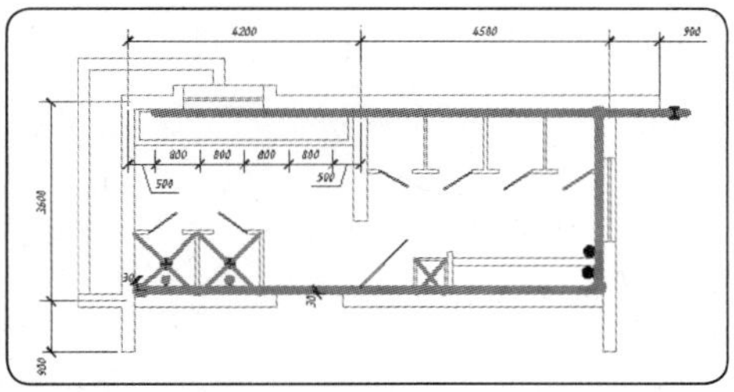

水管布置图

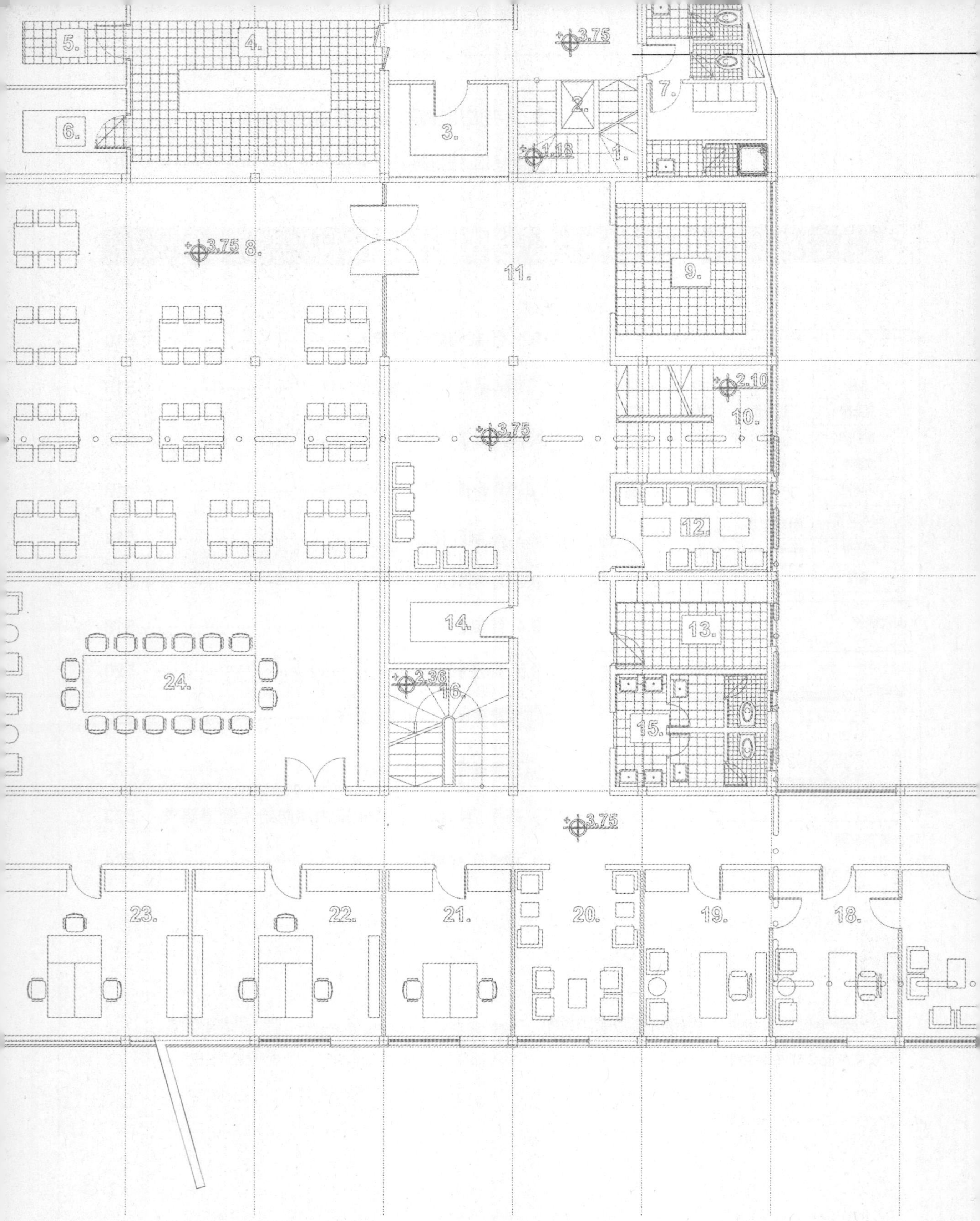

5.
4.
3.
2.
1.
6.
7.
+3.75
+1.18
+3.75 8.
11.
9.
+2.10
10.
+3.75
12.
14.
13.
24.
+2.36
16.
15.
+3.75
23.
22.
21.
20.
19.
18.
360
360
360
360
360
360
360
360
3240

AutoCAD 2012

CHAPTER 01

AutoCAD 2012入门

本章先介绍了计算机绘图的基本概念，然后对AutoCAD的发展历程及其基本功能进行了简单的介绍，主要详细讲解了AutoCAD 2012的新增功能和操作界面的各组成部分。另外，还介绍了AutoCAD 2012的安装过程、配置绘图环境和图形文件的操作与管理，使读者建立起对AutoCAD 2012的初步认识。

学完本章您可以掌握如下知识点

知识点序号	知识点难易指数	知识点
1	★	计算机绘图概念
2	★★	AutoCAD 的基本功能
3	★★★	AutoCAD 2012 操作界面
4	★★★★	图形文件的操作

本章内容图解链接

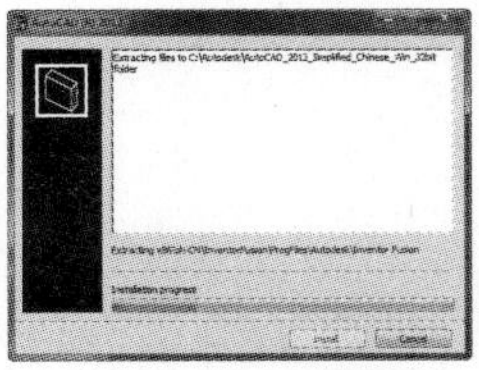

◎解压AutoCAD安装文件

◎AutoCAD安装完成

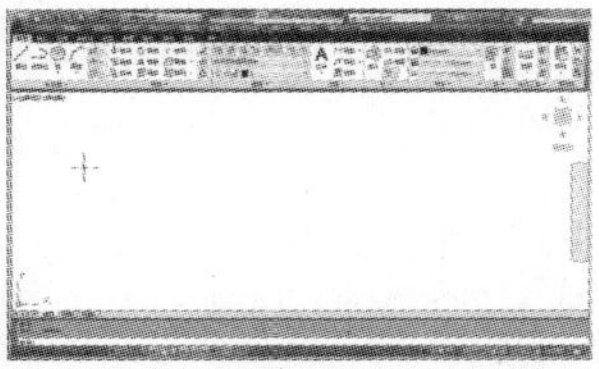

◎AutoCAD 2012 的工作界面

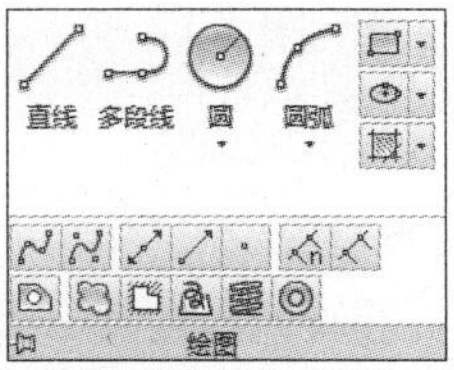

◎"绘图"面板

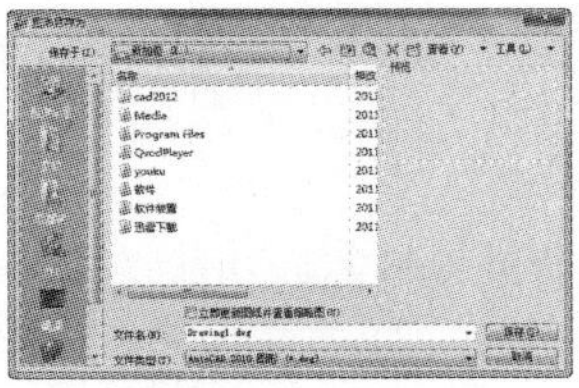

◎保存图形文件

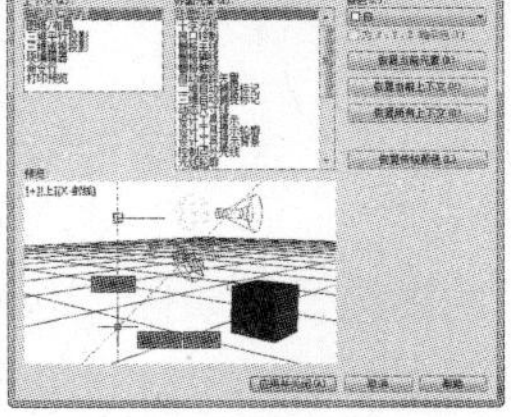

◎设置图形窗口颜色

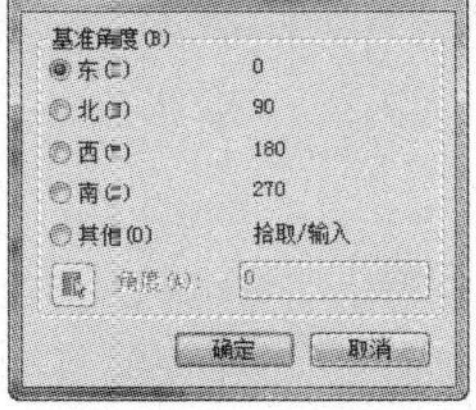

◎"方向控制"对话框

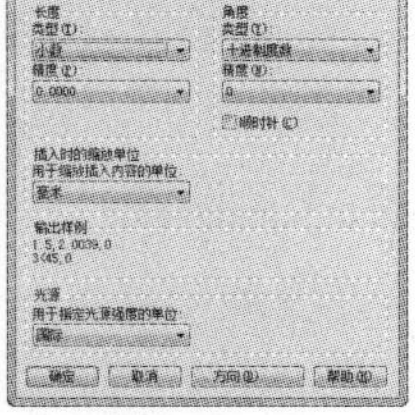

◎设置图形单位

1.1 计算机绘图概念

CAD即计算机辅助设计（Computer Aided Design），CAD是一种技术，其中人与计算机结合为一个问题求解组，紧密配合，发挥各自所长，使其工作优于每一方，并为应用多学科方法的综合性协作提供了可能。CAD是20世纪60年代发展起来的新兴学科，现在已经成为现代工业设计中十分重要的一项技术。AutoCAD系列软件以其便捷的绘图功能、友好的人机界面、强大的二次开发能力以及可靠的硬件接口，已经成为世界上应用最广泛的CAD软件。

传统的绘图手段是利用各种绘图仪器和工具进行手工绘制，这种方式不但劳动强度大，绘图效率低，而且同样的图形在不同的位置也无法进行复制，给绘图带来很大的麻烦。随着计算机图形学理论和技术的不断发展，过去繁琐的绘图任务都可以由计算机来完成，人们可以边设计边修改，直到设计出满意的结果，再利用绘图设备输出图形即可。同传统的手工绘图相比，计算机绘图不但速度快、精度高，而且便于共享数据、协同工作，并且可以通过网络快速交流。因此，计算机绘图正在取代手工绘图，在机械设计、石油化工、冶金、土木工程、轻工、地质和商业等各种领域的应用都非常广泛。

AutoCAD具有良好的用户界面，通过交互菜单或命令行方式便可以进行各种操作，并且具有广泛的适应性，它可以在各种操作系统支持的微型计算机和工作站上运行，支持分辨率由320×200到2048×1024的各种图形显示设备40多种，以及数字仪和鼠标器30多种，绘图仪和打印机数十种，这就为AutoCAD的普及创造了条件。从草图、详图到概念设计，绘图软件的领航者再一次指明了行业的发展方向，AutoCAD 2012能够帮助创意人员精心提炼每一个想法，其更快的处理速度和更高的精确性为日常制图工作的迅速开展起到了很好的推动作用，同时能够节省大量时间。注解比例和不同视口特有的图层属性优化了工作区的使用，增强的文本、表格、引线功能显示了该软件无与伦比的美学精度和专业水准。AutoCAD的不断创新，结合新的工具套件，为现有的概念设计和可视化操作带来明显的生产率提升，使日常绘图工作的效率更高。

1.2 AutoCAD 发展历程

AutoCAD 绘图软件由美国 Auto desk 公司于 1982 年推出，经历了十几个版本的更新，逐步适应着社会的发展，功能越来越强大，逐渐成为国际上广为流行的绘图工具。其发展过程大部分为四个阶段。

1. 初级阶段

在初级阶段AutoCAD推出了5个版本。

1982年12月，首次推出AutoCAD 1.0版本；

1983年4月，推出AutoCAD 1.2版本；

1983年8月，推出AutoCAD 1.3版本；

1983年10月，推出AutoCAD 1.4版本；

1984年10月，推出AutoCAD 2.0版本。

2. 发展阶段

在发展阶段AutoCAD推出了6个版本，在之后的高级发展阶段，其高级协助设计高能功能进一步得到完善。

1985年5月，推出AutoCAD 2.17版本和2.18版本；

1986年6月，推出AutoCAD 2.5版本；

1987年9月，推出AutoCAD 9.0版本和9.03；

1988年8月，推出AutoCAD 10.0版本；

1990年，推出AutoCAD R11版本；

1992年，推出AutoCAD R12版本。

3. 完善阶段

在完善阶段AutoCAD经历了三个版本，逐步由DOS平台转向Windows平台。

1996年6月，推出AutoCAD R13版本；

1998年1月，推出AutoCAD R14版本，这是一次划时代的更新；

1999年1月，推出AutoCAD 2000版本。

4. 进一步完善阶段

随着技术的进一步提高，AutoCAD又有功能更强大的新版本被不断推出。

2001年9月，推出AutoCAD 2002版本；

2003年5月，推出AutoCAD 2004版本；

2004年8月，Autodesk公司在北京正式宣布推出更具划时代意义的AutoCAD版本——AutoCAD 2005简体中文版；

2005年之后，推出AutoCAD 2006版本和AutoCAD 2007版本。

2007年，AutoCAD更新到AutoCAD 2008版本。

2010年，AutoCAD更新到AutoCAD 2011版本。

2011年，AutoCAD又更新到AutoCAD 2012版本。

1.3 AutoCAD的基本功能

AutoCAD具有舒适的界面，强大的绘图功能，下面介绍其各个基本功能。

1.3.1 控制图形显示

控制图形显示的命令主要包括图形的重画与重生成、图形的放缩与平移、命名视图、平铺视口、鸟瞰视图等。

在AutoCAD中，可以很方便地以各种方式显示、观看、放大和缩小图形。对于三维图形，利用“缩放”及“鹰眼”功能可改变当前视口中图形的视觉尺寸，以便清晰地观察图形的全部或某一部分的细节。

“实时”功能相当于窗口不动，在窗口后上、下、左、右移动一张图纸，以便观看图形上的不同部分。

三维视图控制功能可以选择视点和投影方向，显示轴测图、透视图或平面视图，消除三维显示中的隐藏线，实现三维动态显示等。

视口控制功能将屏幕分成几个视口，每个视口可以单独进行各种显示并定义独立的用户坐标系，重画或重新生成图形等，在不同视口中显示图形，如图1-1所示。

1.3.2 绘制二维图形

绘图功能是AutoCAD的核心，其二维绘图功能尤其强大，它提供了一系列的二维图形绘制命令，可以绘制直线、多段线、样条曲线、矩形、多边形等基本图形，也可以将绘制的图形转换为面域，对其进行填充，如剖面线、非金属材料、涂黑、砖、砂石及渐变色填充等，利用AutoCAD绘制的二维图形如图1-2所示。

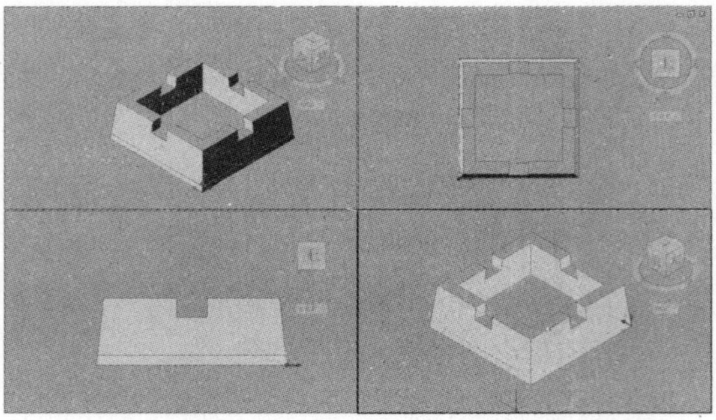

图1-1 四个视口显示图形

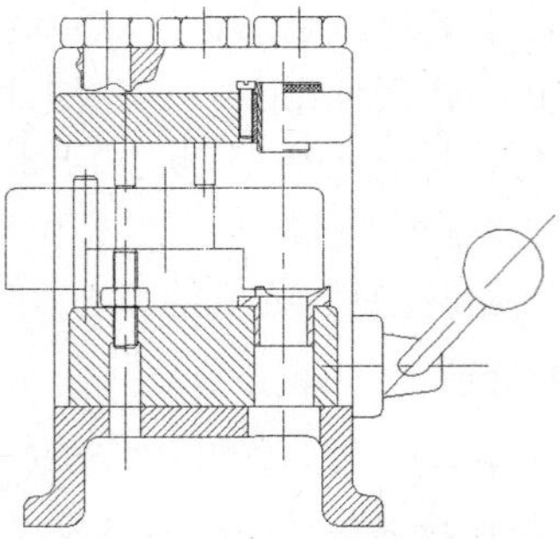

图1-2 使用AutoCAD绘制的二维图形

在提供绘图命令的同时，AutoCAD提供了丰富的图形编辑和修改功能，如移动、旋转、缩放、延长、修剪、倒角、倒圆角、复制、阵列、镜像、删除等，用户可以灵活方便地对选定的图形对象进行编辑和修改。

1.3.3 图形标注

图形标注分为文字标注、尺寸标注和表格标注等内容。

文字标注不仅对图形起到注释、说明作用，还表达了一些图形无法表达的内容，如设计说明、施工图中的图例、符号注解以及技术要求等，是施工图纸信息的重要组成部分。使用文字标注创建的技术要求，如图1-3所示。

尺寸标注是在图形中添加测量注释的过程，它显示的是对象的测量值、对象之间的距离、角度或特征，在整个绘图过程中是十分重要的步骤。AutoCAD提供了线性、半径、角度三种基本的标注类型，可以进行水平、垂直、对齐、旋转、坐标、基线或连续等标注。除此之外，也可以进行引线标注、公差标注及自定义粗糙标注。无论是二维还是三维图形，均可进行标注。使用AutoCAD标注的二维图形，如图1-4所示。

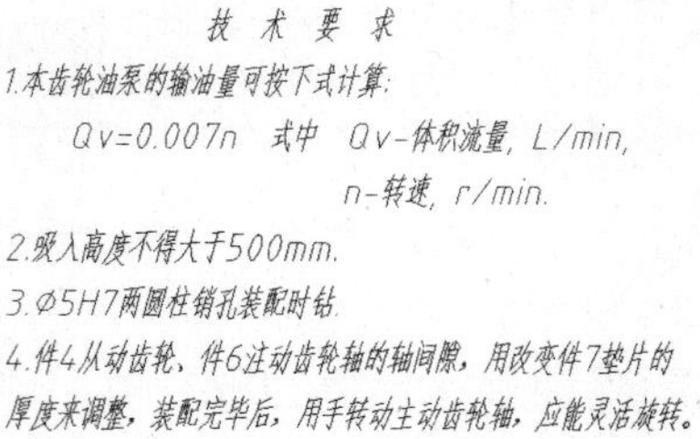

图1-3 文字标注

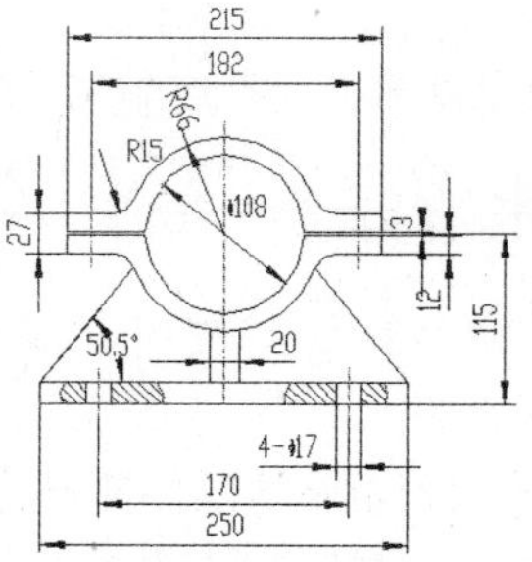

图1-4 标注二维图

1.3.4 三维实体

三维功能的作用是建立、观察和显示各种三维模型，其中包括线框模型、曲面模型和实体模型。AutoCAD提供了很多三维绘图命令，不但可以将二维图形通过拉伸、设置标高和厚度转换为三维图形，或将平面图形经回转和平移分别生成回转扫描体和平移扫描体，还可以直接创建长方体、圆柱体、球体等三维实体，绘制三维曲面、三维网格、旋转面等模型。使用AutoCAD绘制的三维图形如图1-5所示。

同时，AutoCAD可以为三维造型设置光源和材质，通过渲染处理，可以得到像照片一样具有三维真实感的图像。经渲染处理的室内布置图如图1-6所示。

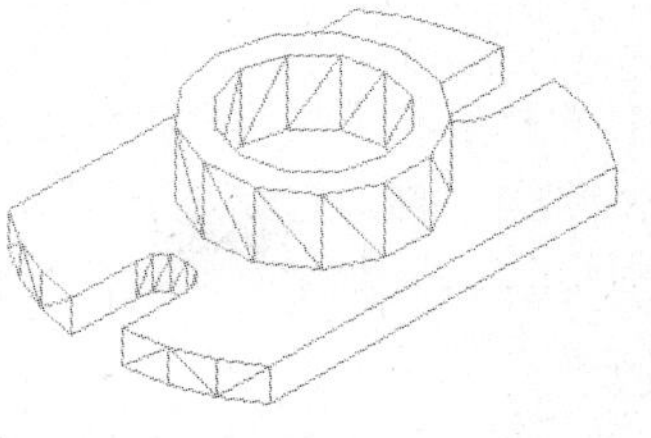

图1-5 三维图形

图1-6 经过渲染处理的图像

1.3.5 幻灯演示和批量执行命令功能

在AutoCAD中可以把图形的某些显示画面生成幻灯片，对其进行快速显示和演播。可以建立脚本文件，如同在DOS系统下的批处理文件一样，可以自动执行在脚本文件中预定义的一组AutoCAD命令及其选项和参数序列，从而为绘图增添许多自动化成分。

1.3.6 用户定制功能

AutoCAD本身是一个通用的绘图软件，它并不是专门针对某个行业、专业或领域开发的。它提供了多种自由定制途径和工具，允许用户将其改造为一个适用于某一行业、专业或领域的，可以满足用户个人习惯和喜好的专用的设计和绘图软件系统。它可以定制的内容包括：为AutoCAD的内部命令定义用户便于记忆和使用的命令别名，建立满足用户特殊需要的线型和填充图案，重组或修改系统菜单和工具栏，通过图形文件建立用户符号库和特殊字体等。

1.3.7 数据交换与链接功能

在AutoCAD中，提供了很多种图形、图像数据交换格式和相应的命令，可以将图形对象与外部数据库中的数据进行关联，可以通过DXF、IGES等规范的图形数据转换接口，与其他CAD系统或应用程序进行数据交换。还可以利用Windows系统的剪贴板和对象链接嵌入技术，很方便地与其他Windows应用程序交换数据。通过链接对象到外部数据库中实现图形智能化，帮助使用者在设计中管理和实时提供更新的信息。除此之外，AutoCAD还可以直接对光栅图像进行插入和编辑操作。

1.3.8 Internet 功能

利用AutoCAD强大的Internet工具，可以在网络上发布图形、访问和存取，为设计者之间相互共享资源和信息，同步进行设计、讨论、演示、获得外界消息等提供了极大的帮助。

即使用户不熟悉HTML编码，利用AutoCAD的网上发布向导也可以方便、迅速地创建格式化的Web页。利用联机会议功能可以实现用户之间的图形共享，当一个人在计算机上编辑图形时，其他人也可以在自己的计算机上观看、修改；可以使工程设计人员为众多用户在他们的计算机桌面上演示新产品功能；可以实现联机修改设计、联机解答问题，所有这些操作均与参与者的工作地点无关。

电子传递功能可以把AutoCAD图形及相关文件（如外部参照和字体文件）进行打包或制成可执行文件，然后将其以单个数据包的行书传递给客户和工作组成员。

AutoCAD的超级链接功能可以将图形对象与其他对象（如图形、文档、明细表、数据表、工程计划、动画和声音等）建立链接关系。

此外，AutoCAD还提供了一种既安全又适于在网上发布的文件格式——DWF格式。用户可以使用Autodesk DWF Viewer来查看或打印DWF文件的图形集，也可以查看DWF文件中包含的图层信息、图纸和图纸集特性、块信息和属性，以及自定义特性等信息。用户也可以在网页浏览器上浏览这种格式的图形。

1.3.9 图形输出

AutoCAD不仅允许将所绘图形的部分或全部以任意比例和不同样式通过绘图仪或打印机输出，还可以将不同类型的文件导入AutoCAD，将图形中的信息转化为AutoCAD图形对象，或者转化为一个单一的块对象。这样使得AutoCAD的灵活性大大增强。AutoCAD可以将图形输出为图元文件、位图文件、平板印刷文件、AutoCAD块和3DStudio文件等。

1.4 中文版 AutoCAD 2012新功能简介

AutoCAD 2012是AutoCAD的最新版本，除继承以前版本的优点以外，还增加了一些新的功能，下面将详细介绍AutoCAD 2012的新功能。

1.4.1 从三维模型创建图形

- 从 AutoCAD 和 Inventor 三维模型中创建图形。
- 从 AutoCAD 和 Autodesk Inventor 三维模型在布局中创建关联图形。
- 从其他三维 CAD 模型创建图形，输入 IGES、CATIA、Pro/ENGINEER、STEP、SolidWorks、JT、NX、Parasolid 和 Rhinoceros(Rhino) 文件并从中生成图形。

1.4.2 阵列概述

1. 创建以阵列模式排列的对象副本

共有三种类型的阵列，如图1-7所示。

- 矩形。
- 路径。
- 极轴。

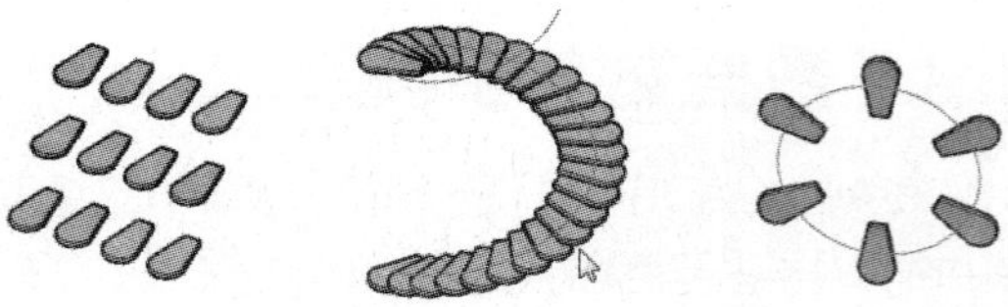

图1-7 矩形、路径和极轴阵列效果

2. 控制阵列关联性

关联性允许用户通过维护项目之间的关系，快速在整个阵列中传递更改。阵列可以设置为关联或非关联。

- 关联：项目包含在单个阵列对象中，类似于块。编辑阵列对象的特性，例如，间距或项目数、替代项目特性或替换项目的源对象。编辑项目的源对象以更改参照这些源对象的所有项目，如图1-8所示。
- 非关联：阵列中的项目创建为独立的对象。更改一个项目不影响其他项目，如图1-9所示。

图1-8 "关联"图形

图1-9 "非关联"图形

1.4.3 使用对象夹点

可以使用不同类型的夹点和夹点模式以其他方式重新塑造、移动或操纵对象。

1. 用不同的方法使用夹点

● 使用夹点模式：选择一个对象夹点，使用默认夹点模式（即拉伸），或按 Enter 键，或按空格键来循环浏览其他夹点模式，如移动、旋转、缩放和镜像。也可以在选定的夹点上单击鼠标右键，查看快捷菜单上的所有可用选项。

● 使用多功能夹点：对于很多对象，也可以将光标悬停在夹点上，然后从动态菜单中选择一个多功能夹点编辑选项。

2.具有多功能夹点的对象

下列对象具有多功能夹点，可提供特定的对象（在某些情况下，特定的夹点）的选项，如图1-10所示。

● 二维对象：直线、多段线、圆弧、椭圆弧和样条曲线。

● 注释对象：标注对象和多重引线。

● 三维实体：三维面、边和顶点。

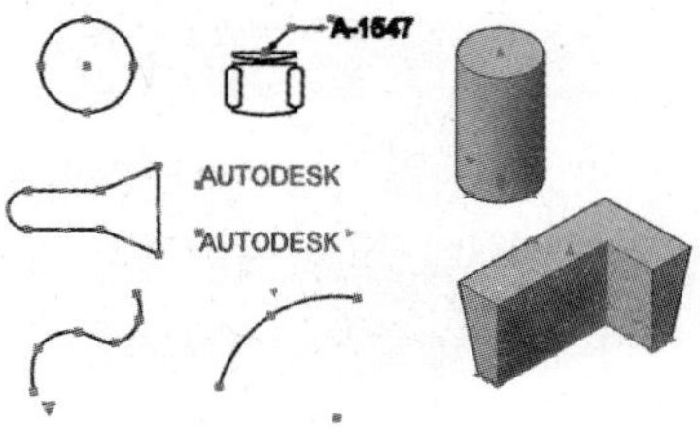

图1-10 具有多功能对象的图形

3. 重点说明

● 锁定图层上的对象不显示夹点。

● 选择多个共享重合夹点的对象时，可以使用夹点模式编辑这些对象；但是，任何特定于对象或夹点的选项将不可用。

1.4.4 将 AutoCAD WS 用于图形文件协作

AutoCAD WS 编辑器允许您使用 Web 浏览器在任何计算机上访问和编辑联机副本。多个用户可实时联机处理相同的图形文件。

1. 在 AutoCAD WS 中访问和共享图形

登录到您的 AutoCAD WS 账户，以访问和管理任意计算机上使用 Web 浏览器和 Internet 访问上载的文件。

联机与其他用户共享图形和其他文件。用户可以查看、编辑或下载共享图形，而不必安装 CAD 软件或 DWG 查看器。还可以下载其他共享文件，例如 PDF、ZIP、光栅图像以及任何其他文件。

2. 实时协作

在共享联机图形后，通过邀请其他用户同步查看和编辑该图形，可实现与其他用户的实时协作。

3. 使用时间

时间轴允许您跟踪联机图形的历史记录。使用时间轴来查看图形的先前版本，包括从实时协作生成的版本，显示绘图过程中所做的全部注释。

在查看图形的以前版本时，不能进行更改。保存图形的副本以继续处理选定的版本。

1.4.5 在命令行中输入命令

可以使用键盘输入命令，有些命令具有缩写名称，称为命令别名。使用键盘输入命令，请在命令行中输入完整的命令名称，然后按 Enter 键或空格键。要重复上一个命令，按 Enter 键或空格键，而无需输入命令。

1. 显示有效命令和系统变量

默认情况下，系统会在用户键入时自动完成命令名或系统变量。此外，会显示出一个有效选择列表，用户可以从中选择。使用 AUTOCOMPLETE 命令控制想要使用哪些自动功能。

如果禁用自动完成功能，则可以在命令行中输入一个字母并按 Tab 键，循环显示以该字母开头的所有命令和系统变量。按 Enter 键或空格键来启动命令或系统变量。

在命令行中输入命令时，将显示一组选项或一个对话框里提示信息。例如，在命令提示下输入 CIRCLE 时，将显示以下提示。

```
指定圆的圆心或 [ 三点 (3P)/ 两点 (2P)/ 切点、切点、半径 (T)]:
```

可以通过输入 X,Y 坐标值或通过使用定点设备在屏幕上单击点来指定圆心，要选择不同的选项，请输入括号内的相应选项中的大写字母。可以输入大写或小写字母。例如，要选择三点 (3P) 选项，输入 3p。

2. 输入缩写的命令名称

某些命令还有缩写名称。例如，除了通过输入 LINE 来启动 LINE 命令之外，还可以通过输入 L 来启动。缩写的命令名称为命令别名，并在acad.pgp 文件中定义。

3. 指定命令选项

AutoCAD WS 是与 AutoCAD 直接交互的应用程序。 对本地 AutoCAD 图形的更改会与已存储在 AutoCAD WS 服务器上的联机副本同步。

AutoCAD WS 编辑器允许您使用 Web 浏览器从任何计算机访问和编辑联机副本。多个用户可实时地联机处理相同的图形文件。

4. 执行命令

要执行命令，请按空格键或 Enter 键，或在输入命令名或响应提示后单击定点设备右键。"帮助" 中的说明假定此步骤而不特别指示用户在每次输入后按 Enter 键。

1.5 安装中文版 AutoCAD 2012

正确安装软件是使用软件前一个必要的工作，安装前，必须确保系统的配置能达到软件的要求，安装的过程也要正确无误，这样才能使用软件。

本节将介绍中文版AutoCAD 2012对系统配置的要求及其安装过程。

1.5.1 中文版 AutoCAD 2012 对计算机系统的要求

在独立的计算机上安装产品之前，首先要确保计算机满足最低系统需求。

1. 32 位 AutoCAD 2012 的系统要求

- 操作系统：Windows 7、Vista、Windows XP。
- CPU：英特尔奔腾4，AMD Athlon双核处理器3.0GHz、1.6GHz或更高。
- 内存：2GB。
- 硬盘空间：1.8GB。
- 分辨率：1280*1024，128MB以上独立显卡。
- 浏览器：微软Internet Explorer 7.0或更高。
- 光驱：DVD。

2. 64 位 AutoCAD 2012 的系统要求。

- 操作系统：Windows 7、Vista。
- CPU：英特尔奔腾4，AMD Athlon双核处理器3.0GHz、2GHz或更高。
- 内存：2GB。
- 硬盘空间：2GB。
- 分辨率：1280*1024，128MB以上独立显卡。
- 浏览器：Internet Explorer 7.0或更高。
- 光驱：DVD。

工程师点拨：安装AutoCAD注意事项

安装AutoCAD，用户必须具有管理员权限或由系统管理员授予更高权限。建议在用户界面语言与 AutoCAD 语言的代码页匹配的操作系统上安装非英文版本的AutoCAD。安装 AutoCAD 时，将自动检测 Windows 操作系统是 32 位版本还是 64 位版本，便于安装适当的 AutoCAD 版本。不能在 64 位版本的 Windows 上安装32位版本的AutoCAD。

1.5.2 中文版 AutoCAD 2012 的安装过程

中文版AutoCAD 2012 在各种操作系统下的安装过程基本一样，下面以Windows 7.0 Service Pack 2 为例来介绍它的安装过程。

- 将AutoCAD 2012的安装光盘放到光驱内，打开AutoCAD 2012的安装文件夹。
- 双击 Setup 图标，打开如图1-11所示的界面。
- 单击界面上的 Install 按钮开始安装。随后弹出安装界面，如图1-12所示。

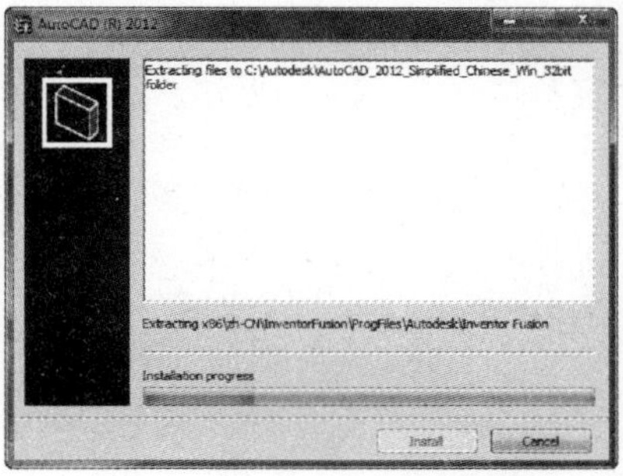

图1-11 AutoCAD 2012解压界面

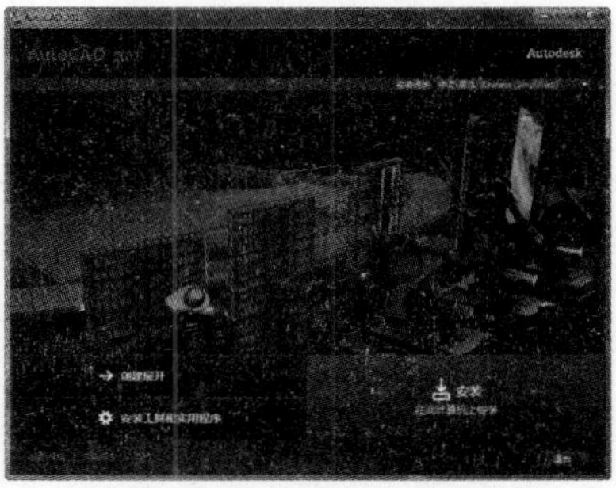

图1-12 “选择要安装的产品”对话框

- 单击界面上的“安装”按钮。开始确定计算机的配置是否符合要求，如图1-13所示。
- 检查安装要求后自动弹出“安装>许可协议”对话框，如图1-14所示。选择“我接受”单选按钮，然后单击“下一步”按钮继续。

图1-13 确定计算机配置

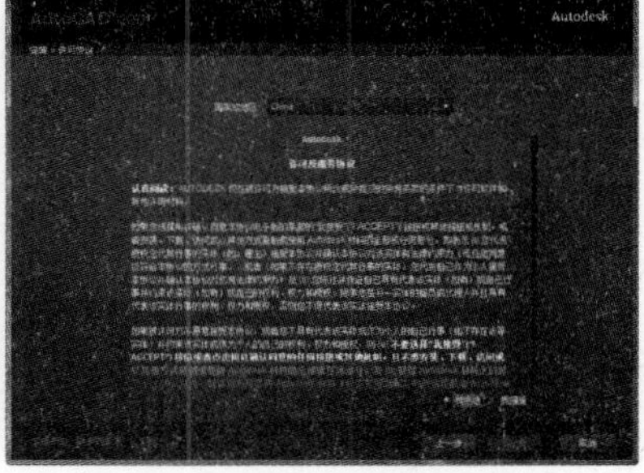

图1-14 “软件许可协议”对话框

● 系统弹出“安装>配置安装”对话框，如图1-15所示。单击“安装”按钮，开始安装。

● 系统弹出“安装>安装完成”对话框，如图1-16所示。单击“完成”按钮，完成安装。

图1-15 “安装配置”对话框

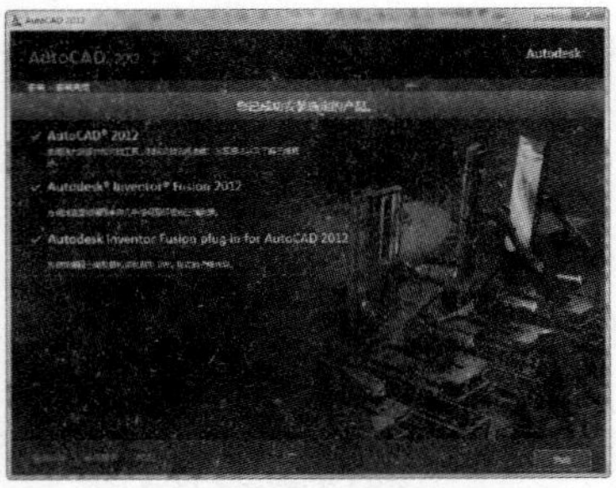

图1-16 “安装完成”对话框

1.5.3 中文版 AutoCAD 2012 的启动和退出

软件安装完成后就可以使用软件绘图了，下面介绍AutoCAD 2012的启动和退出的具体操作步骤。

1. 启动

● “开始”菜单：单击“开始”菜单，在菜单中选择Autodesk/AutoCAD2012－Simplified Chinese/AutoCAD 2012－Simplified Chinese。

● 桌面：单击桌面上的快捷图标。

两种方式均可打开AutoCAD 2012的操作界面，首次启动AutoCAD 2012，系统会弹出“欢迎使用Auto CAD”界面，如图1-17所示。

图1-17 “欢迎使用 AutoCAD”界面

2. 退出

● 命令行：在命令行输入 QUIT，按Enter键。

● 标题栏：单击标题栏上的“关闭”按钮。

● 菜单栏：执行“文件 > 退出”命令。

● 快捷键：Alt+F4。

● 菜单浏览器：在菜单浏览器中选择“关闭”选项。

用户在执行退出命令前要注意保存已操作的文件。如果用户在退出时没有保存已修改的文件，则系统弹出提示框，如图1-18所示，询问用户是否保存已修改的文件，如果要保存，单击“是”按钮即可；如果不想保存，则单击“否”按钮；单击“取消”按钮，则取消退出操作。

如果文件是新建的，则在保存时会弹出“图形另存为”对话框，如图1-19所示，可以在“文件名”文本框中输入新的文件名或默认文件名，选择保存路径后单击“保存”按钮即可。

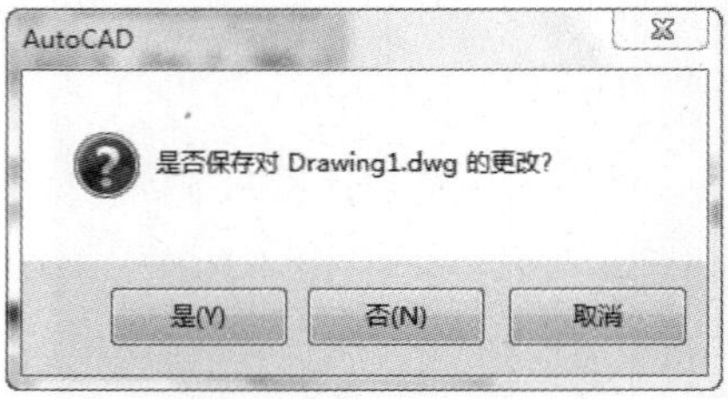

图1-18 退出提示框图

图1-19 “图形另存为”对话框

1.6 中文版 AutoCAD 2012的界面组成

AutoCAD 2012版的工作界面变化很大，给人耳目一新的感觉，如图1-20所示。其主要由菜单浏览器、菜单栏、面板、绘图窗口、文本窗口、命令行与状态栏等元素组成。这是2012版的默认界面，它把所有工具都放在了顶部，在水平方向拓宽了绘图区域，可以显示出更宽范围的图形。如果用户不习惯，也可以设置成Auto CAD经典界面。下面将详细介绍2012版本的界面组成。

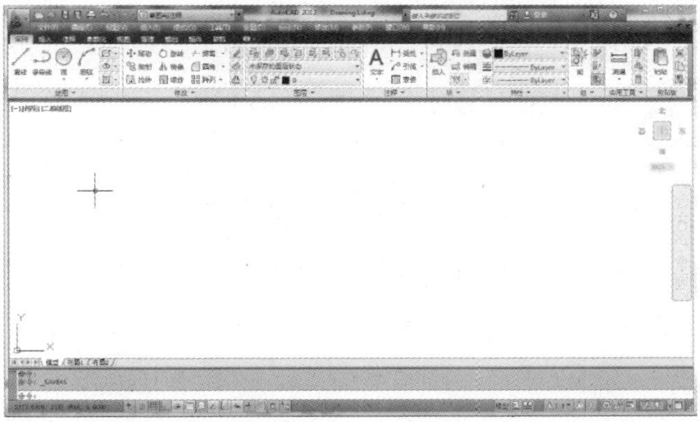

图1-20 中文版AutoCAD 2012 的二作界面

1.6.1 绘图窗口

绘图窗口是用户进行绘图的工作区域。一般的绘图工作都可以在这个区域完成，它占据了屏幕的绝大部分空间，用户绘图的所有内容都将显示在这个区域中。用户可以根据自己的实际需要关闭一些工具栏以增大绘图空间。

在绘图窗口中不仅显示当前的绘图结果，而且还显示了用户当前使用的坐标系的图标，表示了该坐标系的类型和原点，X轴、Y轴和Z轴的方向。

1.6.2 标题栏

标题栏显示当前操作文件的名称。最左端依次为“新建”、“打开”、“保存”、“另存为”、“放弃”、“重做”和“打印”按钮。然后是“工作空间”列表，用于这样相应的工作空间。标题栏中间部分用于显示当前正在运行的程序名和文件名等信息，在其右端是“搜索”、“登录”、“交换”按钮，新增“帮助”功能。标题栏最右端仍然是窗口最小化、最大化和关闭按钮，如图1-22所示。

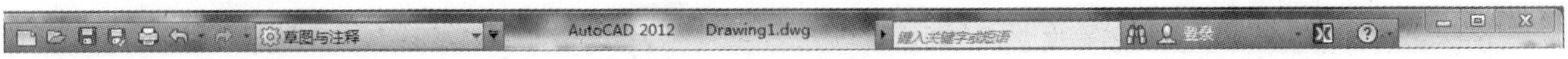

图1-21 标题栏

1.6.3 菜单浏览器和快捷菜单

单击“菜单浏览器”按钮，会出现下拉菜单，如图1-22所示。如“新建”、“打开”、“保存”、“另存为”、“输出”、“打印”、“发布”都显示在这里，而且还增加了很多新项目，有“最近使用的文档”、“打开文档”、“选项”和“退出 AutoCAD ”。

用户在使用菜单浏览器时应注意以下几点。

- 后面带有符号 ▸ 的命令表示还有级联菜单。
- 如果命令显示为灰色，则表示该命令在当前状态下不可用。

快捷菜单通常出现在绘图区、状态栏、工具栏、模型或布局选项卡上右击时，系统会弹出一个快捷菜单，该菜单中显示的命令与右击的对象及当前状态相关。如图1-23所示即为各种快捷菜单。

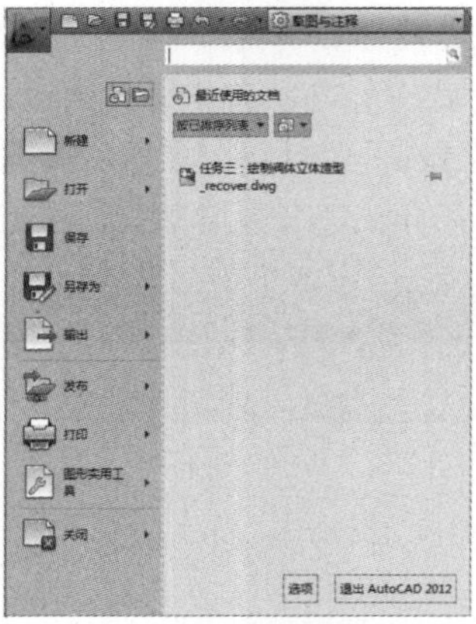

图1-22 AutoCAD 2012菜单浏览器

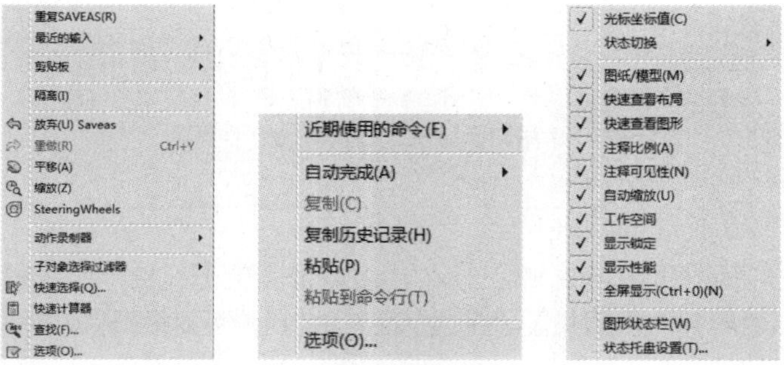

图1-23 快捷菜单

1.6.4 选项卡和面板

调用命令的另一种方式就是应用选项卡上的面板，Auto CAD的各选项卡的标签如图1-24所示。

图1-24 选项卡标签

图1-25 “常用”选项卡下的各面板

单击选项卡标签，会显示其下的面板，面板是一组图标型工具的集合，系统默认的是“常用”选项卡下的各种面板工具，如图1-25所示。

面板上有的按钮右下角有箭头，表示有扩展菜单，单击箭头，扩展菜单会列出更多的操作命令，如图1-26所示的“绘图”扩展菜单。

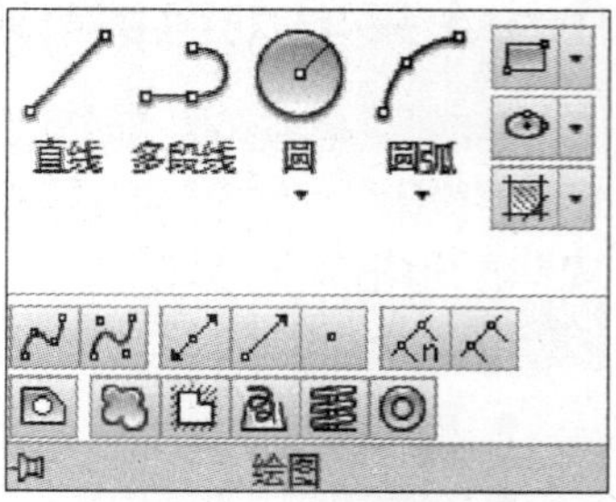

图1-26 “绘图”扩展菜单

1.6.5 工具栏

AutoCAD 2012版系统提供了50余种已命名的工具栏，在默认情况下，工具栏处于隐藏状态，这也是与以前版本不同的地方。

- 菜单栏：在菜单栏中执行“工具>工具栏>Auto CAD”命令，选择想要显示的工具栏，如图1-27所示。

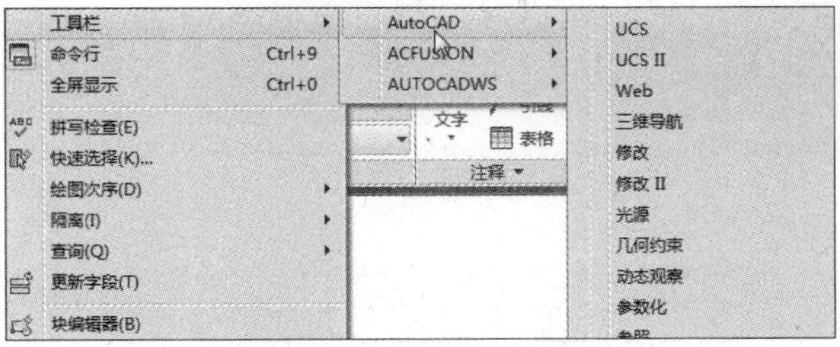

图1-27 通过标题栏显示工具栏

如果绘图窗口已经有一些工具栏，用户想要显示某个隐藏的工具栏，可以直接在显示的工具栏上右击，弹出快捷菜单，如图1-28所示，在此选择想要显示的工具栏，还可以通过“自定义用户界面”对话框来进行管理，如图1-29所示。

图1-28 快捷菜单

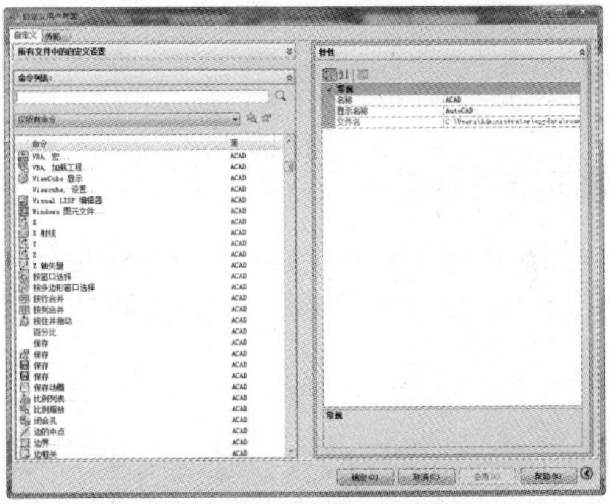

图1-29 “自定义用户界面”对话框

1.6.6 命令行与文本窗口

默认情况下，命令行位于绘图区的下方，用于输入系统命令或显示命令提示信息。用户在菜单栏或工具栏选择某个命令时，也会在命令行中显示提示信息，如图1-30所示。

图1-30 命令行

如果用户觉得命令行显示的信息太少，可以根据自己的需要通过拖动命令行与绘图窗口之间的分隔边框来改变命令行的大小。还可以将命令行拖动至其他位置，将其变为浮动状态。

用户还可以通过执行“视图>显示>文本窗口”命令来调出文本窗口。文本窗口显示了命令行的各种信息，也包括出错信息，如图1-31所示。

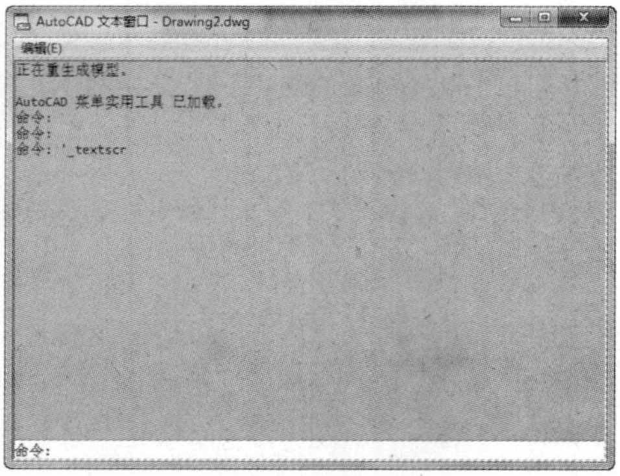

图1-31 文本窗口

1.6.7 状态栏

状态栏位于命令行的下方，即屏幕的底部，用于显示当前用户的工作状态，如图1-32所示。在状态栏中显示了光标位置的坐标以及一些其他绘图辅助按钮，依次是“推断约束”、“捕捉模式”、“栅格显示”、“正交模式”、“极轴追踪”、“对象捕捉”、“三维对象捕捉”、“对象捕捉追踪”、“允许/禁止动态UCS”、“动态输入”、“显示/隐藏线宽”、“显示/隐藏透明度”、“快捷特性”“选择循环”、“模型”、“快速查看布局”、“快速查看图形”、“注释比例”“注释可见性”等，在最右端的是“全屏显示”按钮，单击该按钮可以全屏显示绘图窗口。

图1-32 状态栏

1.6.8 模型和布局模式

中文版AutoCAD 2012系统默认设定一个“模型”空间模式和“布局1”、“布局2”两个图纸空间模式。这两个标签栏位于绘图窗口的下边缘，单击其中的“模型”或“布局”标签，即可以在模型空间和图纸空间之间进行切换。

1. 模型

模型空间是绘制图形的地方（空间），也就是通常我们打开CAD软件时默认的空间，模型空间可制定不同的大小空间，并按照自己的意向在模型空间中绘制各种图形，也可以使用不同的比例出图。

2. 布局

布局是系统为绘图设置的一种环境，它包括图纸大小、尺寸单位、角度设定、数值精确度等。在系统预设的三个标签中的环境变量都按默认设置。用户可根据自己的实际需要来设置这些变量的值，也可以根据需要新建符合自己要求的新标签。

1.6.9 滚动条

用户绘图时可以同时打开多个绘图窗口，在每个窗口右边和左边分别是竖直滚动条和水平滚动条，单击两端的箭头按钮或拖动滚动条上的滑块，都可以使绘图窗口中的图形沿水平或垂直方向滚动显示，方便用户浏览整个图形。

1.7 配置绘图环境

一般来讲，使用系统默认配置就可以绘图，但因为每台计算机所使用的显示器、输入设备和输出设备的类型有所不同，每个用户喜欢的风格也不尽相同，为了使用户准确地使用软件，在开始绘图以前，最好对软件环境进行设置，包括绘图环境的设置和辅助功能设置，以提高绘图效率。

1.7.1 参数设置

绘图前进行参数设置是一项很重要的工作，设置一个合理且适合自己需要的参数，才能提高绘图速度和质量。

执行方式如下。

- 命令行：在命令行中输入 OPTIONS ，按Enter键。
- 菜单栏：执行“工具 > 选项”命令。
- 菜单浏览器：单击“选项“按钮选项”。

调用选项命令后，系统弹出“选项”对话框，如图1-33所示。

各选项具体说明如下。

- “文件”选项卡：用于确定系统搜索支持文件、驱动程序文件、菜单文件和其他文件，如图1-34所示。

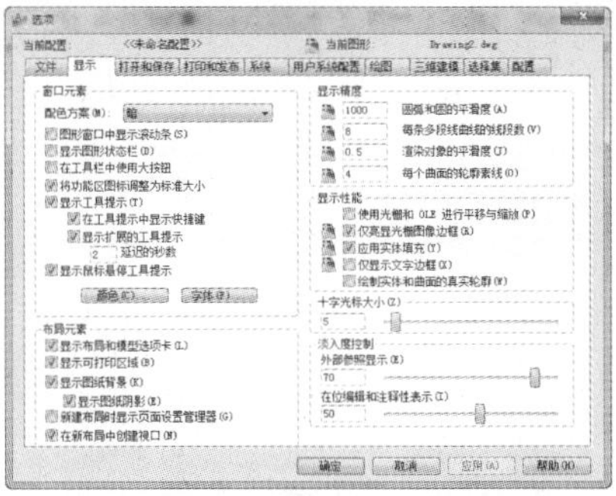

图1-33 “选项”对话框

图1-34 “文件”选项卡

- “显示”选项卡：用于设置窗口元素、显示精度、显示性能、十字光标大小和参照编辑的颜色等。单击“颜色”按钮 颜色(C)... ，弹出“图形窗口颜色”对话框，如图1-35所示，在此设置窗口背景颜色。
- “打印和保存”选项卡：用于设置系统是否自动保存文件、自动保存文件的时间间隔和是否维护日志等，如图1-36所示。

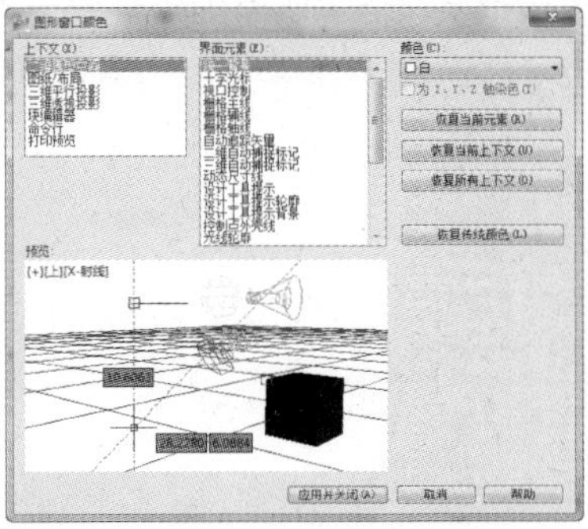

图1-35 “图形窗口颜色”对话框

图1-36 “打印和保存”选项卡

● “打印和发布”选项卡：用于设置打印输出设备。系统默认的输出设备为Windows打印机。用户可以根据自己的需要配置使用专门的绘图仪，如图1-37所示。

● “系统”选项卡：用来设置三维图形的显示特性、设置定点设备、”OLE文字大小“对话框的显示控制、警告信息的显示控制、网络链接检查、启动选项面板的显示控制以及是否允许长符号名称等，如图1-38所示。

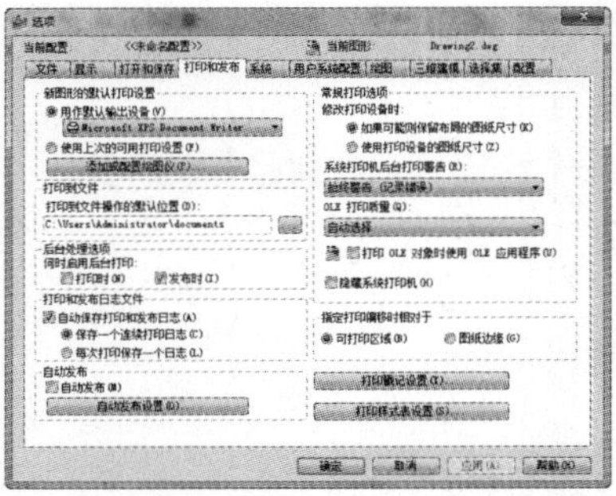
图1-37 “打印和发布”选项卡

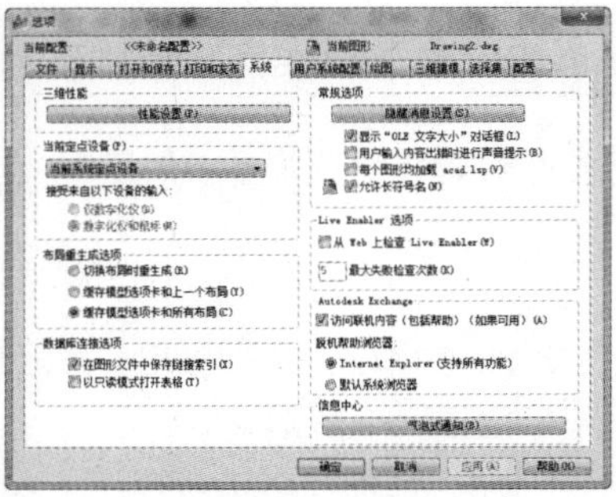
图1-38 “系统”选项卡

● “用户系统配置”选项卡：该选项用于设置系统的相关选项，包括是否使用快捷键、拖放比例及对象的排序方式等，如图1-39所示。

● “绘图”选项卡：该选项卡用于设置对象草图的相关参数，如自动捕捉、自动追踪和靶框大小等，如图1-40所示。

图1-39 “用户系统配置”选项卡

图1-40 “绘图”选项卡

● “三维建模”选项卡：该选项卡用于三维建模时设置相关参数，如十字光标、动态输入等，如图1-41所示。

● “选择集”选项卡：设置与对象选择相关的特性，如选择集模式、拾取框及夹点等，如图1-42所示。

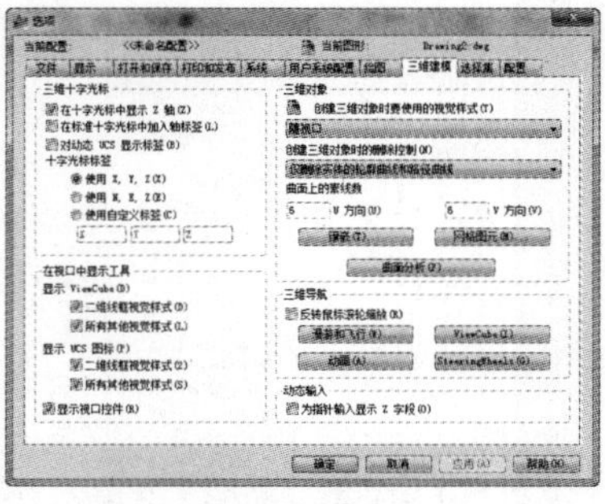
图1-41 “三维建模”选项卡

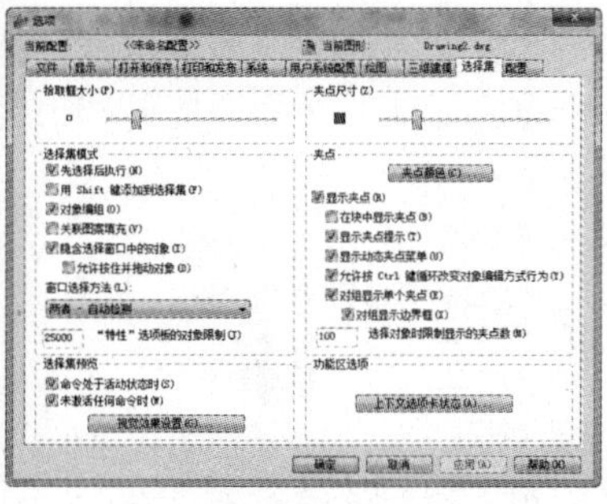
图1-42 “选择集”选项卡

- “配置”选项卡：用于设置系统配置文件的创建、重命名及删除等操作，如图1-43所示。

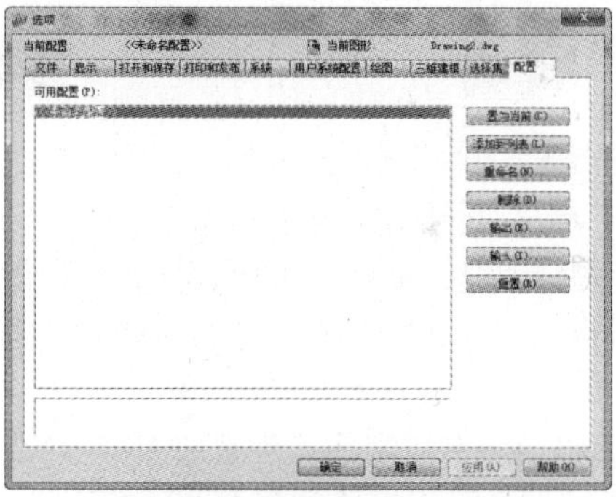

图1-43 “配置”选项卡

1.7.2 绘图界限设置

图形界限即图形的一个不可见的边框。用户可以根据所绘图形大小，使用图形界限确保按指定比例在指定大小的纸上打印图形，创建的图形不会超出图纸空间的大小。默认情况下，图形文件的大小为420 mm×297 mm。这个尺寸适合绘制小的图形对象，如果需要绘制较大的图形，就需要设置绘图区域。

执行方式如下。

- 命令行：在命令行输入LIMITS，按Enter键。
- 菜单栏：执行“格式 > 图形界限”命令。

操作示例

设置A4图纸的图形界限,如图1-44所示。

操作步骤如下。

Step01：执行菜单栏中的“格式>图形界限”命令。

Step02：命令行提示：“重新设置模型空间界限”。

Step03：命令行提示：“指定左下角点或 [开（ON）/关（OFF）] <0.0000,0.0000>：”输入0，0，按Enter键。

Step04：命令行提示：“指定右上角点 <420.0000, 290.0000>:”输入210,297，按Enter键。

Step05：单击状态栏中的“栅格”按钮。

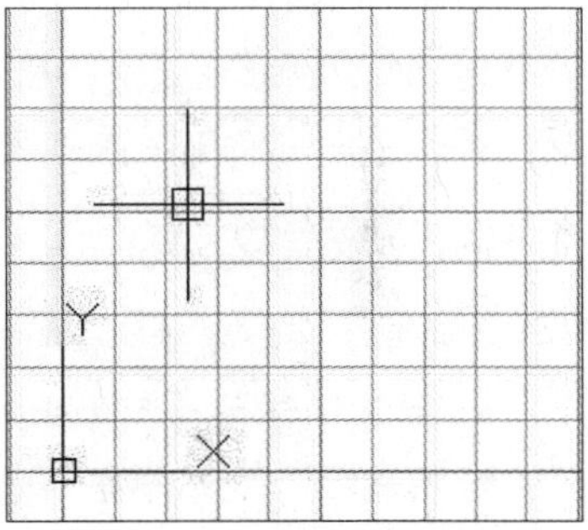

图1-44 打开栅格显示

1.7.3 图形单位设置

图形的单位和格式是工程图的读图标准，对于任何图形而言，总有其大小、精度以及所采用的单位，但在各个领域里对坐标、距离和角度的要求都不同，且各个国家的使用习惯也不同，因此，在模型空间中绘图之前，首先要根据实际项目的不同要求设置正确的单位和格式。

执行方式如下。

- 命令行：在命令行中输入UNITS，按Enter键。
- 菜单栏：执行“格式>单位”命令。

调用单位命令后，系统打开“图形单位”对话框，如图1-45所示。

各选项具体说明如下。

- “长度”选项组：用于指定测量的当前单位及当前单位的精度。其中“类型”用于设置测量单位的当前格式。其中包括“建筑”、“小数”、“工程”、“分数”和“科学”选项。“工程”和“建筑”格式提供英尺和英寸显示，并假定每个图形单位表示1英寸。其他格式可表示任何真实世界单位。“精度”用于设置线性测量值显示的小数位数或分数大小。

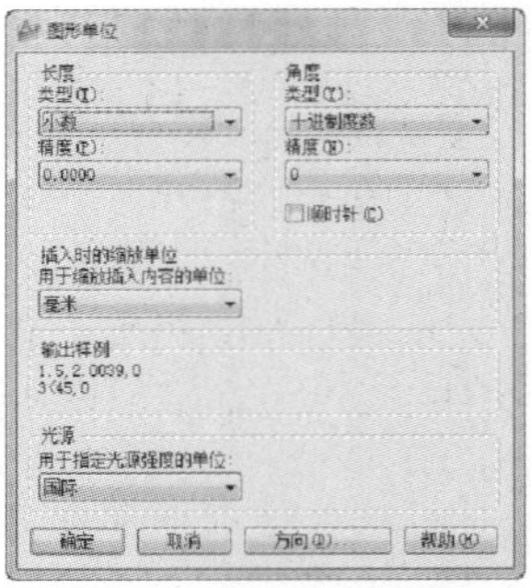

图1-45 “图形单位”对话框

- “角度”选项组：用于指定当前角度格式和当前角度显示的精度。其中“类型”用于设置当前角度格式。“精度”用于设置当前角度显示的精度。“顺时针”是指以顺时针方向计算正的角度值。默认的正角度方向是逆时针方向。当提示用户输入角度时，可以点击所需方向或输入角度，而不必考虑“顺时针”设置。
- “插入时的缩放单位”选项组：用于控制插入到当前图形中的块和图形的测量单位。如果块或图形创建时使用的单位与该选项指定的单位不同，则在插入这些块或图形时，将对其按比例缩放。如果插入块时不按指定单位缩放，请选择“无单位”。
- “输出样例”选项：用于显示用当前单位和角度设置的例子。
- “光源”选项：用于控制当前图形中光源强度的测量单位。
- “方向”按钮：单击该按钮，弹出“方向控制”对话框，如图1-46所示。

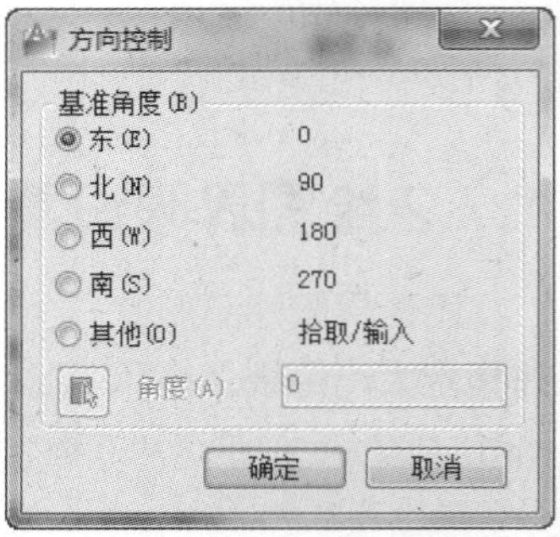

图1-46 “方向控制”对话框

1.8 图形文件的操作

图形文件的操作是进行高效绘图的基础，它包括新图形文件的创建、打开已有的图形文件、保存图形文件和关闭图形文件，下面对这些内容进行详细介绍。

1.8.1 新建文件

在绘图开始时需要新建图形文件。执行方式如下。

- 命令行：在命令行中输入NEW，按Enter键。
- 标题栏：单击“新建”按钮。
- 菜单栏：执行“文件>新建”命令。

调用新建命令后，系统弹出“选择样板”对话框，如图1-47所示。一般情况下，.dwt文件是默认的样板文件，通常将一些规定的标准性的样板文件设成.dwt文件，用户根据需要选择一种样板，单击“打开”按钮，即可创建一个新文件。

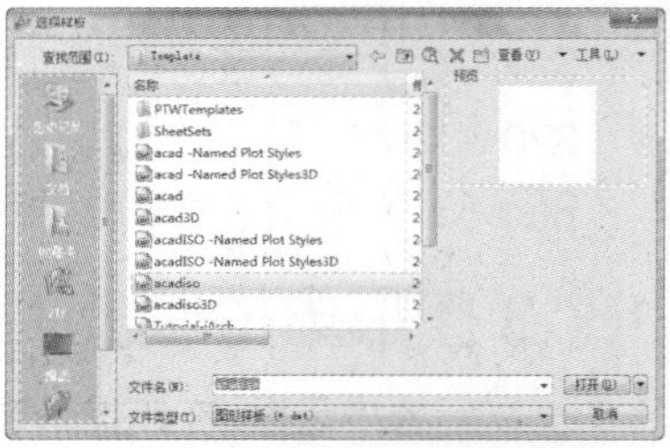

图1-47 “选择样板”对话框

1.8.2 打开文件

在绘图开始或过程中，需要打开文件。执行方式如下。

- 命令行：在命令行中输入OPEN，按Enter键。
- 标题栏：单击“打开”按钮。
- 菜单栏：执行“文件>打开”命令。

调用打开图形文件命令后，系统弹出“选择文件”对话框，如图1-48所示。用户可以在“文件类型”下拉列表中选择文件格式，文件类型有.dwt格式、.dwg格式、.dxf格式和.dws格式。用户选择了要打开的文件后，“再单击“打开”按钮即可打开该文件。默认情况下，打开的图形文件格式为.dwg格式。

“选择文件”对话框右侧有图形文件的“预览”框，用户可在此处预览所选择图形文件，可以很方便地找到所需的图形文件。在AutoCAD 2012中，用户还可以同时打开多个图形文件，并在多个图形文件中切换工作，工作效率可以得到很大提高。

图1-48 “选择文件”对话框

1.8.3 保存文件

绘图过程中或绘图结束时都要保存或另存图形文件，以免出现意外情况而丢失当前所做的重要工作。执行方式如下。

- 命令行：在命令行中输入QSAVE，按Enter键。
- 标题栏：单击“保存”按钮 。
- 菜单栏：执行“文件>保存”命令。

调用保存图形文件命令后，如果是新建的文件，系统会弹出“图形另存为”对话框，提示用户命名文件以及选择文件类型。如果是打开了一个已有的文件进行修改后保存，就不会弹出选项面板，而是自动保存了。

如果用户在绘图过程中需要将图形文件重命名保存，则需要用到AutoCAD的另存功能。调用另存为命令有两种方法。

- 命令行：在命令行中输入SAVE AS，按Enter键。
- 菜单栏：执行“文件>另存为”命令。

调用另存为命令后，打开“图形另存为”对话框，如图1-49所示，在”文件名“下拉列表里输入另存的名称，单击“保存”按钮即可完成图形文件的重命名操作。

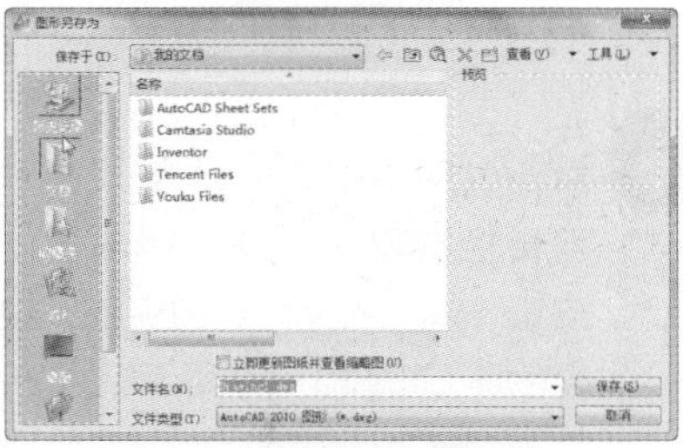

图1-49 “图形另存为”对话框

1.8.4 关闭图形文件

绘制完图形并保存后，用户可以将其关闭。

执行方式如下。

- 命令行：在命令行中输入CLOSE，按Enter键。
- 菜单栏：执行“文件>关闭”命令。

调用关闭命令后，如果当前图形文件没有保存，系统将弹出如图1-50所示的提示框。在该提示框中，需要保存修改则单击”是“按钮，否则单击”否“按钮，取消关闭操作单击”取消“按钮即可。

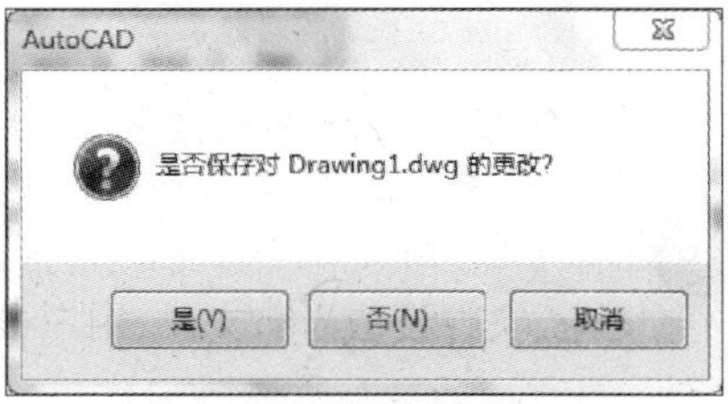

图1-50 系统提示对话框

综合实例 —— 设置通气器绘图环境

AutoCAD 2012拥有强大的二维、三维功能，用它可以绘制几乎所有构思的形状，直观地探究设计构想。它具备许多创新技术，能够显著地提高用户的编辑效率，便于同事之间更安全、准确、流畅地共享设计，下面以绘制通气器为例复习一下本章所学。

Step01 单击 AutoCAD 2012 图标，打开 AutoCAD，执行菜单栏中的“工具 > 选项”命令，调整背景颜色、光标大小等，如图 1-51 所示。

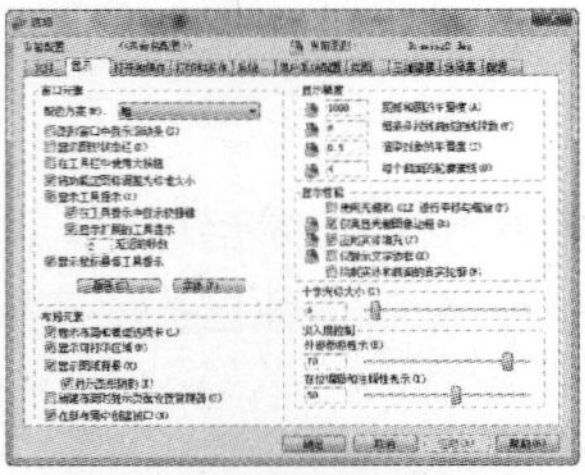

图1-51 设置绘图环境

Step02 执行“格式 > 图形界限”命令，在命令栏提示下先后输入边界的两个坐标，这两个坐标要根据图形的大小来决定，如图 1-52 所示。

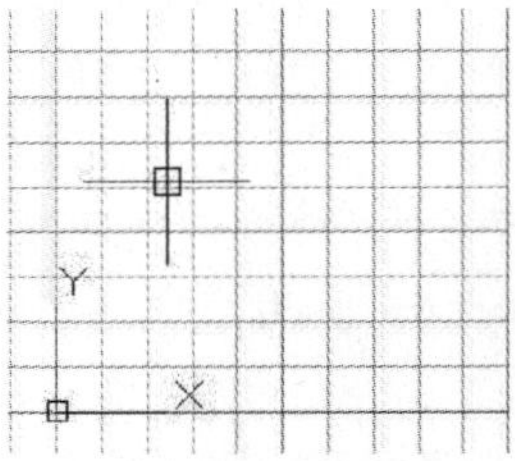

图1-52 设置图形界限

Step03 单击“图层特性”按钮 ，在“图层特性管理器”窗口中单击“新建图层”按钮 ，设置图层的名称、线型、线宽、颜色等，如图 1-53 所示。

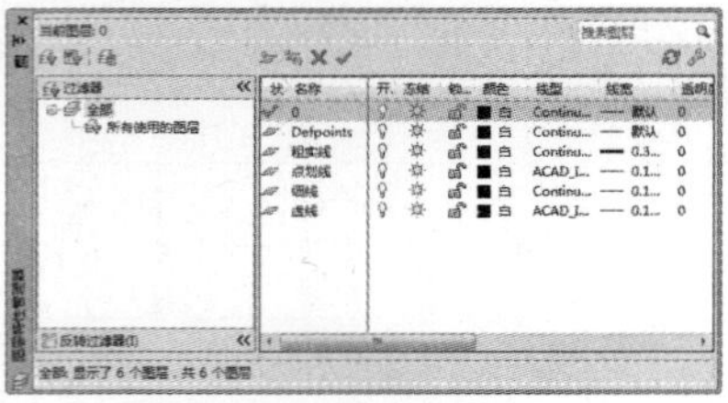

图1-53 设置图层

Step04 将线型设置为点划线，利用直线命令绘制一条中心线，再将线型设置为粗实线，分别绘制两条长度为 7.5 的水平线和一条长度为 3 的竖直线，如图 1-54 所示。

图1-54 绘制中心线和三条线段

Step05 利用镜像命令将先前绘制的三条线段镜像到虚线的另一侧，这样就形成了一个矩形，如图 1-55 所示。

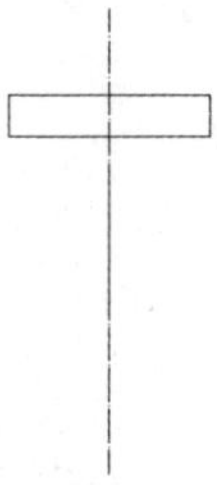

图1-55 矩形

Step06 利用圆弧命令中的“起点、端点、半径”的绘图方式绘制出通气器的顶端的圆弧部分（起点、端点就是矩形上方的两个端点），如图 1-56 所示。

图1-56 绘制圆弧

Step07 利用直线命令再分别绘制一条向右长度为 3 的水平线段，长度为 7 的竖直向上线段，长度为 2 的水平向右线段，长度为 5 的水平向左线段与虚线相交，如图 1-57 所示。

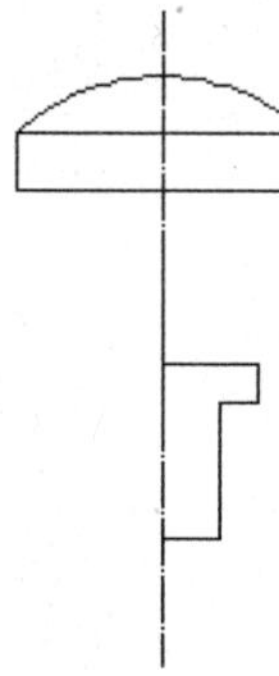

图1-57 绘制多条线段

Step08 利用镜像命令将刚才绘制的几条线段镜像到虚线的另一侧，形成通气器的底部，再利用直线命令绘制一条直线将上下部分隔开，如图 1-58 所示。

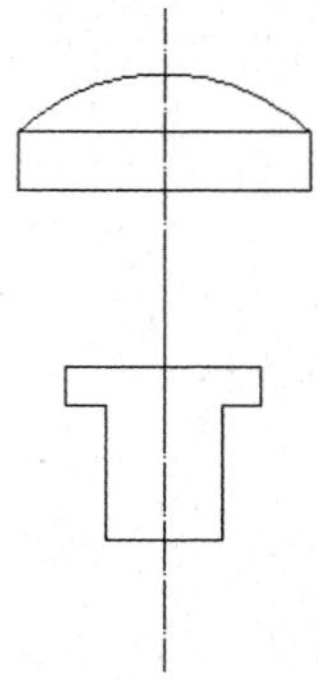

图1-58 绘制线段

Step09 利用直线命令在虚线的左边绘制出一条与水平方向为 45° 的斜线，斜线的起点在矩形的左下角，如图 1-59 所示。

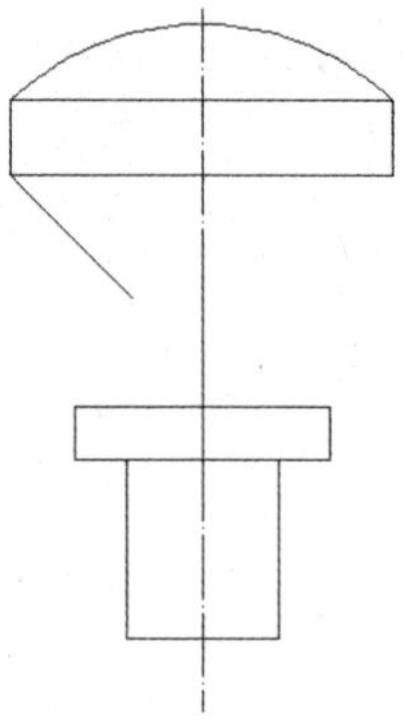

图1-59 绘制斜线

Step10 利用圆命令中的“相切、相切、半径”的绘图方式绘制出圆（分别与斜线、下方的线段相切），如 1-60 图所示。

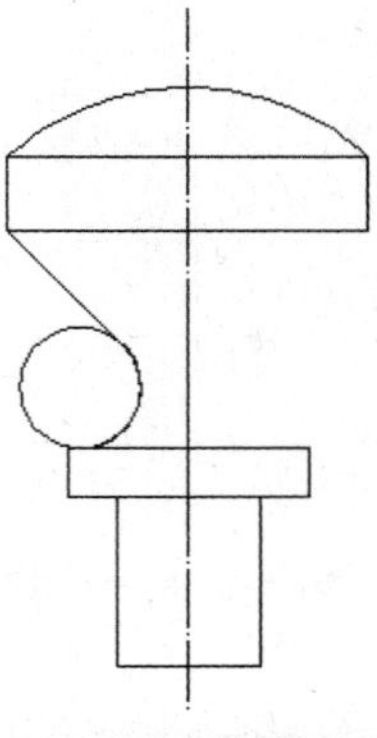

图1-60 绘制圆

Step11 利用剪切命令将圆的左部分除去，形成与斜线、线段相切的圆弧，如图 1-61 所示。

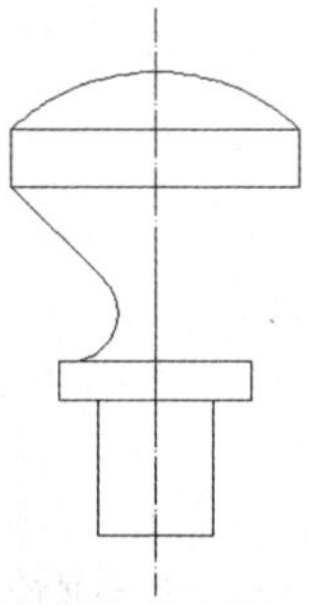

图1-61 绘制圆弧

Step12 利用镜像命令将圆弧和斜线镜像到虚线的另一侧，形成通气器的中间部分，如图 1-62 所示。

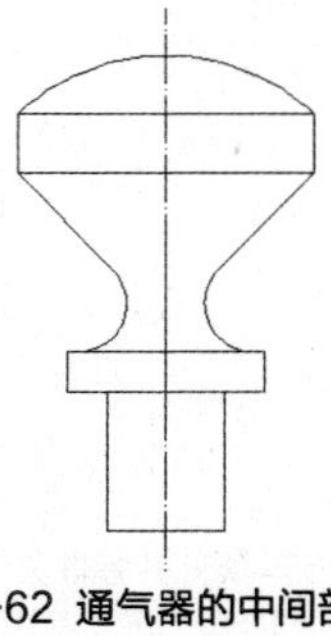

图1-62 通气器的中间部分

Step13 将线型设置为点划线，绘制一条水平的中心线，且与步骤 8 中绘制的直线在竖直方向上相差 5.5，如图 1-63 所示。

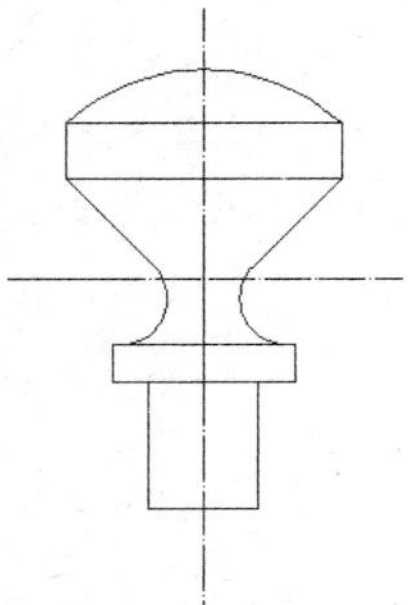

图1-63 绘制水平点划线

Step14 将图层设置为虚线，分别利用直线、镜像和剪切命令绘制出与水平点划线距离为 1 的上下两条线段，形成水平方向的通孔，如图 1-64 所示。

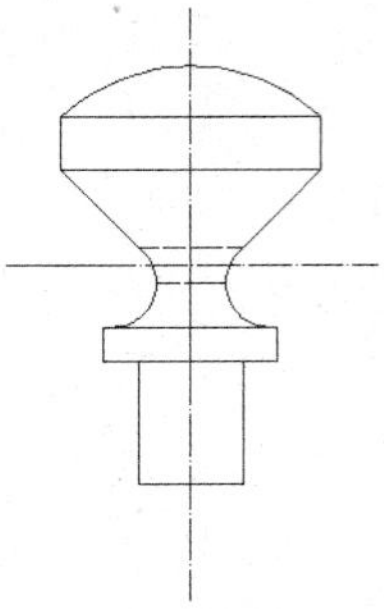

图1-64 绘制水平通孔

Step15 将线型设置为虚线，利用直线、镜像和剪切命令绘制出与竖直点划线距离为 1 的左右两条线段，形成竖直方向的孔，如图 1-65 所示。

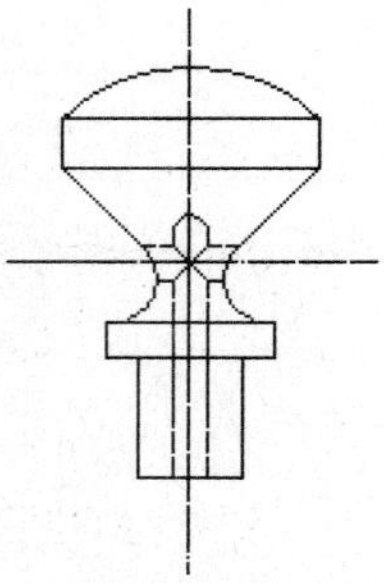

图1-65 绘制竖直方向的孔

Step16 将线型设置为粗实线，分别利用直线、镜像和剪切命令绘制出通气器下部的倒角，如图 1-66 所示。

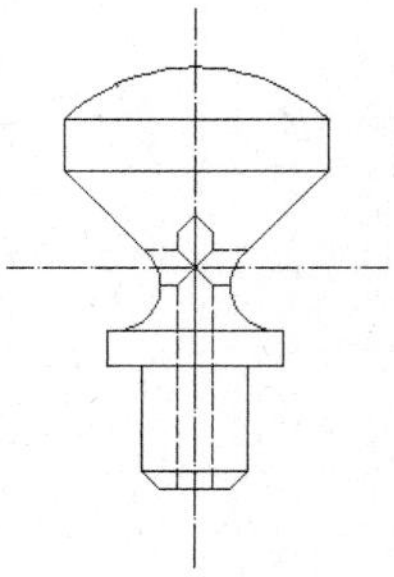

图1-66 绘制倒角

Step17 利用图案填充命令填充通气器上部分的矩形，填充图案为 ANSI37，缩放比例为 0.2，利用标注命令标注通气器外围尺寸，如图 1-67 所示。

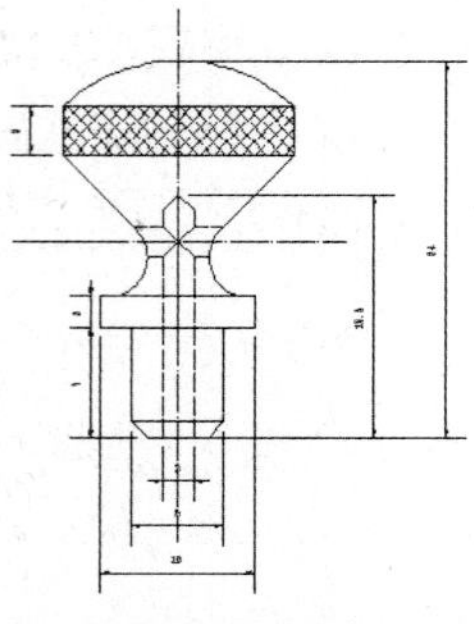

图1-67 填充并标注外围尺寸

Step18 在标注圆的直径时要注意，执行“格式 > 标注格式 > 主单位”命令，在“前缀”后面的文本框中输入 %%c，再对圆的直径、半径标注，如图 1-68 所示。完成后将其保存到指定的路径中。

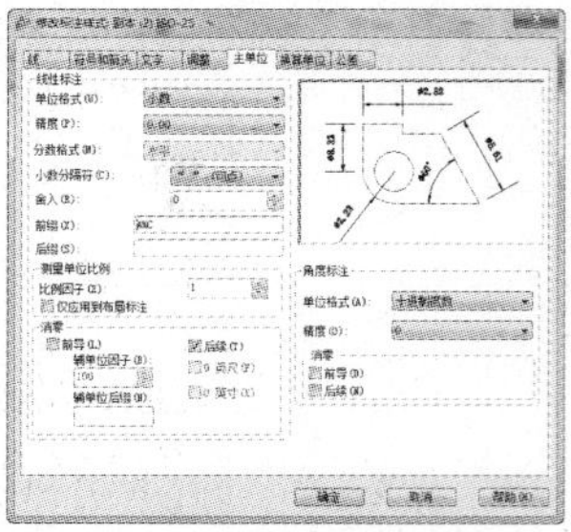

图1-68 设置标注格式

高手应用秘籍：二维图形参数化编程

在建筑工程CAD制图过程中，经常会重复使用大量的图形，如何利用AutoCAD 2012强大的二次开发功能来减少工作量，就变得非常必要了。

下面说明二维图形参数化编程方法的几个要点。

参数化绘图就是由用户输入(或选择)参数值，程序自动绘制相应的图形，其编程的一般步骤是先由用户输入一个基准点，然后根据基准点计算出其他各点的位置，调用AutoCAD命令进行绘图，最后还要对绘制的图形进行编辑修改，达到最终效果。大致来说分为下面几个步骤。

❶ **分析：** 拿到一个图形，首先要分析，这是必不可少的步骤。先确定一个基准点，基准点就是用户绘图的插入点，要根据实际情况确定，例如圆的基准点一般选择圆心。如果图形较多，还应该找出其相似部分，单独编成函数，这样可以减少程序的代码量。

❷ **确定参数：** 参数化编程必须有参数，有些参数是由用户交互式输入，有些参数是编程者给定的一个系列，由用户进行选择。

❸ **计算点的位置：** 基准点和参数确定后，就要计算其他各点的坐标位置，这些点都是基于基准点根据各参数计算出来的，所以说点的坐标是相对的。

❹ **编程绘图：** 所有点都计算出来后，就可以调用AutoCAD命令来绘制图形，这里一定要熟悉AutoCAD命令的格式，清楚下一步要输入什么，比如命令要求的是输入一个点，程序却给出一个字符串，这显然是要出错的。

❺ **调试：** 任何一位编程人员也不敢保证他所编的程序一点错误也没有，出错是在所难免的，这就需要调试。可以先用开发环境提供的检查工具来检查，然后试运行程序。设置断点、跟踪变量都是调试程序的助手。

❻ **编辑选项面板：** 选项面板的交互式功能为用户提供了极大的方便，编程者给用户提供一个对话框界面是一个不错的方式。编辑选项面板使用AutoCAD系统的对话框控制语言（DCL），应先把界面规划一下，确定哪些需要在对话框中显示，调整控件的布局，使用预览工具来查看效果。

❼ **编辑对话框驱动程序：** 对话框的驱动程序应添加在绘图程序的后面，主要是考虑代码量越少，出错率越低，绘图部分的程序调试好了，再添加对话框驱动程序，这样也容易找到对话框程序出错的位置。

❽ **调试编译：** 在所有的程序编辑完成后，要进行总体调试，试运行程序。如果有必要，还要对源代码进行编译，这样可以加密源代码，保护编程者的权益。

秒杀工程疑惑

下面我们来解决在学习本章时会遇到的一些问题，包括在使用“夹点拉伸”、“命令的重复和取消”、“使用另一个命令”、“系统变量中断命”等命令时遇到的问题，解决这些问题对我们以后进一步学习有很大帮助。

问　题	解　答
如何使用夹点拉伸?	❶ 当选择对象上的多个夹点来拉伸对象时，被选择夹点间的对象的形状将保持原样。要选择多个夹点，请按住 Shift 键，然后选择适当的夹点 ❷ 选择文字、块参照、直线中点、圆心和点对象上的夹点将会移动对象而不是拉伸 ❸ 当二维对象位于当前 UCS 之外的其他平面上时，将在创建对象的平面上（而不是当前 UCS 平面上）拉伸对象 ❹ 如果选择象限夹点来拉伸圆或椭圆，然后在输入新半径命令提示下指定距离（而不是移动夹点），此距离是指从圆心而不是从选定的夹点测量的距离
如何使用重复和取消命令?	如果要重复刚刚使用过的命令，可以按 Enter 键或空格键，也可以在命令提示下在定点设备上单击鼠标右键 也可以通过输入 MULTIPLE、空格键和命令名来重复命令，如下所示： 命令 :MULTIPLE CIRCLE，要取消进行中的命令，请按 Esc 键
如何使用另一个命令或系统变量中断命令?	许多命令可以透明使用，即可以在使用另一个命令时，在命令行中输入这些命令。透明命令经常用于更改图形设置或显示，例如 GRID 或 ZOOM 要以透明的方式使用命令，请单击其工具栏按钮或在任何提示下输入命令之前输入单引号（'）。在命令行中，双尖括号（>>）置于命令前，提示显示透明命令完成透明命令后，将恢复执行原命令。在下例中，在绘制直线时打开点栅格并将其设定为一个单位间隔，然后继续绘制直线 命令 : LINE，指定第一个点 : 'GRID >> 指定栅格间距（X）或 [开（ON)/ 关 (OFF）/ 捕捉（S）/ 纵横向间距（A）] <0.000>: 1 不选择对象、创建新对象或结束绘图任务的命令通常可以透明使用。透明打开的对话框中所做的更改，直到被中断的命令已经执行后才能生效。同样，透明重置系统变量时，新值在开始下一命令时才能生效

AutoCAD 2012

CHAPTER 02

使用与管理图层

图层就像一张张透明的图纸重叠在一起，用户可以通过图层编辑和调整图形对象。通过在不同的图层中绘制不同的对象，例如，可以将构造线、文字、标注和标题栏置于不同的图层上。这样不但可以提高绘图效率，也能更好地保证图形的质量。

学完本章您可以掌握如下知识点

知识点序号	知识点难易指数	知识点
1	★	图层特性管理器
2	★★	图层的颜色和线宽等的设置
3	★★★	图层特性设置
4	★★★★	图层的管理

本章内容图解链接

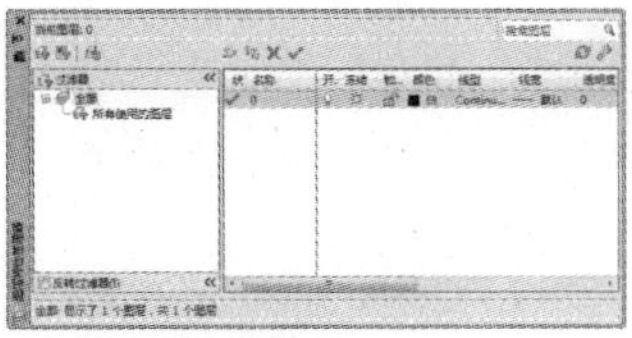

◎ 图层特性管理器

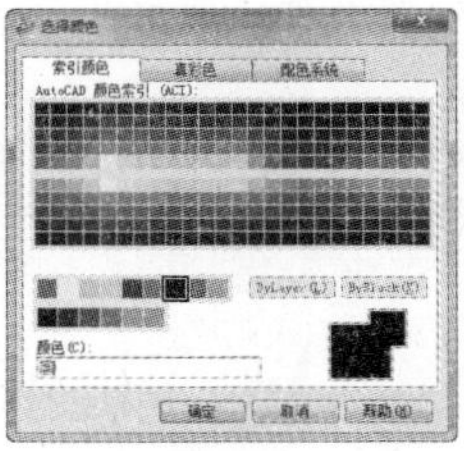

◎ 选择图层颜色

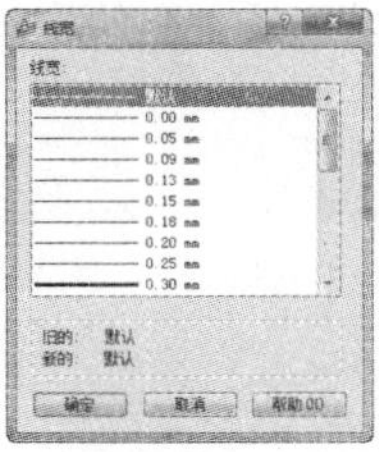

◎ 设置图层线宽

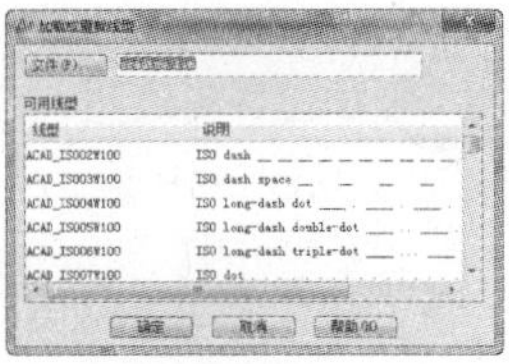

◎ 加载成重载线型

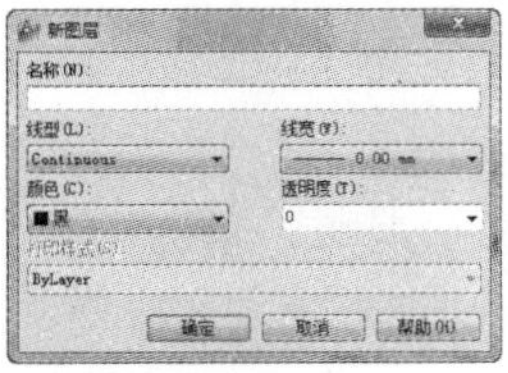

◎ 新建图层

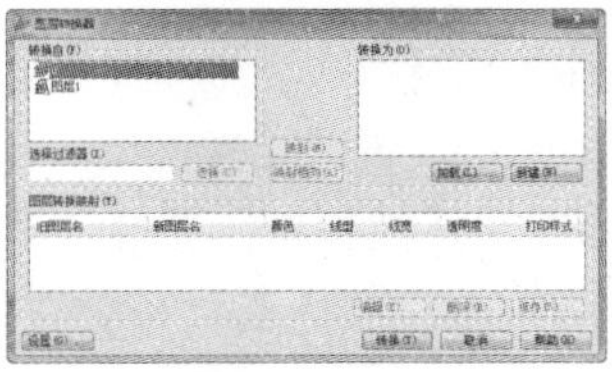

◎ 图层转换器

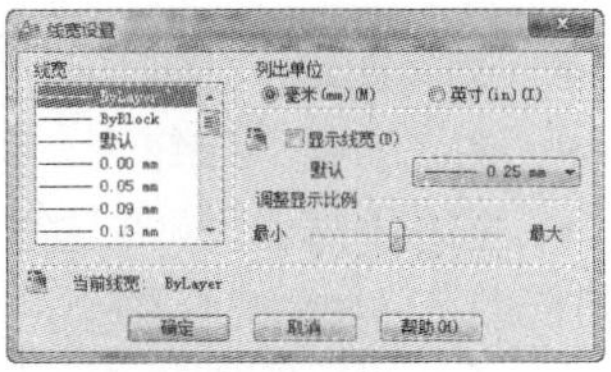

◎ 设置和管理线宽

2.1 图层特性管理器

在AutoCAD中，出现在绘图区域的几何图形可能包含许多对象（如图线，文字，符号等），并且各对象的性质（如线宽、线型、颜色等）也可能不同。如果有若干张透明的图纸，在画图时，把不同性质的对象画在不同的透明的纸上，画完后把各张纸整齐地叠在一起，就能得到一张完整的图形，这样既可以对图形对象进行分类，又便于图形的修改和使用，这就是我们要讲的图层。

AutoCAD中的图形可以进行分层管理，利用图层的特性（如不同的颜色、线型和线宽）来区分不同的对象。在AutoCAD中，一个图形最多能有32000层，并且每层上能绘制的对象数没有限制。在使用图层时，最好使同一图层上的对象具有相同性质，如同一种颜色、同一种线型等，这样便于管理，提高了图形的质量，增加了易读性。

在图层特性管理器中可对图层的特性进行设置、修改等操作。

启用图层特性管理器命令的执行方式如下。

- 命令行：在命令行中输入LAYER。
- 菜单栏：执行“格式>图层”命令。

调用图层命令后，弹出“图层特性管理器”，如图2-1所示。可以在该对话框中创建新的图层或进行其他设置。

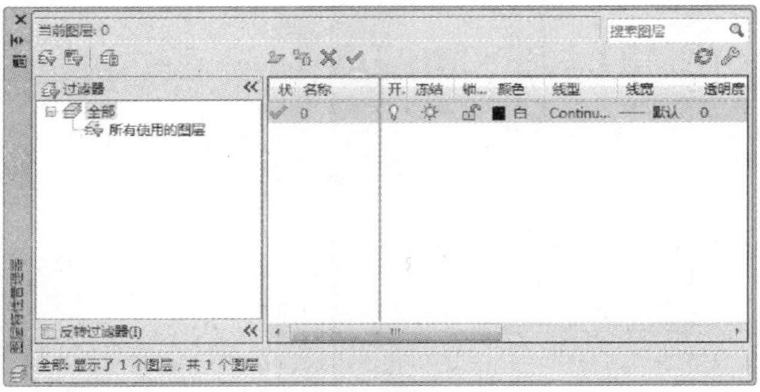

图2-1 图层特性管理器

各选项按钮具体说明如下。

- “新建图层”按钮：用于新建图层。默认情况下，系统自动创建一个名为“0”的图层。

> **工程师点拨：关于0层的使用**
>
> 0层为默认层，在0层上是不可以绘图的，它是用来定义块的。定义块时，先将所有图层均设置为0层（有特殊情况除外），然后再定义块，这样在插入块时，插入时是哪个层，块就属于哪个层了。

- “在所有视口中都被冻结的新图层视口”按钮：创建新图层，然后在所有现有的布局中将其冻结。
- “删除图层”按钮：可以删除选中的图层。
- “置为当前”按钮：可以将选中的图层设置成当前图层。
- “图层列表区”：在这里显示已有的图层及其特性，要修改某一图层的某一特性，单击其所对应的图标即可，如图 2-2 所示。

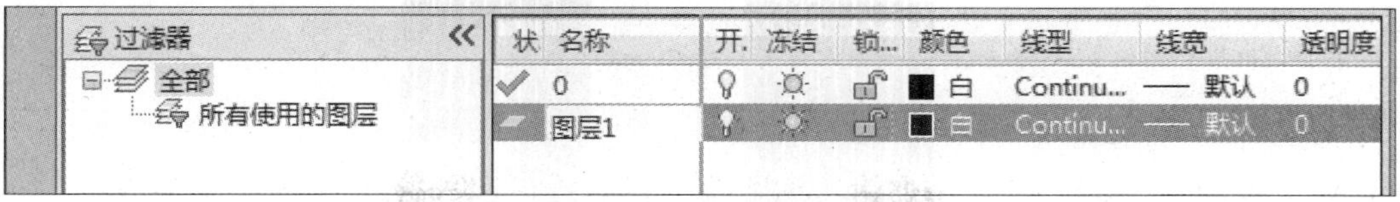

图2-2 图层列表区

各选项具体说明如下。

① 状态：此项用于显示图层和过滤器的状态，当前图层表示为 ✔。

② 名称：名称就是指图层的名字，是图层的惟一标识。在默认情况下，图层的名字按 0、Layer1、Layer2 等顺序依次递增。在绘图时，用户可以根据自己的需要为图层重新命名。

③ 开 / 关：可以打开或者关闭图层对应小灯泡图标。打开时灯泡为黄色，图层的图形可以显示，也可以打印；关闭时，灯泡为灰色，图形不能显示，也不能打印。用户在关闭图层时，系统会弹出一个消息框，如图 2-3 所示，通知用户正在关闭当前层。

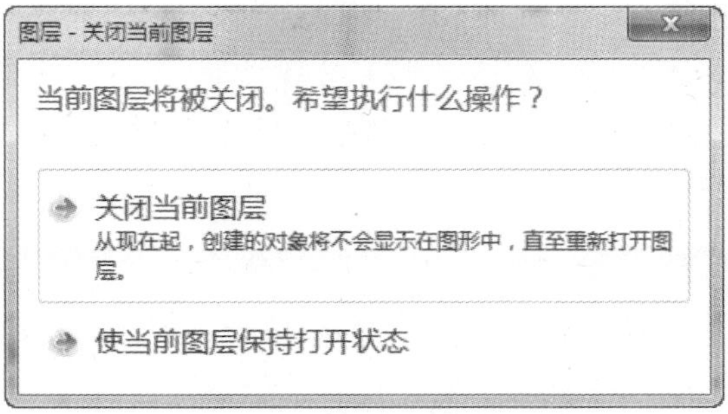

图2-3 关闭图层消息框

④ 冻结/解冻：用于在所有视图窗口中冻结或解冻图层。系统默认情况下，图层处于解冻状态。解冻状态显示的图标为，冻结状态显示图标为，单击图标可在冻结和解冻之间转换。当图层被冻结时，该图层上的对象不能在绘图区中显示，也不能进行重生成和打印输出等操作。当前图层不能被冻结。

⑤ 锁定/解锁：为了防止在绘图过程中的误删除某些对象，可将图层锁定。图层锁定后，不能对其修改，但可以显示和打印输出，可以绘制新的图形对象，也可以使用查询命令和对象捕捉功能。系统默认情况下，图层处于解锁状态。解锁状态显示的图标为，锁定状态显示的图标为，单击图标可在锁定和解锁之间转换。

⑥“颜色”、“线型”、“线宽”和“透明度”：单击各项对应的图标，都会弹出各自的选择对话框，在各个对话框中可以设置所需要的特性。

⑦“打印样式”和“打印”：“打印样式”可以确定图层的打印样式，如果用户使用的是彩色绘图仪，就不能改变这些打印样式。单击“打印”对应的打印机图标，可设置图层是否能被打印，可以在保持图形显示可见性不变的前提下控制图形的打印特性。

⑧ 冻结新视口：单击此列的或图标可以冻结/解冻新视口。

⑨ 说明：可以为图层或过滤器添加说明信息。

● “新建特性过滤器”按钮：单击此按钮后，将弹出“图层过滤器特性”对话框，如图 2-4 所示。在该对话框中可以基于一个或多个图层特性建立图层过滤器。

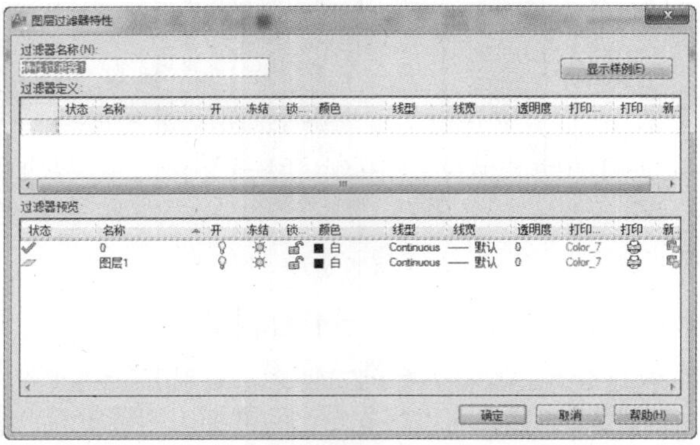

图 2-4 “图层过滤器特性”对话框

● “新建组过滤器”按钮：用于创建一个图层过滤器，其中也包含用户选定并添加到过滤器的图层。

● “图层状态管理器”按钮：单击此按钮，将弹出“图层状态管理器”对话框，如图 2-5 所示。通过此对话框可以将图层当前的特性设置保存到命名图层状态中。单击右下角的扩展按钮，则会展开右半部分对话框，如图 2-6 所示。在展开的“要恢复的图层特性”选项组里，可以通过勾选相应的复选框来设置图层状态和特性。

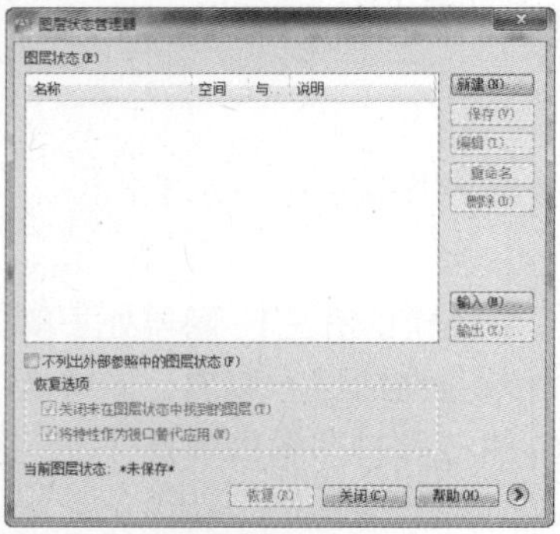

图2-5 “图层状态管理器”对话框

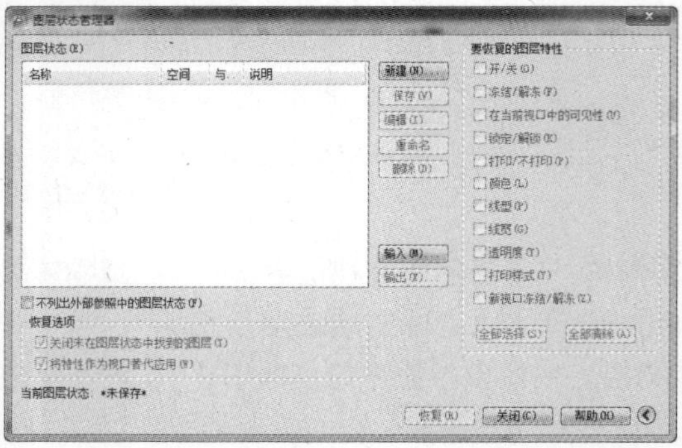

图2-6 展开的“图层状态管理器”对话框

“图层状态管理器”对话框的具体说明如下。

① “图层状态”列表框：用于显示当前图层已保存的图层状态名称和从外部输入的图层状态名称。

② “新建”按钮：打开“要保存的新图层状态”对话框，创建新的图层状态。

③ “保存”按钮：用于覆盖选中的图层状态。

④ “编辑”按钮：单击此按钮，会弹出“编辑图层状态”对话框，如图 2-7 所示，用于设置选中的新建的图层状态。

⑤ “重命名”按钮：用于重命名选中的图层状态。

⑥ “删除”按钮：用于删除选中的图层状态。

⑦ “输入”按钮：用于打开“输入图层状态”对话框，可以将外部图层状态输入到当前图层中。

⑧ “输出”按钮：用于打开“输出图层状态”对话框，可以将当前图形已保存下来的图层状态输出到一个 LAS 文件中。

⑨ “恢复选项”选项组：此选项组用来设置是否关闭未在图层状态中找到的图层。

⑩ “恢复”按钮：可以将选中的图层状态恢复到当前图形中，而且只有保存的状态和特性才能被恢复到图层中。

- “搜索图层”文本框 ：在这里输入图层名称后，会按图层名称快速过滤图层列表。关闭图层特性管理器时并不保存此过滤器。
- “反转过滤器”复选框 ：此按钮用于显示、选择非指定过滤器中的图层。
- “刷新”按钮 ：单击此按钮，将刷新图层的所有信息。
- “设置”按钮 ：单击此按钮，将弹出“图层设置”对话框，如图 2-8 所示。在此对话框中可以设置新建图层后的通知信息，也可以将图层过滤器应用到图层工具栏上。

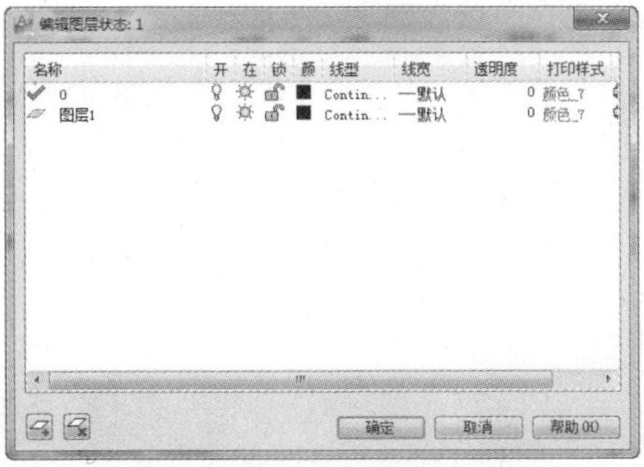

图2-7 “编辑图层状态”对话框

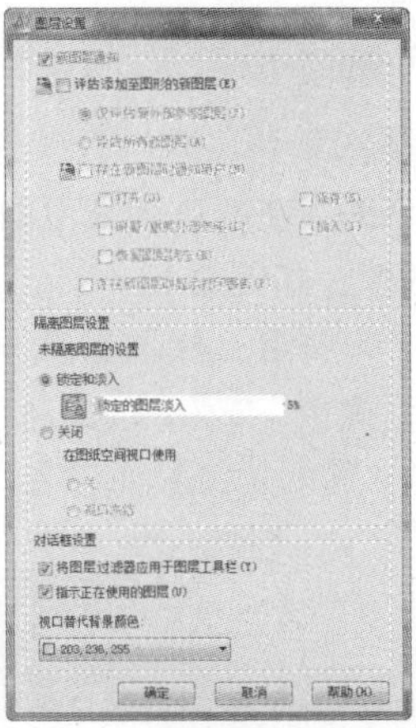
图2-8 “图层设置”对话框

2.2 图层特性设置

每个新创建的对象的各种特性默认为随层，是由当前图层的默认设置决定的。用户也可以对各种对象的特性进行单独设置，设置好的新特性将覆盖原来随层的特性。图层的特性主要包括“名称”、“打开/关闭”、“冻结/解冻”、“锁定/解锁”、“颜色”、“线型”、“线宽”“透明度”及“打印样式”等。

图层的这些特性在“图层”面板和“特性”面板中都有显示，分别如图2-9和图2-10所示，用户在绘图时对图形的特性能一目了然。

图2-9 “图层”面板

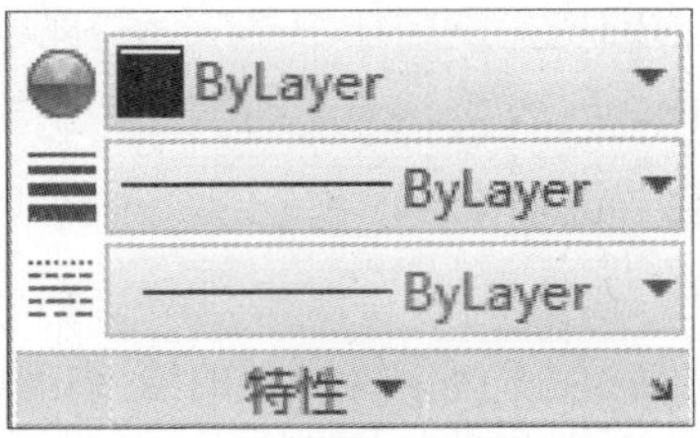

图2-10 “特性”面板

2.2.1 设置图层的颜色

可以用不同的颜色表示不同的组件、功能和区域。设置图层的颜色实际就是设置图层中的图形对象的颜色。不同的图层可以设置不同的颜色，方便用户区别复杂的图形。默认情况下，系统创建的图层颜色是7号颜色（白色或黑色由背景决定，在这里编者将背景设置为白色，则图层颜色就是黑色）。

设置图层的颜色命令调用的执行方式如下。

- 命令行：在命令行中输入COLOR。

● 菜单栏：执行"格式>颜色"命令。

调用设置图层颜色命令后，会弹出"选择颜色"对话框，如图2-11所示。在这个对话框中用户可以根据自己的需要对每个图层设置相同或者不同的颜色。

此对话框包括"索引颜色"、"真彩色"和"配色系统"三个选项卡。

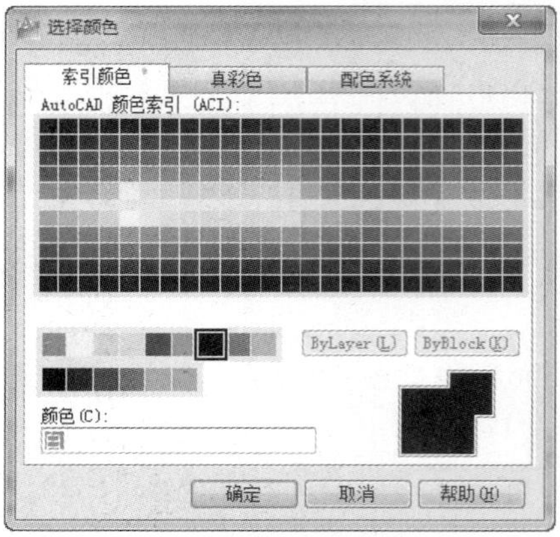

图2-11 "选择颜色"对话框

各选项卡说明如下。

1. "索引颜色"选项卡

● "AutoCAD 颜色索引"调色板：这里包括 240 种颜色。当用户选择一种颜色时，在颜色列表下面就会显示该颜色的序号和其对应的 RGB 值，如图 2-12 所示。

● "标准颜色"选项组：标准颜色只适用于 1~7 号颜色。其中 1 为红色，2 为黄色，3 为绿色，4 为青色，5 为蓝色，6 为品红色，7 为白色 / 黑色，如图 2-13 所示。

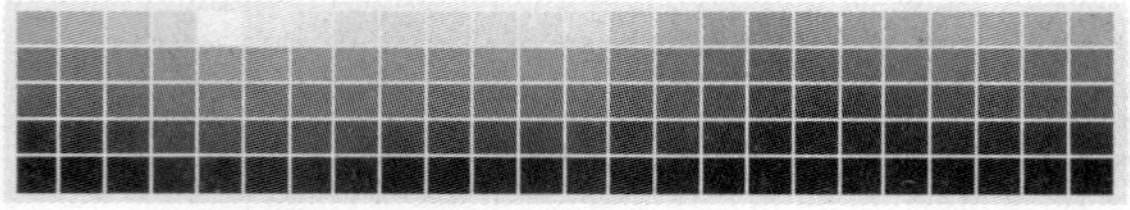
图2-12 "颜色索引"调色板

图2-13 标准颜色

● "灰度颜色"选项组 ：这个选项组包含了 6 种灰度，可以用于将图层的颜色设置成灰度色。

● "颜色"文本框：用于显示与编辑所选颜色的名称和编号，如图2-14所示。

图2-14 "颜色"文本框

● ByLayer按钮 ByLayer(L)：单击此按钮可以指定颜色为随层方式，也就是所绘图形实体的颜色总是与所在的图层颜色一致。

● ByBlock 按钮 ByBlock(K)：单击此按钮可以指定颜色为随块方式。也就是在绘图时图形的颜色为白色，若将图形创建为图块，则图块中各成员的颜色也将保存在块中。把颜色设置为随层方式时，当把块插入到当前图形的当前层时，块的颜色也将使用当前层的颜色。

2. "真彩色"选项卡

在"真彩色"选项卡中，可以在"颜色模式"下拉列表"中选择RGB和HSL两种颜色模式。选择RGB模式时，可以设置颜色的红、绿及蓝的值，如图2-15所示。

选择HSL模式时，可以设置颜色的色调、饱和度和亮度，如图2-16所示。

图2-15 RGB模式

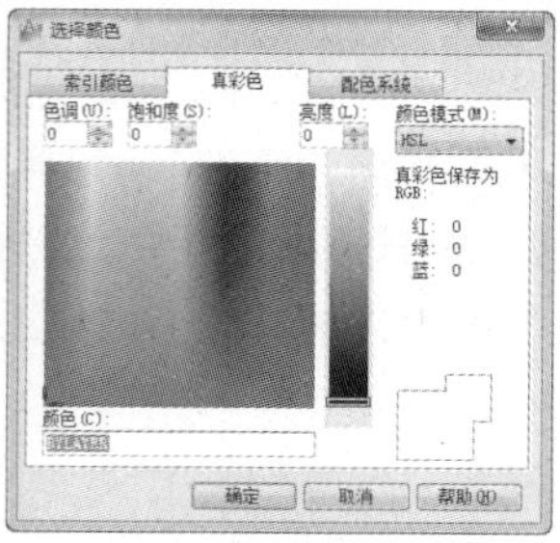

图2-16 HSL模式

RGB模式是基于有色光的三原色原理进行设置的，R代表红色，G代表绿色，B代表蓝色。每种颜色都有256种不同的亮度值，所以，从理论上讲，RGB模式有256×256×256共约16777216种颜色。HSL模式是以人类对颜色的感觉为基础，描述了颜色的3种基本特征。H代表色调，是从物体反射或透过物体传播的颜色，通常由颜色名称标识，如红色、橙色或绿色；S代表饱和度，是指颜色的强度或纯度，表示色相中灰色分量所占的比例，用从0%　100%的百分比来度量；L代表亮度，是颜色相对明暗的程度，通常用从0%　100%的百分比来度量。

3. “配色系统”选项卡

在“配色系统”选项卡里也可以设置图层的颜色，如图2-17所示。在AutoCAD中有标准Pantone配色系统，用户也可以输入其他配色系统，进一步扩充可供使用的颜色。

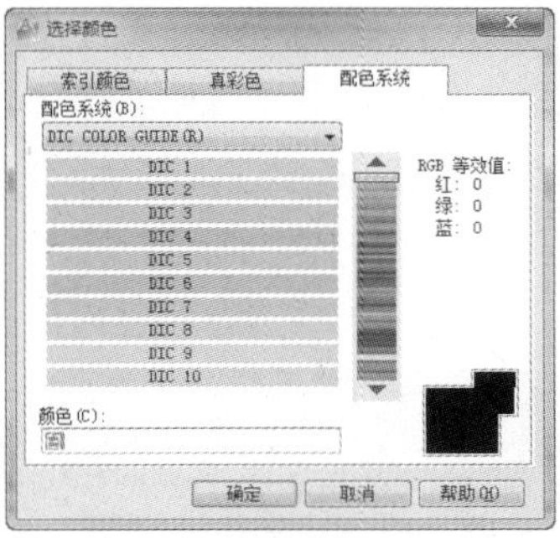

图2-17 “配色系统”选项卡

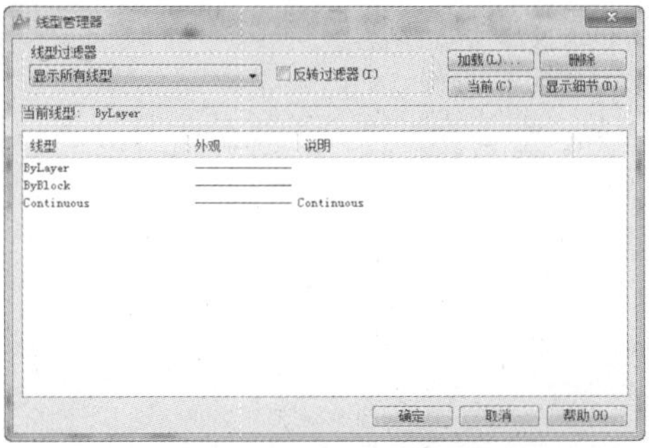

图2-18 “线型管理器”对话框

2.2.2 设置图层线型

所有的对象都是用当前的线型来创建的。“线型管理器”对话框的“当前线型”列表中显示有“随层”、“随块”、“连续”和其他一些线型，用户可选择其中一种线型，然后单击“当前”按钮，即可设置该线型为当前绘图线型。若选择ByLayer，则表示当前绘图线型跟图层的线型一致。通常绘图线型都设置为随层线型。若选择ByBlock，则表示绘制的对象线型与块的线型一致。

AutoCAD系统提供了实线、虚线及点化线等45种线型，可以满足用户的各种不同要求。

设置图层线型命令的执行方式如下。

- 命令行：在命令行中输入LINETYPE。
- 菜单栏：执行“格式>线型”命令。

调用线型命令后，会弹出“线型管理器”对话框，如图2-18所示。

各选项具体说明如下。

- “线型过滤器”下拉列表：此选项用于指定线型列表框中要显示的线型，勾选右侧的“反向过滤器”复选框，就会以相反的过滤条件显示线型。
- “加载”按钮：单击此按钮，将弹出“加载或重载线型”对话框，如图 2-19 所示。用户可以在“可用线型”列表中选择所需要的线型，也可以单击“文件”按钮，从其他文件中调出所要加载的线型。
- “删除”按钮：此按钮用于删除选定的线型。
- “当前”按钮：此按钮可以为选择的图层或对象设置当前线型。如果是新创建的对象，系统默认线型是当前线型（包括 ByLayer 和 ByBlock 线型值）。
- “显示 / 隐藏细节”按钮：此按钮用于显示“线型管理器”对话框中的“详细信息”选项区，如图 2-20 所示。

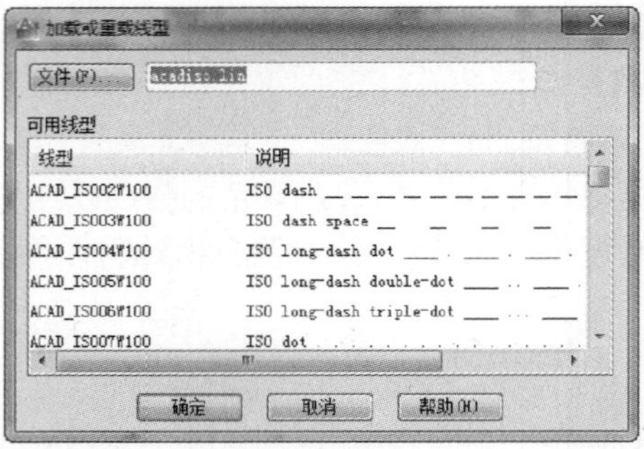

图2-19 “加载或重载线型”对话框

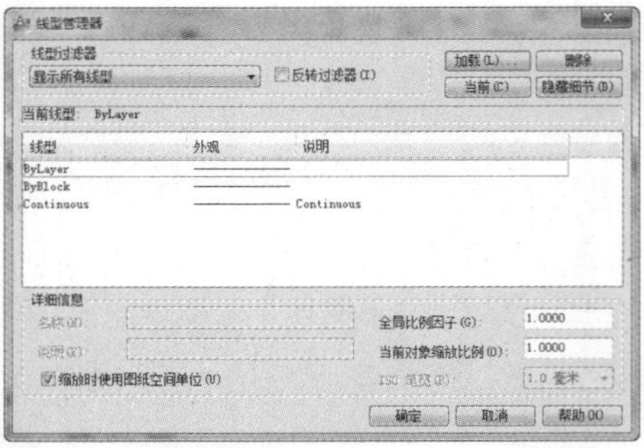

图2-20 “详细信息”选项区

如果用户要在建立图层时设置某一图层的线型，可以在“图层特性管理器”对话框的图层列表区中直接进行设置。方法是直接单击线型所对应的图标，弹出“选择线型”对话框，如图2-21所示，用户可以在这里选择和加载自己需要的线型。

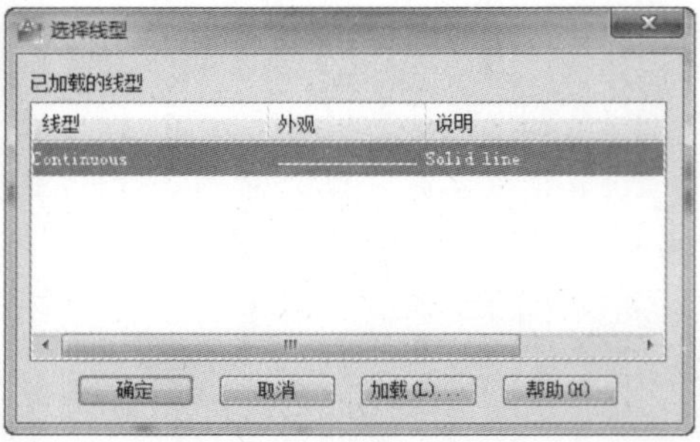

图2-21 “选择线型”对话框

2.2.3 设置图层线宽

通过控制图形显示和打印中的线宽，可以进一步区分图形中的对象。但要想在屏幕上显示线宽，需单击状态栏上的“显示/隐藏线宽”按钮，否则不显示线宽。用户可以设置某图层的线宽，也可以直接指定要创建对象的线宽。

绘图时使用不同的线宽绘制，可以帮助用户清晰地区分不同的对象，提高图形的表达能力和可读性。

设置图层线宽命令的执行方式如下。

- 命令行：在命令行中输入LWEIGHT。
- 菜单栏：执行“格式>线宽”命令。

调用线宽命令后，系统会弹出“线宽设置”对话框，如图2-22所示，在此对话框中可以设置和管理线宽。

各选项具体说明如下。

- “线宽”列表框：用于设置当前的线宽值，也可以改变图形中已有对象的线宽。
- “列出单位”选项组：用于设置线宽的单位，有毫米和英寸两种单位制可供选择。
- “显示线宽”复选框：用于设置是否按照实际线宽来显示图形，用户可以单击状态栏上的“线宽”按钮来关闭或显示线宽。
- “默认”下拉列表框：用于设置默认线宽值，即在关闭线宽显示后系统所显示的线宽。
- “调整显示比例”选项组：可以通过调整显示比例滑块来设置线宽的显示比例大小。如果用户要在建立图层的时候设置某一图层的线宽，可以在图层特性管理器的图层列表区中直接进行设置。方法是直接单击线宽所对应的图标，单击后弹出“线宽”对话框，如图 2-23 所示，用户可以在这里选择和加载自己所需要的线宽。

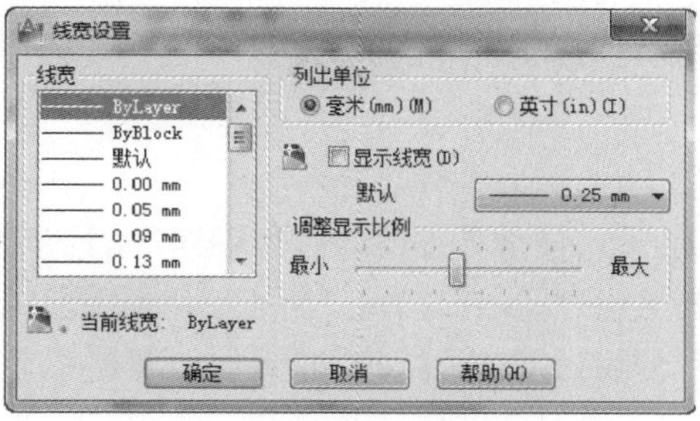

图2-22 “线宽设置”对话框

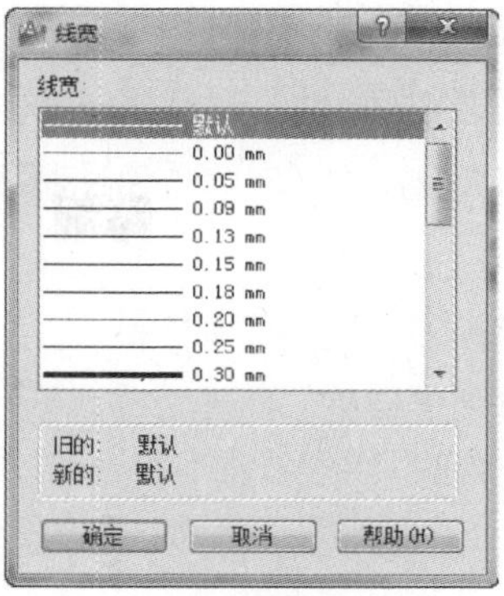

图2-23 “线宽”对话框

2.3 管理图层

在AutoCAD中，使用图层特性管理器不仅可以创建图层，设置图层的颜色、线型和线宽，还可以对图层进行更多的设置与管理，如图层的切换、重命名、删除及图层的显示控制等。

具体可以从以下几方面进行图层的管理。

- 切换当前层。
- 使用图层过滤器特性过滤图层。
- 使用“新组过滤器”过滤图层。
- 保存与恢复图层状态。
- 转换图层。
- 改变对象所在图层。
- 使用图层工具管理图层。

2.3.1 切换图层

用户在实际绘图时，需要在各个图层之间进行切换。

切换图层命令的执行方式如下。

- 在命令行中输入CLAYER。
- 单击“图层”面板的“图层状态”下拉列表，在列表中单击要选择的图层即可，如图2-24所示。
- 在图层特性管理器的图层列表中选择图层，使其高亮显示，然后单击“置为当前”按钮即可。

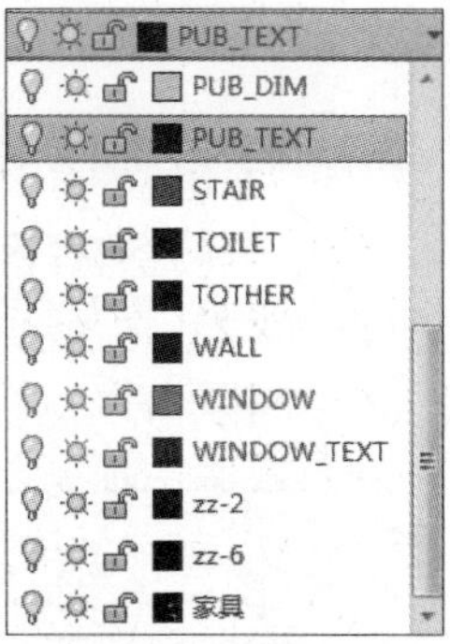

图2-24 “图层状态”下拉列表

2.3.2 过滤图层

若想要在图层列表中显示符合一定条件的图层，则需要使用图层过滤功能。该功能用于控制在图层列表中显示符合过滤条件的图层，还用于同时对多个图层进行修改，极大地方便了用户的操作。

图层过滤器可以控制图层特性管理器中列出的图层名，并且可以按图层名或图层特性（例如，颜色或可见性）对其进行排序。图层过滤器可限制图层特性管理器和“图层”面板中显示的图层名。在大型图形中，利用图层过滤器可以仅显示要处理的图层。过滤图层可以通过“图层过滤器特性”对话框过滤，也可以通过“新建组过滤器”过滤图层。

1. 使用“图层过滤器特性”对话框过滤图层

单击图层特性管理器中的“新建特性过滤器”按钮，打开“图层过滤器特性”对话框来命名图层过滤器。

2. 使用“新建组过滤器”过滤图层

单击图层特性管理器的“新建组过滤器”按钮，就会在图层特性管理器”对话框左侧的过滤器列表中添加一个新的“组过滤器1”（也可以重命名组过滤器）。单击“所有使用的图层”选项或者其他过滤器选项，显示对应的图层信息，用户把需要分组过滤的图层拖动到“组过滤器1”中即可，如图2-25所示。

图层特性管理器中的层次结构列表显示了默认的图层过滤器以及当前图形中创建并保存的所有命名过滤器。图层过滤器旁边的图标表明过滤器的类型。

一共有5种默认过滤器。

- 全部：显示当前图形中的所有图层。
- 所有使用的图层：显示在当前图形中绘制的对象上的所有图层。
- 外部参照：如果图形附着了外部参照，将显示从其他图形参照的所有图层。
- 视口替代：如果存在具有当前视口替代的图层，将显示包含特性替代的所有图层。
- 未协调新图层：如果自上次打开、保存、重载或打印图形后添加了新图层，将显示新的未协调图层列表。

工程师点拨：“透明度”工具栏的按钮功能

AutoCAD 2012中包含一个“透明度”属性，可以设置对象和层次的透明度层和图层的透明度。该值默认为图层和对象的透明度为0，可以最高设置为90。

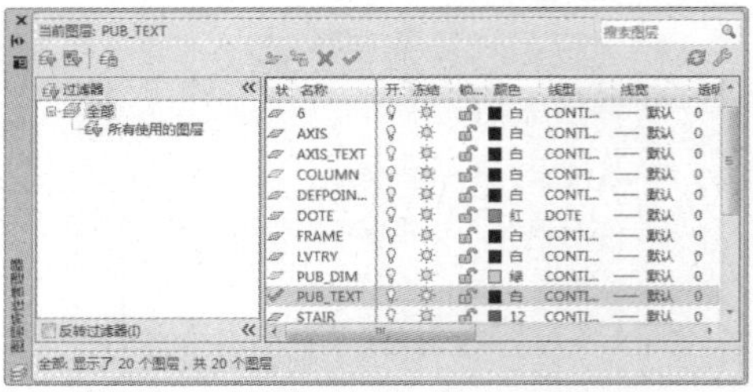

图2-25 使用“新组过滤器”过滤图层

2.3.3 保存和恢复图层状态

在图层特性管理器中可以管理、保存或恢复图层状态。图层状态包括图层是否打开、冻结、锁定及打印等。图层的特性包括图形对象的颜色、线宽、线型和打印样式。可以在图层特性管理器中管理、保存或恢复图层状态。

1. 管理图层状态

单击“图层状态管理器”按钮，弹出“图层状态管理器”对话框，其中各选项的功能之前已经介绍过，此处不再赘述。

2. 保存图层状态

单击“图层状态管理器”对话框中的“新建”按钮，打开“要保存的新图层状态”对话框，如图2-26所示。在“新图层状态名”文本框中输入图层状态名，在“说明”文本框中输入相关的说明，单击“确定”按钮，返回“图层状态管理器”对话框，然后在“要恢复的图层特性”选项组中设置恢复选项，单击“关闭”按钮即可。

图2-26 “要保存的新图层状态”对话框

3. 恢复图层状态

如果用户在图层特性管理器中改变了图层的显示等状态，还可以恢复以前保存的图层设置。在图层特性管理器中单击“图层状态管理器”按钮，打开“图层状态管理器”对话框，选择要恢复的图层状态，单击“确定”按钮即可。

2.3.4 转换图层

使用“图层转换器”可以实现图层之间的转换。“图层转换器”可以转换当前图形中的图层，使其与其他图形的图层结构或CAD标准文件相互匹配。

命令执行方式如下。

- 菜单栏：执行“工具>CAD标准>图层转换器”命令。
- 在“CAD标准”工具栏中单击“图层转换”按钮，打开“图层转换器”对话框，如图2-27所示。

各选项具体说明如下。

- “转换自”选项组：此选项组用于显示当前图形中即将被转换的图层结构，用户可以在列表框中选择，也可以通过“选择过滤器”来选择。
- “转换为”选项组：此选项组用于显示可以将当前图形的图层转换成的图层名称。单击“加载”按钮，打开“选择图形文件”对话框，用户可以从中选择作为图层标准的图形文件，并将该图层结构显示在“转换为”列表框中。单击“新建”按钮，打开“新图层”对话框。如图 2-28 所示，用户可从中创建新的图层作为转换匹配图层，新建的图层也将显示在“转换为”列表框中。

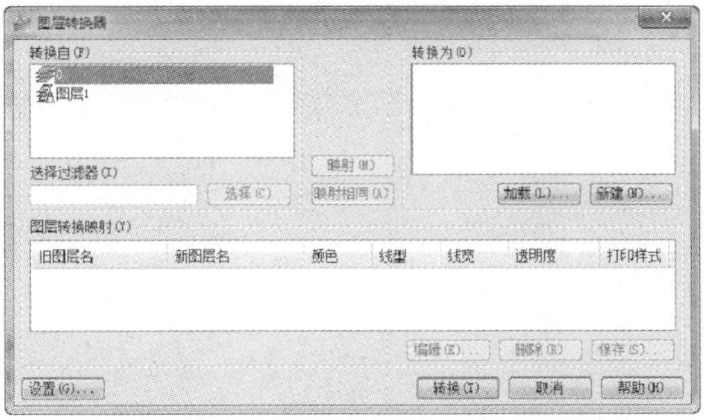

图2-27 “图层转换器”对话框

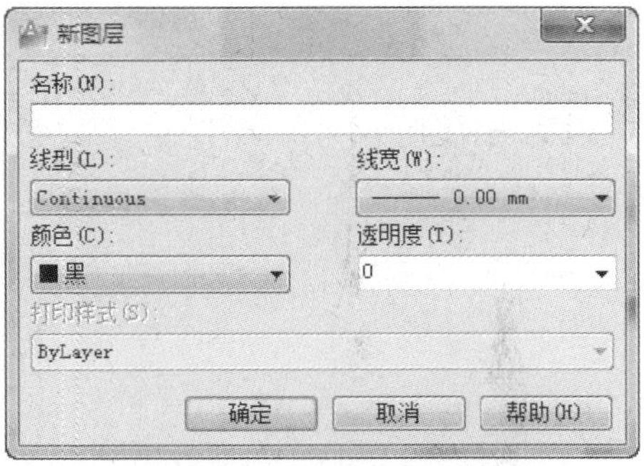

图2-28 “新图层”对话框

- “映射”按钮：可以把在“转换自”列表框中选择的图层映射到“转换为”列表框中。当图层被映射后，自动从“转换自”列表框中删除。
- “映射相同”按钮：用于把“转换自”列表框和“转换为”列表框中名称相同的图层进行转换映射。
- “图层转换映射”选项组：此选项组用于显示已经映射的图层名称和其相关的特性值。选择一个图层，单击“编辑”按钮，打开“编辑图层”对话框，如图 2-29 所示，用户可以从中修改转换后的图层特性。单击“删除”按钮，可以取消该图层的转换映射。单击“保存”按钮，可打开“保存图层映射”对话框，用来将图层转换关系保存到一个标准配置文件 *.DWS 中。
- “设置”按钮：用来打开“设置”对话框，如图 2-30 所示，可在此设置图层的转换规则。
- “转换”按钮：单击此按钮开始转换图层，打开“图层转换”对话框。

图2-29 “编辑图层”对话框

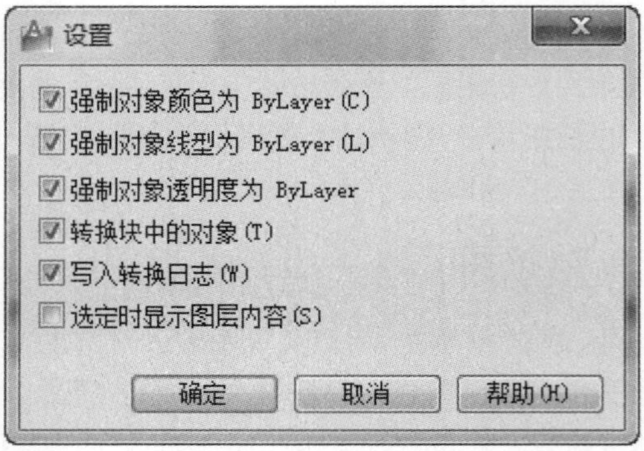

图2-30 “设置”对话框

2.3.5 使用图层工具管理图层

利用图层管理工具功能，用户可以更加方便地管理图层。选择“格式>图层工具”命令中的级联命令，就可以通过图层工具来管理图层，如图2-31所示。

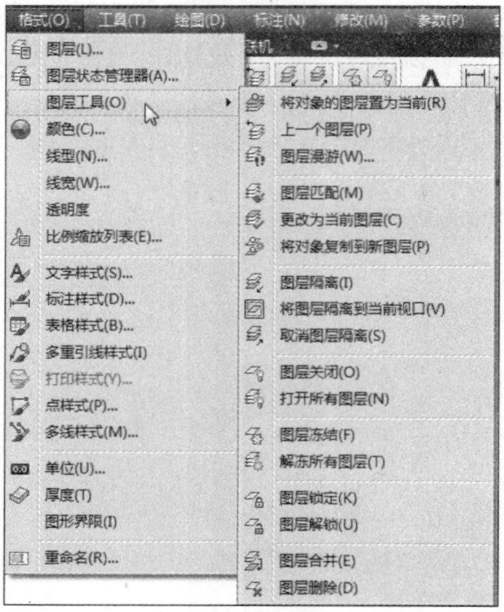

图2-31 图层工具菜单栏

2.3.6 改变对象所在的图层

在实际绘图时，可以选择绘制好的某一图形元素，在“图层”工具栏的“图层控制”下拉列表框中选择想将对象放置的图层名称，确定即可。

执行命令方式

- 单击“工具>工具栏>AutoCAD>图层”命令，如图2-32所示。
- 单击选中图形中的元素。
- 单击图层工具栏中的“图层控制工具”，选着其中一个图层，如图2-33所示。

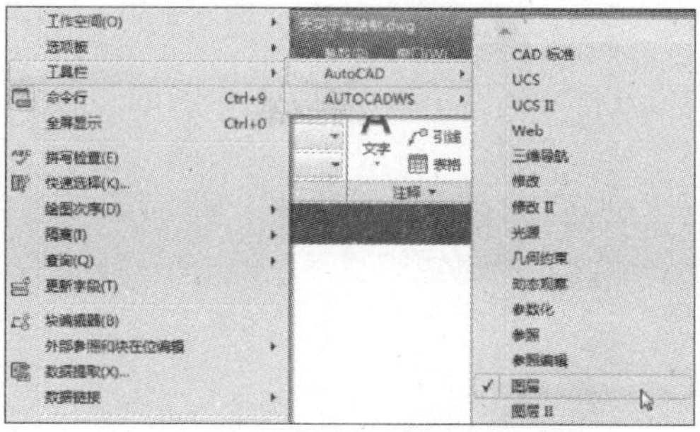

图2-32 打开“图层”工具栏图

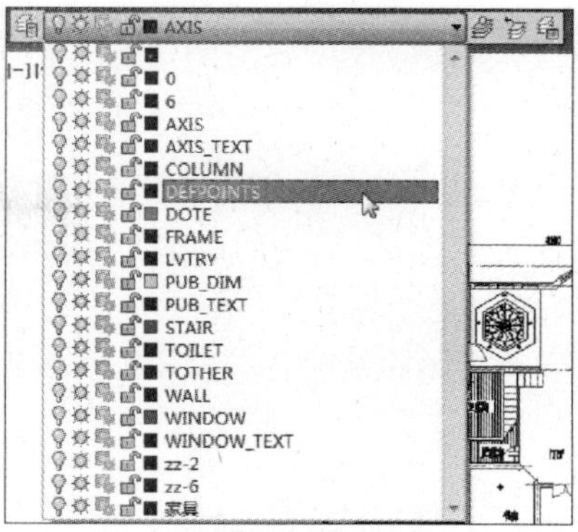

2-33 “图层”工具栏

2.3.7 设置为 ByLayer

使用SETBYLAYER命令，可将选定对象的指定特性更改为BYLAYER，具有BYBLOCK特性的对象也可更改为BYLAYER。如果对象的特性未设置为BYLAYER，则那些对象将不显示，以视口设置的图层特性替代。

执行命令方式

- 命令行：在命令行中输入SetByLayer，按Enter键。
- 菜单栏：执行“修改>更改为ByLayer”命令。
- 单击“修改”面板中的“设置为Bylayer”按钮。

调用命令后，在命令行中输入s，弹出“SetByLayer 设置”对话框，如图2-34所示。

在“SetByLayer 设置”对话框中，可以指定要更改为ByLayer的对象的特性设置。

各选项具体说明如下。

- 颜色：将选定对象的颜色更改为ByLayer(SETBYLAYERMODE=1)。
- 线型：将选定对象的线型更改为ByLayer(SETBYLAYERMODE=2)。
- 线宽：将选定对象的线宽更改为ByLayer(SETBYLAYERMODE=4)。
- 材质：将选定对象的材质更改为ByLayer(SETBYLAYERMODE=8)。
- 打印样式：将选定对象的打印样式更改为ByLayer。此选项可以在命名打印样式图形中使用(SETBYLAYERMODE=16)。
- 透明度：将选定的对象的透明度更改为Bylayer。此选项可以在命名打印样式图形中使用(SETBYLAYERMODE=32)。

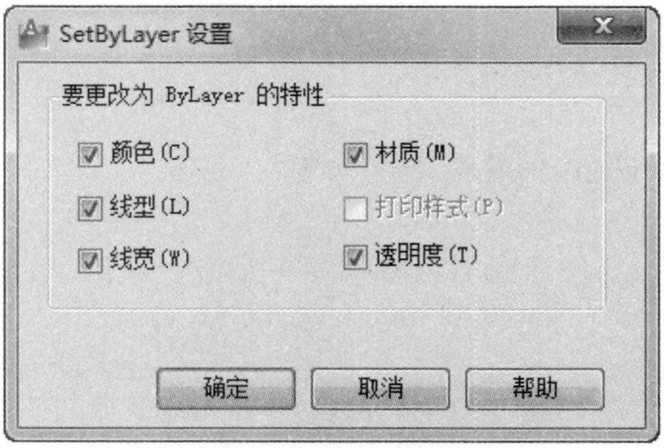

图2-34“SetByLayer 设置”对话框

综合实例 —— 设置支架图形的图层

在绘图中，可以将不同种类和用途的图形分别设置于不同的图层中。一般的工程图形需要的图层并不需要太多，如在用户建立的图形样板中可以设置“粗实线”、“细实线”、“中心线”、“辅助线”、“虚线”、“文字”、“标注层”等图层。熟练应用图层可以大大提高工作效率和图形的清晰度，这在复杂图形的绘制中尤其明显。下面以绘制支架图形为例进行说明。

Step01 在图层特性管理器中新建图层“虚线”，如图 2-33 所示。

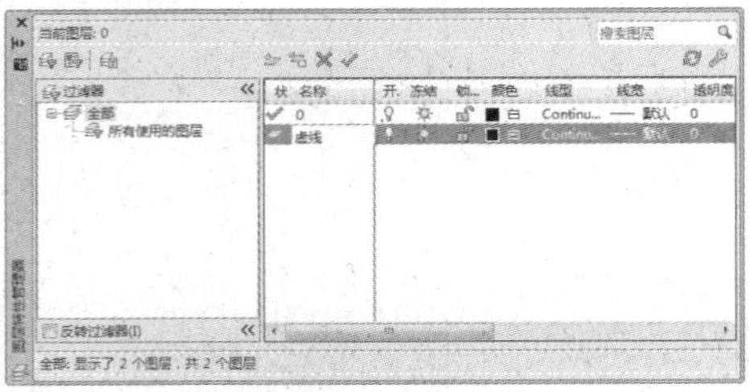

图2-33 新建“虚线”图层

Step02 设置该图层的颜色为红色，线型为虚线，线宽为 0.15mm 如图 2-34 所示。

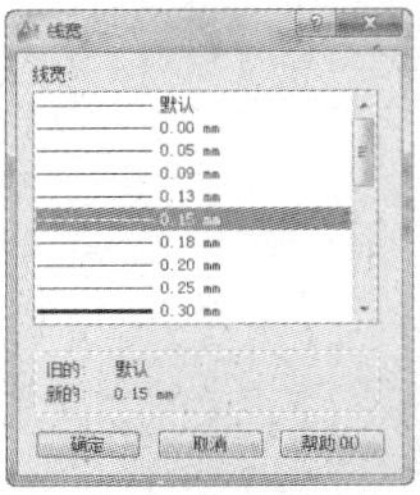

图2-34 选择线性

Step03 分别检查“开关”按钮、“冻结”按钮、“锁定”按钮、“新视口冻结”按钮是否打开，如 2-35 图所示。

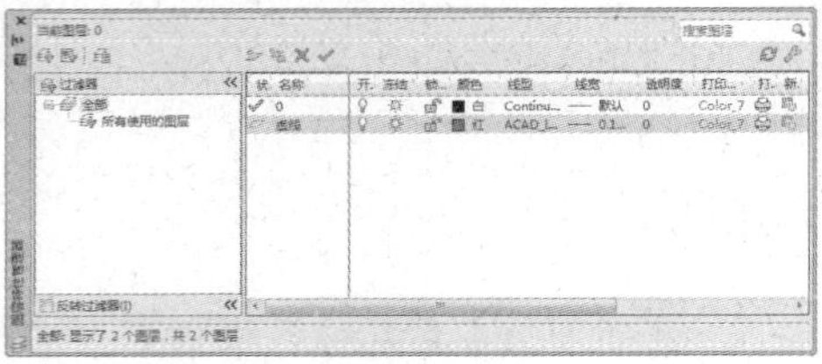

图2-35 检查按钮

Step04 用相同的方法新建并设置“粗实线”，“点划线”和“细线”，如 2-36 图所示。

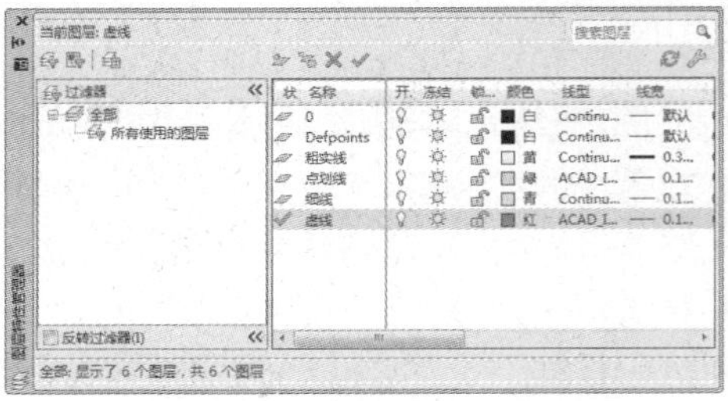

图2-36 设置其他图层

Step05 用“点划线”画出支架中心线，用“粗实线”画出支架外框，如 2-37 图所示。

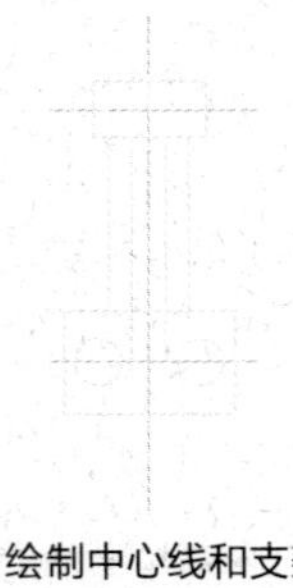

图2-37 绘制中心线和支架外框

Step06 用“虚线”画出支架内部，用“细线”标注支架图形，如 2-38 图所示。

图2-38 绘制支架内部并标注

高手应用秘籍：建筑制图图幅要求

确定图幅是绘图之前需要完成的工作，作为一名绘图人员必须熟练了解图幅的类型，包括类型中的具体格式。

1. 图纸图幅采用 A0、A1、A2、A3 四种标准，以 A1 图纸为主

表2.1 图纸图幅

图纸种类	A0	A1	A2	A3	A4
图纸宽度（mm）	1189	841	594	420	297
图纸高度 (mm)	841	594	420	297	210

2. 图纸幅面

● 图纸幅面及图框尺寸，应符合表2.2的规定的格式。

表2.2 幅面及图框尺寸（mm）

幅面代号 / 尺寸代号	A0	A1	A2	A3	A4
b×1	841×1189	594×841	420×594	297×420	210×297
c	10			5	
a	25				

● 需要微缩复制的图纸，其一个边上应附有一段准确米制尺度，四个边上均附有对中标志，米制尺度的总长应为100mm，分格应为10mm。对中标志应画在图纸各边长的中点处，线宽应为0.35mm，伸入框内应为5mm。

● 图纸的短边一般不应加长，长边可加长，但应符合表2.3的规定。

表2.3 图纸长边加长尺寸（mm）

幅面尺寸	长边尺寸	长边加长后尺寸
A0	1189	1486 1635 1783 1932 2080 2230 2378
A1	841	1051 1261 1471 1682 1892 21012
A2	594	1783 1932 2080
A3	420	743 891 1041 1682 1892 2102
A4	297	630 841 1051 1261 1471 1682 1892

注：有特殊要求的图纸，可采用 b×l 为 841mm×891mm 与 1189mm×1261mm 的幅面。

● 图纸以短边作为垂直边称为横式，以短边作为水平边称为立式。一般A0~A3图纸宜横式使用；必要时也可立式使用。

● 一个工程设计中，每个专业所使用的图纸，一般不宜多于两种幅面，不含目录及表格所采用的A4幅面。

秒杀工程疑惑

在学习本章关于"使用与管理图层"时会遇到各种问题，下面我们来解决一些常遇到的问题，包括图层颜色、设置线宽、冻结图层、"透明度"以及打印图纸等方面的问题。解决这些问题对我们以后的进一步学习有很大的帮助。

问　题	解　答
定义图层颜色要注意哪两点?	❶ 不同的图层一般来说要用不同的颜色。这样在画图时，才能够在颜色上进行明显的区分 ❷ 颜色应该根据打印时线宽的粗细来选择，打印时线型设置越宽，就应该选择越亮的颜色
设置线宽时应注意哪些事项?	在设置线宽时，一定要粗细明确。如果一张图全部用一种线宽还能马马虎虎看得过去的话，那么门窗线比墙线还粗就可以说是错误了
冻结与解冻图层要注意哪些事项?	冻结后的图层与解冻后的图层其可见性是相同的，但冻结后的图形对象不能参加处理过程中的运算，关闭的图层则可以参加运算。因此，绘制复杂图形时，冻结不需要的图层可以加快系统重新生成图形的速度
怎样设置"透明度"的属性?	在 AutoCAD 2012 的"图层特性"中包含一个"透明度"属性，执行"修改 > 特性"命令，在弹出的"特性"选项面板中可以对对象的透明度进行设置，一般默认为 0，也可以设置它的最高值为 90，设置的值越高，颜色越浅
打印图纸时，需要注意线宽的哪些问题?	现在我们打印图有两种规格，一是按照比例打印，线宽可以用 0.4 这种粗细规格。如果我们不是按照比例打印，这时线宽设置要小一号为 0.3，这样才能使小图看上去清晰分明

AutoCAD 2012

CHAPTER 03

精确定位图形

在AutoCAD中，用户可以使用坐标来精确地绘制图形，也可以使用对象捕捉、极轴追踪等辅助绘图工具，在不输入坐标的情况下迅速精确地绘制图形。

学完本章您可以掌握如下知识点

知识点序号	知识点难易指数	知识点
1	★	世界坐标系、用户坐标系
2	★★	捕捉模式、正交模式
3	★★★	对象捕捉、对象追踪
4	★★★★	动态输入、快捷特性

本章内容图解链接

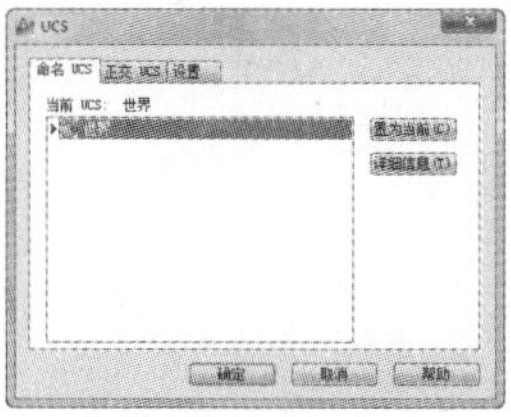

◎ 命名UCS

◎ 使用正交UCS

◎ “草图设置”对话框

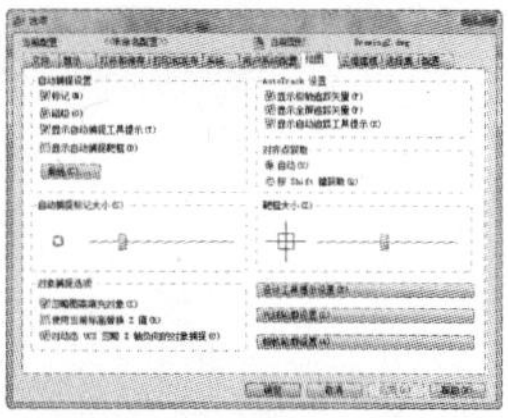

◎ 设置自动追踪功能

◎ 启用指针输入

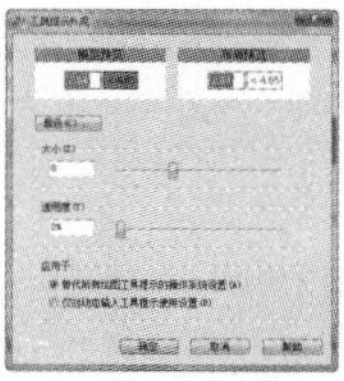

◎ 工具栏提示外观设置

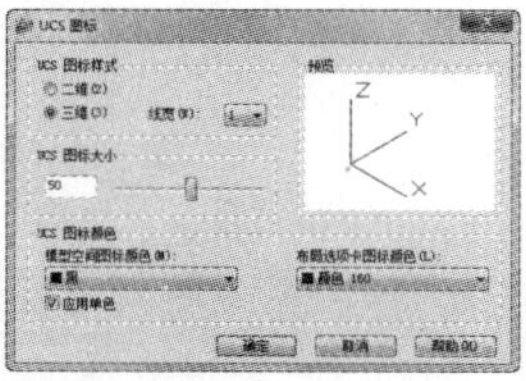

◎ 设置UCS图标

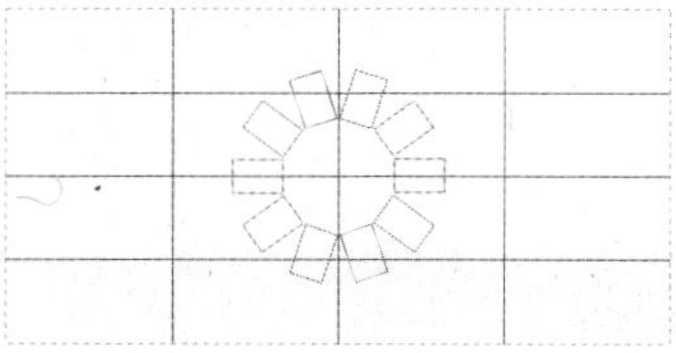

◎ 绘制桌布

3.1 使用坐标系

用户在绘图过程中，使用坐标系作为参照，可以精确定位某个对象，以便精确地拾取点的位置。AutoCAD的坐标系提供了精确绘制图形的方法，利用坐标（x, y）可以表示具体的点。在AutoCAD 2012中，坐标系分为世界坐标系（WCS）和用户坐标系（UCS）两种。用户可以在两种坐标系下通过坐标（x, y）来精确定位点。

3.1.1 世界坐标系

世界坐标系（WCS, World Coordinate System）是AutoCAD的默认坐标系，WCS由三个相互垂直并相交的坐标轴X，Y，Z组成，如图3-1所示。Z轴正方向垂直于屏幕，指向用户。世界坐标轴的交汇处显示方形标记。

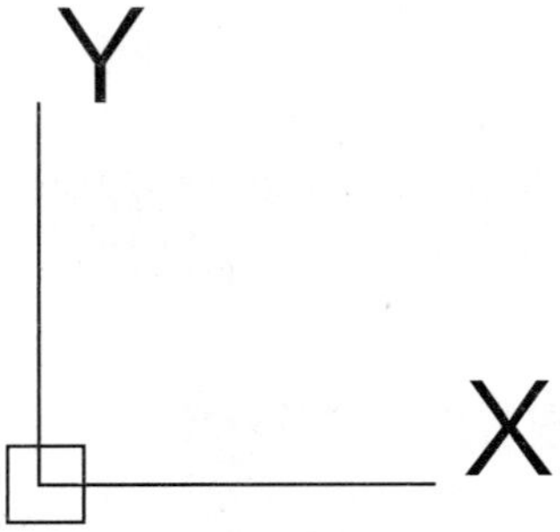

图3-1 世界坐标系

3.1.2 用户坐标系

在绘制三维图形时，我们需要经常改变坐标系的原点和坐标方向，使绘图更加方便，AutoCAD提供了可改变坐标原点和坐标方向的坐标系，即用户坐标系（UCS, User Coordinate System）。

在用户坐标系中，可以任意指定或移动原点和旋转坐标轴。默认情况下，如图3-2所示。用户坐标轴的交汇处没有方形标记。

用户可以执行“工具 > 新建UCS”命令的级联命令来执行UCS各命令，如图3-3所示。

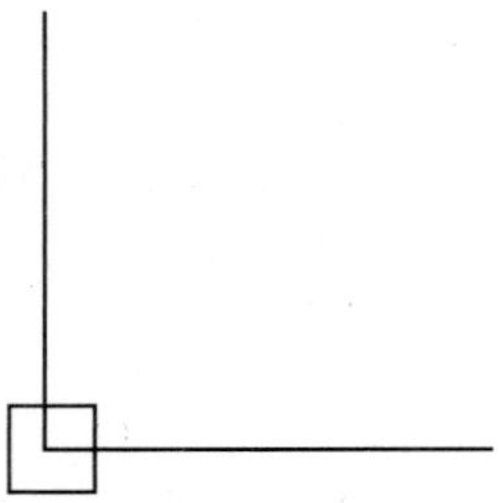

图3-2 用户坐标系

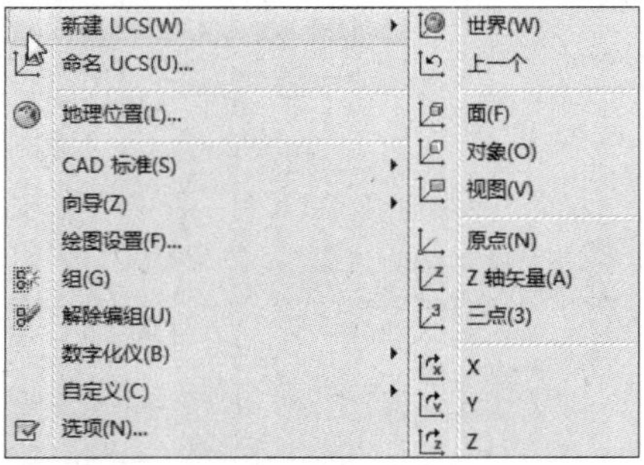

图3-3 “新建UCS”级联命令

工程师点拨：关于绝对坐标的运用

AutoCAD 2012不能连续地输入绝对坐标，用绝对坐标输入基点后，将会使用相对坐标输入其他点，当图形确定后相对坐标值就很清楚了，这样绘图更加方便，不用再计算绝对坐标值。

在已知的一个正六边形中，默认情况下坐标系如图3-4所示。

在命令行中输入命令UCS，指定坐标系原点和X轴正方向，结果如图3-5所示。用户坐标系的执行方式如下。

- 在命令行中输入UCS命令，按Enter键。

命令行提示如下。

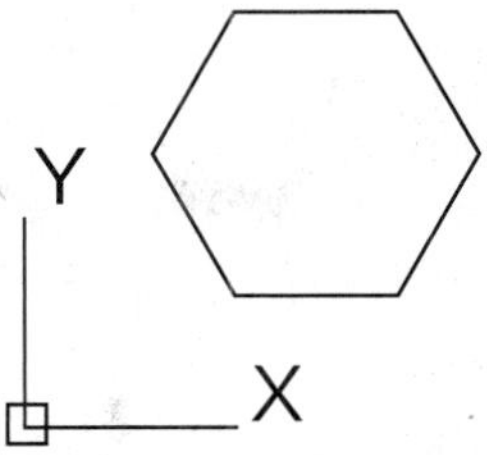

图3-4 默认情况下的坐标系

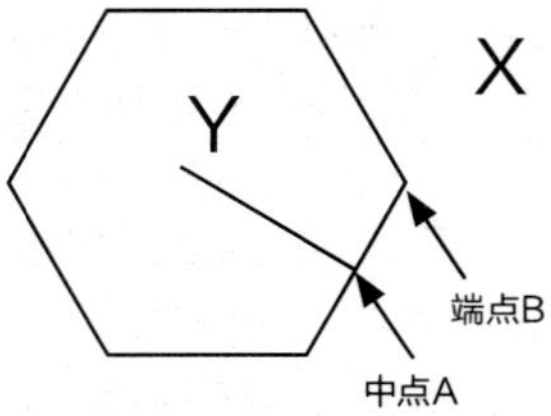

图3-5 重新设置后的坐标系

> 指定 UCS 的原点或 [面(F)/命名(NA)/对象(OB)/上一个(P)/视图(V)/世界(W)/X/Y/Z/Z 轴(ZA)] <世界 >:// 在屏幕上指定中点 A，确定原点
> 指定 X 轴上的点或 < 接受 >:// 指定端点 B，确定 X 轴正方向
> 指定 XY 平面上的点或 < 接受 >:// 按 Enter 键完成设定

3.1.3 笛卡尔坐标系

笛卡尔坐标系（CCS，Cartesian Coordinate System）是用来确定点的位置的。用户可以通过输入（X，Y，Z）来确定点在坐标系中的位置。在绘制二维图形时，Z坐标默认值为0，用户只需输入X，Y坐标即可。

3.1.4 坐标控制

在指定点时，既可以使用相对于原点的确切x坐标和y坐标位置的绝对坐标，其中两个坐标轴的交点坐标为（0，0）；也可以使用相对于上一确定点的相对坐标。此外，还可以使用相对或绝对极坐标指定点。

1. 绝对直角坐标

绝对直角坐标是指相对于原点（0，0）或（0，0，0）的位移，可使用分数、小数或科学记数等形式表示点的三个坐标值，坐标之间用逗号隔开，如点（10，15）和（1.3，5.6，13）等。

操作示例

利用直线命令绘制一个20×20的矩形，起始点坐标是（30，30），如图3-6所示。

绝对直角坐标操作步骤如下。

Step01：单击"绘图"面板上的"直线"按钮。

Step02：命令行提示"_line指定第一点："30，30，按Enter键。

Step03：命令行提示"指定第一点或[放弃（U）]："20，按Enter键。

Step04：命令行提示"指定第一点或[放弃（U）]："20，按Enter键。

Step05：命令行提示"指定第一点或[闭合（C）/放弃（U）]："20，按Enter键。

Step06：命令行提示"指定第一点或[闭合（C）/放弃（U）]："c，按Enter键。

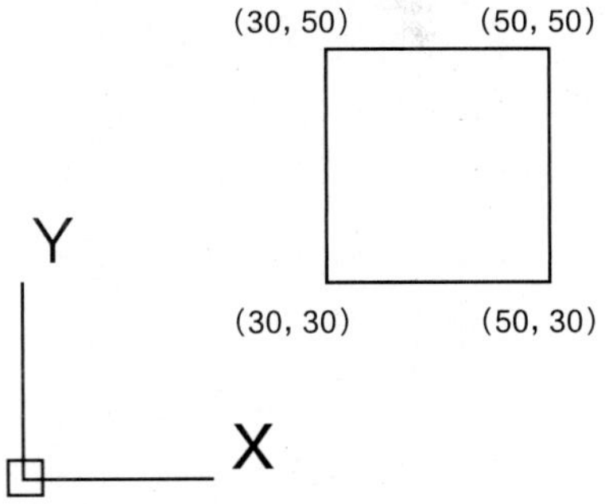

图3-6 矩形的坐标值

2. 绝对极坐标

绝对极坐标是指相对于极点(0，0)或(0，0，0)的位移，但给的是距离和角度，其中距离和角度用"<"分开，而且规定X轴正方向为0，Y轴正方向为90，如点（5.68<75）。

利用极坐标绘制一下矩形，执行方式如下。

- 单击"绘图"面板上的"矩形"按钮。

命令行提示如下。

> 指定第一个角点或[倒角(C)/标高(E)/圆角(F)/厚度(T)/宽度(W)]: 32.326<35,//输入角点(30,30)的绝对极坐标值，按 Enter 键
> 指定另一个角点或[面积(A)/尺寸(D)/旋转(R)]:@28.28<35//输入角点(50,50)的相对极坐标值，按 Enter 键

3. 相对直角坐标和相对极坐标

相对坐标是指相对于某一点的X轴和Y轴位移，或者距离和角度。它的表示方法是在绝对坐标表达式前面加上"@"符号，如(@35.6)和(@12<56)。

相对直角坐标是通过输入相对前一个特定点的X，Y方向上的距离变化值来确定点的位置。

操作示例

利用直线命令绘制图3-6的矩形，操作步骤如下。

Step01：单击"绘图"面板上的"直线"按钮。

Step02：命令行提示"_line指定第一点："30，30，按Enter键。

Step03：命令行提示"指定下一点或[放弃(U)]："@0,20，按Enter键。

Step04：命令行提示"指定下一点或[放弃(U)]："@20,0，按Enter键。

Step05：命令行提示"指定下一点或[[闭合(C)/放弃(U)]："@0,-20，按Enter键。

Step06：命令行提示"指定下一点或[闭合(C)/放弃(U)]："c，按Enter键。

4. 相对极坐标

相对极坐标中的角度是新点和前一个定点连线于极轴的夹角。

操作示例

利用直线命令绘制一个边长为30的等边三角形，如图3-7所示。

操作步骤如下。

Step01：单击"绘图"面板上的"直线"按钮。

Step02：命令行提示"_line指定第一点："，任意指定一点。

Step03：命令行提示"指定下一点或[放弃(U)]："输入@30<0，按Enter键。

Step04：命令行提示"指定下一点或[放弃(U)]："@30<120，按Enter键。

Step05：命令行提示"指定下一点或[闭合(C)/放弃(U)]："c，按Enter键。

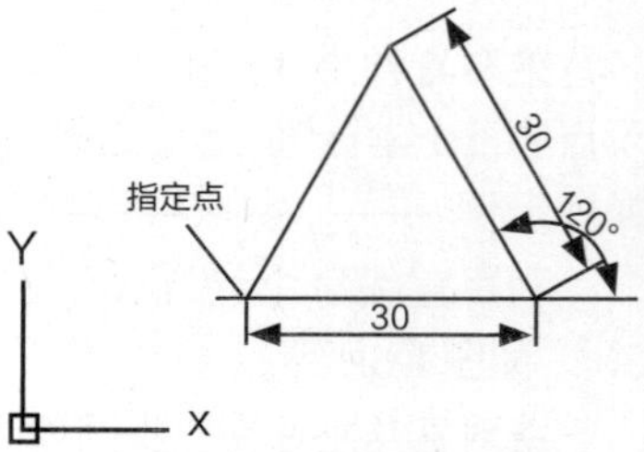

图3-7 用相对极坐标绘制等边三角形

5. 坐标显示

用户在绘图区移动光标时，状态栏将会动态显示当前光标的坐标。在AutoCAD 2012中，坐标显示取决于所选择的模式和程序中运行的命令，一共有三种方式。

- 模式0，"关" ：显示上一个拾取点的绝对坐标。此时，光标坐标不能动态更新，只有在拾取新点时，显示才会更新。但是，如果通过键盘输入一个新点坐标，将不会改变该显示方式。
- 模式1，"绝对" ：显示光标的绝对坐标，这个值是动态更新的，系统默认是打开的。
- 模式2，"相对" ：显示一个相对极坐标。选择这个方式时，若当前处在拾取点状态，系统就会显示光标所在位置相对于上一个点的距离和角度。若不在拾取点状态时，系统将自动恢复到模式1。

3.1.5 用户坐标系的创建

用户可执行"工具>命名UCS"命令命名用户坐标系，也可以执行"工具>新建UCS"命令下的级联命令创建用户坐标系。

1. 新建 UCS

执行"工具>新建UCS"命令，利用其级联命令方便地创建UCS。

各命令选项具体说明如下。

- 世界：把当前用户坐标系恢复到世界坐标系。世界坐标系是所有用户坐标系的基准，不能被重新定义。
- 上一个：把当前用户坐标系恢复到上次使用的坐标系。
- 面：用于将用户坐标系与实体对象的选定面对齐。用户若要选择一个面，可以在该面的边界内或者面的边界上单击，被选中的面将会亮显，用户坐标系的X轴将会与找到的第一个面上的最近的边对齐。
- 对象：用于根据用户选取的对象快速简单地创建用户坐标系，使对象位于新的XY平面，X轴和Y轴的方向取决于用户选择的对象类型。这个选项不能用于三维实体、三维多段线、三维网格、视口、多线、面域、样条曲线、椭圆、射线、参照线、引线和多行文字等对象。对于非三维面的对象，新用户坐标系的XY平面与当绘制该对象时生效的XY平面平行，但X轴和Y轴可作不同的旋转。通过选择对象来定义用户坐标系的方法如表3.1所示。

表3.1 用户坐标系

对象类型	UCS 定义方法
圆弧	圆弧中心点为新原点，X 轴指向离被选点最近的圆弧的端点
圆	圆心为新原点，X 轴指向拾取点
尺寸标注	标注文字中心成为新原点，X 轴平行于绘制标注文字时的 X 轴
直线	离被选点最近的直线端点为原点，AutoCAD 选择新 X 轴，以使直线位于新 UCS 的 XZ 平面。直线的第二个端点的 Y 坐标为 0
点	该点被作为新原点
2D 多段线	多段线起点为新原点，X 轴指向多段线的第二个顶点
填充多边形（SOLID）	填充多边形第一点为原点，X 轴通过实体第二点
填充直线	填充直线第一点为原点，其中心线为 x 轴
3D 面	3D 面的第一点为原点，X 轴通过第二点，3D 面的第三点决定 Y 轴方向，Z 轴根据右手规则确定
型、文本、块、属性	对象插入点为原点，X 轴通过绕对象的延伸方向旋转对象来确定，对象在新 UCS 中的旋转角度为 0°

- 视图：用于以垂直于观察方向（平行于屏幕）的平面为XY平面，创建新的坐标系，UCS原点保持不变。
- 原点：通过移动当前UCS的原点，保持其三个轴之间的方向不变，从而可以定义新的UCS。用户可以选择该命令在任何高度建立坐标系。若没有给原点指定Z轴坐标值，将使用当前坐标值。
- Z轴矢量：用特定的Z轴正半轴定义UCS。此时，用户必须选择两点，第一点作为新坐标系的原点，第二点则决定Z轴的正方向，此时，XY平面垂直于新的Z轴。
- 三点：用户可以通过在三维空间的任意一个位置指定三点，用以确定新UCS原点及其X轴与Y轴的正方向，而Z轴则是由右手定则来确定。其中，第一点确定了坐标系的原点，第二点确定X轴正方向，而第三点则定义了Y轴的正方向。

- X/Y/Z：用于旋转当前的UCS轴来创建新的UCS。在命令行提示下输入正或负的角度以旋转UCS，而该轴的正方向则是用右手定则来确定。

2. 命名 UCS

执行“工具>命名UCS”命令，打开如图3-8所示的UCS对话框。打开“命名UCS”选项卡，用户可以在“当前UCS”列表框中选择“世界”或“上一个”选项，单击“置为当前”按钮，便可将其设置为当前坐标系，此时，在该UCS前将显示标记▸。用户也可以单击“详细信息”按钮，在“UCS 详细信息”对话框中查看坐标系的详细信息，如图3-9所示。

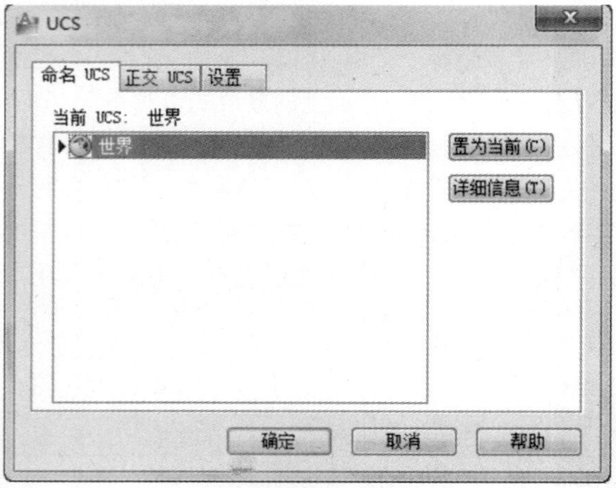

图3-8 UCS对话框

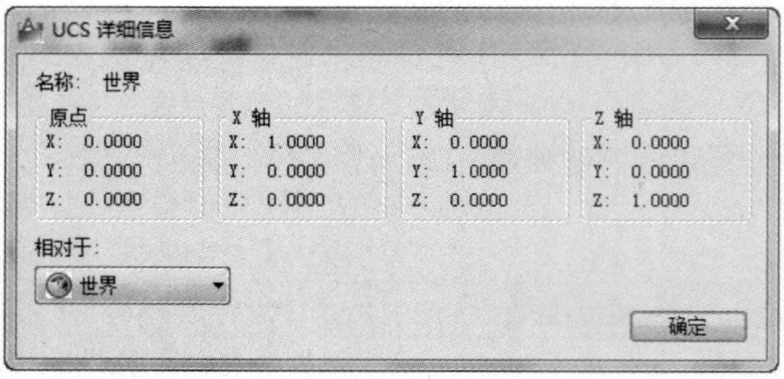

图 3-9 “UCS详细信息”对话框

3. 使用正交 UCS

执行“工具>命名UCS”命令，打开“正交UCS”选项卡，如图3-10所示。用户可以在“当前UCS”列表框中选择“俯视”、“仰视”、“前视”、“后视”、“左视”或“右视”选项。

4. 设置 UCS

执行“工具 > 命名 UCS” 命令，打开 UCS 对话框。打开“设置” 选项卡，如图 3-11 所示。用户可以在“UCS 图标设置” 选项组中设置 UCS 图标是否为开，UCS 原点是否显示等。在“UCS 设置”选项组中设置 UCS 是否与视口一起保存和修改 UCS 时是否更新平面视图。

此外，用户还可以通过执行“视图>显示>UCS图标”的级联菜单命令控制坐标系图标的可见性和显示方式，如图3-12所示。

其级联菜单命令介绍如下。

- 开/关：用于在当前视口中打开或关闭UCS图符显示。
- 原点：用于在当前坐标系的原点处显示UCS图符；若取消该命令则可以在视口左下角显示UCS图符，而不考虑当前坐标系的原点。
- 特性：选择该命令则打开“UCS图标”对话框，如图3-13所示。用户可以设置UCS图标样式、大小、颜色及布局选项卡中的图标颜色。

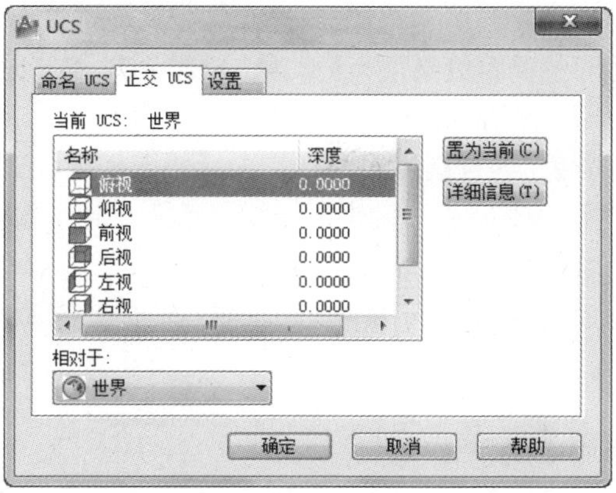

图3-10 “正交UCS”选项卡

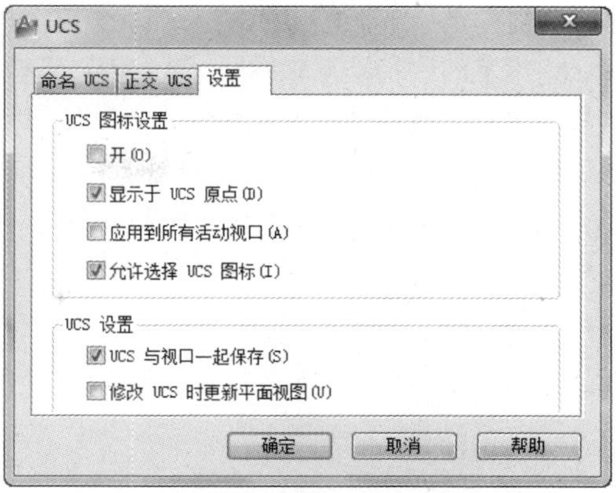

图3-11 “设置”选项卡

图3-12 “UCS图标”命令下的级联菜单命令

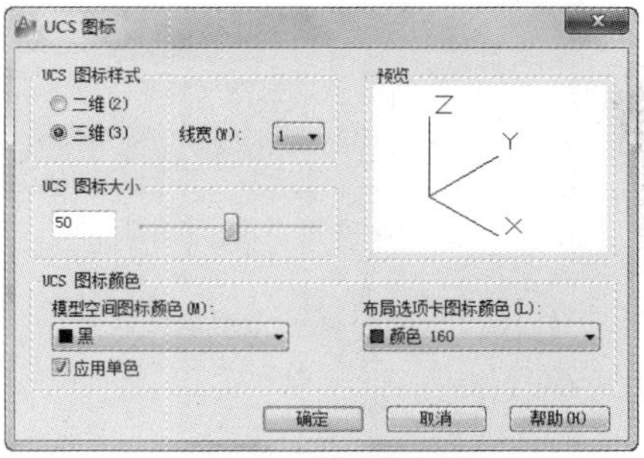

图3-13 “UCS图标”对话框

3.2 捕捉和栅格

捕捉和栅格可以精确定位点，下面介绍具体的使用方法。

3.2.1 使用捕捉工具

为了能够快速精确地绘图，AutoCAD提供了栅格、捕捉、极轴追踪和对象捕捉等辅助绘图工具，用户可以在“草图设置”选项面板中设置相关的属性值。

利用捕捉工具，用户可以在屏幕上创建一个隐含的栅格（捕捉栅格），使用它可以捕捉光标，约束光标只能落在栅格的某一个节点上，使用户能够高精度地捕捉和选择这个栅格上的点，提高绘图效率。

捕捉工具的执行方式如下。

- 状态栏：单击状态栏中的“捕捉模式”按钮 ，（打开或关闭）捕捉模式。
- 菜单栏：执行“工具>绘图设置” 命令。
- 快捷键：按F9键，打开或关闭捕捉模式。

执行“绘图设置”命令后，打开“草图设置”对话框，选择“捕捉和栅格”选项卡，如图3-14所示。

各选项具体说明如下。

- “启用捕捉”复选框：用来打开或关闭捕捉模式。用户也可以通过单击状态栏上的“捕捉模式”按钮或按 F9 键，来打开或关闭捕捉模式。

● “捕捉间距”选项组：用来控制捕捉位置处的不可见矩形栅格，以限制光标仅在指定的 X 和 Y 间隔内移动。指定的“捕捉 X 轴间距”和“捕捉 Y 轴间距”的间距值必须为正实数。勾选“X轴和 Y 轴间距相等”复选框则为捕捉间距和栅格间距强制使用同一 X 和 Y 轴间距值。

● “捕捉类型”选项组：用于确定捕捉类型。系统提供了两种捕捉栅格的方式，“矩形捕捉”和“等轴测捕捉”。在“矩形捕捉”下捕捉栅格是标准矩形；在“等轴测捕捉”下捕捉时栅格和光标十字不再互相垂直，而是成绘制等轴测图时的特定角度，这种方式对于绘制等轴测图非常方便。

● “极轴间距”选项组：此选项组只能在“极轴捕捉”时才可用。在“极轴距离”文本框中输入距离值。也可以通过命令行命令SNAP设置捕捉参数。

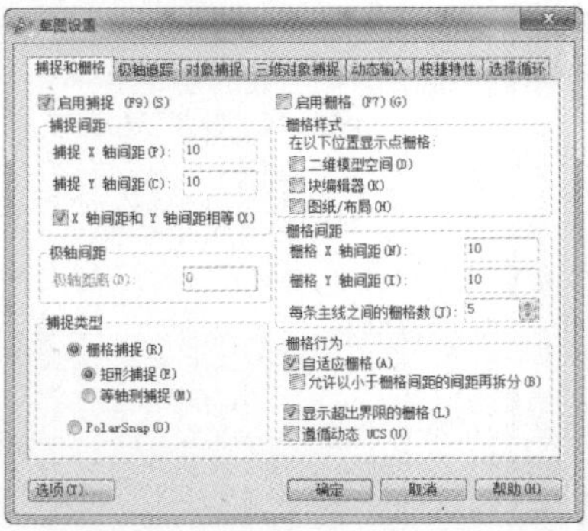

图3-14 “草图设置”对话框

工程师点拨：使用捕捉的其他方法

选择“极轴捕捉”，可设置为极轴捕捉。如果打开了“捕捉”模式，并且在极轴追踪也打开的情况下指定点，光标将会在“极轴追踪”选项卡上相对于极轴追踪起点设置的极轴对齐角度进行捕捉。

在命令行中输入：SNAP，按Enter键。

命令行提示如下。

指定捕捉间距或[开(ON)/关(OFF)/纵横向间距(A)/样式(S)/类型(T)]<10.0000>:

默认情况下，必须指定捕捉间距，并选择“开(ON)”选项，以当前栅格的分辨率和样式激活捕捉模式；选择“关(OFF)”选项时，关闭捕捉模式，但保留当前设置。

其他选项的功能说明如下。

● 纵横向间距：可以在X和Y轴方向指定不同的间距。如果当前的捕捉模式为等轴测，则不能使用该选项。

● 样式：可以设置捕捉栅格的样式为“标准”或“等轴测”。“标准”样式显示与当前 UCS 的 XY 平面平行的矩形栅格，X 间距与 Y 间距可能不同；“等轴测”样式显示等轴测栅格，栅格点初始化为 30° 和 150°，等轴测捕捉可以旋转，但不能有不同的纵横向间距值，等轴测包括上等轴测平面、左等轴测平面、右等轴测平面，如图 3-15 所示。

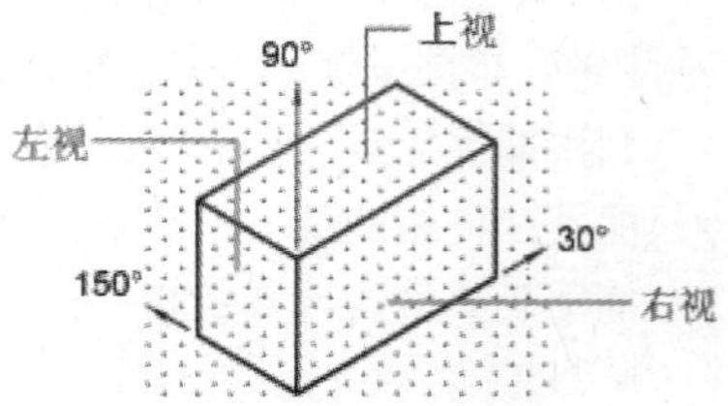

图3-15 等轴测模式

● 类型：用于指定捕捉类型为极轴或栅格。

3.2.2 使用栅格工具

栅格是一些标定位置的小点，用户可以应用显示栅格工具使绘图区域上出现可见的网格，它是一个形象的绘图工具，作用就像坐标纸，可以提供直观的距离和位置参照。使用栅格可以提高绘图效率。

栅格工具执行方式如下。

- 状态栏：单击状态栏中的“栅格”按钮，打开或关闭栅格显示功能。
- 菜单栏：执行“工具>绘图设置”命令。
- 快捷键：按F7键。

执行“绘图设置”命令后，打开“草图设置”对话框，打开“捕捉和栅格”选项卡，各选项具体说明如下。

- “启用栅格”复选框：用来打开或关闭栅格。也可以通过单击状态栏上的“栅格显示”按钮或按 F7 键，来打开或关闭栅格模式。
- “栅格间距”选项组：用来设置栅格在水平与垂直方向的间距。如果“栅格X轴间距”与“栅格Y轴间距”设置为0，则AutoCAD会自动将捕捉栅格间距应用于栅格，且其原点和角度总是和捕捉栅格的原点和角度相同。用户也可以通过GRID命令在命令行设置栅格间距，也可以设置“每条主线之间的栅格数”。
- “每条主线之间的栅格数”用来指定主栅格线相对于次栅格线的频率。
- “栅格行为”选项组：用来控制当 Vscurrent 系统变量设置为除二维线框之外的任何视觉样式时，所显示栅格线的外观。可以设置为“自适应栅格”，“允许以小于栅格间距的间距再拆分”，也可以设置为“显示超出界限的栅格”或“遵随动态 UCS”。

3.3 使用正交模式

需要绘制水平直线和垂直直线时，若用鼠标拾取线段的端点和中点，很难严格保证水平和垂直，启用AutoCAD提供的正交模式，绘图时就只能绘制平行于坐标线的正交线段了，为绘图带来了很多方便。

正交模式的执行方式如下。

- 命令行：在命令行中输入ORTHO，按Enter键。
- 状态栏：单击状态栏中的“正交模式”按钮。
- 快捷键：按F8键。

在命令行中输入ORTHO后，按Enter键。

命令行提示如下：

“输入模式[开(ON)/关(OFF)]<关>：”，输入ON，开正交功能。此时，输入的第一点是任意的，但当移动光标准备指定第二点时，引出的极轴线已经不再是这两点之间的连线，而是起点到光标十字线的垂直线中较长的那段线，此时单击鼠标，该极轴线就变成了所绘的直线。

3.4 对象捕捉

3.4.1 对象捕捉工具

对象捕捉是AutoCAD中最为重要的工具之一，使用对象捕捉可以精确定位，使用户在绘图过程中可直接利用光标来准确地确定目标点，如圆心、端点、垂足等。

1.“对象捕捉”工具栏

单击“对象捕捉”工具栏中相应特征点按钮，然后把光标移动到要捕捉对象的特殊点附近，便可捕捉到相应的对象特征点。“对象捕捉”工具栏中各种捕捉模式的名称及功能如图3-16所示，列出了在执行对象捕捉时打开的所有对象捕捉模式，共有13种捕捉模式，较为常用的捕捉模式为端点、中点、圆心、象限点、交点和垂足等。

图3-16 “对象捕捉”工具栏

各捕捉模式的功能具体介绍如下。

- ：“临时追踪点”，创建对象捕捉所使用的临时点。
- ：“捕捉自”，从临时参照点偏移。
- ：“捕捉到端点”，捕捉到线段等对象的端点，如图3-17左图所示。
- ：“捕捉到中点”，捕捉到线段等对象的中点，如图3-17中图所示。

图3-17 对象捕捉模式

- ：“捕捉到交点”，捕捉到各对象之间的交点，如图3-17右图所示。
- ：“捕捉到外观交点”，捕捉两个对象的外观的交点。
- ：“捕捉到延长线”，捕捉到直线或圆弧的延长线上的点。
- ：“捕捉到圆心”，捕捉到圆或圆弧的圆心，如图3-18左图所示。
- ：“捕捉到象限点”，捕捉到圆或圆弧的象限点，如图3-18中图所示。
- ：“捕捉到切点”，捕捉到圆或圆弧的切点。
- ：“捕捉到垂足”，捕捉到垂直于线或圆上的点，如图3-18右图所示。

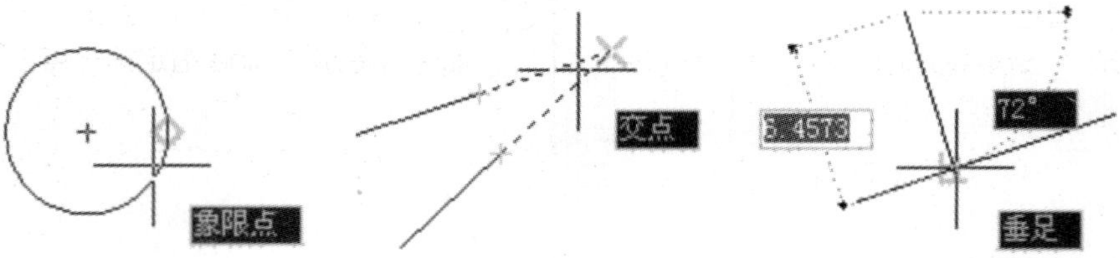

图3-18 对象捕捉模式

- ：“捕捉到平行线”，捕捉到与指定线平行的线上的点。
- ：“捕捉到插入点”，捕捉块、图形、文字或属性的插入点。
- ：“捕捉到节点”，捕捉到节点对象。
- ：“捕捉到最近点”，捕捉拾取点最近的线段、圆、圆弧或点等对象上的点。
- ：“无捕捉”，关闭对象捕捉模式。
- ：“对象捕捉设置”，设置自动捕捉模式。

2. 使用自动捕捉功能

用户在绘图过程中，会频繁使用对象捕捉功能，若每捕捉一个对象特征点都要选择捕捉模式，会使工作效率大大降低。因此，AutoCAD提供了自动对象捕捉模式。

自动捕捉就是当用户把光标放在一个对象上时，系统会自动捕捉到此对象上一切符合条件的几何特征点，并显示出相应的标记。若用户将光标在捕捉点上多停留一会，系统还会显示捕捉提示。这样，在用户选点之前就可以预览和确认捕捉点了。

用户可在“草图设置”对话框的“对象捕捉”选项卡中打开对象捕捉模式，勾选“启用对象捕捉”复选框，在“对象捕捉模式”选项组中勾选相应复选框，如图3-19所示。

3. 对象捕捉快捷菜单

在绘图过程中，当需要指定点时，用户可按Shift键或Ctrl键，并单击右键打开对象捕捉快捷菜单，如图3-20所示，选择需要的捕捉工具。

在对象捕捉快捷菜单中，除“点过滤器”级联命令外，其余各项的功能都与工具栏中的各种捕捉模式相对应。

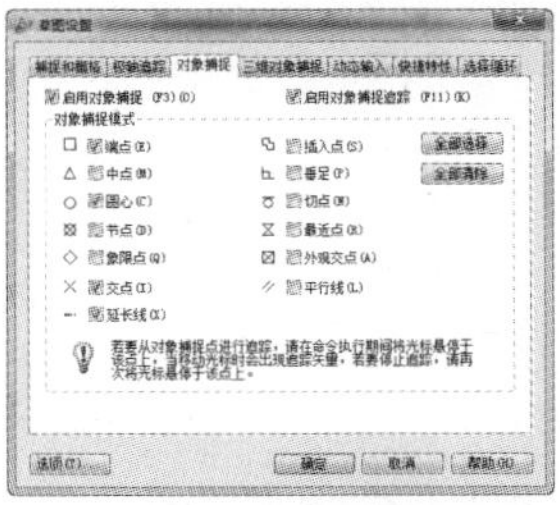

图3-19 设置对象捕捉模式

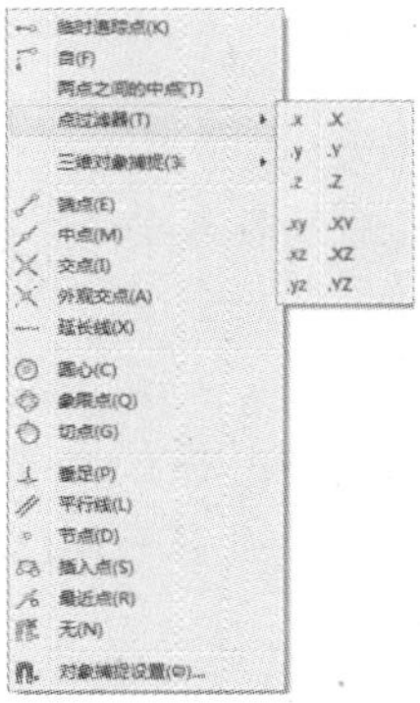

图3-20 对象捕捉快捷菜单

操作示例

从圆心到矩形一条边的中点绘制一条线段，操作步骤如下。

Step 01 单击工具栏上的“圆”按钮 。

命令行提示“_circle 指定圆的圆心或 [三点（3P）/ 两点（2P）/ 相切、相切、半径（T）]：”，输入 3p，按 Enter 键，相继指定三点绘制一圆。

单击工具栏上的“矩形”按钮 。

命令行提示“指定第一个角点或 [倒角（C）/ 标高（E）/ 圆角（F）/ 厚度（T）/ 宽度（W）]：”，指定第一角点后，指定第二个角点绘制矩形，如图 3-21 所示。

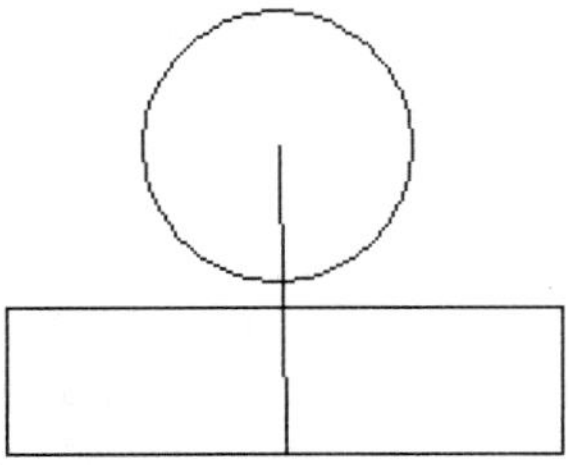

图3-21 绘制圆和矩形

Step 02 单击工具栏上的“直线”按钮 。

命令行提示“_line 指定第一点：”，移动十字光标接近于圆心位置，在圆心处出现一个圆形的圆心捕捉标记，单击鼠标左键拾取该点，如图 3-22 所示。

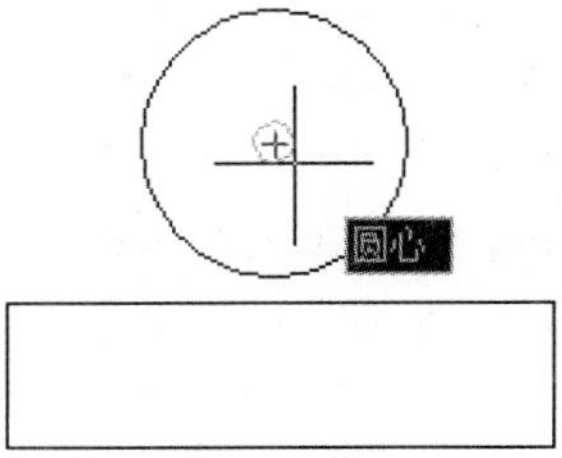

图3-22 拾取圆心

Step 03 命令行提示“指定下一点或[放弃(U)]:”，单击“对象捕捉”工具栏上的“捕捉到中点”按钮，移动十字光标接近于矩形下边位置，在中点处出现一个三角形的中点捕捉标记，单击鼠标左键拾取该点，如图 3-23 所示。

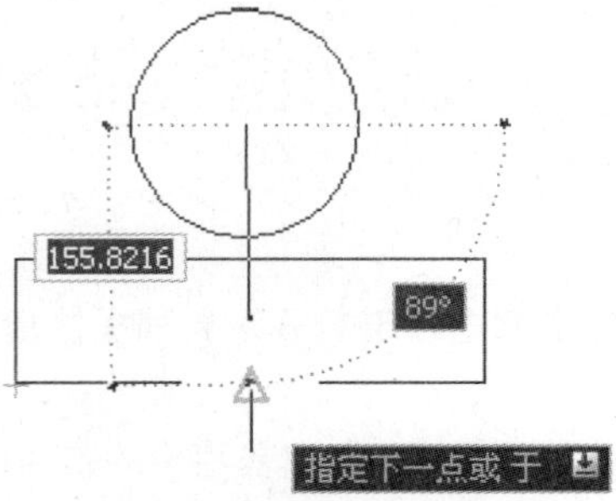

图3-23 拾取矩形下边的中点

Step 04 命令行提示“指定下一点或【放弃(U)】:”，按 Enter 键，连接圆心和矩形的中点的线段绘制完毕，如图 3-24 所示。

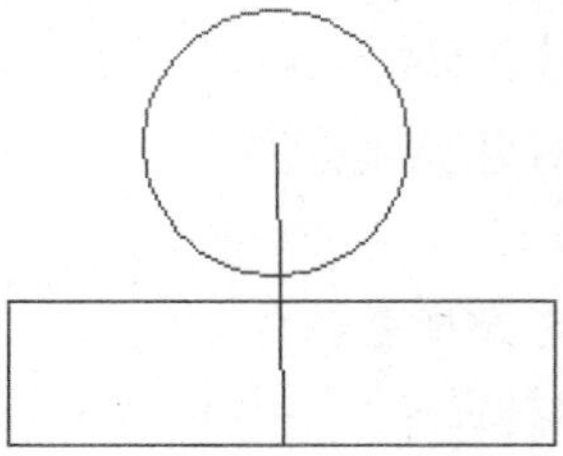

图3-24 图形结果

3.4.2 捕捉基点

在绘图过程中，有时需要指定以某个点为基点的一个点，此时，用户可以利用基点捕捉功能来捕捉此点。基点捕捉要求确定一个临时的参考点作为指定后继的基点，通常情况下，可与其他对象捕捉模式及相关坐标联合使用。

捕捉基点的执行方式如下。

- 命令行：在命令行中输入FROM，按Enter键。

在输入第一点的提示下输入FROM，按Enter键。

命令行提示如下。

```
基点：// 此时指定基点。
<偏移>：//此时输入相对以基点的偏移值，即可得到一个点，此点与基点之间的坐标差为指定的偏移值。
```

工程师点拨：对象捕捉的设置

用户可通过“工具>选项”命令设置自动捕捉功能，在“选项”对话框的“绘图”选项卡中进行设置。

操作示例

绘制一条由点（10，10）到点（50，90）的线段，如图3-25所示。

操作步骤如下。

Step01：单击工具栏上的“直线”按钮 。

Step02：命令行提示“指定第一点：”，输入10，10，按Enter键。

Step03：命令行提示“指定下一点或[放弃（U）]：，”输入FROM，按Enter键。

Step04：命令行提示“基点：”，输入70，70，按Enter键。

Step05：命令行提示“<偏移>：”，输入@-20,20，按Enter键。

Step06：命令行提示“指定下一点或[放弃（U）]：”，按Enter键。

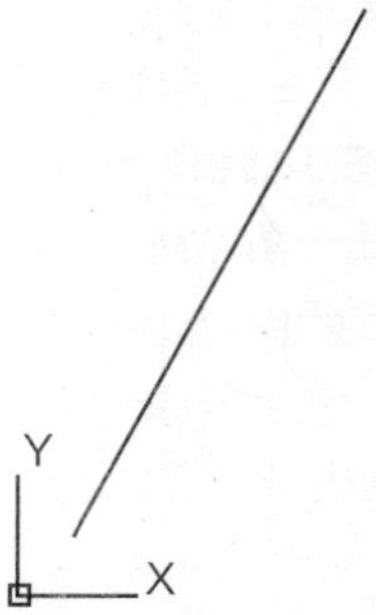

图3-25 利用“基点捕捉”绘制直线

3.4.3 运行和覆盖捕捉模式

在AutoCAD中，对象捕捉模式又可以分为运行捕捉模式和覆盖捕捉模式两种。

- 运行捕捉模式：在“草图设置”对话框的“对象捕捉”选项卡中，设置的对象捕捉模式始终处于运行状态中，直到关闭它为止。
- 覆盖捕捉模式：如果在点命令的命令行提示下输入关键字（如MID、CEN、QUA等）、单击“对象捕捉”工具栏上的工具或者在对象捕捉快捷菜单中选择相应命令，这样只临时打开捕捉模式。这种模式只对本次捕捉点有效。

若要打开或关闭运行捕捉模式，可单击状态栏中的“对象捕捉”按钮。若用户设置覆盖捕捉模式后，系统将暂时覆盖运行捕捉模式。

操作示例

绘制圆的公切线，操作步骤如下。

Step 01 打开图层特性管理器按钮，新建两个新图层，分别为实线图层和中心线图层。实线层线宽为0.7mm，线型为默认；中心线层线型为CENTER，其余为默认。

选择中心线图层，绘制中心线，如图3-26所示。

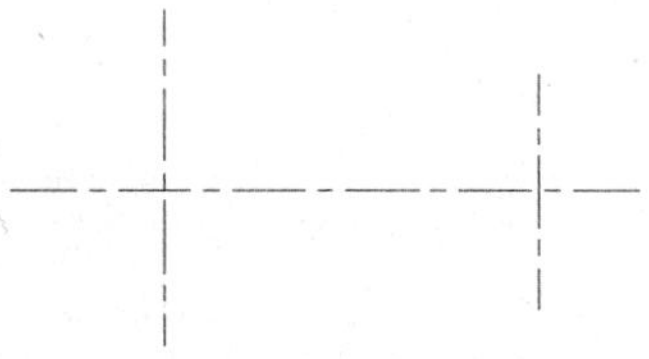

图3-26 绘制中心线

Step 02 选择实线层，分别以水平中心线与竖直中心线的两个交点为圆心绘制两个圆，如图3-27所示。

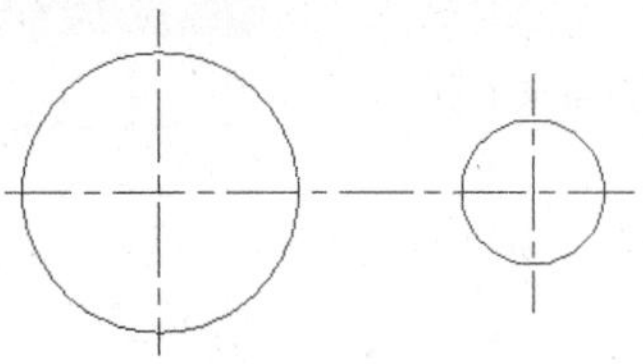

图3-27 绘制圆

Step 03 单击工具栏中的“直线”按钮。

命令行提示“指定第一个点：”，单击“对象捕捉”工具栏中的“捕捉到切点”按钮。

命令行提示“-tan 到：”，指定左边圆上一点，待系统提示“递延切点”时单击鼠标，如3-28图所示。

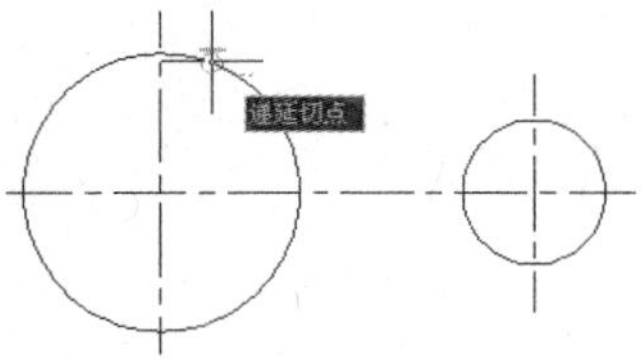

图3-28 捕捉切点

Step 04 命令行提示“指定下一点或[放弃(U)]:”，单击“对象捕捉”工具栏中的“捕捉到切点”按钮。

命令行提示“-tan 到：”，指定右边圆上一点，待系统提示“递延切点”时单击。

命令行提示“指定下一点或[放弃(U)]:”，按Enter键，如图3-29所示。

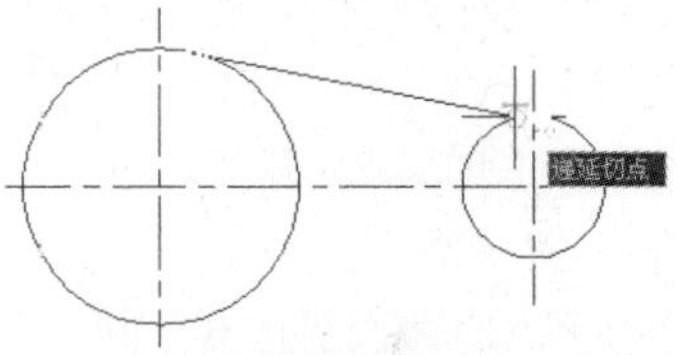

图3-29 捕捉第二切点

Step 05 重复利用直线命令绘制圆的公切线，仍利用“捕捉到切点”按钮捕捉切点，如图3-30所示，为捕捉第一点的情形。

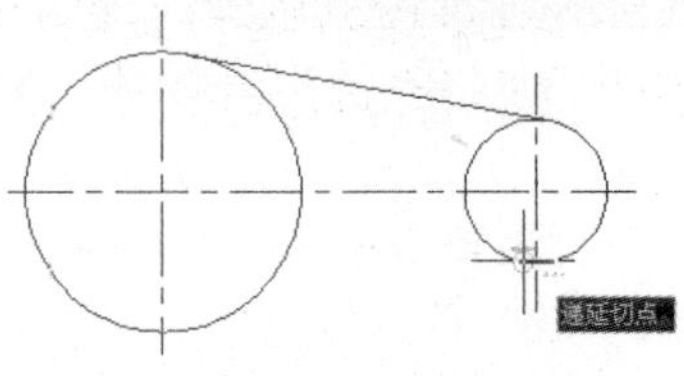

图3-30 捕捉第一切点

Step 06 用相同的方法绘制圆的另一条公切线，如图3-31所示。

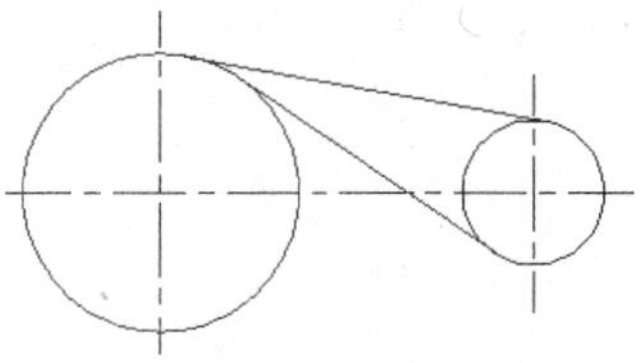

图3-31 捕捉第二切点

3.5 对象追踪

对象追踪功能是AutoCAD系统提供的一个非常便捷的绘图功能，它是按指定角度或按与其他对象的指定关系绘制对象。自动追踪功能分为极轴追踪和对象捕捉追踪两种。

3.5.1 极轴追踪与对象捕捉追踪

极轴追踪是按预先给定的角度增量来追踪特征点，而对象捕捉追踪则按与对象的某种特定关系来追踪，这种特定关系确定了一个预先不知道的角度。即如果用户事先知道要追踪的方向（角度），就使用极轴追踪；若事先不知道具体的追踪方向（角度），但却知道与其他对象的某种特定关系（如相交等），就使用对象捕捉追踪。用户可以同时使用对象捕捉追踪和极轴追踪。

极轴追踪功能可在系统要求指定一个点时，按事先设置的角度增量显示一条无限延伸的辅助线（虚线），用户此时就可以沿着辅助线追踪得到光标点。用户可以在“草图设置”对话框的“极轴追踪”选项卡中设置极轴追踪和对象捕捉追踪，如3-32图所示。

1. 极轴追踪和对象捕捉

执行该命令方式如下。

- 命令行：在命令行中输入DDOSNAP，按Enter键。
- 工具栏：在“对象捕捉”工具栏中单击“对象捕捉设置”按钮。
- 菜单栏：执行“工具>草图设置”命令。
- 状态栏：单击“对象捕捉”按钮，单击极轴按钮。
- 快捷键：F10（极轴开关）。

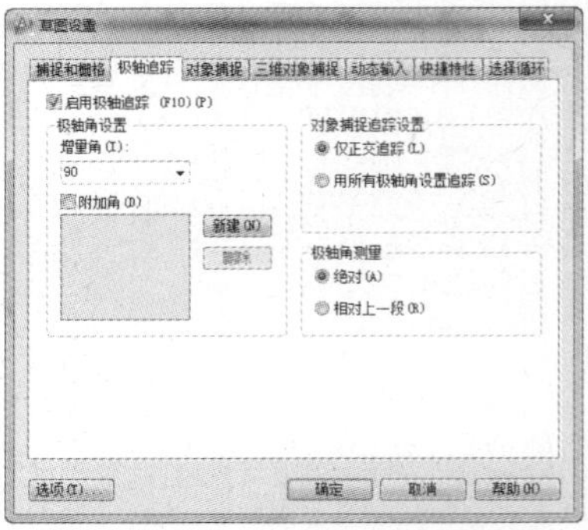

图3-32 “极轴追踪”选项卡

各选项具体说明如下。

- “启用极轴追踪”复选框：用于启用极轴追踪功能。
- “极轴角设置”选项组：用来设置极轴追踪的对齐角度。“增量角”用来设置显示极轴追踪对齐路径的极轴角增量，可以输入任何角度，也可以从列表中选择 90、35、30、22.5、18、15、10 或 5 这些常用角度。“附加角”复选钮是对极轴追踪使用列表中的任何一种附加角度。

工程师点拨：关于附加角度的问题

附加角度是绝对的，而非增量的。新建附加角时最多可以添加 10 个附加极轴追踪对齐角度。

- “对象捕捉追踪设置”选项组：用来设置对象捕捉追踪选项。当打开对象捕捉追踪时，选择“仅正交追踪”单选按钮，可以仅显示已获得对象捕捉点的正交（水平/垂直）对象的捕捉追踪路径。选择“用所有极轴角设置追踪”单选按钮，可以将极轴追踪设置应用于对象捕捉追踪。使用对象捕捉追踪时，光标将从获取的对象捕捉点起沿极轴对齐角度进行追踪。
- “极轴角测量”选项组：用于设置极轴追踪对齐角度的测量基准。若选择“绝对”单选按钮，可以基于当前用户坐标系（UCS）确定极轴追踪角度；若选择“相对上一段”单选按钮，可以基于最后绘制的线段确定极轴追踪角度。

3.5.2 使用自动追踪功能

自动追踪功能可以帮助用户快速精确地定位点，很大程度上提高了绘图效率。在 AutoCAD 2012 中，用户要设置自动追踪功能选项，可执行“工具 > 选项”命令，打开“选项”对话框，在“绘图”选项卡的“AutoTrack 设置”选项组中进行设置，如图 3-33 所示。

各选项具体说明如下。

- “显示极轴追踪矢量”复选框：用于设置是否显示极轴追踪的矢量数据。
- “显示全屏追踪矢量”复选框：用于设置是否显示全屏追踪的矢量数据。
- “显示自动追踪工具栏提示”复选框：用于设置在追踪特征点时是否显示工具栏上的相应按钮的提示文字。

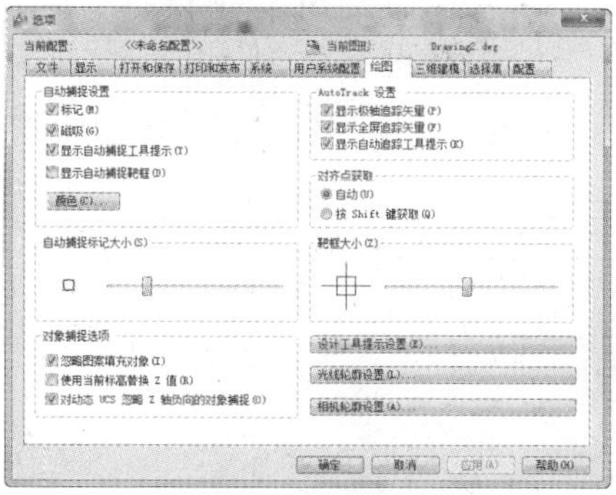

图3-33 “绘图”选项卡

工程师点拨：关于正交模式和极限追踪的问题

打开正交模式，光标将会被限制沿水平或垂直方向移动。因此，正交模式和极轴追踪不能同时打开，如果一个打开，另一个就会自动关闭。

3.5.3 使用临时追踪点和捕捉自功能

在“对象捕捉”工具栏中，还有两个非常有用的对象捕捉工具，就是“临时追踪点”和“捕捉自”工具。具体介绍说明如下。

- “临时追踪点”：用于在一次操作中创建多条追踪线，并根据这些追踪线确定所要定位的点。
- “捕捉自”：用于在使用相对坐标指定下一个应用点时，提示输入基点，并将该点作为临时参考点，这与通过输入前缀@使用最后一个点作为参考点类似。它不是对象捕捉模式，但经常与对象捕捉一起使用。

3.6 动态输入

3.6.1 打开和关闭动态输入

“动态输入”是在光标附近提供了一个命令界面，帮助用户专注于绘图区域。当用户启用“动态输入”时，工具提示将在光标附近显示信息，该信息会随着光标的移动而动态更新。

动态输入命令的执行方式如下。

单击状态栏上的按钮打开或关闭“动态输入”。按快捷键F12键可以临时将其关闭。“动态输入”有三个组件：指针输入、标注输入和动态提示。在“动态输入”按钮上单击鼠标右键，然后单击“设置”选项，以控制启用“动态输入”时每个组件所显示的内容。

启用“动态输入”时，工具栏提示将在光标附近显示信息，该信息会随着光标移动而动态更新。当某条命令为活动时，将提示用户输入的位置。

在输入字段时输入值并按Tab键后，该字段将显示一个锁定图标，并且光标会受用户输入值的约束。随后可以在第二个输入字段中输入值。另外，如果用户输入值然后按Enter键，则第二个输入字段将被忽略，且该值将被视为直接距离输入。

完成命令或使用夹点所需的动作与命令提示中的动作类似。其区别是用户的注意力可以保持在光标附近。

动态输入不会取代命令窗口。用户可以隐藏命令窗口以增加绘图屏幕区域，但是在有些操作中还是需要显示命令窗口。按F2键可根据需要隐藏和显示命令提示和错误消息。另外，也可以浮动命令窗口，并使用“自动隐藏”功能来展开或折叠该窗口。

3.6.2 启用指针输入

用户可通过在“草图设置”对话框中的“动态输入”选项卡中，勾选“启用指针输入”复选框来启用指针输入功能，如图3-34所示。

用户可在“指针输入”选项组中单击“设置”按钮，在打开的“指针输入设置”对话框中设置指针的格式和可见性，如图3-35所示。

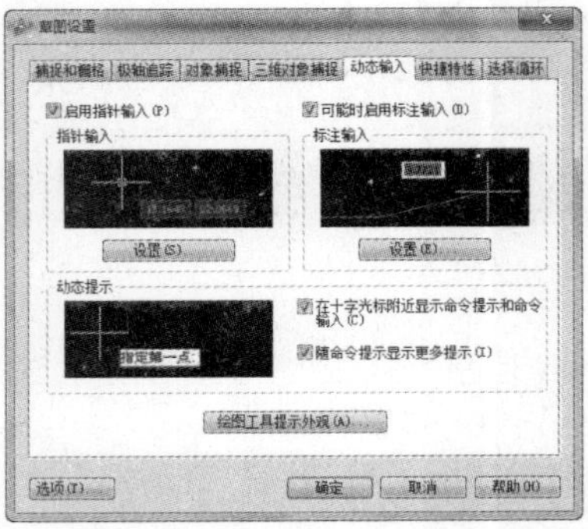

图3-34 “动态输入”选项卡

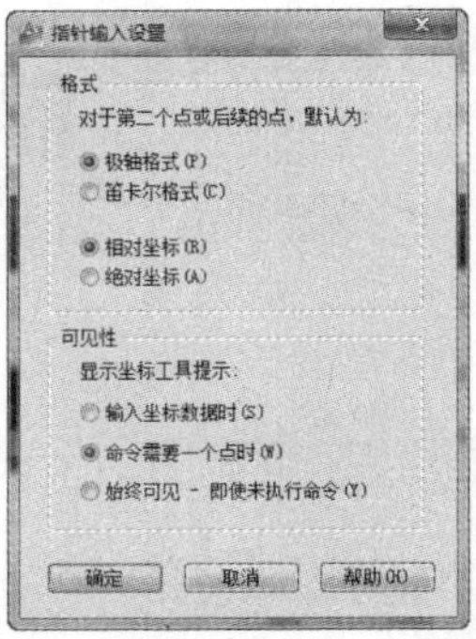

图3-35 “指针输入设置”对话框

当启用指针输入功能且有命令在执行时，十字光标的位置将在光标附近的工具栏提示中显示为坐标。可以在工具栏提示中输入坐标值，而不用在命令行中输入。

第二个点和后续点的默认设置为相对极坐标。不需要输入符号“@”。如果需要使用绝对坐标，请使用“#”做前缀。例如，要将对象移到原点，请在提示下输入第二个点时，输入“#0，0”。

3.6.3 启用标注输入

通过选择“草图设置”对话框中的“动态输入”选项卡，勾选“可能时启用标注输入”复选框来启用标注输入功能。

在“标注输入”选项组中单击“设置”按钮，在打开的“标注输入的设置”对话框中设置标注的可见性，如图3-36所示。

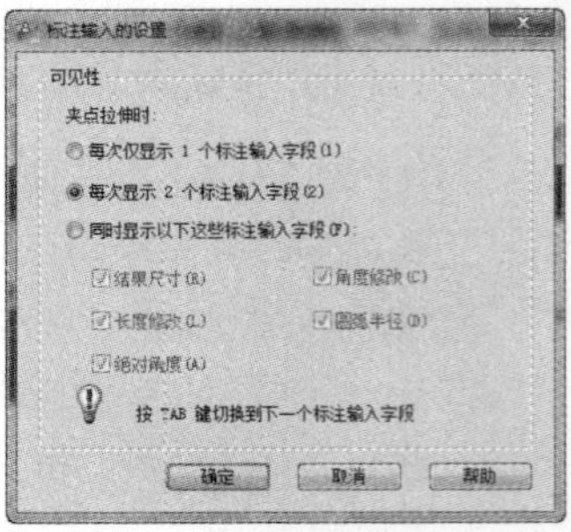

图3-36 “标注输入的设置”对话框

3.6.4 显示动态提示

在“草图设置”对话框的“动态输入”选项卡中，勾选“动态提示”选项组中的“在十字光标附近显示命令提示和命令输入”复选框，可以在光标附近显示命令提示，如图3-37所示。

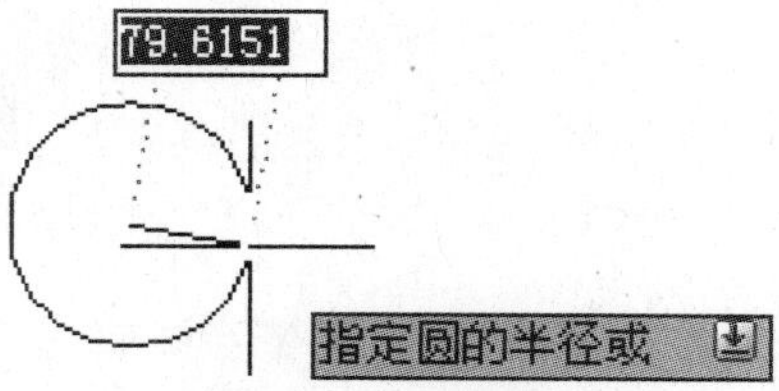

图3-37 动态显示命令提示

3.6.5 工具栏提示外观设置

在“草图设置”对话框的“动态输入”选项卡中，单击“绘图工具提示外观”按钮，在“工具提示外观”对话框中设置工具栏提示的颜色、大小、透明度及应用范围，如图3-38所示。

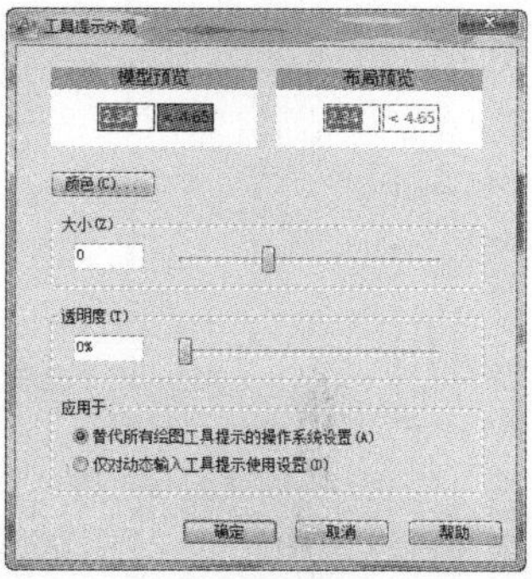

图3-38 “工具提示外观”对话框

3.7 快捷特性

快捷特性执行方式如下。

单击状态栏上的▣按钮来启用或禁用“快捷特性”选项板。使用“快捷特性”选项板可以访问“特性”选项板中可访问的特性的子集。

用户可以在“草图设置”对话框的“快捷特性”选项卡中设置特性，如图3-39所示。

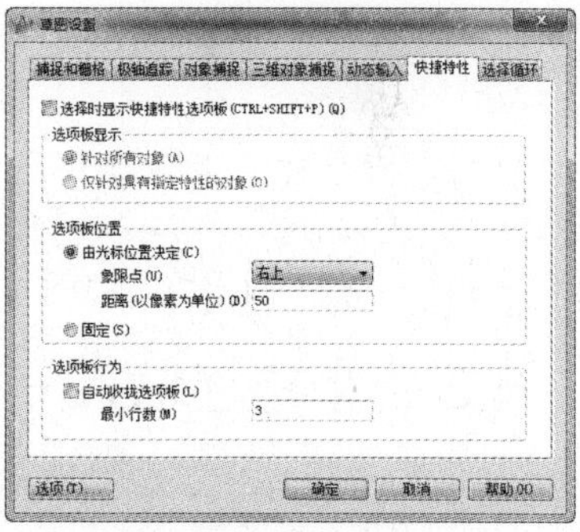

图3-39 “快捷特性”选项卡

自定义“快捷特性”选项面板时，用户可以控制哪种对象类型在“快捷特性”选项面板上显示特性以及显示哪些特性。可以使用“对象”窗格添加和删除被设置为在“快捷特性”面板上显示特性的对象类型。从“对象”窗格中选择对象类型后，用户即可确定在图形窗口中选择该对象类型后，要显示“特性”窗格中的哪些特性。

可以为选定对象类型或所有对象类型更改常规特性。通过从“对象”窗格中选择对象类型，用户可以控制该选定对象类型的常规特性的显示，还可以单击“对象”窗格底部的“常规”按钮以替代所有对象类型的常规特性。单击“对象”窗格底部的“常规”按钮后，将显示一个常规特性（可用于替代所有对象类型的特性）列表以及“重置替代值”按钮。选择要为所有对象类型显示的常规特性，然后单击“重置替代值”完成。

将对象添加至“对象”窗格上的列表后，用于所有对象类型的常规特性状态将被指定给新添加对象的常规特性。例如，如果在“常规”特性下选中了特性“颜色”和“图层”，则选定的同一特性将被指定给要添加至“对象”列表的对象。

操作实例

控制对象特性在“快捷特性”面板上的显示。

Step01：通过执行“工具>自定义>界面”命令，打开“自定义用户界面”编辑器，如图3-40所示。

Step02：在“自定义用户界面”编辑器的“自定义”选项卡上的“所有文件中的自定义设置”窗格中，选择“快捷特性”选项，如图3-41所示。

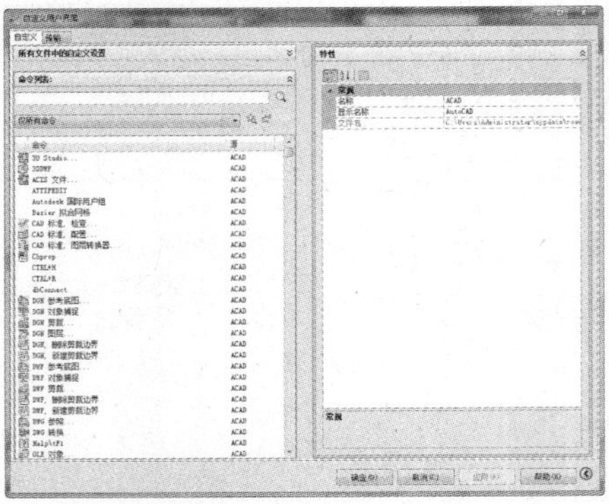

图3-40 “自定义用户界面”编辑器

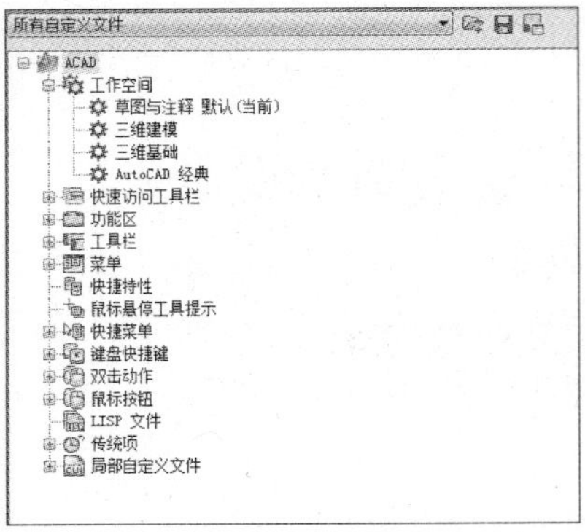

图3-41 选择“快捷特性”选项

Step03：在“对象”窗格的“对象类型”列表中选择一个对象。在“特性”窗格中，选择要在“快捷特性”面板上为对象类型显示的特性，如图3-42所示。如果选择一个特性，则在图形窗口中选定相同类型的对象后，该特性将显示在“快捷特性”选项板上。取消勾选以从“快捷特性”选项板中删除选定对象类型的特性。

Step04：单击“应用”按钮，完成设置。

图3-42 选择特性

综合实例——绘制桌布图案

在AutoCAD 2012中，用户在绘制图形时需要保证精确度，可以利用对象捕捉、极轴绘图等工具来辅助绘图，就可以不需要输入准确的坐标来实现目的，这样可以节约大量的时间。下面以绘制桌布图案为例。

Step01 单击桌面上 AutoCAD 2012 图标，打开 AutoCAD 绘图环境，熟悉操作界面，如 3-43 图所示。

图3-43 打开绘图界面

Step02 执行菜单栏中的“工具＞选项”命令，可以调整背景颜色、光标的大小等，如 3-44 图所示。

图3-44 设置绘图环境

Step03 执行菜单栏中的“格式＞图形界限”命令，在命令栏提示下先后输入边界的两个坐标，这两个坐标可以根据图形的大小决定，如 3-45 图所示。

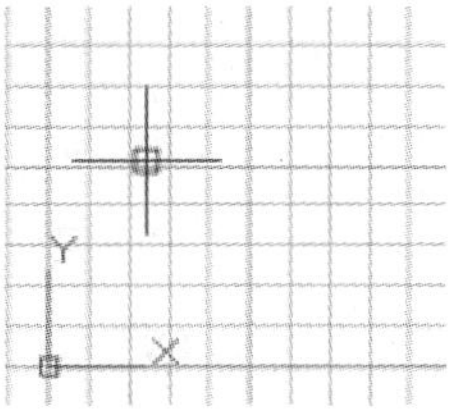

图3- 45 图形界限

Step04 单击“图层”面板中的“图层特性”按钮，弹出图层特性管理器，如 3-46 图所示。

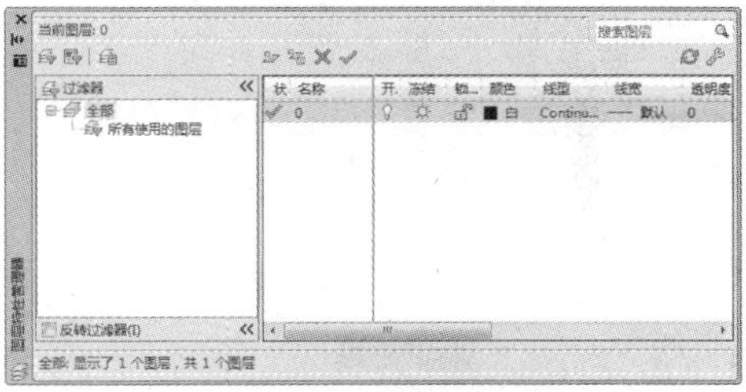

图3-46 图层特性管理器

Step05 新建图层，此后对图层的颜色、线型、线宽进行设置，如图 3-47 所示。单击“确定”按钮，完成设置。

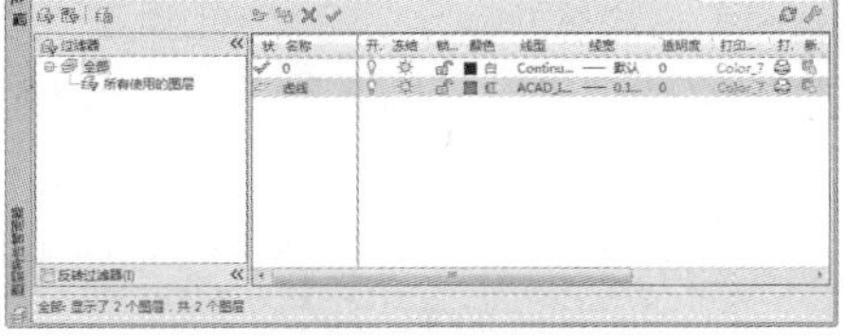

图3-47 设置图层

Step06 用相同的方式设置其他图层，单击“确定”按钮，完成设置，如图 3-48 所示。

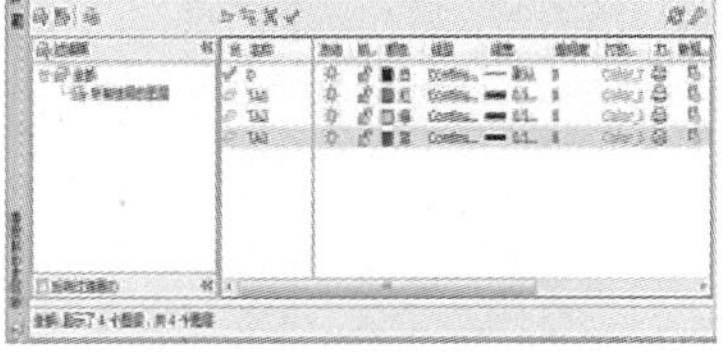

图3-48 设置多个图层

Step07 执行“工具 > 绘图设置”命令，选择“对象捕捉”选项卡，勾选“端点”、“交点”、“中点”、“垂足”、“最近点”、“启用对象捕捉”、“启用对象捕捉追踪”复选框，单击“确定”按钮完成设置，如图 3-49 所示。

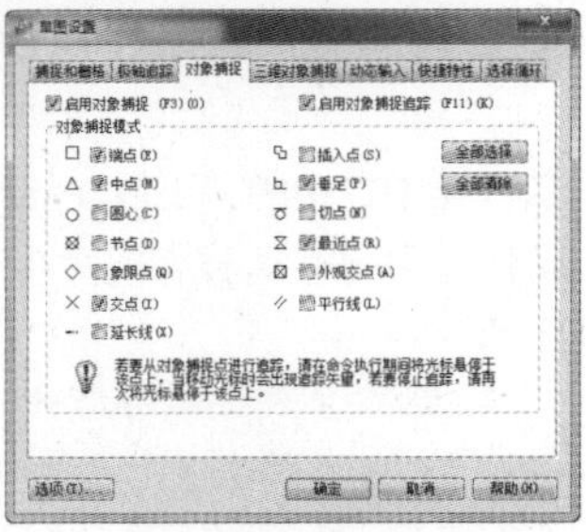

图2-49 设置对象捕捉

Step08 执行“格式 > 点样式”命令，打开“点样式”对话框，设置点样式，单击“确定”按钮，完成设置，如图 3-50 所示。

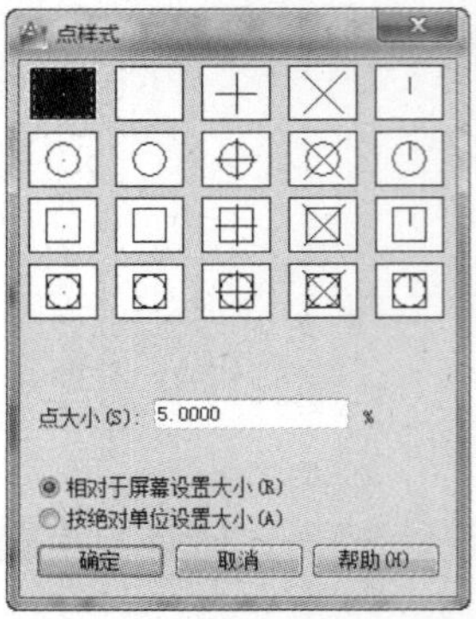

图3-50 设置点样式

Step09 设置当前层为“TA 2”图层，如图 3-51 所示。

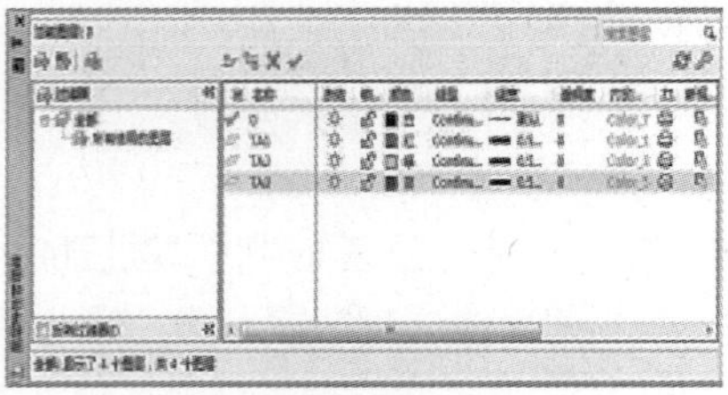

图3- 51 设置当前图层

Step10 执行“绘图 > 矩形”命令，绘制一个 400×200 的矩形，如图 3-52 所示。

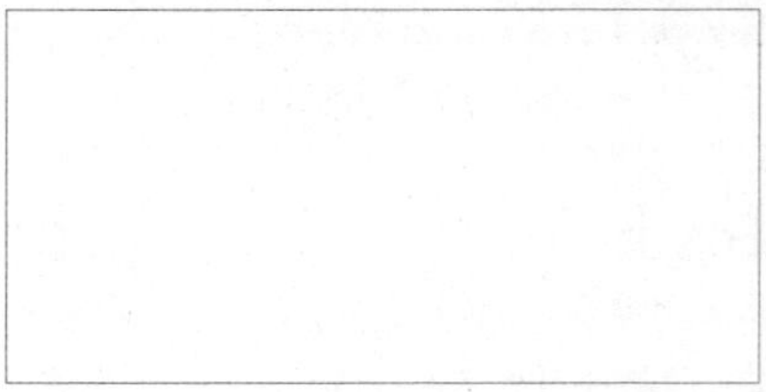

图3-52 矩形

Step11 单击“修改”面板中的“分解”按钮，将矩形分解，如图 3-53 所示，设置当前层为 0 层。

图3-53 分解图形

Step12 执行“绘图 > 点 > 定数等分”命令，将矩形的四边 4 等分，如图 3-54 所示。

图3-54 定数等分

Step13 执行“绘图 > 直线”命令，绘制矩形内的网格线，结果如图 3-55 所示。

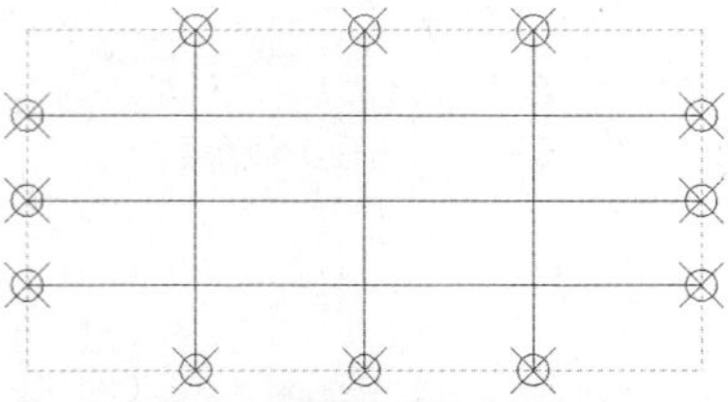

图3-55 绘制网格线

Step14 设置当前层为 TA3 图层，执行“绘图 > 直线”命令，绘制蓝色波浪线，结果如图 3-56 所示。

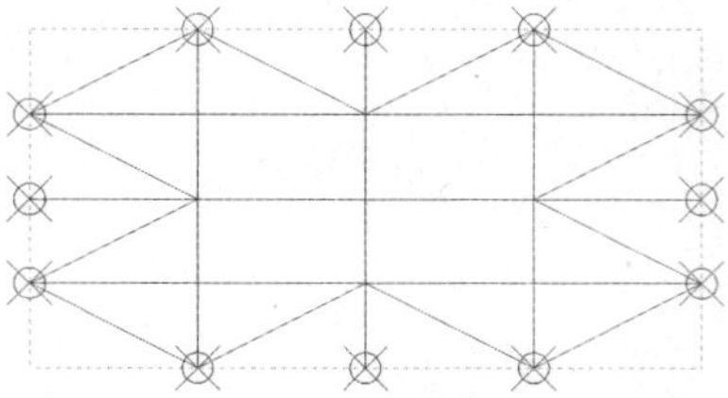

图3-56 绘制波浪线

Step15 设置当前层为 TA1 图层，执行“绘图＞矩形”命令，绘制一个 30×20 的矩形。并将绘好的矩形移到如图 3-57 所示的最近点的位置。

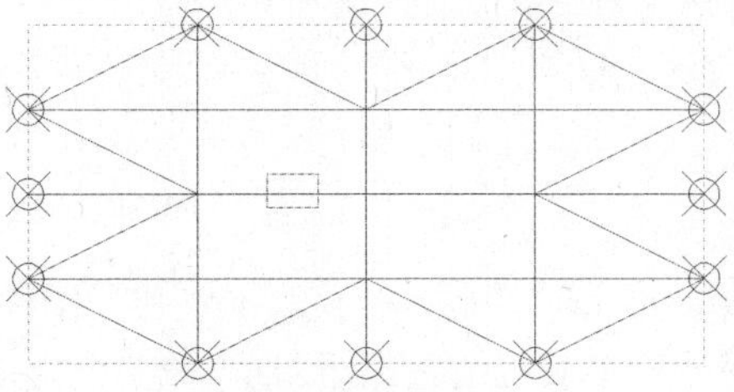

图3-57 移动矩形

Step16 执行阵列命令，将红色小矩形环形阵列 10 个，得到如图 3-58 所示的桌布图形。然后删除所有等分点标记。

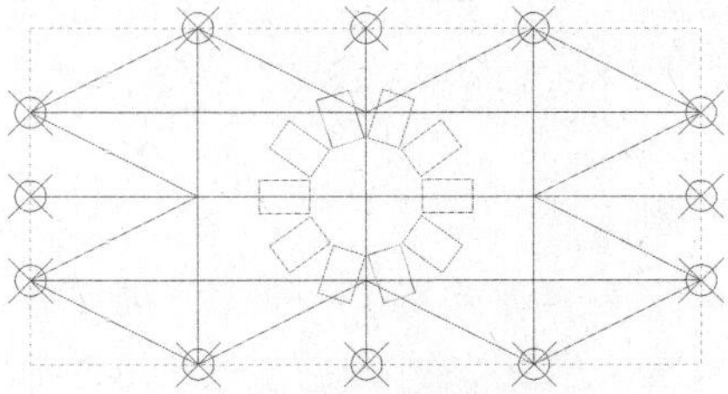

图3-58 阵列矩形

Step17 关闭 0 层，效果如图 3-59 所示。

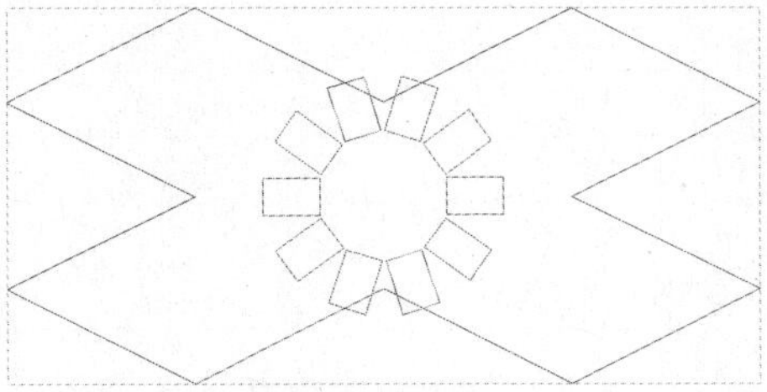

图3-59 桌布效果1

Step18 关闭 TA3 图层，如图 3-60 所示。

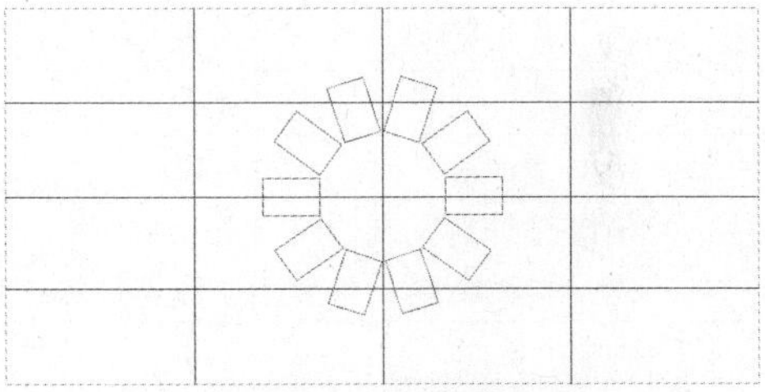

图3-60 桌布效果2

高手应用秘籍：建筑制图对图形大小的要求

为了统一房屋建筑制图规则，保证制图质量，提高制图效率，做到图面清晰、简明，符合设计、施工、存档的要求，适应工程建设的需要，现在介绍《房屋建筑制图统一标准》(GB/T50001—2001)中的部分内容。

1. 图线

- 图线的基本宽度b，宜从下列线宽系列中选取：2.0、1.4、1.0、0.7、0.5、0.35mm。每个图样，应根据复杂程度与比例大小，先选定基本线宽b，再在下表中选取相应的线宽组。同一张图纸内，相同比例的各图样，应选用相同的线宽组。

表3.2 选择线宽（单位：mm）

线宽比	线宽组					
B	2.0	1.4	1.0	0.7	0.5	0.35
0.5b	1.0	0.7	0.5	0.35	0.25	0.18
0.25b	0.5	0.35	0.25	0.18	–	–
注：1. 需要微缩的图纸，不宜采用 0.18mm 及更细的线宽 2. 同一张图纸内，各种不同线宽中的细线，可采用统一较细的线宽组的细线						

- 工程建设制图，不同的线型和线宽有着不同的含义，比较统一的选取原则参见表3.3所示的图线。

表3.3 线宽和线型的选择

名称		线型	线宽	一般用途
实线	粗		b	主要可见轮廓线
	中		0.5b	可见轮廓线
	细		0.25b	可见轮廓线、图例线
虚线	粗		b	见各有关专业制图标准
	中		0.5b	不可见轮廓线
	细		0.25b	不可见轮廓线、图例线
单点长划线	粗		b	见各有关专业制图标准
	中		0.5b	见各有关专业制图标准
	细		0.25b	中心线、对称线等
双点长划线	粗		b	见各有关专业制图标准
	中		0.5b	见各有关专业制图标准
	细		0.25b	假想轮廓线、成型前原始轮廓线
折断线			0.25b	断开界限
波浪线			0.25b	断开界限

- 图纸的图框和标题栏线，可采用表3.4所示线宽。

表3.4 图框和标题样式的选择(单位：mm)

图幅代号	图框线	标题栏外框线	标题栏分格线、会前栏线
A0、A1	1.4	0.7	0.35
A2、A3、A4	1.0	0.7	0.35

- 相互平行的图线，其间隙不宜小于其中的粗线宽度，且不宜小于0.7mm。
- 虚线、单点长划线或双点长划线的线段长度和间隔，宜各自相等。
- 当在较小图形中绘制单点长划线或双点长划线，有困难时，可用实线代替。
- 单点长划线或双点长划线的两端不应是点。点划线与点划线交接或点划线与其他图线交接时，应是线段交接。
- 虚线与虚线交接或虚线与其他图线交接时，应是线段交接。虚线为实线的延长线时，不得与实线连接。
- 图线不得与文字、数字或符号重叠、混淆，不可避免时，应首先保证文字等的清晰。

2. 字体

图纸上所需书写的文字、数字或符号等，均应笔画清晰、字体端正、排列整齐；标点符号清楚正确。

文字的字高，可以从"文字样式"对话框中选用设置字高分别为3.5、5、7、10、14、20mm。

3. 比例

图样的比例，应为图形与实物相对应的线性尺寸之比。比例的大小，是指其比值的大小。比例应用阿拉伯数字表示，如1:1、1:2、1:100等。比例宜注写在图名的右侧，其字高比图名字高小一号或二号。

秒杀工程疑惑

在学习本章关于"精确定位图形"时会遇到各种问题，下面我们来解决一些常遇到的问题，包括绝对坐标的使用、坐标显示、捕捉与栅格命令的异同、点的位置方面的问题。解决这些问题对我们以后的进一步学习有很大的帮助。

问　题	解　答
如何使用绝对坐标?	❶ 在系统默认情况下，绝对极坐标以原点作为极点，以逆时针方向为角度正方向 ❷ 当第一步输入点后，第二步再输入点时，系统则会以第一步输入点作为极点，再利用相对坐标输入第二点 ❸ 输入坐标时的逗号“,”必须是在英文输入状态下输入，不能在中文输入状态下的输入
坐标显示有哪些不同情况?	当用户选择模式 0 时，坐标显示将呈现灰色，表示坐标显示是关闭的，但上一个拾取点的坐标仍是可读的。在一个空的命令提示符或一个不接受距离及角度输入的提示符下，用户只可以在模式 0 和模式 1 之间选择。在一个接受距离及角度的提示符下，可以在多个模式之间循环选择
捕捉与栅格命令有哪些联系和区别?	栅格只是一种辅助定位图形，不是图形的组成部分，不能被打印输出；在一般情况下，捕捉和栅格是配合使用的，即捕捉间距与栅格的 X、Y 轴间距分别一致，这样就能保证鼠标拾取到精确的位置；栅格和捕捉命令都是透明命令，在执行其他命令的过程中可以随时使用
在 AutoCAD 中，如何更精确地确定点的位置?	绘制图形时，若要确定某个点的位置，通常情况下将采用“对象捕捉”功能，但是一旦周围的相关点过于密集时，就不能更加精确地捕捉点或确定某点位置，此时可以采用坐标表示法。通过在命令行中输入点坐标，准确地确定点的位置。在 AutoCAD 中，坐标是基础，所有点和线的定位都要靠坐标来完成

AutoCAD 2012

CHAPTER 04

控制图形显示

本章主要学习AutoCAD中控制图形显示的命令，其中缩放命令可以改变图形在视窗中显示的大小。每个视口可以显示不同的视图，其中重画和重生成命令用于刷新屏幕显示。

学完本章您可以掌握如下知识点

知识点序号	知识点难易指数	知识点
1	★	图形缩放、平移
2	★★	视口
3	★★★	命名视图
4	★★★★	重画与重生成

本章内容图解链接

◎ 实时平移

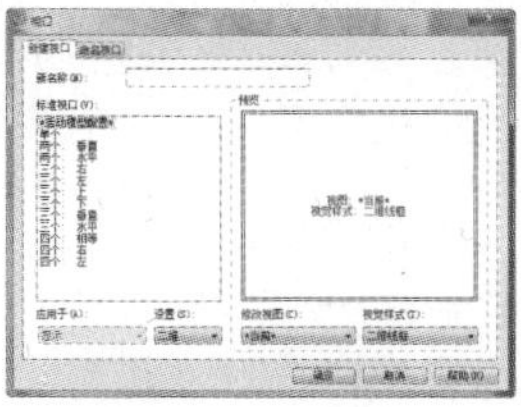
◎ 新建视口

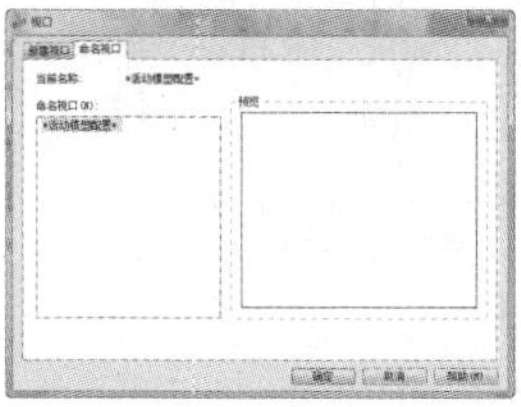
◎ 命名视口

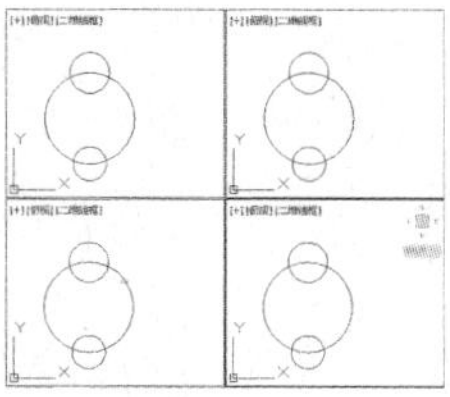
◎ 设置为四个视口

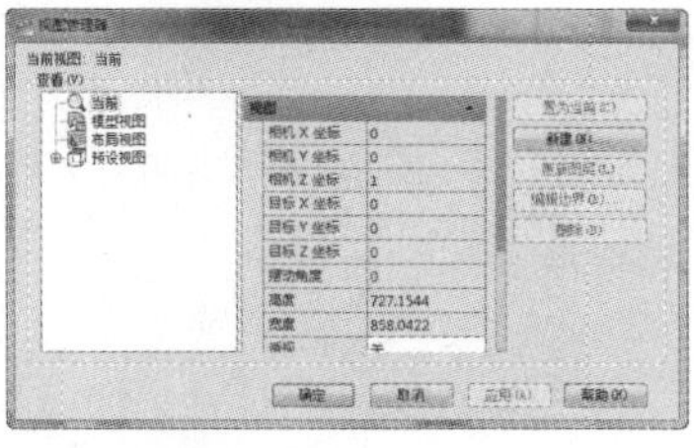
◎ 视图管理器

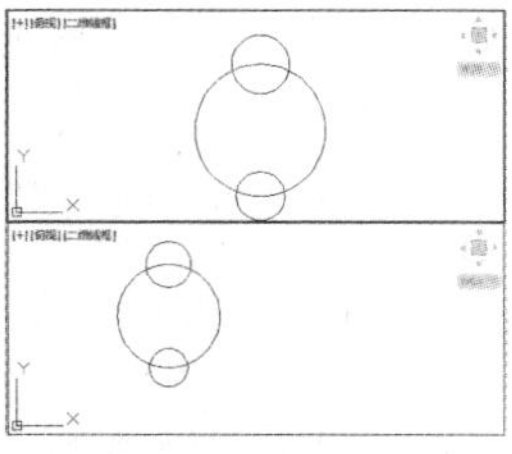
◎ 设置为两个视口

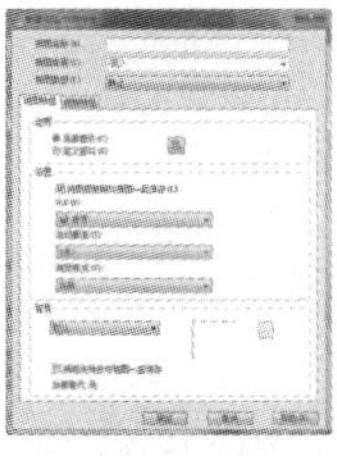
◎ 设置“视图特性”

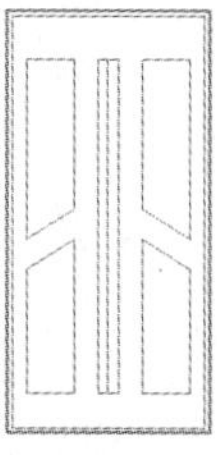
◎ 绘制门

4.1 缩放图形

在AutoCAD的模型空间中，图形是按建筑物的实际尺寸绘制出来的，必然在屏幕内无法显示整个图形，这时就需要用到视图缩放、平移等控制视图显示的操作工具，以便更加迅速快捷地显示并绘制图形。

缩放命令可以改变图形在视窗中显示的大小，从而更清楚地观察当前视窗中太大或太小的图形。

在命令行中输入ZOOM命令，按Enter键。

命令行提示如下。

指定窗口的角点，输入比例因子 (n X 或 nXP)，或者 [全部 (A)/ 中心 (C)/ 动态 (D)/ 范围 (E)/ 上一个 (P)/ 比例 (S)/ 窗口 (W)/ 对象 (O)] < 实时 >:// 输入代表要选择选项的字母，按 Enter 键确认。

也可以单击右键，在弹出的快捷菜单中选择各选项，来进行各种缩放操作。

但是在实际使用中，根据命令行提示进行各种操作较为繁琐，较简单的方法是使用“缩放”工具栏，如图4-1所示，工具栏中的每个图标分别对应于命令行中相应的缩放命令。

图4-1 “缩放”工具栏

工程师点拨：关于命令ZOOM的使用问题

输入 ZOOM（或 'ZOOM，用于透明使用）命令时可以直接输入Z。注意，在使用 VPOINT 或 DVIEW 命令时，或正在使用另一个 ZOOM、PAN 或 VIEW 命令时，不能透明使用 ZOOM 命令。

4.1.1 窗口缩放

窗口缩放命令可以将矩形窗口内选择的图形充满当前视窗。

窗口缩放执行方式如下所示。

- 命令行：命令行中输入ZOOM，按Enter键，输入W，按Enter键，指定角点和对角点。
- 工具栏：单击“标准”工具栏上的“窗口缩放”按钮 。
- 菜单栏：执行“视图>缩放>窗口” 命令。

执行完上述操作后，用光标确定窗口对角点，这两个角点确定了一个矩形框窗口，系统将矩形框窗口内的图形放大至整个屏幕，如图4-2所示。

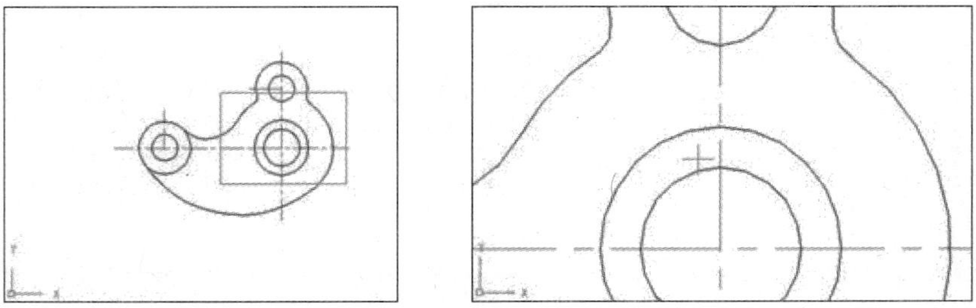

图4-2 窗口缩放

4.1.2 动态缩放

动态缩放命令表示以动态方式缩放视图。

执行方式如下所示。

- 命令行：命令行中输入ZOOM，按Enter键，输入D，按Enter键，执行鼠标操作。
- 工具栏：单击“标准”工具栏上的“动态缩放”按钮 。
- 菜单栏：执行“视图>缩放>动态” 命令。

使用动态缩放视图时，屏幕上将出现两个视图框，如图4-3所示。视图框1表示缩放后的显示范围，此框中有一个交叉符号，它表示一个视图的中心点位置；视图框2表示图形界限视图框，是一个蓝色的虚线矩形框，显示当前视图的范围。

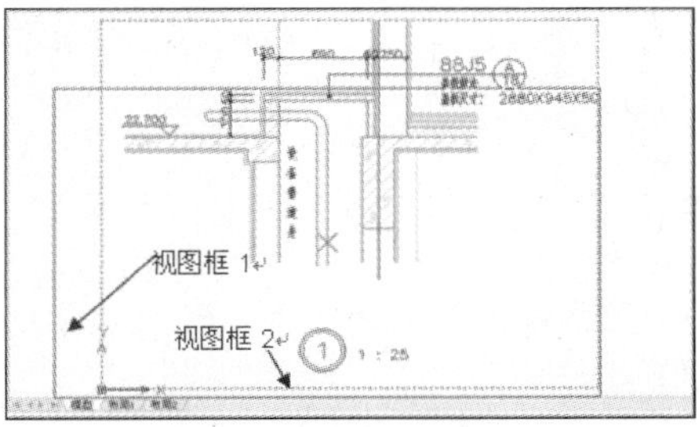

图4-3 动态缩放显示的视图框

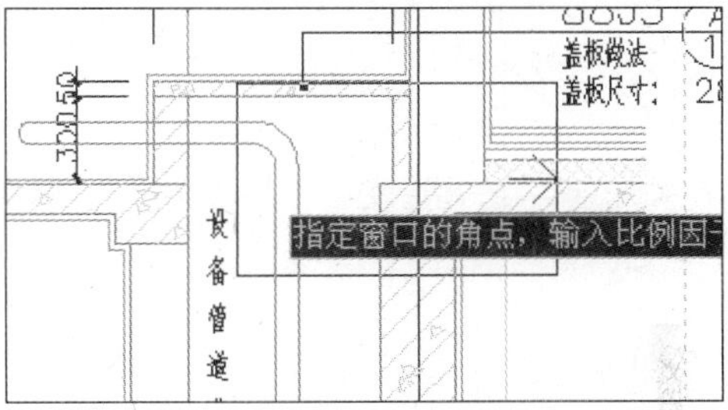

图4-4 动态缩放

拖动视图框1到适当位置后，单击鼠标左键，交叉符号消失，出现一个箭头，可用来调整视图的大小，如图4-4所示。

适当调整后，使其框住需要缩放的图形区域，然后单击鼠标右键或按Enter键完成缩放，这时需要缩放的图形将最大化显示在绘图窗口中，如图4-5所示。

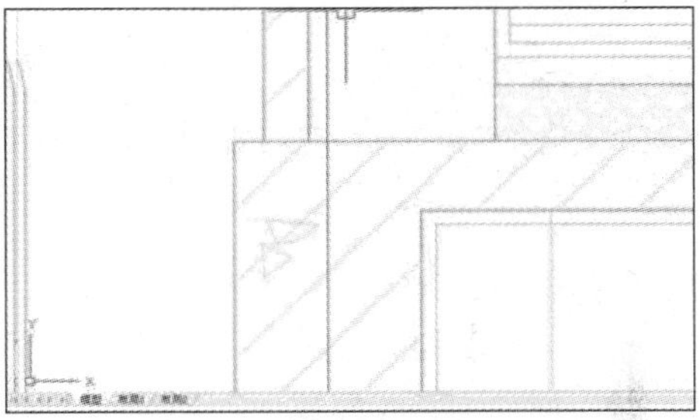
图4-5 最大化显示

4.1.3 比例缩放

比例缩放表示按指定的比例对当前图形对象进行缩放。

比例缩放执行方式如下所示。

- 命令行：命令行中输入ZOOM，按Enter键，输入S，按Enter键，输入比例因子，按Enter键。
- 工具栏：单击“标准”工具栏上的“比例缩放“按钮 。
- 菜单栏：执行“视图>缩放>比例” 命令。

调用命令后，命令行提示：“输入比例因子 (nX 或 nXP):”，在该提示下输入缩放倍数。有三种方式输入缩放倍数，如下所示。

- 相对于原始图形缩放（也称为绝对缩放）直接输入一个大于1或小于1的正数值，将图形以n倍于原始图形的尺寸显示。
- 相对于当前视图缩放直接输入一个大于1或小于1的正数值，但是在数字后面加上X，将图形以n倍于当前图形的尺寸显示。
- 相对于图纸空间缩放直接输入一个大于1或小于1的正数值，但是在数字后面加上XP，将图形以n倍于当前图纸空间的尺寸单位显示。

4.1.4 中心缩放

中心缩放命令表示按指定的中心点和缩放比例对当前图形对象进行缩放。

中心缩放执行方式如下所示。

- 命令行：命令行中输入ZOOM，按Enter键，输入C，按Enter键，指定中心点，输入比例和高度，按Enter键。
- 工具栏：单击“标准”工具栏上的”中心缩放“按钮。
- 菜单栏：执行“视图>缩放>圆心” 命令。

执行上述操作并指定中心点后，命令行提示：“输入比例或高度：”，此时输入缩放倍数或新视图的高度。如果在输入的数值后面加一个字母X，则此输入值为缩放倍数，如果在输入的数值后面未加X，则此输入值将作为新视图的高度。

4.1.5 缩放对象

缩放对象命令可将所选对象最大化显示在绘图窗口中。

命令执行方式如下所示。

- 命令行：命令行中输入ZOOM，按Enter键，输入O，按Enter键，选择对象，按Enter键。
- 工具栏：单击“标准”工具栏上的”缩放对象“按钮。
- 菜单栏：执行“视图>缩放>对象” 命令。

4.1.6 全部缩放

全部缩放表示按指定的比例对当前图形整体对象进行全部缩放。此时AutoCAD系统要重新生成全部图形。

命令执行方式如下所示。

- 命令行：命令行中输入ZOOM，按Enter键，输入A，按Enter键。
- 工具栏：单击“标准”工具栏上的”全部缩放“按钮。
- 菜单栏：执行“视图>缩放>全部”命令。

4.1.7 范围缩放

范围缩放表示将全部图形对象最大限度地显示在屏幕上。

命令执行方式如下所示。

- 命令行：命令行中输入ZOOM，按Enter键，输入E，按Enter键。
- 工具栏：单击“标准”工具栏上的”范围缩放“按钮。
- 菜单栏：执行“视图>缩放>范围” 命令。

4.1.8 实时缩放

在命令行中输入ZOOM命令后，默认选项为实时缩放，进入实时缩放状态后，可任意缩放视图。按住鼠标左键向上移动，视图将放大显示，按住鼠标左键向下移动，视图将缩小显示。

4.1.9 快速缩放

快速缩放命令使用短矢量控制圆、圆弧、椭圆和样条曲线的外观，矢量数目越大，圆或圆弧的外观越平滑。例如，如果创建了一个很小的圆，然后将其放大，它可能显示为一个多边形。使用快速缩放命令增大缩放百分比并重生成图形，可以更新圆的外观并使其平滑。而减小缩放百分比会有相反的效果。

执行方式如下所示。

- 命令行中输入VIEWRES，按Enter键。

命令行提示："是否需要快速缩放？[是(Y)/否(N)]<Y>："，在命令行中输入Y即可打开快速缩放模式；相反，输入N就关闭快速缩放模式。快速缩放的缺省状态为打开，如果快速缩放为打开状态，最大的虚屏幕显示尽量多的图形而不必强制完全重新生成屏幕。如果快速缩放设置为关闭，那么虚屏幕关闭，同时实时平移和实时缩放也关闭，并且鸟瞰视图也同时失效。

按Enter键，命令行提示："输入圆的缩放百分比(1-20000)<1000>："。"圆的缩放百分比"表示系统的图形扫描精度，值越大，精度越高。形象理解就是，当扫描精度低时，系统以多边形的边表示圆弧。

操作示例

对一个圆的不同缩放百分比效果进行对比。如下图所示是viewers=500时和viewers=10时一个圆的动态缩放效果对比，操作步骤如下。

Step 01 在命令行中输入 VIEWRES，按 Enter 键。

Step 02 命令行提示"是否需要快速缩放？[是 (Y)/否 (N)]<Y>："输入 Y，按 Enter 键。

Step 03 命令行会提示"输入圆的缩放百分比 (1-20000)<1000>："输入 500，按 Enter 键，其缩放后如图 4-6 所示。

图4-6 viewers=500时的效果

Step 04 在命令行中输入 VIEWRES，按 Enter 键。

Step 05 命令行提示"是否需要快速缩放？[是 (Y)/否 (N)]<Y>："输入 Y，按 Enter 键。

Step 06 命令行提示"输入圆的缩放百分比 (1-20000)<1000>："输入 10，按 Enter 键，其缩放后如图 4-7 右图所示。

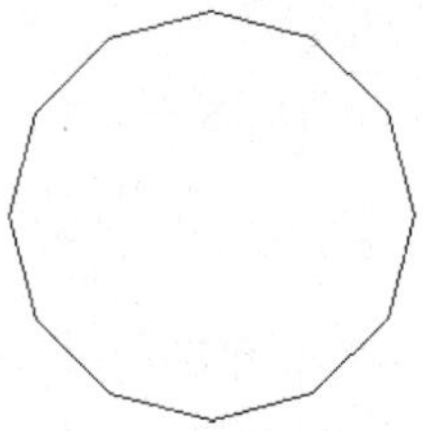

图4-7 viewers=10时的效果

4.2 平移图形

平移命令可以对图形进行平移操作，以便查看图形的不同部分。但该命令并不真正移动图形中的对象，即不真正改变图形，而是通过移动窗口使图形的特定部分位于当前视窗中。

单击"标准"工具栏上的"实时平移"按钮，或执行"视图>平移"命令下的级联菜单，如图4-8所示，即可执行平移操作。

4.2.1 实时平移

用户可根据需要在绘图区随意移动图形。

执行方式如下所示。

● 命令行：在命令行中输入PAN，按Enter键，按住鼠标左键进行拖动。

● 工具栏：单击“标准”工具栏中“实时平移”按钮。

● 菜单栏：执行“视图>平移>实时”命令。

● 快捷菜单：在绘图区单击鼠标右键，在弹出的快捷菜单上单击“平移”命令。

调用命令后，屏幕上出现手形光标，此时可以通过拖动鼠标来实现图形的上、下、左、右移动，即实时平移。按Esc键或Enter键，退出命令。单击鼠标右键，会弹出一个快捷菜单供用户选择。

图4-8 平移命令

工程师点拨：实时平移注意事项

当移动到图形的某一边缘时，在手形光标的相应位置处就会出现一个尖角符号，以示图形移动到了边缘。

4.2.2 定点平移和方向平移

除了最常用的实时平移外，也常用到定点平移。定点平移是将当前图形按指定位移和方向进行平移。

执行方式如下所示。

● 命令行：在命令行中输入PAN，按Enter键，指定基点或位移，再指定第二点。

● 菜单栏：执行“视图>平移>点”命令。

在命令行中输入PAN，按Enter键，命令行提示如下：

“指定基点或位移：”，此时，在绘图区单击鼠标左键以确定基点位置，或在命令行输入要移动的位移值，按Enter键后命令行提示“指定第二点：”，此时在绘图区单击鼠标左键以确定位移和方向。

调用上述命令后，当前图形按指定的位移和方向进行平移。

“左”、“右”、“上”、“下”四个平移命令表示将图形分别向左、右、上、下方向平移一段距离。必须注意的是，该命令并不真正移动图形对象，即不真正改变图形，而是通过位移对其进行平移。

4.3 视口

在”模型“选项卡中，可将绘图区域拆分成一个或多个相邻的矩形视图，称为模型空间视口。

视口是显示用户模型的不同视图的区域。在大型或复杂的图形中，显示不同的视图可以缩短在单一视图中缩放或平移的时间。而且在一个视图中没有发现的错误可能会在其他视图中表现出来。

在”模型“选项卡中创建的视口充满整个绘图区域并且相互之间不重叠。在一个视口中做出修改后，其他视口也会立即更新。

使用视口可以完成以下操作。

● 平移、缩放、设置捕捉栅格和 UCS 图标模式以及恢复命名视图。

● 用单独的视口保存用户坐标系方向。

● 执行命令时，从一个视口绘制到另一个视口。

● 为视口排列命名，以便在"模型"选项卡中重复使用，或将其插入"布局"选项卡。

用户可以通过执行"视图>视口"菜单命令来设置视口，如图4-9所示。

另外，还可以使用"视口"工具栏进行设置视口，如图4-10所示。

图4-10 "视口"工具栏

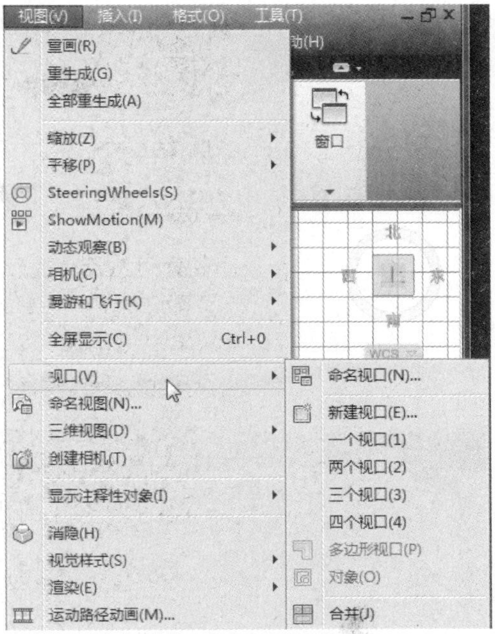

图4-9 "视口"级联菜单命令

4.3.1 命名视口和新建视口

通过"视口"对话框可以命名视口和新建视口。新建视口用于视口的创建，命名视口用于给新建的视口命名。

执行方式如下所示。

● 命令行：在命令行中输入VPORTS"，按Enter键。

● 工具栏：单击"视口"工具栏中的"显示'视口'对话框"按钮 。

● 菜单栏：执行"视图>视口>命名视口"或"新建视口"命令。

调用上述命令后，弹出"视口"对话框，如图4-11所示。

在该选项面板中有两个选项卡："新建视口"选项卡和"命名视口"选项卡。

在"新建视口"选项卡中，"新名称"文本框内可填上新视口的名称。如果不输入名称，则新建的视口配置只能应用而不保存。如果视口配置未保存，将不能在布局中使用。

"标准视口"列表框列出并设定标准视口配置，包括当前配置。选择其中的选项可根据需要建立不同形式和数量的视口。

"应用于"下拉列表将模型空间视口配置应用到整个显示窗口或当前视口。该下拉列表有两个选项："显示"表示将视口配置应用到整个"模型"选项卡显示窗口，该选项是默认设置；"当前视口"表示仅将视口配置应用到当前视口。

"设置"用于指定二维或三维设置。如果选择"二维"选项，新的视口配置将最初通过所有视口中的当前视图来创建。如果选择"三维"选项，一组标准正交三维视图将被应用到配置中的视口。

"预览"列表框显示选定视口配置的预览图像，以及在配置中被分配到每个单独视口的缺省视图。"修改视图"用于从列表中选择的视图替换选定视口中的视图。可以选择命名视图，如果已选择三维设置，也可以从标准视图列表中选择。"视觉样式"将所选视觉样式应月到视口。

在"命名视口"选项卡中，如图4-12所示，显示图形中任意已保存的视口配置。选择视口配置时，已保存配置的布局显示在"预览"列表框中。在已命名的视口名称上单击右键，弹出快捷菜单，选择"重命名"选项可对视口的名称进行修改。

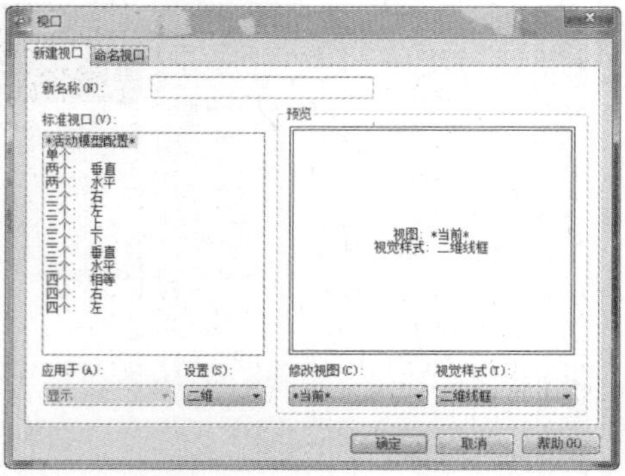

图4-11 “新建视口”选项卡

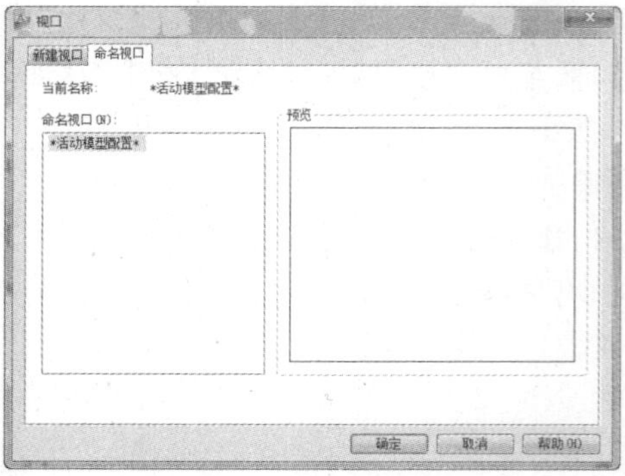

图4-12 “命令视口”选项卡

工程师点拨：关于视口配置命名以及保存的问题

当创建新的视口配置或命名和保存模型空间视口配置时，“视口”对话框中可用的选项取决于是配置模型空间视口（在“模型”选项卡中）还是配置布局视口（在”布局“选项卡中）。以上命令调用过程是基于配置模型空间视口的。基于配置布局视口的“视口”对话框与此大同小异，可参看应用程序的帮助文件。

单个视口的显示如图4-13所示。

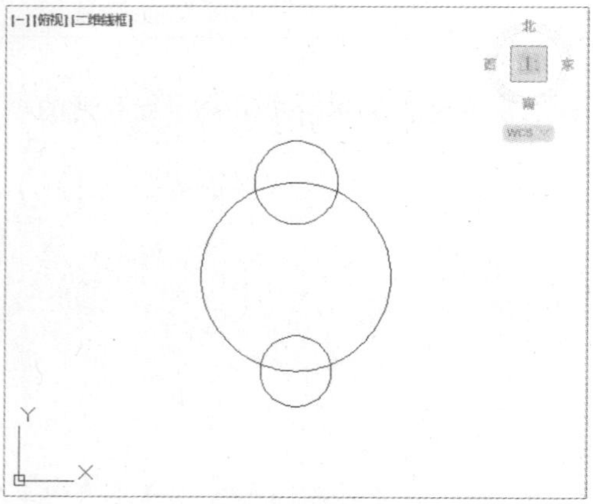

图4-13 单个视口

两个视口（垂直）的显示如图4-14所示。

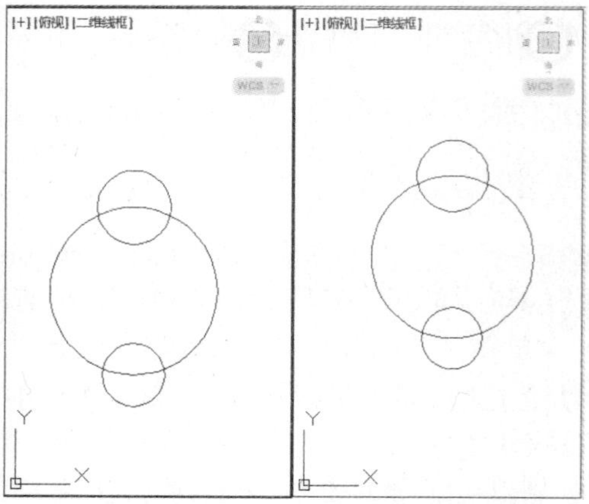

图4-14 两个视口（垂直）

两个视口（水平）的显示如图4-15所示。

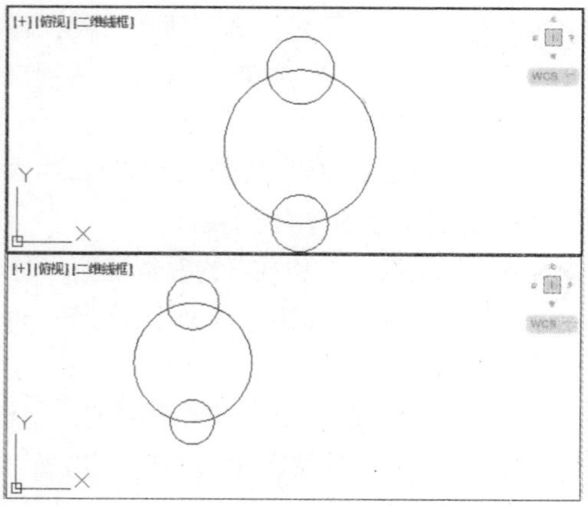

图4-15 两个视口（水平）

三个视口（上下）的显示如图4-16所示。

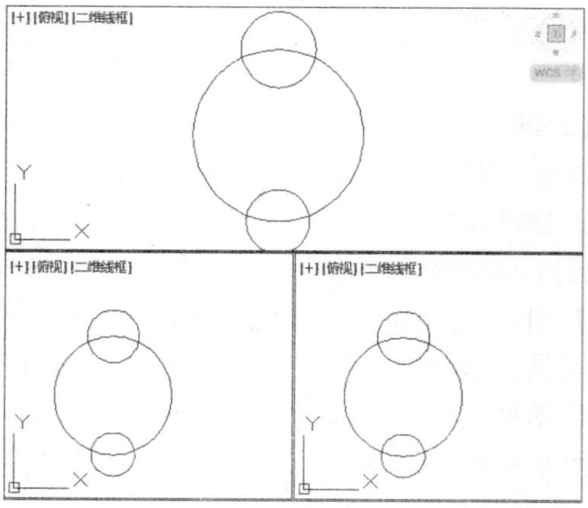

图4-16 三个视口（上下）

三个视口（垂直）的显示如图4-17所示。

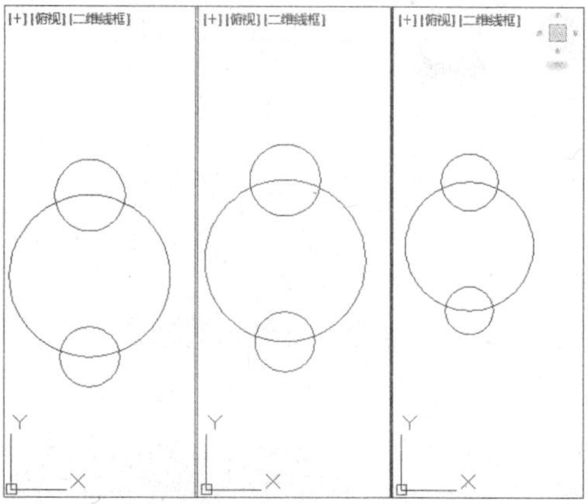

图4-17 三个视口（垂直）

四个视口（相等）的显示如图4-18所示。

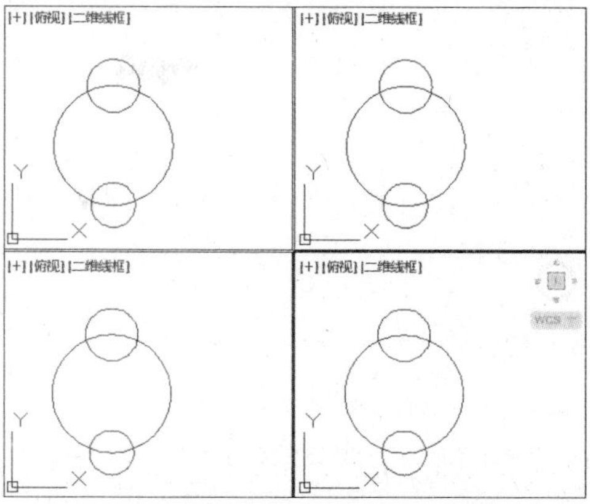

图4-18 四个视口

4.3.2 合并视口

“合并视口”命令可将视口合并，比如将三个视口合并成两个视口。

- 菜单栏：执行“视图>视口>合并”命令。

调用上述命令后。命令行提示如下：

“输入选项 [保存 (S)/ 恢复 (R)/ 删除 (D)/ 合并 (J)/ 单一 (SI)/?/2/3/4] 切换（T）/ 模式 (MO)] <3>: _ j 只有一个视口是活动视口。// 此时按下 Enter 键。

4.4 使用命名视图

在布局、打印或者需要参考特定的细节时，可以将按名称保存的特定视图恢复。

命名和保存视图时，将对以下设置进行保存。

- 比例、中心点和视图方向。
- 指定视图的视图类别。
- 视图的位置。
- 图层可见性。
- 视觉样式。
- 背景。
- 活动截面。
- 用户坐标系。
- 三维透视。

执行方式如下所示。

- 命令行：在命令行中输入VIEW，按Enter键。
- 工具栏：单击“视图”工具栏中的“命名视图”按钮。
- 菜单栏：执行“视图>命名视图（N）” 命令。

调用上述命令后，弹出“视图管理器”对话框，如图4-19所示。

在该对话框中可以创建、设置、重命名、修改和删除命名视图（包括模型命名视图、相机视图、布局视图和预设视图）。单击一个视图以显示该视图的特性。

其中，“当前视图”显示了当前视图的名称；“查看”选项组的列表框列出了已命名的视图和可作为当前视图的类别。

可以展开每个节点（“当前”节点除外）以显示该节点的视图。

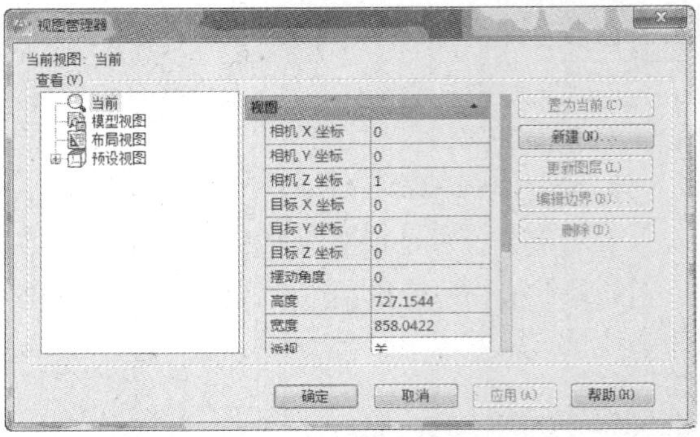

图4-19 视图管理器

- 当前：显示当前视图及其“剪裁”特性。
- 模型视图：显示命名视图和相机视图列表，并列出选定视图的“基本”、“查看”和“剪裁”特性。
- 布局视图：在定义视图的布局上显示视口列表，并列出已选定视图的“基本”和“查看”特性。
- 预设视图：显示正交视图和等轴测视图列表，并列出选定视图的“基本”特性。
- “视图管理器”对话框上的“置为当前”按钮表示恢复选定的视图。
- “新建”按钮表示创建一个新的命名视图。
- “更新图层”按钮表示更新与选定的视图一起保存的图层信息，使其与当前模型空间和布局视口中的图层可见性匹配。
- “编辑边界”按钮表示显示选定的视图，绘图区域的其他部分以较浅的颜色显示，从而显示命名视图的边界。
- “删除”按钮表示删除选定的视图。
- 在创建新的视图时，单击“新建”按钮，弹出“新建视图/快照特性”对话框，如图4-20所示。在该对话框中可命名名称，选择视图类型，定义视图边界及其他相关的设置。
- “视图特性”选项卡中的设置可定义要显示的图形区域，并控制视图中对象的视觉外观以及为命名视图指定的背景。
- “快照特性”选项卡中的设置可定义在使用 ShowMotion 播放视图时用于该视图的转场和运动，如图4-21所示。

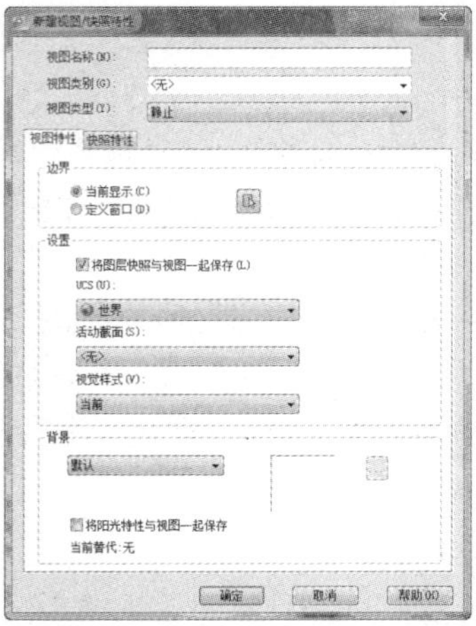

图4-20 “新建视图/快照特性”对话框

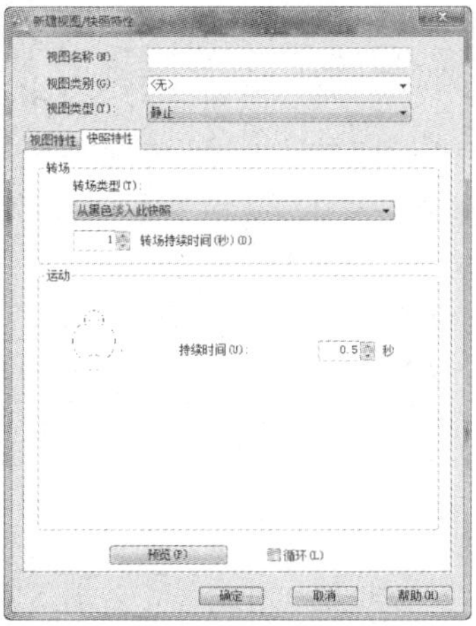

图4-21 “快照特性”选项卡

在AutoCAD中，可以一次命名多个视图，当需要重新使用一个已命名视图时，只需将该视图恢复到当前视口即可。

可以使用命名视图执行以下操作。

- 构造布局。
- 恢复在模型空间工作时经常使用的视图。
- 控制打开图形时显示的模型空间视图。

如果绘图窗口中包含多个视口，也可以将视图恢复到活动视口中，或将不同的视图恢复到不同的视口中，以同时显示模型的多个视图。

4.5 重画与重生成

用户在绘制图纸的过程中，由于操作的原因，会使得屏幕上出现一些残留光标点。为了擦除这些不必要的光标点，使图形显得更加整洁清晰和美观，用户可以使用AutoCAD中的重画与重生成功能来完成这些要求。而自动重新生成图形是重新生成整个新的图形。全屏显示更是使图形显示的范围更加宽阔一些。这些功能可以分别使用"视图>重画"、"视图>重生成"、" 视图>全部重生成"以及"视图>全屏显示"菜单命令来完成，下面介绍有关重画、重生成、全部重生成以及全屏显示的相关操作与知识。

4.5.1 图形的重画

重画又称为刷新，用于从当前窗口中删除编辑命令留下的点标记，同时还可以编辑图形留下的点标记，是对当前视图中的图形的一种刷新显示。执行该命令后，屏幕上或当前视区中原有的图形消失，紧接着把该图形又重新画一遍。如果原图形中有残留的光标点，那么这些残留的光标点在重画后的图形中将不再出现。

执行方式如下所示。

- 命令行：在命令行中输入REDRAW或REDRAWALL，按Enter键。
- 菜单栏：执行"视图>"重画"命令。

在这里要提醒AutoCAD的用户，在命令行中输入REDRAW命令，将从当前视口中删除编辑命令留下来的点标记；而输入REDRAWALL命令，将从所有视口中删除编辑命令留下来的点标记。

4.5.2 图形的重生成

重生成功能用于在窗口中进行图形的重生成操作，包括生成图形、计算屏幕坐标、创建新索引等。在当前视口中重成生整幅图形并重新计算所有对象的屏幕坐标，还重新创建图形数据库索引，从而优化显示和对象选择的性能。

执行该命令后，重新生成全部图形并在屏幕上显示出来。与"重画"命令相比，该命令所用时间较长，这是因为"重画"命令只是把显示器的帧缓冲区刷新一次，而"重生成"命令则要把图形文件的原始数据全部重新计算一遍，形成显示文件后再在屏幕上显示出来，这样执行起来速度较慢。

执行方式如下所示。

- 命令行：在命令行中输入REGEN或REGENALL，按Enter键。
- 菜单栏：执行"视图>重生成"或"全部重生成"命令。

通过执行上述操作后，都可以对当前视口中的图形进行重新计算、优化显示和对象选择的性能。

在命令行中输入RENGEN命令，将在当前视口中重生成整个图形并重新计算所有对象的屏幕坐标；而输入REGENALL命令，将在所有视口中重生成整个图形并重新计算所有对象的屏幕坐标。

工程师点拨：关于重生成图形的问题

如果执行的操作需要进行重生成且该操作可取消，将显示以下信息：准备重生成——是否继续？如果单击“确定”，将重生成图形。如果单击“取消”，将取消上一个操作，且不重生成图形。

4.5.3 自动重新生成图形

与重生成图形功能不同，自动重新生成图形功能用于自动生成整体图形。下面来介绍相关功能定义以及执行方法。

在对图形进行编辑时，利用REGENAUTO命令可以自动地再生成整个图形，以确保屏幕上的显示能反映图形的实际状态，保持视觉的真实度。

执行方式如下所示。

- 在命令行输入REGENAUTO，按Enter键。
- 命令执行后，命令行会提示“输入模式[开(ON)/关(OFF)]<开>：”。其各选项具体说明如下。

①“开 (ON)”表示如果队列中存在被禁止的重新生成操作，则立即重新生成图形。无论何时执行需要重新生成的操作，图形都将自动重新生成。

②“关 (OFF)”表示除非使用 REGEN 或 REGENALL 命令，或将 REGENAUTO 设定为“开”，否则都将抑制重生成图形。如果执行的操作需要进行重生成且该操作不可取消（例如解冻图层），将显示以下信息：重生成被排入队列。

4.5.4 全屏显示图形

全屏显示图形功能用于全面显示图形视图，这样更利用于显示图形的整体全貌，更加便于用户对全局的把握。下面来介绍有关全屏显示图形的定义以及执行方法。

利用“全屏显示”功能，可以将图形环境中除了菜单栏、状态栏和命令窗口外的其他配置都从屏幕上清除掉，这样就可以扩展图形显示区域，更有利于突出图形本身。

执行方式如下所示。

- 菜单栏：执行“视图>全屏显示”命令，按Enter键。
- 快捷键：按组合键Ctrl+0。
- 快捷按钮：单击“全屏显示”快捷按钮 ▫，位于应用程序窗口的右下角。

如果用户进入了全屏显示界面，想要回到在全屏显示之前的界面，有以下两种方法。

菜单栏：在全屏显示状态下继续执行“视图>全屏显示”则会回到有菜单栏、状态栏和命令窗口的整体全貌。

快捷按钮：在全屏显示状态下继续单击位于应用程序窗口的右下角“全屏显示”快捷按钮。

综合实例 —— 绘制门

本章主要学习AutoCAD 2012中控制图形显示的命令，在绘制图形过程中可以利用“缩放”命令让图形尺寸相对比较小或大的部分在视窗中放大或缩小显示，这样有利于绘图。下面以绘制一扇门为例进行详细说明。

Step01 单击 AutoCAD 2012 图标，打开 CAD，熟悉操作界面，如图 4-22 所示。

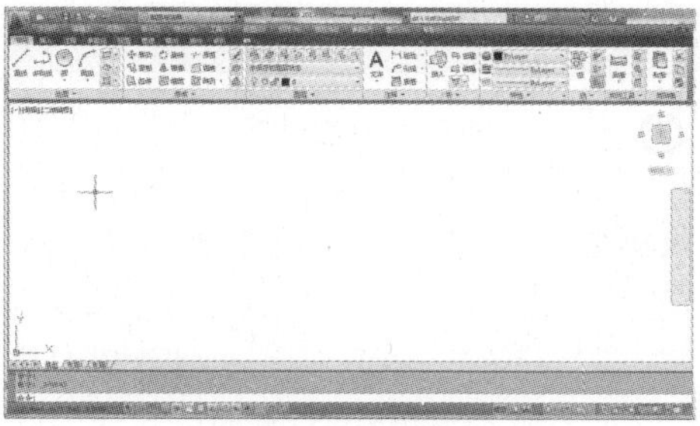

图4-22 绘图界面

Step02 执行菜单栏中的“工具 > 选项”命令，可以对绘图环境的背景颜色、光标大小等方面进行调整，如图 4-23 所示。

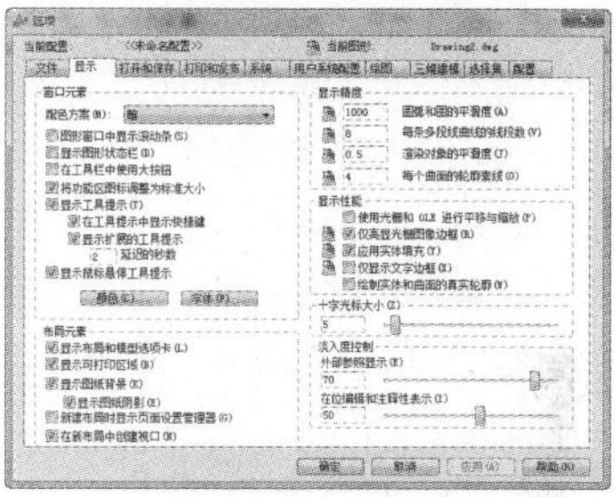

图4-23 设置绘图环境

Step03 执行菜单栏中的“格式 > 图形界限”命令，在提示下先后输入边界的两个坐标，这两个坐标根据图形的大小决定，如图 4-24 所示。

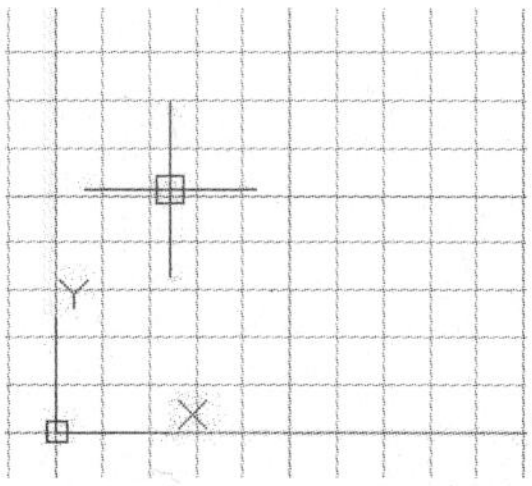

图4- 24 确定图形界限

Step04 单击工具栏中的“图层特性”按钮，弹出图层特性管理器，如图 4-25 所示。

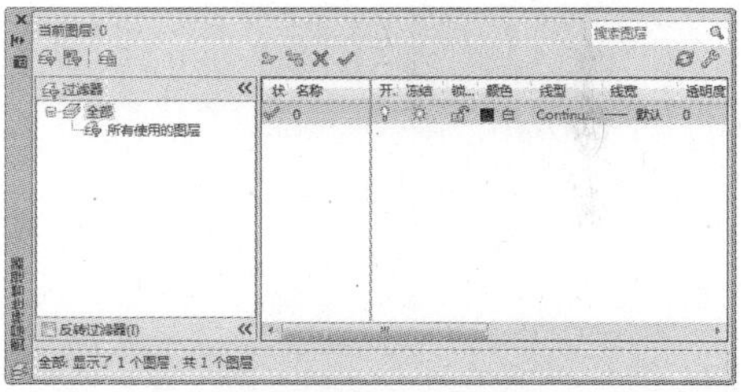

图4-25 图层特性管理器

Step05 新建图层，并对图层中的“颜色”、“线型”、“线宽”等进行设置，如图 4-26 所示。单击“确定”按钮，完成设置。

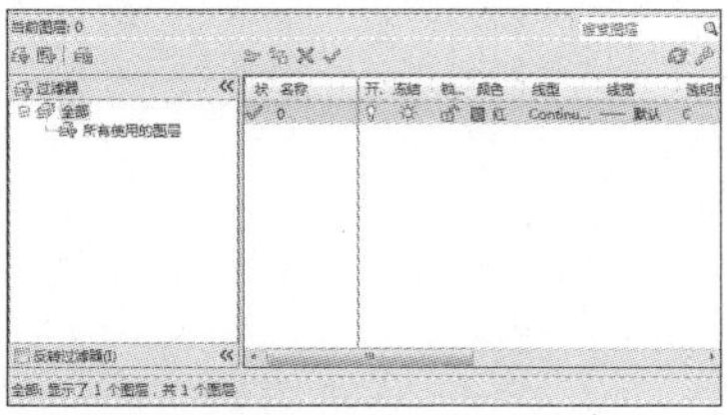

图4-26 设置图层

Step06 利用矩形命令绘制宽度为 2000，高度为 4200 的矩形，如图 4-27 所示。

图4-27 绘制矩形

Step07 利用偏移命令将矩形向内偏移 15，得到另一个矩形，如图 4-28 所示。

图4-28 偏移矩形

Step08 继续利用偏移命令将其向内偏移 40，得到第三个矩形，这样就形成了门框，如图 4-29 所示。

图4-29 绘制出门框

Step09 利用直线命令在矩形中心绘制出一条竖直方向的线段，如图 4-30 所示。

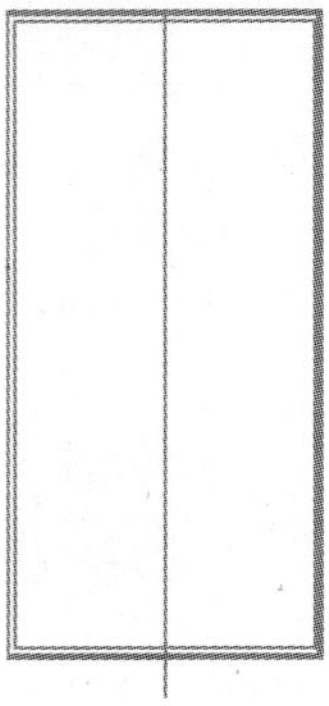

图4- 30 绘制中心线

Step10 利用“矩形”命令再绘制一个矩形，矩形的宽度为 480 高度为 3300，该矩形左上端点与第一个矩形左上端点相对坐标为（200,-480），如图 4-31 所示。

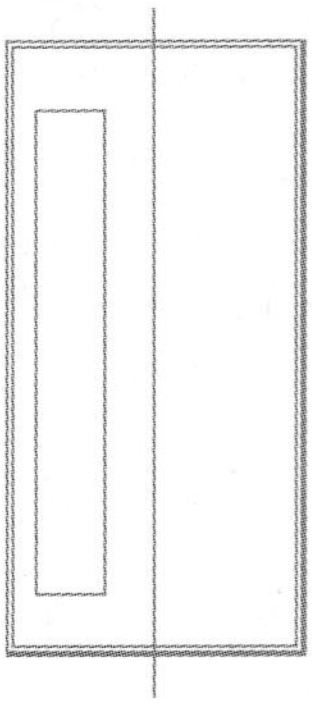

图4-31 再绘制一个矩形

Step11 执行“工具 > 绘图设置 > 极轴追踪”命令，将“增量角”设置为 30° ，如图 4-32 所示。

图4-32 设置增量角

Step12 利用直线命令在矩形两条竖直线段的中心绘制出与水平方向为 30° 的斜线并与两条竖直边相交，如图 4-33 所示。

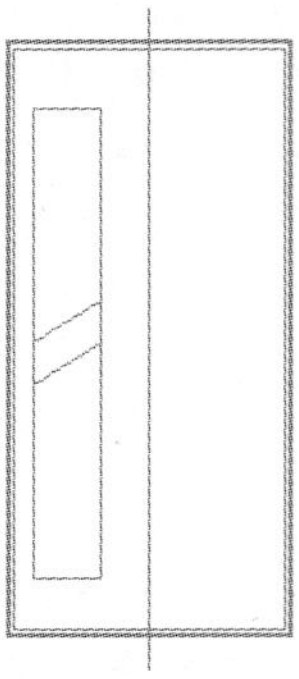

图4-33 绘制斜线

Step13 利用剪切命令将两条斜线之间竖直线段切除，如图 4-34 所示。

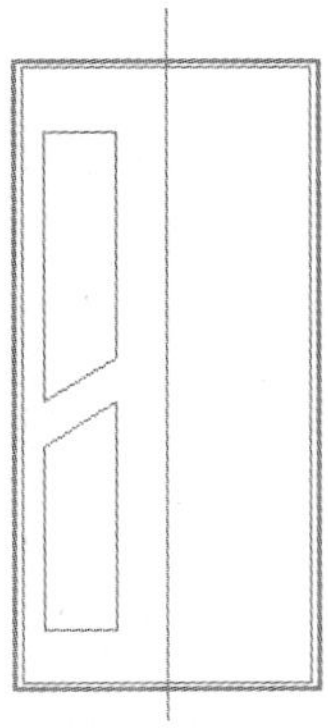

图4-34 剪切线段

Step14 利用矩形命令再绘制矩形，矩形的宽度为 100，高度为 3300，矩形左上端点与第一个矩形左上端点相对坐标为（920，-480），如图 4-35 所示。

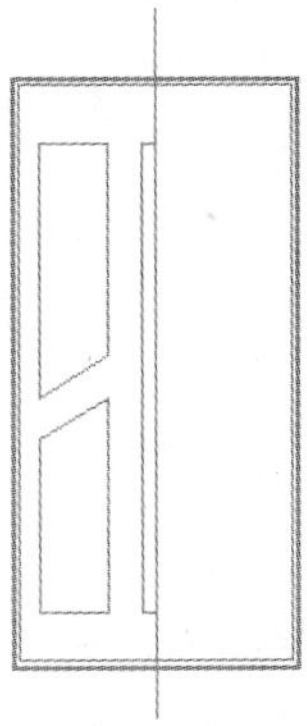

图4- 35 绘制矩形

Step15 利用镜像命令将两个四边形和一个矩形镜像到中心线的另一边，并删除中心线，如图 4-36 所示。

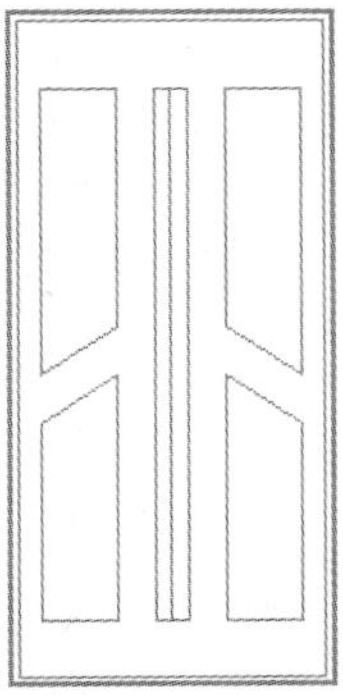

图4- 36 镜像图形

Step16 利用缩放命令或通过滚动鼠标将需要绘制门把手的区域在绘图区放大显示，如图 4-37 所示。

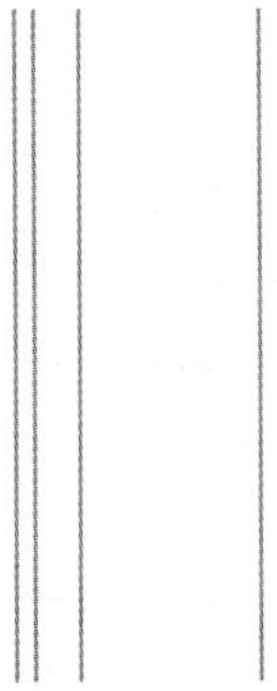

图4- 37 放大绘图区域

Step17 利用圆、矩形、剪切命令绘制出门把手，如图 4-38 所示。

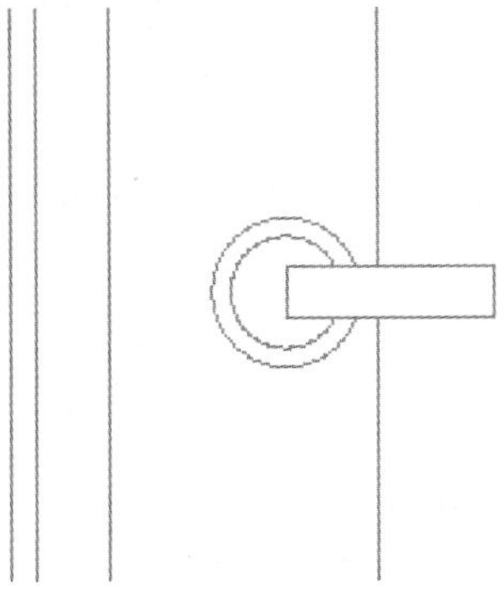

图4-38 绘制门锁

Step18 将绘制好的图形保存到指定的路径当中，如图 4-39 所示。

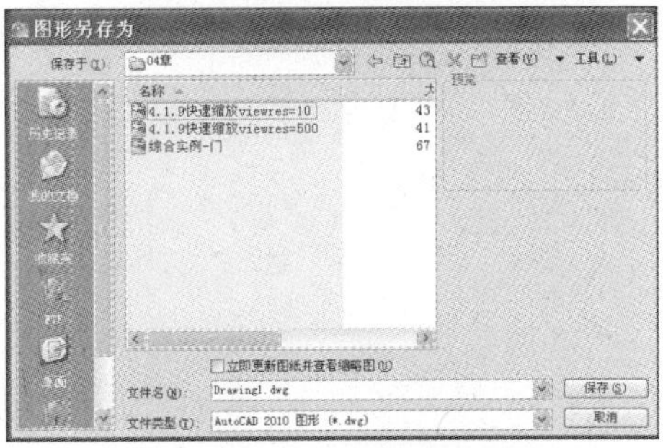

图4-39 保存图形

高手应用秘籍：建筑制图比例要求

在建筑工程AutoCAD制图过程中，我们如果需要按比例绘制图样时，应在规定的系列中选取适当的比例。绘制同一物体的各个视图尺寸应尽量采用相同的比例，并在标题栏中的比例项内填写。当某个视图需要采用不同比例时，必须另行标注。

初学者都会被这个问题困惑：所谓比例是指出图比例吗？如果要用A3的纸张1:100出图，我们不是把A3的框画好，然后缩放图纸，恰恰相反，图纸还是1:1画，只是放大图框100倍。比例选择好了，字高自然就出来了。绘图永远是1:1绘图，即图上1mm就是实际1mm（除地形图，规划图以M为单位）。

❶ 比例宜注写在图名的右侧，字的基准线应取平；比例的字高宜比图名的字高小一号或小二号。

❷ 绘图所用比例，应根据图样的用途与被绘对象的复杂程度。常用比例如下，同一张图纸中，不宜出现三种以上的比例。

- 常用比例：1:1, 1:2 ;1:5, 1:10, 1:20, 1:50, 1:100, 1:200, 1:500, 1:1000
- 可用比例：1:3, 1:15, 1:25; 1:30, 1:150, 1:250, 1:300, 1:1500

❸ 一般情况下，一个图样应选用一种比例。根据专业制图需要，同一图样可选用两种比例。

❹ 特殊情况下也可自选比例，这时除应注出绘图比例外，还必须在适当位置对绘制出相应的比例尺。

❺ 线型的作用

粗实线作用：

- 平、剖面图中被剖切的主要建筑构造的轮廓。
- 室内外立面图的轮廓。
- 建筑装饰构造详图的建筑物表面线。

中实线作用：平、剖面图中被剖切的次要建筑构造的轮廓线。

细实线作用：

- 室内平面，顶画图中末剖切的主要轮廓线。
- 拟扩建的建筑轮廓线。
- 外开门立面图开门表示方式。

细点画线作用：中心线、对称线、定位轴线。

细按折断线作用：不需画全的断开界限。

秒杀工程疑惑

在学本章关于"控制图形显示"时会遇到各种问题，下面我们来解决一些常遇到的问题，包括VIEWRES设置时间、缩放视图的其他操作、重生图形、创建新的视口配置方面的问题。解决这些问题对我们以后的进一步学习有很大的帮助。

问 题	解 答
VIEWRES 设置时间会出现什么问题?	增大 VIEWRES 的缩放百分比可能会增加重生成图形的时间。该 VIEWRES 设置保存在图形中。要更改新图形的默认值，请指定新图形基于的样板文件中的 VIEWRES 设置
缩放视图的其他方法是怎么操作的?	当使用带滑轮的鼠标时，滑动滑轮也可以完成对视图的缩放，按住滑轮可以完成对视图的平移，此方法在绘图中可以大大提高绘图效率
VIEW 命令对视图恢复有哪些影响?	在使用 VIEW 命令创建的命名视图时，包含特定的比例、位置和方向。在每个图形任务中，可以恢复每个视口中显示的最后一个视图，最多可恢复前 10 个视图
关于重生图形时拾取点有哪些问题?	当我们在屏幕上拾取点时，可能会显示一些小十字标志，以指示那些选中过的点（拾取点）。这些标志并不是图形上的元素，重画图形就可以清除这些标志
创建新的视口配置或命名以及保存模型空间视口配置时，"视口"对话框中可用的选项是什么?	"视口"对话框中可用的选项取决于是配置模型空间视口（在"模型"选项卡上）还是配置布局视口（在"布局"选项卡上）。以上命令调用过程是基于配置模型空间视口的，基于配置布局视口的"视口"对话框与此大同小异，可参看应用程序的帮助文件

读书笔记

AutoCAD 2012

CHAPTER 05

绘制二维图形

二维绘图命令是AutoCAD绘图最基本的命令，也是使用最为频繁的命令。本章将详细介绍二维绘图命令的用法，并结合实例讲解其使用方法和技巧。读者应熟悉掌握各种绘图命令，为以后的绘图打下良好的基础。

学完本章您可以掌握如下知识点

知识点序号	知识点难易指数	知识点
1	★	二维绘图基本命令及其各个选项的含义
2	★★	多段线、多线的使用
3	★★★	图案填充的使用
4	★★★★	徒手绘制图形、创建 Wipeout 对象

本章内容图解链接

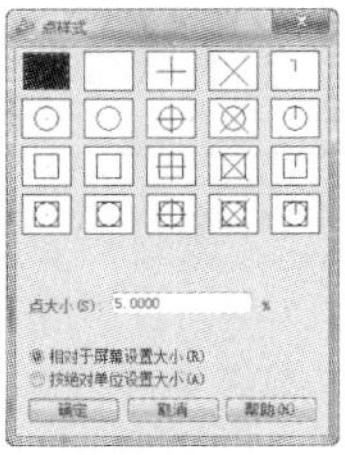

◎ 设置点样式

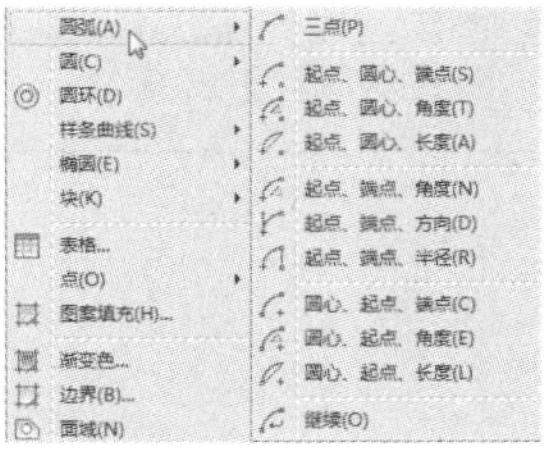

◎ 绘制圆弧

◎ 设置多线样式

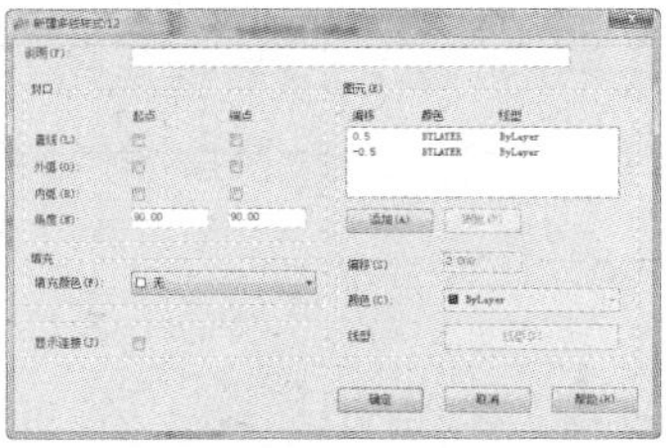

◎ 新建多线样式

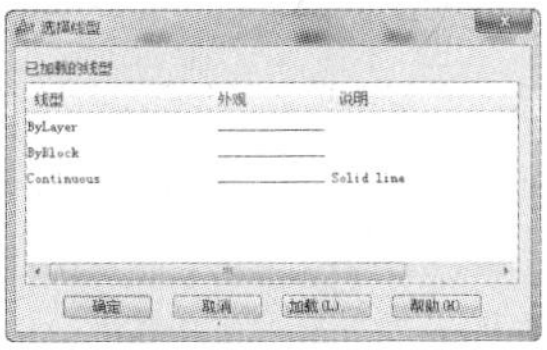

◎ 选择线型

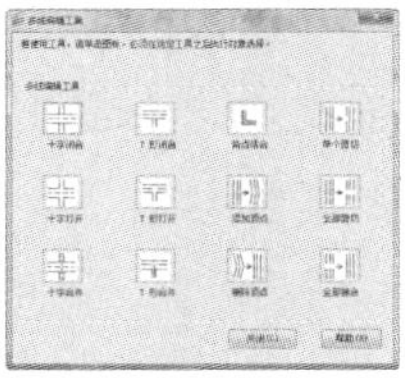

◎ 编辑多线

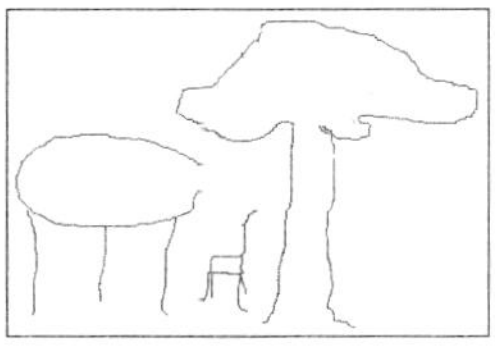

◎ 徒手绘制图形

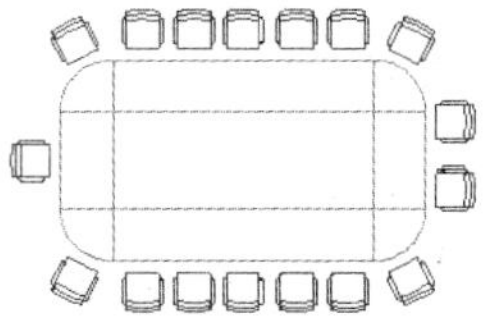

◎ 绘制会议桌椅

5.1 二维绘图命令

在AutoCAD 2012中，通过“绘图”菜单中的命令，可以绘制点、直线、圆、圆弧和多边形等简单二维图形。二维图形对象是整个AutoCAD的绘图基础，因此要熟练地掌握它们的绘制方法和技巧。

二维绘图命令可以通过以下方法调用。

- 选择“绘图”菜单的绘图命令，如图5-1所示。
- 选择“绘图”工具栏或“绘图”面板中的绘图按钮，如图5-2所示。
- 在命令行中输入相应的绘图命令。

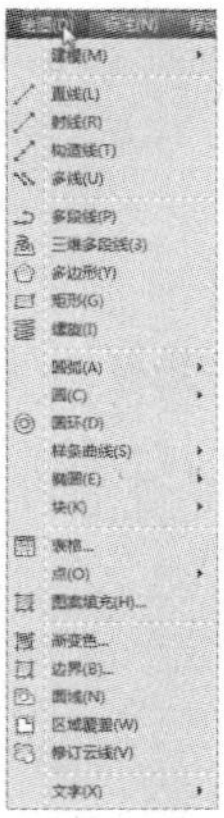

图5-1 “绘图”菜单

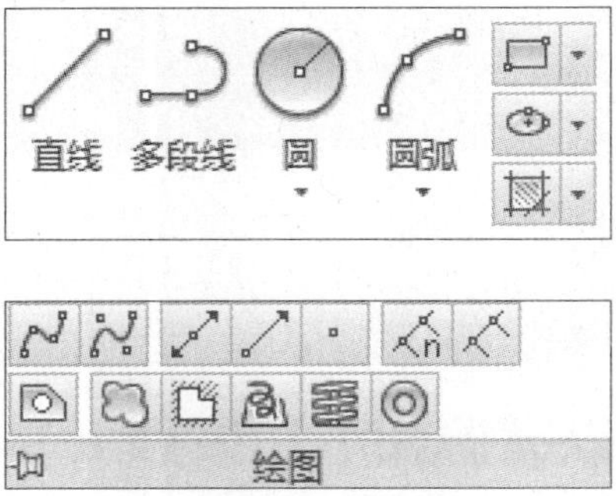

图5-2 “绘图”面板

5.2 点

绘制点命令可分为点（POINT）命令，定数等分（DIVIDE）命令和定距等分（MEASURE）命令三种。在绘制过程中，点起到辅助工具作用。

在使用点命令绘制点图形时，一般要对当前点的样式和点的大小进行设置。

执行“格式>点样式”菜单命令，弹出“点样式”对话框，如图5-3所示。在该对话框中，可在20个点样式中选择所需的点样式图标。点的大小可在“点大小”文本框中设置，根据需要选择“相对于屏幕设置大小”和“按绝对单位设置大小”单选按钮，设置如图5-3所示的点样式和点大小。

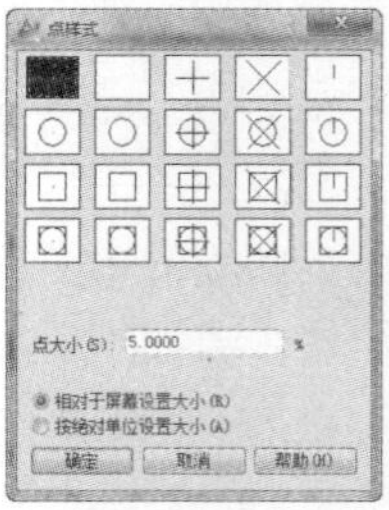

图5-3 “点样式”对话框

5.2.1 单点

单点是AutoCAD 2012中最简单的图形。

执行方式如下。

- 命令行：在命令行中输入POINT，按Enter键。
- 工具栏：单击“绘图”工具栏上的“点”按钮 。
- 菜单栏：执行“绘图>点>单点” 命令。

调用点命令后，命令行提示如下。

指定点：// 在屏幕上单击确定点的位置即可

5.2.2 定距等分点

定距等分点是指在选定的对象上按指定的长度放置点的标记符号。

执行方式如下。

- 命令行：在命令行中输入MEASURE，按Enter键。
- 菜单栏：执行"绘图>点>定距等分"命令。

操作示例

用定距等分命令等分一条直线，如图5-4所示。

操作步骤如下。

Step01：在菜单栏中执行"绘图>点>定距等分"命令。

Step02：命令行提示"选择要定距等分的对象："，用拾取框选择直线。

Step03：命令行提示"输入线段长度[或块（B）]："输入等分距离200，按Enter键。

工程师点拨：点样式的系统变量

PDMODE表示控制点样式的系统变量。其数值与"点样式"对话框所示的点样式一一对应。PDSIZE是控制点大小的系统变量。PDSIZE=0.0000表示所生成的点的大小为绘图区域高度的5%。

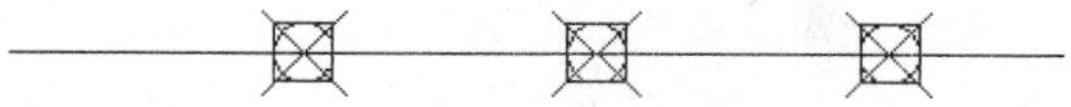

图5-4 定距等分

5.2.3 定数等分点

定数等分点可把选定的直线或圆等对象等分成指定的份数。

执行方式如下。

- 命令行：在命令行中输入DiIVIDE，按Enter键。
- 菜单栏：执行"绘图>点>定数等点"命令。

操作示例

用定数等分命令等分一个圆，如图5-5所示。

操作步骤如下。

Step01：在菜单栏中"绘图>点>定数等分"命令。

Step02：命令行提示"选择要定数等分的对象："，用拾取框选择圆。

Step03：命令行提示"输入线段数目[或块（B）]："，输入等分数目6，按Enter键。

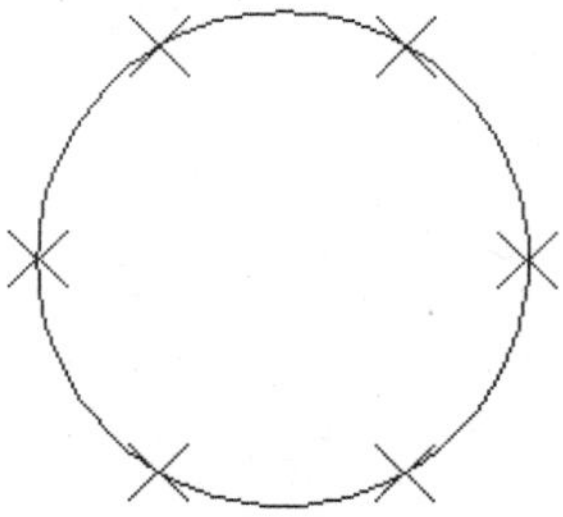

图5-5 定数等分

5.3 线

调用线的绘制命令，在AutoCAD中可以绘制直线、构造线、射线、多段线、多线和样条曲线等。

5.3.1 直线

- 命令行：在命令行中输入LINE，按Enter键。
- 工具栏：单击“绘图”工具栏中的“直线”按钮 。
- 菜单栏：执行“绘图>直线”命令。

调用直线命令后，命令行提示如下。

```
指定第一点：// 通过鼠标在屏幕上指定一点
指定下一点或 [ 放弃（U）]：// 用同样的方法指定下一点，按 Enter 键结束直线命令
```

执行该命令后，用户可以连续指定下一点绘制出一系列的直线段，但此时连续线段不是一个整体，每条线段各自独立。

操作示例

用直线命令绘制任意五边形，如图5-6所示，操作步骤如下。

Step01：单击“绘图”工具栏上的“直线”按钮 。

Step02：命令行提示“-line指定第一点：”，在屏幕上单击指定一点，按Enter键。

Step03：命令行提示“指定第一点或[放弃（U）]：”，任意指定另一点，按Enter键。

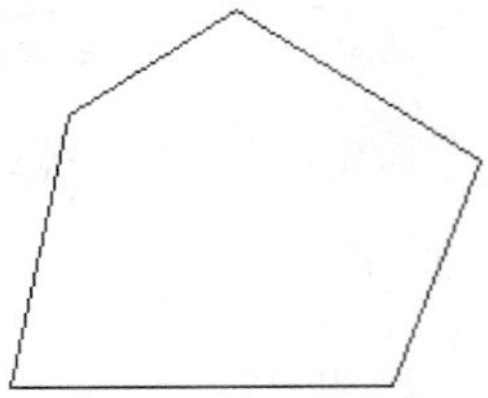

图5-6 五边形

Step04：同Step03。

Step05：命令行提示“指定第一点或[闭合（C）/放弃（U）]：”，输入c，按Enter键。

工程师点拨：关于绘制图形时封闭图形的问题

用户在屏幕上连续确定下一点时，如上例所示，在确定第五个点时，命令行提示“指定第一点或[闭合（C）放弃（U）]：”，用户输入c，按Enter键就会绘制一个首尾重合的封闭图形。

5.3.2 射线

射线命令主要用于绘制辅助线，它是一端固定，一端无限延伸的线。

执行方式如下。

- 菜单栏：执行“绘图>射线”命令。

调用射线命令后，命令行提示如下。

```
_ray 指定起点：// 在屏幕上点击鼠标指定一点
指定通过点：// 在屏幕上指定要通过的点，按 Enter 键
```

5.3.3 构造线

构造线没有起点和终点，两端可以无限延伸，它主要用于绘制辅助线。

执行方式如下。

- 工具栏：单击“绘图”工具栏中的“构造线”按钮 。
- 菜单栏：执行“绘图>构造线”命令。

调用构造线命令后，命令行提示如下。

> xline 指定点或 [水平（H）/ 垂直（V）/ 角度（A）/ 二等分（B）/ 偏移（O）]：// 在屏幕上单击鼠标指定一点
> // 指定通过点：// 在屏幕上指定要通过的点，按 Enter 键

各命令具体说明如下。

- “指定点”：即第一个点为构造线概念上（构造线本身是无限延伸的）的中点。
- “水平”：即创建水平的构造线。
- “垂直”：即创建垂直的构造线。
- “角度”：可以选择一条参照线，再指定构造线与该线之间的角度，也可创建与 X 轴成指定角度的构造线。
- “二等分”：可以创建二等分指定角的构造线，此时必须指定等分角度的定点、起点和端点。
- “偏移”：可创建平行于指定线的构造线，此时必须指定偏移距离，基线和构造线位于基线的哪一侧。

5.3.4 多段线

利用多段线命令可以绘制各种复杂的直线与圆弧的组合图形。

执行方式如下。

- 命令行：在命令行中输入PLINE，按Enter键。
- 工具栏：单击“绘图”工具栏中的“多段线”按钮 。
- 菜单栏：执行“绘图>多段线”命令。

调用多段线命令，命令行提示如下。

> 指定起点：// 指定起点
> 指定下一点或 [圆弧（A）/ 半宽（H）/ 长度（L）/ 放弃（U）/ 宽度（W）]：// 指定一点
> 指定下一点或 [圆弧（A）/ 闭合（C）/ 半宽（H）/ 长度（L）/ 放弃（U）/ 宽度（W）]：// 继续指定点直至到多段线的终点

各命令具体说明如下。

- “圆弧”：选择此命令命令行会提示“指定圆弧的端点或 [角度（A）/ 圆心（CE）/ 方向（D）/ 半宽（H）/ 直线（L）/ 半径（R）/ 第二点（S）/ 放弃（U）/ 宽度（W）]”，即切换至圆弧绘制命令。
- “半宽”：此选项用于设置多段线的半宽度，即多段线的宽度值等于输入值的两倍。用户也可以分别指定所绘对象的起点半宽和端点半宽。
- “闭合”：此选项用于自动封闭多段线，系统默认以多段线的起点作为闭合终点。
- “长度”：此选项用于指定绘制的直线段的长度。在绘制时，系统将以沿着绘制上一段直线的方

向接着绘制直线，如果上一段对象是圆弧，则方向为圆弧端点的切线方向。

- “偏移”：可创建平行于指定线的构造线，此时必须指定偏移距离，基线和构造线位于基线的哪一侧。
- “放弃”：此选项用于撤销上一次的操作。
- “宽度”：此选项用于设置多段线的宽度。用户还可以通过 FILL 命令来自由选择是否填充具有宽度的多段线。

操作示例

绘制多段线图形，如图5-7所示。

操作步骤如下。

Step01：单击工具栏上的“多段线”按钮 。

Step02：命令行提示“指定起点:”，指定起点1，按Enter键。

Step03：命令行提示“指定下一点或 [圆弧（A）/半宽（H）/长度（L）/放弃（U）/宽度（W）]：”，输入w，按Enter键。

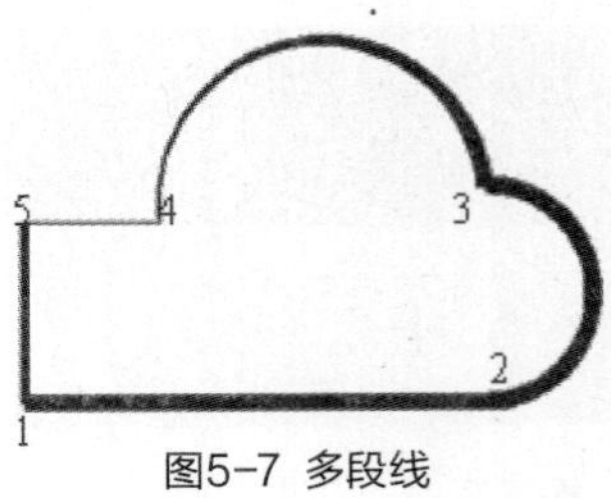

图5-7 多段线

Step04：命令行提示“指定起点宽度 <0.0000>:”输入40，按Enter键。

Step05：命令行提示“指定下一个点或 [圆弧（A）/半宽（H）/长度（L）/放弃（U）/宽度（W）)]:”，指定两个点。

Step06：命令行提示“指定下一点或 [圆弧（A）/闭合（C）/半宽（H）/长度（L）/放弃（U）/宽度（W））]:”输入a，按Enter键。

Step07：命令行提示“指定圆弧的端点或[角度（A）/圆心（CE）/闭合（CL）/方向（D）/半宽（H）/直线（L）/半径（R）/第二个点（S）/放弃（U）/宽度（W）]:”，输入a，按Enter键。

Step08：命令行提示“指定包含角:”，输入180，按Enter键。

Step09：命令行提示“指定圆弧的端点或 [圆心（CE）/半径（R）]:”，指定三个点。

Step10：命令行提示“指定圆弧的端点或 [角度(A)/圆心（CE）/闭合（CL）/方向（D）/半宽（H）/直线（L）/半径（R）/第二个点（S）/放弃（U）/宽度（W）]:”，输入w，按Enter键。

Step11：命令行提示“指定起点宽度 <40.0000>:”，按Enter键。

Step12：命令行提示“指定端点宽度 <40.0000>:”，输入0，按Enter键。

Step13：命令行提示“指定圆弧的端点或[角度（A)/圆心（CE）/闭合（CL）/方向（D）/半宽（H）/直线（L）/半径（R）/第二个点（S）/放弃（U）/宽度（W）]:”，输入s，按Enter键。

Step14：命令行提示“指定圆弧上的第二个点：”，指定此段圆弧上的任意一点。

Step15：命令行提示“指定圆弧的端点或[角度（A）/圆心（CE）/闭合（CL）/方向（D）/半宽（H）/直线（L）/半径（R）/第二个点（S）/放弃（U）/宽度（W）]:”，输入L，按Enter键。

Step16：命令行提示“指定下一点或 [圆弧（A）/闭合（C）/半宽（H）/长度（L）/放弃（U）/宽度（W）]:”，指定五个点。

Step17：命令行提示“指定下一点或 [圆弧（A）/闭合（C）/半宽（H）/长度（L）/放弃（U）/宽度（W）]:”，输入w，按Enter键。

Step18：命令行提示“指定起点宽度 <0.0000>:”，输入20，按Enter键。

Step19：命令行提示“指定端点宽度 <20.0000>:”，输入20，按Enter键。

Step20：命令行提示“指定下一点或 [圆弧（A）/闭合（C）/半宽（H）/长度（L）/放弃（U）/宽度（W）]:”，输入c，按Enter键。

5.3.5 编辑多段线

多段线编辑命令可以对多段线进行编辑，以满足用户的不同需求。

执行方式如下。

- 命令行：在命令行中输入PEDIT，按Enter键。
- 菜单栏：执行"修改>对象>多段线"命令。
- 快捷菜单：选择要编辑的多段线对象，右击鼠标，在快捷菜单上选择"多段线>编辑多段线"。

命令行提示如下。

```
输入选项[打开(O)/合并(J)/宽度(W)/编辑顶点(E)/拟合(F)/样条曲线(S)/非曲线化(D)/线型生成(L)/反转(R)/放弃(U)]:
```

各选项具体说明如表5.1所示。

表5.1 编辑多段线

选项	功能	图示
打开	与合并相反，打开所选多段线对象最后闭合的线段或圆弧	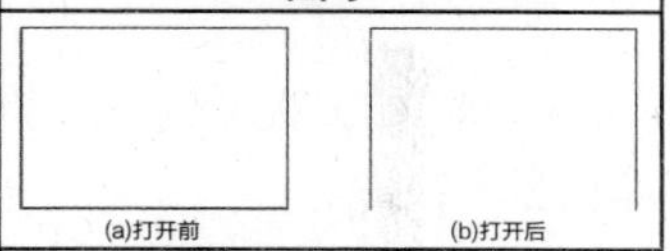
合并	用于合并直线段、圆弧或者多段线，使所选对象成为一条多段线。合并的前提是各段对象首尾相连	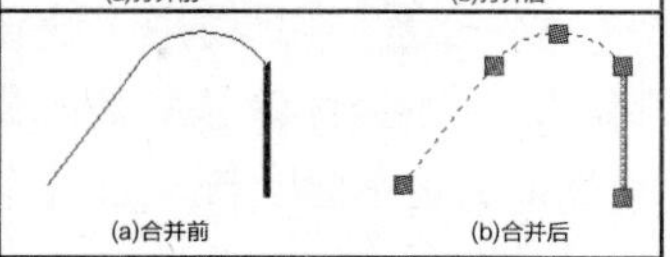
宽度	可以修改多段线的线宽	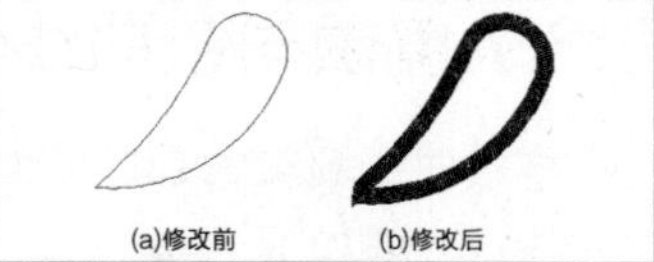
拟合	将多段线的拐角用光滑的圆弧曲线连接	
样条曲线	用B样条曲线拟合多段线	
线型生成	此选项用于控制多段线的线型生成方式开关，选择此项后，命令行提示"输入多段线线型生成选项[开(ON)/关(OFF)]:"。用户也可以分别指定所绘对象的起点半宽和端点半宽	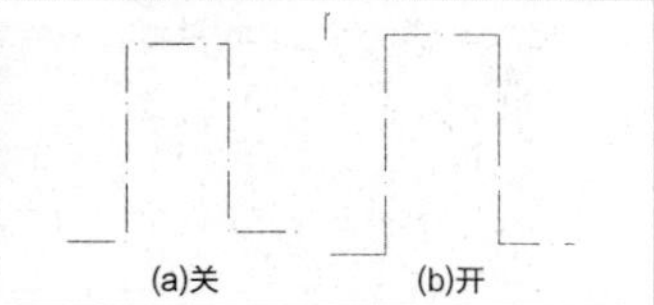

5.3.6 样条曲线

样条曲线是一种特殊的线段，用于绘制曲线，平滑度比圆弧更好，它是通过或接近指定点的拟合曲线。AutoCAD使用一种非一致有理B样条曲线的特殊曲线类型，曲线在控制点之间产生一条光滑的曲线。适用于表达各种具有不规则变化曲率半径的曲线。例如，绘制机械图形的断切面和地形外貌轮廓线。

执行方式如下。

- 命令行：在命令行中输入SPLINE，按Enter键。
- 工具栏：单击"绘图"工具栏中的"样条曲线"按钮。
- 菜单栏：执行"绘图>样条曲线>拟合点/控制点"命令。

调用"样条曲线"命令后，命令行提示如下。

各选项具体说明如下。

```
指定第一个点或 [ 方式 (M)/ 节点 (K)/ 对象（O）]：// 指定第一点
输入下一个点或 [ 端点切向 (T)/ 公差 (L)/ 放弃 (U)]：// 当指定完第二点
指定对角点或 [ 栏选 (F)/ 圈围 (WP)/ 圈交 (CP)]：
```

- "对象"：此项是将二维或三维的二次或三次样条曲线拟合多段线转换为等价的样条曲线后，删除该多段线。
- "公差"：此项用于设置样条曲线的拟合公差。这里的拟合公差指的是实际样条曲线与输入的控制点之间所允许偏移距离的最大值。公差越小，样条曲线与拟合点越接近。当给定拟合公差时，绘出的样条曲线不会全部通过各个控制点，但一定通过起点和终点。

5.3.7 编辑样条曲线

样条曲线编辑命令是单个对象编辑命令，一次只可以编辑一个对象。

执行方式如下。

- 命令行：在命令行中输入SPLINEDIT，按Enter键。
- 菜单栏：执行"修改>对象>样条曲线"命令。
- 快捷菜单：选择要修改的对象，在绘图区中右击鼠标，在打开的快捷菜单上选择"样条曲线"命令。

命令行提示如下。

```
选择样条曲线：// 选定样条曲线
输入选项 [ 闭合 (C)/ 合并 (J)/ 拟合数据 (F)/ 编辑顶点 (E)/ 转换为多段线 (P)/ 反转 (R)/ 放弃 (U)/ 退出 (X)] < 退出 >:
```

各选项具体说明如下。

- "拟合数据"：此选项用于编辑样条曲线通过的某些点。选择此项后，创建曲线是指定的各个点以小方格的形式显示。
- "编辑顶点"：此选项用于移动样条曲线上当前的控制点。它与"拟合数据"中的"移动"选项含义相同。
- "反转"：此选项用于使样条曲线的方向相反。

操作示例

绘制横断切面，操作步骤如下。

Step 01 单击工具栏上的“样条曲线”按钮 。

命令行提示“指定第一个点或 [对象（O）]:”，指定 A 点。

命令行提示“指定下一点 :”，指定 B 点。

依次指定其他点 C、D 和 E，如图 5-8 所示。

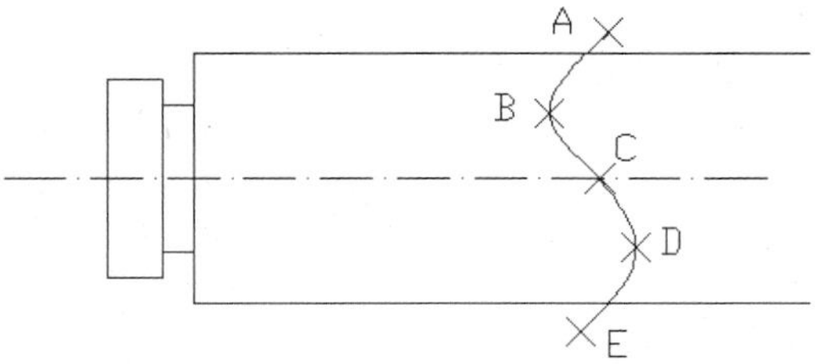

图5-8 绘制A-E样条曲线

Step 02 单击工具栏上的“样条曲线”按钮 。

命令行提示“指定第一个点或 [对象（O）]:”，指定 A1、F 和 C 点，如图 5-16 所示。

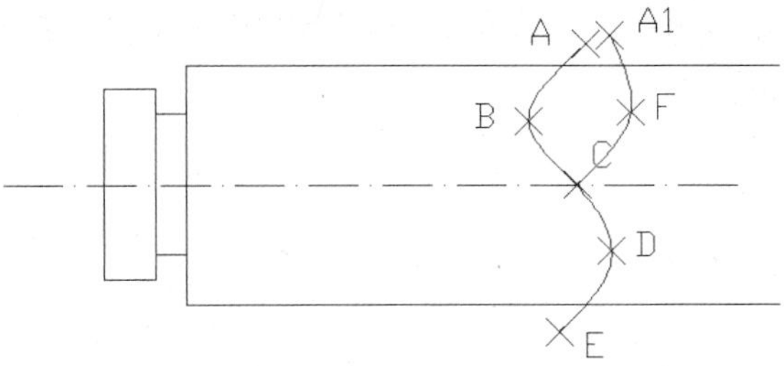

图5-9 绘制A1-C样条曲线

Step 03 执行“修改 > 对象 > 样条曲线”命令，选择 A1FC 段样条曲线，将线段上多余的线剪除，效果如图 5-9 所示。

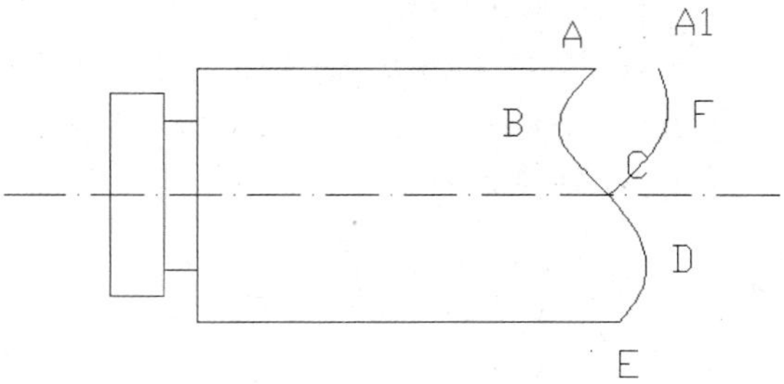

图5-10 修剪图形

Step 04 选定 A1-C 样条曲线，点击 A1 点将其拖到 A 点即可，A 点和 A1 点就连接在一起。结果如图 5-11 所示。

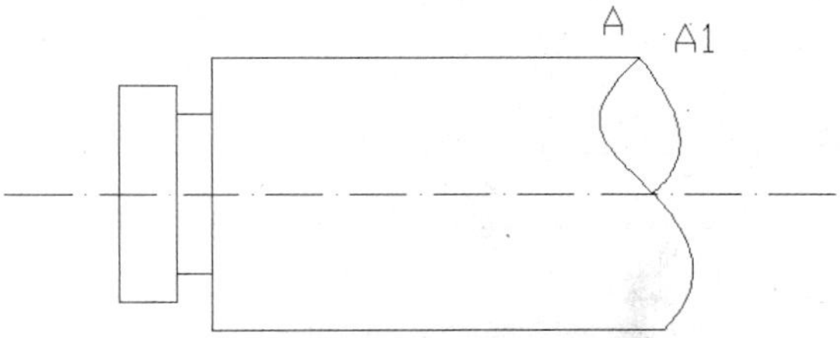

图5-11 编辑样条曲线的顶点

5.4 圆

AutoCAD 2012提供了五种圆弧对象，包括圆、圆弧、圆环、椭圆和椭圆弧。本节主要介绍圆、圆弧和圆环的画法。

5.4.1 圆

利用圆命令可以绘制任意半径的圆型图形。

执行方式如下。

- 命令行：在命令行中输入CIRCLE，按Enter键。
- 工具栏：单击“绘图”工具栏中的“圆”按钮 。
- 菜单栏：执行“绘图>圆”命令。

命令行提示如下。

```
_circle 指定圆心或 [ 三点 ( 3P ) / 两点 ( 2P ) / 相切、相切、半径 ( T ) ] :
```

执行"绘图>圆"命令时，会出现如图5-12所示级联菜单，分别是6种不同的画圆方法。

- 圆心、半径：此命令通过指定圆心位置和半径值来画圆。
- 圆心、直径：此命令通过指定圆心位置和直径值画圆。
- 两点：此命令通过指定圆周上两点来画圆。
- 三点：此命令通过指定圆周上三点来画圆。
- 相切、相切、半径：此命令通过先指定两个相切对象，后指定半径值的方法画圆。
- 相切、相切、相切：执行此命令，命令行和光标处都会提示"指定对象与圆的第一个切点："，即指定相切的第一个圆弧。继续出现提示"指定对象与圆的第二个切点："，即指定相切的第二个圆弧。继续单击会出现提示"指定对象与圆的第三个切点："即指定相切的第三个圆弧。

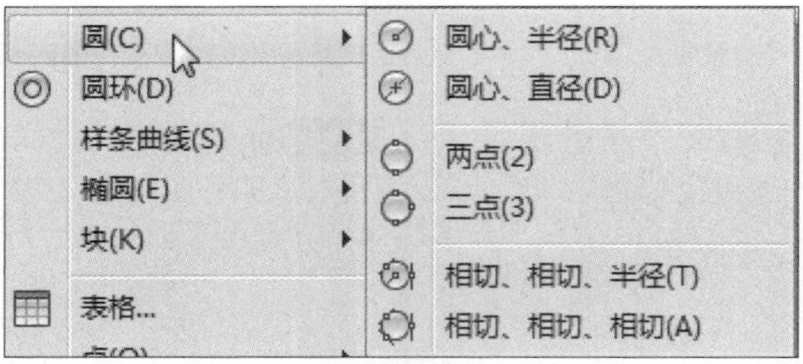

图5-12 "圆"级联菜单

操作示例

（1）用"圆心、直径"方法画圆，如图5-13所示。操作步骤如下。

Step01：单击工具栏上的"圆"按钮。

Step02：命令行提示"_circle指定圆的圆心或[三点（3P）/两点（2P）/相切、相切、半径（T）]："，在屏幕上指定一点输入。

Step03：提示"指定圆的半径或[直径（D）]<79.0029>:"，输入D，然后按Enter键。

Step04：指定圆的直径<158.0058>：输入600，按Enter键。

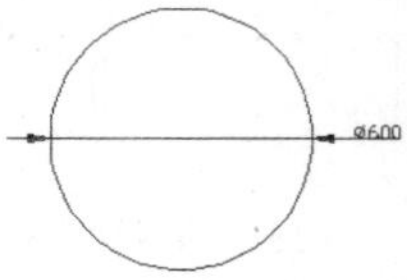

图5-13 "圆心、直径"画圆

（2）用"三点方法画圆"，如图5-14所示。操作步骤如下。

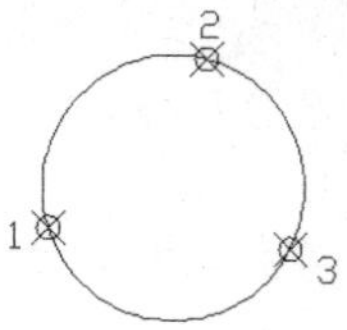

图5-14 三点法画圆

Step01：单击工具栏上的"圆"按钮。

Step02：命令行提示"_circle指定圆的圆心或[三点（3P）/两点（2P）/相切、相切、半径（T）]："输入3P，按Enter键。

Step03：命令行提示"指定圆上的第一点："，在屏幕上指定第一点。

Step04：命令行提示"指定圆上的第二点："，在屏幕上指定第二点。

Step05：命令行提示"指定圆上的第三点："，在屏幕上指定第三点。

（3）用"相切、相切、相切"方法画与三个圆相切的圆（粗线圆为所求圆），操作步骤如下。

Step 01 执行“绘图 > 圆 > 相切、相切、相切”命令。命令行提示指定圆上的第一点，在第一个圆上单击一点，如图 5-15 所示。

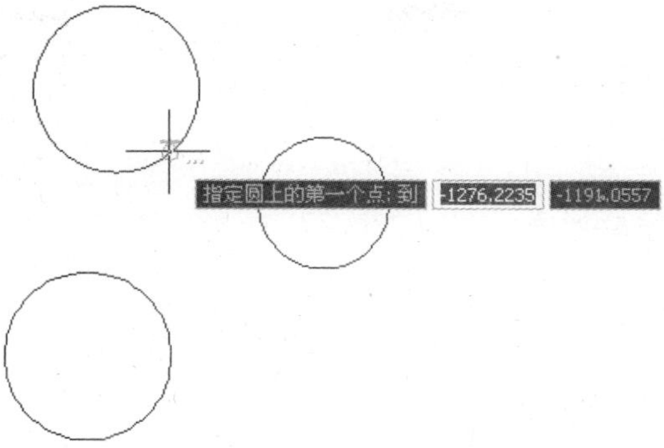

图5-15 指定与圆相切的第一点

Step 02 命令行提示“_tan 到:”，在第二个圆上单击一点，如图 5-16 所示。

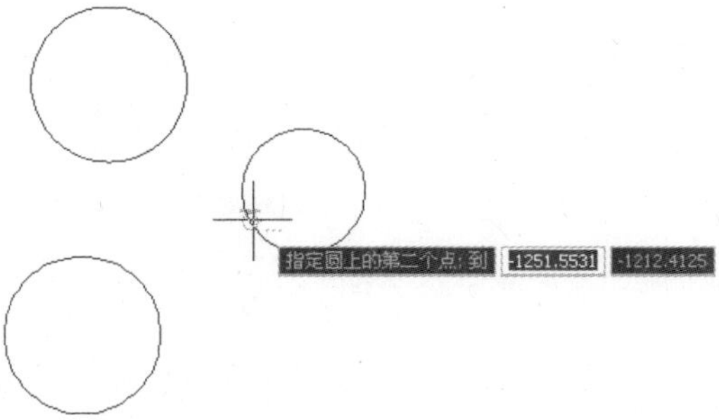

图5-16 指定圆相切的第二点

Step 03 命令行提示“_tan 到:”，在第三个圆上单击一点，如图 5-17 所示。

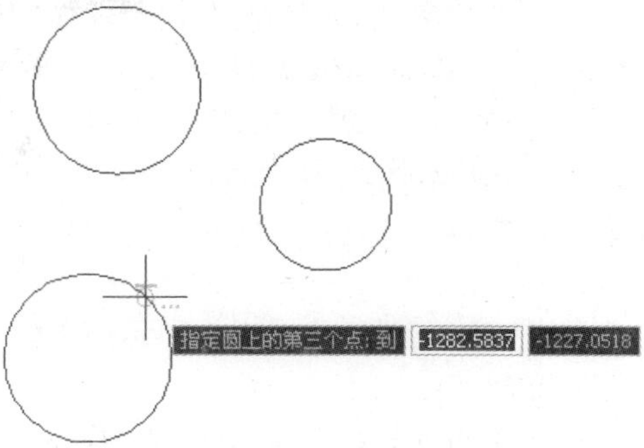

图5-17 指定与圆相切的第三点

Step 04 绘制出与三个圆相切的圆（粗线圆为所求圆）如图 5-18 所示。

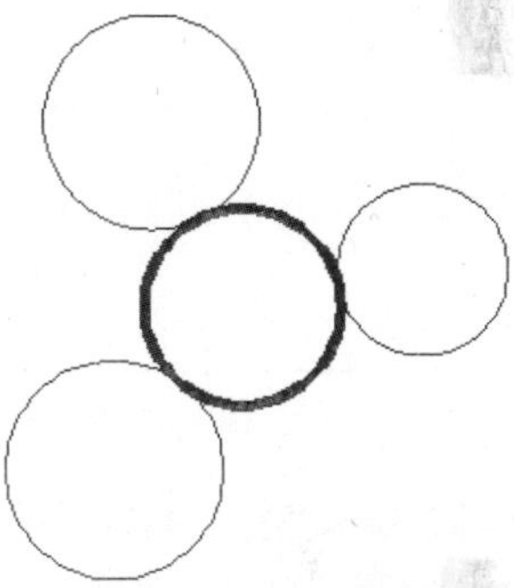

图5-18 与三个圆相切的圆

(4) 用“相切、相切、半径”方法绘制圆，如图5-19所示。操作步骤如下。

Step01：执行“绘图>圆>相切、相切、半径”命令。

Step02：命令行提示“_circle指定圆的圆心或[三点（3P）/两点（2P）/相切、相切、半径（T）]：”，输入t，按Enter键。

Step03：命令行提示“指定对象与圆的第一个切点:”，在第一个圆上单击一点。

Step04：命令行提示“指定对象与圆的第二个切点:”，在第二个圆上单击一点。

Step05：命令行提示“指定圆的半径 <235.9231>:”输入250，按Enter键。

图5-19 相切、相切、半径绘圆

工程师点拨：不同命令生成圆的区别

若指定半径后，可以生成多个圆，则由用户指定的切点来决定，若在上方指定切点，则生成上图的圆。

5.4.2 圆弧

利用圆弧命令可以绘制任意半径的圆弧图形。

启用圆弧命令的执行方式如下。

- 命令行：在命令行中输入ARC，按Enter键。
- 工具栏：单击“绘图”工具栏中的“圆弧”按钮 。
- 菜单栏：执行“绘图>圆弧” 命令。

当执行“绘图>圆弧”时，会出现级联菜单如图5-20所示，列出了画圆弧的11种方法，用户可以根据其功能和自己的需要进行选择。

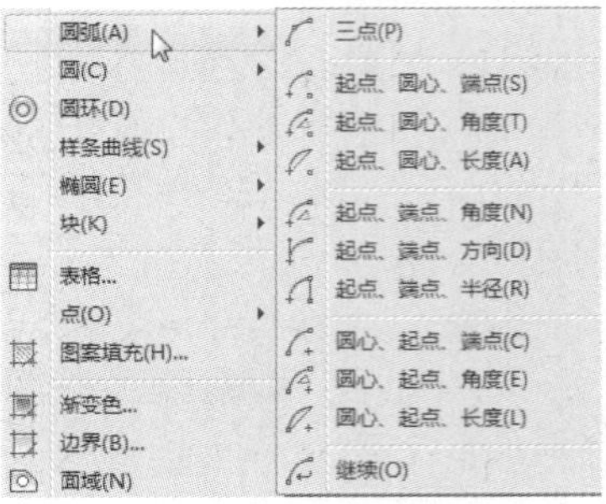

图5-20 圆弧级联菜单

操作示例

(1) 用圆弧命令绘制，如图5-21所示的图形。

操作步骤如下。

Step01：单击工具栏上的“直线”按钮 。

Step02：命令行提示 “_line指定第一点：”，在屏幕上单击指定一点。

Step03：命令行提示“指定第一点或[放弃 (U)]：”，在水平方向指定另一点，画出一条水平线。

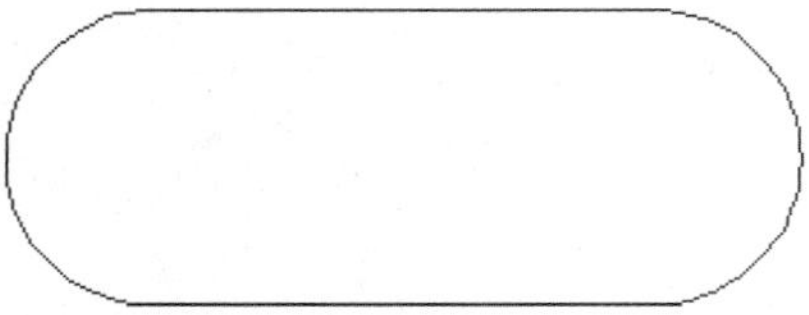

图5-21 平头键

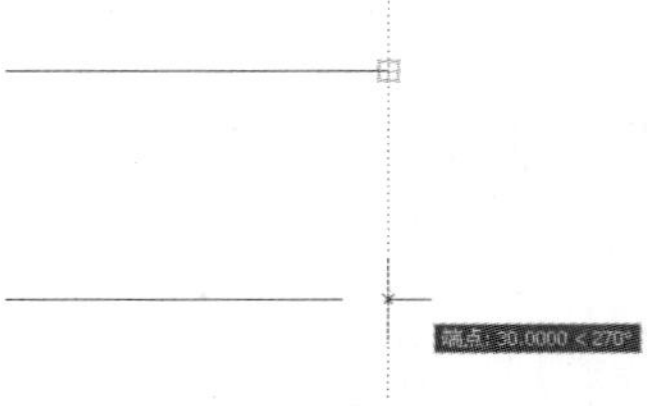

图5-22 平行线

Step04：重复画一条直线并利用极轴追踪（此功能将在以后的章节中讲到）画出与前一条平行且起始点在同一竖直方向的直线，如图5-22所示。

Step05：单击工具栏上的“圆弧”按钮 。

Step06：命令行提示 “_arc指定圆弧的起点或[圆心 (C)]：”，单击上面一条直线的左端点。

Step07：命令行提示“指定圆弧的第二点或[圆心 (C) /端点 (E)]：”输入e，按Enter键。

Step08：命令行提示“指定圆弧的端点：”，单击下面一条直线的左端点。

Step09：命令行提示“指定圆弧的圆心或[角度 (A) /方向 (D) /半径 (R)]：”输入a，按Enter键。

Step10：命令行提示“指定包含角度：”输入180，按Enter键。

Step11：以同样的方法画右半边弧，输入角度-180，按Enter键。

(2) 用“三点”方法绘制圆弧，通过指定圆弧的起点，第二点和端点来确定圆弧，圆弧的方向由起点和终点的方向确定，如图5-23所示。

操作步骤如下。

- 执行“绘图>圆弧>三点”命令。
- 命令行提示 “_arc 指定圆弧的起点或 [圆心(C)]:”，指定第一点。
- 命令行提示“指定圆弧的第二个点或 [圆心(C)/端点(E)]:”，指定第二点。
- 命令行提示“指定圆弧的端点:”，指定第三点。

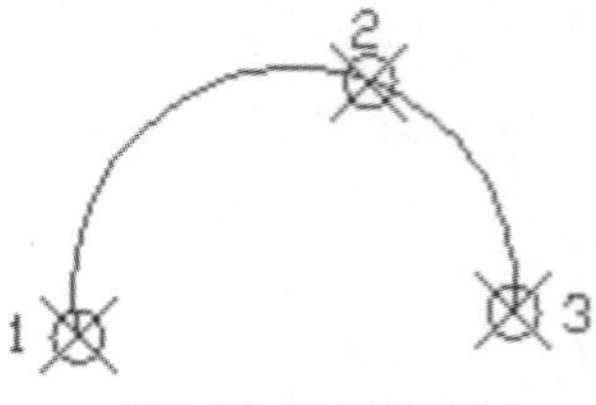

图5-23 三点绘圆弧

（3）用“起点、圆心、端点”方法绘制圆弧，通过指定圆弧的起点，圆心和端点来确定圆弧，如图5-24所示。

操作步骤如下。

Step01：执行“绘图>圆弧>起点、圆心、端点”命令。

Step02：命令行提示“_arc 指定圆弧的起点或 [圆心(C)]:”，单击鼠标指定一点。

Step03：命令行提示“指定圆弧的第二个点或 [圆心(C)/端点(E)]:”输入c，按Enter键。

Step04：命令行提示“指定圆弧的圆心:”，指定圆心。

Step05：命令行提示“指定圆弧的端点或 [角度(A)/弦长(L)]:”，指定端点。

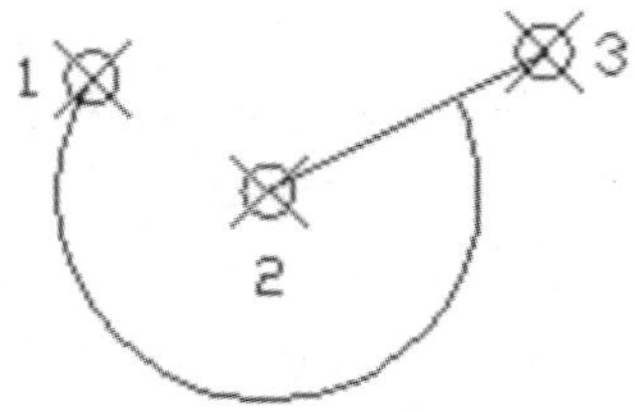

图5-24 起点、圆心、端点绘圆弧

5.4.3 圆环

利用圆环命令可以绘制任意半径的圆环图形。

执行方式如下。

- 命令行：在命令行中输入DONUT，按Enter键。
- 菜单栏：执行“绘图>圆环”命令。

调用“圆环”命令后，命令行提示如下。

指定圆环的内径 // 输入内径
指定圆环的外径 // 输入外径，按 Enter 键。

操作示例

调用“圆环”命令绘制圆环，如图5-25所示。

操作步骤如下。

Step01：命令行中输入DONUT，按Enter键。

Step02：命令行提示“指定圆环的内径<12.0000>：”输入15，按Enter键。

Step03：命令行提示“指定圆环的内径<25.0000>：输入30，按Enter键。

Step04：命令行提示“指定圆环的中心点或[退出]：”，指定中心点。

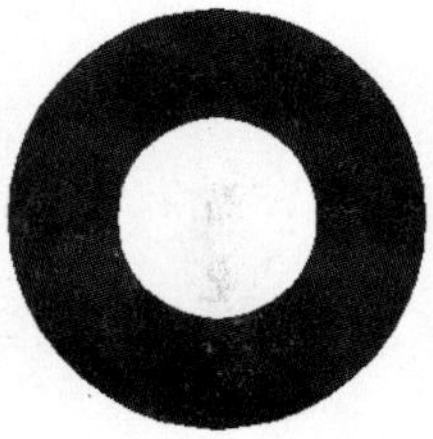
图5-25 圆环

5.5 椭圆

上节主要介绍了圆、圆弧和圆环的画法，本节主要介绍椭圆和椭圆弧的画法。

利用椭圆命令可以绘制任意形状的椭圆和椭圆弧图形。

启用椭圆命令的执行方式如下。

- 命令行：在命令行中输入ELLIPSE，按Enter键。
- 工具栏：单击工具栏上的“椭圆”按钮 或“椭圆弧”按钮 。
- 菜单栏：执行“绘图>椭圆”命令。

命令行提示如下：

指定椭圆的轴端点或 [圆弧 (A)/ 中心点 (C)] : // 直接指定端点则画椭圆，输入 A 则绘制椭圆弧

直接单击“椭圆弧”按钮 时，命令行提示如下。

“指定椭圆弧的轴端点或[中心点（C）]：”。可直接绘制椭圆弧；当执行“绘图>椭圆”命令时会出现级联菜单，为画椭圆的两种方法以及椭圆弧命令，如图5-26所示。

- “中心点（C）”是指先指定椭圆的中心点，再指定一条轴的轴端点和另一条轴的长度画椭圆。
- “轴、端点（E）”是指先指定一条轴的两端点，再指定另一条轴的长度方法画椭圆。

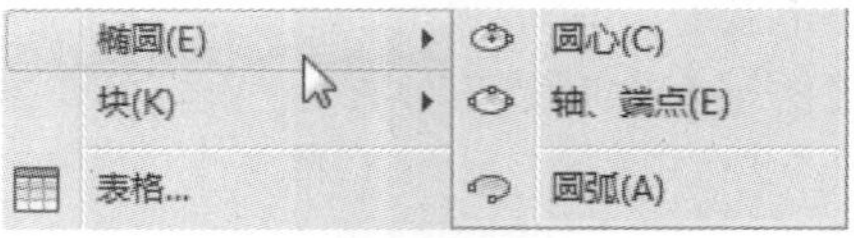

图5-26 “椭圆”级联菜单

操作示例

（1）用“圆弧”方法绘制椭圆弧。该方法绘制椭圆弧首先绘制出一个完整的椭圆来，再通过指定起始角度和终止角度来截取椭圆的一部分作为椭圆弧，如图5-27所示。

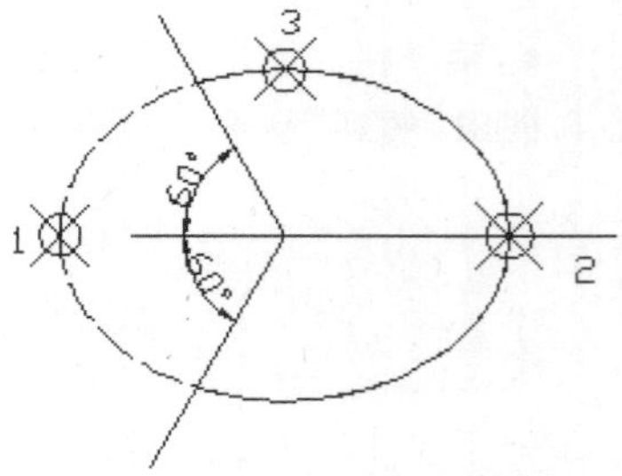

图5-27 绘制椭圆弧

操作步骤如下。

Step01：执行“绘图>椭圆>圆弧”命令。

Step02：命令行提示“指定椭圆的轴端点或 [圆弧(A)/中心点(C)]:”，指定一点。

Step03：命令行提示“指定轴的另一个端点:”，指定端点。

Step04：命令行提示“指定另一条半轴长度或 [旋转(R)]:”，指定长度。

Step05：命令行提示“指定起始角度或 [参数(P)]:”输入60，按Enter键。

Step06：命令行提示“指定终止角度或 [参数(P)/包含角度(I)]:”输入300，按Enter键。

（2）用椭圆和椭圆弧命令绘制椭圆图形，操作步骤如下。

Step 01 单击工具栏上的“直线”按钮 ，绘制一条水平线和一条竖直线形成中心线，如图 5-28 所示。

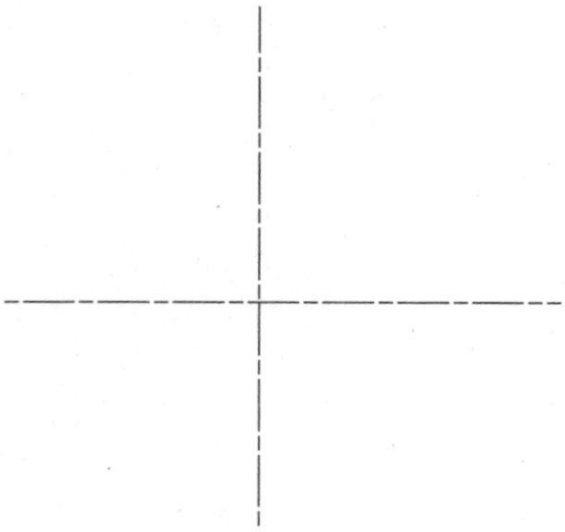

图5-28 中心线

Step 02 单击工具栏的“椭圆”按钮。指定椭圆的中心点，指定轴的端点，指定另一条半轴长度，绘制出椭圆如图 5-29 所示。

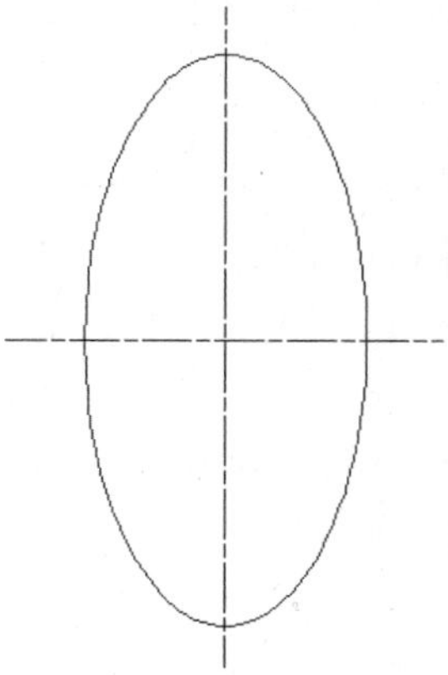

图5-29 绘制的椭圆

Step 03 单击工具栏上的“直线”按钮。绘制上挡板左半边，如图 5-30 所示。

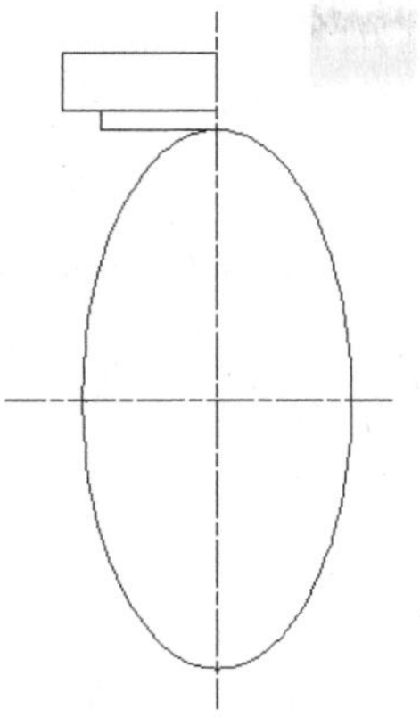

图5-30 绘制左半边挡板

Step 04 单击工具栏上的“镜像”按钮 。镜像左半边挡板，如图 5-31 所示。

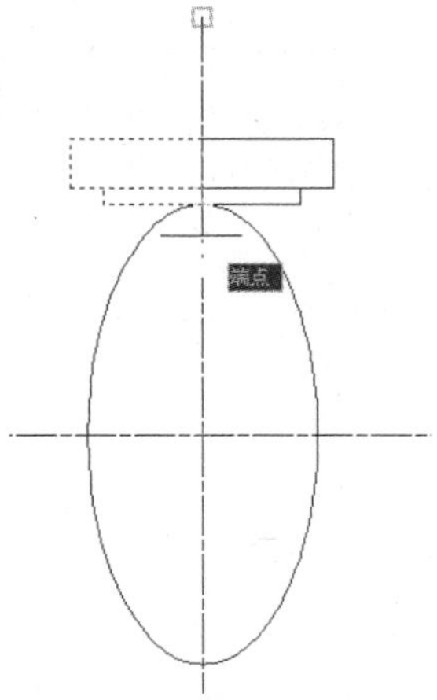

图5-31 镜像左半边挡板

5.6 矩形

矩形命令可以绘制任意边长的矩形图形。

矩形命令的执行方式如下。

- 命令行：在命令行中输入RECTANG，按Enter键。
- 工具栏：单击“绘图”工具栏中的“矩形”按钮 。
- 菜单栏：执行“绘图>矩形”命令。

命令行提示如下。

指定第一个角点或 [倒角 (C)/ 标高 (E)/ 圆角 (F)/ 厚度 (T)/ 宽度 (W)：”

各选项说明如下。

- “倒角”：可以绘制一个带有倒角的矩形，这时必须指定两个倒角的距离。制定了两个倒角的距离后，命令行会接着提示“指定第一个角点或 [倒角（C）/ 标高（E）/ 圆角（F）/ 厚度（T）/ 宽度（W）]：”，选择一种方法完成矩形的绘制。
- “标高”：可以指定矩形所在的平面高度，该选项一般用于三维绘图。
- “圆角”：可以绘制一个带有圆角的矩形，这时必须指定圆角半径。
- “厚度”：可以设置具有一定厚度的矩形，此选项也是用于三维绘图。
- “宽度”：可以设置矩形的线宽。

以下列出了矩形的各种样式，如图5-32所示。

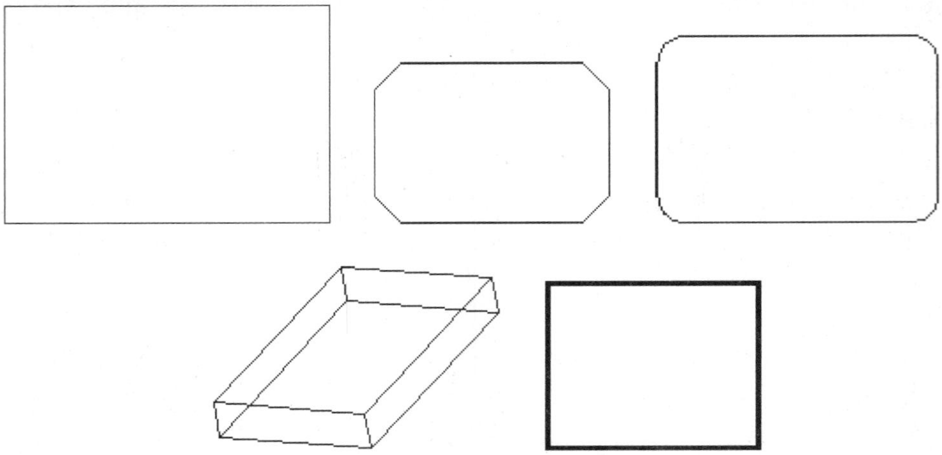

图5-32 矩形的各种样式

操作示例

绘制方头平键的主视图和俯视图，操作步骤如下。

Step 01 单击工具栏上的“矩形”按钮，绘制主视图外形，如图 5-33 所示。

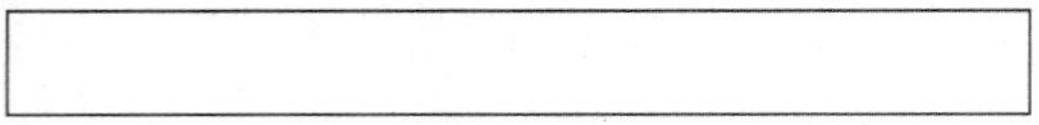

图5-33 主视图外形

Step 02 单击工具栏上的“直线”按钮。绘制两条棱线，如图 5-34 所示。

图5-34 绘制直线

Step 03 单击工具栏上的“构造线”按钮，绘制构造线。

命令行提示“_xline 指定点或 [水平（H）/ 垂直（V）/ 角度（A）/ 二等分（B）/ 偏移（O）]：”，指定主视图左边竖线上的一点。

命令行提示“指定通过点：”，指定竖直位置上一点。

重复绘制右边竖直构造线，如图 5-35 所示。

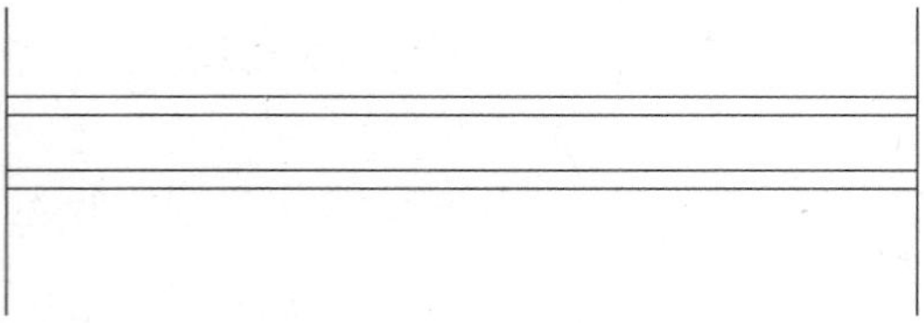

图5-35 绘制左右两条构造线

Step 04 单击工具栏上的“矩形”按钮，绘制构造线。

命令行提示“指定第一个角点或 [倒角（C）/ 标高（E）/ 圆角（F）/ 厚度（T）/ 宽度（W）]：”，指定主视图下方构造线上一点。

命令行提示“指定另一个角点或 [面积（A）/ 尺寸（D）/ 旋转（R）]:”@100.18，按 Enter 键。

单击工具栏上的“直线”按钮，绘制俯视图的两条棱，如图 5-36 所示。

图5-36 俯视图外形

5.7 多边形

利用正多边形命令可以很容易地绘制任意条边的正多边形图形。

启用编辑多线命令的执行方式如下。

- 命令行：在命令行中输入POLYGON，按Enter键。
- 工具栏：单击"绘图"工具栏中的"多边形"按钮 。
- 菜单栏：执行"绘图>多边形"命令。

调用"正多边形"命令后，命令行提示如下。

> 输入侧面数 <4>：// 指定多边形的边数，系统默认为 4 条。输入边数
> 指定正多边形的中心点或 [边 (E)]：// 指定中心点
> 输入选项 [内接于圆 (I)/ 外切于圆 (C)] <I>："// 默认为内接于圆，最后指定圆的半径即可

各选项具体说明如下。

- "边"，指定多边形的一条边，系统就会自动按逆时针方向绘制概正多边形。
- 内接于圆和外接于圆两种形式如图 5-37 所示。

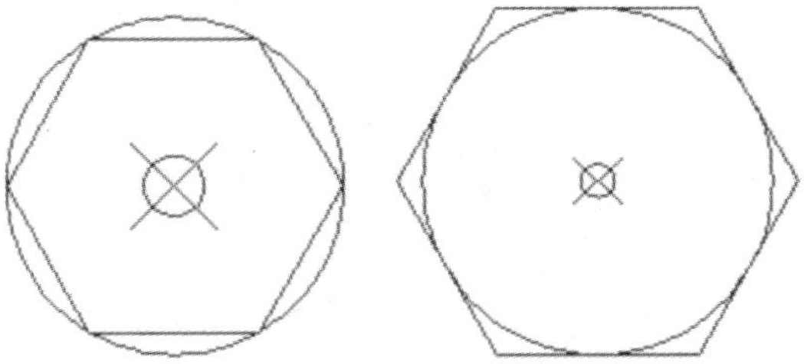

图5-37 内接与外切于圆的正六边形

操作示例

(1) 绘制电视机轮廓图，如图5—38所示，操作步骤如下。

Step01：单击工具栏上的"矩形"按钮 。

Step02：命令行提示"指定第一个角点或 [倒角(C)/标高(E)/圆角(F)/厚度(T)/宽度(W)]:"输入600,1000，按Enter键。

Step03：命令行提示"指定另一个角点或 [面积(A)/尺寸(D)/旋转(R)]:"，输入@1000,-700，按Enter键。

Step04：命令行提示"指定第一个角点或 [倒角(C)/标高(E)/圆角(F)/厚度(T)/宽度(W)]:"，单击指定一个点。

Step05：命令行提示"指定矩形的圆角半径 <0.0000>:"输入10，按Enter键。

Step06：命令行提示"指定第一个角点或 [倒角(C)/标高(E)/圆角(F)/厚度(T)/宽度(W)]:"输入700,857。

Step07：命令行提示"指定另一个角点或 [面积(A)/尺寸(D)/旋转(R)]:"，指定矩形2的另一个角点。

Step08：单击工具栏上的"矩形"按钮 ▭。

Step09：命令行提示"指定第一个角点或 [倒角(C)/标高(E)/圆角(F)/厚度(T)/宽度(W)]:"，输入f，按Enter键。

Step10：命令行提示"指定矩形的圆角半径 <10.0000>:"输入0，按Enter键。

Step11：命令行提示“指定第一个角点或 [倒角(C)/标高(E)/圆角(F)/厚度(T)/宽度(W)]:”，指定第三个矩形第一点。

Step12：命令行提示“指定另一个角点或 [面积(A)/尺寸(D)/旋转(R)]:”，指定矩形第二点。

Step13：用复制命令复制出多个小矩形，作为电视机的按钮。最后用“圆弧”和“直线”命令画出天线即可得到如图5-38所示的电视图形。

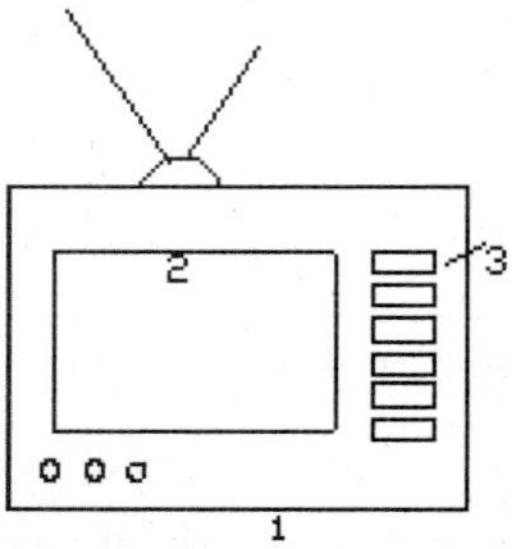

图5-38 矩形绘制出的电视模型

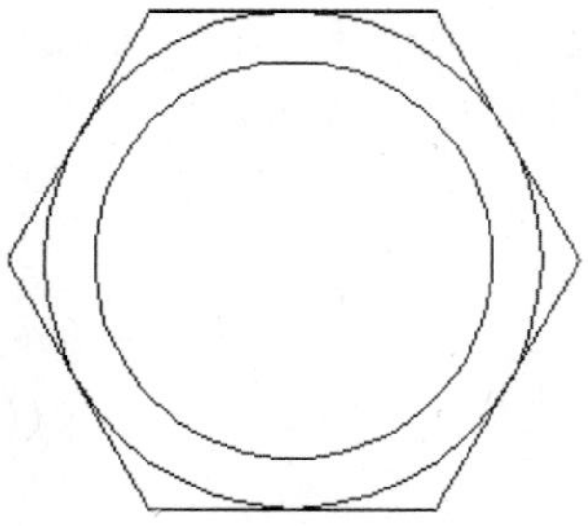

图5-39 六角螺母

(2) 绘制螺母，如图5-39所示。操作步骤如下。

Step01：单击工具栏上的“圆”按钮 。

Step02：命令行提示“_circle指定圆的圆心或[三点 (3P) /两点 (2P) /相切、相切、半径 (T)]：”,在屏幕上单击一点作为圆心。

Step03：命令行提示“指定圆的半径或[直径 (D)]：”输入20，按Enter键。

Step04：单击工具栏上的“圆”按钮 。

Step05：命令行提示“_circle指定圆的圆心或[三点 (3P) /两点 (2P) /相切、相切、半径 (T)]：”，绘制与上次同心的圆，半径为17。

Step06：单击工具栏上的“多边形”按钮 。

Step07：命令行提示“指定正多边形的中心点或[边 (E)]：”，单击圆的圆心。

Step08：命令行提示“输入选项[那接于圆 (I) /外切于圆 (C)] <I>:”输入c，按Enter键。

Step09：命令行提示“指定圆的半径:”输入20，按Enter键。

5.8 多线

多线是一种组合图形，由许多条平行线组成而成，各条平行线之间的距离和数目可以随意调整的。多线用途很广，而且能够极大地提高绘图效率。多线一般用于电子路线图，建筑墙体的绘制等。

5.8.1 绘制多线

多线命令可以绘制任意多条平行线的组合图形。

启用绘制多线命令的执行方式如下。

- 命令行：在命令行中输入MLINE，按Enter键。
- 菜单栏：执行“绘图>多线”命令。

调用“多线”命令，命令行提示如下。

```
指定起点或 [ 对正 (J)/ 比例 (S)/ 样式 (ST)] :
```

在默认情况下，必须指定多线的起点，绘制方法与直线类似。

各选项具体说明如下。

- "对正"：用于指定绘制多线时的对正方式，共有三种方式，"上"是指从左向右绘制多线时，多线上最上端的线会随着鼠标移动；"无"是指多线的中心将随着鼠标移动；"下"是指从左向右绘制多线时，多线上最下端的线会随着鼠标移动。
- "比例"：此选项用于设置多线的平行线之间的距离。可输入0，正值或负值。输入0时各平行线就重合，输入负值时平行线的排列将倒置。此选项不会影响多线本身的线型比例。
- "样式"：此选项用于设置多线的绘制样式。默认的样式为标准型。用户可根据提示输入所需多线样式名。

操作示例

绘制简单多线图形，操作步骤如下。

Step 01 执行"绘图 > 多线"命令。

命令行提示"指定起点或 [对正（J）/ 比例（S）/ 样式（ST）]:"输入 s，按 Enter 键。

命令行提示"输入多线比例 <20>:"输入 40，按 Enter 键，设置平行线之间的距离为 40。

命令行提示"指定起点或 [对正（J）/ 比例（S）/ 样式（ST）]:"，在屏幕上单击一点。

命令行提示"指定下一点 :"，在水平方向指定一点。

命令行提示"指定下一点或 [放弃（U）]:"，在竖直方向指定一点，如图 5-40 所示。

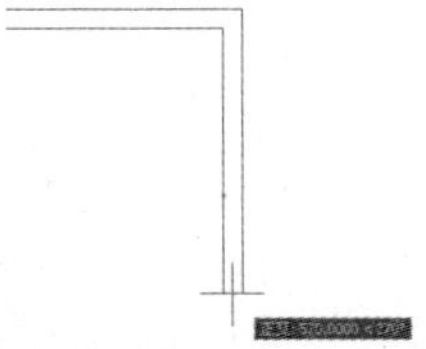

图5-40 绘制第一个多线图形

Step 02 命令行提示"指定下一点或 [闭合（C）/ 放弃（U）]:"，接着指定下一点，如图 5-41 所示。

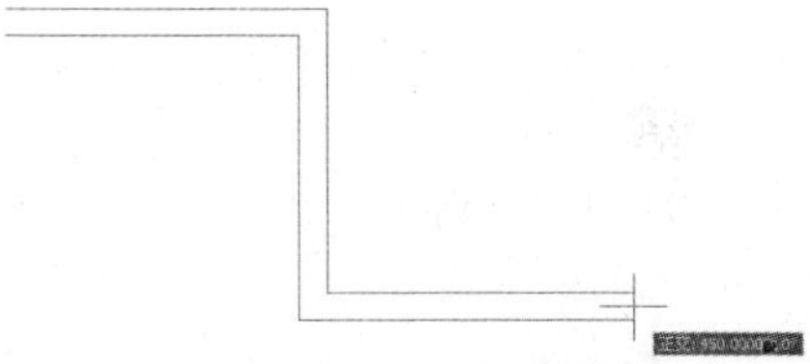

图5-41 绘制第二个多线图形

Step 03 命令行提示"指定下一点或 [闭合（C）/ 放弃（U）]:"输入 c，按 Enter 键。结果如图 5-42 所示。

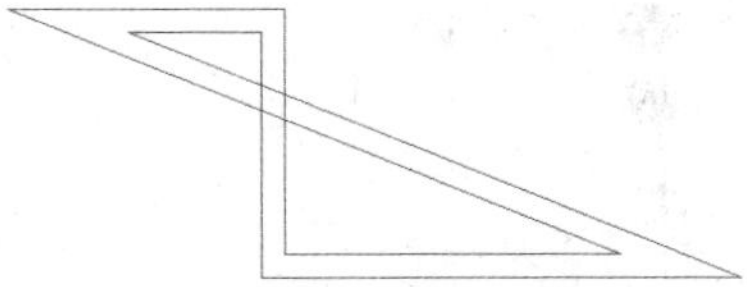

图5-42 绘制第三个多线图形

5.8.2 设置与定义多线样式

在平常的使用中，有时候两条平行线的多线可能并不能满足要求，这就需要对多线的样式进行重新设置和定义，使之满足用户的要求。在AutoCAD 2012系统中，用户可以根据自己的需要设置线条数目和线的拐角方式。

执行方式如下。

- 命令行：在命令行中输入MISTYLE，按Enter键。
- 菜单栏：执行"格式>多线样式"命令。

打开如下图所示"多线样式"对话框。用户可以根据自己需要对多线进行定义、保存和加载等操作。

设置多线样式，操作步骤如下。

- 执行"格式>多线样式"命令，弹出如图5-43所示的对话框。

- 单击“新建”按钮，建立新的样式名，弹出如图5-44所示的对话框。在“新样式名”文本框中输入4，单击“继续”按钮。

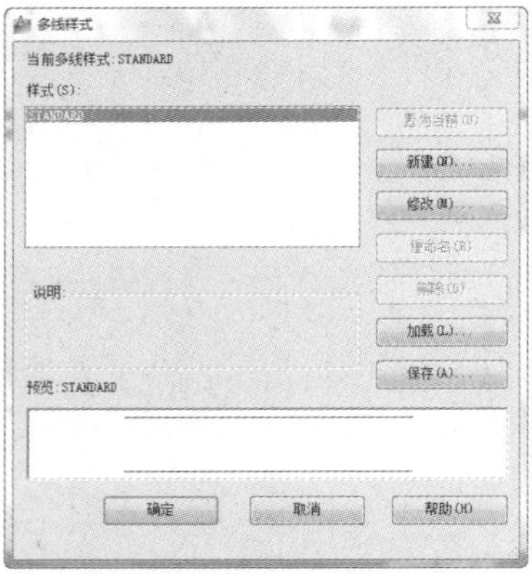

图5-43 “多线样式“对话框

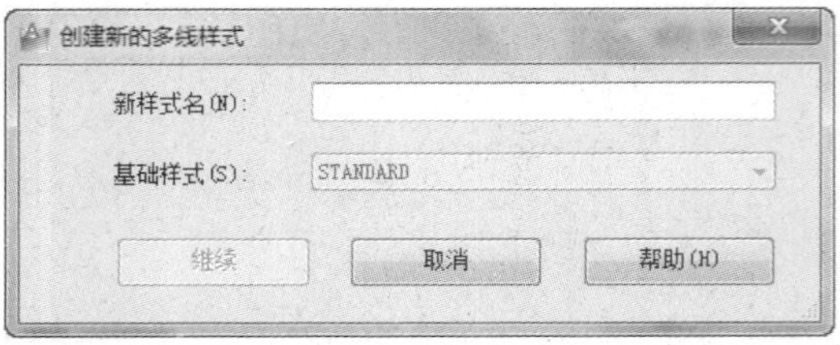

图5-44 “创建新的多线样式”对话框

- 此时系统弹出“新建多线样式：4”对话框，如图5-45所示。
- 在“封口”选项中设置多线起点和端点的特性，包括以直线、外弧或是内弧封口以及圆弧的角度。
- 在“图元”选项组中可设置组成多线的元素的特性。单击“添加”按钮，就可为多线添加新的元素；单击“删除”也可以删除多线中的元素。在“偏移”文本框中可设置选中的元素的位置偏移值。在“颜色”下拉列表框中可以为选中元素设置颜色。单击“线型”按钮，弹出如图5-46所示的对话框，可加载新的线型设置或元素线型。

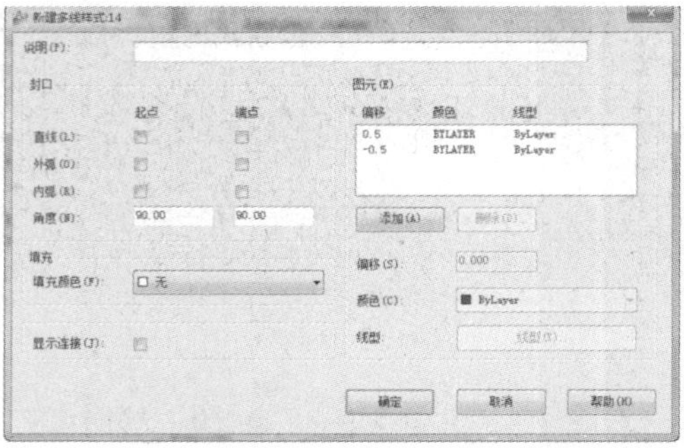

图5-45 “新建多线样式”对话框

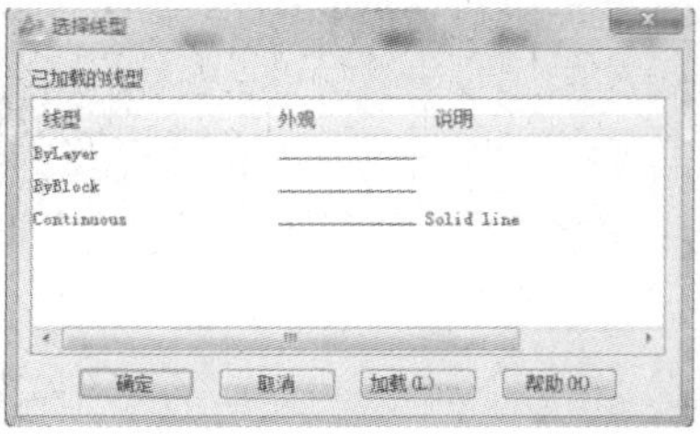

图5-46 “选择线型”对话框

- 在“填充颜色”下拉列表框中可设置多线填充的颜色。
- 设置完成后单击“确定”按钮，返回“多线样式”选项面板，刚才设置的项目就会显示出来。
- 单击“置为当前”按钮，将刚才设置的多线样式设置为当前样式。
- 单击“确定”按钮结束设置。

图5-47 3种封口形式图

工程师点拨：关于新建多线样式的问题

在“新建多线样式”对话框中，我们可以在“说明”中输入对多线样式的说明，在“封口”中选择起点和终点的闭合形式，有直线、外弧和内弧3种形式。它们的区别如图5-46所示，其中内弧封口必须由4条及4条以上的直线组成。

操作示例

绘制如图5-48所示的多线。操作步骤如下。

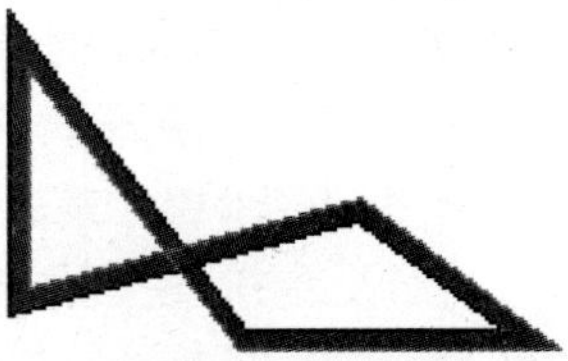

图5-48 绘制简单的多线

Step01：执行“绘图>多线”命令。

Step02：命令行提示“指定起点或 [对正(J)/比例(S)/样式(ST)]：” 输入400,200，按Enter键。

Step03：命令行提示“指定下一点：”输入312，按Enter键。

Step04：命令行提示“指定下一点或 [放弃(U)]：”，按Enter键。

Step05：命令行提示“指定下一点或 [闭合(C)/放弃(U)]：”，单击指定下一点。

Step06：命令行提示“指定下一点或 [闭合(C)/放弃(U)]：”，单击指定下一点。

Step07：命令行提示“指定下一点或 [闭合(C)/放弃(U)]：”，输入c，按Enter键。

5.8.3 编辑多线

启用编辑多线命令的执行方式如下。

- 命令行：在命令行中输入MLEDIT，按Enter键。
- 菜单栏：执行“修改>对象>多线”命令，如图5-49所示。

执行命令后弹出如图5-50所示的“多线编辑工具”对话框。通过对话框可以创建或修改多线的模式。对话框中第一列是十字交叉形式的，第二列是T形式的，第三列是拐角结合点和节点，第四列是多线被剪切和被连接的形式。选择所需要的示例图形，单击“确定”按钮即可设置。

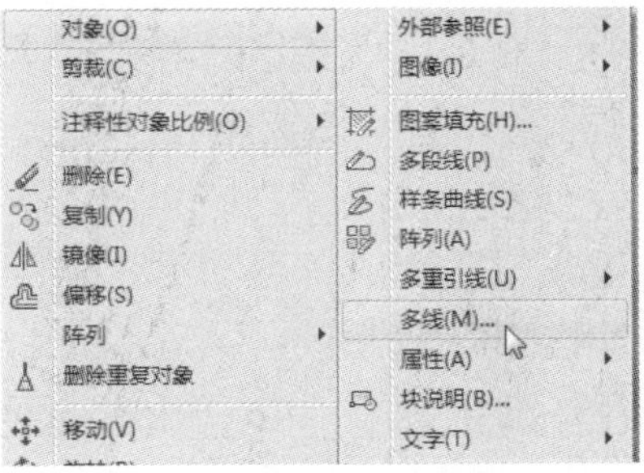

图5-49 修改对象菜单

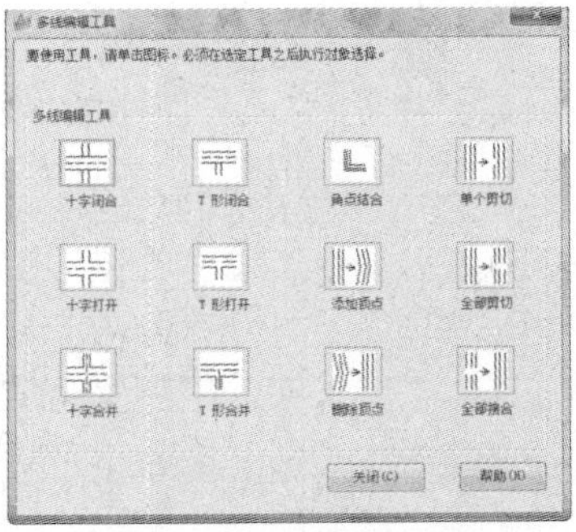

图5-50 “多线编辑工具”对话框

在该对话框中，有12种图标可进行选择。下面对各个图标进行介绍。

- 十字闭合：用于两条多线相交为闭合的十字交点。选择的第一条多线被修剪，选择的第二条多线保持原状，如图5-51（a）所示。
- 十字打开：用于两条多线相交为打开的十字交点。选择的第一条多线的内部和外部元素都被打断，选择的第二条多线的外部元素被打断，如图5-51（b）所示。
- 十字合并：用于两条多线相交为合并的十字交点。选择的第一条多线和第二条多线的外部元素都被修剪，如图5-51（c）所示。

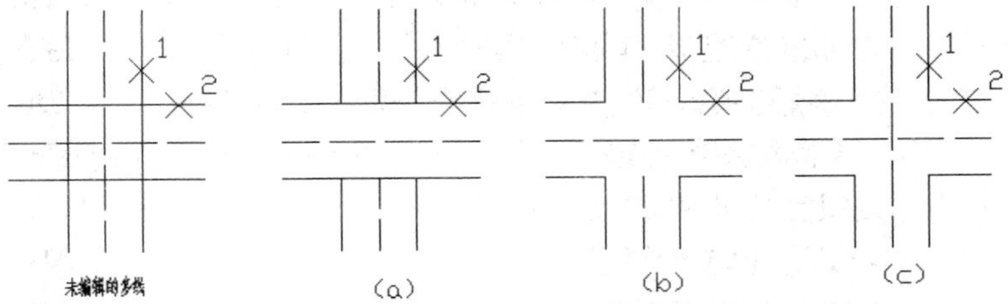

图5-51 十字闭合、十字打开、十字合并的区别

- T形闭合：用于两条多线相交为闭合的T形交点。选择的第一条多线被修剪，选择的第二条多线保持原状，如图5-52（a）所示。
- T形打开：用于两条多线相交为打开的T形交点。选择的第一条多线被修剪，选择的第二条多线与第一条相交的外部元素被打断，如图5-52（b）所示。
- T形合并：用于两条多线相交为合并的T形交点。选择的第一条多线的内部元素被打断，选择第二条多线与第一条相交的外部元素被打断，如图5-52（c）所示。

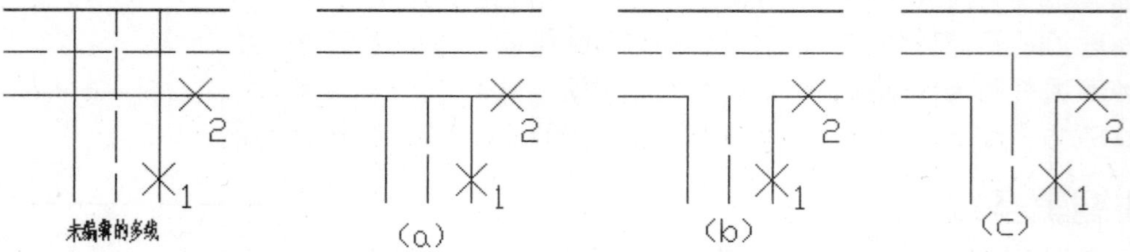

图5-52 T形闭合、T形打开、T形合并的区别

- 角点结合：用于两条多线相交为角点结合，如图5-53左所示。

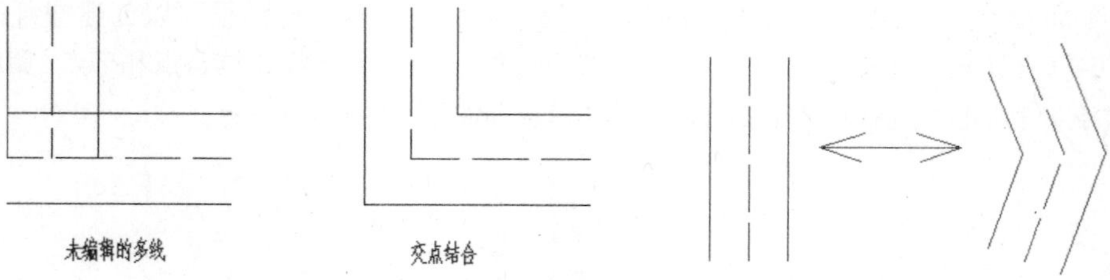

图5-53 角点结合

- 添加顶点：用于在多线上添加一个顶点，如图5-53中所示。
- 删除顶点：用于将多线上的一个顶点删除，如图5-53右所示。
- 单个剪切：通过指定两个点使多线的一条线打断，如图5-54（a）所示。
- 全部剪切：用于通过指定两个点使多线的所有线打断，如图5-54（b）所示。
- 全部接合：用于被全部剪切的多线全部连接，如图5-54（c）所示。

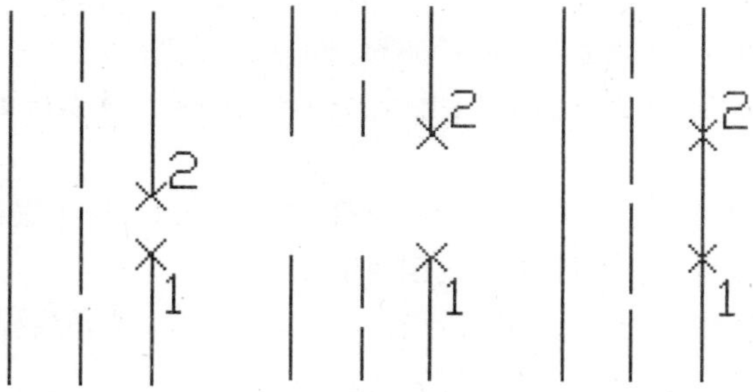

图5-54 单个剪切、全部剪切和全部接合

操作示例

设置两条多线为T形打开形式，操作步骤如下。

Step 01 执行"绘图 > 多线"命令绘制水平和竖直两条相交的多线，如图 5-55 所示。

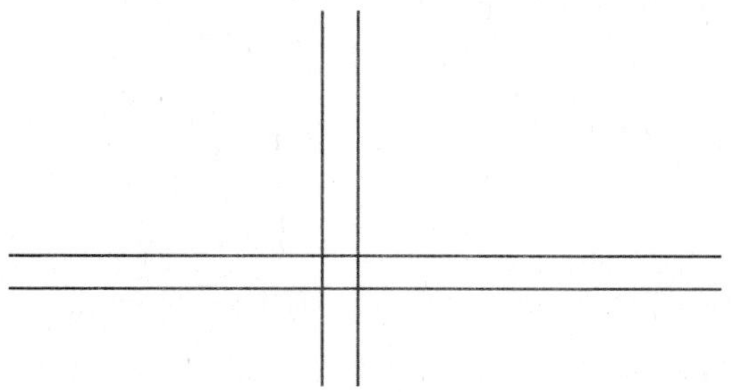

图5-55 两条多线

Step 02 执行"修改 > 对象 > 多线"命令，单击"T形打开"图标。

命令行提示"选择第一条多线："，选择第一条多线，如图 5-56 所示。

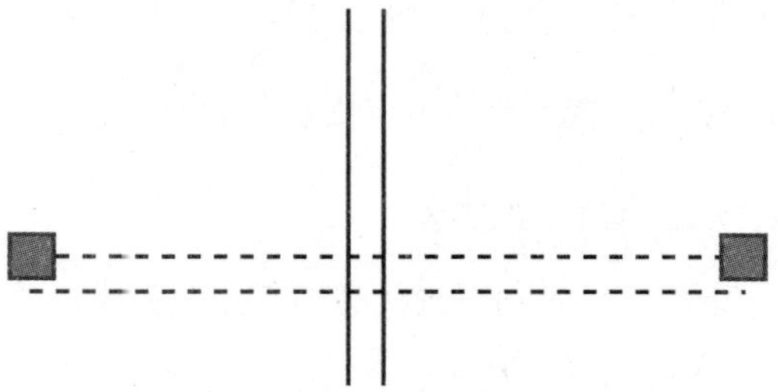

图5-56 选择第一条多线

Step 03 命令行提示"选择第二条多线："，选择第二条多线，效果如图 5-57 所示。

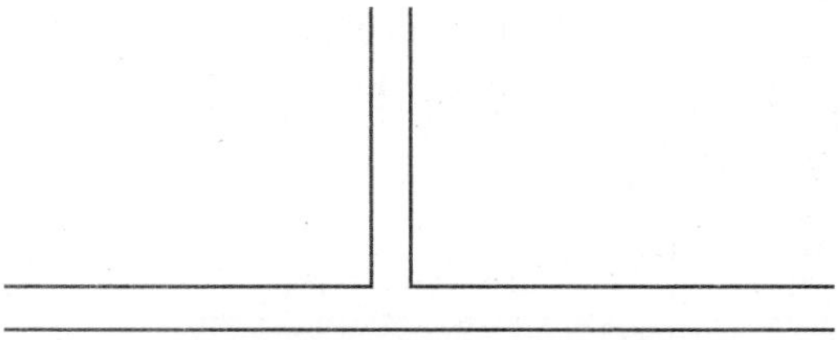

图5-57 两条多线为"T形打开"形式

5.9 徒手绘制图形

徒手绘制的图形由于其形状规则的随意性，给呆板的工程绘图带来了很大的灵活性，有助于用户绘制个性化的图形，使其更接近于现实世界。在AutoCAD 2012中文版中，用SKETCH（徒手画）命令可以绘制徒手线对象，还可以通过"绘图>修订云线"命令来绘制云彩对象，并且可以通过"绘图>区域覆盖"命令来绘制区域覆盖对象，二者的共同点是用户可以通过拖动鼠标来完成徒手绘制工作，如图5-58所示。

图5-58 徒手绘制的图形

5.9.1 徒手绘图

SKETCH命令可以徒手绘制各种图形，轮廓线以及个性签名等。

执行方式如下。

- 命令行：在命令行中输入"SKETCH，按Enter键。

调用"徒手绘图"命令后，命令行提示如下。

```
指定草图或 [ 类型 (T)/ 增量 (I)/ 公差 (L)]:
```

按Enter键后命令行会提示"指定草图:"。可以绘制草图，绘制完毕后按Enter键结束。

5.9.2 修订云线

修订云线是由连续的圆弧组成的云线对象，它的主要作用是为对象做标记。调用修订云线命令，用户可以自己创建修订云线，也可以将闭合对象（如圆、椭圆、闭合的多段线或样条曲线）转换成修订云线。用户还可以为修订云线的弧长设置默认的最小值和最大值。在绘制修订云线时，可以通过拾取点选择较短的弧线段来修改圆弧的大小，也可以通过调整拾取点来编辑修订云线的单个弧长和弦长。

启用修改云线命令的执行方式如下。

- 命令行：在命令行中输入REVCLOUD，按Enter键。
- 工具栏：单击"绘图"工具栏中的"修订云线"按钮。
- 菜单栏：执行"绘图>修订云线"命令。

命令行提示如下。

```
指定起点或 [ 弧长 (A)/ 对象 (O)/ 样式 (S)] < 对象 > : ] // 按 Enter 键
沿云线路径引导十字光标 ...// 在绘图区绘制图形
反转方向 [ 是 (Y)/ 否 (N)] < 否 >:// 选择其中的一种即可
```

选项具体说明如下。

- "指定起点"：是指在屏幕上指定起点，并拖动鼠标指定云线的路径。
- "弧长"：此选项用于指定组成云线的弧线的长度范围。选择后，命令行提示"指定最小弧长<0.5000>："，指定后会接着提示"指定最大弧长 <0.5000>："
- "对象"：此选项可以选择一个封闭的图形，将其转换成修订云线。封闭图形包括圆、圆弧、椭圆、矩形、多边形、多段线及样条曲线等。选择后，命令行会提示"选择对象："，选择对象后，提示"反转方向 [是（Y）/ 否（N）] < 否 >："，再选择是否反转。

操作示例

将矩形转换成不反转和反转两种形式的修订云线，如图5-59所示。

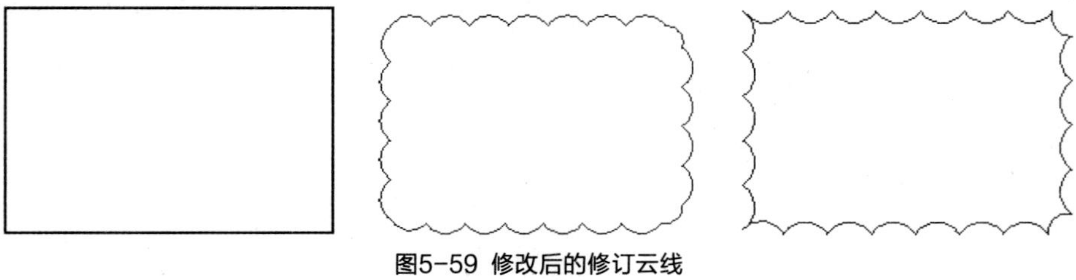

图5-59 修改后的修订云线

操作步骤如下。

Step01：单击工具栏上的"修订云线"按钮 。

Step02：命令行提示"最小弧长：5.0000 最大弧长：5.0000 样式：普通指定起点或[弧长（A）/对象（O）/样式（S）]<对象>："输入o，按Enter键。

Step03：命令行提示"选择对象："，选择矩形。

Step04：命令行提示"反转方向[是（Y）/否（N）]<否>："输入y，按Enter键。

5.10 创建Wipeout对象

Wipeout命令可以在现有的对象上生成一个空白的区域，用于添加注释或者详细的屏蔽信息，它可以使用当前的背景色屏蔽底层的对象。这个区域与覆盖边框进行绑定，用户可以打开这个区域来进行编辑，也可以通过关闭此区域进行打印。

启用命令的执行方式如下。

- 命令行：在命令行中输入WIPEOUT，按Enter键。
- 菜单栏：执行"绘图>区域覆盖"命令。

命令行提示如下。

```
_wipeout 指定第一点或 [ 边框 (F)/ 多段线 (p)]< 多段线 : "
```

在默认情况下，可以通过指定一系列的点来定义区域覆盖的边界。

各选项具体说明如下。

- "边框"：此选项用于确定是否显示区域覆盖对象的边界。选择后命令行提示"输入模式 [开（ON）/ 关（OFF）] <ON>："，选择 ON 可显示边界；选择 OFF 可显示边界可隐藏绘图窗口中所有区域覆盖对象的边界，如图 5-60 所示。
- "多段线"：此选项可以使用以封闭多段线创建的多边形作为区域覆盖对象的边界，如图 5-61 所示。当选择一个封闭的多段线（不能包含圆弧）后，命令行会提示"是否要删除多段线？[是（Y）/ 否（N）] < 否 >："，若输入 Y 就可以删除被用来创建区域覆盖对象的多段线；否则就保留该多段线。

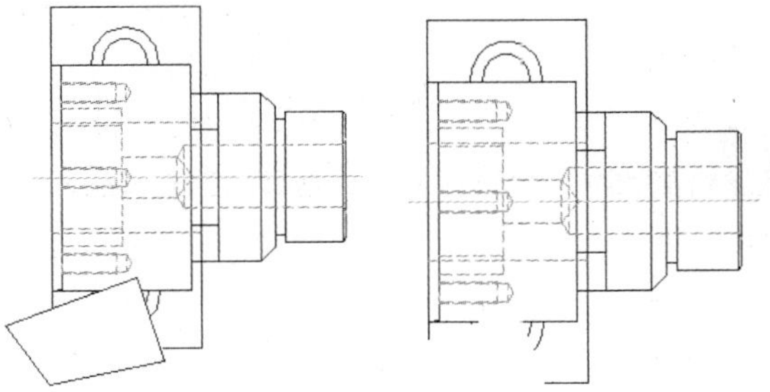

图5-60 显示与隐藏区域覆盖对象边界效果

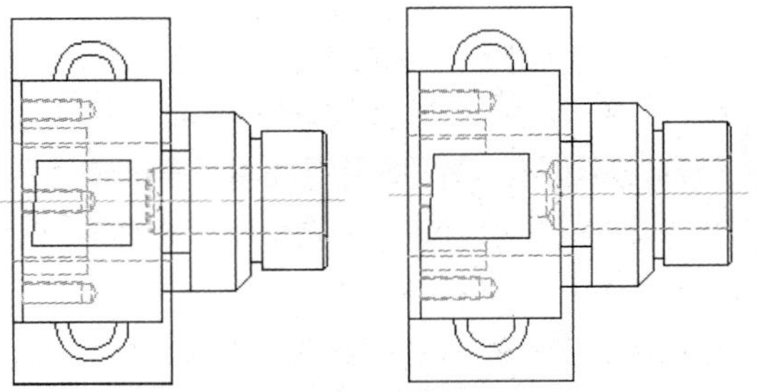

图5-61 将多段线转换为区域覆盖对象

综合实例 —— 绘制会议桌椅

AutoCAD的主要绘图功能是绘制二维图，二维图看起来比三维图简单，其实在绘制二维图时需要频繁地使用命令。在绘制相同的二维图时选用的绘图工具和方法不同，所花费的时间也是不相同的。要想学好AutoCAD，必须熟悉掌握各种绘图工具的基本方法和技巧。下面以绘制会议桌椅为例。

Step01 单击桌面上 AutoCAD 2012 图标，打开 CAD 的绘图环境并且熟悉操作界面，如 5-62 图所示。

图5-62 打开AutoCAD

Step02 执行菜单栏中的“工具＞选项”命令，可以对绘图的背景颜色、光标的大小等方面调整，如 5-63 图所示。

图5-63 设置绘图环境

Step03 执行“格式＞图形界限”命令，在命令栏提示下先后输入边界的两个坐标，这两个坐标根据图形的大小决定，如 5-64 图所示。

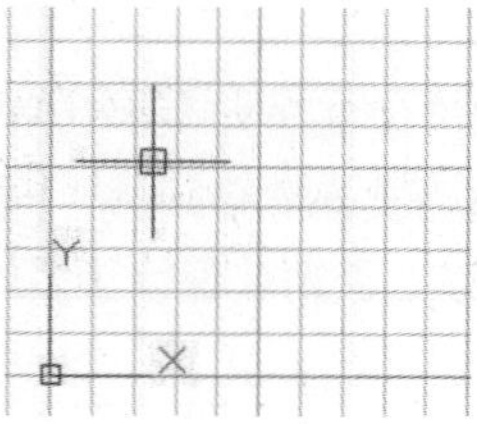

图5-64 图形界限

Step04 单击工具栏中“图层特性”按钮，弹出图层特性管理器，如 5-65 图所示。

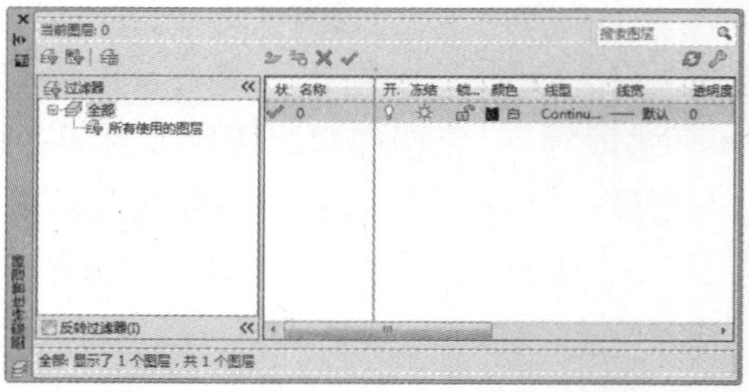

图5-65 图层特性管理器

Step05 对图层中的“颜色”、“线型”和“线宽”进行设置，如图 5-66 所示。单击“确定”按钮，完成设置。

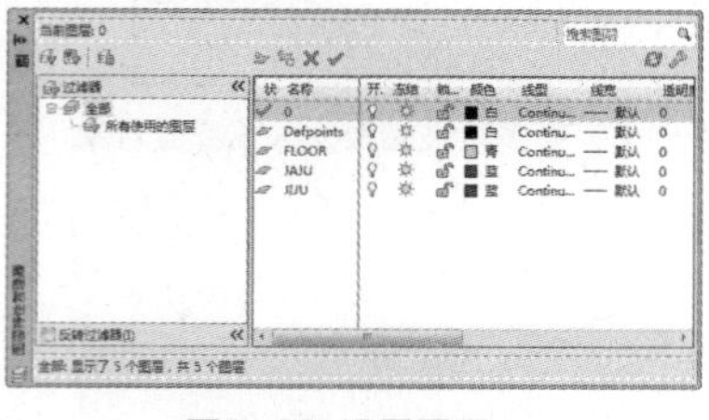

图5-66 设置图层

Step06 利用矩形命令绘制出长度为 5560，宽度为 3000 的矩形，如图 5-67 所示。

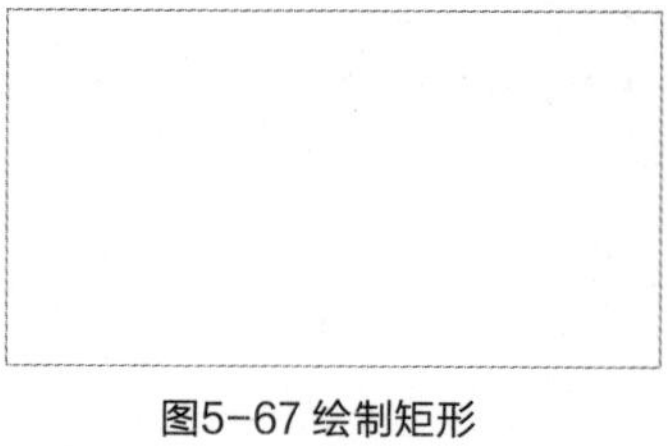

图5-67 绘制矩形

Step07 利用分解命令将矩形分解成四个线段，如图 5-68 所示。

图5-68 分解矩形

Step08 利用圆角命令将矩形的四个直角绘制成半径为 800 的四个圆角，如图 5-69 所示。

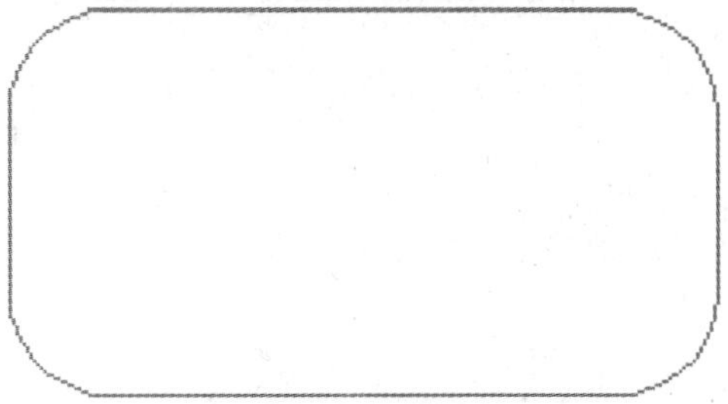

图5-69 绘制圆角

Step09 利用直线命令在圆角与直线的交点绘制出线段，分别为水平和竖直各两条，如图 5-70 所示。

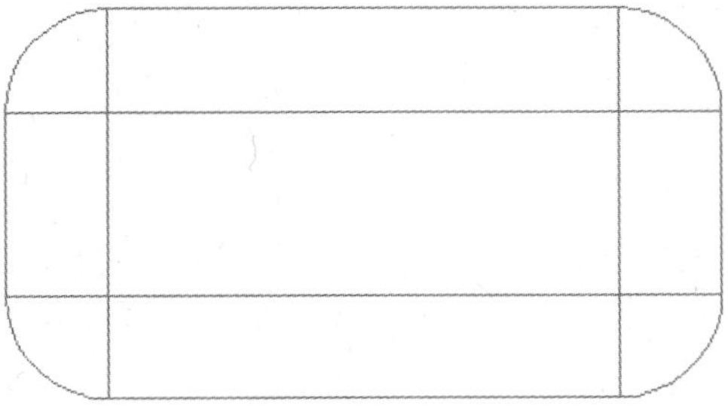

图5-70 绘制直线

Step10 利用直线命令绘制长度为 570 的线段，并且利用偏移命令绘制出相同的线段，偏移距离为 500，如图 5-71 所示。

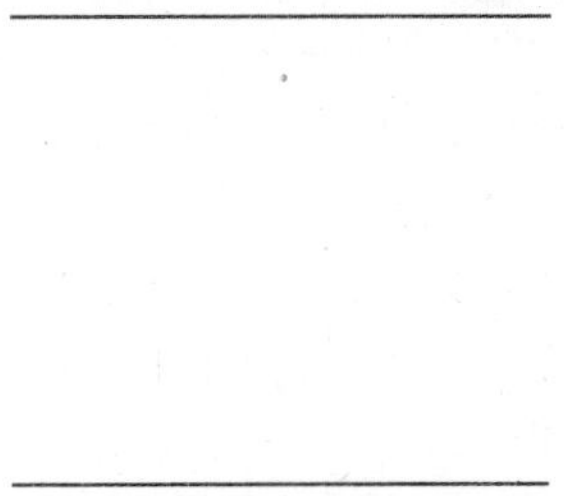

图5-71 偏移直线

Step11 利用圆弧命令在两线段之间绘制圆弧，并且利用偏移命令在两线段另一侧绘制出相同的圆弧，如图 5-72 所示。

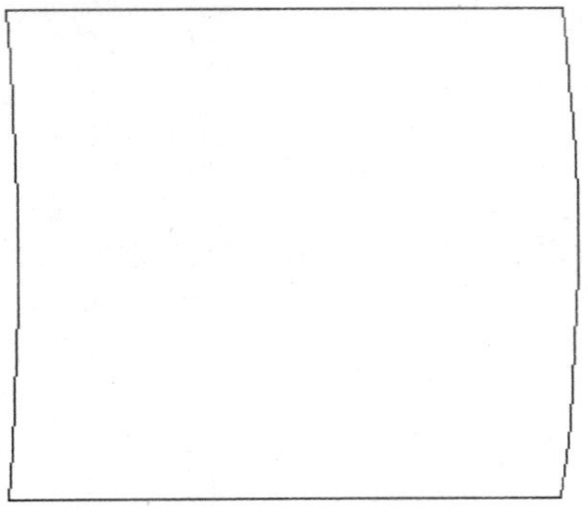

图5-72 绘制圆弧

Step12 利用圆角命令将圆弧与线段的四个交点绘制成半径为 20 的四个圆角，如图 5-73 所示。

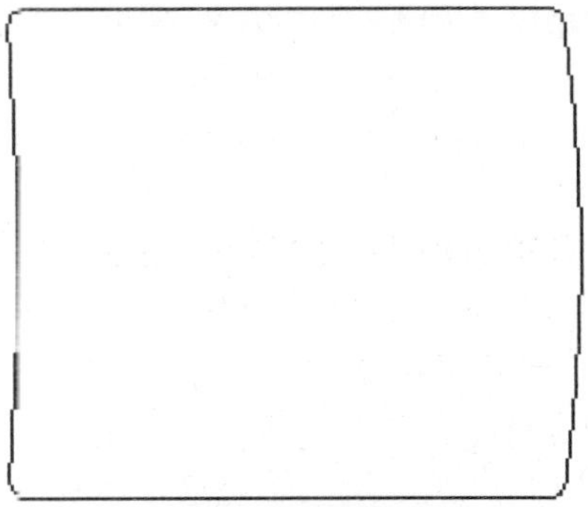

图5-73 绘制圆角

Step13 利用两次偏移命令偏移将右侧的圆弧向左偏移的距离分别为 60 和 80，如图 5-74 所示。

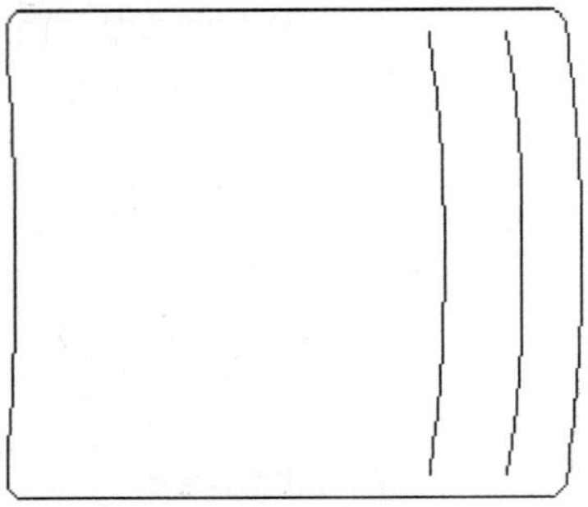

图5-74 偏移圆弧

Step14 利用圆角命令将圆弧与线段的末相交处绘制成半径为 20 的四个圆角，如图 5-75 所示。

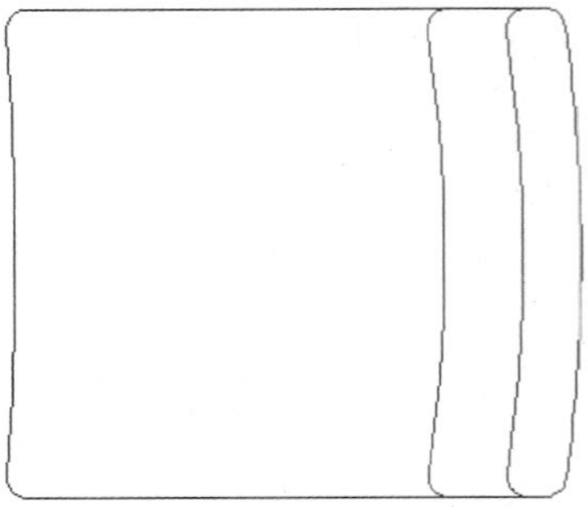

图5-75 绘制圆角

Step15 利用直线命令绘制出一条线段，起始点相对于第一条线段的左端点相对位置维（100,60），长度为300，如图 5-76 所示。

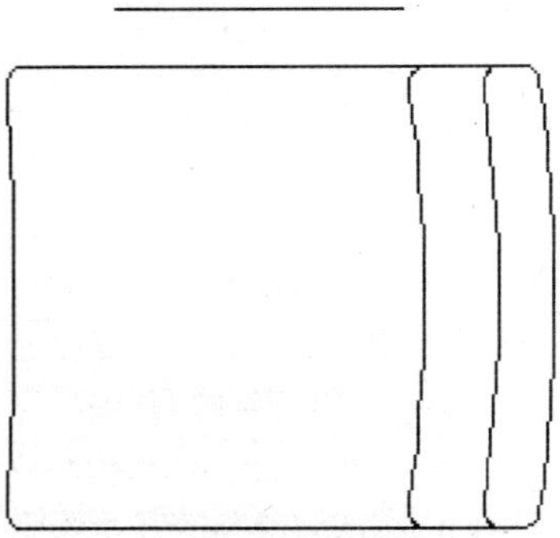

图5-76 绘制直线

Step16 利用圆弧命令在线段左侧绘制出圆弧，半径为 30，如图 5-77 所示。

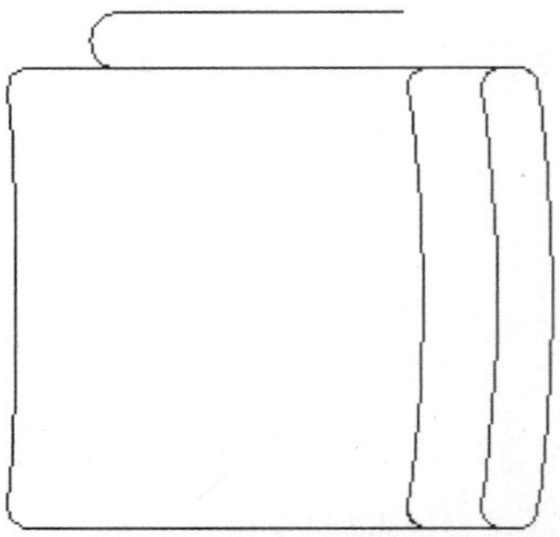

图5-77 绘制圆弧

Step17 利用圆和剪切命令在线段右侧绘制出圆弧，半径为 60，如图 5-78 所示。

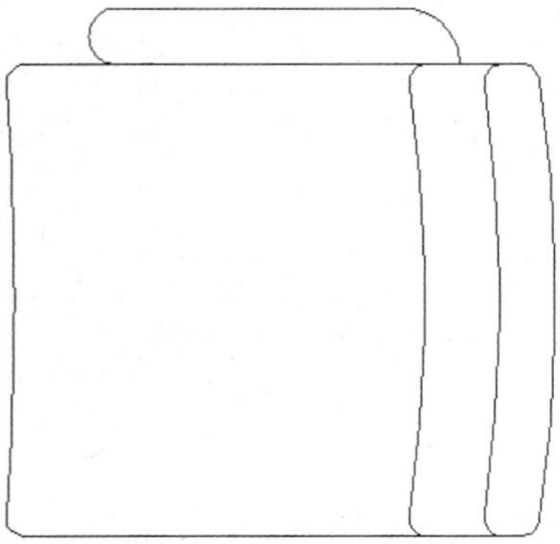

图5-78 绘制右端的圆弧

Step18 利用镜像命令将线段和圆弧镜像到另一侧，如图 5-79 所示。

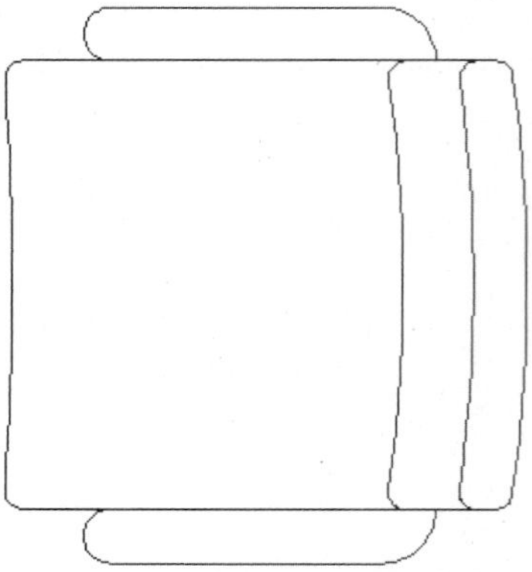

图5-79 镜像图像

Step19 利用移动命令将绘制好的椅子对象放置在合适的位置，如图 5-80 所示。

图5-80 放置椅子

Step20 利用阵列命令阵列出 1 排 6 列椅子，如图 5-81 所示。

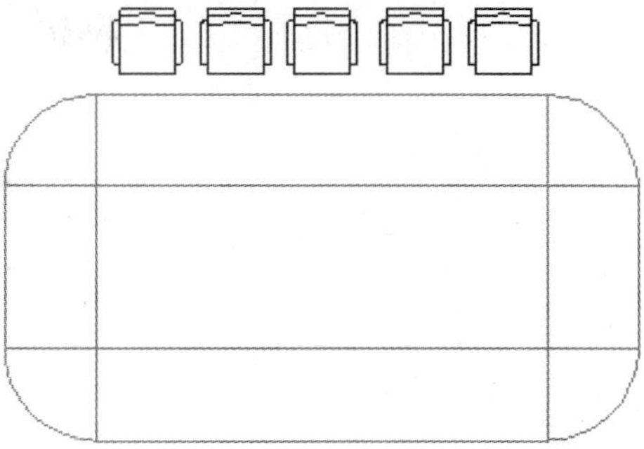

图5-81 阵列椅子

Step21 利用镜像命令将 6 把椅子镜像到桌子另一侧，如图 5-82 所示。

图5-82 镜像椅子

Step22 利用旋转、移动和阵列命令在桌子四个圆角处放置四把椅子，如图 5-83 所示。

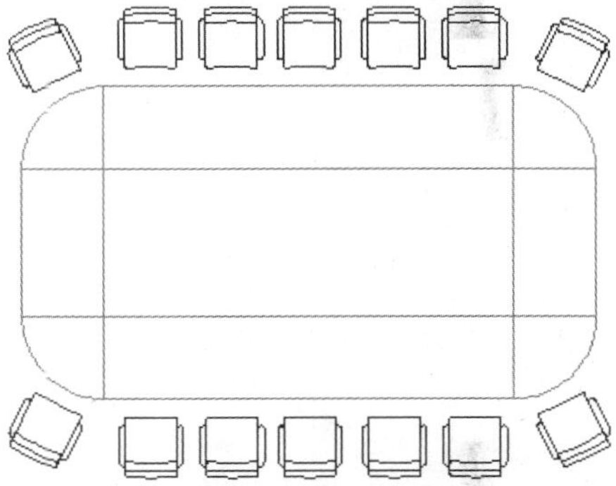

图5-83 放置在桌子圆角处的椅子

Step23 利用旋转和移动命令在桌子左右放置三把椅子，如图 5-84 所示。

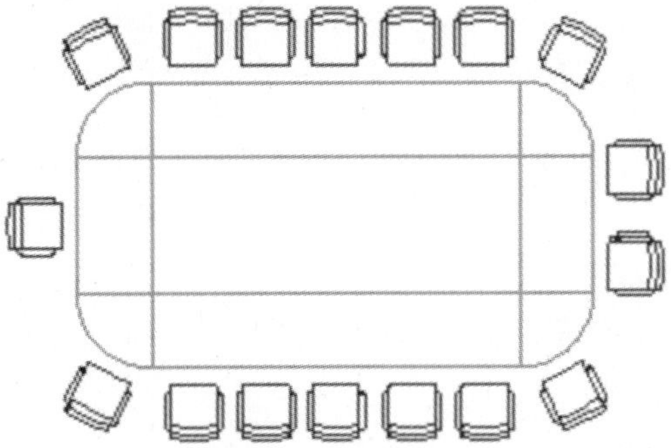

图5-84 放置在桌子左右的椅子

Step24 将绘制好的图形保存到指定的路径中，如图 5-85 所示。

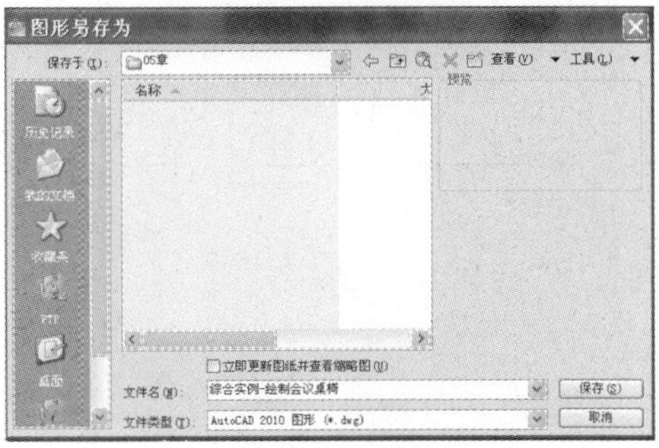

图5-85 保存文件

高手应用秘籍：建筑图例规定

建筑专业、室内设计专业制图构造配件图例说明如下表的规定。

<table>
<tr><th>名称</th><th>图例</th><th>注释</th></tr>
<tr><td>对开折叠门</td><td>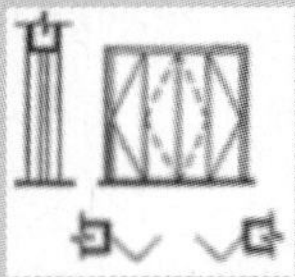</td><td>无</td></tr>
<tr><td>推拉门</td><td>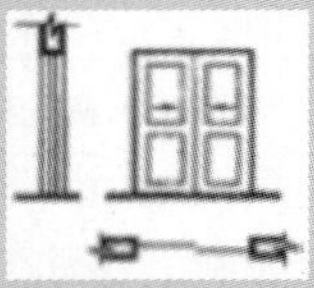</td><td>1. 门的名称代号为 M
2. 图例中剖面图左为外、右为内、平面图下为外、上为内
3. 立面形式应按实际情况绘制</td></tr>
<tr><td>单层固定窗</td><td>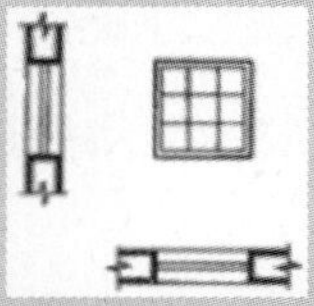</td><td>1. 窗的名称代号用 C 表示
2. 立面图中的斜线表示窗的开启方向，实线为外开，虚线为内开；开启方向线交角的一侧为安装合页的一侧，一般设计图中可不表示
3. 图例中，剖面图所示左为外，右为内，平面图所示下为外，上为内
4. 平面图和剖面图上的虚线仅说明开关方式，在设计图中不需要表示
5. 小比例绘制时，平面和剖面的窗线可用单粗实线表示</td></tr>
<tr><td>单层外开上悬窗</td><td>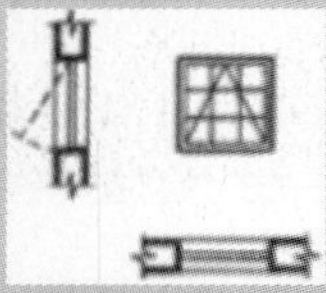</td><td rowspan="4">1. 窗的名称代号用 C 表示
2. 立面图中的斜线表示窗的开启方向，实线为外开，虚线为内开；开启方向线交角的一侧为安装合页的一侧，一般设计图中可不表示
3. 图例中剖面图所示左为外，右为内，平面图所示下为外，上为内
4. 平面图和剖面图上的虚线仅说明开关方式，在设计图不需要表示
5. 窗的立面形式应按矩形绘制
6. 小比例绘制时，平面和剖面的窗线可用单粗实线表示</td></tr>
<tr><td>单层中悬窗</td><td>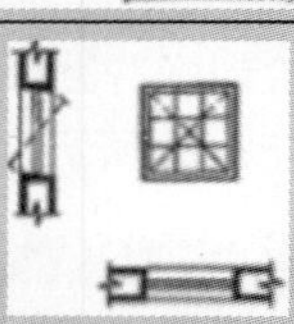</td></tr>
<tr><td>单层内开下悬窗</td><td></td></tr>
<tr><td>立转窗</td><td></td></tr>
</table>

秒杀工程疑惑

在学习本章关于"绘制二维图形"时会遇到各种问题，下面我们来解决一些常遇到的问题，包括绘制点、坐标相差、多线和直线区别、圆和椭圆差别方面的问题。解决这些问题对我们以后进一步学习有很大的帮助。

问　题	解　答
我们在绘制点时，为什么不显示?	这是由点的格式设置引起的，CAD 默认的点得格式为 ，所以无法在线形中显示。我们需要修改点的格式，例如我们选中"点"的其中的一种格式，在绘制点的时候就会显示"点"
如何在让直线 A 的起点坐标与直线 B 左端点的坐标相差为（20,30）?	首先绘制直线 B，单击"直线"命令，按住 Ctrl 键不放，右击鼠标右键，在快捷菜单中选择"自（F）"，再选择直线 B 的左端点，在命令行中输入"@20,30"，单击 Enter 键后就会出现直线 A 的起点，再绘制直线 A 即可
多线和直线有哪些区别?	❶"多线"可以一次绘制两条直线，"直线"只能绘制一条 ❷ 直线的设置在图层，多线的设置是在"格式"下拉菜单的"多线样式"中 ❸"多线"可以通过"修改 > 对象 > 多线"命令对多线进行修改，而"直线"没有这个功能。
绘制圆和椭圆的差别?	❶ 圆有 6 种绘制方法，椭圆只有 3 种 ❷ 用相同方式绘制圆和椭圆时，在绘制圆时，只需要输入直径或半径。而绘制椭圆则需要输入两个半径 ❸ 利用"椭圆"命令，按住 Ctrl 键不放，可以绘制出圆，但执行"圆"命令则无法用该方法绘制"椭圆"

读书笔记

AutoCAD 2012

CHAPTER 06

编辑二维图形

用户想要绘制复杂的图形时，必须借助“修改”菜单所提供的图形编辑命令，例如修剪、断开、合并、圆角与倒角、复制、移动、旋转、偏移、镜像、阵列、拉伸、延伸、拉长、比例、对齐与分解等。选择对象后对象的中部或两端将显示若干小方框（即夹点），再对图形进行简单编辑。

学完本章您可以掌握如下知识点

知识点序号	知识点难易指数	知识点
1	★	选择对象、复制、偏移、修剪
2	★★	圆角和倒角
3	★★★	编辑对象特性
4	★★★★	使用夹点编辑图形

本章内容图解链接

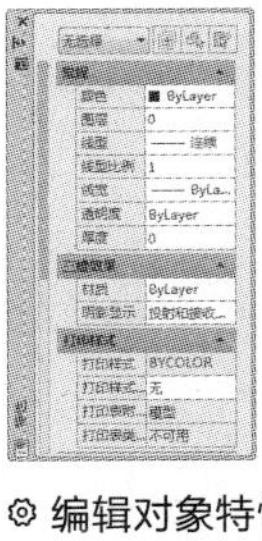

◎ 编辑对象特性

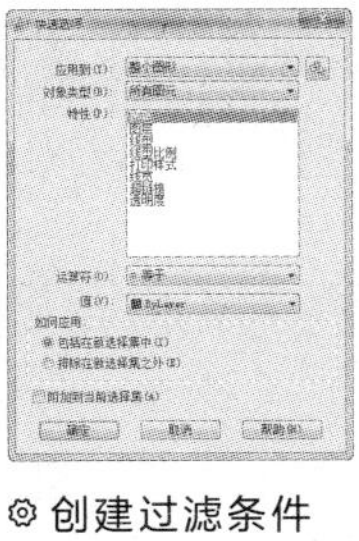

◎ 创建过滤条件

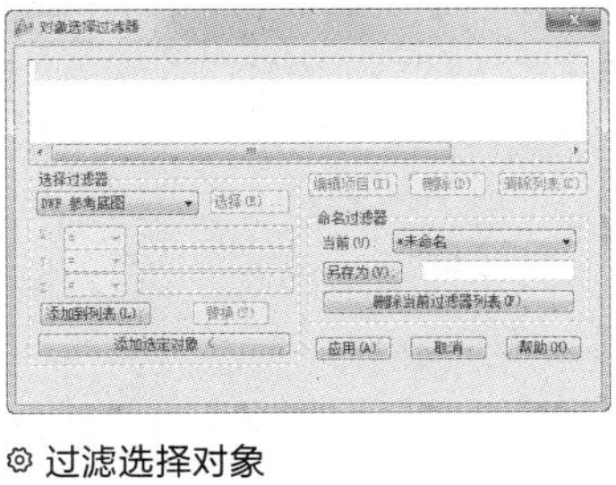

◎ 过滤选择对象

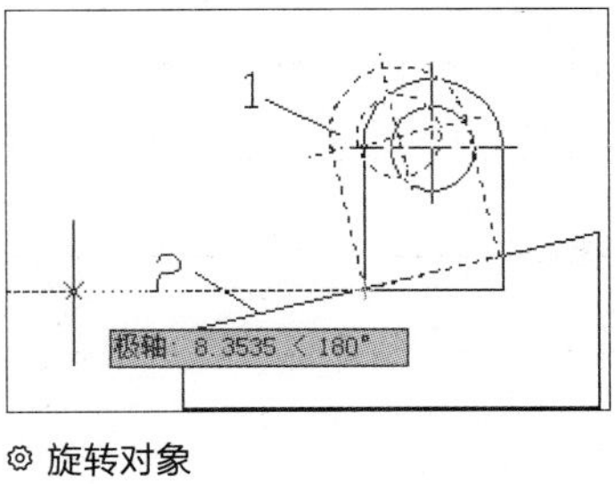

◎ 旋转对象

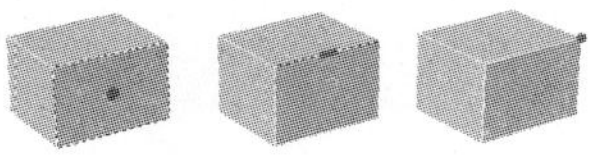

◎ “子对象”选择方式

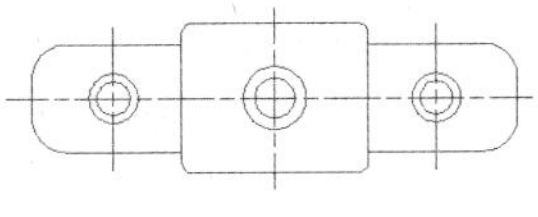

◎ 倒角对象

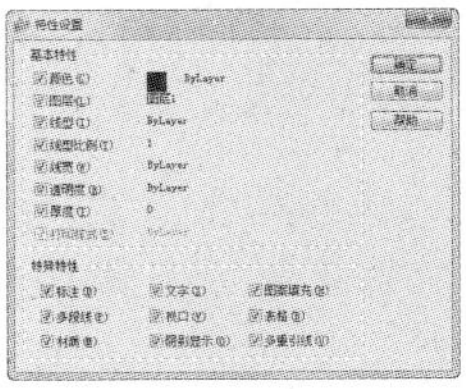

◎ 利用特性匹配

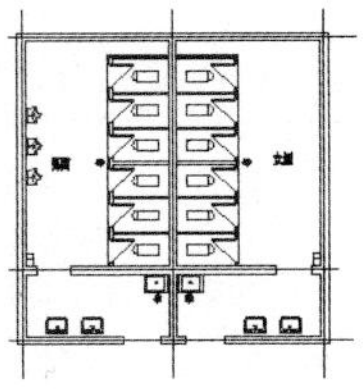

◎ 绘制卫生间平面图

6.1 选取对象

如何选择对象是图形进行编辑的关键，正确合理的选择对象可以提高绘图效率。AutoCAD系统用虚线亮显表示所选择的对象，这些对象就构成了选择集，它可以包括单个对象，也可包括复杂的对象编组。

6.1.1 设置对象选择模式

AutoCAD 2012可以设置选择集模式，拾取框大小和夹点功能。执行方式如下。

- 菜单栏：执行“工具>选项”命令。
- 面板：单击“菜单浏览器”中“选项”按钮。

调用该命令后，打开“选项”对话框，如图6-1所示。

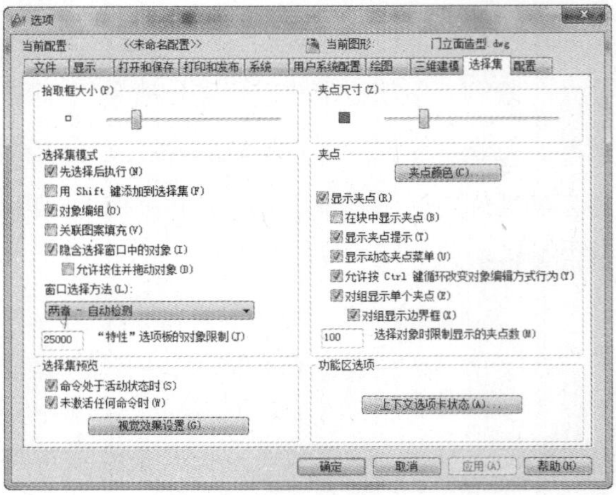

图6-1 “选项”对话框

在“选择集”选项卡中可以设置选择集模式、拾取框的大小和夹点功能等。

“拾取框大小”选项组用来设置选择对象时拾取框的大小，可由拖动滑块来设置。

“夹点尺寸”选项组用来设置选择对象时夹点的大小，可由拖动滑块来设置。

“夹点”选项组用来设置未选中夹点的颜色、选中夹点的颜色及悬停夹点的颜色等项，用户可根据自己的需要根据对话框界面提示进行设置。

“选择集模式”选项组中各选项的功能具体说明如下。

- “先选择后执行”复选框：用于设置是否可以先选择对象，构造一个选择集，再对该选择集进行编辑操作。
- “用Shift键添加到选择集”复选框：用于设置向已有选择集众添加对象的方式。当用户选中该项时，即表示向选择集中添加对象时必须同时按下Shift键。
- “允许按住并拖动对象”复选框：用于控制用鼠标定义选择窗口的方式。当用户勾选该复选框时，即表示必须按下鼠标右键并拖动才能生成一个选择窗口；若取消勾选，用户可以分两次在屏幕上用鼠标定义选择窗口的角点，给定第一个角点后，将会出现一个动态选择窗口。
- “隐含选择窗口中的对象”复选框：用于控制是否自动生成一个选择窗口。当用户勾选复选框时，可以在出现选择对象提示后，直接在绘图区拖动，画出一个矩形窗口来选择对象，若取消勾选，则不允许用户自动拖动出一个选择窗口，只能输入W或C来响应。
- “对象编组”：用于控制是否可以自动按组选择对象。当勾选该复选框时，用户选择某个对象组中的一个对象，将会选中这个对象组中的所有的对象。
- “关联图案填充”：用于控制是否可从关联性填充中选择编辑对象。当用户勾选该复选框时，就可以只选择一个关联性填充，即可以选择填充的所有对象，包括边界。

6.1.2 选择对象的方法

AutoCAD 2012可以通过单击对象逐个选取对象，也可通过矩形窗口或交叉窗口选择对象，还可选择最近创建对象、前面的选择集或图形中的所有对象，也可向选择集中添加对象或从中删除对象。

- 在命令行中输入SELECT。命令行提示如下。

选择对象：?
需要点或窗口(W)/上一个(L)/窗交(C)/框(BOX)/全部(ALL)/栏选(F)/圈围(WP)/圈交(CP)/编组(G)/添加(A)/删除(R)/多个(M)/前一个(P)/放弃(U)/自动(AU)/单个(SI)/子对象(SU)/对象(O)
选择对象：

各个选项具体说明如下。

● "需要点"：在默认情况下，用户可以直接选取对象，此时光标为一个小方框（拾取框），可利用该方框逐个拾取对象。

用此种方法拾取对象方便直观，但是精确度不高，尤其是在对象排列比较密集的地方，往往容易选错或多选对象。另外，用该种方法每次只能选取一个对象，要选大量对象时就比较麻烦。

● "窗口"：用户可以通过选择矩形（由两点定义）区域中的所有对象。从左到右指定矩形两个角点，创建矩形选择窗口，所有位于矩形窗口种的对象均被选中，在窗口之外的对象或者部分在该窗口的对象则不能被选中，如图6-2所示。

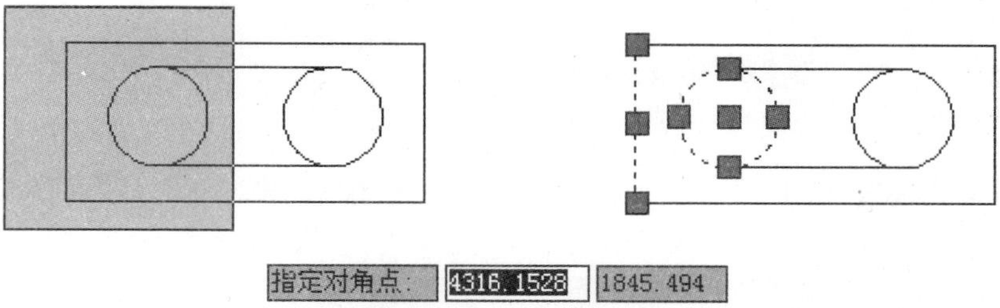

图6-2 使用"窗口"方式选择对象

● "上一个"：选择最近一次创建的可见对象。对象必须在当前空间（模型空间或图纸空间）中，一定不要将对象的图层设置为冻结或关闭状态。不管使用多少次"上一个"选项，都只有一个对象被选中。

● "窗交"：使用交叉窗口选取对象，可选择区域（由两点确定）内部或与之相交的所有对象。窗交显示的方框为虚线或高亮度方框，这与窗口选择框不同。从左到右指定角点创建窗交选择。全部位于窗口之内或与窗口边界相交的对象都将被选中，如图6-3所示。

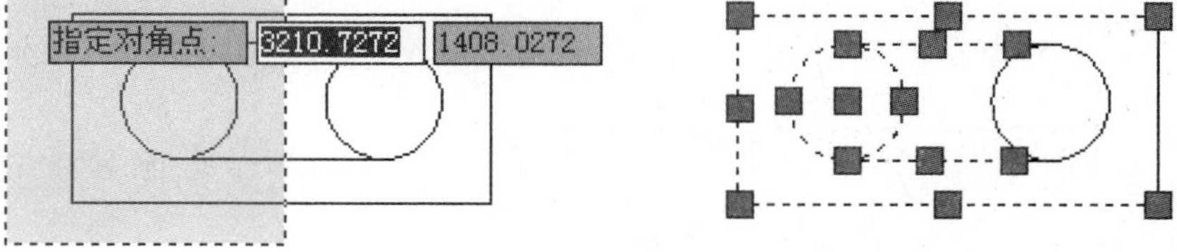

图6-3 使用"窗交"方式选择对象

● "框"：由"窗口"和"窗交"组合成的一个单独选项，可选择矩形（由两点确定）内部或与之相交的所有对象。如果矩形的点是从左至右指定的，即为"窗口"选项，否则，即为"窗交"选项。

● "全部"：用于选取图形中没有被锁定、关闭或冻结的图层上的所有对象。

● "栏选"：用于选择与选择栏相交的所有对象。选择栏是一条开放的多点栅栏（多段直线），其中所有与栅栏线相接触的对象均会被选中，如图6-4所示。栏选方法与圈交方法相似，只是栏选不闭合，并且栏选可以与自己相交。

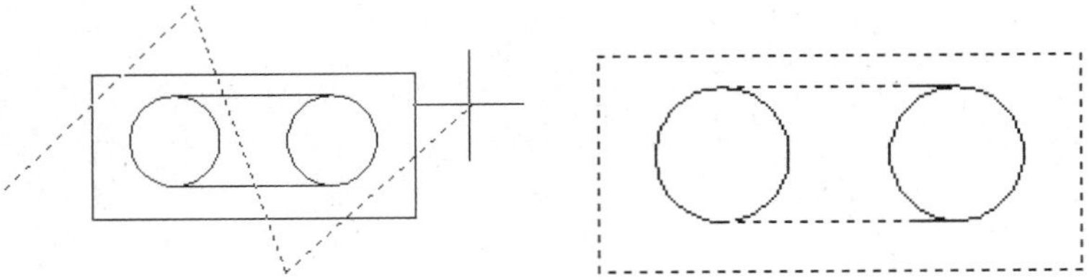

图6-4 使用“栏选”方式选择对象

● “圈围”：选择多边形（通过待选对象周围的点定义）中的所有对象。该多边形可以为任意形状，但不能与自身相交或相切。将绘制多边形的最后一条线段，所以该多边形在任何时候都是闭合的。完全包围在多边形中的对象将被选中，如图6-5所示。

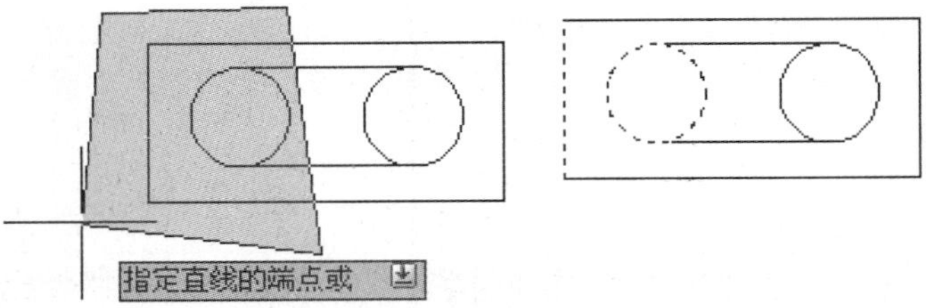

图6-5 使用“圈围”方式选择对象

● “圈交”：此方法与“窗交”方法类似，绘制一个不规则的封闭多边形作为交叉窗口来选择对象。完全包围在多边形中的对象和与多边形相交的对象将都被选中，如图6-6所示。

● “编组”：该选项用于选择指定组中的所有对象。

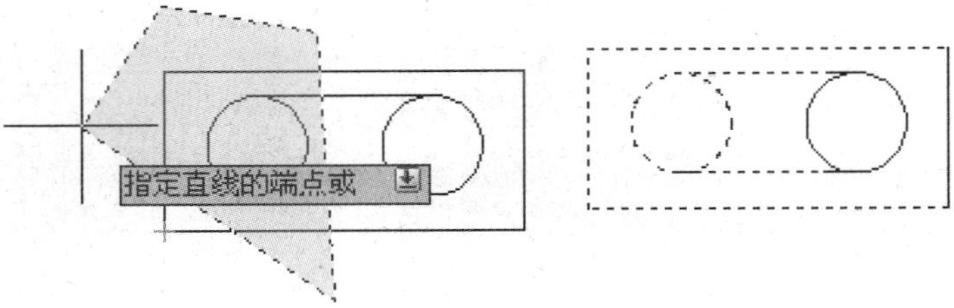

图6-6 使用“圈交”方式选择对象

● “添加”：可以使用任何对象选择方法将选定对象添加到选择集中。通过设置Pickadd系统变量来实现。Pickadd设置为1（默认），则后面所选择的对象均被加入到选择集中；如果Pickadd设置为0，则最近所选择的对象均被加入到选择集中。

● “删除”：该选项可以使用任何对象选择方法从当前选择集中删除对象。删除模式的替换模式是在选择单个对象时按下Shift键，或者是使用“自动”选项。

● “多个”：指定多次选择而不高亮显示对象，从而加快对复杂对象的选择过程。如果两次指定相交对象的交点，“多选”也将选中这两个相交对象。

● “前一个”：该选项表示选择最近创建的选择集。若从图形中删除对象，系统将清除“上一个”选项的设置，此时最近创建的选择集清空。用户在模型空间和图纸空间选择对象时，程序将跟踪是在模型空间中还是在图纸空间中指定每个选择集，若在两个空间中进行切换，将忽略“上一个”选择集的内容。

● “放弃”：放弃选择最近加到选择集中的对象。如果最近一次选择的对象多于一个，将从选择集中删除最后一次选择的所有对象。

● “自动”：该选项表示切换到自动选择，指向一个对象即可选择该对象。指向对象内部或外部的空白区，将形成框选方法定义的选择框的第一个角点，“自动”和“添加”为默认模式。

● “单个”：表示切换到单选模式，选择指定的第一个或第一组对象而不继续提示进一步选择。

● “子对象”：使用户可以逐个选择原始形状，这些形状是复合实体的一部分或三维实体上的顶点、边和面。可以选择这些子对象的其中之一，也可以创建多个子对象的选择集。选择集可以包含多种类型的子对象，按住Ctrl键与选择Select命令的“子对象”选项相同，如图6-7所示。

图6-7 “子对象”选择方式

● “对象”：该选项表示结束选择子对象的功能，使用户可以使用对象选择方法。

6.1.3 快速选择

在绘图时，当需要选择具有某些特征的对象，如具有相同的颜色、线型或者线宽等特性时，根据对象的图层、颜色或线型等特性，可以快速创建选择集。

执行方式如下。

● 菜单栏：执行“工具>快速选择”命令，按Enter键。

● 快捷菜单：右击鼠标，在快捷菜单中选择“快速选择”，如图 6-8 所示。

调用“快速选择”命令，打开“快速选择”对话框，如图6-9所示。

图6-8 “快速选择”右击菜单

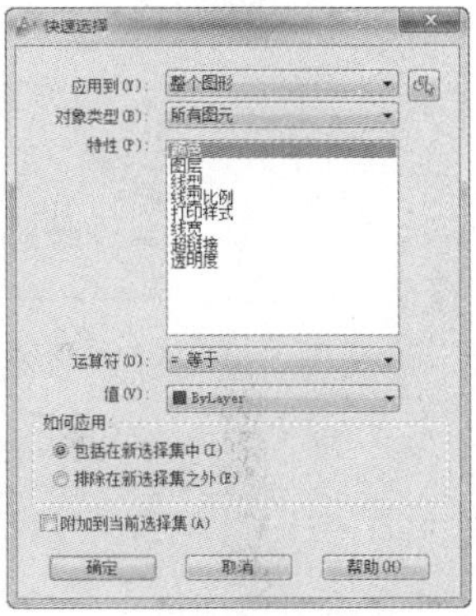

图6-9 “快速选择”对话框

● “应用到”下拉列表框：用于选择过滤条件的应用范围，可以应用于整个图形，也可用于当前选择集。如果有当前选择集，则“当前选择”项为默认选项；否则，“整个图形”选项为默认选项。

● “选择对象”按钮 ：单击该按钮将会切换到绘图窗口中，此时用户可以按照当前所指定的过滤条件选择对象。选择完毕后按Enter键结束选择，回到“快速选择”对话框，并且系统将会把“应用到”列表框中的选项设置为“当前选择”。

● “对象类型”下拉列表框：用于指定要过滤的对象类型，若当前有一个选择集，则包含多选对象的对象类型；若当前没有选择集，则在下拉列表框中包含所有可用的对象类型。

● “特性”列表框：用于指定作为过滤条件的对象特性。

● “运算符”下拉列表框：用于控制过滤的范围。

● “值”下拉列表框：用于设置过滤的特性值。

● “如何应用”选项组：用户可以选择其中任意一项，选择“包括在新选择集中”，则由满足过滤条件的对象构成选择集；选择“排除在新选择集之外”，则由不满足过滤条件的对象构成选择集。

● “附加到当前选择集”复选框：用于指定由QSELECT命令所创建的选择集是追加到当前选择集中，还是替代当前选择集。

6.1.4 过滤选择

用户可以使用对象特性或对象类型来将对象包含在选择集中或排除对象。

在命令行中输入Filter命令，可以打开“对象选择过滤器”对话框，如图6-10所示。用户可以在这里以对象的类型（如直线、圆或圆弧等），图层、颜色、线型或线框等特性为过滤条件来过滤选择符合设定条件的对象。

“选择过滤器”选项组用于设置选择过滤器，其中包括以下几项。

- “选择过滤器”下拉列表框：用于选择过滤器的类型。如圆、直线、圆弧、图层、颜色及线型对象特性，以及关系语句。
- X、Y、Z下拉列表框：用于设置与选择调节对应的关系运算符。关系运算符包括=、！=、<、<=、>、>=和*。例如，在建立“块位置”过滤器时，在对应得文本框中可以设置对象的位置坐标。
- “添加到列表”按钮：用于将选择的过滤器及附加条件添加到过滤器列表中。
- “替换”按钮：单击此按钮，可以用当前“选择过滤器”选项组中的设置替代列表框中选定的过滤器。
- “添加选定对象”按钮：单击此按钮，将切换到绘图窗口，然后选择一个对象，系统将会把选中的对象特性添加到过滤器列表框中。
- “编辑项目”按钮：用于编辑过滤器列表框中选定的项目。
- “删除”按钮：用于删除过滤器列表框中选定的项目。
- “清除列表”按钮：用于删除过滤器列表框中选中的所有项目。

“命名过滤器”选项区：用于选择已命名的过滤器，其中包括以下选项。

- “当前”下拉列表框：在此列表框中列出了可用的已命名的过滤器。
- “另存为”按钮：单击此按钮，在其后的文本框中输入名称，可以保存当前设置的过滤器集。
- “删除当前过滤器列表”按钮：单击此按钮，可从FILTER.NFL文件中删除当前的过滤器集。

操作示例

使用过滤选择方法选择对象，所选对象如图6-11所示的直径为50和70的圆。

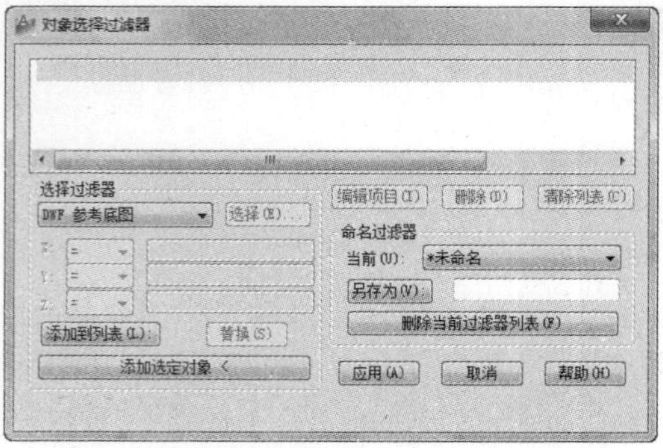

图6-10 “对象选择过滤器”对话框

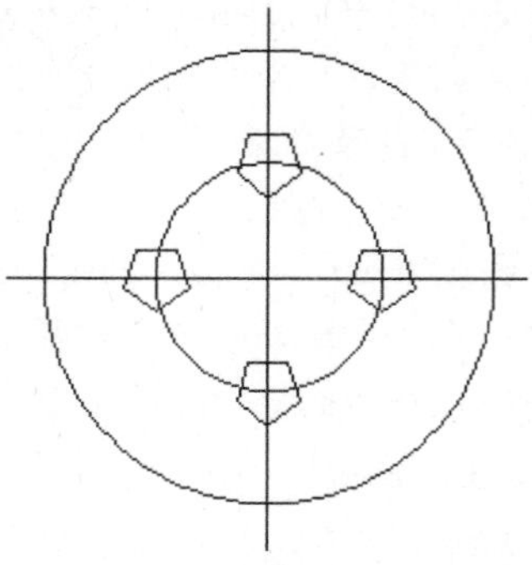

图6-11 原始图形

操作步骤如下。

Step01：在命令行中输入FILTER，按Enter键。

Step02：在“选择过滤器”选项组的下拉列表框中，选择“** 开始OR”选项，单击“添加到列表框”按钮，将其添加到过滤器列表框中，表示以下各项目为逻辑“或”关系。

Step03：在“选择过滤器”选项组的下拉列表框中，选择“圆半径”选项，在X后面的下拉列表框中选择“=”，在对应的文本框中输入50。

Step04：单击“添加到列表”按钮，将上步设置的圆半径过滤器添加到过滤器列表框中，此时将会显示“对象 = 圆”和“圆半径 = 50”。

Step05：在“选择过滤器”选项组的下拉列表框中，选择“圆半径”选项，在X后面的下拉列表框中选择“=”，在对应的文本框中输入70。

Step06：单击“添加到列表”按钮，将上步设置的圆半径过滤器添加到过滤器列表框中，此时将会显示“圆半径 = 70”。

Step07：在过滤器列比框中选择“对象= 圆”选项，单击“删除”按钮，删除“对象= 圆”选项，确保只选择半径为50和70的圆。

Step08：单击“圆半径 = 70”下边的空白区域，在“选择过滤器”选项组的下拉列表框中，选择“**结束OR”选项，单击“添加到列表”按钮，将其添加到过滤器列表框中，即表示结束逻辑关系“或”。此时，对象选择过滤器设置完毕，过滤器列表框中将显示如图6-12所示信息。

Step09：单击“应用”按钮，在绘图窗口中选择所有图形（可用窗口选择法），然后按Enter键，此时，系统就会过滤出满足条件的对象，并将其选中，最终结果如图6-13所示。

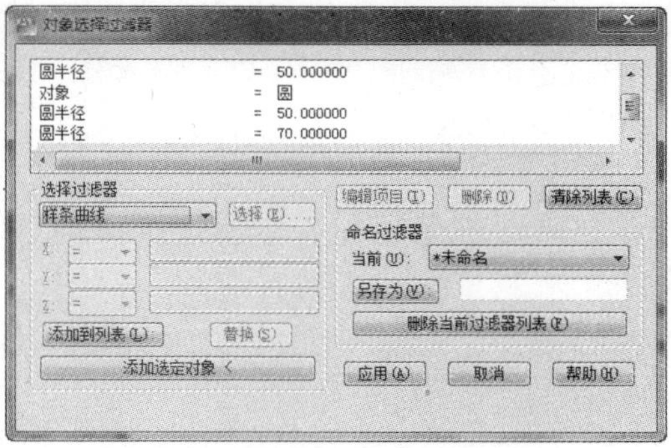

图6-12 “过滤器列表框”中所列信息

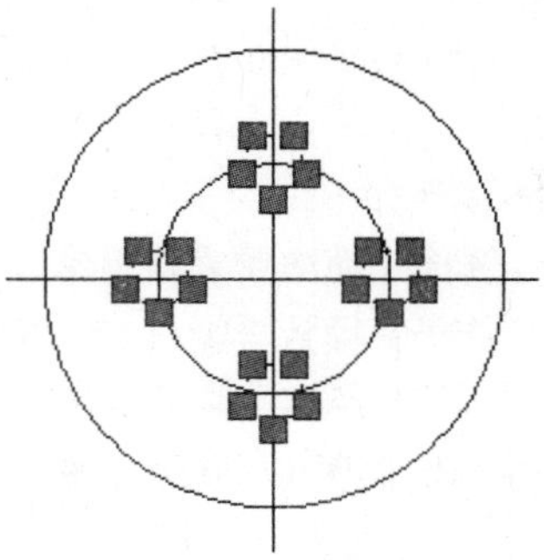

图6-13 显示选择结果

6.2 移动

利用移动命令可以将原对象以指定的角度和方向进行移动。

执行方法如下。

- 命令行：在命令行中输入MOVE，按Enter键。
- 工具栏：单击“修改”工具栏中的“移动”按钮 ✥。
- 菜单栏：执行“修改>移动”命令。

移动命令使用由指定的基点以及第二点确定的距离和方向移动对象，还可以通过输入第一点的坐标值并按Enter键输入第二点的坐标值，来使用相对距离移动对象。

操作示例

利用移动命令将图形的元素移动到矩形外，如图6-14所示，操作步骤如下。

Step01：在命令行中输入MOVE，按Enter键。

Step02：命令行提示：“选择对象:”，选择矩形中的图形。

Step03：命令行提示：“选择对象:”，按Enter键结束选择。

Step04：命令行提示：“指定基点或[位移(D)]<位移>:”，任意指定一点。

Step05：命令行提示：“指定第二个点或<使用第一个点作为位移>:”，指定第二点。

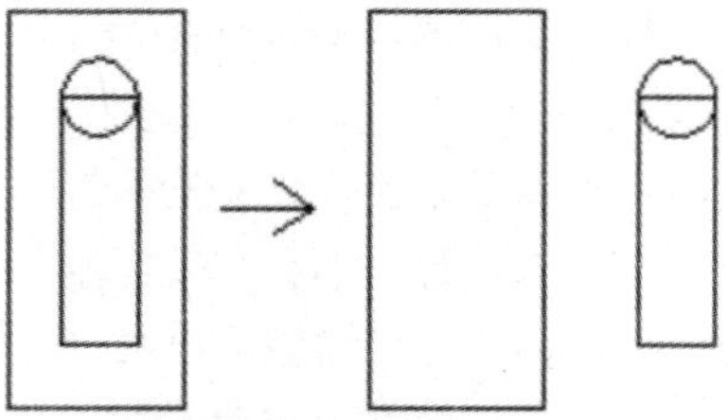

图6-14 移动命令

6.3 复制

复制命令可以将选中的对象复制到任意指定的位置，可以进行单个复制，也可以进行多重连续复制。

执行方式如下。

- 命令行：在命令行中输入COPY，按Enter键。
- 工具栏：单击“修改”工具栏中的“复制”按钮。
- 菜单栏：执行“修改>复制”命令。

命令行提示信息如下。

```
选择对象：// 用户选择要复制的对象
指定基点或 [ 位移 (D)/ 模式 (O)] < 位移 > : // 用户指定复制对象的基准点或者通过指定位移点进行复制
指定第二个点或 [ 位移 (D)/ 模式 (O)]< 阵列 (A)> : 指定第二点或 < 使用第一个点作为位移 > : // 指定第二点
指定第二点或 [ 阵列 (A)/ 退出 (E)/ 放弃 (U)] // 在该提示下连续指定新点，实现多重复制
```

各选项具体说明如下。

- “退出”：选择此项结束复制操作。
- “放弃”：选择此项放弃上一次的复制操作。

操作示例

使用复制命令绘制图形。操作步骤如下。

Step 01 在命令行中输入 COPY，按 Enter 键。

命令行提示：“选择对象：”，选择如图 6-15 所示的三角形。

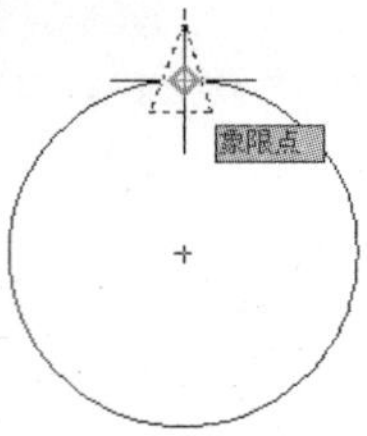

图6-15 选择三角形

Step 02 命令行提示：“选择对象：”，按 Enter 键。

命令行提示：“指定基点或 [位移(D)/ 模式(O)]< 位移 >:”，指定圆象限点。

命令行提示：“指定第二个点或 [位移(D)/ 模式(O)]< 位移 >：指定第二点或 < 使用第一个点作为位移 >：”，指定圆的右象限点，如图 6-16 所示。

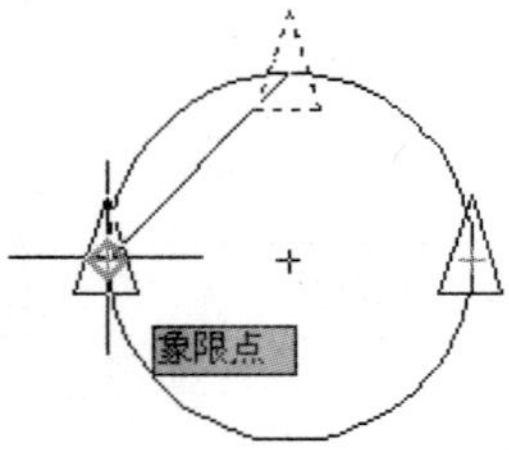

图6-17 指定右象限点

Step 03 命令行提示：“指定第二个点或 [退出（ E ）/ 放弃（ U ）]< 退出 >:”，指定左象限点，如图 6-17 所示。

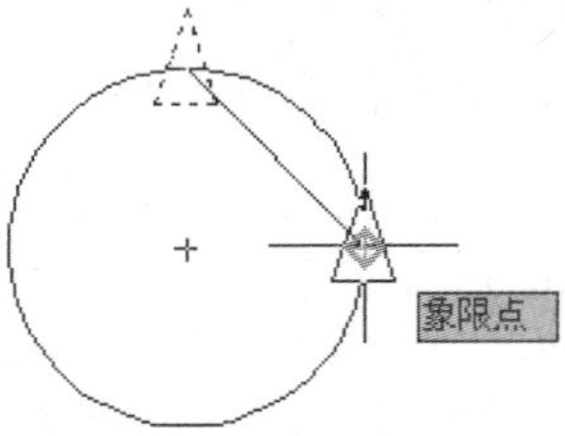

图6-16 指定左象限点

Step 04 命令行提示：“指定第二个点或 [退出（ E（/ 放弃(U)]< 退出 >:”，按 Enter 键，结果如图 6-18 所示。

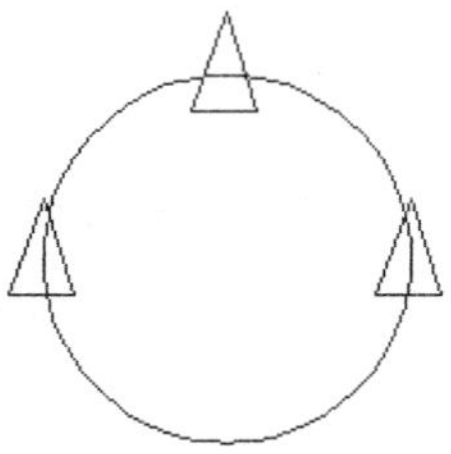

图6-18 复制结果

6.4 旋转

该命令将选中的对象绕指定的基点进行旋转，可选择转角方式，复制旋转和参照方式旋转对象。执行方法如下。

- 命令行：在命令行中输入ROTATE，按Enter键。
- 工具栏：单击“修改”工具栏中的“旋转”按钮 ○。
- 菜单栏：执行“修改>移动” 命令。
- 面板：单击“常用”选项卡下的“修改”面板中的“移动”按钮 ○。

命令行提示如下：

```
选择对象：// 选择对象
指定基点：// 确定基点
指定旋转角度，或 [ 复制 (C)/ 参照 (R)]<0>:
```

旋转命令可以输入0°～360°的任意角度值来旋转对象，也可以指定基点，拖动对象到第二点来旋转对象。

各选项具体说明如下。

- “指定旋转角度”：输入旋转角度，系统自动按逆时针方向转动。
- “复制”：输入C，系统提示：“旋转一组选定对象”，将指定的对象复制旋转。
- “参照”：用于确定环形阵列的方法、阵列数目、环形阵列的填充角度，以及各项目间的夹角，可以将对象从指定的角度旋转到新的绝对角度。

操作示例

（1）利用旋转命令将图形旋转，如图 6-19 所示。操作步骤如下。

Step01：在命令行中输入ROTATE，按Enter键。

Step02：命令行提示：“选择对象：”，选择多边形。

Step03：命令行提示：“选择对象：”，按Enter键。

Step04：命令行提示：“指定基点：”，确定基点。

Step05：命令行提示：“指定旋转角度，或[复制(C)/参照(R)]<位移>:”输入r，按Enter键。

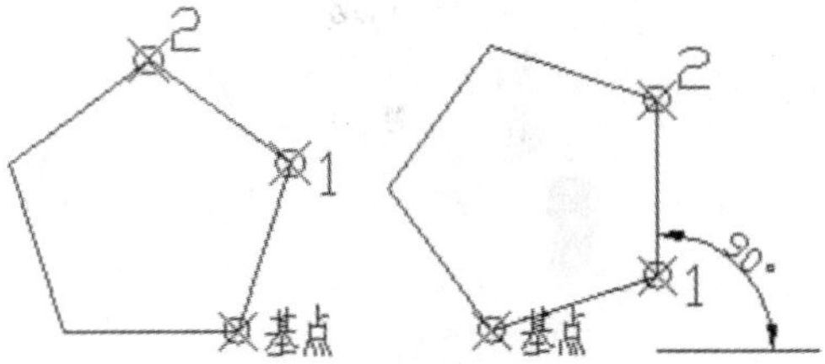

图6-19 旋转命令

Step06：命令行提示：“指定参照角 <0>：指定第二点:”，指定点1和点2相间的边为参照边。

Step07：命令行提示：“指定新角度或 [点(P)] <0>:”输入90，即旋转90°，按Enter键。

（2）用参照旋转命令旋转局部图形对象，如图 6-20 所示。

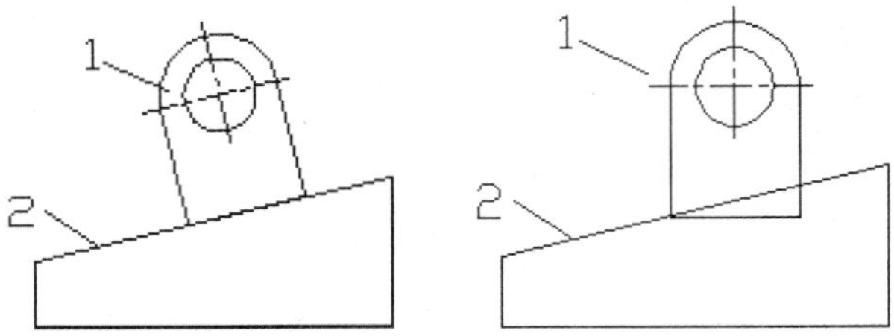

图6-20 旋转局部图形

操作步骤如下。

Step01：在命令行中输入ROTATE，按Enter键。

Step02：命令行提示："选择对象:"，选择需要旋转的对象，即选择"对象1"。

Step03：命令行提示："选择对象:"，按Enter键。

Step04：命令行提示："指定基点:"，捕捉"对象1"的左下角端点。

Step05：命令行提示："指定旋转角度，或[复制(C)/参照(R)]<100>:"输入r，按Enter键。

Step06：命令行提示："指定参照角<0>:"，先后指定对象2的左下角端点和左下角端点。

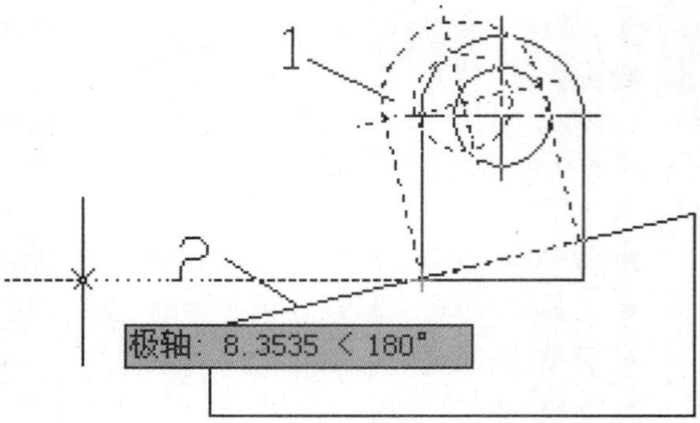

图6-21 旋转操作

Step07：命令行提示："指定新角度或[点(P)]<0>:"，捕捉水平一点，如图6-21所示。

6.5 拉伸

拉伸命令是指将选定的对象进行拉伸或移动，而不改变没有选定的部分。

该命令选择对象时只能使用交叉窗口方式，当对象有端点在交叉窗口的选择范围外时，交叉窗口内的部分将被拉伸，交叉窗口外的端点将保持不动。如果对象是文字、块或圆时，它们不会被拉伸，当对象整体在交叉窗口选择范围内时，它们可以移动，否则不会移动。

根据对象的类型，遵循以下规则进行拉伸。

- 直线：位于窗口之外的端点不动，而位于窗口之内的端点移动。
- 圆弧：与直线类似，但是在圆弧改变的过程中，其弦高保持不变，同时以此来调整圆心的位置和圆弧起始角和终止角的值。
- 多段线：与直线和圆弧类似，但是多段线两端的宽度、切线的方向和曲线拟合信息都不改变。
- 区域填充对象：位于窗口外的端点不动，位于窗口内的端点移动，以此改变图形。

对于有些不能用拉伸来改变形状的对象，在选取时如果其定义点位于选择窗口内，则对象发生移动，否则将不发生移动。其中，圆对象的定义点为圆心，形和块对象的定义点为插入点，文字和属性定义的定义点为字符串基线的左端点。

通过拉伸命令移动对象后，该对象与其他对象的连接线段如直线、圆弧或多段线也将被拉伸，如图6-22所示。

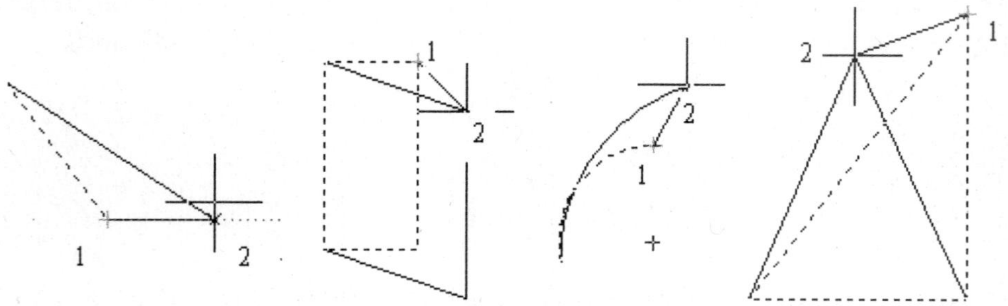

图6-22 拉伸命令示意图

执行方式如下。

- 命令行：在命令行中输入STRETCH，按Enter键。

- 工具栏：单击“修改”工具栏中的 “拉伸”按钮。
- 菜单栏：执行“修改>拉伸” 命令。
- 面板：单击“常用”选项卡下的“修改”面板中的“拉伸”按钮。

命令行提示如下。

```
选择对象：// 选择拉伸对象
指定基点或 [ 位移 (D)]< 位移 >：// 输入拉伸的基点
指定第二个点或 < 使用第一个点作为位移 >：// 输入第二点
```

操作示例

使用拉伸命令编辑图形，编辑结果如图6-23所示，操作步骤如下。

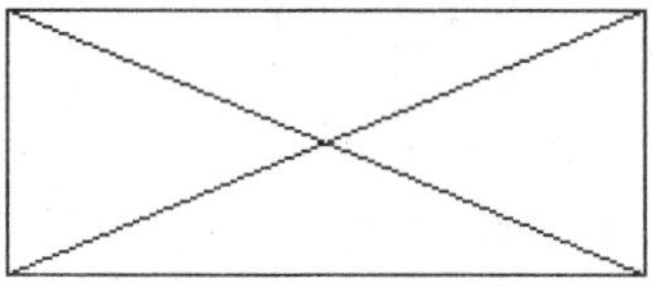

图6-23 拉伸结果

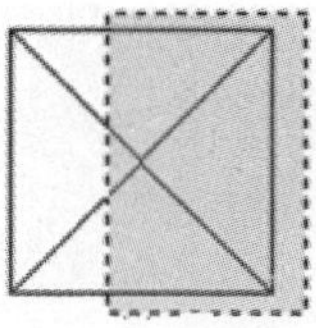

图6-24 选择拉伸对象

Step01：在命令行中输入STRETCH，按Enter键。
Step02：命令行提示：“选择对象：”，以交叉窗口或交叉多边形选择要拉伸的对象，如图6-24所示。
Step03：命令行提示：“选择对象：”，按Enter键。
Step04：命令行提示：“指定基点或[位移(D)]<位移>：”，选择矩形的右下角点。
Step05：命令行提示：“指定第二个点或<使用第一个点作为位移>：”，向右侧任意指定一点。

6.6 缩放

缩放命令可以将对象按统一比例放大或缩小。比例因子大于1时将放大对象。比例因子介于0和1之间时将缩小对象。

执行方式如下。

- 命令行：在命令行中输入SCALE，按Enter键。
- 工具栏：单击“修改”工具栏中的“缩放”按钮。
- 菜单栏：执行“修改>缩放” 命令。

命令行提示如下。

```
选择对象：// 选择缩放对象
指定基点：// 确定缩放基点
指定比例因子或 [ 复制 (C)/ 参照 (R)]：// 输入绝对比例因子或参照
```

- “指定比例因子”：用户可以直接指定缩放因子，大于1的比例因子使对象放大，而介于0和1之间的比例因子将使对象缩小。
- “复制”：可以复制缩放对象，即缩放对象时，保留原对象，如图6-25所示。
- “参考”：采用参考方向缩放对象时，系统提示：”指定参照长度：”，通过指定两点来定义参照长度，系统继续提示："指定新的长度或 [点 (P)] >1.0000>："，指定新长度，按Enter键。若新长度值大于参考长度值，则放大对象；否则，缩小对象。如图6-26所示。

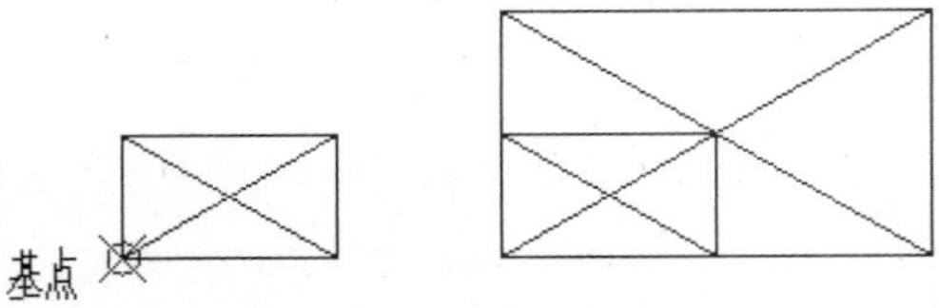

图6-25 复制选项

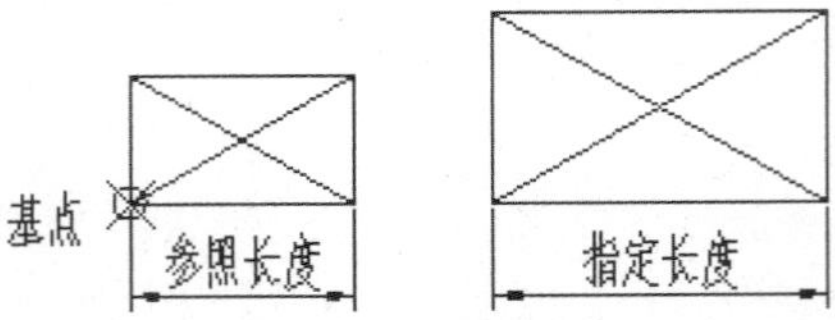

图6-26 参考选项

操作示例

利用参考缩放命令绘制图形，如图6-27所示。

操作步骤如下。

Step01：在命令行中输入SCALE，按Enter键。

Step02：命令行提示："选择对象:"，选择小圆。

Step03：命令行提示："选择对象:"，按Enter键。

Step04：命令行提示："指定基点:"，捕捉小圆圆心作为基点，如图6-28所示。

Step05：命令行提示："指定比例因子或[复制(C)/参照(R)]" 输入r，按Enter键。

Step06：命令行提示："指定参考长度：" 输入6（小圆半径为6），按Enter键。

Step07：命令行提示："指定新的长度或[点(P)]：" 14（新的圆半径为14，比原来的大圆半径要大），按Enter键。

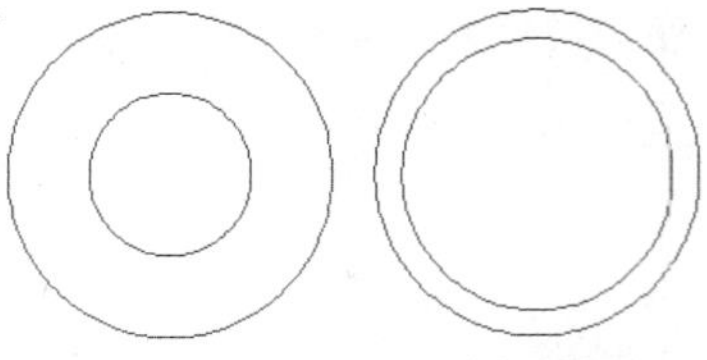

(a)缩放前　　(b)缩放后

图6-27 参考缩放前后比较

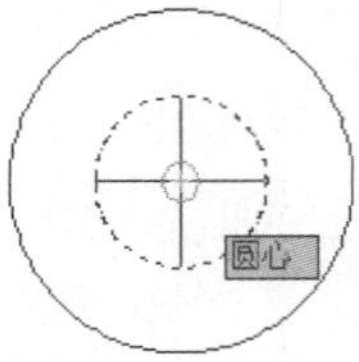

图6-28 指定基点

6.7 偏移

偏移命令用于创建造型与选定对象造型平行的新对象，可以偏移直线、圆弧、圆、椭圆和椭圆弧、二维多段线、构造线、射线和样条曲线等对象，但是点、图块、属性和文本不能被偏移。

执行方式如下。

- 命令行：在命令行中输入OFFSET，按Enter键。
- 工具栏：单击"修改"工具栏中的"偏移"按钮 。
- 菜单栏：执行"修改 >偏移" 命令。
- 面板："常用"选项卡下的"修改"面板中的"偏移"按钮 。

命令行提示如下。

```
指定偏移距离或 [ 通过 (T)/ 删除 (E)/ 图层 (L)]< 通过 > :
```

各选项含义说明如下。

- "指定偏移距离"：选择要偏移的对象后，输入偏移距离以复制对象。
- "通过"：选择对象后，通过指定一个通过点来偏移对象，这样偏移复制出的对象经过通过点。
- "删除"：用于确定是否在偏移后删除源对象。
- "图层"：选择此项，命令行提示"输入偏移对象的图层选项[当前(C)/源(S)]<当前>："，确定偏移对象的图层特性。

使用OFFSET命令时必须先启动命令，后选择要编辑的对象；启动该命令时已选择的对象将自动取消选择状态。OFFSET命令不能用在三维面或三维对象上。系统变量OFFSETDIST存储当前偏移值。在实际绘图时，利用直线的偏移命令可以快速地解决平行轴线、行轮廓线之的定位问题。

操作示例

使用偏移命令绘制图形。

如图6-29左所示为“指定偏移距离”方式绘制图形，操作步骤如下。

图6-29 两种偏移操作方式的比较

Step01：在命令行输入OFFSET，按Enter键。

Step02：命令行提示：“当前设置：删除源=否 图层=源 OFFSETGAPTYPE=0.”。

Step03：命令行提示：“指定偏移距离或[通过(T)/删除(E)/图层(L)]<1.0000>:”，输入10，按Enter键。

Step04：命令行提示：“选择要偏移的对象，或[退出(E)/放弃(U)]<退出>:”，拾取直线。

Step05：命令行提示：“指定要偏移的那一侧上的点，或[退出(E)/多个(M)/放弃(U)]<退出>:”，在直线的上方处单击。

Step06：命令行提示：”选择要偏移的对象，或[退出(E)/放弃(U)]<退出>:”，按Enter键。

如图6-29右所示为选择“通过点”方式，操作步骤如下。

Step01：在命令行输入OFFSET，按Enter键。

Step02：命令行提示：“当前设置：删除源=否 图层=源 OFFSETGAPTYPE=0”。

Step03：命令行提示：“指定偏移距离或[通过(T)/删除(E)/图层(L)]<10.0000>:”输入t，按Enter键。

Step04：命令行提示：“选择要偏移的对象，或[退出(E)/放弃(U)]<退出>:”，拾取直线。

Step05：命令行提示：“指定通过点或[退出(E)/多个(M)/放弃(U)]<退出>:”，捕捉圆的下象限点。

Step06：命令行提示：“选择要偏移的对象，或[退出(E)/放弃(U)]<退出>:”，按Enter键。

工程师点拨：关于偏移二维线段和样条曲线时的问题

在偏移二维多段线和样条曲线时，当偏移距离大于可调整的距离时将自动进行修剪。

6.8 镜像

在绘图过程中，经常会遇到一些对称图形，AutoCAD提供了图形镜像功能，只需绘出对称图形的一部分，利用MIRROR命令复制出对称的另一部分图形。

此命令对于绘制图形是非常有用的，它利用虚拟的对称轴进行镜像复制，在完成镜像操作前可删除或保留原对象。

镜像命令可以通过指定一条镜像线来生成已有图形对象的镜像对象。

执行方法如下。

- 命令行：在命令行中输入MIRROR，按Enter键。
- 工具栏：单击“修改”工具栏中的“镜像”按钮。
- 菜单栏：执行“修改>镜像” 命令。
- 面板：单击“常用”选项卡下的“修改”面板中的“镜像”按钮。

命令行提示如下。

选择对象：// 选择镜像对象
指定镜像线的第一点：// 确定镜像线的第一点
指定镜像线的第二点：// 确定镜像线的第二点
是否删除源对象？［是 (Y)/ 否 (N)]<N>：// 确定是否删除镜像对象，默认不删除源对象，输入 Y，则删除源对象

用户需要注意，在AutoCAD中镜像文字的时候，可以通过控制系统变量MIRRTEXT的值来控制文字对象的镜像方向，在命令行中输入MIRRTEXT，设其值为1，则文字对象完全镜像，镜像出的文字变得不可读；若设其值为0，则文字方向不镜像，即文字可读，如图6-30所示。

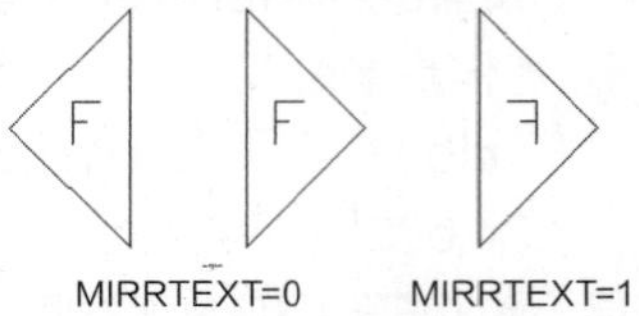

图6-30 镜像效果图

操作示例

使用镜像命令绘制图形，如图6-31所示。

操作步骤如下。

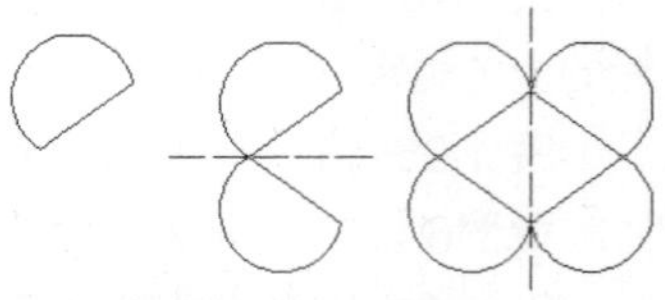
图6-31 镜像操作

Step01：在命令行中输入MIRROR，按Enter键。

Step02：命令行提示："选择对象:"，用窗口选择方法选择图形。

Step03：命令行提示："选择对象:"，按Enter键。

Step04：命令行提示："指定镜像线的第一点:"，拾取虚线的左端点。

Step05：命令行提示："指定镜像线的第一点:指定镜像线的第二点:"，拾取拾取虚线的右端点。

Step06：命令行提示："要删除源对象吗？[是（Y）/否（N）] <N>:"，不删除原对象，按Enter键确定。

工程师点拨：关于镜像命令的问题

镜像命令的对称线是任意的，随对称线的方向不同，对称对象的位置也有所不同，用户可以利用这个特性绘制一些特殊的图形。

6.9 删除

在绘图过程中，用户可以利用删除命令从图形中擦除出现错误或多余的线条。

执行方式如下。

- 命令行：在命令行中输入ERASE，按Enter键。
- 工具栏：单击"修改"工具栏中"删除"按钮 。
- 菜单栏：执行"修改>删除" 命令。
- 面板：单击"常用"选项卡下的"修改"面板中的"删除"按钮 。

命令行提示下："选择对象："，此时屏幕上的十字光标会变成一个拾取框，然后选择要删除的对象，按回车键结束。也可以现选择对象，然后单击工具栏上的删除按钮。

若要恢复最后一次使用"删除"命令删除的对象，可以使用OOPS命令，若用户如果要连续向前恢复已被删除的对象，则需要使用取消命令UNDO。

6.10 分解

分解命令可以将一个组合对象分解成若干独立的基本的实体对象，组合对象即由多个基本对象组合而成的复杂对象，如多段线、多线、标注、块、面域、多面网格、多边形网格、三维网格以及三维实体等。外部参照作为整体不能被分解。

执行方式如下。

- 命令行：在命令行中输入EXPLODE，按Enter键。
- 工具栏：单击"修改"工具栏中的"分解"按钮。
- 菜单栏：执行"修改>分解" 命令。
- 面板：单击"常用"选项卡下的"修改"面板中的"分解"按钮。

操作示例

将矩形进行分解，如图6-32所示。

操作步骤如下。

Step01：在命令行输入EXPLODE，按Enter键。

Step02：命令行提示："选择对象："，选择矩形。

Step03：命令行提示："选择对象："，按Enter键。

Step04：选择矩形，效果如图6-32所示。

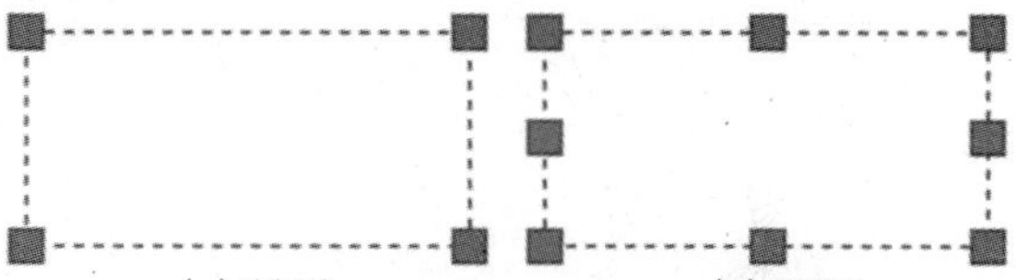

图6-32 分解矩形

工程师点拨：关于分解对象的问题

分解对象后若无变化，此时对象的颜色或线型等特性可能改变。

原始的多段线有宽度，被分解后将会失去宽度信息。

6.11 修剪

修剪命令可以根据修剪边界将超出边界的线条修剪掉，可将选定的一个或多个对象，在指定修剪边界的一侧部分精确地剪切掉，修剪的对象可以是任意的平面线条。

执行方式如下。

- 命令行：在命令行中输入TRIM，按Enter键。
- 工具栏：单击"修改"工具栏中的"修剪"按钮。
- 菜单栏：执行"修改>修剪" 命令。
- 面板：单击"常用"选项卡中的"修改"面板中的"修剪"按钮。

命令行提示如下。

选择对象 < 全部选择 >：// 选择作为边界的对象
选择要修剪的对象，或按住Shift键选择要延伸的对象，或[栏选(F)/窗交(C)/投影(P)/边(E)/删除(R)/放弃(U)]：

各选项具体说明如下。

- "栏选"：用来修剪与选择栏相交的所有对象。选择栏是一系列临时线段，它们是用两个或多个栏选点指定的，如图6-33所示。

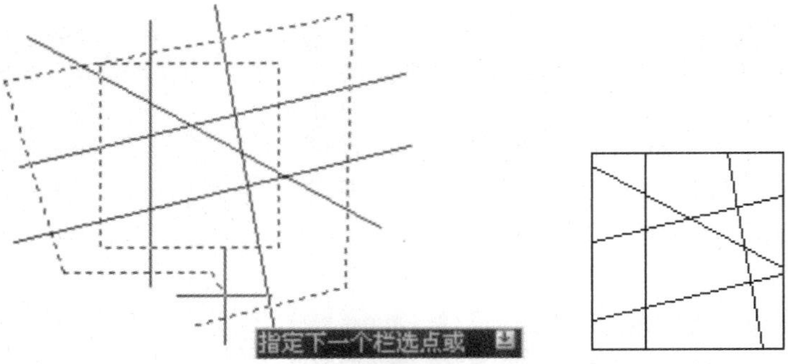

图6-33 栏选

● "窗交"：用于通过指定窗交对角点修剪图形对象，修剪的效果如图6-34所示。

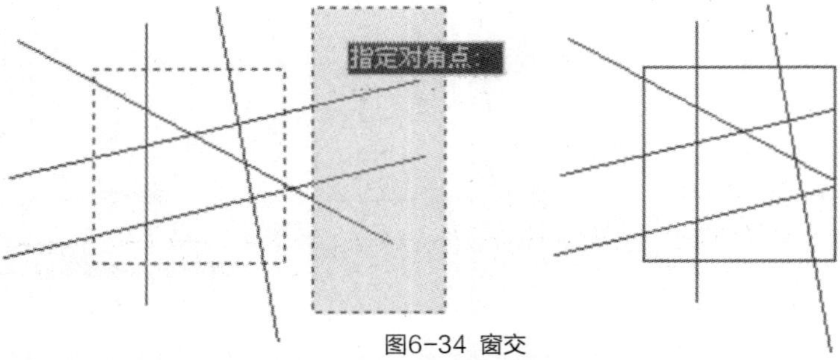

图6-34 窗交

● "投影"：用于确定修剪操作的空间，主要是指三维空间中的两个对象的修剪，此时可以将对象投影到某一平面上进行修剪操作。

● "边"：用于确定修剪边的隐含延伸模式。选择此项时，命令行会提示："输入隐含边延伸模式[延伸(E)/不延伸(N)]<不延伸>："。用户选择"延伸"，则当剪切边太短而且没有与被修剪对象相交时，可以延伸修剪边；若选择"不延伸"，则只有当剪切边与被修剪对象真正相交时，才可以进行修剪操作。

● "删除"：用于确定要删除的对象。

● "放弃"：用于取消上一次的操作。

操作示例

使用修剪命令编辑墙壁图形，操作步骤如下。

Step 01 在命令行中输入 TRIM，按 Enter 键。

命令行提示："选择修剪边 ，选择对象或 < 全部选择 >：" 选择如图 6-35 所示各条线。

命令行提示："选择对象："，按 Enter 键。

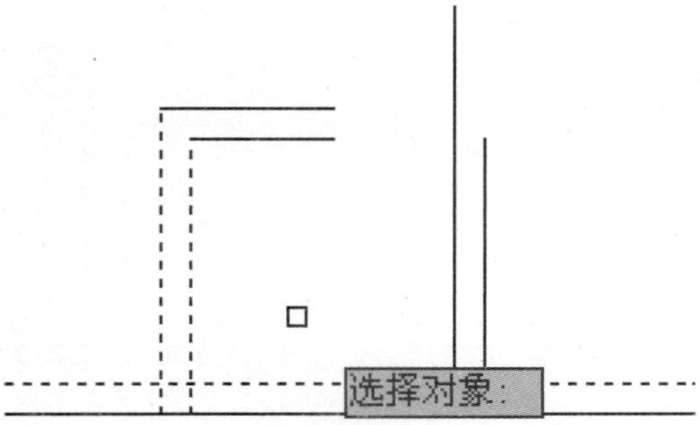

图6-35 选择线

Step 02 命令行提示："选择要修剪的对象，或按住 Shift 键选择要延伸的对象，或 [栏选 (F)/ 窗交 (C)/ 投影 (P)/ 边 (E)/ 删除 (R)/ 放弃 (U)]："，选择要修剪的各线段，修剪结果如如图 6-36 所示。

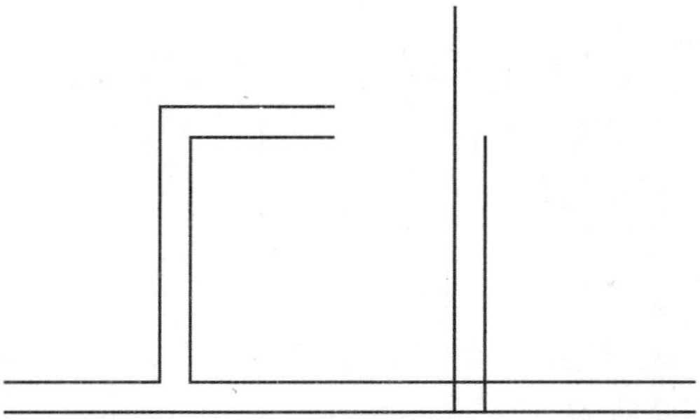

图6-36 修剪结果

Step 03 在命令行中输入 TRIM，按 Enter 键。

命令行提示："选择修剪边，选择对象或 < 全部选择 >：" 选择如图 6-37 各条线。

命令行提示："选择对象"，按 Enter 键。

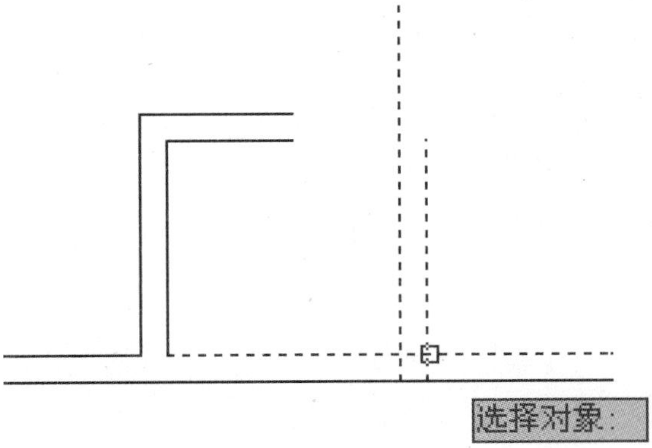

图6-37 选择对象

Step 04 选定对象后命令行提示："选择要修剪的对象，或按住 Shift 键选择要延伸的对象，或 [栏选 (F)/ 窗交 (C)/ 投影 (P)/ 边 (E)/ 删除 (R)/ 放弃 (U)]："，选择要修剪的各线段，修剪结果如图 6-38 所示。

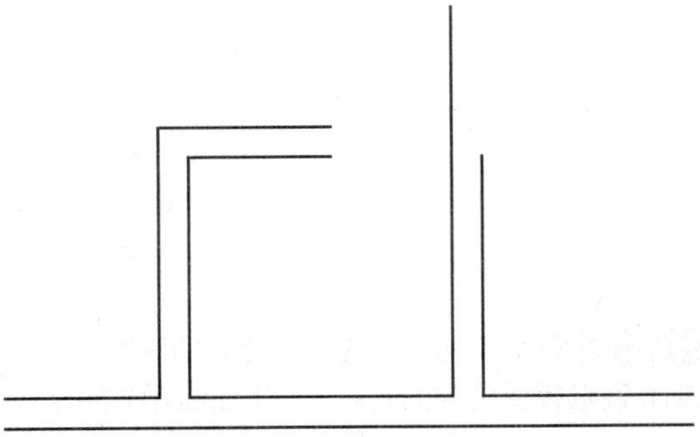

图6-38 修剪结果

Step 05 在命令行中输入 TRIM，按 Enter 键。

命令行提示："选择修剪边，选择对象或 < 全部选择 >："，选择最上面的水平直线。

命令行提示："选择对象："，按 Enter 键。

命令行提示："选择要修剪的对象，或按住 Shift 键选择要延伸的对象，或 [栏选 (F)/ 窗交 (C)/ 投影 (P)/ 边 (E)/ 删除 (R)/ 放弃 (U)]：" 输入 e，按 Enter 键，如图 6-39 所示。

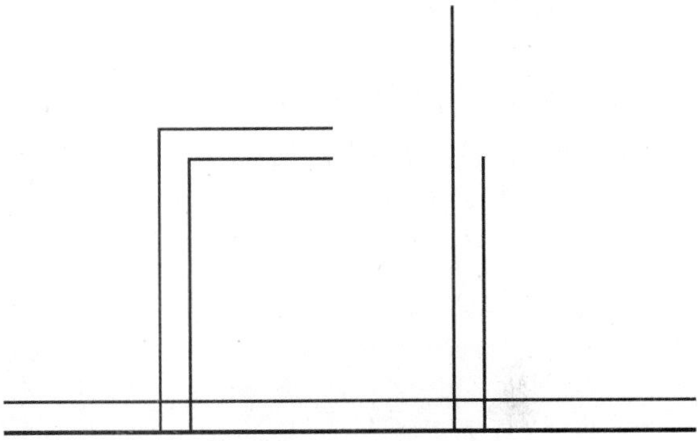

图6-39 选择对象

Step 06 命令行提示："输入隐含边延伸模式 [延伸 (E)/ 不延伸 (N)]< 不延伸 >：" 输入 e，按 Enter 键。

命令行提示："选择要修剪的对象，或按住 Shift 键选择要延伸的对象，或 [栏选 (F)/ 窗交 (C)/ 投影 (P)/ 边 (E)/ 删除 (R)/ 放弃 (U)]："，单击竖直最长直线的上方，按 Enter 键结束命令，结果如图 6-40 所示。

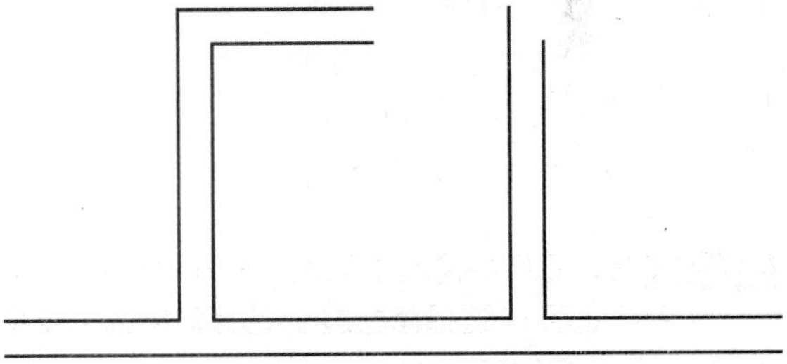

图6-40 修剪结果

6.12 延伸

在某些图中，由于移动了图形，使本应相交的图形对象分离了。如果想让对象相交，但拉长的距离不知道，这时可以使用延伸命令。延伸就是使对象的终点落到指定的某个对象的边界上。圆弧、椭圆弧、直线及射线等对象都可以被延伸。有效的边界对象有圆弧、块、圆、椭圆、浮动的视口边界、直线、多段线、射线、面域、样条曲线、构造线及文本等对象。

执行方法如下。

- 命令行：在命令行中输入EXTEND，按Enter键。
- 工具栏：单击"修改"工具栏中的"延伸"按钮 。
- 菜单栏：执行"修改>延伸" 命令。
- 面板：单击"常用"选项卡"修改"面板中的"延伸"按钮 。

命令行提示如下。

选择对象 < 全部选择 > : // 选择作为边界的对象
选择要延伸的对象，或按住 Shift 键选择要修剪的对象，或 [栏选 (F)/ 窗交 (C)/ 投影 (P)/ 边 (E)/ 放弃 (U)] : // 选择要延伸的对象或者利用其他选项进行操作

上面各选项含义与"修剪"命令中的选项含义相同，这里不再赘述。

如果用户要延伸的对象是适配样条多段线，则在延伸后会在多段线的控制框上增添新的节点。如果要延伸的对象是锥形的多段线，系统就会修正延伸端的宽度，使得多段线从起始端平滑地延伸至新终止端。如果延伸操作导致终止端的宽度为负值，则其宽度值为0。

操作示例

(1) 延伸不相交对象，操作步骤如下。

Step 01 在命令行中输入 EXTEND，按 Enter 键。命令行提示："选择对象或 < 全部选择 > : "，选择上方的斜线，如图 6-41 所示。

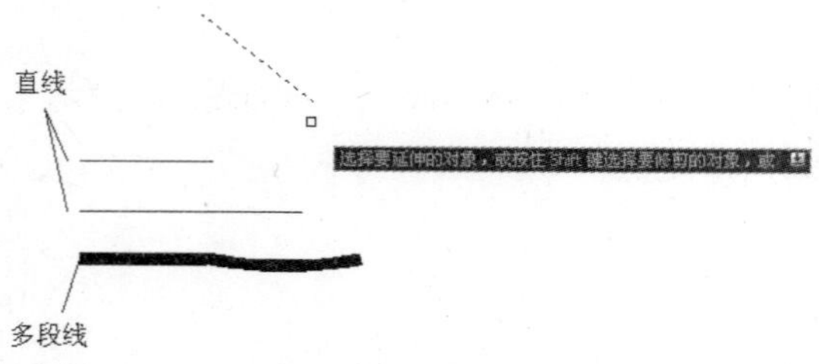

图6-41 延伸前

Step 02 命令行提示："选择对象 < 全部选择 > : "，按 Enter 键。命令行提示："选择要延伸的对象，或按住 Shift 键选择要修剪的对象，或 [栏选 (F)/ 窗交 (C)/ 投影 (P)/ 边 (E)/ 放弃 (U)]:"输入 e，按 Enter 键。命令行提示："输入隐含边延伸模式 [延伸 (E)/ 不延伸 (N)] <延伸>:"输入 e，按 Enter 键。命令行提示："选择要延伸的对象，或按住 Shift 键选择要修剪的对象，或 [栏选 (F)/ 窗交 (C)/ 投影 (P)/ 边 (E)/ 放弃 (U)]: "，逐一选择要延伸的三条线段，如图 6-42 所示。

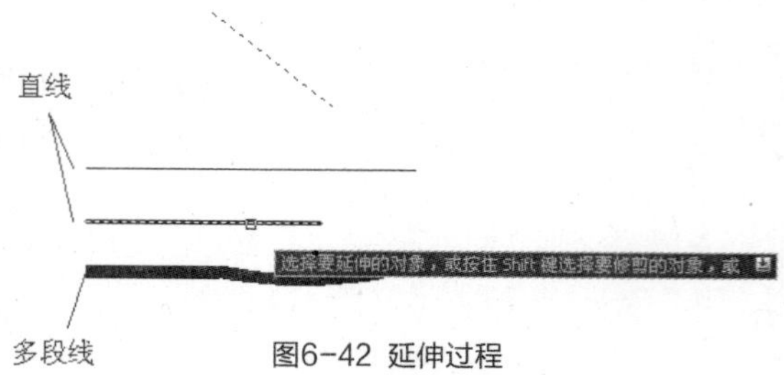

图6-42 延伸过程

Step 03 选择完毕按 Enter 键确定，结果如图 6-43 所示。

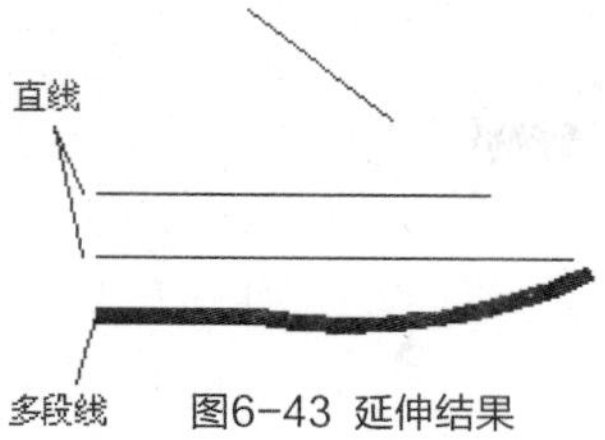

图6-43 延伸结果

（2）延伸锥形多段线，如图 6-44 所示。

操作步骤如下。

Step01：在命令行中输入EXTEND，按Enter键。

Step02：命令行提示："选择对象或<全部选择>："，选择直线。

Step03：命令行提示："选择对象："，按Enter键。

Step04：命令行提示："选择要延伸的对象，或按住Shift键选择要修剪的对象，或[栏选(F)/窗交(C)/投影(P)/边(E)/放弃(U)]："选择锥形多段线，按Enter键结束。

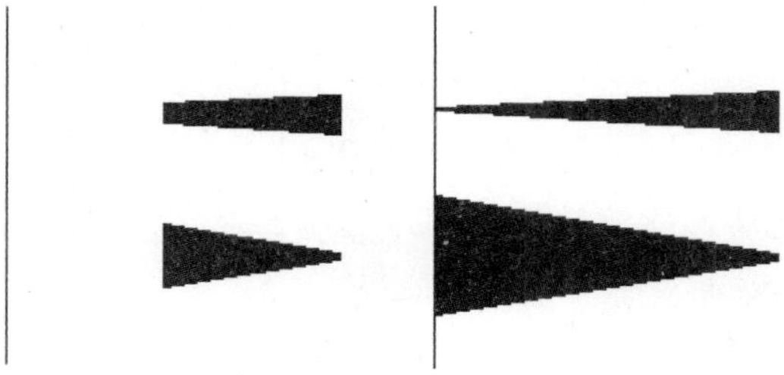

（a）延伸前　　（b）延伸后

图6-44 延伸锥形多段线

工程师点拨：修剪命令和延伸命令功能的切换

在使用修剪命令或延伸命令进行编辑时，按Shift键可以完成修剪命令和延伸命令功能的切换。例如将两个圆作为边界，延伸垂直和水平的两条直线，修剪倾斜的两条直线。

6.13 圆角和倒角

倒角命令与圆角命令可以修改对象使其以圆角或平角相接。

6.13.1 圆角命令

圆角命令可以按指定半径的圆弧并与对象相切来连接两个对象，这两个对象可以是圆弧、圆、椭圆、直线、多段线等，执行倒圆角命令时，主要参数就是圆角半径。

执行方式如下。

- 命令行：在命令行中输入FILLET，按Enter键。
- 工具栏：单击"修改"工具栏中的"圆角"按钮。
- 菜单栏：执行"修改>圆角" 命令。
- 面板：单击"常用"选项卡"修改"面板中的"圆角"按钮。

命令行提示如下。

选择第一个对象或 [放弃 (U)/ 多段线 (P)/ 半径 (R)/ 修剪 (T)/ 多个 (M)] : // 选择要进行圆角的第一个目标对象
选择第二个对象，或按住 Shift 键选择对象以应用角点或 [半径 (R)] : // 选择要进行圆角的第一个目标对象

各选项具体说明如下。

- "放弃"：放弃圆角操作命令。
- "多段线"：在一条二维多段线的两段直线的节点处插入圆滑的弧。
- "半径"：用于输入连接圆角的圆弧半径。
- "修剪"：设置圆角后是否对对象进行修剪，如图6-45所示。
- "多个"：用于对多个对象进行圆角操作，如图6-46所示。

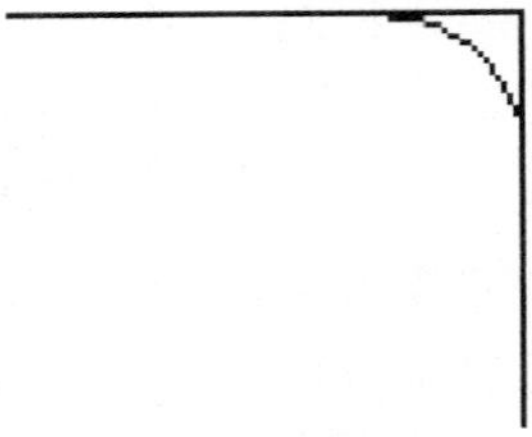

图6-45 不修剪方式的圆角命令

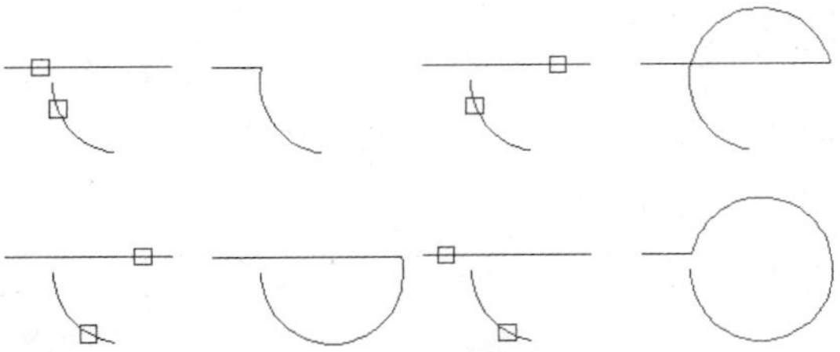

图6-46 圆角命令

操作示例

对图形进行倒圆角，操作步骤如下。

Step 01 单击工具栏的"修改>圆角"按钮。命令行提示："当前设置：模式 = 不修剪，半径 = 20.0000，选择第一个对象或 [放弃 (U)/ 多段线 (P)/ 半径 (R)/ 修剪 (T)/ 多个 (M)]:" 输入 r，按 Enter 键（先确定圆角半径）。命令行提示："指定圆角半径 <0.0000>:" 输入 25，按 Enter 键（输入半径大小为 25）。命令行提示："选择第一个对象或 [放弃 (U)/ 多段线 (P)/ 半径 (R)/ 修剪 (T)/ 多个 (M)]:" 输入 t，按 Enter 键（选择修剪模式）。命令行提示："输入修剪模式选项 [修剪 (T)/ 不修剪 (N)] < 修剪 >:" 输入 t，按 Enter 键（选择圆角时修剪）。命令行提示："选择第一个对象或 [放弃 (U)/ 多段线 (P)/ 半径 (R)/ 修剪 (T)/ 多个 (M)]:"，选择如图 6-47 所示的水平边。

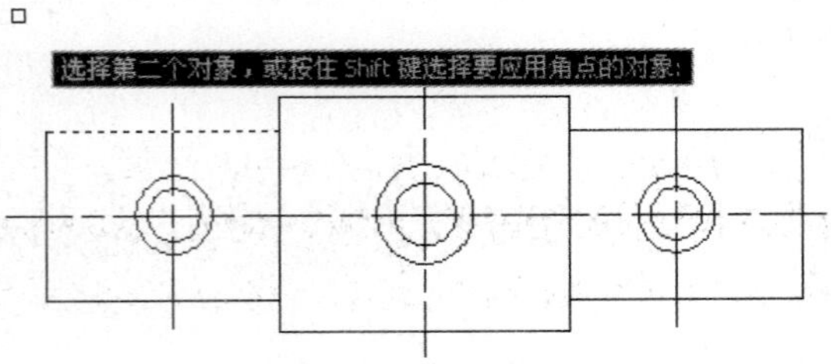

图6-47 选择水平边

Step 02 命令行提示："选择第二个对象，或按住 Shift 键选择要应用角点的对象:"，选择如图 6-48 所示的竖直边。

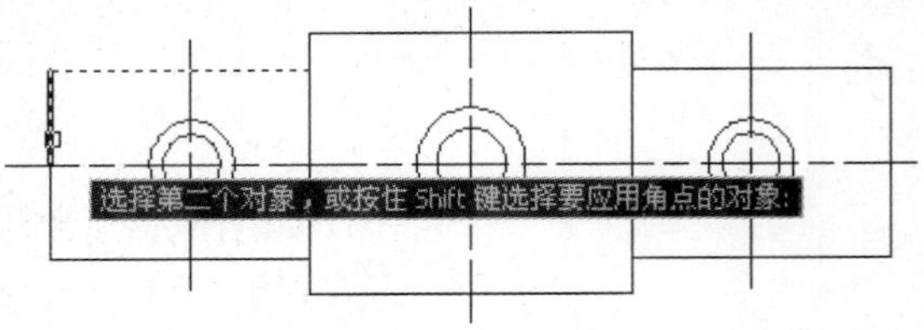

图6-48 选择竖直边

Step 03 重复上述方法对其他角进行圆角处理，结果如图 6-49 所示。

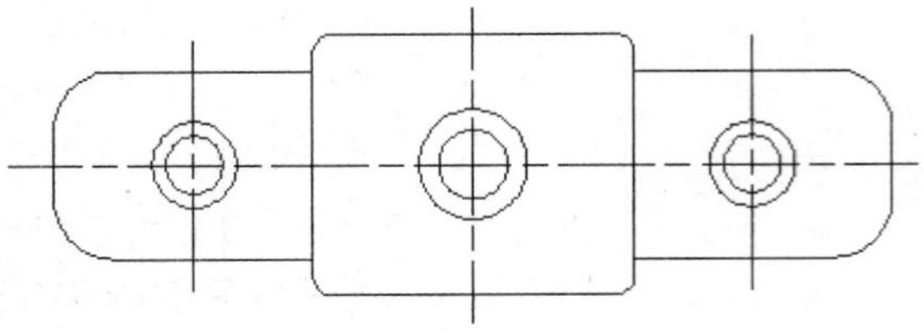

图6-49 倒圆角后

6.13.2 倒角命令

倒角命令可以两个对象以平角或倒角的方式来连接。倒角命令可以使两个互相平行的对象恰好相交，或者将它们用一条斜线相连。

执行方式如下。

- 命令行：在命令行中输入CHAMFER，按Enter键。
- 工具栏：单击"修改"工具栏中的"倒角"按钮 。
- 菜单栏：执行"修改>倒角" 命令。
- 面板：单击"常用"选项卡"修改"面板中的"倒角"按钮 。

命令行提示如下。

> 选择第一条直线或 [放弃 (U)/ 多段线 (P)/ 距离 (D)/ 角度 (A)/ 修剪 (T)/ 方式 (E)/ 多个 (M)] : // 选择要进行倒角的目标对象
> 选择第二条直线，或按住 Shift 键选择直线以应用角点或 [距离 (D)/ 角度 (A)/ 方法 (M)]:

各选项具体说明如下。

- "放弃"：放弃倒角操作命令。
- "多段线"：可以实现在单一的步骤中对整个二维多段线进行倒角。
- "距离"：通过输入倒角的斜线距离进行倒角，斜线的距离可以相同也可以不同，如图6-50所示。

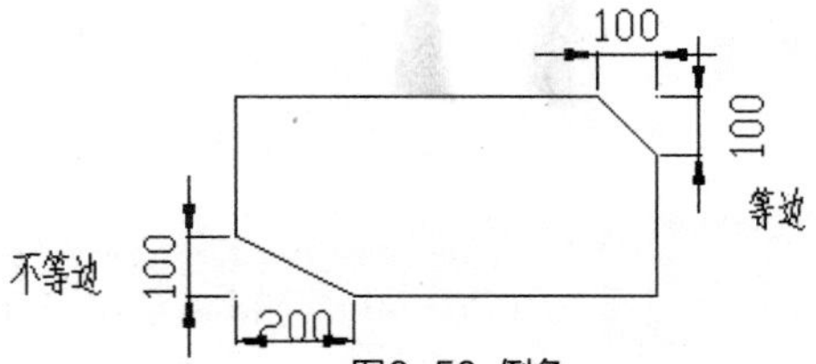

图6-50 倒角

- "角度"：通过输入第一个倒角距离和角度进行倒角。
- "修剪"：设置倒角后是否保留原拐角边，选择"修剪"即表示倒角后对倒角边进行修剪；选择"不修剪"则表示不进行修剪。
- "方式"：用于设置倒角的方法，即采用"距离"方式还是"角度"方式进行倒斜角。选择"距离"选项即将以两条边的倒角距离来修倒角；选择"角度"选项则表示将以一条边的距离以及相应的角度来修剪倒角。
- "多个"：用于同时对多个对象进行倒角操作。

操作示例

（1）利用倒角命令的"角度"选项对矩形进行倒角，如图 6-51 所示，操作步骤如下。

Step01：单击"修改"工具栏的"倒角"按钮 。

Step02：命令行提示："（"修剪"模式）当前倒角距离 1=0.0000，距离 2=0.0000 选择第一条直线或 [放弃(U)/多段线(P)/距离(D)/角度(A)/修剪(T)/方式(E)/多个(M)]："输入a，按Enter键。

Step03：命令行提示："指定第一个倒角距离<0.0000>："输入300，按Enter键。

Step04：命令行提示："指定第二个倒角角度<0>："输入30，按Enter键。

Step05：命令行提示："选择第一条直线或 [放弃(U)/多段线(P)/距离(D)/角度(A)/修剪(T)/方式(E)/多个(M)]："，选择第一条直线。

Step06：命令行提示："选择第二条直线，或按住Shift键选择要应用角点的直线："，选择第二条直线。

编辑二维图形

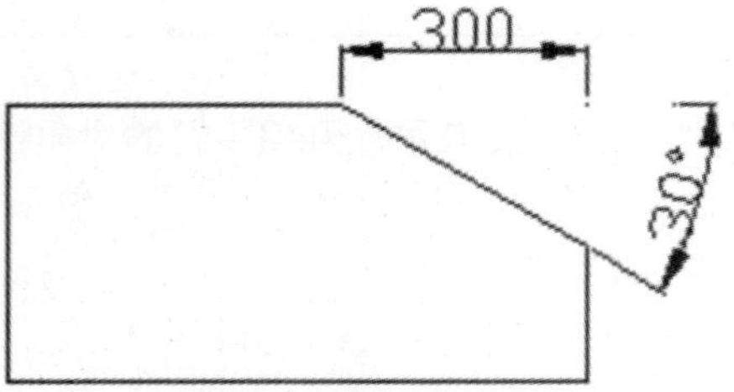

图6-51 利用"角度"选项倒角

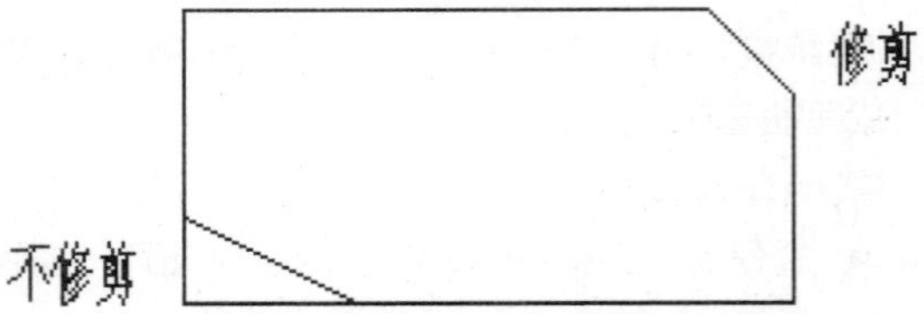

图6-52 利用"修剪"选项倒角

(2) 利用倒角命令的"修剪"选项进行倒角，操作步骤如下。

Step01：单击"修改"工具栏的"倒角"按钮。

Step02：命令行提示："("修剪"模式)当前倒角距离 1=0.0000，距离 2=0.0000选择第一条直线或 [放弃(U)/多段线(P)/距离(D)/角度(A)/修剪(T)/方式(E)/多个(M)]："输入t，按Enter键。

Step03：命令行提示："输入修剪模式选项 [修剪(T)/不修剪(N)] <修剪>:" 输入t，按Enter键。

Step04：命令行提示："选择第一条直线或 [放弃(U)/多段线(P)/距离(D)/角度(A)/修剪(T)/方式(E)/多个(M)]："，选择第一条直线。

Step05：命令行提示："选择第二条直线，或按住Shift键选择要应用角点的直线："，选择第二条直线。

最后得到的效果如图6-52所示。

6.14 打断和打断于点

打断命令可以将一个对象打断为两个对象，可用一个打断点打断对象，也可用两个打断点来打断对象。直线、圆弧、圆、多段线、椭圆、样条曲线以及圆环等对象均可以进行打断，但块、多行、标注和面域等对象不能进行打断。

6.14.1 打断命令

打断命令可以删除对象在指定点之间的部分，即可部分删除对象或将对象分解成两部分。对于直线而言，用打断命令可以从中间截去一部分，使直线变成两条线段；对于圆或椭圆而言，将去除一段圆弧。

执行方式如下。

- 命令行：在命令行中输入BREAK，按Enter键。
- 工具栏：单击"修改"工具栏中的"打断"按钮。
- 菜单栏：执行"修改>打断" 命令。
- 面板：单击"常用"选项卡"修改"面板中的"打断"按钮。

命令行提示如下。

```
选择对象 // 选定对象
指定第二个打断点或 [ 第一点 (F)]:
```

系统默认以选择对象时的拾取点作为第一个断点，用户需指定第二点。若用户直接选取对象上的另一点或在对象的一端之外拾取一点，将会删除对象上位于两个拾取点之间的部分。若用户选择"第一点"选项，便可以重新确定第一个断点。在确定第二点时，若在命令行输入@,可以是第一个点和第二个点重合，从而将对象一分为二。若对圆或矩形等封闭图形使用打断命令，系统将会自动按逆时针方向把第一个断点和第二个端断点之间的那段删除。

操作示例

在1、2两点处将圆进行打断，如图6-53所示。

操作步骤如下。

Step01：在命令行中输入BREAK，按Enter键。

Step02：命令行提示："选择对象："，在圆上任一处单击。

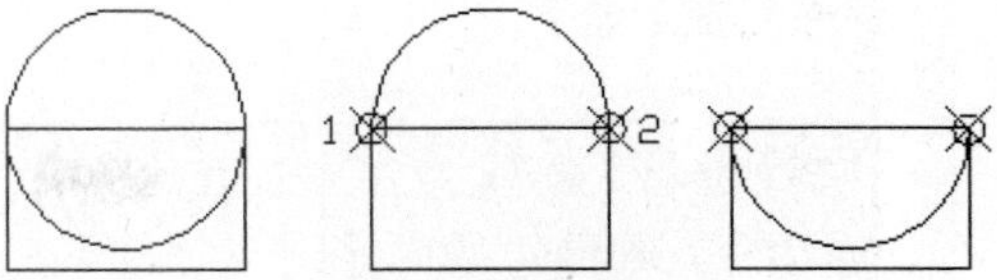

图6-53 打断圆

Step03：命令行提示："指定第二个打断点或[第一点(F)]:" 输入f，按Enter键。

Step04：命令行提示："指定第一个打断点："，指定1点。

Step05：命令行提示："指定第二个打断点："，指定2点，效果如上图6-53中所示。

Step06：若在Step04中指定的第一点为2点，在Step05中指定的第二点为1点，则最后结果如上图6-53右所示。

6.14.2 打断于点命令

打断于点命令是从打断命令中派生出来的，此命令可以将对象在一点处断开成两个对象。

执行方式如下。

- 工具栏：单击"修改"工具栏中的"打断于点"按钮 。
- 面板：单击"常用"选项卡"修改"面板中的"打断于点"按钮 。

命令行提示如下。

```
指定第一个打断点
```

操作示例

将矩形在中点处打断，如图6-54所示。

操作步骤如下。

Step01：在命令行中输入BREAK，按Enter键。

Step02：命令行提示："选择对象："，在矩形上任一处单击。

Step03：命令行提示："指定第二个打断点或[第一点(F)]:" 输入f，按Enter键。

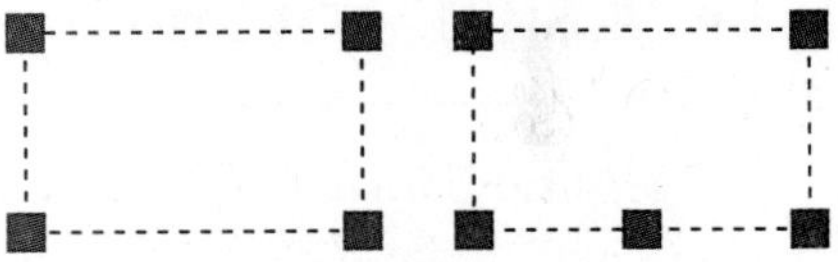
图6-54 打断于点

Step04：命令行提示："指定第一个打断点："，选择中点。

Step05：命令行提示："指定第二个打断点：" 输入@，按Enter键。

6.15 阵列

阵列命令创建按指定方式排列的多个对象副本。系统提供三种阵列选项："矩形阵列"选项创建选定对象的副本的行和列阵列；"环形阵列"选项通过围绕圆心复制选定对象来创建阵列；"路径阵列"选项通过选定先前确定好的路径再复制选定对象来创建阵列。

在创建矩形阵列时，通过指定行、列的数量以及它们之间的距离，可以控制阵列中副本的数量。

执行方式如下。

- 命令行：在命令行中输入ARRAYRECT，按Enter键。
- 工具栏：单击"修改"工具栏中的"矩形阵列"按钮。
- 菜单栏：执行"修改>阵列>矩形阵列"命令。

● 面板：单击“常用”选项卡“修改”面板中的“矩形阵列”按钮。

命令行提示如下。

选择对象 :// 选定对象后，按 Enter 键
为项目数指定对角点或 [基点 (B)/ 角度 (A)/ 计数 (C)] < 计数 >:// 输入 0，按 Enter 键
指定对角点以间隔项目或 [间距 (S)] < 间距 >: // 输入间距值后按 Enter 键
按 Enter 键接受或 [关联 (AS)/ 基点 (B)/ 行 (R)/ 列 (C)/ 层 (L)/ 退出 (X)] < 退出 >: // 输入 X，按 Enter 键

选择阵列图形，按Enter键出现如图6-55所示的“矩形阵列”面板，显示“列数”、“列间距”、“列的总距离”、“行数”、“行间距”、“行的总距离”、“级层数”、“级层距”、“级层的总距离”、“基点”、“编辑来源”、“替换项目”、“重置阵列”等。

图6-55 “矩形阵列”面板

各个选项具体说明如下。

● “列的总距离”：指定第一列到最后一列之间的总距离。
● “行的总距离”：指定第一行到最后一行之间的总距离。
● “级层的总距离”：用指定第一到最后一级层之间的总距离。
● “基点”：重定义阵列的基点。
● “编辑来源”：激活编辑状态，以便编辑选定项的源对象，或替换源对象。
● “替换项目”：激活编辑状态或引用原始源对象的所有项的源对象。
● “重置阵列”：恢复已删除项、并删除任何替代项。

操作示例

绘制如图6-57所示的图形，设置参数为：1行，4列，列偏移量为200。

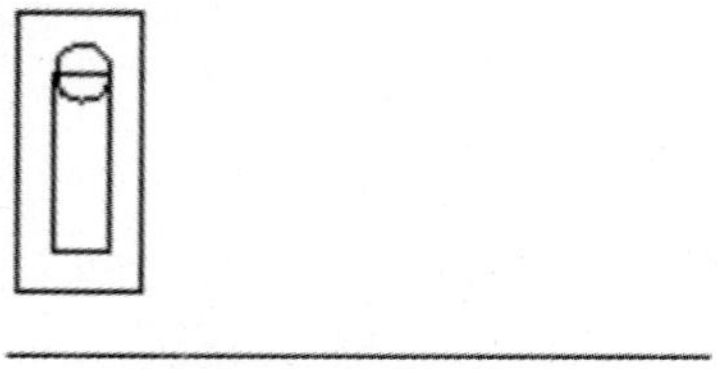

图6-56 阵列对象

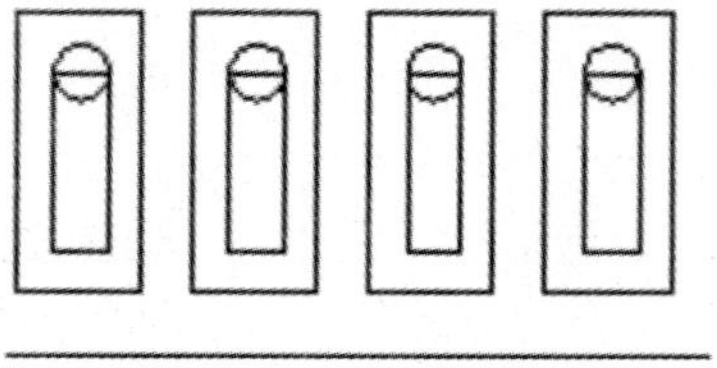

图6-57 阵列结果

操作步骤如下。

Step01：绘制出要阵列的对象图形，如图6-56所示。

Step02：在命令行中输入ARRAYRECT，按Enter键。

Step03：命令提示：“选择对象:”，选定图形，按Enter键。

Step04：命令提示：“为项目数指定对角点或 [基点(B)/角度(A)/计数(C)] <计数>:”输入0，按Enter键。

Step05：命令提示：“指定对角点以间隔项目或 [间距(S)] <间距>:”输入200，按Enter键。

Step06：命令提示：“按 Enter 键接受或 [关联(AS)/基点(B)/行(R)/列(C)/层(L)/退出(X)] <退出>:”，输入C，按Enter键。

Step07：命令行提示："输入列数或 [表达式(E)] <1>:"，输入 4，按Enter键。

（2）环形阵列

环列阵列是围绕用户指定的圆心或一个基点在其周围以一定角度旋转复制对象。

执行方式如下。

- 命令行：在命令行中输入ARRAYPOLAR，按Enter键。
- 工具栏：单击"修改"工具栏中的"环形阵列"按钮。
- 菜单栏：执行"修改>阵列>环形阵列"命令。
- 面板：单击"修改"面板中的"环形阵列"按钮。

命令行提示如下。

选择对象：// 选定对象，按 Enter 键
指定阵列的中心点或 [基点 (B)/ 旋转轴 (A)]: // 单击中心点，按 Enter 键
指输入项目数或 [项目间角度 (A)/ 表达式 (E)] <4>: // 输入数值后按 Enter 键
指定填充角度 (+= 逆时针、-= 顺时针) 或 [表达式 (EX)] <360>: // 输入数值后按 Enter 键
按 Enter 键接受或 [关联 (AS)/ 基点 (B)/ 项目 (I)/ 项目间角度 (A)/ 填充角度 (F)/ 行 (ROW)/ 层 (L)/ 旋转项目 (ROT)/ 退出 (X)] < 退出 >: // 按 Enter 键结束

选择阵列图形后按Enter键，显示如图6-58所示的环形阵列面板，在面板中显示"项数"、"项数间的角度"、"填充角度"、"行数"、"行间距"、"行的总距离"、"级层数"、"级层距"、"级层的总距离"、"基点"、"编辑来源"、"替换项目"、"重置阵列"等。

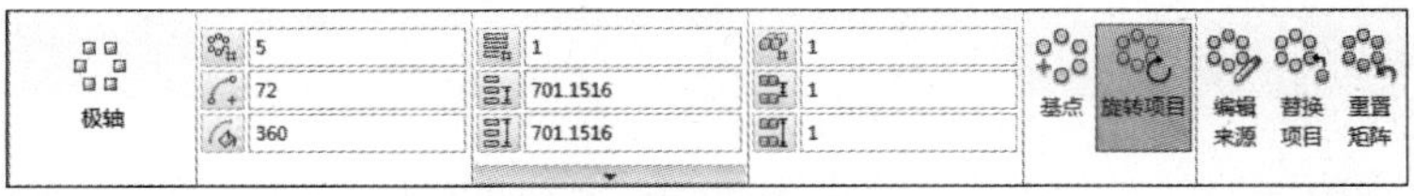

图6-58 "环形阵列"面板

各个选项具体说明如下。

- "填充角度"：指定阵列中第一项到最后一项之间的角度。
- "行的总距离"：指定第一行到最后一行之间的总距离。
- "级层的总距离"：用指定第一到最后一级层之间的总距离。
- "基点"：重定义阵列的基点。
- "编辑来源"：激活编辑状态，以便编辑选定项的源对象或替换源对象。
- "替换项目"：激活编辑状态或引用原始源对象的所有项的源对象。
- "重置阵列"：恢复已删除项、并删除任何替代项。

操作示例

使用环形阵列命令绘制图形，如图6-59所示。

操作步骤如下。

Step01：单击工具栏上的"直线"按钮，绘制中心线。

Step02：单击工具栏上的"直线"按钮，绘制辅助线。

Step03：单击工具栏上的"圆"按钮，绘制辅助圆。

Step04：单击工具栏上的"圆"按钮，分别以点为圆心绘制两个同心圆，以0 '点为圆心绘制两个同心小圆，如图6-60所示。

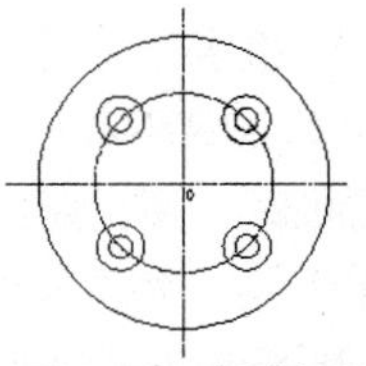

图6-59 阵列结果

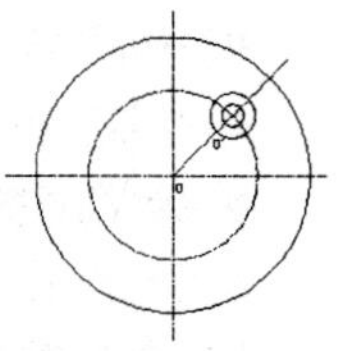

图6-60 阵列对象

Step05：在命令行中输入ARRAYPOLAR，按Enter键。

Step06：命令提示："选择对象："，选定小圆后按Enter键。

Step07：命令提示："指定阵列的中心点或 [基点(B)/旋转轴(A)]："，单击大圆中心点，按Enter键。

Step08：命令提示："指输入项目数或 [项目间角度(A)/表达式(E)] <4>："，输入4，按Enter键。

Step09：命令提示："指定填充角度(+=逆时针、-=顺时针)或 [表达式(EX)] <360>："，输入360，按Enter键。

Step10：命令提示："按 Enter 键接受或 [关联(AS)/基点(B)/项目(I)/项目间角度(A)/填充角度(F)/行(ROW)/层(L)/旋转项目(ROT)/退出(X)] <退出>："，按Enter键结束，删除辅助线。

（2）路径阵列

路径阵列通过沿先前确定好的路径复制选定对象来创建阵列，执行方式如下。

- 命令行：在命令行中输入ARRAYPATH，按Enter键。
- 工具栏：单击"修改"工具栏中的"路径阵列"按钮。
- 菜单栏：执行"修改>阵列>路径阵列"命令。
- 面板：单击"修改"面板中的"路径阵列"按钮。

命令行提示如下。

```
选择对象：// 选定对象，按 Enter 键
选择路径曲线：// 单击路径曲线
输入沿路径的项数或 [ 方向 (O)/ 表达式 (E)] < 方向 >: // 按 Enter 键
指定基点或 [ 关键点 (K)] < 路径曲线的终点 >: // 单击路径曲线的终点
指定与路径一致的方向或 [ 两点 (2P)/ 法线 (NOR)] < 当前 >: // 单击方向
输入沿路径的项目数或 [ 表达式 (E)] <4>: // 输入项目数，按 Enter 键
指定沿路径的项目之间的距离或 [ 定数等分 (D)/ 总距离 (T)/ 表达式 (E)] < 沿路径平均定数等分 (D)>: //
输入距离值，按 Enter 键
按 Enter 键接受或 [ 关联 (AS)/ 基点 (B)/ 项目 (I)/ 行 (R)/ 层 (L)/ 对齐项目 (A)/Z 方向 (Z)/ 退出 (X)]
< 退出 >: // 按 Enter 键结束
```

单击阵列图形，按下 Enter 键，显示如图 6-61 所示的路径阵列面板，在此面板中显示"项数"、"项间距"、"项目的总距离"、"行数"、"行间距"、"行的总距离"、"级层数"、"级层距"、"级层的总距离"、"基点"、"定数等分"、"对其项目"、"Z 方向"、"编辑来源"、"替换项目"、"重置阵列" 等。

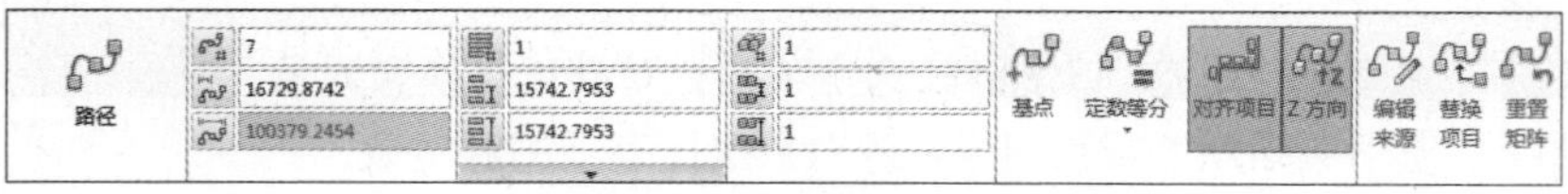

图6-61 "路径阵列"面板

各个选项具体说明如下。

- "填充角度"：指定第一项到最后一项之间的总离。
- "行的总距离"：指定第一行到最后一行之间的总距离。
- "级层的总距离"：用指定第一到最后一级层之间的总距离。
- "基点"：重定义阵列的基点。
- "定数等分"：重新布置项目，以沿路径长度平均定数等分。
- "对其项目"：指定是否对齐每个项目以与路径方向相切。对其相对于低以个项目的方向。
- "Z方向"：控制是保持项的原始Z方向还是沿三维路径倾斜方向。
- "编辑来源"：激活编辑状态，以便编辑选定项的源对象（或替换源对象）。

- “替换项目”：激活编辑状态或引用原始源对象的所有项的源对象。
- “重置阵列”：恢复已删除项、并删除任何替代项。

操作示例

使用路径阵列命令绘制图形，如图6-62所示。

Step01：单击工具栏上的“圆弧”按钮，绘制路径。

Step02：单击工具栏上的“圆”按钮，绘制阵列圆，如图6-63所示。

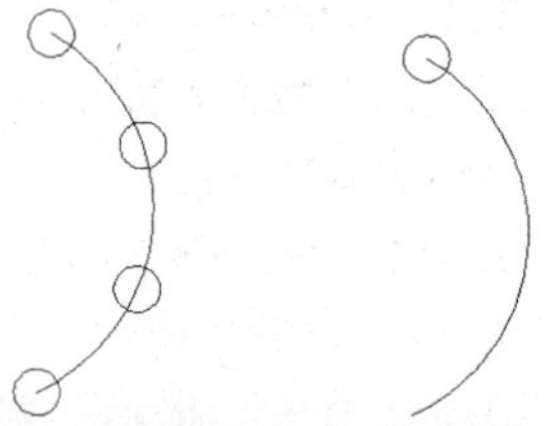

图6-62 阵列结果　图6-63 阵列对象

Step03：在命令行输入ARRAYPATH，按Enter键。

Step04：命令提示：“选择对象:”，选定圆后按Enter键。

Step05：命令提示：“选择路径曲线:”，单击圆弧。

Step06：命令提示：“输入沿路径的项数或 [方向(O)/表达式(E)] <方向>:”，按Enter键。

Step07：命令提示：“指定基点或 [关键点(K)] <路径曲线的终点>:”，单击圆心。

Step08：命令提示：“指定与路径一致的方向或 [两点(2P)/法线(NOR)] <当前>:”，单击圆弧另一端点。

Step09：命令提示：“输入沿路径的项目数或 [表达式(E)] <4>:” 输入4，按Enter键。

Step10：命令提示：“指定沿路径的项目之间的距离或 [定数等分(D)/总距离(T)/表达式(E)] <沿路径平均定数等分(D)>:”，按Enter键。

Step11：命令提示：“按 Enter 键接受或 [关联(AS)/基点(B)/项目(I)/行(R)/层(L)/对齐项目(A)/Z 方向(Z)/退出(X)] <退出>:”，按Enter键结束。

6.16 拉长

拉长命令可以改变直线、圆弧、椭圆弧及开放多段线和开放样条曲线等对象的长度，对其进行伸长或缩短操作。用拉长命令中的增量、百分数、全部和动态几个选项来改变直线和圆弧的长度。

执行方式如下。

- 菜单栏：执行“修改>拉长”命令，按Enter键。
- 面板：单击“常用”选项卡下“修改”面板的“拉长”按钮。

命令行提示如下。

```
选择对象或 [ 增量 (DE)/ 百分数 (P)/ 全部 (T)/ 动态 (DY)] : // 选择对象
当前长度 : // 给出选定对象的长度，如选择的是圆弧，则还必须给出圆弧的包含角度
```

各选项具体说明如下。

- “增量”：通过指定增量值的方法改变对象的长度或角度。
- “百分数”：通过指定拉长后总长度相对于原长度的百分数来进行拉长操作。
- “全部”：通过指定直线或圆弧的新长度值或新的包含角度来进行对象的拉长操作。
- “动态”：通过拖动鼠标的方法来动态地确定对象的心端点以改变对象的长度。

操作示例

（1）以设置增量的方式拉长箭头。

操作步骤如下。

Step01：执行“修改>拉长”命令。

Step02：命令行提示：“选择对象或[增量(DE)/百分数(P)/全部(T)/动态(DY)]：” 输入de，按Enter键。

Step03：命令行提示：“输入长度增量或[角度(A)]：” 输入50，按Enter键。

Step04：命令行提示："选择要修改的对象或[放弃(U)]："，选择矩形的水平直线。

Step05：单击工具栏"删除"按钮，删除原封口直线。

Step06：单击工具栏"直线"按钮，绘制新的封口直线，结果如图6-64所示。

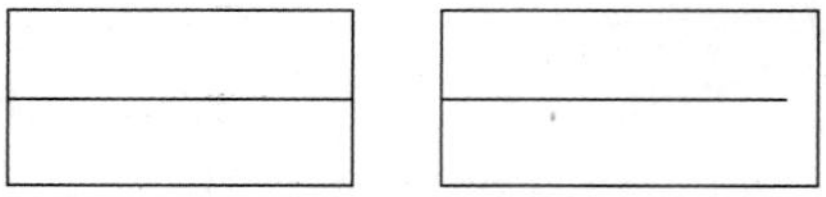

图6-64 设置增量的方式

（2）以设置百分数的方式拉长对象。

操作步骤如下。

Step01：执行"修改 >拉长"命令。

Step02：命令行提示："选择对象或[增量(DE)/百分数(P)/全部(T)/动态(DY)]："输入p，按Enter键。

Step03：命令行提示："输入长度百分数<100.0000>："输入200，按Enter键。

Step04：命令行提示："选择要修改的对象或[放弃(U)]："，选择水平直线。

Step05：命令行提示："选择要修改的对象或[放弃(U)]："，按Enter键，结束操作，如图6-65所示。

图6-65 设置百分数的方式

（3）以设置全部的方式拉长对象。

操作步骤如下。

Step01：执行"修改>拉长"命令。

Step02：命令行提示："选择对象或[增量(DE)/百分数(P)/全部(T)/动态(DY)]："输入t，按Enter键。

Step03：命令行提示："设置总长度或[角度(A)]："输入80，按Enter键。

Step04：命令行提示："选择要修改的对象或[放弃(U)]："，选择多段线。

Step05：命令行提示："选择要修改的对象或[放弃(U)]："，按Enter键结束操作，结果如图6-66所示。

图6-66 设置全部的方式

（4）以动态设置的方式拉长对象。

操作步骤如下。

Step01：执行"修改>拉长"命令。

Step02：命令行提示："选择对象或[增量(DE)/百分数(P)/全部(T)/动态(DY)]："输入dy，按Enter键。

Step03：命令行提示："选择要修改的对象或[放弃(U)]："，在直线的右端某处单击。

Step04：命令行提示："指定新端点："，在直线的外部任意一处单击，直线即被拉长。

Step05：命令行提示："选择要修改的对象或[放弃(U)]："，按Enter键结束操作，如图6-67所示。

图6-67 动态设置方式

6.17 DRAWORDER命令

通常情况下，重叠对象（例如文字、宽多段线和实体填充多边形）按其创建的次序显示，新创建的对象在现有对象的前面。可以使用DRAWORDER来改变任何对象的绘图次序（显示和打印次序）。

执行方式如下。

- 命令行：在命令行中输入DRAWORDER，按Enter键。
- 工具栏：单击"修改II"工具栏中的"显示顺序"按钮。
- 菜单栏：执行"工具>绘图次序>前置/后置/置于对象之上/置于对象之下"命令。
- 面板：单击"常用"选项卡"修改"面板中的"前置"按钮。

命令行提示如下。

选择对象：// 选择对象
输入对象排序选项 [对象上 (A)/ 对象下 (U)/ 最前 (F)/ 最后 (B)] < 最后 >：// 选择合适的选项修改对象的绘图次序

各选项具体说明如下。

- “对象上”：将选定对象移动到指定参照对象的上面。
- “对象下”：将选定对象移动到指定参照对象的下面。
- “最前”：将选定对象移动到图形中对象顺序的顶部。
- “最后”：将选定对象移动到图形中对象顺序的底部。

更改多个对象的绘图顺序（显示顺序和打印顺序）时，将保持选定对象之间的相对绘图顺序不变。

默认情况下，从现有对象创建新对象（例如，使用 FILLET 或 PEDIT 命令）时，将为新对象指定首先选定的原始对象的绘图顺序。默认情况下，编辑对象（例如，使用 MOVE 或 STRETCH 命令）时，该对象将显示在图形中所有其他对象的前面。完成编辑后，将重生成部分图形，以根据对象的正确绘图顺序显示对象，这可能会导致某些编辑操作耗时较长。

6.18 合并

合并命令可以将相似的对象合并为一个对象，可以合并圆弧、椭圆弧、直线、多段线和样条曲线等对象。在执行合并命令时，直线对象必须共线，但是它们之间可以有间隙；圆弧对象必须位于同一假想的圆上，它们之间可以有间隙；多段线可以与直线、多段线或圆弧合并，但对象之间不能有间隙，并且必须位于同一平面上。

执行方式如下。

- 命令行：在命令行中输入JOIN，按Enter键。
- 工具栏：单击“修改”工具栏中的“合并”按钮 。
- 菜单栏：执行“修改>合并” 命令。
- 面板：单击“常用”选项卡“修改”面板中的“合并”按钮 。

命令行提示如下。

选择源对象或要一次合并的多个对象：// 选择要合并的源对象
选择要合并的对象：// 选择要合并到源对象中的一个或多个对象

合并两条或多条圆弧（或椭圆弧）时，将从源对象开始沿逆时针方向合并圆弧（或椭圆弧）。合并直线时，所要合并的所有直线必须共线，即位于同一无限长的直线上，他们之间可以有间隙。合并多个线段时，其对象可以是直线、多段线或圆弧。但是各对象之间不能有间隙，而且必须位于与UCS的XY 平面平行的同一平面上。

合并圆弧或者椭圆弧时，其对象必须位于同一假想的圆上或同一个椭圆上，但是他们之间可以有间隙。其中“闭合”选项可以将圆弧转换成圆，椭圆弧转换成椭圆。在合并两条或多条圆弧或椭圆弧时，将从源对象开始按逆时针方向合并对象。

合并样条曲线时，样条曲线对象必须位于同一平面内，而且必须首尾相邻。

操作示例

（1）合并直线，如图 6-68 所示。

操作步骤如下。

Step01：单击“修改”工具栏的“合并”按钮。

Step02：命令行提示：“-join 选择对象:”，选择源直线，即最左边的那条直线。

Step03：命令行提示：“选择要合并到源的直线：”，选择要合并直线。

Step04：命令行提示：“选择要合并到源的直线：”，按Enter键。

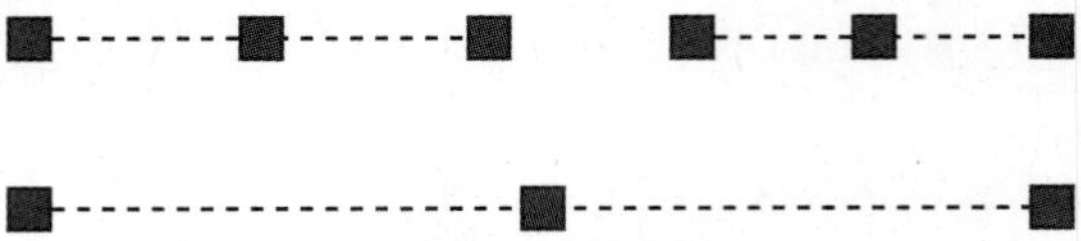

图6-68 合并直线

（2）合并圆弧，如图 6-69 所示。操作步骤如下。

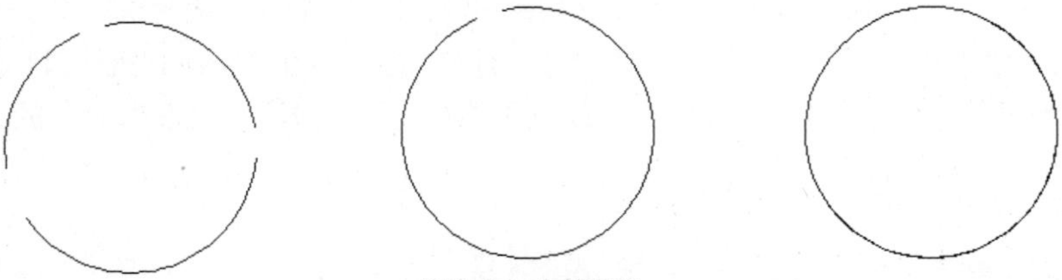

图6-69 合并圆弧

Step01：单击“修改”工具栏的“合并”按钮。

Step02：命令行提示：“-join 选择对象:”，选择源圆弧段，即左上边的那段圆弧。

Step03：命令行提示：“选择圆弧，以合并到源或进行[闭合(L)]：”，选择要合并的另外两段圆弧。

Step04：命令行提示：“选择要合并到源的直线：”，按Enter键，合并结果如图6-69 中间的图形。

若在Step03中输入l，按Enter键，则闭合圆弧，如图6-69右图所示。

6.19 编辑对象特性

对象特性一般情况下包括一般特性和几何特性两方面。默认情况下，在某层中绘制的对象的颜色、线型、线宽等特性属于一般特性；对象的尺寸和位置属于几何特性。用户一般可以在”特性“工具栏中修改对象的特性，“特性”工具栏如图6-70所示。“特性”面板如图6-71所示。

图6-70 “特性”工具栏

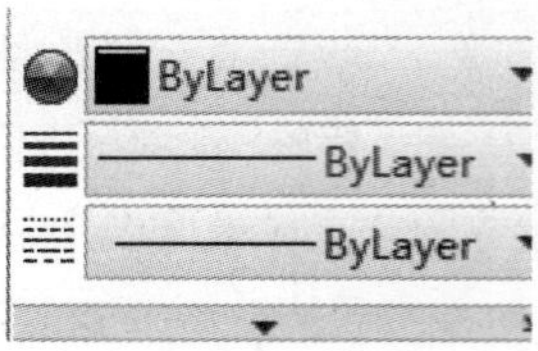

图6-71 “特性”面板

当用户只选择一个对象时，工具栏上的控制项将显示这个对象的相应特性。当用户选择多个对象时，工具栏上的控制项将显示所选择的对象都具有的相同特性。如果这些对象所具有的特性不相同，则相应的控制项为空白。

如果没有选择对象，控制项将显示当前图层的特性，包括图层的颜色、线型、线宽和打印样式。

如果用户想要修改某个对象特性，只需在相应的控制项中选择新的选项即可。

6.19.1 利用“特性”选项板

“特性”选项面板可以对选择对象的特性进行观察和修改。它既可以修改对象共有的基本特性，如对象的图层、线型、颜色等，也可以修改对象的几何特性、视图特性等。用户选择的对象不同，特性选项面板中显示的内容和项目也会有所不同。

执行方式如下。

- 工具栏：单击“标准”工具栏中的“特性”按钮，然后按Enter键。
- 菜单栏：执行“修改>特性”命令。

“特性”选项板如图6-72所示。在默认情况下，“特性”选项板口处于浮动状态，随着拖放位置的不同，其标题显示的方向也不同。

该选项板包含标题栏、工具栏、特性窗口和提示栏4部分。

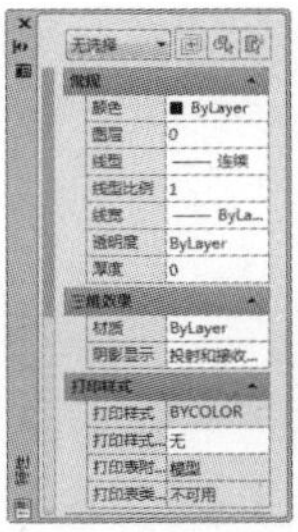

图6-72 “特性”选项板

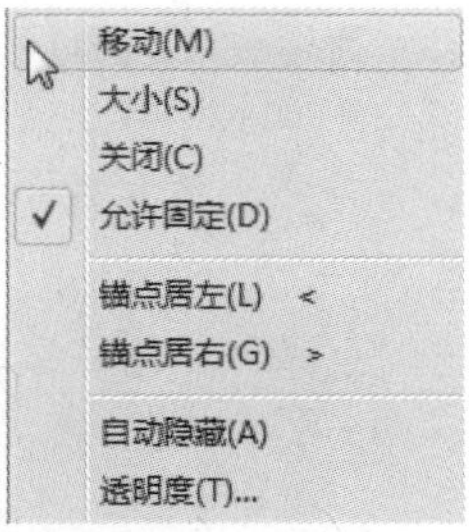

图6-73 快捷菜单

1. 标题栏

标题栏位于“特性”选项板的一侧，用于对选项板进行控制。单击标题栏的“特性”按钮，将显示快捷菜单，可对窗口进行移动，改变大小，对关闭、自动隐藏和说明区域显示进行控制，如图6-73所示。单击标题栏的按钮，用于控制选项板的显示与隐藏状态。

用户可以通过该快捷菜单来确定是否隐藏窗口、是否在窗口内显示特性的说明部分以及是否将窗口锁定在主窗口中等。

2. 工具栏

工具栏中的下拉列表框用来显示当前图形中选择对象的名称，不同对象对应的特性管理组合框有所不同，如图6-74所示。

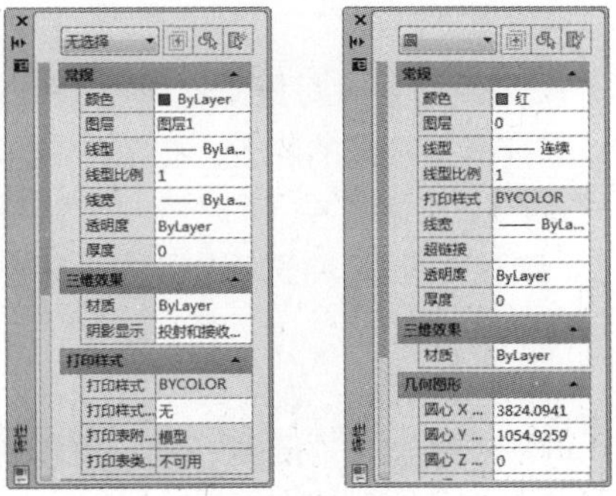

图6-74 工具栏

其中，“切换PICKADD的系统变量值”按钮，用来切换系统变量PICKADD的参数值。打开 PICKADD 时，每个选定对象（无论是单独选择或通过窗口选择的对象）都将添加到当前选择集中。关闭 PICKADD 时，选定对象将替换当前选择集。

“选择对象”按钮，可以在绘图区内任意选择方法选择对象，“特性”选项板将显示选定对象的共有特性，然后可以在“特性”选项板中修改选定对象的特性，或输入编辑命令对选定对象做修改，以便进行编辑。

“快速选择”按钮，可以快速创建基于过滤条件的选择集。单击快速选择按钮，弹出“快速选择”对话框，如图6-75所示。

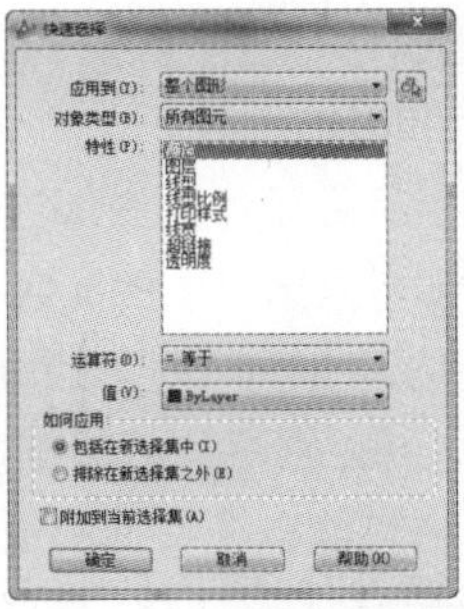

图6-75 “快速选择”对话框

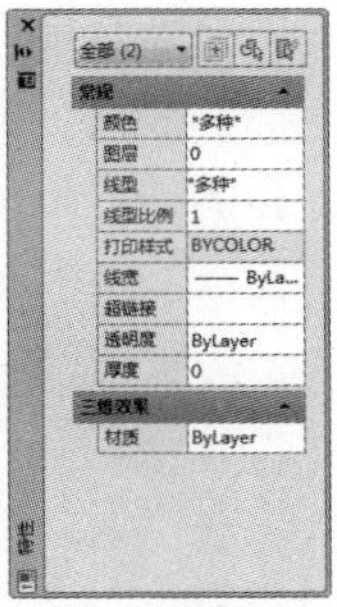

图6-76 对象的共有特性

3. 特性窗口

特性窗口中包含了多个特性组合框，可以用来控制和修改所选对象的各种特性。选定一个对象时，将显示它的所有特性，包括基本特性、几何特性及其有关特性等，若选定多个对象时，将显示当前选择集中的所有对象的共有特性，如图6-76所示。

6.19.2 利用特性匹配

特性匹配是用来将选定对象的特性应用到其他对象，即将一个对象的特性复制到指定另一个对象中，使两个对象有相同的特性设置。

执行方式如下。

- 工具栏：单击“标准”工具栏中的“特性匹配”按钮 。
- 菜单栏：执行“修改>特性”命令。
- 面板：单击“常用”选项卡“特性”面板中的“特性匹配”按钮 。

命令行提示如下。

```
选择源对象：// 选择对象
当前活动设置：颜色 图层 线型 线型比例 线宽 厚度 打印样式 标注 文字 填充图案 多段线 视口 表格材
质 阴影显示 多重引线
选择目标对象或 [ 设置 (S)]: '_matchprop
正在恢复执行 MATCHPROP 命令
选择源对象：// 选择对象
选择目标对象或 [ 设置 (S)]:
```

如果需要对对象特性调整，则键入S后，选择“设置”选项，弹出“特性设置”对话框，在对话框中可以选择需要匹配的特性，如图6-77所示。

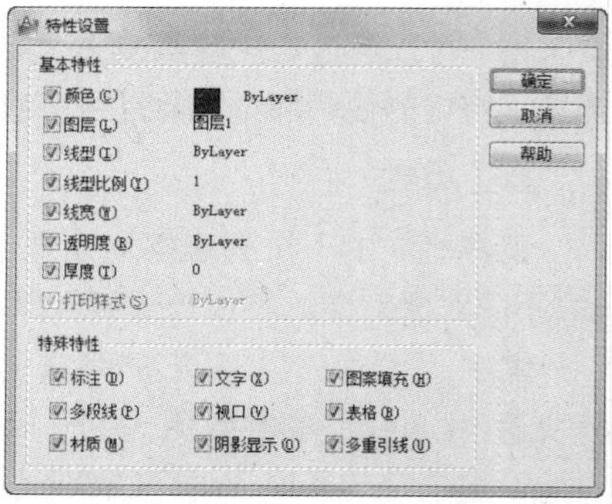

图6-77 “特性设置”对话框

在该对话框中，可以控制要将哪些对象特性复制到目标对象。默认情况下，将选择“特性设置”对话框中的所有对象特性进行复制。

“基本特性”选项组包括”颜色“、”图层“、”线型“、”线型比例“、”线宽“、”厚度“以及”打印样式“等复选框，”线型“适用于除属性、图案填充、多行文字、点和视口之外的所有对象。“线型比例”适用于除属性、图案填充、多行文字、点和视口之外的所有对象。”厚度“仅适用于圆弧、属性、圆、直线、点、二维多段线、面域、文字和宽线。其他适用于所有对象。

“特殊特性”选项组包括标注、文字、填充图案、多段线、视口、表格、材质、阴影显示和多重引线。

勾选”标注“复选框会将目标对象的标注样式和annotative特性更改为源对象的标注样式和特性。

勾选”文字“复选框会将目标对象的文字样式和annotative特性更改为源对象的文字样式和特性。

勾选”填充图案“复选框会将目标对象的填充特性（包括其annotative特性）更改为源对象的填充特性。

勾选”多段线“复选框会将目标多段线的宽度和线型生成特性更改为源多段线的宽度和线型生成特性。

勾选”视口“复选框将更改以下目标图纸空间视口的特性以匹配源视口的相应特性：开/关、显示锁定、标准或自定义比例、着色打印、捕捉、栅格以及 UCS 图标的可见性和位置。

勾选”表格“复选框会将目标对象的表样式更改为源对象的表样式。勾选”材质“复选框将更改应用到对象的材质。如果没有为源对象而是为目标对象指定了材质，则将从目标对象中删除材质。

勾选”阴影“复选框选项将更改阴影显示。对象可以投射阴影、接收阴影、投射和接收阴影或者可以忽略阴影。

勾选”多重引线“复选框会将目标对象的多重引线样式和annotative特性更改为源对象的多重引线样式和特性，如表6-1所示。

表6.1 可复制的特性

对 象	颜色和图层	线型和线宽比例	线宽	厚度	文本	尺寸标注	图案填充	打印样式
三维面	√	√	√					√
圆弧	√	√	√	√				√
属性定义	√			√	√			√
圆	√	√	√	√				√
标注	√	√				√		√
椭圆	√	√	√					√
图案填充	√		√				√	√
图像	√	√						√
插入点	√	√	√					√
引线	√	√	√			√		√
直线	√	√	√	√				√
多行文字	√				√			√
嵌入对象								
点	√		√	√				√
二维多段线	√	√	√	√				√
三维多段线	√	√	√					√
三维网格	√	√	√					√
Pface 网格	√	√	√					√
射线	√	√	√					√
面域	√	√	√	√				√
二维实体	√	√	√					√
ACIS 实体	√	√	√					√
样条曲线	√	√	√					√
文字	√	√		√	√			√
公差	√	√	√			√		√
跟踪	√	√	√	√				√
视区	√		√					√
构造线	√	√	√					√
外部参照	√	√	√					√
Body	√	√	√					

6.20 使用夹点编辑

选择对象时，在对象上会显示很多小方框，这些小方框就是用于标记被选中对象的夹点，即对象上的控制点，如图6-78所示。

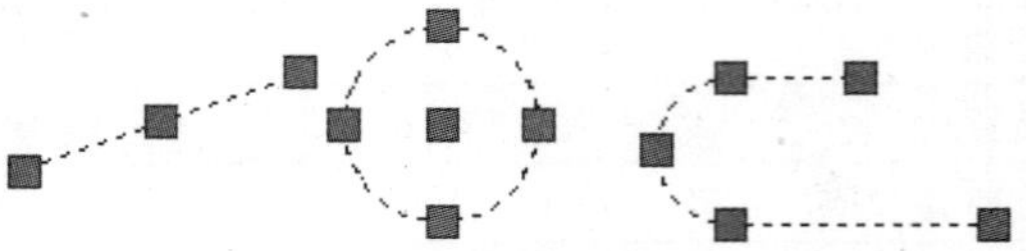

图6-78 对象的控制点

6.20.1 控制夹点显示

系统默认情况下，夹点是打开的。用户可以通过“选项”对话框中的“选择集”选项卡进行夹点大小和显示的设置，如图6-79所示。

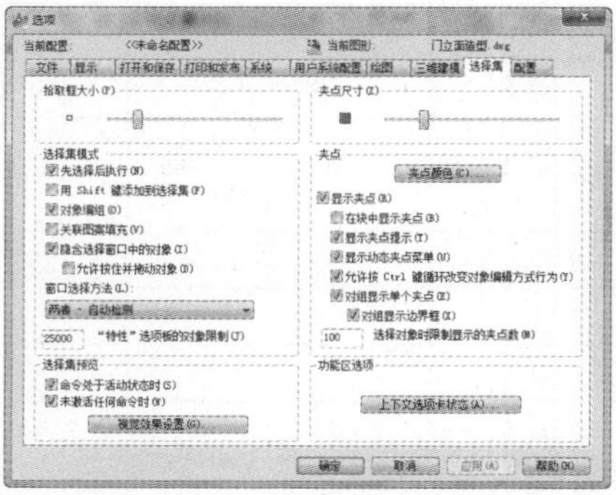

图6-79 夹点设置

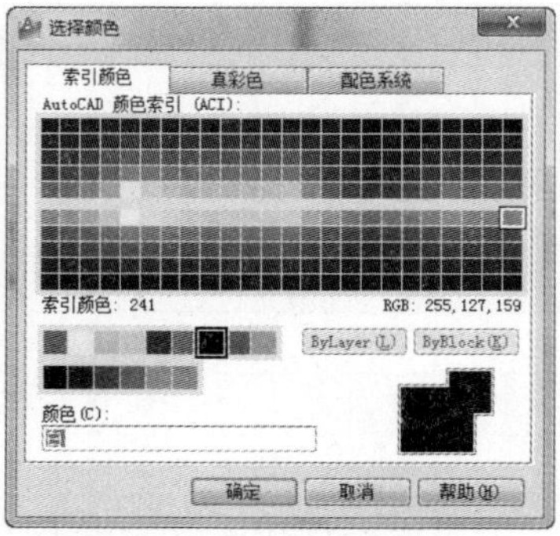

图6-80 “选择颜色”对话框

设置夹点的各项说明如下。

- “夹点尺寸”：用于控制显示夹点的大小，该项与系统变量GRIPSIZE相对应。
- “夹点颜色”：用于确定未选中的夹点的颜色。如果用户单击”夹点颜色“按钮，系统就会弹出“选择颜色”对话框，如图6-80所示，用户可在此列表框自定义颜色。该项与系统变量GRIPCOLOR相对应。
- “显示夹点”复选框：若勾选此复选框，用户在选择对象时在对象上显示夹点。该项与系统变量GRIPS相对应。可以通过选择夹点和使用快捷菜单来编辑对象。
- “在块中显示夹点”复选框：若选中此项，系统将会显示块中每个对象的所有夹点。若不选择此项，则将在块的插入点位置显示一个夹点。
- “显示夹点提示”复选框：若勾选此复选框，将光标悬停在自定义对象的夹点上时，显示夹点的特定提示。该项与系统变量GRIPTIPS相对应。此选项在标准AutoCAD对象上无效。
- “选择对象时限制显示夹点数”文本框：若初始选择集包括多余指定数目的对象时，抑制夹点的显示。有效值的范围从1到32767，默认值是100。该项与系统变量GRIPOBJLIMIT相对应。

不同的对象，用来控制其特征的夹点的数量和位置时不一样的。下面具体介绍各种对象的夹点特征。

“直线”：两个端点和中点，如图6-81所示。

图6-81 直线

“多段线”：直线段的两端点、圆弧的中点和两端点，如图6-82所示。

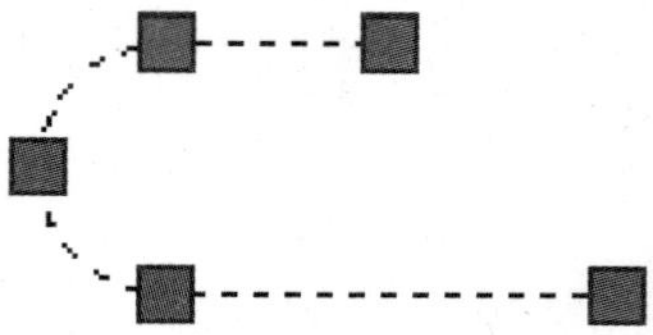

图6-82 多段线

"射线"：起点和射线上的一个点，如图 6-83 所示。

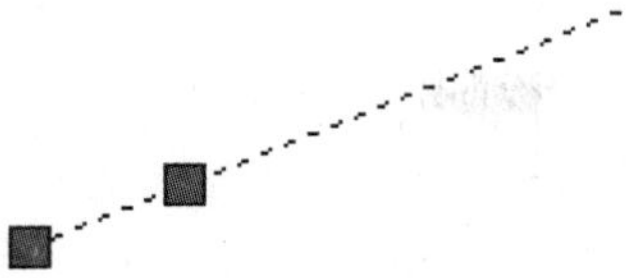

图6-83 射线

"多线"：控制线上的两个端点，如图 6-85 所示。

图6-85 多线

"圆弧"：两个端点和中点，如图 6-87 所示。

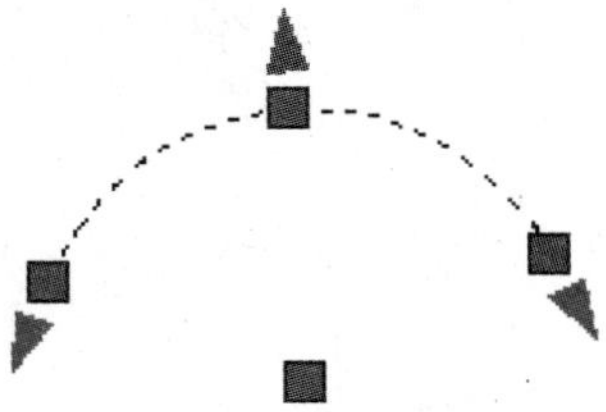

图6-87 圆弧

"椭圆弧"：端点、中点和中心点，如图 6-89 所示。

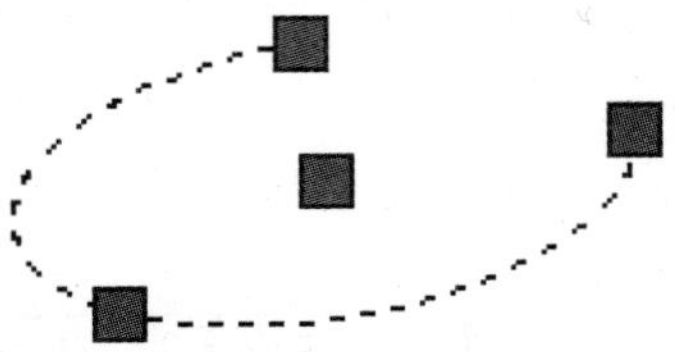

图6-89 椭圆弧

"文字"：插入点和第二个对齐点，如图 6-91 所示。

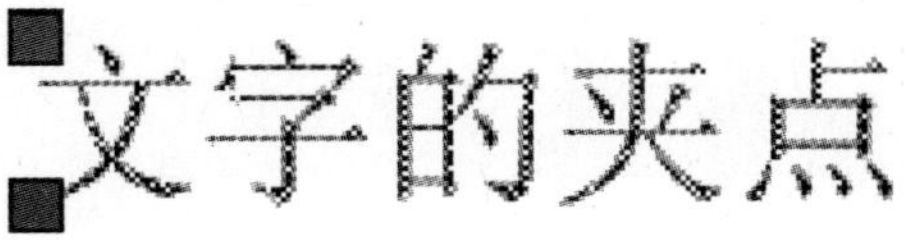

图6-91 文字

"构造线"：控制点和线上的邻近两点，如图 6-84 所示。

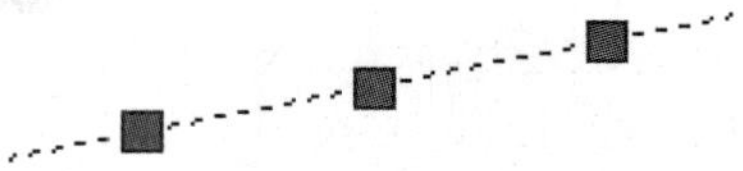

图6-84 构造线

"圆"：四个象限点和圆心，如图 6-86 所示。

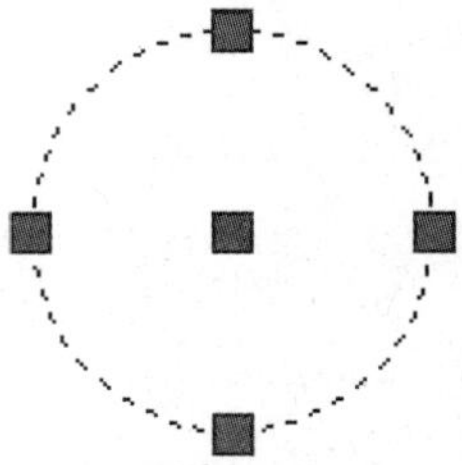

图6-86 圆

"椭圆"：四个顶点和中心点，如图 6-88 所示。

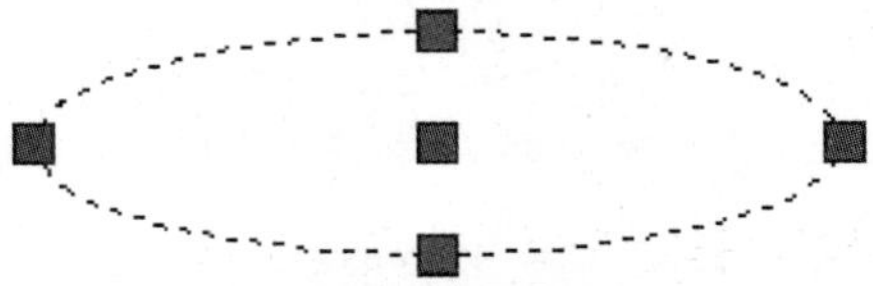

图6-88 椭圆

"区域填充"：各个顶点，如图 6-90 所示。

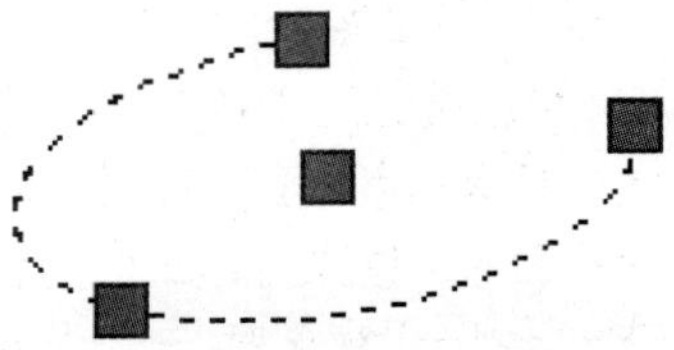

图6-90 椭圆弧

"三维网格"：网格上的各个顶点，如图 6-92 所示。

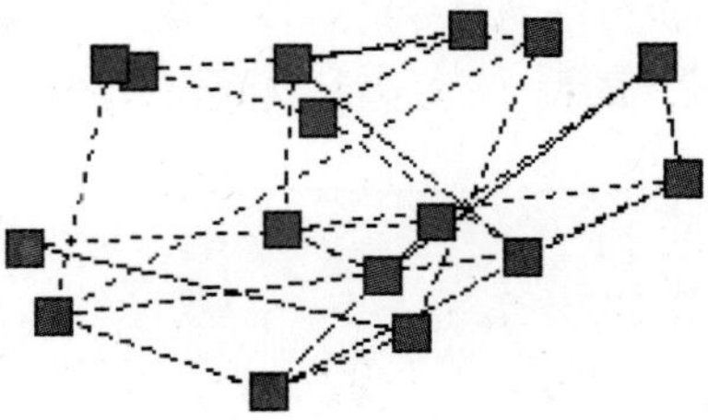

图6-92 三维网格

"三维实体"：底面各点和顶面中心点，如图 6-93 所示。

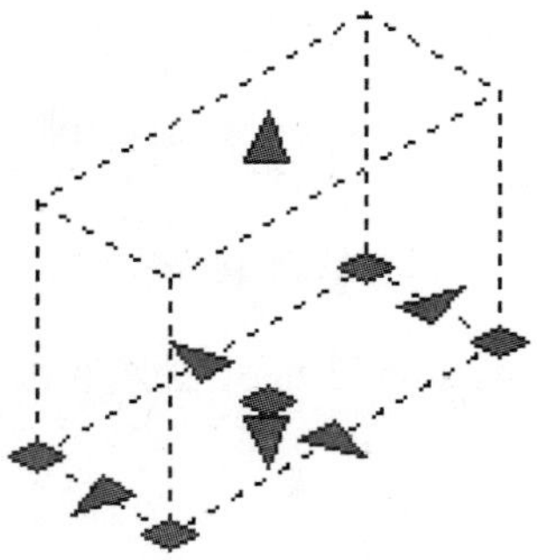

图6-93 三维实体

"对齐标注和线性标注"：尺寸线和尺寸界线的端点，尺寸文字的中心点，如图 6-94 所示。

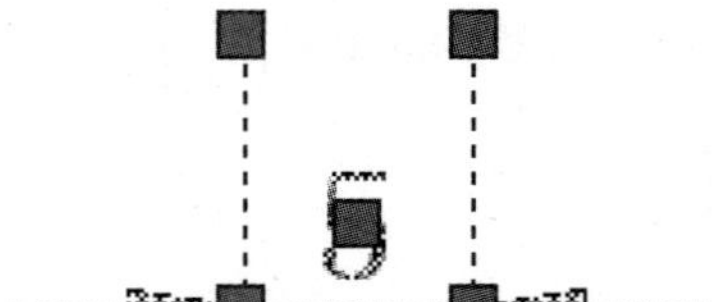

图6-94 线性标注

角度标注"：尺寸线端点和指定尺寸标注弧的端点，尺寸文字的中心点，如图6-95所示。

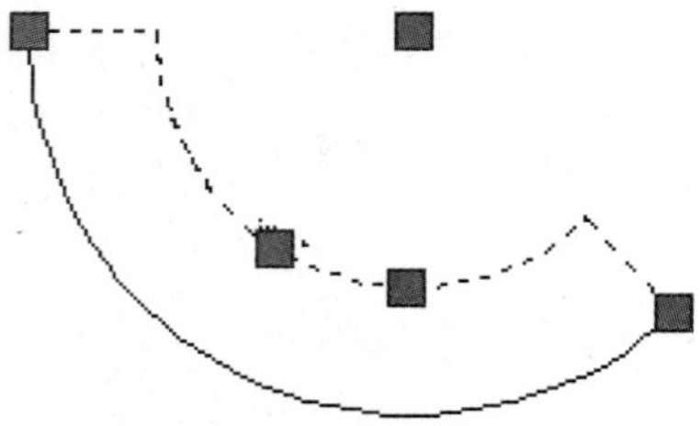

图6-95 角度标注

"半径和直径标注"：半径和直径标注的端点，尺寸文字的中心点，如图 6-96 所示。

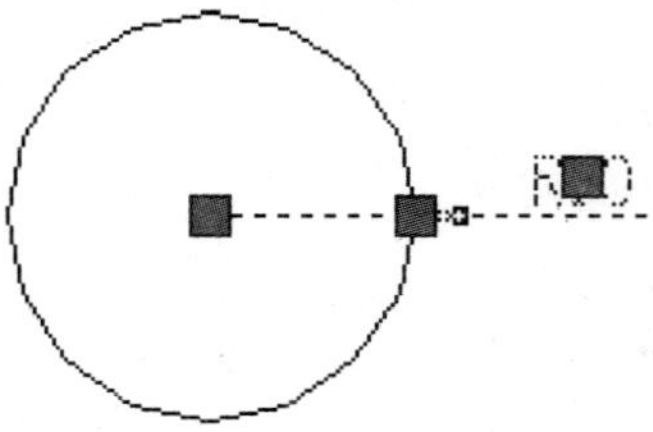

图6-96 半径标注

坐标标注"：被标注点，指定的引出线端点和尺寸文字的中心点，如图6-97所示。

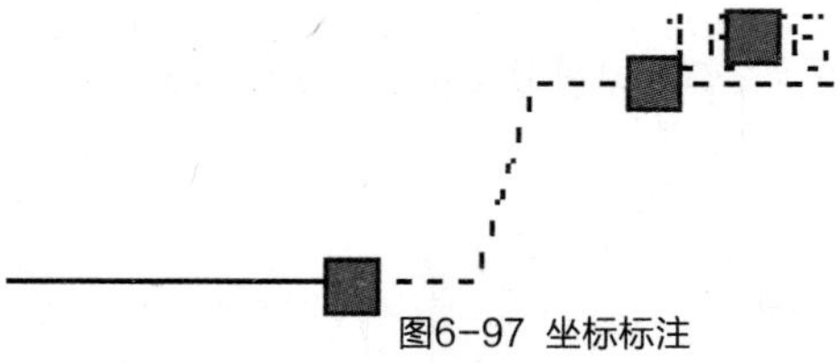

图6-97 坐标标注

6.20.2 使用夹点编辑图形

夹点编辑是一种集成的编辑模式，它提供了一种很方便快捷的图形编辑操作方式。利用夹点可以对对象进行拉伸、旋转、移动及镜像等一系列操作。

1. 拉伸对象

不执行任何命令时选择对象，显示其夹点，然后单击其中任意一个夹点作为拉伸的基点。命令行会提示如下信息。

```
拉伸
指定拉伸点或 [ 基点 (B)/ 复制 (C)/ 放弃 (U)/ 退出 (X)]:
```

各选项具体说明如下。

- "基点"：用于重新确定拉伸基点。
- "复制"：允许确定一系列的拉伸点，用以实现多次拉伸。
- "放弃"：用于取消上一步的操作。
- "退出"：用于退出当前的操作。

通常在默认情况下，指定后拉伸点后系统就会把对象拉伸到新的位置。对于某些点，移动时只能移动对象但不能拉伸对象，像文字、直线中点、圆心和点等对象上的夹点。

操作示例

使用夹点拉伸对象。

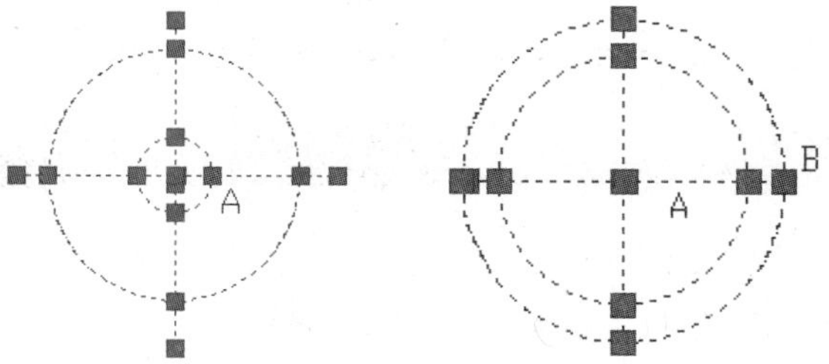

（a）拉伸前　　（b）拉伸后

图6-98 利用夹点拉伸对象

操作步骤如下。

Step01：选择对象以显示夹点。

Step02：单击A点作为拉伸的夹点，选中时此夹点变为红色。

Step03：命令行提示："指定拉伸点或[基点(B)/复制(C)/放弃(U)/退出(X)]:"，用鼠标拖动A点至B点，效果如图6-98所示。

2. 移动对象

移动对象是指仅在位置上的平移，对象的大小和方向都不会改变。如果对象想要精确地移动对象，可以使用捕捉模式、坐标和对象捕捉模式。在夹点编辑模式下确定基点后，在命令行提示下输入MO进入移动模式，命令行将会显示如下信息。

```
指定移动点或 [ 基点 (B)/ 复制 (C)/ 放弃 (U)/ 退出 (X)] :
```

通过输入点的坐标或拾取点的方式来确定平移对象的目的点，便可以基点为起点进行平移，将对象平移到以目的点位终点的新位置。

操作示例

使用夹点移动对象。

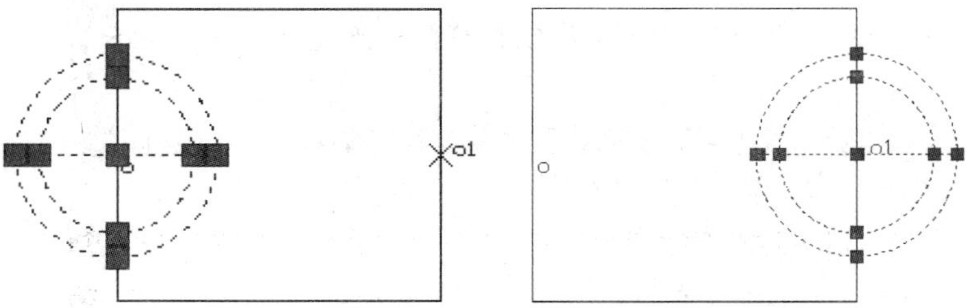

（a）移动前　　（b）移动后

图6-99 利用夹点移动对象

操作步骤如下。

Step01：选择对象以显示夹点。

Step02：单击O点作为拉伸的夹点，选中时此夹点变为红色。

Step03：命令行提示："指定拉伸点或[基点(B)/复制(C)/放弃(U)/退出(X)]:"，输入mo，按Enter键。

Step04：命令行提示："指定移动点或[基点(B)/复制(C)/放弃(U)/退出(X)]："，拖动O点至O1点，结果如图6-99所示。

3. 旋转对象

在夹点编辑模式下，确定基点后，在命令行输入RO进入旋转模式，此时，命令行将显示如下提示信息。

```
旋转
指定旋转角度或 [ 基点 (B)/ 复制 (C)/ 放弃 (U)/ 参考 (R)/ 退出 (X)] :
```

通常在默认情况下，输入角度值后或通过拖动的方式确定了旋转角度后，便可以将对象绕着基点旋转指定的角度。用户也可以选择"参考"，以参考方式来旋转对象。

操作示例

使用夹点旋转对象，操作步骤如下。

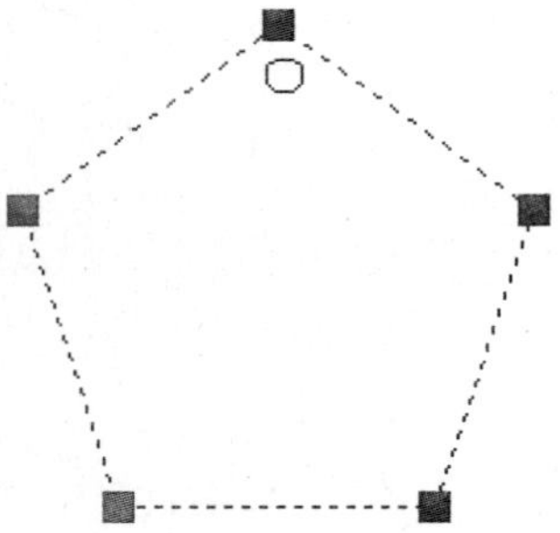

(a) 旋转前

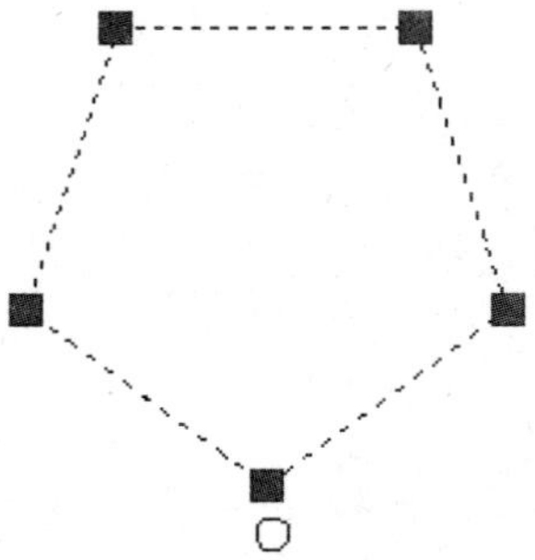

(b) 旋转后

图6-100 利用夹点旋转对象

Step01：选择对象以显示夹点。

Step02：单击O点作为拉伸的夹点，选中时此夹点变为红色。

Step03：命令行提示："指定拉伸点或[基点(B)/复制(C)/放弃(U)/退出(X)]:" 输入ro，按Enter键。

Step04：命令行提示："指定旋转角度或[基点(B)/复制(C)/放弃(U)/参考(R)/退出(X)]：" 输入180，按Enter键自动绕O点逆时针旋转180，结果如图6-100所示。

4. 缩放对象

在夹点编辑模式下，确定基点后，在命令行中输入SC进入缩放模式，此时，命令行将显示如下提示信息。

```
缩放
指定比例因子或 [ 基点 (B)/ 复制 (C)/ 放弃 (U)/ 参考 (R)/ 退出 (X)] :
```

通常在默认情况下，输入了比例因子后，系统会相对于基点进行缩放对象的操作。比例因子大于1即为放大对象；否则，比例因子小于1大于0为缩小对象。

操作示例

使用夹点缩放对象。

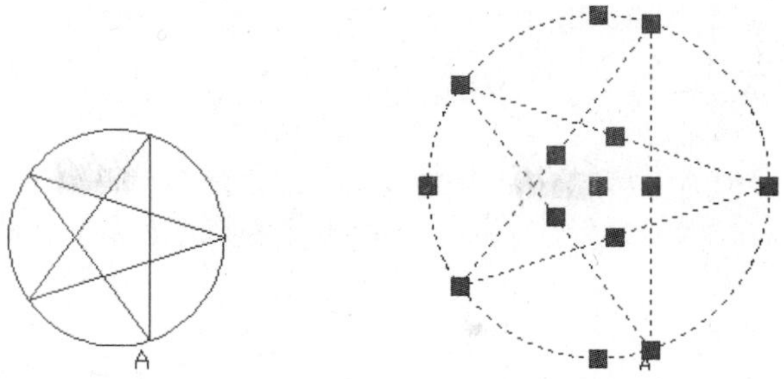

（a）缩放前　　（b）缩放后

图6-101 利用夹点放大对象

操作步骤如下。

Step01：选择对象以显示夹点。

Step02：单击A点作为缩放的夹点，选中时此夹点变为红色。

Step03：命令行提示："指定拉伸点或[基点(B)/复制(C)/放弃(U)/退出(X)]:"输入sc，按Enter键。

Step04：命令行提示："指定比例因子或[基点(B)/复制(C)/放弃(U)/参考(R)/退出(X)]："，输入2，按Enter键，以A点为基点将图形放大一倍，结果如图6-101所示。

5. 镜像对象

与"镜像"命令相类似，镜像操作后将会删除原对象。在夹点编辑模式下，确定基点后，在命令行输入MI进入缩放模式，此时，命令行将显示如下提示信息。

> 镜像
> 指定第二点或 [基点 (B)/ 复制 (C)/ 放弃 (U)/ 退出 (X)] :

当指定了镜像线上的第二个点后，系统将会以基点作为镜像线上的第一点，新指定的点为镜像线上的第二个点，然后将对象进行镜像操作同时删除原对象。

操作示例

利用夹点镜像对象，如图6-102所示。

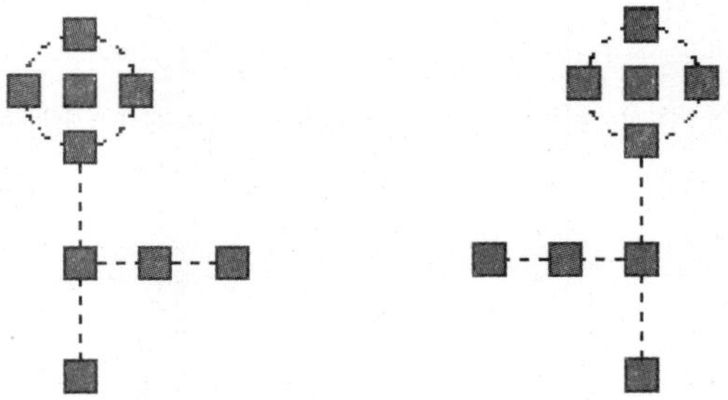

（a）原图形　　（b）镜像后的图形

图6-102 利用夹点镜像图形

操作步骤如下。

Step01：选择对象以显示夹点。

Step02：命令行输入MIRROR，按Enter键。

Step03：命令行提示："指定镜像线的第一点："。

Step04：命令行提示："指定镜像线的第一点：指定镜像线的第一点"。

Step05：命令行提示："要删除原对象吗？[是 (Y) /否 (N)]<N>:"n，按Enter键效果如图6-8所示。

综合实例 —— 绘制卫生间平面图

在绘制复杂的图形时需要应用"修改"菜单所提供的各种命令，这些命令可以有效提高绘图效率，相同的图形绘制可以用不同的"修改"命令完成，我们可以选择最简便的方法，下面以绘制卫生间平面图为例。

Step01 打开AutoCAD，单击"格式 > 图形界限"命令，在提示下先后输入边界的两个坐标，分别为"0,0"和"420,297"，如图6-103所示。

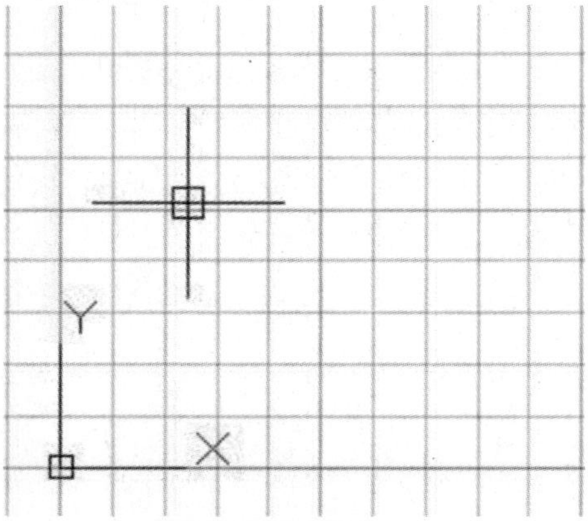

图6-103 图形界限

Step02 单击工具栏中"图层特性"按钮，弹出图层特性管理器并进行设置，如图6-104所示。

图6-104 设置图层

Step03 利用直线和偏移命令绘制出水平和竖直的辅助线，如图6-105所示。

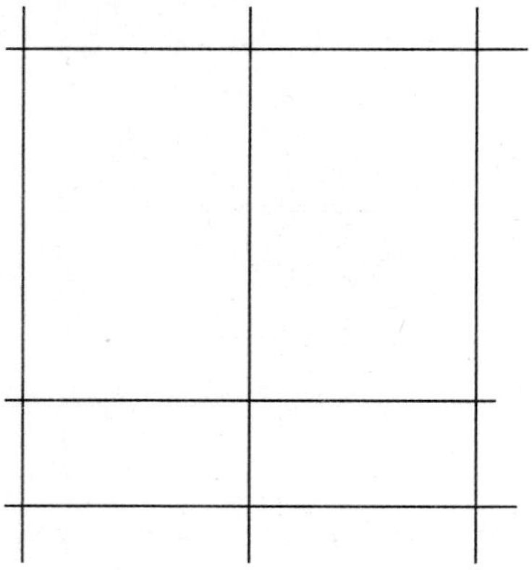

图6-105 辅助线

Step04 利用多线命令绘制出卫生间墙体，如图6-106所示。

图6-106 利用多线绘制

Step05 执行“修改 > 对象 > 多线”命令，弹出“多线编辑工具”对话框，进行选择，如图 6-107 所示。

图6-107 编辑多线

Step06 利用直线和修剪命令对墙体进行修剪，如图 6-108 所示。

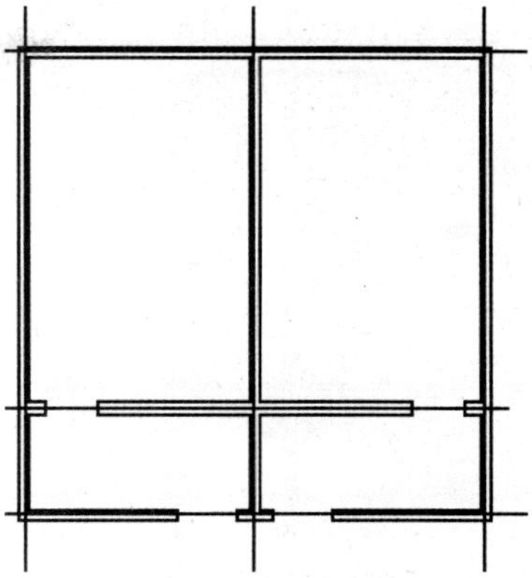

图6-108 修剪墙体

Step07 利用直线和偏移命令绘制出卫生间中的一个位子，如图 6-109 所示。

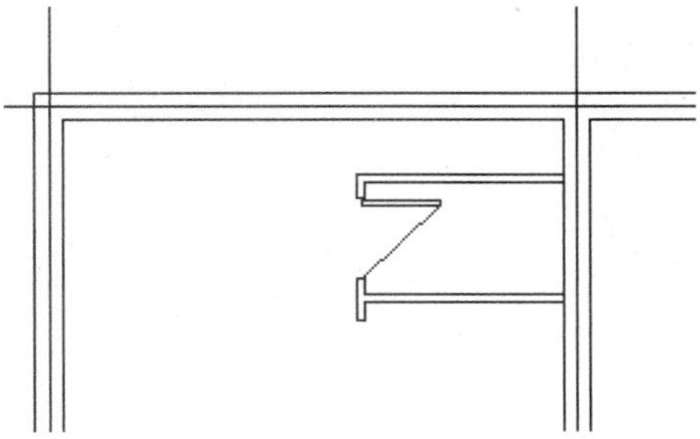

图6-109 绘制隔间

Step08 利用直线和圆弧命令绘制座便器，如图 6-110 所示。

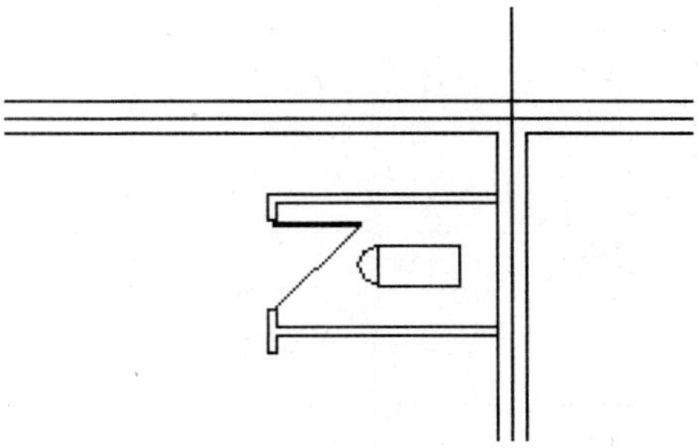

图6-110 绘制座便器

Step09 利用阵列命令阵列出一排隔间和座便器，如图 6-111 所示。

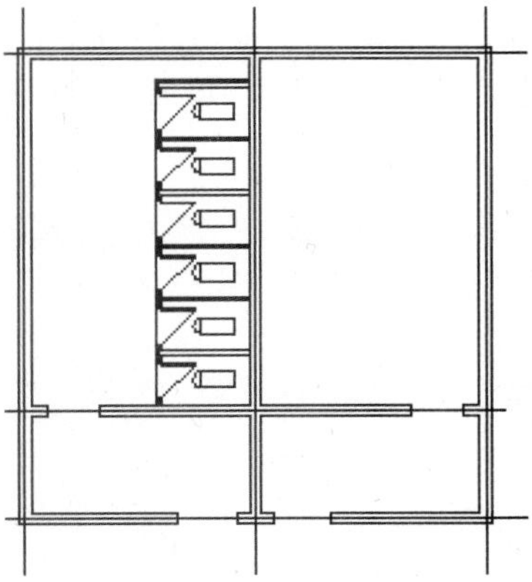

图6-111 阵列图形

Step10 利用镜像命令镜像出另一排隔间和座便器，如图 6-112 所示。

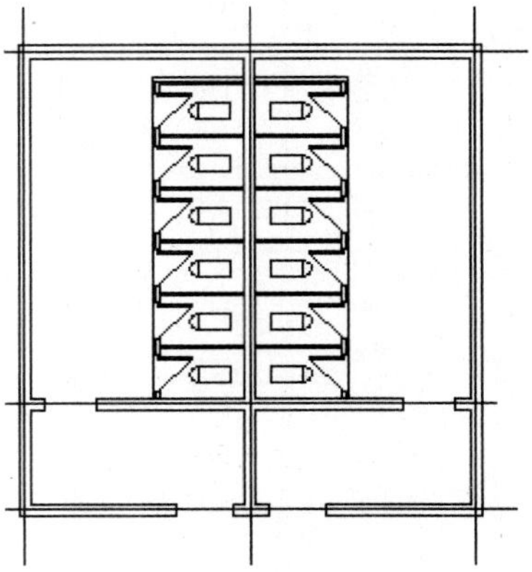

图6-112 镜像图形

Step11 利用直线、镜像和偏移命令绘制出多个垃圾箱，如图 6-113 所示。

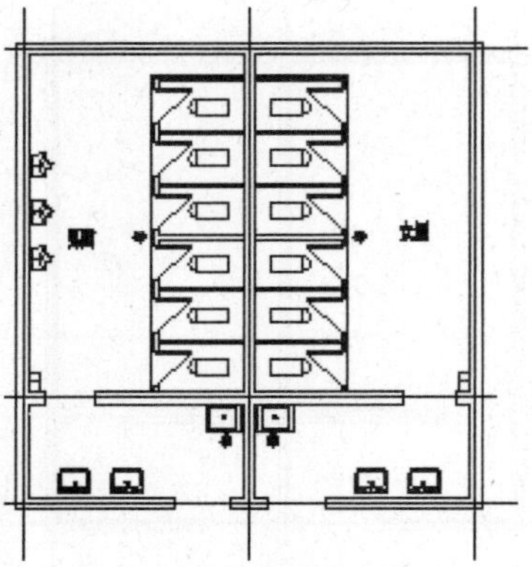

图6-113 绘制垃圾箱

Step12 利用复制和粘贴命令在图形中放置多个小便器，如图 6-114 所示。

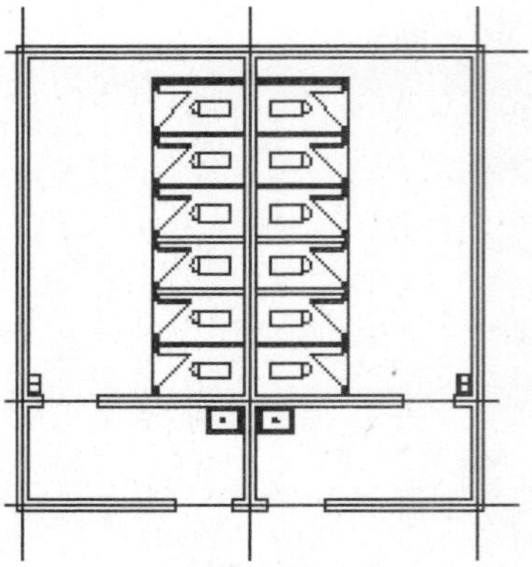

图6-114 绘制小便器

Step13 利用复制和粘贴命令在图形中放置多个洗手池，如图 6-115 所示。

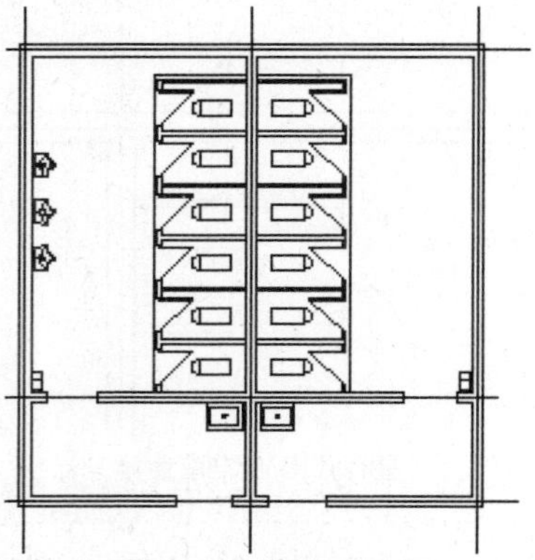

图6-115 绘制洗手池

Step14 利用复制和粘贴命令在图形中放置多个地漏，如图 6-116 所示。

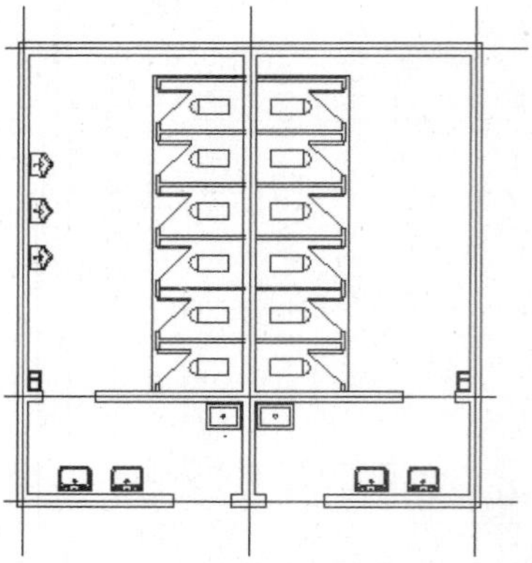

图6-116 绘制地漏

Step15 利用文字命令在图形标出“女厕”和“男厕”，如图 6-117 所示。

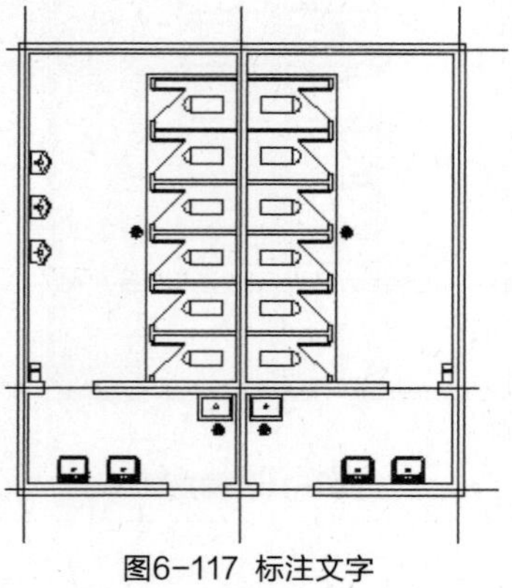

图6-117 标注文字

Step16 将绘制好的“卫生间平面图”的图形保存到指定的路径中，如图 6-118 所示。

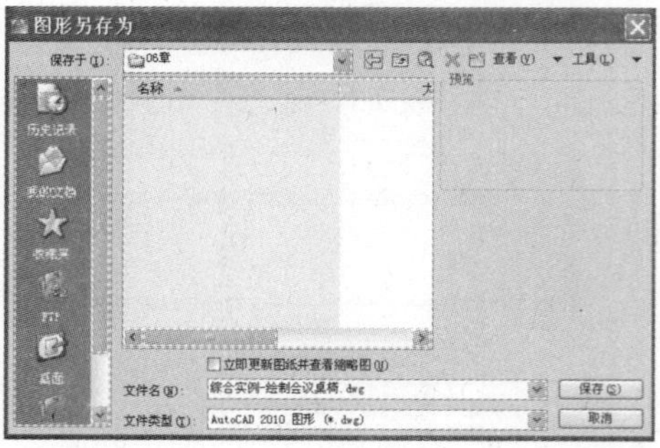

图6-118 保存

高手应用秘籍：国家制图标准的图线基本规定

根据建设部《关于印发一九九八年工程建设国家标准制定、修订计划（第二批）的通知》（建标[1998]244号）的要求，由建设部会同有产部门共同对《房屋建筑制图统一标准》等六项标准进行修订，经有关部门会审，现批准《房屋建筑制图统一标准》GB/T 50001-2001、《总图制图标准》GB/T 50103-2001、《建筑制图标准》GB/T 50104-2001、《建筑结构制图标准》GB/T 50105-2001、《给水排水制图标准》GB/T 50106-2001和《暖通制图标准》GB/T 50114-2001为国家标准，自2002年3月1日起施行。原《房屋建筑制图统一标准》GBJ 1-86、《总图制图标准》GBJ 103-87、《建筑制图标准》GBJ 104-87、《建筑结构制图标准》GBJ 105-87、《给水排水制图标准》GBJ 106-87和《暖通空调制图标准》GBJ 114-88同时废止。

一. 图线规定

图线的宽度b，应根据图样的复杂程度的比例，按《房屋建筑制图统一标准》（GB/T50001-2001）中（图线）的规定选用（如下3个图）。绘制较低简单的图样时，可采用两种线宽的线宽组，其线宽比宜为b：0.25b。

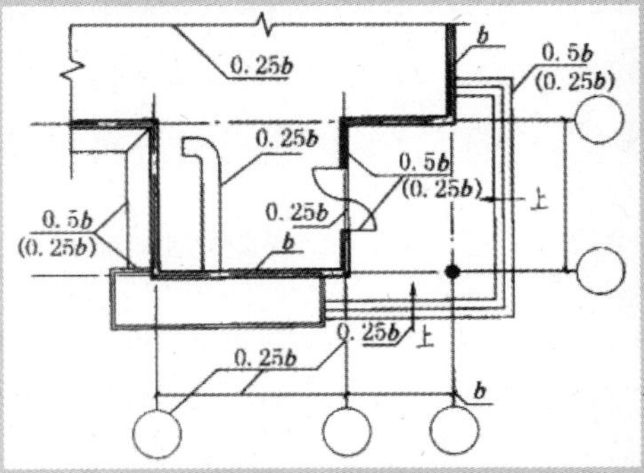

平面图图线宽度选用示例

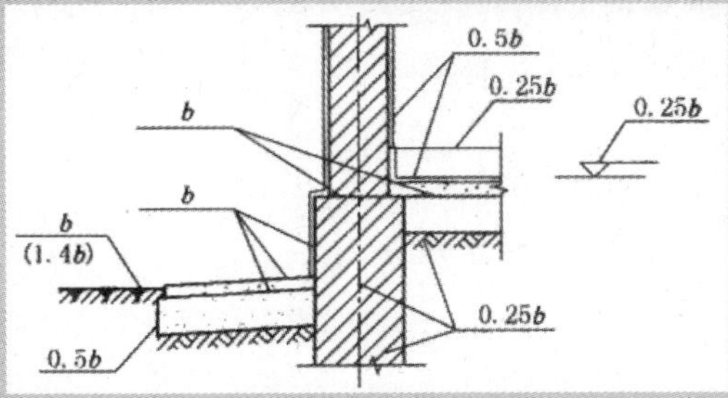

墙身剖面图图线宽度选用示例

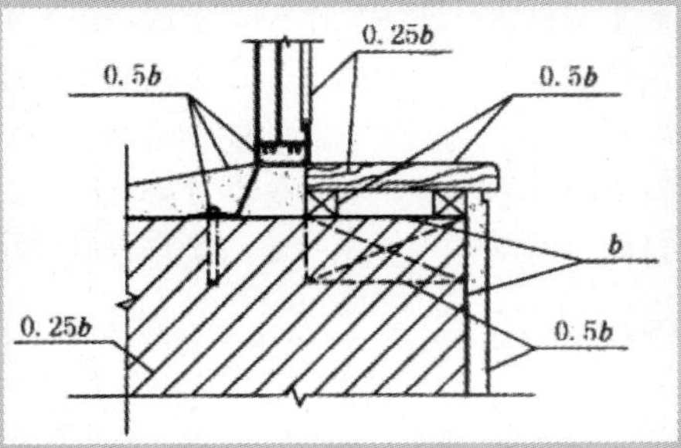

详图图线宽度选用示例

秒杀工程疑惑

在学习本章关于"编辑二维图形"时会遇到各种问题，下面我们来解决一些常遇到的问题，包括图形的分解、倒角操作等方面的问题。解决这些问题对我们以后的进一步学习有很大的帮助。

问　题	解　答
分解的主要功能是什么？不同的对象，分解后的效果是否一样?	分解主要是用于将组合对象如多段线、块、图案填充等拆开。对于不同的对象，分解效果不同。例如，对带属性的块分解后将丢失属性值，显示其相应的属性标志。其中系统变量 EXPLMODE 控制对不等比插入块的分解，其默认值为 1，允许分解，分解后的块中的圆、圆弧将保持不等比插入所引起的变化，转化为椭圆、椭圆弧。如取值为 0，则不允许分解。例如二维多段线分解后为直线段或圆弧段，丢失相应的宽度和切线方向信息，对于宽多线段，分解后的直线段或圆弧段沿其中心线位置。尺寸对象分解为段落文本（mtext）、直线、区域填充和点。图案填充分解为组成图案的一条条直线
可以进行倒角操作的对象有哪些?	可以进行倒角操作的对象包括直线、多段线、射线、构造线和三维实体。使用倒角命令可以为多段线的所有点加倒角。
一张零件图包含哪些内容?	完整的一张零件图通常包括以下 4 项内容 ❶ 一组能把零件各部分形状表达清楚的图形，包括视图、剖视图和剖面图等 ❷ 能够确定零件各部分大小和位置的尺寸标注 ❸ 用来说明零件在制造和检验时应达到的一些技术要求。例如表面粗糙度、尺寸公差、形状及位置公差、材料等，这些内容要用符号标明在图上或在图纸的空白地方统一写出 ❹ 用来说明零件的名称、材料、数量及图号等内容的标题栏
偏移和复制都能通过操作得到另外一个新的对象，二者的区别在什么地方?	偏移和复制都属于复制类的二维图像编辑命令，在使用复制命令操作对象时，通常使用两点指定距离的方法，即根据基点及目标指定的距离和方向来复制对象，还可以使用相对距离来复制对象；而偏移是通过指定距离来偏移对象。所有对象都可以进行复制，但并不是所有对象都可以偏移。在 AutoCAD 中，可以进行偏移的对象包括直线、圆弧、圆、椭圆和椭圆弧、二维多段线、构造线和射线、样条曲线

AutoCAD 2012

CHAPTER 07

面域和图案填充、渐变色

面域是具有边界的平面区域，它是一个面对象，内部可以包含孔；图案填充是一种使用指定线条图案来充满指定区域的图形对象，常常用于表达剖面、切面和不同类型物体对象的外观纹理。通过本章的学习，读者应掌握面域的3种布尔运算，并能够设置孤岛和渐变色填充。

学完本章您可以掌握如下知识点

知识点序号	知识点难易指数	知识点
1	★	创建面域以及面域的布尔运算
2	★★	设置图案填充
3	★★★	设置孤岛
4	★★★★	使用渐变色填充图形以及编辑图案填充

本章内容图解链接

◎ 图案填充

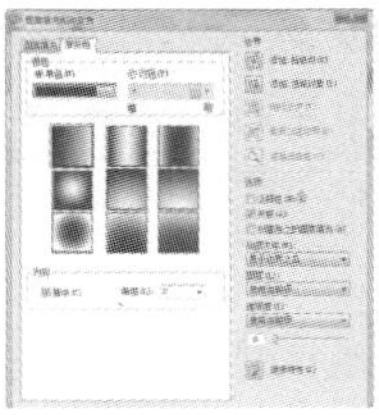

◎ 渐变填充

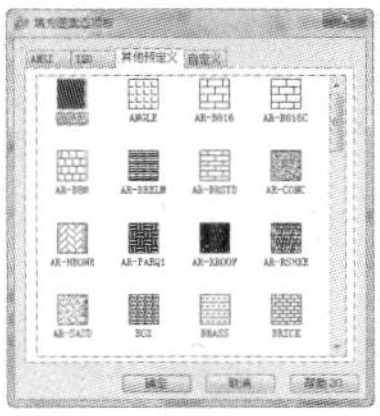

◎ 选择填充图案

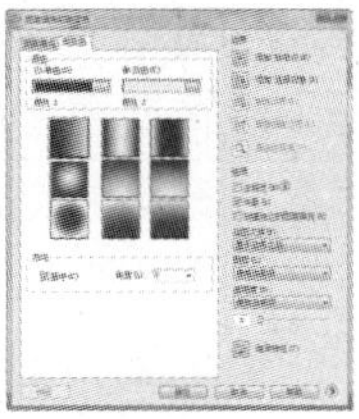

◎ 双色渐变

◎ 设置填充颜色

◎ 边界创建

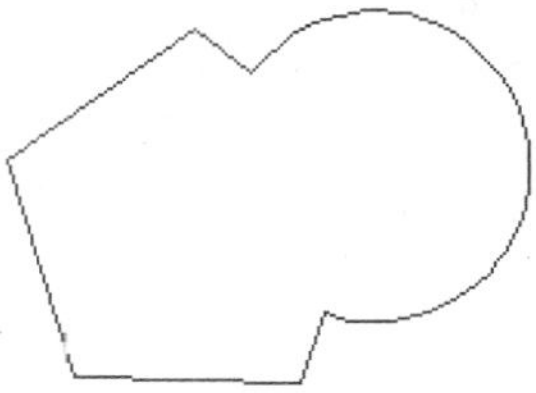

◎ 布尔运算

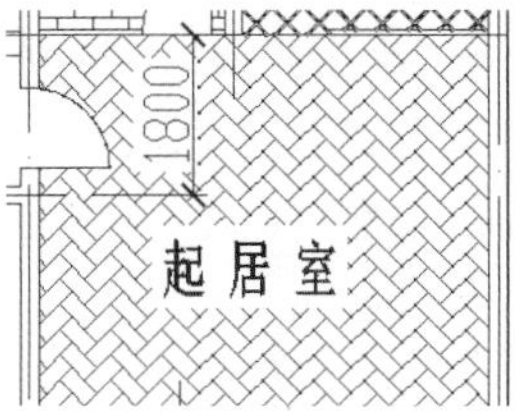

◎ 地板图案填充

7.1 图案填充和渐变色

图案填充可以用填充图案或渐变填充来填充封闭区域或选定对象。在AutoCAD 2012中，图案填充和渐变色的设置是通过如图7-1所示的“图案填充和渐变色” 对话框来完成的。

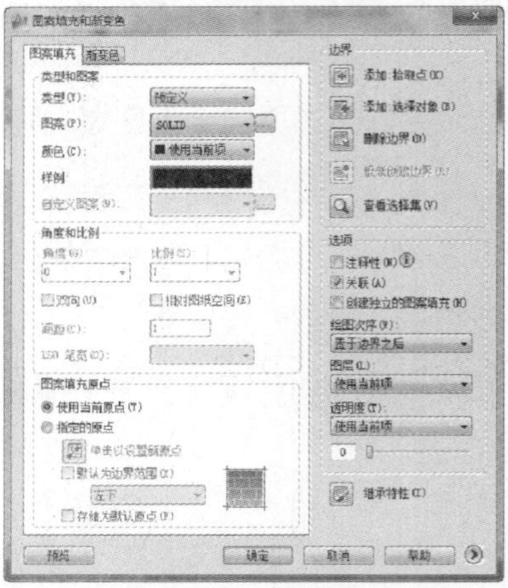

图7-1 “图案填充和渐变色”对话框

在该对话框中，有“图案填充”选项卡和“渐变色”选项卡。下面介绍其中的按钮功能。

- “添加：拾取点”：表示根据围绕指定点构成封闭区域的现有对象确定边界，拾取内部点时，可以随时在绘图区域单击鼠标右键以显示包含多个选项的快捷菜单。

单击该按钮切换到绘图窗口，可在需要填充的区域内任意指定一点，系统会自动计算出包围该点的封闭填充边界，同时亮显该边界，如图7-2所示。如果在拾取点后系统不能形成封闭的填充边界，则会显示错误提示信息。

- 添加：选择对象”按钮表示根据构成封闭区域的选定对象确定边界，选择对象时，可以随时在绘图区域单击鼠标右键以显示快捷菜单。可以利用此快捷菜单放弃最后一次操作，或选定对象、更改选择方式、更改孤岛检测样式或预览图案填充或渐变填充。
- “删除边界”：单击该按钮可以取消系统自动计算或用户指定的边界。
- “重新创建边界”：重新创建图案填充边界。
- “查看选择集”：查看已定义的填充边界。单击该按钮，切换到绘图窗口，已定义的填充边界将亮显。

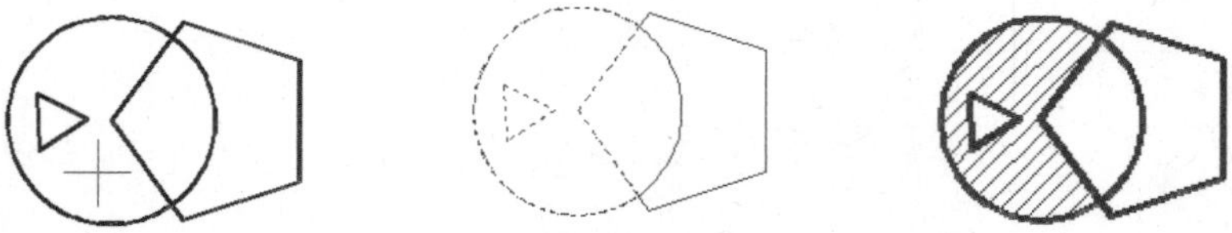

(a)选择一点　(b)填充区域　(c)填充结果

图7-2 边界确定

- “注释性”复选框：表示使用注释性图案填充可以通过符号形式表示材质（如沙子、混凝土、钢铁、泥土等）。注释性图案填充是按照图纸尺寸进行定义的。用户可以创建单独的注释性填充对象和注释性填充图案。注释性填充图案（存储在“acad.pat”文件中）创建注释性填充对象。注释性图案填充的方向始终与布局的方向相匹配。
- “关联”复选框：用来控制图案填充或填充的关联，关联的图案填充或填充在用户修改其边界时将会更新。
- “创建独立的图案填充”复选框：用于创建独立的图案填充。
- “绘图次序”下拉列表框：用于指定图案填充的绘图顺序，图案填充可以放在图案填充边界及所有其他对象之后或之前。
- 单击“预览”按钮可以使用当前图案填充设置显示当前定义的边界。

7.1.1 创建图案填充和渐变色

可以使用预定义填充图案填充区域、使用当前线型定义简单的线框图案，也可以创建更复杂的填充图案。用户也可以创建渐变填充。渐变填充在一种颜色的不同灰度之间或两种颜色之间使用过渡。渐变填充提供光源反射到对象上的外观上，可用于增强演示图形。

执行方式如下。

- 命令行：在命令行中输入BHATCH，按Enter键。
- 工具栏：单击"绘图"工具栏中的"图案填充"按钮 / "渐变色"按钮 。
- 菜单栏：执行"绘图>图案填充/渐变色"命令。

调用命令后，弹出"图案填充和渐变色" 对话框，如图7-3所示。

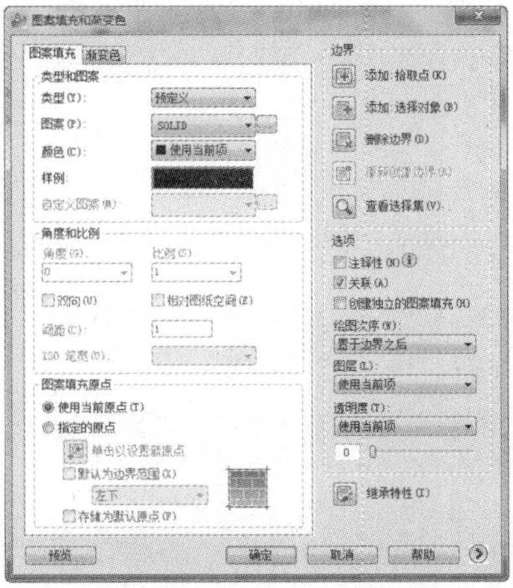

图7-3 "图案填充和渐变色"对话框

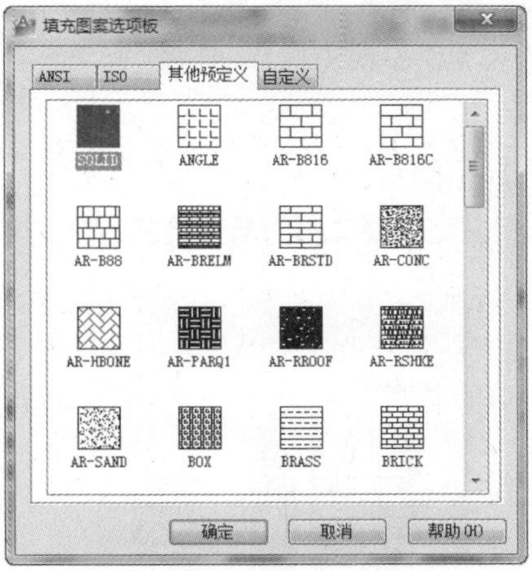

图7-4 "图案填充选项卡"对话框

1. "图案填充"选项卡

该选项卡用来定义要应用的填充图案的外观，如图7-3所示，可以设置类型、图案、角度和比例及图案填充原点等。

- 在"类型和图案"组合框中的"类型"下拉列表提供了三种类型："预定义"、"用户定义"和"自定义"，提供了不同的图案填充形式。

其中"预定义"可以使用AutoCAD提供的图案；"用户定义"需要临时定义图案，该图案由一组平行线或者相互垂直的两组平行线组成"自定义"可以使用事先定义好的图案。

当选用"预定义"类型时，"图案"下拉列表和"样例"预览窗口可用，"自定义"下拉列表不可用。

- "图案"下拉列表列出可用的预定义图案。最近使用的六个用户预定义图案出现在列表顶部。若下拉列表中没有想要的图案，可以单击右侧的按钮 ，弹出"填充图案选项板"对话框，如图7-4所示，该对话框显示所有预定义和自定义图案的预览图像，并在四个选项卡上组织图案，每个选项卡上的预览图像按字母顺序排列。

当选用"用户定义"类型时，"样例"预览窗口可用，"图案"下拉列表和"自定义图案"下拉列表不可用。

当选用"自定义"类型时，"图案"下拉列表和"样例"预览窗口不可用，"自定义图案"下拉列表可用。

- "自定义图案"列出可用的自定义图案。六个最近使用的自定义图案将出现在列表顶部。若下拉列表中没有想要的图案，可以单击右侧的按钮 ，弹出"填充图案选项板"对话框，选择已经加载的图案。
- 在"角度和比例"组合框中，"角度"下拉列表用来指定填充图案的角度；"比例"下拉列表用来放大或缩小预定义或自定义图案。

● “双向”用来为用户定义的图案绘制第二组直线，这些直线与原来的直线成90°，从而构成交叉线。只有在“图案填充”选项卡上将“类型”设置为“用户定义”时，此选项才可用；“相对于图纸空间”是相对于图纸空间单位缩放填充图案，该选项仅适用于布局。

● “间距”下拉列表用来指定用户定义图案中的直线间距，只有将“类型”设置为“用户定义”时，此选项才可用；“ISO笔宽”基于选定笔宽缩放 ISO 预定义图案。只有将“类型”设置为“预定义”，并将“图案”设置为可用的 ISO 图案的一种，此选项才可用。

“图案填充原点”用来控制填充图案生成的起始位置。某些图案填充（例如砖块图案）需要与图案填充边界上的一点对齐。默认情况下，所有图案填充原点都对应于当前的 UCS 原点。

● “使用当前原点”单选按钮，可以使用当前UCS的原点(0,0)作为图案填充原点。“指定的原点”单选按钮，可以通过指定点作为图案填充原点。其中，单击“单击以设置新原点”按钮，可以从绘图窗口中选择某一点作为图案填充原点；选择“默认为边界范围”复选框，可以以填充边界的左下角、右下角、右上角、左上角或圆心作为图案填充原点；选择“存储为默认原点”复选框，可以将指定的点存储为默认的图案填充原点。

2. “渐变色”选项卡

该选项卡用来定义要应用的渐变填充的外观，如图7-5所示所示，可以设置颜色和方向等。

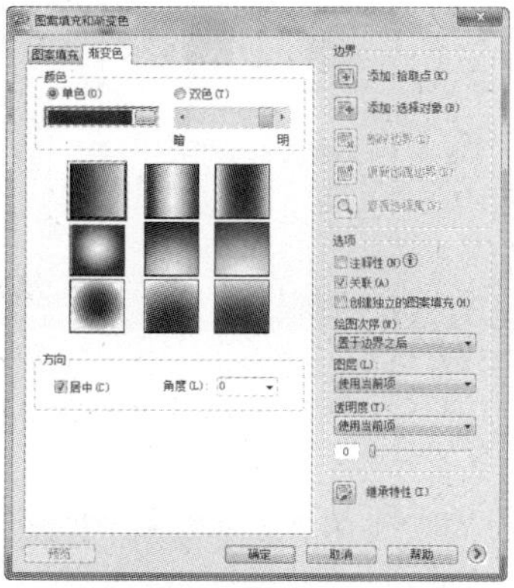

图7-5 “渐变色”选项卡

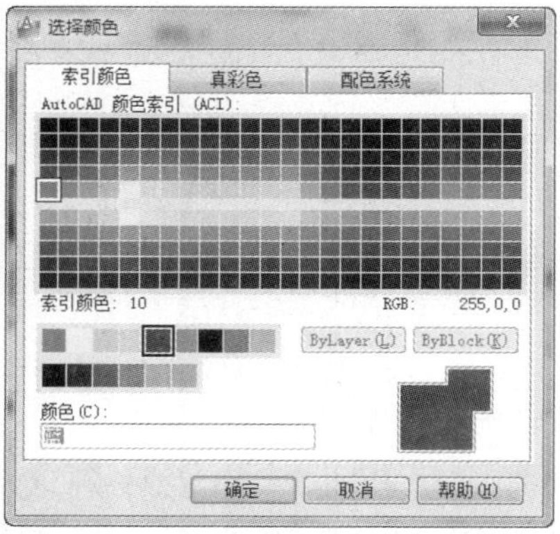

图7-6 “选择颜色”对话框

● “单色”单选按钮表示应用单色对所选择的对象进行渐变填充。其下边的显示框显示用户所选择的真彩色。单击右边的按钮 ，系统打开“选择颜色”对话框，如图7-6所示。

● “双色”单选按钮表示应用双色对所选择的对象进行渐变填充，填充颜色将从颜色1渐变到颜色2。颜色1和颜色2的选取与单色选取类似，如图7-7所示。

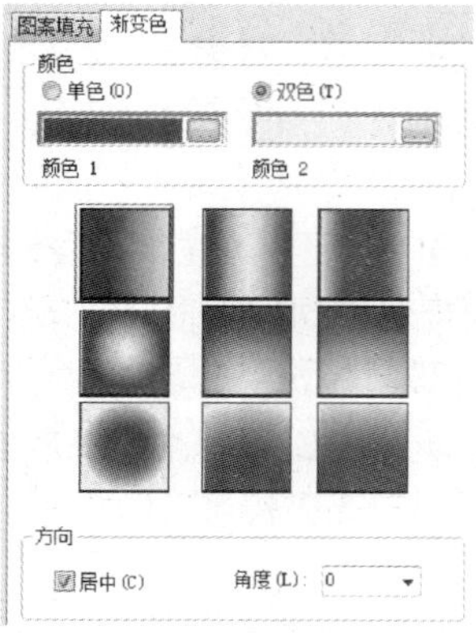

图7-7 双色渐变

● 在“渐变色”选项卡的中部有9个“渐变方式”样板，分别表示不同的渐变方式，包括线形、球形和抛物线形等方式。

● “居中”复选框用来决定渐变填充是否居中。

● “角度”下拉列表框表示在该下拉列表框中选择角度，此角度为渐变色倾斜的角度。不同的渐变色填充如图7-8所示。

(a)单色线形居中0° 渐变　(b)单色线形居中45° 渐变　(c)双色球形不居中0° 渐变　(d)双色抛物线形居中0° 渐变

图7-8 不同的渐变色

工程师点拨：图案填充时的注意事项

在进行图案填充时，通常将位于一个已定义好的填充区域内的封闭区域称为孤岛。单击“图案填充和渐变色”对话框右下角的扩展按钮，将显示更多选项，可以对孤岛和边界进行设置。

7.1.2 编辑填充的图案和渐变色

创建了图案填充后，可以通过该命令修改填充图案或修改图案区域的边界，执行方式如下。

● 命令行：在命令行中输入HATCHEDIT，按Enter键。

● 菜单栏：执行“修改>对象>图案填充” 命令。

执行上述命令后，命令行提示“选择图案填充对象：”，同时光标变成一个小方块。移动小方块在绘图窗口中单击需要编辑的图案填充，这时将打开“图案填充编辑”对话框。“图案填充编辑”对话框与“图案填充和渐变色”对话框的内容完全相同，只是定义填充边界和对孤岛操作的某些按钮不再可用。

打开“图案填充编辑”对话框后，就可以像创建图案填充和渐变色的操作一样来编辑图案填充和渐变色了，此处不再赘述。

双击要修改的图案填充对象，或单击选中要修改的图案填充对象后，再单击右键，再弹出的快捷菜单中选择“编辑图案填充”，均会弹出“图案填充编辑”对话框。

7.1.3 图案填充的可见性控制

某些打印机要花很长时间填充对象内部，通过控制图案填充的可见性，可以简化显示和打印，以提高效率。

执行方式如下。

● 命令行：在命令行中输入FILL/FILLMODE，按Enter键。

当在命令行输入FILL回车后，命令行提示“输入模式[开(ON)/关(OFF)]<开>：”，在命令行输入ON，重新生成图形后填充图案将显示，打印图形时也将打印填充图案。

在命令行输入OFF后按Enter键，重新生成图形后填充图案将不显示，打印图形时也将不打印填充图案。

当在命令行输入FILLMODE后按Enter键后，命令行提示“输入FILLMODE的新值<1>：”。

在命令行输入数字1后按Enter键，重新生成图形后填充图案将显示，打印图形时也将打印填充图案；在命令行输入数字0后按Enter键，重新生成图形后填充图案将不显示，打印图形时也将不打印填充图案。

另外，将填充图案建在单独的图层上，这样在修改填充对象的颜色和线型时就更方便。也可以通过冻结或关闭相应的图层，方便地控制填充对象的可见性。

7.2 面域

面域是具有物理特性（例如形心或质量中心）的二维封闭区域，可以将现有面域组合成单个、复杂的面域来计算面积。面域是使用形成闭合环的对象创建的二维闭合区域。环可以是直线、多段线、圆、圆弧、椭圆、椭圆弧和样条曲线的组合。组成环的对象必须闭合或通过与其他对象共享端点而形成闭合的区域。

面域可用于应用填充和着色，使用MASSPROP分析特性（例如面积），提取设计信息，例如形心。

7.2.1 面域的创建

面域命令REGION用来创建面域，即使用形成闭合环的对象来创建具有物理特性（例如形心或质量中心）的二维封闭区域。

执行方式如下。

- 命令行：在命令行中输入REGION，按Enter键。
- 工具栏：单击“绘图”工具栏里的“面域”按钮 。
- 菜单栏：执行“绘图>面域”命令。

执行上述命令后，命令行提示“选择对象：”，此时，选择好要形成面域的对象后按Enter键，系统自动将所选的对象转换成面域。

操作示例

将几何图形转换成面域。

在创建面域前，所有线段均被视为独立的对象。

操作步骤如下。

Step01：单击菜单栏“绘图>面域”命令。

Step02：按命令行提示“选择对象：”，拾取图中所有线（用拾取框拾取）。

Step03：命令行提示“指定对角点：找到6个选择对象：”。

Step04：按Ente键或单击鼠标右键，完成操作，命令行提示“已提取1个环。已创建1个面域。”

面域创建完成后，再次拾取该图形时只需单击任意一条线便可将6条线全部拾取，拾取结果如图7-9所示，说明该6条线被视为一个对象。

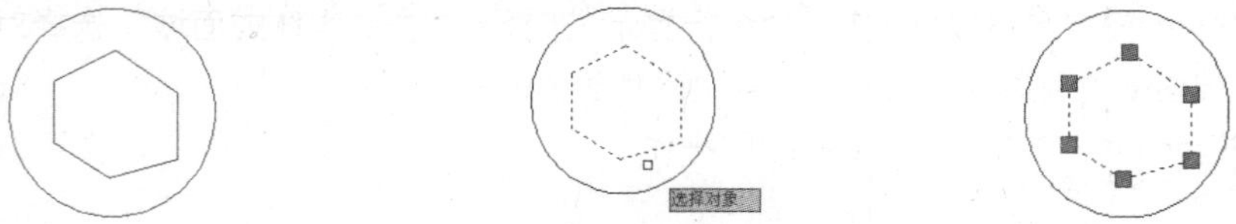

图7-9 面域的创建

7.2.2 面域的布尔运算

布尔运算是数学上的一种逻辑运算，也可以用在面域的运算中，包括并集、交集和差集三种。

执行方式如下。

- 命令行：在命令行输入UNION（并集）/SUBTRACT（差集）/INTERSECT（交集）命令，按Enter键。
- 菜单栏：执行“修改>实体编辑>并集（交集、差集）”命令。
- 工具栏：单击“实体编辑”工具栏中的“并集”按钮 /“差集”按钮 /“交集”按钮 。

执行上述命令后，对于并集和交集，命令行提示“选择对象：”，选择对象结束后单击右键。此时，系统将会对所选的面域作并集和交集计算。

对于差集，命令行提示“选择要从中减去的实体或面域　选择对象：”，此时选择的对象可称为主体对象，等同于算术运算中的被减数。选择对象结束后单击右键，此时，命令行提示“选择要减去的实体或面域　选择对象：”。此时选择的对象可称为参照体对象，等同于算术运算中的减数。选择对象结束后再次单击右键，此时系统将会对所选的面域作差集计算。

工程师点拨：布尔运算的适用范围

布尔运算的对象只包括共面的面域和三维建模中的实体，对于普通的线条图形对象无法使用布尔运算。也就是说，要想对图形进行布尔运算，必须先将普通的线条图形创建成面域。

操作示例

（1）对如图 7-10 所示的几何图形构成的面域进行布尔运算，并集的操作步骤如下。

Step01：执行“修改>实体编辑>并集”命令，命令行提示“union选择对象：”。

Step02：拾取图中的圆，命令行提示“找到1个选择对象：”。

Step03：拾取图中的五边形，命令行提示“找到1个，总计2个选择对象：”。

Step04：按Enter键或单击鼠标右键，完成操作。

操作完成后，并集的布尔运算结果如图7-11所示。

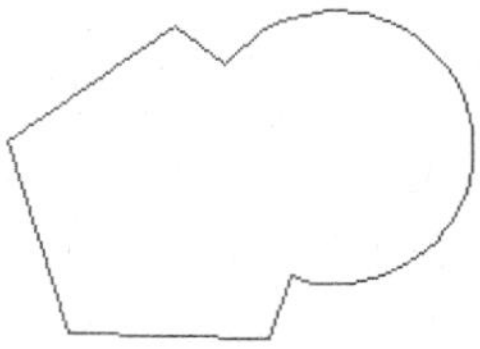

图7-10 布尔运算

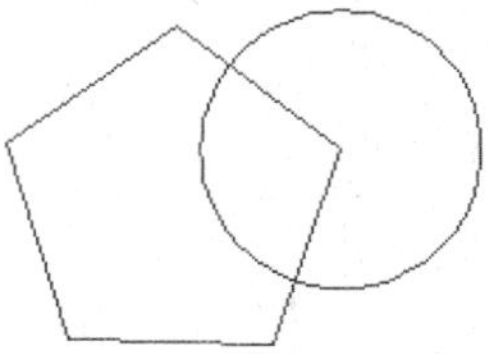

图7-11 并集运算

（2）交集的运算与并集的操作步骤一样，运算结果如图 7-12 所示。

（3）差集运算的操作步骤如下。

Step01：执行“修改>实体编辑>差集”命令，命令行提示“subtract　选择要从中减去的实体或面域　选择对象：”命令。

Step02：拾取图中的圆，命令行提示“找到1个选择对象：”。

Step03：按Enter键或单击鼠标右键，命令行提示“选择要减去的实体或面域　选择对象：”。

Step04：拾样图中的五边形，命令行提示“找到1个选择对象：”。

Step05：按Enter键或单击鼠标右键，完成操作。

Step06：操作完成后，差集的布尔运算结果如图7-13所示。

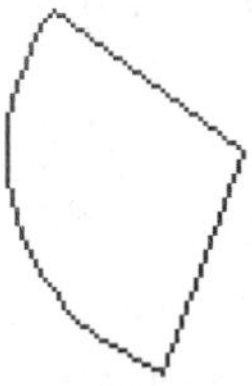

图7-12 交集运算

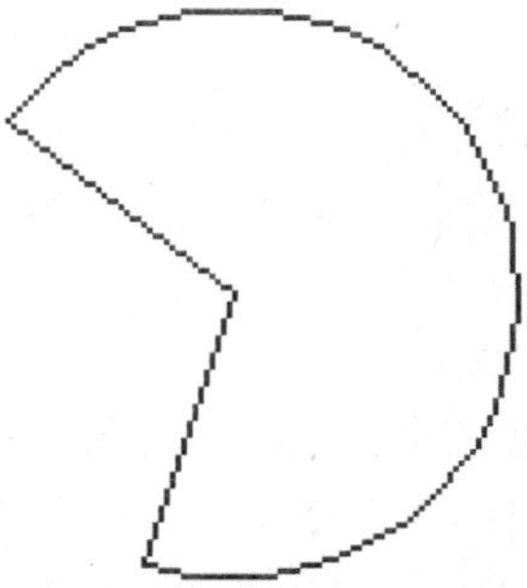

图7-13 差集运算

7.2.3 面域的数据提取

从表面上看，面域和一般的封闭线框没有区别，就像是一张没有厚度的纸。实际上，面域是二维实体模型，它不但包含边的信息，还有边界内的信息。可以利用这些信息计算工程属性，如面积、质心、惯性等。

可以通过相关操作提取面域的有关数据。

执行方式如下。

- 命令行：在命令行中输入MASSPROP，按Enter键。
- 菜单栏：执行“工具>查询>面域/质量特性” 命令。

执行上述命令后，命令行提示“选择对象：”，选择对象结束后单击右键。此时，系统将自动切换到“AutoCAD 文本窗口”，显示面域对象的数据特性，如图 7-14 所示。

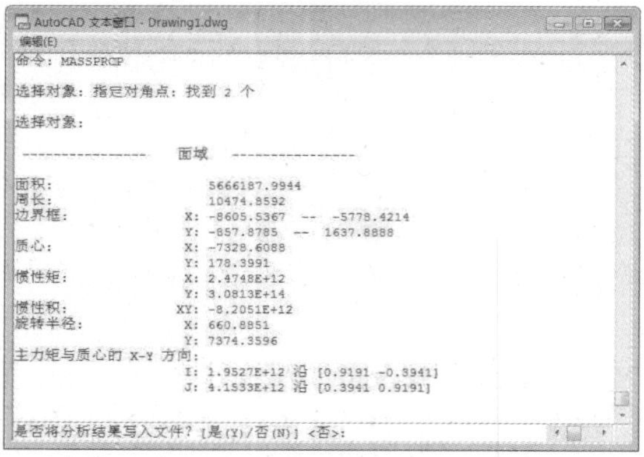

图7-14 文本窗口

7.3 边界

从封闭区域创建面域或多段线，也可以通过结合、减去或查找面域的交点创建组合面域。形成这些更复杂的面域后，可以应用填充或者分析它们的面积。

执行方式如下。

- 命令行：在命令行中输入BOUNDARY，按Enter键。
- 工具栏：“绘图” > “边界” 按钮。
- 菜单栏：执行 “绘图>边界” 命令。

调用命令后，弹出 “边界创建” 对话框，如图7-15所示。

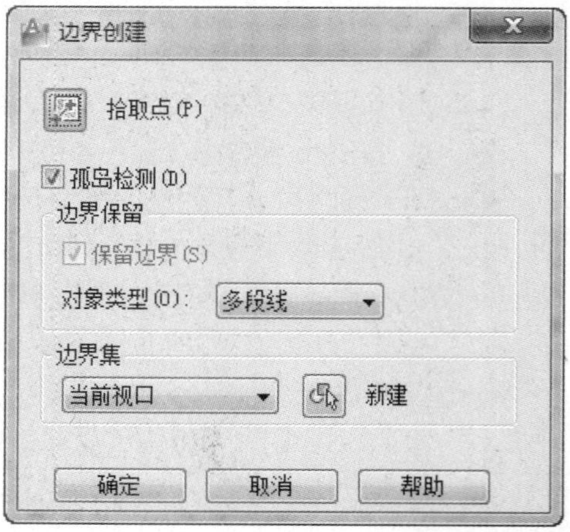

图7-15 “边界创建” 对话框

该对话框可以使用由对象封闭的区域内的指定点，定义用于创建面域或多段线的对象类型、边界集和孤岛检测方法。

- “拾取点” 表示根据围绕指定点构成封闭区域的现有对象来确定边界。
- “孤岛检测” 复选框用来控制BOUNDARY是否检测内部闭合边界，该边界称为孤岛。
- “对象类型” 用来控制新边界对象的类型。BOUNDARY 将边界作为面域或多段线对象创建。
- “边界集” 表示定义通过指定点定义边界时，BOUNDARY 要分析的对象集。
- “当前视口” 表示根据当前视口范围中的所有对象定义边界集，选择此选项将放弃当前所有边界集。
- “新建” 按钮用来提示用户选择用来定义边界集的对象。BOUNDARY 仅包括可以在构造新边界集时，用于创建面域或闭合多行段的对象。

7.4 区域覆盖

使用区域覆盖对象可以在现有对象上生成一个空白区域，用于添加注释或详细的蔽屏信息。

区域覆盖对象是一块多边形区域，它可以使用当前背景色屏蔽底层的对象。此区域由区域覆盖边框进行绑定，可以打开此区域进行编辑，也可以关闭此区域进行打印。

通过使用一系列点来指定多边形的区域可以创建区域覆盖对象，也可以将闭合多段线转换成区域覆盖对象。

创建多边形区域，该区域将用当前背景色屏蔽其下面的对象。该区域四周带有区域覆盖边框。编辑时可以打开区域覆盖边框，打印时可将其关闭。

执行方式如下。

- 命令行：在命令行中输入WIPEOUT，按Enter键。
- 菜单栏：执行"绘图>区域覆盖"命令。

调用命令后，命令行提示如下。

```
指定第一点或 [ 边框 (F)/ 多段线 (P)] < 多段线 >:
指定下一点 : 指定下一点或 [ 放弃 (U)]
指定下一点或 [ 闭合 (C)/ 放弃 (U)]
```

- "边框"用来确定是否显示所有区域覆盖对象的边。命令行提示为"输入模式 [开(ON)/关(OFF)]:"。
- "多段线"表示根据选定的多段线确定区域覆盖对象的多边形边界。

用区域覆盖对象可以在现有对象上生成一个空白区域，用于添加注释或详细的蔽屏信息。此区域由区域覆盖边框进行绑定，可以打开此区域进行编辑，也可以关闭此区域进行打印。

操作实例

在如图7-16所示图形的中心出创建一个三角形的区域覆盖。

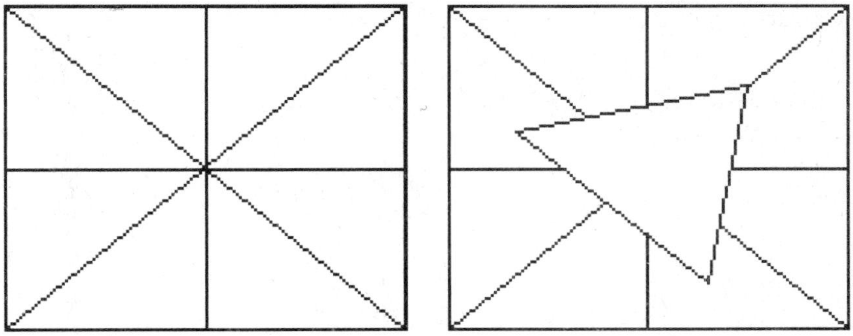

图7-16 区域覆盖

Step01：分别利用"直线"和"矩形"命令绘制出图形，如图7-15左图所示。

Step02：在命令行中输入"wipeout"，按Enter键。

Step03：命令行提示：指定第一点或 [边框(F)/多段线(P)] <多段线>:指定第一点。

Step04：命令行提示：指定下一点:再指定另一点。

Step05：命令行提示：指定下一点:再指定另一点，按Enter键，效果如图7-15右图所示。

综合实例 —— 填充地板图案

图案填充是AutoCAD绘图工具中比较重要的一种工具，通过线段、圆、圆弧等为界限指定来充满区域的图形，图案填充常常用于表达机械图形中剖切面和建筑图形中的材料、图案等。下面以填充地板图案为例。

Step01 单击桌面上 AutoCAD 2012 图标，打开 CAD 的绘图环境并且熟悉操作界面，如图 7-17 所示。

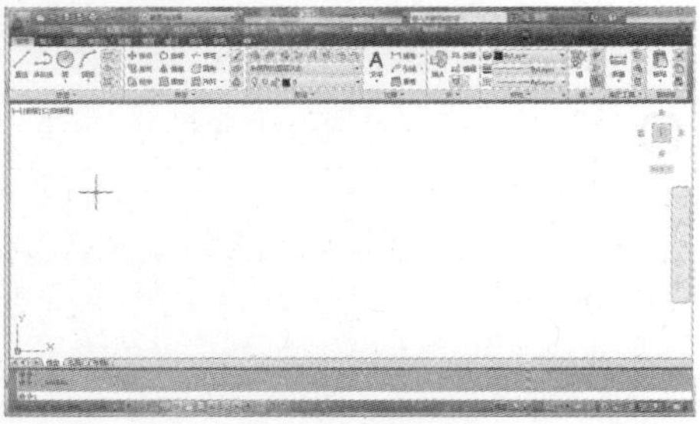

图7-17 打开软件

Step02 打开需要填充图案的地板图形，如图 7-18 所示。

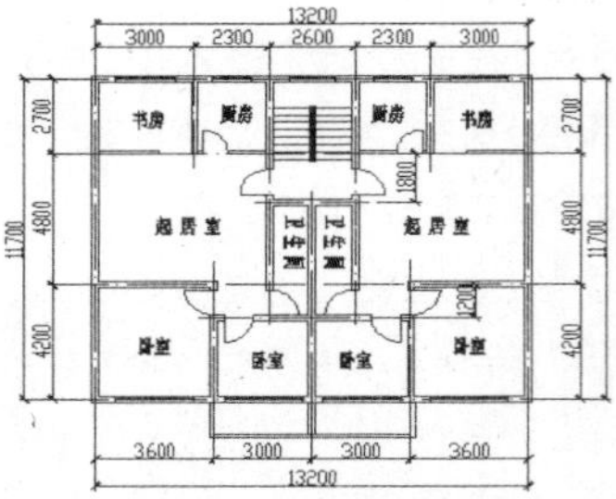

图7-18 需要填充的图形

Step03 执行“绘图 > 图案填充”命令，选择 ANSI37 图形，缩放度为 80，角度为 0，对左右两个书房填充木地板图案，如图 7-19 所示。

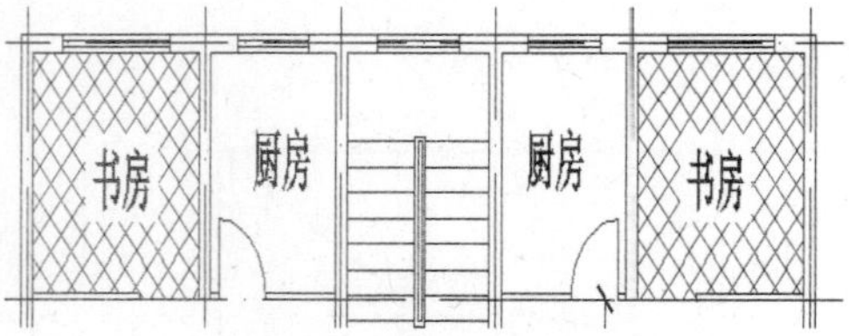

图7-19 填充书房地板图案

Step04 执行“绘图 > 图案填充”命令，选择 AR-B816 图形，缩放度为 1，角度为 0，对左右两个厨房填充瓷转地板图案，如图 7-20 所示。

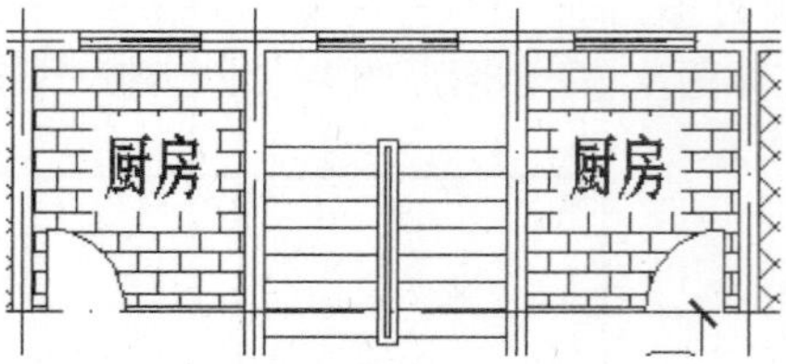

图7-20 填充厨房地板图案

Step05 执行“绘图 > 图案填充”命令，选择“CROSS”图形，缩放度为 50，角度为 0，对左边起居室填充地板图案，如图 7-21 所示。

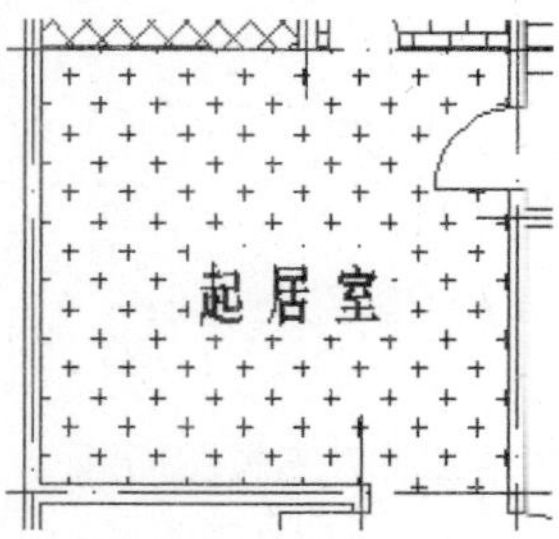

图7-21 填充起居室地板图案

Step06 执行“绘图 > 图案填充”命令，选择 AR-HBONE 图形，缩放度为 2，角度为 0，对右边起居室填充地板图案，如图 7-22 所示。

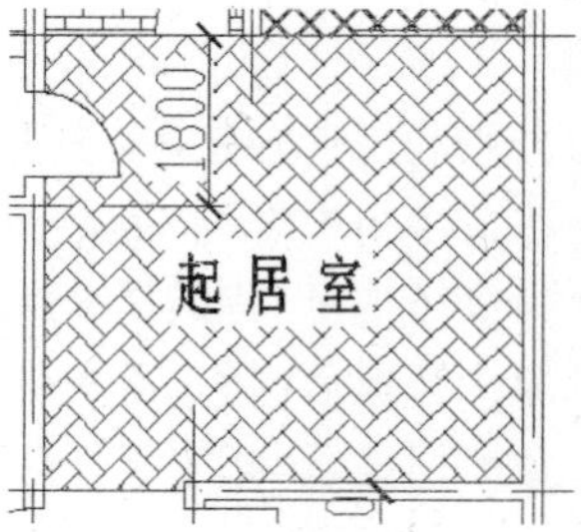

图7-22 填充起居室地板图案

Step07 执行“绘图 > 图案填充”命令，选择 ANGLE 图形，缩放度为 30，角度为 0，对左右两个卫生间填充地板图案，如图 7-23 所示。

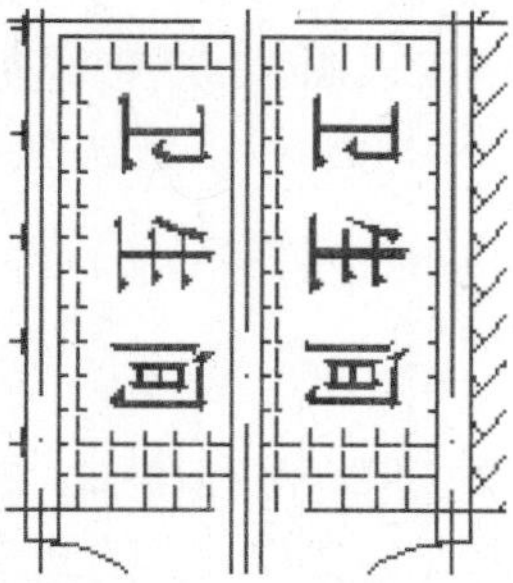

图7-23 填充卫生间地板图案

Step08 执行“绘图 > 图案填充”命令，选择 ANSI32 图形，缩放度为 40，角度为 0，对左边的大卧室填充地板图案，如图 7-24 所示。

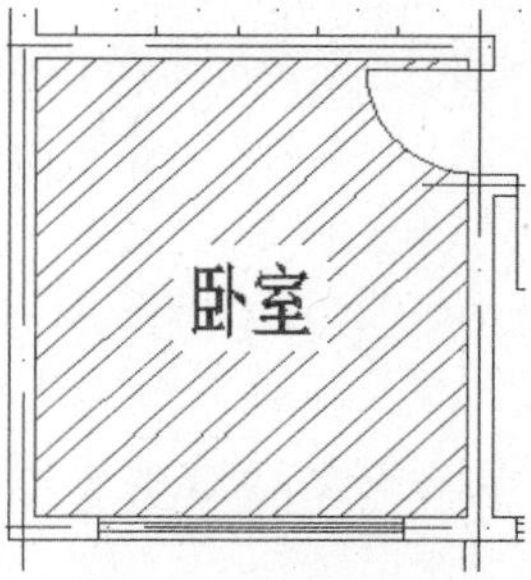

图7-24 填充卧室地板图案

Step09 执行“绘图 > 图案填充”命令，选择 ANSI36 图形，缩放度为 40，角度为 45，对左边小卧室填充地板图案，如图 7-25 所示。

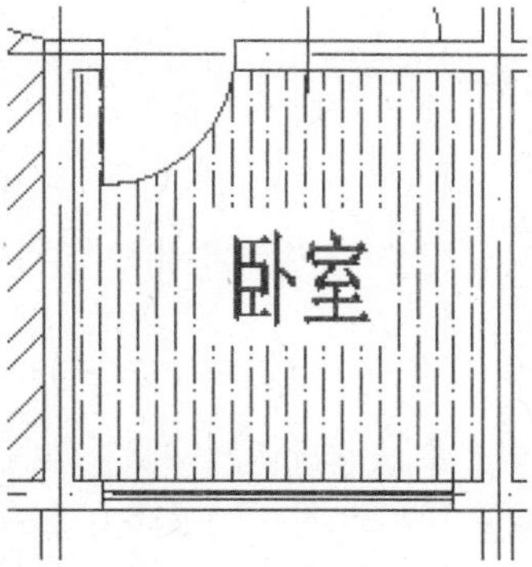

图7-25 填充卧室地板图案

Step10 执行“绘图 > 图案填充”命令，选择 ANSI38 图形，缩放度为 40，角度为 0，对右边小卧室填充地板图案，如图 7-26 所示。

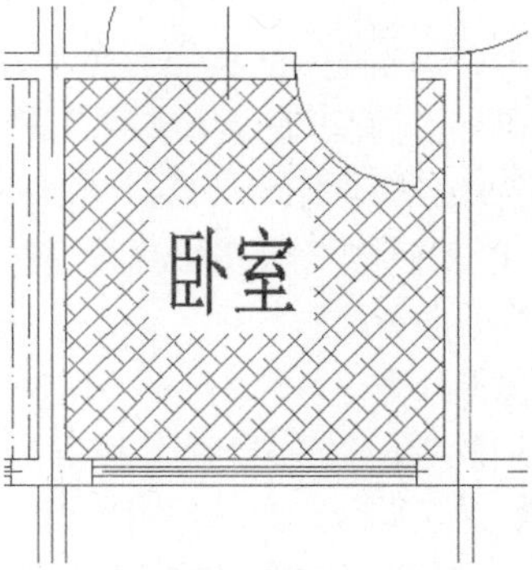

图7-26 填充卧室地板图案

Step11 执行“绘图 > 图案填充”命令，选择 CORK 图形，缩放度为 40，角度为 0，对右边大卧室填充地板图案，如图 7-27 所示。

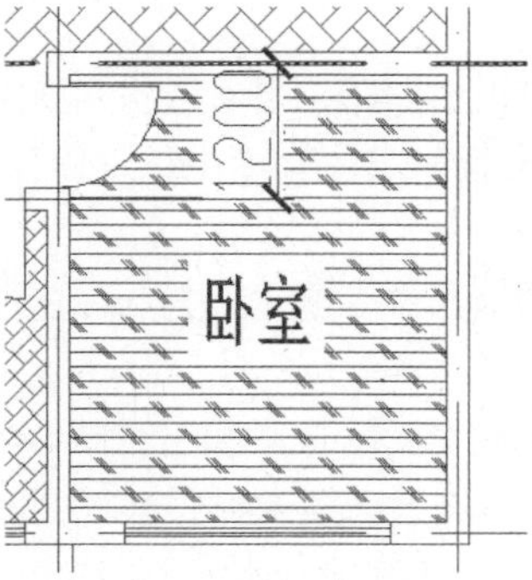

图7-27 填充卧室地板图案

Step12 执行“绘图 > 图案填充”命令，选择 BRASS 图形，缩放度为 40，角度为 45，对左右两个阳台填充地板图案，如图 7-28 所示。

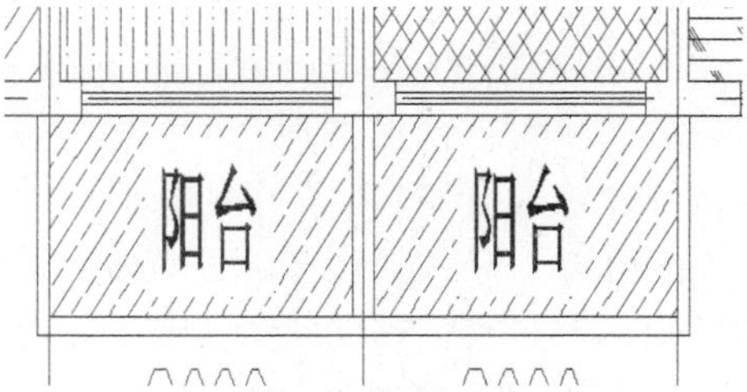

图7-28 填充阳台地板图案

高手应用秘籍：建筑制图填充要求

一、装饰平面布置图

装饰平面布置图，是假想用一个水平的剖切平面，在窗台上方位置，将经过内外装饰的房屋整个剖开，移去以上部分向下所作的水平投影图。它的主要作用是用来表明建筑室内外种种装饰布置的平面形状、位置、大小和所用材料；表明这些布置与建筑主体结构之间，以及这些布置与布置之间的相互相关关系等。

（一）装饰平面布置图的主要内容

❶ 建筑平面基本结构和尺寸

装饰平面布置图，首先要显示建筑平面图的有关内容。包括墙柱断面和门窗洞口、定位轴线及其编号、建筑平面结构的各部尺寸、室外台阶、雨篷、花池、阳台及室内楼梯和其他细部布置等内容。上述内容，在无特殊要求情况下，均应照原建筑平面图套用，它是装饰平面布置图设计定位、定形的依据。

❷ 装饰结构的平面形式和位置

装饰平面布置图需要表明楼地面、门窗和门窗套、护壁板或墙裙、隔断、装饰柱等装饰结构的平面形式和位置。

❸ 室内外配套装饰设置的平面形状和位置

装饰平面布置图还要布置室内家具、家电、厨房设备、卫生器具等陈设、绿化和室外水池、花池、装饰小品等配套设置体的平面形状、数量和位置。

❹ 装饰结构与配套布置尺寸标注

为了明确装饰结构和配套在建筑空间内的具体位置和大小，以及与建筑结构的相互关系等，平面布置图上应有尺寸标注。

❺ 内视符号

内视符号是装饰平面布置图所特有的符号，它用于表明室内各立面的投影方向和投影面编号。当室内某立面需图示时，可在相应位置处画上内视符号，三角形直角尖端所指的是该立面的投影方向，圆内字母表示该投影面的编号，四个尖端表示四个立面的投影方向，四个字母表示四个投影面的编号。并将投影面编号写在相应的立面图的下方作为图名，如A立面图、B立面图等。

❻ 文字内容

为使图面的表达更为详尽周到，要有必要的文字说明，如房间的名称、饰面材料的规格品种和颜色、工艺做法与要求，某些装饰构件或配件布置的名称等。

作为完整的施工图，平面布置还应有图名和该图的比例标注。

（二）装饰平面布置图的阅读要点

❶ 看平面布置图，要先看图名、比例、标题栏，认定该图是什么平面图，再看建筑平面基本结构及尺寸，把各房间名称、面积，以及门窗、走廊、楼梯等的主要位置和尺寸了解清楚。然后看建筑平面结构内的装饰结构和装饰设置的平面布置等内容。

❷ 通过对各房间和其他空间主要功能的了解，明确为满足功能要求设置的设备与设施的种类、规格和数量，以便制订相关的购买计划。

❸ 通过图中对装饰面的文字说明，了解各装饰面对材料规格、品种、色彩和工艺制作的要求，明确各装饰面的结构材料与饰面材料的衔接关系与固定方式，并结合面积来作材料计划和施工安排计划。

❹ 面对众多的尺寸，要注意区分建筑尺寸和装饰尺寸。在装饰尺寸中，又要分清定位尺寸、外表尺寸和结构尺寸。

定位尺寸是确定装饰面或装饰物在平面布置图上位置的尺寸。在平面图上需要两个定位尺寸，才能确定一个装饰物的平面位置，其基准往往是建筑结构面。

外形尺寸是装饰面或装饰物的外轮廓尺寸，由此看出并确定装饰面或装饰物的平面形状与大小。

结构尺寸是组成装饰面和装饰物各构件及其相互关系的尺寸。由此可确定各种装饰材料的规格，以及材料之间的材料与主体结构之间的连接固定方法。

❺ 平面布置图上为了避免重复，同样的尺寸往往只代表性地标注一个，读图时要注意将相同的构件或部位归类。

❻ 通过平面布置图上投影符号，明确投影面编号和投影方向，并进一步查出名投影方向的立面图。

❼ 通过平面布置图上的剖切符号、索引符号，进一步查阅相应的剖面图和详图所在的位置。

阅读装饰平面布置图，应抓住面积、功能、装饰面、设施以及与建筑结构的关系这五个要点。

二、顶棚平面图

（一）顶棚平面图的主要内容

❶ 表明墙体和门窗洞口位置。顶层平面图一般都采用镜像投影法绘制。用镜像投影法绘制的顶棚平面图，其图形的前后、左右位置与装饰平面布置图完全相同，纵横轴线的排列也与之相同。因此，在墙柱断面和门窗洞口绘制完成以后，可不再标注轴间尺寸，洞口尺寸和洞间墙尺寸，这些尺寸对照平面布置图阅读。定位轴线和编号不必每轴都标，只标平面图的四角，以确定它与平面布置图的对应位置即可。

❷ 表明顶棚装饰造型的平面形式和尺寸，并通过附加文字说明其所用材料、色彩及工艺要求。

顶棚的选级变化应结合造型平面分区线，用标高的形式来表示，由于所注的是顶棚各构件底面的高度，因而标高符号的箭头应向上。

❸ 表明顶部灯具的种类、式样、规格、数量及布置形式和安装位置。

顶棚平面图上的小型灯具按比例用一个圆表示，大型灯具可按比例画出它的正投影外形轮廓，力求简明概括，并附加文字说明。

❹ 表明空调风口、顶部消防与音响设备等设施的布置形式安装位置。

（二）顶棚平面图识读要点

❶ 首先应弄清楚顶棚平面图与平面布置图各部分的对应关系，核对顶棚平面图与平面布置图在基本结构和尺寸上是否相符。

❷ 对于某些有选级变化的顶棚，要发清它的标高尺寸和线形尺寸，并结合造型平面分区线，在平面上建立起三维空间尺度概念。

❸ 通过顶棚平面图，了解顶部灯具和设备设施的规格、品种与数量。

❹ 通过顶棚平面图上的文字标注，了解顶棚所用材料的规格、品种及其施工要求。

❺ 通过顶棚平面图上的索引符号，找出详图对照阅读，清楚顶棚的详细构造。

秒杀工程疑惑

在学习本章关于"面域和图案填充、渐变色"时会遇到各种问题，下面我们来解决一些常遇到的问题，包括图案分解、MASSPROP命令、绘制装配图中特殊的规定、装配图特殊的表达等方面的问题。解决这些问题对我们以后进一步学习有很大的帮助。

问　题	解　答
图案分解时注意事项？	图案是一种特殊的块，称为“匿名”块，无论形状多复杂，它都是一个单独的对象。可以通过“修改 > 分解”命令来分解一个已存在的关联图案。图案被分解后，它将不再是一个单一对象，而是一组组成图案的线条。同时，分解后的图案也失去了与图形的关联性，因此将无法使用“修改 > 对象 / “图案填充”命令来编辑
如何使用 MASSPROP 命令？	MASSPROP 在文本窗口中显示质量特性，并询问是否将质量特性写入文本文件。如果输入 y，则 MASSPRP 将提示您输入文件名。文件的默认扩展名为 .mpr，但是该文件是可以用任何文本编辑器打开的文本文件
在绘制装配图中，对图形的绘制是否有特殊的规定?	在绘制装配图时，有以下规定需要注意： ❶ 两相邻零件的接触面和配合面，用一条轮廓线表示；而当两相邻零件不接触时，即留有空隙时，在必须画出两条线 ❷ 两相邻零件的剖面线方向应相反，或者方向一致、间隔不等；而同一零件的剖面线在各视图中应保持间隔一致，方向相同 ❸ 对于紧固件和实心零件，当剖视图剖切平面通过它们的基本轴线时，这些零件不剖绘制，只画出其外形的投影
在绘制装配图时，有哪些特殊的表达方法?	有以下特殊的表达方法。 ❶ 沿结合面剖切和拆卸画法 ❷ 假想画法 ❸ 夸大画法 ❹ 简化画法

AutoCAD 2012

CHAPTER 08

图块、文字和表格

本章将讲解如何创建块、插入块、定义带有属性的块等还将讲解如何创建文字样式，包括设置样式名、字体、文字效果；设置表格样式，包括设置数据、列标题和标题样式；创建与编辑单行文字和多行文字方法；使用文字控制符和“文字格式”工具栏编辑文字；创建表格方法以及如何编辑表格和表格单元等。

学完本章您可以掌握如下知识点

知识点序号	知识点难易指数	知识点
1	★	创建块的方法、插入块的方法
2	★★	创建带属性的块、编辑块属性的方法
3	★★★	创建文字样式、单行文字、多行文字
4	★★★★	创建表格、编辑表格、查找和替换

本章内容图解链接

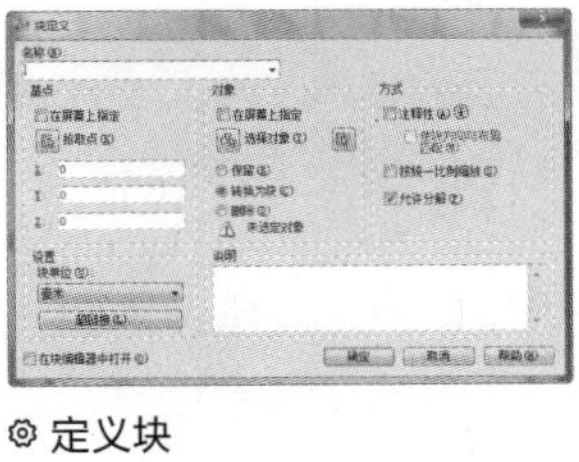
◎ 定义块

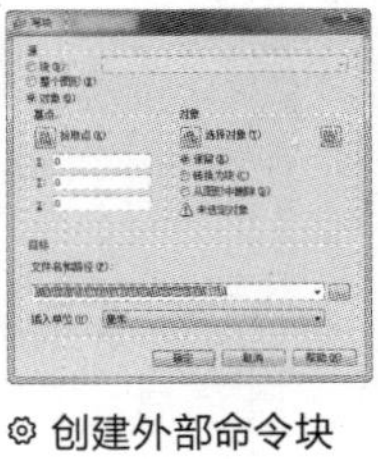
◎ 创建外部命令块

◎ 创建属性定义

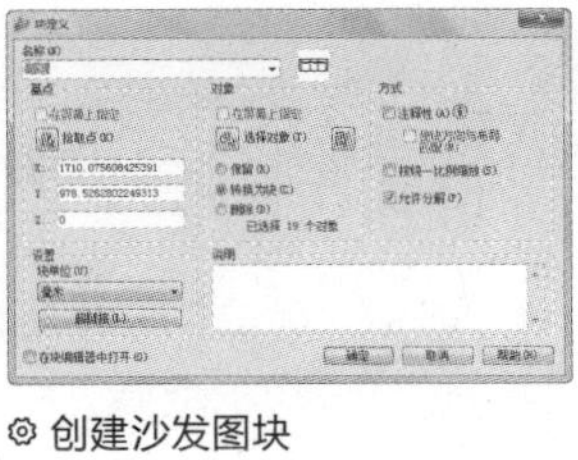
◎ 创建沙发图块

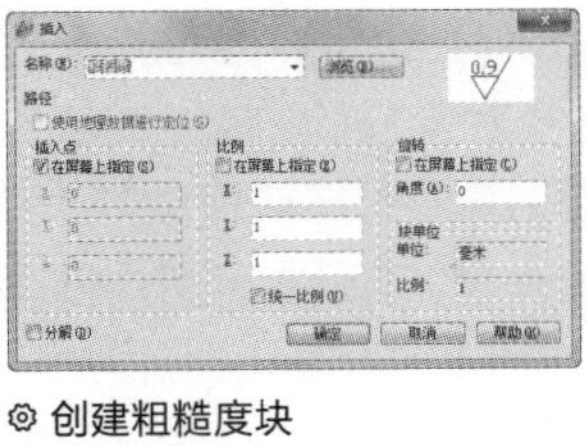
◎ 创建粗糙度块

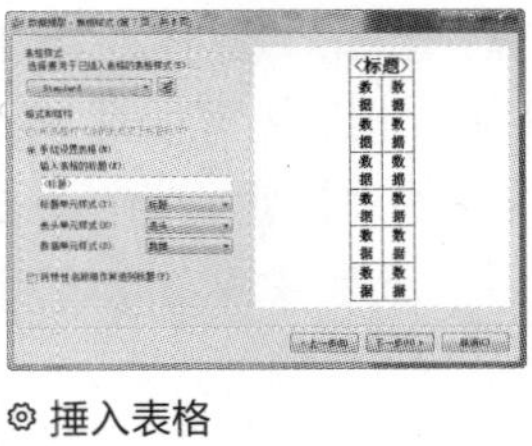
◎ 插入表格

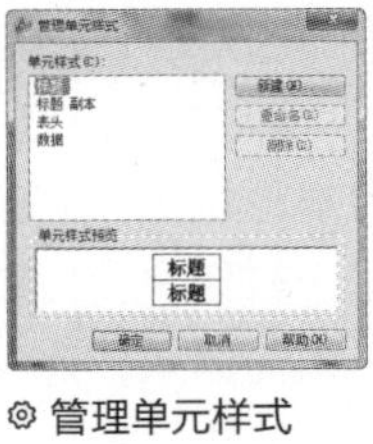
◎ 管理单元样式

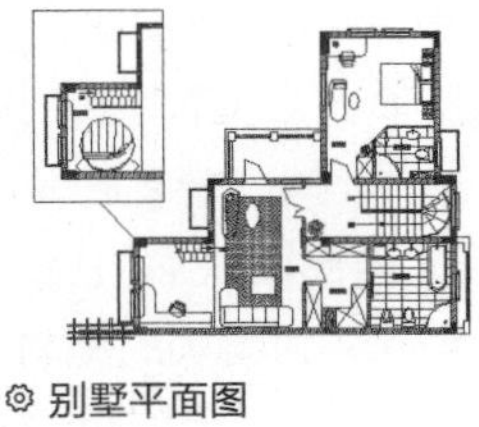
◎ 别墅平面图

8.1 创建块

块是一个或多个对象组成的对象集合，常用于绘制复杂重复的图形。一旦一组对象组合成块，就可以根据作图需要将这组对象插入到图中任意指定位置，还可以按不同的比例和旋转角度插入。作为一个整体图形单元，块可以是绘制在几个图层上的不同颜色、线型和线宽特性对象的组合。各个对象可以有自己独立的图层、颜色和线型等特性。在插入块时，块中的每个对象的特性都可以被保留。

尽管块总是在当前图层上，但块参照保存了有关包含在该块中的对象的原图层、颜色和线型特性的信息。可以控制块中的对象是保留其原特性还是继承当前的图层、颜色、线型或线宽设置。

使用块之前，首先应定义一个块，然后利用插入块命令将定义好的块插入到当前图形中。块是作为一个整体存在的，用户可以对块进行移动、旋转和复制等编辑，也可以用分解命令将其分解成多个独立的对象。当块带有属性时，用户还可以对块属性进行编辑。

块可分为内部块和外部块两种。内部块不能作为图形文件存盘只能在当前图形文件中使用，在其他图形文件中使用该块只有重新定义才能使用。外部块可以以图形文件保存到计算机中，当需要该图形文件时可以作为一个块插入到其他图形文件中。

8.1.1 创建内部块

通过使用“块定义”对话框可以创建内部块，执行方式如下。

- 命令行：在命令行中输入BLOCK，按Enter键。
- 面板：在>“块”面板中单击“创建”按钮。
- 菜单栏：执行“绘图>块>创建” 命令。

调用上述命令后，弹出“块定义”对话框，如图8-1所示。

图8-1 “块定义”对话框

在该对话框中，用户可以设置定义块的名称，基点等内容。

- “名称”下拉列表框：用于输入需要创建图块的名称或在下拉列表中选择。在块名中，可以包括字母、数字和一些特殊字符，如“$”（美元）、“-”（连接符）、“_”（下划线）、空格、中文及Microsoft Windows和AutoCAD中没有用于其他用途的特殊字符，但不能包含标点符号等字符，不区分大小写。

工程师点拨：块名称的命名问题

不能用DIRECT、LIGHT、AVE_RENDER、RM_SDB、SH_SPOT和OVERHEAD作为有效的块名称。

- “基点”选项组：可以确定块在插入时的基准点。基点可以在屏幕上指定，也可以通过拾取点的方式指定，单击“拾取点”按钮，在绘图区拾取一个点作为基准点，此时在X、Y、Z的文本框中显示该点的坐标。
- “对象”选项组用来选择创建块的图形对象。选择对象可以在屏幕上指定，也可以通过拾取方式指定，单击“选择对象”按钮，在绘图区中选择对象。此时还可以选择将选择对象删除、转换成块或保留。选择删除，表示在定义内部图块后，将删除绘图区中被定义为图块的源对象。选择转换成块，表示在定义内部图块后，在绘图区中被定义为图块的源对象也被转换成块。选择保留，表示在定义内部图块后，被定义为图块的源对象仍然为原来状态。
- “方式”选项组用来指定块的一些特定的方式，如注释性、使块方向与布局匹配、按统一比例缩放、允许分解等。

● 注释性表示指定块为ANNOTATIVE。单击信息图标以了解有关注释性对象的更多信息。使块方向与布局匹配表示指定在图纸空间视口中的块参照的方向与布局的方向匹配。如果未勾选“注释性”复选框，则不可用。勾选“按统一比例缩放”复选框表示指定是否阻止块参照不按统一比例缩放。“允许分解”复选框表示指定块参照是否可以被分解。

● “设置”选项组用来指定块的单位。

● 块单位用来指定块参照插入单位。单击“超链接”按钮，打开“插入超链接”对话框，可以将某个超链接与块定义相关联，如图8-2所示。

● “说明”文本框可以对所定义的块进行必要的说明。

● 勾选“在块编辑器中打开”复选钮表示单击“确定”按钮后，在块编辑器中打开当前的块定义。

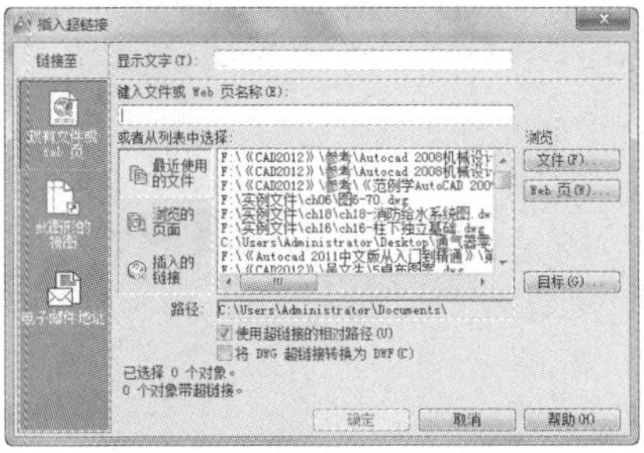

图8-2“插入超链接”对话框

操作实例

(1) 创建一个门的图块，操作步骤如下。

Step 01 利用矩形命令，绘制一个 0.1×1 的矩形，如图 8-3 所示。

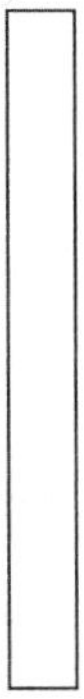
图8-3 绘制矩形

Step 02 利用圆弧命令，采用“圆心、起点、角度”方式绘制圆弧，如图 8-4 所示。

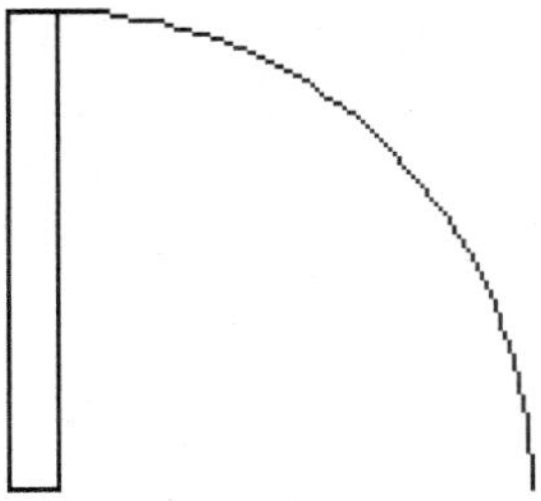
图8-4 绘制图弧

Step 03 单击工具栏上的“创建块”按钮，创建名称为“门”的块，如图 8-5 所示。

图8-5 打开“块定义”对话框

Step 04 创建后块的效果。如图 8-6 所示。

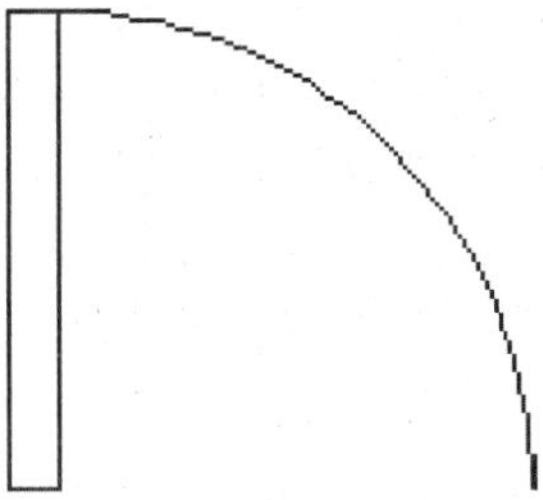
图8-6 完成的门图块

(2) 在 AutoCAD 中，没有直接定义粗糙度的标注功能，可将粗糙度符号定义成块。

Step 01 利用直线命令，在绘图区绘制表示粗糙度的图形，如图 8-7 所示。

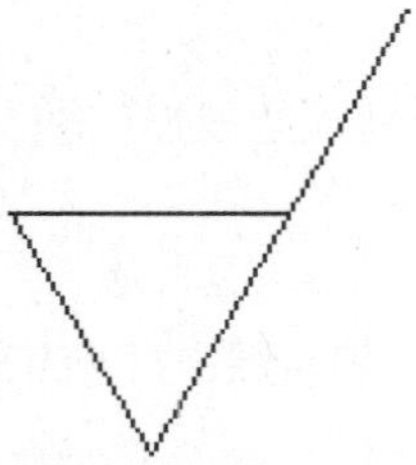

图8-7 粗糙度符号

Step 02 利用多行文字命令，在绘图区输入 0.9，如图 8-8 所示。

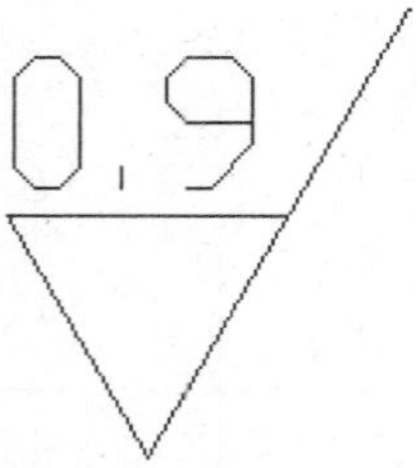

图8-8 输入粗糙度大小

Step 03 单击工具栏上的“创建块”按钮，创建名称为“粗糙度”的块，如图 8-9 所示。

图8-9 设置块

Step 04 创建后块的效果，如图 8-10 所示。

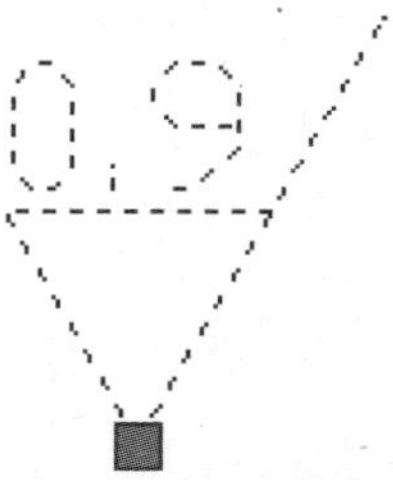

图8-10 粗糙度块

(3) 创建沙发平面图图块，操作步骤如下。

Step 01 利用直线命令绘制图形，如图 8-11 所示。

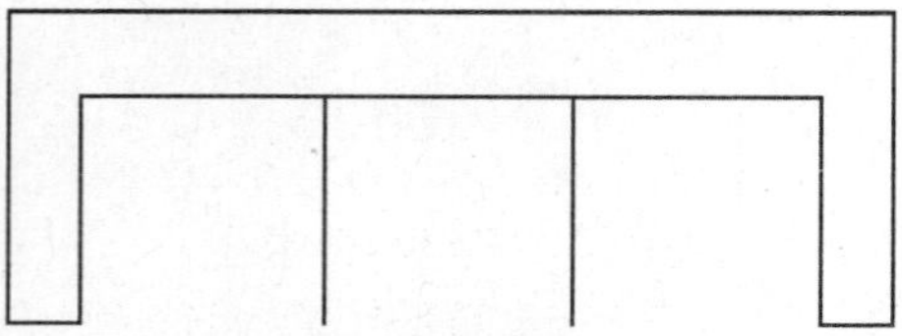

图8-11 沙发轮廓

Step 02 利用圆角命令，设置圆角半径为 200，绘制如图 8-12 所示。

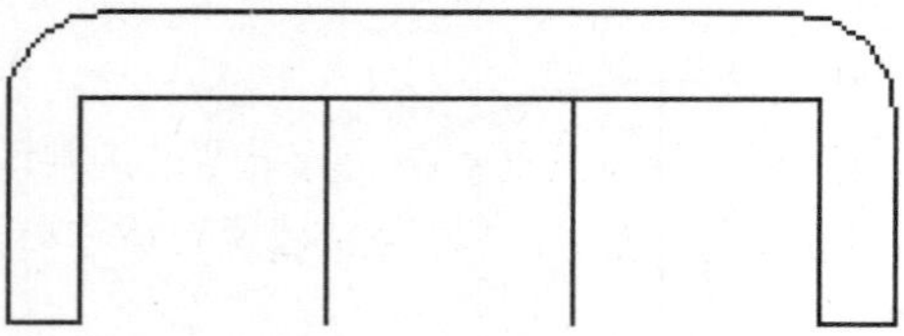

图8-12 设置圆角

Step 03 利用圆弧命令，设置圆半径为 600，绘制如图 8-13 所示的图形。

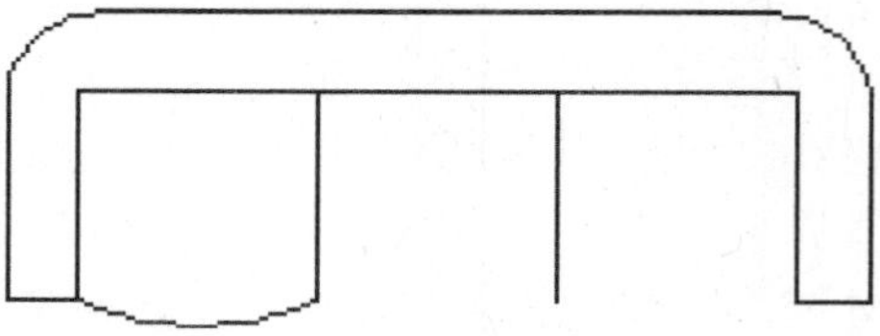

图8-13 绘制圆弧

Step 04 利用复制命令，绘制如图 8-14 所示的图形。

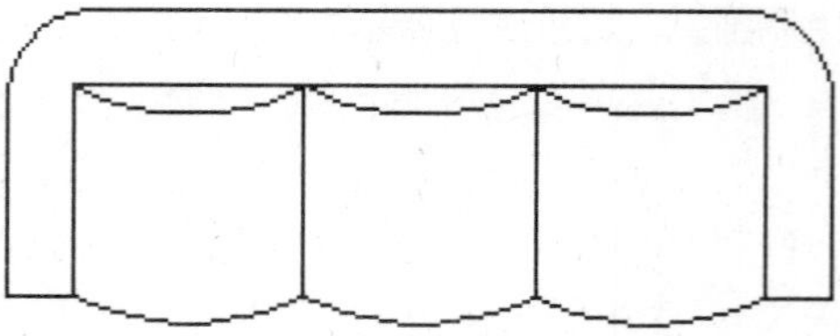

图8-14 复制圆弧

Step 05 利用删除命令将直线删除，再利用偏移命令绘制如图 8-15 所示的图形。

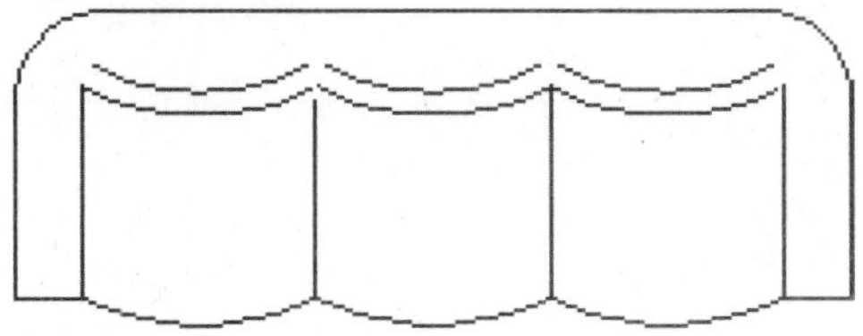

图8-15 删除直线

Step 06 利用圆弧命令完善图形，如图 8-16 所示。

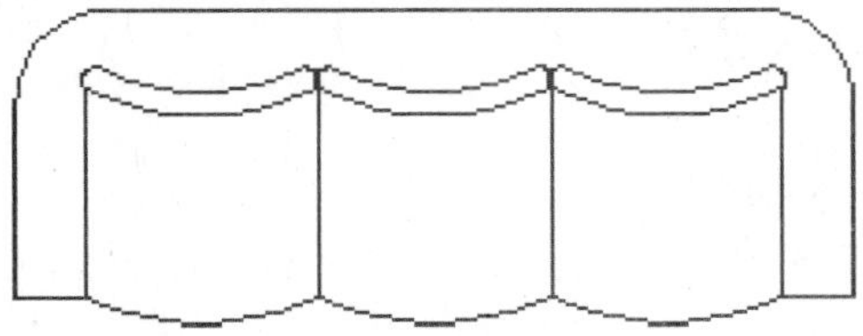

图8-16 完善图形

Step 07 单击工具栏上的“创建块”按钮，创建名称为“沙发”的块，如图 8-17 所示。

图8-17 “块定义”对话框

Step 08 设置完毕后，单击“确定”按钮保存设置。如图 8-18 所示。

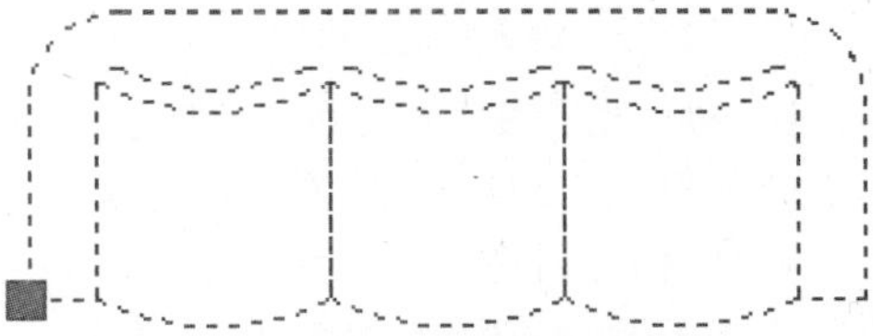

图8-18 完成的沙发图块

8.1.2 创建外部块

WBLOCK命令允许用类似BLOCK命令的方法组合一组对象，但是，WBLOCK命令将对象输出成一个文件。实际上就是将这些对象变成一个新的、独立的图形文件。这个新的图形文件可以利用当前图形中定义的块创建，也可以由当前图形中被选择的对象组成，甚至可以将全部的当前图形输出成一个新的图形文件。无论通过WBLOCK命令如何选择这些对象，新图会将图层、线型、样式和其他特性如系统变量等设置作为当前图形的设置。

执行方式如下。

- 在命令行里输入WBLOCK，按Enter键。

调用上述命令后，系统弹出“写块”对话框，如图8-19所示。

图8-19 “写块”对话框

该选项面板用来将对象保存到文件或将块转换为文件。“写块”对话框将显示不同的默认设置，这取决于是否选定了对象、是否选定了单个块或是否选定了非块的其他对象。

- “源”选项组用来指定块和对象，将其保存为文件并指定插入点。
- “块”选项可以将创建的内部图块作为外部图块来保存，可以从下拉列表中选择需要的内部图块。“整个图形”选项用来将当前图形文件中的所有对象作为外部图块存盘。“对象”选项用来将当前绘制的图形对象作为外部图块存盘。
- “基点”选项组和“对象”选项组中的选项的含义与“块定义”对话框中的含义一致。
- “目标”选项组用来指定文件的新名称和新位置以及插入块时所用的测量单位。“文件名和路径”用于输入块文件的名称和保存位置，可以单击其右边的“浏览”按钮，使用打开的“浏览文件夹”对话框设置文件的保存位置。

工程师点拨：创建外部块的两种方法

创建外部块有两种方法，一种是通过在当前图形中已经定义的内部块来创建，另一种是在绘图区绘制图形直接创建为外部块。

操作示例

⑴ 将 8.1.1 节创建的内部块保存为外部块。操作步骤如下。

Step01 打开“门”块图形。

Step02 在命令行中输入WBLOCK命令，弹出“写块”对话框。

Step03 在“源”选项组中选择“块”单选按钮，然后在其后的下拉列表框中选择创建的块“门”。

Step04 在“目标”选项组的“文件名和路径”文本框中输入文件名和路径，并在“插入单位”下拉列表中选择“毫米”选项，如图8-20所示。

Step05 单击“确定”按钮，完成操作。

此时在指定的保存位置将有一个“门.dwg”的图形文件存在，以后插入该块时，找到该文件便可以完成插入块命令。

图8-20 设置“写块”对话框

⑵ 将如图 8-21 所示的已定义的图块进行写块。操作步骤如下。

Step01 单击“绘图”工具栏“创建块”按钮，创建如下图左所示的块，并定义块的名称为Myblock1。

Step02 在命令行中输入WBLOCK命令，弹出“写块”对话框。

Step03 在“源”选项组中选择“块”单选按钮，然后在其后下拉列表框中选择创建的块 Myblock。

Step04 在“目标”选项组的“文件名和路径”文本框中输入文件名和路径，并在“插入单位”下拉列表中选择“毫米”选项，如图8-22所示。

● 单击“确定”按钮，完成操作。

⑶ 创建一个窗外部图块，操作步骤如下。

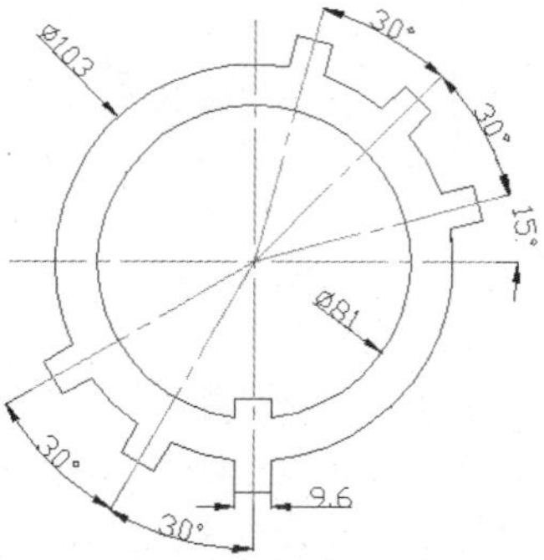

图8-21 创建块

图8- 22 “写块”对话框

Step 01 利用直线命令绘制四条长度为 1 的直线，如图 8-23 所示。

图8-23 窗户轮廓

Step 02 利用直线命令绘制两条直线，距上下边均为 0.33，如图 8-24 所示。

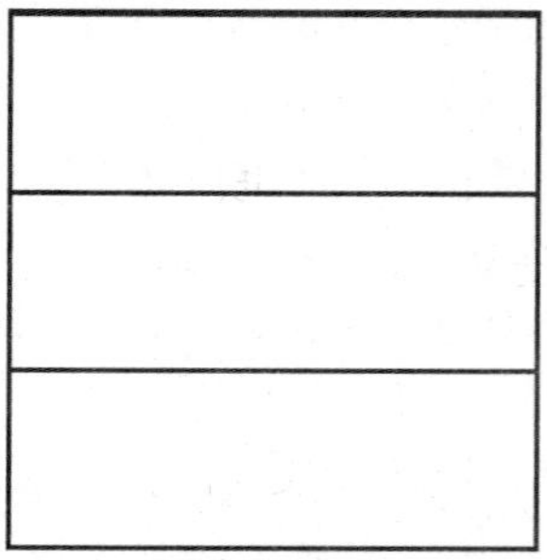

图8-24 绘制窗户内部

Step 03 在命令行中输入 WBLOCK 命令，弹出“写块”对话框，在对话框中设置，如图 8-25 所示。

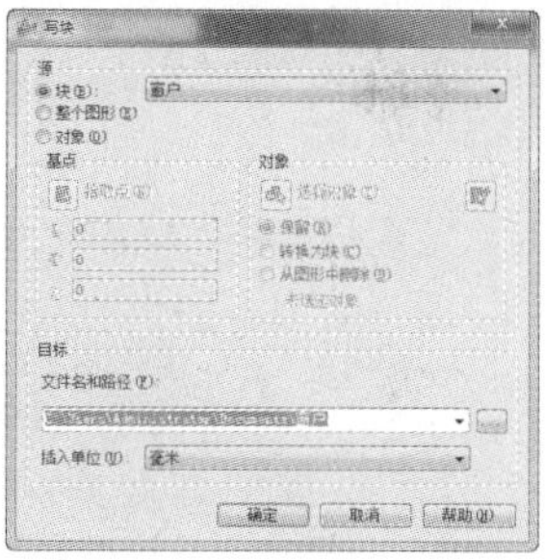

图8-25 设置“写块”对话框

Step 04 单击“确定”按钮，完成操作。如图 8-26 所示。

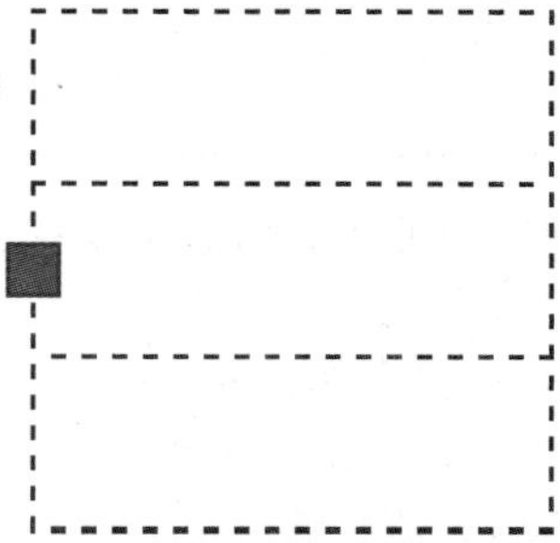

图8-26 完成的窗户块

8.2 创建属性定义与附着

在AutoCAD中，块属性是将数据附着到块上的标签或标记，表示块的一些文字信息等，是块的组成部分。属性是不能脱离块而存在，删除块时，属性也会被删除。属性是由属性标记和属性值两部分组成。

8.2.1 创建属性定义

ATTDEF命令用于创建一个属性定义。创建属性之前，应首先创建包含属性特征的属性定义。属性特征包括标记（标识属性的名称）、插入块时显示的提示、值的信息、文字格式、块中的位置和所有可选模式（不可见、常数、验证、预置、锁定位置和多线）。

执行方式如下。

- 命令行：在命令行中输入ATTDEF，按Enter键。
- 菜单栏：执行“绘图>块>定义属性”命令。
- 面板：“块定义”面板中的“定义属性”按钮。

调用该命令后，将弹出“属性定义”对话框，如图8-27所示。

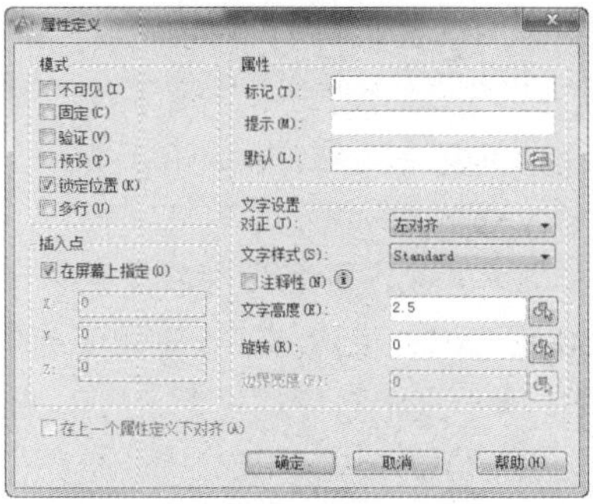

图8-27 “属性定义”对话框

在该对话框中，“模式”选项组用来在图形中插入块时，设置与块关联的属性值选项。包括“不可见”、“固定”、“验证”、“预设”、“锁定位置”和“多行”等 6 个复选框。默认值存储在 AFLAGS 系统变量中。更改 AFLAGS 设置将影响新属性定义的默认模式，但不会影响现有属性定义。

- “不可见”复选框用来指定插入块时不显示或打印属性值。
- “固定”复选框用来在插入块时赋予属性固定值。
- “验证”复选框用来设置在插入块时提示确认属性值是否正确。
- “预置”复选框用来将属性值设定为默认值，在插入块时不再提示输入属性值。
- “锁定位置”复选框用来锁定块参照中属性的位置。解锁后，属性可以相对于使用夹点编辑的块的其他部分移动，并且可以调整多行属性的大小。
- “多行”复选框用来以多行文字的形式输入默认值。

工程师点拨：运用动态块时必须锁定属性

在动态块中，由于属性的位置包括在动作的选择集中，因此必须将其锁定。

“属性”选项组用来设置属性参数，包括“标记”、“提示”、“默认”文本框和“插入字段”按钮。

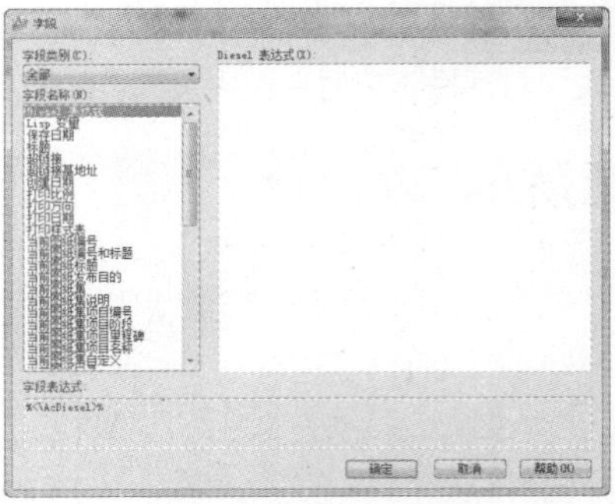

图8-28 “字段”对话框

● “标记”文本框用来标识图形中每次出现的属性。使用任何字符组合（空格除外）输入属性标记，小写字母会自动转换为大写字母。

● “提示”文本框用来输入图块的一些提示信息。如果不输入提示，属性标记将用作提示。如果在“模式”区域选择“固定”模式，“提示”选项将不可用。

● “默认”文本框用来输入属性的默认值。

● “插入字段”按钮用来显示“字段”对话框，可以插入一个字段作为属性的全部或部分值，单击按钮将弹出“字段”对话框，用来选择字段类型，如图 8-28 所示。

● “插入点”选项组用来设置属性的插入基点位置。勾选“在屏幕上指定”复选钮将关闭显示“起点”提示，使用定点设备相对于要与属性关联的对象指定属性的位置。

● “文字设置”选项组用来设置属性文字的对正方式、文字样式、文字高度和旋转角度等。

● “对正”用来指定属性文字的对正。

● “文字样式”用来指定属性文字的预定义样式，显示当前加载的文字样式。

● “注释性”用来指定属性为 ANNOTATIVE。如果块是注释性的，则属性将与块的方向相匹配。单击信息图标以了解有关注释性对象的详细信息。

● “文字高度”用来指定属性文字的高度。输入值，或选择“高度”用定点设备指定高度。此高度为从原点到指定位置的测量值。如果选择有固定高度（任何非 0.0 值）的文字样式，或者在“对正”列表中选择了“对齐”，“高度”选项不可用。

● “旋转”用来指定属性文字的旋转角度。输入值，或选择“旋转”按钮用定点设备指定旋转角度。此旋转角度为从原点到指定位置的测量值。如果在“对正”列表中选择了“对齐”或“调整”选项，“旋转”选项不可用。

● “边界宽度”用来在换行前，指定多线属性中文字行的最大长度。值 0.000 表示对文字行的长度没有限制。此选项不适用于单线属性。

● “在上一个属性定义下对齐”复选钮可以将属性标记直接置于定义的上一个属性的下面。如果之前没有创建属性定义，则此选项不可用。

8.2.2 附着属性

完成属性定义之后，可通过WBLOCK命令将图形和属性定义保存为外部块，此时创建的块将带有属性，在插入块时将在命令行中提示输入属性值，可以创建不同属性的块。

在命令行中输入WBLOCK命令，弹出“写块”对话框。在“写块”对话框中，指定插入点，选择写块的图形，选择“转换为块”单选按钮后，单击“确定”按钮，弹出“编辑属性”对话框，如图8-29所示。在文本框中可以保持原有的默认值，也可以输入其他值，单击“确定”按钮，完成创建带有属性的图块。

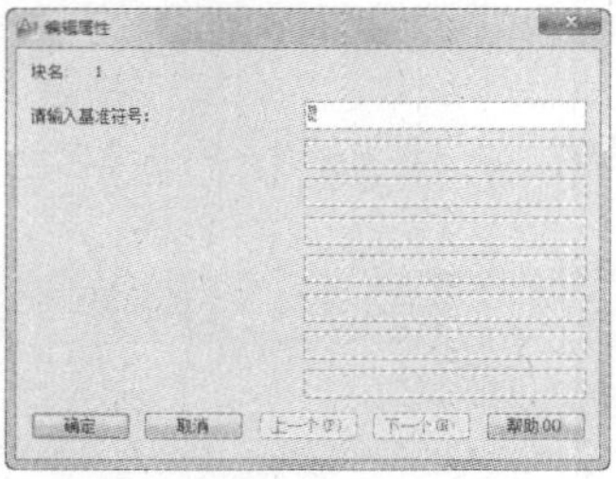

图8-29 “编辑属性”对话框

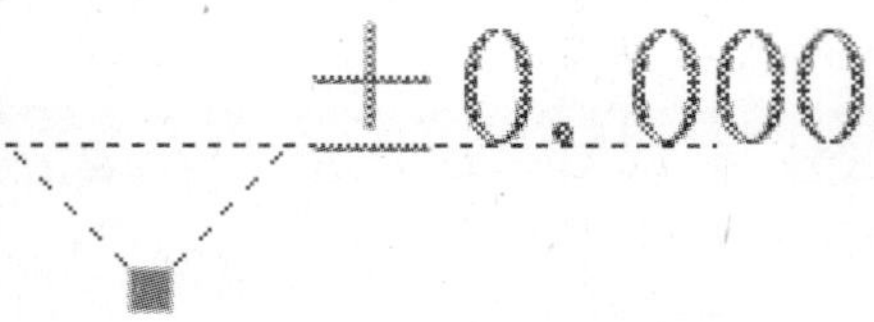

图8-30 操作示例（1）图形

操作示例

（1）绘制如图 8-30 所示的标高图块，操作步骤如下。

Step 01 利用直线命令，绘制两条斜线，倾斜角度分别为 45° 和 135° ，竖向高度为 3mm，利用直线命令，绘制一条水平线，长度为 15mm，如图 8-31 所示。

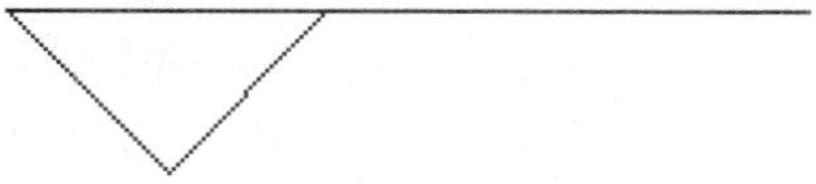

图8-31 标高符号

Step 02 执行 ATTDEF 命令，弹出“属性定义”对话框，在“属性”选项组的“标记”文本框中输入“标高”，在“提示”文本框中输入“请输入标高值:”，在“默认”文本框中输入“%% p0.000”。

在“插入点”选项组中勾选择“在屏幕上指定点”复选框。

在“文字设置”选项组的“对正”下拉列表框中选择“左对齐”选项，在“文字高度”按钮后边的文本框中输入“2.5”，其他选项采用默认设置，如图 8-32 所示。

图8-32 “属性定义”对话框

Step 03 单击“确定”按钮，在绘图窗口单击右侧斜线与水平线的交点，确定插入点的位置。完成属性块的定义，同时在图中的定义位置将显示出该属性的标记，如图 8-33 所示。

图8-33 “标高”图形

（2）绘制一个表示位置公差基准的符号块，操作步骤如下。

Step 01 利用圆命令，绘制一个直径为 10mm 的圆，利用直线命令，绘制两条直线，如图 8-34 所示。

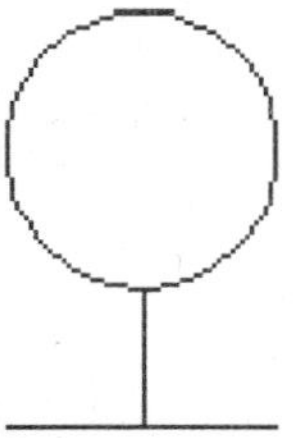

图8-34 公差基准

Step 02 在“属性定义”对话框中的“属性”选项组的“标记”文本框中输入“A”，在“提示”文本框中输入“请输入基准符号:”，在“值”文本框中输入“A”。

在“插入点”选项组中选择“在屏幕上指定点”选项。

在“文字设置”选项组的“对正”下拉列表框中选择“中间”选项，在“文字高度”按钮后边的文本框中输入 7，其他选项采用默认设置，如图 8-35 所示。

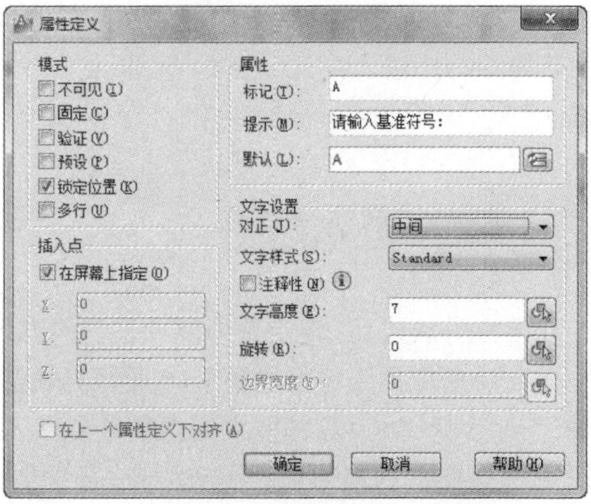

图8-35 设置“属性定义”对话框

Step 03 单击“确定”按钮，在绘图窗口中单击圆的圆心，确定插入点的位置。完成属性块的定义，同时在图中的定义位置将显示出该属性的标记，如图 8-36 所示。

图8-36 属性的标记

（3）绘制一个索引符号的块，操作步骤如下。

Step 01 利用圆命令，绘制一个直径为10mm的圆，利用直线命令，绘制一条直线，如图8-37所示。

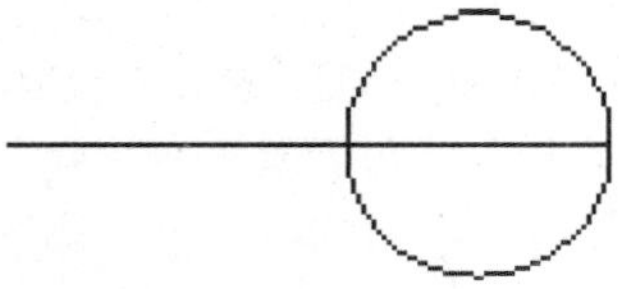

图8-37 索引符号

Step 02 在“属性定义”对话框中的“属性”选项组的“标记”文本框中输入“XT”，在“提示”文本框中输入“请输入详图编号:”，在“默认”文本框中输入1。在“插入点”选项组中勾选“在屏幕上指定点”复选框。在“文字选项”选项组的“对正”下拉列表框中选择“正中”选项，在“文字高度”按钮后边的文本框中输入3.5，其他选项采用默认设置，如图8-38所示。

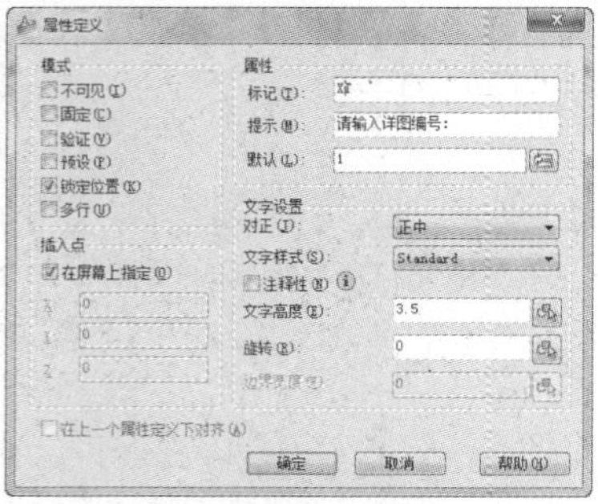

图8-38 “属性定义”对话框

Step 03 单击“确定”按钮，在绘图窗口单击索引符号的上半圆的中心点为插入点，确定插入点的位置。完成属性块的定义，同时在图中的定义位置将显示出该属性的标记，如图8-39所示。

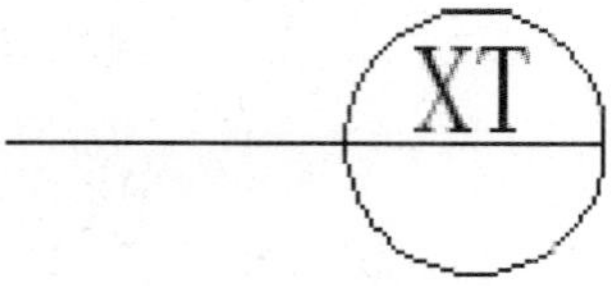

图8-39 属性标记

Step 04 在“属性定义”对话框中的“属性”选项组的“标记”文本框中输入“SYT”，在“提示”文本框中输入“请输入该详图所在图纸的编号:”，在“默认”文本框中输入12。在“插入点”选组中勾选“在屏幕上指定点”复选框。

在“文字选项”选项组的“对正”下拉列表框中选择“正中”选项，在“文字高度”按钮后边的文本框中输入3.5，其他选项采用默认设置，如图8-40所示。

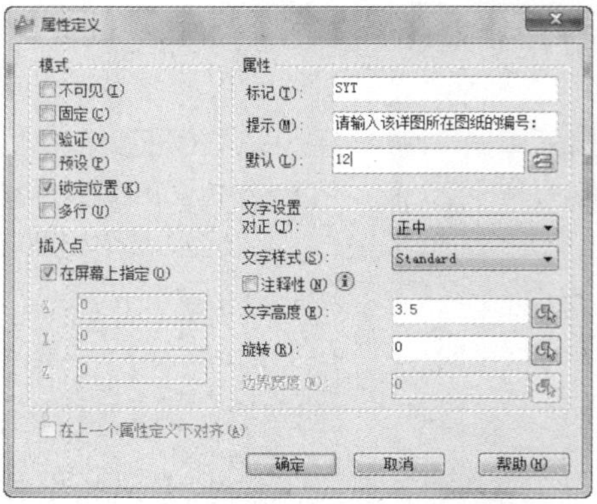

图8-40 “再次设置属性定义”对话框

Step 05 单击“确定”按钮，在绘图窗口单击索引符号的下半圆的中心点为插入点，确定插入点的位置。完成属性块的定义，同时在图中的定义位置将显示出该属性的标记，如图8-41所示。

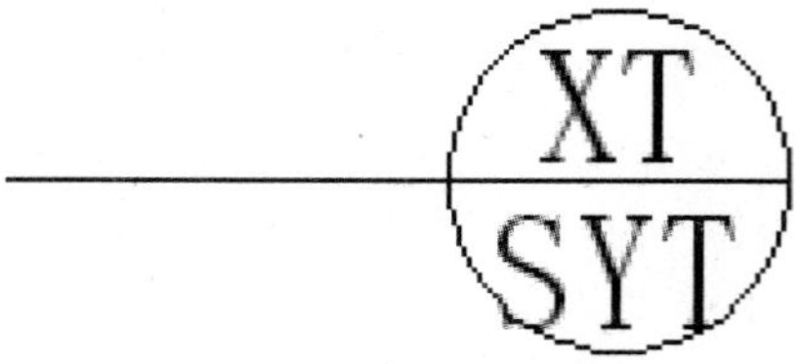

图8-41 索引符号的图块

8.3 插入块

在定义好块以后，无论是外部块还是内部块，用户都可以重复插入块以提高绘图效率。

插入块命令用于将已经预先定义好的块插入到当前图形中。如果当前图形中不存在指定名称的内部块定义，则AutoCAD将搜索磁盘和子目录，直到找到与指定块同名的图形文件，并插入该文件为止。如果在样板图中创建并保存了块，那么在使用该样板图创建一张新图时，块定义也将被保存在新创建的图形中。如果将一个图形文件插入到当前图形中，那么其中的块定义也将被插入到当前图形中，不论这些块是已经被插入到图形中，还是只保存了一个块定义。

插入图块的执行方式如下。

- 命令行：在输入INSERT，按Enter键。
- 面板：在“插入”选项卡下的“块”面板中单击“插入”按钮。
- 菜单栏：执行“插入>块”命令。

调用该命令后，系统将弹出“插入”对话框，如图8-42所示。

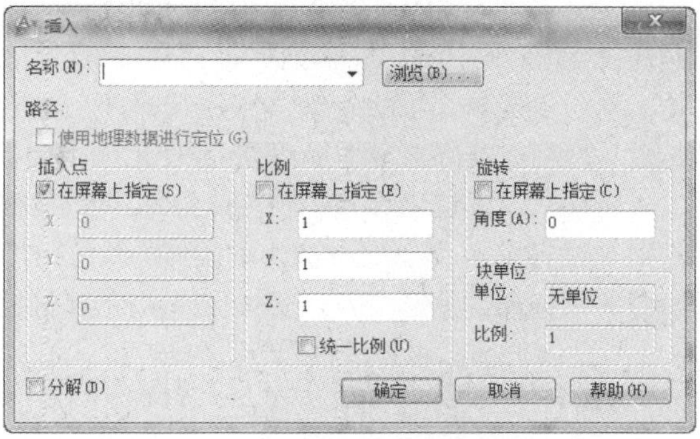

图8-42 “插入”对话框

在该对话框中，“名称”下拉列表框用于指定要插入块的名称，或单击向下的箭头从当前图形中已被定义的块名列表中选择一个名称，将其插入到图形中。

- “插入点”选项组用于指定一个插入点以便插入块参照定义的一个副本。在对话框中，如果取消勾选“在屏幕上指定”复选框，那么在X、Y、Z文本框中可以输入X、Y、Z的坐标值来定义插入点的位置。
- “比例”用来指定插入块的缩放比例。如果指定负的X、Y和Z缩放比例因子，则插入块的镜像图像。若选择“统一比例”则只需输入X方向的比例即可，其他方向自动与X方向一致。

工程师点拨：镜像图像时比例值的设置

如果指定一个负的比例值，那么AutoCAD将在插入点处插入一个块参照的镜像图形。实际上，如果将X轴和Y轴方向的比例值都设为-1，那么AutoCAD将对该对该对象进行“双向镜像”，其效果就是将块参照旋转180°。如果希望在屏幕上指定比例值，那么应勾选“在屏幕上指定”复选框。如果勾选“统一比例”复选框，那么只需要在X文本框中输入一个比例值，相应地沿Y轴和Z轴方向的比例值都将保持与X轴方向的比例值一致。

- “旋转”选项组用于块参照插入时的旋转角度。指定的块参照的旋转角度不论为正或者为负，都是参照于块的原始位置。如果希望在屏幕上指定旋转角度，那么需勾选“在屏幕上指定”复选框。
- “块单位”选项组显示有关图块单位的信息。“单位”文本框用于指定插入块的INSUNITS值。“比例”文本框显示单位比例因子，该比例因子是根据块的INSUNITS值和图形单位计算得来的。INSUNITS值指定插入或附着到图形中的块、图像或外部参照进行自动缩放所用的图形单位值。
- “分解”复选框表示在插入图块时分解块并插入该块的各个部分。勾选“分解”复选框时，只可以指定统一比例因子。此时在图层0上绘制的块的图形对象仍保留在图层0上，颜色随层设置，线型随块设置。

图8-43 工具选项板

8.3.1 从工具选项板上插入块

调用工具选项板的方法如下。

执行“工具>选项板>“工具选项板”命令。

- 单击“标准”工具栏上的工具选项板按钮。
- 在命令行中输入TOOLPALETTES命令。

执行上述命令后，弹出工具选项板，如图8-43所示。

通过将块工具拖动到图形中，或单击块工具然后指定插入点，可以从工具选项板上插入块。

在单击并放置块时，可以设置旋转角度（从0°开始）。选择此选项后，工具选项板中“旋转”下指定的角度将被忽略。如果拖动块或外部参照，或者在初始插入命令提示下输入ROTATE，将不会显示旋转角度提示。

对于从工具选项板拖动进行放置的块，放置后经常必须旋转或缩放以适应需要。从工具选项板中拖动块时可以使用对象捕捉，但不能使用栅格捕捉。

将块从工具选项板拖动到图形中时，可以根据块中定义的单位比率和当前图形中定义的单位比率自动对块进行缩放。例如，如果当前图形的单位为米，而所定义的块的单位为厘米，单位比率即为 1 m/100 cm。将块拖动到图形中时，则会以 1/100 的比例插入。

8.3.2 间隔插入块

用户可以沿着选定的几何对象以一定间隔插入块。使用MEASURE以等分间距插入块；使用DIVIDE以成比例的间距插入块。

8.4 编辑图块

对定义好的块属性，还可以对属性进行编辑。编辑属性定义可以修改块属性的所有特性，调整属性块各属性的显示顺序，从属性块中删除不需要的属性定义，更新块定义等。编辑块的属性可以修改属性特性和属性值等。如果对已经定义的块属性不满意，还可以重新定义块属性。

8.4.1 编辑属性定义

块属性管理器用来管理当前图形中块的属性定义。在该管理器中可以在块中编辑属性定义、从块中删除属性以及更改插入块时系统提示用户输入属性值的顺序。

编辑属性定义执行方式如下。

- 命令行：在命令行中输入BATTMAN，按Enter键。
- 面板：在“插入”选项卡“块定义”面板中单击“管理属性”按钮。
- 菜单栏：执行“修改>对象>属性>块属性管理器”命令。

执行上述命令后，将弹出“块属性管理器”对话框，如图8-44所示。

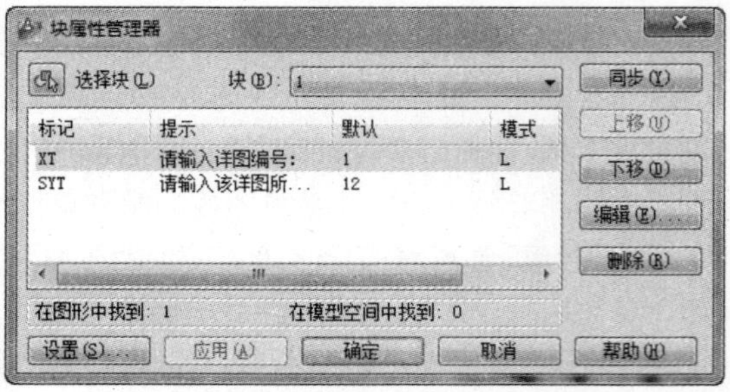

图8-44 “块属性管理器”对话框

选定块的属性显示在属性列表中。默认情况下，标记、提示、默认值、模式和注释性属性特性显示在属性列表中。

- “上移”和“下移”按钮可以修改列表框中各个定义属性的显示顺序。
- “删除”按钮可以删除列表框中的定义属性。如果在选择“删除”按钮之前已选择了“设置”对话框中的“将修改应用到现有参照”选项，将删除当前图形中全部块实例的属性。对于仅具有一个属性的块，“删除”按钮不可使用。
- “同步”按钮用来更新已修改的属性特性，在当前图形中使用该块的特性与新修改的特性保持同步。

● 单击“设置”按钮，可以指定要在列表中显示的属性特性，打开“块属性设置”对话框，如图8-45所示，从中可以自定义“块属性管理器”中属性信息的列出方式。

● 选中一个属性后，“编辑”按钮被激活，单击该按钮，打开“编辑属性”对话框，如图8-46所示，从中可以修改属性特性。

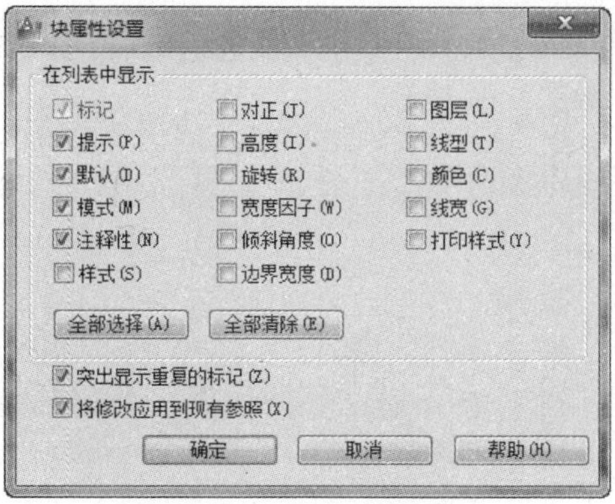

图8-45 “块属性设置”对话框

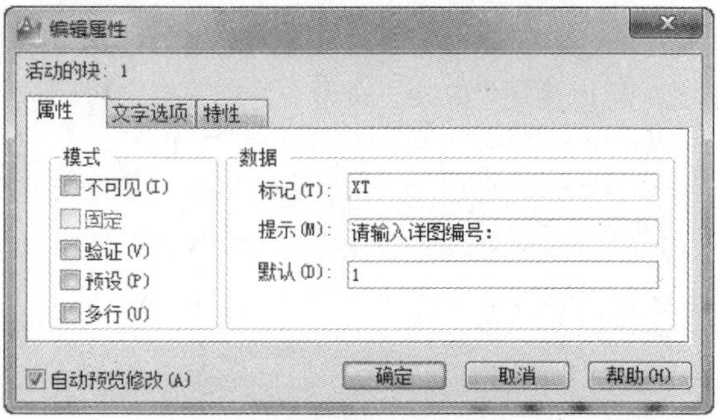

图8-46 “编辑属性”对话框

该对话框中有三个选项卡，分别可以设置“属性”、“文字选项”和“特性”等内容。“文字选项”选项卡可以设置的内容如图8-47所示。“特性”选项卡可以设置的内容如图8-48所示。

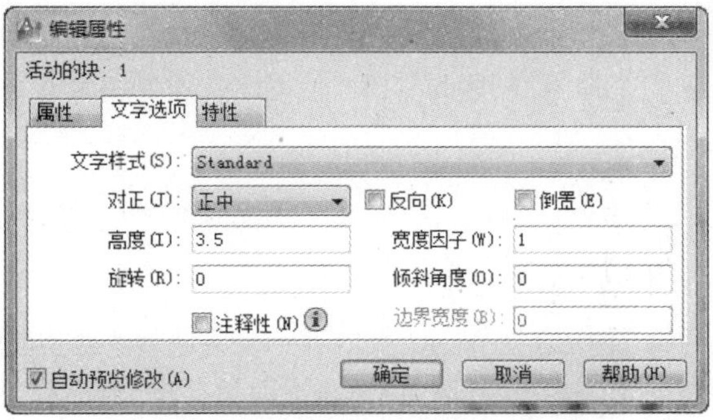

图8-47 “文字选项”选项卡设置内容

图8-48 “特性”选项卡设置内容

8.4.2 编辑块的属性

当定义和插入块后，可以用EATTEDIT命令更改该块中的属性特性和属性值。

编辑块属性的执行方式如下。

● 命令行：在命令行中输入EATTEDIT，按Enter键。

● 面板：单击“插入”选项卡下“块”面板中的“编辑属性”按钮。

● 菜单栏：执行“修改>对象>属性>单个”命令。

调用该命令后，命令行提示“选择块：”，在绘图窗口中选择需要编辑的块对象后，将弹出“增强属性编辑器”对话框，如图8-49所示。

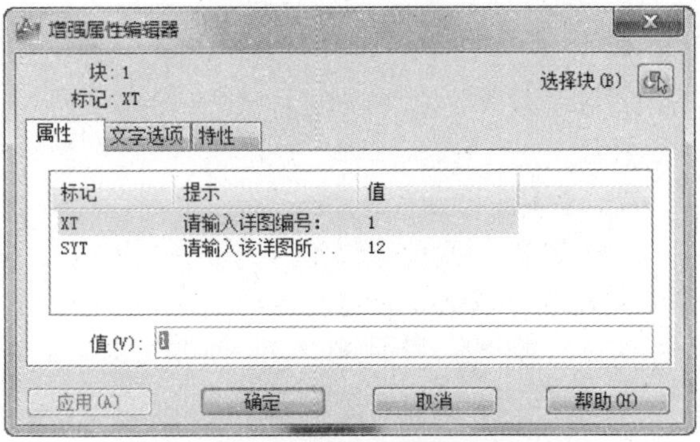

图8-49 “增强属性编辑器”对话框

在该对话框中，包含了“属性”、“文字选项”、“选项”三个选项卡。

- “属性”选项卡用来显示指定给每个属性的标记、提示和值，如上图左所示。在该选项卡中标记名和提示信息不能修改，只能更改属性值，在“值”文本框中输入新的属性值，单击“应用”按钮，该块的属性值将随之改变。
- “文字选项”选项卡用来设置用于定义属性文字在图形中的显示方式的特性，如图 8-50 所示。
- “特性”选项卡用来定义属性所在的图层以及属性文字的线宽、线型和颜色。如果图形使用打印样式，可以使用“特性”选项卡为属性指定打印样式，如图 8-51 所示。

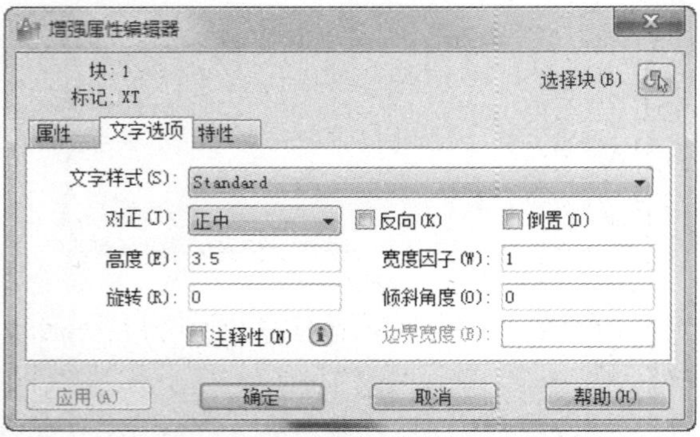

图8-50 “文字特征”选项卡

图8-51 “特性”选项卡

8.4.3 提取属性数据

提取属性信息可以方便地从图形数据中生成日程表或BOM表。新的向导模式使得此过程更加简单。

提取属性数据的执行方式如下。

- 命令行：在命令行中输入EATTEXT，按Enter键。
- 菜单栏：执行“工具>数据提取”命令。
- 面板：在“插入”选项卡下单击“链接和提取”面板中的“提取数据”按钮。

调用上述命令后，系统弹出“数据提取-开始”对话框，如图8-52所示。可以确定是将块属性数据提取到当前图形的表中，或是提取到外部文件中。单击“下一步”按钮，打开“将数据提取另存为”对话框，如图8-53所示。

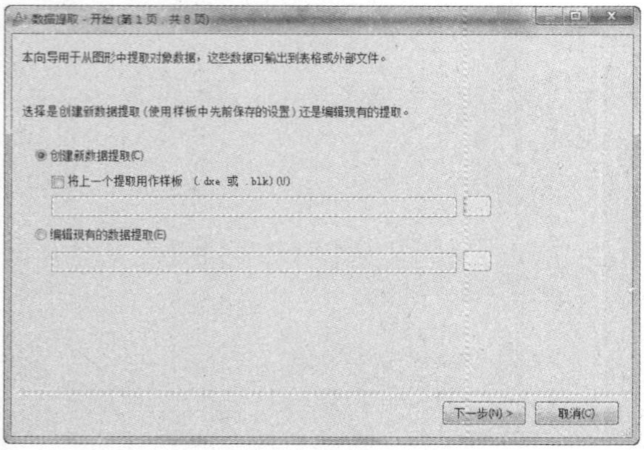

图8-52 “属性提取-开始”对话框

图8-53 “将数据提取另存为”对话框

选择另存为位置，输入文件名，单击“保存”按钮，打开“数据提取-定义数据源”选项面板，如图8-54所示。单击“下一步”，经过数据提取，打开“数据提取-选择对象”选项面板，如图8-55所示。

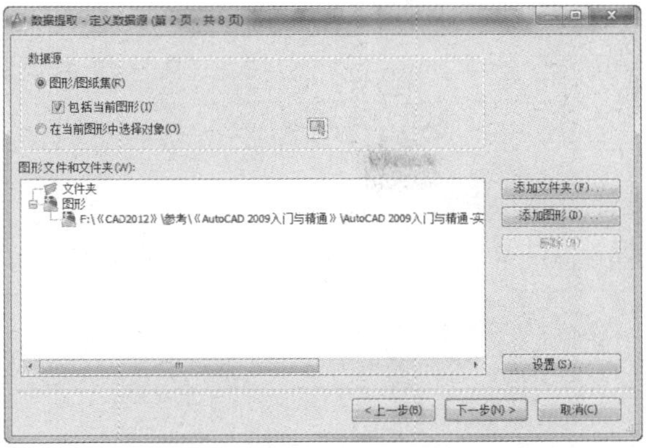

图8-54 “数据提取-定义数据源” 对话框

图8-55 “数据提取-选择对象” 对话框

单击“下一步”，接着打开“数据提取-选择特性”对话框，如图8-56所示。在“数据提取-选择特性”对话框中选择需要显示的特性，单击“下一步”按钮，弹出“数据提取-优化数据”对话框，如图8-57所示。

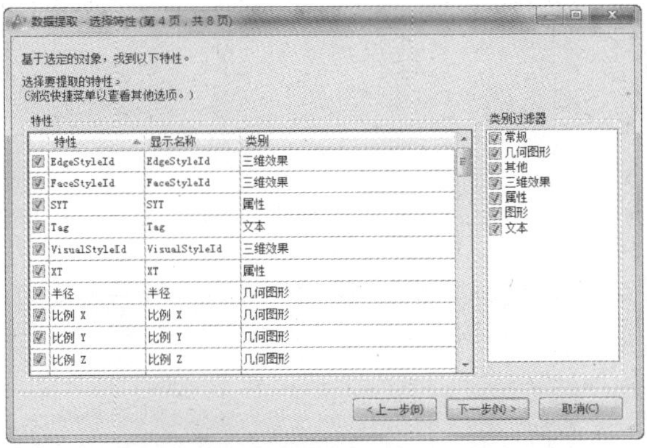

图8-56 “数据提取-选择特性” 对话框

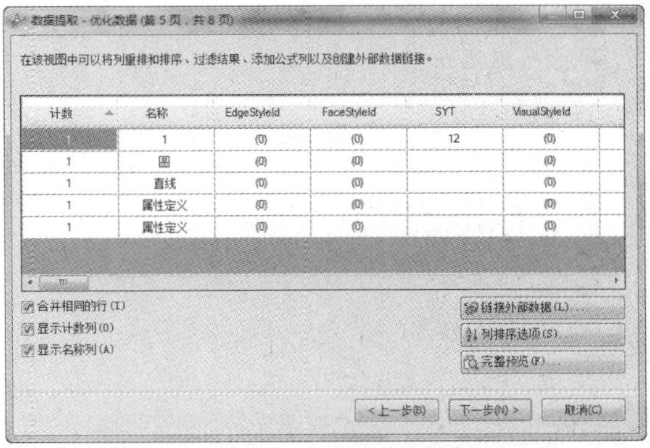

图8-57 “数据提取-优化数据” 对话框

单击“下一步”按钮，打开“数据提取-选择输出”对话框，如图8-58所示，可以选择节BOM表插入图形，也可以选择输出至外部文件。

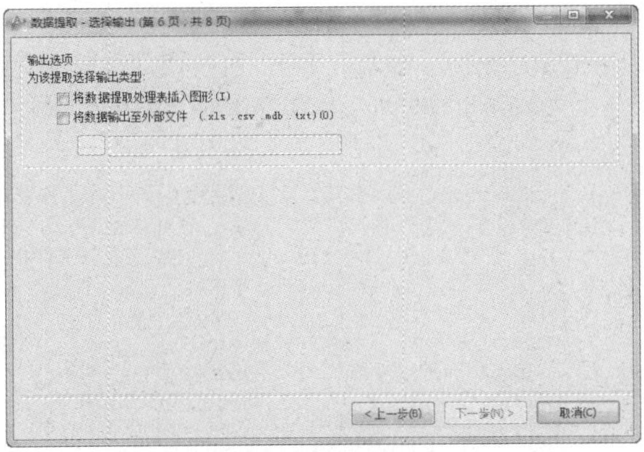

图8-58 “数据提取-选择输出” 对话框

图8-59 “数据提取-表格样式” 对话框

如果选择插入图形，单击“下一步”按钮，打开“数据提取-表格样式”选项面板，选择完表格样式，单击“下一步”按钮，完成数据提取，打开“数据提取-完成”选项面板，如图8-60所示。单击“完成”按钮，在屏幕中选择插入点以插入BOM表，如图8-61所示。

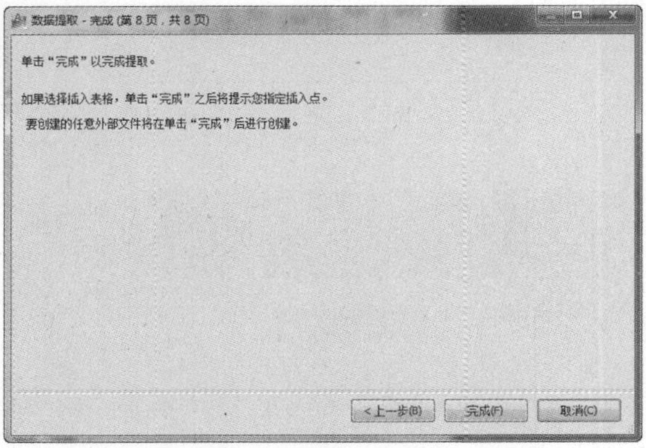

图8-60 "数据提取-完成"对话框

计数	名称	比例 X	比例 Y	比例 Z	标高	标题	超链接
1	标高图块	1.0000	1.0000	1.0000	±0.000		
1	直线						
1	直线						
1	直线						
1	属性定义						
1	公差基准的符号块	1.0000	1.0000	1.0000			
1	圆						
1	直线						
1	直线						
1	属性定义						
1	索引符号	1.0000	1.0000	1.0000			
1	圆						
1	直线						
1	属性定义						
1	属性定义						

图8-61 生成的BOM表

8.4.4 分解块

EXPLODE命令用于分解块参照、填充图案和关联性尺寸标注，使它们变成定义前的各自独立的状态。该命令可以使多线段或多段弧线分解为独立的直线和圆弧对象。它还可以使三维多边形网格变成三维面，使三维多面网格变成三维面和简单的直线与点对象。

分解图块执行方式如下。

- 命令行：在命令行中输入EXPLODE，按Enter键。
- 工具栏：在"修改"工具栏中单击"分解"按钮。
- 菜单栏：执行"修改>分解"命令。

调用该命令后，根据命令行提示"选择对象："，在绘图区选择将被分解的对象，按Enter键后结束对象选择。

工程师点拨：合成对象类型将影响对象分解结果

任何分解对象的颜色、线型和线宽都可能会改变。其他结果将根据分解的合成对象类型的不同而有所不同。

8.5 创建文字样式

在AutoCAD中，图形中的所有文字都具有与之相关联的文字样式。输入文字时，系统使用当前的文字样式来创建文字，该样式设置字体、大小、倾斜角度、方向和其他文字特征。如果需要使用其他文字样式来创建文字，可以将其他文字样式置于当前。

创建文字样式的执行方式如下。

- 命令行：在命令行中输入STYLE，按Enter键。
- 工具栏：单击"文字"工具栏中的"文字样式"按钮。
- 菜单栏：执行"格式>文字样式"命令。

调用上述命令后，弹出"文字样式"对话框，如图8-62所示。

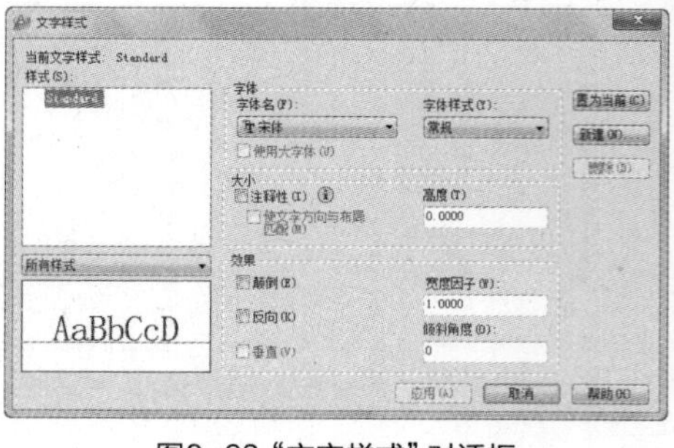

图8-62 "文字样式"对话框

在对话框中，系统提供了一种默认文字样式是Standard标注样式，用户可以创建一个新的文字样式或修改文字样式，以满足绘图要求。

"样式"列表框用来显示图形中的样式列表。"字体"选项组用来更改样式的字体。"大小"选项组用来更改文字的大小。“效果”选项组用来修改字体的特性，例如宽度因子、倾斜角度及是否颠倒显示、反向或垂直对齐。

8.5.1 设置样式名

单击“文字样式”对话框上的“新建(N)”按钮，将弹出“新建文字样式”选项面板，如图8-63所示。

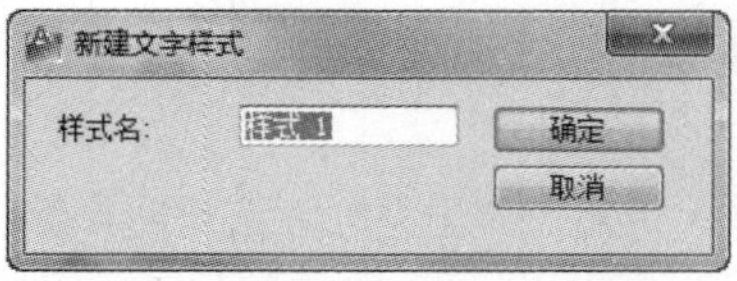

图8-63 “新建文字样式”对话框

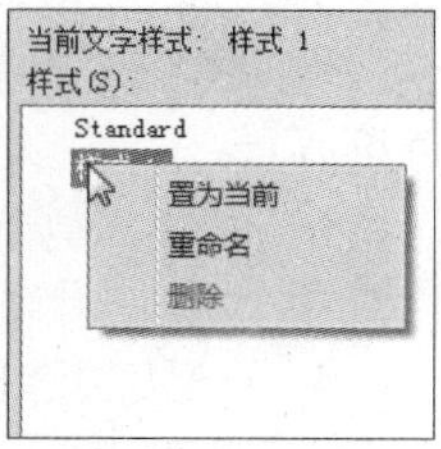

图8-64 快捷菜单

在其中输入新建文字样式的名字，文字样式名称最长可达 255 个字符，其中包括字母、数字和特殊字符，如美元符号($)、下划线(_)和连字符(-)等。如果不输入文字样式名，应用程序将自动将文字样式命名为“样式 n”，其中 n 表示从 1 开始的数字。

命名文字样式后，新设置的文字样式名将显示在“文字样式”对话框上的“样式名”下的列表框中。还可在该列表框中右键单击文字样式名，弹出右键快捷菜单，对文字样式进行“置为当前”、“重命名”和“删除”操作，如图 8-64 所示。

8.5.2 设置字体

“文字样式”对话框的“字体”选项组用于设置文字样式使用的字体和字高等属性，如图 8-65 所示。

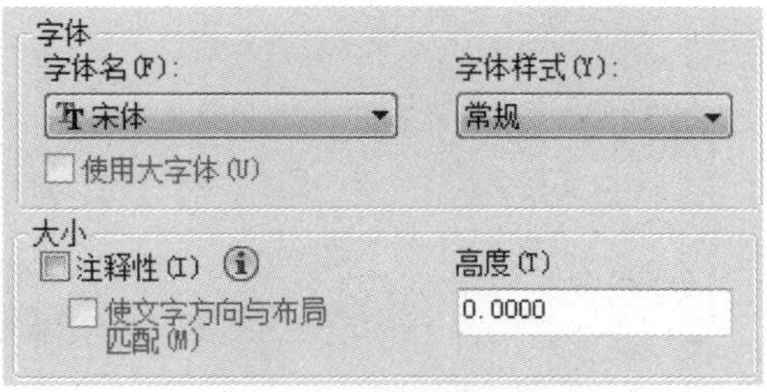

图8-65 “字体”选项组

其中，“字体名”下拉列表框用于选择字体，字体分为两种：一种是Windows提供的字体，即TrueType类型的字体；另一种是AutoCAD特有的字体(有扩展名.shx)。AutoCAD 2012提供了符合标注要求的字体形文件：gbenor.shx、gbeitc.shx和gbcbig.shx文件。其中，gbenor.shx和gbeitc.shx文件分别用于标注直体和斜体字母与数字；gbcbig.shx则用于标注中文。

“字体样式”下列表框用于选择字体格式，如斜体、粗体和常规字体等。

若勾选“使用大字体”复选框，“字体样式”下拉列表框变为“大字体”下拉列表框，用于选择大字体文件。

“高度”文本框用于设置文字的高度。如果将文字的高度设为 0，在使用 TEXT 命令标注文字时，命令行将显示“指定高度：”提示，要求指定文字的高度。如果在“高度”文本框中输入了文字高度，AutoCAD 2012 将按此高度标注文字，而不再提示指定高度。

另外，通过勾选“注释性”复选框可以创建注释性文字，为图形中的说明和标签使用注释性文字。该样式设置了文字在图纸上的高度。当前注释比例将自动确定文字在模型空间视口或图纸空间视口中的显示大小。例如，要使文字在图纸上以3/16的高度显示，用户可以定义文字样式的图纸高度为3/16。将文字添加到比例为1:2=1:0的视口中时，与该视口的比例相同的当前注释比例将自动缩放文字以4.5的比例正确显示。通过将现有的非注释性文字的注释性特性更改为“是”，用户还可以将该文字更改为注释性文字。此操作适用于通过文字样式或通过TEXT和MTEXT命令创建的所有文字。

8.5.3 设置文字效果

在“文字样式”选项面板中，使用“效果”选项组中的选项可以设置文字的颠倒、反向、垂直等显示效果，如图 8-66 所示。

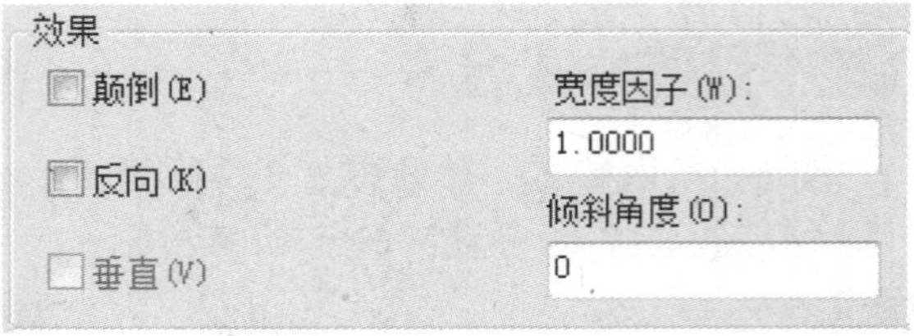

图8-66 “效果”选项组

- “颠倒”复选框表示选中该选项可将文字颠倒放置。
- “反向”复选框表示选中该选项可将文字反向放置。
- “垂直”复选框表示确定文本垂直标注还是水平标注。对于 TrueType 字体而言，该选项不可用。
- “宽度因子”文本框可以设置文字字符的高度和宽度之比，当“宽度比例”值为 1 时，将按系统定义的高宽比书写文字；当“宽度比例”小于 1 时，字符会变窄；当“宽度比例”大于 1 时，字符则变宽。
- “倾斜角度”文本框可以设置文字的倾斜角度，角度为 0° 时不倾斜；角度为正值时向右倾斜；为负值时向左倾斜。

各种效果如图8-67所示。

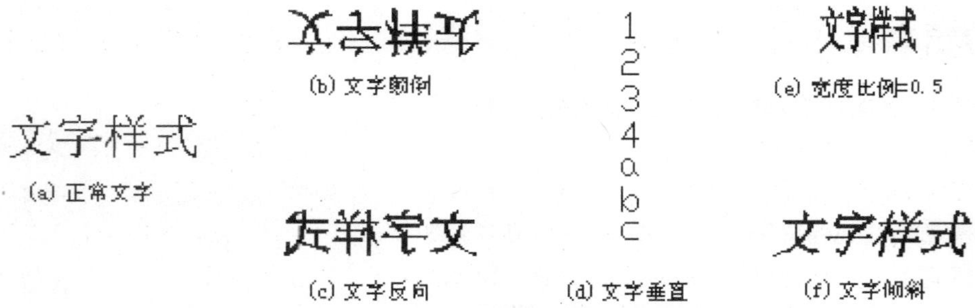

图8-67 文字样式的各种效果

8.5.4 预览与应用文字样式

在“文字样式”对话框左下方的空白区域可以预览所选择或所设置的文字样式效果。每选中一个文字样式名，就在该区域出现所选文字样式的预览效果。

设置完文字样式后，单击“应用”按钮即可应用。然后单击“关闭”按钮，关闭“文字样式”对话框。

8.6 单行文字

使用单行文字可以创建一行或多行文字，通过按Enter键来结束每一行。每行文字都是独立的对象，可以重新定位、调整格式或进行其他修改。创建单行文字时，首先要指定文字样式并设置对齐方式。

8.6.1 创建单行文字

使用单行文字创建一行或多行文字。执行方式如下。

- 命令行：在命令行中输入DTEXT，按Enter键。
- 工具栏：单击“文字”工具栏中的“单行文字”按钮AI。
- 菜单栏：执行“绘图>文字>单行文字”命令。

调用该命令后，命令行提示。

当前文字样式：Standard，文字高度：2.5000，注释性：否 指定文字的起点或 [对正 (J)/ 样式 (S)]：

各选项具体说明如下。

● 指定文字的起点

默认情况下，通过指定单行文字行基线的起点位置创建文字。如果当前文字样式的高度设置为0，系统将显示"指定高度:"提示信息，要求指定文字高度，否则不显示该提示信息，而使用"文字样式"选项面板中设置的文字高度。

然后系统显示"指定文字的旋转角度<0>"提示信息，要求指定文字的旋转角度。文字旋转角度是指文字行排列方向与水平线的夹角，默认角度为0°。输入文字旋转角度，或按Enter键使用默认角度0°，最后输入文字即可。也可以切换到Windows的中文输入方式下，输入中文文字。

● 对正

在"指定文字的起点或[对正(J)/样式(S)]："提示信息后输入J，可以设置文字的排列方式。此时命令行显示如下提示信息。

[对齐 (A)/ 布满 (F)/ 居中 (C)/ 中间 (M)/ 右对齐 (R)/ 左上 (TL)/ 中上 (TC)/ 右上 (TR)/ 左中 (ML)/ 正中 (MC)/ 右中 (MR)/ 左下 (BL)]

在AutoCAD 2012中，系统为文字提供了如图8-68所示的多种对正方式。

在输入文字的过程中，可以随时改变文字的位置。如果在输入文字的过程中想改变后面输入的文字位置，可将光标移到新的位置并按拾取键，原标注行结束，光标出现在新确定的位置后，可以在此继续输入文字。但在标注文字时，不论采用哪种文字排列方式，输入文字时，在屏幕上显示的文字都是按左对齐的方式排列，直到结束TEXT命令后，才按指定的排列方式重新生成文字。

● 样式

在"指定文字的起点或[对正(J)/样式(S)]："提示下输入S，可以设置当前使用的文字样式。选择该选项时，命令行显示如下提示信息：输入样式名或[?]<Standar>：

可以直接输入文字样式的名称，也可输入"?"。如果输入"?"后按Enter键，命令行提示"输入要列出的文字样式<*>："。此时按Enter键则将在"AutoCAD文本窗口"中显示当前图形所有已有的文字样式，如图8-69所示。

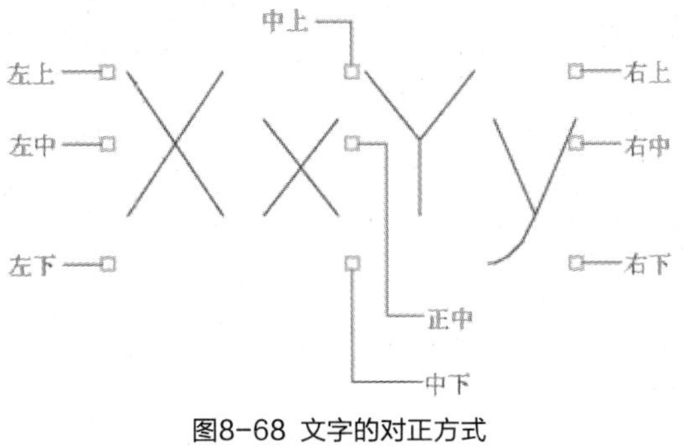

图8-68 文字的对正方式

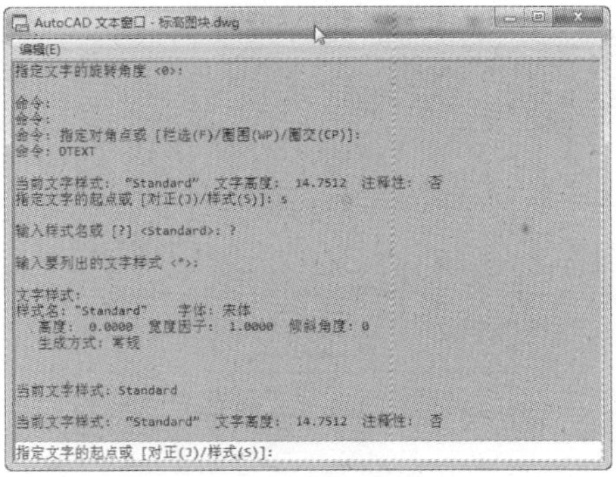

图8-69 显示图形中包含的文字样式

8.6.2 设置单行文字的对齐方式

单行文字提供了14种对齐方式，分别为对齐（A）、布满（F）、居中（C）、中间（M）、右对齐（R）、左上（TL）、中上（TC）、右上（TR）、左中（ML）、正中（MC）、右中（MR）、左下（BL）、中下（BC）和右下（BR）。

下面对各个对正方式进行介绍。

Step 01 “对齐”选项通过指定基线端点来指定文字的高度和方向。系统根据起点和终点的距离和当前文字样式的宽度比例自动计算文字字高，使之正好放在其中，如图 8-70 所示。

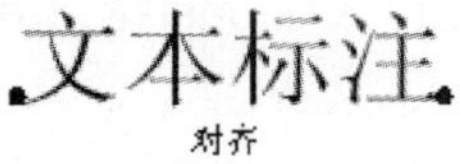

图8-70 对齐

Step 02 “布满”选项通过指定文字按照由两点定义的方向和一个高度值布满一个区域。文字字符串越长，字符越窄，字符高度保持不变，如图 8-71 所示。

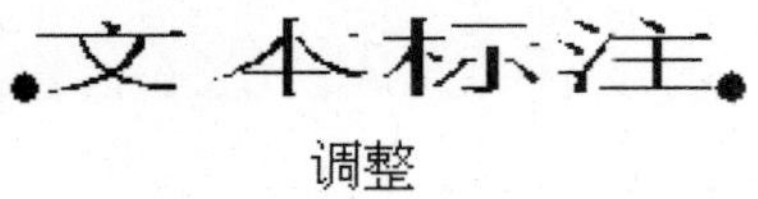

图8-71 调整

Step 03 “居中”选项通过指定文字基线的中点，输入文字后，文字均匀分布在该中点两侧，在命令行中可以指定文字高度和旋转角度，如图 8-72 所示。

图8-72 中心

Step 04 “中间”选项保持文字在基线的水平中点和指定高度的垂直中点上对齐。输入文字后，文字均匀分布在该中点两侧，中间对齐的文字不保持在基线上，如图 8-73 所示。

图8-73 中间

Step 05 “右对齐”选项通过指定基线上对正文字的右端点来对正文字，如图 8-74 所示。

图8-74 右

Step 06 “左上”选项通过指定文字顶线的左端点，以该点对正文字，如图 8-75 所示。

图8-75 左上

Step 07 “中上”选项通过指定文字顶线的中点，以该点对正文字，如图 8-76 所示。

图8-76 中上

Step 08 “右上”选项通过指定文字顶线的右端点，以该点对正文字，如图 8-77 所示。

图8-77 右上

Step 09 “左中”选项通过指定文字中线的左端点，以该点对正文字，如图 8-78 所示。

图8-78 左中

Step 10 “正中”选项通过指定文字中线的中点，以该点对正文字，如图 8-79 所示。

图8-79 左中

Step 11 “右中”选项通过指定文字中线的右端点，以该点对正文字，如图 8-80 所示。

图8-80 左中

Step 12 “左下”选项通过指定文字底线的左端点，以该点对正文字，如图 8-81 所示。

图8-81 左中

Step 13 “中下”选项通过指定文字底线的中点，以该点对正文字，如图 8-82 所示。

图8-82 中下

Step 14 “中下”选项通过指定文字底线的中点，以该点对正文字，如图 8-82 所示。

图8-83 右下

8.6.3 编辑单行文字

用户可以使用DDEDIT命令或“特性”选项板修改单行文字。如果只需要修改文字的内容而无需修改文字对象的格式或特性，则使用DDEDIT。如果要修改内容、文字样式、位置、方向、大小、对正和其他特性，则使用“特性”选项板。

执行方式如下。

- 命令行：在命令行中输入DDEDIT，按Enter键。
- 工具栏：在“文字”工具栏中单击“编辑”按钮。
- 菜单栏：执行“修改>对象>文字>编辑”命令。

命令行提示如下。

```
选择注释对象或 [ 放弃 (U)]:
```

双击文字对象，便可对单行文字的内容进行编辑了。

另外，在菜单栏的“文字”级联菜单中还有“比例”（SCALETEXT）和“对正”（JUDTIFYTEXT）两条命令。使用这两条命令可分别对文字对象进行缩放比例和对正方式的编辑。

8.7 多行文字

对于较长、较为复杂的内容，可以创建多行或段落文字。多行文字是由任意数目的文字行或段落组成的，布满指定的宽度，可以沿垂直方向无限延伸。

8.7.1 创建多行文字

通过该命令可以一个多行文字对象，以便对图形进行详细的注释和说明。“多行文字”又称为段落文字，是一种更易于管理的文字对象，可以由两行以上的文字组成，而且各行文字都是作为一个整体处理。

多行文字执行方式如下。

命令行：在命令行中输入MTEXT，按Enter键。

工具栏：单击“绘图”工具栏中的“多行文字”按钮A。

菜单栏：执行“绘图>文字>多行文字”命令。

执行该命令后，根据命令行提示，在绘图窗口中指定一个用来放置多行文字的矩形区域，将打开“在位文字编辑器”选项卡，如图8-84所示。

图8-84 “在位文字编辑器”选项卡

“在位文字编辑器”选项卡包含“样式”面板、“设置格式”面板、“段落”面板、“插入点”面板和“选项”面板等。

“样式”面板包括样式、注释性和文字高度。样式为多行文字对象应用文字样式。默认情况下，“标准”文字样式处于活动状态。

“设置格式”面板包括粗体、斜体、下划线、上划线、字体、颜色、倾斜角度、追踪和宽度因子，如图 8-85 所示。

图8-85 “设置格式”面板

● “段落”面板包括多行文字、段落、行距、编号和各种对齐方式。单击“对正”按钮，显示“多行文字对正”菜单，并且有九个对齐选项可用，如图8-86所示。单击“行距”按钮，显示建议的行距选项，如图8-87所示。

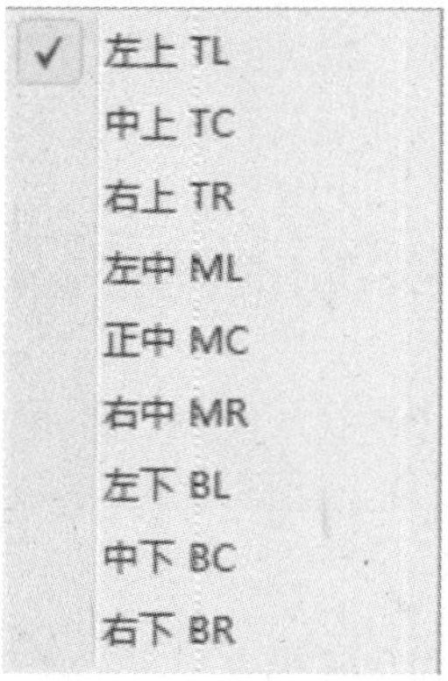

图8-86 “多行文字对正”菜单

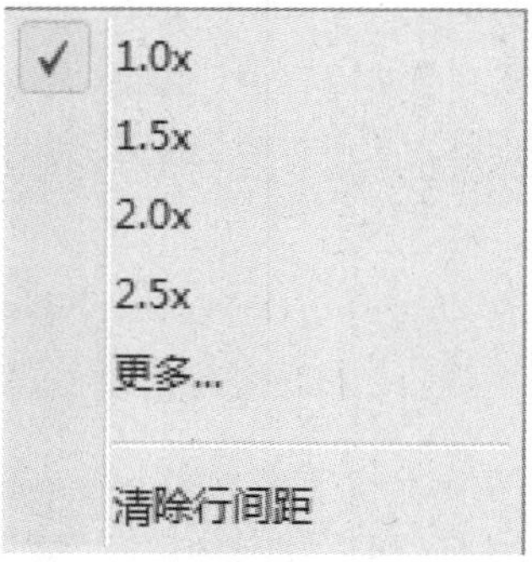

图8-87 行距选项

● 单击“编号”按钮，显示“项目符号和编号”菜单，如图8-88所示。单击“段落”按钮，弹出“段落”对话框，如图8-89所示，该对话框可以为段落和段落的第一行设置缩进。指定制表位和缩进，控制段落对齐方式、段落间距和段落行距。

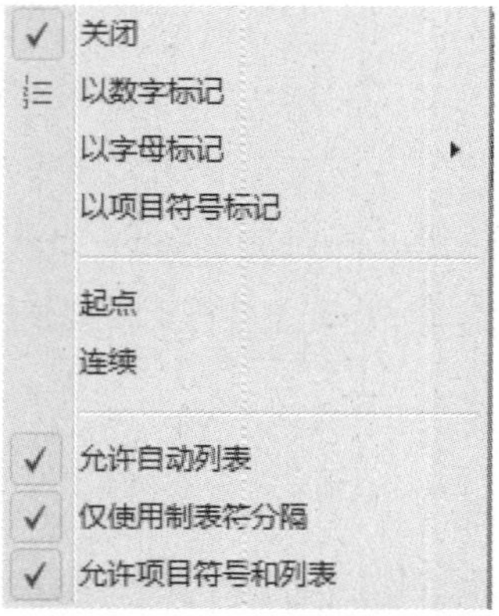

图8-88 “项目符号和编号”菜单

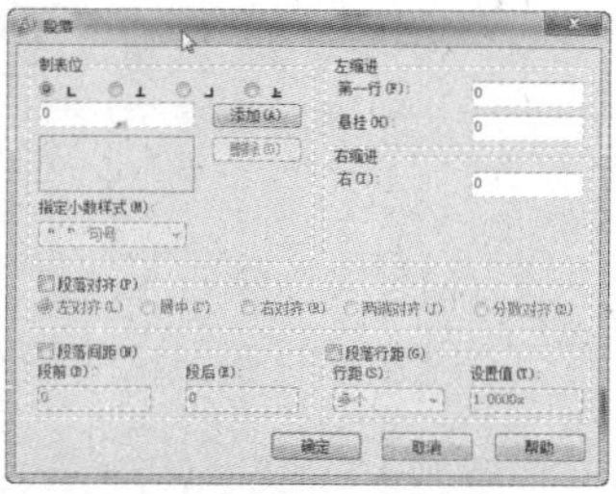

图8-89 “段落”对话框

● “插入点”面板包括符号、插入点和栏。单击“符号”按钮，子菜单中列出了常用符号及其控制代码或 Unicode 字符串，如图8-90所示。单击“其他”将显示“字符映射表”选项面板，如图8-91所示，其中包含了系统中每种可用字体的整个字符集。选择一个字符，然后单击“选择”将其放入“复制字符”框中。选中所有要使用的字符后，单击“复制”按钮，关闭选项面板。在编辑器中，单击鼠标右键并单击“粘贴”选项完成。

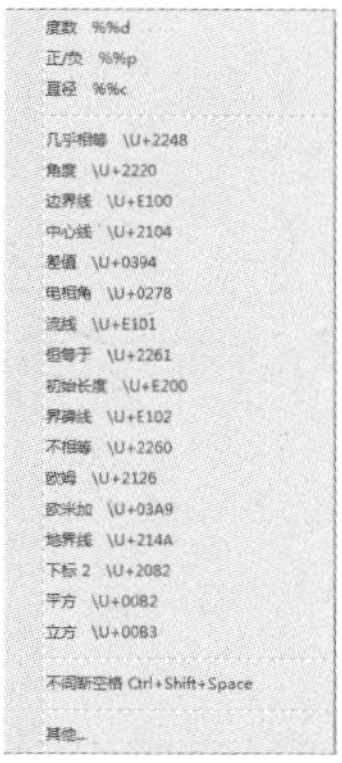

图8-90 符号字菜单

图8-91 “字符映射表”对话框

● “选项”面板包括查找和替换、拼写检查、放弃、重做、标尺和选项。单击“选项”按钮，弹出如图8-92所示的快捷菜单，可以对多行文本进行更多的设置。

在多行文字的文字输入窗口中，可以直接输入多行文字，也可以在文字输入窗口中右击，从弹出的快捷菜单中选择“输入文字”命令，将已经在其他文字编辑器中创建的文字内容直接导入到当前图形中。

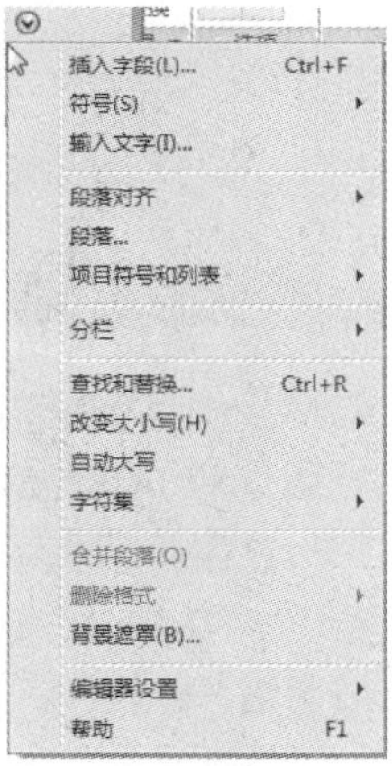

图8-92 快捷菜单

8.7.2 编辑多行文字

用户可以使用“特性”选项板或“在位文字编辑器”来修改多行文字对象的位置和内容。

多行文字的编辑选项比单行文字多。例如，可以将对下划线、字体、颜色和文字高度的修改应用到段落中的单个字符、单词或短语。

调用DDEDIT命令的方法与编辑单行文字的方法相同。

8.8 表格

表格是由包含注释（以文字为主，也包含多个块）的单元构成的矩形阵列。

表格是在行和列中包含数据的对象，可以从空表格或表格样式创建表格对象，还可以将表格链接至 Microsoft Excel 电子表格中的数据。另外表格还可以链接到外部数据，可以将表格链接至 Microsoft Excel（.XLS、.XLSX 或 .CSV）文件中的数据。用户可以将其链接至 Excel 中的整个电子表格、各行、列、单元或单元范围。

表格外观由表格样式控制。用户可以使用默认表格样式STANDARD，也可以创建自己的表格样式。

用户可以向表格中添加文字和块，表格单元数据可以包括文字和多个块，还可以包含使用其他表格单元中的值进行计算的公式。

8.8.1 创建表格样式

表格使用行和列以一种简洁清晰的形式提供信息，常用于一些组件的图形中。表格样式控制一个表格的外观，用于保证标准的字体、颜色、文本、高度和行距。用户可以使用默认的表格样式，也可以根据需要自定义表格样式。

创建表格样式执行方式如下。

- 命令行：在命令行中输入TABLESTYLE，按Enter键。
- 工具栏：单击"样式工具栏中的表格样式"。
- 菜单栏："执行格式>表格样式"命令。

调用该命令后，弹出"表格样式"对话框，如图8-93所示。

在该对话框中，单击"新建"按钮，弹出"创建新的表格样式"对话框，如图8-94所示。

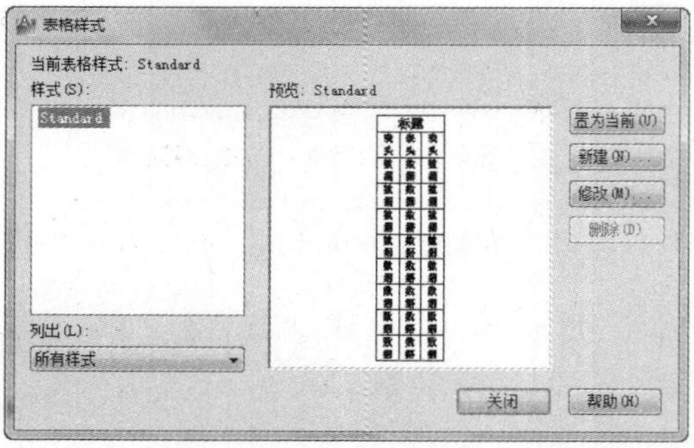

图8-93 "表格样式"对话框

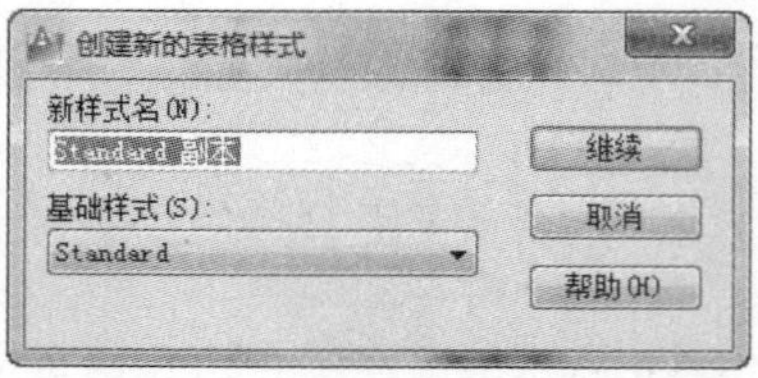

图8-94 "创建新的表格样式"对话框

在"新样式名："文本框中可以输入新的表格样式名，在"基础样式（S）"下拉列表框中选择一种基础样式作为模板，新样式将在该样式的基础上进行修改。然后单击"继续"按钮，弹出"新建表格样式"对话框，如图8-95所示。

在该对话框中可以设置数据、列表题和标题的样式。在"起始表格"选项区域中单击"选择起始表格："按钮，选择绘图窗口中以创建的表格作为新建表格样式的起始表格，单击其右边的按钮，可取消选择。在"基本"选项区域的"表格方向："下拉列表框中选择表的生成方向，有向上和向下两种方式。

该选项的下方白色区域形成表格的预览。

表格的单元有标题、表头、数据三种。其中在"单元样式"下拉列表中，依次选择三种单元，如图8-96所示可以通过"常规"、"文字"和"边框"三个选项卡对每种单元样式进行设置。

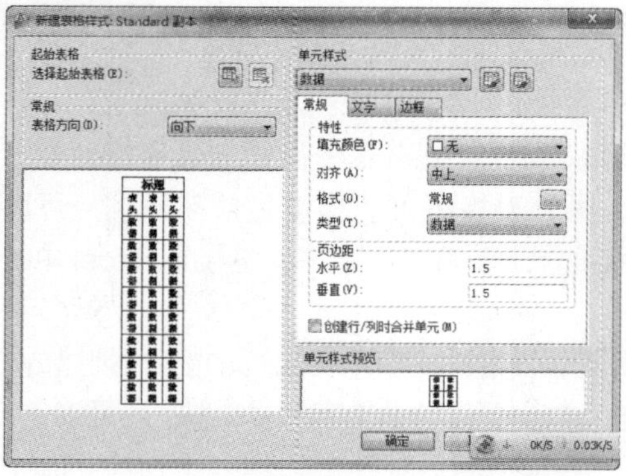

图8-95 "新建表格样式"对话框

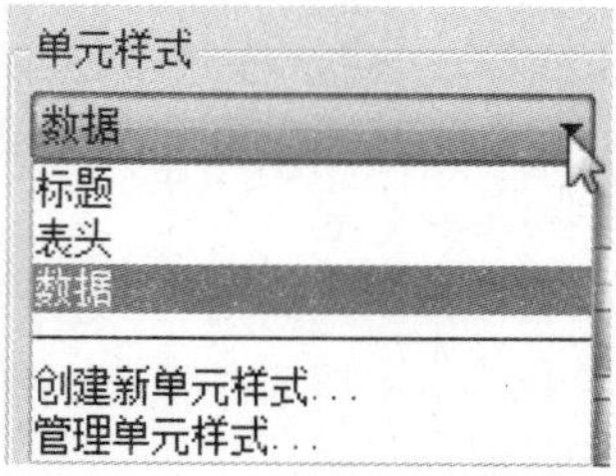

图8-96 "单元样式"下拉列表

单击"创建新单元样式..."，弹出"创建新单元样式"对话框，如图8-97所示，创建一个新的单元样式。单击"继续"按钮，在"单元样式"下拉列表中添加一个新的单元样式。

单击"管理单元样式..."，弹出"管理单元样式"对话框，如图8-98所示，可以新建、重命名和删除单元样式。

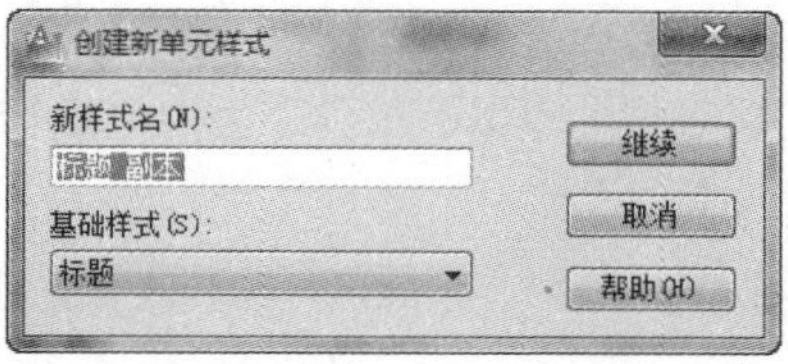

图8-97 "创建新单元样式"对话框

图8-98 "管理单元样式"对话框

● "常规"选项卡，可以对填充颜色、对齐方式、格式、类型和页边距进行设置。单击格式右侧的按钮，弹出"表格单元样式"对话框，如图 8-99 所示，从中可以进一步定义格式选项。

● "类型"主要是将单元样式指定为标签或数据，在包含起始表格的表格样式中插入默认文字时使用，也用于在工具选项板上创建表格工具的情况。"创建行 / 列时合并单元"复选框表示将使用当前单元样式创建的所有新行或列合并到一个单元中。

● "文字"选项卡可以对文字样式、文字高度、文字颜色和文字角度进行设置，如图 8-100 所示。对文字样式进行设置时，可以单击右侧按钮，打开"文字样式"对话框并创建新的文字样式。"文字高度"选项仅在选定文字样式的文字高度为 0 时可用（默认文字样式 STANDARD 的文字高度为 0）。如果选定的文字样式指定了固定的文字高度，则此选项不可用。文字角度可以输入 -359° 至 +359 ° 之间的任何角度。

● "边框"选项卡，如图 8-101 所示，可以控制当前单元样式的表格网格线的外观。

设置完成后，单击"确定"按钮，完成表格样式的创建。

图8-99 "表格单元样式"对话框

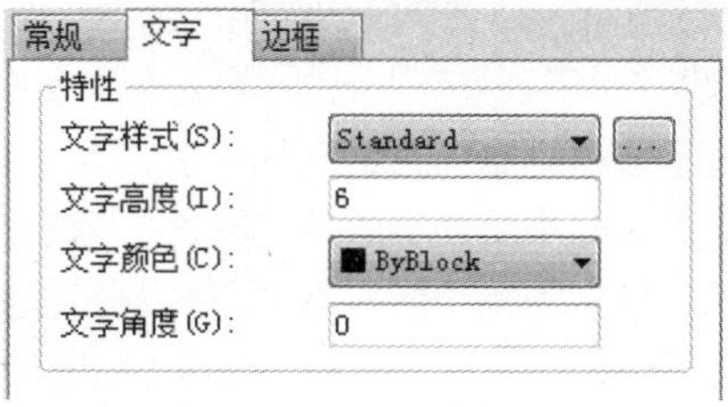

图8-100 "文字"选项卡

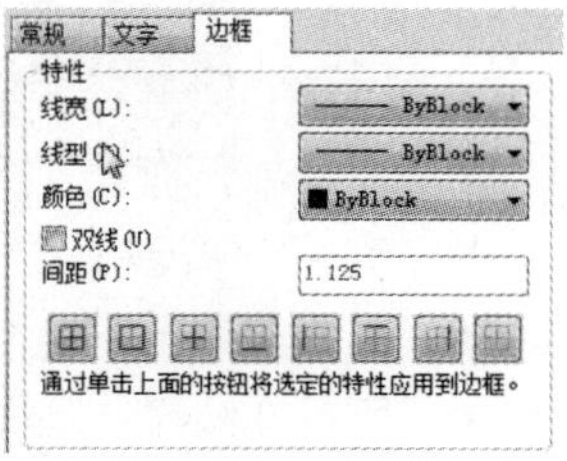

图8-101 "边框"选项卡

8.8.2 创建表格

"创建表格"命令用于图形中表格的创建，从而对图形进行注释和说明。

创建表格执行方式如下。

● 命令行：在命令行中输入TABLE，按Enter键。

● 工具栏：在“绘图”工具栏中单击“表格”按钮。

● 菜单栏：执行“绘图>表格”命令。

调用上述命令后，弹出“插入表格”对话框，如图8-102所示，可以在图形中插入空白表格。

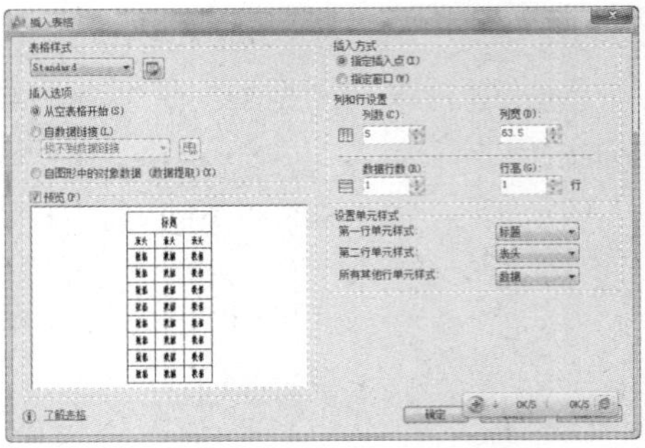

图8-102 “插入表格”对话框

“表格样式”选项组，可以在要从中创建表格的当前图形中选择表格样式。通过单击下拉列表旁边的按钮，可以创建新的表格样式。

“插入选项”选项组：用来指定插入表格的方式。

● “从空表格开始”：创建可以手动填充数据的空表格。

● “自数据链接”：从外部电子表格中的数据创建表格。单击下拉列表旁边的按钮，弹出“选择数据链接”对话框，如图 8-103 所示，进行数据键接设置。

● “自图形中的对象数据”：启动“数据提取”向导。

● “预览”选项组：显示当前表格样式的样例。

● “插入方式”选项组：用来指定表格位置。

● “指定插入点”：指定表格左上角的位置。可以使用定点设备，也可以在命令提示下输入坐标值。如果表格样式将表格的方向设置为由下而上读取，则插入点位于表格的左下角。

● “指定窗口”：指定表格的大小和位置。可以使用定点设备，也可以在命令提示下输入坐标值。选定此选项时，行数、列数、列宽和行高取决于窗口的大小以及列和行设置。

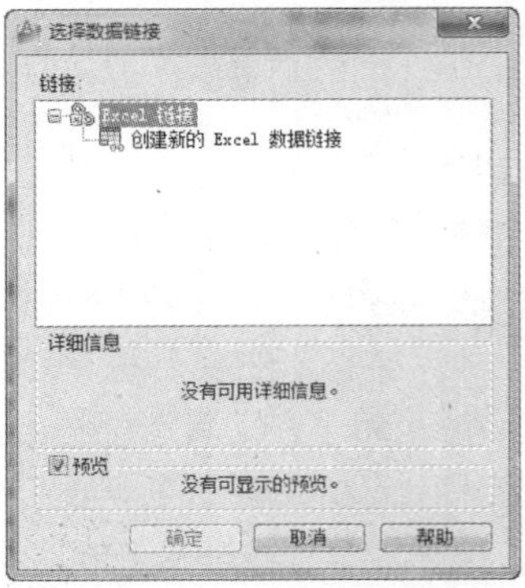

图8-103 “选择数据链接”对话框

● “列和行设置”选项组：用来设置列和行的数目和大小。

● “列数”：指定列数。选定“指定窗口”选项并指定列宽时，“自动”选项将被选定，且列数由表格的宽度控制。如果已指定包含起始表格的表格样式，则可以选择要添加到此起始表格的其他列的数量。

● “列宽”：指定列的宽度。选定“指定窗口”选项并指定列数时，则选定了“自动”选项，且列宽由表格的宽度控制。最小列宽为一个字符。

● “数据行数”：指定行数。选定“指定窗口”选项并指定行高时，则选定了“自动”选项，且行数由表格的高度控制。带有标题行和表格头行的表格样式最少应有三行。最小行高为一个文字行。如果已指定包含起始表格的表格样式，则可以选择要添加到此起始表格的其他数据行的数量。

● “行高”：按照行数指定行高。文字行高基于文字高度和单元边距，这两项均在表格样式中设置。选定“指定窗口”选项并指定行数时，则选定了“自动”选项，且行高由表格的高度控制。

● “设置单元样式”选项组：对于那些不包含起始表格的表格样式，指定新表格中行的单元格式。

● “第一行单元样式”：指定表格中第一行的单元样式。默认情况下，使用标题单元样式。

● “第二行单元样式”：指定表格中第二行的单元样式。默认情况下，使用表头单元样式。

● “所有其他行单元样式”：指定表格中所有其他行的单元样式。默认情况下，使用数据单元样式。

● 按照预期设置好表格参数后，单击“确定”按钮，在绘图区指定插入点，完成表格的创建。例如设置一个2列3行的表格，如图8-104所示。

标题	
表头	表头

图8-104 表格

8.8.3 编辑表格

用户可以对表格进行剪切、复制、删除、移动、缩放和旋转等简单操作，还可以均匀调整表格的行、列大小，删除所有特性替代。当选择“输出”命令时，还可以打开“输出数据”对话框，以.csv格式输出表格中的数据。

编辑表格执行方式如下。

单击该表格上的任意网格线以选中该表格，然后通过夹点来修改该表格，如图8-105所示。

编辑表格的单元时，在单元内单击以选中它。单元边框的中央将显示夹点，如图8-106所示。在另一个单元内单击，可以将选中的内容移到该单元。拖动单元上的夹点可以使单元及其列或行更宽或更小。

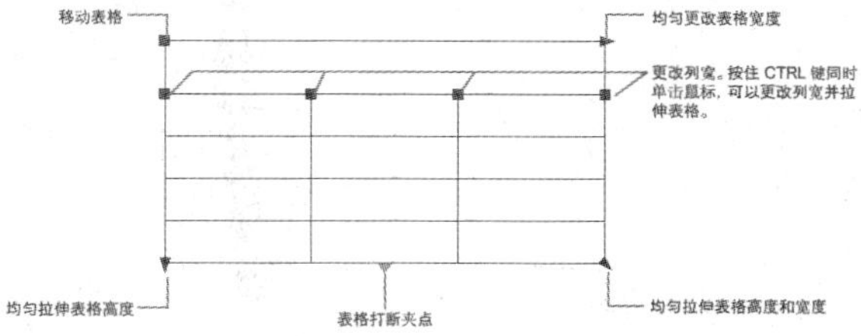

图8-105 表格的各夹点及其作用

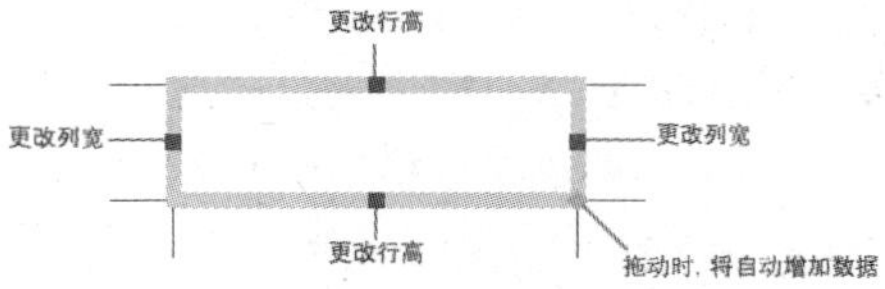

图8-106 单元的各夹点及其作用

在表格单元内部单击时，将显示“表格”选项卡，如图8-107所示。

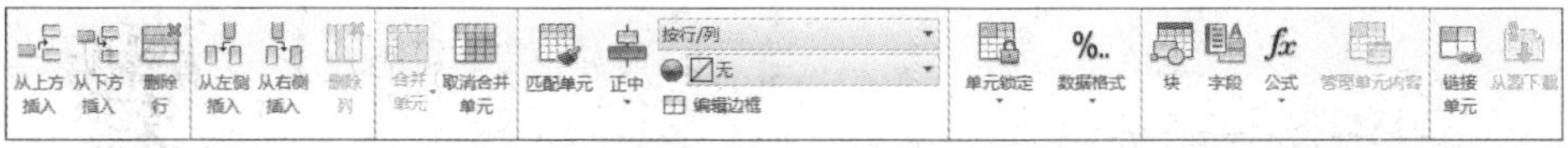

图8-107“表格”选项卡

使用此选项卡，可以执行以下操作。

- 编辑行和列。
- 合并和取消合并单元。
- 改变单元边框的外观。
- 编辑数据格式和对齐。
- 锁定和解锁编辑单元。
- 插入块、字段和公式。
- 创建和编辑单元样式。
- 将表格链接至外部数据。

选择单元后，也可以单击鼠标右键，然后使用快捷菜单上的选项来插入或删除列和行、合并相邻单元或进行其他修改。选择单元后，可以使用Ctrl+Y组合键重复上一个操作。

Ctrl+Y组合键，仅重复通过快捷菜单或表格工具栏执行的操作。选择一个单元后，按F2键可以编辑该单元文字。要选择多个单元，单击并在多个单元上拖动。按住Shift键并在另一个单元内单击，可以同时选中这两个单元以及它们之间的所有单元。

8.9 查找与替换

使用查找命令可以对所选择的搜索范围进行查找与替换。可以在一个或多个 CUI 文件中搜索命令，也可以搜索字符串（包括命令或用户界面元素名、命令显示名、说明、宏和标记）。也可以一次替换一个/所有命令或搜索字符串。

执行方式如下。

- 命令行：在命令行中输入FIND，按Enter键。
- 菜单栏：执行“编辑>查找”命令。

调用上述命令后，弹出“查找和替换”对话框，如图8-108所示。

“查找内容”可以输入包含任意通配符的文字字符串，或从列表中选择最近使用过的六个字符串中的一个。“查找位置”用来指定是在整个图形中查找还是仅在当前选择中查找。如果已选择某选项，“当前选择”将为默认值。如果未选择任何选项，“整个图形”将为默认值。可以用“选择对象”按钮临时关闭该对话框，并创建或修改选择集。

单击“更多选项”按钮，弹出更多的选项，如图8-109所示，可以设置“搜索选项”和“文字类型”。

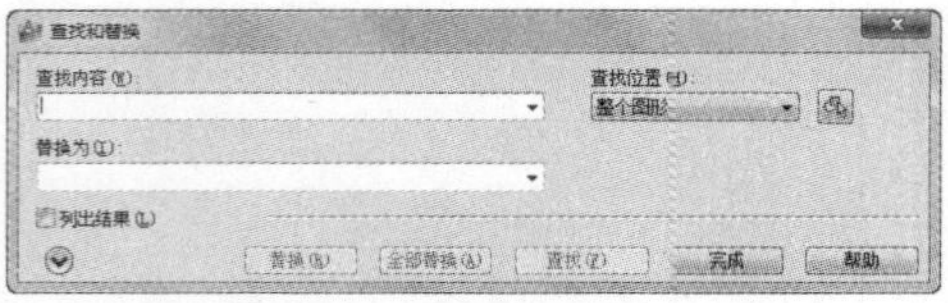

图8-108 “查找和替换”对话框

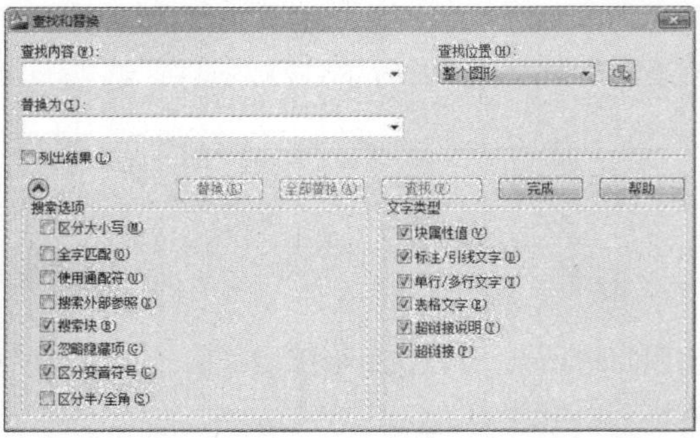

图8-109 “查找和替换选项”对话框

下面介绍“查找与替换”对话框中“更多选项”复选框中部分选项的含义。

- 区分大小写：将“查找”中的文字的大小写作为搜索条件的一部分。
- 全字匹配：仅查找与“查找”中的文字完全匹配的文字。
- 使用通配符：可以在搜索中使用通配符。
- 搜索外部参照：在搜索结果中包括外部参照文件中的文字。
- 搜索块：在搜索结果中包括块中的文字。
- 忽略隐藏项：在搜索结果中忽略隐藏项。隐藏项包括已冻结或关闭的图层上的文字、以不可见模式创建的块属性中的文字以及动态块内处于可见性状态的文字。
- 区分变音符号：在搜索结果中区分变音符号标记或重音。
- 区分半/全角：在搜索结果中区分半角和全角字符。
- 文字类型：指定要包括在搜索中的文字对象的类型。
- 块属性值：在搜索结果中包括块属性文字值。
- 标注/引线文字：在搜索结果中包括标注和引线对象文字。
- 单行/多行文字：在搜索结果中包括文字对象（例如单行和多行文字）。
- 表格文字：在搜索结果中包括在 AutoCAD 表格单元中找到的文字。
- 超链接说明：在搜索结果中包括在超链接说明中找到的文字。
- 超链接：在搜索结果中包括超链接URL。

综合实例 —— 创建别墅平面图块和文字

在绘制图形过程中有时候可以利用创建和插入块大大简便绘图操作，提高效率，“文字”工具是CAD中的一个重要工具，它可以在图形中标注“名称”、“比例”、“标题栏”等。下面以创建别墅平面图块和文字为例。

Step01 单击桌面上 AutoCAD 2012 图标，打开 CAD 的绘图环境并且熟悉操作界面，如图 8-110 所示。

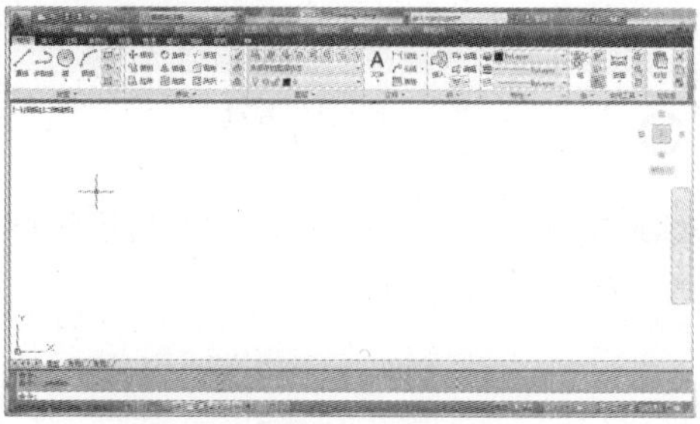

图8-110 打开绘图界面

Step02 打开需要标注的图形，如图 8-111 所示。

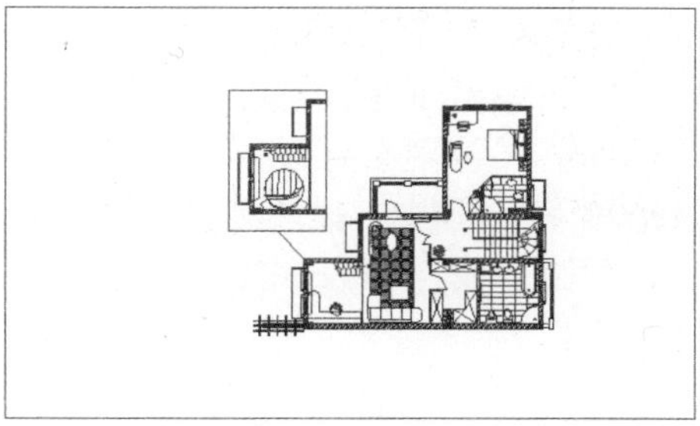

图8-111 打开图形

Step03 利用文字命令标出“洗手间”的名称，如图 8-112 所示。

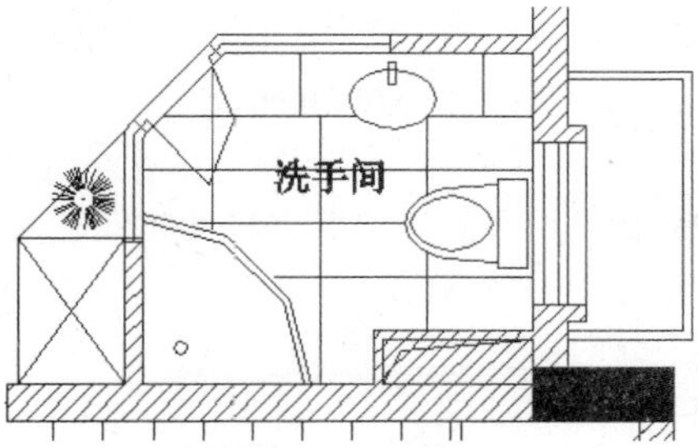

图8-112 标注卫生间

Step04 利用相同方法标出其他房间的名称，如图 8-113 所示。

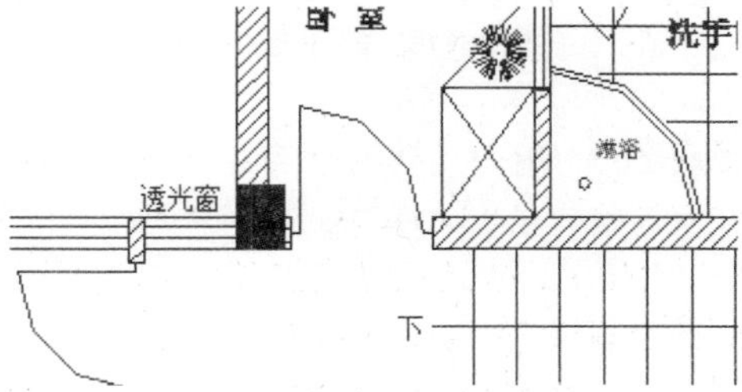

图8-113 标注其他房间

Step05 利用文字命令标出“淋浴”的名称，如图 8-114 所示。

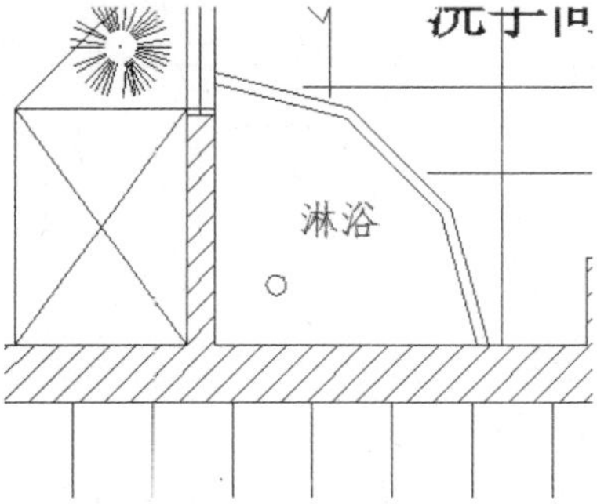

图8-114 标注淋浴

Step06 利用相同方法标出其他物品的名称，如图 8-115 所示。

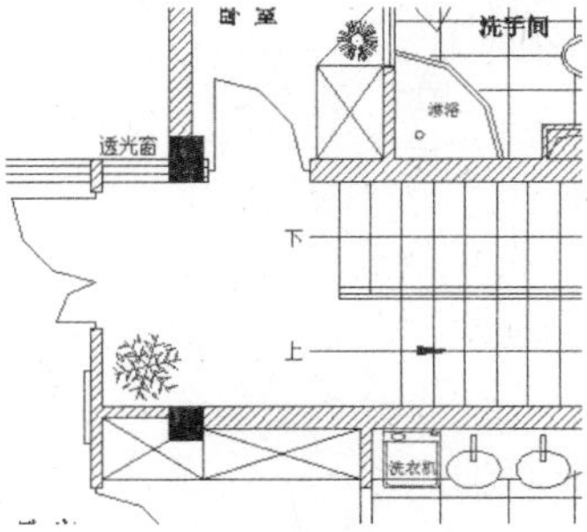

图8-115 标注其他名称

Step07 利用文字命令标出洗手间的地板"防滑地砖"名称，如图 8-116 所示。

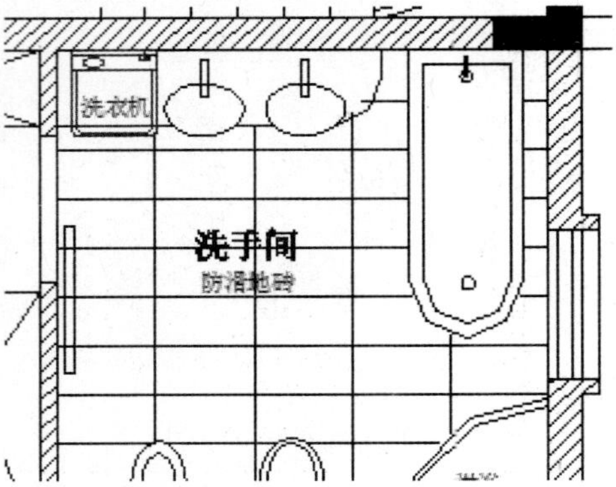

图8-116 标注防滑地砖

Step08 利用相同方法标出其他房间地板的名称，如图 8-117 所示。

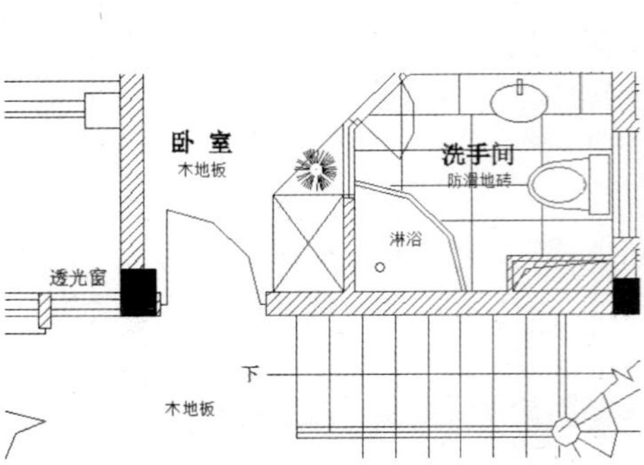

图8-117 标注其他

Step09 利用创建块、插入块、文字命令标出洗手间的标高，如图 8-118 所示。

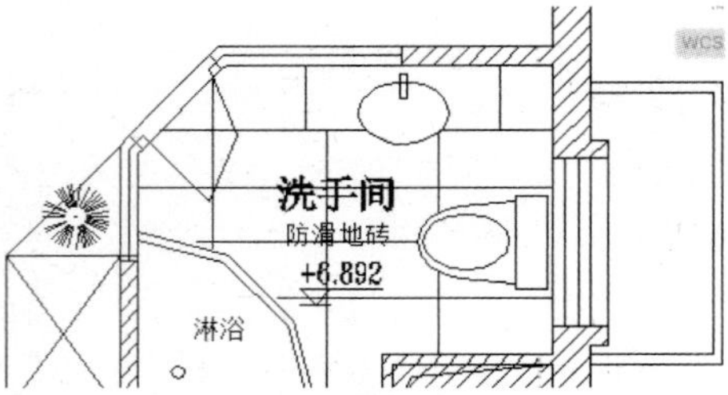

图8-118 洗手间标高

Step10 利用相同方法标出其他房间的标高，如图 8-119 所示。

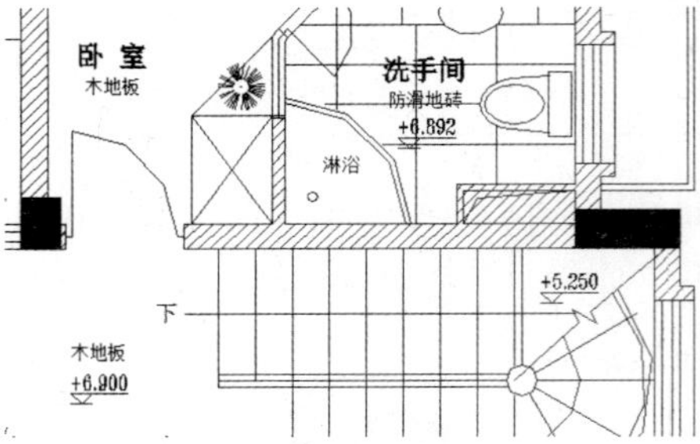

图8-119 其他房间标高

Step11 利用标注命令标出图形一侧的详细尺寸，如图 8-120 所示。

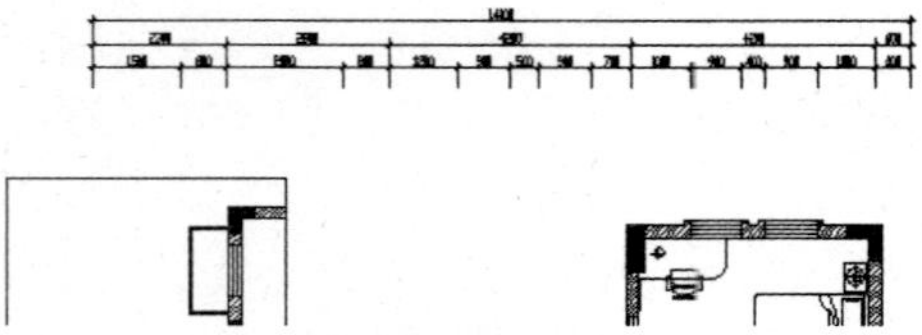

图8-120 标注尺寸

Step12 利用相同方法标出其他方向的尺寸，如图 8-121 所示。

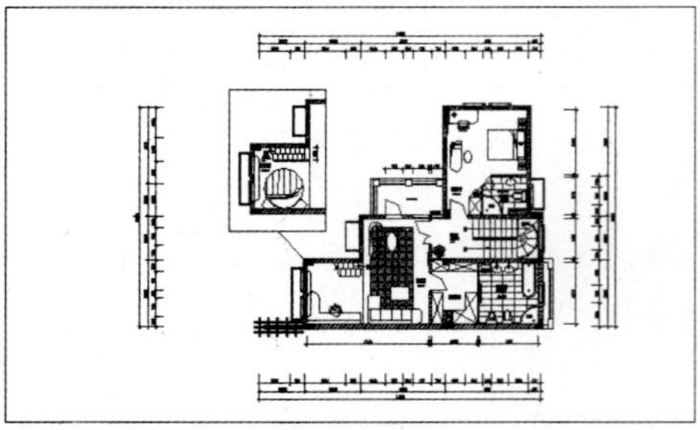

图8-121 标注其他尺寸

Step13 利用圆、直线、文字命令标出图形的一个基准，如图 8-122 所示。

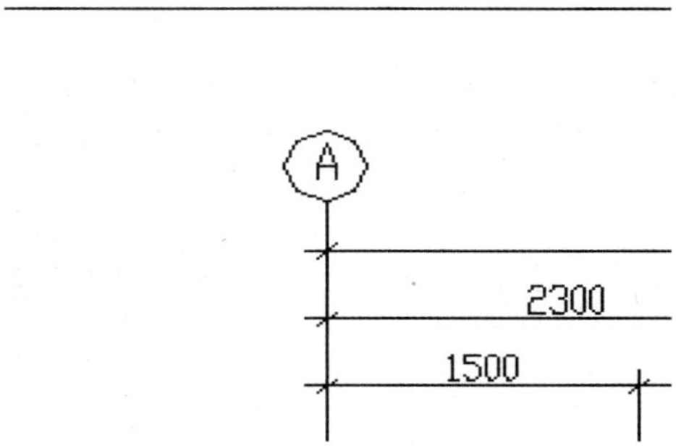

图8-122 一个基准

Step14 利用相同方法标出其余的基准，如图 8-123 所示。

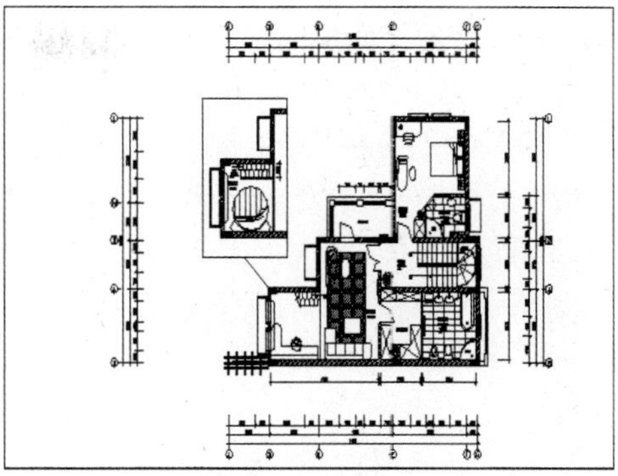

图8-123 其余基准

Step15 利用直线和偏移命令绘制出标题栏，如图 8-124 所示。

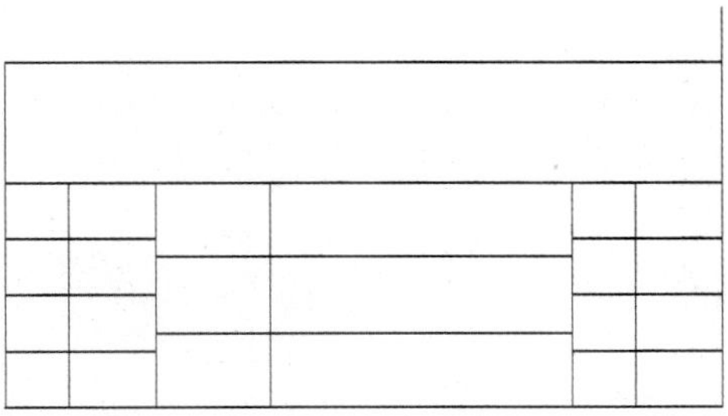

图8-124 标题栏

Step16 利用文字命令填写标题栏的信息，如图 8-125 所示。

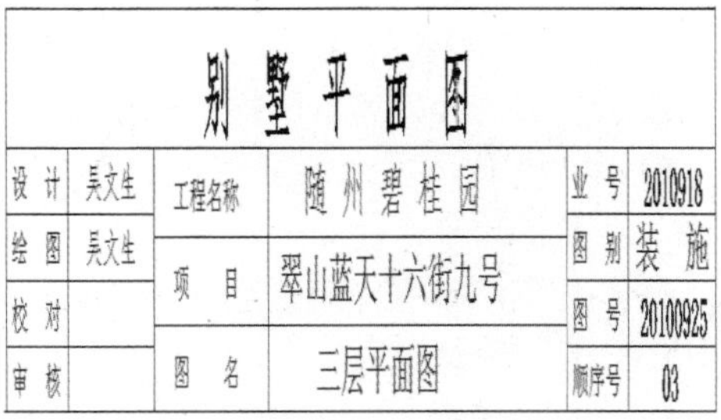

图8-125 标题栏的信息

Step17 利用直线和文字命令表标出图形的名称和比例，如图 8-126 所示。

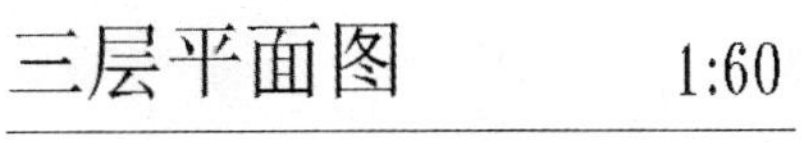

图8-126 图形名称和比例

Step18 将绘制好的图形保存到指定的路径当中，如图 8-127 所示。

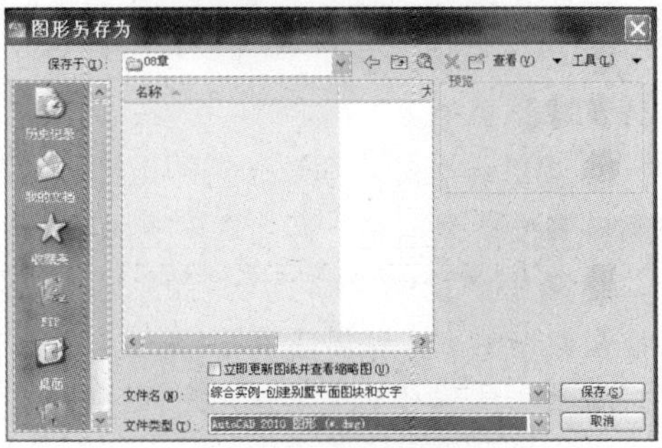

图8-127 保存

高手应用秘籍：建筑制图工程面积计算

一、计算建筑面积的范围

❶ 单层建筑物不论其高度均按一层计算，其建筑面积按建筑物外墙勒角以上的外围水平面积计算。单层建筑物内如带有部分楼层者，亦应计算建筑面积。

❷ 多层建筑物的建筑面积按以建筑面积的总和计算，其底层按建筑物外墙勒角以上外围水平面积计算，二层及二层以上按外墙外围水平面积计算。

❸ 层高超过2.2米的地下室、半地下室、地下车间、仓库、商店、地下指挥部等及相应出入口的建筑面积按其上口外墙（不包括采光井、防潮层及其保护墙）外围的水平面积计算。

❹ 用深基础做架空层加以利用，层高超过2.2米的，按架空层外围的水平面积的一半计算建筑面积。

❺ 坡地建筑物利用吊脚做架空层加以得用且层高超过2.2米的，按围护结构外围水平面积计算建筑面积。

❻ 穿过建筑物的通道，建筑物内的门厅、大厅不论其高度如何，均按一层计算建筑面积。门厅、大厅内回廊部分按其水平投影计算建筑面积。

❼ 电梯井、提物井、垃圾道、管道井等均按建筑物自然层计算建筑面积。

❽ 舞台灯光控制室按围护结构外围水平面积乘以实际层数计算建筑面积。

❾ 建筑物内的技术层（管道层、附层、夹层）是指房屋的局部层次，层高超过2.2米的，按其墙外围水平面积计算建筑面积。

❿ 与建筑物连接的有柱雨篷按柱外围水平面积计算建筑面积；独立柱雨篷按其顶盖水平投影面积的一半计算建筑面积。

⓫ 有柱的车棚、货棚、站台等按柱外围水平面积计算建筑面积；单排柱、独立柱的车棚、货棚、站台等按其顶盖水平设影面积的一半计算建筑面积。

⓬ 突出屋面的有围护结构的楼梯间、水箱间、电梯机房等，按围护结构外围水平面积计算建筑面积。

⓭ 突出墙外的门斗按围护结构外围水平面积计算建筑面积。

⓮ 封闭阳台、挑廊，按其水平投影面积计算建筑面积。凹阳台、挑阳台按其水平投影面积的一半计算建筑面积。

⓯ 建筑物墙外有顶盖和柱的走廊、檐廊，按柱的外边线水平面积计算建筑面积。无柱的走廊、檐廊按其投影面积的一半计算建筑面积。

⓰ 两个建筑物间有顶盖的架空通廊，按通廊的投影面积计算建筑面积。无顶盖的架空通廊按其投影面积的一半计算建筑面积。

⓱ 室外楼梯作为主要通道和用于疏散的，按每层水平投影面积计算建筑面积；楼内有楼梯的，室外楼梯按其水平投影面积的一半计算建筑面积。

⓲ 跨越其他建筑物、构筑物的高架单层建筑物，按其水平投影面积计算建筑面积，多层者按多层计算。

⓳ 室内体育馆按实际层数计算建筑面积。体育馆（场）看台下空间加以利用的，其超过1.8米的部位计算建筑面积（多层按多层计算）。

⓴ 原始设计为假层（含顶层阁）屋面全部翻高后，前后墙沿口到楼板高度超过1.8米的，按实计算建筑面积。

二、不计算建筑面积的范围

❶ 突出墙的构件配件和艺术装饰，如：柱、垛、勒角、台阶、无柱雨篷等。

❷ 检修、消防等用的室外爬梯。

❸ 层高在2.2米以内的技术层、夹层。

❹ 构筑物如：独立烟囱、烟道、油罐、水塔、储油（水）池、储仓、车库，及地下人防干、支线等。

❺ 建筑物内外的操作平台、上料平台，及利用建筑物的空间安置箱罐的平台。

❻ 没有围护结构的屋顶水箱，舞台及后台悬挂幕布、布景的天桥、挑台。

❼ 单层建筑物内分割的操作间、控制室、仪表间等单层房间。

❽ 层高小于2.2米的地下室、半地下室、深基础地下架空层、坡地建筑物吊脚架空层。

❾ 岗亭、警亭、书报亭等。

❿ 里弄房屋后天进内的天棚。

⓫ 利用马路、通道及隙地所搭棚架。

⓬ 阁楼。

⓭ 房屋的平台、晒台、花台、屋顶平台等。

三、建筑面积具体计算

❶ 单层建筑物

单层建筑物的建筑面积，应按其外墙勒脚以上外围水平面积计算。单层建筑物高度在2.2m及以上者应计算全面积；层高不足2.2m者应计算1/2面积。勒脚是指建筑物外墙与室外地面或散水接触部位墙体的加厚部分；高度是指室内地面至屋面（最低处）结构标高之间的垂直距离。

单层建筑物设有局部楼层者，局部楼层的二层及以上楼层，有围护结构的应按其围护结构外围水平面积计算，无围护结构的应按其结构底板水平面积计算。层高在2.2m及以上者应计算全面积；层高不足2.2m者应计算1/2面积。围护结构是指围合建筑空间四周的墙体、门、窗等。

❷ 多层建筑物

多层建筑物的建筑面积应按不同的层高划分界限分别计算。首层应按其外墙勒脚以上外围水平面积计算；二层及以上楼层应按其外墙外围水平面积计算。层高在2.2m及以上者应计算全面积；层高不足2.2m者应计算1/2面积。这里将这种算法简称为"层高界限计算法"。层高是指上下两层楼面（或地面至楼面）结构标高之间的垂直距离；其中，最上一层的层高是其楼面至屋面（最低处）结构标高之间的垂直距离。

秒杀工程疑惑

在学习本章关于"图块、文字和表格"很可能会遇到各种问题，下面我们来解决一些常遇到的问题，包括图层属性、符号绘制、引索符号、"垂直文字、编辑文字对象等方面的问题。解决这些问题可以更深刻地了解这章的内容。

问　题	解　答
插入块时设置图层属性需要注意哪些问题?	为了在插入块时能够使块的属性与插入的图层属性相一致，通常将块的源对象绘制在 0 图层上，颜色、线型和线宽均设置为 Byblock，则在插入块后，块属性将与当前图层属性一致。例如当前图层颜色为黄色时，插入块后块对象也以黄色显示
标高符号绘制的有什么要求?	在建筑设计中，标高符号应以直角等腰三角形表示，用细实线绘制
怎么绘制索引符号?	索引符号是由直径为 10mm 的圆和水平直径组成，圆及水平直径均应以细实线绘制。索引符号应按下列规定编写： ❶ 索引出的详图，如与被索引的详图同在一张图纸内，应在索引符号的上半圆中用阿拉伯数字注明该详图的编号，并在下半圆中间画一段水平细实线 ❷ 索引出的详图，如与被索引的详图不在同一张图纸内，应在索引符号的上半圆中用阿拉伯数字注明该详图的编号，在索引符号的下半圆中用阿拉伯数字注明该详图所在图纸的编号。数字较多时，可加文字标注 ❸ 索引出的详图，如采用标准图，应在索引符号水平直径的延长线上加注该标准图册的编号
使用垂直文字注意事项?	系统不支持在垂直文字中使用符号
编辑文字对象有什么其他方法?	双击文字对象，或者选择文字对象后在绘图区域中单击鼠标右键，然后在弹出的快捷菜单中单击"编辑"，用这两种方式也可对文字对象的内容进行编辑

AutoCAD 2012

CHAPTER 09

Internet功能、外部参照和设计中心

本章主要学习AutoCAD 2012的Internet功能，包括在图形中使用超链接，在Internet上使用图形文件和使用“网上发布”向导创建Web页等内容。外部参照是指一个图形文件对另一个图形文件的引用，即把已有的其他图形文件链接到当前图形文件中。使用设计中心，可以有效地使用过去的设计信息，减少查找原有数据和重复相似设计的时间。

学完本章您可以掌握如下知识点

知识点序号	知识点难易指数	知识点
1	★	使用超级链接、浏览器
2	★★	网上图形发布、电子传递功能
3	★★★	附着外部参照图形的方法、AutoCAD 设计中心概述
4	★★★★	设计中心窗口的组成、操作

本章内容图解链接

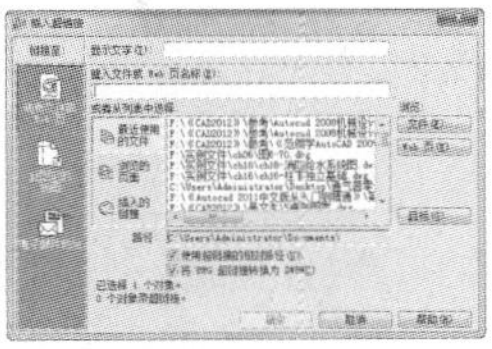

◎ 插入超级链接

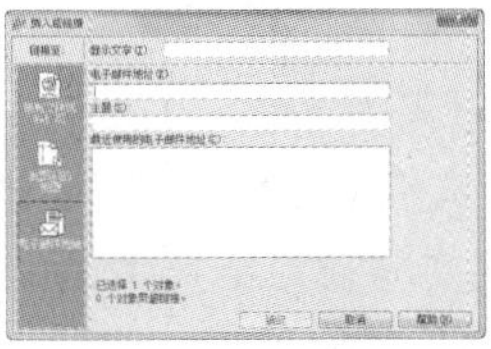

◎ 创建新邮件

◎ 添加/修改FTP位置

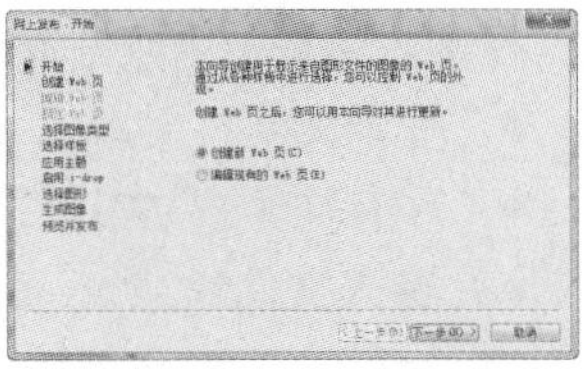

◎ 网上发布

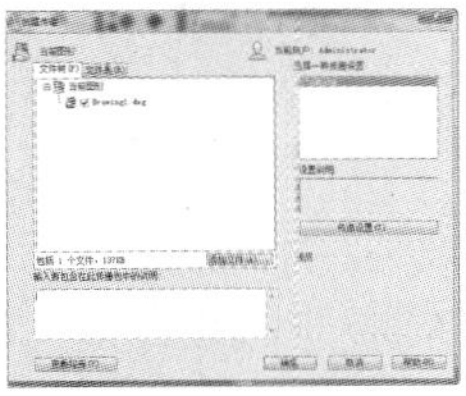

◎ 创建传递

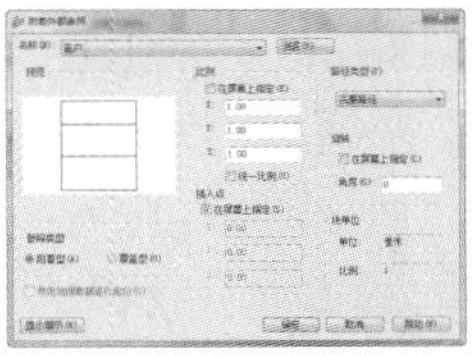

◎ 使用外部参照

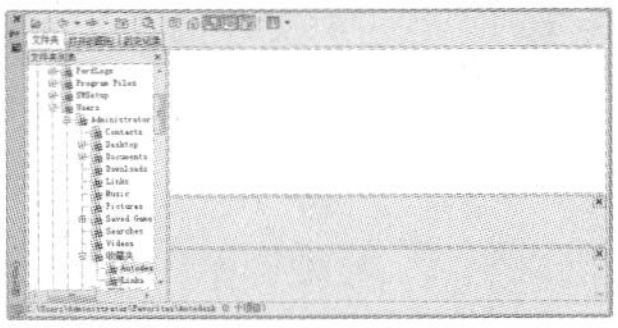

◎ 标注在Internet上的常用文件

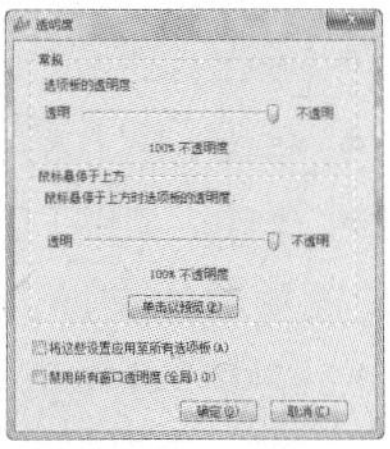

◎ 透明度控制

9.1 使用超链接

超级链接是在AutoCAD图形中创建与其他对象建立链接关系。利用超级链接可以实现由当前图形对象到关联图形文件的跳转。在AutoCAD中，可以为任意图形对象创建超级链接。超级链接可以链接到本地或网络驱动器以及Internet中的文件。

9.1.1 使用超链接访问文件或网页

超链接提供了一种简单而有效的方式，可快速地将各种文档（例如其他图形、明细表或工程计划）与图形相关联。

超链接是在图形中创建的指针，用于提供跳转到关联文件的功能。例如可以创建一个超链接以启动字处理程序并打开特定文件，或者激活 Web 浏览器并加载特定的 HTML 页面；也可以在文件中指定要跳转至的命名位置，例如图形文件中的视图或字处理程序中的书签；同时还可以将超链接附着到 AutoCAD 图形中的任意图形对象上。

在图形中既可以创建完整超链接也可以创建相对超链接。完整超链接存储文件位置的完整指定路径，相对超链接存储文件位置的部分路径。

执行方式如下。

- 命令行：在命令行输入HYPERLINK，按Enter键。
- 菜单栏：执行“插入>超级链接”命令。

调用超级链接命令并根据提示选择对象后，弹出“插入超级链接”对话框，如图9-1所示。

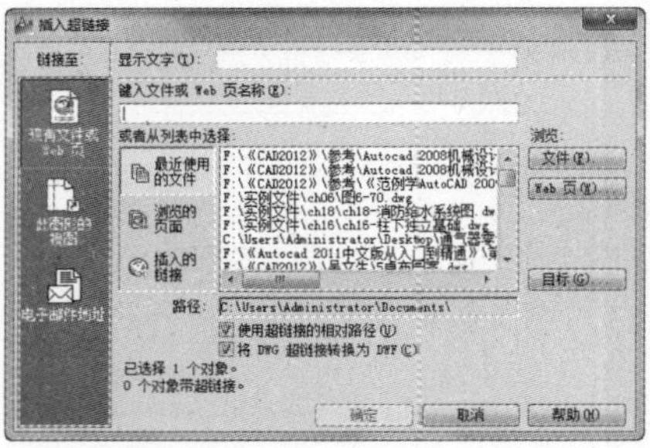

图9-1 “插入超级链接”对话框

图9-2 “浏览Web-选择超链接”对话框

在该对话框中可以设置超级链接。

- “显示文字”文本框：用于指定超级链接的说明文字。
- “现有文件或 Web 页”按钮：用来创建到现有文件或 Web 页的超链接。
- “键入文件或 Web 页名称”文本框：用于指定要与超级链接关联的文件或 Web 页面。该文件可存储在本地、网络驱动器或 Internet 网上。
- 单击“最近使用的文件”按钮，显示最近链接过的文件列表，可从中选择一个进行链接。
- 单击“浏览的页面”按钮，显示最近浏览过的Web页面列表，可从中选择一个进行链接。
- 单击“插入的链接”按钮，显示最近插入的超级链接列表，可从中选择一个进行链接。
- 单击“文件”按钮，弹出“浏览Web－选择超链接”对话框，如图9-2所示，从中可以浏览需要与超级链接关联的文件。
- 单击“Web页”按钮，弹出“浏览Web”对话框，如图9-3所示，从中可浏览需要与超级链接关联的Web页面。

● 单击“目标”按钮，弹出“选择文档中的位置”对话框，如图9-4所示，从中可选择链接到图形中的命名位置。

图9-3 “浏览Web”对话框

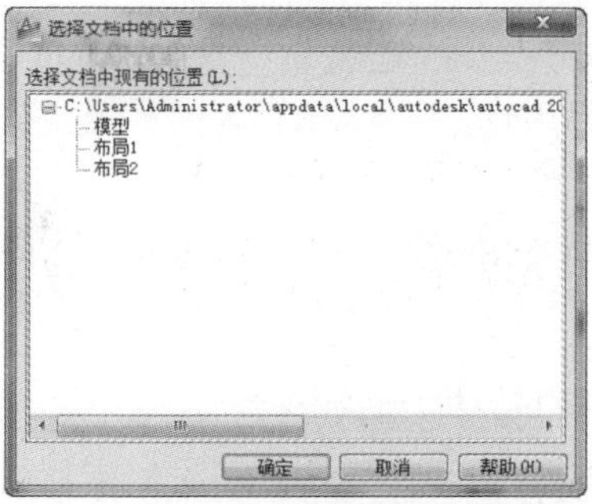

图9-4 “选择文档中的位置”对话框

● “路径”文本框：显示与超级链接关联的文件的路径。

● “使用超链接的相对路径”复选框：用于为超级链接设置相对路径。在选中状态下，链接文件为相对链接，AutoCAD 按系统变量 HYPERLINKBASE 中指定的值设置相对路径；如果没有设置 HYPERLINKBASE，则按当前图形的路径设置相对路径；如果没有勾选该复选框，则链接文件为绝对链接。

● “将 DWG 超链接转换为 DWF”复选框：用于转换文件的格式。

● “此图形的视图”按钮：用于指定当前图形中要链接的命名视图，如图 9-5 所示，用户可以从中选择相应的图形进行链接。

● “选择此图形的视图”显示区用来显示当前图形中命名视图的可扩展树状图，从中可选择一个进行链接。

● “电子邮件地址”按钮：用于指定要链接的电子邮件地址，如图 9-6 所示。执行超级链接时，将使用缺省的系统邮件程序创建新邮件。

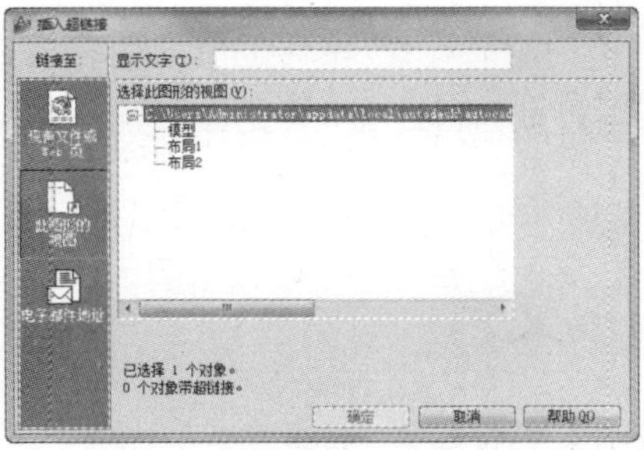

图9-5 选择链接视图

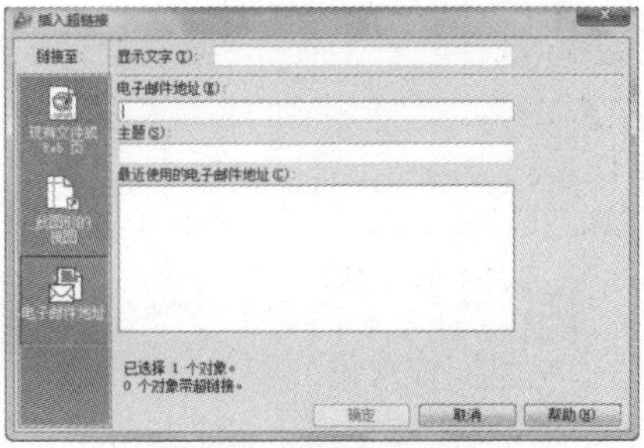

图9-6 创建新邮件

● “电子邮件地址”文本框：用来指定电子邮件地址。

● “主题”文本框：用来指定电子邮件的主题。

● “最近使用过的电子邮件地址”文本框：用来列出最近使用过的电子邮件地址，可从中选择一个用于超链接。

9.1.2 使用超链接创建电子邮件消息

通常，在图形中使用超链接将图形对象与相关文档关联。但在某些情况下，可以插入一个超链接，在激活该超链接时将创建电子邮件消息。

使用超链接创建电子邮件消息的执行方式如下。

- 命令行：在命令行中输入HYPERLINK，按Enter键。
- 菜单栏：执行"插入>超级链接"命令。

调用超级链接命令并根据提示选择对象后，弹出"插入超级链接"对话框，在"插入超链接"选项面板中选择"电子邮件地址"选项卡。

在"电子邮件地址"中输入收件人的地址，在"主题"中指定电子邮件消息的主题，单击"确定"即可完成。

打开电子邮件超链接时，默认电子邮件应用程序将创建新的电子邮件消息，其中已填好地址和主题（如果已指定），然后用户可以输入消息正文并通过电子邮件发送。

9.1.3 在块中使用超链接

超链接可以与块以及块中包含的嵌套对象相关联。如果块中包含任意相对超链接，当插入块时，相对超链接将采用当前图形的相对基准路径。如果在绘图区域选择的块元素包含多个超链接，"超链接"快捷菜单中将列出所有可用的超链接。可以激活与当前选定的块元素相关联的任意超链接，还可以编辑或删除与特定块实例相关联的超链接。

例如，假设一个块中包含一条直线和一个圆。直线附着有名为 line 的超链接，圆上附着有名为 circle 的超链接。此特定块实例附着有名为 block 的超链接（插入该块后附着了该链接）。当选择块中的元素时，可以打开与此元素相关联的超链接，或者打开与块的特定引用相关联的任意超链接。如果选择了直线块元素，则可以打开 line 超链接或 block 超链接。如果选择了圆块元素，则可以打开 circle 超链接或 block 超链接。在这两种情况中，只能编辑或拆离与该块实例关联的 block 超链接。

9.1.4 使用超链接开始新的图形

当激活指向图形样板 (DWT) 文件的超链接时，将创建基于样板的新图形文件，而不打开实际的样板文件。这为创建共享的标准图形样板集提供了一种方便的机制，因为与超链接关联的样板文件将打开一个新的图形，所以不会意外覆盖原始样板。

在绘图区域中，选择附着了指向 DWT 文件的超链接的图形对象，按住 Ctrl 键并单击或单击鼠标右键，单击"超链接"命令，选择所需的超链接的名称，即可打开与超链接关联的图形样板 (DWT) 文件，每个超链接都包含说明或参照文件的完整 URL。

9.2 在Internet上使用图形文件

用户可以打开 Internet 位置上的图形、将图形保存到 Internet 位置、附着存储在 Internet 上的外部参照图形、使用 i-drop 并通过从网站拖动图形来插入块，以及创建自动包含所有相关文件的图形传递包。

9.2.1 在 Internet 上打开和保存图形文件

用户可以使用 AutoCAD 在 Internet 上打开和保存文件。AutoCAD 文件输入和输出命令可以识别任何指向 AutoCAD 文件的有效 URL 路径。指定的图形文件被下载到用户的计算机上并在 AutoCAD 绘图区域中打开。然后，用户可以编辑并保存图形，图形既可以保存在本地，也可以保存在 Internet 或 intranet 上具有足够访问权限的位置。

1. 打开图形

打开现有的图形文件。

在Internet上打开和保存图形文件执行方式如下。

- 命令行：在命令行输入OPEN，按Enter键。
- 工具栏：单击“标准”工具栏中的“打开”按钮 。
- 菜单栏：执行“文件>打开” 命令。

调用“打开”命令后，AutoCAD会弹出“选择文件” 对话框，如图9-7所示。

另外，通过浏览FTP站点从Internet上也可以打开AutoCAD文件。

在“选择文件”对话框中，单击“工具 > 添加 / 修改 FTP 位置”菜单命令，弹出“添加 / 修改 FTP 位置”对话框，如图 9-8 所示。在对话框“FTP 站点的名称”下，输入 FTP 位置的站点名称，在“登录为”下，选择以下选项之一，其中“匿名”表示以匿名用户身份登录 FTP 站点，如果 FTP 站点不允许匿名登录，选择“用户”并输入有效用户名；“用户”表示使用指定用户名登录 FTP 站点：如 FTP 站点要求输入密码，则需要输入密码。单击“添加”，单击“确定”完成。

此时返回到“选择文件” 对话框，从位置列表中选择FTP，双击一个FTP站点并选择文件，单击“打开”即可完成。

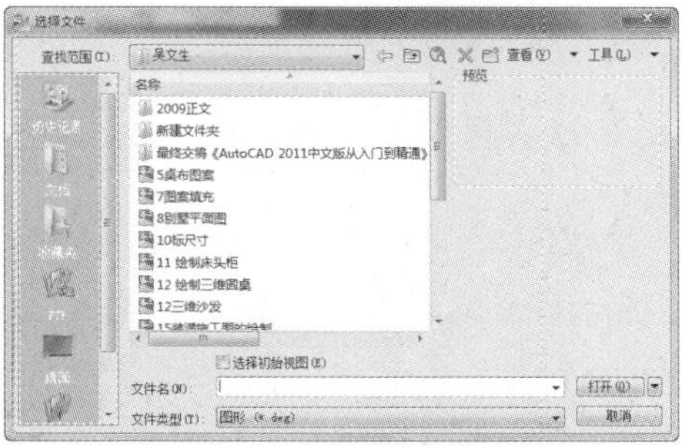

图9-7 “选择文件” 对话框

图9-8 “添加/修改FTP位置” 对话框

2. 保存图形

用当前或指定的文件名保存图形。

保存图形的执行方式如下。

- 命令行：在命令行中输入SAVE，按Enter键。
- 工具栏：单击“标准”工具栏中的“保存”按钮 。
- 菜单栏：执行“文件>另存为...”或“ 保存 (S) ”命令。

9.2.2 国际共享图形文件

从基于 AutoCAD 2007 的产品开始，图形文件以及与图形文件关联的多数文件将使用 Unicode 标准。这使用户在保存和打开图形文件时，可以保持视觉逼真度和国际字符的数据完整性。

1. Unicode 概览

所有的字符均由计算机操作系统进行数字化处理，即为每个字符指定一个数字。过去使用过多种数字编码系统，但这些编码系统之间经常发生冲突。结果，操作系统和应用程序只能依靠将特定字符集和编号分配到国家或地区的代码页。为促进国际兼容性，主要工业巨头已接受 Unicode 标准并且“Unicode 联盟”正主张使用 Unicode 标准。

2. 图形文件效果

图形文件或与图形文件相关联文件的文件名称或内容可以使用特定语言编码字符。较为常用的实例为图形文件名称，文件夹路径名称，图纸集数据文件，在图形中为图层和块之类的对象命名，线型和填充图案文件名称及其内容，图形中说明和标注使用的文字和 DWF 标记文件等。

这意味着可以在全世界打开、使用并保存图形，而不用理会特定语言字符。唯一的需求是必须安装合适的语言包。当用户使用“记事本”之类的应用程序保存线型 (LIN)、填充图案 (PAT)、脚本 (SCR) 文件之类的文本文件时，建议在“另存为” 对话框底部指定 Unicode 编码以保证兼容性。

3. 限制

大部分国际图形工程都可以在当前产品环境中完成。然而，由于国家和地区之间使用不同的 Windows 代码页，所以有些文件类型和功能系统仍不支持。这些功能如下：电子传递，使用非 Unicode 产品传递文件和数据兼容性，块属性和 Visual LISP 文件。

9.2.3 访问 Buzzsaw 以进行项目协作

使用 Autodesk Buzzsaw 可以存储、管理和共享 Buzzsaw 站点上的文档。

Buzzsaw 是一个安全的联机项目协作服务，它使位于不同位置的成员可以将文件发布到一个中心站点并从该站点访问文件。用户可以在 Buzzsaw 中保存文件、向其中发送传递集以及发布图纸。

首次访问 Buzzsaw 站点可选择“文件>打开”菜单命令，弹出“选择文件”对话框，在该对话框的“位置”列表中单击 Buzzsaw 图标，如图9-9所示。

第一次选择 Buzzsaw 时，将启动 Internet Explorer 并显示 Autodesk Buzzsaw 网页。“Buzzsaw 位置快捷方式”显示在“搜索”框中。

双击“添加 Buzzsaw 位置快捷方式”，弹出“登录到 Buzzsaw 站点”对话框，如图9-10所示。在该对话框的“Buzzsaw 站点”下，输入您希望访问的 Buzzsaw 站点的位置名称。在“Buzzsaw 用户名”中输入登录名。此名称由授权您访问 Buzzsaw 站点的人员提供。在“密码”文本框中输入密码，单击“确定”即可。

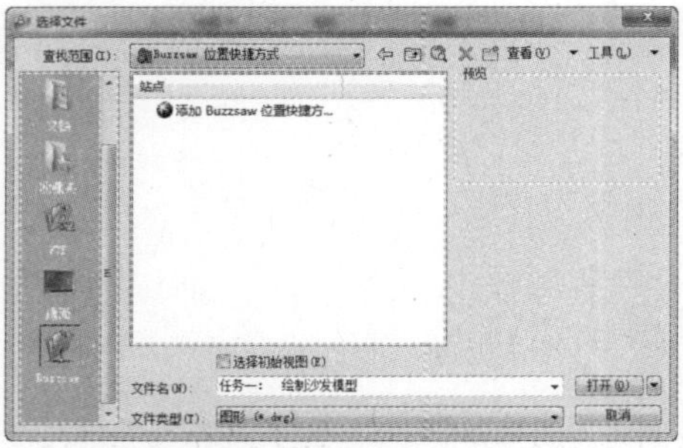

图9-9 “选择文件”对话框

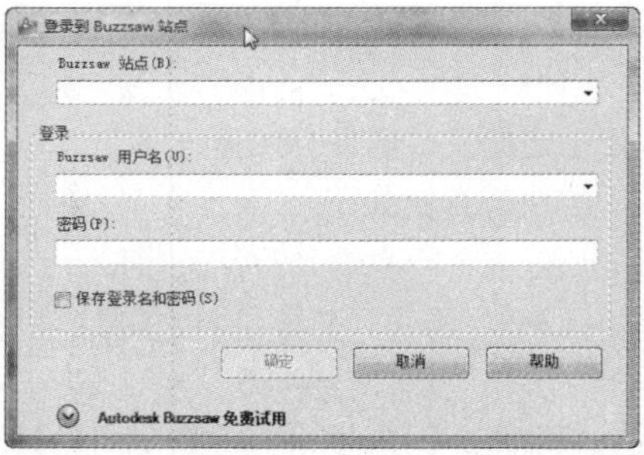

图9-10 “登录到 Buzzsaw 站点”对话框

AutoCAD 将验证您是否有权访问指定的站点。如果您有权访问，将显示“创建 Buzzsaw 位置快捷方式”进行下一步的操作；如果您无权访问，将显示错误信息。

9.2.4 在 Internet 上使用外部参照

用户可以将存储在Internet或Intranet上的外部参照图形附着到存储在本地系统中的图形上。

在Internet上使用外部参照执行方式如下。

- 命令行：在命令行中输入XREF，按Enter键。
- 菜单栏：执行“插入>外部参照”命令。

执行上述命令后，系统弹出“外部参照”对话框，如图9-11所示。

单击“附着DWG”按钮，弹出“选择参照文件”对话框，如图9-12所示，单击“搜索Web”按钮，弹出的“浏览Web-打开”对话框中定位到要附着的文件。

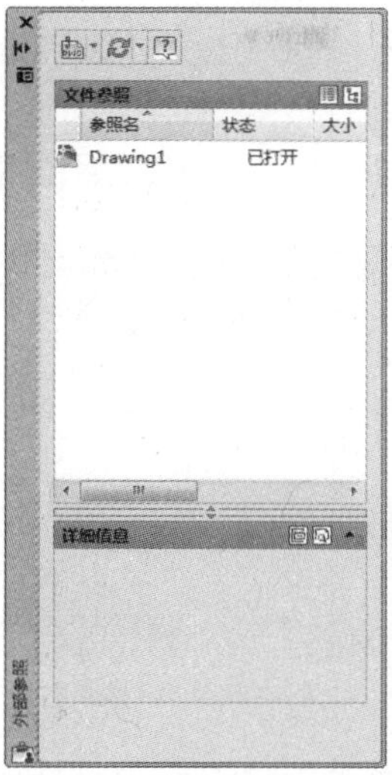

图9-11 “外部参照”对话框

图9-12 “选择参照文件”对话框

- 单击“打开”按钮，在打开的如图9-13所示的“附着外部参照”对话框中单击“确定”按钮。

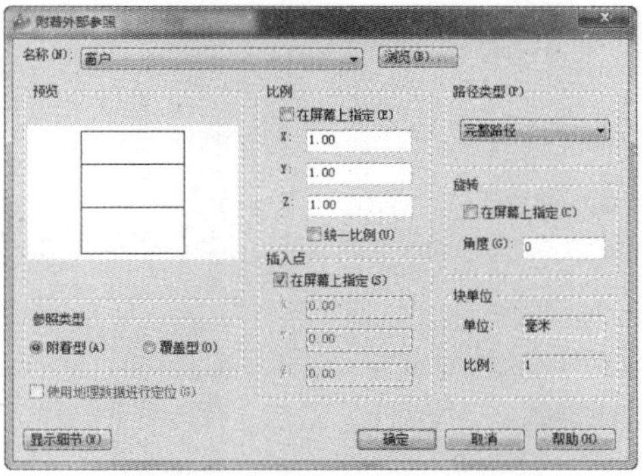

图9-13 “附着外部参照”对话框

工程师点拨：关于Internet连接的问题

如果Internet连接的传输速度很慢，或者正在使用的主图形附着了很多外部参照，将外部参照下载到本地系统中可能要花费较长时间。

9.3 使用“网上发布”向导创建Web页

“网上发布”向导简化了创建 DWF 文件并对其进行格式化（以在HTML页面上显示）的过程。

“网上发布”向导提供了一个简化的界面，用于创建包含图形的DWF、JPEG或PNG图像的格式化Web页。

使用“网上发布”向导，即使不熟悉HTML编码，也可以快速、轻松地创建出精彩的格式化网页。创建Web页后，可以将其发布到Internet或intranet上。

使用“网上发布”向导创建Web页执行方式如下。

- 命令行：在命令行中输入PUBLISHTOWEB，按Enter键。
- 菜单栏：执行“文件>网上发布”命令。

调用上述命令后，弹出“网上发布-开始”对话框，如图9-14所示，用户可以创建新Web页或编辑现有的Web页。

单击“下一步”按钮，弹出“网上发布-创建Web页”对话框，如图9-15所示，指定Web页名称和地址。

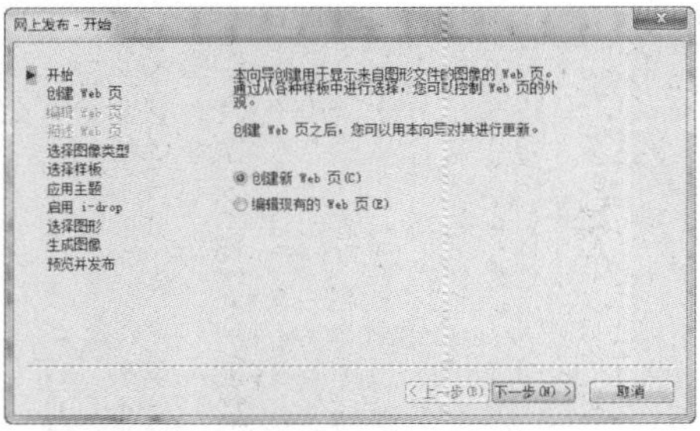

图9-14 “网上发布-开始”对话框

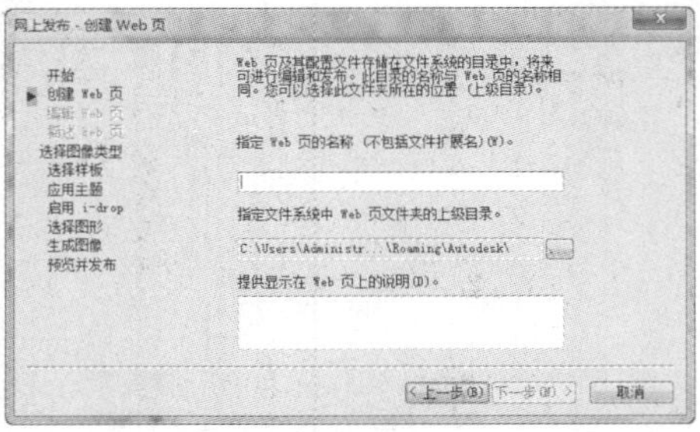

图9-15 “网上发布”对话框

单击“下一步”按钮，弹出“网上发布-选择图像类型”对话框，如图9-16所示，在“图像类型”中，用户可以选择三种压缩格式：DWFx、JPEG和PNG。

单击“下一步”按钮，弹出“网上发布-选择样板”对话框，如图9-17所示，用户可以选择四种样板。

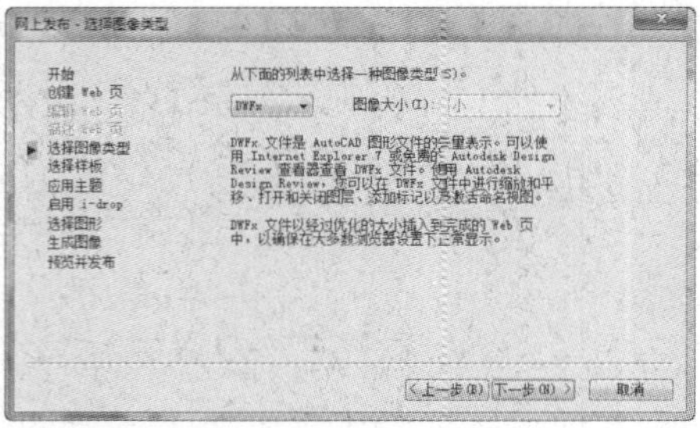

图9-16 “网上发布-选择图像类型”对话框

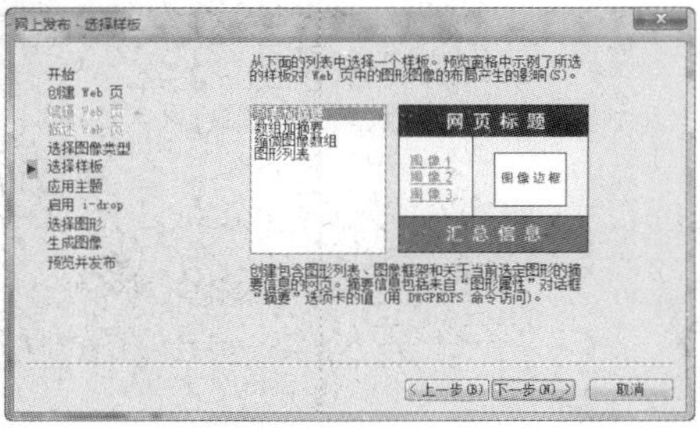

图9-17 “网上发布-选择样板”对话框

单击“下一步”按钮，弹出“网上发布-应用主题”对话框，如图9-18所示，选择应用主题，此样板决定了Web页的配色方案。

单击“下一步”按钮，弹出“网上发布-启用i-drop”对话框，如图9-19所示。

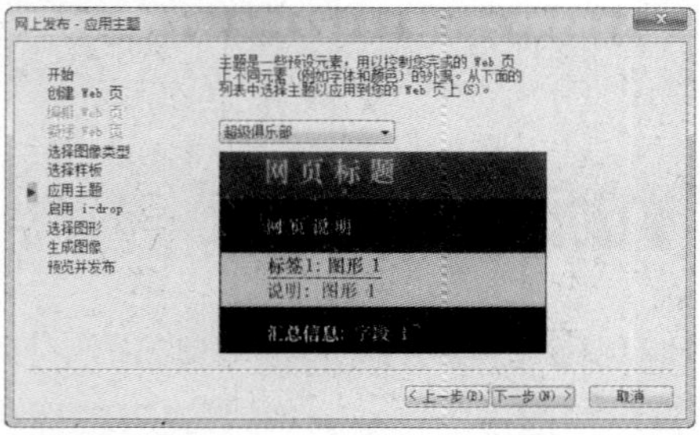

图9-18 “网上发布-应用主题”对话框

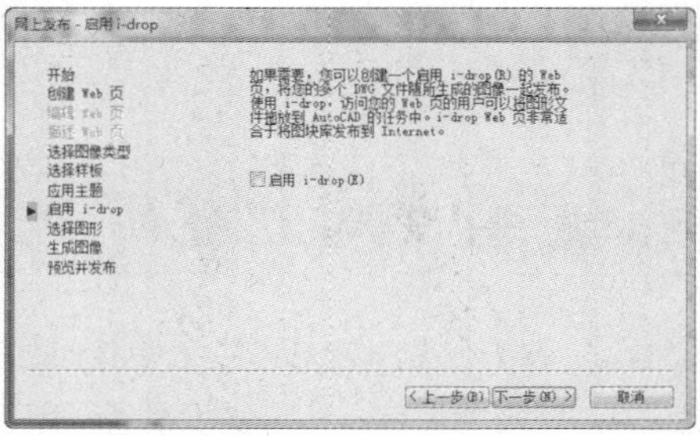

图9-19 “网上发布-启用i-drop”对话框

单击“下一步”按钮，弹出“网上发布-选择图形”对话框，如图9-20所示，选择图形文件添加到Web页的布局图像内容。

单击“下一步”按钮，弹出“网上发布-生成图像”对话框，如图9-21所示。

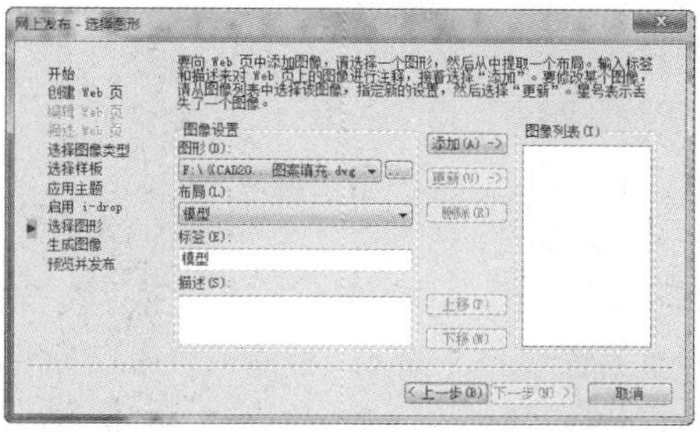

图9-20“网上发布-选择图形”对话框

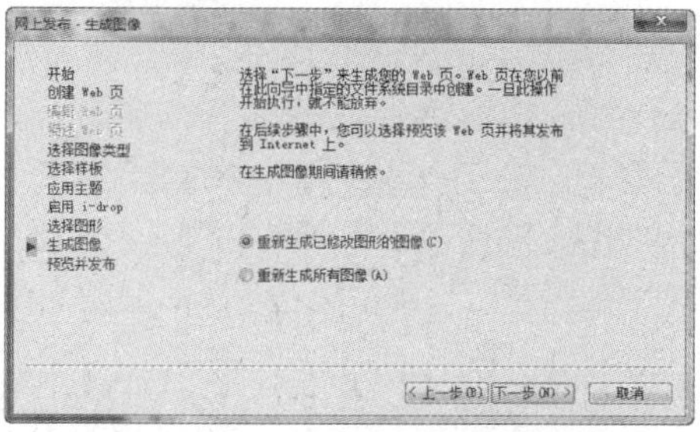

图9-21“网上发布-生成图像”对话框

单击“下一步”按钮，弹出“网上发布-预览并发布”对话框，如图9-22所示，单击“完成”按钮，网上发布工作完成。

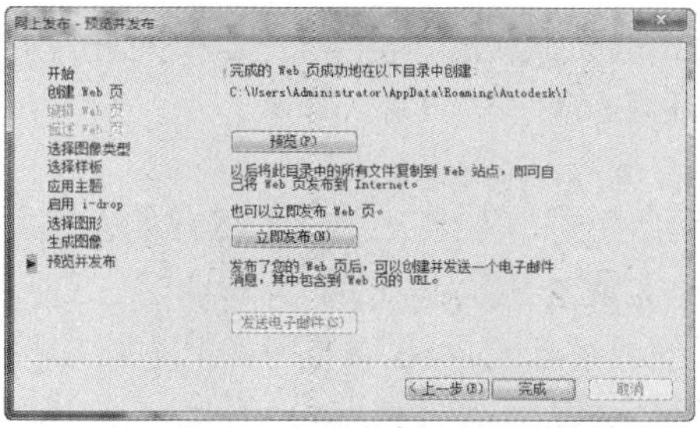

图9-22“网上发布-预览并发布”对话框

9.4 图形发布

将用于发布的图纸（可对其进行组合、重排序、重命名、复制和保存）指定为多页图形集。图形集可以发布到DWF文件，也可以发送到页面设置中指定的绘图仪，进行硬拷贝输出或作为打印文件保存。可以将此图纸列表保存为DSD（图形集说明）文件。保存的图形集可以替换或添加到现有列表中进行发布。

图形发布执行方式如下。

- 命令行：在命令行中输入PUBLISH，按Enter键。
- 工具栏：单击“标准”工具栏中的“发布”按钮 。
- 菜单栏：执行“文件>发布”命令。

调用上述命令后，系统弹出如图9-23所示的“发布”对话框。

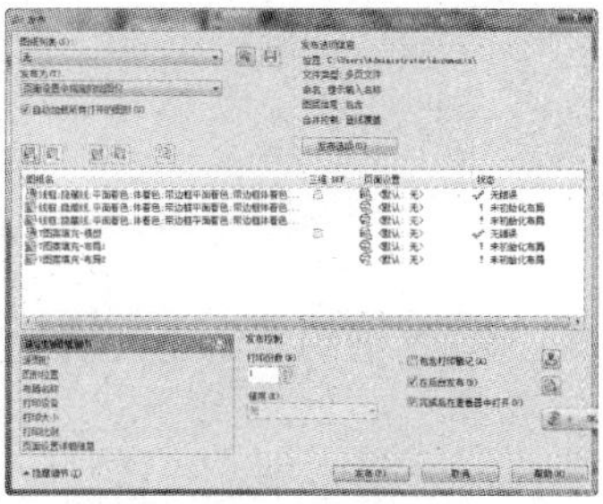

图9-23“发布”对话框

各选项具体说明如下。

- “要发布的图纸”选择表框：包含要发布的图纸的列表。单击页面设置可对其进行更改。使用快捷菜单可添加图纸或对列表进行其他更改。
- “图纸名”：由图形名和布局名组成。
- “页面设置/三维DWF”：显示图纸的命名页面设置。可以选择将模型空间图纸的页面设置为“三维DWF”。“三维DWF”选项对于图纸列表中的布局项不可用。
- “状态”：将图纸加载到图纸列表时显示图纸状态。

● “预览”按钮 ：按执行 PREVIEW 命令时在图纸上打印的方式显示图形。要退出打印预览并返回“发布”对话框，请按 Esc 键，然后按 Enter 键，或单击鼠标右键，然后单击快捷菜单上的“退出”。当图纸的页面设置被设置为“三维 DWF”时，“预览”按钮处于不活动状态。

● “添加图纸”按钮 ：显示“选择图形”对话框，从中可以选择要添加到图纸列表的图形。将从这些图纸文件中提取布局名，并在图纸列表中为每个布局和模型添加一张图纸。

● “删除图纸”按钮 ：从图纸列表中删除当前选定的图纸。

● “上移图纸”按钮 ：将列表中的选定图纸上移一个位置。

● “下移图纸”按钮 ：将列表中的选定图纸下移一个位置。

● “加载图纸列表”按钮 ：显示“加载图纸列表”对话框，从中可以选择要加载的 DSD 文件或 BP3（批处理打印）文件。如果“发布图纸”对话框中列有图纸，将显示“替换或附加”对话框。用户可以用新图纸替换现有图纸列表，也可以将新图纸附加到当前列表中。

● “保存图纸列表”按钮 ：显示“列表另存为”对话框，从中可以将当前图形列表保存为DSD文件。DSD文件用于说明这些图形文件列表以及其中的选定布局列表。

● “打印戳记设置”按钮 ：显示“打印戳记”对话框。从中可以指定要应用于打印戳记的信息，例如图形名称和打印比例。

● “包括打印戳记”：在每个图形的指定角放置一个打印戳记并将戳记记录在文件中。打印戳记的日期可以在“打印戳记”对话框中指定。

● “打印份数”：指定要发布的份数。

“以反转次序将图纸发送到绘图仪”可将图纸按默认顺序的逆序发送到绘图仪。仅当选定了“页面设置中指定的绘图仪”选项时，此选项才可用。

● “发布为”：定义发布图纸列表的方式。可以发布到多页DWF文件（电子图形集），也可以发布到页面设置中指定的绘图仪（图纸图形集或打印文件集）。

● “页面设置中指定的绘图仪”：表明将使用页面设置中为每张图纸指定的输出设备。

● “DWF文件”：表示图纸集将发布为DWF文件。

● “添加图纸时包括”：指定添加图纸时，是否将图形中包含的模型和布局添加到图纸列表中。必须至少选择一个选项。

● “模型选项卡”：指定添加图纸时是否包含模型。

● “布局选项卡”：指定添加图纸时是否包含所有布局。

● “发布选项”：打开“发布选项”对话框，如图9-24所示。从中可以指定发布选项。

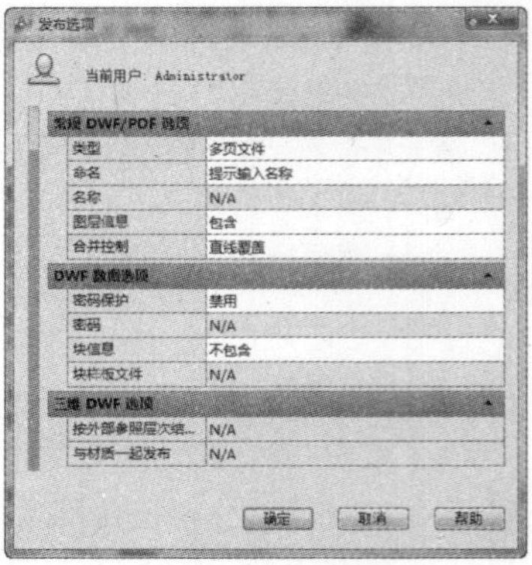

图9-24 “发布选项”对话框

● “显示细节”：显示或隐藏“选定的图纸信息”和“选定的页面设置信息”区域。

● “选定的图纸信息”：显示所选图纸的源图形、图形位置和布局名称信息。

● “选定的页面设置信息”：显示所选页面设置的打印设备、打印大小、打印比例和详细信息。

● “发布”：开始发布操作。根据“发布到”区域中选定的选项和“发布选项”对话框中选定的选项，创建一个或多个单页DWF文件，或一个多页DWF文件，或打印到设备或文件。

9.5 应用电子传递功能

电子传递就是创建一个传递集，将传递对象及相关文件都包含在里面，这样可以降低出错的可能性。

使用电子传递，可以打包要进行 Internet 传递的文件集。传递包中的图形文件会自动包含所有相关的依赖文件，例如外部参照和字体文件。

将图形文件发送给其他人时，常见的一个问题是忽略了包含相关的依赖文件，例如外部参照和字体文件。在某些情况下，接收者会因没有包含这些文件而无法使用图形文件。使用电子传递，依赖文件会自动包含在传递包内，从而降低了出错的可能性。

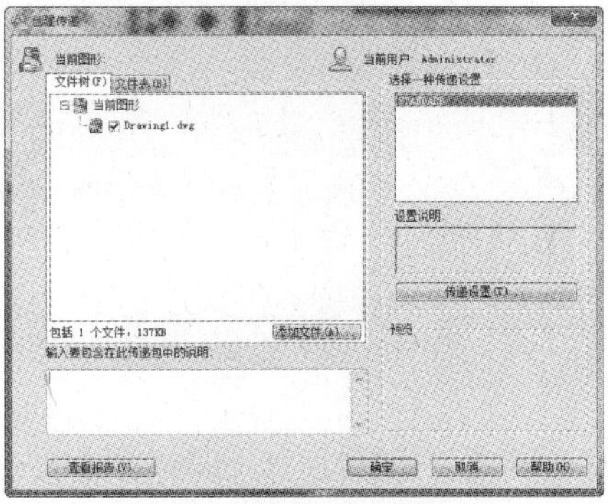

图9–25 “创建传递” 对话框

执行方式如下。

- 命令行：在命令行中输入ETRANSMIT，按Enter键。
- 菜单栏：执行 “文件>电子传递” 命令。

执行电子传递命令后，系统弹出 “创建传递” 对话框，如图9-25所示。

在该对话框，有 “文件树” 和 “文件表” 两个选项卡。

- “文件树” 选项卡：以树状形式列出了传递集中所包括的文件。
- “文件表” 选项卡：用于显示图形文件的具体存储位置、版本及日期等信息，如图9-26所示。

在对话框 “文件树” 或 “文件表” 选项卡中，单击 “添加文件”，弹出 “添加要传递的文件” 对话框，如图9-27所示，在该对话框中，找到并选择要包含的文件，然后单击 “打开” 按钮。

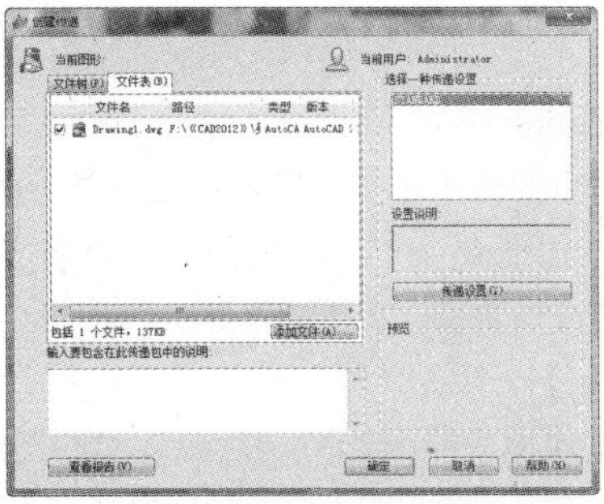

图9–26 “文件表” 选项卡

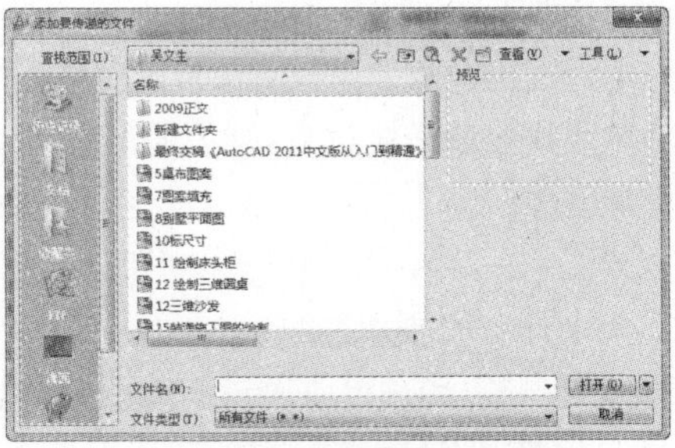

图9–27 “添加要传递的文件” 对话框

返回到 “创建传递” 对话框，单击文件旁边的复选标记可以取消包含该文件。单击任何图形文件节点可以展开该节点并显示其依赖文件。

单击“传递设置”，弹出“传递设置” 对话框，如图 9-28 所示。在该对话框中，单击“修改” 按钮弹出“修改传递设置” 对话框，如图 9-29 所示。

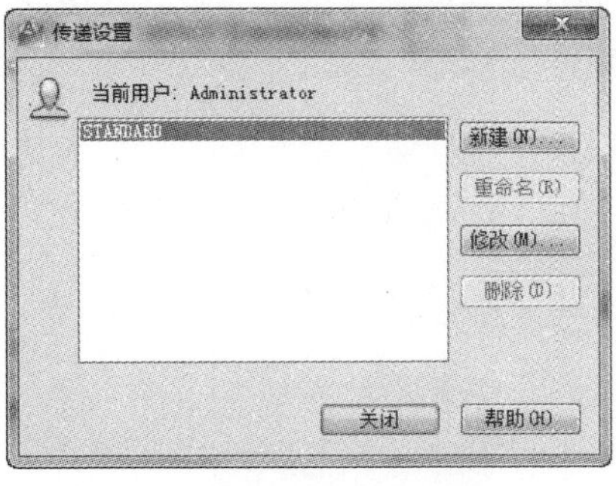

图9–28 “传递设置” 对话框

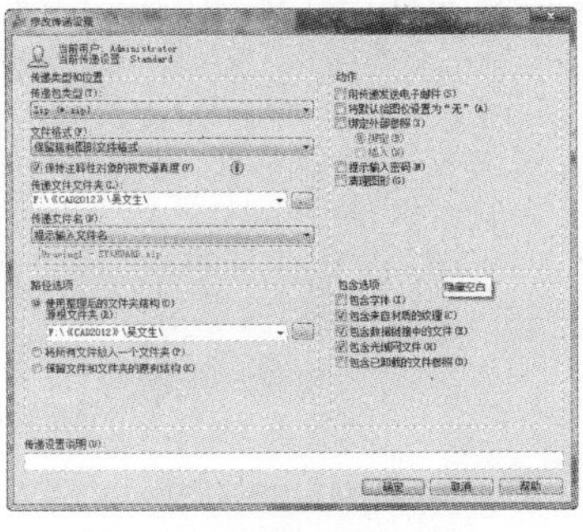

图9–29 “传递设置” 对话框

在该对话框中，单击箭头以显示“传递包类型”下面的列表，然后选择“文件夹（文件集）”选项，也可以指定要使用的其他传递选项。在“传递文件夹”选项区下，单击“浏览”按钮以指定要在其中创建传递包的文件夹，将找到要在其中创建传递包的文件夹，然后单击“打开”按钮，单击“确定”按钮，关闭“修改传递设置”对话框。

返回到“传递设置”对话框，单击“关闭”按钮关闭“传递设置”对话框。

返回到“创建传递”对话框，单击“确定”按钮以在指定的文件夹中创建传递包。

工程师点拨：电子传递文件的保存格式

要使用电子传递，必须将图形保存为DWG或DWT格式的文件。

9.6 外部参照

外部参照是指一个图形文件对另一个图形文件的引用，即把已有的其他图形文件链接到当前图形文件中。AutoCAD可以将整个图形作为参照图形（外部参照）附着到当前图形中。通过外部参照，参照图形中所作的修改将反映在当前图形中。附着的外部参照链接至另一图形，并不真正插入。因此，使用外部参照可以生成图形而不会显著增加图形文件的大小。

外部参照具有和图块相似的属性，但它与插入“外部块”是有区别的，插入“外部块”是将块的图形数据全部插入到当前图形中，而外部参照只记录参照图形位置等链接信息，并不插入该参照图形的图形数据。在绘图过程中，可以将一幅图形作为外部参照附加到当前图形中，这是一种重要的共享数据的方法，也是减少重复绘图的有效手段。

外部参照的优点如下。

- 参照图形中对图形对象的更改可以及时反映到当前图形中，以确保用户使用最新参照信息。
- 由于外部参照只记录链接信息，所以图形文件相对于插入块来说比较小。尤其是参照图形本身很大时这一优势就更加明显。
- 外部参照的图形一旦被修改，则当前图形将会自动进行更新，以反映外部参照图形所做的修改。
- 适合于多个设计者的协同工作。
- 通过使用参照图形，用户可以通过在图形中参照其他用户的图形协调用户之间的工作，从而与其他设计师所做的修改保持同步。用户也可以使用组成图形装配一个主图形，主图形将随工程的开发而被修改；确保显示参照图形的最新版本，打开图形时，将自动重载每个参照图形，从而反映参照图形文件的最新状态；请勿在图形中使用参照图形中已存在的图层名、标注样式、文字样式和其他命名元素；当工程完成并准备归档时，将附着的参照图形和当前图形永久合并（绑定）到一起。

在AutoCAD 2012中，可以使用“参照”工具栏和“参照编辑”工具栏对外部参照进行管理，如图9-30所示。

图9-30 “参照”工具栏和“参照编辑”工具栏

也可以使用面板来管理外部参照，如图9-31所示。

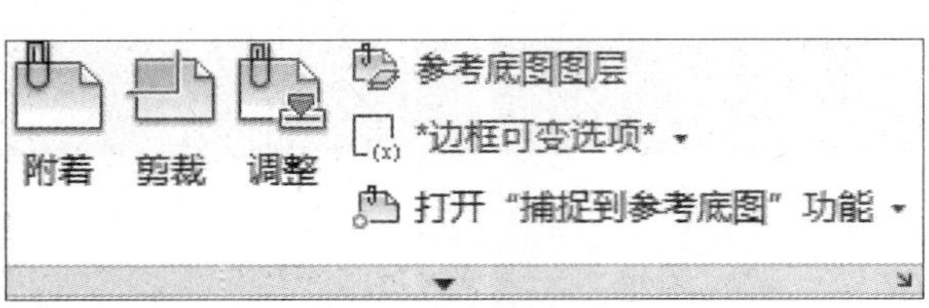

图9-31 参照面板

9.6.1 外部参照管理器

一个图形中可能会存在多个外部参照图形，用户必须了解各个外部参照的所有信息，才能对含有外部参照的图形进行有效的管理，这就需要通过“外部参照管理器”来实现。

外部参照管理器的执行方式如下。

- 命令行：在命令行中输入XREF，按Enter键。
- 菜单栏：执行“插入>外部参照”命令。

调用外部参照管理器命令之后，系统弹出“外部参照管理器”选项面板，如图9-32所示。

该选项面板的外部参照列表列出了当前图形中存在的外部参照的相关信息，包括外部参照的名称、加载状态、文件大小、参照类型创建日期和保存路径等。此外，用户还可以进行外部参照的附着、拆离、重载、打开、卸载和绑定操作。双击“类型”列，可以使外部参照在“附加型”和“覆盖型”之间进行切换。

“文件参照”列表显示了当前图形中各个外部参照的名称、加载状态、文件大小等信息。

单击“附着”按钮，会出现如图9-33所示的下拉菜单。

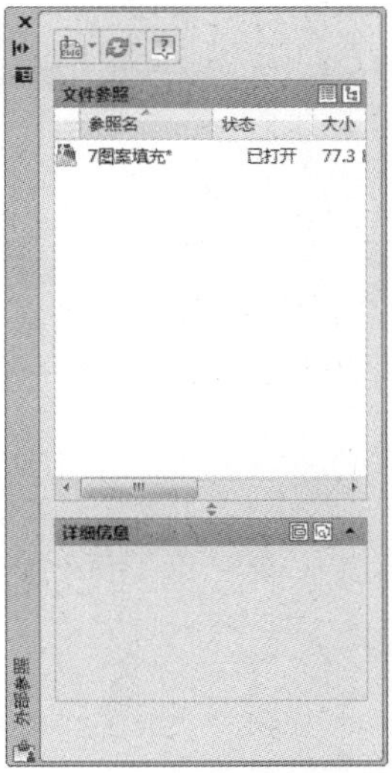

图9-32 “外部参照”对话框

图9-33 “附着”下拉菜单

- 单击“附着 DWG”命令，会弹出“选择参照文件”对话框，如图 9-34 所示，选择要附着的文件，单击“打开”按钮，弹出“附着外部参照”对话框，如图 9-35 所示。其中各选项的含义将在“外部参考附着”一节中具体讲解。

图9-34 “选择参照文件”对话框

图9-35 “附着外部参照”对话框

● 单击“附着图像”命令，弹出“选择参照文件”对话框，如图9-36所示。选择要附着的图像文件，单击“打开”按钮，弹出“附着图像”对话框，如图9-37所示。

图9-36 “选择参照文件”对话框

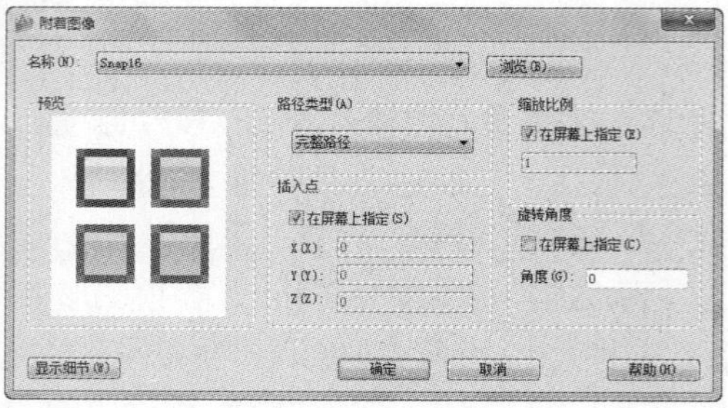

图9-37 “附着图像”对话框

● 单击“附着DWF”命令，打开“选择参照文件”对话框，如图9-38所示。

● 单击“附着DGN”命令，打开“选择参照文件”对话框，如图9-39所示。

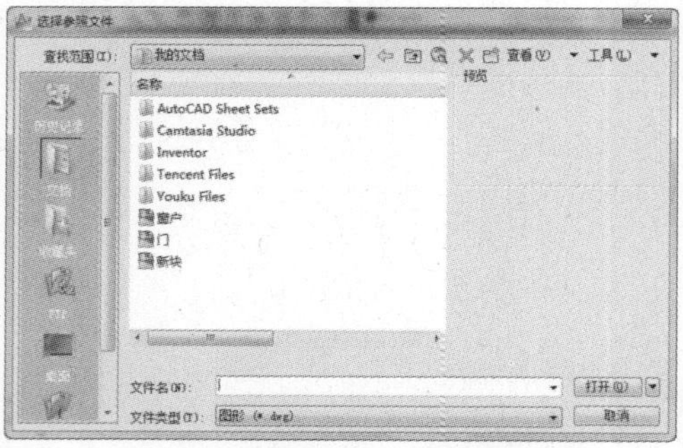

图9-38 “选择参照文件”对话框

图9-39 “选择参照文件”对话框

● “刷新”下拉菜单 包括“刷新”和“重载所有参照”两项。

● “帮助”按钮用来打开系统帮助文件。

● “列表图”按钮 用于以列表形式显示外部参照信息。

● “树状图”按钮 用于以树状图形式显示外部参照信息。

● “详细信息”按钮 用于显示外部参照的详细信息，比在“文件参照”列表里显示得更详细，如日期、类型、颜色系统及颜色深度等。

● “预览”按钮 用于预览外部参照。

9.6.2 附着外部参照

将图形作为外部参照附着时，会将该参照图形链接到当前图形；打开或重载外部参照时，对参照图形所做的任何修改都会显示在当前图形中。一个图形可以作为外部参照同时附着到多个图形中。反之，也可以将多个图形作为参照图形附着到单个图形中。

附着外部参照的执行方式如下。

● 命令行：在命令行中输入XATTACH或EXTERNALREFERENCES对话框，按Enter键。

● 工具栏：单击“参照”工具栏中“附着外部参照”按钮 。

● 菜单栏：执行“插入>外部参照/DWG参照”命令。

调用外部参照命令后，系统打开“选择参照文件”对话框，选择要附着的图形文件即可。单击“打开”按钮，打开“外部参照”对话框。

在上述对话框中，“名称”表示附着了一个外部参照之后，该外部参照的名称将出现在列表里。当在列表中选择了一个附着的外部参照时，它的路径将显示在“路径”中。

“参照类型”表示指定外部参照为附着型还是覆盖型。与附着型的外部参照不同，当附着覆盖型外部参照的图形作为外部参照附着到另一图形时，将忽略该覆盖型外部参照。

“路径类型”表示指定外部参照的保存路径是完整路径、相对路径还是无路径。将路径类型设置为“相对路径”之前，必须保存当前图形。对于嵌套的外部参照而言，相对路径始终参照其直接主机的位置，并不一定参照当前打开的图形。

“无路径”选项表示不使用路径辅助外部参照时，系统首先会在宿主图形的文件夹中查找外部参照。当外部参照文件与宿主图形位于同一个文件夹时，该选项很有用。

“相对路径”是使用当前驱动器号或宿主图形文件夹的部分指定的文件夹路径。这是灵活性最大的选项，可以使用户将图形集从当前驱动器移动到使用相同文件夹结构的其他驱动器中，即将保存外部参照相对于宿主图形的位置。如果移动工程文件夹，只要此外部参照相对宿主图形的位置未发生变化，系统仍可以继续使用相对路径附着的外部参照。

“完整路径”是确定文件参照位置的文件夹的完整指定的层次结构。完整路径包括本地硬盘驱动器号、网站的 URL 或网络服务器驱动器号。这是最明确的选项，但缺乏灵活性，如果用户移动工程文件夹，系统将无法使用任何使用完整路径附着的外部参照。

“插入点”选项区表示以直接在X、Y和Z后面的文本框内输入点的坐标的方式给出外部参照的插入点，也可以通过勾选“在屏幕上指定”复选框来在屏幕上指定插入点的位置。

“比例”选项区用于直接输入所插入的外部参照在 X、Y 和 Z 三个方向上的缩放比例；也可以通过勾选“在屏幕上指定”复选框来在屏幕上指定；“统一比例”复选框用于确定所插入的外部参照在三个方向的出入比例是否相同，选中表示相同，反之则不相同。

“旋转”选项区可以在文本框中直接输入插入外部参照的旋转角度值，也可以勾选“在屏幕上指定”复选框来在屏幕上指定旋转角度。

“块单位”选项区可以设置块的单位和比例。

在指定插入点、缩放比例和旋转角度后，单击“确定”按钮，完成外部参照的附着。

操作示例

使用下图所示的图形创建一个新图形，如图9-40所示分别是图1.dwg、图2.dwg和图3.dwg中的图形。

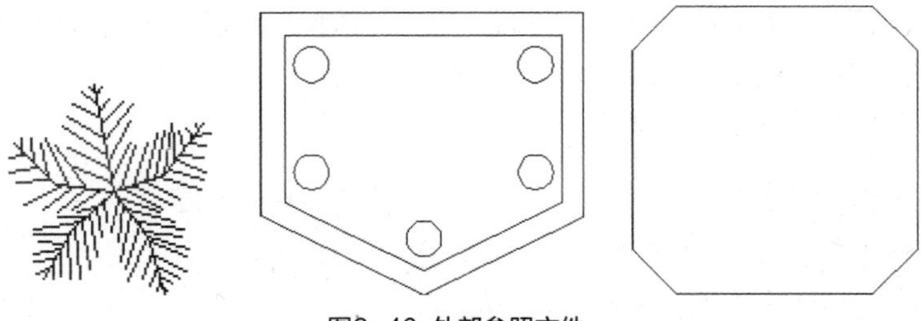

图9-40 外部参照文件

操作步骤如下。

Step01：单击“标准工具栏中的新建”按钮，新建一个文件。

Step02：单击“插入>DWG参照”命令，打开“选择参照文件”对话框。

Step03：找到图1.dwg文件，单击“打开”按钮。

Step04：打开“附着外部参照”对话框，在“参照类型”选项组中选择“附着型”单选按钮，在“插入点”选项组中取消勾选“在屏幕中指定”复选框，确认X、Y和Z均为0，单击“确定”按钮，将外部参照tu1.dwg插入到当前文件中。

Step05：重复以上的过程，将图2.dwg插入到文件中，结果如图9-41所示。

Step06：重复以上的过程，将图3.dwg插入到文件中，结果如图9-42所示。

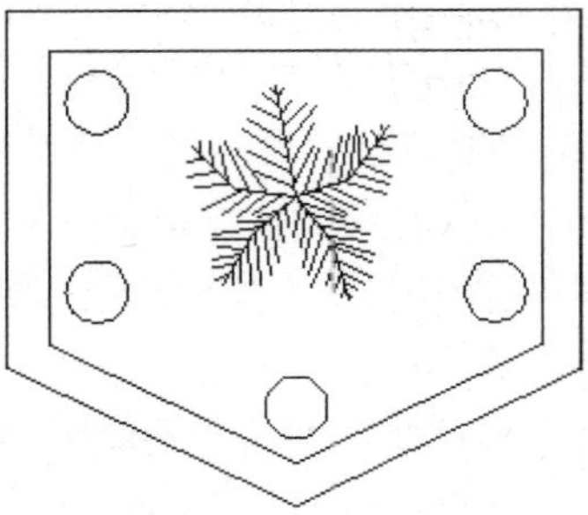

图9-41 插入图2.dwg的效果

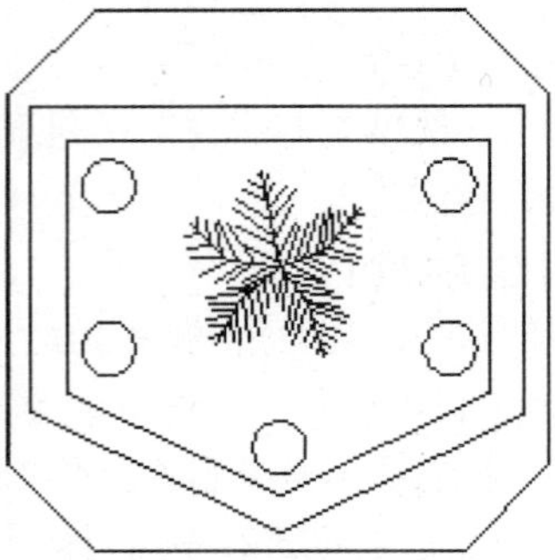

图9-42 最终效果

9.6.3 剪裁外部参照

用户可以指定剪裁边界以显示外部参照和块插入的有限部分，剪裁不能改变外部参照和块中的对象，只能更改它们的显示方式，如图9-43所示。

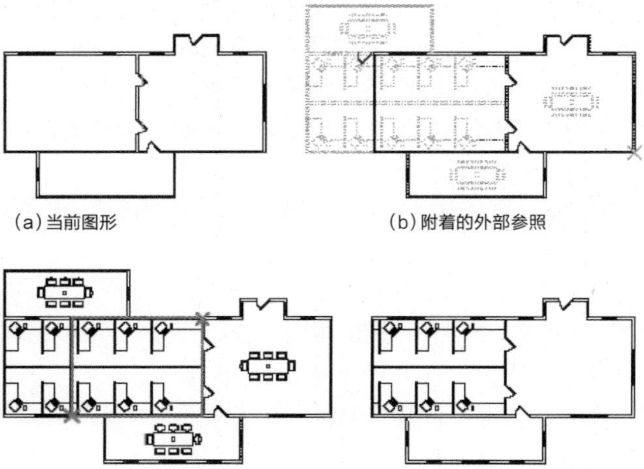

(a) 当前图形 (b) 附着的外部参照

(c) 指定的剪裁边界 (d) 得到的剪裁外部参照

图9-43 剪裁外部参照

剪裁外部参照或块时将应用以下注意事项。

- 在三维空间的任何位置都能指定剪裁边界，但通常平行于当前UCS。
- 如果选择了多段线，剪裁边界将应用于该多段线所在的平面。
- 外部参照或块中的图像始终被剪裁为矩形边界。在将多边形剪裁用于外部参照图形中的图像时，剪裁边界应用于多边形边界的矩形范围内，而不是用在多边形自身范围内。

执行方式如下。

- 命令行：在命令行中输入XCLIP，按Enter键。
- 工具栏：单击“参照”工具栏中的“剪裁外部参照”按钮 。
- 菜单栏：执行“修改>剪裁>外部参照”命令。

调用上述命令后，系统提示如下。

```
选择选择对象：
输入剪裁选项 [ 开 (ON)/ 关 (OFF)/ 剪裁深度 (C)/ 删除 (D)/ 生成多段线 (P)/ 新建边界 (N)] < 新建边界 > : // 输入 N 或直接按 Enter 键
指定剪裁边界或选择反向选项 :[ 选择多段线 (S)/ 多边形 (P)/ 矩形 (R)/ 反向剪裁 (I)] < 矩形 >:
```

各选项具体说明如下。

- “开”：打开外部参照剪裁边界，即在宿主图形中不显示外部参照或块的被剪裁部分。
- “关”：关闭外部参照剪裁边界，在当前图形中显示外部参照或块的全部几何信息，忽略剪裁边界。
- “剪裁深度”：在外部参照或块上设置前剪裁平面和后剪裁平面，系统将不显示由边界和指定深度所定义的区域外的对象。剪裁深度应用在平行于剪裁边界的方向上，与当前 UCS 无关。
- “删除”：删除前剪裁平面和后剪裁平面。
- “生成多段线”：自动绘制一条与剪裁边界重合的多段线。此多段线采用当前的图层、线型、线宽和颜色设置。
- “新建边界”：定义一个矩形或多边形剪裁边界，或者用多段线生成一个多边形剪裁边界。
- “多段线、多边形、矩形”：分别表示以什么形状来指定裁剪边界。
- “反转剪裁”表示反转剪裁边界的模式，隐藏边界外（默认）或边界内的对象。

按照指定的矩形剪裁边界得到的剪裁外部参照图图形，如图9-44所示。

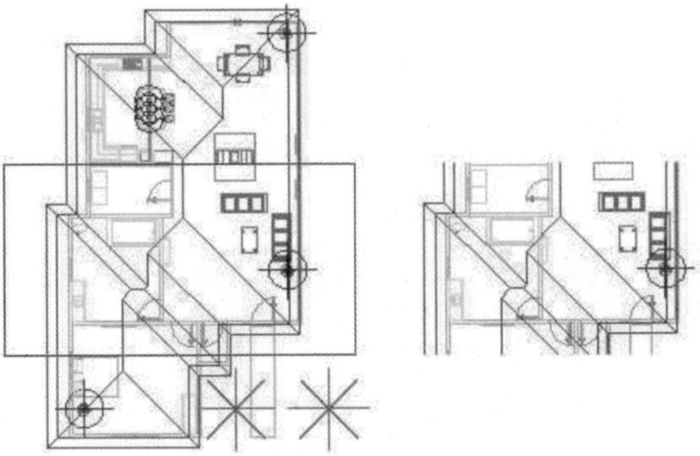

图9-44 剪裁外部参照

工程师点拨：剪裁的使用注意事项

剪裁仅应用于外部参照或块的单个实例，而非定义本身。不能改变外部参照和块中的对象，只能更改它们的显示方式。

9.6.4 绑定外部参照

用户在对包含外部参照的最终图形进行存档时，可以选择如何存储图形中的外部参照。系统提供了两种选择：一是将外部参照图形与最终图形一起存储，二是将外部参照图形绑定至最终图形。

将外部参照与最终图形一起存储要求图形总是保持在一起。对参照图形的任何修改将持续反映在最终图形中。为了防止修改参照图形时更新归档图形，一般情况将外部参照绑定到最终图形。

将外部参照绑定到图形上后，外部参照将成为图形中的固有部分，不再是外部参照文件。可以通过使用XREF命令的“绑定”选项绑定外部参照图形的整个数据库，包括其所有依赖外部参照的命名对象

（块、标注样式、图层、线型和文字样式）。

绑定外部参照的执行方式如下。

- 命令行：在命令行中输入XBIND，按Enter键。
- 工具栏：单击“参照工具栏中的“外部参照绑定”按钮。
- 菜单栏：执行“修改>对象>外部参照>绑定”命令。

调用上述命令后，系统弹出“外部参照绑定”对话框，如图9-45所示。

在该对话框中，“外部参照”列表框用于显示所选择的外部参照。可以将其展开，显示该外部参照的各种设置定义名，如标注样式、图层、线型和文字样式等。“绑定定义”列表框用于显示将被绑定的外部参照的有关设置定义。

大家也可以在“外部参照管理器”选项面板的“文件列表”中选择一个外部参照，来绑定外部参照，单击鼠标右键，弹出快捷菜单，如图9-46所示。

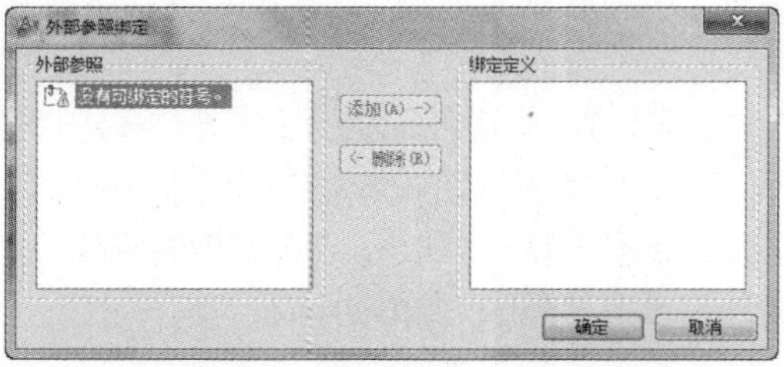

图9-45 “外部参照绑定”对话框

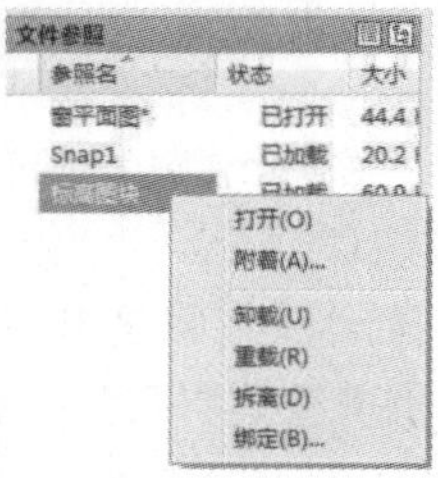

图9-46 快捷菜单

单击“绑定”按钮，弹出“绑定外部参照”对话框，如图9-47所示。

“绑定”将外部参照中的对象转换为块参照。命名对象定义将添加到带有 n 前缀的当前图形。“插入”将外部参照中的对象转换为块参照。命名对象定义将合并到当前图形中，但不添加前缀，单击“确定”按钮关闭对话框。

工程师点拨：绑定外部参照

不能绑定包含代理对象的外部参照。

图9-47 “绑定外部参照”对话框

9.6.5 在位编辑外部参照

在处理外部引用图形时，用户可以使用在位参照编辑来修改当前图形中的外部参照，或者重定义当前图形中的块定义。块和外部参照都被视为参照。通过在位编辑参照，可以在当前图形的可视区域中修改参照。

执行方式入下。

- 命令行：在命令行中输入REFEDIT，按Enter键。
- 工具栏：单击“参照编辑”工具栏中“在位编辑参照”按钮。

● 菜单栏：执行“工具>外部参照和块在位编辑>在位编辑参照”命令。

调用上述命令后，选择编辑对象，然后弹出“参照编辑”对话框，如图9-48所示。

各选项具体说明如下。

● “标识参照”选项卡：用于为标识要编辑的参照提供视觉帮助和辅助工具，并控制选择参照的方式。

● “参照名”选项区：选择要编辑的参照名称。

“路径”选项区：显示选定参照的文件位置。如果选定参照是一个块，则不显示路径。如果选中“自动选择所有嵌套对象”单选按钮，选定参照中的所有对象将自动包括在参照编辑任务中；选中“提示选择嵌套的对象”单选按钮，系统关闭“参照编辑”选项面板，进入参照编辑状态后，系统将提示用户在要编辑的参照中选择特定的对象。

● “设置”选项卡：用于为编辑参照提供选项，如图9-49所示。

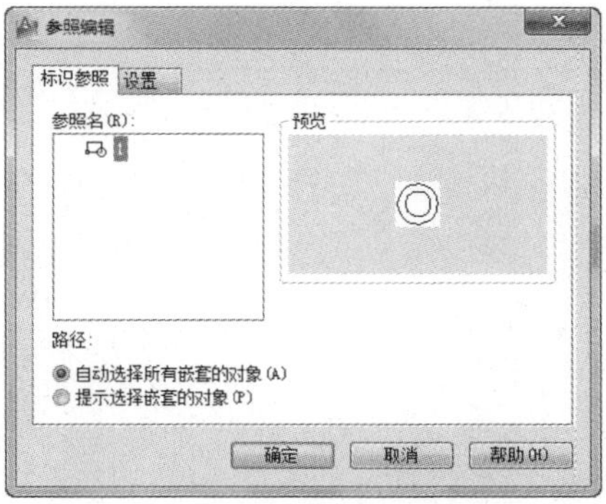

图9-48 “参照编辑”对话框

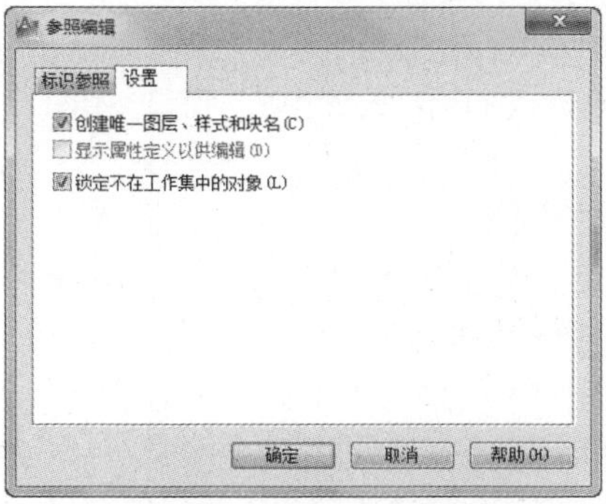

图9-49 “参照编辑”对话框

9.7 AutoCAD设计中心

9.7.1 设计中心概述

设计中心可以认为是一个重复利用和共享图形内容的有效管理工具，对一个绘图项目来讲，重用和分享设计内容是管理一个绘图项目的基础，而且如果工程比较复杂的话，图形数量大、类型复杂，经常会由很多设计人员共同完成，这样，用设计中心对管理块、外部参照、渲染的图像以及其他设计资源文件的进行管理就是非常必要的。它提供了观察和重用设计内容的强大工具，图形中的任何内容几乎都可以通过设计中心实现共享，通过设计中心还可以浏览系统内部的资源，网络驱动器的内容，还可以从上下载有关内容。

使用设计中心可以实现以下操作。

● 浏览用户计算机、网络驱动器和 Web 页上的图形内容（例如图形或符号库）。

● 在定义表中查看图形文件中命名对象（例如块和图层）的定义，然后将定义插入、附着、复制和粘贴到当前图形中。

● 更新（重定义）块定义。

● 创建指向常用图形、文件夹和Internet网址的快捷方式。

● 向图形中添加内容（例如外部参照、块和填充）。

● 在新窗口中打开图形文件。

● 将图形、块和填充拖动到工具选项板上以便于访问。

● 可以控制调色板的显示方式，可以选择大图标、小图标、列表和详细资料等4种Windows的标准方式中的一种，可以控制是否预览图形，是否显示调色板中图形内容相关的说明内容。

在AutoCAD 2012设计中心中可以读取的文件如下。

- 作为图块引用或外部参照引用的图形文件。
- 图形文件中的图块引用。
- 图形文件中的光栅图形。
- 使用第三方应用程序创建的自定义内容。
- 其他图形文件内容，如文本样式、尺寸样式、线型等。

执行方式如下。

- 命令行：在命令行中输入ADCENTER，按Enter键。
- 工具栏：单击“标准”工具栏中的“设计中心”按钮 。
- 菜单栏：执行“工具>选项板>设计中心”命令。
- 快捷键：Ctrl+2。

调用上述命令，打开“设计中心”窗口，如图9-50所示。

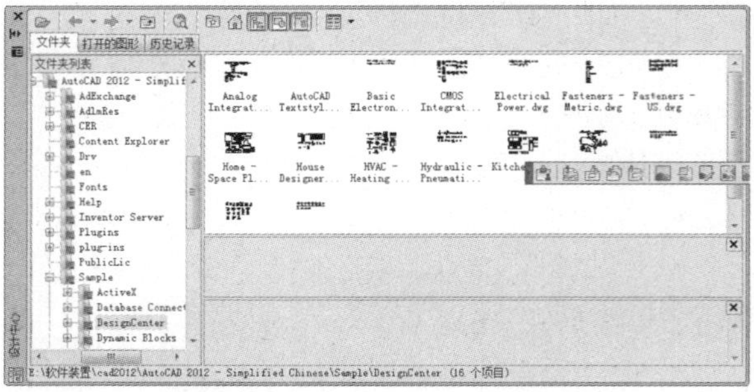

图9-50 “设计中心”窗口

用户可以控制设计中心的大小、位置和外观。其中许多选项可通过单击鼠标右键并在快捷菜单中选择选项来设置。

要调整设计中心的大小，可拖动内容区与树状图之间的滚动条，或者拖动窗口的一边。

要固定设计中心，可将其拖至应用程序窗口右侧或左侧的固定区域，直至捕捉到固定位置。也可以通过双击“设计中心”窗口标题栏将其固定。

要浮动设计中心，拖动工具栏上方的区域，使设计中心远离固定区域。拖动时按住 Ctrl 键可防止窗口固定。

要锚定设计中心，可从快捷菜单中选择“锚点居右”或“锚点居左”。当光标移至被锚定的“设计中心”窗口时，窗口将展开，移开时则会隐藏。当打开被锚定的“设计中心”窗口时，其内容将与绘图区域重叠。无法将其设置为保持打开状态。

当设计中心处于浮动状态时，可使用自动隐藏将其设置为随光标移至和移开而展开和隐藏。

9.7.2 设计中心窗口的组成

“设计中心”窗口分为两部分，左边为树状图，右边为内容区。可以在树状图中浏览内容的源，而在内容区显示内容。可以在内容区中将项目添加到图形或工具选项板中。

“设计中心”窗口主要由5部分组成：标题栏、工具栏、选项卡、显示区和状态栏。

1. 标题栏

标题栏可以控制AutoCAD设计中心窗口的尺寸、位置、外观形状和开关状态等。单击“特性”按钮 或在标题栏上右击，可以打开快捷菜单，如图9-51所示。

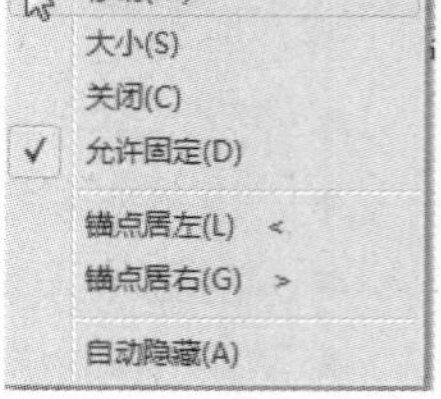

图9-51 “特性”快捷菜单

锚固于左侧或右侧，是否允许窗口固定和设置窗口是否自动隐藏。

单击“自动隐藏”按钮，“设计中心”窗口将自动隐藏，只留下标题栏。当鼠标在标题栏上停留时，“设计中心”窗口将恢复。

2. 工具栏

工具栏用来控制树状图和内容区中信息的浏览和显示，如图9-52所示。

图9-52 工具栏

各个按钮的具体说明如下。

- “加载”按钮：用于浏览磁盘中的图形文件。
- “上一页”按钮和“下一页”按钮：单击“上一页”按钮可以返回到历史记录列表中最近一次的位置。单击“下一页”按钮可以返回到历史记录列表中下一次的位置。
- “上一级”按钮：该按钮用于显示激活显示区中的上一级内容。
- “搜索”按钮：用于查找对象，单击该按钮，弹出“搜索”对话框，如图9-53所示。

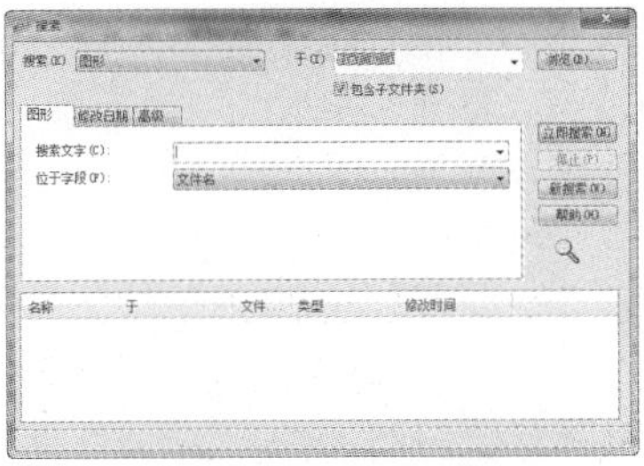

图9-53 “搜索”对话框

- “收藏夹”按钮：单击该按钮，显示如图9-54所示选项面板。可以在“文件夹列表”中显示Favorites\Autodesk文件夹的内容，用户可以通过收藏夹标记存放在本地硬盘、网络驱动器或Internet网页上常用的文件。

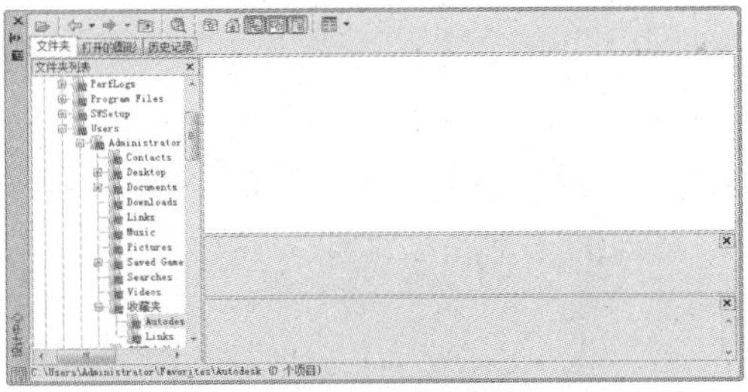

图9-54 “收藏夹”界面

工程师点拨：DesignCenter文件夹

将DesignCenter文件夹自动添加到收藏夹中时，此文件夹将包含具有可以插入在图形中的特定组织块的图形。

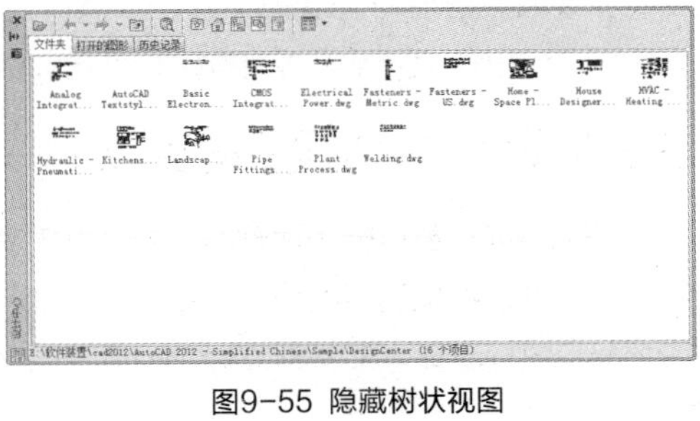

图9-55 隐藏树状视图

- “主页”按钮：用于快速定位到设计中心文件夹中，此文件夹位于AutoCAD 2012\Sample目录下。
- “树状图切换”按钮：用于显示或隐藏树状视图，如图9-55所示。
- “预览”按钮：用于打开或关闭预览窗口，确定是否显示预览图像。可以通过拖动鼠标来改变预览窗口的大小。
- “说明”按钮：用于打开或关闭说明窗口，确定好地方显示说明信息。可以通过拖动鼠标来改变说明窗口的大小。
- “视图”按钮：单击该按钮，弹出一个快捷菜单，如图9-56所示，显示“大图标”、“小图标”、“列表”和“详细信息”等命令，可以是窗口中的内容以上述命令显示。

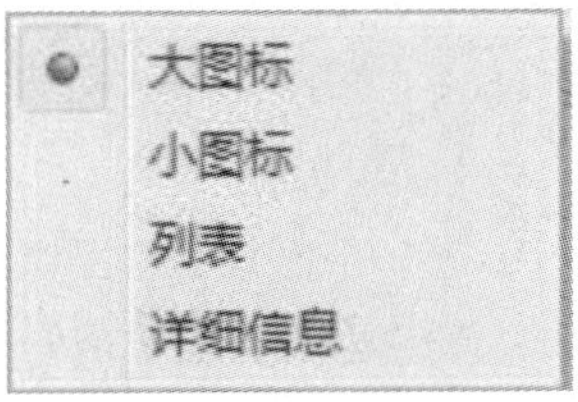

图9-56 “视图”下拉菜单

3. 选项卡

“设计中心”窗口的选项卡包括“文件夹”选项卡、“打开的图形”选项卡、“历史记录”选项卡和“联机设计中心”选项卡。

“文件夹”选项卡是设计中心最重要也是使用频率最多的选项卡。它显示计算机或网络驱动器中文件和文件夹的层次结构。它与Windows的资源管理器十分类似，分为左右两个子窗口。左窗口为导航窗口，用来查找和选择源；右窗口为内容窗口，用来显示指定源的内容。

“打开的图形”选项卡用于在设计中心中显示在当前AutoCAD环境中打开的所有图形，其中包括最小化了的图形。此时单击某个文件图标，就可以看到该图形的有关设置，如图层、线型、文字样式、块、标注样式等，如图9-57所示。

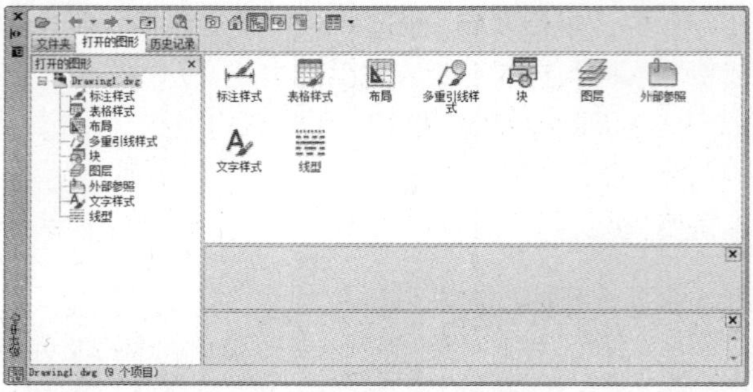

图9-57 “打开的图形”选项卡

“历史记录”选项卡用于显示用户最近浏览的AutoCAD图形。显示历史记录后，在一个文件上单击鼠标右键显示此文件信息或从“历史记录”列表中删除此文件，如图9-58所示。

4. 显示区

显示区分为内容显示区、预览显示区和说明显示区。内容显示区显示图形文件的内容，预览显示区显示图形文件的缩略图，说明显示区显示图形文件的文字描述信息，如图9-59所示。

图9-58 “历史记录”选项卡

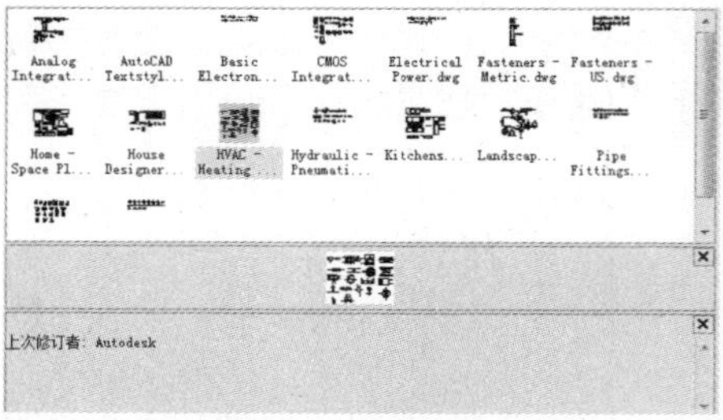

图9-59 显示区

5. 状态栏

状态栏用来显示所选文件的路径，如图9-60所示。

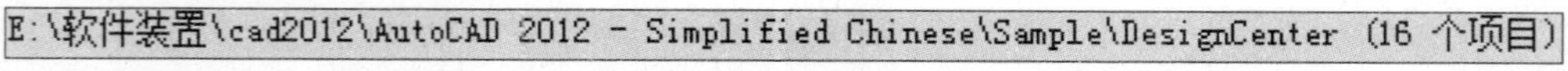

图9-60 状态栏

9.7.3 通过设计中心添加内容

在设计中心，用户可以向绘图区插入块，引用光栅图像、引用外部参照、在图形之间复制块、在图形之间复制图层及用户自定义内容等。

1. 插入块

把一个图块插入到图形中的时候，块定义就被复制到图形数据库当中。在一个图块被插入图形之后，如果原来的图块被修改，则插入到图形当中的图块也随之改变。

AutoCAD设计中心提供了插入图块的两种方法：“按默认缩放比例和旋转方式”和“精确指定坐标、

比例和旋转角度方式”。

按默认缩放比例和旋转方式插入图块时，系统根据鼠标拉出的线段的长度与角度比较图形文件和所插入块的单位比例，以此比例自动缩放插入块的尺寸。

插入图块的具体步骤如下。

- 从“项目列表”或“查找”结果列表中选择要插入的图块，按住鼠标左键，将其拖动到打开的图形。
- 松开鼠标左键，被选择的对象就被插入到当前被打开的图形当中。利用当前设置的捕捉方式，可以将对象插入到任何存在的图形中。
- 按下鼠标左键，指定一点作为插入点，移动鼠标，则鼠标的位置点与插入点之间的距离为缩放比例，按下鼠标左键来确定比例。用同样方法移动鼠标，鼠标指定的位置与插入点连线与水平线角度为旋转角度。被选择的对象就根据鼠标指定的比例和角度被插入到图形中。

工程师点拨：关于插入块的操作问题

如果其他命令正在执行，不能进行插入块的操作，必须首先结束当前激活的命令。

按默认缩放比例和旋转方式插入图块时容易造成块内的尺寸发生错去，这时可以利用精确指定的坐标、比例和旋转角度插入图块的方法插入图块。

具体步骤如下。

- 从“项目列表”或“查找”结果列表框选择要插入的块，拖动对象到绘图区。
- 松开鼠标右键，从弹出的快捷菜单中选择“插入为块”，如图9-61所示。
- 弹出“插入”对话框，如图9-62所示，在“插入”对话框里确定插入基点、输入比例和旋转角度等数值，或在屏幕上拾取确定以上参数。
- 单击“确定”按钮，被选择的对象根据指定的参数被插入到图形当中。

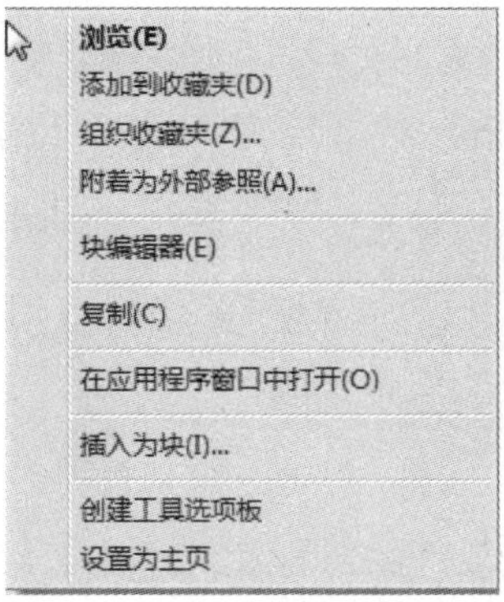

图9-61 快捷菜单

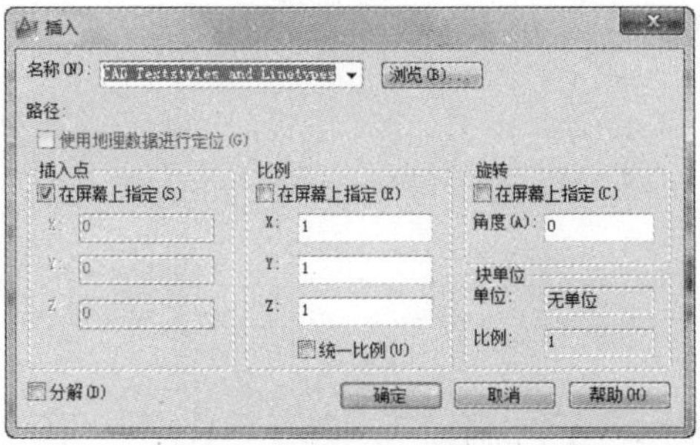

图9-62 “插入”对话框

2. 引用光栅图像

光栅图形由一些着色的像素点组成，在AutoCAD中除了可以向当前图形插入块，还可以插入光栅图像，如数字照片、徽标等。光栅图像类似于外部参照，插入时必须确定插入的坐标、比例和旋转角度。在AutoCAD 2012中几乎支持所有的图像文件格式。

- 在“设计中心”窗口左边的文件列表中找到光栅图像文件所在的文件夹名称。
- 用鼠标右键将要加载的图像拖至绘图区，然后松开右键，弹出快捷菜单，选择“附着图像”选项，弹出“图像” 对话框，也可以直接拖至绘图区，然后输入插入点坐标、缩放比例和旋转角度即可。
- 在“附着图像”对话框中设置插入点的坐标、缩放比例和旋转角度，单击“确定”按钮完成光栅引用。

3. 复制图层

与添加外部图块相似，图层、线型、尺寸样式、布局等都可以通过从内容区显示窗口中拖放到绘图区的方式添加到图形文件中，但添加内容时，不需要给定插入点、缩放比例等信息，它们将直接添加到图形文件数据库中。

例如使用设计中心复制图层，如果需要创建一个新的图层和设计中心提供的某个图形文件具有相同的图层时，只需要使用设计中心将这些预先定义好的图层拖放到新文件中，既节省了重新创建图层的时间，又能保证项目标准的要求，保证图形间的一致性。

例如将如图9-63所示的5个图层直接拖放到添加到当前图形文件中，当前图形文件的“图层特性管理器”选项面板中将显示这5个图层，如图9-64所示。

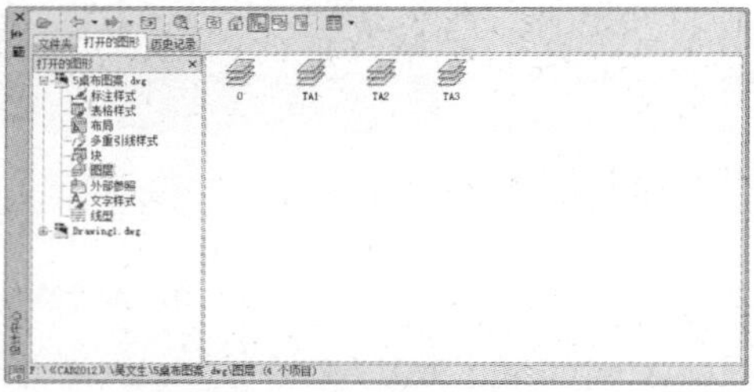

图9-63 “设计中心”窗口

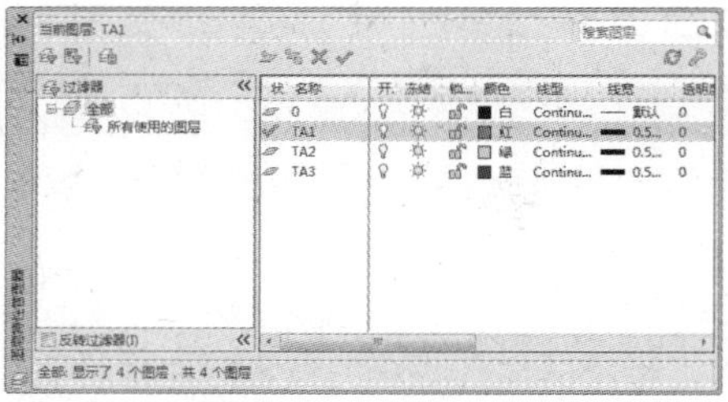

图9-64 “图层特性管理器”对话框

9.7.4 搜索内容

使用AutoCAD 2012设计中心搜索功能可以在本地磁盘或局域网中的网络驱动器上按指定搜索条件在图形中查找图形、块和非图形对象。

给定的搜索条件可以是文件的最后修改的日期、包含某一特定名称的图层或图块定义、图块定义的文本说明、或者是其他在设计中心的“搜索”对话框中给定的条件。

用户可以单击设计中心工具栏中的“搜索”按钮，弹出“搜索”对话框。或者在树状图目录中右击，在弹出的快捷菜单中选择“搜索”选项，如图9-65所示，弹出“搜索”对话框，如图9-66所示。

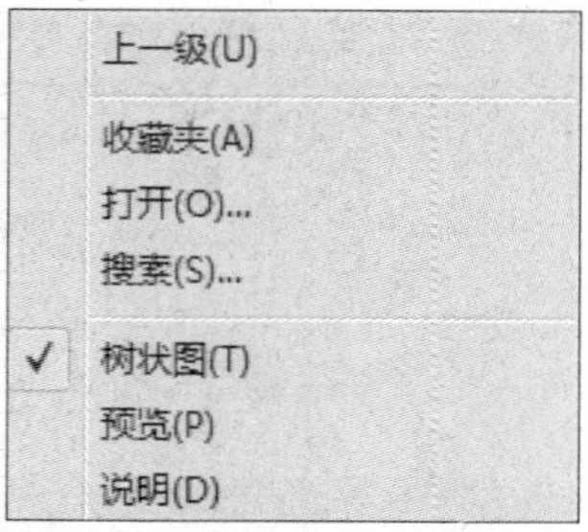

图9-65 “搜索”快捷菜单

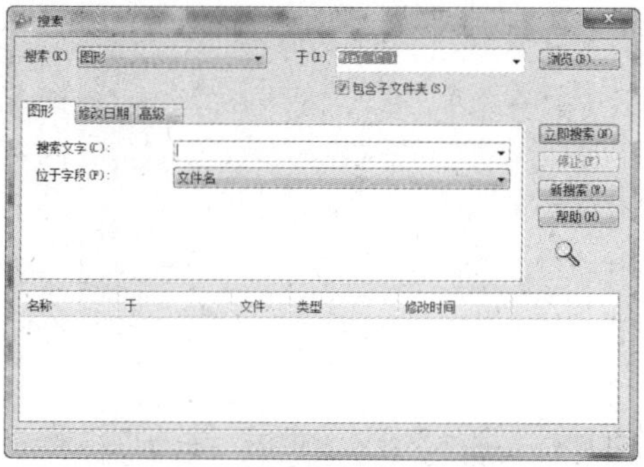

图9-66 “搜索”对话框

1. “搜索”下拉列表

该下拉列表用来指定要搜索的内容类型。用来指定的内容类型将决定在“搜索”对话框中显示哪些选项卡及其搜索字段。只有在下拉列表中选择“图形”选项时，才显示“修改日期”和“高级”选项卡。选择其它选项时只显示该选项对应的选项卡，选择“图层”选项时，如图9-67所示。

2. “图形”选项卡

“图形”选项卡用来显示与“搜索”列表中指定的内容类型相对应的搜索字段。“搜索文字”用来指定要在指定字段中搜索的字符串。使用星号和问号通配符可扩大搜索范围。"位于字段"用来指定要搜索的特性字段。

3."修改日期"选项卡

"修改日期"选项卡用来查找在一段特定时间内创建或修改的内容，如图9-68所示。"所有文件"用来查找满足其他选项卡上指定条件的所有文件，不考虑创建或修改日期。"找出所有已创建的或已修改的文件"用来查找在特定时间范围内创建或修改的文件。查找的文件同时满足该选项卡和其他选项卡上指定的条件。"介于...和..."用来查找在指定的日期范围内创建或修改的文件。"在前...月"用来查找在指定的月数内创建或修改的文件。"在前...日"用来查找在指定的天数内创建或修改的文件。

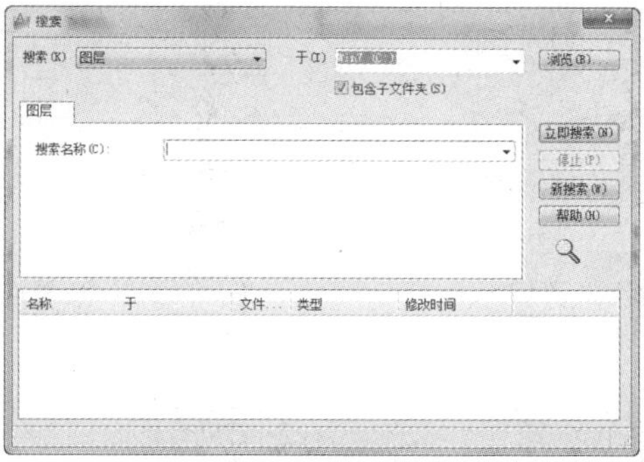

图9-67 "搜索"对话框

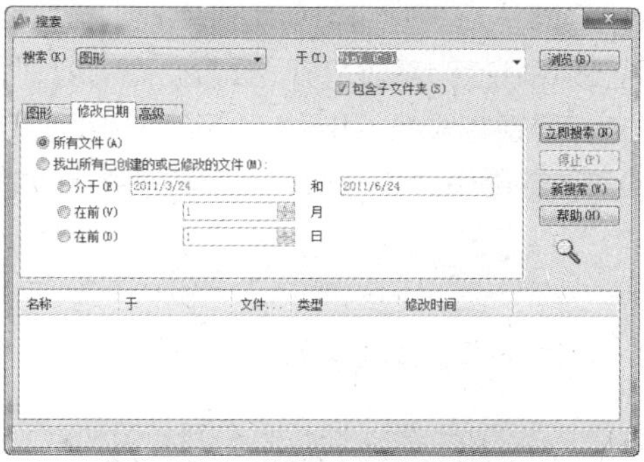

图9-68 "修改日期"选项卡

4."高级"选项卡

"高级"选项卡用来查找图形中的内容，如图9-69所示。"包含"用来指定要在图形中搜索的文字类型。例如，可以搜索包含在块属性中的文字。"包含文字"用来指定要搜索的文字。"大小"用来指定文件大小的最小值或最大值。

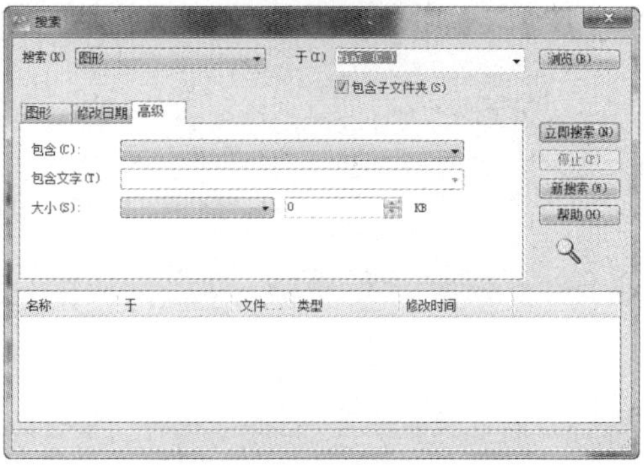

图9-69 "高级"选项卡

9.8 工具选项板

工具选项板是"工具选项板"窗口中选项卡形式的区域，它不但提供了组织、共享和放置块及填充图案的很有效的方法，还可以包含由第三方开发人员提供的自定义工具。

9.8.1 打开工具选项板

工具选项板执行方式如下。

- 命令行：在命令行中输入TOOLPALETTES，按Enter键。
- 工具栏：单击"标准"工具栏中的"工具选项版窗口"按钮。
- 菜单栏：执行"工具>选项板>工具选项板"命令。
- 快捷键：Ctrl+3。

调用上述命令后，系统打开工具选项板，如图9-70所示。系统在工具选项板中设置了一些常用的图形选项卡，以便用户绘图。

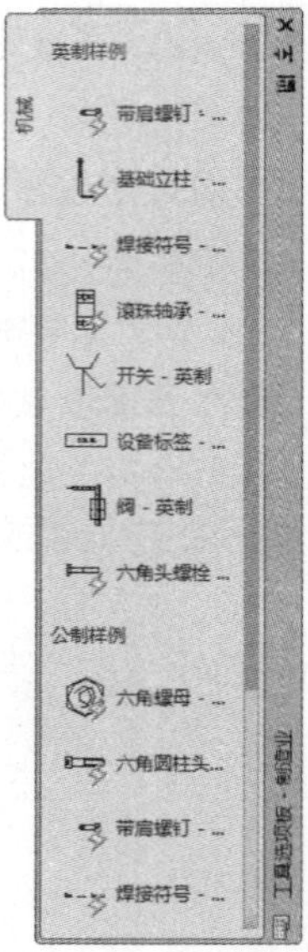

图9-70 工具选项板

9.8.2 新建工具选项板

用户可以根据自己的需要新建工具选项板，以帮助用户进行个性化绘图，同时也可以满足有些时候绘图的特殊需要。

新建工具选项板的执行方式如下。

- 命令行：在命令行中输入CUSTOMIZE，按Enter键。
- 菜单栏：执行“工具>自定义>工具选项板”命令。
- 快捷菜单：在任意工具栏右击，选择“自定义”命令。

调用上述命令后，系统打开“自定义”对话框，如图9-71所示。在“选项板”列表空白处右击，打开快捷菜单，如图9-72所示，选择“新建选项板”选项。新建后，用户可以为新建的工具选项板命名，此时，工具选项板中就增加了一个新的选项卡。

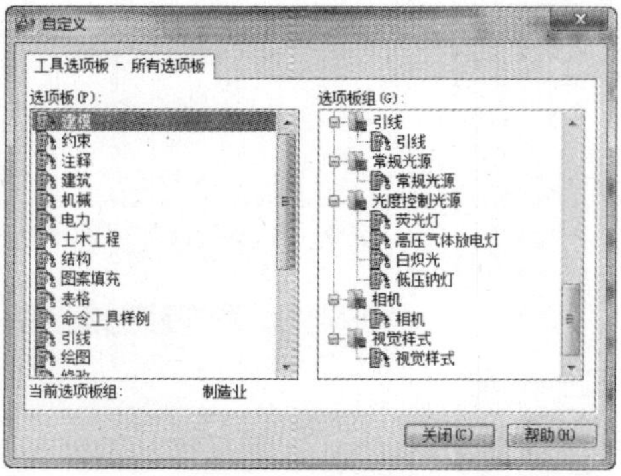

图9-71 “自定义”对话框

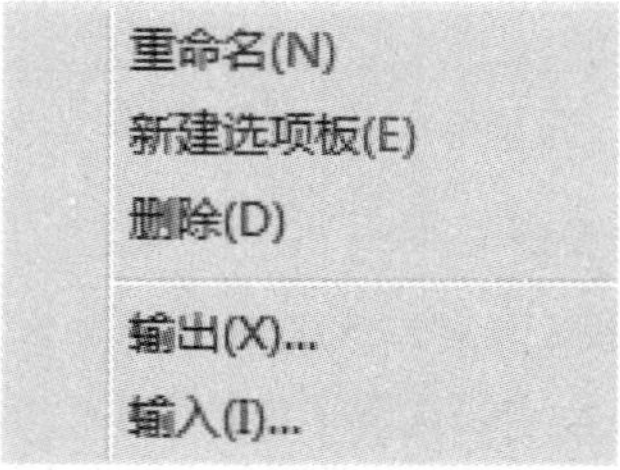

图9-72 快捷菜单

9.8.3 控制选项板的显示

用户可以拖动工具选项板，使其处于浮动状态，也可以拖放到窗口的任意位置，标题栏的方向也会随着工具选项板位置的变化而变化，如图9-73所示。

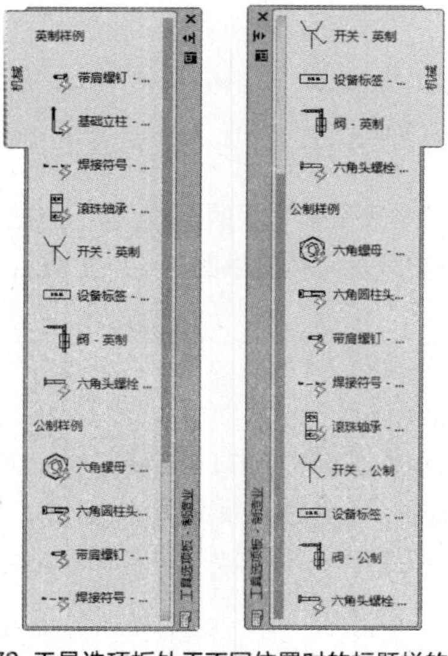

图9-73 工具选项板处于不同位置时的标题栏的不同方向

1. 透明度控制

单击工具选项板标题栏上的“特性”按钮，打开一个快捷菜单，选择“透明度” 命令，打开“透明度”对话框，如图9-74所示，可以通过拖动滑块来设置透明度，也可也选择“关闭窗口透明性”复选框。

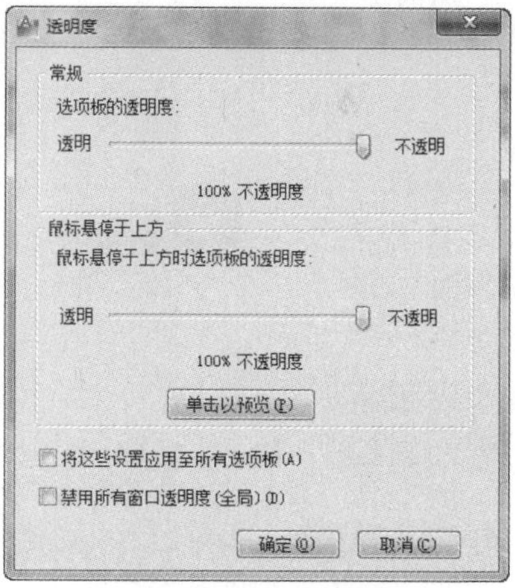

图9-74 “透明度”对话框

2. 自动隐藏

单击工具选项板标题栏中的“自动隐藏”按钮，工具选项板就可以自动隐藏起来，在此单击便可打开工具选项板。

3. 移动和缩放

通过用鼠标按住工具选项板的标题栏，拖动鼠标便可移动工具选项板。把鼠标指向工具选项板的边缘，会出现双向箭头，按住左键拖动便可改变工具选项板的大小。

4. 允许固定

单击工具选项板标题栏上的“特性”按钮，打开一个快捷菜单，选择“允许固定”命令，此时“描点居左”和“描点居右”的按钮可以使用。单击“描点居左”命令，工具选项板就在AutoCAD绘图区域的左边。单击“描点居右”命令，工具选项板就在AutoCAD绘图区域的右边。

综合实例——绘制墙纸

利用外部参照附绘制墙纸，墙纸是通过各种简单的图形组合在一起，这些图形是通过附着外部参照链接到当前图形中组合而成。下面以绘制墙纸为例。

Step01 单击桌面上 AutoCAD 2012 图标，打开绘图环境并且熟悉操作界面，如图 9-75 所示。

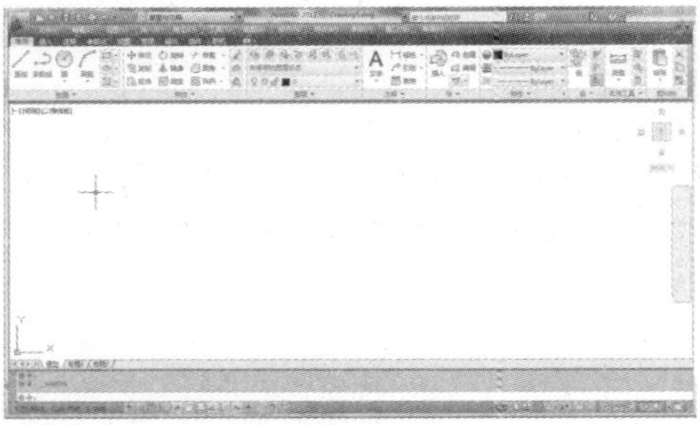

图9-75 绘图界面

Step02 执行菜单栏中的“插入 >DWG 参照”命令，如图 9-76 所示。

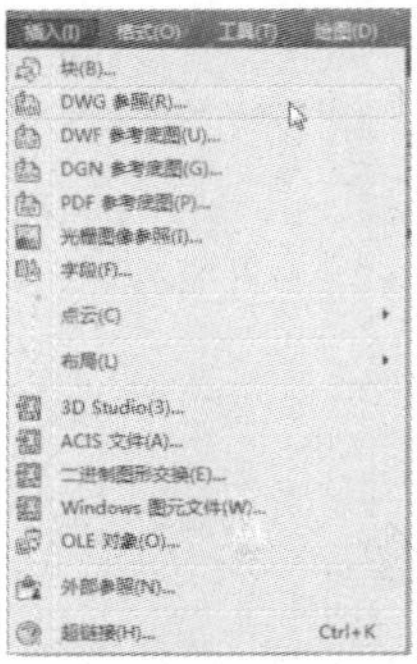

图9-76 DWG参照

Step03 在“选择参照文件”对话框中选择“矩形”，单击“打开”按钮，弹出“附着外部参照”对话框，如图 9-77 所示。

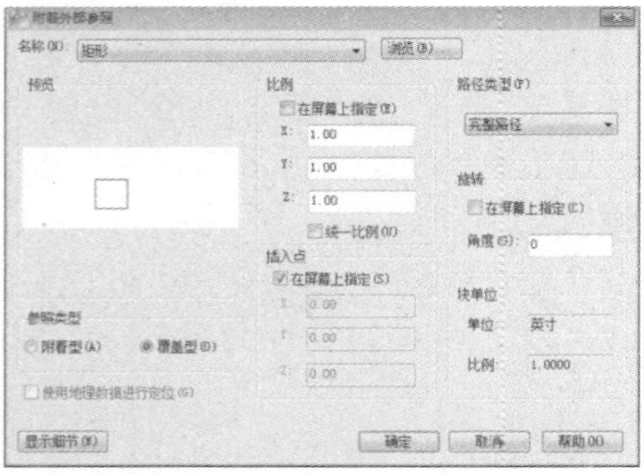

图9-77 “附着外部参照”对话框

Step04 在弹出的“附着外部参照”对话框中单击“确定”按钮，出现矩形，如图 9-78 所示。

图9-78 矩形

Step05 然后单击菜单栏中的“插入”按钮，在下拉菜单中单击“DWG 参照”命令，如图 9-79 所示。

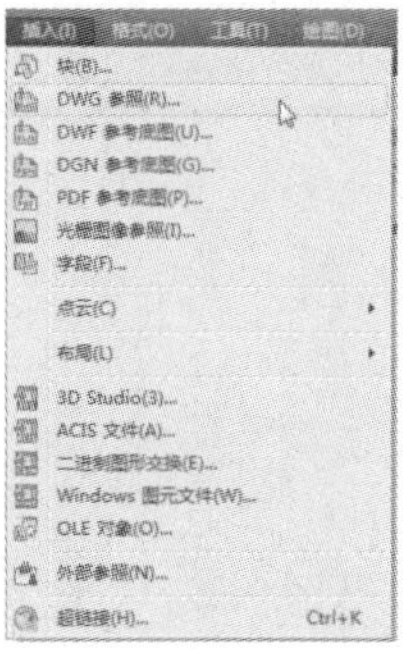

图9-79 DWG参照

Step06 在出现的“选择参照文件”对话框中选择“花型”，单击“打开”按钮，弹出“附着外部参照”对话框，如图 9-80 所示。

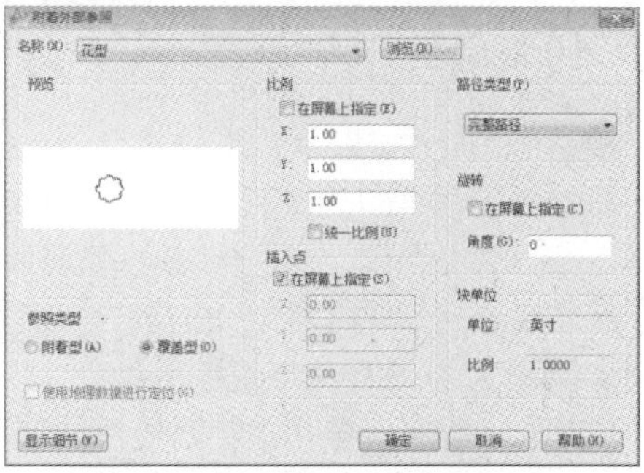

图9-80“附着外部参照”对话框

Step07 在弹出“附着外部参照”对话框中单击“确定”按钮，出现花型并调整其位置，如图 9-81 所示。

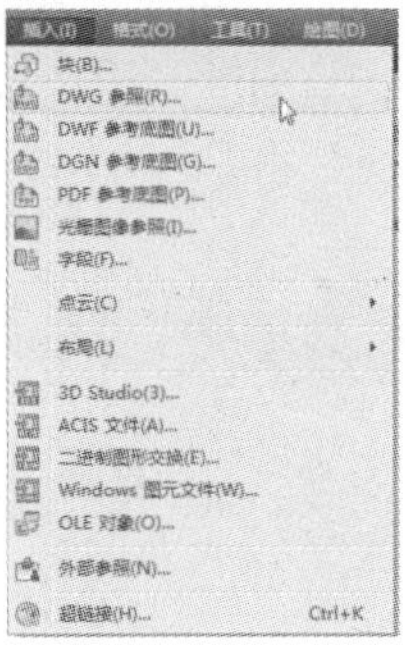

图9-81 花型

Step08 再次单击“插入”菜单，在下拉菜单中单击“DWG 参照”命令，如图 9-82 所示。

图9-82 DWG参照

Step09 在出现的“选择参照文件”对话框中选择“五角星”，单击“打开”按钮，弹出“附着外部参照”对话框，如图 9-83 所示。

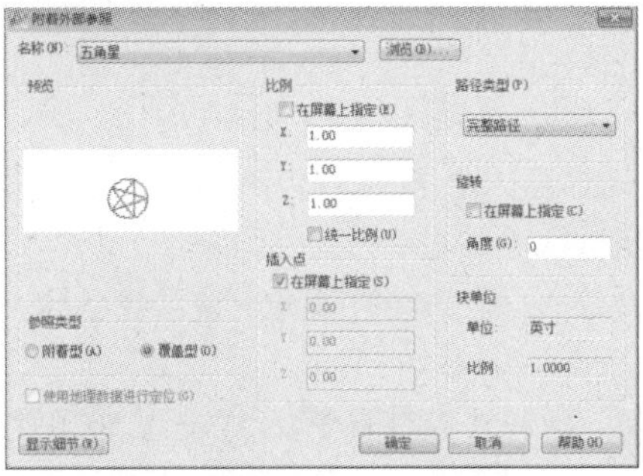

图9-83“附着外部参照”对话框

Step10 在弹出“附着外部参照”对话框中单击“确定”按钮，出现五角星后调整其位置，，如图 9-84 所示。

图9-84 五角星

高手应用秘籍：建筑制图尺寸标注规范

《房屋建筑制图统一标准》GB-T 50001-2001中对建筑制图中的尺寸标注有着详细的规定。下面分别介绍规范对延伸线、尺寸线、尺寸起止符号和标注文字（尺寸数字）的一些要求。

❶ 延伸线、尺寸线及尺寸起止符号

延伸线应用细实线绘制，一般应与被注长度垂直，其一端应离开图样轮廓线不小于2mm，另一端宜超出尺寸线2mm　3mm。图样轮廓线可用作延伸线。

尺寸线应用细实线绘制，应与被注长度平行。图样本身的任何图线均不得用作尺寸线。因此尺寸线应调整好位置避免与图线重合。

尺寸起止符号一般用中粗斜短线绘制，其倾斜方向应与延伸线成顺时针45°，长度宜为2mm　3mm。半径、直径、角度与弧长的尺寸起止符号，宜用箭头表示。

❷ 尺寸数字

图样上的尺寸，应以尺寸数字为准，不得从图上直接量取。但建议按比例绘图，这样可以减少绘图错误。图样上的尺寸单位，除标高及总平面以米为单位外，其他必须以毫米为单位。

尺寸数字的方向，按图规定注写。

尺寸数字一般应依据其方向注写在靠近尺寸线的上方中部。如没有足够的注写位置，最外边的尺寸数字可注写在延伸线的外侧，中间相邻的尺寸数字可错开注写。

❸ 尺寸的排列与布置

尺寸宜标注在图样轮廓以外，不宜与图线、文字及符号等相交。

互相平行的尺寸线，应从被注写的图样轮廓线由近向远整齐排列，较小尺寸应离轮廓线较近，较大尺寸应离轮廓线较远。

图样轮廓线以外的尺寸线，距图样最外轮廓之间的距离，不宜小于10mm。平行排列的尺寸线的间距，宜为7mm　10mm，并应保持一致。

总尺寸的延伸线应靠近所指部位，中间的分尺寸的延伸线可稍短，但其长度应相等。

❹ 半径、直径、球的尺寸标注

半径的尺寸线应一端从圆心开始，另一端画箭头指向圆弧。半径数字前应加注半径符号“R”。

标注圆的直径尺寸时，直径数字前应加直径符号“Φ”。在圆内标注的尺寸线应通过圆心，两端画箭头指至圆弧。

标注球的半径尺寸时，应在尺寸前加注符号“SR”。标注球的直径尺寸时，应在尺寸数字前加注符号“SΦ”。注写方法与圆弧半径和圆直径的尺寸标注方法相同。

❺ 角度、弧度、弧长的标注

角度的尺寸线应以圆弧表示。该圆弧的圆心应是该角的顶点,角的两条边为延伸线。起止符号应以箭头表示，如没有足够位置画箭头，可用圆点代替，角度数字应按水平方向注写。

标注圆弧的弧长时，尺寸线应以与该圆弧同心的圆弧线表示，延伸线应垂直于该圆弧的弦，起止符号用箭头表示，弧长数字上方应加注圆弧符号“⌒”。

标注圆弧的弦长时，尺寸线应以平行于该弦的直线表示，延伸线应垂直于该弦，起止符号用中粗斜短线表示。

秒杀工程疑惑

在学习本章关于"Internet功能、外部参照和设计中心"时会遇到各种问题，下面我们来解决一些常遇到的问题，包括超链接命令、方向剪裁、编辑外部参照、轴测面中尺寸标注等方面的问题。解决这些问题对我们以后的进一步学习有很大的帮助。

问　题	解　答
如何使用超链接命令?	使用 ATTACHURL 命令可以将超链接附着到图形中的对象或区域中；使用 DETACHURL 命令可以删除图形中的超链接；使用 GOTOURL 命令可以打开文件或与附加到对象的超链接关联的网页；使用 HYPERLINK 命令可以在对象上附着超链接或修改现有超链接
方向剪裁有什么显示?	使用二维线框视觉样式查看反向剪裁的外部参照和块。其他视觉样式不显示反向剪裁区域
在位编辑外部参照需要注意哪些事项?	❶ 当用局部方式打开 AutoCAD 的图形文件时，不能进行在位编辑操作 ❷ 对某一参照编辑后，该参照在其他图形中或同一图形其他插入位置的图形也同时发生改变 ❸ 该命令也可以用于块的在位编辑，可以直接修改块而不用修改用于定义块的原始对象
在轴测面中尺寸标注具有哪些特点?	在轴测图中标注尺寸时，为了使尺寸标注与轴测面像协调，需要将尺寸线、尺寸界线倾斜一定角度，使其与相对应的轴测轴平行。同样，标注文字也需要与轴测面相匹配，其特点如下所示 ❶ 在右侧面中，若标注的尺寸线与 X 轴平行，则标注文字的倾斜角度为 30° ❷ 在左侧面中，若标注的尺寸线与 Z 轴平行，则标注文字的倾斜角度为 30° ❸ 在上侧面中，若标注的尺寸线与 Y 轴平行，则标注文字的倾斜角度为 30° ❹ 在右侧面中，若标注的尺寸线与 Z 轴平行，则标注文字的倾斜角度为 -30° ❺ 在左侧面中，若标注的尺寸线与 Y 轴平行，则标注文字的倾斜角度为 -30° ❻ 在上侧面中，若标注的尺寸线与 X 轴平行，则标注文字的倾斜角度为 -30°

读书笔记

AutoCAD 2012

CHAPTER 10

尺寸标注

尺寸标注可以精确地反映图形对象各部分的大小及其相互关系，尺寸标注是建筑设计和机械图样中必不可少的内容，是使用图纸指导施工的重要依据。一幅工程图样不管绘制得多么精确，输出精度多高，加工的依据还是图样中的标注尺寸。我们应该理解并掌握各种尺寸标注的概念、用途和操作方法。尺寸标注包括基本尺寸标注、文字注释、尺寸公差、形位公差和表面粗糙度等内容。

学完本章您可以掌握如下知识点

知识点序号	知识点难易指数	知识点
1	★	尺寸标注的样式线性尺寸标注
2	★★	线性尺寸、角度、弧长、坐标标注
3	★★★	基线、半径、直径和圆心的标注
4	★★★★	引线、形位公差的标注

本章内容图解链接

◎ 尺寸标注的执行方式

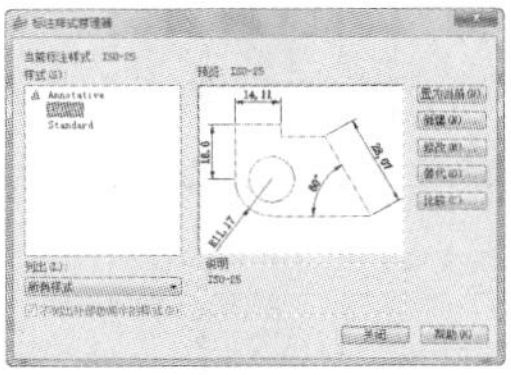
◎ 新建标注样式

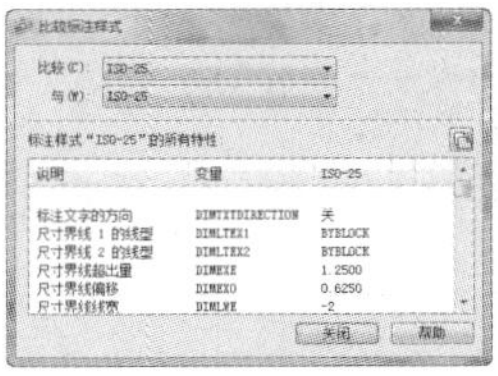
◎ 比较标注样式

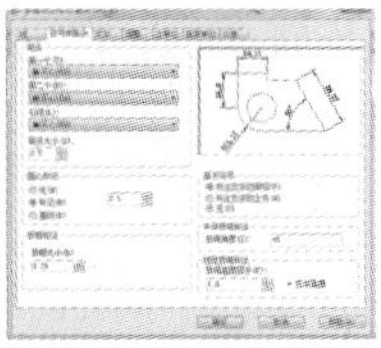
◎ 符号和箭头

◎ 设置引线

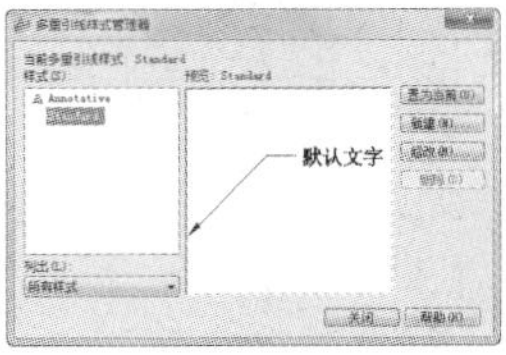

◎ 多重引线标注

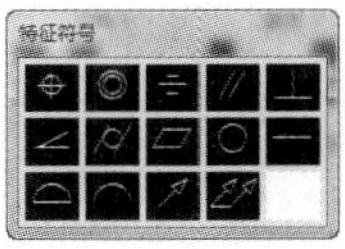

◎ 标注特征符号

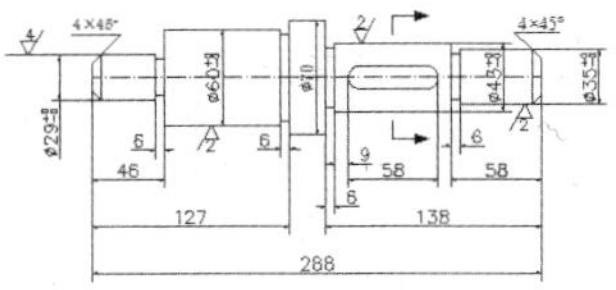

◎ 标注轴

10.1 尺寸标注概述

在AutoCAD中，尺寸标注是用户经常用到的功能，本节我们将向您介绍有关尺寸标注的基本概念、尺寸标注的组成以及创建尺寸标注的步骤，为以后创建尺寸标注打下基础。

10.1.1 概述

尺寸标注一般要求对标注对象进行完整、准确、清晰的标注，标注对象以图形上标注的尺寸数值为依据来反映其真实大小，因此在进行标注尺寸时，不能遗漏尺寸，要全方位反映出标注对象的实际情况。国家标准对尺寸标注做了详细的规定，利用AutoCAD绘制图样时应严格按照这些规定执行。

在我国的"工程制图国家标准"中，对尺寸标注的规则做出了一些规定，要求尺寸标注必须遵守以下基本规则。

- 物体的真实大小应以图形上所标注的尺寸数值为依据，与图形的显示大小和绘图的精确度无关。
- 图形中的尺寸以毫米为单位时，不需要标注尺寸单位的代号或名称。如果采用其他单位，则必须注明尺寸单位的代号或名称，如度、厘米、英寸等。
- 图形中所标注的尺寸为图形所表示的物体的最后完工尺寸，如果是中间过程的尺寸（如在涂镀前的尺寸等），则必须另加说明。
- 物体的每一尺寸，一般只标注一次，并应标注在最能清晰反映该结构的视图上。

尺寸标注是向图形中添加测量注释的过程。

系统提供了5种基本的标注类型：线性标注、径向标注、角度标注、坐标标注和弧长标注。这5种标注类型包含了所有的尺寸标注命令。

线性标注可以创建尺寸线水平、垂直和对齐的线性标注。包含线性标注、对齐标注、基线标注、连续标注和倾斜标注等命令。

径向标注包含半径标注、直径标注、折弯标注等命令。

角度标注用来测量两条直线或三个点之间的角度，包含角度标注命令。

坐标标注用来测量原点到测量点的坐标值，包含坐标标注命令。

弧长标注用于测量圆弧或多段线弧线段上的距离，包含弧长标注命令。

10.1.2 尺寸标注的组成

一个完整的尺寸标注由尺寸线、延伸线、尺寸起止符号和尺寸文字等4部分组成，如图10-1所示。尺寸标注的关键数据，其余参数由预先设定的标注形式和标注系统变量来自动提供并完成标注，从而简化了尺寸标注的过程。

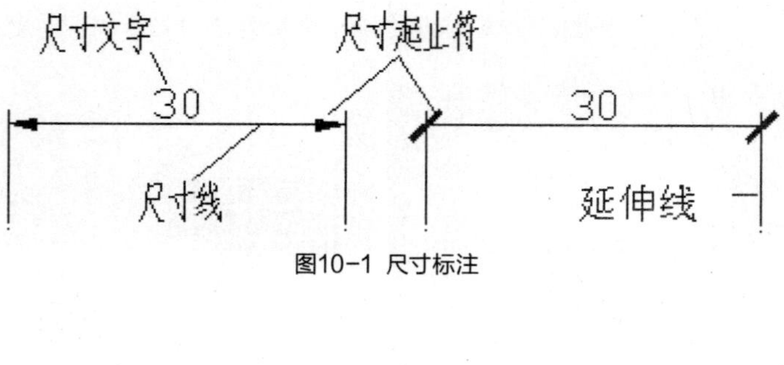

图10-1 尺寸标注

尺寸线是指图形对象尺寸的标注范围，它以延伸线为界，两端带有箭头。尺寸线与被标注的图形平行。尺寸线一般是一条线段，有时也可以是一条圆弧。

延伸线是指从被标注的图形对象到尺寸线之间的直线，也表示尺寸线的起始和终止。

尺寸起止符号位于尺寸线两端，用来表明尺寸线的起止位置，AutoCAD 2012提供了多种多样的终端形式，通常在机械制图中习惯以箭头来表示尺寸终端，而建筑制图中则习惯以短斜线来表示。用户也可以根据自己的需要自行设置终端形式。

尺寸文字是表示被标注图形对象的标注尺寸数值，该数值不一定是延伸线之间的实际距离值，可以对标注文字进行文字替换。尺寸文字既可以放在尺寸线之上，也可以放在尺寸线之间。如果延伸线内放不下尺寸文本时，系统会自动将其放在延伸线外面。

10.1.3 创建尺寸标注的步骤

标注尺寸之前，首先应创建尺寸标注样式，根据制图中尺寸标注的有关规定，对标注样式进行设置，创建适用的尺寸标注样式，再调用相应的标注命令进行图形对象的标注。

尺寸标注的基本步骤如下。

- 执行“格式>图层”命令，在打开的图层特性管理器中建立一个独立的图层，专门用于尺寸标注。
- 执行“格式>文字样式”命令，在打开的“文字样式”选项面板建立一种文字样式，专门用于尺寸文字的文字样式。
- 执行“格式>标注样式”命令，在打开的“标注样式管理器”选项面板，设置标注样式。
- 使用对象捕捉和标注等功能，对图形中的元素进行标注。

工程师点拨：尺寸标注

由于尺寸标注命令可以自动测量所标注图形的尺寸，所以用户绘图时应尽量准确，这样可以减少修改尺寸文本所花费的时间，从而加快绘图速度。

10.1.4 尺寸标注的执行方式

尺寸标注可以通过“标注”菜单、“标注”工具栏和“标注”面板来调用。

“标注”菜单如图10-2所示。

“标注”工具栏如图10-3所示。

“标注”面板如图10-4所示。

图10-3 “标注”工具栏

图10-4 “标注”面板

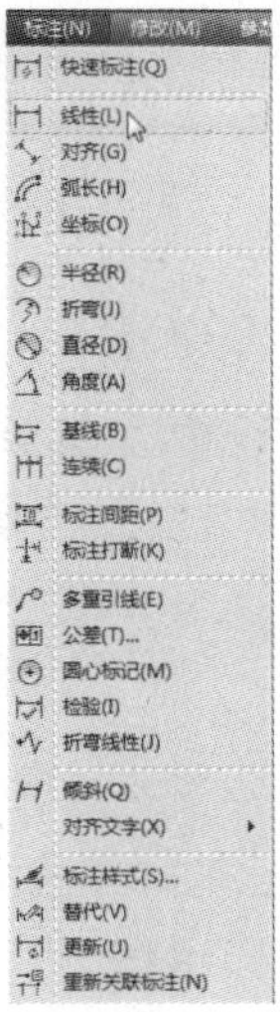

图10-2 “标注”菜单

10.2 尺寸标注样式

尺寸标注包括尺寸线、延伸线、尺寸文本、箭头等内容。不同行业的图样，标注尺寸时对这些内容的要求是不同的。而同一图样，又要求尺寸标注的形式相同、风格一样，这就是我们要讲的尺寸标注样式。用户在具体标注一个几何对象的尺寸时，它的尺寸标注以什么形态出现，取决于当前所采用的尺寸标注样式。在AutoCAD 2012中，可以使用“标注样式”控制标注的格式和外观，即决定尺寸标注的形式，包括尺寸线、延伸线、箭头和中心标记的形式，尺寸文本的位置、特性等。

10.2.1 新建标注样式

用户在标注尺寸之前，第一步要建立标注样式。如果用户不建立标注样式而直接进行标注，系统可使用默认的STANDARD样式。如果用户认为使用的标注样式某些设置不合适。也可以修改标注样式。

通过“标注样式管理器”对话框，可以进行新标注样式的创建，标注样式的参数修改等操作。

新建标注样式执行方式如下。

- 命令行：在命令行中输入DIMSTYLE，按Enter键。
- 工具栏：单击“标注”工具栏中的“标注样式”按钮。
- 菜单栏：执行“格式>标注样式”或“标注>标注样式”命令。

调用标注样式命令后，系统弹出“标注样式管理器”对话框，如图10-5所示。

在该对话框中可以创建新样式、设置当前样式、修改样式、设置当前样式的替代以及比较样式等。用户可以方便直观地定制和浏览尺寸标注样式，还可以根据已经存在的标注样式定义新的标注样式，这样有利于创建一组相关的标注样式。对于已经存在的标注样式，用户可以为其创建一个子样式，子样式的设置仅限于特定类型的尺寸标注。

单击“置为当前”按钮可以将在“样式”对话框中选定的标注样式设置为当前标注样式，当前样式将应用于所创建的标注。

单击“新建”按钮，弹出“创建新标注样式”对话框，如图10-6所示，从中可以定义新的标注样式。

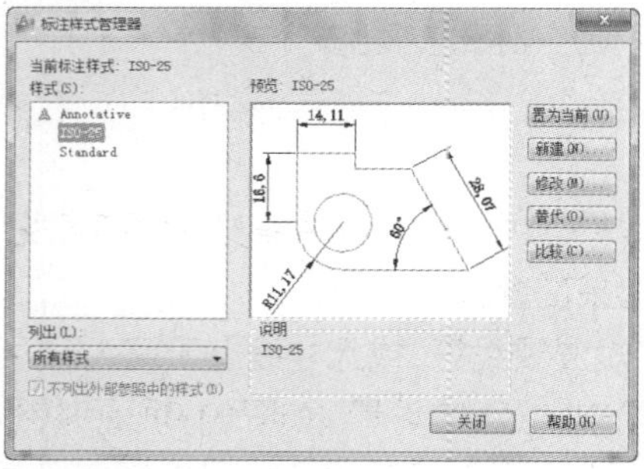

图10-5 “标注样式管理器”对话框

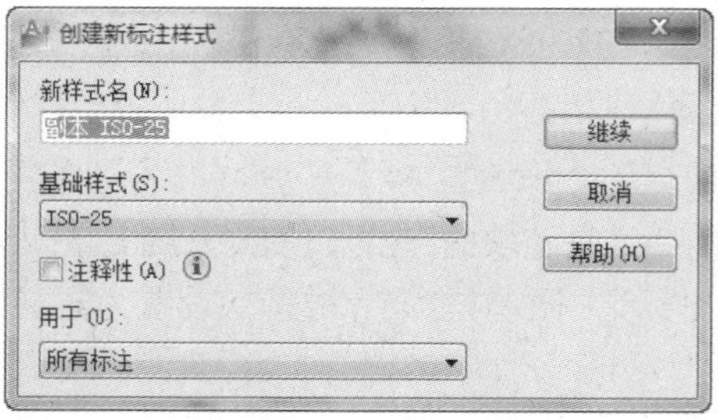

图10-6 “创建新标注样式”对话框

在该对话框中可以命名新标注样式、设置新标注样式的基础样式和指示要应用新样式的标注类型。

“基础样式”下拉列表框用来选取创建新样式所基于的标注样式。单击右侧下拉箭头，出现样式列表，选取一个作为定义新样式的基础样式，新的样式是在这个样式的基础上修改一些特性得到的。

“用于”下拉列表框用来指定新样式应用的尺寸类型。单击右侧的向下按钮则出现尺寸类型列表。如果新建样式应用于所有尺寸，则选“所有标注”选项；如果新建样式只应用于特定的尺寸标注（如只在标注直径时使用此样式），则选取相应的尺寸类型。

单击“继续”按钮，弹出“新建标注样式”对话框，如图10-7所示。在该对话框中可以定义新的标注样式特性。

单击“修改”按钮，用于修改已存在的标注样式。系统弹出“修改标注样式”对话框，此对话框与“新建标注样式”对话框中的各选项完全相同，用户可以在此修改已有的标注样式。

单击“替代”按钮，用于创建当前标注样式的替代样式。系统打开“替代当前样式”对话框，该对话框中各选项与“新建标注样式”对话框完全相同，用户可以改变选项的设置来覆盖最初的设置，但这种修改只对指定的尺寸标注起作用，而不影响当前尺寸变量的设置。

单击“比较”按钮，用于比较两个尺寸标注样式在参数上的区别或浏览一个尺寸标注样式的参数设置。系统打开“比较标注样式”对话框，如图10-8所示。用户可以把比较结果复制到剪贴板上，然后再粘贴到其他Windows的应用软件上。

图10-7 “新建标注样式”对话框

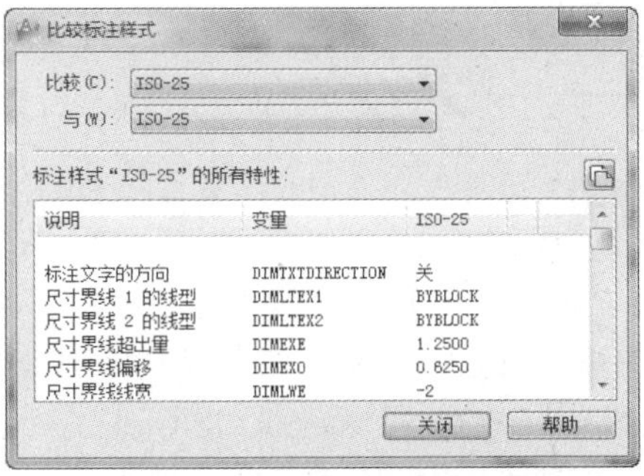

图10-8 “比较标注样式”对话框

10.2.2 线

单击“新建标注样式”对话框中的“线”选项卡，可以设置尺寸线、延伸线的格式和特性。

1. 尺寸线

用于设置尺寸的颜色、线宽、超出标记及基线间距等属性。

各选项具体说明如下。

● “颜色”下拉列表框：用于设置尺寸线的颜色。可直接输入颜色名字，也可从下拉列表中选择。默认情况下，颜色是随块的，也可以使用系统变量DIMCLRD来设置。

● “线型”下拉列表框：用于设置尺寸线的线型，下拉列表中列出了各种线型的名字。该选项没有对应的系统变量。

● “线宽”下拉列表框：用于设置尺寸线的宽度，下拉列表中列出了各种线宽名字和宽度。默认情况下，尺寸线的线宽是随块的，也可以使用系统变量DIMWD来设置。

● “超出标记”微调框：当尺寸箭头设置为短斜线、短波浪线等，或尺寸线上无箭头时，可利用此微调框设置尺寸线超出延伸线的距离，也可以使用系统变量DIMDLE来设置。如图10-9所示的超出标记。

● “基线间距”微调框：用于设置以基线方式标注尺寸时，相邻两尺寸线之间的距离，也可以用系统变量DIMDLI设置，如图10-10所示。

● “隐藏”复选框组：用于确定是否隐藏尺寸线及相应的箭头。勾选“尺寸线1”复选框表示隐藏第一段尺寸线，勾选“尺寸线2”复选框表示隐藏第二段尺寸线，如图10-11所示。相对应的系统变量为DIMSD1和DIMSD2。

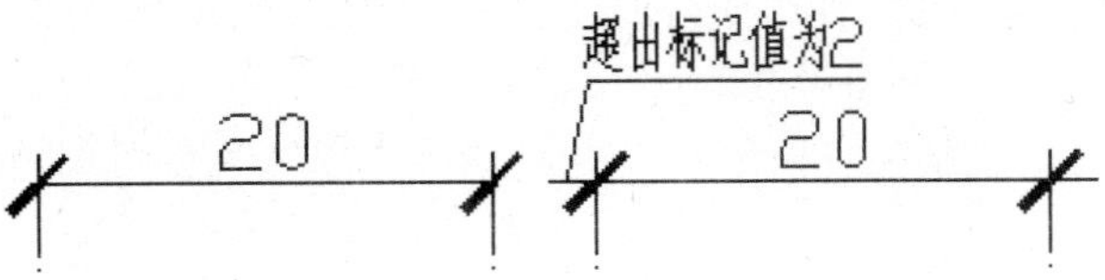

图10-9 超出标记图

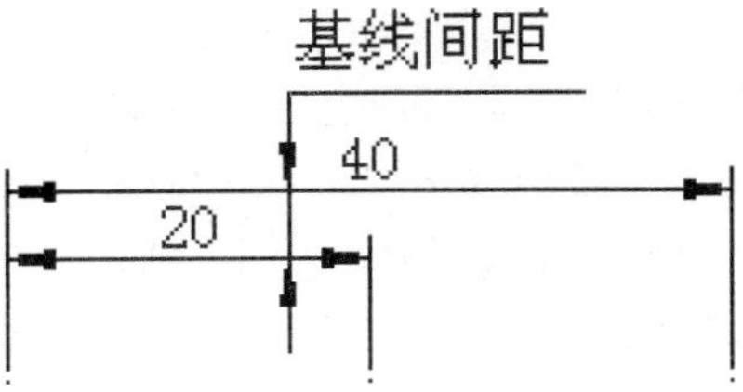

10-10 基线间距

2. 尺寸界线

用于确定延伸线的形式，其中各选项的含义说明如下。

- “颜色”下拉列表框：用于设置延伸线的颜色，也可以使用系统变量DIMCLRE来设置。
- “延伸线1的线型”和“延伸线2的线型”下拉列表框：分别用于设置延伸线1和延伸线2的线型。
- “线宽”下拉列表框：用于设置延伸线的宽度，也可以使用系统变量DIMLWE来设置。
- “超出尺寸线”微调框：用于确定延伸线超出尺寸线的距离，对应的尺寸变量是DIMEXE，如图10-12所示。

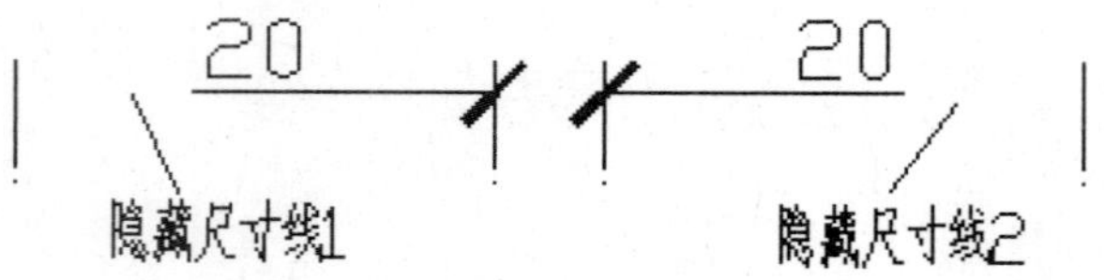

图10-11 隐藏尺寸线

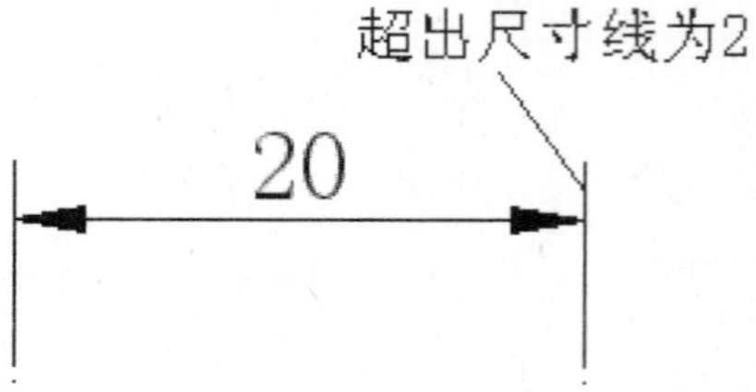

图10-12 超出尺寸线距离设置

- “起点偏移量”微调框：用于确定延伸线的实际起点相对于指定的延伸线的起始点的偏移量，也可以用系统变量DIMEXO设置，如图10-13所示。
- “隐藏”复选框组：用于确定是否隐藏延伸线。勾选“延伸线1”复选框表示隐藏第一段延伸线，勾选“延伸线2”复选框表示隐藏第二段延伸线，如图10-14所示。相对应的系统变量为DIMSE1和DIMSE2。

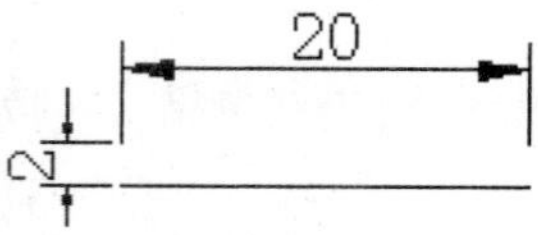

图10-13 起点偏移量设置

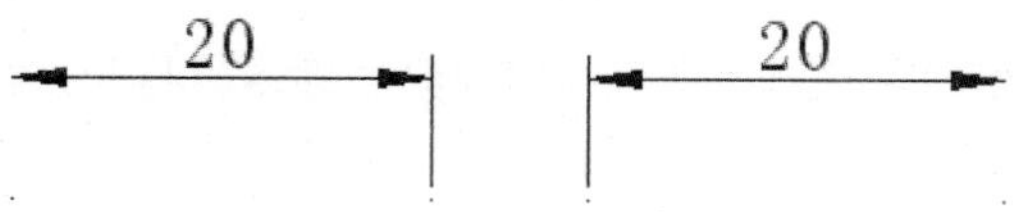

图10-14 隐藏延伸线效果

- “固定长度的尺寸界线”复选框：选中该复选框，系统将以固定长度的延伸线标注尺寸。用户可以在下面的“长度”微调框中输入长度值。
- “长度”微调框：用于确定固定长度的尺寸界线的长度。

3. 尺寸样式显示框

该显示框以样例的形式显示用户设置的尺寸样式。

10.2.3 符号和箭头

单击“新建标注样式”对话框中的“符号和箭头”选项卡，如图10-15所示，用于设置箭头、圆心标记、弧长符号、半径折弯标注和线型折弯标注的形式和特性。

1. 箭头

用来控制标注箭头的外观，系统提供了多种箭头类型，通常情况下，尺寸线的两个箭头应该保持一致，但也可以不同。

各选项具体说明如下。

- “第一个”下拉列表框：用于设置第一个尺寸箭头的形式。可单击右侧的小箭头从下拉列表中选择，其中列出了各种箭头形式的名字，以及各类箭头的形状。用于一旦确定了第一个箭头的类型，第二个箭头则自动与其相匹配，要想第二个箭头取不同的形状，可在“第二个”下拉列表框中设定。第一个箭头名对应的尺寸变量为DIMBLK1。

如果在下拉列表框中选择了“用户箭头”选项，则打开“选择自定义箭头块”对话框，如图10-16所示，用户可以事先把自定义的箭头保存成一个图块，在此输入图块名称即可。

- “第二个”下拉列表框：用于确定第二个尺寸箭头的形式，可以与第一个箭头不同。第二箭头名对应的尺寸变量为DIMBLK2。
- “引线”下拉列表框：用于确定引线的形式，设置与“第一项”设置类似。
- “箭头大小”微调框：用于设置箭头的大小，相应的尺寸变量为DIMASZ。

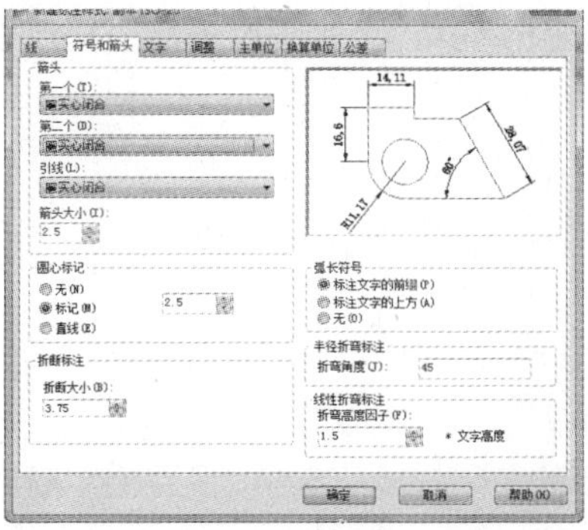

图10-15 “符号和箭头”选项卡

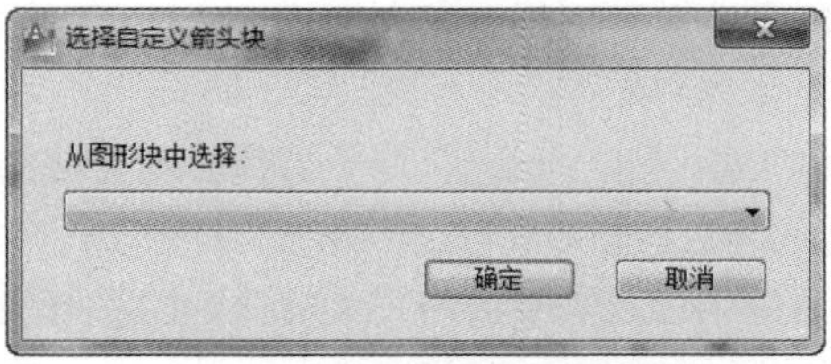

图10-16 “选择自定义箭头块”对话框

2. 圆心标记

用于设置半径标注、直径标注、中心标注中的中心标记和中心线的形式。对应的尺寸变量为DIMCEN。各选项具体说明如下。

- “无”单选按钮：即不产生中心标记也不产生中心线。此时变量DIMCEN的值为0。
- “标记”单选按钮：中心标记为一个记号。系统将标记大小以一个正值存在DIMCEN中。
- “直线”单选按钮：中心标记为直线的形式。系统将中心线的大小以一个负的值存在DIMCEN中。
- 微调框：用于设置中心标记和中心线的大小和粗细。

3. 弧长符号

用于控制弧长标注中圆弧符号的显示。

- “标注文字的前缀”单选按钮：将弧长符号放置在标注文字的前面，如图10-17左所示。
- “标注文字的上方”单选按钮：将弧长符号放置在标注文字的上方，如图10-17中所示。
- “无”单选按钮：不显示弧长符号，如图10-17所示。

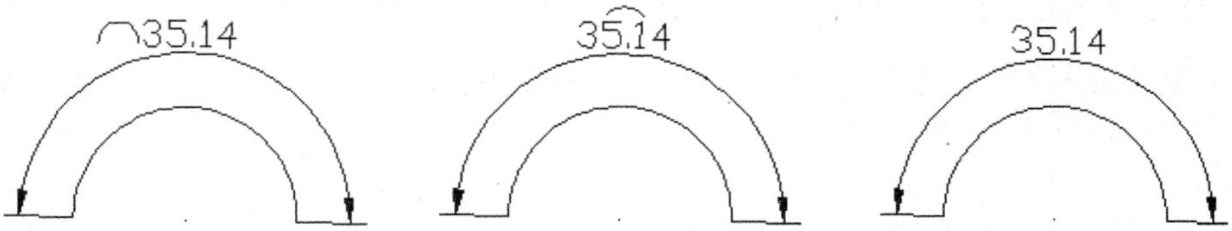

图10-17 弧长符号

4. 半径折弯标注

用于控制半径标注的显示。半径折弯标注通常在中心点位于页面外部时创建。在“折弯角度”文本框中可以输入连接半径标注的尺寸界线和尺寸线的横向直线的角度，如图10-18所示。

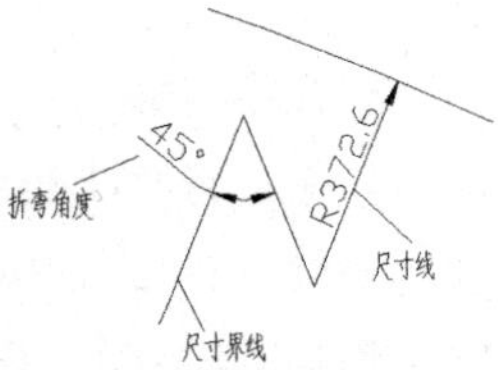

图10-18 折弯角度

5. 线型折弯标注

可以在“折弯高度因子”的“文字高度”微调框里设置折弯高度因子的文字的高度。

6. 折断标注

可以在“折断大小”微调框中设置折断标注的大小。

10.2.4 文字

单击“新建标注样式”对话框中的“文字”选项卡，如图10-19所示，用于设置标注文字的格式、放置和对齐等。

1. 文字外观

用来控制标注文字的格式和大小。

各选项具体说明如下。

● “文字样式”下拉列表框：用于选择当前标注的文字样式。可以选择“文字样式”下拉列表中提供的文字样式，也可以单击右侧按钮，弹出“文字样式”对话框，如图10-20所示。

在该对话框中可以修改当前文字样式，也可以创建新的文字样式。还可以设置文字颜色、文字高度等特性。对应的系统变量为DIMTXSTY。

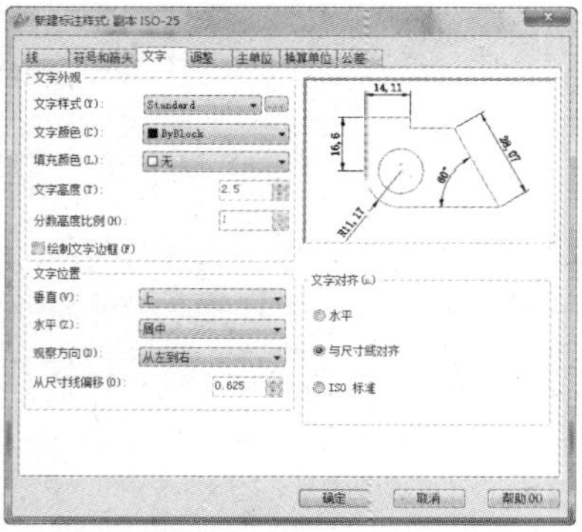

图10-19 “文字”选项卡

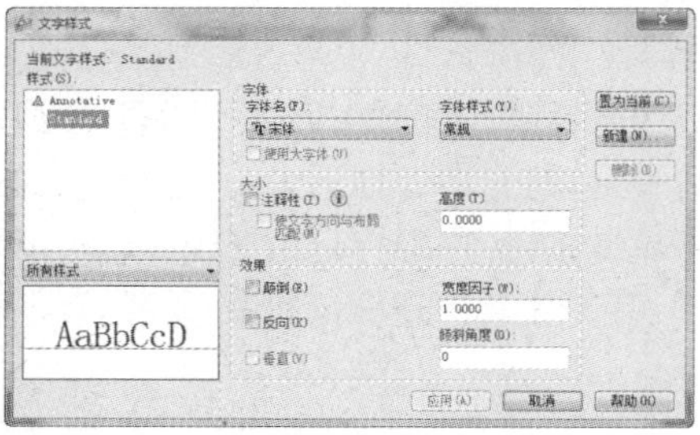

图10-20 “文字样式”对话框

● “文字颜色”下拉列表框：用于设置尺寸文字的颜色。对应的系统变量为DIMCLRT。

● “填充颜色”下拉列表框：用于设置尺寸文本的背景颜色。

● “文字高度”微调框：用于设置尺寸文字的高度，对应的系统变量为DIMTXT。需注意的是，如果选用的文字样式中已经设置了文字的高度，则在此处的设置是无效的；如果文字样式中设置的文字高度为0，则以此处的设置为准。

● “分数高度比例”微调框：用于确定标注文字中的分数相对于其他标注文字的比例，系统将此比例值与标注文字高度的乘积作为分数高度。

● “绘制文字边框”复选框：用于给标注文字周围加边框，如图10-21所示。

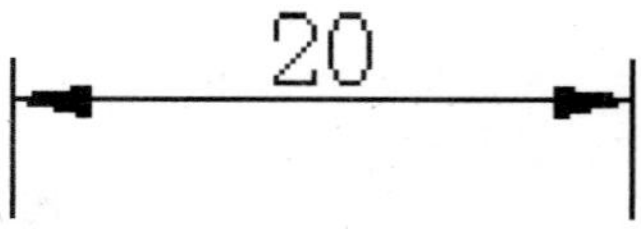

图10-21 文字加边框

2. 文字位置

用于设置文字的垂直、水平位置及距离尺寸线的偏移量。

各选项的含义说明如下。

● “垂直”下拉列表框：用于确定尺寸文本相对于尺寸线在垂直方向上的对齐方式，对应的尺寸变量为IMTAD。其中的选项包括“居中”、“上”、“下”“外部”和“JIS”。“居中”表示将尺寸文本放置在尺寸线的中间；“上”表示将尺寸文本放置在尺寸线的上方；“外部”表示将尺寸文本放置在远离第一条尺寸界线起点的位置，即和所标注的对象分列于尺寸线的两侧；“JIS”表示使尺寸文本的放置位置符合JIS（日本工业标准）规则，设置效果分别如图10-22所示。

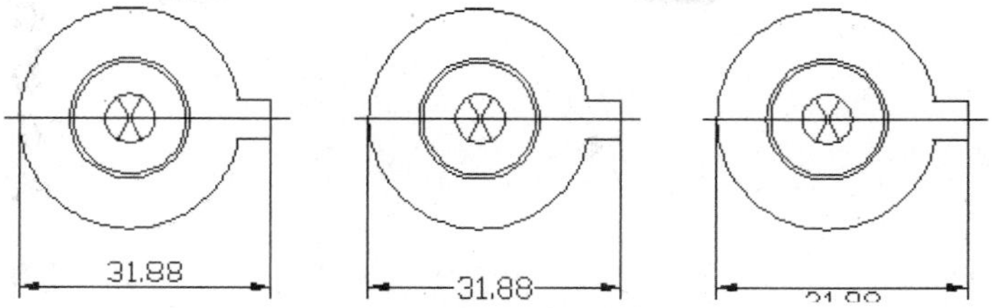

图10-22 文字垂直位置

● “水平”下拉列表框：用于设置标注文字相对于尺寸线和尺寸界线在水平方向的位置，包括“居中”、“第一条尺寸界线”、“第二条尺寸界线”、“第一条尺寸界线上方”和“第二条尺寸界线上方”五个选项，对应的系统变量为DIMJUST，对应值分别为0、1、2、3、4。设置效果如图10-23所示。

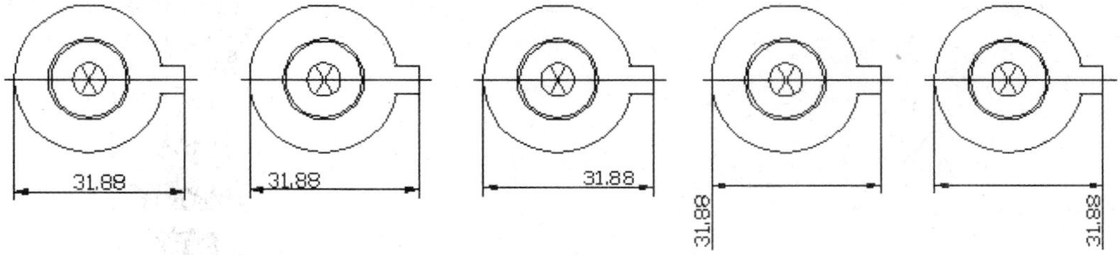

图10-23 文字水平位置

● “观察方向”下拉列表框：用于观察文字的位置的方向的选定。

● “从尺寸线偏移”微调框：用于设置标注文字于尺寸线之间的距离。若裱糊文字位于尺寸线的中间，就表示断开处尺寸线端点与尺寸文字的间距。如果尺寸文字带有边框，则可以控制文字边框与其中文字的距离。

3. 文字对齐

用来控制标注文字放在尺寸界线外边或里边时的方向是保持水平还是与尺寸界线平行，如图10-24所示。

各选项具体说明如下。

● “水平”单选按钮：设置标注文字为水平放置。

● “与尺寸线对齐”单选按钮：设置标注文字方向与尺寸方向一致。

● “ISO”标准单选按钮：设置标注文字按ISO标准放置。即当标注文字在尺寸界线之内时，它的方向与尺寸方向一致，而在尺寸界线之外时将水平放置。

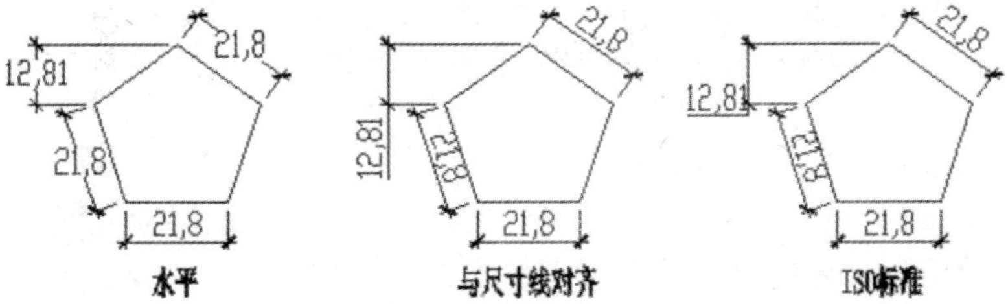

图10-24 文字对齐方式

10.2.5 调整

单击"新建标注样式"对话框中的"调整"选项卡，如图10-25所示，可以设置控制标注文字、箭头、引线和尺寸线的放置。

1. 调整选项

当尺寸界线之间没有足够的空间同时放置标注文字和箭头时，可以通过"调整选项"区域中的各选项来设置如何从尺寸界线之间一簇和文字或箭头。

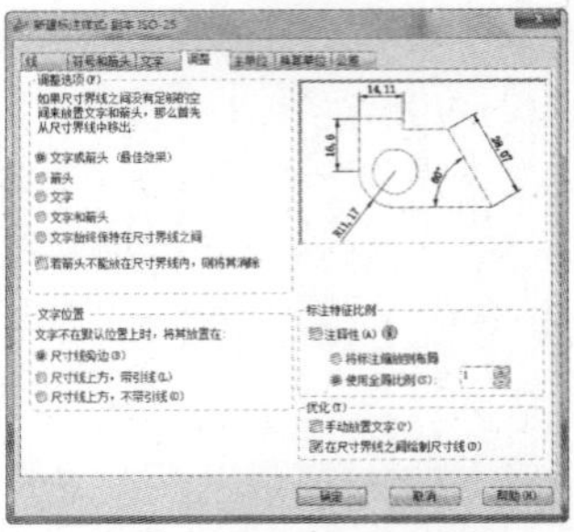
图10-25 "调整"选项卡

各选项具体说明如下。

- "文字或箭头（取最佳效果）"单选按钮：选择此单选按钮，系统按最佳效果自动移除文本或箭头，即如果空间允许，把尺寸文本和箭头都放在两尺寸界线之间；如果两尺寸界线之间只够放置尺寸文本，则把文本放在尺寸界线之间，而把箭头放在尺寸界线的外边；如果只够放置箭头，则把箭头放在里边，把文本放在外边；如果两尺寸界线之间既放不下文本，也放不下箭头，则把二者均放在外边。
- "箭头"单选按钮：选择此单选按钮，则首先将箭头移出，即如果空间允许，把尺寸文本和箭头都放在两尺寸界线之间；如果空间只够放置箭头，则把箭头放在尺寸界线之间，把文本放在外边；如果尺寸界线之间的空间放不下箭头，则把箭头和文本均放在外面。
- "文字"单选按钮：选择此单选按钮，则首先将文字移出，即如果空间允许，把尺寸文本和箭头都放在两尺寸界线之间；否则把文本放在尺寸界线之间，把箭头放在外面；如果尺寸界线之间的空间放不下尺寸文本，则把文本和箭头都放在外面。
- "文字和箭头"单选按钮：选中此单选按钮，可将文字和箭头都移出，即如果空间允许的话，把尺寸文本和箭头都放在两尺寸界线之间；否则把文本和箭头都放在尺寸界线外面。
- "文字始终保持在尺寸界线之间"单选按钮：选中此单选按钮，可将文字始终保持在尺寸界线之内，对应的系统变量为DIMTIX。
- "若不能放在尺寸界线内，则将其消除"复选框：勾选此复选框，如果尺寸接线之间的空间不足以容纳箭头，则不显示标注箭头，相对应的系统变量为DIMSOXD。

2. 文字位置

当文字不在默认位置上时，可以在这里选择尺寸文字的放置位置，包括三个单选项"尺寸线旁边"、"尺寸线上方，带引线"和"尺寸线上方，不带引线"。

3. 标注特征比例

在这个选项区可以设置标注尺寸的特征比例，以便通过设置全局比例因子来增加或减少标注的大小，如图10-26所示。

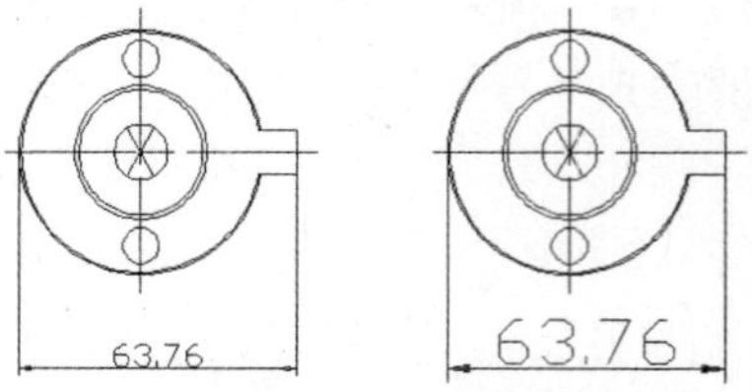

图10-26 使用全局比例控制标注尺寸

各选项具体说明如下。

- "注释性"复选框：是否将标注特征比例设置为注释性的。
- "将标注缩放到布局"单选按钮：用户可根据当前模型空间视口和图纸空间之间的比例确定比例因子。当在图纸空间而不是模型空间视口工作时。或者当TILEMODE被设置成1时，将使用默认的比例因子，即1.0。
- "使用全局比例"单选按钮：对所有的标注样式进行缩放比例，该比例并不改变尺寸的测量值。用户可在其后的微调框里输入缩放因子。例如，图形打印比例为1:100，则全局比例因子可设为100，若文字高度设置为2.5，全局比例因子为100，则绘图区内显示的高度为250，即将尺寸标注放大100倍。

4. 优化

在这个选项组中可以对文本的尺寸线进行细微调整。

各选项具体说明如下。

- "手动放置文字"复选框：勾选中此复选框，标注尺寸时由用户确定尺寸文本的放置位置，忽略前面的对齐设置。
- "在尺寸界线之间绘制尺寸线"复选框：勾选此复选框，不论尺寸文本在尺寸界线内部还是外面，在两尺寸界线之间均可绘出一尺寸线；否则当尺寸界线内放不下尺寸文本而将其放在外面时，尺寸界线之间无尺寸线。对应的系统变量为DIMTOFL。

10.2.6 主单位

单击"新建标注样式"对话框中的"主单位"选项卡，如图10-27所示，可以设置主标注单位的格式和精度，并设置标注文字的前缀和后缀。

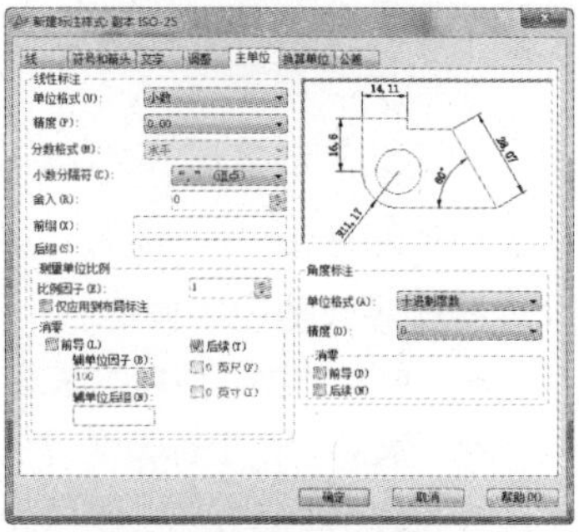

图10-27 "主单位"选项卡

1. 线性标注

用来设置线性标注的格式和精度。

各选项具体说明如下。

- "单位格式"下拉列表框：用于设置除角度标注之外，其余各种标注类型的尺寸单位，其中包括"科学"、"小数"、"工程"、"建筑"、"分数"和"Windows 桌面"6 种单位制，用户可根据自己需要进行选择。对应的系统变量为 DIMLUNIT。
- "精度"下拉列表框：用于设置除角度标注之外的其他标注的尺寸精度，对应的系统变量为DIMDEC。
- "分数格式"下拉列表框：用于设置分数的形式，其中包括"水平"、"对角"和"非重叠"三种形式。对应的系统变量为DIMFRAC。
- "小数分隔符"下拉列表框：用于设置十进制单位的分隔符，其中包括"句点"、"逗点"和"空格"三种形式。对应的系统变量为DIMDSEP。
- "舍入"微调框：用于设置除角度标注之外的尺寸测量值的舍入值。对应的系统变量为DIMRND。
- "前缀"文本框：用于设置标注文字的前缀。用户可输入文本，也可以用控制符产生特殊字符。这些文本会被加在所有尺寸之前。对应的系统变量为DIMPOST。
- "后缀"文本框：用于设置标注文字的后缀。

2. 测量单位比例

用于确定系统自动测量尺寸中的比例因子。其中"比例因子"微调框用来设置除角度之外所有尺寸测量的比例因子。如果勾选"仅应用到布局标注"复选项，则设置的比例因子只适用于布局标注。例如设置"比例因子"为 0.5，若标注对象实际尺寸为 100，则尺寸标注的显示尺寸为 50。

3 角度标注

用户可以使用"单位格式"下拉列表框来设置标注角度时采用的角度单位。使用"精度"下拉列表框来设置标注角度的尺寸精度。

各选项具体说明如下。

- "单位格式"下拉列表框：用于设置角度单位，其中包括"十进制度数"、"度/分/秒"、"百分度"和"弧度"4种形式。对应的系统变量为DIMAUNIT。
- "精度"下拉列表框：用于设置较粗尺寸标注的精度。

4. 消零

用于具体设置在标注角度中的前导和后续的0是否省略。

- “前导”复选框：用于设置是否省略标注角度中的前导的0。
- “辅单位因子”微调框：用于设置辅助单位因子的大小。
- “辅单位后缀”文本框：用于设置标辅单位的后缀。
- “后续”复选框：用于设置是否省略标注角度中的后续的0。

10.2.7 换算单位

单击“新建标注样式”对话框中的“换算单位”选项卡，如图10-28所示，可以指定标注测量值中换算单位的显示并设置其格式和精度。

通过换算标注单位，可以转换使用不同测量单位制的标注，通常是显示英制标注的等效公制标注，或公制标注的等效英制标注。

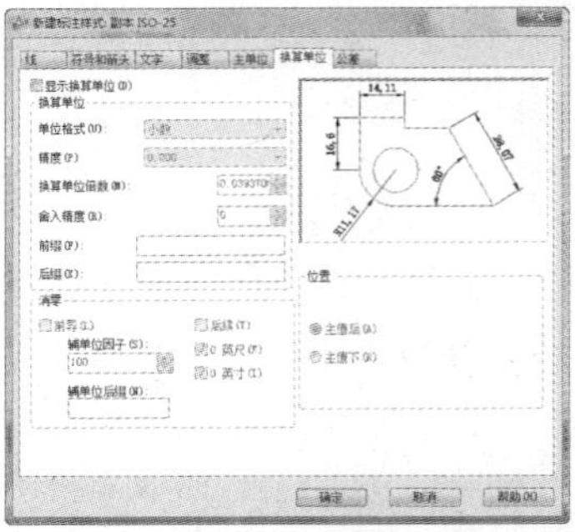

图10-28 “换算单位”选项卡

1. 显示换算单位

勾选该复选框后，对话框中其他的选项才可用。

2. 换算单位

各选项具体说明如下。

- “单位格式”下拉列表框：选取替换单位采用的单位制。
- “精度”下拉列表框：用于设置替换单位的精度。
- “换算单位倍数”微调框：用于指定主单位和替换单位的转换因子，对应的系统变量为DIMALTF。
- “舍入精度”微调框：用于设定替换单位的舍入规则。
- “前缀”文本框：用于设置替换单位文本的固定前缀，对应的系统变量为DIMAPOST。
- “后缀”文本框：用于设置替换单位文本的固定后缀，对应的系统变量为DIMAPOST。

3. 消零

用于设置是否省略尺寸标注中的0，对应的系统变量为DIMALTZ。

4. 位置

用于设置替换单位尺寸标注的位置。

- “主值后”单选按钮：将替换单位尺寸标注放置在主单位标注的后边。
- “主值下”单选按钮：将替换单位尺寸标注放置在主单位标注的下边。

10.2.8 公差

单击“新建标注样式”对话框的“公差”选项卡，如图10-29所示，可以控制标注文字中公差的格式及显示。

1. 公差格式

用于设置公差的标注方式。

各选项具体说明如下。

- “方式”下拉列表框：用于设置以何种形式标注公差。单击右侧的下拉按钮，弹出下拉列表框，提供了5种标注公差的形式，用户可从中选择。这5种形式分别是“无”、“对称”、“极限偏差”、“极限尺寸”和“基本尺寸”，其中“无”表示不标注公差，即我们上面的通常标注情形。
- “精度”下拉列表框：用于确定公差标注的精度，对应的系统变量为DIMTDEC。

- “上偏差”微调框：用于设置尺寸的上偏差，对应的系统变量为DIMTP。
- “下偏差”微调框：用于设置尺寸的下偏差，对应的系统变量为DIMTM。

工程师点拨：关于偏差值的问题

系统自动在上偏差数值前加“+”号，在下偏差数值前加“-”号。如果上偏差是负值或下偏差是正值，都需要在输入的偏差值前加负号。比如下偏差是+0.003，就需要在“下偏差”微调框中输入-0.003。

- “高度比例”微调框：用于设置公差文本的高度比例，即公差文本的高度与一般尺寸文本的高度之比，对应的系统变量为DIMTFAC。
- “垂直位置”：下拉列表框：用于控制“对称”和“极限偏差”形式的公差标注的文本对齐方式。“上”表示公差文本的顶部与一般尺寸文本的顶部对齐。“中”表示公差文本的中线与一般尺寸文本的中线对齐。“下”表示公差文本的底线与一般尺寸文本的底线对齐。
- “公差对齐”选项组：可以设置对齐小数分隔符和对齐运算符。
- “消零”选项组：用于设置是否省略公差标注中的0，对应的系统变量为DIMTZIN。

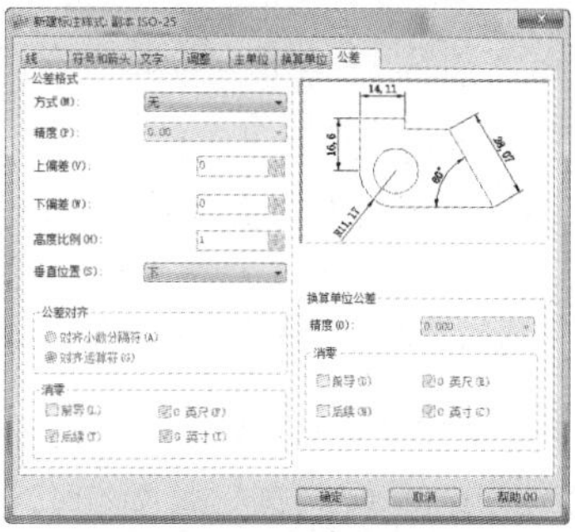

图10-29 “公差”选项卡

2. 换算单位公差

用于对齐形位公差标注的替换单位进行设置，各项设置方法与上面类似。

10.3 基本尺寸标注

下面分别介绍基本的尺寸标注命令。

10.3.1 线性标注

线性标注用于标注图形对象的线性距离或长度，包括水平标注、垂直标注和旋转标注三种类型。

水平标注用于标注对象上的两点在水平方向上的距离，尺寸线沿水平方向放置；垂直标注用于标注对象上的两点在垂直方向的距离，尺寸线沿垂直方向放置；旋转标注用于标注对象上的两点在指定方向上的距离，尺寸线沿旋转角度方向放置。

线型标注执行方式如下。

- 命令行：在命令行中输入DIMLINEAR，按Enter键。
- 工具栏：单击“标注”工具栏中的“线性”按钮。
- 菜单栏：执行“标注>线性”命令。

调用线性标注命令，可创建用于标注用户坐标系XY平面中的两个点之间的距离测量值，并通过指定点或选择一个对象来实现。

命令行提示如下。

```
命令：_dimlinear
指定第一个尺寸界线原点或 <选择对象>:
指定第二个尺寸界线原点：
指定尺寸线位置或
[多行文字(M)/文字(T)/角度(A)/水平(H)/垂直(V)/旋转(R)]:
```

各选项具体说明如下。

- "指定第一个尺寸界线原点"：指定第一条与第二条延伸线的起始点。
- "选择对象"：光标变为拾取框，且命令行提示："选择标注对象："，选择对象后，命令行提示："指定尺寸线位置或[多行文字 (M) /文字 (T) /角度 (A) /水平 (H) /垂直 (V) /旋转 (R)]:"，指定位置，标注完成。
- "指定尺寸线位置"：用于确定尺寸线的位置。用户可以移动鼠标选择合适的尺寸线位置，按Enter键或者单击鼠标左键确定即可。
- "多行文字"：可以编辑标注文字，弹出"多行文字编辑器"对话框，编辑或替换生成的测量值，输入新文字，单击"确定"按钮，完成修改。例如，实际长度为50的测量值，通过"多行文字"选项修改为100，如图10-30所示。

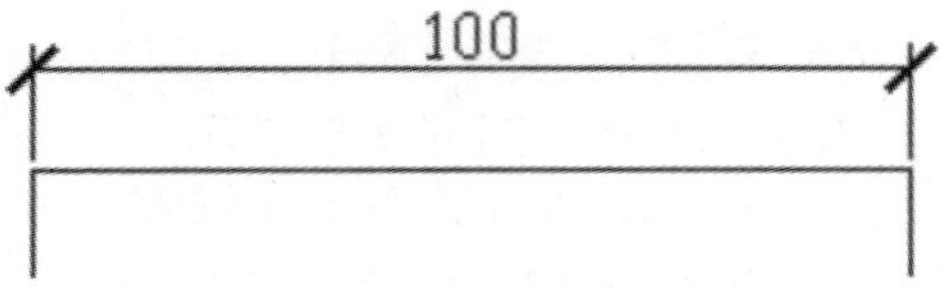

图10-30 多行文字

- "文字"：以单行文字的形式输入标注文字，选择该项后，系统提示："输入标注文字 <默认值>："，其中默认值是系统自动测量得到的被标注线段的长度，直接按Enter键即可采用此长度值，用户也可以输入其他的值代替默认值。当尺寸文本包含默认值时，可以使用尖括号表示默认。
- "角度"：用于设置尺寸文本的倾斜角度。例如，将标注文字倾斜30°或90°，如图10-31所示。

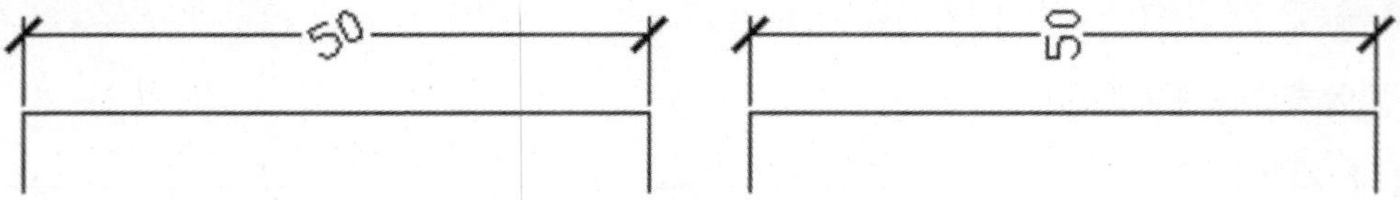

图10-31 设置角度

- "水平"：用来创建水平线性标注。
- "垂直"：用来创建垂直线性标注。
- "旋转"：用来创建旋转线性标注，尺寸线与坐标轴正方向形成一定的倾斜角度。例如，创建一个倾斜角度为10°的线性标注，如图10-32所示。

图10-32 旋转

10.3.2 对齐标注

对齐标注用来创建与指定位置或对象平行的标注。

对齐标注执行方式如下。

- 命令行：在命令行中输入DIMALIGNED，按Enter键。
- 工具栏：单击"标注"工具栏中的"对齐"按钮。
- 菜单栏："标注" > "对齐"命令。

命令行提示如下。

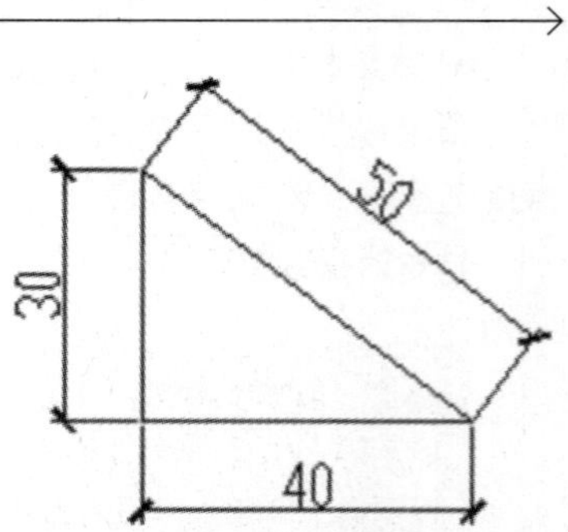

图10-33 对齐标注

```
命令：_dimaligned
指定第一条尺寸界线原点或 <选择对象>:
指定第二条尺寸界线原点：
指定尺寸线位置或
[多行文字(M)/文字(T)/角度(A)/水平(H)/垂直(V)/旋转(R)]:
```

其中，各选项的含义与线性标注中各选项含义相同，不再重复，如图10-33所示，利用对齐标注可以进行线性标注。

10.3.3 弧长标注

弧长标注用于测量圆弧或多段线弧线段上的距离。弧长标注的典型用法包括测量围绕凸轮的距离或表示电缆的长度。为区别它们是线性标注还是角度标注，默认情况下，弧长标注将显示一个圆弧符号。

弧长标注的执行方式如下。

- 命令行：在命令行中输入DIMARC，按Enter键。
- 工具栏：单击“标注”工具栏中的“弧长”按钮 。
- 菜单栏：执行“标注>弧长”命令。

命令行提示如下。

```
命令：_dimarc
选择弧线段或多段线圆弧段：
指定弧长标注位置或[多行文字(M)/文字(T)/角度(A)/部分(P)/引线(L):
```

各选项具体说明如下。

- “多行文字”、“文字”和“角度”的含义与线性标注中各选项含义相同，不再重复。
- “部分”：用于缩短弧长标注的长度。选择后，系统提示：“指定弧长标注的第一个点：”，指定后，接着提示：“指定弧长标注的第二个点：”，指定圆弧上弧长标注的终点即可，如图10-34所示。
- “引线”：用于添加引线对象。引线是按照径向绘制的，指向所标注圆弧的圆心，如图10-35所示。

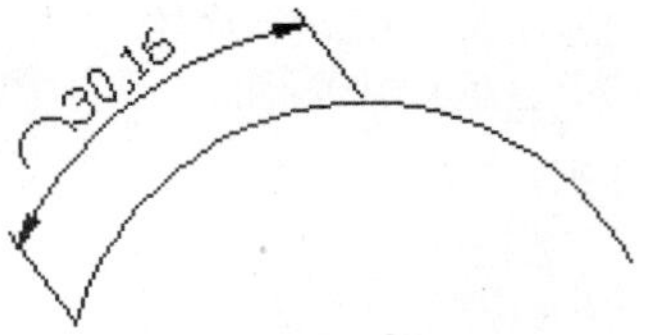

图10-34 部分圆弧标注

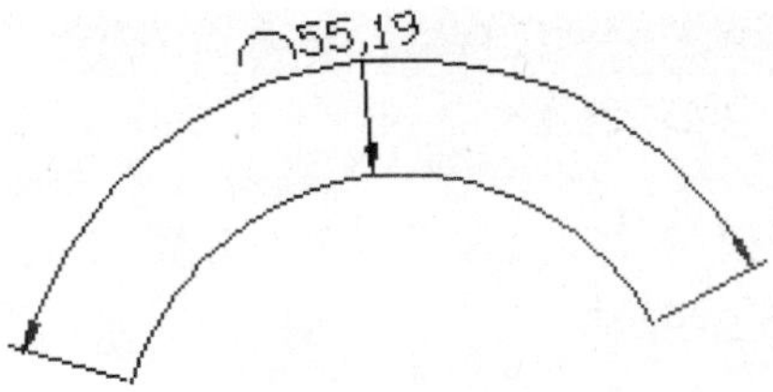

图10-35 引线

10.3.4 坐标标注

应用坐标标注可以标明位置点相对于当前坐标系原点的坐标值，它是由X坐标或Y坐标和引线组成。坐标标注一般在机械绘图中应用比较多。

坐标标注执行方式如下。

- 命令行：在命令行中输入DIMORDINATE，按Enter键。
- 工具栏：单击“标注”工具栏中的“坐标”按钮 。
- 菜单栏：执行“标注>坐标”命令。

命令行提示如下。

```
命令：_dimordinate
指定点坐标：
指定引线端点或 [X 基准 (X)/Y 基准 (Y)/ 多行文字 (M)/ 文字 (T)/ 角度 (A)]:
标注文字 = 1493.45
```

各选项具体说明如下。

● “指定引线端点”：用于确定另一点。可根据这两个点之间的坐标差决定是生成X坐标尺寸还是Y坐标尺寸。如果这两个点之间Y坐标的距离相差较大，就生成X坐标；否则生成Y坐标，如图10-36所示。

● “X基准”：用于生成该点的X坐标。

● “Y基准”：用于生成该点的Y坐标。

● “多行文字”、“文字”和“角度”的含义与线性标注中各选项含义相同，不再重复。

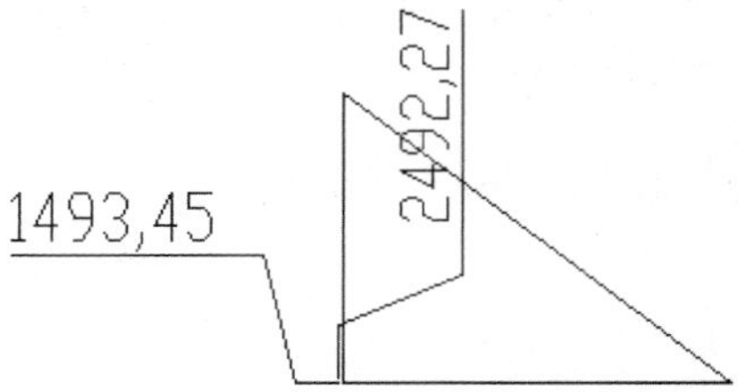

图10-36 坐标标注

10.3.5 半径标注

半径标注就是标注圆或圆弧的半径尺寸，并显示前面带有字母R的标注文字。

半径标注执行方式如下。

● 命令行：在命令行中输入DIMRADIUS，按Enter键。

● 工具栏：单击“标注”工具栏中的“半径”按钮 。

● 菜单栏：执行“标注 >“半径”命令。

● 面板：单击“注释”选项卡“标注”面板中的“半径”按钮 。

调用半径命令后，命令行提示如下。

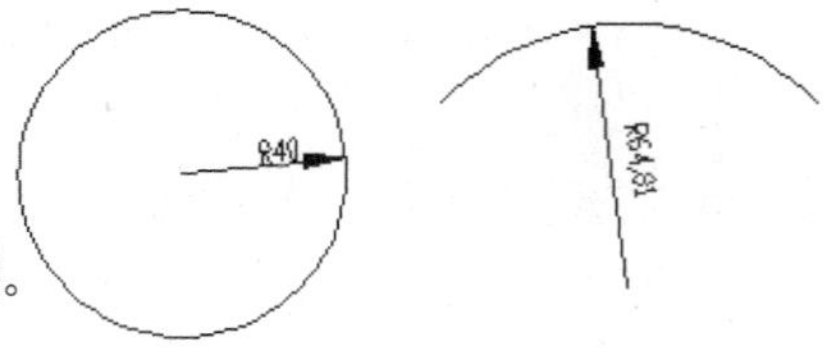

图10-37 半径标注

```
命令：_dimradius
选择圆弧或圆：
标注文字 = 10.68
指定尺寸线位置或 [ 多行文字 (M)/ 文字 (T)/ 角度 (A)]:
```

其中“多行文字”、“文字”和“角度”的含义与线性标注中各选项含义相同，不再重复。

在选择对象时，只能用鼠标选择单个对象，不能使用窗选。坐标标注的箭头形式采用“实心闭合”，半径标注如图10-37所示。

10.3.6 直径标注

直径标注就是标注圆或圆弧的直径尺寸，并显示前面带有直径符号的标注文字。

直径标注执行方式如下。

● 命令行：在命令行中输入DIMDIAMETER，按Enter键。

● 工具栏：单击“标注”工具栏中的“直径”按钮 。

● 菜单栏：执行“标注>直径”命令。

调用半径命令后，命令行提示如下。

```
_dimdiameter
选择圆弧或圆：
标注文字 = 21.36
指定尺寸线位置或 [ 多行文字 (M)/ 文字 (T)/ 角度 (A)]:
```

其中“多行文字”、“文字”和“角度”的含义与线性标注中各选项含义相同，不再重复。两种不同标注样式设置下，圆的直径标注效果，如图10-38所示。

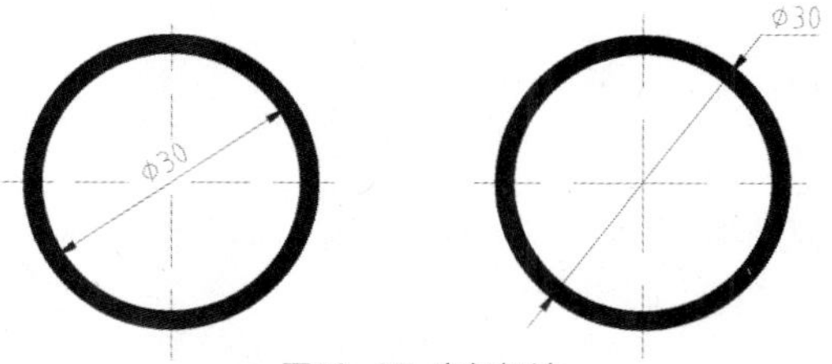

图10-38 直径标注

10.3.7 角度标注

角度标注用于标注两条不平行直线之间的角度、圆和圆弧的角度或三点之间的角度。

角度标注执行方式如下。

- 命令行：在命令行中输入DIMANGULAR，按Enter键。
- 工具栏：单击“标注”工具栏中的“角度”按钮 。
- 菜单栏：执行“标注>角度”命令。
- 面板：单击“注释”选项卡下“标注”面板的“角度”按钮 。

调用角度命令后，命令行提示如下。

```
命令：_dimangular
选择圆弧、圆、直线或 < 指定顶点 >:
指定角的第二个端点：
指定标注弧线位置或 [ 多行文字 (M)/ 文字 (T)/ 角度 (A)/ 象限点 (Q)]:
```

各选项具体说明如下。

- “选择圆弧”：当用户选择一个圆弧后，系统性提示：“指定标注弧线位置或 [多行文字（M）/文字（T）/角度（A）]：”，如果直接确定了弧线的位置，系统按自动测量得到的值标注出相应的角度，如果用户之前选择了“多行文字”、“文字”或“角度”选项。可以设置尺寸文字和它的旋转角度，圆弧标注如图10-39所示。

- “圆”：当用户选择圆时，系统提示：“指定角的第二个端点：”，需要用户确定另一点作为角的第二个端点，这个点可以在圆上，也可以不在圆上，之后系统提示：“指定标注弧线位置或 [多行文字（M）/文字（T）/角度（A）]：”来确定标注弧线的位置，圆标注如图10-40所示。

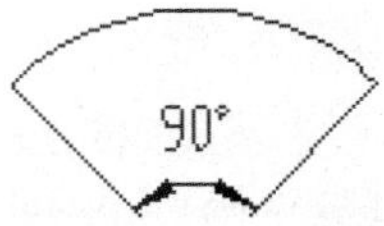

图10-39 标注圆弧角度

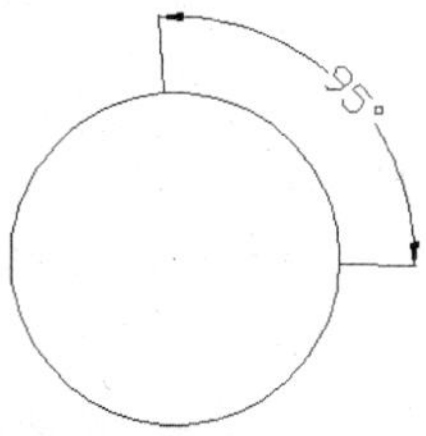

图10-40 标注圆角度

● “直线”：用户必须选取两条直线，之后再确定标注弧线的位置，系统自动标注出这两条直线之间的夹角，如图10-41所示。

● “多行文字”、“文字”和“角度”的含义与线性标注中各选项含义相同，不再重复。

● “指定顶点”：直接按Enter键即为按指定顶点标注，即先确定角的顶点，然后分别指定角的量个端点，最后再确定标注弧线的位置，如图10-42所示。

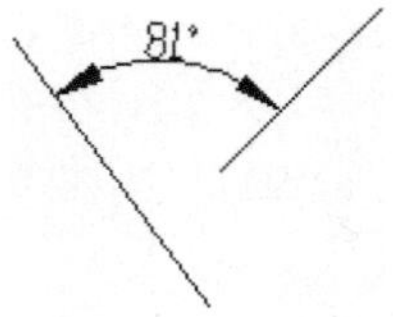

图10-41 标注直线间的角度

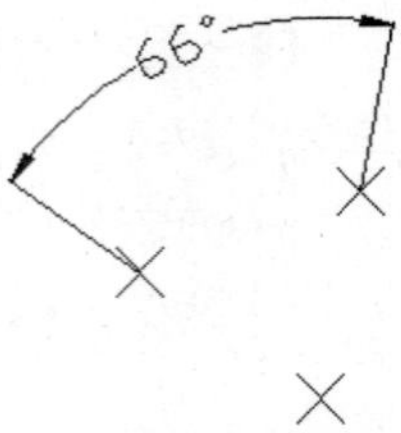

图10-42 指定顶点的角度标注

命令行提示如下。

```
_dimangular
选择圆弧、圆、直线或 < 指定顶点 >:
指定角的第二个端点 :
指定标注弧线位置或 [ 多行文字 (M)/ 文字 (T)/ 角度 (A)/ 象限点 (Q)]:
标注文字 = 90
```

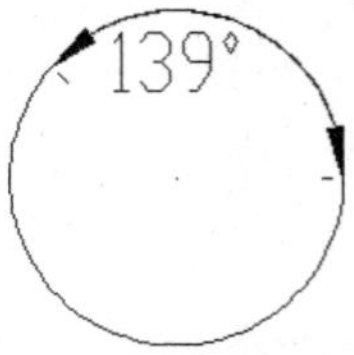

图10-43 象限点

● “象限点”：指定圆或圆弧上的象限点来标注弧长，尺寸线将与圆弧重合，如图10-43所示。

10.3.8 基线标注

基线标注用来从上一个标注或选定标注的基线处创建线性标注、角度标注或坐标标注。在基线标注之前，应首先设置好合适的基线间距，以免尺寸线之间重叠。

基线标注执行方式如下。

● 命令行：在命令行中输入DIMBASELINE，按Enter键。

● 工具栏：单击“标注”工具栏中的“基线”按钮。

● 菜单栏：执行“标注”>“基线”命令。

调用角度命令后，命令行提示如下。

```
_dimbaseline
选择基准标注 :
指定第二条尺寸界线原点或 [ 放弃 (U)/ 选择 (S)] < 选择 >:
标注文字 = 20
指定第二条尺寸界线原点或 [ 放弃 (U)/ 选择 (S)] < 选择 >:
```

各选项具体说明如下。

● “指定第二条尺寸界线”：用来直接确定另一个尺寸的第二条尺寸界线的起点，系统以上次标注的尺寸为基准标注出相应尺寸。

● “选择”：在上述提示下直接按Enter键，系统提示：“选择基准标注：”，用户选取作为基准的尺寸标注。

操作示例

对下列图形进行基线标注，如图10-44所示。操作步骤如下。

Step01 已知1尺寸15已标出，单击“标注”工具栏“基线”按钮。

Step02 命令行提示：“指定第二条尺寸界线原点或 [放弃（U）/选择（S）] <选择>：”，指定P2点，生成尺寸30。

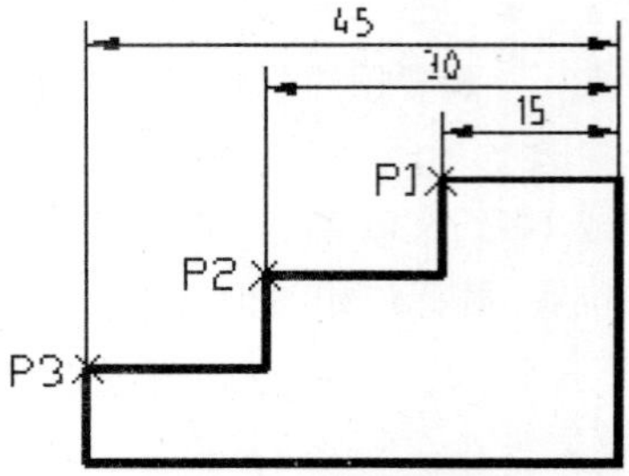

图10-44 基线标注

Step03 命令行提示："指定第二条尺寸界线原点或 [放弃（U）/选择（S）] <选择>："，指定P3点，生成尺寸45。

Step04 命令行提示："指定第二条尺寸界线原点或 [放弃（U）/选择（S）] <选择>："，按Enter键。

10.3.9 连续标注

连续标注创建一系列首尾相连放置的标注，每个连续标注都从前一个标注的第二条尺寸界线处开始。

连续标注执行方式如下。

- 命令行：在命令行中输入DIMCONTINUE，按Enter键。
- 工具栏：单击"标注"工具栏中的"连续"按钮 。
- 菜单栏：执行"标注选项卡连续"命令。
- 面板：单击"注释"选项卡"标注"面板下的"连续"按钮 。

调用角度命令后，命令行提示如下。

```
_dimcontinue
选择连续标注：
指定第二条尺寸界线原点或 [ 放弃 (U)/ 选择 (S)] < 选择 >:
标注文字 = 10
指定第二条尺寸界线原点或 [ 放弃 (U)/ 选择 (S)] < 选择 >:
```

其中各选项与基线标注中的完全相同，请参照基线标注。连续标注如图10-45所示。

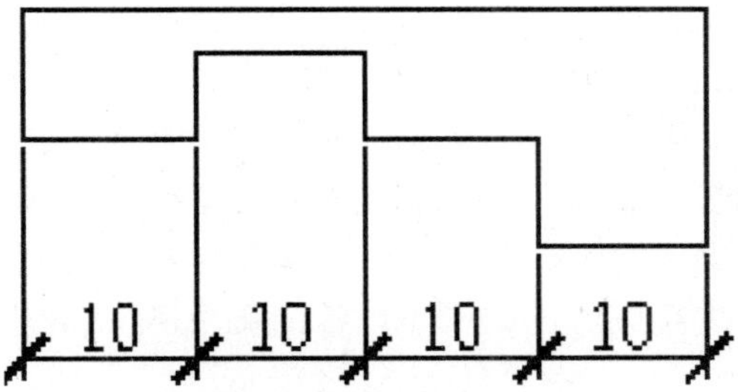

图10-45 连续标注

10.3.10 引线标注

利用引线标注可以创建带有一个或多个引线、多种格式的注释文字及多行旁注和说明等，还可以标注特定的尺寸，如圆角、倒角等。

1. 利用 QLEADER 命令进行引线标注

利用QLEADER命令可以快速生成指引线及注释，并且可以通过命令行优化对话框进行用户自定义，由此消除不必要的命令行提示，达到最高的工作效率。

在命令行输入QLEADER，命令行提示如下。

```
命令：QLEADER
指定第一个引线点或 [ 设置 (S)] < 设置 >:
指定下一点：
指定下一点：
指定文字宽度 <0>:
输入注释文字的第一行 < 多行文字 (M)>:
```

在对图形进行引线标注前，用户可以先对引线格式进行设置。输入s后，弹出“引线设置”对话框，如图10-46所示。

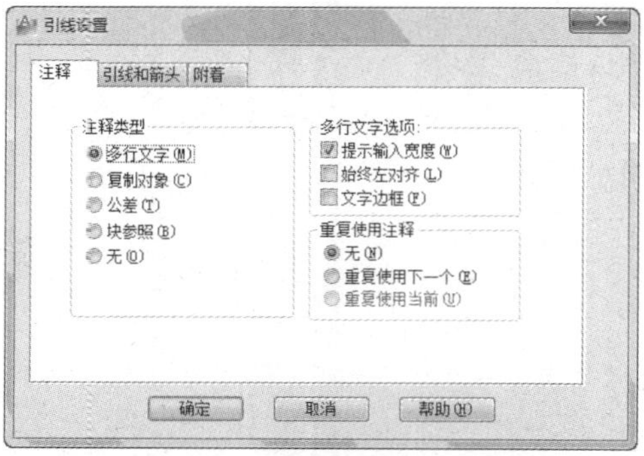

图10-46 “引线设置”对话框

该选项面板有三个选项卡：“注释”、“引线和箭头”和“附着”选项卡。

- “注释”选项卡：设置引线标注中的注释文本的类型、多行文字的格式，并确定注释文本是否多次使用。
- “引线和箭头”选项卡：设置引线和箭头格式。其中“点数”选项组用于设置执行QLEADER命令时系统提示用户输入的点的数目。需注意的是，设置的点数要比用户希望的指引线的段数多1。用户可以利用微调框来进行设置，如果勾选“无限制”复选框，系统会一直提示用户输入点直到连续按两次Enter键为止。“角度约束”选项组设置第一段和第二段指引线的角度约束，如图10-47所示。
- “附着”选项卡：设置引线和多行文本注释的附着位置，如图10-48所示。

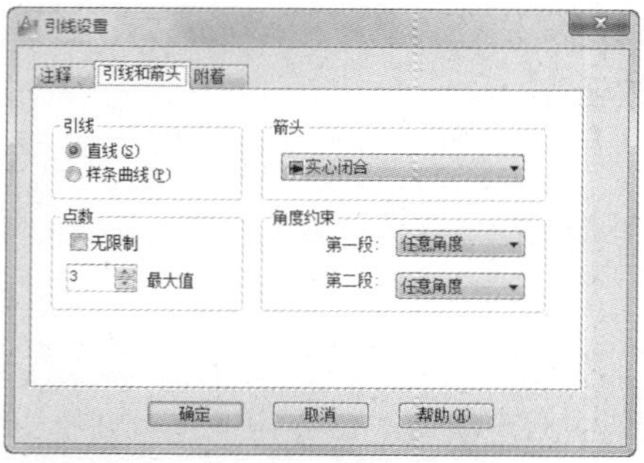

图10-47 “引线和箭头”选项卡

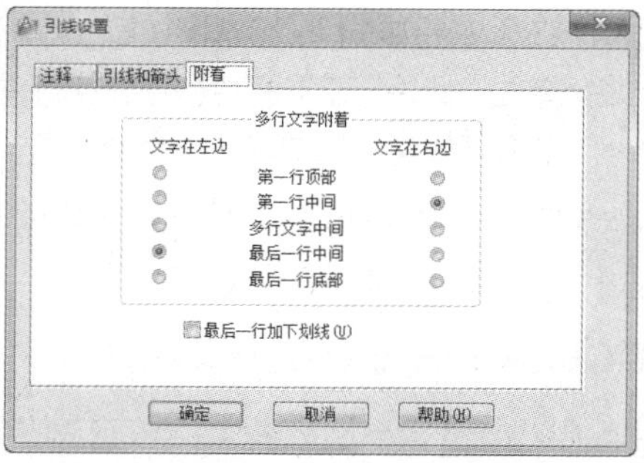

图10-48 “附着”选项卡

设置好引线的各个选项后，分别指点引线的起点和引线的第二点，然后指定标注文本的宽度，通过单行文本或多行文本编辑器对引线进行文本标注。

2. 利用 LEADER 命令进行引线标注

利用LEADER命令可以灵活创建多样的引线标注形式，用户可以根据自己的需要把指引线设置成折线或者曲线；指引线的端部可以有箭头，也可以没有箭头。

```
命令：LEADER
指定引线起点：
指定下一点：
指定下一点或 [ 注释 (A)/ 格式 (F)/ 放弃 (U)] < 注释 >:
指定下一点或 [ 注释 (A)/ 格式 (F)/ 放弃 (U)] < 注释 >:
输入注释文字的第一行或 < 选项 >:
输入注释选项 [ 公差 (T)/ 副本 (C)/ 块 (B)/ 无 (N)/ 多行文字 (M)] < 多行文字 >:
```

在命令行中输入LEADER，命令行提示如下。

各选项具体说明如下。

● "指定下一点"：可直接输入一点，系统会根据前面的点画除折线作为指引线。

● "注释"：输入注释文本，此项为默认项。在上面的提示下直接回车，系统提示："输入注释文字的第一行或 <选项>："，若选择"输入注释文字的第一行"，在此提示下输入第一行文本后按Enter键，用户可以继续输入第二行文本，这样反复执行，直到输入全部注释文本，然后在此提示下直接按Enter键，系统便会在指引线终端标注出所输入的多行文本，并结束LEADER命令；如果直接按Enter键，系统提示："输入注释选项 [公差（T）/副本（C）/块（B）/无（N）/多行文字（M）] <多行文字>："，在此提示下选择一个注释选项或直接按Enter键，即选择"多行文字"选项。

● "格式"：确定指引线的形式。选择此项则系统提示："输入引线格式选项 [样条曲线(S)/直线(ST)/箭头(A)/无(N)] <退出>："

其中"样条曲线"用于将指引线设置为样条曲线。"直线"用于将指引线设置为折线。"箭头"用于在指引线的起始位置画箭头。"无"用于在指引线的起始位置不画箭头。"退出"：选项为默认项，选择该项则退出"格式"选项，返回至"指定下一点或 [注释（A）/格式（F）/放弃（U）]"。

10.3.11 快速标注

快速标注命令可使用户交互地、动态地、自动化地进行尺寸标注。在快速尺寸标注命令中可以同时选择多个圆或圆弧标注直径或半径，也可同时选择多个对象进行基线标注和连续标注，选择一次即可完成多个标注，因此可节省时间，提高工作效率。

快速标注执行方式如下。

● 命令行：在命令行中输入QDIM，按Enter键。

● 工具栏：单击"标注"工具栏中的"快速标注"按钮 。

● 菜单栏：执行"标注>快速标注"命令。

● 面板：单击"注释"选项卡下"标注"面板下的"快速标注"按钮 。

命令行提示如下。

```
命令：_qdim
关联标注优先级 = 端点
选择要标注的几何图形：指定对角点：找到 5 个
选择要标注的几何图形：
指定尺寸线位置或 [连续(C)/并列(S)/基线(B)/坐标(O)/半径(R)/直径(D)/基准点(P)/编辑(E)/设置(T)]
< 半径 >:
```

各选项具体说明如下。

- “连续”：用于产生一系列连续标注的尺寸。选择此项，系统会提示用户选择要进行快速标注的对象，选择后按Enter键，返回到上面的提示，给定尺寸线的位置，即完成尺寸标注。
- “并列”：用于产生一系列交错的尺寸标注。
- “基线”：用于产生一系列基线标注尺寸。
- “基准点”：为基线标注和连续标注指定一个新的基准点。
- “编辑”：用于编辑多个尺寸标注。允许对已存在的尺寸标注添加或移去尺寸点。选择此选项，系统会提示：“指定要删除的标注点或 [添加 (A) /退出 (X)]：”，用户确定要删除的标注点后按Enter键，标注尺寸即可更新。

10.3.12 圆心标记

圆心标记用于给指定的圆弧画出圆心符号，标记圆心，其标记可以为短十字线，也可以是中心线。

圆心标记执行方式如下。

- 命令行：在命令行中输入DIMCENTER，按Enter键。
- 工具栏：单击“标注”工具栏中的“圆心标记”按钮。
- 菜单栏：执行“标注>圆心标记”命令。
- 面板：单击“注释”选项卡“标注”面板中的“圆心标记”按钮。

命令行提示如下。

```
命令：_dimcenter
选择圆弧或圆：
```

圆心标记如图10-49所示。

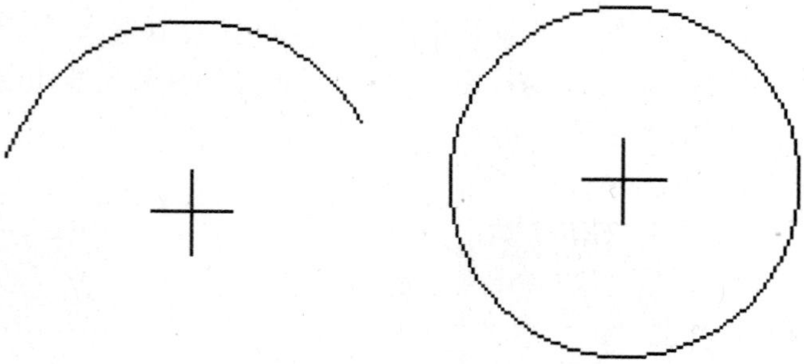

图10-49 圆心标记

10.3.13 多重引线

多重引线是具有多个选项的引线对象。对于多重引线，先放置引线对象的头部、尾部或内容均可，如图10-50所示。

图10-50 多重引线标注

1. 创建多重引线样式

用户可以创建与标注、表格和文字中的样式类似的多重引线样式。还可以将这些样式转换为工具并将其添加到工具选项板，便于快速访问。

多重引线执行方式如下。

- 命令行：在命令行中输入MLEADERSTYLE，按Enter键。
- 工具栏：单击“多重引线”工具栏中的“多重引线样式”按钮。
- 面板：单击“注释”选项卡的“多重引线”面板下的“多重引线样式”按钮，如图10-51所示。

执行命令后，弹出“多重引线样式管理器”对话框，如图10-52所示，可以设置当前多重引线样式，以及创建、修改和删除多重引线样式。

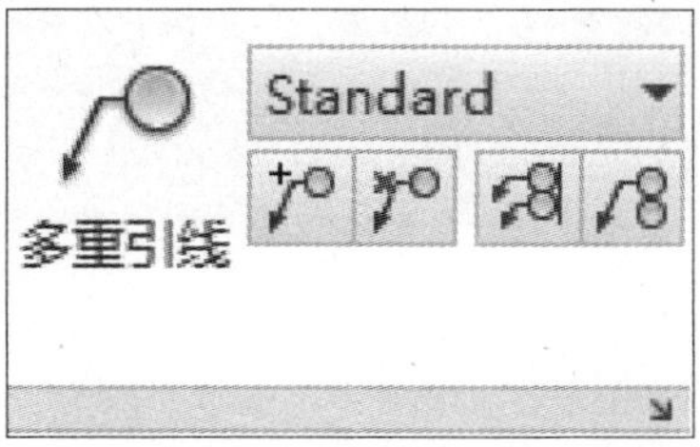

图10-51 多重引线面板

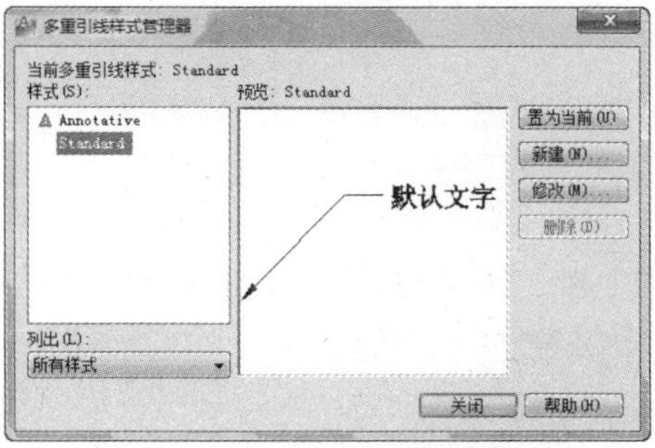

图10-52 “多重引线样式管理器”对话框

单击“新建”按钮，弹出“创建新多重引线样式”对话框，如图10-53所示，可以指定新多重引线样式的名称，并指定新多重引线将基于的现有多重引线样式。

单击“继续”按钮，弹出“修改多重引线样式”对话框，如图10-54所示，在该对话框中可以设置多重引线样式的各个参数。

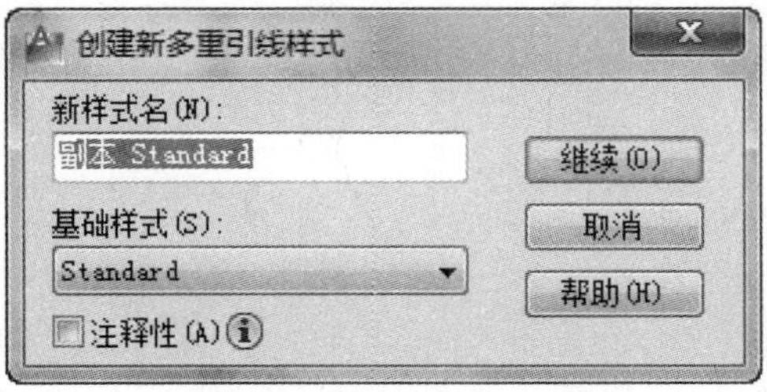

图10-53 “创建新多重引线样式”对话框

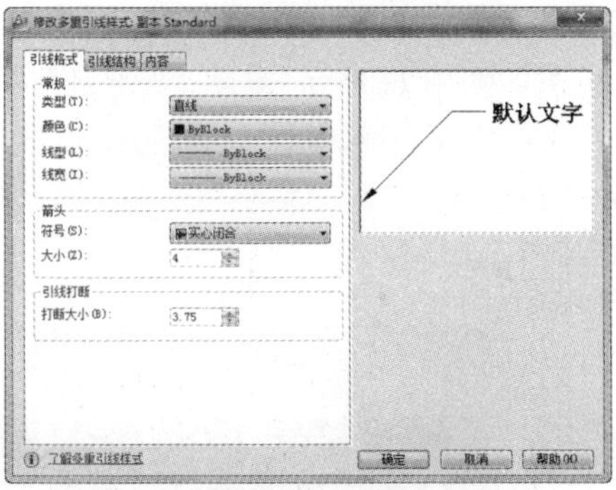

图10-54 “修改多重引线样式”对话框

2. 排列多重引线

用户可以将多条引线附着到同一注解；可以均匀隔开并快速对齐多个注解。用户通过使用MLEADER-COLLECT命令对若干多重引线对象与块内容进行编组，并将其附着到一条引线来组织图形。

3. 对齐多重引线

对齐多重引线对象时，也可以将它们隔开。

通过分布多重引线，也可以根据需要使用不可见的线均匀地隔开多重引线对象。多重引线将沿对齐线的长度均匀分布。通过使多重引线平行，所有选定多重引线的引线都将相互平行放置。

10.3.14 标注形位公差

形位公差表示特征的形状、轮廓、方向、位置和跳动的允许偏差。可以通过特征控制框来添加形位公差，这些框中包含单个标注的所有公差信息。

特征控制框至少由两个组件组成，如图10-55所示。第一个特征控制框包含一个几何特征符号，表示应用公差的几何特征，例如位置、轮廓、形状、方向或跳动。形位公差控制直线度、平面度、圆度和圆柱度；轮廓控制直线和表面。

图10-55 形位公差

标注行位公差执行方式如下。

- 命令行：在命令行中输入TOLERANCE，按Enter键。
- 工具栏：单击“标注”工具栏中“公差”按钮。
- 面板：单击“注释”选项卡“标注”面板的“公差”按钮。

执行命令后，弹出“形位公差”对话框，如图10-56所示，可以指定特征控制框的符号和值。

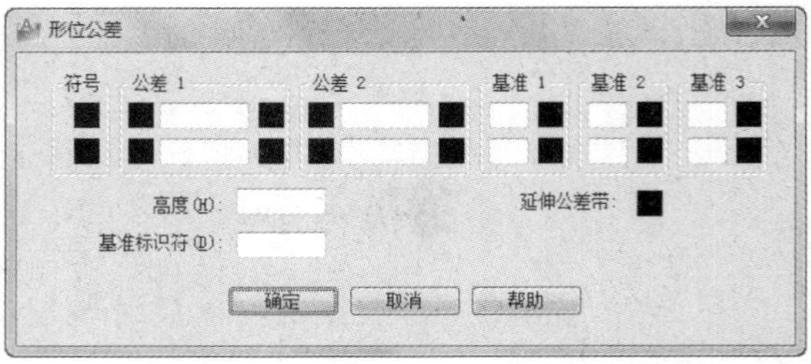

图10-56 “形位公差”对话框

1. 形位公差的符号表示

形位公差的符号包含特征符号和附加符号两类。

特征符号，如图10-57所示，显示了位置、方向、形状、轮廓和跳动的几何特征符号。

第一行的前三个符号是表示位置的几何特征符号，分别表示位置、同轴（同心）度和对称度；第一行的后两个和第二行的第一个是表示方向的几何特征符号，分别表示平行度、垂直度和倾斜度；第二行的后四个是表示形状的几何特征符号，分别表示圆柱度、平面度、圆度和直线度；第三行的前两个是表示轮廓的几何特征符号，分别表示面轮廓度和线轮廓度；第三行的后两个是表示跳动的几何特征符号，分别表示圆跳动和全跳动。

附加符号如图10-58所示，显示了作为几何特征和大小可改变的特征公差值的修饰符。

第一个表示最大包容条件，几何特征包含极限尺寸内的最大包容量。第二个表示最小包容条件，几何特征包含极限尺寸内的最小包容量。第三个表示不考虑特征尺寸，指几何特征可以是极限尺寸内的任何尺寸。

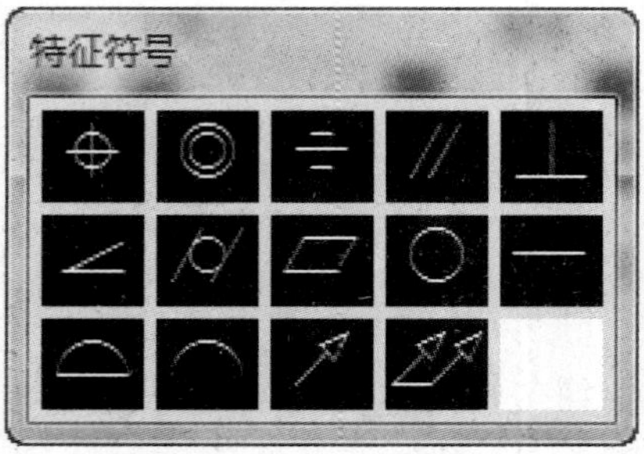

图10-57 “特征符号”对话框

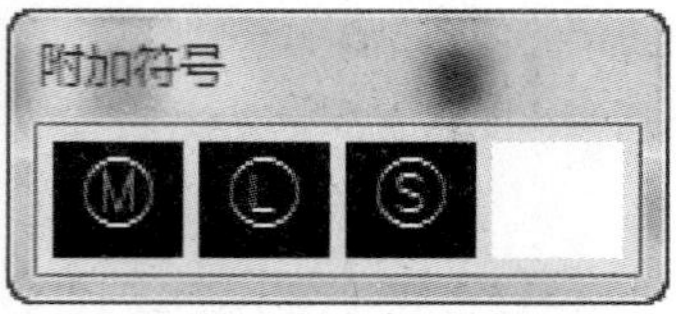

图10-58 “附加符号”对话框

2. 使用对话框标注形位公差

用户可以通过"形位公差"对话框来创建形位公差。

单击"符号"框，弹出"特征符号"对话框，从中选择几何特征符号。

- "公差1"用来创建特征控制框中的第一个公差值。公差值指明了几何特征相对于精确形状的允许偏差量，可在公差值前插入直径符号，在其后插入包容条件符号。单击第一个框可以在公差值前面插入直径符号；在第二个框中输入公差值；单击第三个框，弹出"附加符号"对话框，从中可以选择修饰符号。
- "公差2"用来创建特征控制框中的第二个公差值。
- "基准1"用来创建第一级基准参照。基准参照由值和修饰符号组成，基准是理论上精确的几何参照，用于建立特征的公差带。在第一个框中输入基准参照值，单击第二个框，弹出"附加符号"对话框，从中可以选择修饰符号。
- "基准2"用来创建第二级基准参照。
- "基准3"用来创建第三级基准参照。
- "高度"用来创建特征控制框中的投影公差零值。投影公差带控制固定垂直部分延伸区的高度变化，并以位置公差控制公差精度。"投影公差带"用来在延伸公差带值的后面插入延伸公差带符号，单击框直接插入。
- "基准标识符"用来创建由参照字母组成的基准标识符。基准是理论上精确的几何参照，用于建立其他特征的位置和公差带。点、直线、平面、圆柱或者其他几何图形都能作为基准。

10.4 编辑尺寸标注

编辑尺寸标注不但可以单独地修改图形中现有标注对象的所有部分，也可以使用标注样式修改图形中现有标注对象的所有部分。

尺寸标注的编辑包括对已标注尺寸的标注位置、文字位置、文字内容、标注样式等内容进行修改。

10.4.1 编辑标注

编辑标注用来改变标注对象的文字及尺寸界线等。通过DIMEDIT命令，用户可以修改一个或多个尺寸标注对象上的文字内容、方向、位置以及倾斜尺寸界线。此命令可以同时对多个尺寸标注进行编辑。

编辑标注的执行方式如下。

- 命令行：在命令行中输入DIMEDIT，按Enter键。
- 工具栏：单击"标注"工具栏"编辑标注"按钮。

调用编辑标注命令后，提示："输入标注编辑类型 [默认(H)/新建(N)/旋转(R)/倾斜(O)] <默认>:，"输入H，命令行继续提示："选择对象："，选择一个对象后，命令行接着提示："选择对象："。

各选项具体说明如下。

- "默认"：用于将尺寸文字移动到默认位置。
- "新建"：打开多行文字编辑器，自此可以修改标注文字的内容。
- "旋转"：用于改变尺寸文本行的倾斜角度。尺寸文本的中心不变，而使文本沿给定的角度方向倾斜排列。
- "倾斜"：用于调整长度型尺寸界线的倾斜角度，如图10-59所示。

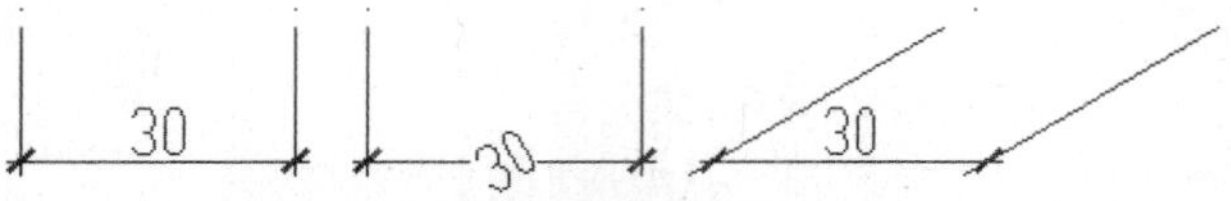

图10-59 编辑标注

10.4.2 编辑标注文本

编辑标注文字用来改变标注文字的位置。DIMTEDIT命令用于移动和旋转标注文字。可以使其位于尺寸线上面左端、右端或中间，也可使文本倾斜一定的角度。

编辑标注文本执行方式如下。

- 命令行：在命令行中输入DIMTEDIT，按Enter键。
- 工具栏：单击“标注”工具栏中的“编辑标注文字”按钮 。

调用编辑标注文字命令后，命令行提示：“选择标注：，为标注文字指定新位置或 [左对齐(L)/右对齐(R)/居中(C)/默认(H)/角度(A)]:”。

各选项具体说明如下。

- “左对齐”：用于更新尺寸文本的位置，使尺寸文本沿尺寸线左对齐，仅适用于线性、半径和直径标注。此时，系统变量DIMSHO为ON。
- “右对齐”：使尺寸文本沿尺寸线右对齐，仅适用于线性、半径和直径标注。
- “居中”：用于将尺寸文本沿尺寸线中间对齐。
- “默认”：用于将文本按默认位置放置。
- “角度”：按指定的角度来放置标注文字，如图10-60所示。

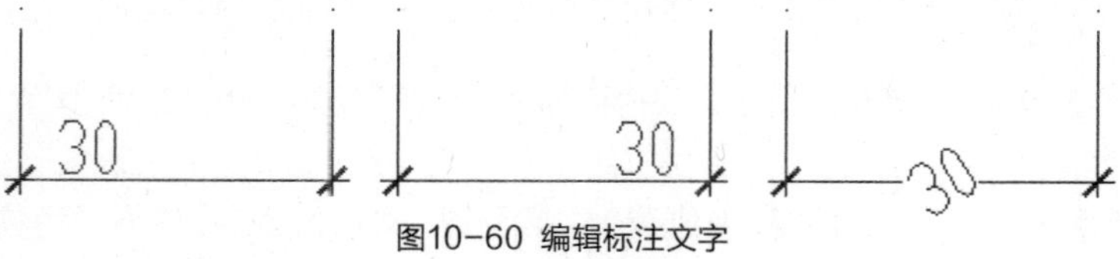

图10-60 编辑标注文字

10.4.3 折断标注

折断标注可以在尺寸线或尺寸界线与几何对象或其他标注相交的位置将其打断，如图10－61所示。虽然不建议采取这种绘图方法，但是在某些情况下是必要的。

打断标注执行方式如下。

- 命令行：在命令行中输入TOLERANCE，按Enter键。
- 工具栏：单击“标注”工具栏中“折断标注”按钮 。
- 菜单栏：执行“标注>标注打断”命令。
- 面板：单击“注释”选项卡“标注”面板下的“折断标注”按钮 。

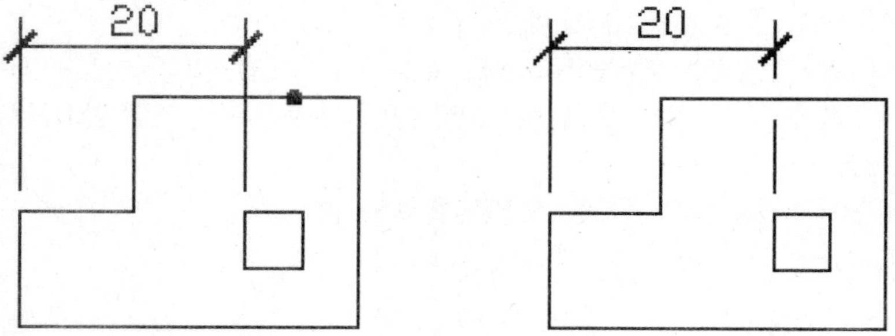

图10-61 折断标注

10.4.4 折弯线性标注

折弯线性标注可以向线性标注添加折弯线，以表示实际测量值与尺寸界线之间的长度不同。如果显示的标注对象小于被标注对象的实际长度，则通常使用折弯尺寸线表示，如图10－62所示。

折弯线性标注执行方式如下。

- 命令行：在命令行中输入DIMJOGLINE，按Enter键。
- 工具栏：单击“标注”工具栏中的“折断线性”按钮。
- 菜单栏：执行“标注>折断线性”命令。
- 面板：单击“注释”选项卡“标注”面板中的“折断线性”按钮。

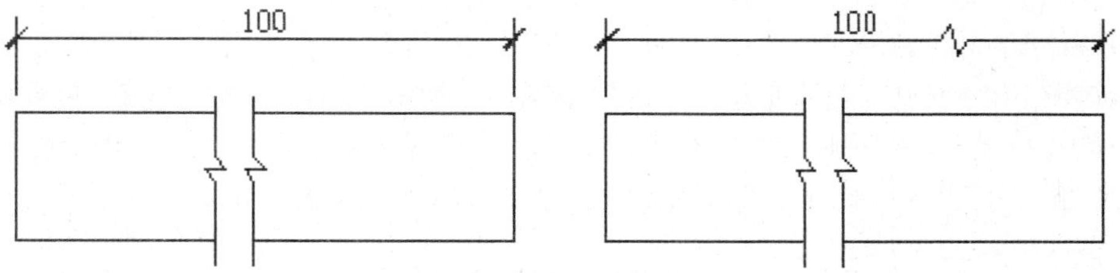

图10－62 折弯线性标注

10.4.5 调整标注间距

调整标注间距可以自动调整图形中现有的平行线性标注和角度标注，以使其间距相等或在尺寸线处相互对齐，如图10-63所示。

调整标注间距执行方式如下。

- 命令行：在命令行输入DIMSPACE，按Enter键。
- 工具栏：单击“标注”工具栏中“等距标注”按钮。
- 菜单栏：执行“标注>等距标注”命令。
- 面板：单击“注释”选项卡“标注”面板中的“等距标注”按钮。

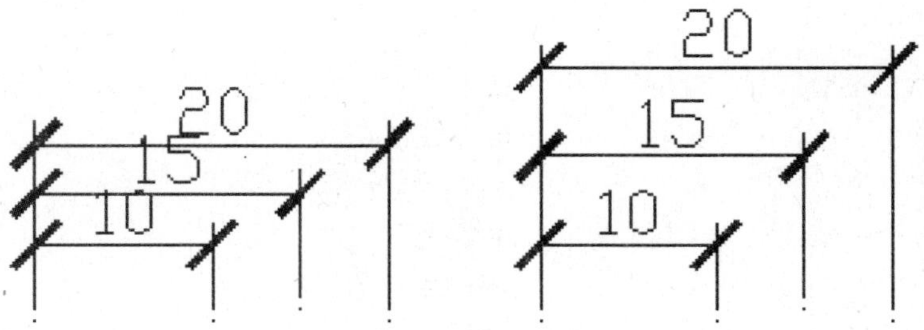

图10－63 调整标注间距

10.4.6 检验标注

检验标注使用户可以有效地传达检查所制造的部件的频率，以确保标注值和部件公差位于指定范围内。

检验标注执行方式如下。

- 命令行：在命令行输入DIMINSPECT，按Enter键。
- 工具栏：单击“标注”工具栏“检验”按钮。

- 菜单栏：执行“标注>检验标注”命令。
- 面板：单击“注释”选项卡“标注”面板的“检验”按钮。

调用检验标注命令后，弹出“检验标注”对话框，如图10-64所示。

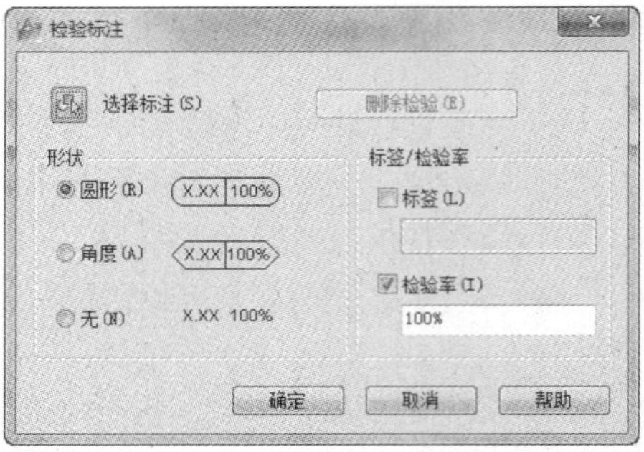

图10-64 “检验标注”对话框

检验标注最多可以包含三种不同的信息字段：检验标签、标注值和检验率。

- “检验标签”：用来标识各检验标注的文字。该标签位于检验标注的最左侧部分。
- “标注值”：添加检验标注之前，显示的标注值是相同的值。标注值可以包含公差、文字（前缀和后缀）和测量值。标注值位于检验标注的中心部分。
- “检验率”：用于传达应检验标注值的频率，以百分比表示。检验率位于检验标注的最右侧部分。

可以将检验标注添加到任何类型的标注。检验标注的当前值显示在“特性”选项板的“其他”选项组下。这些值包括用于控制边框外观以及标签和检验率值的文字的特性。

10.4.7 更新尺寸标注样式

利用尺寸更新命令，可以实现两个尺寸样式之间的互换，即将已标注的尺寸以新的尺寸样式显示出来。尺寸更新命令作为改变尺寸样式的工具，可使标注的尺寸样式灵活多样，从而满足各种尺寸标注的需要，而无需对尺寸进行反复修改。

更新尺寸标注样式的执行方式如下。

- 命令行：在命令行中输入DIMSTYLE，按Enter键。
- 工具栏：单击“标注”工具栏中的“更新”按钮。
- 菜单栏：执行“标注>更新”命令。
- 面板：单击“注释”选项卡下“标注”面板中的“更新”按钮。

调用尺寸更新命令后，命令行提示如下。

```
命令：_-dimstyle
当前标注样式：ISO-25  注释性：否
输入标注样式选项
[注释性(AN)/保存(S)/恢复(R)/状态(ST)/变量(V)/应用(A)/?] <恢复>: _apply
选择对象：找到 1 个
选择对象：
```

工程点拨：DIMSTYLE命令

当在命令行直接输入DIMSTYLE时则打开“标注样式管理器”。

各选项具体说明如下。

- “保存”：选择该选项，系统会提示：“输入新标注样式名或 [?]：”，选择“输入新标注样式名”后，系统以新名将当前样式保存；选择“?”，则系统打开命令行文本窗口，并提示如下：“输入要列出的标注样式 <*>：”，输入要列出的标注样式或“*”号，系统将列出指定的标注样式。
- “恢复”：选择此选项，系统会提示：“输入标注样式名、[?] 或 <选择标注>：”，选择了“输入标注样式名”，输入一个标注样式名后，系统将该标注样式作为当前样式；选择“？”，系统打开命令行文本窗口，并提示如下：“输入要列出的标注样式 <*>：”，输入后，系统列出指定的标注样式；选择“选择标注”后，系统把所选择的标注样式作为当前标注样式。

- “状态”：选择该选项，系统切换到命令行文本窗口，并详细列出当前标注样式的变量设置情况，如图10-65所示。
- “变量”：用于列出某个标注演示或选定标注的标注系统变量设置，但是不修改当前设置。用户输入或指定一个标注样式后，系统便立即切换至命令行文本窗口，详细列出当前标注样式的变量设置。
- “应用”：选择对象后，系统便将该对象的标注样式应用作为当前标注样式。
- “？”：输入要列出的标注样式名或“*”号，系统将列出指定的标注样式。

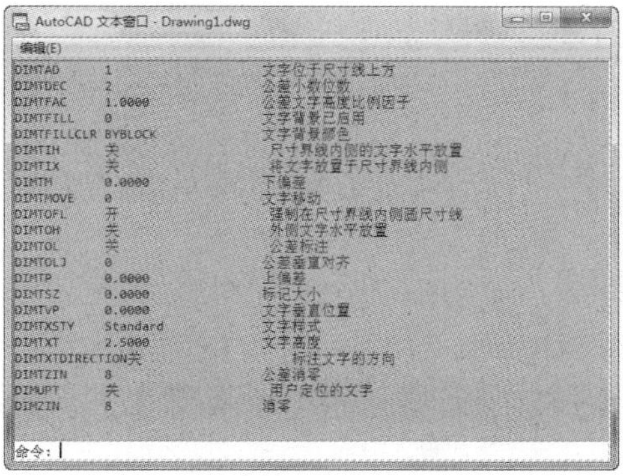

图10-65 命令行文本窗口

10.4.8 替代尺寸标注样式

用户在标注尺寸的过程中，可以在原标注样式内临时改变标注样式的某些变量，以便对当前标注进行编辑，但是这种替代只对当前进行的标注起作用，而不会影响原系统设置的变量。

替代标注尺寸执行方式如下。

- 命令行：在命令行中输入DIMOVERRIDEDIMSTYLE，按Enter键。
- 菜单栏：执行“标注>替代”命令。
- 面板：单击“注释”选项卡下“标注”面板的“替代”按钮。

> 调用尺寸替代命令后，命令行提示如下。
> 输入要替代的标注变量名或 [清除替代 (C)]:，// 输入 C
> 选择对象：
> 选择对象：

各选项具体说明如下。

- “输入要替代的标注变量名”：输入后，系统将会提示用户输入新的变量值，此时按照需要输入新值即可。
- “清除替代”：选择对象后，系统会自动取消对该对象所做的替代操作，并恢复为原来的标注变量。

10.5 尺寸标注的关联

AutoCAD一般将尺寸线、尺寸界线、尺寸文本、箭头作为一个完整的图块进行存储。并且此时若对标注对象进行拉伸、缩放等操作，尺寸标注将会自动进行相应调整。这种尺寸标注称为关联性尺寸标注。

尺寸关联性定义几何对象和为其提供距离和角度的标注间的关系。如果用户标注的尺寸是按照自动测量的值标注的，而且尺寸标注是按照尺寸关联模式标注的，改变被标注对象的大小后，所标尺寸也应该相应地发生改变，即尺寸值应该变为新值，尺寸线的位置和尺寸界线都应相应改变，反之，尺寸界线的起始点的位置如果发生改变，则尺寸值也应发生相应的改变。AutoCAD 用系统变量DIMASSOC来控制尺寸标注的关联性。

10.5.1 设置关联标注模式

关联标注的分类如下。

（1）关联标注：当与其关联的几何对象被修改时，可自动调整其位置、方向和测量值。布局中的标注可以与模型空间中的对象相关联。DIMASSOC 系统变量值为2。

（2）无关联标注：与其测量的几何图形一起选定和修改。无关联标注在其测量的几何对象被修改时不发生改变。标注变量 DIMASSOC值为1。

（3）分解的标注：包含单个对象而不是单个标注对象的集合。标注变量 DIMASSOC值为0。

设置关联标注模式的方式为在命令行输入DIMASSOC，按Enter键。

调用设置命令后，提示："输入DIMASSOC 的新值 <2>："，输入新的变量值即可。其中0表示分解的标注；1表示无关联标注；2表示关联标注。其中2为默认项。尺寸关联性标注如图10-66所示。

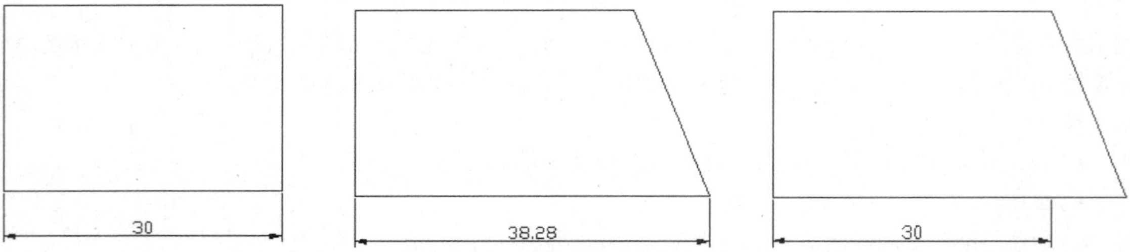

图10-66 标注关联性比较

确定标注的关联性的方法如下。

- 选择标注并使用"特性"选项板显示标注的特性，如图10-67所示。
- 使用LIST命令显示标注的特性。
- 使用"快速选择"选项板过滤关联或无关联的标注。

在以下情况下，系统将自动解除标注关联。

- 标注关联图形对象被删除。
- 标注关联图形对象进行布尔运算。
- 栅格编辑用于拉伸与其尺寸线平行的标注。
- 使用"外观交点"对象捕捉指定与几何对象的关联，并移动几何对象使外观交点不再出现。

需要使用DIMREGEN命令更新关联标注的情况如下。

- 用户使用鼠标平移或缩放图形后，打开使用早期版本修改的图形后，或是打开其他外部参照已经被修改的图形后。

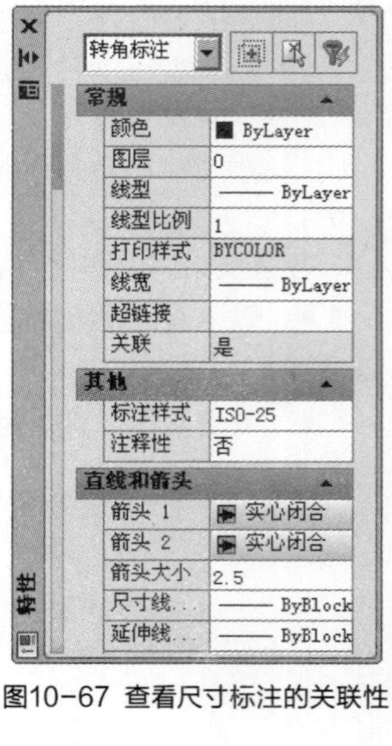

图10-67 查看尺寸标注的关联性

- 虽然关联标注支持大多数标注的对象类型，但是它们仍不支持多线对象或厚度不为零的对象。
- 选择要标注的对象时，要确保所选对象只包含支持关联标注的直接重叠对象。
- 如果已经重定义块，标注和块参照之间将不再存在关联性。
- 如果使用三维实体的图形被修改，标注和三维实体间将不再存在关联性。

10.5.2 重新关联

重新关联执行方式如下。

- 命令行：在命令行中输入DIMREASSOCIATE，按Enter键。
- 菜单栏：执行"标注>重新关联标注"命令。

用户选择对象后，系统依次亮显每个选定的标注，并显示适于选定标注的关联点的提示。每个关联点提示旁边都显示一个标记。如果当前标注的定义点与几何对象没有关联，标记将显示为X。若果定义点与其相关联，标记将会显示为包含在框内的X。完成选择后，系统提示："指定第一个尺寸界线原点或[选择对象（S）]<下一个>："。

各选项具体说明如下。

- "指定第一个尺寸界线原点"：指定第一个尺寸界线原点。该点可以与原尺寸是同一个点也可以是不同的点，如图10-68所示。用户也可以直接按Enter键选择"<下一个>"。
- "选择对象"：重新选择要关联的图形对象。选择后，系统将原尺寸标注改为对所选择对象的标注，并建立关联关系。

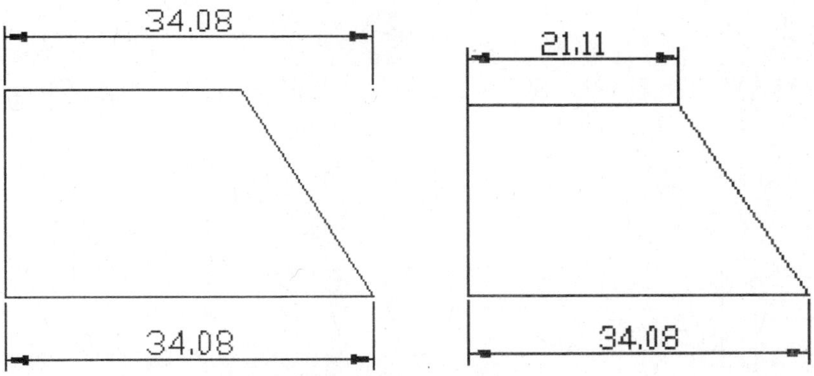

图10-68 关联标注与非关联标注

综合实例——标注轴

在绘制图形过程中尺寸标注是必不可少的，它可以精确反映图形中各部分本身的大小以及与其他部分之间的相互位置。不管是建筑图纸还是机械图纸，图形的尺寸大部分与实物是不相同的，建筑人员和制造人员就需要靠图纸的尺寸来确定实物真实大小。下面以标注轴为例。

Step01 单击桌面上 Autocad 2012 图标，打开 CAD 的绘图环境并且熟悉操作界面，如 10-69 图所示。

图10-69 打开绘图界面

Step02 执行菜单栏的“工具 > 选项”命令，可以对绘图的背景颜色、光标的大小等其他方面进行调整，如图 10-70 所示。

图10-70 设置绘图环境

Step03 执行菜单栏中的“文件 > 打开”命令，打开需要注释的图形，如图 10-71 所示。

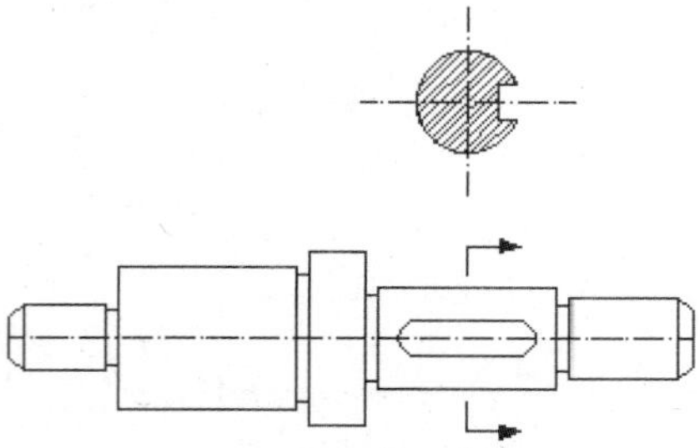

图10-71 打开图形

Step04 单击工具栏中“图层特性”按钮，弹出图层特性管理器，设置注释图层，如图 10-72 所示。

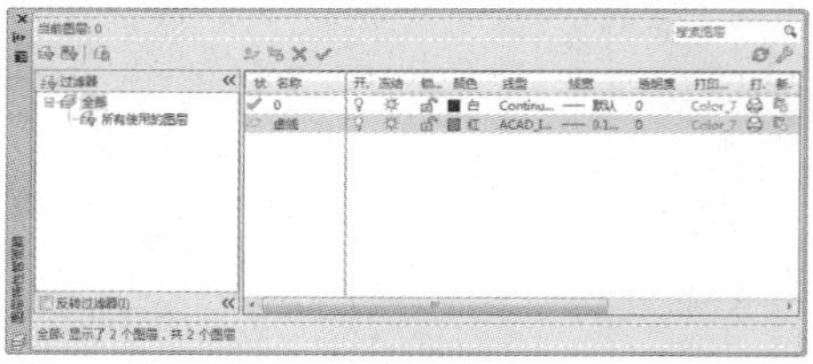

图10-72 设置图层

Step05 执行菜单栏中的“格式 > 标注样式”命令，弹出标注样式管理器，如图 10-73 所示。

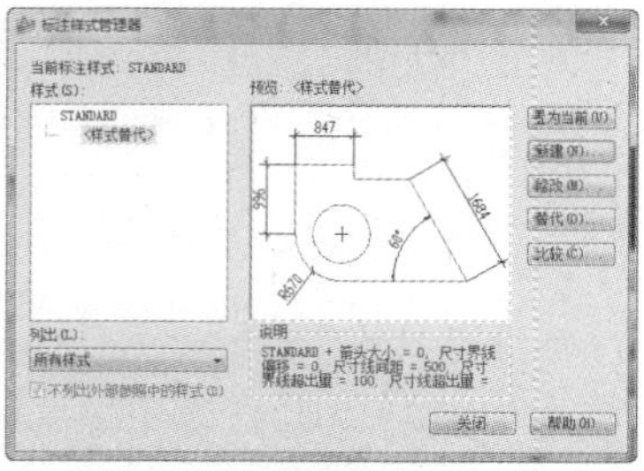

图10-73 创建标注

Step06 单击“新建”按钮，弹出“创建新标注样式”对话框，单击“继续”按钮，对弹出的“新建标注样式”进行设置，如图 10-74 所示。

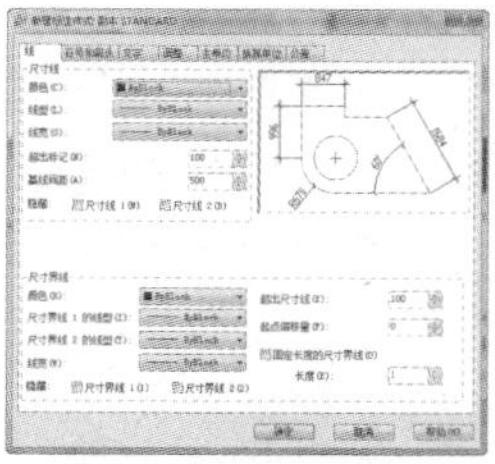

图10-74 设置标注

Step07 执行“标注 > 线性标注”命令，标注图形，如图 10-75 所示。

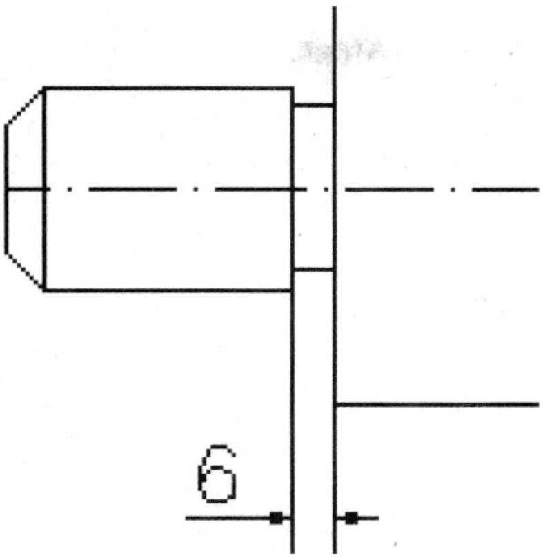

图10-75 线性标注

Step08 用相同的方法标注图形中的其他线性尺寸，如图 10-76 所示。

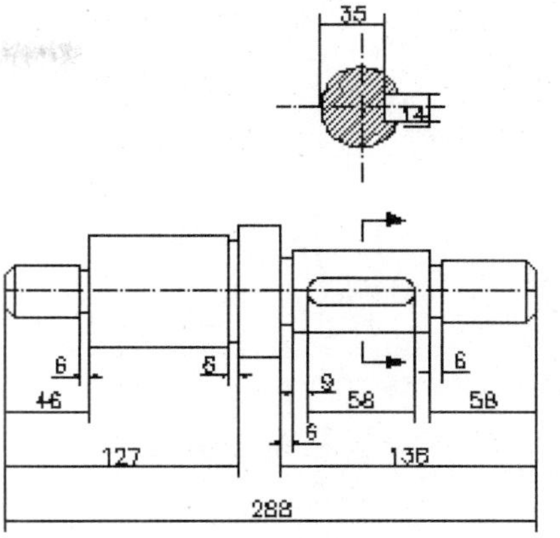

图10-76 标注其他尺寸

Step09 执行菜单栏中的“格式 > 标注样式”命令，弹出标注样式管理器，如图 10-77 所示。

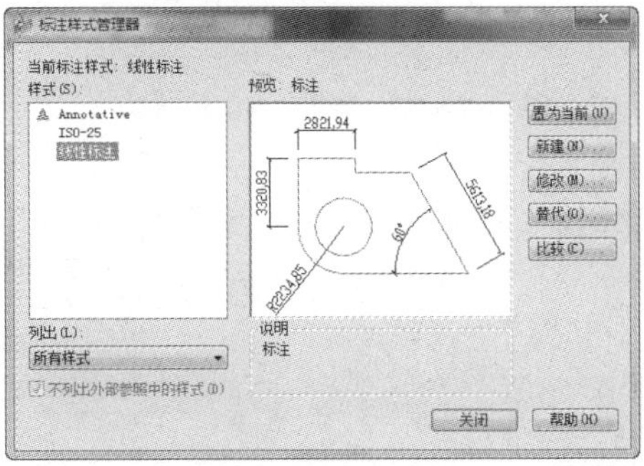

图10-77 创建标注

Step10 单击“新建”按钮，弹出“创建新标注样式”对话框，单击“继续”按钮，在弹出的“新建标注样式”中进行设置，特别注意要设置“直径”和“公差”，如图 10-78 所示。

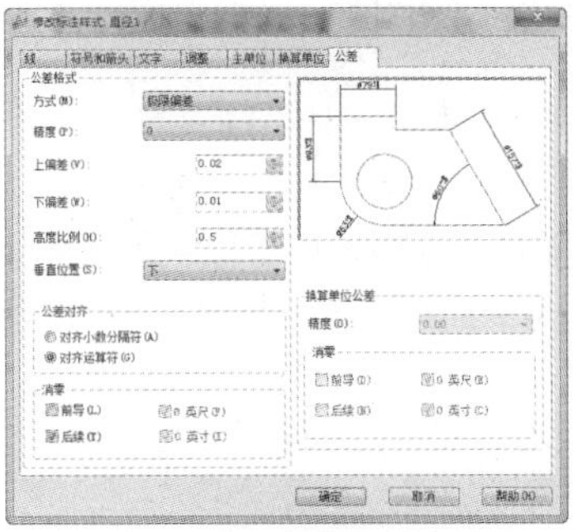

图10-78 设置标注

Step11 单击“标注”面板中的“线性标注”按钮，标注图形的直径和公差，如图 10-79 所示。

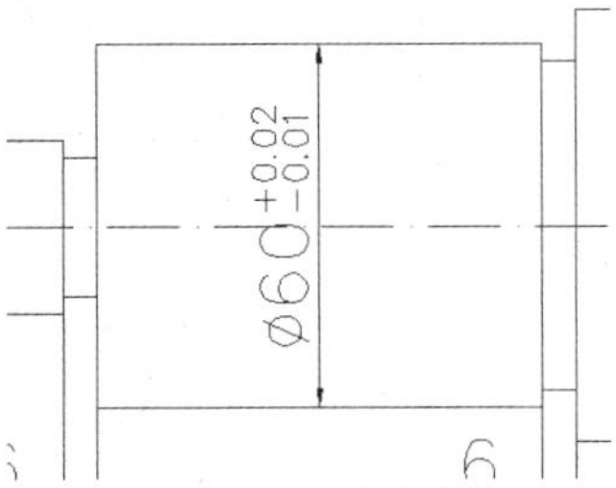

图10-79 标注图形的直径和公差

Step12 用相同的方法标注图形中其他位置的“直径”和“公差”值，如图 10-80 所示。

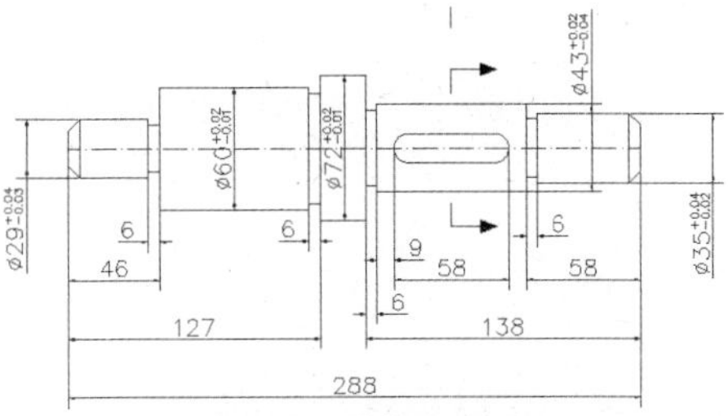

图10-80 标注其他位置的直径和公差

Step13 利用直线和文字命令对图形中倒角的位置进行标注，如图 10-81 所示。

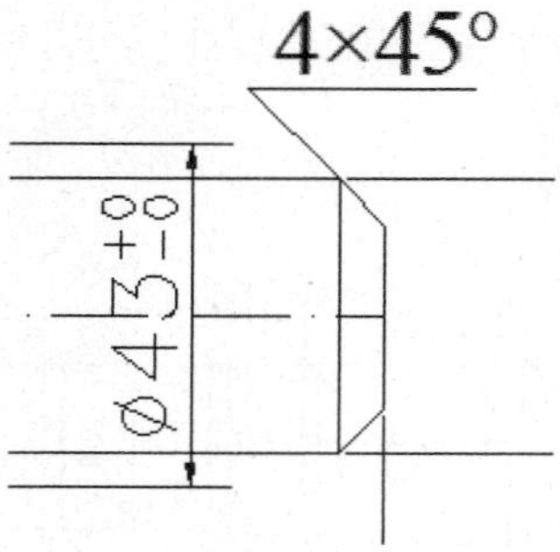

图10-81 标注倒角

Step14 利用创建块命令创建“粗糙度”的块，如图 10-82 所示。

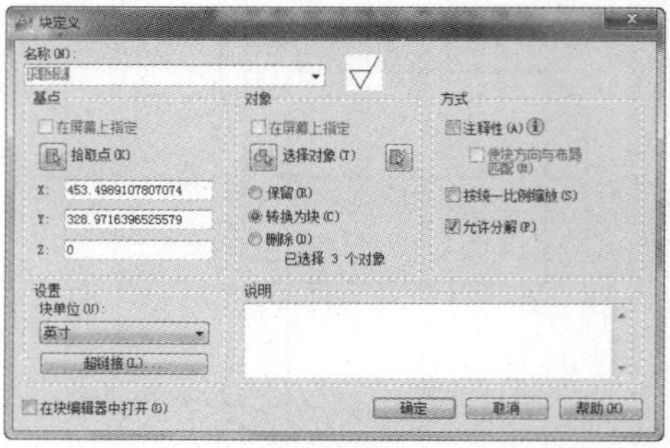

图10-82 创建块

Step15 利用插入块和文字命令标注图形中的粗糙度，如图 10-83 所示。

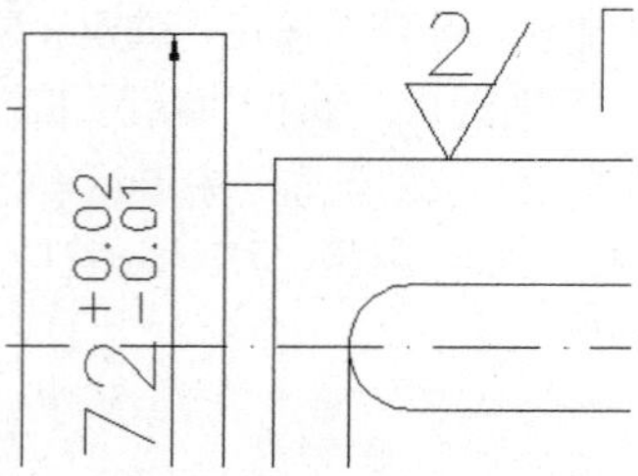

图10-83 标注粗糙度

Step16 用相同的方法标注图形中的其他位置的粗糙度，如图 10-84 所示。

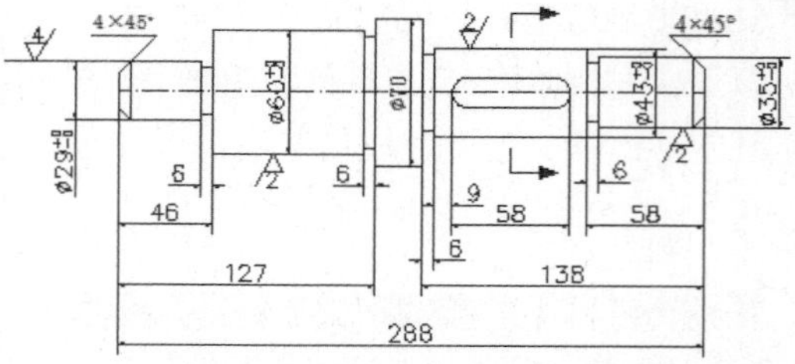

图10-84 标注其他位置的粗糙度

Step17 用利用插入块和文字命令表示出图形中未标注的粗糙度，如图 10-85 所示。

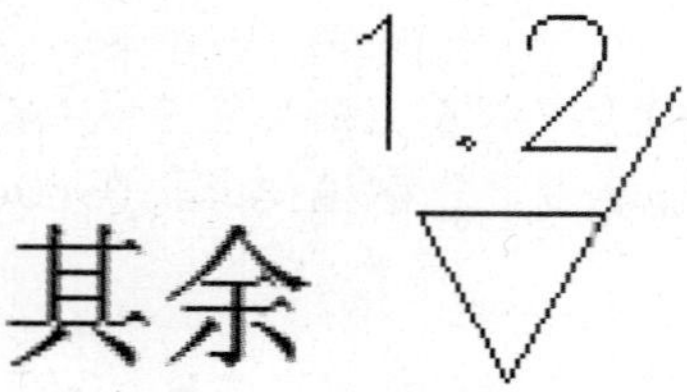

图10-85 标注“其余”的粗糙度

Step18 执行菜单栏中的“文件 > 另存为”命令，将绘制好的图形保存到指定的路径中，如图 10-86 所示。

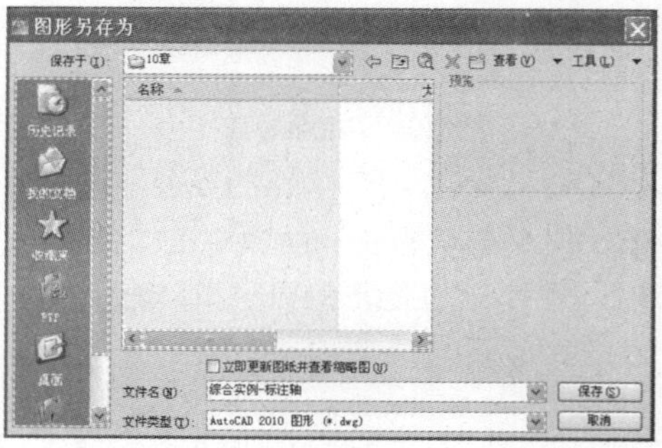

图10-86 保存

高手应用秘籍：图例的规定

在绘制建筑专业、室内设计专业制图时可能需要构造配件图例，通过这些图例可以使图形更加明了，构造配件图例说明如下表的规定。

序号	名称	图例	说明
1	墙体		应加注文字或填充图例表示墙体材料，在项目设计图纸说明中列出材料图例并给予说明
2	隔断		1. 包括板条抹灰、木制、石膏板、金属材料等隔断 2. 适用于到顶与不到顶隔断
3	栏杆		无
4	楼梯	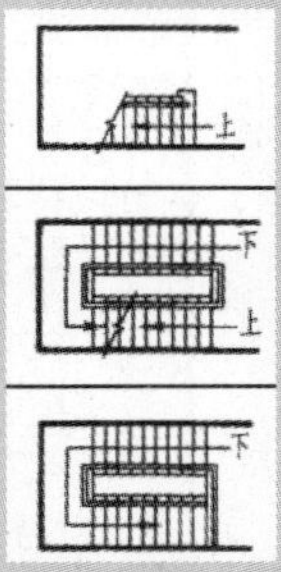	1. 上图为底层楼梯平面，中图为中间层楼梯平面，下图为顶层楼梯平面 2. 楼梯及栏杆扶手的形式和梯段踏步数应按实际情况绘制
5	坡道	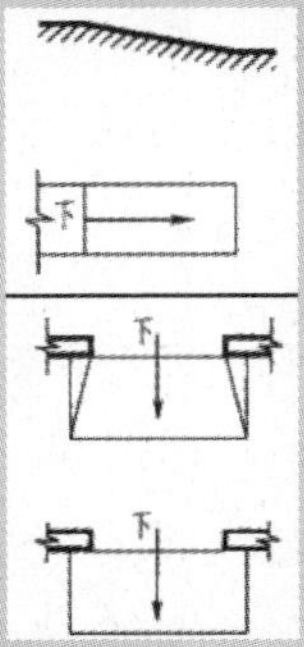	上图为长坡道，下图为门口坡道
6	平面高差	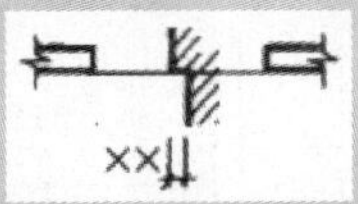	适用于高差小于 100 的两个地面或楼面相接处
7	检查孔		左图为可见检查孔 右图为不可见检查孔
8	孔洞		阴影部分可以涂色代替
9	坑槽		无

（续表）

10	墙预留洞		1. 以洞中心或洞边定位 2. 宜以涂色区别墙体和留洞位置
11	墙顶留槽	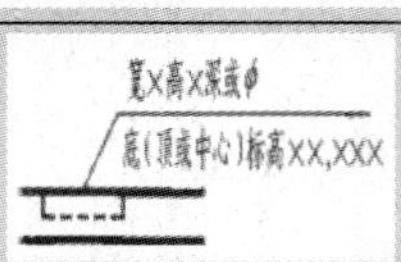	
12	烟道	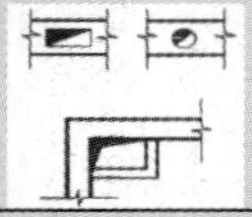	1. 阴影部分可以涂色代替 2. 烟道与墙体为同一材料，其相接处墙身线应断开
13	通风道	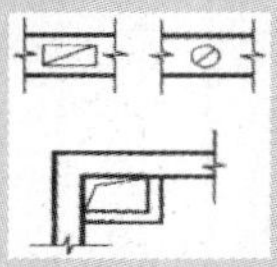	
14	新建的墙和窗		1. 本图以小型砌块为图例，绘图时应按所用材料的图例绘制，不易以图例绘制的，可在墙面上以文字或代号注明 2. 小比例绘图时，平、剖面窗线可用单粗实线表示
15	改建时保留的原有墙和窗	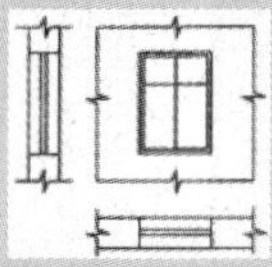	无
16	应拆除的墙	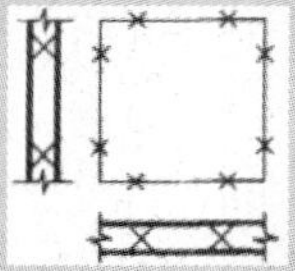	无
17	在原有墙或楼板上新开的洞	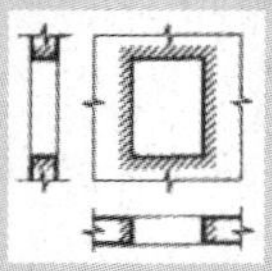	无
18	在原有洞旁扩大的洞	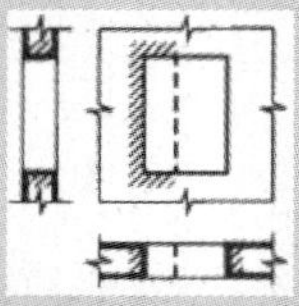	无

秒杀工程疑惑

在学习本章关于"尺寸标注"时会遇到各种问题，下面我们来解决一些常遇到的问题，包括图形标注组成部分、形位公差应用、标注类型、尺寸公差等方面的问题。解决这些问题对我们以后的进一步学习有很大的帮助。

问　题	解　答
标注包括哪几个部分?	对于一个标注，通常具有以下几种独特的元素组成：标注文字、尺寸线、箭头、尺寸界线、中心线和圆心等 ❶ 标注文字：用于指示测量值的字符串，文字还可以包含前缀、后缀和公差 ❷ 尺寸线：用于指示标注的方向和范围，对于角度标注，尺寸线是一段圆弧 ❸ 箭头：也称为终止符号，显示在尺寸线的两端。用户可以为箭头或标记指定不同的尺寸和形状 ❹ 尺寸界线：也称为投影线，从图形部件延伸到尺寸线 ❺ 中心线：是标记圆或圆弧中心的虚线 ❻ 圆心：是标记圆或圆弧中心的小十字
形位公差有哪些应用?	形位公差主要用来控制零件的形状和位置度要求。在运用形位公差的时候，首先要考虑功能上的要求，比如要在一个平板上钻一个孔，如果这个孔要和另外一个零件相配合，那么其形状公差要对圆度等进行控制，如果与其配合的另外一个零件和该零件上的孔有位置度要求，就要加上位置度公差。再比如加工一个平面，平面可能用来进行做数控零件的夹具的底座，这时就要控制其平面度。总之，在运用形位公差的时候，要根据你设计的零件的功能及装配（配合）的要求来进行选择取舍。
QDIM 命令如何使用？	❶ 使用 QDIM 命令创建的标注不是关联的，但是可以单独地与 DIMREASSOCIATE 关联 ❷ 即使只是标注的一头与几何对象关联，该标注也会被认为是关联的
在 AutoCAD 中，标注有哪些类型?	标注是在图形中添加测量注释的过程，用户可以为各种对象沿着各个方向创建标注，基本的标注类型包括：线性、径向（半径和直径），角度、坐标和弧长等
什么是尺寸公差?	尺寸公差是表示所测量距离允许变动的值。大家可以控制尺寸公差的显示，还可以从多种尺寸公差样式中进行选择。通过指定生产中的公差，可以控制部件所需的精度等级

读书笔记

AutoCAD 2012

CHAPTER 11

绘制简单三维对象

本章主要介绍AutoCAD 2012三维建模的初步知识，学习如何绘制基本的三维图形，内容主要包括三维坐标系、视点的设置以及绘制基本的曲面和三维特殊曲面，并了解如何观察三维图形和编辑三维曲面。通过本章的学习使读者对在 AutoCAD 中绘制三维对象能有初步地了解。

学完本章您可以掌握如下知识点

知识点序号	知识点难易指数	知识点
1	★	三维坐标系以及视点的设置
2	★★	绘制基本三维曲面并观察三维图形
3	★★★	三维曲面的编辑
4	★★★★	绘制复杂三维曲面

本章内容图解链接

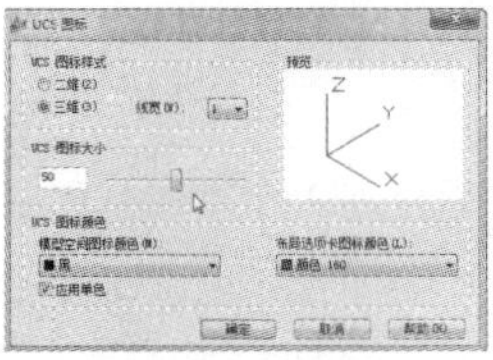
“UCS图标”对话框

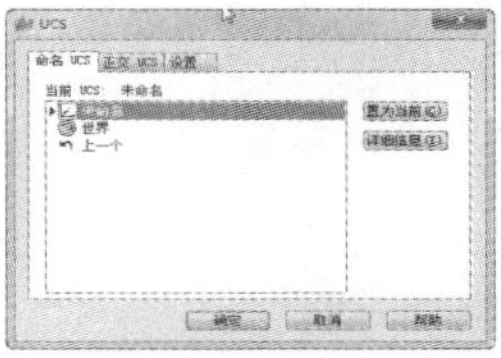
“UCS”对话框

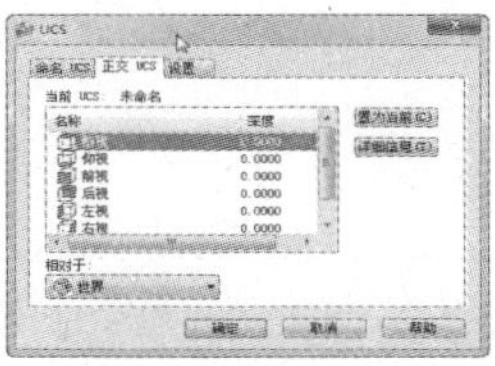
“正交UCS”选项卡

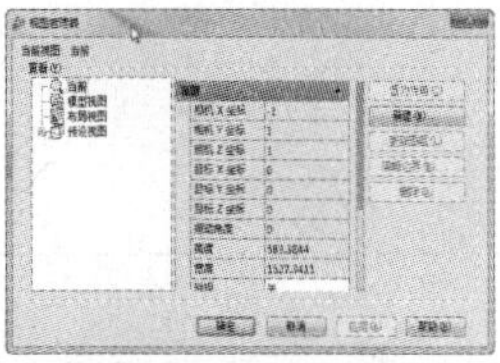
“视图管理器”对话框

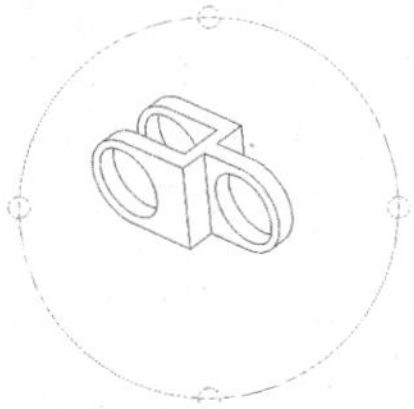
观察器

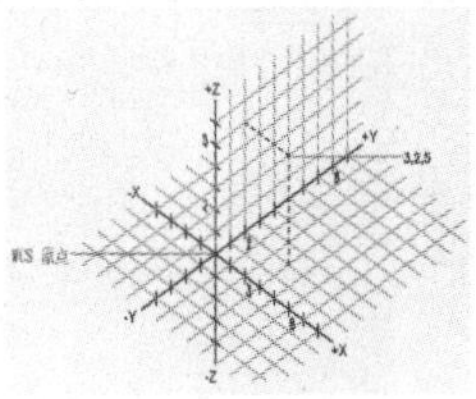
笛卡尔坐标系统

绘制球面

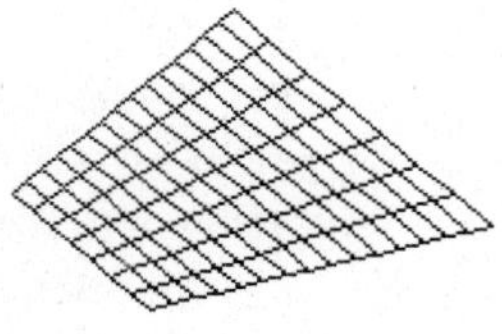
网格

11.1 图形视图

本节将重点讲解三维坐标系、视点和三维动态观察器的内容。

11.1.1 三维坐标系

在绘制三维模型时，经常会在形体的不同表面上创建模型，这就需要用户不断地改变当前绘图面，如果不重新定义坐标系，系统将只默认以世界坐标系WCS的XOY面为基面进行绘图，这显然不能满足要求，所以用户必须自己定义当前绘图面，这样才能在不同的三维面上使用这些绘图与编辑命令。

三维图形依赖于三维坐标系。在三维空间中，点有三个自由度，即可用三个参数来确定，所以三维坐标系有三个相互独立的参数系。AutoCAD提供了三种三维坐标系：笛卡尔坐标系、柱坐标系和球坐标系。

1. 笛卡尔坐标系

笛卡尔坐标系就是用X、Y和Z三个正交方向的坐标值来确定精确位置的坐标系，其输入方式为逗号分开的X、Y和Z值，如"3，2，5"。

输入绝对坐标的方式为：X，Y，Z；输入相对坐标的方式为：@ X，Y，Z。

绝对坐标输入方式所输入的点的坐标表示此点与原点间的距离，用户直接输入X、Y、Z三个坐标值，三个坐标值之间用逗号隔开。例如：点A（30，60，80）表示该点的X、Y、Z三个坐标值依次分别为30，60，80。

相对坐标输入方式输入的点的坐标表示此点与上一点之间的距离，用户直接输入当前点在X、Y、Z方向上的增量值，并在输入值前加@符号。例如点B（@30，60，80），表示该点相对于上一点的X、Y、Z三个坐标值的增量分别为30，60，80。

图11-1所示为笛卡尔坐标系的示意图。

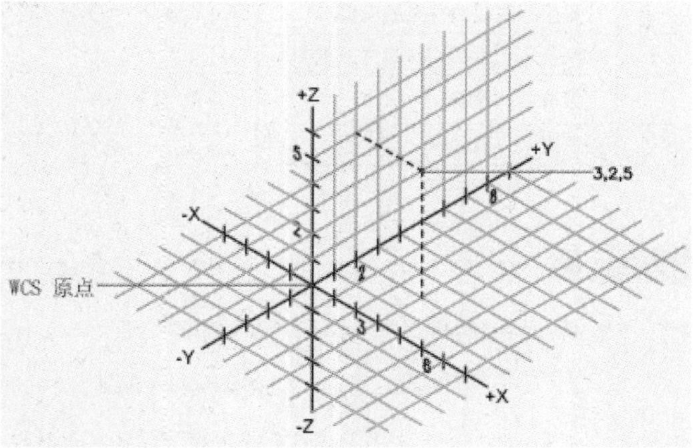

图11-1 笛卡尔坐标系统

工程师点拨：坐标Z轴问题

当以X，Y格式输入坐标时，将从上一输入点复制Z值。因此，可以按X,Y,Z格式输入一个坐标，然后保持Z值不变。

例如，如果输入直线的两点坐标如下。

指定第一点：0，0，10

指定下一点或[放弃(U)]：2，6

此时，直线的两个端点的Z值均为10。

当开始或打开任意图形时，Z的初始默认值大于0。

2. 柱坐标系

三维柱坐标通过XY平面中与UCS原点之间的距离、XY平面中与X轴的角度以Z值来描述精确的位置。

柱坐标输入相当于三维空间中的二维极坐标输入。它在垂直于XY平面的轴上指定另一个坐标。柱坐标通过定义某点在 XY 平面中距 UCS 原点的距离，在XY平面中与X轴所成的角度以及Z值来定位该点。

柱面坐标输入法也有绝对和相对两种输入方式，这两种输入方式的使用方法与三维点坐标输入法中两种坐标输入方式的使用方法相同，利用相对坐标只要在输入值前加提示符号@即可。这种方法也是由平面极坐标概念演变而来的，适用于创建柱面上的点。

使用以下方法指定绝对柱坐标的点：X<[与X轴所成的角度]，Z。例如，@5<30，6 表示沿X轴距上一个测量点5个单位、与X轴正方向成30°、在Z轴正方向移动6个单位的位置，图11-2所示。

3. 球坐标系

三维球坐标通过指定某个位置距当前UCS原点的距离、在XY平面中与X轴所成的角度以及与XY平面所成的角度来指定该位置。

三维中的球坐标输入与二维中的极坐标输入类似。通过指定某点距当前UCS原点的距离、与X轴所成的角度（在XY平面中）以及与XY平面所成的角度来定位点，每个角度前面加了一个左尖括号（<）。

使用以下方法指定绝对球坐标的点：X<[与X轴所成的角度]<[与XY平面所成的角度]。例如，@8<30<30 表示距上一个测量点8个单位、在XY平面中与X轴正方向成30°以及与XY平面成30°的位置，如图11-3所示。

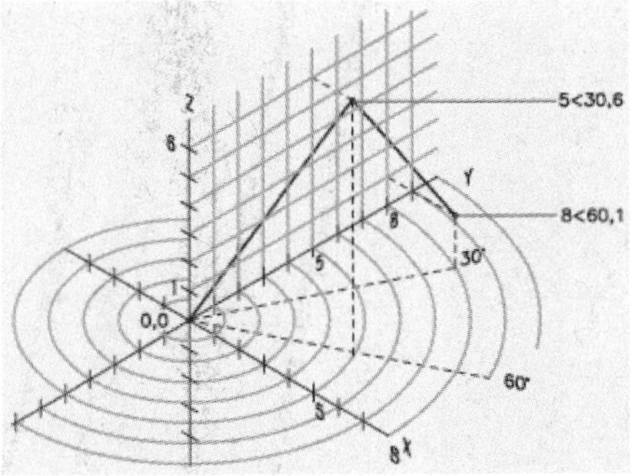

图11-2 柱坐标系

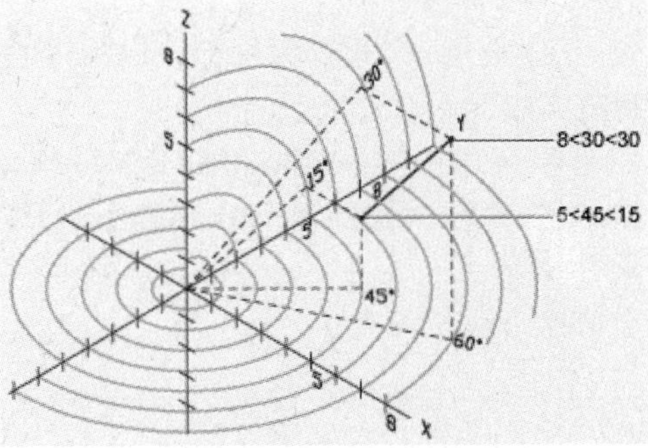

图11-3 球坐标系

11.1.2 用户坐标系 UCS

用户坐标系UCS，顾名思义，就是用户自己定义的坐标系，它是一个可变化的坐标系。用户坐标系UCS的坐标轴方向按照右手法则定义，如图11-4所示。

采用世界坐标系，图形的绘制与编辑只能在一个固定的坐标系中进行，对绘制三维图形，尤其是比较复杂的三维图形造成一定的困难。为适应绘图需要，AutoCAD允许用户在世界坐标系的基础上定义用户坐标系，这种坐标系的原点可以是空间任意一点，同时可采用任意方式旋转或倾斜其坐标轴。用户坐标系与世界坐标系的图标有所区别，如图11-5为几种UCS图标。

图11-4 “右手定则”定坐标轴正向

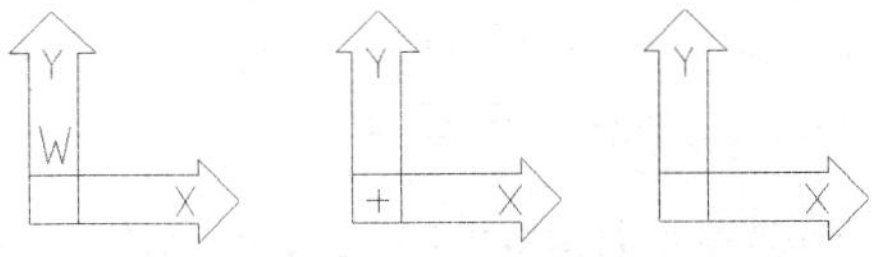

(a) UCS与WCS重合　(b) UCS位于原点　(c) UCS不在原点

图11-5 UCS图标

1.UCS 图标样式的选择方法

通过执行菜单栏“视图>显示>UCS图标>特性”命令，弹出“UCS图标”对话框，如图11-6所示。

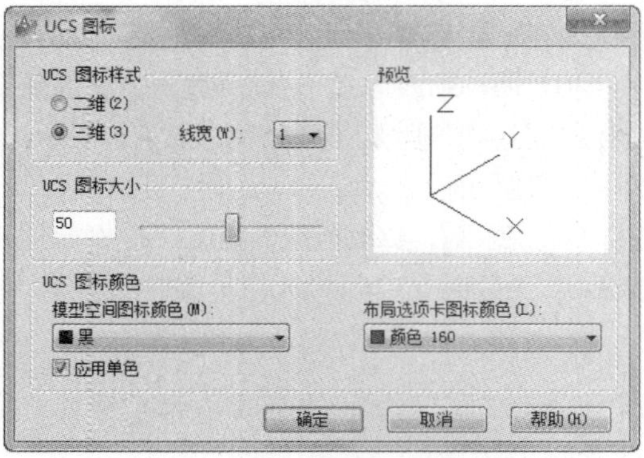

图11-6 “UCS图标”对话框

该对话框用于指定二维或三维UCS图标的显示及其外观。“二维”单选按钮用于显示二维图标，不显示Z轴。“三维”单选按钮用于显示三维图标。“圆锥体”选项表示如果选中三维UCS图标，则X和Y轴显示三维圆锥体形箭头。如果不选择“圆锥体”则显示二维箭头。“线宽”下拉列表可控制选中三维UCS图标的线宽，可选1、2或3个像素。

2. UCS 图标的控制

Auto CAD 提供一个坐标系图标，反映当前坐标系的XY平面及坐标系原点的位置。

执行方式如下。

- 命令行：在命令行中输入UCSICON，按Enter键。
- 菜单栏：执行“视图>显示>USC坐标>开/关”命令。

调用命令后。

命令行提示如下：

```
输入选项 [ 开 (ON)/ 关 (OFF)/ 全部 (A)/ 非原点 (N)/ 原点 (OR)/ 可选 ( S ) / 特性 (P)] < 开 >:
```

各个选项说明如下。

- 开：显示当前坐标系的图标。
- 关：不显示当前坐标系的图标。
- 全部：当屏幕被设置成多个视口（绘图区）时，该选项用于控制各个视口是否均显示坐标系图标，对单视口无意义。
- 非原点：当设定显示坐标系图标时，选择该选项，表示无论用户坐标系原点在何处，图标总位于世界坐标系原点上（即屏幕左下角）。
- 原点：当设定显示坐标系图标时，选择该选项，表示图标随用户坐标原点位置放置（但当图标所处位置令图标部分超出屏幕界限，则图标仍被置于屏幕左下角）。

为方便绘图，通常应在屏幕上反映用户坐标系的位置，所以应采用Ucsicon命令，选择ON和OR选项，使用户坐标系的图标总处于新原点的位置。

3. 建立和改变 UCS

UCS命令用于新建或修改当前的用户坐标系统，以及保存当前坐标和恢复或删除已经保存的坐标系统。

执行方式如下所示。

- 命令行：在命令行中输入UCS，按Enter键。
- 菜单栏：执行“工具>新建USC”命令。
- 工具栏：单击USC工具栏中的相应按钮，如图11-7所示。

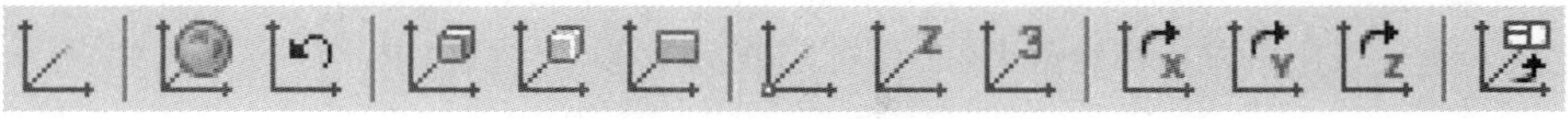

图11-7 UCS工具栏

调用命令后，命令行提示如下。

> 指定 UCS 的原点或 [面 (F)/ 命名 (NA)/ 对象 (OB)/ 上一个 (P)/ 视图 (V)/ 世界 (W)/X/Y/Z/Z 轴 (ZA)]
> < 世界 >:

选择相应的命令完成用户坐标系定义。

4. 管理用户坐标系 UCS

用于管理已定义的用户坐标系，包括恢复已保存的UCS或正交UCS，指定视口中的UCS图标和UCS设置，命名和重命名当前UCS。

执行方式如下。

- 命令行：在命令行中输入UCSMAN。
- 菜单栏：执行“工具>命名USC”命令。

调用命令后，弹出UCS对话框，如图图11-8所示。

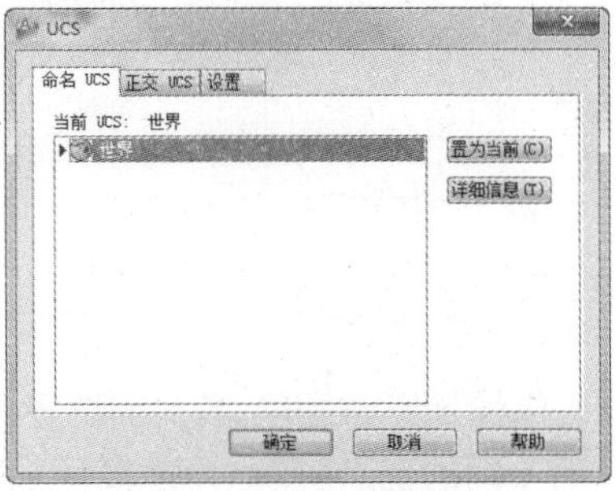

图11-8 “UCS”对话框

在该对话框中，有三个选项卡：“命名UCS”、“正交UCS”和“设置”选项卡。

“命名 UCS” 选项卡主要用于显示已定义的用户坐标系的列表并设置当前的 UCS，包括以下选项：

- “当前 UCS” 显示当前 UCS 的名称，如果 UCS 没有命名并保存，则当前 UCS 名为“未命名”。
- “UCS 名称列表” 列出了当前图形中已定义的用户坐标系。在列表中当前 UCS 的名称前面有一个三角符号。
- 单击“置为当前”按钮将恢复在列表中选择的UCS。用户也可以通过双击UCS名或右击UCS名，然后从显示的快捷菜单中选择“置为当前”选项来恢复所选的UCS。
- 单击“详细信息”按钮将显示“UCS详细信息”，如图11-9所示，提供了关于当前UCS的详细信息。

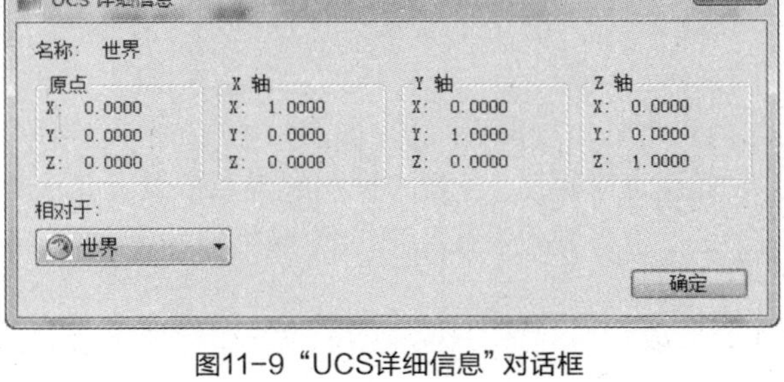

图11-9 “UCS详细信息”对话框

“正交 UCS” 选项卡可用于将当前 UCS 改变为 6 个正交 UCS 中的一个，如图 11-10 左所示。

- “正交 UCS 名称列表框” 列出了当前图形中的 6 个正交的坐标系，这 6 个正交的坐标系是相对于在 “相对于” 下拉列表框中所指定的 UCS 而定义的。
- “相对于” 下拉列表框用来指定所选正交坐标系相对于基础坐标系的方位。缺省情况下，WCS 作为基础坐标系。该下拉列表框中显示了当前图形中所有已命名的 UCS。
- “设置” 选项卡用于显示和修改 UCS 图标设置以及保存到视口中，如下图 11-11 所示。

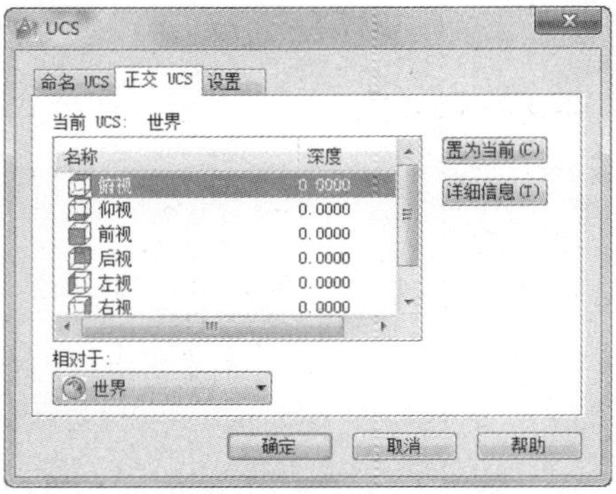

图11-10 “正交UCS”选项卡

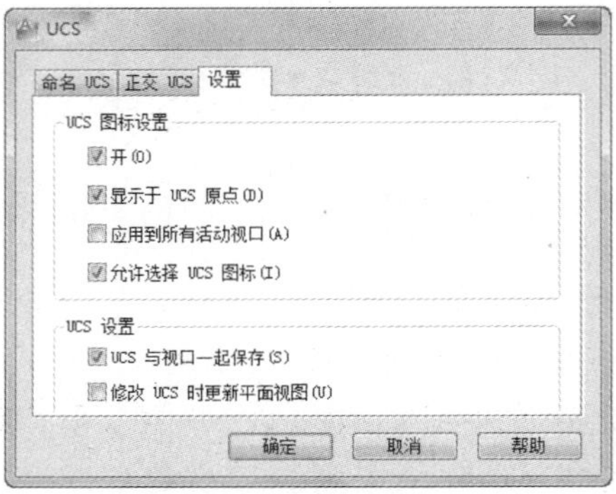

图11-11 “设置” 选项卡

- “UCS 图标设置” 可以指定当前视口 UCS 图标的设置。
- “UCS 设置” 可以指定当前视口的 UCS 设置。

11.1.3 视点

要绘制三维图形，首先需要建立三维坐标系。为了方便绘图，用户需能从不同的位置观察图形，即需设置不同的视点。视点用来表示观察三维模型的方向，使用视点功能，用户可以很方便地从任意方向观察在AutoCAD 2012中创建的三维模型。

1. 用 VPOINT 命令设置视点

VPOINT命令用来设置窗口的三维直观视图的观查方向，使用 “视点” 命令设置视点是相对于WCS坐标系而言的。

执行方式如下。

- 命令行：在命令行中输入VPIONT，按Enter键。
- 菜单栏：执行 “视图>三维视图>视点” 命令。

在三维空间中，为了便于观察模型，可任意修改视点的位置。执行VPOINT命令，AutoCAD提示如下，“指定视点或[旋转(R)]<显示指南针和三轴架>：”。

各选项含义如下。

- “指定视点”：表示使用输入的 X、Y 和 Z 坐标，创建定义观察视图的方向的矢量。定义的视图好像是观察者在该点向原点 (0，0，0) 方向观察。

根据《技术制图》国家标准，要形成一个物体的六个基本视图，首先应将物体置于正六面体系中，按正投影原理分别将物体向六个基本投影面投影，如图11-12左所示。当用户要在屏幕上观察到物体的六个基本视图，可以通过改变视点来实现。各基本视图的视点位置及其坐标值如图11-12右所示。例如，要在屏幕上显示物体的主视图，应将视点设在A点位置，坐标值为 (0,-1,0) 。

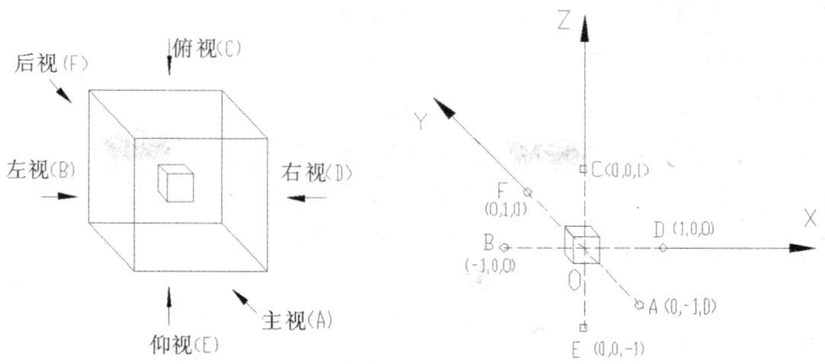

图11-12 视点位置与六个基本视图投影方向的关系

● "旋转"：用于指定视点与原点的连线在 XY 平面的投影与 X 轴正向的夹角，以及视点与原点的连线与 XY 平面的夹角。

● "显示指南针和三轴架"：如果不输入任何坐标值而直接按Enter键，系统将出现坐标球和三轴架，如图11-13所示。坐标球位于屏幕上右上角，是一个二维显示的球体。在坐标球上显示有一个小十字光标，可以使用定点设备移动这个十字光标到球体的任意位置上。当移动光标时，三轴架将根据坐标球指示的观察方向进行旋转。

2. 利用"视点预置"对话框设置视点

利用"视点预置"对话框设置视点，可选择相对于WCS或UCS坐标系，其原理与"设置"命令的"旋转"选项的原理相同。

执行方式如下。

● 命令行：在命令行中输入DDVPOINT，按Enter键。

● 菜单：执行"视图>三维视图>视点预设"命令。

调用命令后，弹出"视点预置"对话框，如图11-14所示。

在对话框中，"设置观察角度"有两种选择，分别为"绝对于WCS"和"相对于UCS"。

各选项的含义如下。

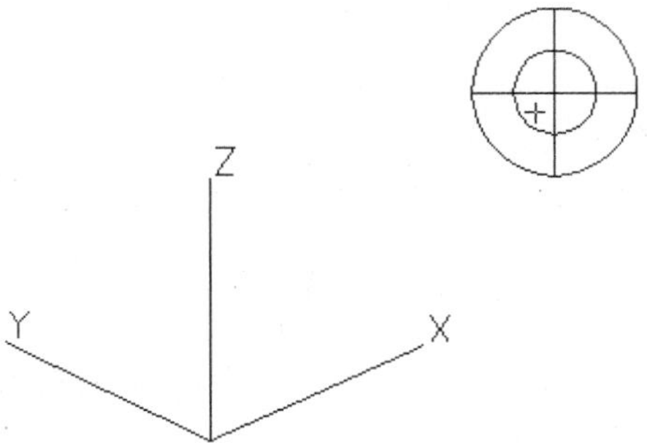

图11-13 坐标球和三轴架

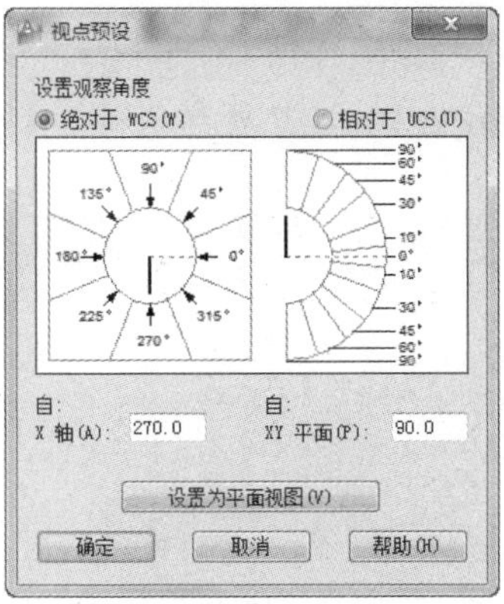

图11-14 "视点预置"对话框

● "绝对于WCS"：表示相对于 WCS 设置查看方向。

● "相对于UCS"：表示相对于当前 UCS 设置查看方向。

● "自X轴"：设置视点和相应坐标系原点连线在XY平面内与X轴的夹角。

● "自XY平面"：设置视点和相应坐标系原点连线与XY平面的夹角。

● "设置为平面视图"：设置查看角度以相对于选定坐标系显示的平面视图（XY平面）。

- 样例窗口：显示“自X轴”文本框与“设置为平面视图”按钮的设置效果。

3. 设置特殊视点

在进行三维绘图时，经常要用到一些特殊的视点（俯视、仰视），若使用“视点”命令进行相应坐标值的输入来查看这些视点很繁琐。AutoCAD把10种常用的特殊视点专门罗列出来，用户可以在使用时对这些视点进行快速设置。

设置特殊视点，有以下几种方法。

（1）利用“视图”工具栏快速设置视点

- 执行“工具>工具栏>AutoCAD>视图”命令，打开“视图”工具栏，如图11-15所示。

图11-15 “视图”工具栏

各命令说明如下。

- “俯视”：从上往下观察视图。
- “仰视”：从下往上观察视图。
- “左视”：从左往右观察视图。
- “右视”：从右往左观察视图。
- “前视”：从前往后观察视图。
- “后视”：从后往前观察视图。
- “西南等轴测”：遵循“上北下南，左西右东”的原则，从西南方向以等轴测方式观察视图。
- “东南等轴测”：从东南方向以等轴测方式观察视图。
- “东北等轴测”：从东北方向以等轴测方式观察视图。
- “西北等轴测”：从西北方向以等轴测方式观察视图。

（2）利用“三维导航”工具栏快速设置视点

在工具栏非标题栏处单击鼠标右键，在弹出来的快捷菜单中选择“三维导航”选项，打开“三维导航”工具栏。在“三维导航”工具栏最右侧的下拉列表框中可选择10种特殊视点，如图11-16左所示。

（3）菜单栏：执行“视图 > 三维视图”命令

在其打开的级联菜单中可选择10种特殊视点，如图11-17右所示。

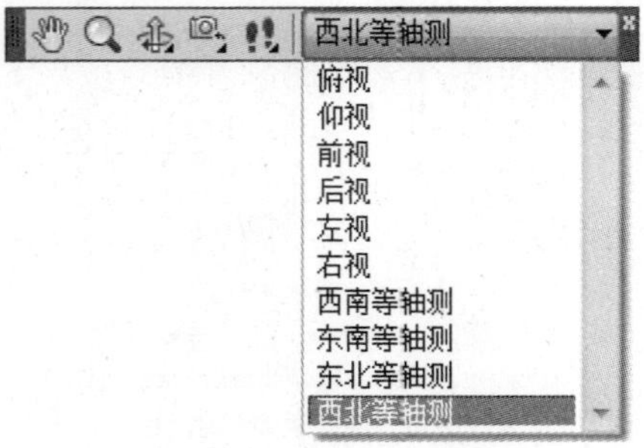

图11-16 “三维导航”工具栏

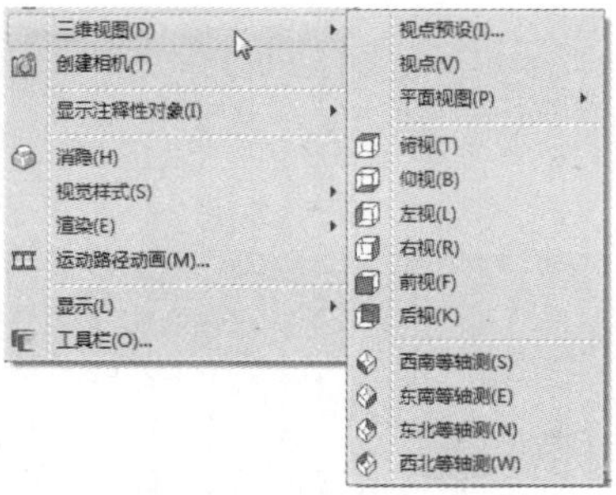

图11-17 “三维视图”级联菜单

4. 视图管理器

创建、设置、重命名、修改和删除命名视图（包括模型命名视图）、相机视图、布局视图和预设视图。

执行方式如下。

● 命令行：在命令行中输入VIEW，按Enter键。
● 工具栏：单击“视图”工具栏中的“命名视图”按钮 。
● 菜单栏：执行“视图>命名视图”命令。
调用命令后，弹出“视图管理器”对话框，图11-18所示。

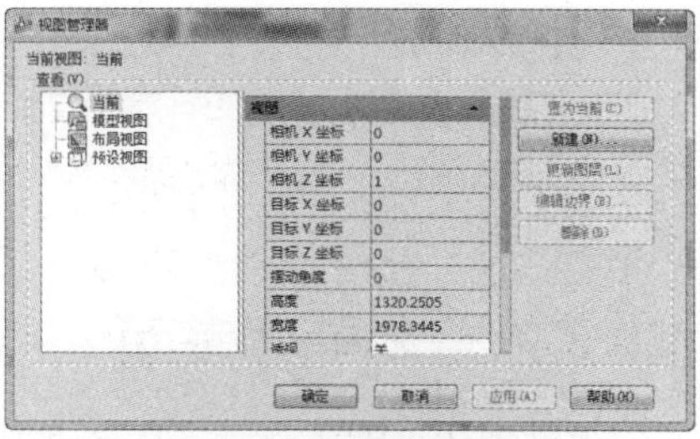

图11-18 “视图管理器”对话框

11.1.4 三维动态观察器

三维动态观察器是一个非常方便的观察三维对象的工具，使用它可以动态、交互地观察三维图形，从而使三维视图变得非常简单。

“动态观察”工具栏，如图11-19所示。

单击“自由动态观察”按钮，打开三维动态观察器的交互式视图状态。

按住鼠标左键移动光标可以拖动视图旋转，当光标移动到弧线球的不同部位时，可以用不同的方式旋转视图。

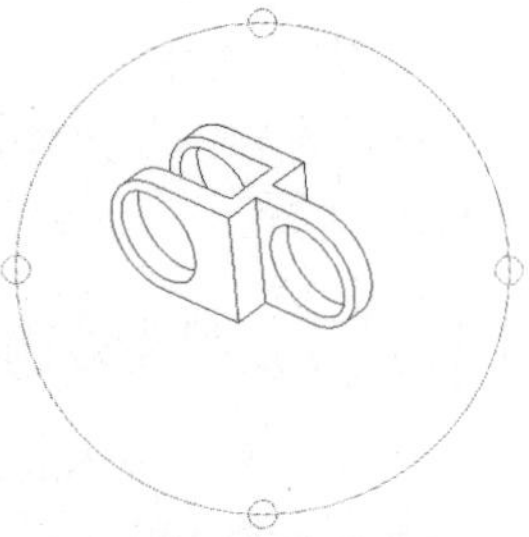
图11-19 三维动态观察器

● 当光标在弧线球内时，光标图标显示为两条封闭曲线环绕的小球体，此时视线从球面指向球心，按住左键可沿任意方向旋转视图，从球面不同位置上观察对象。如果沿垂直方向移动光标，可以从球面上方或下方观察对象。如果沿水平方向移动光标，可以从球面的前、后、左、右方向观察对象。

● 当光标在弧线球外时，光标图标变成环形箭头。当按住左键绕着弧线球移动光标时，视图绕着通过球心并垂直于屏幕的轴转动。

● 当光标置于弧线球左或右两个小圆中时，光标图标变成水平椭圆。如果在按住左键的同时移动光标，视图将绕着通过弧线球中心的垂直轴（或Y轴）转动。

● 当光标置于弧线球上或下两个小圆中时，光标图标变成垂直椭圆。如果在按住左键的同时移动光标，视图将绕着通过弧线球中心的水平轴（或X轴）转动。

工程师点拨：三维动态观察模式的方法

处于三维动态观察模式中时，可以通过按住Shift键来暂时进入三维自由动态观察模式。

11.2 绘制基本三维曲面

使用3D命令可以绘制三维的基本曲面，如绘制长方体表面、圆锥面、下半球面、上半球面、网格、棱锥面、球面、圆环面、楔体表面等曲面。

11.2.1 绘制长方体表面

要创建三维长方体表面多边形网格，首先长方体角点，然后指定长方体的长度、宽度和高度，最后指定长方体表面绕Z轴旋转的角度。

执行方式如下。

- 菜单栏：执行"绘图>建搭>长方体"命令。

例如绘制一个尺寸为800×600×300，旋转角度为30°的长方体，如图11-20所示。

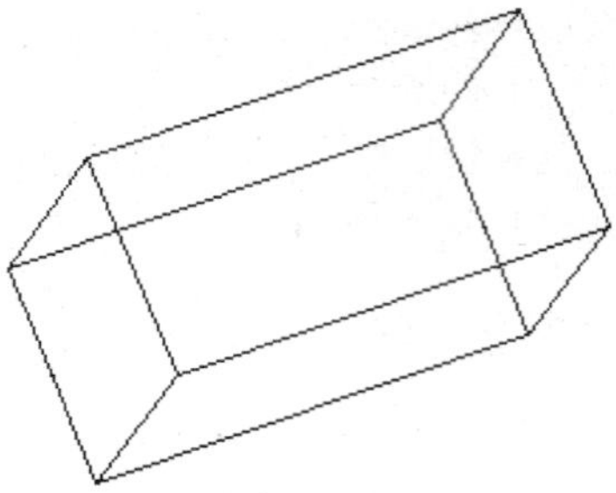

图11-20 长方体表面

11.2.2 绘制楔体表面

绘制楔体表面是创建一个直角楔状多边形网格，其斜面沿X轴方向倾斜。旋转的基点是楔体表面的角点。如果输入0，那么楔体表面保持与当前UCS平面正交。

首先确定楔体角点，然后指定楔体的长度、宽度和高度，最后指定楔体表面绕Z轴旋转的角度。

执行方式如下。

- 菜单栏：执行"绘图>建模>楔状"命令。

例如绘制一个尺寸为1000×800×500，旋转角度为30°的楔体，如图11-21所示。

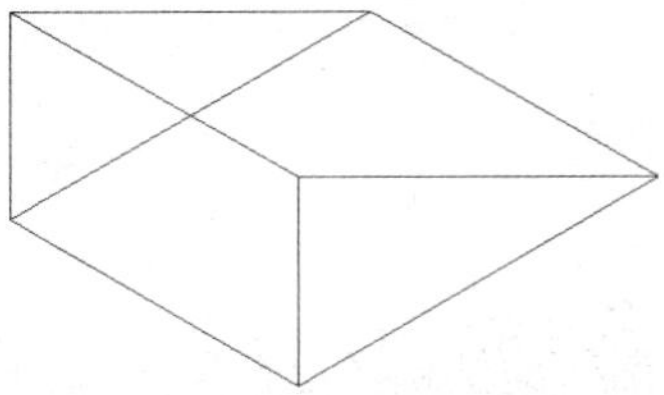

图11-21 楔体表面

11.2.3 绘制棱锥面

创建一个棱锥体或四面体表面。首先指定棱锥底面的各个角点，然后指定顶点或顶面的各个角点。

执行方式如下。

- 菜单栏：执行"绘图>建模>棱锥体"命令。

例如绘制如图11-22左所示的棱锥面。

若在指定棱锥顶点时输入T，可以绘制如图11-22右所示的棱台面。

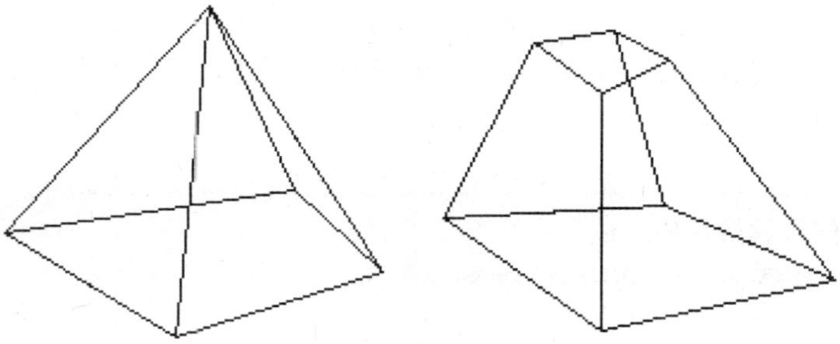

图11-22 棱锥面和棱台面

11.2.4 绘制圆锥面

即创建圆锥状多边形网格。首先指定底面圆心，然后依此指定底面半径或直径，顶面半径或直径，指定高度，最后指定曲面线段数目。

执行方式如下。

- 菜单栏：执行"绘图>建模>圆锥体"命令。

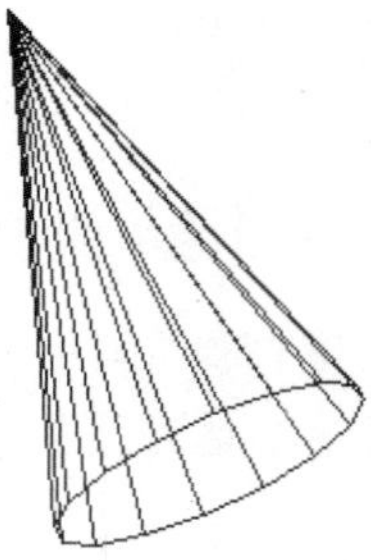

图11-23 圆锥面

> **工程师点拨：关于圆锥面的问题**
>
> AutoCAD绘制的圆锥面实际是一个正多边形棱锥或棱台拟合成圆锥或圆台，其底面多边形的边数（曲面线段的数目）决定了圆锥面的精确程度。

11.2.5 绘制球面

绘制球面是创建球状多边形网格。首先指定球面中心点，然后指定球面的半径或直径，最后指定曲面的经线数目和纬线数目。

- 菜单栏：执行“绘图>建模>球体”命令。

例如绘制球面半径为100的球面，如图11-24所示。

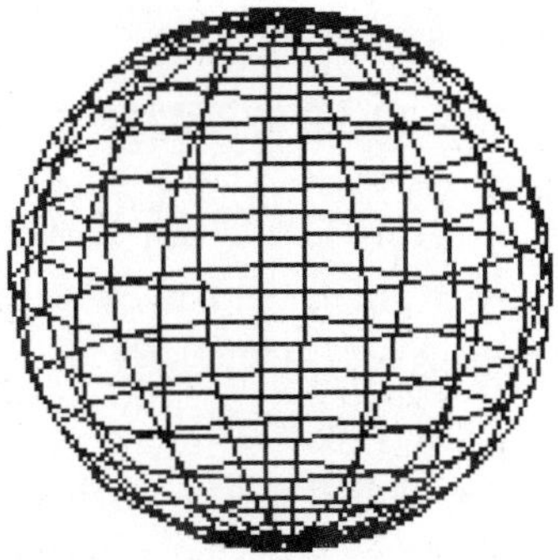

图11-24 球面

> **工程师点拨：关于球面的问题**
>
> 球面与圆锥面一样，也是由若干个梯形及三角形平面三维面拟合而成，类似于地球仪那样的三维网络系统。其经线数目和纬线数目决定了三维球面的精确度。

11.2.6 绘制圆柱面

绘制圆柱面即创建圆柱多边形网格。首先指定球面中心点，然后指定球面的半径或直径以及圆柱高度，最后指定曲面的经线数目和纬线数目。

- 菜单栏：执行“绘图>建模>球体”命令。

例如绘制球面半径为50，高度为100的圆柱面，如图11-25所示。

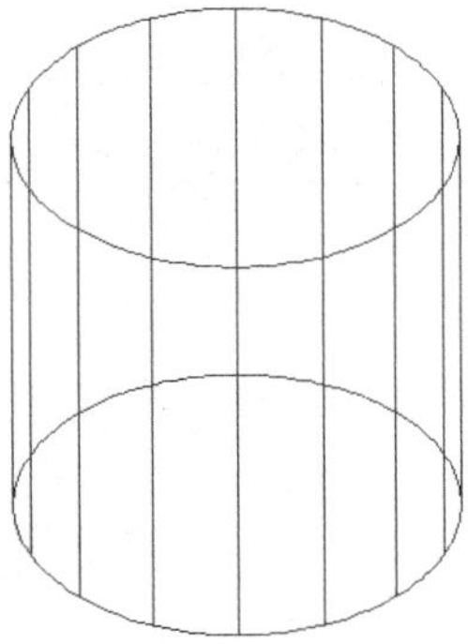

图11-25 圆柱面

11.2.7 绘制多段面

绘制多段面即创建多段面网格。首先指定起点，然后指定其他的点，直到终点，最后指定曲面的经线数目和纬线数目。

- 菜单栏：执行“绘图>建模>多段体”命令。

例如绘制球面半径为100的上半球面，如图11-26所示。

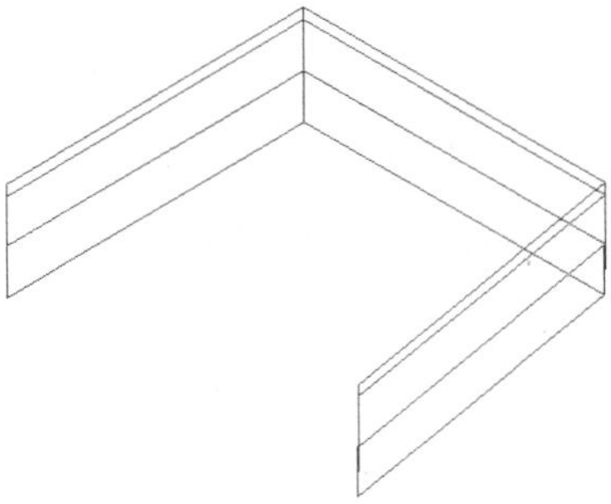

图11-26 多段面

11.2.8 绘制圆环面

创建与当前UCS的XY平面平行的圆环状多边形网格。首先指定圆环面的中心点及半径，然后指定圆管的半径，最后指定环绕圆管圆周的线段数目及环绕圆环面圆周的线段数目。

执行方式如下。

- 菜单栏：执行"绘图>建模>圆环体"命令。

例如绘制一个圆环面的半径为60，圆管的半径为12，环绕圆管圆周的线段数目为16，环绕圆环圆周的线段数目为8，如图11-27所示。

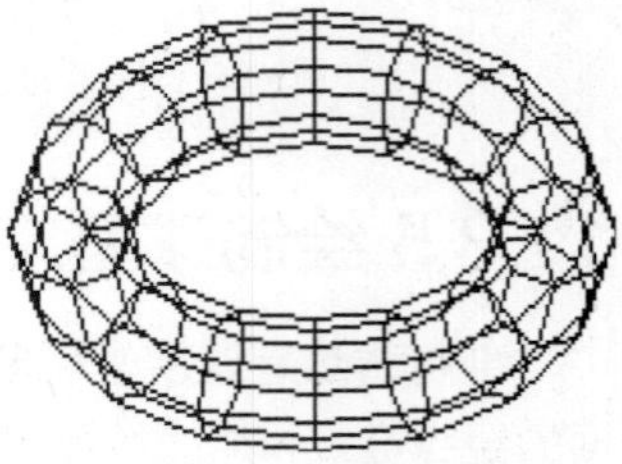

图11-27 圆环面

11.2.9 绘制网格

绘制网格即创建平面网格，其M向和N向的大小决定了沿这两个方向绘制的直线数目。M向和N向与XY平面的X和Y轴类似。首先指定网格的各个角点，然后指定M方向和N方向的网格数量。

执行方式如下。

- 菜单栏：执行"绘图>建模>曲面>平面"命令。

例如绘制一个M方向的网格数量为16，N方向的网格数量为8的网格，如图11-28所示。

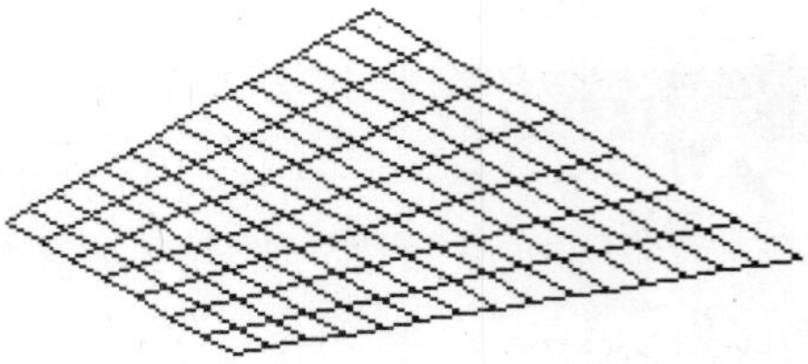

图11-28 网格

11.2.10 用 3DFACE 命令绘制三维面

在三维空间中的任意位置创建三侧面或四侧面。

执行方式如下。

- 命令行：在命令行输入3DFACE，按Enter键。

命令行提示如下。

```
命令：3dface
指定第一点或 [ 不可见 (I)]:
```

各个选项说明如下。

- "第一点"表示定义三维面的起点。在输入第一点后，可按顺时针或逆时针顺序输入其余的点，以创建普通三维面。如果将所有的四个顶点定位在同一平面上，那么将创建一个类似于面域对象的平面。当着色或渲染对象时，该平面将被填充。
- "不可见"表示控制三维面各边的可见性，以便建立有孔对象的正确模型。在边的第一点之前输入 i 或 invisible 可以使该边不可见。

不可见属性必须在使用任何对象捕捉模式、XYZ过滤器或输入边的坐标之前定义。可以创建所有边都不可见的三维面。这样的面是虚幻面，它不显示在线框图中，但在线框图形中会遮挡形体。

11.3 绘制复杂三维曲面

复杂三维曲面主要包括三维旋转曲面，三维平移曲面，三维直纹曲面和三维边界曲面。

11.3.1 绘制三维旋转曲面

创建绕选定轴旋转而成的旋转网格。

执行方式如下。

- 命令行：在命令行中输入REVSURF，按Enter键。

命令行会提示。"指定起点角度<0>:"、"指定包含角(+=逆时针，-=顺时针)<360>:"等命令。

各选项说明如下。

- "起点角度"：如果设置为非零值，平面将从生成路径曲线位置的某个偏移处开始旋转。
- "包含角"：指定平面绕旋转轴旋转的角度。

例如将曲线绕直线进行旋转，结果如图11-29所示。

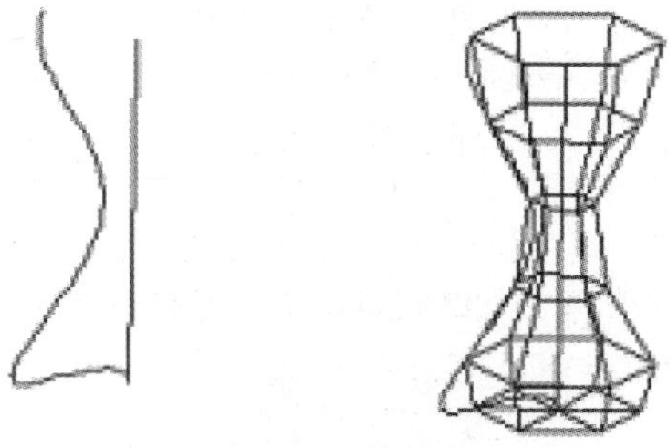

图11-29 旋转曲面

工程师点拨：关于三维旋转曲面的问题

三维旋转曲面是由一组梯形或三角形的三维面拟合而成，三维旋转曲面的精度取决于三维面的数量。不同的是三维旋转曲面的精度是由两个独立的系统变量决定。SURFTAB1表示沿旋转方向的拟合精度，默认值为6；SURFTAB2表示沿旋转对象方向的拟合精度，默认值为6。

11.3.2 绘制三维平移曲面

沿路径曲线和方向矢量创建平移网格。

执行方式如下。

- 命令行：在命令行中输入TABSURF，按Enter键。

调用TABSURF命令后，命令行会相继提示"选择用作轮廓曲线的对象:"和"选择用作方向矢量的对象:"等命令。

各选项定义如下。

- "轮廓曲线"：轮廓曲线可以是直线、圆、椭圆，二维或三维多段线。AutoCAD从轮廓曲线上离选定点最近的点开始绘制曲面。

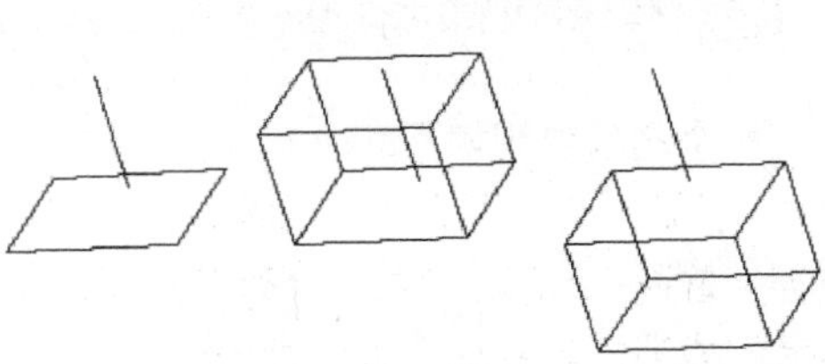

图11-30 平移曲面

- "方向矢量"：方向矢量指出形状的拉伸方向和长度。在多段线或直线上选定的端点决定了拉伸方向。若选上端点，则拉伸方向朝上；若选下端点，则拉伸方向朝下，如图11-30所示。

11.3.3 绘制三维直纹曲面

在两条曲线之间创建直纹网格。

绘制三维直纹曲面需要两条定义曲线，该对象可以是点、直线、样条曲线、圆、圆弧或多段线。如果有一个边界是闭合的，那么另一个边界必须也是闭合的。可以将一个点作为开放或闭合曲线的另一个边界，但是只能有一个边界曲线可以是一个点。

执行方式如下。

- 命令行：在命令行中输入RULESUR，按Enter键。

如果在同一端选择对象，则创建多边形网格；如果在两个对端选择对象，则创建自交的多边形网格，如图11-31所示。

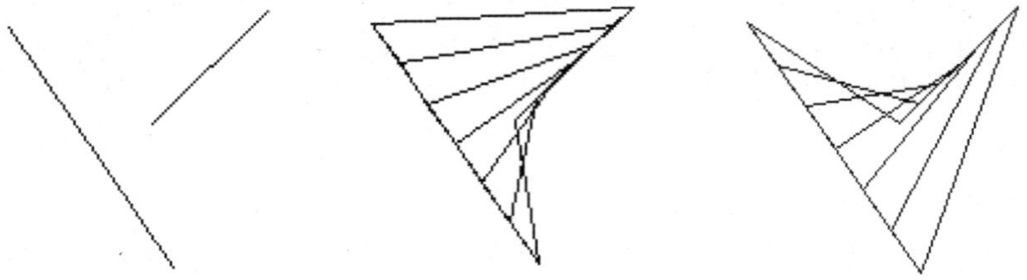

图11-31 平移曲面

11.3.4 绘制三维边界曲面

创建三维多边形网格。

绘制三维边界曲面必须选择定义网格片的四条邻接边。邻接边可以是直线、圆弧、样条曲线或开放的二维或三维多段线。这些边必须在端点处相交以形成一个拓扑形式的矩形的闭合路径。

执行方式如下。

- 命令行：在命令行中输入EDGESRF，按Enter键。

例如已知的图像创建三维边界曲面，如图11-32所示。

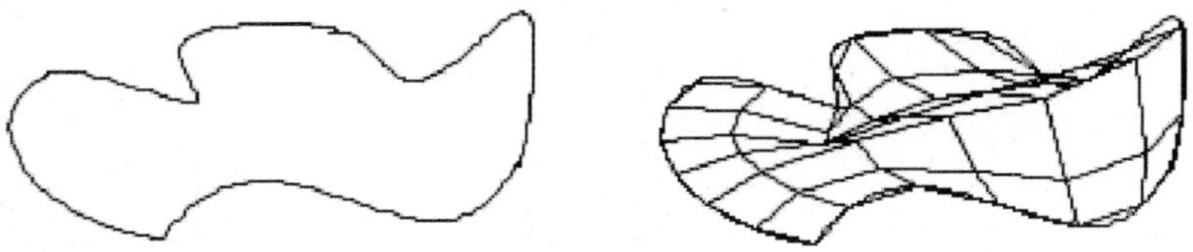

图11-32 边界曲面

工程师点拨：关于三维边界曲面的问题

四条边可以用任何次序选择。第一条边(SURFTAB1)决定了生成网格的M方向，该方向是从距选择点最近的端点延伸到另一端。与第一条边相接的两条边形成了网格N (SURFTAB2) 方向的边。

11.4 观察三维图形

11.4.1 图形旋转

利用旋转命令，可以在XY平面内旋转三维图形，其方法与平面图形的选转方法相同，但是，三维图形旋转后由于视点的改变，显示的效果也将发生改变。

执行方式如下。

- 命令行：在命令行中输入ROTATE，按Enter键。
- 工具栏：单击“修改”工具栏的“旋转”按钮。
- 菜单栏：执行“修改>旋转“命令。

调用命令后，命令行提示如下。

```
命令 :rotate
UCS 当前的正角方向： ANGDIR= 逆时针  ANGBASE=0
选择对象 : 找到 1 个
选择对象 :
指定基点 :
指定旋转角度，或 [ 复制 (C)/ 参照 (R)] <0>:
```

各选项说明如下。

- 复制：创建要旋转的选定对象的副本。
- 参照：将对象从指定的角度旋转到新的绝对角度。选择参照命令后提示“指定参照角度<上一个参照角度>:”、“指定新角度或[点(P)]<上一个新角度>:”，选项定义如下。

① 指定参照角度“上一个参照角度”：通过输入值或指定两点来指定角度。

② 指定新角度或[点(P)]“上一个新角度”：通过输入值或指定两点来指定新的绝对角度。

11.4.2 图形隐藏

重生成不显示隐藏线的三维线框模型。对三维图形进行隐藏，可以消除屏幕上存在而实际上应该被遮挡住的轮廓线或其他线条，隐藏后的实体更加符合现实中的视觉感受，如图11-33所示。

执行方式如下。

- 命令行：在命令行输入HIDE，按Enter键。
- 工具栏：单击“渲染”工具栏中的“隐藏”按钮。
- 菜单栏：执行“视图>隐藏”命令。

执行HIDE命令后，用户不需要进行目标选择，AutoCAD 2012会检查图形中的每根线，当确定线位于其他物体的后面时，将把该线条从视图上隐藏掉，这样图形看起来就更加逼真。当需要恢复消隐前的视图状态时，可采用“重生成”命令实现。图形消隐后不能使用“实时缩放”和“平移”命令。

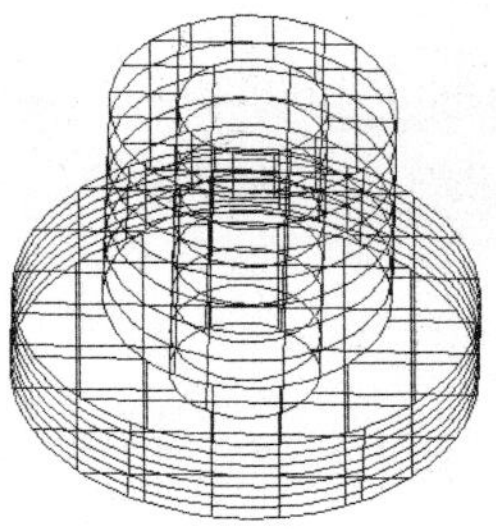

图11-33 图形消隐

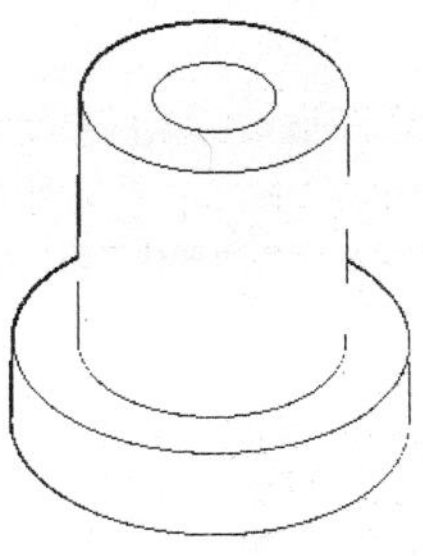

图11-34 图形着色

11.4.3 图形着色

“着色”命令以某种颜色在三维实体表面上色，并能根据观察角度确定各个面的相对亮度，产生更逼真的立体效果。

执行方式如下。

- 命令行：在命令行中输入SHADEMODE，按Enter键。

命令行提示如下。

```
命令：shademode VSCURRENT
输入选项 [ 二维线框 (2)/ 三维线框 (3)/ 三维隐藏 (H)/ 真实 (R)/ 概念 (C)/ 其他 (O)] < 二维线框 >:
```

各选项说明如下。

- “二维线框”和“三维线框”：显示用直线和曲线表示边界的对象，如图11-34左所示。其中二维线框表示实体中光栅和OLE对象、线型和线宽都是可见的。三维线框表示实体中光栅和OLE对象、线型和线宽都是不可见的。
- “三维隐藏”：显示用三维线框表示的对象并隐藏表示后向面的直线，如图11-35中所示。
- “真实”：着色多边形平面间的对象，并使对象的边平滑化。将显示已附着到对象的材质，如图11-36右所示。

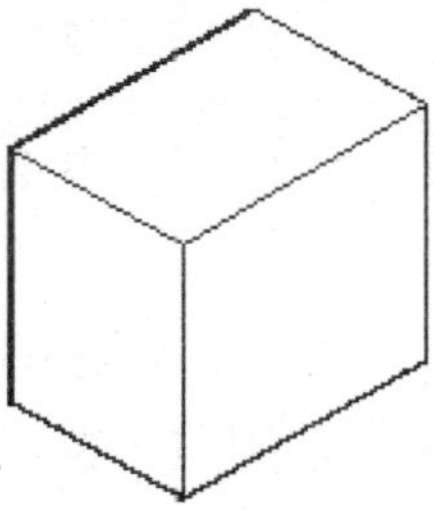
图11-35 线框着色模式

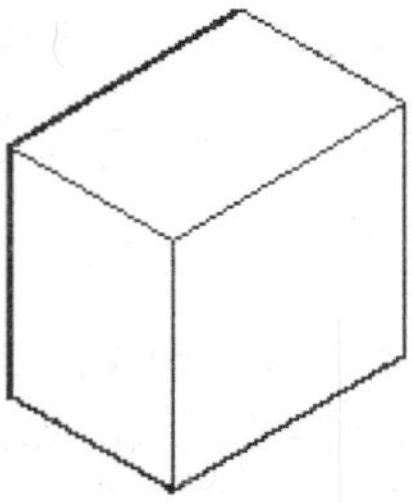
图11-36 三维隐藏

- “概念”：着色多边形平面间的对象，并使对象的边平滑化。着色使用冷色和暖色之间的过渡。效果缺乏真实感，但是可以更方便地查看模型的细节，如图11-37所示。

图11-37 真实

图11-38 概念

- “其他”：将显示以下提示：“输入视觉样式名称[?]:，”输入当前图形中的视觉样式的名称或输入“?”以显示名称列表并重复该提示。
- 在命令行中输入SHADE命令也可以对三维对象进行着色，可将生成的着色图像显示在绘图区域，但是不能打印。命令没有选项，可以使用两个系统变量来控制阴影效果：SHADEDGE变量控制着色边缘的阴影；SHADEDIF变量以漫反射光的百分比表示，设置漫反射光与环境光的比率。该命令的使用基本上与SHADEMODE相同。

11.4.4 改变曲线轮廓素线

当三维图形中包含弯曲面时（如圆柱体和球体等），曲面在线框模式下用线条的形式来显示，这些线条称为网线或轮廓素线。使用ISOLINES系统变量可以控制用于显示线框弯曲部分的素线数目。默认值为4，即使用4条网线来表达每一个曲面。该值为0时，表示曲面没有网线，如果增加网线条数，则会使图形看起来更接近3D实体，如图11-39所示。

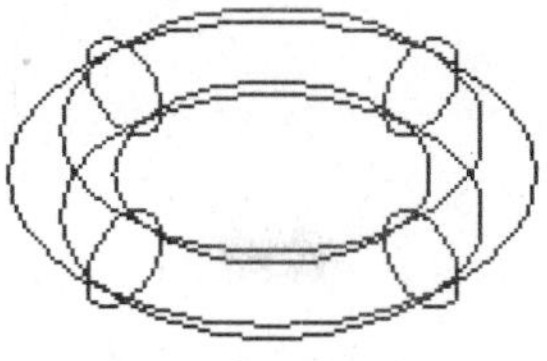

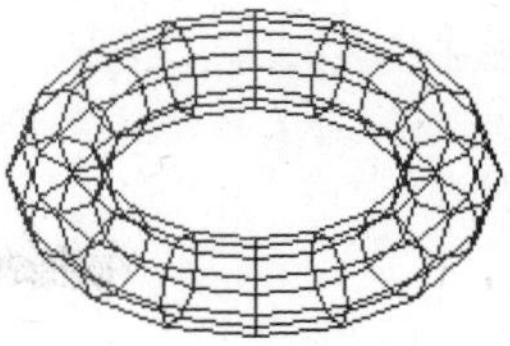

ISOLINES=4　　　　　　　　　　ISOLINES=8

图11-39 ISOLINES设置对实体显示的影响

工程师点拨：关于ISOLINES的设置

ISOLINES有效设置为从0到2047的整数。当ISOLINES值设置较大时，实体的显示时间将变长，修改ISOLINES值后，单击“视图>重生成”命令或执行REGEN命令，可以更新显示。

11.4.5 以线框形式表现实体轮廓

使用系统变量DISPSILH可以以线框形式显示实体轮廓。此时需要将其值设置为1，并用“消隐”或“着色”命令隐藏曲面的小平面，如图11-40所示。

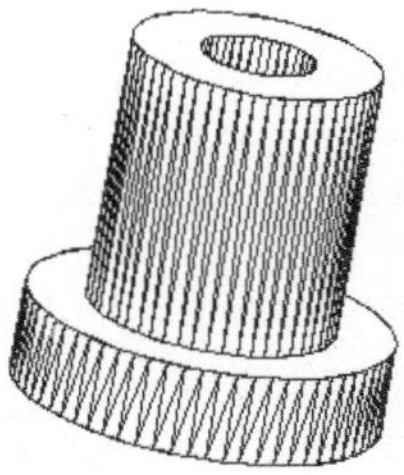

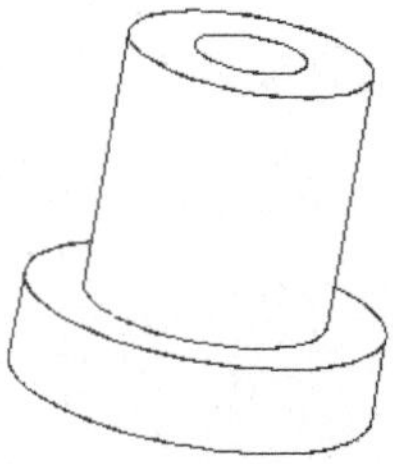

DISPSILH=0　　　　　　　　　　DISPSILH=1

图11-40 以线框形式实体轮廓

工程师点拨：关于DISPSILH操作问题

(1) 在二维线宽视觉样式中使用HIDE命令时，DISPSILH还将禁止显示网格。

(2) 修改DISPSILH值之后，必须执行“消隐”命令才能看出效果。

(3) DISPSILH设置适用于所有视口，但消隐命令仅针对某个视口，因此在不同的视口中可以产生不同的消隐效果。

11.4.6 改变实体表面平滑度

在AutoCAD中，要想在执行“消隐”、“着色”、“渲染”命令时，改变实体表面的平滑度，可通过修改系统变量FACETRES来实现。该变量用于设置曲面的面数，取值范围为0.01~10。其值越大，曲面越平滑，如图11-41所示。

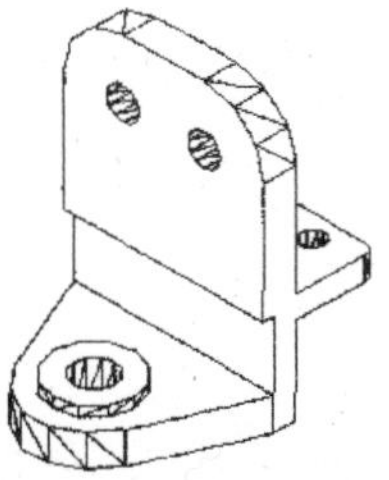

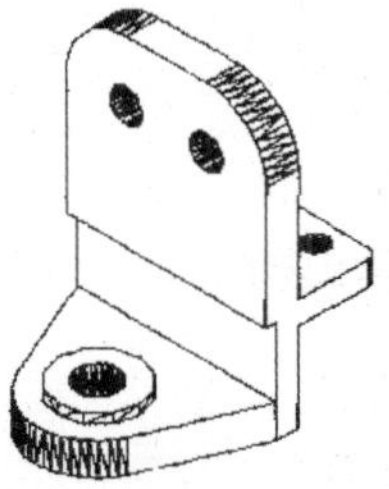

FACETRES=0.5　　　　　　　　　　FACETRES=1.0

图11-41 以线框形式实体轮廓

工程师点拨：FACETRES变量值问题

如果FACETRES变量值为1，那么执行“消隐”、“着色”或“渲染”命令时并不能看到FACETRES设置效果，此时必须将FACETRES值设置为0。

11.5 编辑三维曲面

三维曲面同样可以进行三维移动、三维镜像、三维阵列和三维旋转等多种操作。

11.5.1 三维旋转

在三维视图中显示旋转夹点工具并围绕基点旋转对象。

执行方式如下。

- 命令行：在命令行中输入3DROTATE”，按Enter键。
- 工具栏：单击“建模”工具栏中的“三维旋转”按钮。
- 菜单栏：执行“修改>三维操作>三维旋转”命令。

命令行提示如下。

```
命令：3DROTATE
UCS 当前的正角方向：ANGDIR= 逆时针 ANGBASE=0
选择对象：找到 1 个
选择对象：
指定基点：
拾取旋转轴：
指定角的起点或键入角度：
```

如果正在视觉样式设置为二维线框的视口中绘图，则在命令执行期间，3DROTATE会将视觉样式暂时更改为三维线框。

使用旋转夹点工具，用户可以自由旋转之前选定的对象和子对象，或将旋转约束到轴。

若将图形沿X轴旋转30°，得到的图形如图11-42所示。

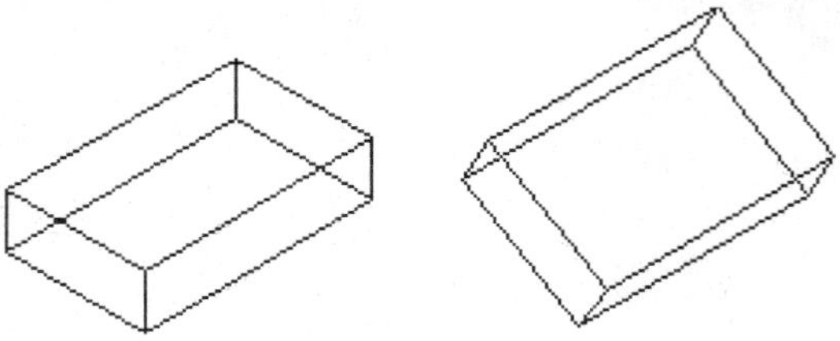

图11-42 三维旋转

11.5.2 三维镜像

用来创建相对于某一平面的镜像对象。

执行方式如下。

- 命令行：在命令行中输入MIRROR3D。
- 菜单栏：执行“修改>三维操作>三维镜像”命令。

命令行提示如下。

```
命令：_mirror3d
选择对象：找到 1 个
```

选择对象：
指定镜像平面（三点）的第一个点或
[对象(O)/最近的(L)/Z 轴(Z)/视图(V)/XY 平面(XY)/YZ 平面(YZ)/ZX 平面(ZX)/三点(3)] <三点>:
在镜像平面上指定第二点：
在镜像平面上指定第三点：
是否删除源对象？ [是(Y)/否(N)] <否>:

各选项具体说明如下。

- "三点"：通过三个点定义镜像平面。如果通过指定点来选择此选项，将不显示"在镜像平面上指定第一点"的提示。
- 对象：选择已经绘制好的对象作为镜像对象。
- 最近的：使用上次执行MIRROR3D时的设置。
- "Z 轴"：根据平面上的一个点和平面法线上的一个点定义镜像平面。
- "视图"：将镜像平面与当前视口中通过指定点的视图平面对齐。
- "XY(YZ、ZX) 平面"：将镜像平面与一个通过指定点的标准平面（XY、YZ 或 ZX）对齐。

例如将圆柱体对长方体的中间平面进行三维镜像，结果如图11-43所示。

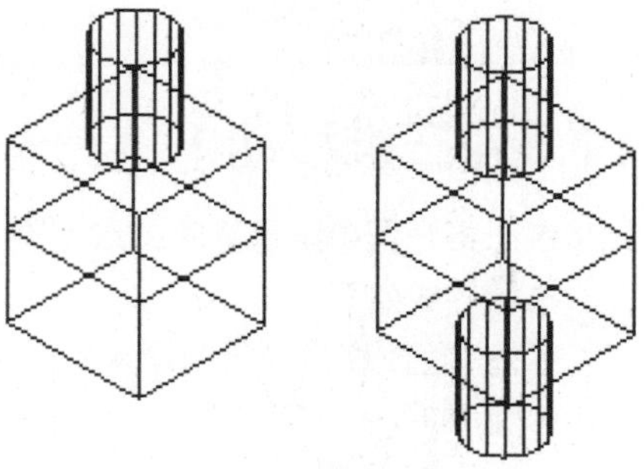

图11-43 三维镜像

11.5.3 三维阵列

在三维空间中创建对象的矩形阵列或环形阵列。除了指定列数（X方向）和行数（Y方向）以外，还要指定层数（Z方向）。

例如将一个圆锥体进行矩形阵列，3行3列，行间距为200，列间距为200，层间距为500，结果如图11-44所示。

例如将圆锥体进行环形阵列，项目数为8，角度为360°，旋转轴为图中直线，结果如图11-45所示。

执行方式如下。

- 命令行：在命令行中输入3DARRAY，按Enter键。
- 菜单栏：执行"修改>三维操作>三维阵列"命令。

命令行提示如下。

命令：_3darray
选择对象：找到 1 个
选择对象：
输入阵列类型 [矩形(R)/环形(P)] <矩形>:R
输入行数 (---) <1>:
输入列数 (|||) <1>:
输入层数 (...) <1>:
指定行间距 (---):
指定列间距 (|||):
指定层间距 (...):

图11-44 三维矩形阵列

若选择环形阵列命令。
命令行提示如下。

```
_3DARRAY
选择对象：指定对角点：找到 1 个
选择对象：
输入阵列类型 [ 矩形 (R)/ 环形 (P)] < 矩形 >:p
输入阵列中的项目数目：
指定要填充的角度 (+= 逆时针，-= 顺时针 ) <360>:
旋转阵列对象？ [ 是 (Y)/ 否 (N)] <Y>: N
指定阵列的中心点：
指定旋转轴上的第二点：
```

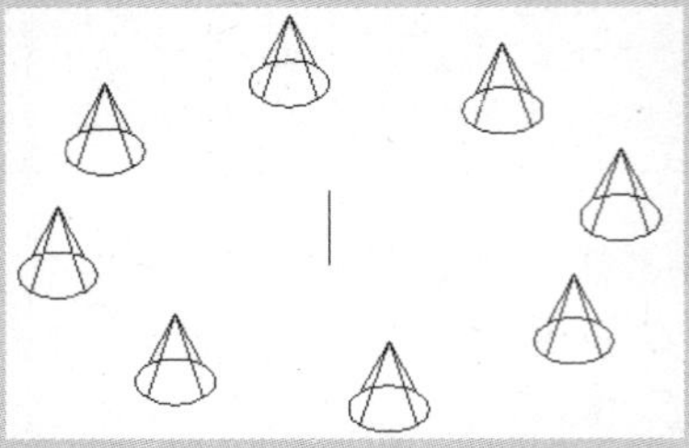

图11-45 三维环形阵列

11.5.4 三维移动

在三维视图中显示移动夹点工具，并沿指定方向将对象移动指定距离。
执行方式如下。

- 命令行：在命令行中输入3DMOVE，按Enter键。
- 菜单栏：执行“修改>三维操作>三维移动”命令。

命令行提示如下。

```
命令：3DMOVE
选择对象：指定对角点：找到 1 个
选择对象：
指定基点或 [ 位移 (D)] < 位移 >：指定第二个点或 < 使用第一个点作为位移 >：正在重生成模型
```

例如将长方体上的圆柱体从一对角点移动到另一个对角点，如图11-46所示。

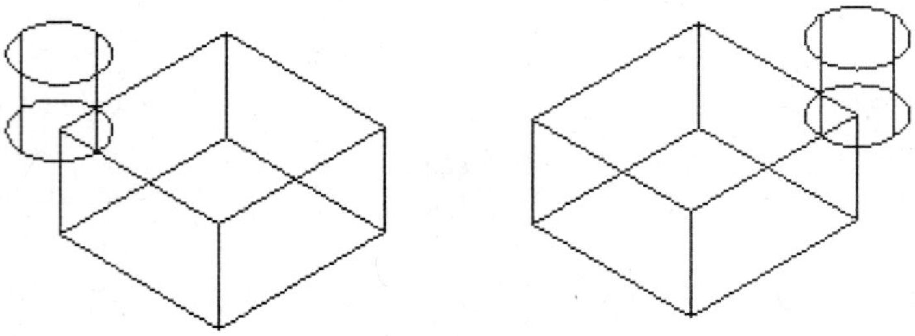

图11-46 三维移动

综合实例 —— 绘制沙发

随着CAD技术的发展，三维的功能也随之强大。本章学习基本三维制图，我们用它绘制各种三维图形，在绘制三维图形之前，要设置好三维坐标，三维坐标有四种，下面以绘床头柜为例。

Step01 单击桌面上 Autocad 2012 图标，打开 CAD 的绘图环境并且熟悉操作界面并对其设置，如图 11-47 所示。

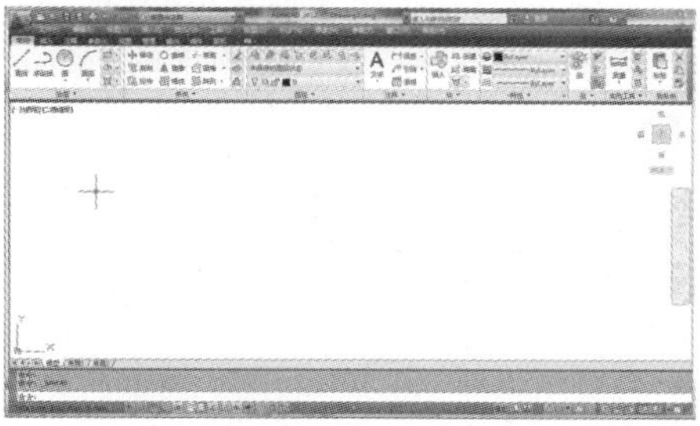

图11-47 设置绘图区域

Step02 单击“视图”工具栏中的“东南等轴测”命令按钮，将视图调整为东南等轴测视图，如图 11-48 所示。

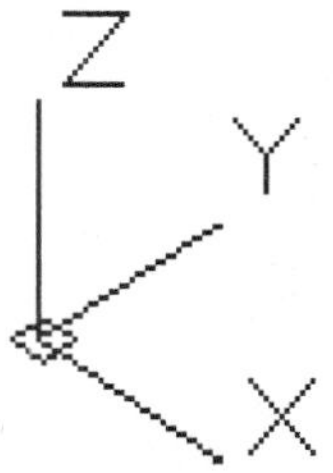

图11-48 东南等轴测

Step03 单击“建模”工具栏中的“长方体”命令按钮，在绘图区绘制一个 130×1500×1100 的长方体，如图 11-49 所示。

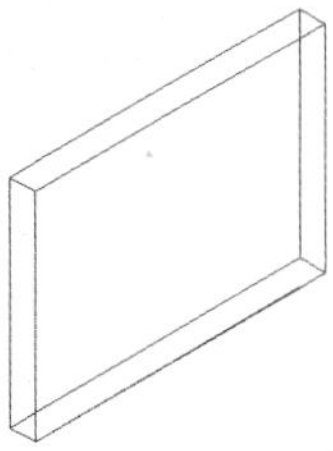

图11-49 绘制长方体

Step04 再利用长方体命令在绘图区绘制一个 130×1500×1100 的长方体和 1300×1200×1100 的长方体，形成沙发的框架，如图 11-50 所示。

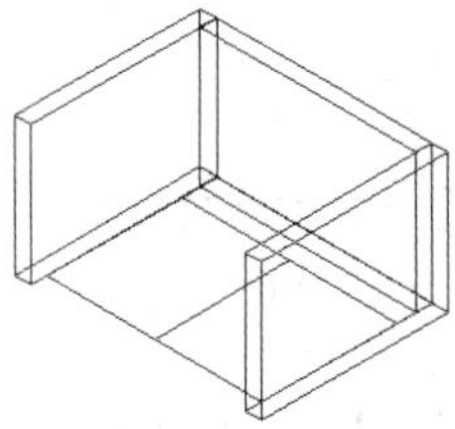

图11-50 绘制沙发的框架

Step05 利用长方体命令在绘图区绘制一个 600×1200×250 的长方体，形成沙发的一个坐垫框架，如图 11-51 所示。

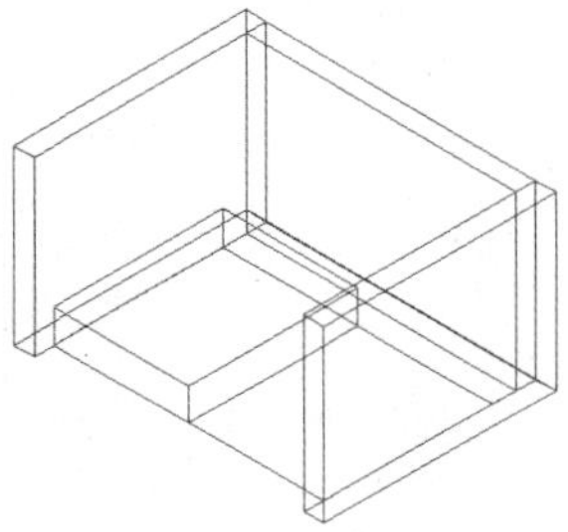

图11-51 绘制坐垫框架

Step06 利用长方体命令在绘图区绘制一个 600×1200×250 的长方体，形成沙发的另一个坐垫框架，如图 11-52 所示。

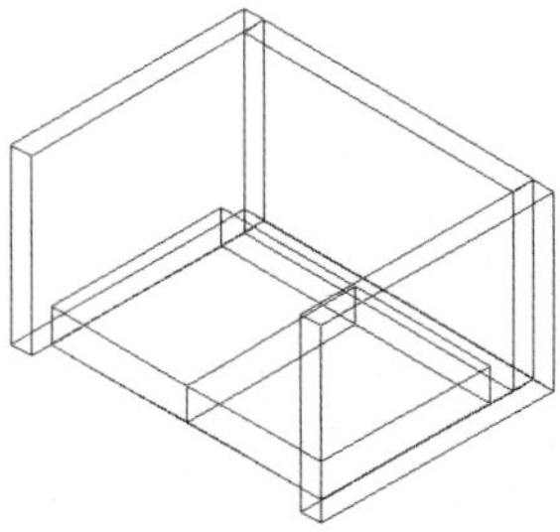

图11-52 绘制坐垫框架图案

Step07 利用“长方体”命令在绘图区绘制两个 600×150×900 的长方体，形成沙发的两个靠背，如图 11-53 所示。

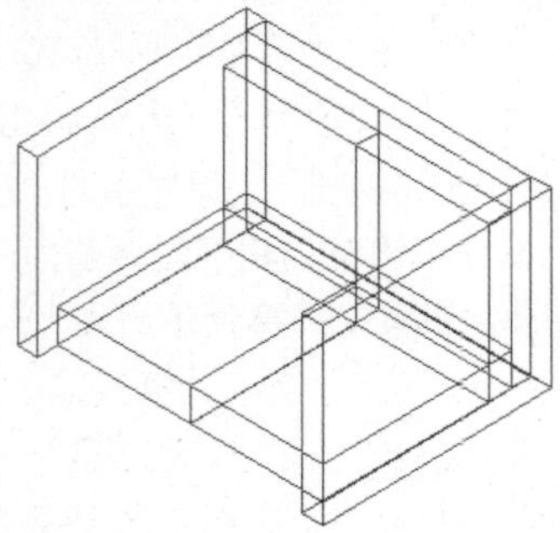

图11-53 绘制两个靠背

Step08 利用圆角命令，设置圆角半径为 20 个绘图单位，对所沙发一个板前沿进行圆角编辑，如图 11-54 所示。

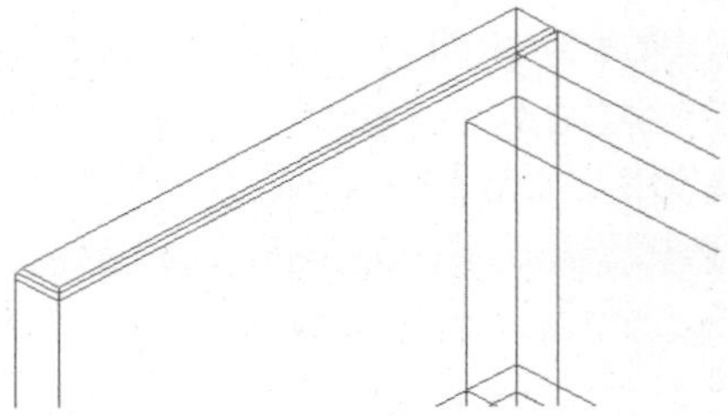

图11-54 编辑圆角

Step09 再利用圆角命令，设置圆角半径为 10 个绘图单位，对沙发外框架所有板前沿进行圆角编辑，如图 11-55 所示。

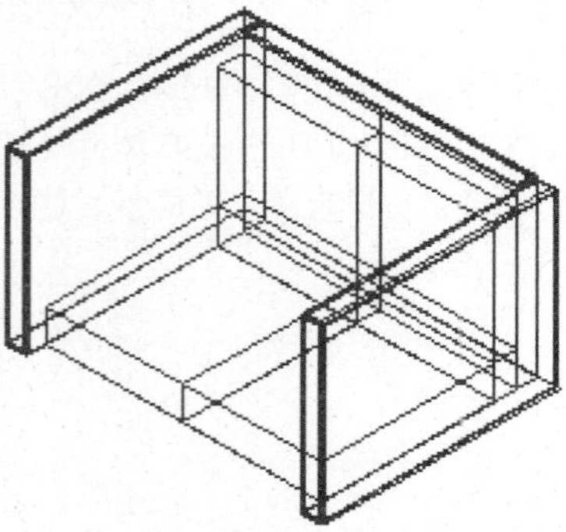

图11-55 沙发外框圆角

Step10 再利用圆角命令，设置圆角半径为 10 个绘图单位，对沙发坐垫和靠背所有板前沿进行圆角编辑，如图 11-56 所示。

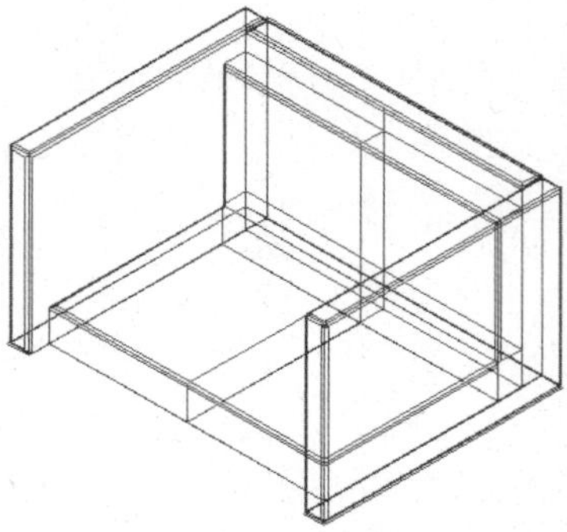

图11-56 绘制坐垫和靠背

Step11 对绘制好的图形进行添加颜色，如图 11-57 所示。

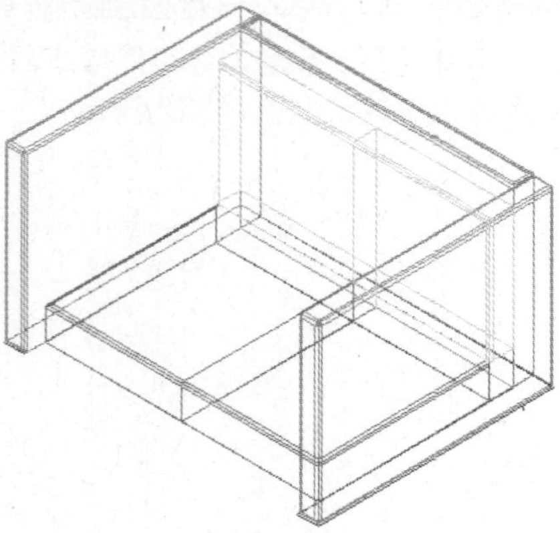

图11-57 添加颜色

Step12 利用渲染命令，对图形进行渲染并将图形保存，如图 11-58 所示。

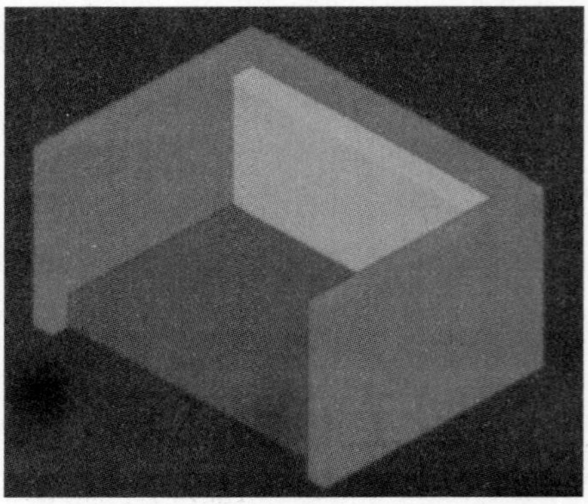

图11-58 渲染

高手应用秘籍：建筑制图三维创建的相关规定

在工程设计与生产过程中，往往需要物体的许多信息，如外形、颜色、体积、面积、重心、惯性矩、纹理、光照等，能否有效地表达这些信息，直接关系到能否提高设计效率，设计成功率。目前在工程实际设计中，设计人员先在头脑中想象出物体的立体形状，用二维投影视图将其表达在图纸上，这是一种间接表达方法。这需要设计人员必须具有投影知识，根据投影原理推断出物体在某一平面上投影形状，并用二维视图表达出来的。

在表达视图的过程中，经常会碰到因为用二维图形表达三维图形出现的歧义性，而读图的人员要把它们在头脑中还原成三维物体的形状，给读图的工程技术人员也带来极大的不便，这种不便其实是人为造成的，因为过去在计算机上难以表达三维物体的真实形状。随着计算机软件硬件技术的迅速发展，三维CAD技术得到了长足的进步，在计算机上表达物体的三维形状已经不成问题，而且从三维图形向二维图形转换只是一个命令或一种简单的操作，解决了技术人员读图难、转换难、易出错等多个难题。三维几何造型在机械、建筑、服装、三维动画以及广告设计等方面有着广泛的用途。

目前，三维设计在我国正处于普及推广时期，国内外许多三维CAD软件以其功能完善、界面友好、使用方便而越来越得到工程技术人员的青睐。在微机三维CAD领域，以AutoCAD 2012为代表，为我们提供了丰富的三维设计功能，掌握这些功能意味着在设计工作中，在三维CAD领域有了强大的工具，开辟更广阔的设计、创造的空间。

下面介绍三维几何造型的分类。

❶ 线框模型

即用三维的棱线、轮廓线来表达三维物体。线框模型的特点是：①结构简单、易于绘制；②从线框模型可以任意改变投影方向，得到不同的投影视图及透视图；③必须经过分析判断才能想象出物体的形状，当图形复杂时，棱线过多，容易引起模糊理解，产生二义性；④只有边的信息，没有面和体的信息，不能消除隐藏线，不能剖切，不能计算面积、体积、重心、惯性矩，不能求交，无法生成数控加工刀具轨迹，不能进行装配、干涉检查等。

❷ 面框模型

面框模型就是用物体的表面组成的三维造型来表达三维物体。面框模型的特点是①比线框模型进了一步，包括面的信息，可以解决与图形有关的许多问题，如消隐、着色、计算面积、表面交线、生成数控刀具的运动轨迹等；②特别适合构造复杂的曲面立体模型，如模具、汽车、飞机等复杂零件表面，以及自然景物模拟、地形、地貌、矿产资源、人体器官、各种科学计算结果的直观显示等；③没有体的信息，不能做布尔运算，不能削切，不能计算体积、重心、惯性矩，不能求交，无法生成数控加工刀具轨迹，不能进行装配、干涉检查等。

❸ 实体模型

实体模型包括了三维产品的线、面、体等全部几何信息，实体模型的特点是：①能做布尔运算，能剖切，能计算体积、重心、惯性矩，能求交，可生成数控加工刀具轨迹，有限元网格划分，能进行装配、干涉检查等；②可以为所设计的零部件赋予材质、进行着色、光照、纹理处理技术，使物体表现出良好的可视性，因而在计算机艺术、广告设计、三维动画等领域有着广泛应用前景。

秒杀工程疑惑

本章主要介绍AutoCAD 2012简单的三维实体和三维建模的应用命令，通过本章的学习，需要大家了解三维坐标系、视点的设置以及绘制基本的曲面和三维特殊曲面，掌握简单三维绘图的命令以及应用。

问　题	解　答
圆环体的半径是指哪段距离?	圆环体的半径是指从圆环体中心到最外边的距离，而不是到圆管中心的距离
关于 DISPSILH 操作应注意那些问题?	❶ 在二维线宽视觉样式中使用 HIDE 命令时，DISPSILH 还将禁止显示网格 ❷ 修改 DISPSILH 值之后，必须执行“消隐”命令才能看出效果 ❸ DISPSILH 设置适用于所有视口，但消隐命令仅针对某个视口，因此在不同的视口中可以产生不同的消隐效果
FACETRES 何时必须将其值设置为 0？	如果 FACETRES 变量值为 1，那么执行“消隐”、“着色”或“渲染”命令时并不能看到 FACETRES 设置效果，此时必须将 FACETRES 值设置为 0
拉伸的对象有哪些?	可以拉伸的对象包括：直线、圆弧、椭圆弧、二维多段线、二维样条曲线、圆、椭圆、三维实体、二维实体、宽线、面域、平曲面和实体上的平面
拉伸路径的对象有哪些?	可以作为拉伸路径的对象包括：直线、圆、圆弧、椭圆、椭圆弧、二维多段线、三维多段线、二维样条曲线、实体的边、曲面的边和螺旋线

AutoCAD 2012

CHAPTER 12

实体造型

本章主要讲解基本三维实体的绘制及编辑，以及对基本实体对象运用布尔运算，生成更为复杂的实体，最后介绍了如何对实体对象进行渲染处理等。

学完本章您可以掌握如下知识点

知识点序号	知识点难易指数	知识点
1	★	三维实体的绘制以及利用二维图形创建实体
2	★★	布尔运算
3	★★★	三维实体编辑
4	★★★★	重画与重生成

本章内容图解链接

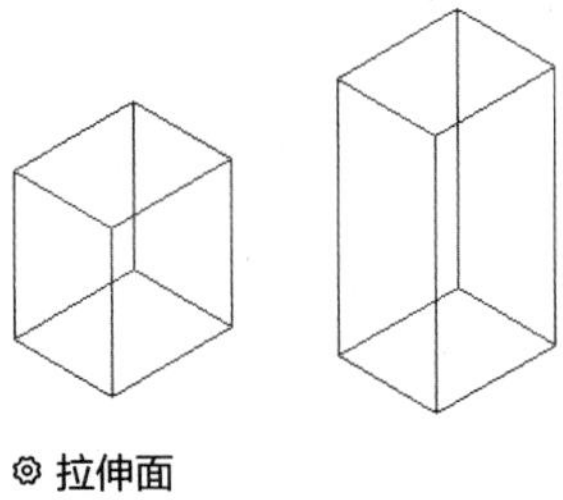

◎ 拉伸面

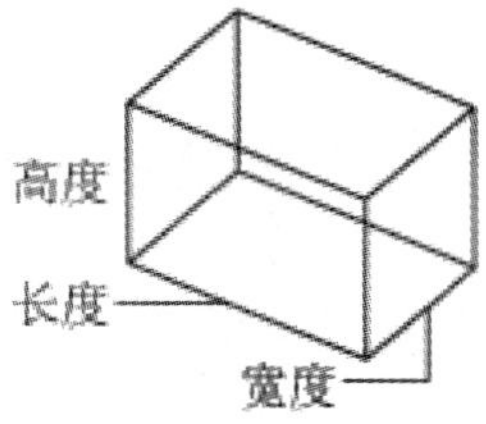

◎ 绘制长方体

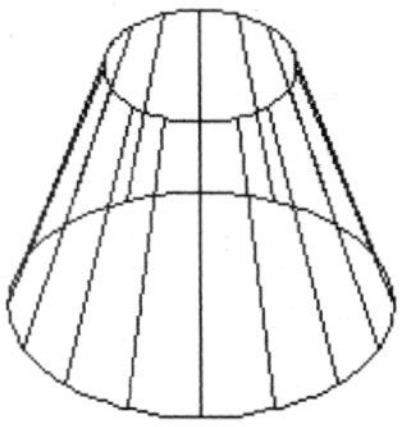

◎ 绘制圆台

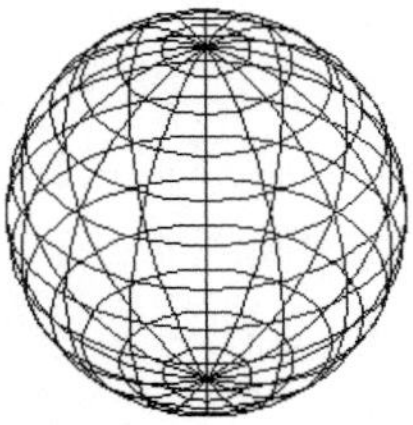

◎ 绘制球体

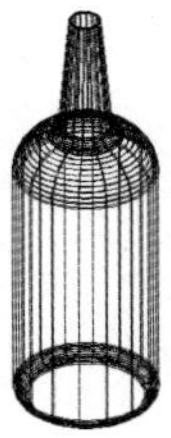

◎ 三维实体

◎ 渲染结果

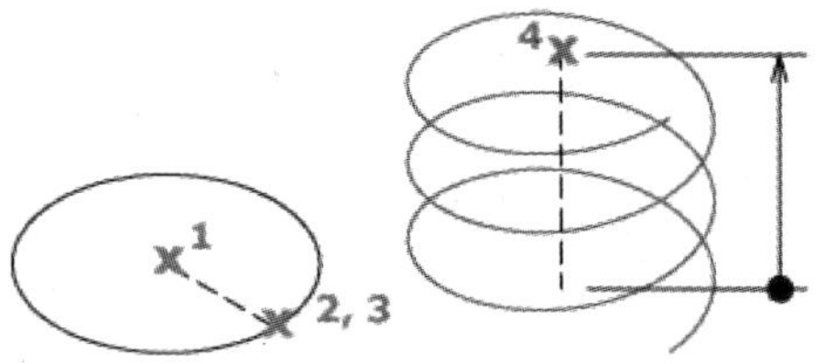

◎ 绘制螺旋

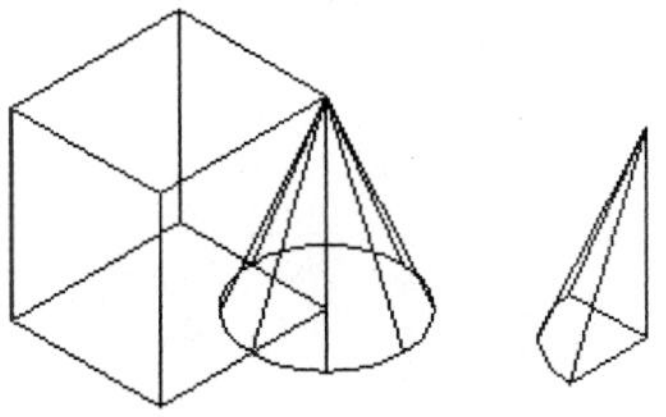

◎ 交集运算

12.1 绘制基本实体对象

实体是能够完整表达物体几何形状和物理特性的空间模型，与线框和网格相比，实体的信息最完整，容易构造和编辑。相对更容易构造和编辑复杂的三维实体，是AutoCAD的核心建模手段。

基本三维实体对象有：长方体、圆锥体、圆柱体、球体、楔体、棱锥体和圆环体等。

“建模”菜单栏如图12-1所示。

菜单栏如图12-2所示。

图12-1 “建模”工具栏

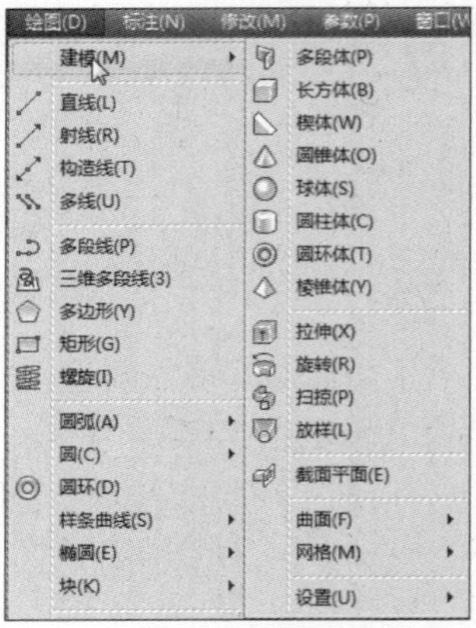

图12-2 菜单栏

12.1.1 绘制长方体

创建三维实体长方体。

绘制长方体执行方式如下。

- 命令行：在命令行中输入BOX，按Enter键。
- 工具栏：单击“建模”工具栏中的“长方体”按钮 。
- 菜单栏：执行“绘图>建模>长方体” 命令。

命令行提示如下。

```
_box
指定第一个角点或 [ 中心 (C)]:
指定其他角点或 [ 立方体 (C)/ 长度 (L)]:
指定高度或 [ 两点 (2P)]:
```

各选项说明如下。

- 角点：指定长方体的其他角点。输入另一角点的数值，即可确定该长方体，首先指定点1和点2确定底面，再指定点3确定长方体的高。如果输入的是正值，则沿着当前UCS的X、Y和Z轴的正向绘制长度；如果输入的三是负值，则沿着X、Y和Z轴的负向绘制长度，如图12-3所示。
- 立方体：即为创建一个长、宽、高相等的长方体，如图12-4所示。
- 长度：要求输入长、宽、高的值，如图12-5所示。
- 中心点：使用指定的中心点创建长方体，如12-6右所示。

例如绘制一个10×20×20的长方体，如图12-7左所示。

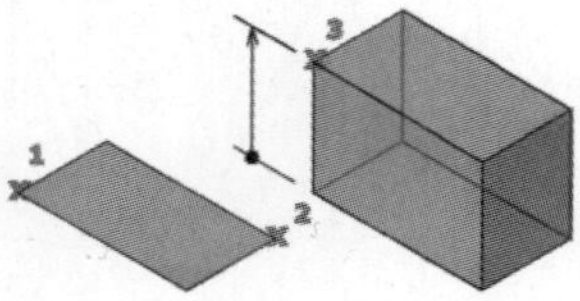

图12-3 长方体

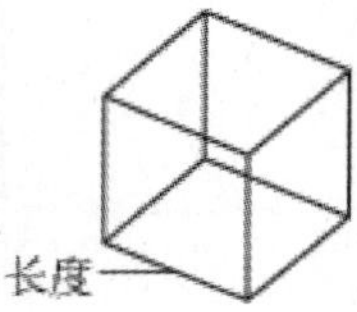

图12-4 立方体

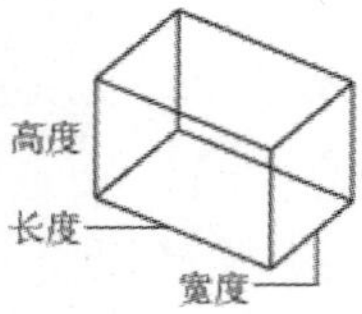

图12-5 长方体图

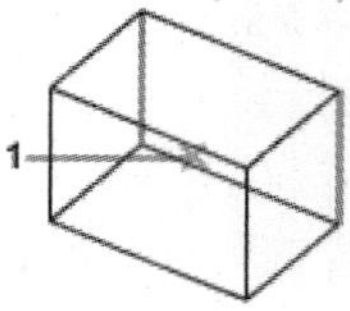

12-6 指定中心点创建长方体

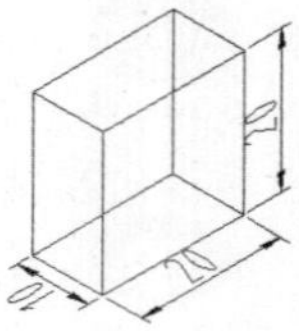

图12-7 长方体

12.1.2 绘制楔体

创建五面三维实体，并使其倾斜面沿X轴方向。

绘制楔体执行方式如下。

- 命令行：在命令行中输入WEDGE，按Enter键。
- 工具栏：单击"建模"工具栏中的"楔体"按钮。
- 菜单栏：执行"绘图>建模>楔体"命令。

命令行提示如下。

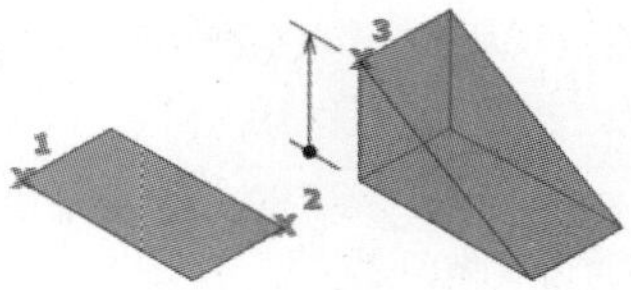

图12-8 楔体

```
命令：_wedge
指定第一个角点或 [ 中心 (C)]:
指定其他角点或 [ 立方体 (C)/ 长度 (L)]:
指定高度或 [ 两点 (2P)] <0>:
```

命令中各个选项的含义和长方体命令行的含义相同，不再介绍，首先指定点1和点2确定底面，再指定点3确定楔体的高，如图12-8右所示。

12.1.3 绘制球体

创建三维实心球体。可以通过指定圆心和半径上的点创建球体，如图12-9所示，首先指定点1为球心，再指定点2确定半径。可以通过FACETRES系统变量控制着色或隐藏视觉样式的曲面三维实体（例如球体）的平滑度。

绘制球体执行方式如下。

- 命令行：在命令行中输入SPHERE，按Enter键。
- 工具栏：单击"建模"工具栏中的"球体"按钮。
- 菜单栏：执行"绘图>建模>"球体" 命令。

命令行提示如下。

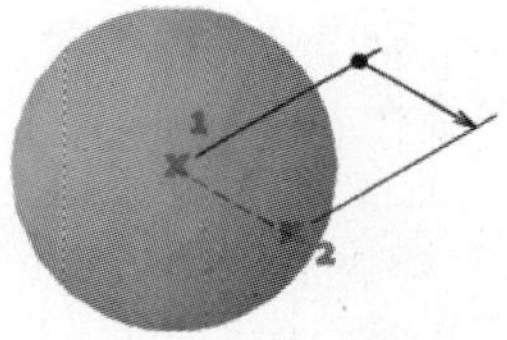

图12-9 球体

```
命令：_sphere
指定中心点或 [ 三点 (3P)/ 两点 (2P)/ 相切、相切、半径 (T)]:
指定半径或 [ 直径 (D)]:
```

各选项说明如下。

- 中心点：指定球体的中心点。指定中心点后，将放置球体以使其中心轴与当前用户坐标系(UCS)的Z轴平行，纬线与XY平面平行。
- 三点：通过在三维空间的任意位置指定三个点来定义球体的圆周。三个指定点也可以定义圆周平面。
- 两点：通过在三维空间的任意位置指定两个点来定义球体的圆周。第一点的Z值定义圆周所在平面。
- 相切、相切、半径：通过指定半径定义可与两个对象相切的球体。指定的切点将投影到当前UCS。

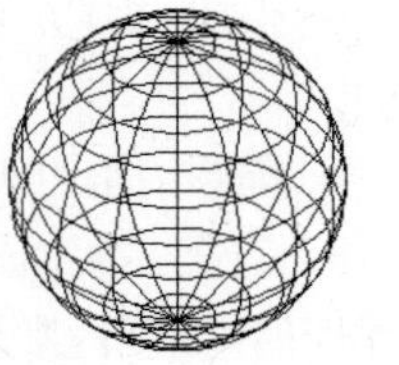
图12-10 球体

例如绘制一个半径为100的球体，ISOLINES设置为16，如图12-10 所示。

命令行提示如下。

```
命令：_sphere
指定中心点或 [ 三点 (3P)/ 两点 (2P)/ 相切、相切、半径 (T)]:
指定半径或 [ 直径 (D)]:
```

各选项说明如下。

- 中心点：指定球体的中心点。指定中心点后，将放置球体以使其中心轴与当前用户坐标系(UCS)的Z轴平行，纬线与XY平面平行。
- 三点：通过在三维空间任意位置指定三个点来定义球体的圆周。三个指定点也能定义圆周平面。
- 两点：通过在三维空间任意位置指定两个点来定义球体的圆周。第一点的Z值可以定义圆周所在平面。
- 相切、相切、半径：通过指定半径定义可与两个对象相切的球体。指定的切点将投影到当前UCS。

例如绘制一个半径为100的球体，ISOLINES设置为16，如图12-10 所示。

12.1.4 绘制圆柱体

创建一个以圆或椭圆为底面和顶面的实体圆柱体。

绘制圆柱体执行方式如下。

- 命令行：在命令行中输入CYLINDER。
- 工具栏：单击“建模”工具栏中的“圆柱体”按钮。
- 菜单栏：执行“绘图>建模>圆柱体”命令。

命令行提示如下。

```
命令：_cylinder
指定底面的中心点或 [ 三点 (3P)/ 两点 (2P)/ 相切、相切、半径 (T)/ 椭圆 (E)]:
指定底面半径或 [ 直径 (D)] <0.0000>:
指定“高度或 [ 两点 (2P)/ 轴端点 (A)] <0.0000>:
```

各选项说明如下。

- 中心点：指定圆柱体底面的中心点。
- 三点：通过指定三个点来定义圆柱体的底面周长和底面，如图12-11所示，首先指定点1和点2确定底面，再指定点3确定圆柱体的高。

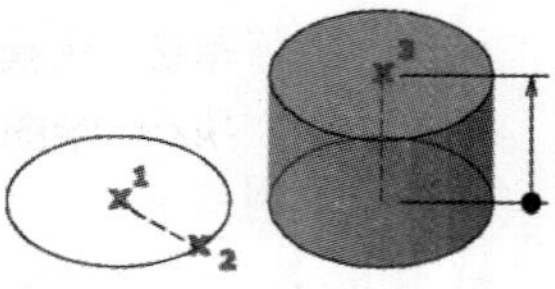

图12-11 圆柱体

- 两点：通过指定两个点来定义圆柱体的底面直径。
- 相切、相切、半径：定义具有指定半径，且与两个对象相切的圆柱体底面。
- 椭圆：指定圆柱体的椭圆底面，如 图12-12 所示。

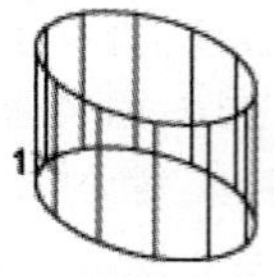

图12-12 椭圆底面的圆柱体

- 直径：指定圆柱体的底面直径。最初，默认高度未设置任何值。绘制图形时，高度的默认值始终是先前输入的任意实体图元的高度值。
- “轴端点”：指定圆柱体轴的端点位置。此端点是圆柱体的顶面中心点，轴端点可以位于三维空间的任何位置，轴端点定义了圆柱体的长度和方向。

12.1.5 绘制圆锥体

创建一个三维实体，该实体以圆或椭圆为底，以对称方式形成锥体表面，最后交于一点，或交于圆或椭圆平面。

绘制圆锥体执行方式如下。

- 命令行：在命令行中输入CONE，按Enter键。
- 工具栏：单击"建模"工具栏中的"圆锥体"按钮 。
- 菜单栏：执行"绘图>建模>圆锥体"命令。

调用圆锥体命令后，命令行提示如下。

```
命令：_cone
指定底面的中心点或 [ 三点 (3P)/ 两点 (2P)/ 相切、相切、半径 (T)/ 椭圆 (E)]:
指定底面半径或 [ 直径 (D)] <0.0000>:
指定高度或 [ 两点 (2P)/ 轴端点 (A)/ 顶面半径 (T)] <0.0000>:
```

其中"中心点"、"三点"、"两点"、"相切、相切、半径"和"椭圆"的含义和圆柱体命令行的含义相同，不再介绍。

利用"三点"绘制圆锥体，如图12-13所示，首先指定点1和点2以确定底面，再指定点3确定圆锥体的高。

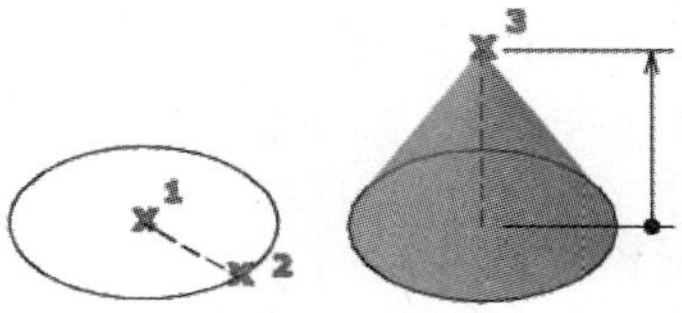

图12-13 圆锥体

"顶面半径"：用来创建圆台时指定圆台的顶面半径。利用该选项可以绘制一个圆台，如图12-14所示。

图12-14 圆台

12.1.6 绘制圆环体

创建三维圆环形实体。

绘制圆环体执行方式如下。

- 命令行：在命令行中输入TORUS，按Enter键。
- 工具栏：单击"建模"工具栏中的"圆环体"按钮 。
- 菜单栏：执行"绘图>建模>圆环体" 命令。

调用圆环体命令后，命令行提示如下。

```
命令：_torus
指定中心点或 [ 三点 (3P)/ 两点 (2P)/ 相切、相切、半径 (T)]:
指定半径或 [ 直径 (D)] <0.0000>:
指定圆管半径或 [ 两点 (2P)/ 直径 (D)]:
```

各选项说明如下。

- 中心点：指定中心点后，将放置圆环体以使其中心轴与当前用户坐标系(UCS)的Z轴平行。圆环体与当前工作平面的XY平面平行且被该平面平分。

● 三点：用指定的三个点定义圆环体的圆周。三个指定点也可以定义圆周所在平面。利用该方法绘制的圆环体如图12-15所示，首先指定点1和点2确定圆环的半径，再指定点3确定圆管的半径。

● 两点：用指定的两个点定义圆环体的圆周。第一点的Z值定义圆周所在平面。

● 相切、相切、半径：使用指定半径定义可与两个对象相切的圆环体。指定的切点将投影到当前UCS中。

绘制底面半径为20，圆管的半径为7的圆环体，如图12-16所示。

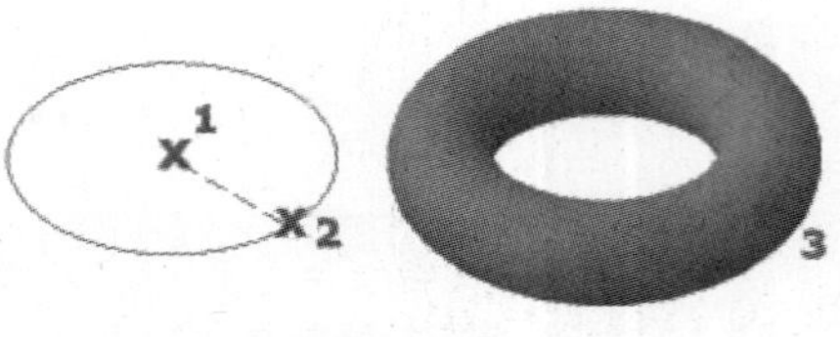

图12-15 圆环体

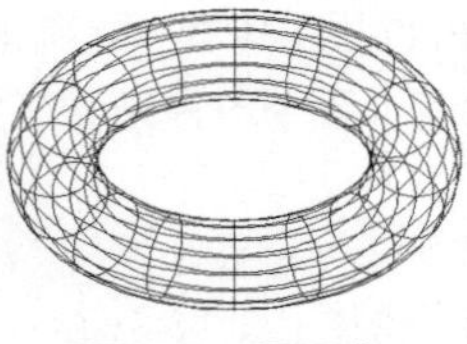

图12-16 圆环体

● 两点：用指定的两个点定义圆环体的圆周。第一点的Z值定义圆周所在平面。

● 相切、相切、半径：使用指定半径定义可绘制与两个对象相切的圆环体。指定的切点将投影到当前UCS中。

绘制底面半径为20，圆管的半径为7的圆环体，如图12-16所示。

12.1.7 绘制棱锥体

创建三维实体棱锥体。

执行方式如下。

● 命令行：在命令行中输入PYRAMID，按Enter键。

● 工具栏：单击"建模"工具栏中的"棱锥体"按钮。

● 菜单栏：执行"绘图>建模>棱锥体" 命令。

调用棱锥体命令后。

命令行提示如下：

```
命令：_pyramid
4 个侧面 外切
指定底面的中心点或 [ 边 (E)/ 侧面 (S)]:
指定底面半径或 [ 内接 (I)] <0.0000>:
指定高度或 [ 两点 (2P)/ 轴端点 (A)/ 顶面半径 (T)] <0.0000>:
```

默认选项绘制的棱台体如图12-17所示，首先指定点1和点2确定底面，再指定点3确定棱锥体的高。

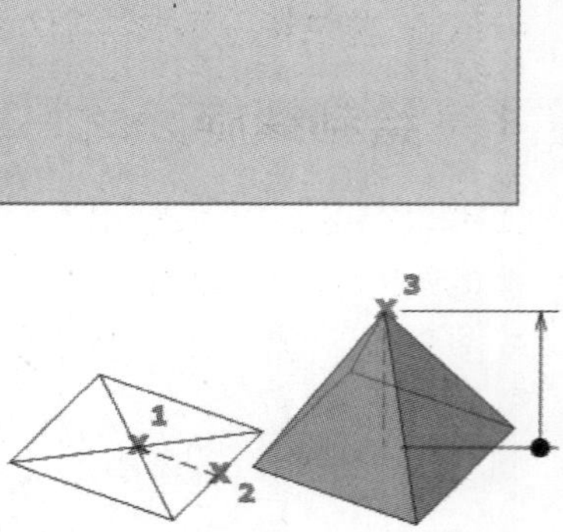

图12-17 棱锥体

各选项说明如下。

● 边：通过拾取两点，指定棱锥面底面一条边的长度。

● 侧面：指定棱锥面的侧面数。默认侧面数为4，可以输入3到32之间的数。

● 内接：指定棱锥体底面内接于（在内部绘制）棱锥体的底面半径。

● 两点：将棱锥体的高度指定为两个指定点之间的距离。

● 轴端点：指定棱锥体轴的端点位置。该端点是棱锥体的顶点。轴端点可以位于三维空间的任意位置。轴端点定义了棱锥体的长度和方向。

● 顶面半径：指定棱锥体的顶面半径，并创建棱锥体平截面，如图12-18所示。

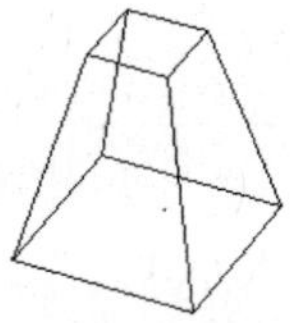

图12-18 棱台体

12.1.8 绘制多段体

创建三维墙状多段体。

绘制多段线执行方式如下。

- 命令行：在命令行中输入POLYSOLID，按Enter键。
- 工具栏：单击“建模”工具栏中的“多段体”按钮。
- 菜单栏：执行“绘图>建模>多段体” 命令。

调用多段体命令后，命令行提示如下。

```
命令：_Polysolid 高度 = 80.0000, 宽度 = 5.0000, 对正 = 居中
指定起点或 [ 对象 (O)/ 高度 (H)/ 宽度 (W)/ 对正 (J)] < 对象 >:
指定下一个点或 [ 圆弧 (A)/ 放弃 (U)]:
指定下一个点或 [ 圆弧 (A)/ 放弃 (U)]:
指定下一个点或 [ 圆弧 (A)/ 闭合 (C)/ 放弃 (U)]:
```

● 对象：指定要转换为实体的对象。可以转换直线、圆弧、二维多段线和圆等对象。将多段线转换为实体对象，如图12-19所示。

● 高度：表示指定实体的高度。

● 宽度：指定实体的宽度。

● 对正：使用命令定义轮廓时，可以将实体的宽度和高度设置为左对正、右对正或居中。对正方式由轮廓的第一条线段的起始方向决定。

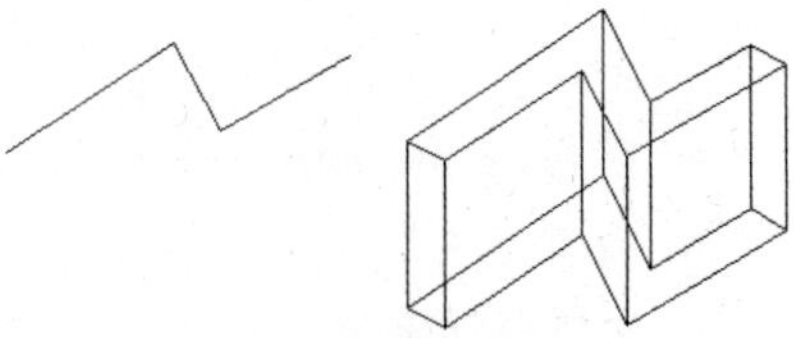

图12-19 多段体

● 圆弧：将弧线段添加到实体中。圆弧的默认起始方向与上次绘制的线段相切。

12.1.9 绘制螺旋

创建二维螺旋或三维螺旋。

绘制螺旋执行方式如下。

- 命令行：在命令行中输入HELIX，按Enter键。
- 工具栏：单击“绘图”工具栏中的“螺旋”按钮。

调用螺旋命令后，命令行提示如下。

```
命令：helix
圈数 = 3.0000    扭曲 =CCW
指定底面的中心点：
指定底面半径或 [ 直径 (D)] <1.0000>:
```

```
指定顶面半径或 [ 直径 (D)] <100.0000>:
指定螺旋高度或 [ 轴端点 (A)/ 圈数 (T)/ 圈高 (H)/ 扭曲 (W)] <1.0000>:
```

默认选项绘制的螺旋如图12-20所示，首先指定点1和点2确定底面半径，指定点3确定顶面半径，再指定点4确定螺旋高度。

各选项说明如下。

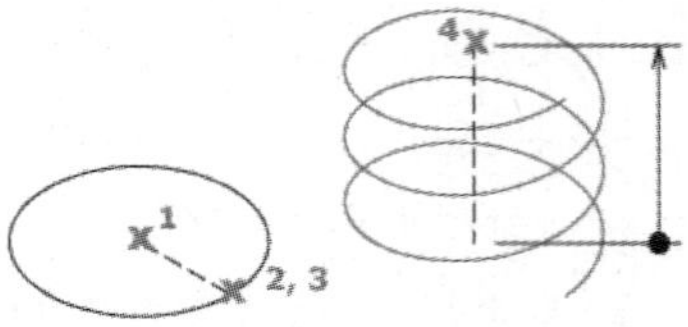

图12-20 螺旋

- 直径（底面）：指定螺旋底面的直径。最初，默认底面直径设置为2。绘制图形时，底面直径的默认值始终是先前输入的底面直径的值。
- 直径（顶面）：指定螺旋顶面的直径。顶面直径的默认值始终是底面直径的值。
- 轴端点：指定螺旋轴的端点位置。轴端点可以位于三维空间的任意位置。轴端点定义了螺旋的长度和方向。
- 圈：指定螺旋的圈（旋转）数。螺旋的圈数不能超过500。最初，圈数的默认值为三。绘制图形时，圈数的默认值始终是先前输入的圈数值。
- 圈高：指定螺旋内一个完整圈的高度。当指定圈高值时，螺旋中的圈数将相应地自动更新。如果已指定螺旋的圈数，则不能输入圈高的值。
- 扭曲：指定以顺时针(CW)方向还是逆时针方向(CCW)绘制螺旋。螺旋扭曲的默认值是逆时针。

12.2 编辑三维实体

三维实体编辑可分为"面"编辑、"边"编辑和"体"编辑三大类。

"面"编辑包括拉伸面、移动面、偏移面、删除面、旋转面、倾斜面、复制面和着色面等八个命令。

"边"编辑包括压印边、着色边和复制边等三个命令。

"体"编辑包括清除、分割、抽壳和检查等四个命令。

三维实体编辑的各条命令都在"实体编辑"工具栏上，如图12-21所示。

图12-21 "实体编辑"工具栏

12.2.1"面"编辑

1. 拉伸面

将选定的三维实体对象的面拉伸到指定的高度或沿一路径拉伸。一次可以选择多个面。

执行方式如下。

- 命令行：在命令行中输入SOLIDEDIT >FACE (F) > EXTRUDE (E) "，按Enter键。
- 工具栏：单击"实体编辑"工具栏中的"拉伸面"按钮 。
- 菜单栏：执行"修改>实体编辑>拉伸面"命令。

命令行提示如下。

```
命令 : _solidedit
实体编辑自动检查： SOLIDCHECK=1
输入实体编辑选项 [ 面 (F)/ 边 (E)/ 体 (B)/ 放弃 (U)/ 退出 (X)] < 退出 >: _face
输入面编辑选项
[ 拉伸 (E)/ 移动 (M)/ 旋转 (R)/ 偏移 (O)/ 倾斜 (T)/ 删除 (D)/ 复制 (C)/ 颜色 (L)/ 材质 (A)/ 放弃 (U)/
退出 (X)] < 退出 >: _extrude
选择面或 [ 放弃 (U)/ 删除 (R)]: 找到一个面
选择面或 [ 放弃 (U)/ 删除 (R)/ 全部 (ALL)]:
指定拉伸高度或 [ 路径 (P)]:
指定拉伸的倾斜角度 <0>:
已开始实体校验
已完成实体校验
输入面编辑选项
[ 拉伸 (E)/ 移动 (M)/ 旋转 (R)/ 偏移 (O)/ 倾斜 (T)/ 删除 (D)/ 复制 (C)/ 颜色 (L)/ 材质 (A)/ 放弃 (U)/
退出 (X)] < 退出 >:
```

各选项说明如下。

- 放弃：取消选择最近添加到选择集中的面后将重显示提示。如果已删除所有面，将显示："已完全放弃面选择操作"。
- 删除：从选择集中删除以前选择的面。系统将显示"删除面或[放弃(U)/添加(A)/全部(ALL)]：选择一个或多个面(1)、输入选项或按ENTER键"。其中"添加"是指向选择集中添加面。选择后命令行会提示"选择面或[放弃(U)/删除(R)/全部(ALL)]：选择一个或多个面(1)，或选择选项"。"放弃"为取消选择最近添加到选择集中的面选择后重显示提示；"删除"为删除以前选定的面后重显示提示；"全部"为选择所有面然后将它们添加到选择集并重显示提示。
- 全部：选择所有面并将它们添加到选择集中。
- "拉伸高度"：设置拉伸的方向和高度。如果输入正值，则沿面的法向拉伸。如果输入负值，则沿面的反法向拉伸。
- "路径"：以指定的直线或曲线来设置拉伸路径。所有选定面的轮廓将沿此路径拉伸。

例如将长方体的上表面向上拉伸100，如图12-22所示。

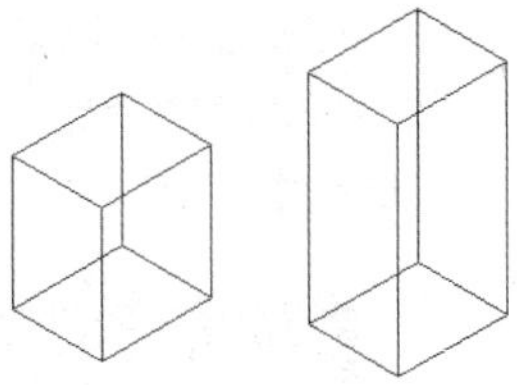

图12-22 拉伸面

2. 移动面

沿指定的高度或距离移动选定的三维实体对象的面。一次可以选择多个面。

执行方式如下。

- 命令行：在命令行中输入SOLIDEDIT > FACE（F）> MOVE（M）"，按Enter键。
- 工具栏：单击"实体编辑"工具栏中的"移动面"按钮 。
- 菜单栏：执行"修改>实体编辑>移动面"命令。

调用移动面命令后，命令行提示如下。

```
命令 : _solidedit
实体编辑自动检查： SOLIDCHECK=1
输入实体编辑选项 [ 面 (F)/ 边 (E)/ 体 (B)/ 放弃 (U)/ 退出 (X)] < 退出 >: _face
输入面编辑选项
```

```
[拉伸(E)/移动(M)/旋转(R)/偏移(O)/倾斜(T)/删除(D)/复制(C)/颜色(L)/材质(A)/放弃(U)/
退出(X)] <退出>: _move
选择面或 [放弃(U)/删除(R)]: 找到一个面
选择面或 [放弃(U)/删除(R)/全部(ALL)]:
指定基点或位移:
指定位移的第二点:
已开始实体校验
已完成实体校验
输入面编辑选项
[拉伸(E)/移动(M)/旋转(R)/偏移(O)/倾斜(T)/删除(D)/复制(C)/颜色(L)/材质(A)/放弃(U)/
退出(X)] <退出>:
```

命令行中各个选项的含义与"拉伸面"命令中选项含义一致，不再一一介绍。

例如将长方体内部的图形进行移动，首先选择内部图形，以点2作为基点，将图形移动到点3处，如图12-23 所示。

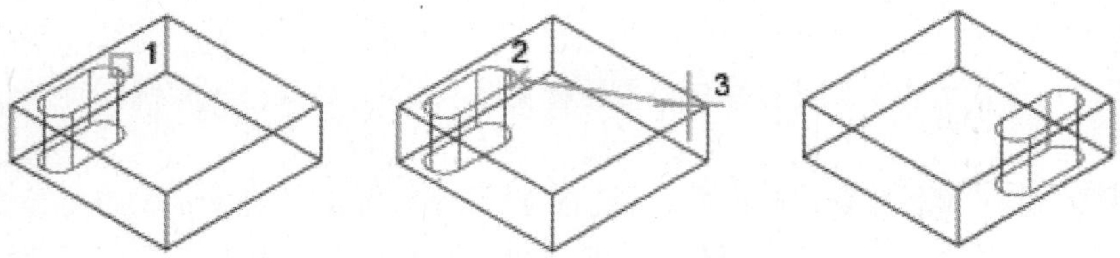

图12-23 移动面

工程师点拨：关于坐标的问题

指定的两个点将定义一个位移矢量，用于指示选定的面移动的距离和方向。solidedi使用第一个点作为基点并相对于基点放置一个副本。如果指定一个点（通常输入为坐标），然后按Enter键，则将使用此坐标作为新位置。

3. 偏移面

按指定的距离或通过指定的点，将面均匀地偏移。正值增大实体尺寸或体积，负值减小实体尺寸或体积。

执行方式如下。

- 命令行：在命令行中输入SOLIDEDIT > FACE（F）> OFFSET（O），按Enter键。
- 工具栏：单击"实体编辑"工具栏中"偏移面"按钮。
- 菜单栏：执行"修改>实体编辑>偏移面"命令。

调用偏移面命令后，命令行提示如下。

```
命令: _solidedit
实体编辑自动检查: SOLIDCHECK=1
输入实体编辑选项 [面(F)/边(E)/体(B)/放弃(U)/退出(X)] <退出>: _face
输入面编辑选项
[拉伸(E)/移动(M)/旋转(R)/偏移(O)/倾斜(T)/删除(D)/复制(C)/颜色(L)/材质(A)/放弃(U)/
退出(X)] <退出>: _offset
选择面或 [放弃(U)/删除(R)]: 找到 2 个面
```

```
选择面或 [ 放弃 (U)/ 删除 (R)/ 全部 (ALL)]:
指定偏移距离 :
已开始实体校验
已完成实体校验
输入面编辑选项
[ 拉伸 (E)/ 移动 (M)/ 旋转 (R)/ 偏移 (O)/ 倾斜 (T)/ 删除 (D)/ 复制 (C)/ 颜色 (L)/ 材质 (A)/ 放弃 (U)/ 退出 (X)] < 退出 >:
实体编辑自动检查： SOLIDCHECK=1
输入实体编辑选项 [ 面 (F)/ 边 (E)/ 体 (B)/ 放弃 (U)/ 退出 (X)] < 退出 >:
```

命令行中各个选项的含义不再一一介绍。

例如选择长方体的上表面和侧表面进行偏移，偏移距离为100，结果如图12-24所示。

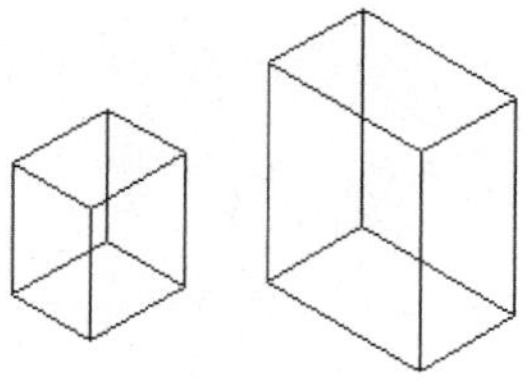

图12-24 偏移面

4. 删除面

删除面，包括圆角和倒角。

执行方式如下。

- 命令行：在命令行中输入SOLIDEDIT > FACE (F) > DELETE (D) ”，按Enter键。
- 工具栏：单击“实体编辑”工具栏中的“删除面”按钮。
- 菜单栏：执行“修改>实体编辑>删除面”命令。

调用删除面命令后，命令行提示如下。

```
命令 : _solidedit
实体编辑自动检查： SOLIDCHECK=1
输入实体编辑选项 [ 面 (F)/ 边 (E)/ 体 (B)/ 放弃 (U)/ 退出 (X)] < 退出 >: _face
输入面编辑选项
[ 拉伸 (E)/ 移动 (M)/ 旋转 (R)/ 偏移 (O)/ 倾斜 (T)/ 删除 (D)/ 复制 (C)/ 颜色 (L)/ 材质 (A)/ 放弃 (U)/
退出 (X)] < 退出 >: _delete
选择面或 [ 放弃 (U)/ 删除 (R)]: 找到一个面
选择面或 [ 放弃 (U)/ 删除 (R)/ 全部 (ALL)]:
已开始实体校验
已完成实体校验
输入面编辑选项
[ 拉伸 (E)/ 移动 (M)/ 旋转 (R)/ 偏移 (O)/ 倾斜 (T)/ 删除 (D)/ 复制 (C)/ 颜色 (L)/ 材质 (A)/ 放弃 (U)/ 退出 (X)]
< 退出 >:
实体编辑自动检查： SOLIDCHECK=1
输入实体编辑选项 [ 面 (F)/ 边 (E)/ 体 (B)/ 放弃 (U)/ 退出 (X)] < 退出 >:
```

命令行中各个选项的含义不再一一介绍。

5. 旋转面

绕指定的轴旋转一个或多个面或实体的某些部分。

执行方式如下。

- 命令行：在命令行中输入SOLIDEDIT > FACE (F) > ROTATE (R)，按Enter键。
- 工具栏：单击“实体编辑”工具栏中的“旋转面”按钮。
- 菜单栏：执行“修改>实体编辑>旋转面”命令。

调用旋转面命令后，命令行提示如下。

```
命令：_solidedit
实体编辑自动检查：SOLIDCHECK=1
输入实体编辑选项 [ 面 (F)/ 边 (E)/ 体 (B)/ 放弃 (U)/ 退出 (X)] < 退出 >: _face
输入面编辑选项
[ 拉伸 (E)/ 移动 (M)/ 旋转 (R)/ 偏移 (O)/ 倾斜 (T)/ 删除 (D)/ 复制 (C)/ 颜色 (L)/ 材质 (A)/ 放弃 (U)/
退出 (X)] < 退出 >: _rotate
选择面或 [ 放弃 (U)/ 删除 (R)]: 找到 2 个面
选择面或 [ 放弃 (U)/ 删除 (R)/ 全部 (ALL)]:
指定轴点或 [ 经过对象的轴 (A)/ 视图 (V)/X 轴 (X)/Y 轴 (Y)/Z 轴 (Z)] < 两点 >:
在旋转轴上指定第二个点：
指定旋转角度或 [ 参照 (R)]:
已开始实体校验
已完成实体校验
输入面编辑选项
[ 拉伸 (E)/ 移动 (M)/ 旋转 (R)/ 偏移 (O)/ 倾斜 (T)/ 删除 (D)/ 复制 (C)/ 颜色 (L)/ 材质 (A)/ 放弃 (U)/ 退出 (X)]
< 退出 >:
实体编辑自动检查：SOLIDCHECK=1
输入实体编辑选项 [ 面 (F)/ 边 (E)/ 体 (B)/ 放弃 (U)/ 退出 (X)] < 退出 >:
```

各选项说明如下。

- 轴点：使用两个点定义旋转轴。
- 旋转角度：从当前位置起，使对象绕选定的轴旋转指定的角度。
- 参照：指定参照角度和新角度。
- 视图：将旋转轴与当前通过选定点的视口的观察方向对齐。
- X轴、Y轴、Z轴：将旋转轴与通过选定点的轴（X、Y、Z轴）对齐。

若选择"经过对象的轴"，表示将旋转轴与现有对象对齐。

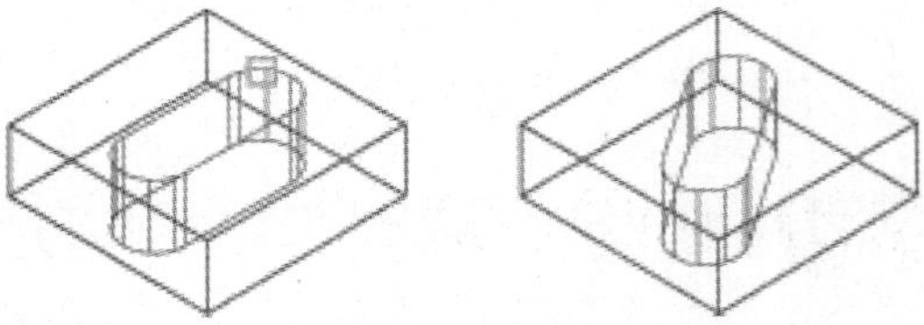

图12-25 旋转面

可选择下列对象：

- "直线"：将旋转轴与选定直线对齐。
- "圆"：将旋转轴与圆的三维轴（此轴垂直于圆所在的平面且通过圆心）对齐。
- "圆弧"：将旋转轴与圆弧的三维轴（此轴垂直于圆弧所在的平面且通过圆弧圆心）对齐。
- "椭圆"：将旋转轴与椭圆的三维轴（此轴垂直于椭圆所在的平面且通过椭圆中心）对齐。
- "二维多段线"：将旋转轴与由多段线的起点和端点构成的三维轴对齐。
- "三维多段线"：将旋转轴与由多段线的起点和端点构成的三维轴对齐。
- "样条曲线"：将旋转轴与由样条曲线的起点和端点构成的三维轴对齐。

命令行中其它各个选项的含义不再一一介绍。

例如将圆柱体进行35°旋转，如图12-25所示。

6. 倾斜面

按一个角度将面进行倾斜。倾斜角的旋转方向由选择基点和第二点（沿选定矢量）的顺序决定。

执行方式如下。

● 命令行：在命令行中输入SOLIDEDIT>FACE>TAPER，按Enter键。

● 工具栏：单击"实体编辑"工具栏中的"倾斜面"按钮。

● 菜单栏：执行"修改>实体编辑>倾斜面"命令。

调用倾斜面命令后，命令行提示如下。

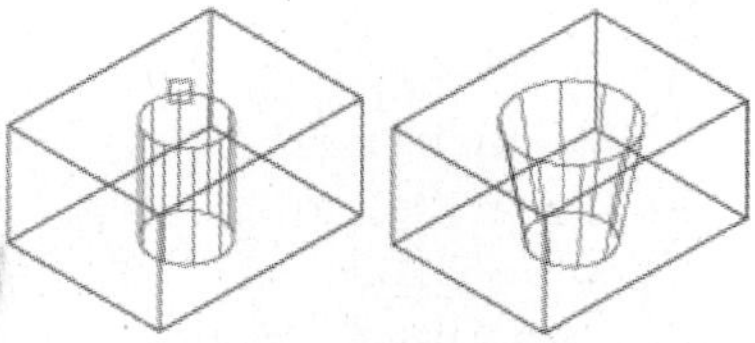

图12-26 倾斜面

```
命令：_solidedit
实体编辑自动检查：SOLIDCHECK=1
输入实体编辑选项 [面(F)/边(E)/体(B)/放弃(U)/退出(X)] <退出>: _face
输入面编辑选项
[拉伸(E)/移动(M)/旋转(R)/偏移(O)/倾斜(T)/删除(D)/复制(C)/颜色(L)/材质(A)/放弃(U)/
退出(X)] <退出>: _taper
选择面或 [放弃(U)/删除(R)]: 找到 2 个面
选择面或 [放弃(U)/删除(R)/全部(ALL)]:
指定基点：
指定沿倾斜轴的另一个点：
指定倾斜角度：
已开始实体校验
已完成实体校验
输入面编辑选项
[拉伸(E)/移动(M)/旋转(R)/偏移(O)/倾斜(T)/删除(D)/复制(C)/颜色(L)/材质(A)/放弃(U)/退出(X)]
<退出>:
实体编辑自动检查：SOLIDCHECK=1
输入实体编辑选项 [面(F)/边(E)/体(B)/放弃(U)/退出(X)] <退出>:
```

命令行中各个选项的含义不再一一介绍。

工程师点拨：关于倾斜角度的问题

倾斜角度是介于-90°与+90°之间的角度。其中正角度将往里倾斜选定的面，负角度将往外倾斜面。默认角度为0，可以垂直于平面拉伸面。选择集中所有选定的面将倾斜相同的角度。

例如将圆柱体的上表面倾斜10°，如图12-27所示。

7. 复制面

将面复制为面域或体。

执行方式如下。

● 命令行：在命令行中输入SOLIDEDIT > FACE (F) > COPY (C)，按Enter键。

● 工具栏：单击"实体编辑"工具栏中的"复制面"按钮。

● 菜单栏：执行"修改>实体编辑>复制面"命令。

调用复制面命令后，命令行提示如下。

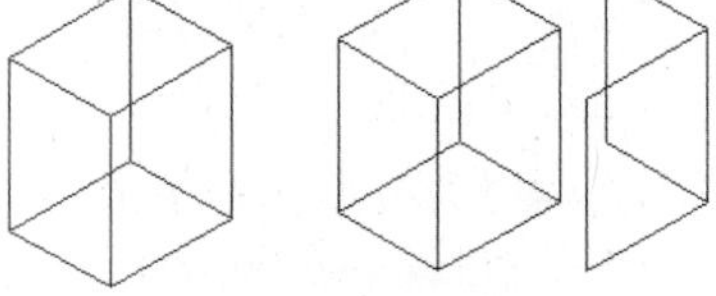

图12-27 复制面

```
命令 : _solidedit
实体编辑自动检查： SOLIDCHECK=1
输入实体编辑选项 [ 面 (F)/ 边 (E)/ 体 (B)/ 放弃 (U)/ 退出 (X)] < 退出 >: _face
输入面编辑选项
[ 拉伸 (E)/ 移动 (M)/ 旋转 (R)/ 偏移 (O)/ 倾斜 (T)/ 删除 (D)/ 复制 (C)/ 颜色 (L)/ 材质 (A)/ 放弃 (U)/
退出 (X)] < 退出 >: _copy
选择面或 [ 放弃 (U)/ 删除 (R)]: 找到一个面
选择面或 [ 放弃 (U)/ 删除 (R)/ 全部 (ALL)]: 找到一个面
选择面或 [ 放弃 (U)/ 删除 (R)/ 全部 (ALL)]:
指定基点或位移 :
指定位移的第二点 :
输入面编辑选项
[ 拉伸 (E)/ 移动 (M)/ 旋转 (R)/ 偏移 (O)/ 倾斜 (T)/ 删除 (D)/ 复制 (C)/ 颜色 (L)/ 材质 (A)/ 放弃 (U)/ 退出 (X)]
< 退出 >:
实体编辑自动检查： SOLIDCHECK=1
输入实体编辑选项 [ 面 (F)/ 边 (E)/ 体 (B)/ 放弃 (U)/ 退出 (X)] < 退出 >:
```

命令行中各个选项的含义不再一一介绍。

例如将长方体的两个面复制，结果如图12-28所示。

8. 着色面

修改面的颜色，执行方式如下。

- 命令行：在命令行中输入SOLIDEDIT > FACE (F) > COLOR (L)，按Enter键。
- 工具栏：单击“实体编辑”工具栏中的“着色面”按钮。
- 菜单栏：执行“修改>实体编辑>着色面”命令。

调用着色面命令后，命令行提示如下。

```
命令 : _solidedit
实体编辑自动检查： SOLIDCHECK=1
输入实体编辑选项 [ 面 (F)/ 边 (E)/ 体 (B)/ 放弃 (U)/ 退出 (X)] < 退出 >: _face
输入面编辑选项
[ 拉伸 (E)/ 移动 (M)/ 旋转 (R)/ 偏移 (O)/ 倾斜 (T)/ 删除 (D)/ 复制 (C)/ 颜色 (L)/ 材质 (A)/ 放弃 (U)/
退出 (X)] < 退出 >: _color
选择面或 [ 放弃 (U)/ 删除 (R)]: 找到 2 个面
选择面或 [ 放弃 (U)/ 删除 (R)/ 全部 (ALL)]:
输入面编辑选项
[ 拉伸 (E)/ 移动 (M)/ 旋转 (R)/ 偏移 (O)/ 倾斜 (T)/ 删除 (D)/ 复制 (C)/ 颜色 (L)/ 材质 (A)/ 放弃 (U)/ 退出 (X)]
< 退出 >:
实体编辑自动检查： SOLIDCHECK=1
输入实体编辑选项 [ 面 (F)/ 边 (E)/ 体 (B)/ 放弃 (U)/ 退出 (X)] < 退出 >
```

命令行中各个选项的含义不再一一介绍。

9. 材质

将材质指定到选定面，执行方式如下。

- 命令行：在命令行中输入SOLIDEDIT > FACE (F) > A。

调用材质命令后，命令行提示如下。

```
命令 : solidedit
实体编辑自动检查 : SOLIDCHECK=1
输入实体编辑选项 [ 面 (F)/ 边 (E)/ 体 (B)/ 放弃 (U)/ 退出 (X)] < 退出 >
输入面编辑选项
[ 拉伸 (E)/ 移动 (M)/ 旋转 (R)/ 偏移 (O)/ 倾斜 (T)/ 删除 (D)/ 复制 (C)/ 颜色 (L)/ 材质 (A)/ 放弃 (U)/ 退出 (X)]
< 退出 >: a
选择面或 [ 放弃 (U)/ 删除 (R)]: 找到一个面
选择面或 [ 放弃 (U)/ 删除 (R)/ 全部 (ALL)]:
输入新材质名称 <ByLayer>: global
输入面编辑选项
[ 拉伸 (E)/ 移动 (M)/ 旋转 (R)/ 偏移 (O)/ 倾斜 (T)/ 删除 (D)/ 复制 (C)/ 颜色 (L)/ 材质 (A)/ 放弃 (U)/
退出 (X)] < 退出 >: 输入 X
实体编辑自动检查 : SOLIDCHECK=1
输入实体编辑选项 [ 面 (F)/ 边 (E)/ 体 (B)/ 放弃 (U)/ 退出 (X)] < 退出 >: X
```

命令行中各个选项的含义不再一一介绍。

工程师点拨：关于材质的问题

通过打开“材质”窗口并选择材质样例以显示“名称”字段中的名称可以找到材质的名称。

12.2.2 “边”编辑

1. 压印边

在选定的对象上压印一个对象。为了使压印操作成功，被压印的对象必须与选定对象的一个或多个面相交。

“压印”选项仅限于以下对象执行：圆弧、圆、直线、二维和三维多段线、椭圆、样条曲线、面域、体和三维实体。

执行方式如下。

- 命令行：在命令行中输入IMPRINTR，按Enter键。
- 工具栏：单击“实体编辑”工具栏中的“压印边”按钮。
- 菜单栏：执行“修改>实体编辑>压印边”命令。

调用压印边命令后，命令行提示如下。

```
命令 : _imprint
选择三维实体 :
选择要压印的对象 :
是否删除源对象 [ 是 (Y)/ 否 (N)] <N>: //y
选择要压印的对象 :
```

例如将圆柱体在长方体上进行压印，如图12-28所示。

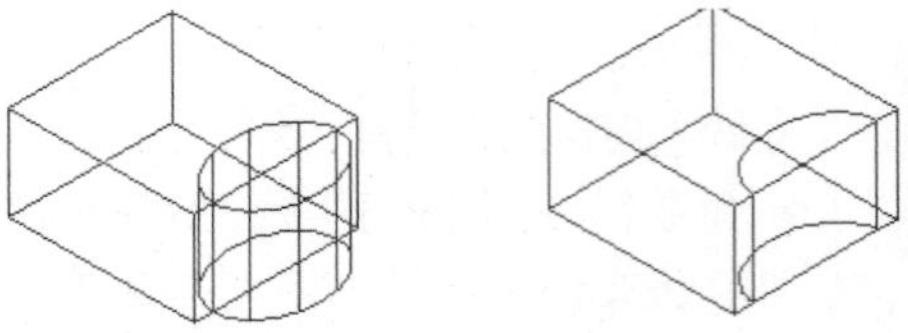

图12-28 压印边

2. 着色边

用于更改边的颜色，执行方式如下。

- 命令行：在命令行中输入SOLIDEDIT > EDGE (E) > COLOR (L)，按Enter键。
- 工具栏：单击"实体编辑"工具栏中"着色边"按钮。
- 菜单栏：执行"修改>实体编辑>着色边"命令。

调用着色边命令后，命令行提示如下。

```
命令：_solidedit
实体编辑自动检查：SOLIDCHECK=1
输入实体编辑选项 [面 (F)/ 边 (E)/ 体 (B)/ 放弃 (U)/ 退出 (X)] <退出>: _edge
输入边编辑选项 [复制 (C)/ 着色 (L)/ 放弃 (U)/ 退出 (X)] <退出>: _color
选择边或 [放弃 (U)/ 删除 (R)]:
选择边或 [放弃 (U)/ 删除 (R)]:
输入边编辑选项 [复制 (C)/ 着色 (L)/ 放弃 (U)/ 退出 (X)] <退出>: X
实体编辑自动检查：SOLIDCHECK=1
输入实体编辑选项 [面 (F)/ 边 (E)/ 体 (B)/ 放弃 (U)/ 退出 (X)] <退出>: X
```

在选择边后，按Enter键，弹出"选择颜色"对话框，如图12-29所示，从中选择需要的颜色。

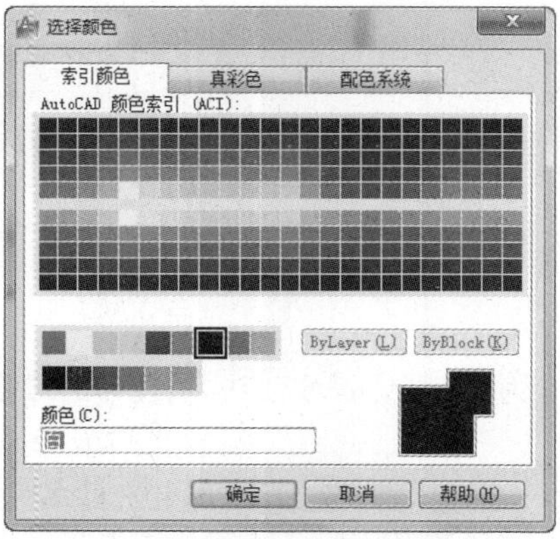

图12-29 "选择颜色"对话框

3. 复制边

用于复制三维边。所有三维实体边被复制为直线、圆弧、圆、椭圆或样条曲线。

执行方式如下。

- 命令行：在命令行中输入SOLIDEDIT > EDGE (F) > COPY (C)，按Enter键。
- 工具栏：单击"实体编辑"工具栏中的"复制边"按钮。
- 菜单栏：执行"修改>实体编辑>复制边"命令。

调用复制边命令后，命令行提示如下。

```
命令：_solidedit
实体编辑自动检查：SOLIDCHECK=1
输入实体编辑选项 [ 面 (F)/ 边 (E)/ 体 (B)/ 放弃 (U)/ 退出 (X)] < 退出 >: _edge
输入边编辑选项 [ 复制 (C)/ 着色 (L)/ 放弃 (U)/ 退出 (X)] < 退出 >: _copy
选择边或 [ 放弃 (U)/ 删除 (R)]:
选择边或 [ 放弃 (U)/ 删除 (R)]:
选择边或 [ 放弃 (U)/ 删除 (R)]:
指定基点或位移：
指定位移的第二点：
输入边编辑选项 [ 复制 (C)/ 着色 (L)/ 放弃 (U)/ 退出 (X)] < 退出 >:
实体编辑自动检查：SOLIDCHECK=1
输入实体编辑选项 [ 面 (F)/ 边 (E)/ 体 (B)/ 放弃 (U)/ 退出 (X)] < 退出 >:
```

各选项说明如下。

● 放弃：放弃选择最近添加到选择集中的边。显示前一个提示。如果已删除所有边，将显示以下提示："未完成边选择"。

● 删除：从选择集中删除先前选择的边。显示前一个提示。命令行将提示："删除边或[放弃(U)/添加(A)]:选择一条或多条边、输入选项或按ENTER键"。

12.2.3 "体"编辑

1. 清除

用于删除共享边以及那些在边或顶点具有相同表面或曲线定义的顶点。删除所有多余的边、顶点以及不使用的几何图形。不删除压印的边。

执行方式如下。

- 命令行：在命令行中输入SOLIDEDIT > BODY (B) >CLEAR (L) "，按Enter键。
- 工具栏：单击"实体编辑"工具栏中的"清除"按钮。
- 菜单栏：执行"修改>实体编辑>清除"命令。

调用清除命令后，命令行提示如下。

```
命令：_solidedit
实体编辑自动检查：SOLIDCHECK=1
输入实体编辑选项 [ 面 (F)/ 边 (E)/ 体 (B)/ 放弃 (U)/ 退出 (X)] < 退出 >: _body
输入体编辑选项
[ 压印 (I)/ 分割实体 (P)/ 抽壳 (S)/ 清除 (L)/ 检查 (C)/ 放弃 (U)/ 退出 (X)] < 退出 >: _clean
选择三维实体：
输入体编辑选项
[ 压印 (I)/ 分割实体 (P)/ 抽壳 (S)/ 清除 (L)/ 检查 (C)/ 放弃 (U)/ 退出 (X)] < 退出 >:
```

例如将长方体中的圆柱体清除，如图12-30所示。

2. 分割

用不相连的体将一个三维实体对象分割为几个独立的三维实体对象。

执行方式如下。

- 命令行：在命令行中输入SOLIDEDIT > BODY (B) > SEPARATE (P)，按Enter键。
- 工具栏：单击"实体编辑"工具栏中的"分割"按钮。
- 菜单栏：执行"修改>实体编辑>分割"命令。

调用分割命令后，命令行提示如下。

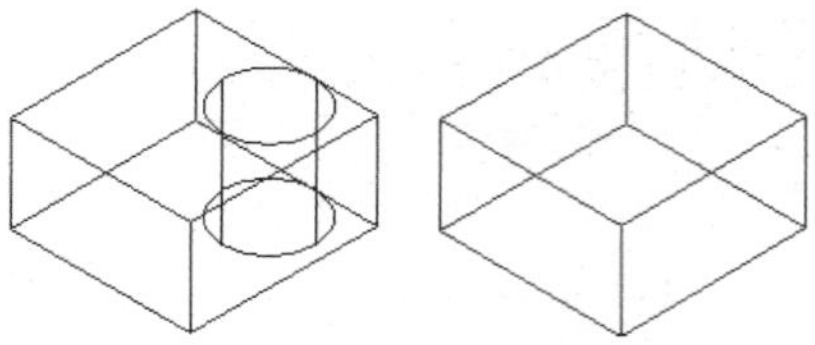

图12-30 清除圆柱体

```
命令：_solidedit
实体编辑自动检查：SOLIDCHECK=1
输入实体编辑选项 [面 (F)/ 边 (E)/ 体 (B)/ 放弃 (U)/ 退出 (X)] <退出>: _body
输入体编辑选项
[压印 (I)/ 分割实体 (P)/ 抽壳 (S)/ 清除 (L)/ 检查 (C)/ 放弃 (U)/ 退出 (X)] <退出>: _separate
选择三维实体：
输入体编辑选项
[压印 (I)/ 分割实体 (P)/ 抽壳 (S)/ 清除 (L)/ 检查 (C)/ 放弃 (U)/ 退出 (X)] <退出>:
```

工程师点拨：关于分割实体的问题

分割实体并不分割形成单一体积的Boolean对象。

3. 抽壳

抽壳是用指定的厚度创建一个空的薄层。抽壳命令可以为所有面指定一个固定的薄层厚度，通过选择面可以将这些面排除在壳外。一个三维实体只能有一个壳。通过将现有面偏移出其原位置来创建新的面。偏移距离若指定正值，则向内开始抽壳；若指定负值，则向外开始抽壳。

执行方式如下。

- 命令行：在命令行中输入SOLIDEDIT > BODY (B) >SBELL (S)，按Enter键。
- 工具栏：单击"实体编辑"工具栏中的"抽壳"按钮。
- 菜单栏：执行"修改>实体编辑>抽壳"命令。

调用抽壳命令后，命令行提示如下。

```
命令：_solidedit
实体编辑自动检查：SOLIDCHECK=1
输入实体编辑选项 [面 (F)/ 边 (E)/ 体 (B)/ 放弃 (U)/ 退出 (X)] <退出>: _body
输入体编辑选项
[压印 (I)/ 分割实体 (P)/ 抽壳 (S)/ 清除 (L)/ 检查 (C)/ 放弃 (U)/ 退出 (X)] <退出>: _shell
选择三维实体：
删除面或 [放弃 (U)/ 添加 (A)/ 全部 (ALL)]:
输入抽壳偏移距离：
已开始实体校验
已完成实体校验
输入体编辑选项
[压印 (I)/ 分割实体 (P)/ 抽壳 (S)/ 清除 (L)/ 检查 (C)/ 放弃 (U)/ 退出 (X)] <退出>:
实体编辑自动检查：SOLIDCHECK=1
输入实体编辑选项 [面 (F)/ 边 (E)/ 体 (B)/ 放弃 (U)/ 退出 (X)] <退出>:
```

> **工程师点拨：关于抽壳的问题**
>
> 在指定抽壳偏移距离时，若指定正值从圆周外开始抽壳，若指定负值从圆周内开始抽壳。

例如将圆柱体进行抽壳，如图12-31所示。

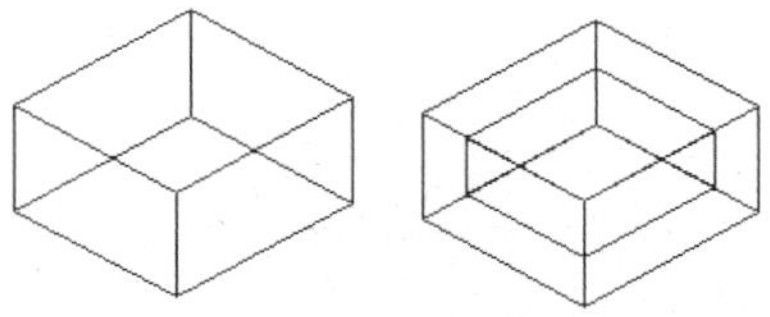

图12-31 抽壳

4. 检查

检查三维对象是否为有效的实体，此操作独立于SOLIDCHECK设置。

执行方式如下。

- 命令行：在命令行输入SOLIDEDIT > BODY（B）>CHECK（C），按Enter键。
- 工具栏：单击“实体编辑”工具栏中的“检查”按钮。
- 菜单栏：执行“修改>实体编辑>检查”命令。

调用检查命令后，命令行提示如下。

```
命令：_solidedit
实体编辑自动检查：SOLIDCHECK=1
输入实体编辑选项 [ 面 (F)/ 边 (E)/ 体 (B)/ 放弃 (U)/ 退出 (X)] < 退出 >: _body
输入体编辑选项
[ 压印 (I)/ 分割实体 (P)/ 抽壳 (S)/ 清除 (L)/ 检查 (C)/ 放弃 (U)/ 退出 (X)] < 退出 >: _check
选择三维实体：此对象是有效的 ShapeManager 实体
输入体编辑选项
[ 压印 (I)/ 分割实体 (P)/ 抽壳 (S)/ 清除 (L)/ 检查 (C)/ 放弃 (U)/ 退出 (X)] < 退出 >:
实体编辑自动检查：SOLIDCHECK=1
输入实体编辑选项 [ 面 (F)/ 边 (E)/ 体 (B)/ 放弃 (U)/ 退出 (X)] < 退出 >:
```

12.2.4 剖切实体

用平面或曲面剖切实体。

执行方式如下。

- 命令行：在命令行中输入SLICE，按Enter键。
- 菜单栏：执行“修改>三维操作>剖切”命令。

调用剖切命令后，命令行提示如下。

```
命令：_slice
选择要剖切的对象：找到 1 个
选择要剖切的对象：
指定切面的起点或 [ 平面对象 (O)/ 曲面 (S)/Z 轴 (Z)/ 视图 (V)/XY(XY)/YZ(YZ)/ZX(ZX)/ 三点 (3)] <
三点 >:
指定平面上的第二个点：
在所需的侧面上指定点或 [ 保留两个侧面 (B)] < 保留两个侧面 >:
```

剖切面是通过确定剖切面上三个点来实现的，确定保留的部分是通过指定屏幕上的点来确定的，若输入B表示“保留两个侧面”，则原三维实体被剖切成两部分，如图12-32所示。

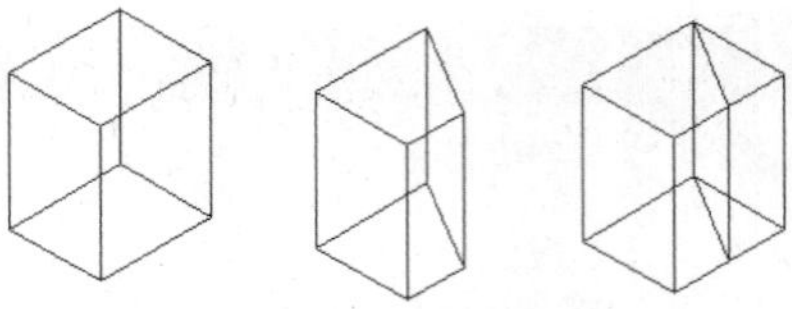

图12-32 剖切

12.2.5 干涉检查

使用干涉检查命令，可以通过对比两组对象或一对一地检查所有实体来检查实体模型中的干涉（三维实体相交或重叠的区域），将在实体相交处创建和亮显临时实体。

执行方式如下。

- 命令行：在命令行中输入INTERSECT，按Enter键。
- 菜单栏：执行“修改>三维操作>干涉检查”命令。

调用干涉检查命令后，命令行提示如下。

```
命令：_interfere
选择第一组对象或 [ 嵌套选择 (N)/ 设置 (S)]: 找到 1 个
选择第一组对象或 [ 嵌套选择 (N)/ 设置 (S)]:
选择第二组对象或 [ 嵌套选择 (N)/ 检查第一组 (K)] < 检查 >: 找到 1 个
选择第二组对象或 [ 嵌套选择 (N)/ 检查第一组 (K)] < 检查 >:  正在重生成模型
```

各个选项说明如下。

- 嵌套选择：可以选择嵌套在块和外部参照中的单个实体对象。
- 设置：用来打开“干涉设置”对话框，如图12-33所示。该选项面板用来控制干涉对象的显示。可以指定干涉对象的视觉样式、颜色以及指定检查干涉时的视口显示。
- 检查第一组：用来打开“干涉检查”对话框，如图12-34所示。该对话框可以在干涉对象之间循环并缩放干涉对象，也可以指定关闭对话框时是否删除干涉对象。

干涉检查的结果如图12-35所示。

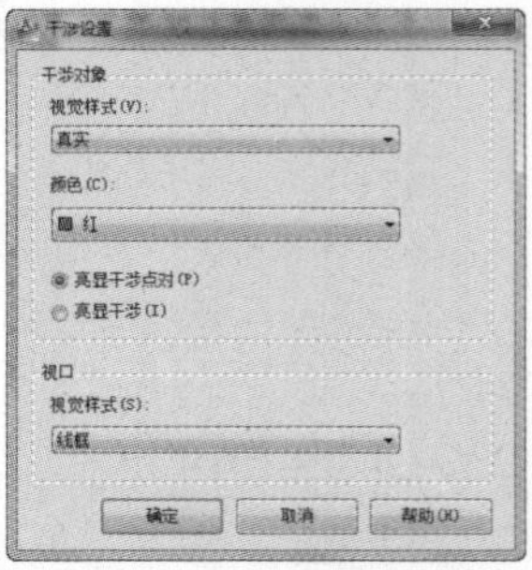

图12-33 “干涉设置”对话框

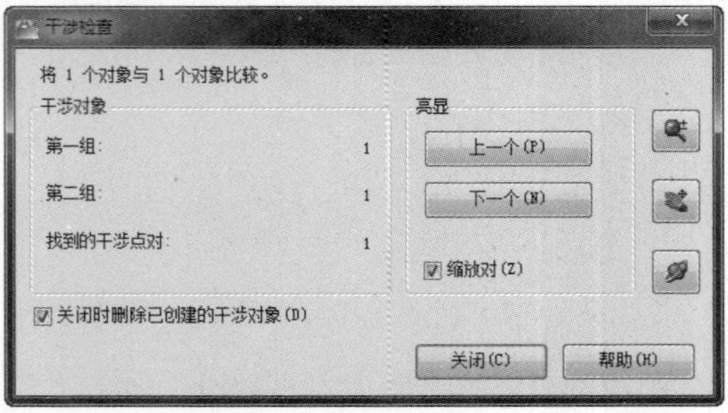

图12-34 “干涉检查”对话框

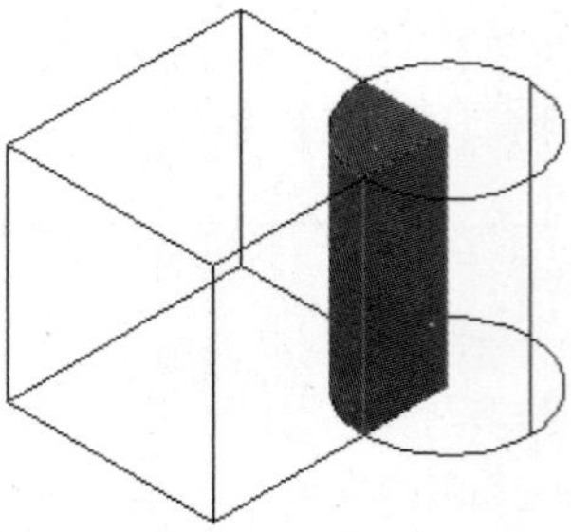

图12-35 干涉检查

12.3 用二维图形创建实体

用户除了可以利用基本形体的绘制三维实体模型外，还可以采用拉伸二维对象或将二维对象绕指定轴线旋转的方法生成三维实体。被拉伸或旋转的二维对象可以是三维平面、封闭的多段线、宽线、矩形、多边形、圆、圆环、椭圆、封闭的样条曲线和面域。

12.3.1 拉伸创建实体

通过沿指定的方向将对象或平面拉伸出指定距离来创建三维实体或曲面，如将圆沿多段或进行拉伸，如图12-37所示。

执行方式如下。

- 命令行：在命令行输入EXTRUDE，按Enter键。
- 工具栏：单击"建模"工具栏中的"拉伸"按钮。
- 菜单栏：执行"绘图>建模>拉伸"命令。

执行拉伸命令后，命令行提示如下。

```
命令：_extrude
当前线框密度：ISOLINES=4
选择要拉伸的对象：找到 1 个
选择要拉伸的对象：
指定拉伸的高度或 [ 方向 (D)/ 路径 (P)/ 倾斜角 (T)]:
```

各选项说明如下。

- 拉伸高度：如果输入正值，将沿对象所在坐标系的Z轴正方向拉伸对象。如果输入负值，将沿Z轴负方向拉伸对象。对象不必平行于同一平面。如果所有对象处于同一平面上，将沿该平面的法线方向拉伸对象。默认情况下，将沿对象的法线方向拉伸平面对象。
- 方向：通过指定的两点指定拉伸的长度和方向。
- 路径：选择基于指定曲线对象的拉伸路径。路径将移动到轮廓的质心。然后沿选定路径拉伸选定对象的轮廓以创建实体或曲面。
- 倾斜角：如果为倾斜角指定一个点而不是输入值，则必须拾取第二个点。用于拉伸的倾斜角是两个指定点之间的距离。

例如将图中的圆沿多段线进行拉伸，如图12-36所示。

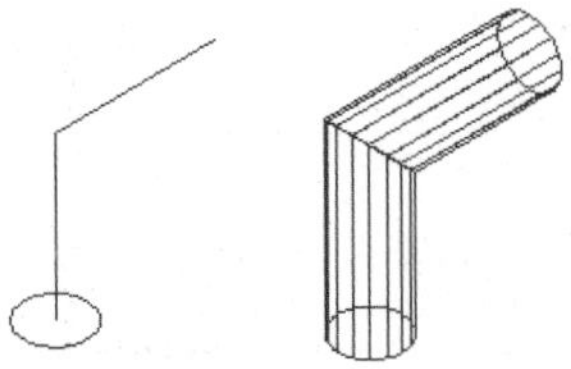

图12-36 拉伸

工程师点拨：关于拉伸创建实体的问题

1、正角度表示从基准对象逐渐变细地拉伸，而负角度则表示从基准对象逐渐变粗地拉伸。默认角度0表示在与二维对象所在平面垂直的方向上进行拉伸。所有选定的对象和环都将倾斜到相同的角度。

2、指定一个较大的倾斜角或较长的拉伸高度，将会导致对象或对象的一部分在到达拉伸高度之前就已经汇聚到一点。

3、面域的各个环始终拉伸到相同高度。

4、当圆弧是锥状拉伸的一部分时，圆弧的张角保持不变，圆弧的半径则改变。

12.3.2 旋转创建实体

通过绕轴旋转二维对象来创建三维实体或曲面。

执行方式如下。

- 命令行：在命令行输入REVOLVE，按Enter键。
- 工具栏：单击“建模”工具栏中的“旋转”按钮。
- 菜单栏：执行“绘图>建模>旋转”命令。

执行旋转命令后，命令行提示如下。

```
命令 : _revolve
当前线框密度： ISOLINES=4
选择要旋转的对象 : 找到 1 个
选择要旋转的对象 :
指定轴起点或根据以下选项之一定义轴 [ 对象 (O)/X/Y/Z] < 对象 >:
指定轴端点 :
指定旋转角度或 [ 起点角度 (ST)] <360>:
```

各选项具体说明如下。

- 轴起点：指定旋转轴的第一点和第二点。轴的正方向从第一点指向第二点。正角将按逆时针方向旋转对象。负角将按顺时针方向旋转对象。
- 对象：使用户可以选择现有的对象，此对象定义了旋转选定对象时所绕的轴。轴的正方向从该对象的最近端点指向最远端点。
- X（轴）：使用当前UCS的正向X轴作为轴的正方向。
- Y（轴）：使用当前UCS的正向Y轴作为轴的正方向。
- Z（轴）：使用当前UCS的正向Z轴作为轴的正方向。

例如将图中的圆沿直线进行旋转，如图12-37所示。

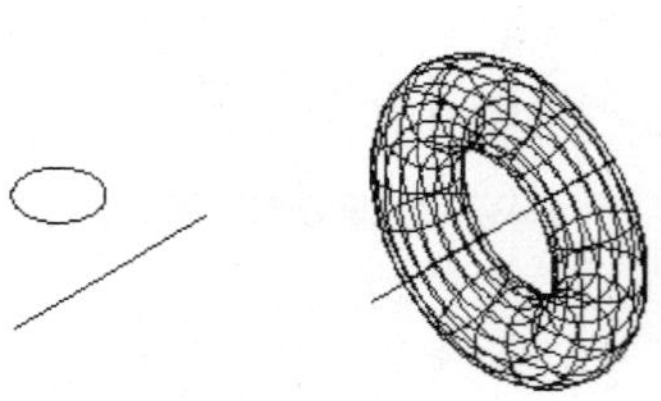

图12-37 旋转

12.3.3 扫掠

通过沿路径扫掠二维对象来创建三维实体或曲面。

执行方式如下。

- 命令行：在命令行中输入SWEEP，按Enter键。
- 工具栏：单击“建模”工具栏中的“扫掠”按钮。
- 菜单栏：执行“绘图>建模>扫掠”命令。

执行扫掠命令后，命令行提示如下。

```
命令：_sweep
当前线框密度： ISOLINES=4
选择要扫掠的对象：找到 1 个
选择要扫掠的对象：
选择扫掠路径或 [ 对齐 (A)/ 基点 (B)/ 比例 (S)/ 扭曲 (T)]:
```

各选项具体说明如下。

- 对齐：指定是否对齐轮廓以使其作为扫掠路径切向的法向。默认情况下，轮廓是对齐的。

工程师点拨：关于轮廓曲线的问题

如果轮廓曲线不垂直于（法线指向）路径曲线起点的切向，则轮廓曲线将自动对齐。出现对齐提示时输入N以避免该情况的发生。

- 基点：指定要扫掠对象的基点。如果指定的点不在选定对象所在的平面上，则该点将被投影到该平面上。
- 比例：指定比例因子以进行扫掠操作。从扫掠路径的开始到结束，比例因子将统一应用到扫掠的对象。
- 扭曲：设置正被扫掠的对象的扭曲角度。扭曲角度指定沿扫掠路径全部长度的旋转量。

例如将图中的圆沿直线进行扫掠，如图12-38所示。

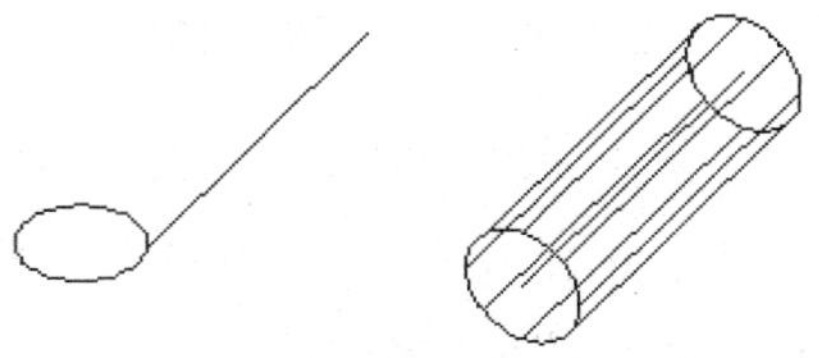

图12-38 扫掠

12.3.4 放样

指在若干横截面之间的空间中创建三维实体或曲面。

执行方式如下。

- 命令行：在命令行中输入LOFT，按Enter键。
- 工具栏：单击“建模”工具栏中的“放样”按钮 。
- 菜单栏：执行“绘图>建模>放样”命令。

执行放样命令后，命令行提示如下。

```
命令：_loft
按放样次序选择横截面：找到 1 个
按放样次序选择横截面：找到 1 个，总计 2 个
按放样次序选择横截面：
输入选项 [ 导向 (G)/ 路径 (P)/ 仅横截面 (C)] < 仅横截面 >:
```

各选项具体说明如下。

- 导向：指定控制放样实体或曲面形状的导向曲线。导向曲线是直线或曲线，可通过将其他线框信息添加至对象来进一步定义实体或曲面的形状。可以使用导向曲线来控制点如何匹配相应的横截面以防止出现不希望看到的效果。

每条导向曲线必须满足以下条件才能正常工作：与每个横截面相交；始于第一个横截面；止于最后一个横截面。

● 路径：指定放样实体或曲面的单一路径，路径曲线必须与横截面的所有平面相交。

● 仅横截面：显示“放样设置”对话框，如图12-39所示。在该对话框中，控制放样曲面在其横截面处的轮廓。

例如在图中的两个圆之间进行放样，如图12-40所示。

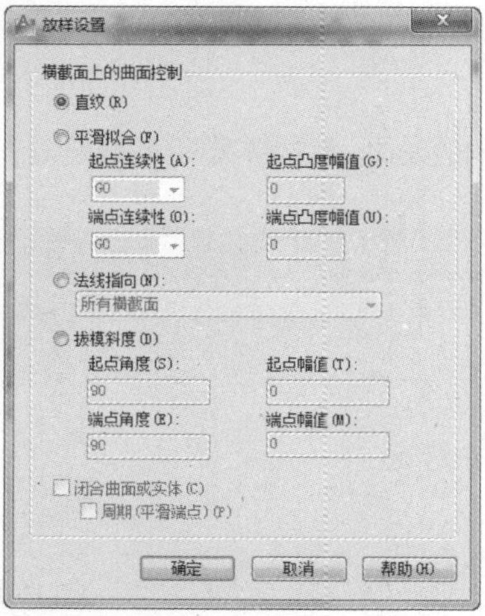

图12-39 “放样设置”对话框

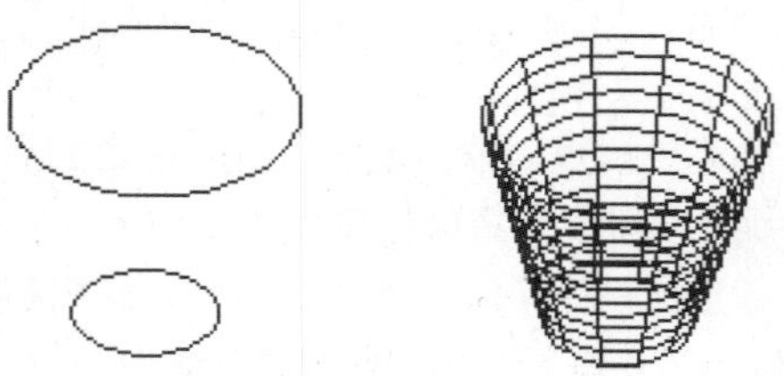

图12-40 放样

12.4 布尔运算

布尔运算是一个数学名词，学过数学的用户都知道，在代数中集合是可以求交集、并集、差集运算的。在三维建模中，同样可以对实体进行布尔运算，对二个或二个以上的简单实体合并为一个复合实体。

12.4.1 并集运算

并集运算用于可以合并两个或两个以上实体（或面域）的总体积，成为一个复合对象。在进行并集运算操作时，实体（或面域）并不进行复制，因此复合体的体积只会等于或小于原对象的体积。

执行方式如下。

● 命令行：在命令行输入UNION，按Enter键。

● 工具栏：单击“实体编辑”或“建模”工具栏中的“并集”按钮。

● 菜单栏：执行“修改>实体编辑 >并集”命令。

执行并集命令后，命令行提示如。

```
命令：_union
选择对象：指定对角点：找到 2 个
选择对象：
```

例如将图中的两个实体进行并集，如图12-41所示。

选择集可包含位于任意多个不同平面中的面域或实体。这些选择集分成单独连接的子集。实体组合在第一个子集中。第一个选定的面域和所有后续共面面域组合在第二个子集中。下一个不与第一个面域共面的面域以及所有后续共面面域组合在第三个子集中，依此类推，直到所有面域都属于某个子集。

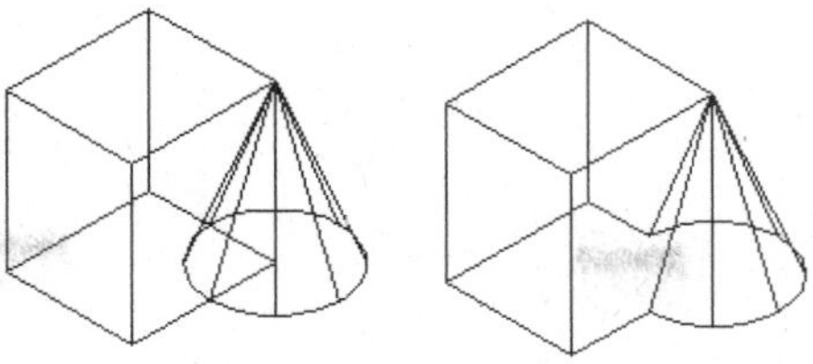

图12-41 并集

12.4.2 差集运算

差集运算可以从一组实体中删除与另一组实体的公共区域，即从第一个选择集中的对象减去第二个选择集中的对象，然后创建一个新的实体或面域。

执行方式如下。

- 命令行：在命令行输入SUBTRACT，按Enter键。
- 工具栏：单击“实体编辑”或“建模”工具栏中的“差集”按钮。
- 菜单栏：执行“修改>实体编辑>差集”命令。

执行并集命令后，命令行提示如下。

```
命令：_subtract 选择要从中减去的实体或面域...
选择对象：找到 1 个
选择对象： 选择要减去的实体或面域..
选择对象：找到 1 个
选择对象：
```

例如将图中的两个实体进行差集，首先选择长方体，然后选择圆锥体，结果如图12-42所示。若首先选择圆锥体，然后选择长方体，结果如图12-43所示。

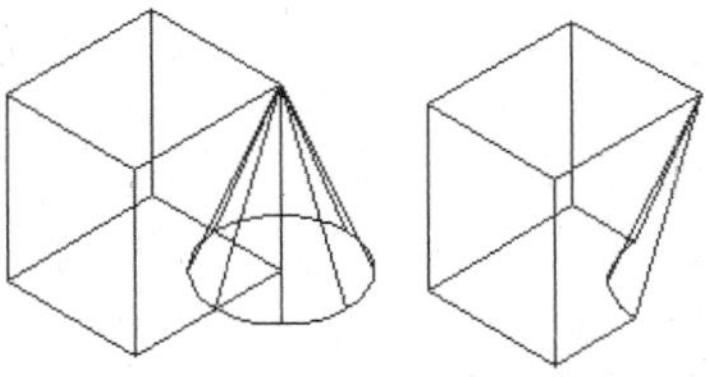

图12-42 差集结果1

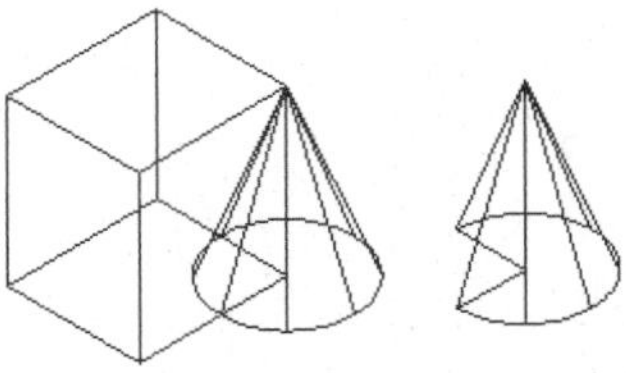

图12-43 差集结果2

工程师点拨：执行差集注意事项

执行“差集”的两个面域必须位于同一平面上。但是，通过在不同的平面上选择面域集，可同时执行多个“差”操作。程序会在每个平面上分别生成减去的面域。如果没有其他选定的共面面域，则该面域将被拒绝。

12.4.3 交集运算

交集运算可以从两个或两个以上重叠实体的公共部分创建复合实体。

- 命令行：在命令行输入INTERSECTION，按Enter键。
- 工具栏：单击“实体编辑”或“建模”工具栏中的“交集”按钮。
- 菜单栏：执行“修改>实体编辑>交集”命令。

执行并集命令后，命令行提示如下。

```
命令：_intersect
选择对象：找到 1 个
选择对象：找到 1 个，总计 2 个
选择对象：
```

例如将图中的两个实体进行交集，如图12-44所示。

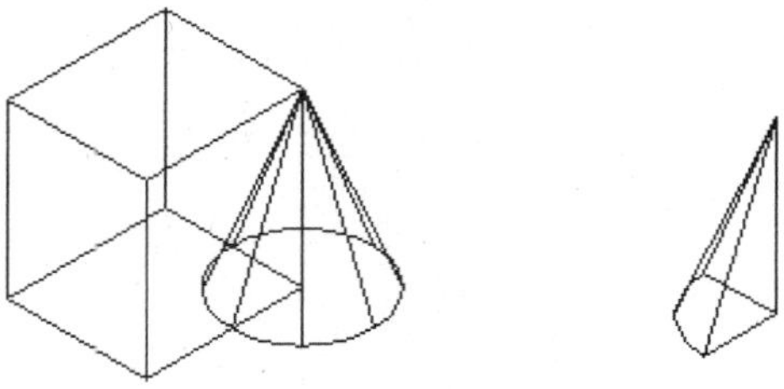

图12-44 交集

12.5 标注三维实体

标注三维实体同样可以使用“标注”菜单中的命令或“标注”工具栏中的标注工具，由于所有的尺寸标注都只能在当前坐标的XY平面中进行，因此，为了准确标注三维对象中各部分的尺寸，只有将标注对象放置到XY平面内，则需要不断的变换坐标系。

用户可以通过以下几种方式新建原点和旋转坐标轴等。

- 菜单栏：执行“工具>新建UCS(W)”命令，如图12-45所示。
- 工具栏：UCS工具栏，如图12-46所示。

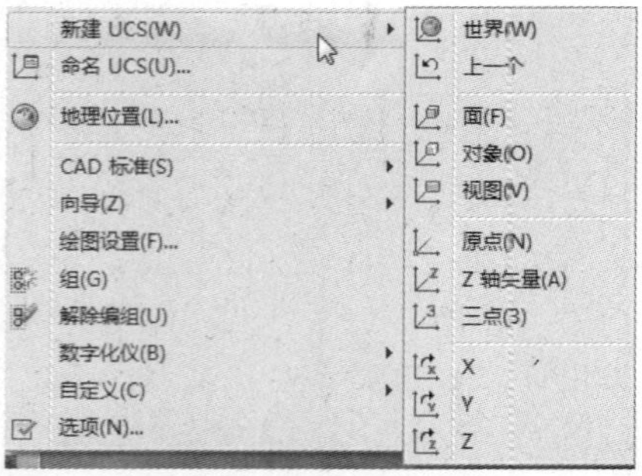

图12-45 菜单栏

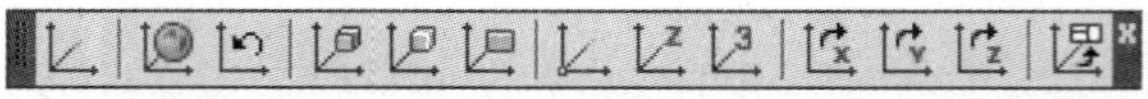

图12-46 UCS工具栏

12.6 渲染对象

渲染基于三维场景来创建二维图像。它使用已设置的光源、已应用的材质和环境设置（例如背景和雾化），为场景的几何图形着色。

渲染器是一种通用渲染器，它可以生成真实准确的模拟光照效果，包括光线跟踪反射和折射以及全局照明。

模型的真实感渲染往往可以为产品团队或潜在客户提供比打印图形更清晰的概念设计视觉效果。

“渲染”工具栏如图12-47左所示。

菜单栏如图12-48右所示。

图12-47 “渲染”工具栏

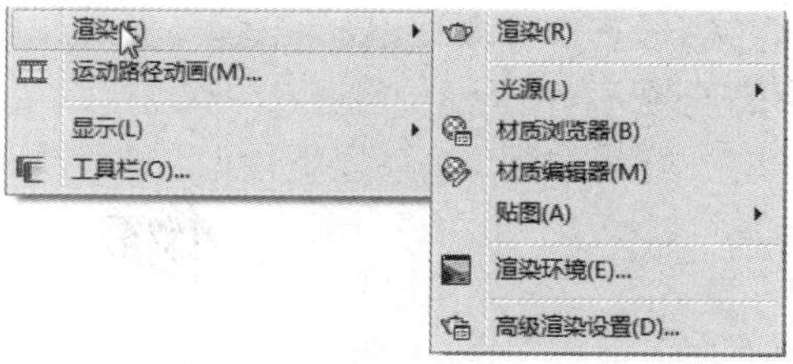

图12-48 “渲染”工具栏

12.6.1 渲染

渲染命令是一种将三维线框和实体模型处理成照片级真实图像效果的操作。

执行方式如下。

- 命令行：在命令行输入RENDER，按Enter键。
- 工具栏：单击“渲染”工具栏中的“渲染”按钮。
- 菜单栏：执行“视图>渲染>渲染”命令。

执行渲染命令后，命令行提示如下。

```
命令：-render
指定渲染预设 [ 草稿 (D)/ 低 (L)/ 中 (M)/ 高 (H)/ 演示 (P)/ 其他 (O)] < 中 >:
指定渲染目标 [ 渲染窗口 (R)/ 视口 (V)] < 渲染窗口 >: R
输入输出宽度 <640>:
输入输出高度 <480>:
是否将渲染保存到文件？ [ 是 (Y)/ 否 (N)] < 否 >: N
```

各选项说明如下。

● “草稿”：草稿是最低级别标准渲染预设。此设置仅用于非常快速的测试渲染，其中反走样被忽略且样例过滤很低。

此渲染预设生成的渲染质量很低，但生成速度最快。

● “低”：“低”渲染预设可提供质量优于“草图”预设的渲染。反走样被忽略但样例过滤得到改进。默认状态下，光线跟踪也处于活动状态，因此可出现质量较好的着色。

● 此预设最适用于要求质量优于“草图”的测试渲染。

● “中”：使用“中”渲染预设时，可以期望更好的样例过滤并且反走样处于活动状态。与“低”渲染预设相比，光线跟踪处于活动状态且反射深度设置增加。

此预设提供了质量和渲染速度之间良好的平衡。

● “演示”：演示渲染预设用于高质量、真实照片渲染的图像，并且需要花费的时间最长。样例过滤和光线跟踪得到进一步改进。

由于此预设用于最终渲染，因此通常将全局照明设置与其一起使用。

● “其他”：如果存在一个或多个渲染预设，则“其他”选项使用户可以指定自定义渲染预设。

选择“其他”后，命令行提示：“指定自定义渲染预设[?]：”

“?”为列出自定义渲染预设，将显示文字屏幕，其中列出了存储在模型中的所有自定义渲染设置。仅列出自定义渲染预设。如果不存在自定义渲染预设，则文字屏幕将显示一条信息，说明未找到自定义渲染设置。不指定自定义渲染预设而按Enter键将返回到第一个提示，要求用户指定渲染预设。

- “渲染”窗口：如果选择“渲染”窗口作为渲染目标，那么在图像处理的过程中，图像将显示在渲染窗口中。
- 输出宽度和输出高度值将指定渲染图像的宽度和高度。这两个值均可以像素为单位进行测量。
- “是/否”：如果接收默认值“否”，则将显示“渲染”窗口并且图像将被渲染。回答“是”将出现另一提示：“指定输出文件名和路径：输入将用于保存渲染图像的有效文件名和路径”。
- “视口”：如果选择“视口”，则当前显示在视口中的所有内容均将被渲染。

将如图12-49所示的三维实体进行渲染，渲染结果如图12-50所示。

图12-49 三维实体

图12-50 渲染结果

12.6.2 设置光源

向场景中添加光源可以创建更加真实的渲染。

通过执行LIGHT命令可以完成与光源相关的操作，如添加点光源、聚光灯和平行光，并设置每个光源的位置和光度特性等。

在命令行直接输入LIGHT命令后，系统弹出“光源>视口光源模式”对话框，如图12-51所示。

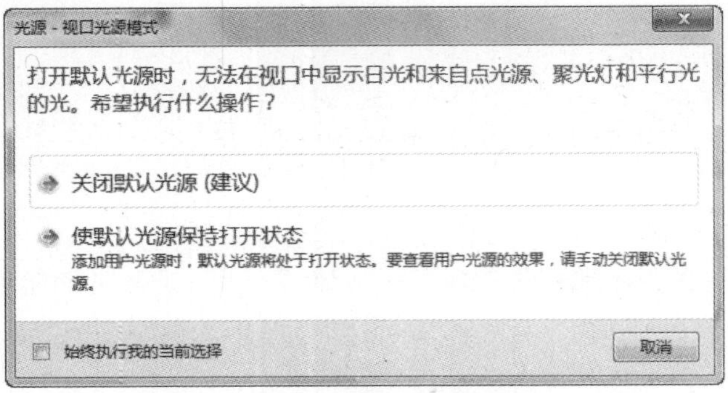

图12-51 “光源—视口光源模式”对话框

在该对话框中，选择“关闭默认光源”或“使用默认光源保持打开状态”选项。

命令行提示如下。

```
命令 : light
输入光源类型 [ 点光源 (P)/ 聚光灯 (S)/ 光域网 (W)/ 目标点光源 (T)/ 自由聚光灯 (F)/ 自由光域 (B)/
平行光 (D)] < 点光源 >: P
指定源位置 <0,0,0>:
输入要更改的选项 [ 名称 (N)/ 强度因子 (I)/ 状态 (S)/ 光度 (P)/ 阴影 (W)/ 衰减 (A)/ 过滤颜色 (C)/ 退
出 (X)] < 退出 >: 输入 X
```

场景中没有光源时，将使用默认光源对场景进行着色。来回移动模型时，默认光源来自视点后面的两个平行光源。模型中所有的面均被照亮，以使其可见。用户可以控制亮度和对比度，但不需要自己创建或放置光源。

“光源”工具栏如图12-52所示。

图12-52 “光源”工具栏

光源类型可分为点光源、聚光灯、光域网、目标点光源、自由聚光灯、自由光域和平行光等，用户可以根据需要进行选择。

下面介绍各种光源的具体概念和使用方法。

1. 点光源

创建点光源。点光源从其所在位置向四周发射光线。点光源不以一个对象为目标，使用点光源以达到基本的照明效果。

执行方式如下。

- 命令行：在命令行输入POINTLIGHT，按Enter键。
- 工具栏：单击“光源”工具栏中的“新建点光源”按钮 。
- 菜单栏：执行“视图>渲染>光源>新建点光源”命令。

调用新建点光源命令后，命令行提示如下。

```
命令：_pointlight
指定源位置 <0,0,0>:
输入要更改的选项 [ 名称 (N)/ 强度因子 (I)/ 状态 (S)/ 光度 (P)/ 阴影 (W)/ 衰减 (A)/ 过滤颜色 (C)/ 退出 (X)] < 退出 >: 输入 X
```

各选项说明如下。

- “名称”：指定光源名。名称中可以使用大小写字母、数字、空格、连字符 (-) 和下划线 (_)。最大长度为 256 个字符。
- “强度 / 强度因子”：设置光源的强度或亮度。取值范围为 0.00 到系统支持的最大值。
- “状态”：打开和关闭光源。如果图形中没有启用光源，则该设置没有影响。
- “阴影”：使光源投射阴影。
- “衰减”：控制光线随着距离增加而衰减。
- “颜色 / 过滤颜色”：控制光源的颜色。
- “退出”：退出命令。
- “光度”：指测量可见光源的照度。当 LIGHTINGUNITS 系统变量设置为 1 或 2 时，光度可用。在光度中，照度是指对光源沿特定方向发出的可感知能量的测量。光通量是指每单位立体角中的可感知能量。一盏灯的总光通量为沿所有方向发射的可感知的能量。亮度是指入射到每单位面积表面上的总光通量。

若选用“阴影”选项后，命令行提示如下。

“输入阴影设置[关(O)/锐化(S)/已映射柔和(F)/已采样柔和(A)]<锐化>：”。

- “关”：关闭光源阴影的显示和计算。
- “强烈”：显示带有强烈边界的阴影。
- “已映射柔和”：显示带有柔和边界的真实阴影。
- “已采样柔和”：显示真实阴影和基于扩展光源的较柔和的阴影（半影）。

若选用“衰减”选项后，命令行提示如下。

“输入要更改的选项[衰减类型(T)/使用界限(U)/衰减起始界限(L)/衰减结束界限(E)/退出(X)]<退出>:”。

- “衰减类型”：控制光线如何随着距离增加而衰减。对象距点光源越远，则越暗。衰减 (attenuation) 也称为衰减 (decay)。
- “使用界限衰减起始界限”：指定是否使用界限。
- “衰减结束界限”：指定一个点，光线的亮度相对于光源中心的衰减于该点结束。没有光线投射在此点之外。在光线的效果很微弱，以致计算将浪费处理时间的位置处，设置结束界限将提高性能。

2. 聚光灯

创建聚光灯。聚光灯发射定向锥形光，可以控制光源的方向和圆锥体的尺寸。像点光源一样，聚光灯也可以手动设置为强度随距离衰减。但是，聚光灯的强度始终还是根据相对于聚光灯的目标矢量的角度衰减。

执行方式如下。

- 命令行：在命令行输入“SPOTLIGHT，按Enter键。
- 工具栏：单击“光源”工具栏中的“新建聚光灯”按钮。
- 菜单栏：执行“视图>渲染>光源>新建聚光灯”命令。

调用新建聚光灯命令后，命令行提示如下。

```
命令：_spotlight
指定源位置 <0,0,0>:
指定目标位置 <0,0,-10>:
输入要更改的选项 [名称(N)/强度因子(I)/状态(S)/光度(P)/聚光角(H)/照射角(F)/阴影(W)/衰减(A)/
过滤颜色(C)/退出(X)]<退出>: X
```

各选项说明如下。

- “聚光角”：指定定义最亮光锥的角度，也称为光束角。
- “照射角”：指定定义完整光锥的角度，也称为现场角。照射角的取值范围为0°到160°。

其他选项说明同“点光源”部分。

3. 平行光

创建平行光。照亮对象或作为背景时，平行光十分有用。平行光仅向一个方向发射统一的平行光光线。可以在视口中的任意位置指定 FROM 点和 TO 点，以定义光线的方向。使用不同的光线轮廓表示每个聚光灯和点光源。在图形中，不会用轮廓表示平行光，因为它们没有离散的位置并且也不会影响到整个场景。

执行方式如下。

- 命令行：在命令行输入DISTANTLIGHT，按Enter键。
- 工具栏：单击“光源”工具栏中的“新建平行光”按钮。
- 菜单栏：执行“视图>渲染>光源>新建平行光”命令。

调用新建平行光命令后，弹出“光源—光度控制平行光”对话框，如图12-53 所示。

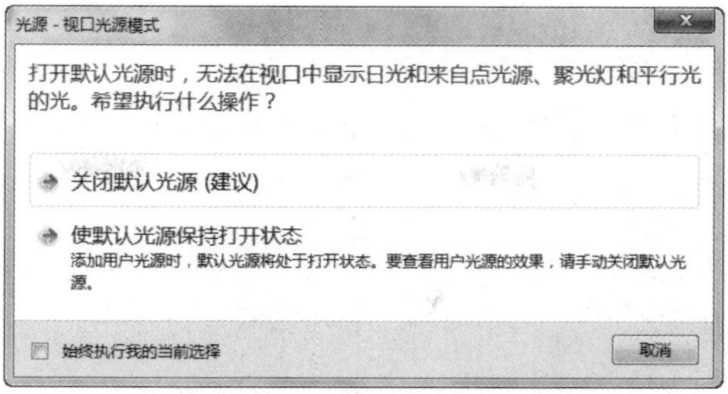

图12-53 “光源—光度控制平行光” 对话框

在该对话框中，选择“允许平行光”选项。

命令行提示如下：

```
命令 : _distantlight
指定光源来向 <0,0,0> 或 [ 矢量 (V)]:
指定光源去向 <1,1,1>:
输入要更改的选项 [ 名称 (N)/ 强度因子 (I)/ 状态 (S)/ 光度 (P)/ 阴影 (W)/ 过滤颜色 (C)/ 退出 (X)] <
退出 >: X
```

各选项说明如下。

- “矢量”：通过矢量方式指定光源方向。

其他选项说明同“点光源”部分。

4. 光域网

光度控制光域灯光（光域）是光源的光强度分布的三维表示。光度控制光域灯光可用于表示各向异性（非统一）光源分布，此分布来源于现实中的光源制造商提供的数据。与聚光灯和点光源相比，这样提供了更加精确的渲染光源表示。

执行方式如下。

- 命令行：在命令行输入WEBLIGHT，按Enter键。

调用光域网命令后，命令行提示如下。

```
命令 : weblight
指定源位置 <0,0,0>:
指定目标位置 <0,0,-10>:
输入要更改的选项 [ 名称 (N)/ 强度因子 (I)/ 状态 (S)/ 光度 (P)/ 光域网 (B)/ 阴影 (W)/ 过滤颜色 (C)/
退出 (X)] < 退出 >: X
```

各选项说明如下。

- “光域网”：指定球面栅格上的点的光源强度。

其他选项说明同“点光源”部分。

5. 目标点光源

创建目标点光源。

执行方式如下。

- 命令行：在命令行输入TARGETPOINT，按Enter键。

调用目标点光源命令后，命令行提示如。

命令 : targetpoint
指定源位置 <0,0,0>:
指定目标位置 <0,0,-10>:
输入要更改的选项 [名称 (N)/ 强度因子 (I)/ 状态 (S)/ 光度 (P)/ 阴影 (W)/ 衰减 (A)/ 过滤颜色 (C)/ 退出 (X)] < 退出 >: 输入 X

各选项说明同“点光源”部分。

6. 自由聚光灯

创建与未指定目标的聚光灯相似的自由聚光灯。

执行方式如下。

- 命令行：在命令行输入FREESPOT，按Enter键。

调用目标点光源命令后，命令行提示如下。

命令 : freespot
指定源位置 <0,0,0>:
输入要更改的选项 [名称 (N)/ 强度因子 (I)/ 状态 (S)/ 光度 (P)/ 聚光角 (H)/ 照射角 (F)/ 阴影 (W)/ 衰减 (A)/ 过滤颜色 (C)/ 退出 (X)]< 退出 >: X

各选项说明同“聚光灯”部分。

7. 自由光域

创建与光域灯光相似但未指定目标的自由光域灯光。

执行方式如下。

- 命令行：在命令行输入FREEWEB，按Enter键。

调用目标点光源命令后，命令行提示如下。

命令 : freeweb
指定源位置 <0,0,0>:
输入要更改的选项 [名称 (N)/ 强度因子 (I)/ 状态 (S)/ 光度 (P)/ 光域网 (B)/ 阴影 (W)/ 过滤颜色 (C)/ 退出 (X)] < 退出 >: X

各选项说明同“光域网”部分。

8. 光源列表

按照名称和类型列出了每个添加到图形中的光源，其中不包括阳光、默认光源以及块和外部参照中的光源。

在列表中选定一个光源时，将在图形中选定该光源，反之亦然。列表中光源的特性按其所属图形保存，可以在“特性”选项板中更改任何特性。在图形中选定一个光源时，可以使用夹点工具来移动或旋转该光源，并更改光源的其他某些特性（例如聚光灯中的聚光锥角和衰减锥角）。更改光源特性后，可以在模型上看到更改的效果。

执行方式如下。

- 命令行：在命令行中输入LIGHTLIST，按Enter键。
- 工具栏：单击“光源”工具栏中的“光源列表”按钮。
- 菜单栏：执行“视图>渲染>光源>光源列表”命令。

调用光源列表命令后，弹出“模型中的光源”窗口，如图12-54所示。

该选项面板列出了图形中的光源。

“类型”列中的图标指示光源类型：点光源、聚光灯或平行光，并指示它们处于打开还是关闭状态。选择列表中的光源以在图形中选择它。若要对列表进行排序，则单击“类型”或“名称”列标题即可。

选中光源，单击鼠标右键，系统弹出快捷菜单，如图12-55所示。

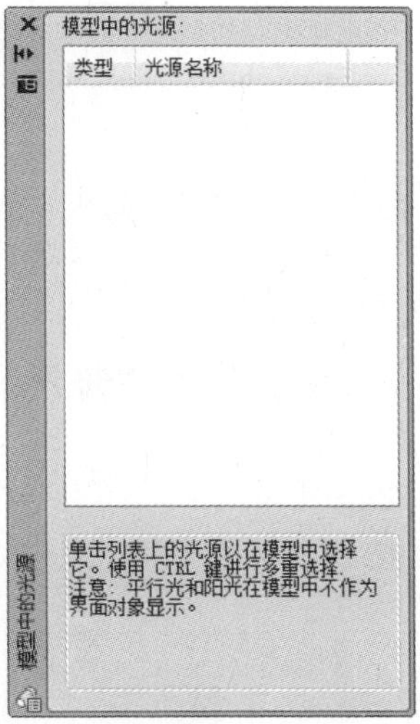

图12-54 “模型中的光源”窗口

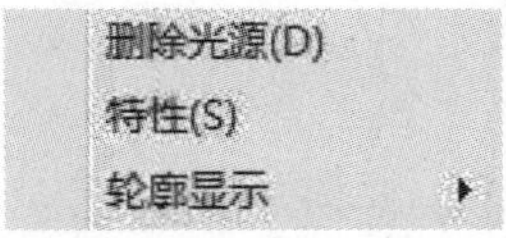

图12-55 快捷菜单

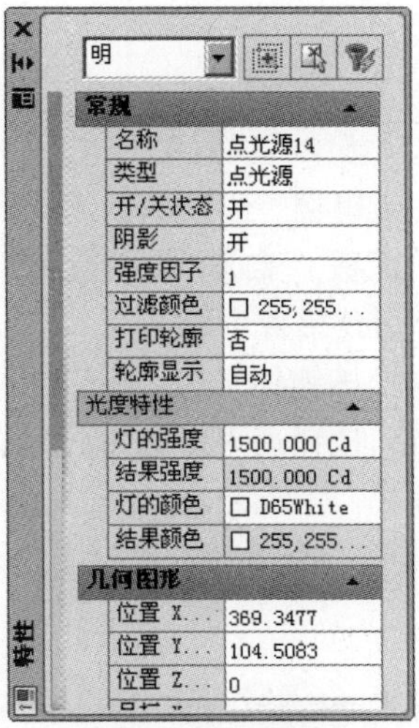

图12-56 特性选项板

- “删除光源”：选定一个或多个光源后，单击“删除光源”以从图形中删除光源，也可以按 DELETE 键。
- “特性”：选定一个或多个光源后，单击“特性”按钮显示“特性”选项板，如图 12-56 所示。从中可以修改光源特性以及打开和关闭光源。当选定特性时，底部的面板上将显示特性的说明，也可以双击以显示“特性”选项板。
- “轮廓显示”：轮廓显示分为自动、开和关三个选项。

12.6.3 设置材质

利用材质管理器可以管理、应用和修改材质。

执行方式如下。

- 命令行：在命令行中输入MATERIALS，按Enter键。
- 工具栏：单击“渲染”工具栏中的“材质”按钮。
- 菜单栏：执行“视图>渲染>材质编辑器”命令。

调用材质命令后，弹出“材质编辑器”选项板，如图12-57 所示。

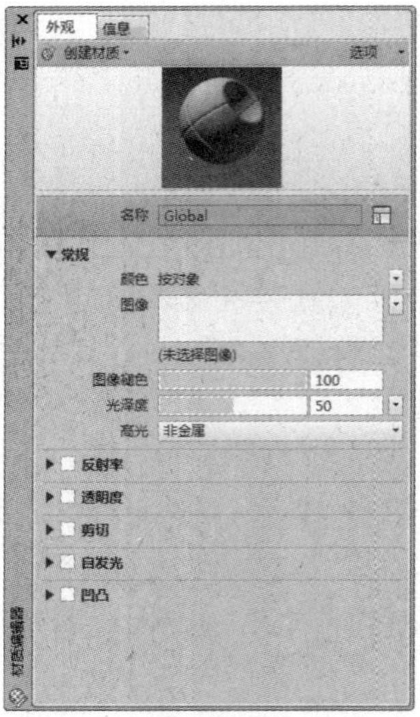

图12-57 “材质”编辑器选项板

在该选项板中可以对图形进行材质设置。

“材质编辑器”选项板由不同的面板部分组成，包括“常规”面板、“反射率”面板、“透明度”面板、“剪切”面板、“自发光”面板和“凹凸”面板。

下面分别介绍各个面板。

- “外观”按钮用来显示图形中可用材质的样例。默认材质命名为Global，如图12-58 所示。
- “信息”按钮用来查看图形的基本信息。
- “名称”：命名材质并提供说明空间，如图12-59所示。

单击样例以选择材质，该材质的设置显示在“材质编辑器”面板中，样例轮廓为蓝色来表明已选择。

图12-58 显示可用的材质

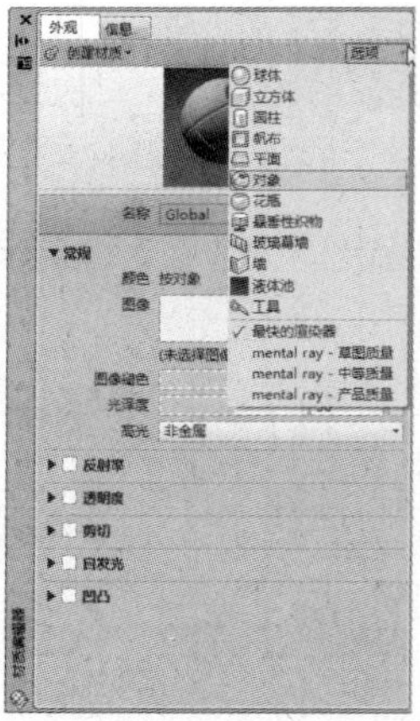

图12-59 “名称”对话框

- “创建或复制材质”：单击“创建或复制材质”按钮，用来创建新材质，在下拉列表中单击“通用”选项。输入名称后，将在当前样例的右侧创建新样例并选择新样例，如图 12-60 所示。

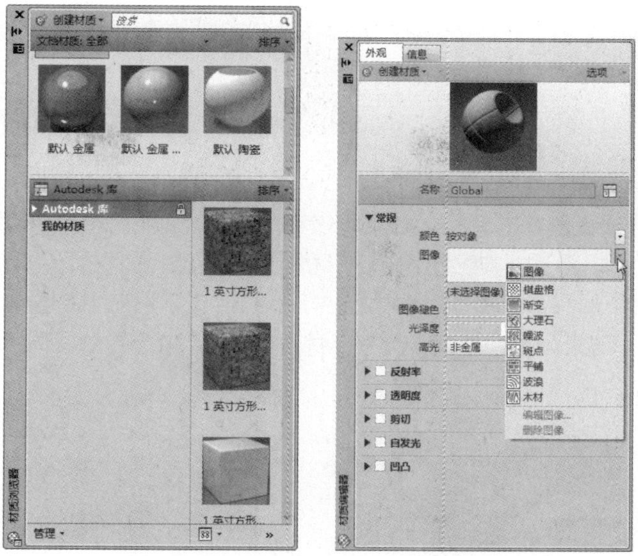

图12-60“创建新材质”对话框

● “常规”：用于显示材质的常规特性。“常规”选项板中包括“颜色”、“图像”两个选项。“图像”下拉列表中显示材质的漫射颜色贴图。在“颜色”对应下拉列表中可选择颜色的着色方式，如图12-61 所示。

● “反射率”：用于显示材质的反射率特性，控制通过附着部分透明材质的对象如何反射光，如图 12-62 所示。

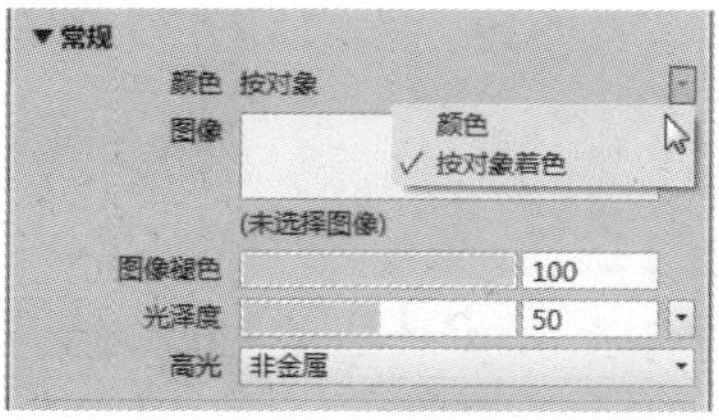

图12-61“常规”对话框

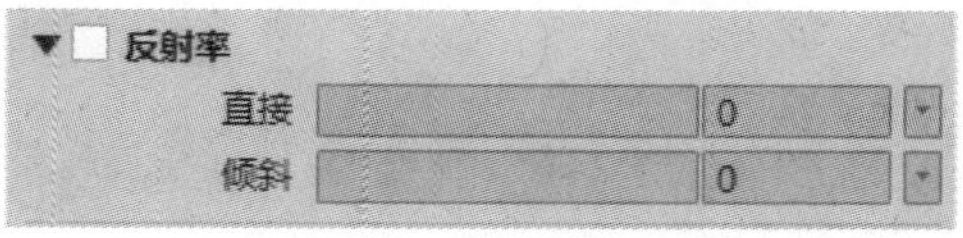

图12-62“反射率”对话框

● “透明度”：用于显示材质的透明度特性，设置材质的透明度，如图 12-63 所示。完全不透明的实体对象不允许光穿过其表面，不具有不透明性的对象是透明的。

● “剪切”：用于显示材质的剪切特性，如图 12-64 所示。

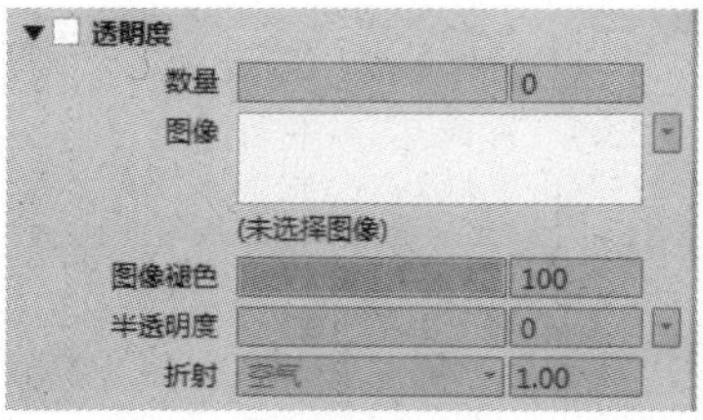

图12-63“透明度”对话框

图12-64 “剪切”对话框

● “自发光”：用于显示材质的自发光的特性，当设置为大于 0 的值时，可以使对象自身显示为发光而不依赖于图形中的光源。选择自发光时，亮度不可用。如图 12-65 所示。

● “凹凸”：用于显示材质的凹凸特性，如图 12-66 所示。

图12-65 “自发光”对话框

图12-66 “凹凸”对话框

在“材质编辑器”选项板里单击“材质浏览器”按钮，可以选定材质的“样例”、“名称”、“类型”、“类别”等显示在“材质编辑器”中，其配置将随着“材质浏览器”选择的材质和样板类型的变化而变化。

“材质浏览器”用来添加和编辑图形材质，如在Autodesk库下拉表中单击“地板-木材”选项，在“样例”中选择“红色橡木”，结果如图12-67所示。在“材质浏览器”中选择的材质可以添加到“我的材质”中，如图12-68所示。

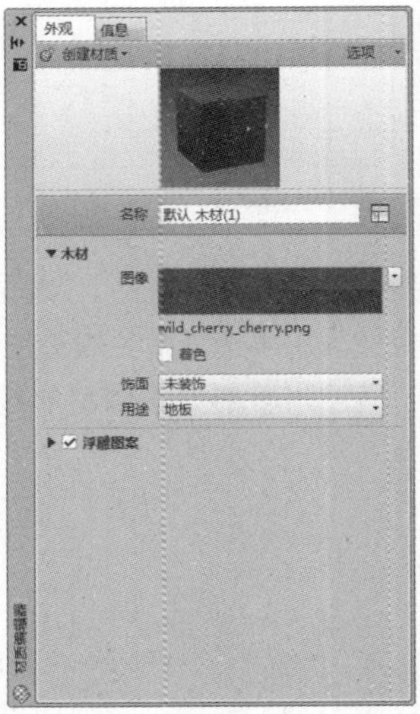

图12-67 选择“红色橡木”效果

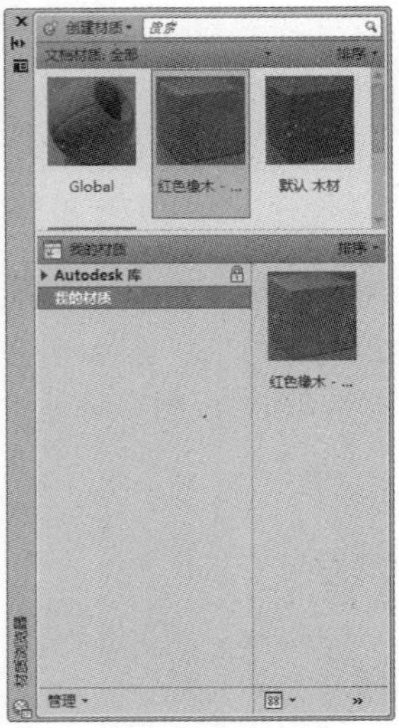

图12-68 我的材质

12.6.4 设置贴图

显示材质贴图工具，以调整面或对象上的贴图。

执行方式如下。

- 命令行：在命令行中输入MATERIALMAP，按Enter键。
- 工具栏：单击“渲染”工具栏中的“平面贴图”按钮。
- 菜单栏：执行“视图>渲染>贴图”命令。

调用贴图命令后，命令行提示如下。

```
命令 : materialmap
选择选项 [ 长方体 (B)/ 平面 (P)/ 球面 (S)/ 柱面 (C)/ 复制贴图至 (Y)/ 重置贴图 (R)] < 长方体 >: B
选择面或对象 : 找到 1 个
选择面或对象 :
接受贴图或 [ 移动 (M)/ 旋转 (R)/ 重置 (T)/ 切换贴图模式 (W)]:
```

各选项说明如下。

- “移动”：显示“移动”夹点工具以移动贴图。
- “旋转”：显示“旋转”夹点工具以旋转贴图。

- “重置”：将 UV 坐标重置为贴图的默认坐标。
- “切换贴图模式”：重新显示命令提示“[长方体 (B)/ 平面 (P)/ 球体 (S)/ 圆柱体 (C)/ 复制贴图至 (Y)/ 重置贴图 (R)]< 当前 >：”。

“平面贴图”、“圆柱体贴图”和“球体贴图”操作方法同“长方体贴图”选项一致。

12.6.5 渲染环境

使用环境功能来设置雾化效果或背景图像。通过雾化效果或将位图图像添加为背景，来增强渲染图像。

执行方式如下。

- 命令行：在命令行中输入RENDERENVIRONMENT，按Enter键。
- 工具栏：“渲染”工具栏中的“渲染环境”按钮 。
- 菜单栏：执行“视图>渲染>渲染环境”命令。

调用渲染环境命令后，弹出“渲染环境”对话框，如图12-69所示。

在该对话框中随雾化和深度进行设置。

实际上，雾化和深度设置是同一效果的两个极端：雾化为白色，而传统的深度设置为黑色。可以使用其间的任意一种颜色。

各选项说明如下。

- “启用雾化”：启用雾化或关闭雾化，不影响对话框中的其他设置。
- “颜色”：指定雾化颜色。
- “雾化背景”：不仅对背景进行雾化，也对几何图形进行雾化。背景主要是显示在模型后面的背景幕。背景可以是单色、多色渐变色或位图图像。
- 近距离：指定雾化开始处到相机的距离。
- “远距离”：指定雾化结束处到相机的距离。
- “近处雾化百分比”：指定近距离处雾化的不透明度。
- “远处雾化百分比”：指定远距离处雾化的不透明度。

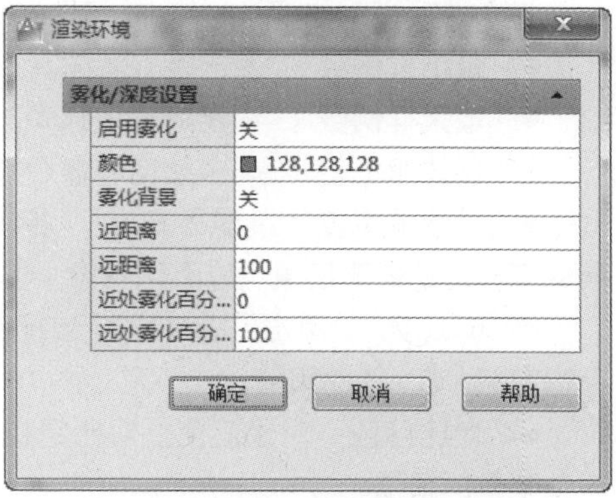

图12-69 “渲染环境”对话框

12.6.6 高级渲染设置

还可以使用“高级渲染设置”选项板进行渲染设置。

执行方式如下。

- 命令行：在命令行中输入RPREF，按Enter键。
- 工具栏：单击“渲染”工具栏中的“高级渲染设置”按钮 。
- 菜单栏：执行“视图>渲染>高级渲染设置”。

调用高级渲染设置命令后，弹出“高级渲染设置”选项板，如图12-70所示。

选项板被分为从基本设置到高级设置的若干部分。“常规”部分包含了影响模型的渲染方式、材质和阴影的处理方式以及反走样执行方式的设置。“光线跟踪”部分控制如何产生着色。“间接发光”部分用于控制光源特性、场景照明方式以及是否进行全局照明和最终采集。还可以使用诊断控件来帮助了解图像没有按照预期效果进行渲染的原因。

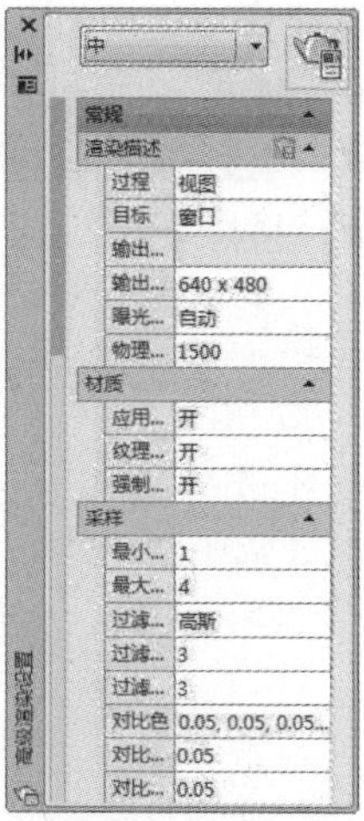

图12-70 “高级渲染设置”选项项板

“常规”部分包含“渲染描述”、“材质”、“采样”和“阴影”四个面板。

其中“渲染描述”面板，如图12-71所示，包含影响模型获得渲染方式的设置。

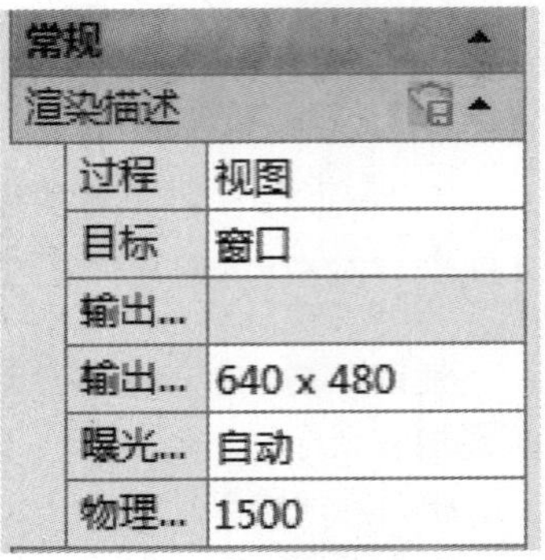

图12-71 “渲染描述”面板

各个选项说明如下。

- “过程”：控制渲染过程中处理的模型内容。
- “目标”：确定渲染器用于显示渲染图像的输出位置。
- “输出文件名称”：指定文件名和要存储渲染图像的位置。
- “输出尺寸”：显示渲染图像的当前输出分辨率设置。
- “曝光类型”：控制色调运算符设置。
- “物理比例”：指定物理比例，默认值为 1500。

“材质”面板如图12-72 所示，包含影响渲染器处理材质方式的设置。

各个选项说明如下。

- “应用材质”：应用用户定义并附着到图形中的对象表面材质。
- “纹理过滤”：指定过滤纹理贴图的方式。
- “强制双面”：控制是否渲染面的两侧。

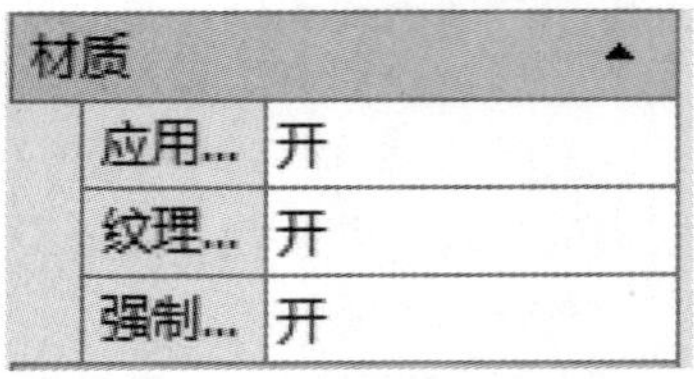

图12-72 “材质”面板

“采样”面板如图12-73所示，用来控制渲染器执行采样的方式。

各个选项说明如下。

- “最小样例数”：设定最小采样率，该值表示每像素的样例数。
- “最大样例数”：设定最大采样率。
- “过滤器类型”：确定如何将多个样例组合为单个像素值。
- “过滤器宽度和过滤器高度”：指定过滤区域的大小。增加过滤器宽度和过滤器高度值可以柔化图像，但是将增加渲染时间。
- “对比色”：单击“...”打开“选择颜色”选项面板，从中可以交互指定 R，G，B 的阈值。
- “对比红色、对比蓝色、对比绿色”：指定样例的红色、蓝色和绿色分量的阈值。
- “对比 Alpha”：指定样例的 alpha 分量的阈值。

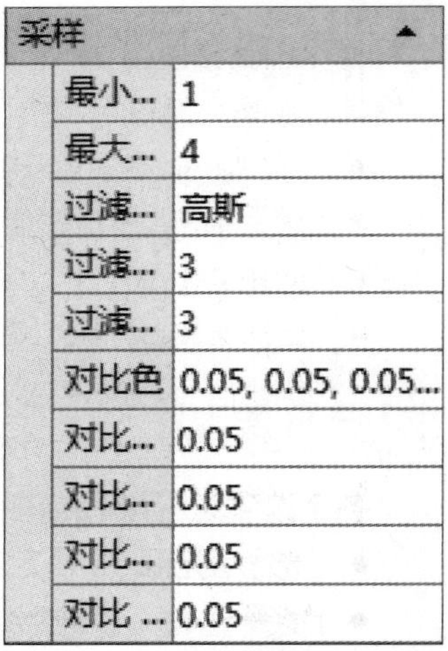

图12-73 “采样”面板

“阴影”面板如图12-74所示，包含影响阴影在渲染图像中显示方式的设置。

各个选项说明如下。

- “模式”：可以是“简化”模式、“分类”模式或“分段”模式。
- “阴影贴图”：控制是否使用阴影贴图来渲染阴影。
- “采样乘数”：全局限制区域光源的阴影采样。

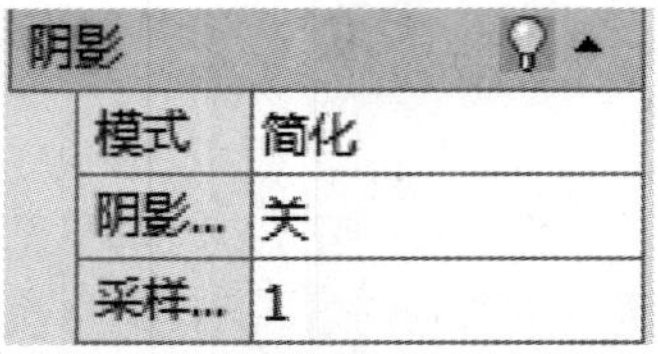

图12-74 “阴影”面板

“光线跟踪”面板，如图12-75所示，包含影响渲染图像着色的设置。

各个选项说明如下。

- “最大深度”：限制反射和折射的组合。
- “最大反射”：设定光线可以反射的次数。
- “最大折射”：设定光线可以折射的次数。

“间接发光”包括“全局照明”、“最终聚集”和“光源特性”三个面板。

其中“全局照明”面板如图12-76所示，影响场景的照明方式。

各个选项说明如下。

- “光子/样例”：设定用于计算全局照明强度的光子数。
- “使用半径”：确定光子的大小。
- “半径”：指定计算照度时将在其中使用光子的区域。

“最终聚集”面板如图12-77所示，用于计算全局照明。

光线跟踪	
最大...	5
最大...	5
最大...	5

图12-75 “光线跟踪”面板

全局照明	
光子/...	500
使用...	关
半径	1
最大...	5
最大...	5
最大...	5

图12-76 “全局照明”面板

各个选项说明如下。

- “模式”：控制最终采集动态设置。
- “半径模式”：确定最终采集处理的半径模式。
- “最大半径”：设置在其中处理最终采集的最大半径。
- “使用最小值”：控制在最终采集处理过程中是否使用“最小半径”设置。
- “最小半径”：设置在其中处理最终采集的最小半径。

“光源特性”面板如图12-78所示，影响计算间接发光时光源的操作方式。默认情况下，能量和光子设置可应用于同一场景中的所有光源。

各个选项说明如下。

- “光子/光源”：设定每个光源发射的用于全局照明的光子数。
- “能量乘数”：增加全局照明、间接光源、渲染图像的强度。

最终聚集	
模式	自动
光线	200
半径...	关
最大...	1
使用...	关
最小...	0.1

图12-77 “最终聚集”面板

光源特性	
光子/...	10000
能量...	1

图12-78 “光源特性”面板

"诊断"面板，如图12-79所示，有助于用户了解渲染器以特定方式工作的原因。

各个选项说明如下。

- "栅格"：渲染显示对象、世界或相机的坐标空间的图像。
- "栅格尺寸"：设置栅格的尺寸。
- "光子"：渲染光子贴图的效果。
- "BSP"：使用 BSP 光线跟踪加速方法渲染树使用的可视化参数。"处理"面板如图 12-80 所示，用来处理平铺。各个选项说明如下。
- "平铺尺寸"：确定渲染的平铺尺寸。
- "平铺次序"：指定渲染图像时用于色块的方法（渲染次序）。
- "内存限制"：确定渲染时的内存限制。渲染器将保留其在渲染时使用的内存计数。

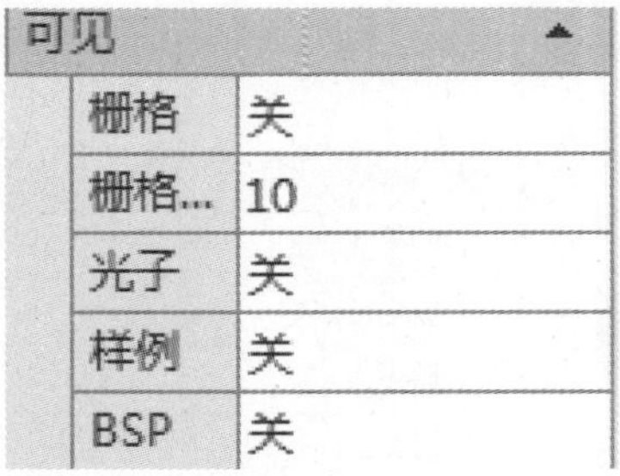

图12-79 "诊断"面板

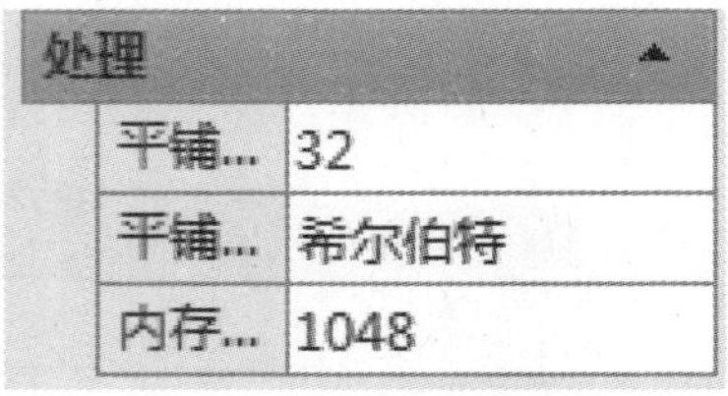

图12-80 "处理"面板

12.6.7 使用渲染窗口

执行渲染命令后，弹出"渲染"对话框，如图12-81所示。

在该对话框中可以对图形进行渲染处理。该对话框分为三个窗格："图像"窗格、"统计信息"窗格和"历史记录"窗格。

"图像"窗格位于"渲染"窗口的左上方。"图像"窗格它是渲染器的主要输出目标。渲染过程中，当渲染器中的渲染色块可用时，"图像"窗格将逐渐显示这些渲染色块。

"统计信息"窗格可以从中查看有关渲染的详细信息以及创建图像时使用的渲染设置。

"历史记录"窗格可以从中浏览当前模型中渲染图像的最近历史记录。存储在"历史记录"窗格中的每个条目称为历史记录条目。

在历史记录条目上单击鼠标右键，弹出快捷菜单，如图12-82所示，可以进行"再次渲染"、"保存"、"保存副本"、"将渲染设置置为当前"、"从列表中删除"和"删除输出文件"等操作。

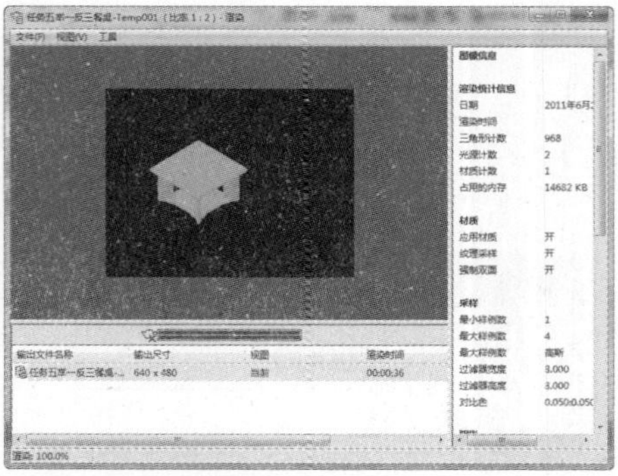
图12-81 "渲染"对话框

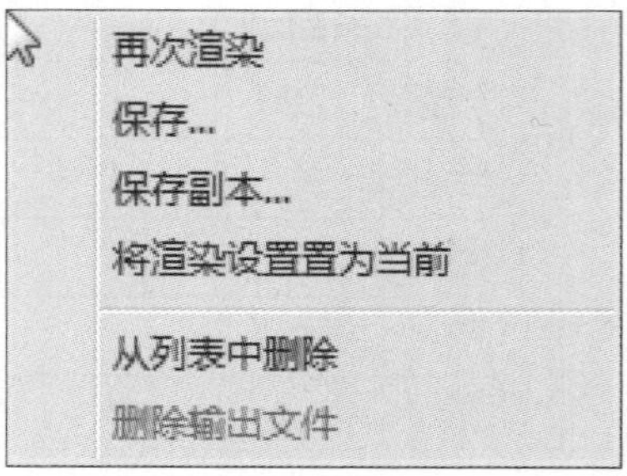

图12-82 快捷菜单

综合实例 —— 床头柜

本章进一步学习三维图形，不仅仅是绘制三维图形，还要对三维图形进行修饰，例如添加材质、渲染，使三维图形看起来更有真实感。下面以绘制床头柜为例。

Step01 单击桌面上 Autocad 2012 图标，打开 CAD 的绘图环境并且熟悉操作界面，如图 12-83 所示。

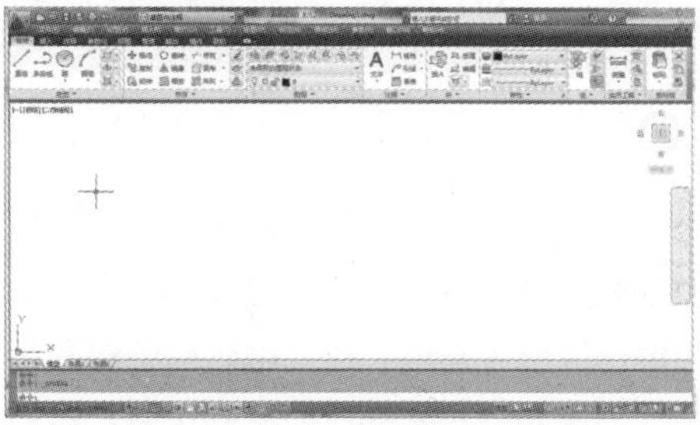

图12-83 打开绘图界面

Step02 执行“工具＞选项”命令，可以对绘图的背景颜色、光标的大小等其他方面进行调整，如图 12-84 所示。

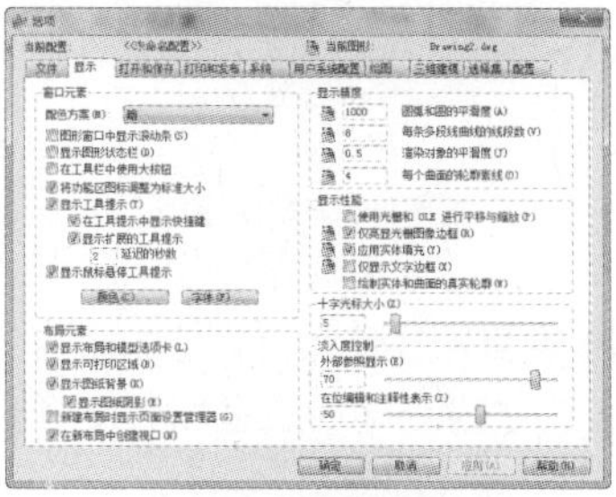

图12-84 设置绘图环境

Step03 执行“格式＞图形界限”命令，在命令栏提示下先后输入边界的两个坐标，这两个坐标根据图形的大小决定，如图 12-85 所示。

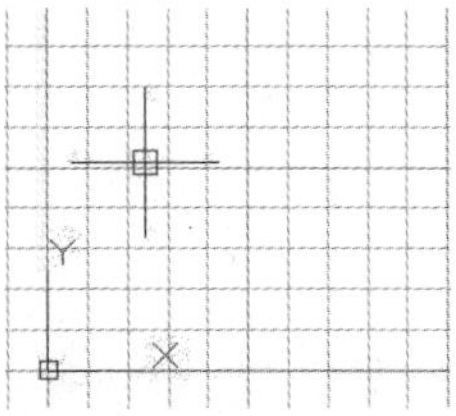

图12-85 图形界限

Step04 单击工具栏中“图层特性”按钮，弹出“图层特性管理器”窗口并对其进行设置，如图 12-86 所示。

图12-86 新建图层

Step05 单击“视图”工具栏中的“东南等轴测”命令按钮，将视图调整为东南等轴测视图，如图 12-87 所示。

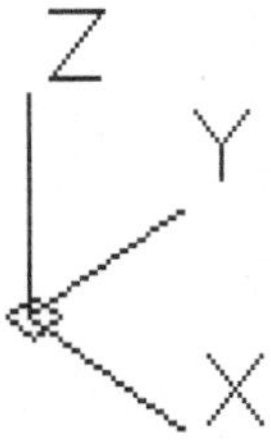

图12-87 东南等轴测

Step06 单击“建模”工具栏中的“长方体”命令按钮，在绘图区绘制一个 800×800×1000 的长方体，作为床头柜的主体部分，如图 12-88 所示。

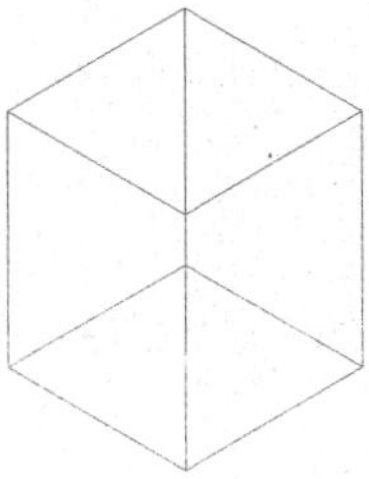

图12-88 绘制长方体

实体造型

Step07 利用直线命令分别连接长方天前面左右两边的中点，绘制一条辅助直线，如图12-89 所示。

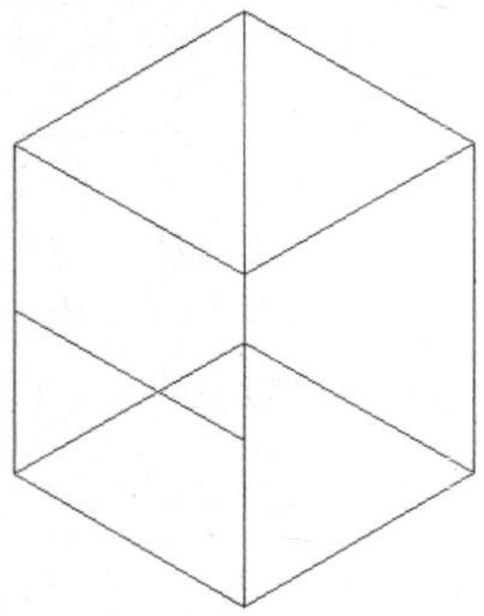

图12-89 绘制直线

Step08 单击“建模”工具栏中“圆柱体”命令按钮，绘制一个半径为 10 个绘图单位、高度也为 10 的圆柱体，如图 12-90 所示。

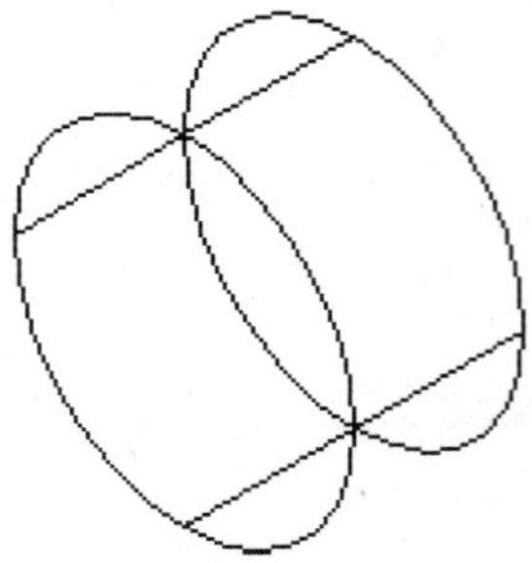

图12-90 绘制圆柱体

Step09 重复圆柱体命令，绘制半径为 15、高度为 25 的圆柱体，如图 12-91 所示。

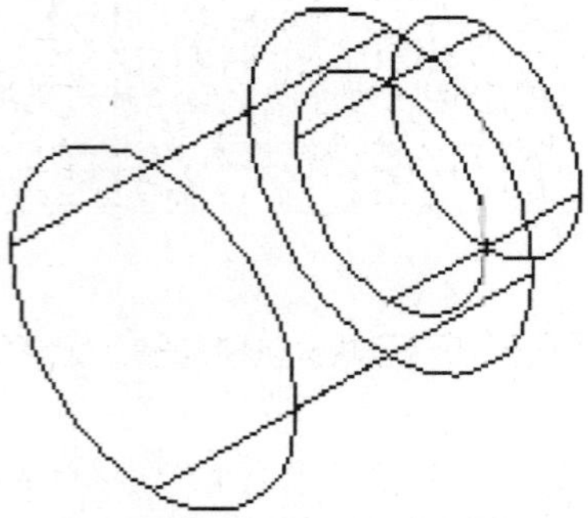

图12-91 再绘制一个圆柱体

Step10 利用复制命令，选择第一个圆柱体内面的圆心为基点，将之前所绘制的两个圆柱体复制到下部抽屉的中心位置，如图 12-92 所示。

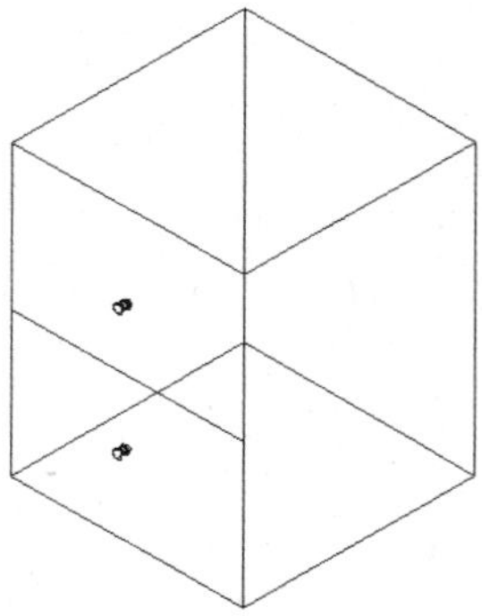

图12-92 复制对象

Step11 利用长方体命令，以主体长方体的中间角点为起点，设置另一点坐标为（-25，800，-15），绘制第三个长方体，作为中间的凹槽，如图 12-93 所示。

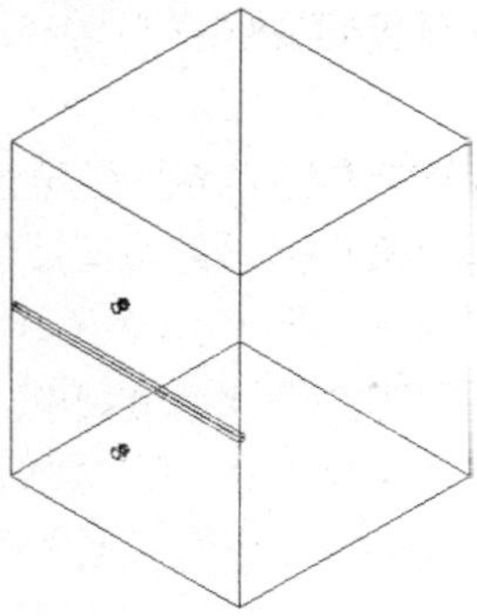

图12-93 绘制中间的凹槽

Step12 利用长方体命令，以主体长方体的下角点为起点，设置另一点坐标为（-25，800，-15），绘制第四个长方体，作为底部的凹槽，如图 12-94 所示。

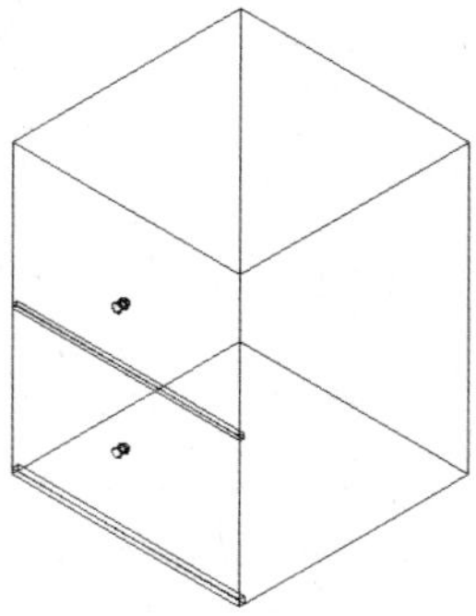

图12-94 底部的凹槽

Step13 利用圆角命令，设置圆角半径为 10 个绘图单位，对所绘制的一个面板前沿进行圆角编辑，如图 12-95 所示。

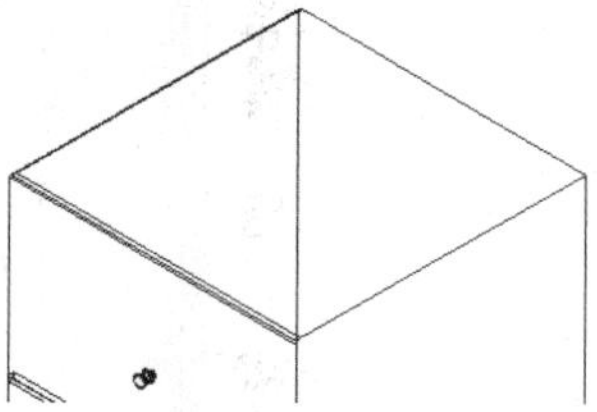

图12-95 设置圆角

Step14 再利用圆角命令，设置圆角半径为 10 个绘图单位，对所有面板前沿进行圆角编辑，如图 12-96 所示。

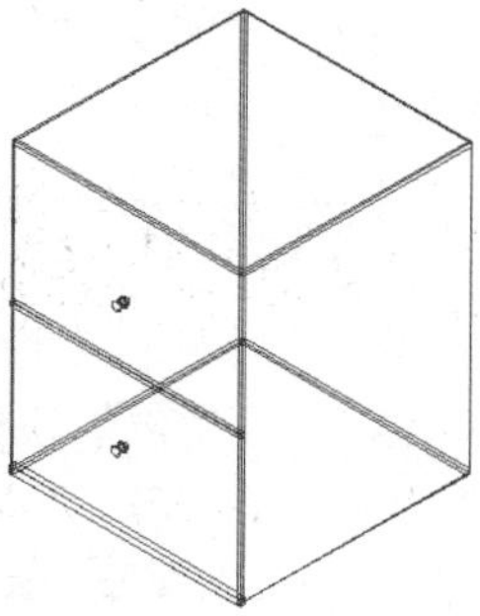

图12-96 设置其他圆角

Step15 再利用圆角命令，设置圆角半径为 10 个绘图单位，对抽屉把手进行圆角编辑，如图 12-97 所示。

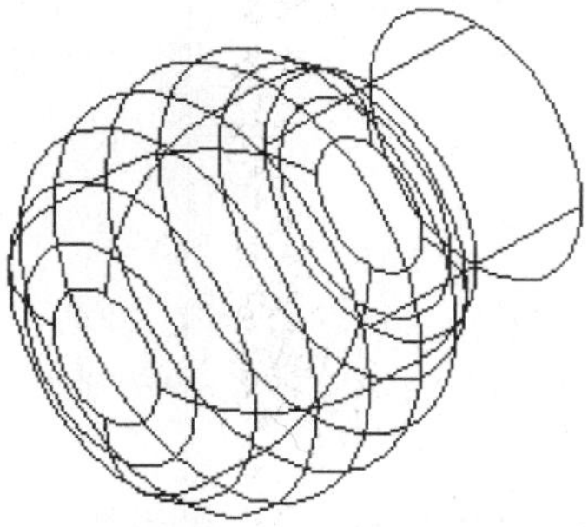

图12-97 绘制把手圆角

Step16 再利用圆角命令，设置圆角半径为 10 个绘图单位，对下抽屉把手进行圆角编辑，如图 12-98 所示。

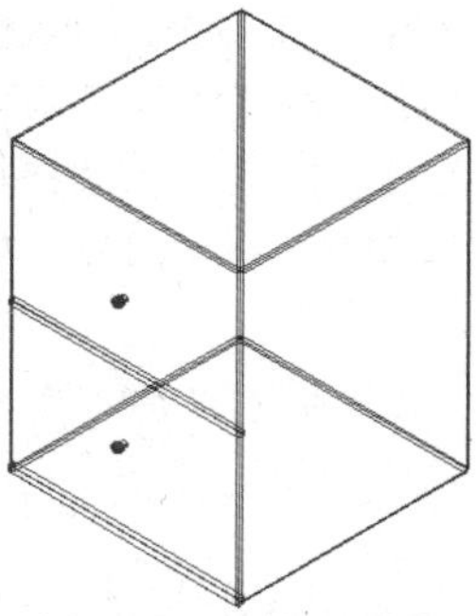

图12-98 编辑把手圆角

Step17 再利用圆角命令，设置圆角半径为 10 个绘图单位，对中间或底部的凹槽进行圆角编辑，如图 12-99 所示。

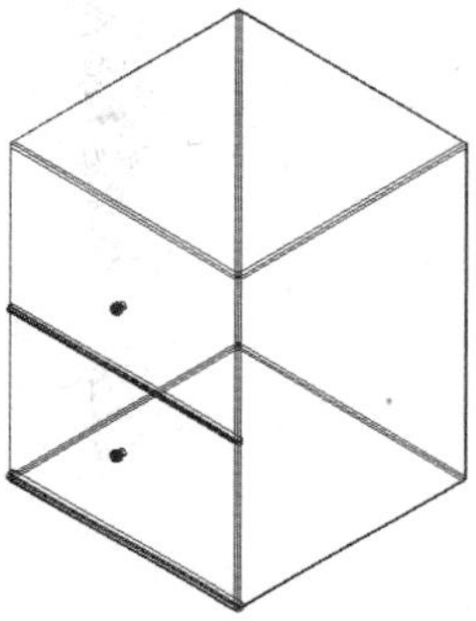

图12-99 绘制凹槽圆角

Step18 检查绘制的图形，如果没有错误，将其保存到指定的路径中，如图 12-100 所示。

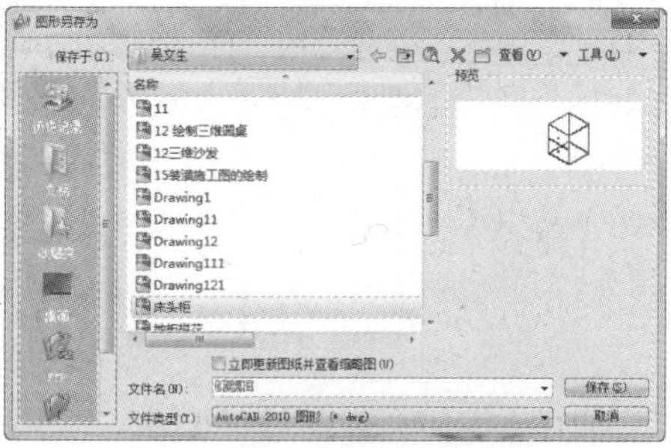

图12-100 保存文件

高手应用秘籍：CAD实体造型技术

实体造型技术(Solid Modeling)是计算机视觉、计算机动画、计算机虚拟现实等领域中建立3D实体模型的关键技术。实体造型技术是指描述几何模型的形状和属性的信息并存于计算机内，由计算机生成具有真实感的可视的三维图形的技术。

任何产品的形态，都可以看作是由三维几何形构成的组合体。用来描述产品的形状、尺寸大小、位置与结构关系等几何信息的模型称为几何模型。所以，实体造型技术也称为3D几何造型技术。

设计的图纸是设计师表达设计创意的语言工具，一个复杂的零件，往往需要许多不同投影方向的图才能表达。而要读懂这些图并准确想象出其空间效果，将花费很多时间和精力。一旦读图有误，将会给生产制造带来巨大损失。然而，如果采用实体造型的软件进行零件设计，设计师就能在屏幕上见到实时的三维模型，大大减少了失误，而且还能方便地进行后续环节的设计，如模拟装配、总体布局、干涉检查、仿真动画及模拟加工等。实体造型理论为实现产品由设计到生产的环节能采用同一数据信息而提供了技术上的可行性，大大地促进了CAD产业的发展。

三维几何模型描述产品的数据信息，一般是从尺寸描述和结构（拓扑结构）描述两方面进行的。尺寸描述是指描述具有几何意义的点、线、面等的位置坐标、长度、面积等的数据值或度量值。拓扑结构反映的是形体的空间结构，包括点、边、环、面，实体形成的构造层次。

从形体的构成中，我们知道，实体是由空间封闭面组成的，面是由封闭的环组成的，环是由一组相邻的边组成的，边又是由两点确定的。所以，点是最基本的信息（拓扑信息）。几何模型的所有拓扑信息构成了拓扑结构，它反映了模型几何信息之间的连接关系。

在几何造型中，几何元素包括：

点——分为端点、交点、切点和孤立点等。它是几何造型中最基本的元素。任何形体都可用有序的点集表示。计算机对形体的处理实质上是对点集和其连接关系的处理。

边——指两邻面或多个邻面（非正则体）的交线。直线边由两个端点确定，曲线边由一系列型质点或控制点描述。

面——是指形体上一个有限的、非零的区域，是二维几何元素。它往往由一个外环和若干个内环确定其范围（也可无内环）。面有方向性，一般规定其外法矢方向作为该面的正向。面分为平面、二次面、双三次参数曲面等形式。

环——是指有序、有向的边组成的面的封闭边界。环有内外之分，面的最大的外边界的环称外环，一般按逆时针方向排序。面中内孔边界的环称为内环，与外环排序相反，为顺时针。这样，在面上沿一个环前进，其左侧总是面内，右侧为面外。

体——是三维的几何元素，指用封闭表面围成的空间。也是三维空间里非空的、有界的封闭子集，其边界是有限面的并集。为使几何造型具有可靠性和可加工性，要求形体上是一个正则形体。

体素——造型系统定义的简单形体称为体素。即可用一些确定的尺寸参数控制其最终位置和形状的一组单元实体，如长方体、柱体、球体等；或由参数定义一条（或一组）截面，沿一条（或一组）空间参数曲线作扫描运动而产生的形体。

半空间——空间中的一个面，加上该面的某一侧的所有点组成的空间，称为该面的半空间。这样，一个长方体可以看作是六个平面的半空间的交集。

在几何造型的运算中，常常采用的是集合运算。集合运算是指几何建模中进行的交、并、差等运算，是把简单形体（体素）通过重组，形成复杂形体的一种方式。集合运算是几何建模的基本运算方法，是许多几何建模系统采用的基本方法。

秒杀工程疑惑

通过本章的学习要求熟练掌握基本三维实体的绘制、编辑以及对基本实体对象如何运用布尔运算，生成更为复杂的实体，并了解如何对实体对象进行渲染处理等。

问　题	解　答
在 AutoCAD 中可以创建的实体有哪些?	可以创建的基本三维实体包括：长方体、圆锥体、圆柱体、球体、楔体、棱锥面和圆环体，这些被称为“实体图元”
三维实体建模的方式有哪几种?	三维实体建模的方法通常有以下 3 种 ❶ 利用 AutoCAD 提供的绘制基本实体的相关函数，直接输入基本实体的控制尺寸，由 AutoCAD 直接生成 ❷ 由二维图形沿与图形平面垂直的方向或指定的路径拉伸完成；或者将二维图形绕着平面内的一条直线回转而成；或者采用扫掠和放样的方法建立 ❸ 将方法 ❶ 和 ❷ 所创建的实体进行并、交、差运算从而得到更加复杂的形体
分割实体是否是分割形成单一体积的 Boolean 对象?	分割实体并不分割形成单一体积的 Boolean 对象
如何通过菜单找到材质的名称?	打开“材质”窗口并选择材质样例，以显示“名称”字段中的名称，就可以找到材质的名称
LIGHTINGUNITS 系统变量有哪些值? 作用是什么?	LIGHTINGUNITS 系统变量控制是使用常规光源还是使用光度控制光源，并指示当前的光学单位。该变量可取 0、1 和 2。0 为未使用光源单位并启用标准 (常规) 光源；1 为使用美制光学单位并启用光度控制光源；2 为使用国际光源单位并启用光度 将 LIGHTINGUNITS 系统变量设置为 1 或 2 时，则显示以下提示：“输入要更改的选项 [名称 (N)/ 强度因子 (I)/ 状态 (S)/ 光度 (P)/ 阴影 (W)/ 衰减 (A)/ 过滤颜色 (C)/ 退出 (X)] < 退出 >:” “衰减”选项对光源创建没有任何影响，只是为了保持脚本兼容性才保留了此选项

读书笔记

AutoCAD 2012

CHAPTER 13

图形的输出

AutoCAD为用户设立了两个工作空间：模型空间和图纸空间。本章将围绕这两个重要概念展开，了解布局的概念和打印输出的方法。

学完本章您可以掌握如下知识点

知识点序号	知识点难易指数	知识点
1	★	模型空间和图纸空间以及创建布局
2	★★	视口
3	★★★	发布图形
4	★★★★	打印预览以及打印设置

本章内容图解链接

◎ 显示空间模型

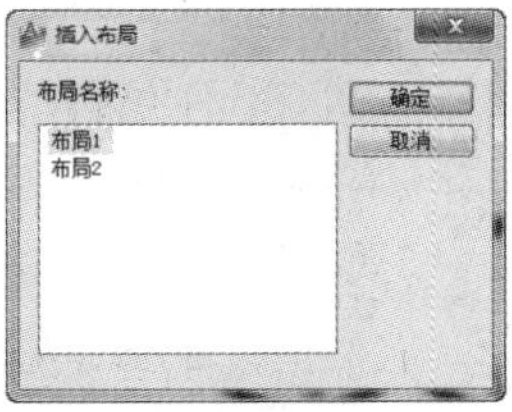

◎ 创建布局

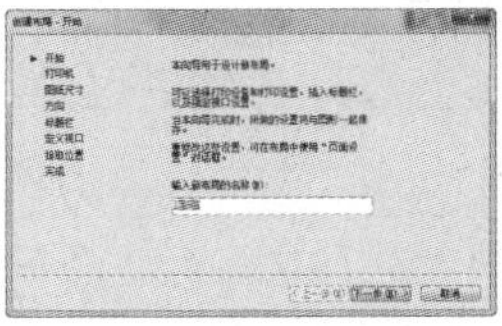

◎ “创建布局-开始”对话框

◎ “创建布局-方向”对话框

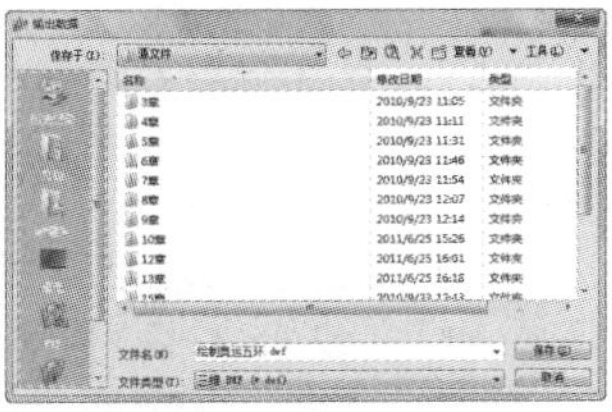

◎ 输出数据

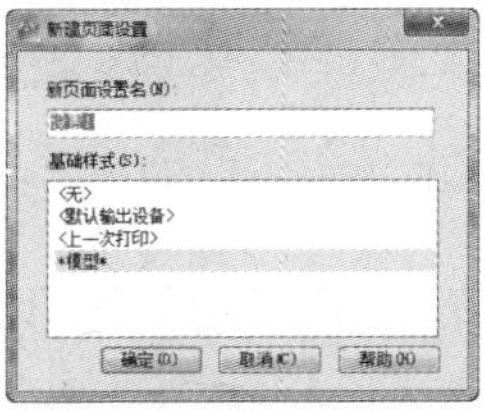

◎ “新建页面设置”对话框

◎ 打印样式表设置

◎ 输入页面设置

13.1 模型空间和图纸空间

AutoCAD 2012中存在两个工作空间，即模型空间和图纸空间，以满足我们绘图和打印出图的需要，它们分别用“模型”和“布局”选项卡表示。这些选项卡位于绘图区域底部附近的位置，如图13-1所示。使用模型空间可以创建和编辑模型，使用图纸空间可以构造图纸和定义视图。

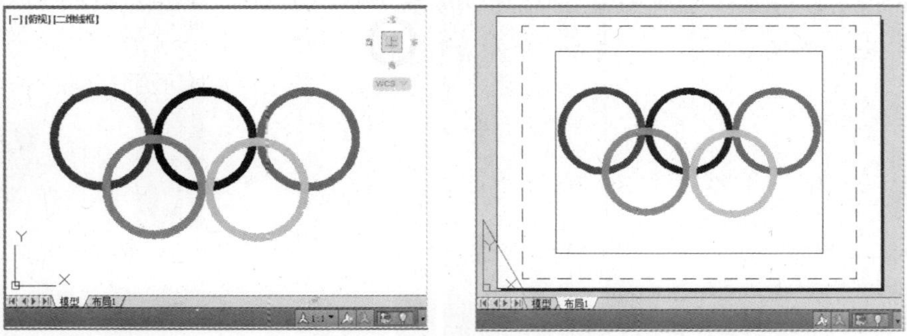

图13-1 “模型”和“布局”项卡

如果要创建具有一个视图的二维图形，则可以在模型空间中完整创建图形及其注释，而不使用布局选项卡。这是使用AutoCAD 建图形的传统方法。此方法虽然简单，但是却有很多局限，它仅适用于二维图形，不支持多视图，依赖视图的图层设置以及缩放注释和标题栏需要计算等。

使用此方法，通常以实际比例（1:1）绘制图形几何对象，并用适当的比例创建文字、标注和其他注释，以在打印图形时正确显示大小。

工程师点拨：模型和布局的设置方法

默认情况下“模型”选项卡和“布局1”选项卡是隐藏的，要显示这些选项卡，有两种方法可以进行设置。一种为在绘图区单击鼠标右键，弹出的快捷菜单上选择“选项”命令，弹出“选项”对话框，选择“显示”选项卡，如图13-2 所示。在“布局元素”中勾选“显示布局和模型选项卡”复选框。另一种为在“模型”或“布局”按钮上单击鼠标右键，然后在快捷菜单上单击“显示布局和模型选项卡”命令，如图13-3 所示。

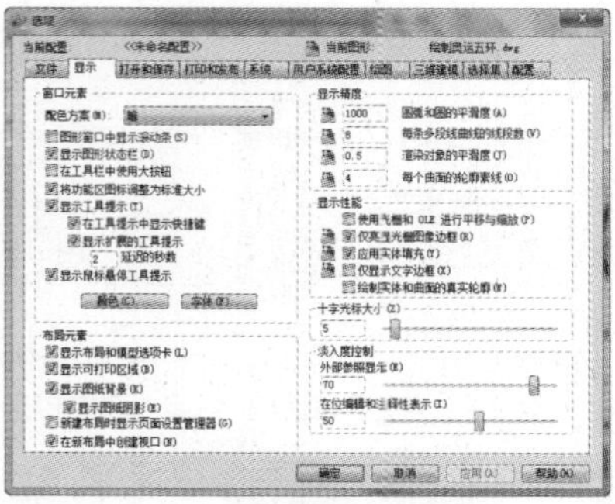

图13-2 “显示”选项卡

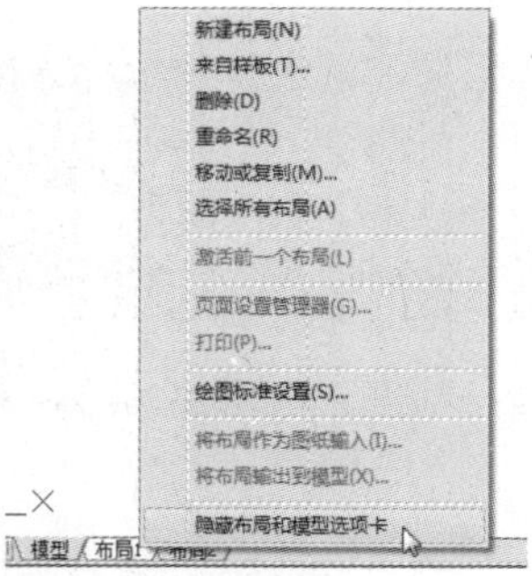

图13-3 快捷菜单

13.1.1 模型空间和图纸空间概念

所谓模型空间，就是可以建立三维坐标系的工作空间，用户的大部分设计工作都在此空间完成。简单地说，模型空间就是用来制作三维模型或二维图形的，在这个空间里，即使绘制的是二维图形，也是处在空间位置中的。

在模型空间中，可以绘制、查看和编辑模型，可以按 1:1 的比例绘制模型，并确定一个单位表示一毫米、一分米、一英寸、一英尺还是表示其他在工作中使用最方便或最常用的单位。

"布局"选项卡提供了一个称为图纸空间的区域。在图纸空间中，可以放置标题栏、创建用于显示视图的布局视口、标注图形以及添加注释，一个单位表示打印图纸上的图纸距离。根据绘图仪的打印设置，单位可以是毫米或英寸。

在"布局"选项卡上，可以查看和编辑图纸空间对象，例如布局视口和标题栏。用户也可以将对象（如引线或标题栏）从模型空间移到图纸空间，反之亦然。十字光标在整个布局区域都处于激活状态。

用户在图纸空间添加的对象，在模型空间是不可见的，在图纸空间也不能直接编辑模型空间的对象。模型空间是设计空间，而图纸空间是表现空间。当系统处于模型空间或图纸空间时，屏幕上显示的坐标指示图标也不同。

13.1.2 模型空间和图纸空间切换

模型空间与图纸空间具有一种平行关系，如果把模型空间和图纸空间比喻成两张纸的话，它们相当于两张平行放置的纸，模型空间在底部，图纸空间在上部，从图纸空间可以看到模型空间（通过视口），但模型空间看不到图纸空间，因此它们又具有一种单向关系。

如果处于图纸空间中，双击布局视口，随即将处于模型空间。选定的布局视口将成为当前视口，用户可以平移视图以及更改图层特性。如果需要对模型进行较大更改，切换到模型空间进行修改。

如果处于布局视口中的模型空间，在该视口的外部双击，随即将处于图纸空间。用户可以在布局中创建和修改对象。如果用户处于模型空间中并要切换到另一个布局视口，在另一个布局视口中双击，或者按Ctrl+R组合键遍历现有的布局视口。

另外，用鼠标单击"模型"和"布局"按钮，也可在模型空间和图纸空间之间进行转换。

通过设置系统变量TILENMODE也可以转换空间，系统变量TILENMODE设置为1(系统的默认值)时，系统在模型空间中工作；当TILENMODE设置为0时，系统在图纸空间中工作。

13.1.3 更改空间

单击"常用"选项卡下的"修改"面板中的"更改空间"按钮，可以在模型空间和图纸空间之间移动对象。

调用命令后，命令行提示如下。

```
命令：_chspace
选择对象：找到 1 个
选择对象： 1 个对象已从图纸空间更改到模型空间。
```

将对象传输到图纸空间时，用户单击的源视口将确定所传输对象在图纸空间中的位置。将对象传输到模型空间时，用户单击的目标视口将确定所传输对象在模型空间中的位置。

13.2 创建布局

创建布局的功能是布局新图纸空间中的出图规划。在AutoCAD中可以创建多个布局，每个布局都可以包含不同的打印设置和图纸尺寸。默认情况下，新图形最开始有两个布局选项卡，分别为"布局1"和"布局2"。

13.2.1 直接创建布局

创建并修改图形布局选项卡，执行方式如下。

- 命令行：在命令行中输入LAYOUT。
- 工具栏：单击"布局"工具栏中的"新建布局"按钮 。
- 菜单栏：执行"插入>布局>新建布局"命令。
- 在绘图区的"模型"选项卡或某个布局选项卡上单击鼠标右键，单击"新建布局（N）"选项。

调用新建布局命令后，命令行提示如下。

```
命令：layout
输入布局选项 [ 复制 (C)/ 删除 (D)/ 新建 (N)/ 样板 (T)/ 重命名 (R)/ 另存为 (SA)/ 设置 (S)/?] < 设置 >: S
输入要置为当前的布局 < 布局 1>:
```

各选项说明如下。

- "复制"：用来复制布局。如果不提供名称，则新布局以被复制的布局的名称附带一个递增的数字（在括号中）作为布局名。
- "删除"：删除布局。不能删除"模型"选项卡。要删除"模型"选项卡上的所有几何图形，必须选择所有的几何图形然后使用 ERASE 命令。
- "新建"：创建新的布局选项卡。

在单个图形中可以创建最多255个布局。选择"新建"选项后命令行提示："输入新布局名<布局#>："。布局名必须唯一，布局名最多可以包含255个字符，不区分大小写。布局选项卡上只显示最前面的31个字符。

- "样板"：基于样板（DWT）、图形（DWG）或图形交换（DXF）文件中现有的布局创建新布局选项卡。
- "重命名"：给布局重新命名。
- "另存为"：将布局另存为图形样板（DWT）文件，而不保存任何未参照的符号表和块定义信息。可以使用该样板在图形中创建新的布局，而不必删除不必要的信息。
- "设置"：设置当前布局。
- "?"：列出图形中定义的所有布局。

13.2.2 使用样板创建布局

使用样板创建布局是基于样板(DWT)、图形(DWG)或图形交换(DXF)文件中现有的布局创建新布局选项卡。

执行方式如下。

- 命令行：在命令行中输入LAYOUT，按Enter键，再转入T，再按Enter键。
- 工具栏：单击"布局"工具栏中的"来自样板的布局"按钮 。
- 菜单栏：执行"插入>布局>来自样板的布局"命令。
- 在绘图区的"模型"选项卡或某个布局选项卡上单击鼠标右键，单击"来自样板（T）"命令。

调用来自样板的布局命令后，弹出"从文件选择样板"对话框，如图13-4所示。

从列表中选择图形样板文件，单击“打开”按钮，弹出“插入布局”对话框，如图13-5所示。在“插入布局”对话框的列表中选择布局样板，单击“确定”按钮，即可实现样板布局的创建。

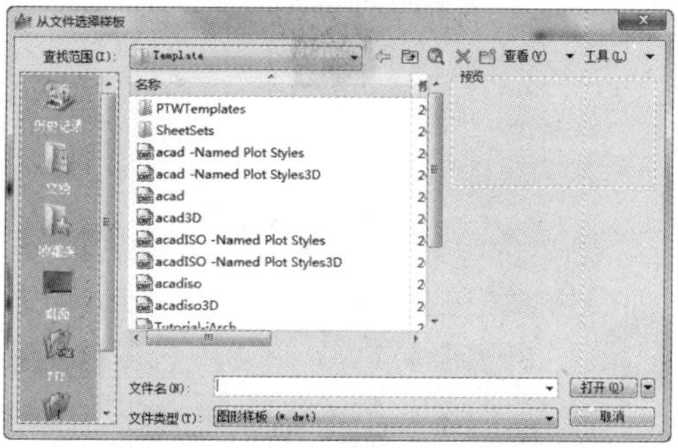

图13-4 “从文件选择样板”对话框

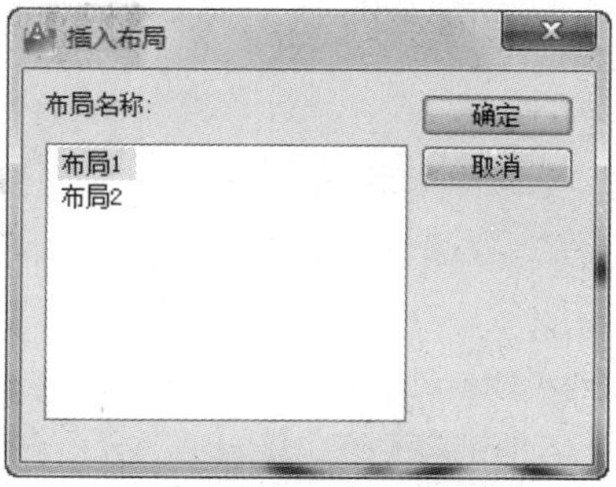

图13-5 “插入布局”对话框

13.2.3 使用向导创建布局

创建新的布局选项卡并指定页面和打印设置。

执行方式如下。

- 命令行：在命令行中输入LAYOUTWIZARD。
- 菜单栏：执行“工具>布局>创建布局向导命令。

调用创建布局命令后，弹出“创建布局-开始”对话框，如图13-6所示。

在“创建布局-开始”选项面板中输入新布局名，单击“下一步”按钮，打开“创建布局-打印机”对话框，如图13-7 所示。

指定打印机类型后，单击“下一步”按钮，打开“创建布局-图纸尺寸”对话框，如图13-8所示。

在该对话框中设置图纸的尺寸，在“图形单位”选项组中设置单位类型，然后单击“下一步”按钮，打开“创建布局-方向”对话框，如图13-9所示。

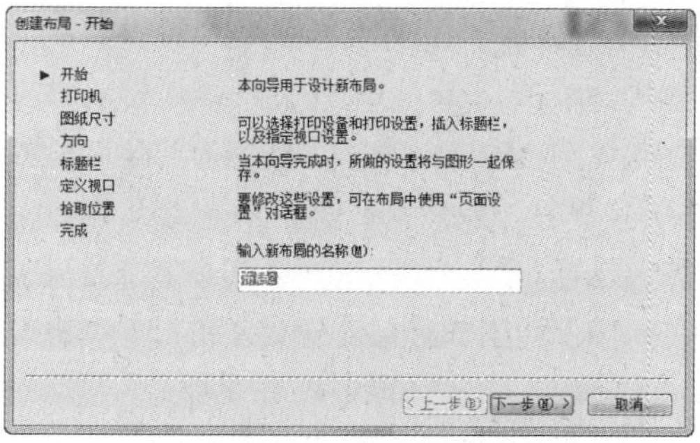

图13-6 “创建布局-开始”对话框

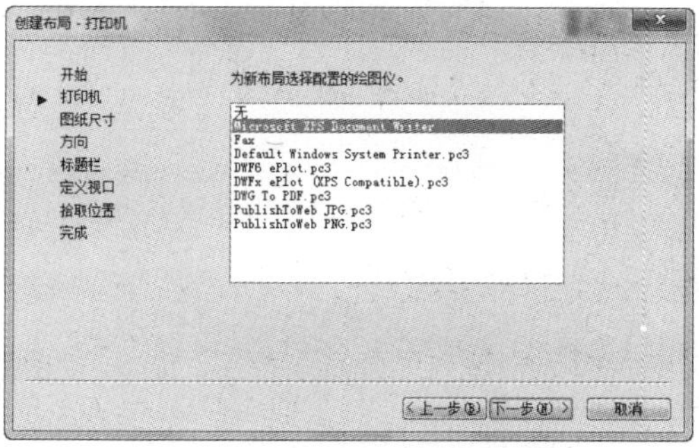

图13-7 “创建布局-打印机”对话框

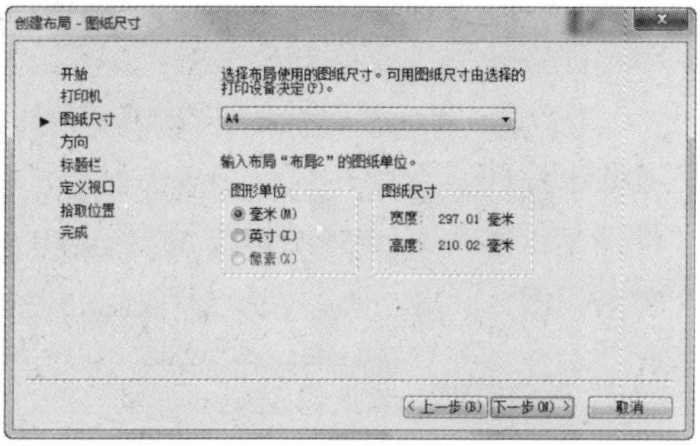

图13-8 “创建布局-图纸尺寸”对话框

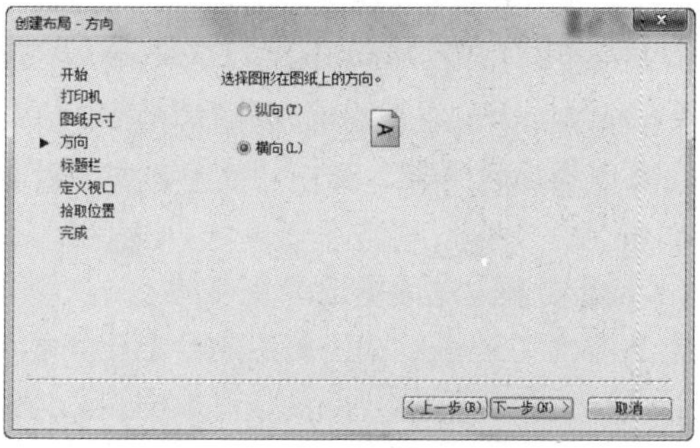

图13-9 “创建布局-方向”对话框

选中“纵向”或“横向”单选按钮，然后单击“下一步”按钮，打开“创建布局-标题栏”对话框，如图13-10所示。

在该对话框中的“路径”列表框中选择需要的标题栏选项，然后单击“下一步”按钮，打开“创建布局-定义视口”对话框，如图13-11所示。

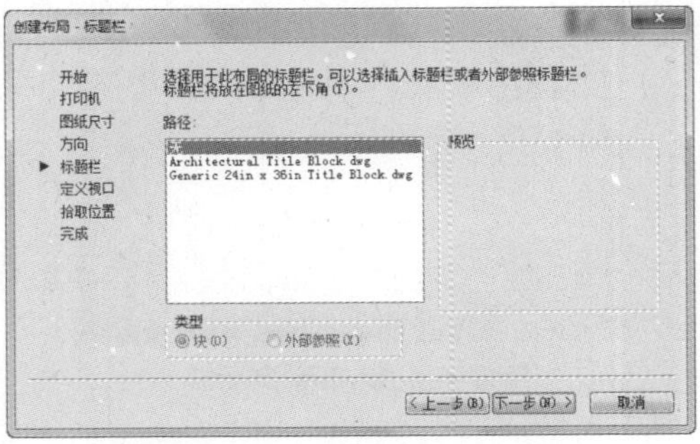

图13-10 “创建布局-标题栏”对话框

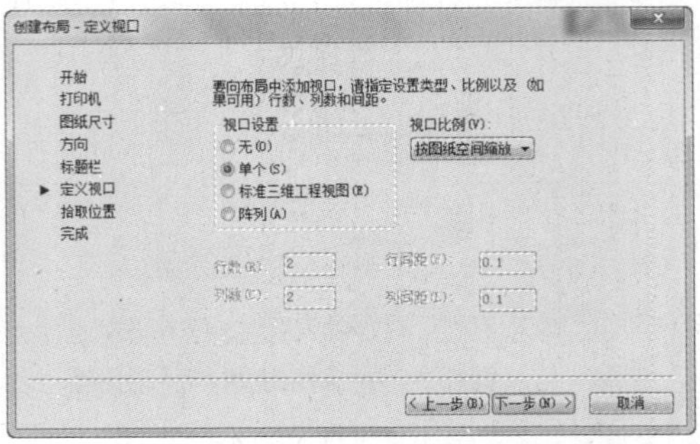

图13-11 “创建布局-定义视口”对话框

在该对话框中选择相应的视口设置和视口比例，然后单击“下一步”按钮，打开“创建布局-拾取位置”对话框，图13-12所示。

单击“选择位置”按钮，进入绘图区选择视口位置，然后单击“下--步”按钮，打开“创建布局-完成”对话框，如图13-13所示。单击“完成”即可。

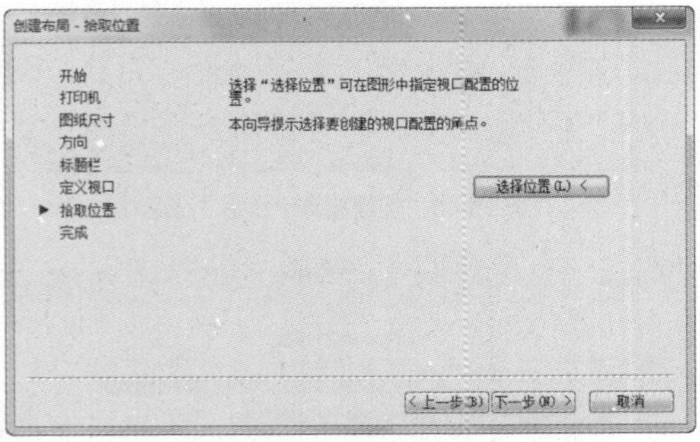

图13-12 “创建布局-拾取位置”对话框

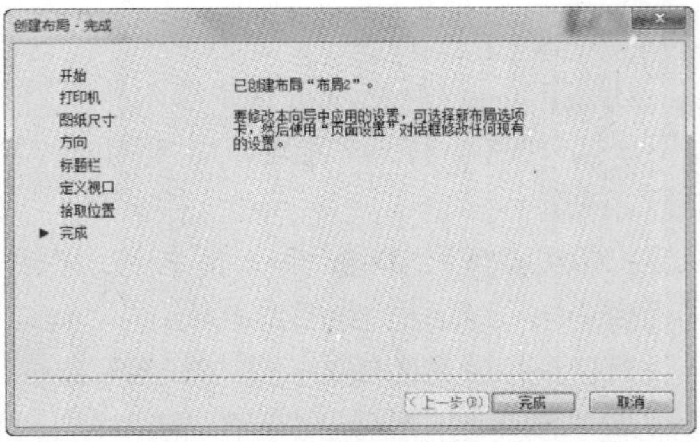

图13-13 “创建布局-完成”对话框

13.3 输入和输出

13.3.1 输出

将图形以其他文件格式保存对象，执行方式如下。

- 命令行：在命令行中输入EXPORT。
- 菜单栏：执行“文件>输出”命令。

调用输出命令后，弹出“输出数据”对话框，如图13-14所示。

“输出数据”对话框记录并存储上一次使用的文件格式选择，以便在当前绘图任务中或绘图任务之间使用。

“输出”命令可将DWG的信息数据转化为9种文件。

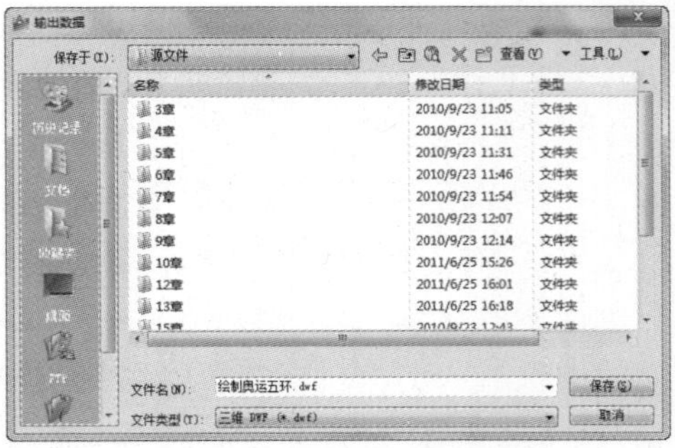

图13-14 “输出数据”对话框

- 三维 DWF (*.dwf)：Autodesk Web 图形格式。
- 图元文件 (*.wmf)：Microsoft Windows 图元文件。
- ACIS (*.sat)：ACIS 实体对象文件。
- 平板印刷 (*.stl)：实体对象立体平板印刷文件。
- 封装的 PS (*.eps)：封装的 PostScript 文件。
- DXX 提取 (*.dxx)：属性提取 DXF™ 文件。
- Bitmap (*.bmp)：设备无关位图文件。
- 块 (*.dwg)：图形文件。
- V8 DGN (*.dgn)： MicroStation DGN 文件。

在"文件类型"中，选择要求输出的格式。在"文件名"文本框中输入要创建文件的名称，对象将输出到使用指定文件名的指定文件格式。

13.3.2 输入

以不同格式输入文件，执行方式如下。

- 命令行：在命令行中输入IMPORT。
- 菜单栏：执行"文件>输入"命令。

调用输出命令后，弹出"输入文件"对话框，如图13-15所示。

图13-15 "输入数据"对话框

"输入"命令可以输入以下4种格式。

- WMF>Windows 图元文件。
- SAT>ACIS 实体对象文件。
- 3DS>3D Studio 文件。
- V8 DGN>MicroStation DGN 文件。

在"文件类型"下拉列表框中，选择要输入的文件格式，在"文件名"文本框中，选择要输入的文件名，该文件将被输入到图形中。

13.4 打印设置

在AutoCAD 2012中可通过"打印"命令将图形文件信息发送到打印机，转化为实际的图纸。打印之前需要对绘图仪、打印样式和页面进行设置。

13.4.1 绘图仪设置

执行"文件>绘图仪管理器"菜单命令或在"输出"选项下的"打印"面板中单击绘图仪管理器"按钮，弹出如图13-16所示的资源管理器。

打印机的设置主要决定于读者所选用的打印机，通常情况下，读者只要安装了随机销售的驱动软件，该打印机的图标即被添加到列表中。

可以双击"添加绘图仪向导"图标，弹出"添加绘图仪>简介"对话框，如图13-17所示。

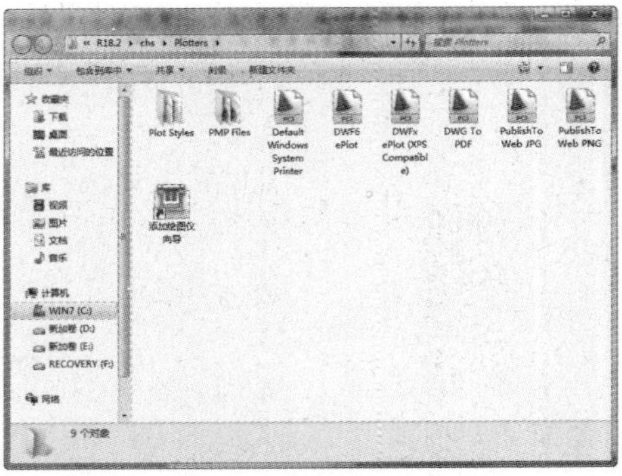

图13-16 资源管理器

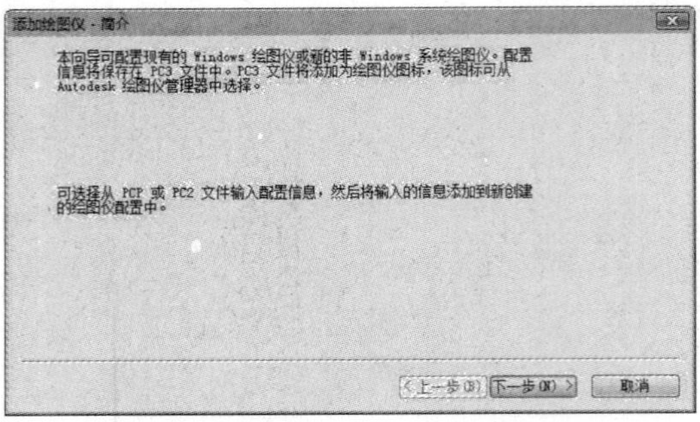

图13-17 “添加绘图仪-简介”对话框

单击“下一步”按钮，弹出“添加绘图仪>开始”对话框，如图13-18所示。在该对话框中有三个选项。

- “我的电脑”可以将DWG文件传输到其他类型的文件以供其他软件使用。
- “网络绘图仪服务器”适用于多台电脑共用一台打印机的工作环境。
- “系统打印机”适用于打印机直接连接在电脑上的个人用户。

单击“下一步”按钮，弹出“添加绘图仪—绘图仪型号”对话框，如图13-19所示。

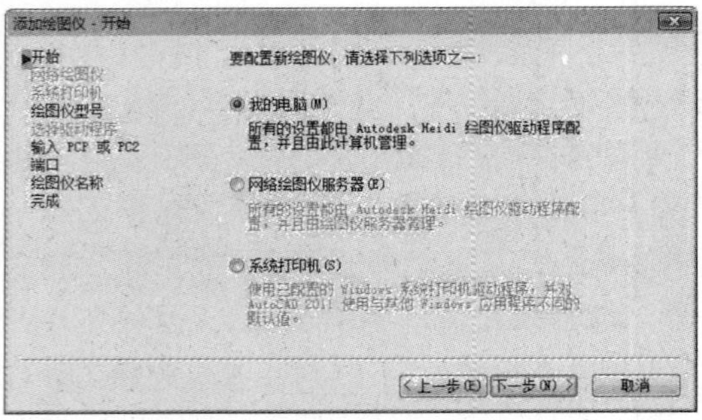

图13-18 “添加绘图仪-开始”对话框

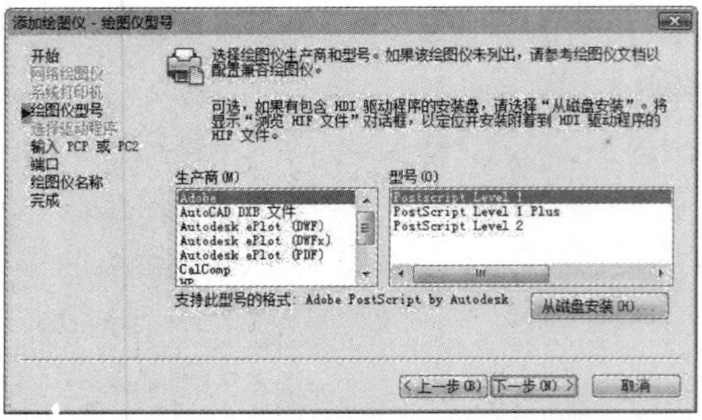

图13-19 “添加绘图仪-绘图仪型号”对话框

单击“下一步”按钮，弹出“添加绘图仪—输入PSP或PC2”对话框，如图13-20所示。
单击“下一步”按钮，弹出“添加绘图仪—端口”对话框，如图13-21所示。

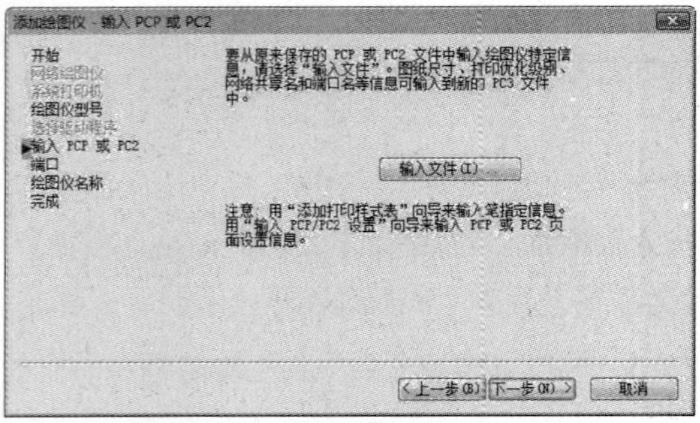

图13-20 “添加绘图仪-输入PSP或PC2”对话框

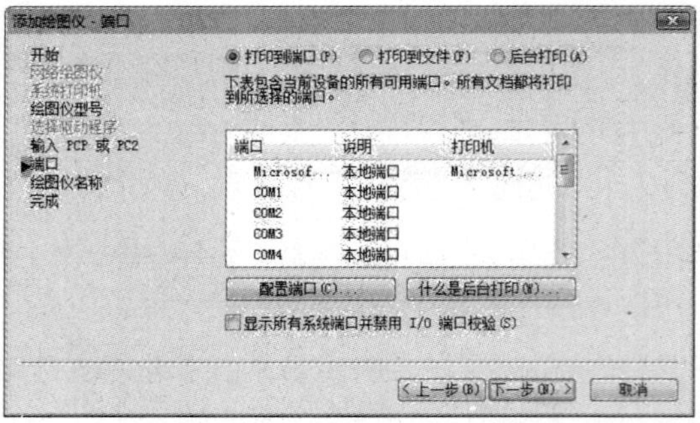

图13-21 “添加绘图仪-端口”对话框

单击“下一步”按钮，弹出“添加绘图仪—绘图仪名称”对话框，如图13-22所示。
单击“下一步”按钮，弹出“添加绘图仪—完成”对话框，如图13-23所示。
单击“完成”按钮，完成对绘图仪的设置。

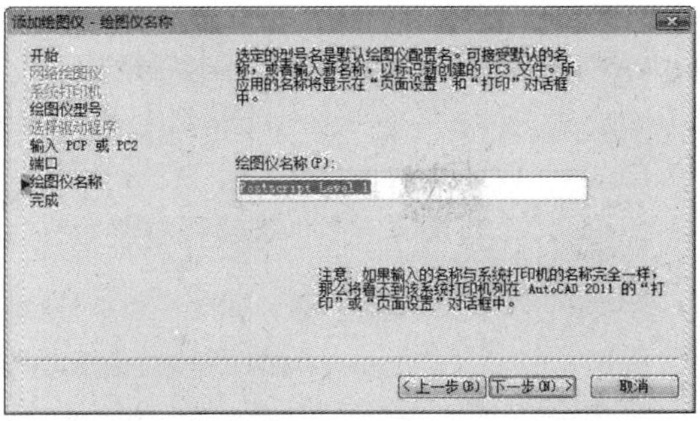

图13-22 "添加绘图仪-绘图仪名称"对话框

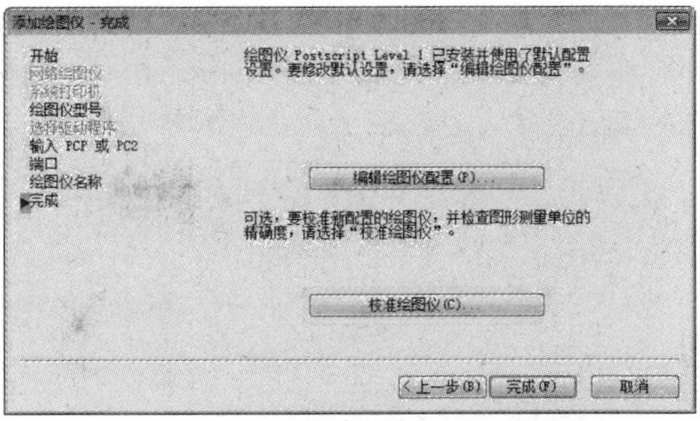

图13-23 "添加绘图仪-完成"对话框

13.4.2 打印样式设置

执行"文件>打印样式管理器"菜单命令，或单击"输出"选项卡下的"打印"面板中的"打印样式管理器"按钮，弹出如图13-24所示的资源管理器。该命令可以添加新的打印样式表，包含并可定义能够指定给对象的打印样式。

用户可以双击"添加打印样式表向导"图标，弹出"添加打印样式表"对话框，如图13-25所示。

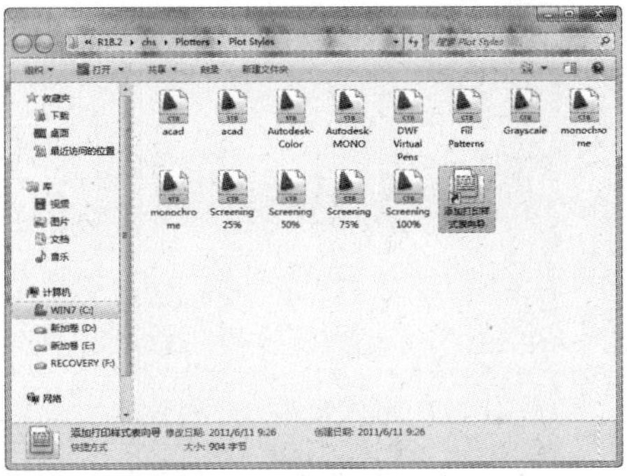

图13-24 资源管理器图

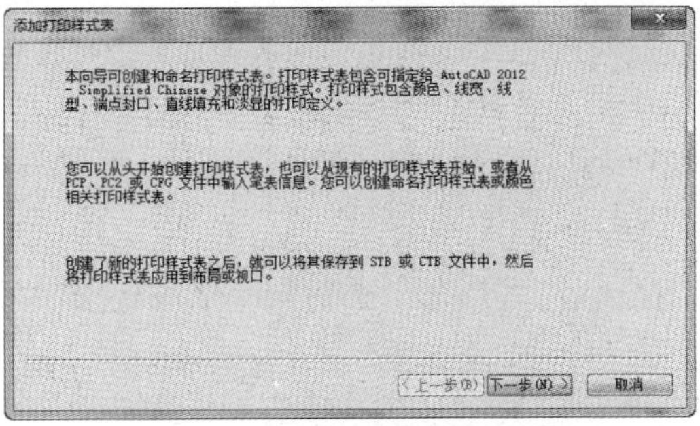

图13-25 "添加打印样式表"对话框

单击"下一步"按钮，弹出"添加打印样式表—开始"对话框，如图13-26所示。

单击"下一步"按钮，弹出"添加打印样式表—选择打印样式表"对话框，如图13-27所示。

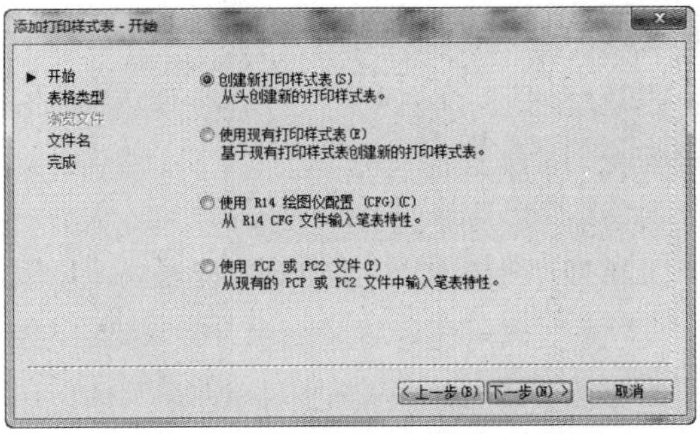

图13-26 "添加打印样式表—开始"对话框

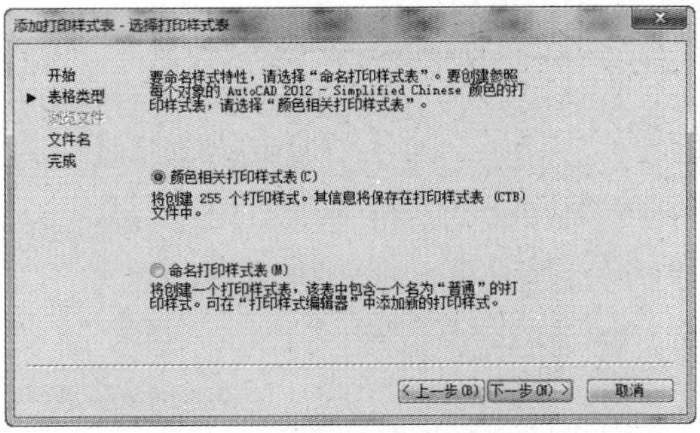

图13-27 "添加打印样式表—选择打印样式表"对话框

单击"下一步"按钮，弹出"添加打印样式表—文件名"对话框，如图13-28所示。

输入文件名后，单击"下一步"按钮，弹出"添加打印样式表——文件名"对话框，如图13-29所示。

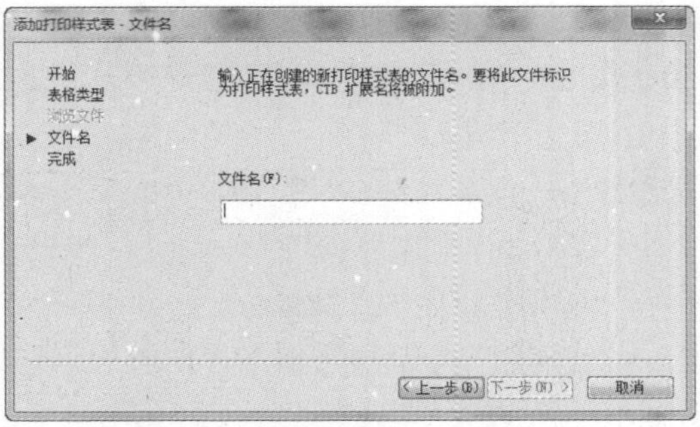

图13-28 “添加打印样式表—文件名”对话框

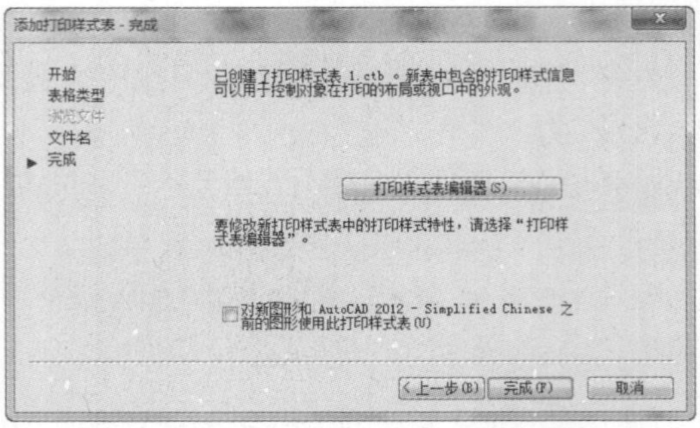

图13-29 “添加打印样式表—完成”对话框

单击“完成”按钮，完成对打印样式的设置。

双击新建的打印样式表的图标，可以对该打印样式表进行编辑，如图13-30所示。

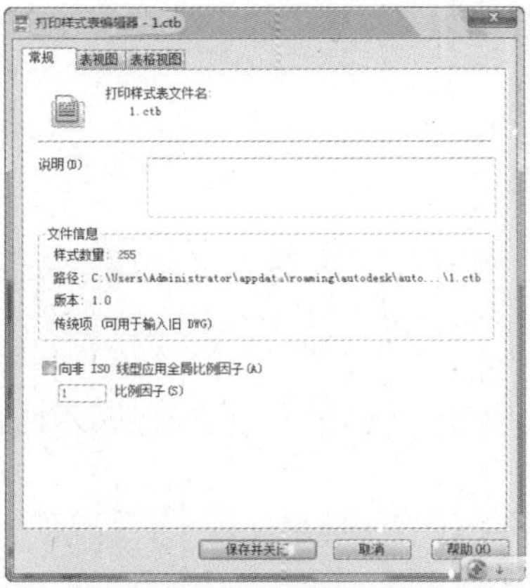

图13-30 “打印样式表编辑器”对话框

图13-31 “打印样式表编辑器”对话框

在该对话框中有三个选项卡，分别为“常规”选项卡，如上图左所示；“表视图”选项卡，如图13-31所示；“格式视图”选项卡，如图13-32所示。该对话框可以显示和设置打印样式表的说明文字等基本信息，以及全部打印样式的设置参数。

图13-32 “打印样式表编辑器”对话框

13.4.3 页面设置

执行“文件>页面设置管理器”菜单命令或单击“输出”选项卡下“打印”面板的“页面设置管理器”按钮，弹出“页面设置管理器”对话框，如图13-33所示。

在对话框中，“当前布局”列出要应用页面设置的当前布局。如果从图纸集管理器打开页面设置管理器，则显示当前图纸集的名称。如果从某个布局打开页面设置管理器，则显示当前布局的名称。

“页面设置”显示当前页面设置，将另一个不同的页面设置为当前页面，创建新的页面设置，修改现有页面设置，以及从其他图纸中输入页面设置。

● 单击“置为当前”按钮可将所选页面设置为当前布局的当前页面设置。不能将当前布局设置为当前页面设置。

● 单击“新建”按钮，弹出“新建页面—设置”对话框，如图13-34所示。从中可以为新建页面设置输入名称，并指定要使用的基础页面设置。

● 单击“确定”按钮，弹出“页面设置-模型”对话框，如图13-35所示。

● 单击“修改”按钮，弹出“页面设置—设置1”，如图13-36所示，从中可以编辑所选页面设置的设置。

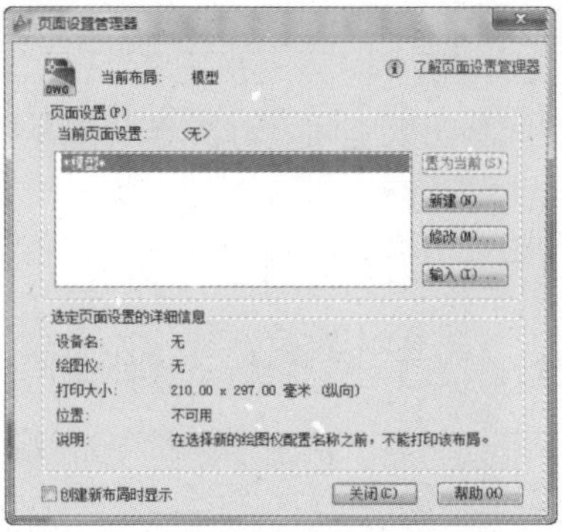

图13-33 “页面设置管理器”对话框

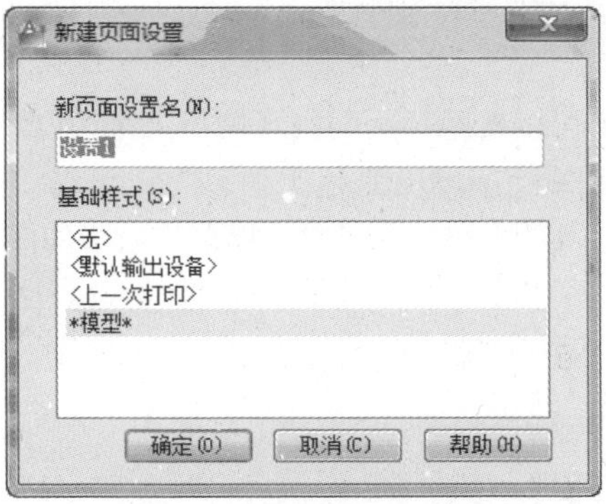

图13-34 “新建页面设置”对话框

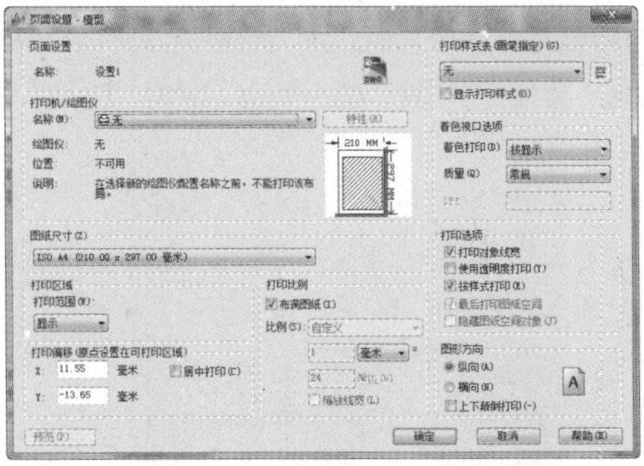

图13-35 “页面设置-模型”对话框

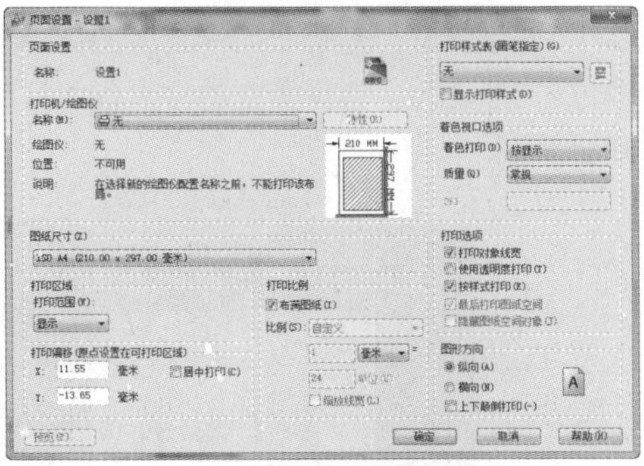

图13-36 “页面设置-设置1”对话框

单击“输入”按钮，弹出“从文件选择页面设置”选项面板（标准文件选择选项面板），如图13-37所示，从中可以选择图形格式(DWG)、DWT或Drawing Interchange Format(DXF)™文件，从这些文件中输入一个或多个页面设置。如果选择DWT文件类型，“从文件选择页面设置”选项面板中将自动打开Template文件夹。单击“打开”，将显示“输入页面设置”选项面板。如图13-38所示。

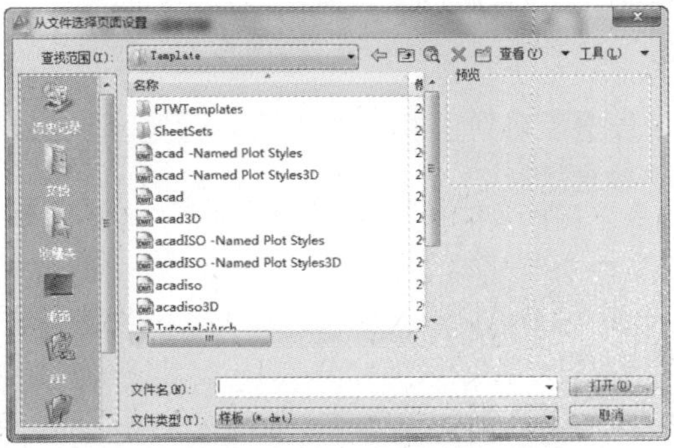

图13-37 “从文件中选择页面设置”对话框

图13-38 “输入页面设置”对话框

“选定页面设置的详细信息”信息框显示所选页面设置的信息。“设备名”：显示当前所选页面设置中指定的打印设备的名称。“绘图仪”：显示当前所选页面设置中指定的打印设备的类型。“打印大小”：显示当前所选页面设置中指定的打印大小和方向。“位置”：显示当前所选页面设置中指定的输出设备的物理位置。“说明”：显示当前所选页面设置中指定的输出设备的说明文字。

“创建新布局时显示”复选框用来指定当选中新的布局选项卡或创建新的布局时，是否显示“页面设置”对话框。

13.5 打印输出

AutoCAD可以在两种不同的环境下工作，即模型空间和图纸空间，因此，既可以从模型空间输出图形，也可以从图纸空间输出图形。

从模型空间打印是把图形放在模型选项卡内而打印图纸的模式，在模型空间中只能打印一个视口内的图形。

从图纸空间打印是把图形放置在某一“布局”中进行打印的一种模式，在图纸空间中可以打印多个视口中的图形。

13.5.1 打印

当设置好打印设备和打印页面设置后，便可以执行打印预览和打印。如设置“打印设备”名称为“DWF6 ePlot.pc3”，“图纸尺寸”选择“ISO A3 (420.00×297.00毫米)”，“打印比例”选择“1:100”，并指定“1毫米=100单位”，用“窗口”选择图框的外边框为打印区域，其他采用默认值，单击“预览”按钮，预览效果如图13-39所示。

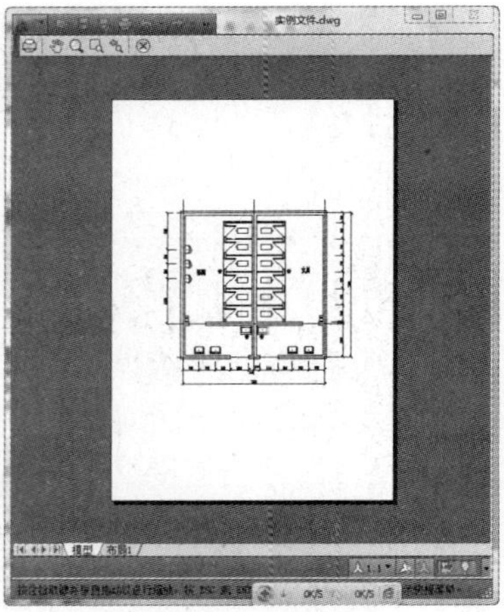

图13-39 “预览”的效果

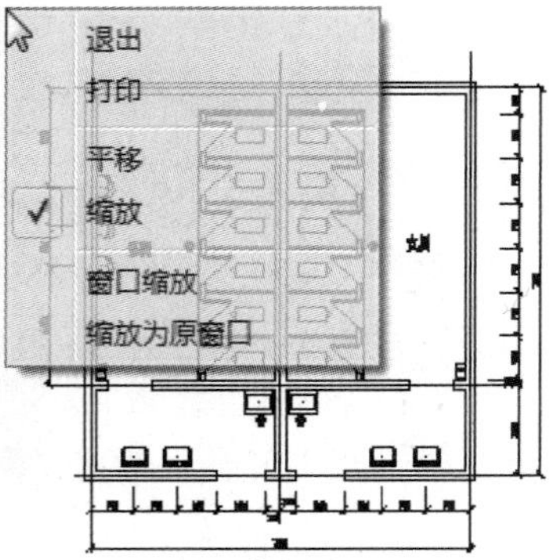

图13-40 快捷菜单

若要退出预览状态，可直接按Esc键退出；若预览后得到预想的效果，可在预览区单击鼠标右键，弹出快捷菜单，图13-40所示，选择“打印”选项即可输出图形。

13.5.2 多个视口的打印输出

在已经打开的图形中，也可以进行多个视口的打印输出，单击绘图区下方的“布局1”标签，进入“布局1”的图纸空间。

选择“视图>视口>多边形视口”菜单命令，执行该命令在当前的布局中捕捉那边框的各个角点，新建一个矩形活动视口作为注视口，如图13-41所示。

单击状态栏中的“图纸”按钮，激活多边形视口，当前活动视口边框线变为粗线状态，此时在“视口”工具栏中的调整比例为“1:100”。通过实时平移命令将图形放到合适的位置，单击状态栏的“模型”按钮，返回到图纸空间，则一张确定了比例的图纸完成设置，如图13-42所示。

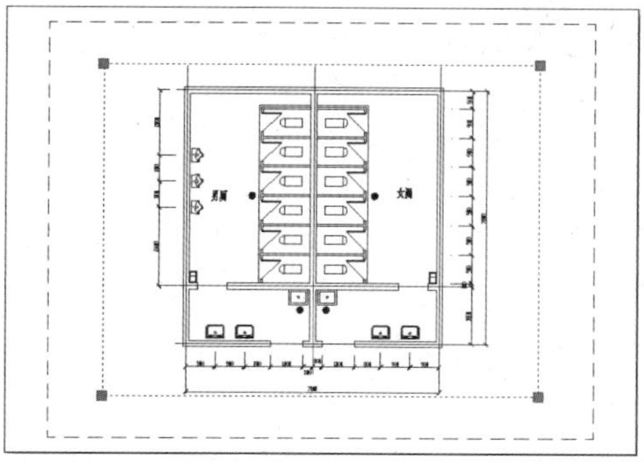

图13-41 创建主视口

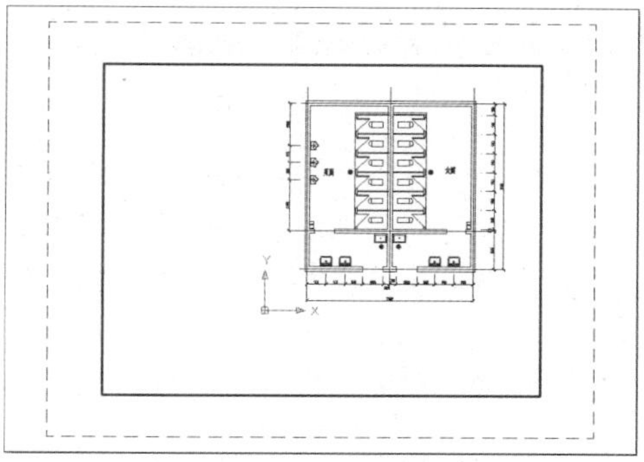

图13-42 主视口

单击状态栏上的“模型”按钮，进入图纸空间，使用“圆”命令在当前视口右侧绘制一个半径为2000的圆，如图13-43 所示。

选择“视图”>“视口”>“对象”菜单命令，选择圆，作为镶嵌视口，结果如图13-44 所示。

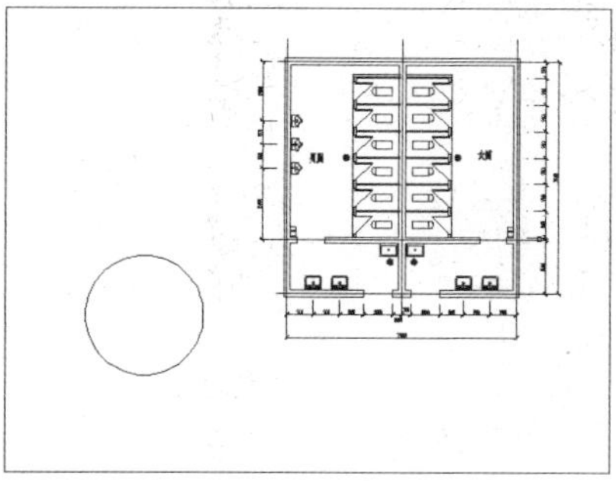

图13-43 绘制圆

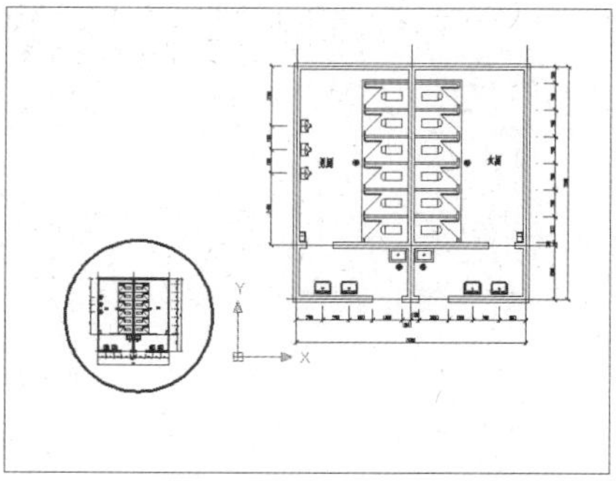

图13-44 创建镶嵌视口

单击状态栏中的“图纸”按钮，将此视口激活，调整图形的显示位置，结果如图13-45所示。选择“文件>打印”菜单命令，弹出“打印>布局1”对话框，可进行预览和打印。

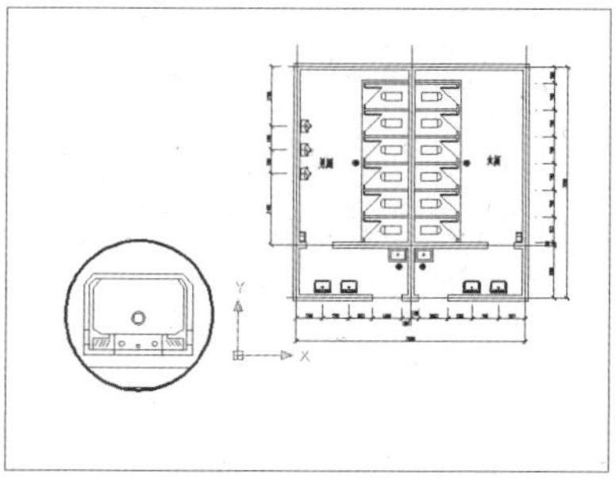

图13-45 镶嵌视口

综合实例 —— 地板拼花图

AutoCAD 2012拥有强大功能，用它绘制各种形状，直观地探究设计构想，它具备许多功能，能够帮助用户的编辑效率，使我们实现计算机的辅助功能。下面以绘制地板拼花图为例。

Step01 单击桌面上 Autocad 2012 图标，打开 CAD 的绘图环境并且熟悉操作界面，如图 13-59 图所示。

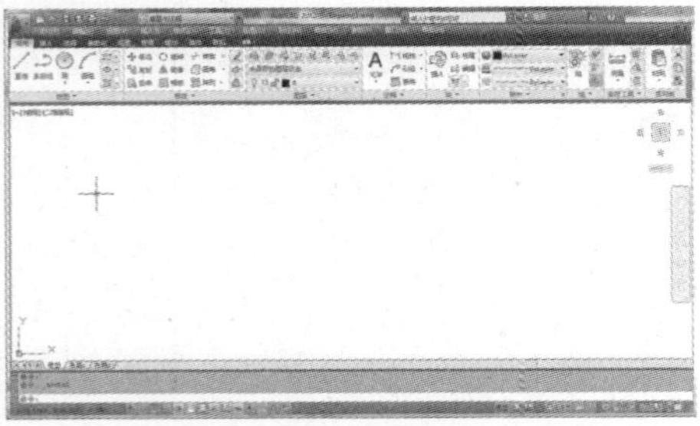

图13-46 打开绘图界面

Step02 单击菜单栏“工具 > 选项”命令，可以对绘图的背景颜色、光标的大小等其他方面进行调整，如图 13-47 所示。

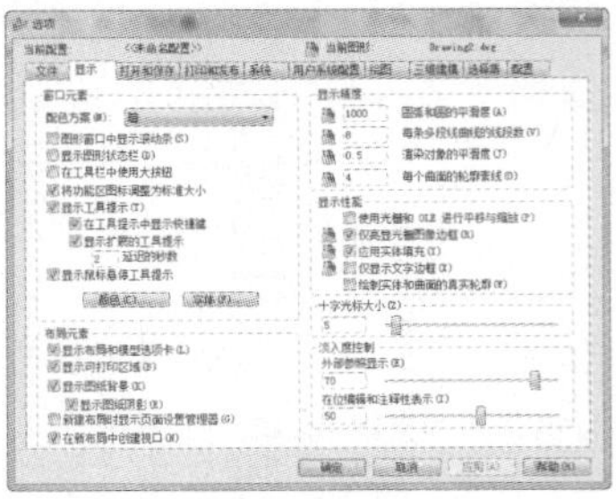

图13-47 设置参数

Step03 执行菜单栏“格式 > 图形界限”命令，在命令栏提示下先后输入边界的两个坐标，这两个坐标根据图形的大小决定 ，如 13-48 图所示。

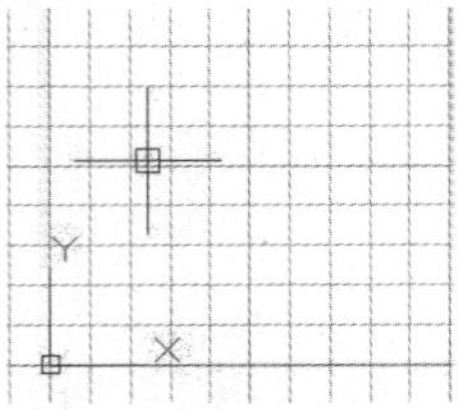

图13-48 图形界限

Step04 单击工具栏中“图层特性”按钮，弹出图层特性管理器，并对其设置，如 13-49 图所示。

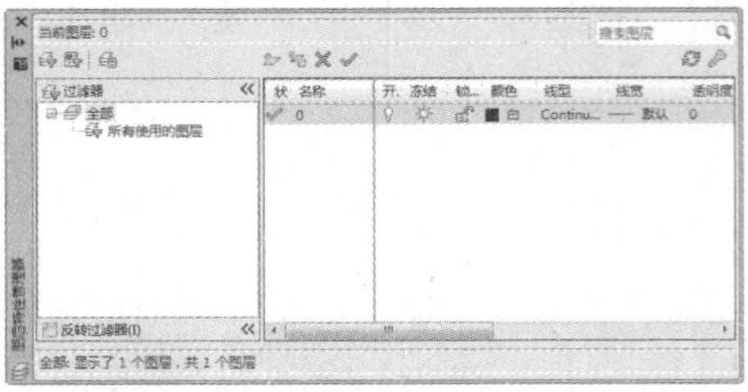

图13-49 图层特性管理器

Step05 利用圆命令，绘制一个圆，圆的直径为 8000，如图 13-50 所示。

图13-50 绘制圆

Step06 利用偏移命令，绘制另一个圆，设置圆的偏移值为 200，如图 13-51 所示。

图13-51 绘制偏移圆

Step07 利用直线命令，绘制一条水平线和一条竖直线两条线成 90°，长度为 2775，如图 13-52 所示。

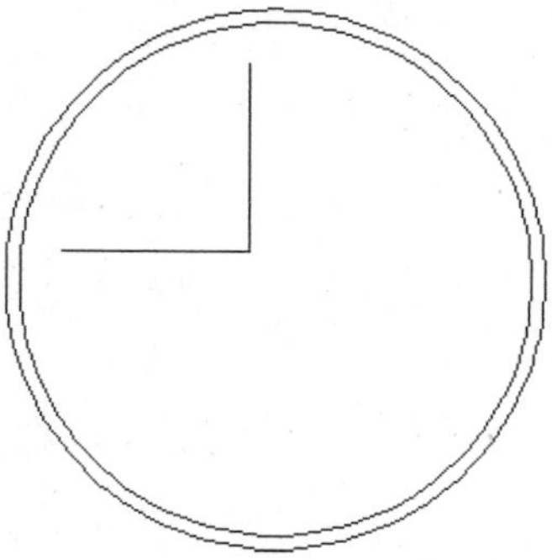

图13-52 绘制直线

Step08 利用圆弧命令，在两线段的端点处绘制一个圆弧，如图 13-53 所示。

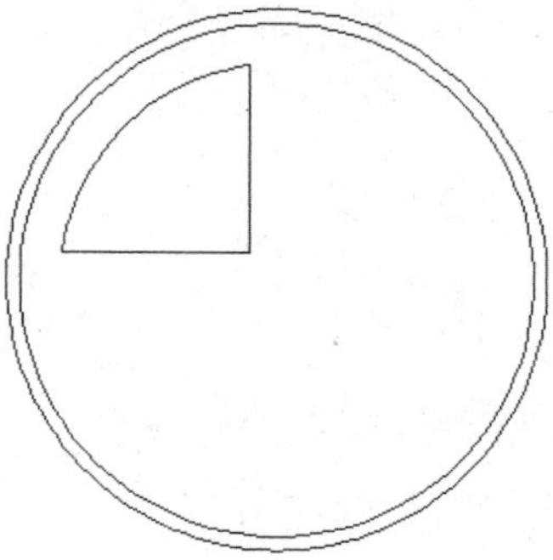

图13-53 绘制圆弧

Step09 利用偏移命令，偏移两条线段和圆弧，设置圆的偏移值为 200，如图 13-54 所示。

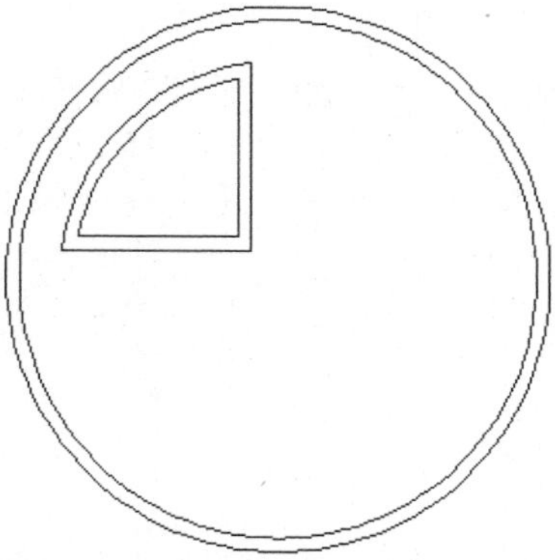

图13-54 偏移圆弧

Step10 利用环形阵列命令阵列框架，阵列角度为 45°，阵列的数目为 4，如图 13-55 所示。

图13-55 环形阵列框架

Step11 利用直线和剪切命令绘制出边沿上的装饰品，如图 13-56 所示。

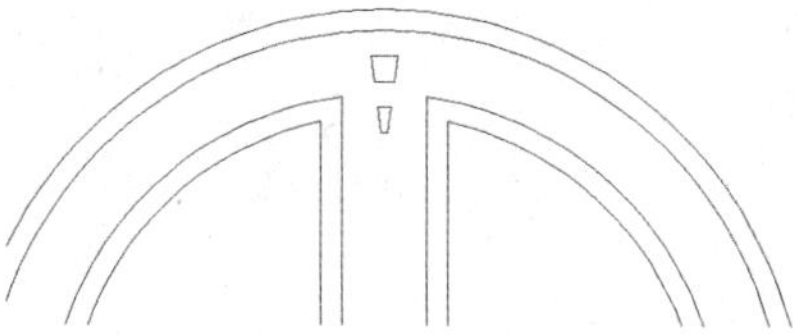

图13-56 直线

Step12 利用环形阵列命令，阵列刚才绘制的装饰品，阵列的角度为 45°，阵列的数目为 4，如图 13-57 所示。

图13-57 环形阵列装饰品

Step13 利用直线命令在边沿上绘制的一个尖角，直线的长度都为 1783，如图 13-58 所示。

图13-58 绘制尖角

Step14 利用偏移命令，绘制另一个尖角，尖角的偏移值为 100，如图 13-59 所示。

图13-59 偏移尖角

Step15 利用环形阵列命令，阵列刚才绘制的尖角，阵列的角度为45°，阵列的数目为4，如图 13-60 所示。

图13-60 环形阵列尖角

Step16 利用图案填充命令，在有直角和圆弧组成的图形中填充图案，图案的名称为 USER，如图 13-61 所示。

图13-61 图案填充

Step17 利用图案填充命令，在圆环中填充图案，图案的名称为 AR-SAND，如图 13-62 所示。

图13-62 图案填充圆环

Step18 检查绘制好的图形，如果没有错误，将其保存到指定路径中，如图 13-63 所示。

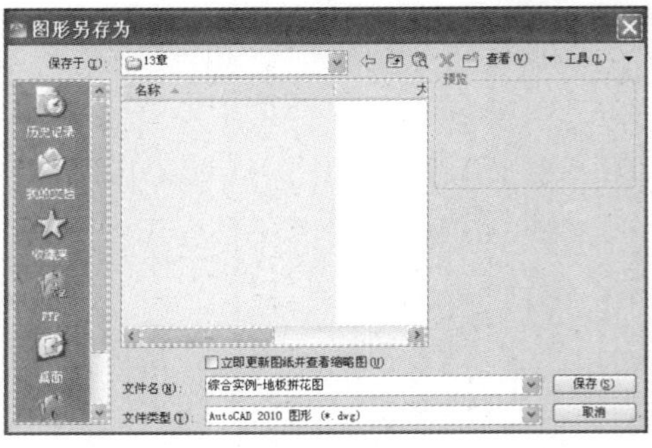

图13-63 保存文件

高手应用秘籍：CAD图形输出简介

我们对CAD图输出的各种方法进行了分析比较和研究，下面解答几个有关CAD图输出的问题。

❶ 向Word中直接插入DWG图形

这是一种最简单的办法，就是用鼠标选定要复制的图形，再转贴到Word中。

下面举例说明。

- 启动Microsoft Word和CAD。
- 在CAD中打开图形文件，对其进行修改和编辑，作成自己需要的图形。
- 按Ctrl+C组合键，复制到剪贴板，提示选择对象时，用构造选择集的方法去选择对象。
- 切换到Microsoft Word，将光标放在适当的位置上，再按Ctrl+V组合键粘贴到Word中。
- 调节图形的位置和大小。

注意，如果使用的是Microsoft Word 97，最好在粘粘后选择图形，单击右键，弹出快捷菜单。从菜单中选择设置图片格式，然后选择“版式”选项卡，取消勾选“浮于文字上方”选项。这样，以后的图片就不太可能变成大红叉了。

上述方法是利用Windows操作系统的对象链接嵌入功能，将DWG的图形复制粘贴到Word中，优点是随时可以双击粘贴过来的图形，在CAD中对其进行修改和编辑。

对于Word中的DWG图形，如果直接通过打印机打印，效果是不错的，但如果对于教材等出版物，线条则太细，与周边的字体看起来不协调。另外这种方法的缺点是分辨率有限，生成的文件容量过大。

❷ 将DWG的图输出成WMF格式文件

为了克服上述方法的缺点，我们采用输出WMF文件的方法。在CAD中，从“文件”菜单中选择“输出”命令，将文件输出成WFM格式，单击“保存”按钮，提示选择对象时，用构造选择集的方法去选择对象，输出保存为一个WFM格式的文件。切换到Word，将光标放在适当的位置上，将刚保存的WMF文件插入。也可以用ACDsee打开WMF文件，再按Ctrl+C组合键，在Word文档中粘入。

采用这种方法，优点是文件体积减少，与上面第1种复制粘贴图形的方法相比，只有其四分之一左右。缺点是不可以双击图形在CAD中对其进行编辑，如果要修改图形，就要在CAD中修改原DWG图形文件，然后重新生成WFM文件。

秒杀工程疑惑

本章主要内容为图形输出，重点知识点为模型空间和图纸空间以及如何布局和打印设置。在学习过程会遇到以下问题，下面对它们进行解释。

问　　题	解　　答
如何创建布局?	创建布局的功能是布局新图纸空间中的出图规划。在 AutoCAD 中可以创建多个布局，每个布局都可以包含不同的打印设置和图纸尺寸。默认情况下，新图形最开始有两个布局选项卡即“布局 1”和“布局 2”。创建布局有两种方法，一种是直接创建布局，另一种是使用样板创建布局
执行某个命令操作时，若误操作，是否可以撤消命令或重复执行某个命令?	若要放弃最近执行的命令操作，可以单击“标准”工具栏中的 按钮，撤消刚刚执行的命令，单击 按钮右侧的下拉按钮，将弹出之前撤消的命令列表，在列表中列出了从最近一次执行的操作开始所有可以放弃的操作。移动鼠标可以选择要放弃的操作步骤，松开鼠标左键后，将撤消所选定数目的操作 当单击“标准”工具栏中的 按钮时，可以重做刚刚撤消的操作。单击 按钮右侧的下拉按钮，将会弹出重做命令列表，在其中可以拖动选择，可指定重做命令的数目
在修剪的过程中如何对对象进行延伸修改操作?	若要对图形对象进行延伸修改时，可以不退出修改命令状态，按住 Shift 键并选择要延伸的对象。延伸对象的时候，可以使它们精确地延伸至由其他对象定义的边界上

AutoCAD 2012

CHAPTER 14

天正软件

利用AutoCAD图形平台开发的最新一代建筑软件TArch 8.0，以先进的建筑对象概念服务于建筑施工图设计，成为建筑CAD的首选软件，同时天正建筑对象创建的建筑模型已经成为天正电气、给排水、日照、节能等系列软件的数据来源，很多三维渲染图也基于天正三维模型制作而成。

学完本章您可以掌握如下知识点

知识点序号	知识点难易指数	知识点
1	★	天正建筑、电气
2	★★	天正给排水、暖通
3	★★★	天正结构、规化
4	★★★★	天正土方计算

本章内容图解链接

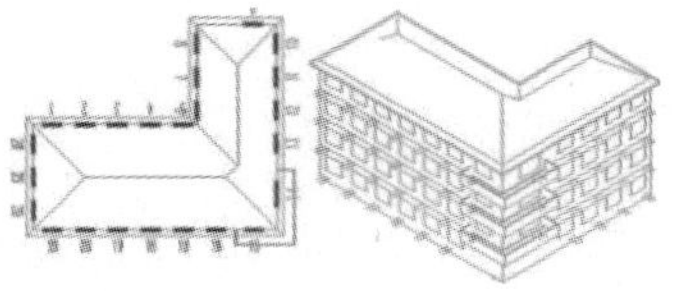

◎ 节能建筑分析模型

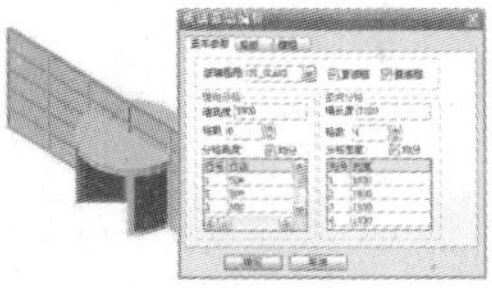

◎“玻璃幕墙编辑”对话框

◎“导入设置”对话框

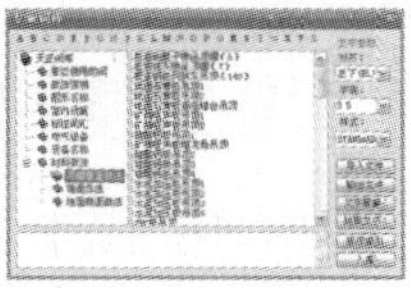

◎“专业词库”对话框

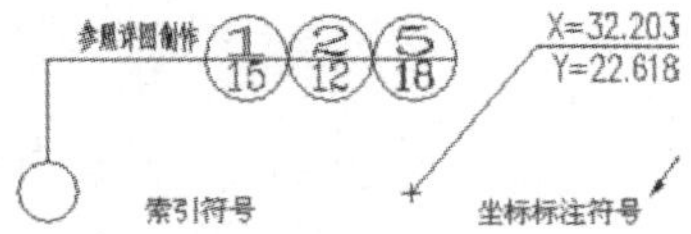

◎ 标注规范化

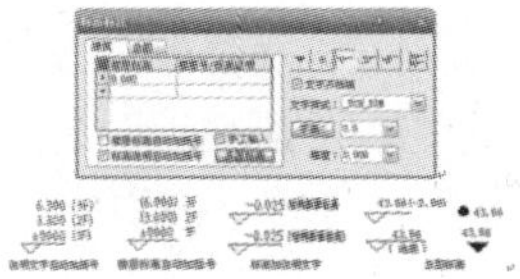

◎“标高标注”对话框

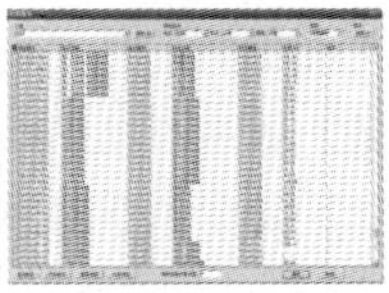

◎ 电缆敷设

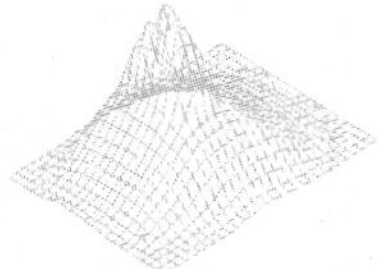

◎ 三维地形

14.1 天正建筑功能概述

天正软件功能设计的目标定位于应用专业对象技术，在三维模型与平面图同步完成的技术基础上，进一步满足建筑施工图需要反复修改的要求。利用天正专业对象建模的优势，为规划设计的日照分析提供日照分析模型和遮挡模型，如图14-1所示，为强制实施的建筑节能设计提供节能建筑分析模型，实现高效化、智能化、可视化始终是天正建筑CAD软件的开发目标。

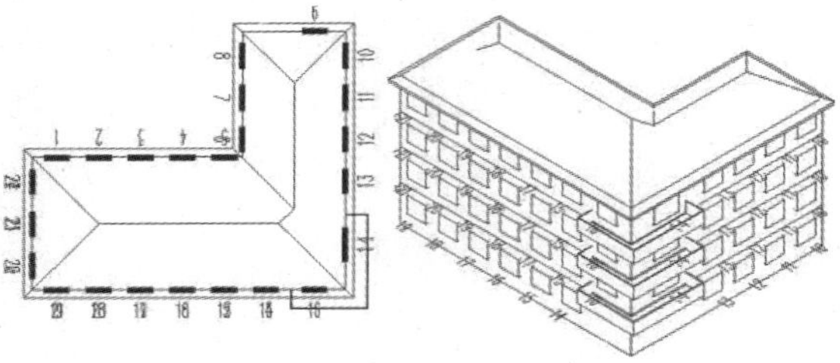

图14-1 节能建筑分析模型

14.1.1 自定义对象

天正开发了一系列自定义对象表示建筑专业构件，具有使用方便、通用性强的特点。例如各种墙体构件具有完整的几何和材质特征。可以像AutoCAD的普通图形对象一样进行操作，也可以用夹点随意拉伸改变几何形状，与门窗按相互关系智能联动，如图14-2所示，显著提高编辑效率。

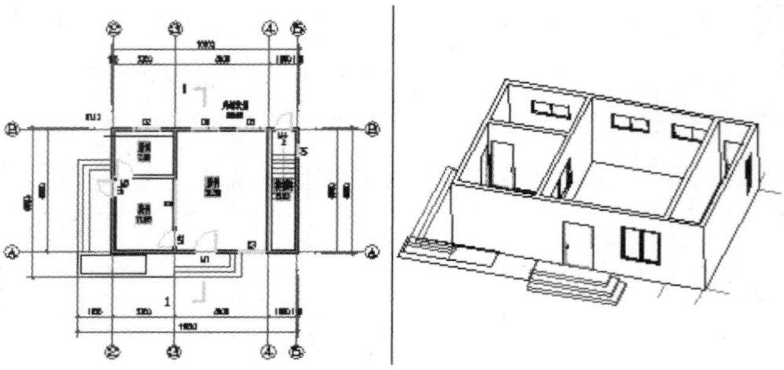

图14-2 编辑门窗

具有旧图转换的文件接口，可将TArch 3以下版本绘制的图形文件转换为新的对象格式，方便原有用户的快速升级，同时提供了图形导出命令的文件接口，可将TArch 8.0 新版本绘制的图形导出，作为下行专业条件图使用。

14.1.2 方便的智能化菜单系统

采用256色图标的新式屏幕菜单，图文并茂、层次清晰、折叠结构，支持鼠标滚轮操作，使级联菜单之间切换快捷。

屏幕菜单的右键功能丰富，可执行命令帮助、目录跳转、启动命令、自定义等操作。

在绘图过程中，右键快捷菜单能感知选择对象类型，弹出相关编辑菜单，如图14-3所示，可以随意定制个性化菜单适应用户习惯，汉语拼音快捷命令使绘图更快捷。

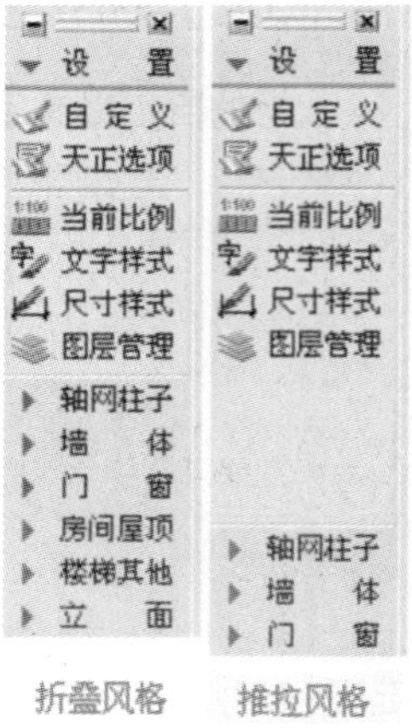

图14-3 编辑菜单

14.1.3 支持多平台的对象动态输入

AutoCAD从2006版本开始引入了对象动态输入编辑的交互方式，天正将其全面应用到天正对象，适用于从2004起的多个AutoCAD平台，这种在图形上直接输入对象尺寸的编辑方式，有利于提高绘图效率。

14.1.4 强大的状态栏功能

状态栏的比例控件可设置当前比例和修改对象比例，提供了墙基线显示、加粗、填充和动态标注(对标高和坐标有效) 控制、DYN动态输入控制。所有状态栏按钮都支持右键菜单进行开关与设置，如图14-4所示。

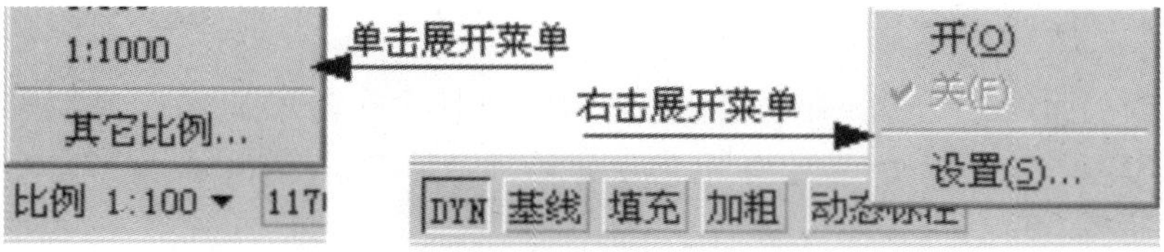

图14-4 快捷菜单

14.1.5 先进的专业化标注系统

天正专门针对建筑行业图纸的尺寸标注开发了专业化的标注系统。轴号、尺寸标注、符号标注、文字都使用对建筑绘图最方便的自定义对象，取代了传统的尺寸和文字对象。按照建筑制图规范的标注要求，对自定义尺寸标注对象提供了前所未有的灵活修改手段。由于专门为建筑行业设计，在使用方便的同时简化了标注对象的结构，节省了内存，减少了命令的数目。同时按照规范中制图图例所需要的符号创建了自定义的专业符号标注对象，各自带有符合出图要求的专业夹点与比例信息，编辑时夹点拖动的行为符合设计规范。符号对象的引入妥善地解决了CAD符号标注规范化的问题，如图图14-5所示。

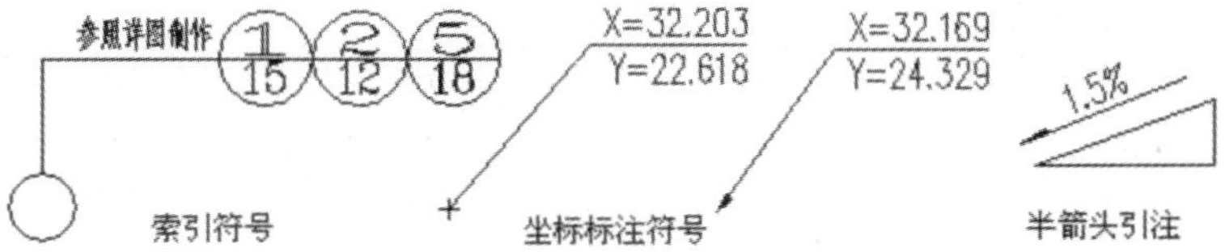

图14-5 标注规范化

14.1.6 全新设计文字表格功能

天正的自定义文字对象可方便地书写和修改中西文混排文字，方便地输入和变换文字的上下标，输入特殊字符，书写加圈文字等。文字对象可分别调整中西文字体各自的宽高比例 ，修正AutoCAD所使用的两类字体（*.shx与*.ttf）中英文实际字高不等的问题，使中西文字混合标注符合国家制图标准的要求。此外天正文字还可以设定对背景进行屏蔽，获得清晰的图面效果，如图14-6所示。

工程师点拨：文字编辑服务

天正建筑的在位编辑文字功能为整个图形中的文字编辑服务，双击文字进入编辑框，提供了前所未有的方便性。

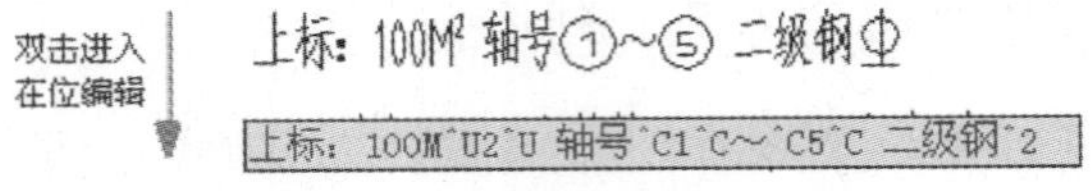

图14-6 编辑框

天正表格使用了先进的表格对象，其交互界面类似Excel的电子表格编辑界面。表格对象具有层次结构，用户可以完整地把握如何控制表格的外观表现，制作出有个性化的表格。更值得一提的是，天正表格还实现了与Excel的数据双向交换，使工程制表同办公制表一样方便高效。

14.1.7 建筑对象的显示特点

天正建筑对象讲求施工图的显示符合规范要求，三维模型与实际构件尽量协调一致，举例说明如下。

1. 玻璃幕墙

二维采用门窗线简化表达，而三维为精确表达，力求使玻璃幕墙的施工图表达和三维模型表现达到协调一致，如图图14-7所示。

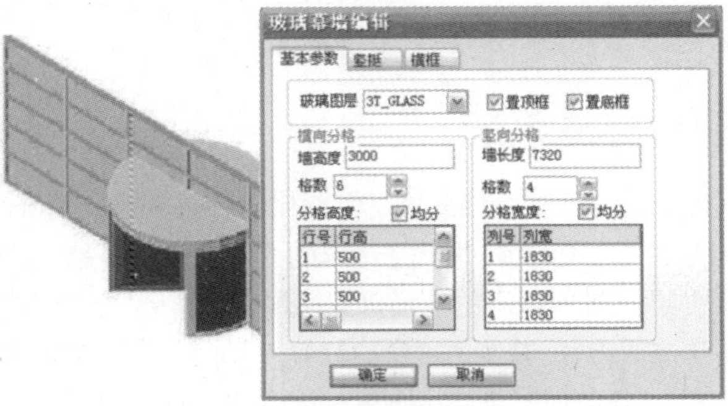

图14-7 “玻璃幕墙编辑”对话框

2. 角凸窗

转角窗和角凸窗统一为一个参数化窗对象，侧面可以碰墙，自动完成侧面的遮挡处理。如图14-8所示。

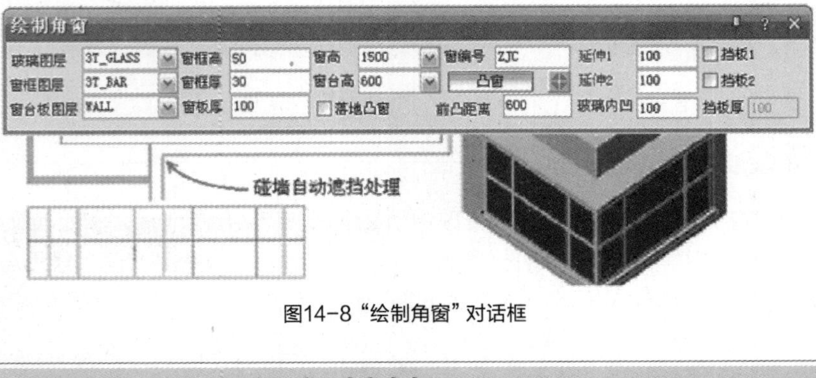

图14-8 “绘制角窗”对话框

14.2 TArch 8.0的新特性

面目一新的启动图标，提供了可选平台以启动天正软件的崭新功能，自动识别用户安装和卸载的AutoCAD平台版本，无需重新安装天正建筑软件。

基本设置和用户定制功能更加丰富，选项和自定义设置均可导出成XML文件，供其他8.0用户导入，实现参数配置的共享，也可通过“恢复默认”恢复程序最初设置值。

14.2.1 天正选项

新增的天正选项命令合并了以前的“高级选项”和“选项”功能，改进了墙柱加粗填充预览的显示，“基本设定”和“高级”选项板中新添加多个默认参数的设置。

天正选项命令是为有关建筑设计参数方面的用户定制设置的，如图14-9所示。

图14-9 “导入设置”对话框

14.2.2 自定义

提供菜单背景颜色设置、多文档标签设置、工具条项的拖拽排序、普通快捷键设置、右键快慢击操作配置等。

工程师点拨：自定义

自定义命令是界面形式选择和操作命令方面的定制设置。

14.2.3 图层管理

增加了对线型的支持；门、窗、洞口图层分开，可以分别设置各自的图层，完善对象体系功能更强大。

1. 墙对象

平行不等厚墙相交处缺口可以自动处理。

2. 门窗对象

角凸窗新增加侧挡板功能，可以在绘制过程中选择是否添加挡板，并同时设置挡板厚度，程序默认挡板厚度为100。档板亦可在凸窗绘制完成后通过特性表或“编辑”对话框进行添加或修改。与普通矩形凸窗类似，新增了对侧挡板厚度的调节，如图14-10所示。

3. 面积对象

新的房间面积对象可以选择填充图案，按指定的比例、颜色和转角进行填充。新增加对面积分类，按一半面积计算以及房间轮廓线显示的支持。房间可同时显示编号和名称，而名称最多可以显示两行，以满足涉外工程标注中英文房间名称的需要，如图14-11所示。

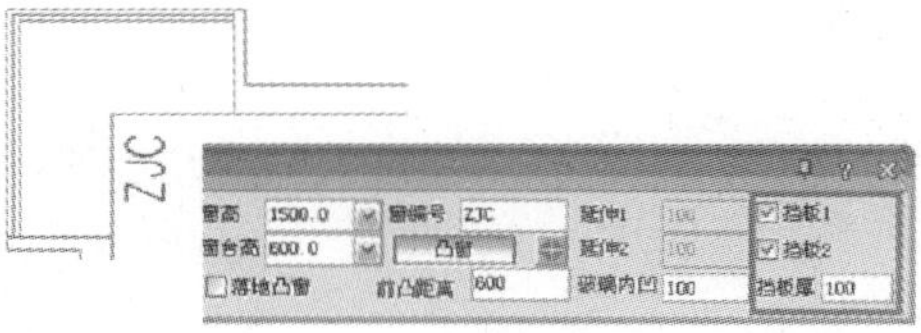

图14-10 挡板调节

图14-11 “编辑房间”对话框

4. 自动扶梯对象与复杂楼梯对象

自动扶梯对象具有参数化设计功能，有自动步道、自动坡道等复杂样式，可用于单梯和双梯及其组合，在顶层还设有洞口选项，拖动夹点解决楼板开洞时扶梯局部隐藏问题，完全适用于大型超市、购物中心和机场等公建绘制工作，如图14-12所示。

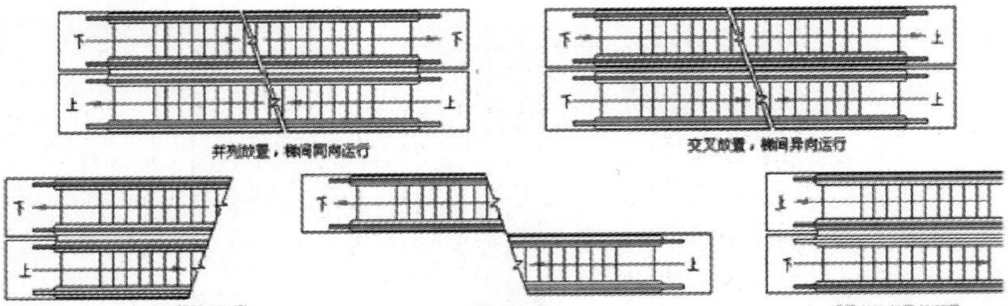

图14-12 自动扶梯

双分平行楼梯、双分转角楼梯、交叉楼梯、剪刀楼梯、双分三跑楼梯、三角楼梯、矩形转角楼梯等多种复杂楼梯对象，首开建筑设计软件行业的先河，如图14-13所示。

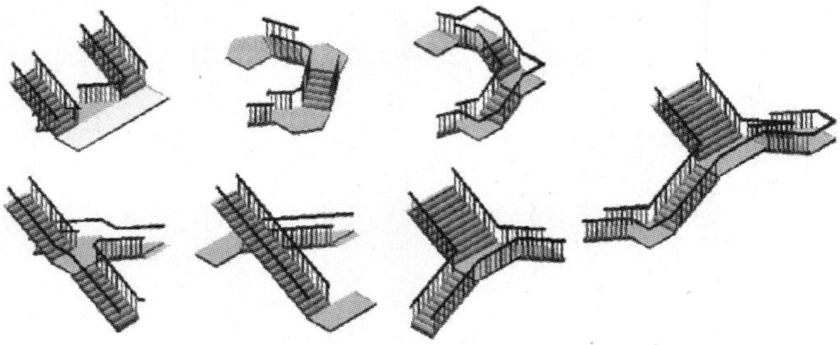

图14-13 各种扶梯

14.2.4 屋顶、阳台、散水

新增矩形坡屋顶对象，可直接绘制歇山、四坡等常见矩形屋顶样式。

阳台可以被墙、柱、墙体造型自动裁剪，如图14-14所示。

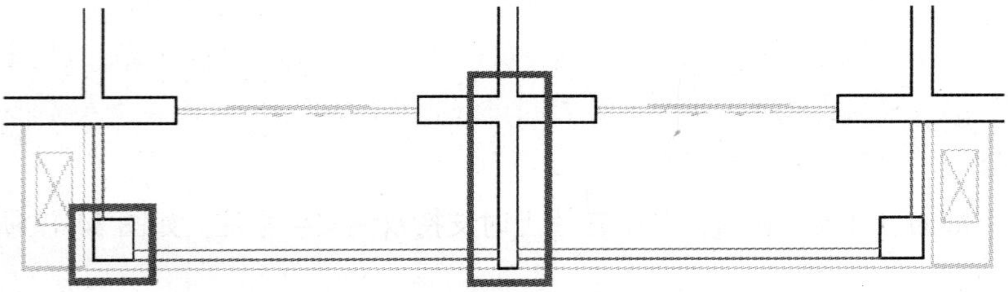

图14-14 阳台

新散水对象支持各边独立修改宽度，支持散水绕阳台、柱子，如图14-15所示。

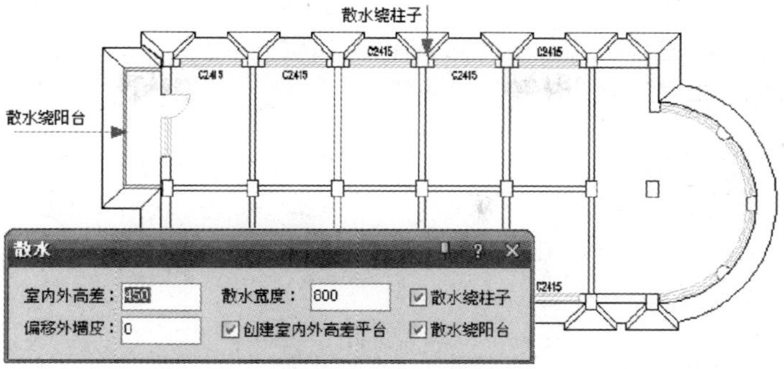

图14-15 “散水”对话框

阳台、任意坡顶、人字坡顶、攒尖坡顶、老虎窗等对象增加了对单位“米”的支持。

14.2.5 符号对象改进

对象中符号和文字改为同一图层绘制，方便随时切换开关。

● 标高标注：在界面中分为两个页面，分别用于建筑专业的平面图标高标注、立剖面图楼面标高标注以及总图专业的地坪标高标注、绝对标高和相对标高的关联标注，如图14-16所示。

图14-16 “标高标注”对话框

● 做法标注：无论是文字在线上还是线端的形式，均支持多行文字分段，多行文字的位置和宽度可通过夹点设置。增强对特性表的支持，文字相对于基线的位置、文字行距、段距等参数均可以通过特性表直接修改。

● 箭头标注：增加多种箭头样式，文字在线上时支持双侧文字标注，如图 14-17 所示。

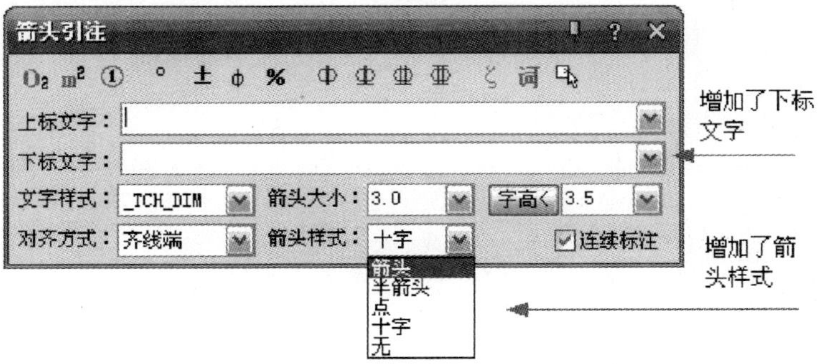

图14-17 “箭头引注”对话框

天正软件

● 引出标注：新增“固定角度”、“文字相对基线对齐方式”、“多点共线”等功能。基线双侧文字均支持多行文字分段，如图14-18所示。

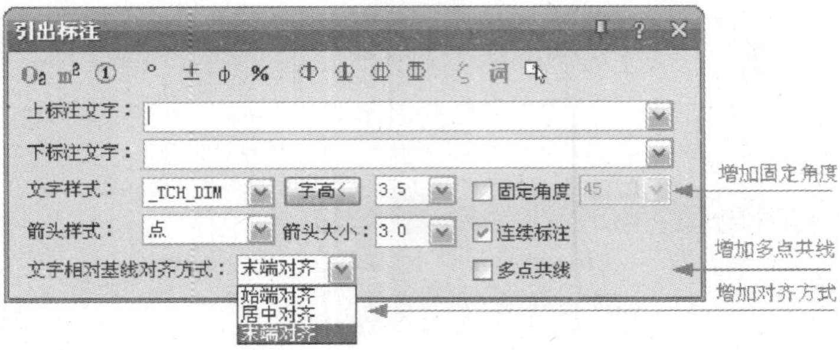

图14-18 “引出标注”对话框

新的编号排序命令为暖通节能分析提供方便，面积标注精度可以通过高级选项设置。

提供新的面积统计功能，按《住宅设计规范》以及建设部限制大户型比例的有关文件，统计住宅的各项面积指标，自动生成相应表格，用于设计审查报批，如图14-19所示。

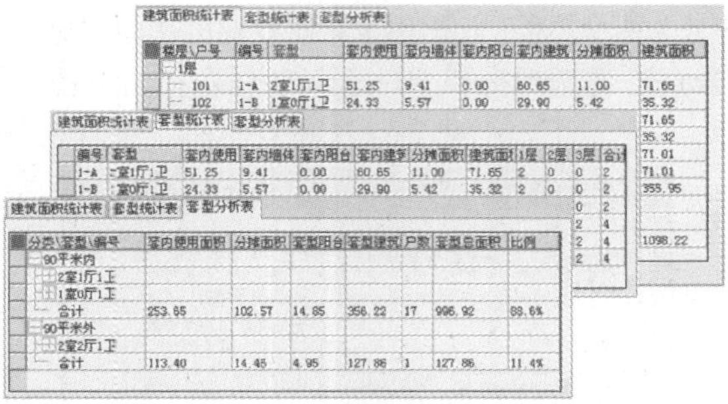

图14-19 统计表

● 布置洁具：添加自由插入、均匀分布等多种新的布置方式，支持洁具沿线布置、沿弧墙布置，符合《民用建筑设计通则》的规定。

工程师点拨：水管参数

洁具库中新加入了给排水专业上下水管参数，为天正给排水软件的后续使用提供完善支持，如图14-20所示。

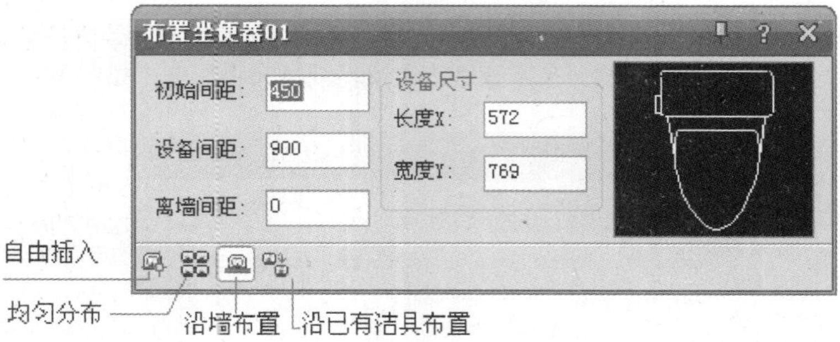

图14-20 “布置座便器01”对话框

14.2.6 楼梯

● 双跑楼梯：增加了是否添加外侧栏杆、扶手伸出距离、扶手在平台是否连接、剖切步数等多项设置。在不等跑的情况下，楼梯踏步位置通过夹点可自由调整，更加灵活。栏杆默认绘制在踏步中间。增加了改变剖切位置和剖切线角度的夹点，调整剖切位置更方便。

● 多跑楼梯：支持直接标注上、下楼箭头，增加了对首尾梯段扶手伸出距离、剖切位置等参数的控制，剖切位置可以根据剖切点的步数或高度设定。可以绘制连续的休息平台，如图14-21所示。

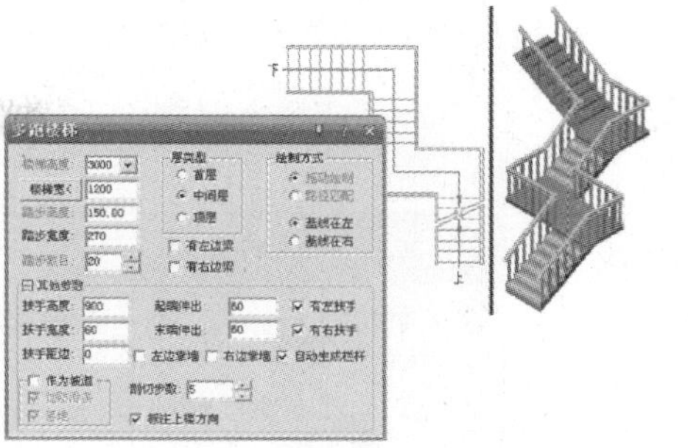

图14-21 “多跑楼梯”对话框

14.2.7 屋顶与其他

攒尖屋顶：增加出檐长的设置，在特性表中增加了标高、边数等数据。

绘制台阶改进，对于单面矩形，三面矩形和圆弧台阶这三种样式，在绘制过程中加入了门窗对中和中心定位的功能。

14.2.8 文字和表格

● 专业词库：词库文件改为XML文件，界面类型显示由列表改为树显示，可以自由增加下级目录。改进了文件导入导出功能，解决多行文字拖拽预览显示时为单行的bug，如图14-22所示。

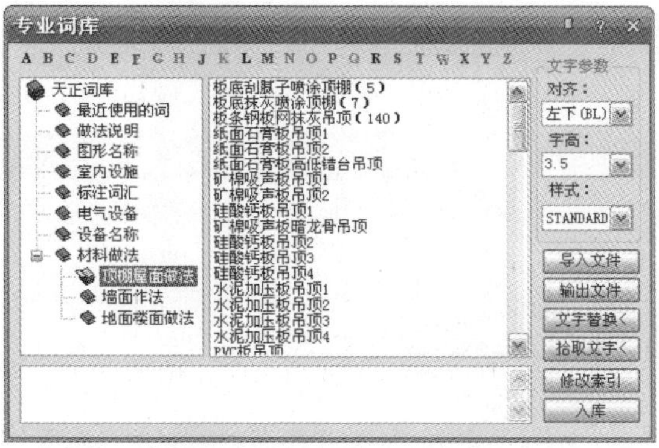

图14-22 “专业词库”对话框

● 表格增加单元插图功能，可以从图中拾取或是进入图库中选择已有图块直接插入到表格对象中。

● 文字查找与替换均支持轴号圈、索引符号、索引图名内的圈内文字。

14.2.9 尺寸与符号标注

改进了尺寸合并区间的功能，支持连续框选的操作方式。完善了各种符号标注对应特性表的参数，使其符号的编辑修改更灵活。

14.2.10 图库和构件库

在对话框中新提供了菜单栏，支持图块拖拽排序、保存排序、图块批量改名等功能。新图块入库后，程序自动计算选择对象的边界尺寸，并以“图块长*图块宽”的格式命名。

14.2.11 工具

- 线变复线：支持精度控制，支持按图层、颜色或线型对选中对象进行过滤，如图14-23所示。

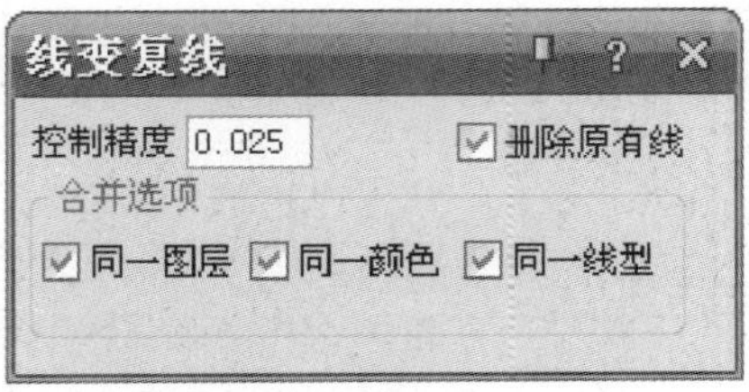

图14-23 “线变复线”对话框

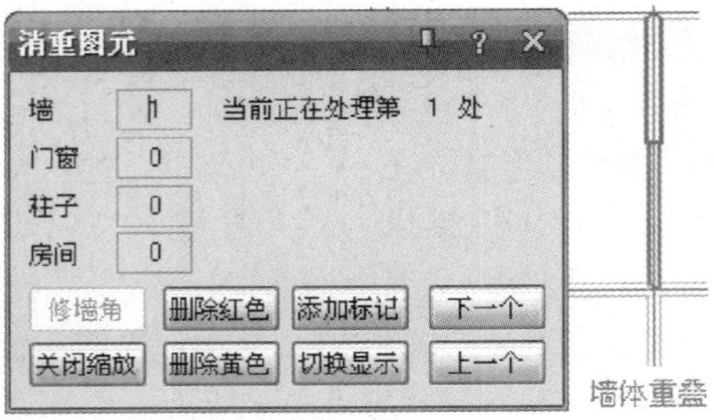

图14-24 “消重图元库”对话框

- 交点打断：支持连续框选的操作方式，一次可框选多个交点进行打断操作。
- 对象选择：增加了材质选项，墙柱可以按材质选择过滤。
- 新增图层全开功能：可以打开被“关闭图层”命令或CAD的图层特性管理器关闭的图层。
- 新增消重图元功能：支持墙体、柱子、房间等对象的重叠检查，对于重合对象可以有选择性的依次删除，对于完全重叠的墙、柱等对象也可以直接完全消重，如图14-24所示。

14.2.12 其他

- 线图案：可以在绘制过程中实现图像翻转功能，线图案库增加挡土墙图案，特性表增加基线位置、图案宽度等数据。
- 图纸目录：新增用户自定义表格样式功能，改进了图纸按图号的排序输出。

工程师点拨：保存的问题

解决外部参照或图块在位编辑后，由于块内墙体、门窗、柱子等天正对象影响，有时不能保存的问题。

14.3 天正电气 TElec

天正电气TElec以AutoCAD 2012为平台，是天正公司总结多年从事电气软件开发经验，结合当前国内同类软件的各自特点，搜集大量设计单位对电气软件的设计需求，向广大设计人员推出的全新智能化软件。在专业功能上，该软件体现了功能系统性和操作灵活性的完美结合，最大限度地贴近工程设计，TElec 8不仅适用于民用建筑电气设计，亦适用于工业电气设计。

14.3.1 接地避雷

- 滚球避雷：支持多针二维、三维避雷，查看建筑物避雷三维状态图，同时可查看任意针的三维保护范围，可出详尽的 Word计算书及电子结果表格，如图14-25所示。

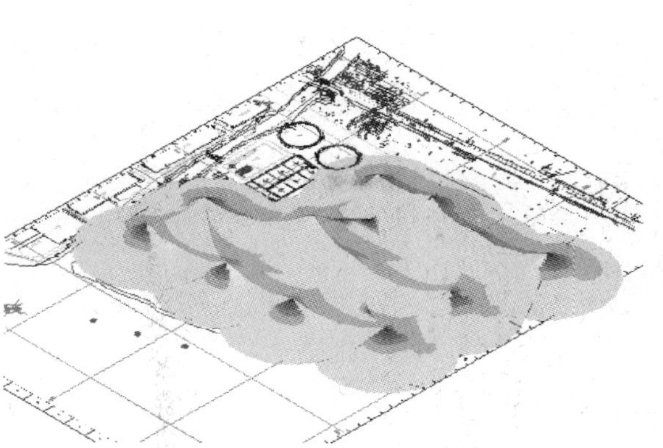

图14-25 建筑物避雷三维状态图

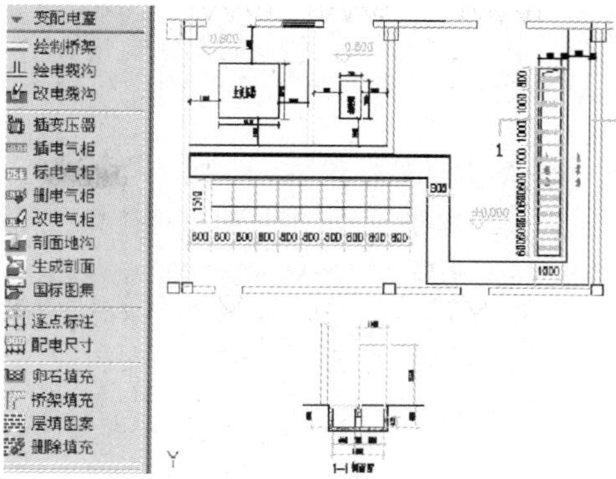

图14-26 变配电室剖面图

14.3.2 变配电室

变配电室系列命令可方便绘制配电柜及电缆沟的平、立、剖面图。方便对电缆沟及配电柜的参数进行编辑，并且柜子尺寸变化后可向指定方向靠齐，删除配电柜后可重新进行编号，配电柜标注尺寸自动生成，自动生成变配电室剖面图，录入03D201变压器安装图集，如图14-26所示。

14.3.3 三维桥架

三维桥架系列命令可方便绘制多层桥架，绘制过程中自动生成弯通、三通、四通、变径等构件，根据绘制需要可自动生成垂直段桥架及相应垂直构件，桥架各部分构件相互关联，拖动一部分其余相关连部分随之联动，可自动进行桥架标注，以及构件统计，如图14-27所示。

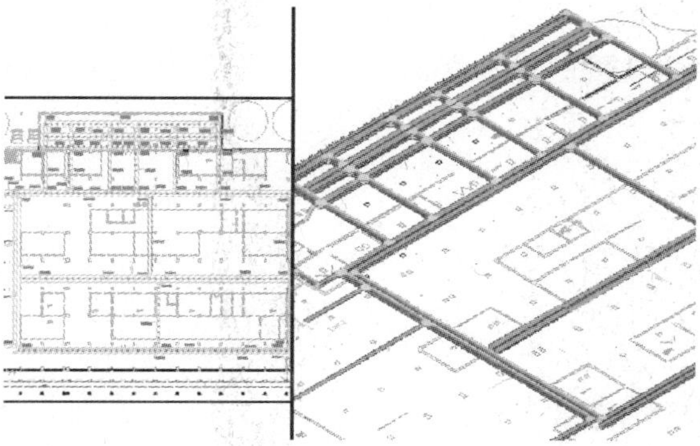

图14-27 三维桥架

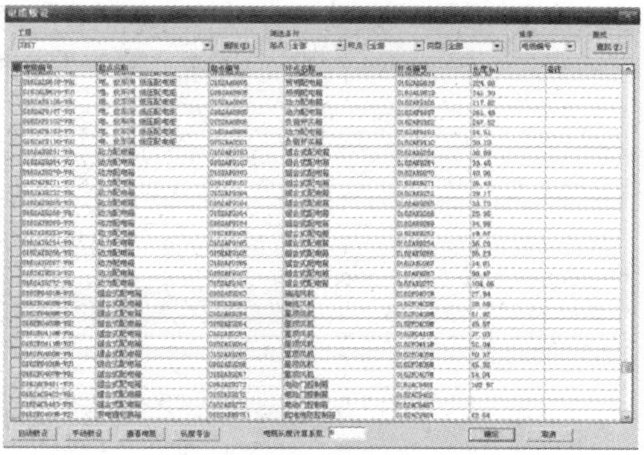

图14-28 电缆敷设

14.3.4 电缆敷设

电缆敷设系列命令导入“电缆清册表”、“电机表”，可自动进行电缆敷设，自动绘制电缆敷设图，自动计算每一回路的电缆长度如图14-28所示；也可逐条手工敷设，统计电缆及穿管长度，导出清册，并可导出器材表分类汇总；方便查寻每一条电缆路径，该路径自动高亮显示，可对已经敷设的电缆进行自动标注。

14.4 天正给排水 TWT

天正给排水TWT8.0以AutoCAD2002－2009为平台，是天正公司总结多年从事给排水软件开发经验，结合设计师的实际功能需求，推出的一款全新智能化软件，内嵌天正建筑软件TArch8.0的基本功能，并支持天正建筑各个版本绘制的建筑条件图。

14.4.1 智能化管线系统

采用三维管道设计，模糊操作实现管线与设备、阀门精确连接；自动完成与交叉管线、设备的遮挡处理如图14-29所示。

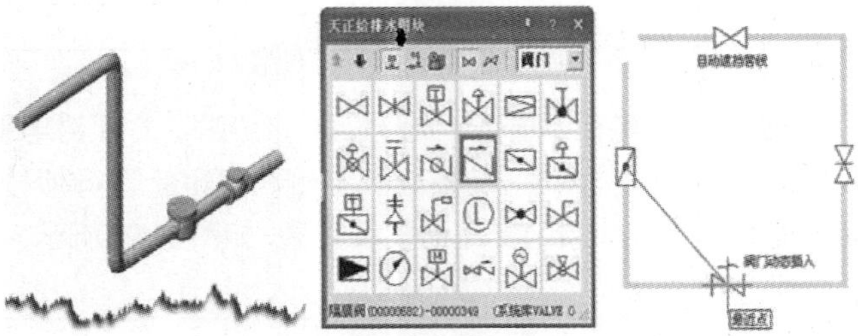

图14-29 智能化管线系统

14.4.2 室内给排水系统

管线与洁具可直接连接并自动生成系统图，如图14-30所示，同时提供一系列修改工具方便实现系统图的完善；读取系统图信息进行公共建筑给水水力计算、室内排水系统水力计算，出计算书并完成图中管径标注。室内给水计算可以通过绘制住宅给水原理图完成住宅给水计算、通过绘制公建给水原理图或自动生成的系统图完成公共建筑给水计算。

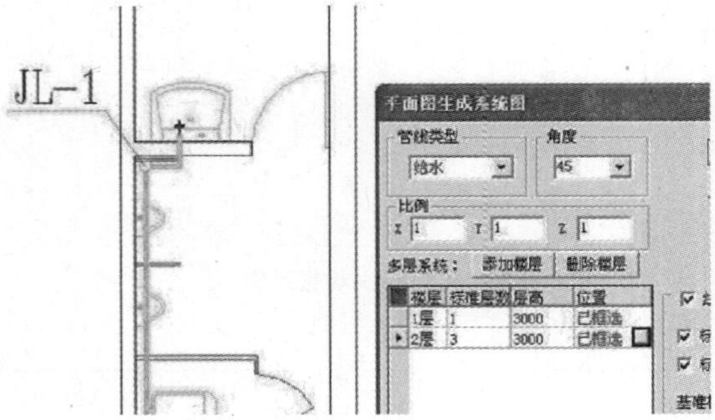

图14-30 系统图

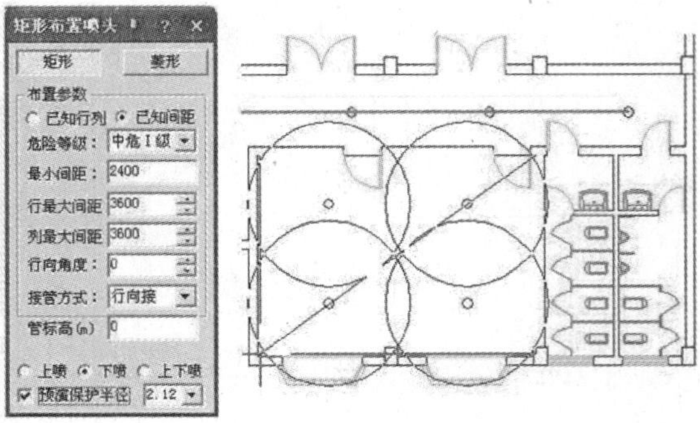

图14-31 布置喷淋设备的方案

14.4.3 室内喷淋与消防系统

提供多种布置喷淋设备的方案，包括“扇形喷头”、“任意布置”、“交点喷头”、“直线喷头”、“矩形喷头”、“等距喷头”，相互可配合使用，如图14-31所示。

喷淋计算按建筑物的危险等级框选作用面积可计算系统入口压力，或提供入口压力反算最不利点喷头压力，最后完成Word计算书。计算后自动判断各管段流速情况，以便设计师可以调整管径进行实时复算，如图14-32所示。

同时还提供了消火栓系统的设计，可选择单栓、双栓及其接管方式，消防管线自动搜索消火栓接线点完成连接，标注管径后可直接进行系统水力计算，输出计算书如图14-33所示。

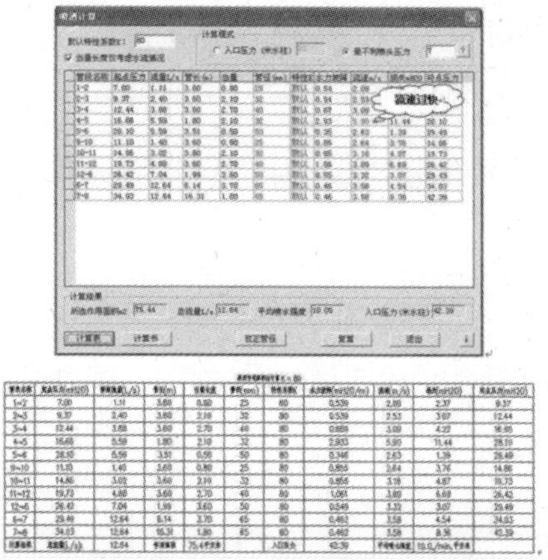

图14- 32 Word计算书

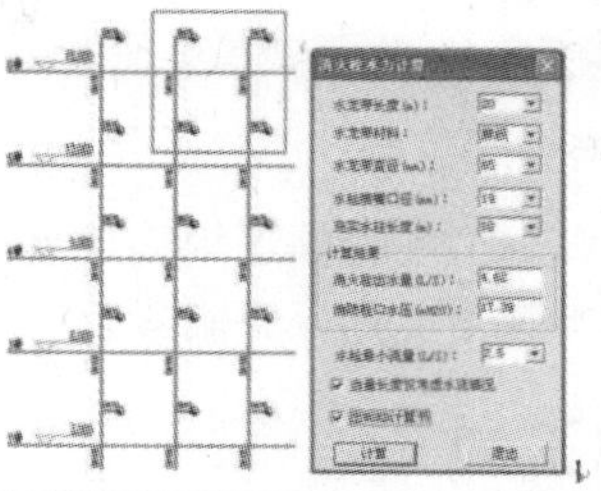

管段名称	起点压力mH2O	管道流量L/s	管长m	当量长度	管径mm	水力坡降mH2O/m	流速m/s	损失mH2O	终点压力mH2O
1-2	17.39	4.62	0.63	0.00	100	0.006	0.53	0.00	17.39
2-3	17.39	4.62	3.00	3.10	100	0.006	0.53	3.03	20.43
11-3	20.43	5.86	0.63	0.00	100	0.007	0.58	0.00	20.43
3-4	20.43	9.68	3.00	6.10	100	0.025	1.12	3.23	23.66
4-5	23.66	9.68	3.00	0.00	100	0.025	1.12	3.08	26.74
5-6	26.74	9.68	3.00	0.00	100	0.025	1.12	3.08	29.81
6-7	29.81	9.68	3.00	0.00	100	0.025	1.12	3.08	32.89
7-8	32.89	9.68	3.00	0.00	100	0.025	1.12	3.08	35.96
8-9	35.96	9.68	3.00	0.00	100	0.025	1.12	3.08	39.04
9-10	39.04	9.68	4.10	0.00	100	0.025	1.12	4.20	43.24

图14-33 计算书

14.4.4 水泵水箱间

可进行水泵选型、水泵水箱间平面图的绘制，依靠剖面生成命令自动生成剖面图。还可以对水泵房进行整体三维观察，如图14-34所示。

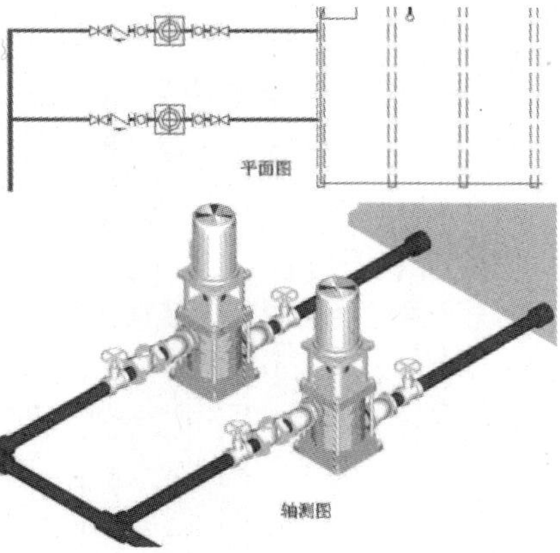

图14-34 水泵房三维视图

14.4.5 室外给排水系统

可绘制道路、管线及构筑物，方便快捷地布置检查井、标注或修改管线和井的信息；并可进行小区、市政雨污管网的水力和纵断标高的计算。以雨水管网为例，只需定义井的汇流 面积、径流系数、重现期和汇水时间，就可进行管径、坡度初算并将结果返回标注图中；用户可根据需要直接在计算对话框中修改管径、坡度，再进行水力参数校核的复算并最终输出Word计算书；点取主干管的起始、终止井，自动完成纵断面图的绘制。

天正软件

14.4.6 计算功能

采用最新规范，具有给水、排水、自动喷淋、消防、雨污管网等水力计算功能。计算直接读图，结果出Word计算书。

1. 文字表格

提供可随意扩充的专业字库，方便地书写中西文等高文字及输入文字上下标、特殊字符等。耳目一新的表格操作类似Excel，并可与其实现导入导出。

2. 图库管理与图层控制

强大的图库管理功能，可快速地创建、修改、删除不同类别的图块，能实现批量入库；方便的图层操作，不仅对本图适用还可应用于外部参照中。

14.4.7 其他工具

图纸保护命令可以保护您的DWG图纸，制作为一个整块，没有密码无法炸开，同时可以在没有安装天正的环境下正常浏览。

工程师点拨：在线帮助

“在线帮助”和“在线演示”功能令上手更容易。在操作中可随时查看帮助内容，并观看教学演示。同时提供内置的常用给排水工程设计规范，以CHM帮助文件格式实现在线查询。

14.5 天正暖通 THvac

天正暖通THvac最新版支持AutoCAD200X，是天正公司积累多年之后的扛鼎之作。内嵌天正建筑软件TArch模块，支持天正建筑各个版本绘制的建筑条件图。采用三维管道设计，模糊操作实现管线与设备、阀门精确连接。专业计算实现与图形的完美结合，快速准确。

14.5.1 供暖绘图

采暖平面绘图方便快捷；系统图既可通过平面图直接转换，亦可单独快速搭接，如图14-35所示。

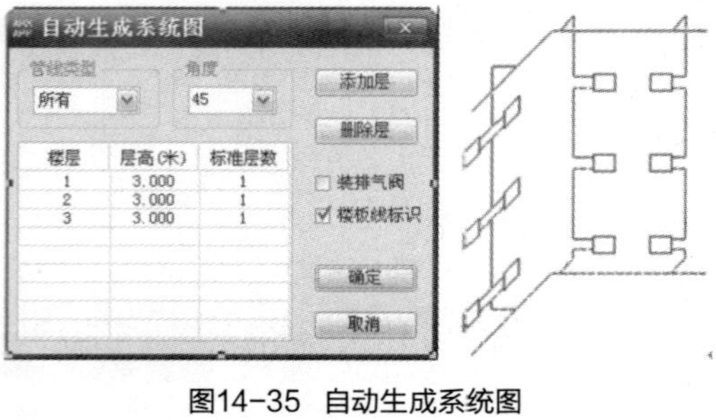

图14-35 自动生成系统图

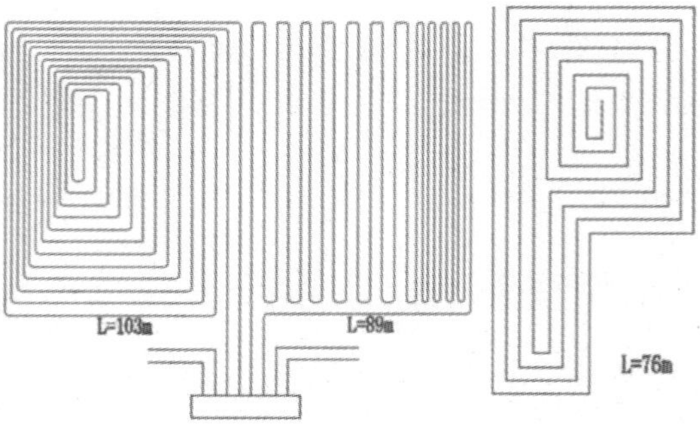

图14-36 盘管

1. 地暖设计

功能独到，唯一支持不同朝向不等管间距的一次性绘制，支持不规则房间布置盘管，如图14-36所示。

2. 空调风管

真正的二维、三维统一，既有二维的方便又有三维的实效。风管、设备、三通等构件均支持夹点引出管线功能，方便绘制。如图14-37所示。

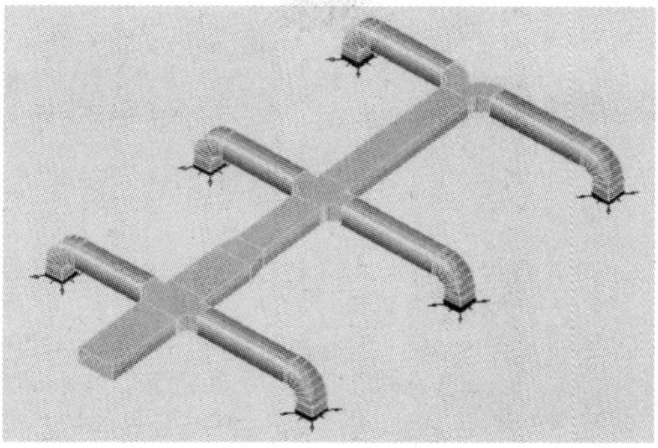

图14-37 三维的实效

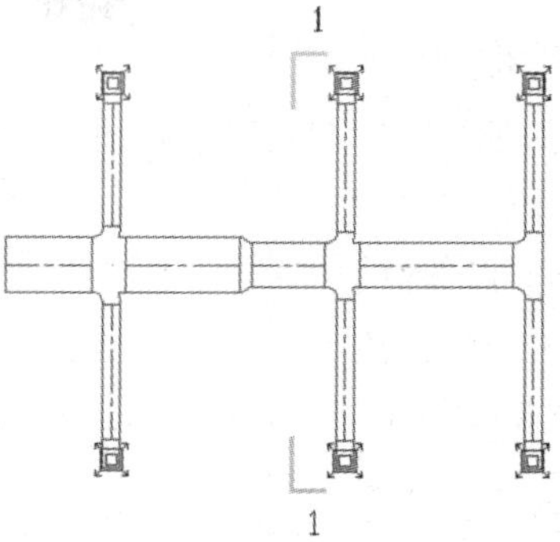

图14-38 风管

● 完善的初始设置

根据设计习惯进行多方面的设置工作；可扩充风管系统，自定义风管图层；增加风管材料及尺寸规格；设置风管及连接件是否显示中心线；可进行法兰出头长度及风管厚度的设定 ；风管标注样式支持用户修改。

● 强大的风管绘制及编辑功能

局部改管可快速实现风管绕梁绕柱的绘制；"平面对齐"可变换风管的对齐方式；"竖向调整"可整体提高或降低风管系统的标高；"打断合并"可任意实现风管间的打断、合并，如图14-38所示。

● 快速完成

组合式空气处理机组的布置

支持立式及卧式机组立面图、俯视图的绘制，可自行控制是否配以文字说明及尺寸标注，如图14-39所示。

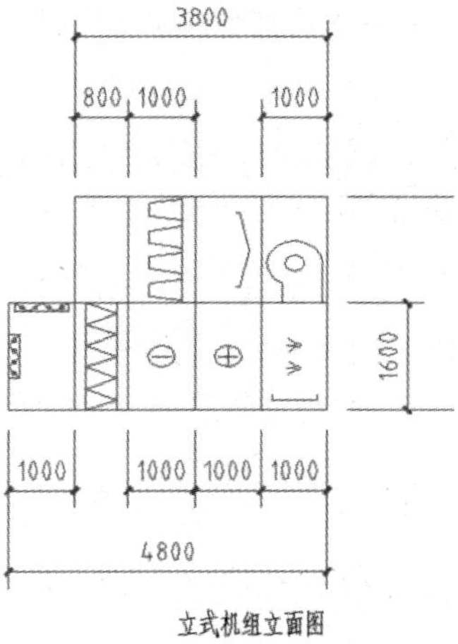

图14- 39 立式机床立面图

● 方便的通用设备库

提供风机盘管、空调器、静压箱、水泵、风机、冷却塔、冷水机组设备参数库，支持用户自行扩充。

● 材料统计

从当前图中直接框选提取，增加按长度或钢板面积的统计方式，可统计垂直管段长度，并生成表格，统计内容支持在位编辑修改。

14.5.2 专业计算模块

1. 负荷计算

可直接提取建筑底图围护结构信息，支持冷、热负荷同时计算或分别计算，如图14-40所示，其中冷负荷计算提供谐波法和负荷系数法，新版负荷可直接提取天正节能中的DOE2.1文件数据；计算完毕支持将热负荷值分配到散热器上。

2. 采暖水力计算

支持提取平面图、系统图，或手动搭建系统形式，可计算传统采暖（垂直单、双管系统）、分户计量（单管串联、跨越，双管并联系统）和地板采暖系统，新增单双管系统，支持自定义供回水方式。

计算方法包括等温降法、不等温降法；新增对立管及散热器的批量编辑修改功能；图形化的计算界面，提供图形预览，使计算过程直观明了，并可将结果返回图面，根据结果自动生成系统原理图；提供不同格式计算书的输出，如图14-41所示。

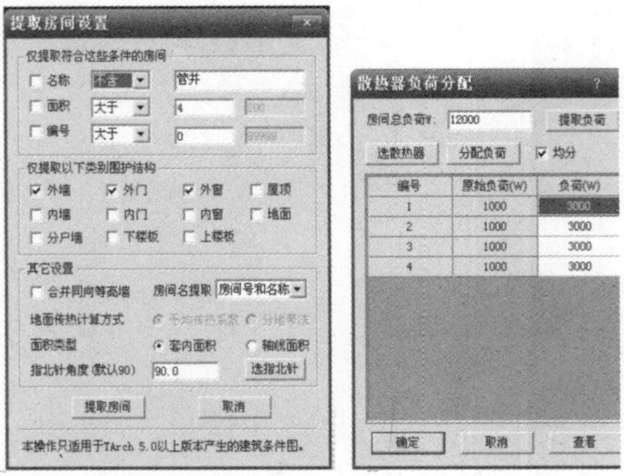

图14- 40 负荷计算

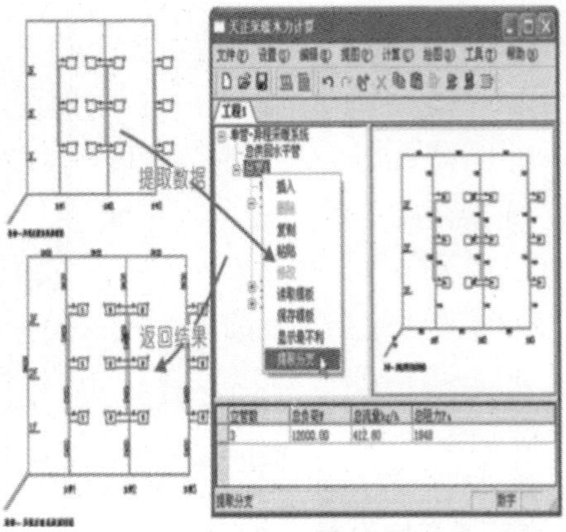

图14-41 系统图生成

3. 空调水路计算

空调水路计算可自动提取图形，提供按流速、比摩阻等多种控制条件选择计算，计算结果赋值图面，提供计算书输出功能。

4. 风管水力计算

风管水力计算，可从风管平面图或系统图提取管段信息，提供了假定流速、静压复得、阻力平衡三种计算方法，计算后可将管径赋回原图，实现计算与图形完美结合；提供计算书输出功能。如图14-42所示。

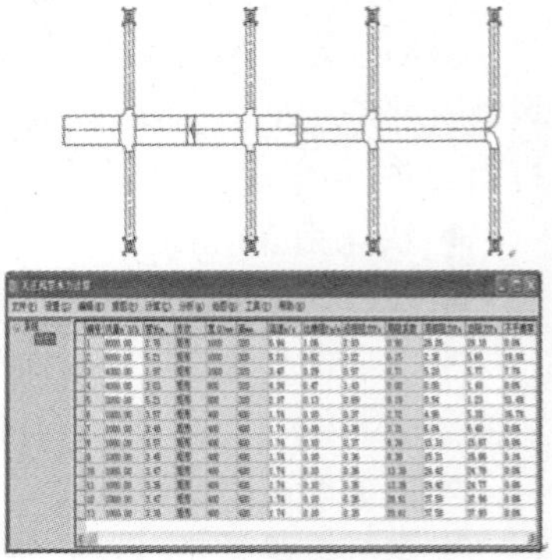

图14- 42 计算与图形

5. 地板采暖计算

可计算盘管间距和有效散热量。

6. 散热器片数计算

可直接提取房间热负荷进行计算，计算结果可赋回图中；依据手册重新录入散热器库，更加准确，支持用户扩充。

7. 焓湿图计算

支持热湿比线直接绘制，风机盘管不同新风处理模型计算，冬、夏两季一次回风空气处理模型计算，新版增加二次回风计算，计算结果均可以输出，如图14-43所示。

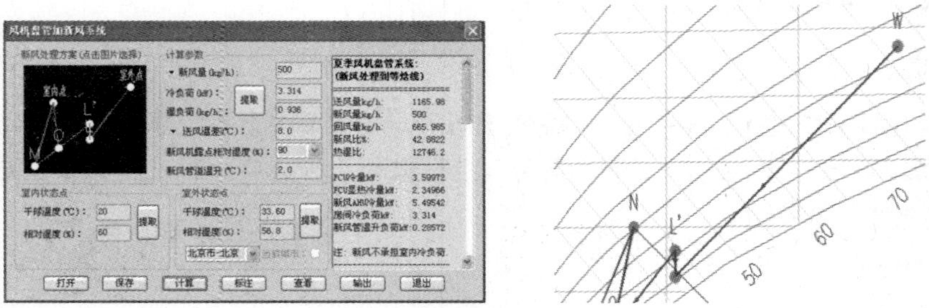

图14-43 热湿比线

14.6 天正结构 TAsd

14.6.1 天正结构 TAsd 7.1 的结构设计

天正结构TAsd 7.1是天正研发人员根据工业与民用建筑结构设计的具体需要重新开发的，构建在AutoCAD 2012平台上。它是一款运行稳定、执行效率高、功能强大的后处理结构设计软件。用户可以轻松完成杆件和节点的设计、节点详图、施工图的绘制。

1．灵活方便的混凝土结构设计

提供钢筋混凝土平面整体表示法绘制梁、柱、墙功能，完全符合国家标准图集《混凝土结构施工图平面整体表示方法制图规则和构造详图》（03G101），可完成单、双向板、梁等小构件的配筋计算；提供方便的独立浅基础配筋计算（支持PKPM计算生成的数据文件）、大样详图的参数化绘制以及单个基础的沉降计算；新增桩基承台的计算与绘图；强大的板式楼梯配筋计算与绘制、梁式钢梯和埋件的计算与绘制；灵活方便的任意钢筋绘制和编辑功能。

2．功能强大的钢结构设计

提供了常用钢结构断面绘制，焊缝标注，檩条（墙梁）布置等工具。各种断面绘制工具均可自动计算断面的常用截面特性值。提供了大量的节点参数化绘图功能，只需设置好各绘图参数即可绘制出漂亮的节点图。提供了各种常用截面、材料的特性计算、查询工具，使您可以抛开参考书，随用随查。提供了各种常用支撑参数化绘图功能，以往需要数小时的辛苦工作才能完成的支撑图，现在只需设置好各绘图参数即可完成，进一步完善了吊车梁的计算与绘制。

● 方便快捷的常用工具

提供结构施工图中常用符号的绘制、文本编辑、标注编辑、实体编组操作、图层操作等。提供齐全的接口类型可与PKPM、天正建筑等软件接口，实现建筑结构软件的接力运行。

● 新颖齐全的结构图库

提供了一个完善的图库管理程序和一些系统图库。其中系统图库里面的图块均来自于实际的工程实例，用户稍加调整即可直接引用。允许用户自行添加图库，修改、增加图库内容，如图14-44所示。

● 齐全的结构规范查询

提供最新的结构规范，以帮助文件CHM格式内置几十本常用结构设计规范和标准。方便广大用户的查询使用，如图14-45所示。

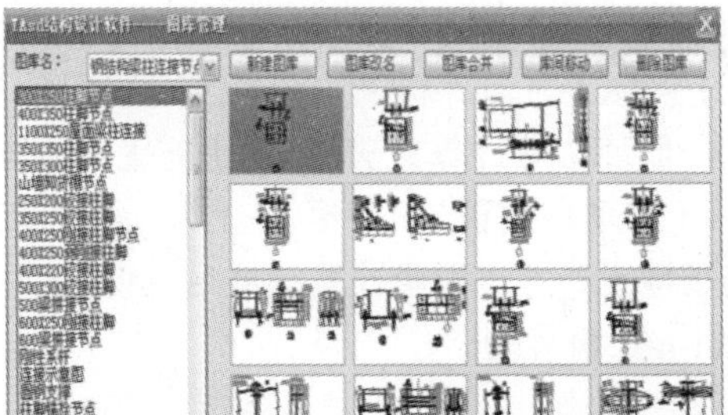

图14-44 图库

图14-45 规范查询

14.6.2 天正结构 TAsd 的技术特点

以现行国家设计/制图规范为依据，使用该软件可以很方便、快捷地绘制出符合规范要求的结构施工图。各种随手可得的工具，全面增强AutoCAD软件在结构设计/施工图绘制方面的功能，提高计算机设计、绘图的效率，使结构设计人员从繁杂的重复性制图工作中解放出来，将更多的精力放到技术含量更高的设计工作中去。

软件每一个新功能的完成都根据反馈的意见和建议（进行）修正和改进，逐步成长为一个功能强大、技术先进，使用简单方便，实用性强，能够满足行业用户需求的稳定、高效的专业设计工具。

利用AutoCAD的新功能，人机交互方便，可靠性高，使用扩展图元新技术，“图数合一”，管理方便。

采用分布式工具集作业模式，根据实际设计情况灵活调整工作步骤，执行结果所见即所得，完全符合设计习惯和国家有关设计规范。

可直接使用模型空间实现在同一张图纸内绘制不同比例的图形，布图和出图更加直观。

TAsd可与TArch或其它建筑软件搭配使用，形成CAD协同作业，提高总体效益。

14.7 天正规划 TPLS

天正公司开发的一系列自定义对象的特点，具有使用方便、通用性强的特点，并紧密结合《城市规划制图标准》CJJ/T 97-2003，能根据该标准进行各种图例的绘制，同时提供了多达百余本包含最新的规范标准的CHM帮助形式的规范法规库，查询更加方便、灵活，涵盖了规划设计行业中现行的大部分规划法规、标准规范，和最新的规范标准。另外，本软件的超大完善图库，如树木、园林小品、花坛、园林亭、人、车、建筑单体等等多达500余种，结合软件的绿化设计功能，可以方便地进行绿化、配景设计。

具体功能模块简介如下。

1. 系统设置

可对当前图形中一般化的参数进行设置，如对绘图比例、字体高度、图层名称、图层线形、图层颜色，用户可任意按照需要，将修改的信息保存到数据库中，以符合各设计单位原有绘图习惯，彻底解决不同软件所绘图纸的兼容性问题。

2. 土方计算

具有良好的交互性，界面友好，贴近设计人员的设计思路，能够在最短的时间内计算出土石方量。输入等高线或批量转换等高线；输入离散点，并能处理由离散点形成的地形数据，自动识别和转换、过滤图上的标高文本数据；利用离散点标高数据，计算任意点标高，能绘制任意地表剖面图，并依据电子地图，自动采集土方现状标高；依据规划设计标高自动采集土方设计标高；支持不规则地形，支持不规则用地红线，可针对各种复杂地形情况，使用方格网法，断面法等计算方法，结合土方优化计算，能快速计算土方填挖面积、土方填挖量，求零线位置，统计总土方填挖面积、填挖量等，另外，土方施工二次调配、地形三维、土方三维效果图制作等功能可在平整场地土石方工程量计算完成后方便施工人员制定土方施工方案及土方工程前期的方案效果设计，如图14-46、14-47所示。

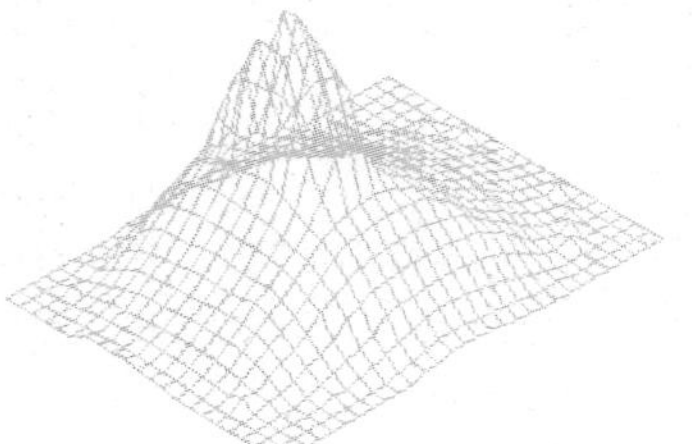

图14-46 三维地形

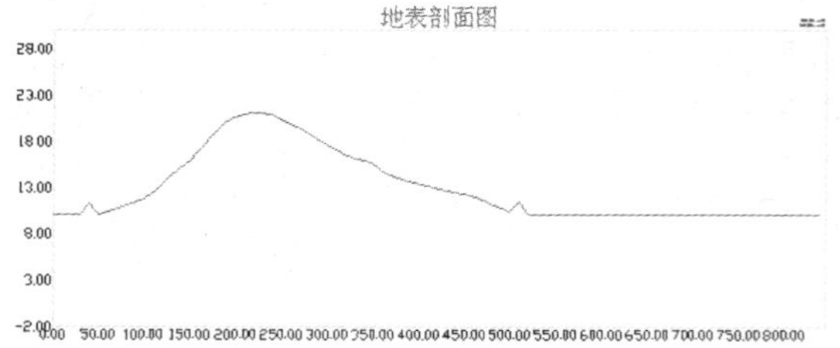

图14-47 三维地形剖面图

3．道路绘制

在道路绘制过程中，可按设国家城市规划设计相关规范，设置好道路的交叉半径，程序自动按不同宽度的道路，采用相应道路交叉路缘石半径，自动生成道路；道路交叉口，绿化带等自动生成；对已生成的道路，可方便地双击进行道路修改，另外，对道路进行拖动，移动等处理时，道路能自动进行处理；绘制港湾式公交停靠站；能对道路进行合并、添加节点、打断、延伸、修改路径等操作，能自动标注道路坐标、道路宽度、转弯半径等。并提供道路面积查询等，如图14-48、14-49、14-50所示。

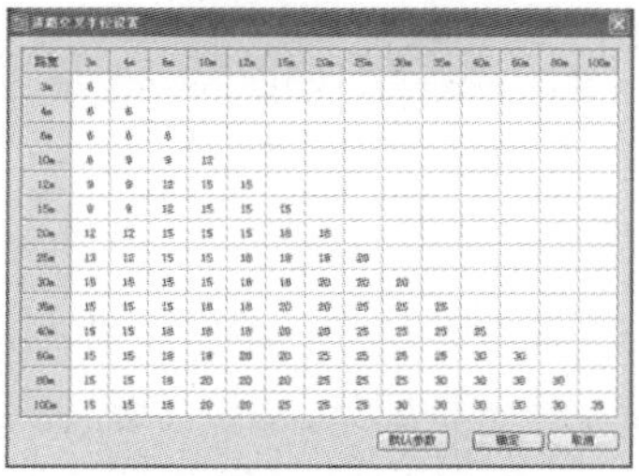

图14-48 道路交叉半径设置

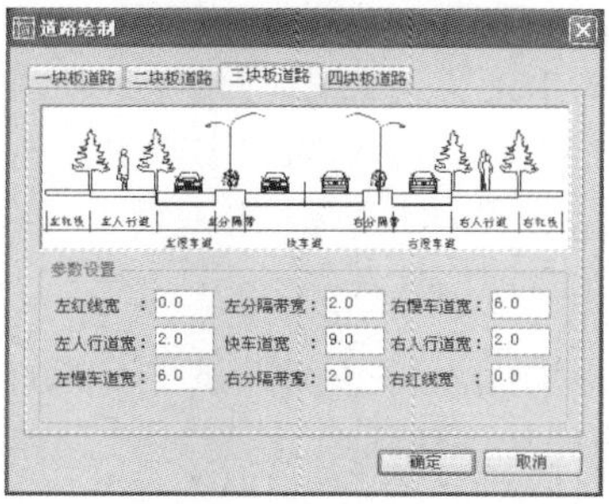

图14-49 道路绘制

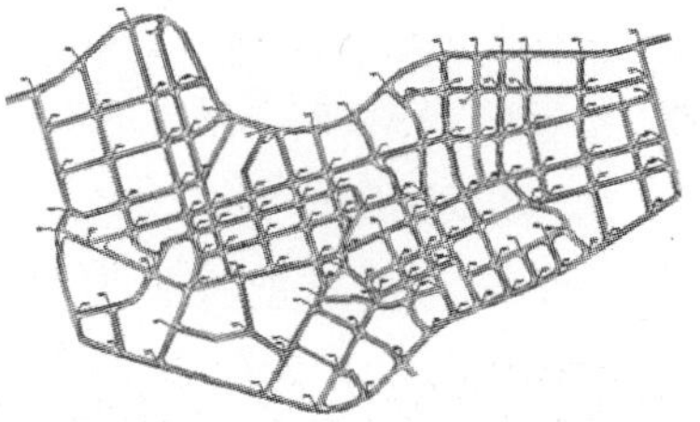

图14-50 道路路网平面图

4．地块规划

提供用地红线、地块界线绘制；提供了功能强大的地块用地性质填充命令；能自动把各地块按用地性质分层；能自动识别不闭合区域；能生成用地性质代码；能生成用地填充边界；能对公共基础设施的标准用地面积进行查询审查；能自动生成图例；提供了用地面积统计输出，生成用地平衡表等功能;能提供方便快捷的指标输入与修改；提供先进的地块面积计算功能，能半自动计算用地总面积、净用地面积、道路面积；能根据各地块的用地性质及国家指标规范，自动生成各地块的缺省指标，用户只需对各控制指标稍作修改即可正式出图；能根据各指标，自动生成"指标总表"、"用地平衡表"等多种控制性详细规划表格。

5．分图原则

依据大图图纸，能快速的制作图则，彻底实现大图图纸修改，图则自动跟着修改。该模块主要通过外部参照块的形式，把大图图纸作为底板形式插入，然后提供了图则页面插入功能，使用"分图图则"命令，能把大图剪取一部分贴入图则页面中。并提供了"分图更新"等命令，能把图则中的指标块等与大图指标图元建立关联，大图修改，图则自动修改。大图和图则可同时在线编辑，用户可以自由定制图则页面的形式。

6．园林绿化

提供了绘制阔叶林、针叶林、竹林、灌木丛、行道树、草地填充、地面铺装、自由小路、碎石路、台阶道路、游廊、花架、花坛等命令，如图14-51所示；能对树种进行替换、缩放；能标注树种名称；能绘注释；能统计树种数量、铺块面积等。 另外，提供了许多的园林图库，包括平面树、立面树、三维树、园林小品等。

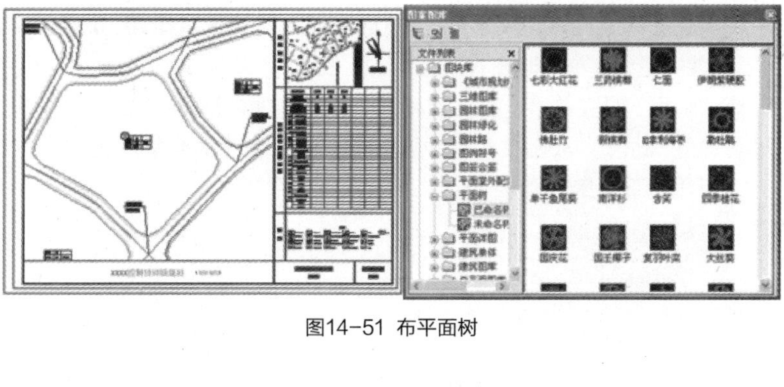

图14-51 布平面树

天正软件

7．管线绘制

提供了给水、排水、雨水、污水、电力、电信、热力、燃气等管线的快速绘制及各类管材标高标注查询功能。

8．小区建筑

采用了先进的自定义扩展实体——建筑实体。绘制小区建筑，能自动填充颜色、自动标注层数、自动处理阴影、能显示外框双线、封了顶的三维建筑实体。可以随意修改该实体的顶点位置、层高、层数、填充颜色、阴影颜色、粗线条线宽、阴影方向及长度、以及是非显示阴影、是非显示填充、是非显示层数、是非显示双线等各参数，最重要的是无需人工统计面积，只要图中所有建筑都是建筑实体，便能自动统计各种面积指标，从而生成技术经济指标总表。使用该实体绘制的平面图就是立面图，同时也是三维图。提供了统计面积指标的工具，能统计总建筑面积、基底面积、容积率、建筑密度等指标。

9．图案图库

全面详细的建筑图库，能方便、快捷地生成各类建筑平面图，能生成停车场的停车位、护坡，能画宅前小路、自由小路、箭头等。配合园林绿化命令，绘制路灯、飞机、船只等各种配景，可以方便生成平面图。

10．竖向标注

提供标注标高、坐标、宽度、坡度、坡长、弯道半径、弯道切角长度、弯道弧长参数等命令，及尺寸标注、做法标注、画箭头、箭头引注、引出标注等命令，标高缩放、计算标高、修改标高、取任意点标高、修改坐标、修改尺寸等命令。

11．指标统计

在指标统计模块中，TPLS 7.X提供了绘制规划红线，道路、绿化、广场范围的绘制功能，并自动统计计算场地绿地率、建筑密度、容积率等；统计及绘制城市规划各项经济技术指标表等。

12．设计助手

设计助手模块，可大大方便设计人员的工作。

14.8 天正土方 TEarth

天正公司于2007年初，适时推出了适用于总图专业、规划设计或园林专业设计中的土石方计算；以及农田规整改造，房地产开发公司的建筑基槽土方计算等领域的天正土方计算软件（以下简称TEarth 7.X）。

TEarth 7.X基于AutoCAD平台上开发，可针对各种复杂地形情况，采用方格网法，断面法进行土石方量计算，并提供了土方优化计算、土方量统计出表、土方调配、三维地形及土方三维效果制作等功能。软件具有良好的交互性，界面友好，贴近设计人员的设计思路，能够在最短时间内计算出土石方量。

软件运行环境同时支持AutoCAD 2012中文版或英文版。采用附带256色图标的新式屏幕菜单，菜单辅以图标，图文并茂、层次清晰、折叠结构使内联菜单之间切换快捷；强大的右键快捷菜单感知选择对象类型，动态组成相关菜单，可以随意定制个性化菜单适应用户习惯。

TEarth 7.X主要功能包括：系统设置、自然地形、设计地形、方格网法、断面法、土方调配、场地布置、设计助手等。

1．系统设置

天正土方计算软件为用户提供了系统设置功能，让用户在工程设计之前就可以根据用户的工作习惯，对绘图比例、文字高度、标注精度等CAD绘图环境变量进行预先的设置，并可对图中出现的线型、文字、符号等进行图层和颜色的灵活定义，从而使得本软件的出图样式能更符合设计人员的设计要求。

2. 自然地形

可以通过多种方式输入原始地形自然高程，接受不同测量单位制作的不同格式高程数据文本文件；系统具有适应未知格式图形的功能，完全自动化，智能化地进行数据采集；提供智能的等高线高程数据转换功能，可以快捷地将普通地形图转换为具有三维信息的地形图。自然地形命令组包括等高线、离散点、地形曲面等三个功能模块，为用户提供了多种处理等高线及离散点的方法。

● 等高线：提供自然地形等高线的手工绘制，可转换各种不同形式的等高线，以及将等高线生成离散等高点等操作；提供智能的等高线、高程数据转换功能，可以快捷地将普通地形图转换为具有三维信息的地形图。

● 离散点：提供自然高程点的手工输入、转换不同形式的高程点数据，以及从文件导入离散点等操作；可对高程数据有问题的地形图进行智能处理，自动把不符合要求的数据屏蔽，以免干扰对后续高程数据的处理，如图14-52所示。

● 地形曲面：利用已有的离散等高点信息自动生成三维地形曲面以及地形剖面，可以模拟任意边界的场地数字地面（高程）模型，如图14-53所示。

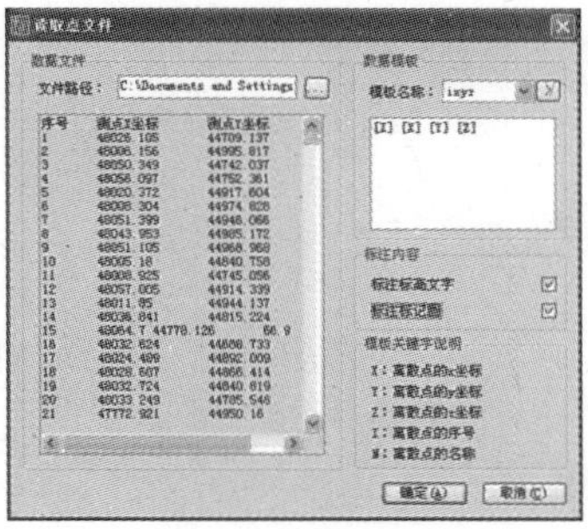

图14-52 读地形高程点文件

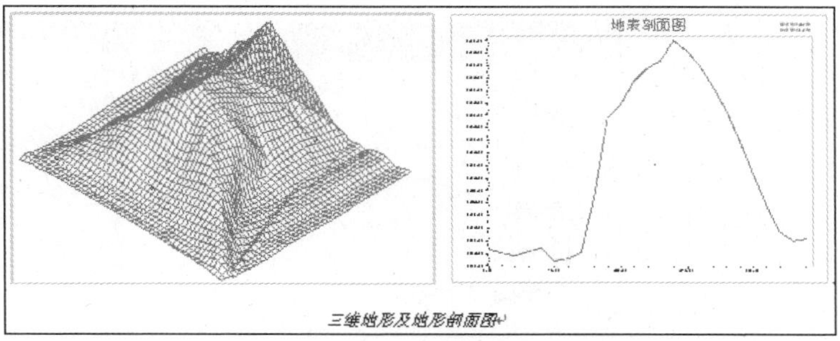

图14-53 三维地形曲面以及地形剖面图

3. 设计地形

对设计标高采用设计等高线或标高离散点进行表示的方式，经过程序一定的处理，软件可自动读取设计标高的数据。设计地形包括等高线、离散点等两个功能模块。

● 等高线：提供设计等高线的手工绘制，转换不同形式的等高线数据，以前利用等高线生成离散等高点等操作。

● 离散点：提供设计高程点的手工输入、转换不同形式的高程点数据，以及从文件导入离散点等操作。

4. 土方计算

TEarth 7.X采用了方格网法，断面法计算土石方量，根据土方平衡及总量最小的原则，自动或交互式优化各区块设计坡面；计算范围可以任意指定，计算过程可以多次反复，相关图形数据自动调整；自动计算绘制土方挖填零线，根据条件程序自动绘制边坡并计算边坡土石方量；提供多种方式汇总土方量，包括土方列表汇总，快速准确地汇总土方量并标注到图中；另外，可绘制任意断面的土方剖面图，直观地比较平土前后地形的变化，自动生成土方工程平衡表等；土方计算包括方格网法、断面法、两个功能模块。

● 方格网法：方格网法进行土方计算，可计算出在指定设计高程情况下产生的土方填挖量如图14-54所示。在计算过程中，使用“土方计算”命令，软件非常直观地计算出所需进行平整场地在不同设计高程情况下的土方填挖量、填挖差，并绘制出相应的场地土方挖填零线，如图14-55所示。设计人员也可同时根据实际工程情况，方便地进行场地土方平整方案的调整，最后将场地土方网格各节点上的设计高程调整后重新返回图中。

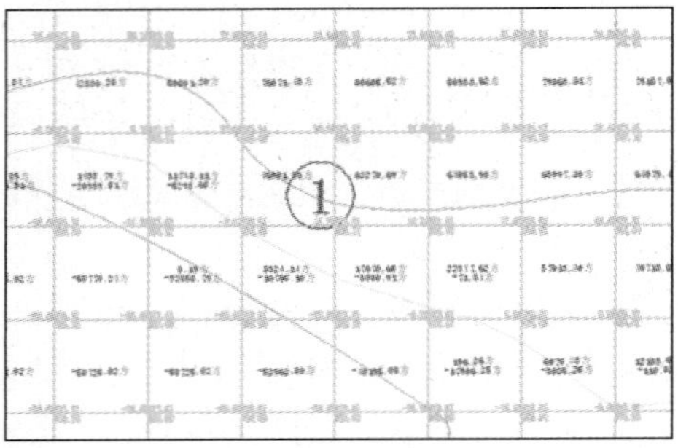

图14-54 土方计算图

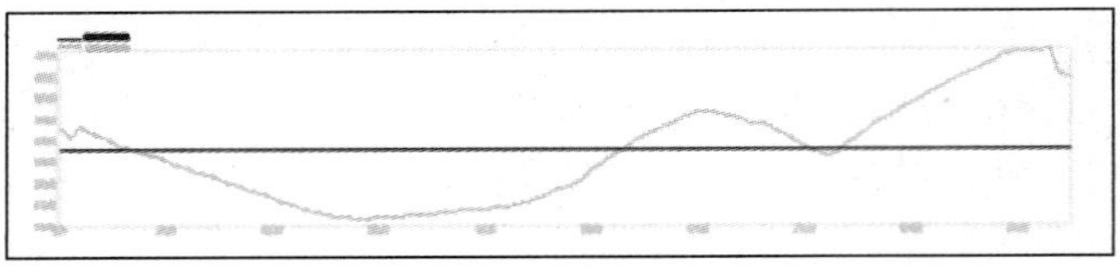

图14-55 设计地形及剖面图

● 断面法：TEarth 7.X利用断面法进行土方计算，先在计算范围内布置断面线，断面一般垂直于等高线，或垂直于大多数主要构筑物的长轴线。断面的多少应根据设计地面和自然地面复杂程序及设计精度要求确定。两断面的间距一般小于100m，通常采用20m~50m，程序通过计算，可生成土方量表及绘制每个断面的自然地面线和设计地面线，如图14-56所示。

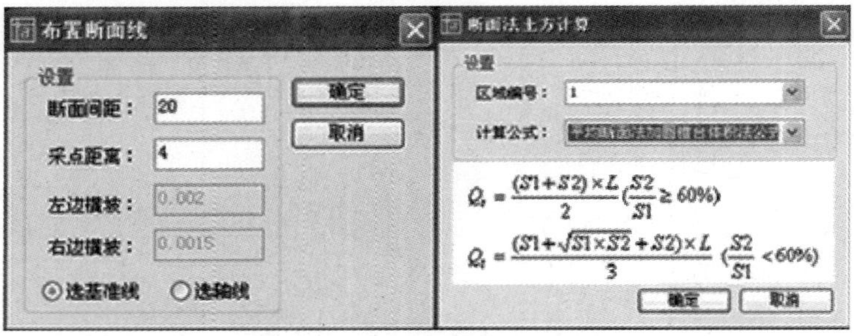

图14-56 布置断面线和断面法土方计算

6. 土方调配

土方调配在平整场地土石方工程量计算完成后进行。根据地形及地理条件，把挖方区和填方区划分成若干个调配区，计算各调配区的土方量，并计算每对挖、填方区之间的平均运距，确定挖方各调配区的土方调配方案，使土方总运输量最小或土方运输费用最少，而且便于施工，从而缩短工期、降低施工成本，如图14-57所示。

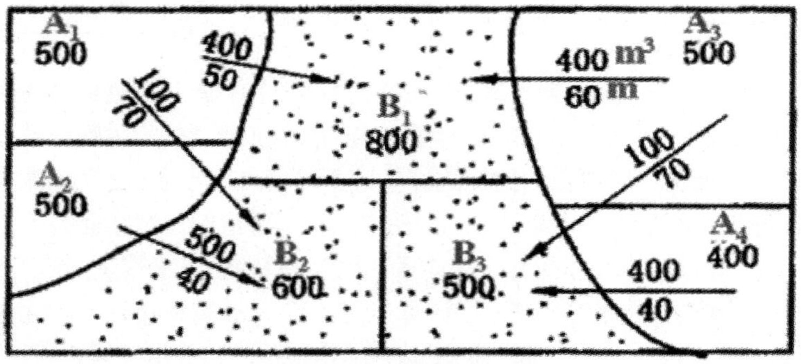

图14-57 土方调配图

综合实例 — 大堂室内顶棚图绘制

顶棚图的绘制是初学者容易忽略的问题，也比较容易生疏，在前面章节中介绍了顶棚图的绘制，但比较简单，本节介绍的大堂顶棚图相对比较复杂，组要表现顶棚的造型和灯光的设计上，具体的作步骤如下。

Step01 复制已经绘制好的墙体粘贴到新建的文件图形中，如图 14-58 所示。

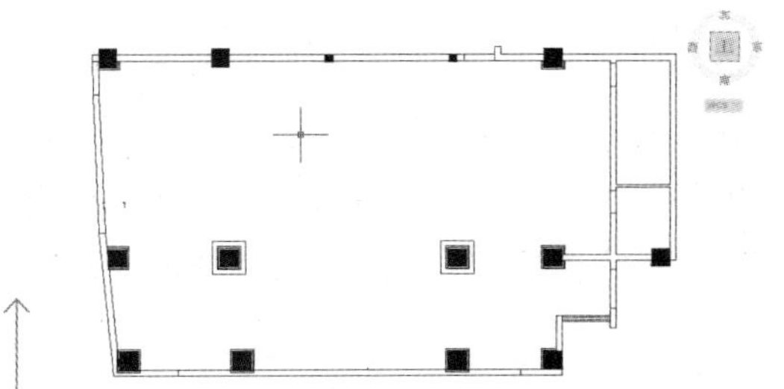

图14-58 粘贴

Step02 利用直线、圆弧和偏移命令绘制休息区的天花，如图 14-59 所示。

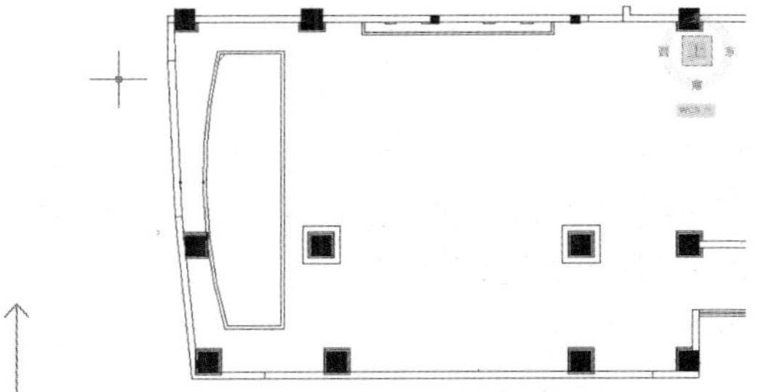

图14-59 绘制休息区的天花

Step03 利用直线和偏移命令绘制休息区的天花的细节，如图 14-60 所示。

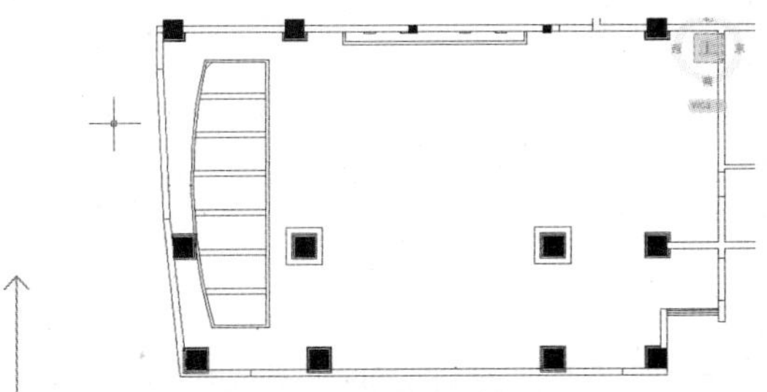

图14-60 绘制休息区的天花的细节

Step04 利用图案填充命令填充休息区的天花的玻璃，如图 14-61 所示。

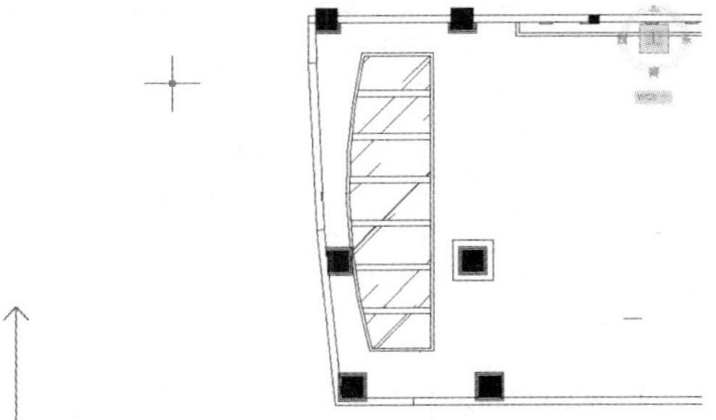

图14-61 填充休息区的天花的玻璃

Step05 利用直线和偏移命令绘制大厅的天花，如图 14-62 所示。

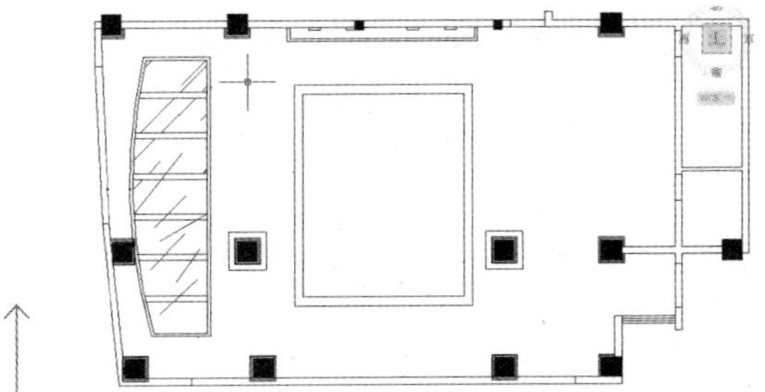

图14-62 绘制大厅的天花

Step06 利用直线和偏移命令绘制大厅的天花上的暗槽，如图 14-63 所示。

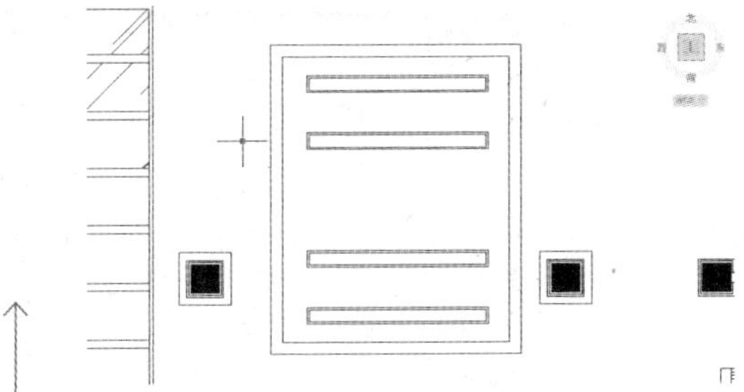

图14-63 绘制大厅的天花上的暗槽

Step07 利用直线和偏移命令绘制服务区的天花，如图 14-64 所示。

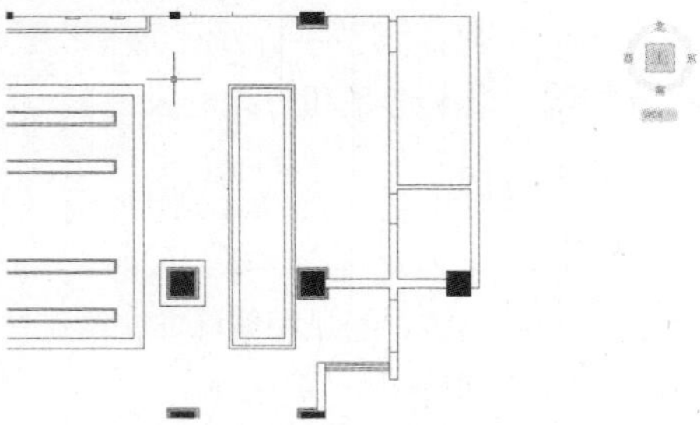

图14-64 绘制服务区的天花

Step08 利用直线和偏移命令绘制服务区的天花暗槽，如图 14-65 所示。

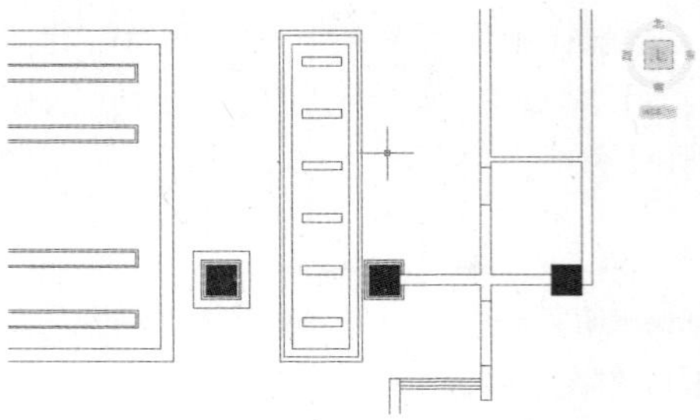

图14-65 绘制服务区的天花暗槽

Step09 利用直线命令绘制柜台上方天花，如图 14-66 所示。

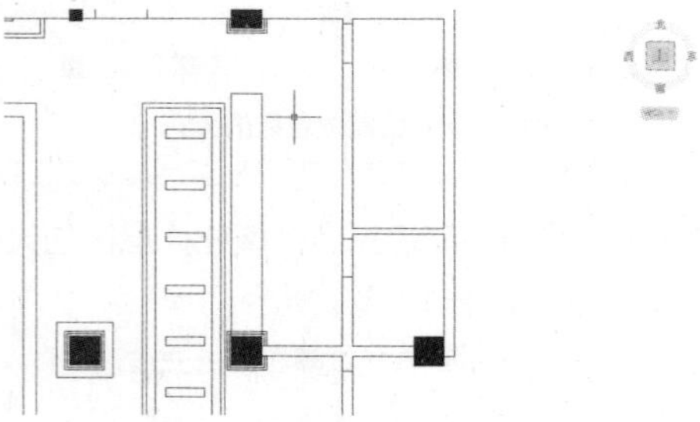

图14-66 绘制柜台上方天花

Step10 复制大厅吊灯图形粘贴到大厅天花相应的位置，如图 14-67 所示。

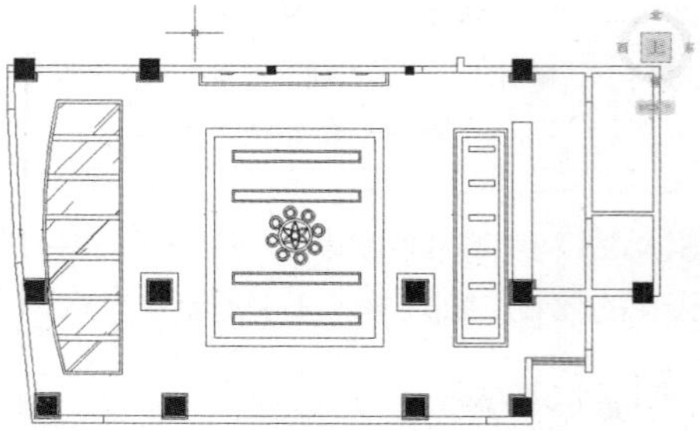

图14-67 粘贴

Step11 利用直线、圆和复制对象命令绘制天花上的暗槽中灯的摆放位置，如图 14-68 所示。

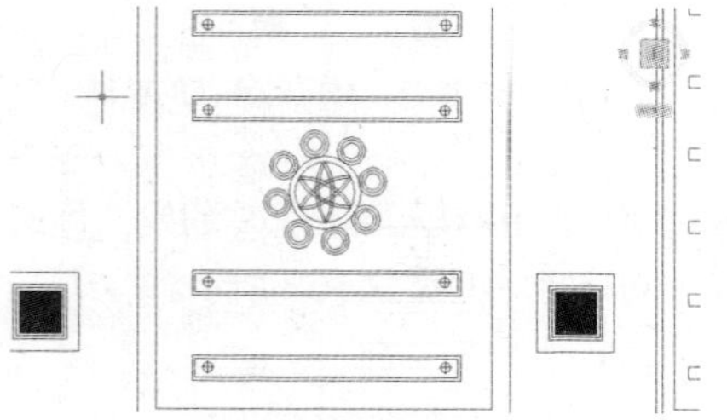

图14-68 绘制灯位

Step12 利用圆命令绘制电话咨询台天花上灯的摆放位置，如图 14-69 所示。

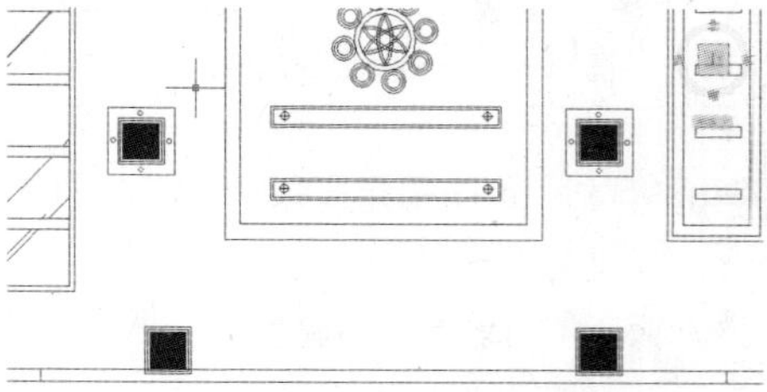

图14-69 绘制电话咨询台灯位

Step13 利用圆和复制对象命令绘制休息区的灯按装位置，如图 14-70 所示。

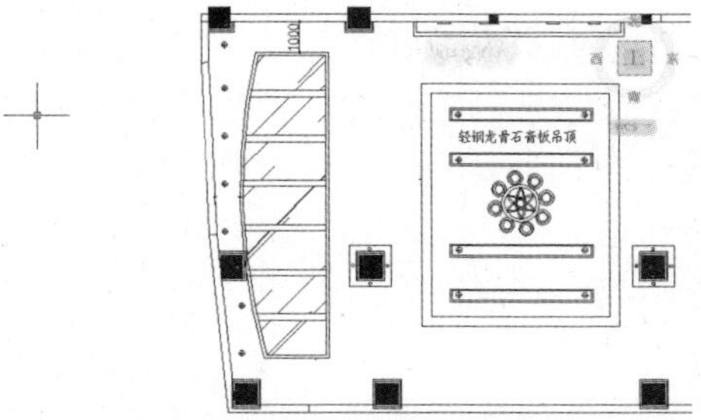

图14-70 绘制休息区的灯按装位置

Step14 利用圆和阵列命令绘制的柜台天花上的位置，如图 14-71 所示。

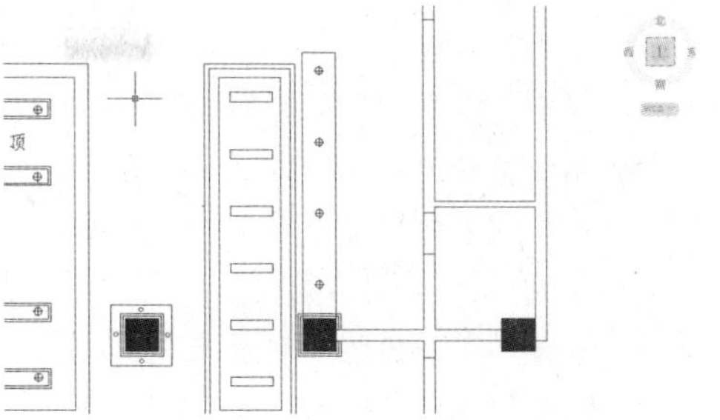

图14-71 绘制的柜台天花上的位置

Step15 利用圆命令绘制的休息间的灯具的位置，如图 14-72 所示。

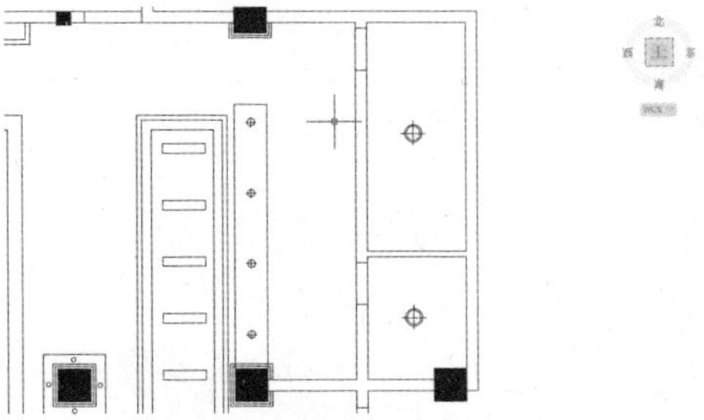

图14-72 绘制的休息间的灯具的位置

Step16 利用圆和阵列命令绘制工作人员活动区灯具的摆放位置，如图 14-73 所示。

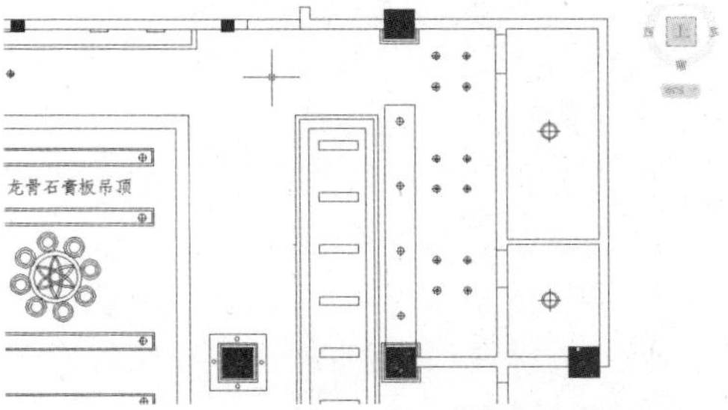

图14-73 绘制工作人员活动区灯具的摆放位置

Step17 利用直线、圆和复制对象命令绘制服务区的暗槽中灯的摆放位置，如图 14-74 所示。

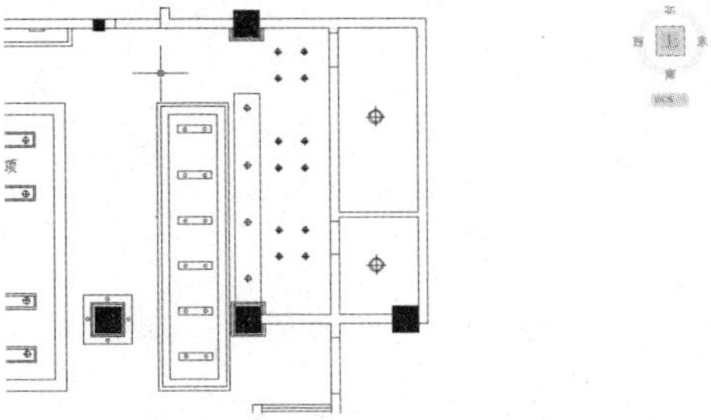

图14-74 制服务区的暗槽中灯的摆放位置

Step18 利用直线和阵列命令绘制大厅四周灯的摆放位置，如图 14-75 所示。

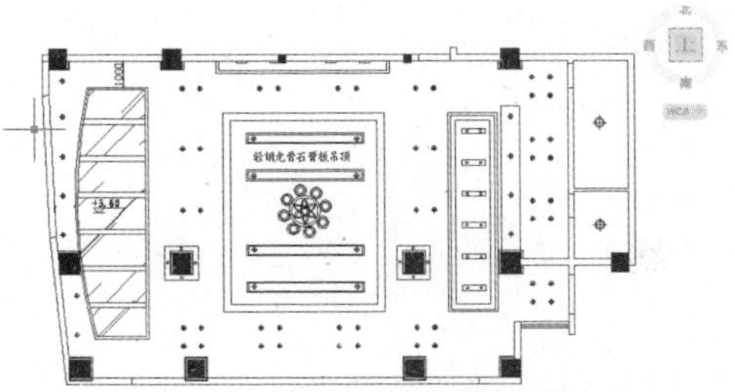

图14-75 绘制大厅四周灯的摆放位置

高手应用秘籍：个别对象的一些操作提示

● 要修改轴线是实线还是点划线，可以直接通过“轴改线型”命令来实现。

● 异形柱的制作除了使用“标准柱”命令中创建异形柱的按钮外，还可以用“布尔运算”来实现。

● 如要柱边对齐墙边可用“柱齐墙边”命令，如要墙边对齐柱边可用“边线对齐”命令。

● 墙相交处出现不正常短线，如果用“修墙角”命令无法处理，可以试试“基线对齐”命令。

● 玻璃幕墙通过对象特性表可以修改其平面显示是示意图还是详图。

● 平面图中部分墙和柱子不想其加粗填充的可以设为矮墙和矮柱。

● 墙和柱子的加粗填充设置在“选项\天正加粗填充”对话框中可调整。轻质隔墙和填充墙支持普通填充和线图案填充两种形式。

● “墙保温层”命令可以一次性对外墙外侧或外墙内侧加保温层，但需先作“识别内外”。

● “墙体造型”命令可以绘制异形墙体平面，“异形立面”命令可以绘制异形墙体立面。

● 门窗在绘制过程中可以通过按Shift键来修改其开启方向。

● 天正的某些构件相互间能够实现自动遮挡处理，如楼梯、阳台、散水与柱子的相互遮挡，台阶与散水的相互遮挡，阳台与墙体的相互遮挡，柱子与屋顶的相互遮挡等。

● 直线梯段、圆弧梯段、任意梯段、双跑楼梯和多跑楼梯也可做为坡道使用。

● 天正图块和单行文字能够实现背景屏蔽。

● 竖排文字可以通过“多行文字”命令将其页宽设为1来实现。

● 要修改图块内部对象的图层，可以使用“图块改层”命令。

● 尺寸标注、路径曲面、踢脚线、线图案、散水等曲线对象直接支持CAD的打断、延伸、裁剪等通用曲线编辑方式。

● 图纸里面如果有重合的线对象可以用“消除重线”命令，如果有重合的天正墙、柱、门窗等对象，可以用“消重图元”命令。

● R16以上平台，修改对象比例可以直接选中后单击状态栏左边的比例值修改。

秒杀工程疑惑

在学习本章关于"天正软件"时会遇到各种各样的问题，下面我们来解决一些常遇到的问题，包括使用文字相关功能、点面分析功能、专业的建筑平面施工图绘制功能、散热器片数计算等方面的问题。解决这些问题对我们以后的进一步学习有很大的帮助。

问　题	解　答
天正软件有哪些文字相关功能?	❶ 新增“递增文字”命令，可以对选中的一位数字或字母进行递增或递减复制的操作 ❷ 新增“文字复位”命令，用于快速将符号标注中位置显示有误的文字恢复到初始位置 ❸ 全新的查找替换功能，可为指定文字增加前后缀或进行增量替换，增加对外部参照与块参照内部文字以及通配符的支持，支持设置是否全字匹配、是否区分大小写等，支持对某一指定类型的对象进行相关操作
天正软件有哪些“点面分析”功能?	❶ 单点分析：对特定测试点计算详细日照情况。 ❷ 光线圆锥：是对位置点进行日照分析，根据其遮挡建筑生成日照圆锥面表示实际的阳光通道。光线圆锥线通过对象查询命令能查询光线时刻，以及该时刻对应的太阳高度角和方位角。 ❸ 多点分析：分析某一平面区域内的日照时数，按给定的网格间距进行分析及标注。新的多点分析可以输出详细日照时间（受高级选项中系统变量控制）。
天正软件对专业的建筑平面施工图有哪些绘制功能?	❶ 强大的轴网绘制功能，可以绘制正交和斜交的轴网，还可以在图中选取轴网，方便快捷地建立轴网。 ❷ 强大的墙体编辑功能：如“整体移墙”、“移双线墙“、“墙线移动”、“改变墙厚”、“双线裁剪”、“墙线修补”等功能。
天正软件怎么进行散热器片数计算?	可直接提取房间热负荷进行计算，计算结果可返回图中；依据手册重新录入散热器库，更加准确，支持用户扩充。

读书笔记

AutoCAD 2012

CHAPTER 15

绘制壳体

本章将详细讲解的壳体属于箱体类零件，箱体类零件是组成机器及其部件的主要零件，通常外观形状比较复杂。其应用比较广泛，比如数控铣床的分度头箱体、减速器箱体等。本章的图纸为变速箱体的外壳图纸。

学完本章您可以掌握核心技能

知识点序号	知识点难易指数	知识点
1	★	了解壳体在现实生活生作用
2	★★	了解壳体的组成部分
3	★★★	绘制标题栏图设计思路
4	★★★★	绘制壳体设计思路

本章内容图解链接

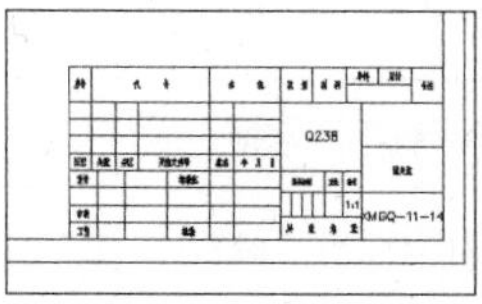

◎ 标题栏

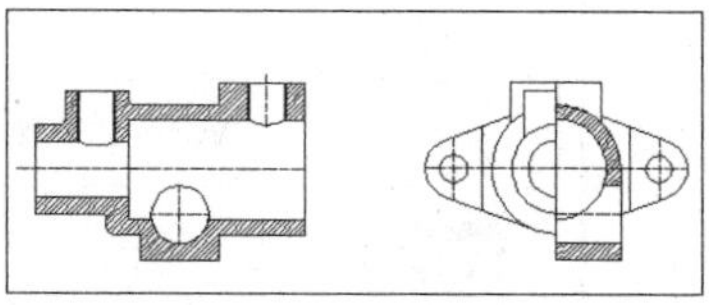

◎ 剖面线

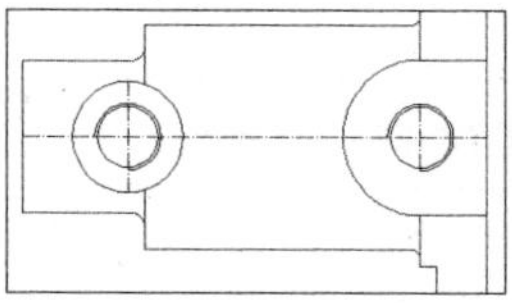

◎ 俯视图

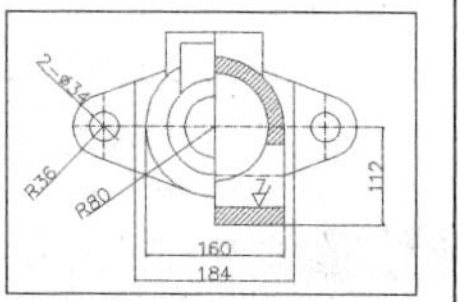

◎ 左视图

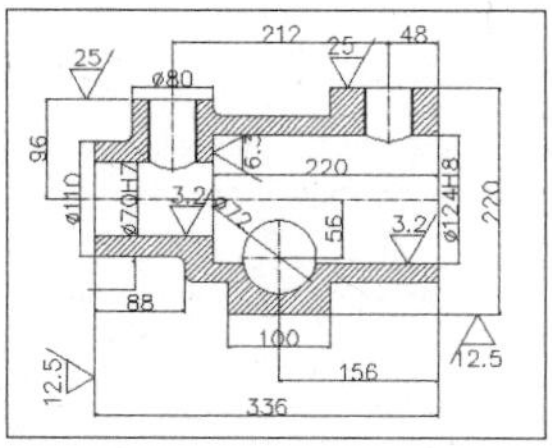

◎ 主视图

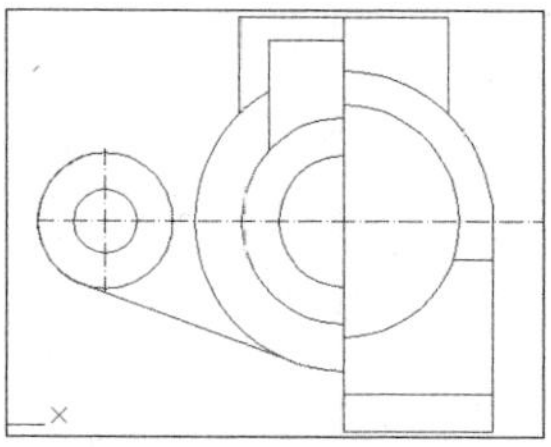

◎ 绘制切线

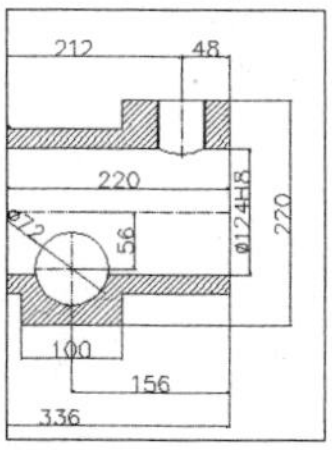

◎ 标注尺寸和公差

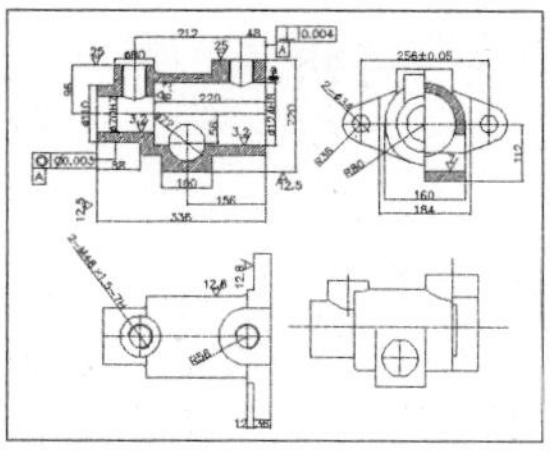

◎ 四视图

15.1 绘制图框和标题栏

在绘制装配平面图之前需要先绘制绘图图框和填写各种技术要求、说明机器或部件的性能、装配和检验的要求的标题栏，操作步骤如下。

Step 01 将“标题栏”层置为当前图层，单击“绘图”工具栏中的“矩形”按钮，根据命令行的提示，在命令行中输入矩形第一角点坐标（0,0），按下Enter键确定，在命令行中输入另一个角点坐标（210,297），得到如图15-1所示的矩形。

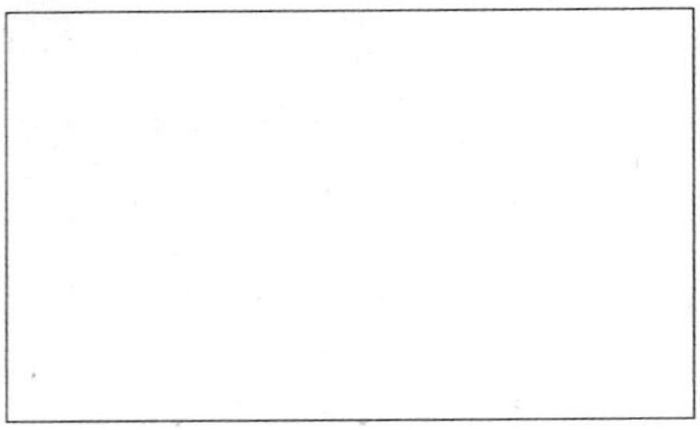

图15-1 绘制210×297矩形

Step 02 再次调用矩形命令，根据命令行的提示，在命令行中输入矩形第一角点坐标（25,10），按下Enter键确定，在命令行中输入另一个角点坐标（200,287），得到如图15-2所示的矩形A。

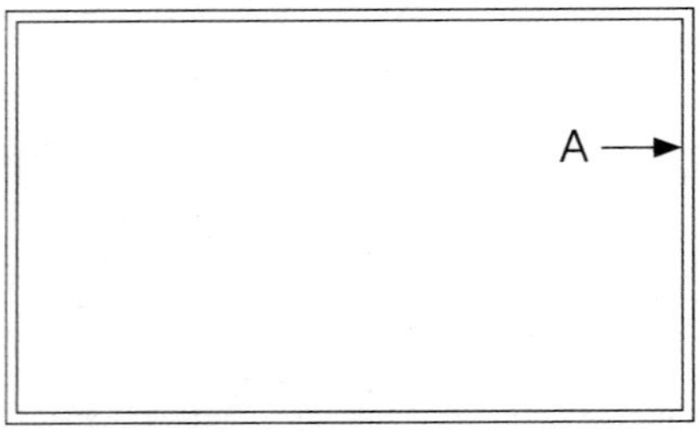

图15-2 绘制175×277矩形

Step 03 单击“绘图”工具栏中的“直线”按钮，根据命令行的提示，在175×277矩形A的底端绘制一条长175的水平辅助直线B，并调用偏移命令，将直线向上偏移8，得到直线C，如图15-3所示。

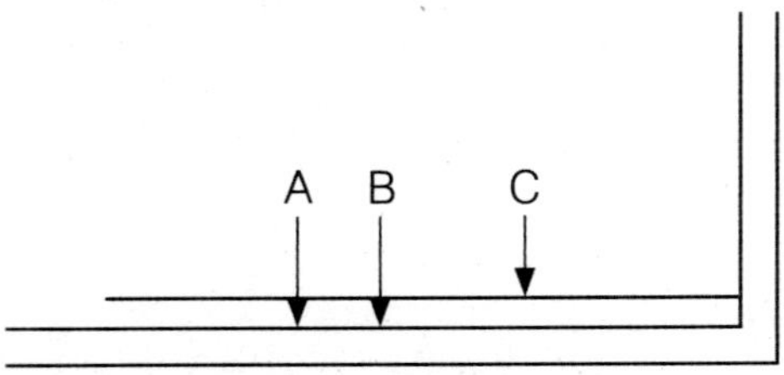

图15-3 绘制直线并偏移

Step 04 单击“修改”工具栏中的“偏移”按钮，根据命令行的提示，将直线C向上依次偏移8、16、24、32、40、48、56和72，得到如图15-4所示的图形。

图15-4 偏移直线

Step 05 单击“绘图”工具栏中的“直线”按钮，根据命令行的提示，在175×277矩形A的左边绘制一条辅助垂直直线D，并调用偏移命令，将直线D依次向右偏移11、22、33、44、55、66、77、88、99，最终得到如图15-5所示图形。

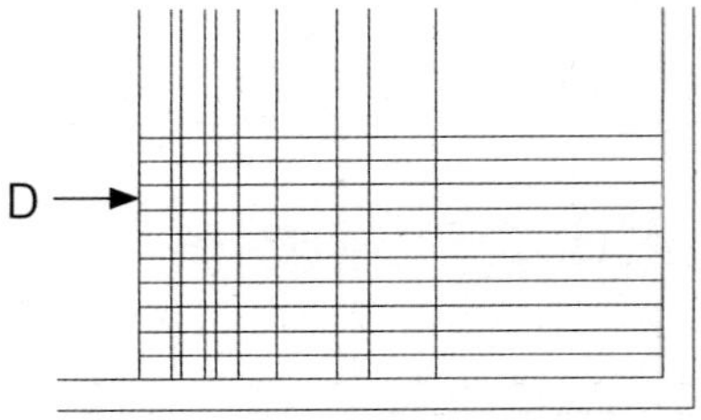

图15-5 绘制垂直直线并偏移

Step 06 单击“修改”工具栏中的“修剪”按钮，根据命令行的提示，将图15-4和图15-5中偏移后的直线进行修剪，修剪结果如图15-6所示。

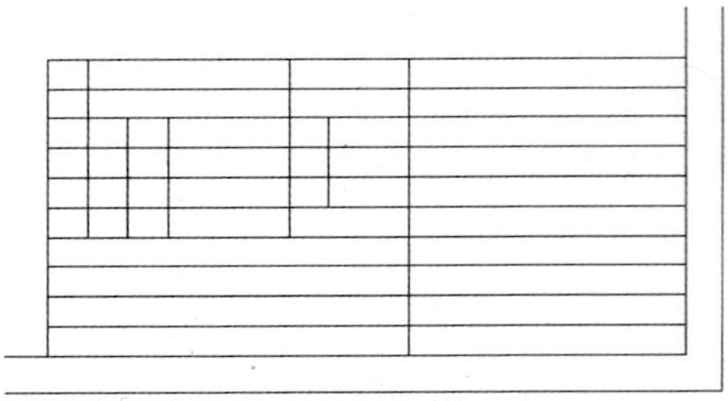

图15-6 修剪直线

Step 07 单击“修改”工具栏中的“偏移”按钮，根据命令行的提示，将图 15-6 中绘制的垂直辅助 D 线向右依次偏移 14、26、46 和 66，如图 15-7 所示。

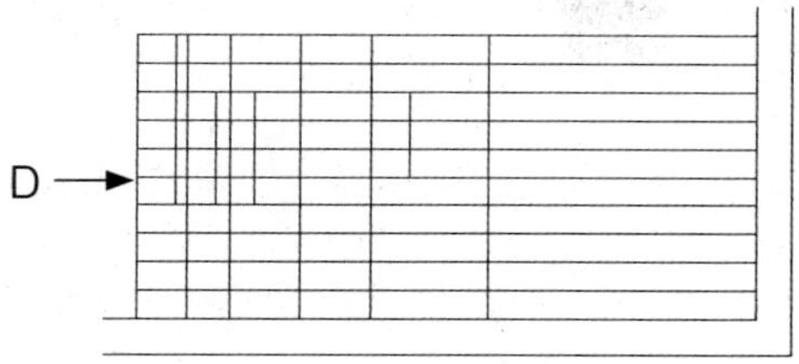

图15-7 偏移垂直辅助线

Step 08 单击“修改”工具栏中的“修剪”按钮，根据命令行的提示，将图 15-7 中偏移后的直线进行修剪，修剪结果如图 15-8 所示。

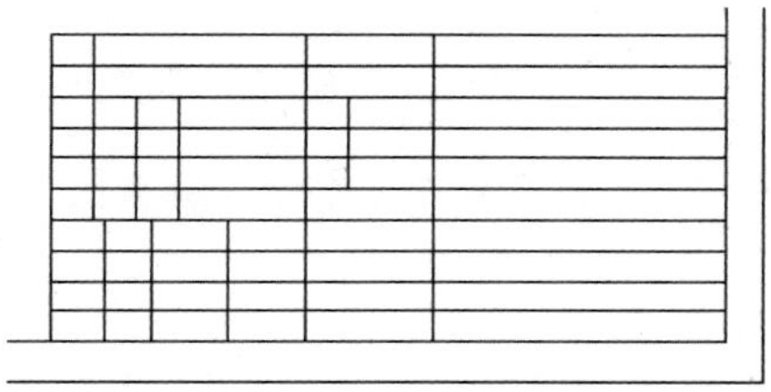

图15-8 修剪直线

Step 09 单击“修改”工具栏中的“偏移”按钮，根据命令行的提示，将图 15-8 中绘制的垂直辅助线 E 向右依次偏移 15、30、45、60，如图 15-9 所示。

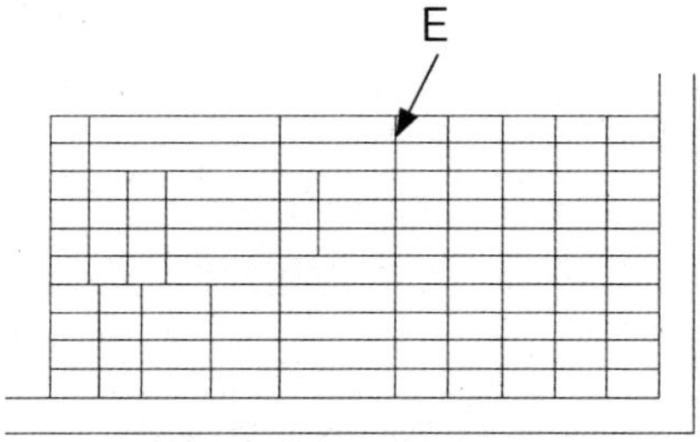

图15-9 向右偏移辅助直线

Step 10 单击“修改”工具栏中的“修剪”按钮，根据命令行的提示，将图 15-9 中偏移后的直线进行修剪，修剪结果如图 15-10 所示。

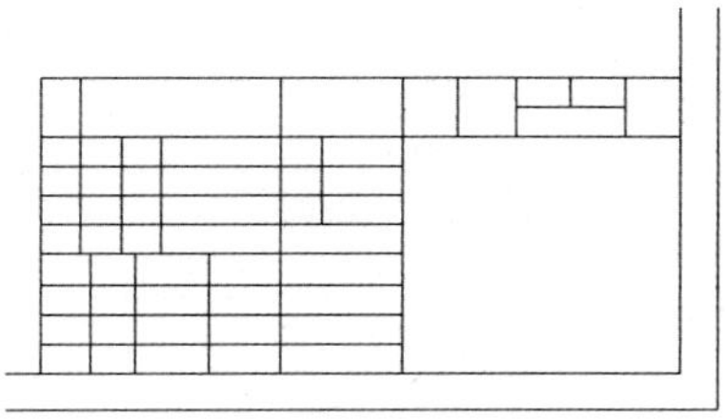

图15-10 修剪偏移的直线

Step 11 单击“修改”工具栏中的“偏移”按钮，根据命令行的提示，将图 15-10 中绘制的水平辅助线 F 向右依次偏移 22、32、42 和 52，如图 15-11 所示。

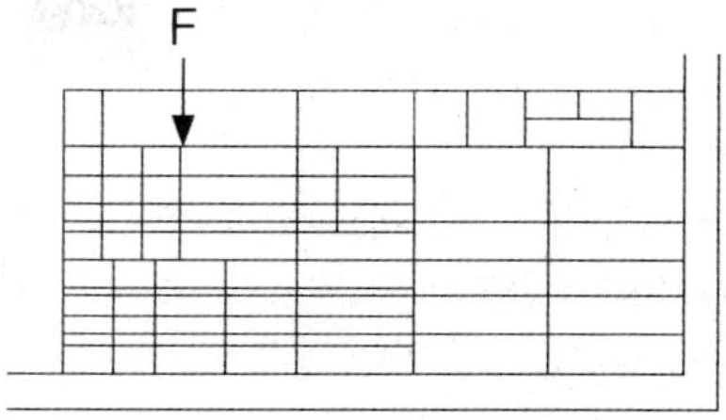

图15-11 偏移水平直线

Step 12 单击“修改”工具栏中的“修剪”按钮，根据命令行的提示，将图 5-11 中偏移的直线进行修剪，最终得到如图 15-12 所示的图形效果。

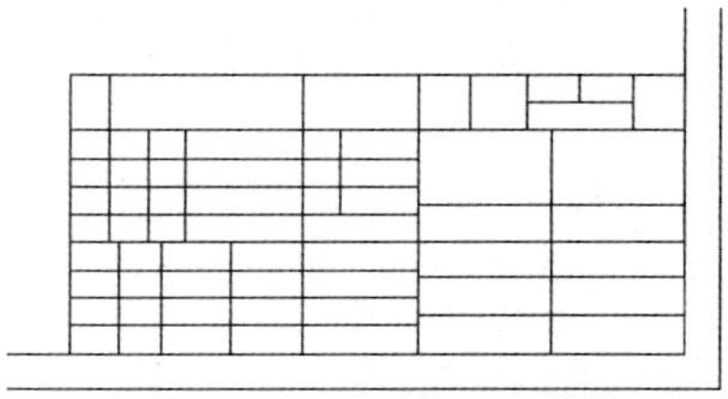

图15-12 修剪偏移后的水平辅助线

Step 13 单击“修改”工具栏中的“偏移”按钮，根据命令行的提示，将图中的垂直辅助直线 E 向右依次偏移 4、9、14、19 和 28。得到如图 15-13 中的图形。

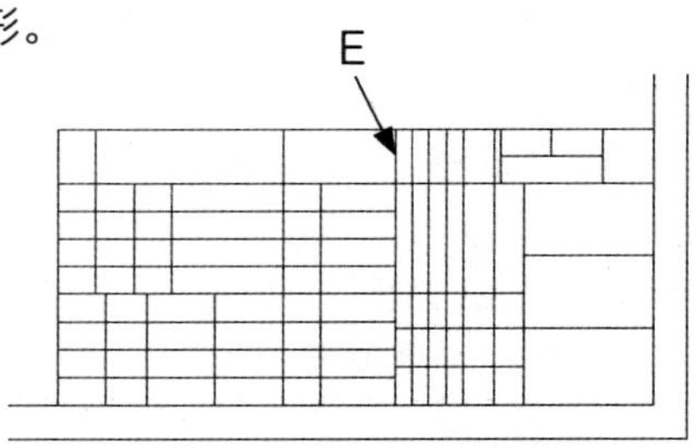

图15-13 偏移垂直辅助线

Step 14 单击“修改”工具栏中的“修剪”按钮，根据命令行的提示，将图 15-13 中偏移的直线进行修剪，最终得到如图 15-14 所示的图形效果。

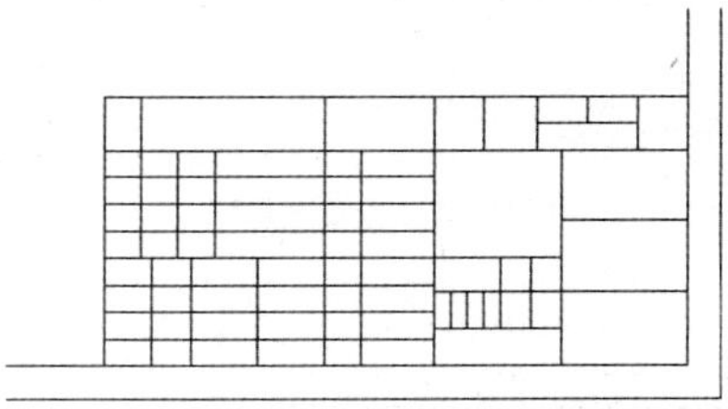

图15-14 修剪偏移后的辅助垂直线

Step 15 执行菜单栏中的“绘图 > 文字 > 多行文字”命令，根据命令行的提示，在绘制的标题栏中输入文字，最终结果如图 15-15 所示。

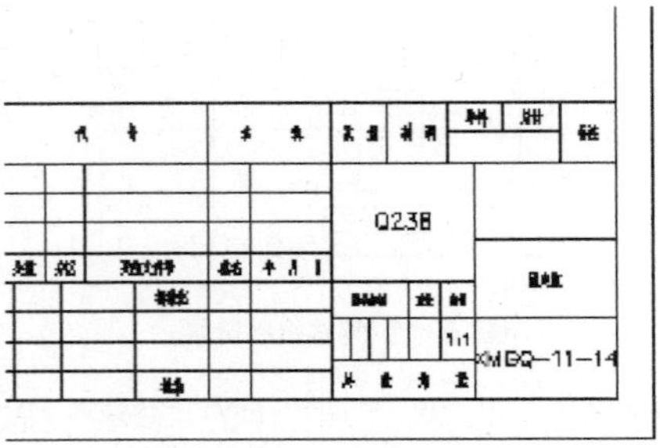

图15-15 填写标题栏

Step 16 单击“修改”工具栏中的“创建块”按钮，系统将会弹出如图 15-16 中所示的“块定义”对话框。单击“确定”按钮，创建块之后方便用户以后直接调用。

图15-16 创建块

15.2 绘制壳体

机械制造过程中虽然壳体需要加工的地方不多，加工的要求比较高，但是我们经常能看见壳体，例如汽车中的变速箱的壳体。壳体是非常重要的零件。

15.2.1 绘制主视图

由于箱体类零件的加工工序比较复杂，所以要首先绘制主视图，这里将利用直线和其他一些简单的二维编辑命令绘制壳体零件的主视图，操作步骤如下。

Step 01 新建一个文件，命名为“壳体”并进行保存。单击“图层”工具栏中的“图层特性管理器”按钮，在图层特性管理器中创建以下 4 个图层：实线、点划线、剖面线和尺寸标注。其中将“点划线”图层的线型设置为 ACAD_ISO10W100，4 个图层的颜色全部采用默认设置；最后将“实线”图层置为当前，单击“确定”按钮，结束操作，如图 15-17 所示。

图15-17 设置图层

Step 02 单击“绘图”工具栏中的“直线”按钮，根据命令行提示，在当前绘图区域中适当位置处拾取一点为直线的第一点，在命令行中输入坐标值（@336,0），按 Enter 键确定。按下空格键，继续执行直线绘制命令，在命令行中输入 FROM 命令，捕捉绘制的水平直线左端点为基点，输入偏移点坐标值（@76,0），输入下一点坐标值（@0,96），按 Enter 键确定，得到如图 15-18 所示的图形。

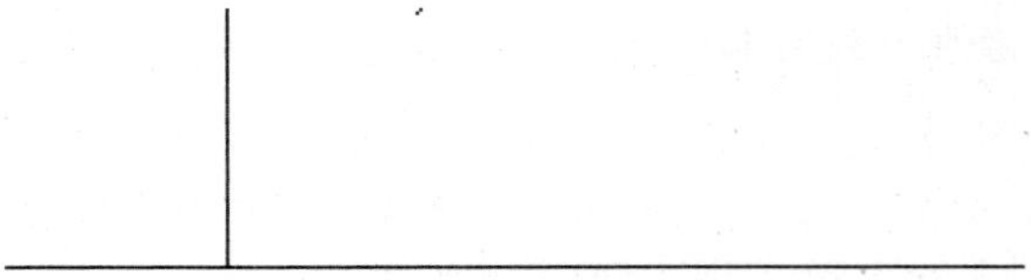

图15-18 绘制直线

Step 03 调用直线命令，根据命令行的提示，在命令行中输入 FROM 命令，捕捉图 15-18 中绘制的水平直线的右端点为基点，输入偏移点坐标值（@-48,0），按 Enter 键确定；在命令行中输入下一点坐标值（@0,108），连续两次按下 Enter 键确定并结束操作，最终得到如图 15-19 所示的图形。

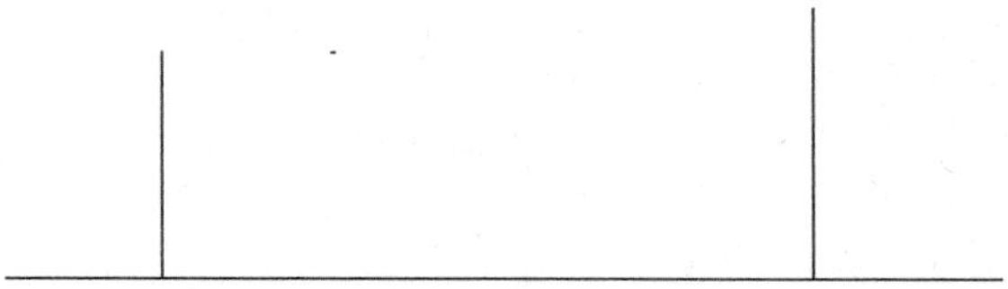

图15-19 绘制垂直直线

Step 04 单击“修改”工具栏上的“复制”按钮，根据命令行提示，捕捉图 15-19 中绘制的水平直线，以此为复制对象，向上复制，其复制偏移距离依次为 30、40、70、90 和 108，每输入一次复制位移距离都按下 Enter 键，最终得到如图 15-20 所示的图形效果。

图15-20 向上复制水平直线

Step 05 调用复制命令，将图 15-20 中左边的垂直直线 A 向右依次位移 24 和 40 进行复制，再向左位移 24、40 和 76 进行复制，最终得到如图 15-21 所示的图形效果。

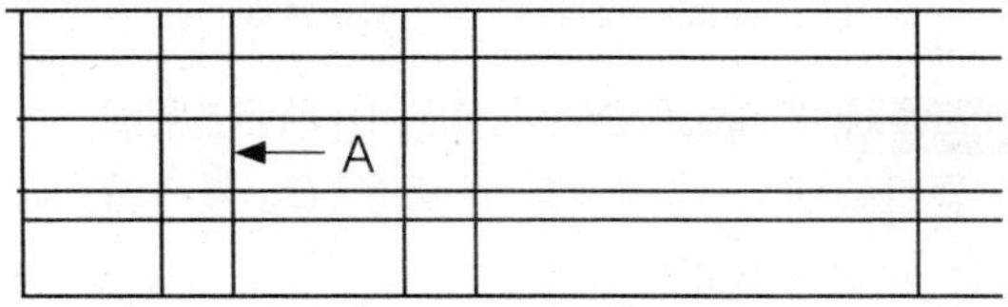

图15-21 复制左边的垂直直线

Step 06 按下空格键，继续调用“复制”命令，将图 15-21 中右边的垂直直线 B 向右依次位移 48 和 24 进行复制，向左位移 24 和 58 进行复制，最终得到如图 15-22 所示的图形效果。

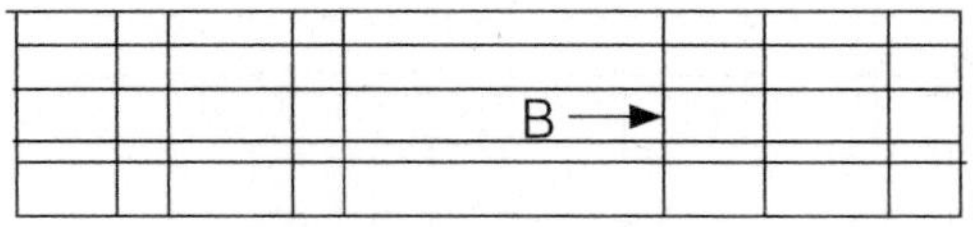

图15-22 复制右边的垂直直线

Step 07 单击“修改”工具栏中的“修剪”按钮，根据命令行的提示，对图 15-22 中所有直线段进行修剪，最终得到如图 15-23 所示的图形效果。

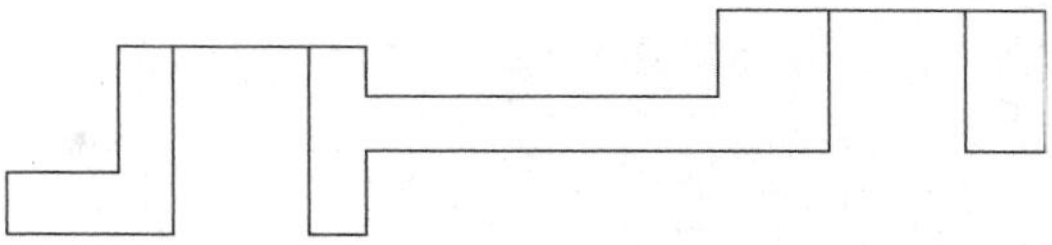

图15-23 修剪直线

Step 08 单击“修改”工具栏中的“偏移”按钮，将图 15-23 中所标示的四条直线分别进行偏移，偏移距离为 2，得到如图 15-24 所示的图形。

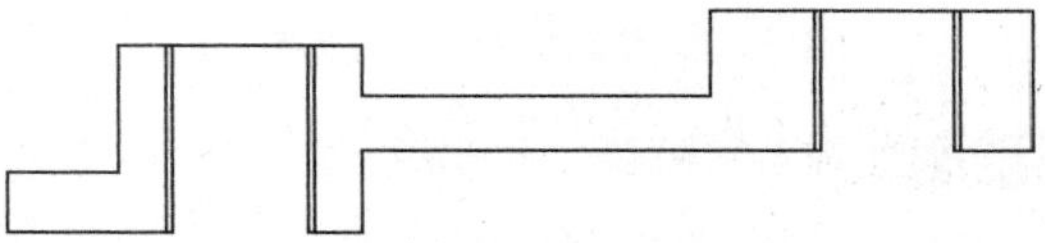

图15-24 偏移直线

Step 09 调用直线命令，根据命令行的提示，将图 15-24 中偏移得到的 4 条直线与原来相对应的直线连接起来，最终得到如图 15-25 所示的效果。

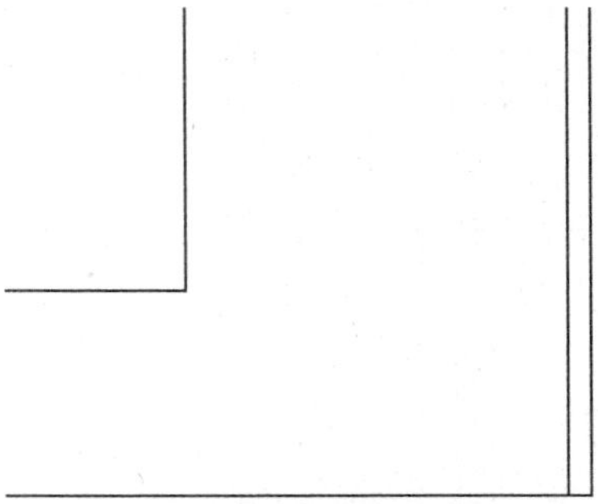

图15-25 连接直线

Step 10 调用直线命令，根据命令行的提示，捕捉图 15-25 所示的水平直线 A 的左端点，向下垂直绘制长度为 55 的直线。如图 15-26 所示。

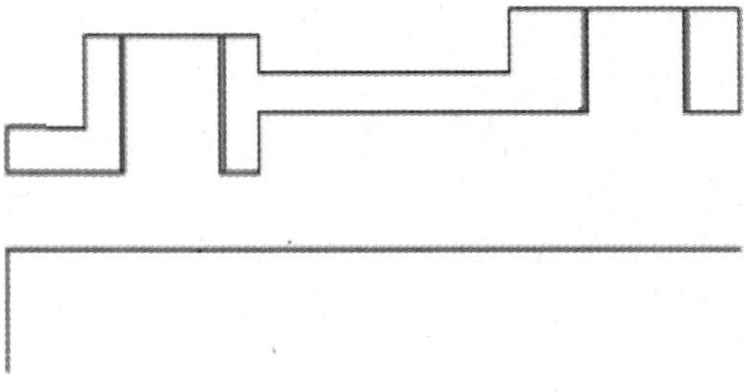

图15-26 绘制直线

Step 11 按下空格键，继续执行直线命令，在命令行中输入FROM命令，捕捉图15-26中水平直线A的左端点为偏移基点，在命令行中输入偏移坐标值（@88,0），按下Enter键确定，输入下一点坐标值（@0,-44），连续按两下Enter键，结束操作，得到如图15-27所示的直线（夹点表示的部分）。

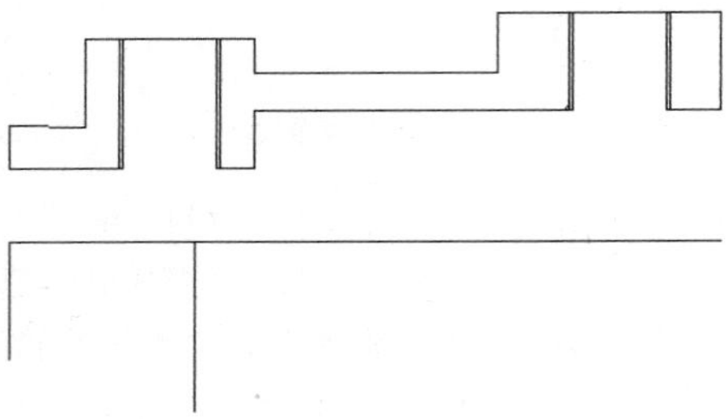

图15-27 绘制长度为88的垂直直线

Step 12 按下空格键，继续执行直线命令，在命令行中输入FROM命令，捕捉图15-27中的直线的右端点为偏移基点，在命令行中输入偏移坐标值（@-156,0），按下Enter键确定，输入下一点坐标值（@0,-112），连续按两下Enter键，结束操作，得到如图15-28所示的直线（夹点表示部分）。

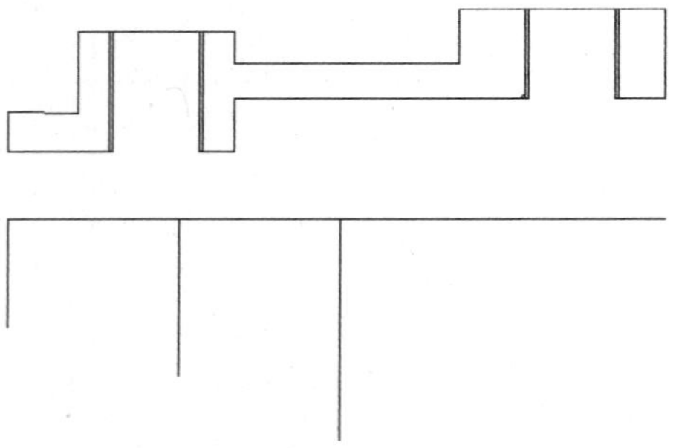

图15-28 绘制长度为112的垂直直线

Step 13 调用直线命令，根据命令行的提示，捕捉图15-28所示的水平直线的右端点，向下垂直绘制长度为80的直线。如图15-29所示。

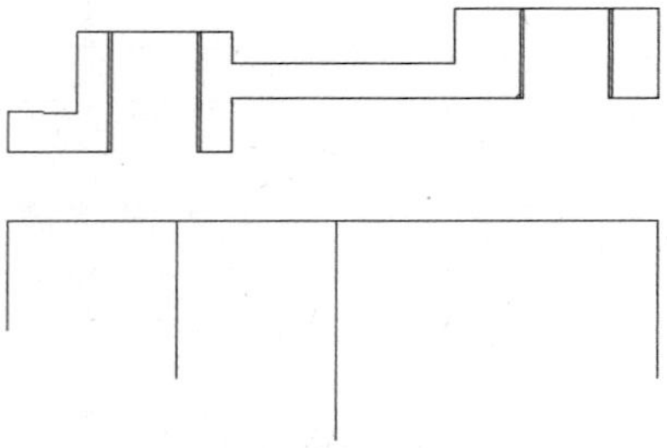

图15-29 绘制长度为80的垂直直线

Step 14 单击“修改”工具栏中的“偏移”按钮，根据命令行提示，将图15-29中的直线依次向下偏移35、55、62、80和112，得到如图15-30所示的图形。

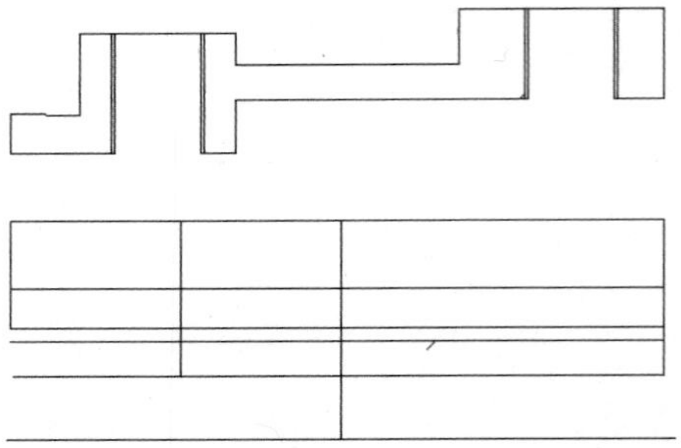

图15-30 向下偏移直线

Step 15 调用直线命令，根据命令行提示，捕捉图15-30所示的点C，向下垂直绘制直线，在适当的位置拾取一点，得到如图15-31所示的图形。

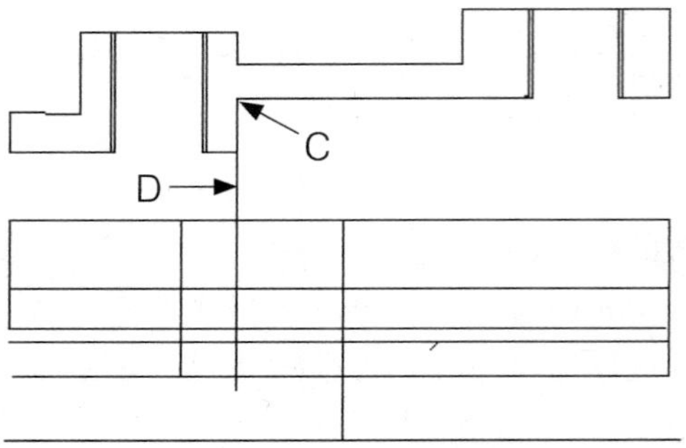

图15-31 向下绘制垂直直线

Step 16 调用偏移命令，将图15-31中长度为112的垂直直线E，向左和右各偏移50，最终得到如图15-32所示的图形。

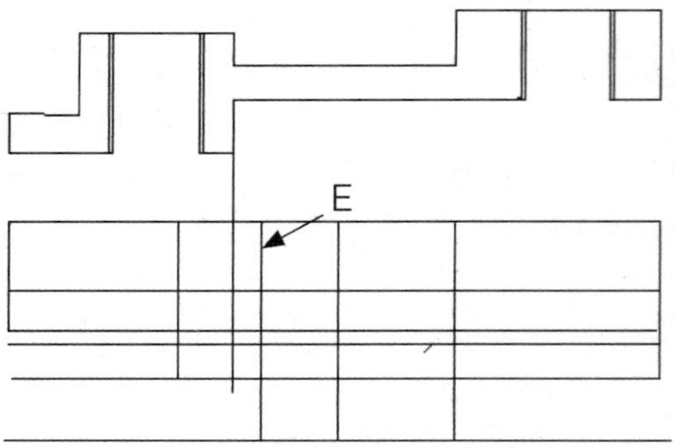

图15-32 偏移长度为112的垂直直线

Step 17 调用修剪命令，将图 15-32 中水平直线以下的直线段进行修剪，最终得到如图 15-33 所示的图形效果。

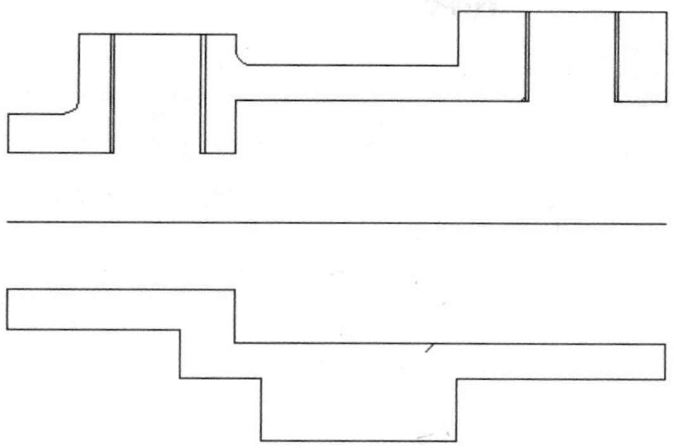

图15-33 修剪直线得到的效果

Step 18 调用复制命令，将图 15-33 中的直线 F 向下垂直位移 56 进行复制，得到直线 G，如图 15-34 所示。

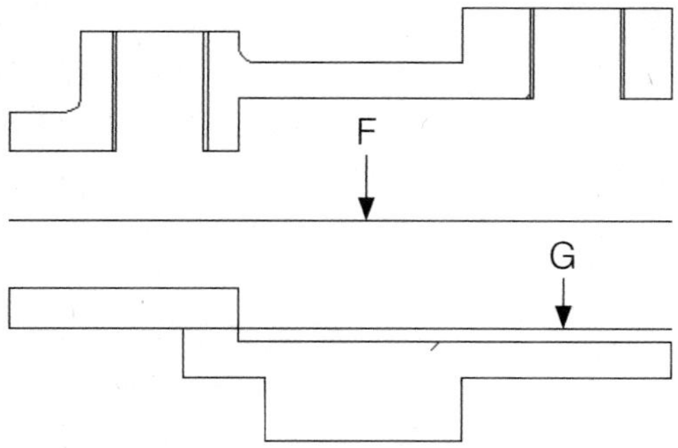

图15-34 复制直线1

Step 19 单击“绘图”工具栏中的“圆”按钮 ，根据命令行的提示，捕捉图 15-34 中的直线 G 的中点为圆心，绘制一个半径为 36 的圆，得到如图 15-34 中所示的图形。

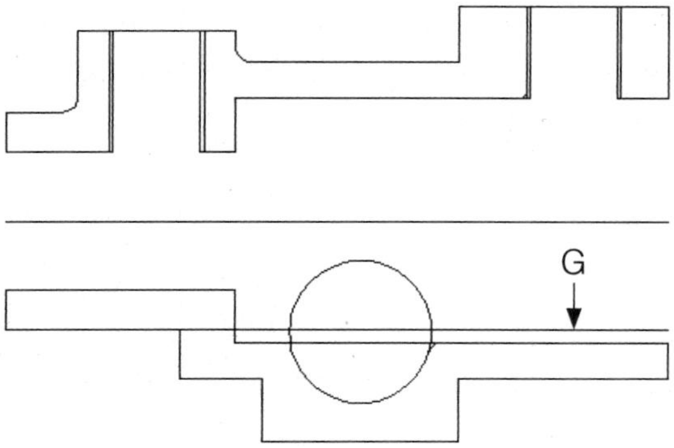

图15-35 绘制半径为36的圆

Step 20 单击“修改”工具栏中的“删除”按钮 ，根据命令行的提示，选择图 15-35 中的直线 2 和直线 3 为删除对象，进行删除操作，最终得到如图 15-36 所示的图形效果。

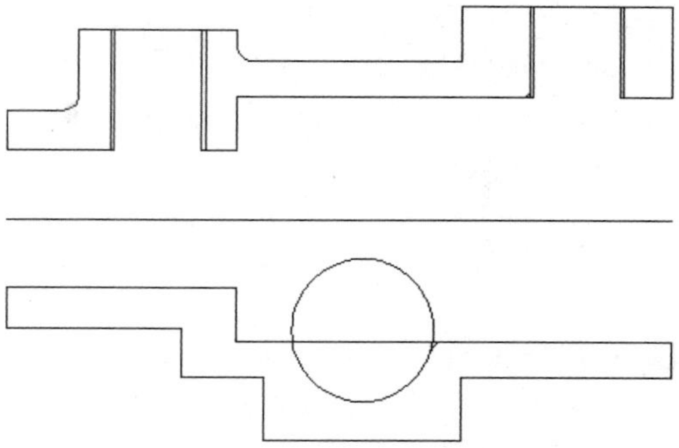

图15-36 删除直线

Step 21 单击“修改”工具栏中的“修剪”按钮 ，根据命令行的提示，将图 15-36 中圆内的图形进行修剪，最终得到如图 15-37 所示的图形效果。

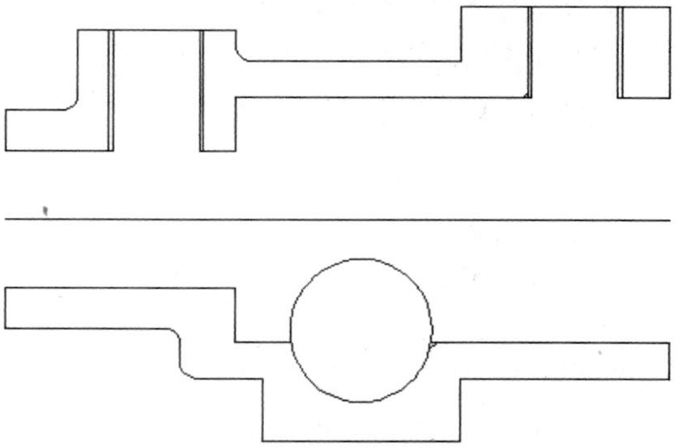

图15-37 修剪圆内图形

Step 22 调用直线命令，将图 15-37 中图形的左右两边的部分端点进行连接，得到如图 15-38 所示的图形，这样主视图的绝大部分已经绘制完成。

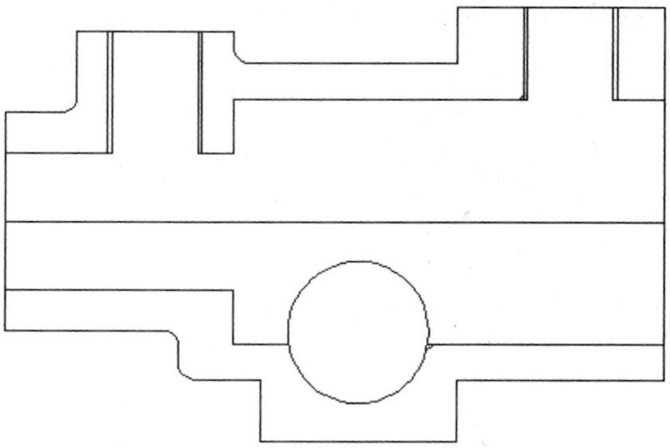

图15-38 连接直线

15.2.2 绘制编辑俯视图

为了在使用图纸或生产的过程中，能方便正确的读图，在图纸上对壳体的俯视图要绘制出来，操作步骤如下。

Step 01 单击“修改”工具栏中的“复制”按钮，根据命令行的提示，将图 15-38 的中间最长的水平直线垂直向下移动 270 进行复制，得到如图 15-39 所示的直线。

图15-39 复制得到直线A

Step 02 调用偏移命令，根据命令行的提示，将图 15-39 中复制得到的直线分别向上和向下依次偏移 55、80、92 和 164，最终得到如图 15-40 所示的图形效果。

图15-40 偏移直线A

Step 03 单击“绘图”工具栏中的“直线”按钮，根据命令行的提示，捕捉图中的两点，将其连接绘制成直线，并采用同样的方法将另外两点连接绘制成直线，最终得到如图 15-41 所示的效果。

图15-41 连接直线

Step 04 调用直线命令，在命令行中输入 FROM 命令，根据命令行的提示，捕捉图 15-41 中直线的左端点为偏移基点，输入偏移点坐标值（@88,0），按 Enter 键确定，输入下一点坐标值（@0,160），连续按两下 Enter 键结束操作，最终得到如图 15-42 所示直线。

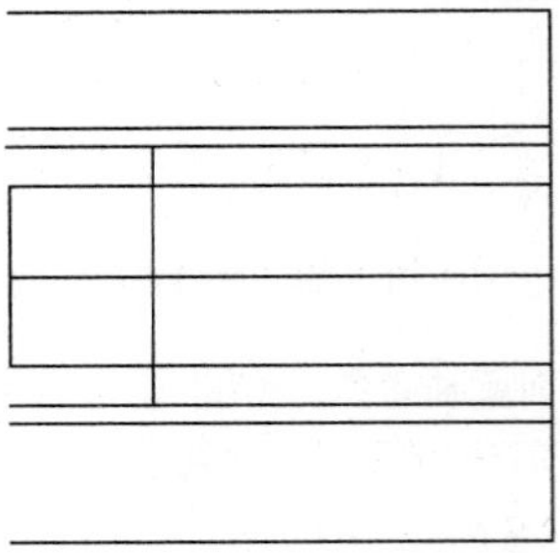

图15-42 绘制长度为160的垂直直线

Step 05 单击“修改”工具栏中的“复制”按钮，根据命令行的提示，捕捉图 15-42 中最左边的垂直直线为复制对象，分别向左位移 38 和 48 后进行复制，得到如图 15-43 所示的图形。

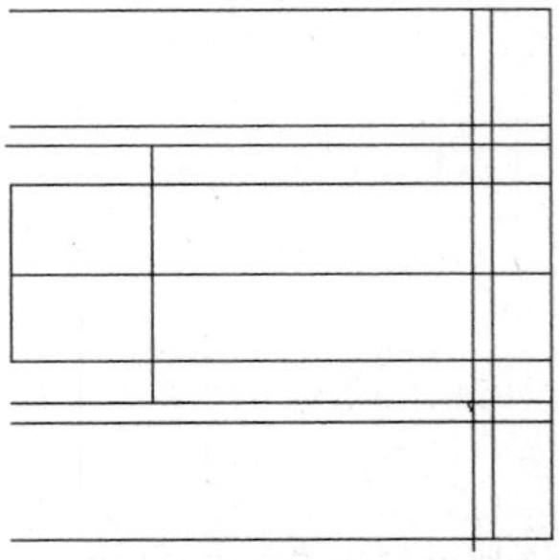

图15-43 复制垂直直线

Step 06 单击“修改”工具栏中的“修剪”按钮，根据命令行的提示捕捉，选中图 15-43 中全部图形为剪切边和修剪对象，对其进行修剪，最终得到如图 15-44 所示的图形效果。

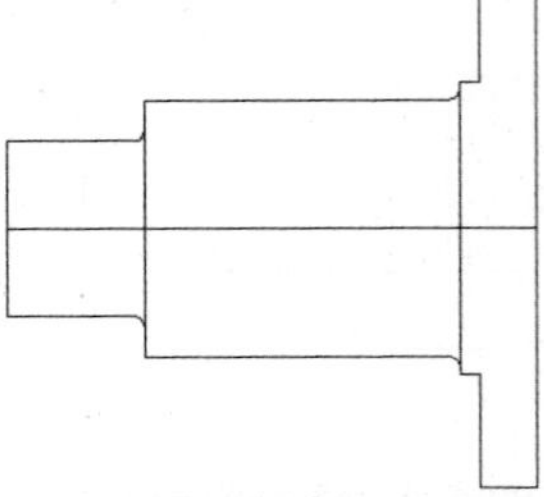

图15-44 修剪图形后的效果

Step 07 调用偏移命令，根据命令行的提示，将图 15-44 中的直线 B 向右偏移 76，得到如图 15-45 所示的图形。

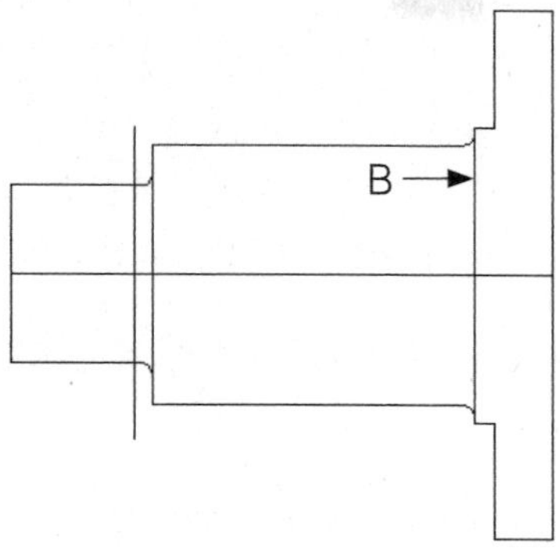

图15-45 偏移直线

Step 08 调用圆命令，以图 15-45 中偏移后得到的直线与水平直线相交的交点为圆心，分别绘制半径为 40 和半径为 24 的圆，如图 15-46 所示。

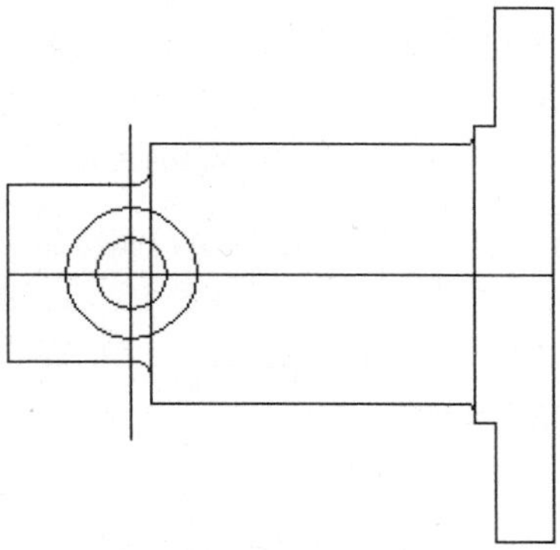

图15-46 绘制半径为40和24的圆

Step 09 调用圆命令，以直线 B 和直线 C 的交点为圆心，分别绘制半径为 56 和 24 的圆，如图 15-47 所示。

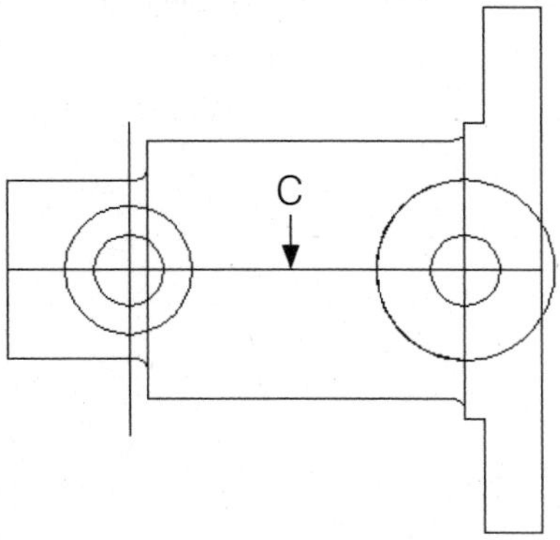

图15-47 绘制半径为56和24的圆

Step 10 单击“修改”工具栏中的“删除”按钮，对图 15-47 中的辅助直线和字母进行删除操作，得到如图 15-48 所示的图形效果。

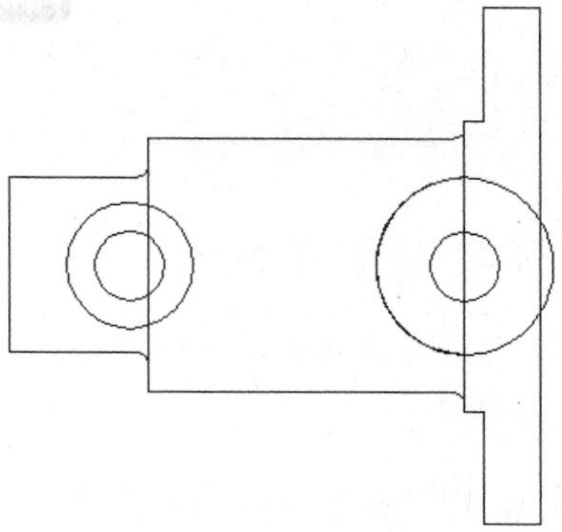

图15-48 删除辅助直线

Step 11 单击“修改”工具栏中的“修剪”按钮，根据命令行的提示，对图 15-48 中的圆和直线进行修剪，最终得到如图 15-49 所示的图形。

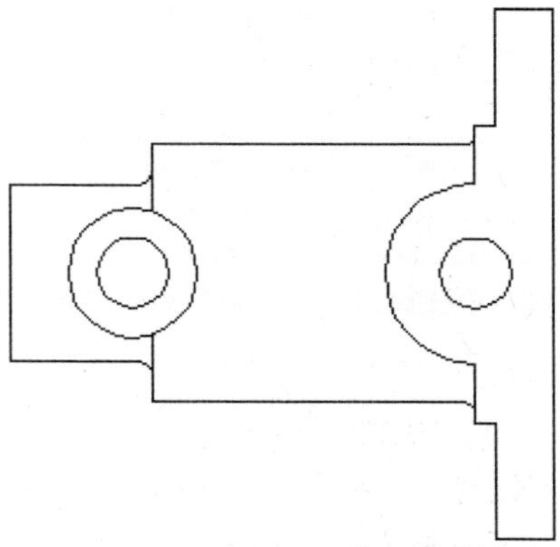

图15-49 修剪直线和圆

Step 12 调用直线命令，根据命令行的提示，分别捕捉图 15-49 中的 D、E 两点，向右绘制长度为 48 的水平直线，如图 15-50 所示。

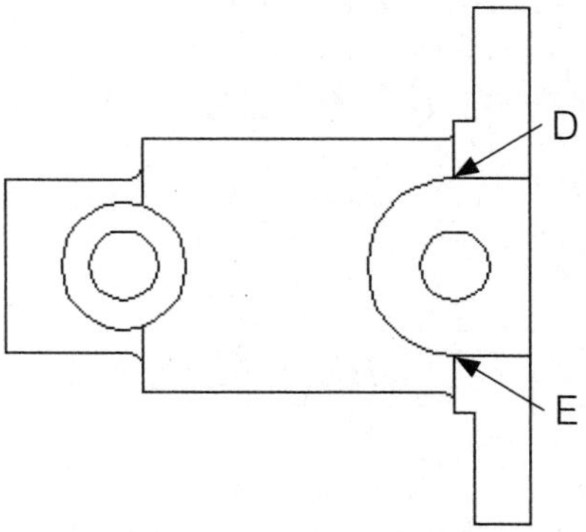

图15-50 绘制长度为48的直线

绘制壳体

工程师点拨：自定义添加新命令到工具栏

AutoCAD 2011的工具栏并没显示所有可用命令，在需要时用户可以自己添加。例如"绘制"工具栏中默认没有多线命令（MLINE），就要自己添加。可单击"绘制>工具栏"菜单命令，打开"自定义用户界面"对话框。选中"绘图"窗口显示相应命令，在列表中中找到"多线"，单击鼠标将它拖至AutoCAD绘图区，若不放到任何已有工具条中，则以单独工具条出现，此时发现刚拖出的"多线"命令没图标，则为其添加图标。方法如下：拖出命令后，不要关闭自定义窗口，单击"多线"命令，并单击面板右下角的图标，这时界面右侧会弹出一个面板，即可给"多线"命令选择或绘制相应的图标。可以发现，AutoCAD允许我们给每个命令自定义图标。

15.2.3 绘制左视图

为了使读图者对绘制的壳体零件的侧面结构有所了解，必须要将该零件的左视图体现在生产图纸上，操作步骤如下。

Step 01 调用直线命令，通过主视图的相关点为第一点分别引出相应的水平直线，最终得到如图 15-51 所示的图形。

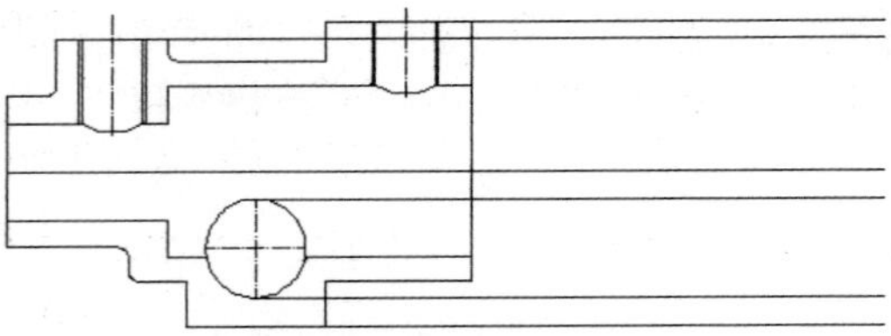

图15-51 绘制水平直线

Step 02 调用直线命令，在图 15-51 所示的水平直线中的适当位置绘制一条垂直直线，如图 15-52 所示。

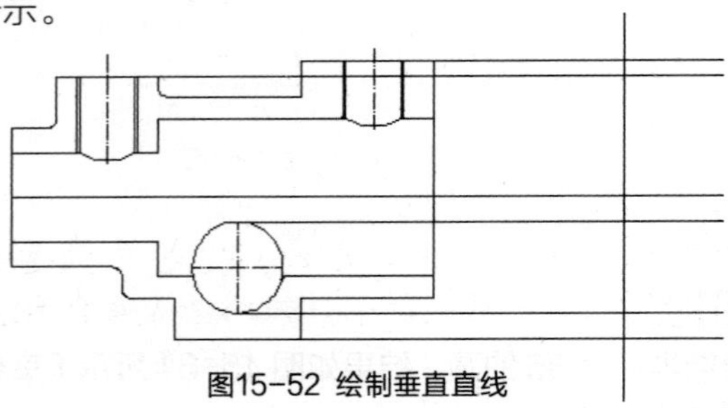

图15-52 绘制垂直直线

Step 03 单击"修改"工具栏中的"偏移"按钮，根据命令行提示，将图 15-52 中绘制的直线分别向左右各偏移 128，如图 15-53 所示。

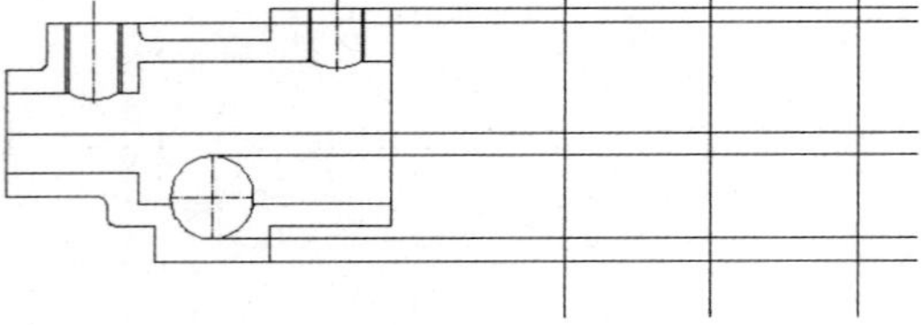

图15-53 偏移垂直直线

Step 04 按空格键，继续执行偏移命令，将图 15-53 中所示的直线向左右各偏移 56，其结果如图 15-54 所示。

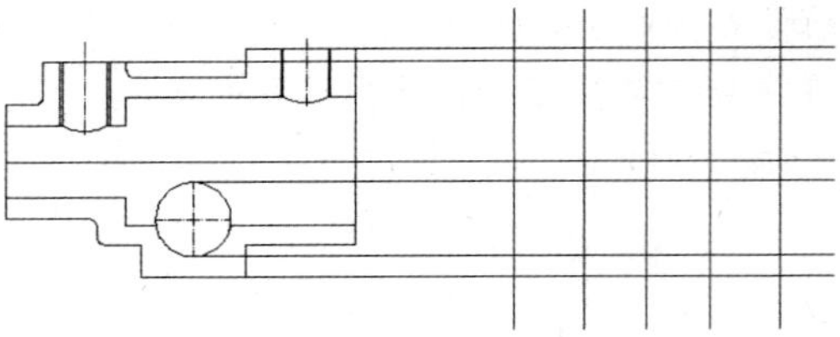

图15-54 左右偏移直线A

Step 05 按下空格键，继续执行偏移命令，在命令行中输入偏移距离值 40，将图 15-54 中的直线左右进行偏移，最终得到如图 15-55 所示的图形效果（夹点所示部分）。

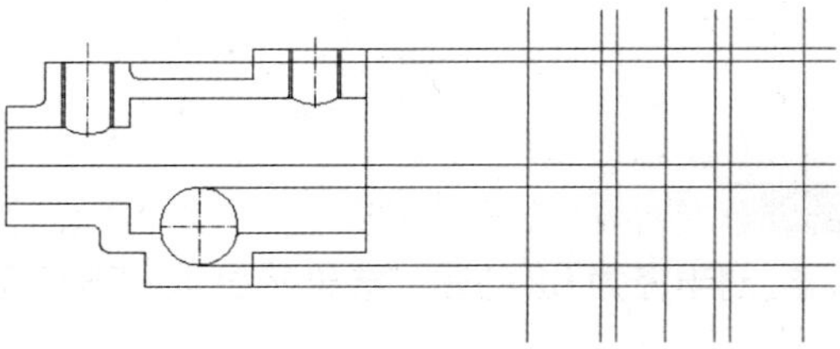

图15-55 偏移后的效果

Step 06 单击“绘图”工具栏中的“圆”按钮，捕捉如图 15-55 所示的两条直线的交点为圆心，绘制半径为 35 的圆，最终效果如图 15-56 所示。

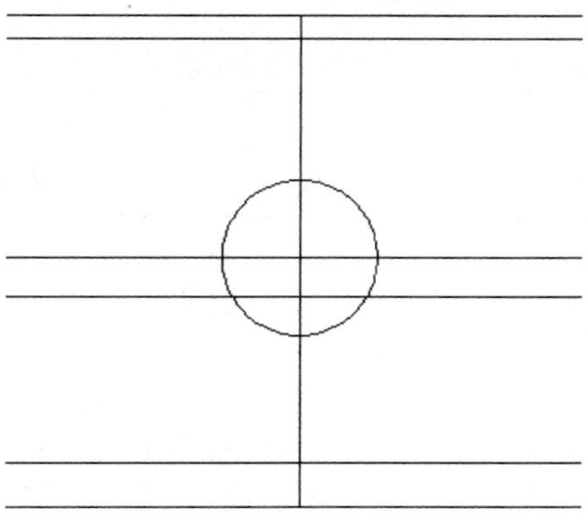

图15-56 绘制半径为35的圆

Step 07 按下空格键，继续执行圆命令，根据命令行的提示捕捉图 15-56 中的两条直线的交点为圆心，绘制半径为 55 的圆，结果如图 15-57 所示。

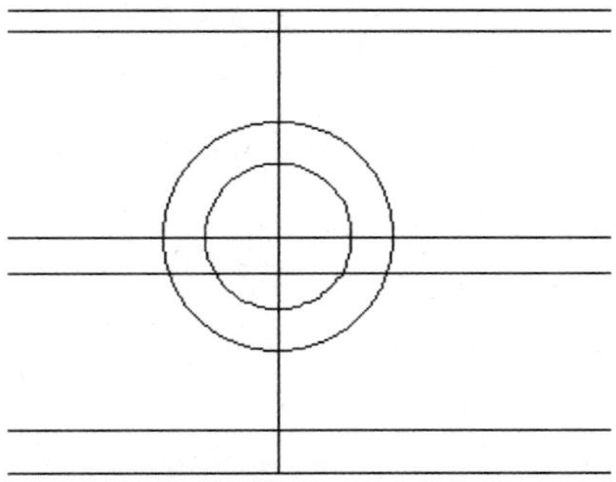

图15-57 绘制半径为55的圆

Step 08 按下空格键，继续执行圆命令，根据命令行的提示捕捉图 15-57 中的两条直线的交点为圆心，绘制半径为 62 的圆，结果如图 15-58 所示。

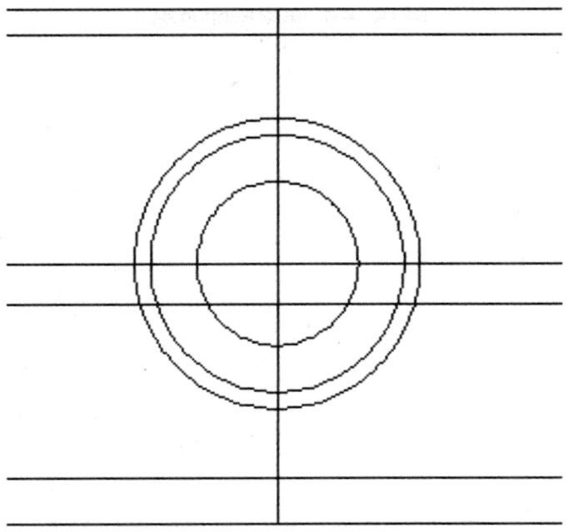

图15-58 绘制半径为62的圆

Step 09 按下空格键，继续执行圆命令，根据命令行的提示捕捉图 15-58 中的两条直线 C 的交点为圆心，绘制半径为 80 的圆，结果如图 15-59 所示。

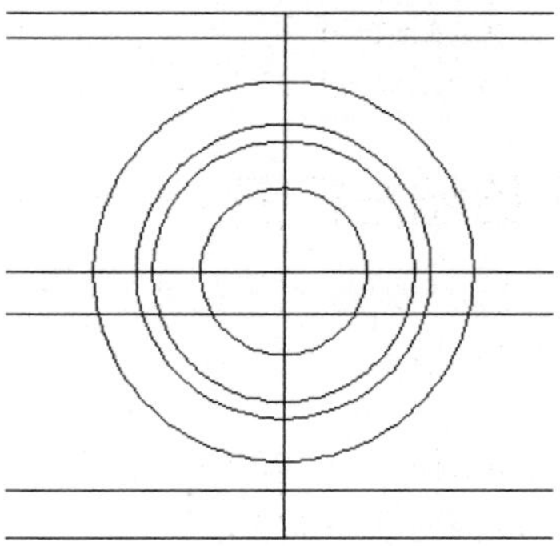

图15-59 绘制半径为80的圆

Step 10 按下空格键，继续执行圆命令，根据命令行的提示捕捉图 15-59 中的两条直线的交点为圆心，绘制半径为 17 的圆，结果如图 15-60 所示。

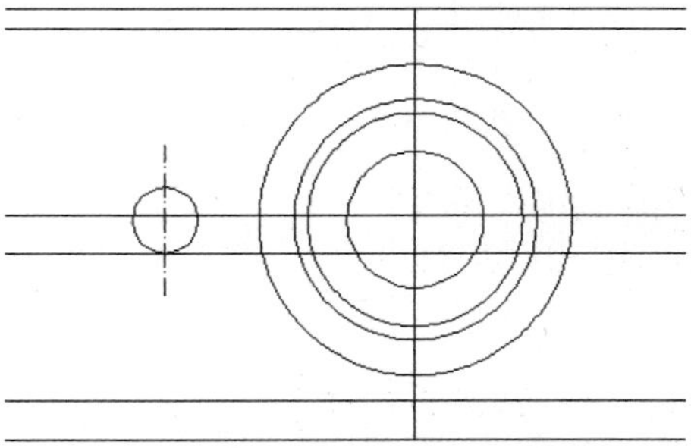

图15-60 绘制半径为17的圆

Step 11 按下空格键，继续执行圆命令，根据命令行的提示捕捉图 15-60 中的两条直线交点为圆心，绘制半径为 36 的圆，结果如图 15-61 所示（夹点显示的部分）。

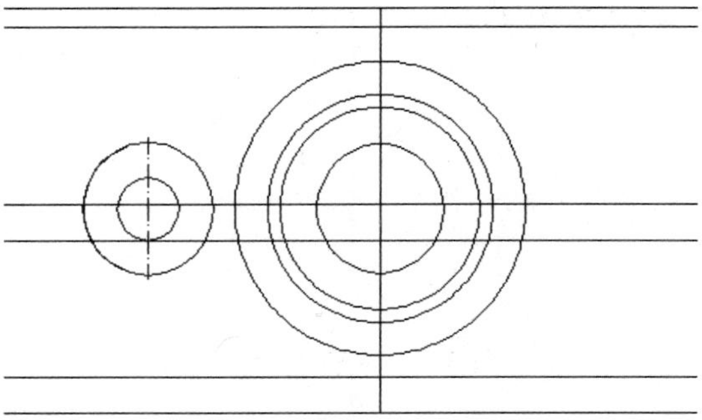

图15-61 绘制半径为36的圆

Step 12 单击“修改”工具栏中的“修剪”按钮 ，根据命令行的提示，对图 15-61 中的直线和圆进行修剪操作，最终得到如图 15-62 所示的图形效果。

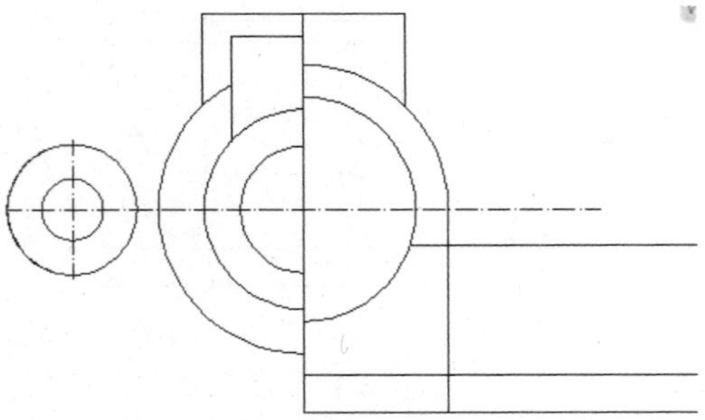

图15-62 修剪图形

Step 13 单击“绘图”工具栏中的“直线”按钮 ，根据命令行的提示捕捉一点为起点，向下绘制一条垂直直线，如图 15-63 所示。

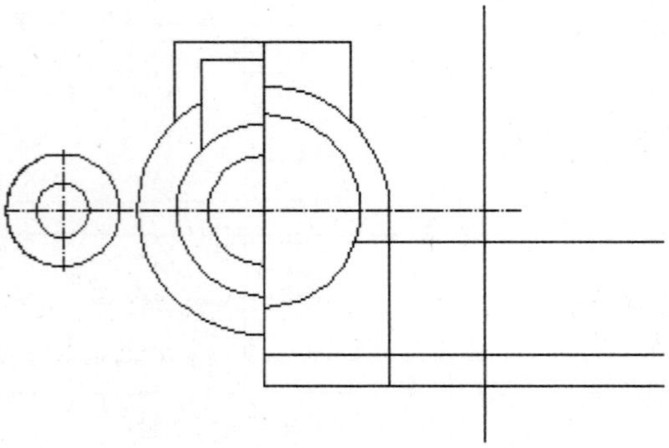

图15-63 捕捉点A绘制垂直直线

Step 14 分别调用修剪和删除命令，对图 15-63 中所绘制的直线与其他图形进行修剪，删除掉多余的线段，最终得到如图 15-64 所示的图形效果。

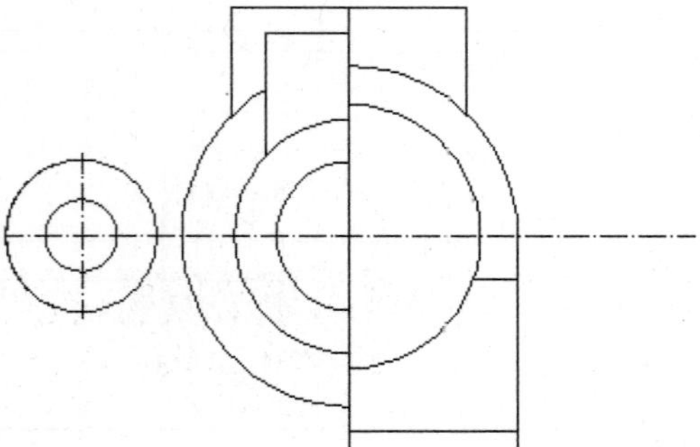

图15-64 修剪和删除多余线段

Step 15 将光标移动到状态栏的“对象捕捉”按钮上方，单击鼠标右键，在弹出的快捷菜单中单击“设置”命令，将会弹出“草图设置”对话框，如图 15-65 所示。

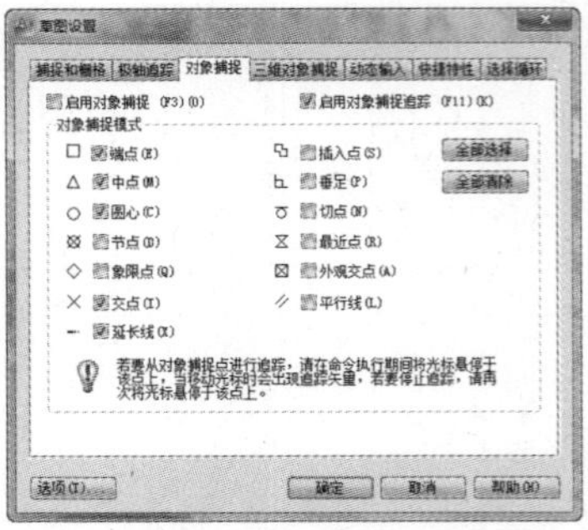

图15-65 “草图设置”对话框

Step 16 单击“对象捕捉”选项卡，勾选“启用对象捕捉”复选框；在“对象捕捉模式”选项组中，勾选“切点”复选框，单击“确定”命令结束操作，如图 15-66 所示。

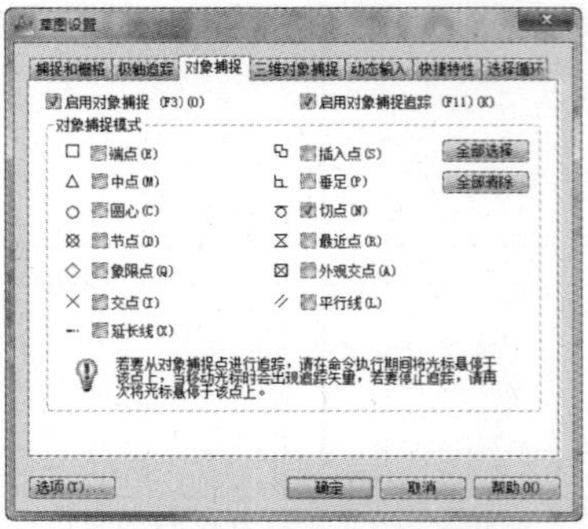

图15-66 设置“对象捕捉模式”

Step 17 单击“绘图”工具栏中的“直线”按钮 ，根据命令行的提示，捕捉两圆的两个互作为切点，绘制一条切线，如图 15-67 所示。

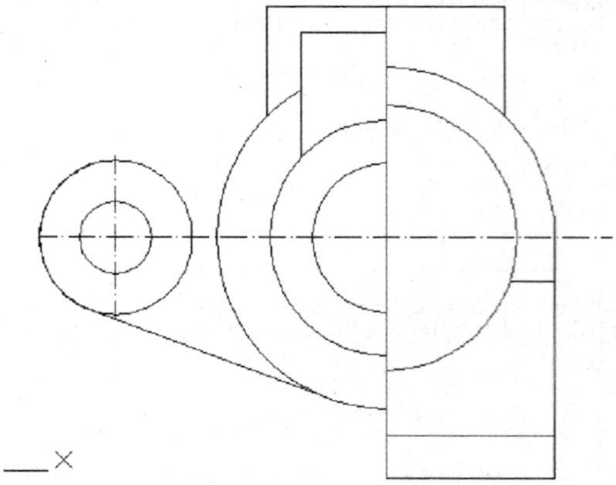

图15-67 捕捉切点绘制切线

Step 18 单击“修改”工具栏中的“镜象”按钮 ，根据命令行的提示捕捉图 15-67 中绘制的切线，以图 15-68 中的虚线为镜象线向上镜像，得到如图 15-68 所示的图形效果。

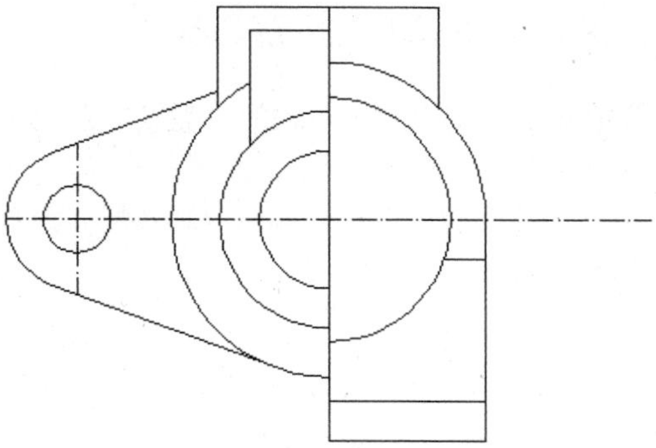

图15-68 向上镜象切线

Step 19 单击“修改”工具栏中的“镜象”按钮 ，根据命令行的提示捕捉图 15-68 中绘制的两条切线和左边的两个圆为镜象对象，以图 15-68 中的直线 B 为镜象线向上镜像，得到如图 15-69 所示的图形效果。

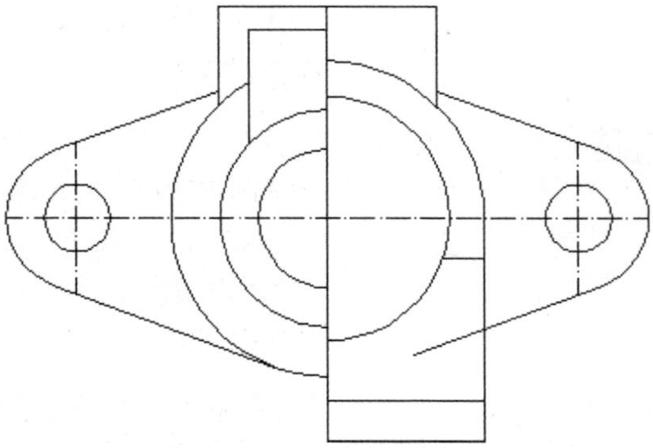

图15-69 镜象圆和切线

Step 20 调用“删除”命令，将图 15-68 中所示的直线 A 删除掉。单击“修改”工具栏中的“修剪”命令按钮 ，根据命令行的提示，对图 15-69 中的圆和切线进行修剪操作，最终得到如图 15-70 所示的图形效果。

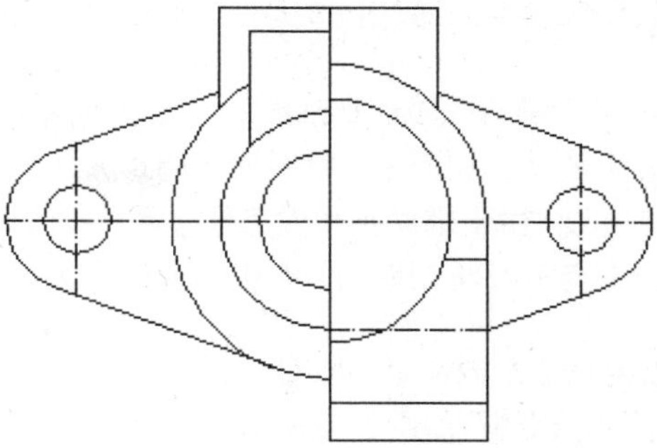

图15-70 修剪图形后的效果

Step 21 单击“修改”工具栏中的“偏移”按钮，将图 15-70 中的图形中间的垂直直线向左右两侧偏移 92，最终得到如图 15-71 所示的图形效果。

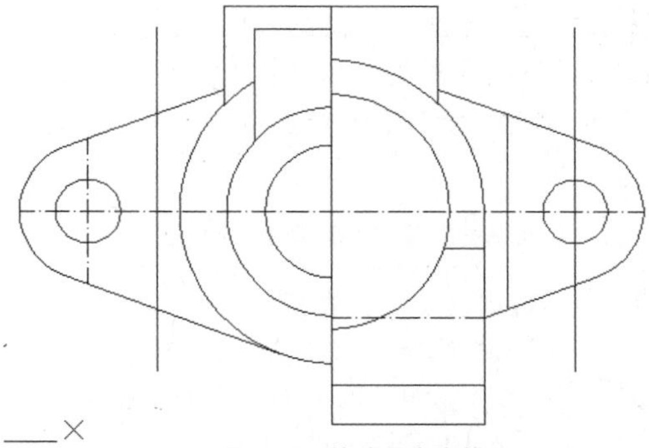

图15-71 偏移垂直直线

Step 22 单击“修改”工具栏中的“修剪”按钮 ，根据命令行的提示，将图 15-71 中偏移得到两条直线进行修剪，最终得到如图 15-72 所示的图形效果。

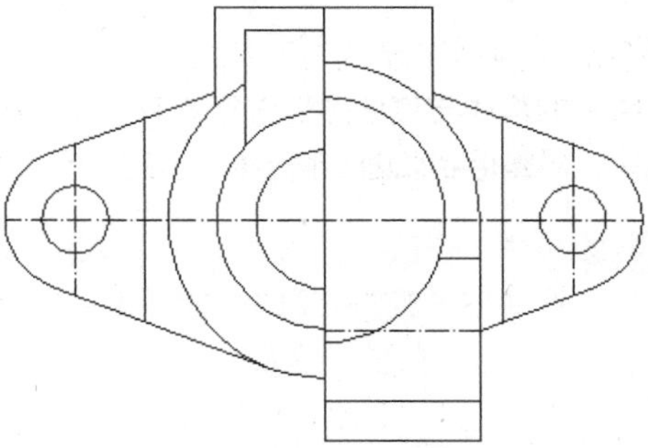

图15-72 修剪后的直线效果

工程师点拨：节点详图

读者在工作学习中，多留收集各种节点做法的详图，在面对具体设计任务时，就可以根据具体情况选利用、局部修改，不必对每个详图都从头绘制。

15.2.4 绘制辅助视图

这里绘制的壳体的主视图是一个剖视图，是为了让用户或生产者能更好地了解零件的内部情况。但是人们无法从主视图中了解到壳体的正面外形。若要了解壳体的正面外形的样子，就要在图纸上用辅助视图来体现（由于辅助视图没有尺寸要求，所以这里只介绍大概方法）。当把辅助视图绘制完成后，这就可以对前面已经绘制好的几个视图的外形进行整体编辑和整理。绘制辅助视图操作步骤如下。

Step 01 调用复制命令，把图 315-38-91 中已经绘制好的主视图在当前绘图区域中适当的位置进行复制，调用删除命令将图中多余的线段进行删除，结果如图 15-73 所示。

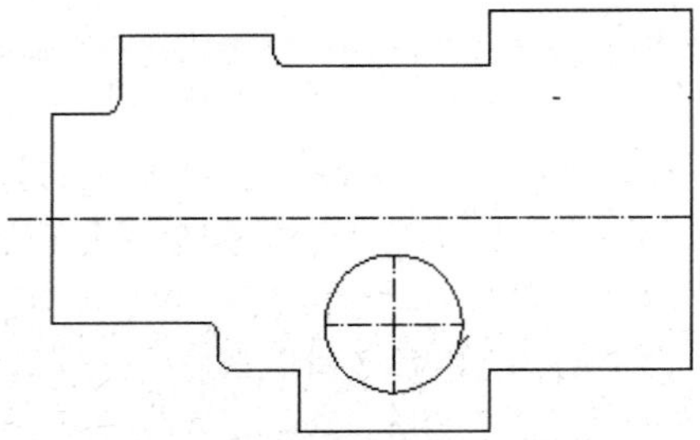

图15-73 复制主视图和删除线段

Step 02 调用直线命令，在图 15-73 中绘制连接线段，并分别调用修剪、复制、删除和圆弧命令，对图 15-73 进行编辑，最终得到如图 15-74 所示的辅助视图效果。

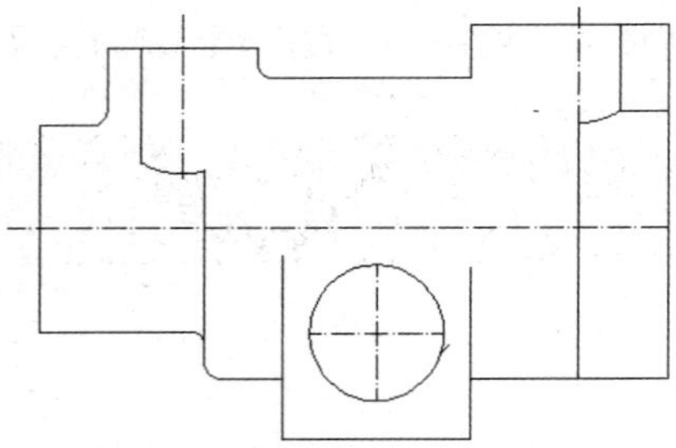

图15-74 辅助视图效果

Step 03 单击“修改”工具栏中的“圆角”按钮，对图 15-38 中的主视图的四个角进行圆角操作，得到如图 15-75 所示的图形效果。

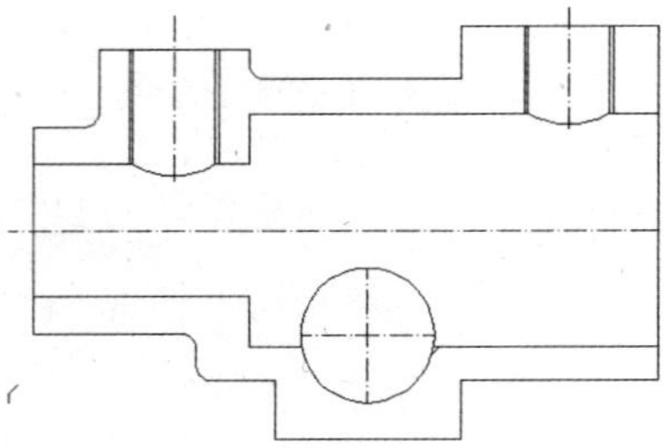

图15-75 为主视图进行圆角操作

Step 04 采用同步骤 3 一样的方法，将图 15-50 中的俯视图进行圆角操作；调用直线命令对一些圆角进行必要的线段连接。最终得到如图 15-76 所示的图形效果。

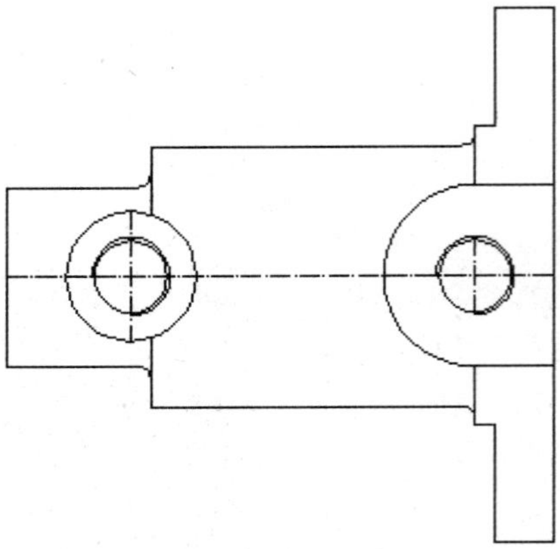

图15-76 为俯视图进行圆角操作

Step 05 单击“绘图”工具栏中的“直线”按钮 ，根据命令行的提示，捕捉图 15-76 所示的左边点为第一点，捕捉点右边为第二点，绘制一条直线，最终得到如图 15-77 所示的直线（夹点显示部分）。

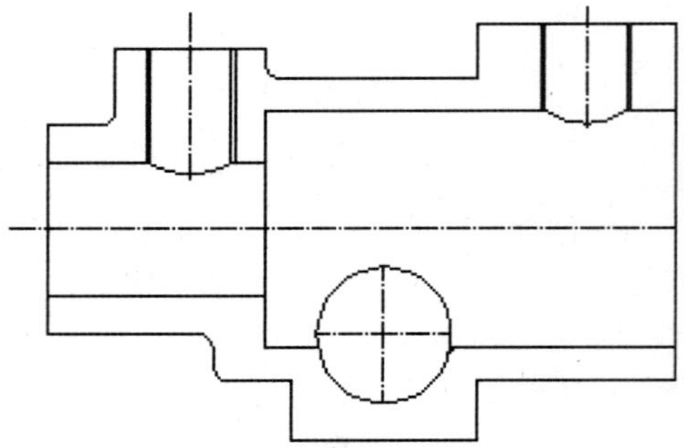

图15-77 绘制直线连接AB

Step 06 单击“图层”工具栏后面的扩展按钮，在弹出的下拉列表中将“点划线”图层置为当前，在当前绘图区域中的每个视图中，绘制相关部分的中心线，最终得到如图 15-78 所示的图形效果。

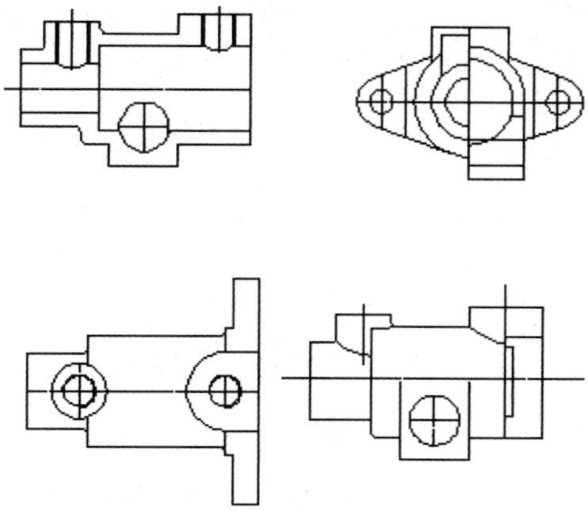

图15-78 绘制中心线

Step 07 单击“图层”工具栏后面的扩展按钮，在弹出的下拉列表中将“剖面线”图层置为当前。单击“绘图”工具栏中的“图案填充”按钮，填充主视图和左视图中的剖面线。系统将会弹出如图 15-79 所示的“图案填充和渐变色”对话框。

图15-79 “图案填充和渐变色”对话框

Step 08 单击对话框中的“添加：拾取点”按钮，返回到当前绘图区域中，在主视图和左视图中拾取填充边界，按下空格键回到图 15-80 中的对话框中，在该对话框将填充图案设置为 ANSI31，填充“角度”设置为 0°，图案“比例”设置为 1.5，得到如图 15-80 所示图形。

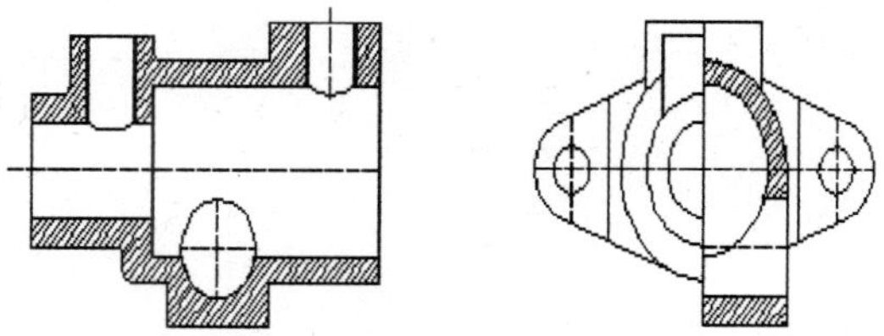

图15-80 “图案填充和渐变色”对话框

Step 09 单击“绘图”工具栏中的“圆弧”按钮，绘制主视图中两个螺孔的相冠线。根据命令行的提示，捕捉图 15-81 中主视图中的点 A 为起点，在命令行中输入第二点坐标值（@20,-6），捕捉点 B 为端点绘制圆弧；采用同样的方法绘制点 C 和点 D 之间的圆弧，其中第二点的坐标值为（@20,-6），最后得到如图 15-81 所示的圆弧。

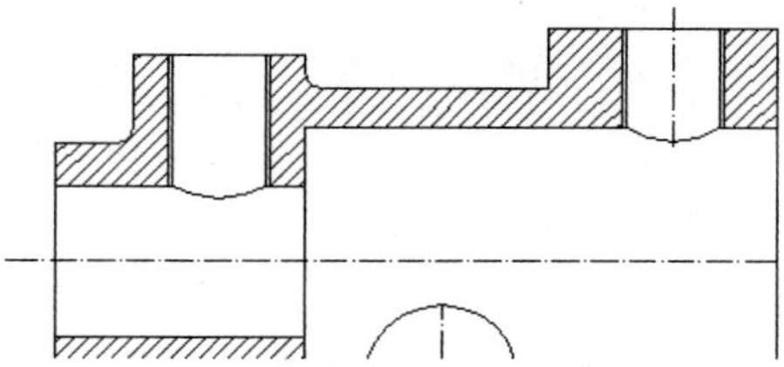

图15-81 绘制螺孔的相冠线

Step 10 单击“修改”工具栏中的“偏移”按钮，根据命令行的提示，捕捉俯视图中两个半径 R 为 24 的圆为偏移对象，分别向内偏移 2，各自得到一个同心圆。单击“修改”工具栏中的“修剪”按钮，将原来的半径为 24 的圆修剪掉 1/4 弧段，最终得到如图 15-82 所示的图形效果（此图案是螺纹的一种表示方法）。

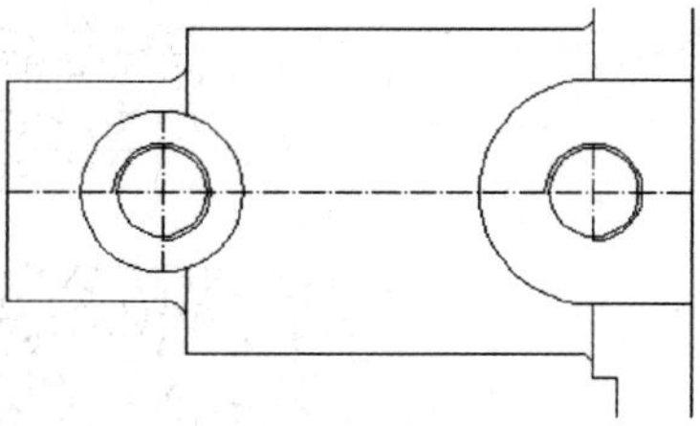

图15-82 修改螺孔后的效果

15.2.5 标注尺寸和公差

将壳体的所有视图都绘制完成后，需要对壳体中的外形、螺孔等系列尺寸进行标注，操作步骤如下。

Step 01 单击“标注”工具栏中的“线性”标注按钮 ，对当前主视图中的的线性尺寸进行标注，得到如图 15-83 所示的效果。

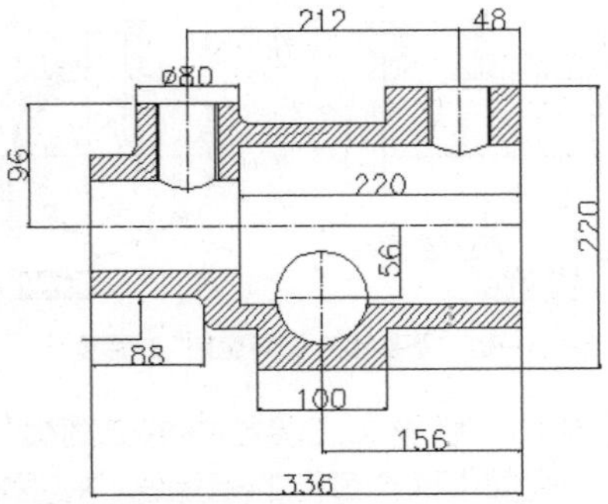

图15-83 标注主视图的线性尺寸

Step 02 按下空格键，继续执行线性标注命令，对当前左视图中的的线性尺寸进行标注，得到如图 15-84 所示的效果。

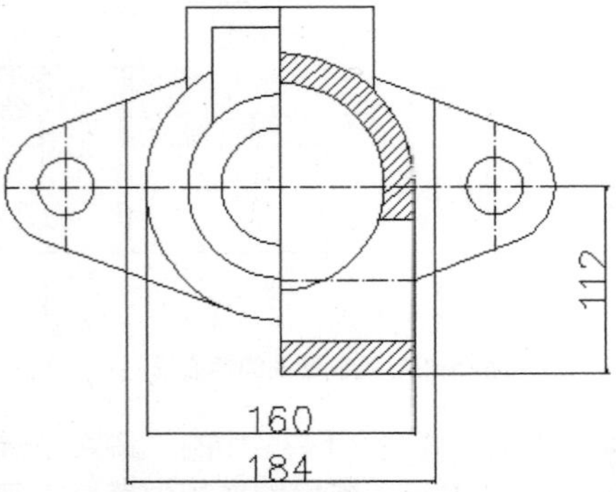

图15-84 标注左视图的线性尺寸

Step 03 按下空格键，继续执行线性标注命令，对当前俯视图中的的线性尺寸进行标注，得到如图 15-85 所示的效果。

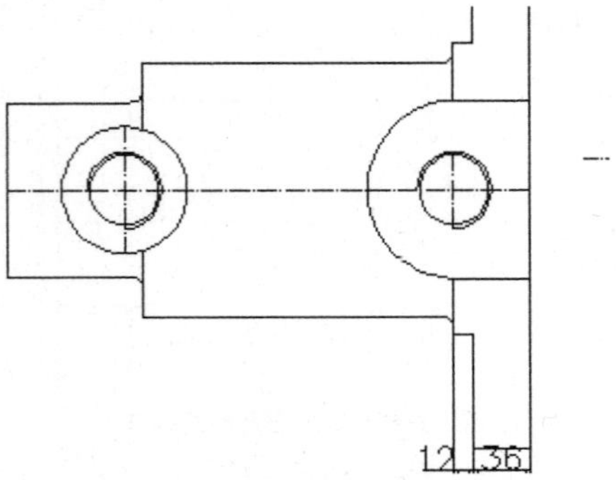

图15-85 标注俯视图的线性尺寸

Step 04 单击“标注”工具栏中的“直径”标注按钮 ，对当前主视图中的圆进行半径标注，其结果如图 15-86 所示。

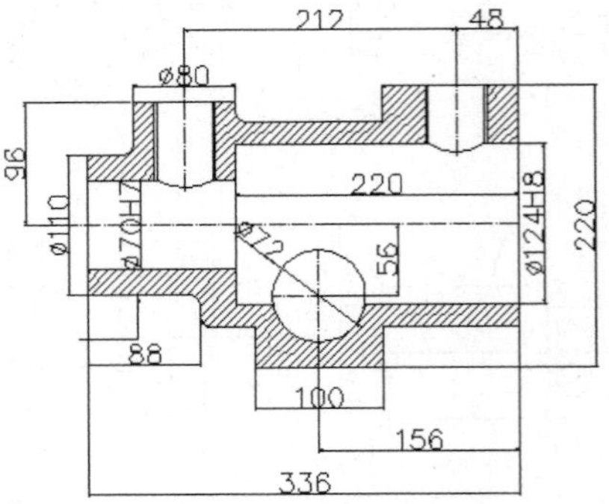

图15-86 标注圆的直径为72

Step 05 单击“标注”工具栏中的“线性”标注按钮 ，根据命令提示，捕捉图 15-87 中的点为第一条尺寸界线的原点，捕捉点为第二条尺寸界限，在命令行中输入命令 T，切换到命令行提示中的“文字”选项，在命令行中输入将要在尺寸线上显示的文字 %%c70H7，其标注结果如图 15-87 所示。

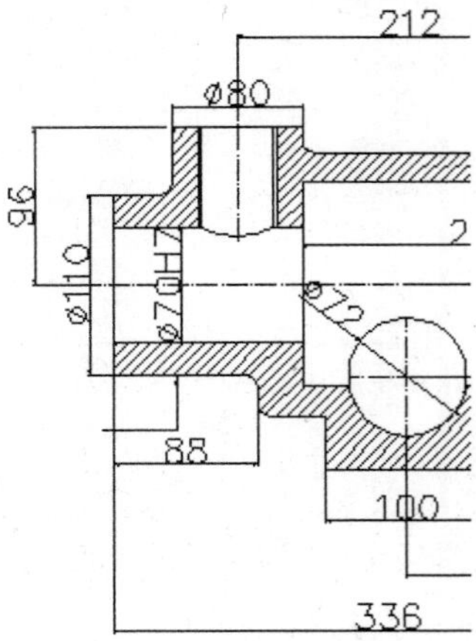

图15-87 标注%%C70H7

Step 06 单击“标注”工具栏中的“线性”标注按钮 ，根据命令提示，捕捉图 15-88 中的点为第一条尺寸界线的原点，捕捉点为第二条尺寸界限，在命令行中输入命令 T，切换到命令行提示中的“文字”选项，在命令行中输入将要在尺寸线上显示的文字 %%c124H8，其标注结果如图 15-88 所示。

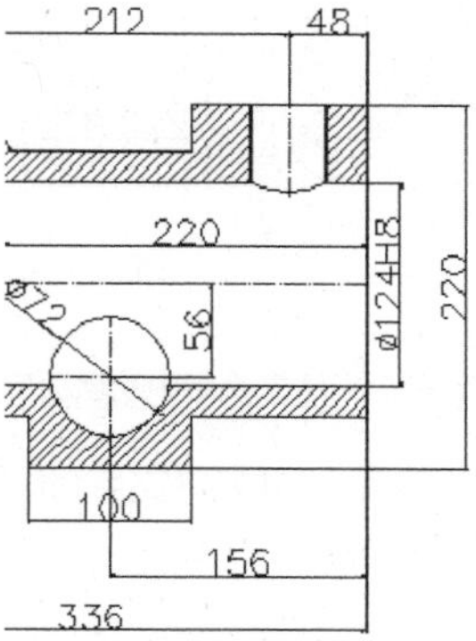

图15-88 标注¢124H8

Step 07 调用线性标注命令，采用同步骤 5 ~步骤 6 一样的方法，对当前绘图区域中主视图中的其他表示孔件的部位进行直径标注，对图中其他线性标注进行检查和补充标注。最终标注结果如图 15-89 所示。

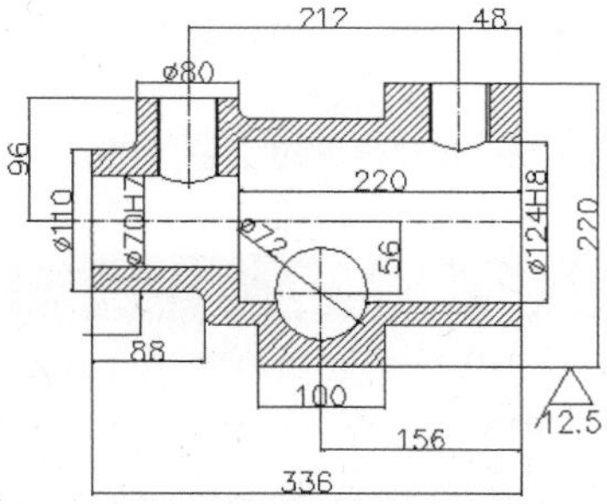

图15-89 标注其他孔件部位的直径

Step 08 单击“标注”工具栏中的“直径”标注按钮 ，根据命令的提示，捕捉当前绘图区域中左视图中的圆弧进行半径标注，具体的标注结果如图 15-90 所示。

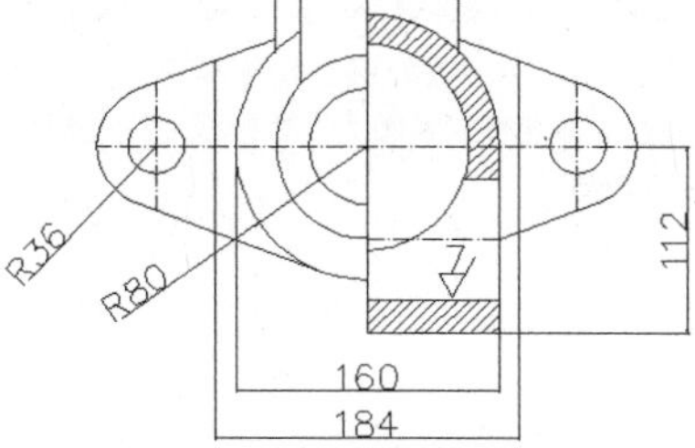

图15-90 标注左视图中的直径

Step 09 单击“标注”工具栏中的“直径”标注按钮 ，根据命令行的提示，捕捉如图 15-91 中左视图中的直径为 34 圆为标注对象，在命令行中输入命令“T”，切换到命令行提示中的“文字”选项，在命令行中输入 2-%%c17，最终得到如图 15-91 所示的标注结果。

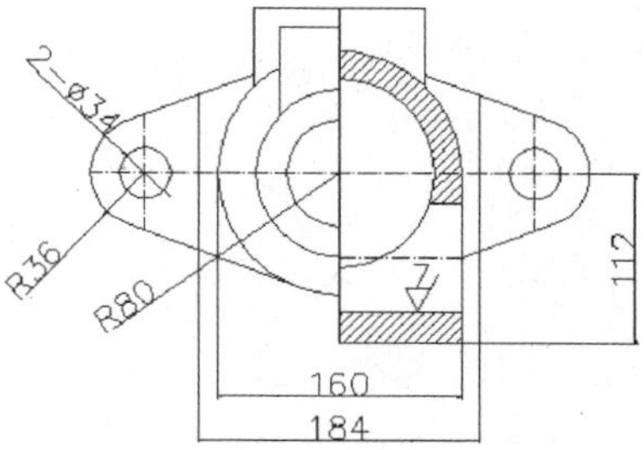

图15-91 标注直径为134的圆

Step 10 调用线性标注命令，根据命令行的提示，捕捉第一条尺寸界线的原点，再捕捉第二条尺寸界线的原点，在命令行中输入命令 T，再在命令行中输入 258%%p0.05（%%p 表示“±”），最后移动光标确定尺寸线位置，最终得到如图 15-92 所示的标注结果。

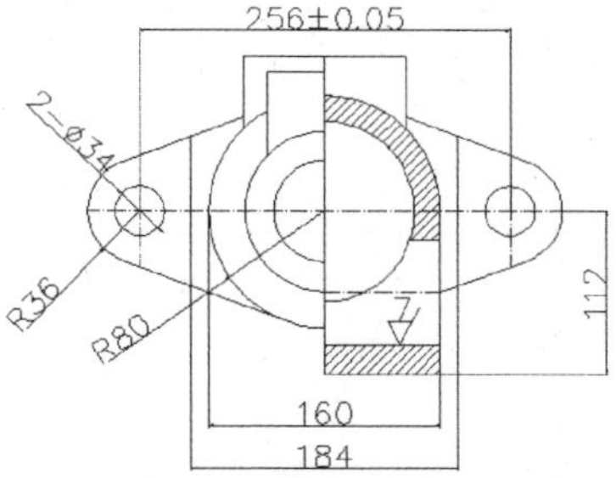

图15-92 标注直径为134的圆

Step 11 调用直径标注命令，对当前绘图区域俯视图中的特殊尺寸进行特殊标注。根据命令行的提示，捕捉图 15-93 中半径为 24 的圆，在命令行中输入命令 T，按下 Enter 键确定，在命令行中输入标注文字 2-M48 × 1.5-7H，移动光标，确定尺寸线位置，如图 15-93 所示。

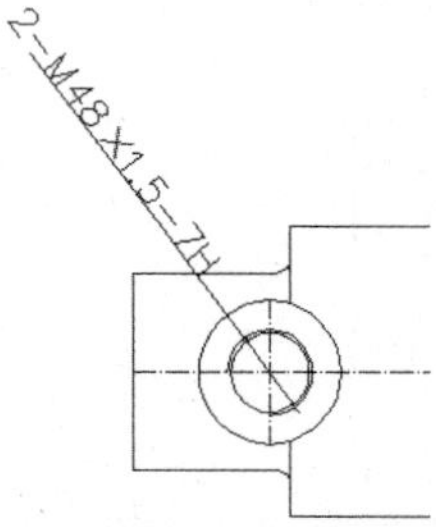

图15-93 标注俯视图中的R24的圆

Step 12 单击“标注”工具栏中的“半径标注”按钮 ，根据命令行的提示，捕捉当前绘图区域俯视图中的其他圆弧（夹点部分）为标注对象，移动光标并在适当位置确定尺寸线位置，最终标注结果如图 15-94 所示。

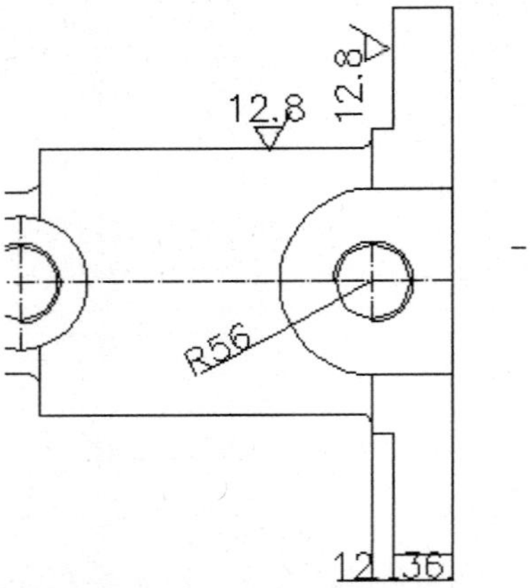

图15-94 标注俯视图中半径为56的圆弧

Step 13 调用表面粗糙度符号，标注主视图中的表面粗糙度，具体结果如图 15-95 所示。

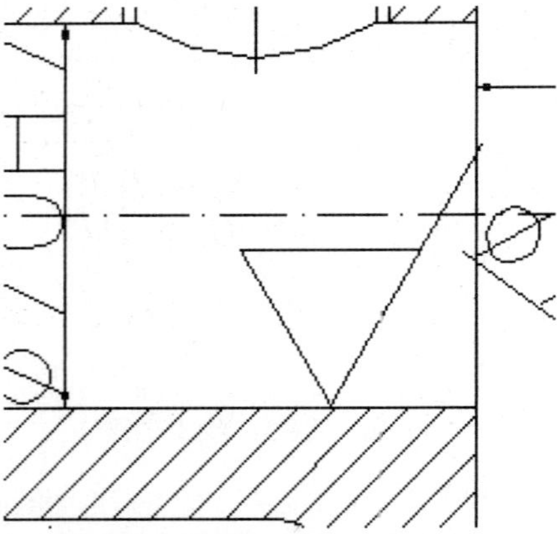
图15-95 标注主视图中的表面粗糙度

Step 14 采用同样的方法，标注俯视图相关位置的表面粗糙度，结果如图 15-96 所示。

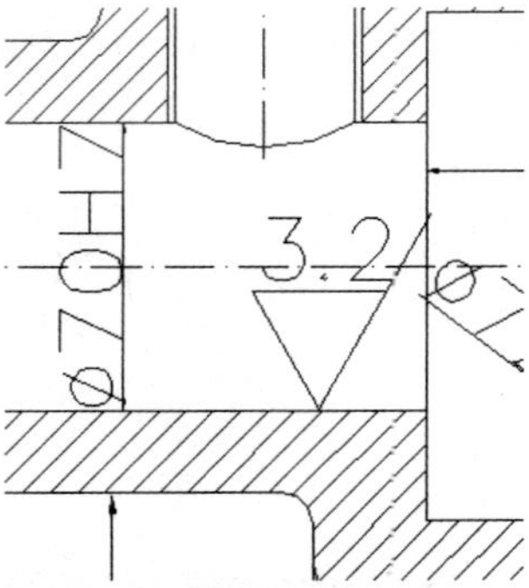

图15-96 标注俯视图中的表面粗糙度

Step 15 采用同样的方法，标注左视图中相关位置的表面粗糙度，结果如图 15-97 所示。

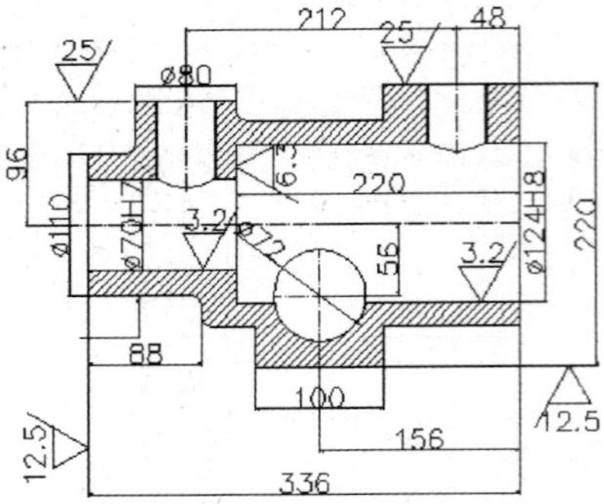

图15-97 标注左视图中的粗糙度

Step 16 调用直线命令和多行文字命令，创建“形位公差”的基准符号 A，如图 15-98 所示。

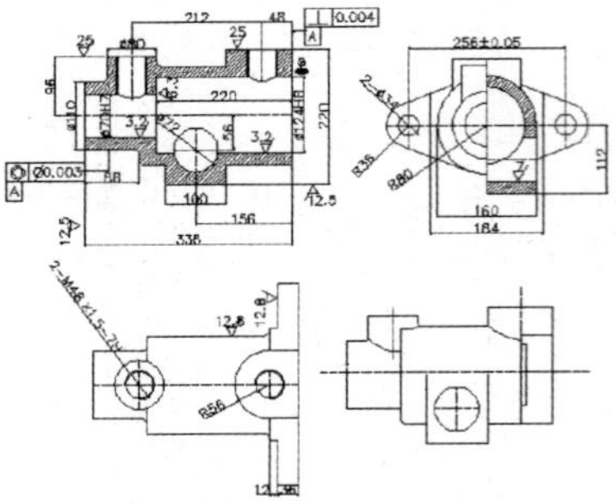
图15-98 绘制“形位公差”基准A

工程师点拨：尺寸标注

在命令新建选项打开的多行文本编辑器的文本编辑框中有一对“<>”符号，代表尺寸标注的原尺寸文本。

工程师点拨：标注文字的方法

在选择的尺寸对象上右击，从弹出的快捷菜单中选择标注文字位置，从弹出的闪联菜单中可以选择编辑标注文字的相应选项。

工程师点拨：关于标注样式的注意事项

用户只能为当前标注样式创建样式替代。当用户将其他标注样式设置为当前样式后，样式替代被自动删除。

工程师点拨：叉类零件的结构特点

叉类零件的结构的特点如下所示。

(1) 支持部分：一般形状圆筒形的轴套，轴套上具有键槽结构。轴套安装在轴上作为整个零件运动的支撑。

(2) 工作部分：对别的零件施加作用的部分。

(3) 连接部分：把支持部分和工作部分连接为一个整体，一般都是肋结构，因受到地位限制等因素影响，它的形状以弯曲、扭斜的较多。

工程师点拨：壳体的缺陷

壳体的主要缺陷是：箱体变形、裂纹、轴承孔磨损等。

造成主要缺陷的原因是。

(1) 箱体在制造加工中出现的内应力和外载荷、切削热和夹紧力。

(2) 装配不好，间隙调整没按规定执行。

(3) 使用过程中的超载、超速；润滑不良等。

工程师点拨：壳体缺陷的修复

壳体缺陷的修复有以下几种。

(1) 当箱体上平面翘曲较小时，可将箱体倒置于研磨平台上进行研磨修平。

(2) 若翘曲较大，应用磨削或铣削加工来修平，此时以孔的轴心线为基准找平，保证加工后的平面与轴心线的平行度。

(3) 当孔心距之间的平行度误差超差时，可用镗孔镶套的方法修复，以恢复各轴孔之间的相互位置精度。

(4) 若箱体有裂纹时，应进行焊补，但要尽量减少箱体的变形和产生的白口组织。如果箱体的轴承孔磨损可用修理尺寸法和镶套法修复。

(5) 当套筒壁厚为7mm~8mm时，压入镶套之后应再次镗孔，直至符合规定的标准和要求此外，也可采用电镀、喷涂或刷镀法进行修复。

高手应用秘籍：壳体结构

一、壳体简介

壳体零件是机械设备的基础件之一。它将一些轴、套、齿轮等零件组装在一起，使其保持相对正确的位置，彼此能按一定的传动关系地运动，构成机械设备的一个重要部件。因此壳体零件的修复对机械设备的精度、性能和寿命都有直接影响。壳体零件的结构形状一般都比较复杂，壁薄且不均匀，内部呈腔形，在壳体上既有许多精度较高的孔和平面需要加工，也有许多精度较低的紧固孔需要加工。

二、几种壳体的修复工艺

❶ 气缸体裂纹的原因和修复

(1) 气缸体的裂纹一般发生在进排气门垫座之间、燃烧室与气门座之间、两气缸之间、水道孔及缸盖螺钉固定孔等部位。裂纹的原因主要有：急剧的冷热变化形成内应力；冬季忘记放水而冻裂；气门座附近的局部高温产生热裂纹；装配时因过盈量过大引起裂纹等。

(2) 常用修复方法主要有焊补、粘补、栽铜螺钉填满裂纹、用螺钉把补板固定在气缸体上等。

❷ 气缸体和气缸盖变形和修复

(1) 气缸体和气缸盖变形不仅破坏了几何形状，而且使配合表面的相对位置偏差增大，例如：破坏了加工基准面的精度，破坏了主轴承座孔的同轴度、主轴承座孔与凸轮轴承孔中心线的平行度、气缸中心线与主轴承孔的垂直度等。另外引起密封不良、漏水、漏气、甚至冲坏气缸衬垫。变形产生的原因是内部的内应力和负荷外力作用的结果，这是制造过程中产生的；在使用过程中，缸体过热；在拆装过程中未按规定进行等。

(2) 气缸体和气缸盖的变形超过技术规定范围的修复，则应根据具体情况进行修复，主要方法有：气缸体平面螺孔附近凸起，用油石或细锉修平；气缸体和气缸盖平面不平，可用铣、刨、磨加工修复；也可刮削、研磨；气缸盖翘曲，可进行加温，然后在压床上校正或敲击法校正，最好不用铣、刨、磨加工修复。

❸ 气缸的磨损和修复

(1) 气缸的磨损通常是由于腐蚀、高温和活塞环的摩擦造成的。磨损主要在活塞环运动的区域内。磨损后出现压缩不良、起动困难、功率下降和机油消耗量增加等现象，甚至发生缸套与活塞的不正常撞击等。

(2) 气缸磨损后的修复，可采用修理尺寸法，即用镗削和磨削的方法，将缸径扩大到某一尺寸，然后选配与气缸相符合的活塞和活塞环，恢复正确的几何形状和配合间隙。　当缸径超过标准直径直至最大限度尺寸时，可用镶套法修复，也可用镀铬法修复。

❹ 其他

主轴承座孔同轴度偏差较大时，需进行镗削修整，其尺寸应根据轴瓦瓦背镀层厚度决定；当同轴度偏差较小时，可用加厚合金的轴瓦进行一次镗削，弥补座孔的偏差；对于单个磨损严重的主轴承座孔，可将座孔镗大，配上钢制半圆环，用埋头螺钉固定，镗削到规定尺寸；座孔轻度磨损时，可使用刷镀方法修复，但要保证镀层与基体的结合强度和镀层厚度均匀一致，并不得超出规定的圆柱度要求。

秒杀工程疑惑

本章主要介绍了“绘制”零件图的方法。同时通过本章的学习，要求大家掌握块的创建和编辑，如何在图形中添加文本，及掌握“表格”功能在绘制明细表方面的应用。

问　题	解　答
什么叫装配图?	装配图是表达机器或部件的整体结构、工作原理、零件之间的装配关系、联接方式以及主要零件的结构形状的图样
装配图应该包含哪些内容?	一幅完整的装配图应该包含以下内容 ❶ 完整的视图：装配图是由完整的视图组成的，用以表达各组成零件的相互位置和装配关系、部件或机器的工作原理和结构特点 ❷ 必要的尺寸：包括部件或机器的规格（性能）尺寸、零件之间的装配尺寸、外形尺寸、部件或机器的安装尺寸和其他重要尺寸 ❸ 技术要求：机器的装配、安装、检验和运转的技术要求，一般用文字写出 ❹ 零部件序号、明细栏和标题栏
装配图中零部件序号编写形式有哪几种?	为了便于读图、图样管理及生产准备工作，装配图中所有零部件都必须编写序号同一装配图中相同零部件只编写一个序号，其相关信息应填写在标题栏上方的明细栏中，其编写形式有以下三种 ❶ 在所指的零、部件的可见轮廓内画一圆点，然后从圆点开始画指引线（细线），在指引线的末端画出一水平线或圆（均为细实线），在水平线上或圆内注写序号，序号的高应比尺寸数字大两号 ❷ 在指引线的末端不画水平线或圆，直接注写序号，其他同上 ❸ 对于很薄的零件或涂黑的剖面，可用箭头代替圆点，箭头指向该部分的轮廓
绘制装配图的步骤一般是哪些?	按照设计图的要求，绘制装配图的步骤通常有以下几步 ❶ 按照选定的表达方案，根据所画对象的大小，决定图的比例、各视图的位置以及图幅大小，画出图框并定出标题栏和明细表的位置大小 ❷ 绘制各视图的主要基准 ❸ 绘制主要装配线 ❹ 以柱塞为基础，按照装配关系画出柱塞套、垫片、泵体等 ❺ 依次画出其他装配线，如小轴、滚轮等及进、出口单向阀 ❻ 绘制细致结构 ❼ 经过检查以后描深，画剖面线，标注尺寸及公差配合等

读书笔记

AutoCAD 2012

CHAPTER 16

装潢施工图的绘制

本章将详细讲解别墅室内装饰设计思路及相关装饰图的绘制方法与技巧。包括墙体、楼梯的绘制方法及室内装修设计方法。本章主要学习的别墅设计装潢施工平面图纸的绘制方法和技巧对以后的绘图工作非常有帮助。

学完本章您可以掌握如下知识点

知识点序号	知识点难易指数	知识点
1	★	了解别墅室内设计中空间区域划分
2	★★	了解别墅室内设计国标建筑规范
3	★★★	绘制别墅装修图设计思路
4	★★★★	绘制别墅天花地面及设计思路

本章内容图解链接

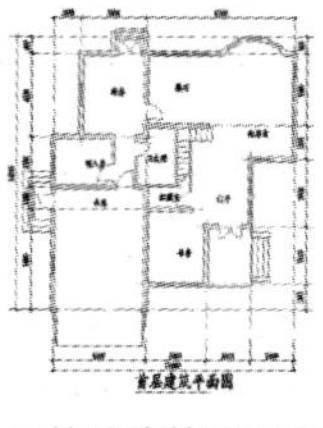

◎ 首层建筑平面图

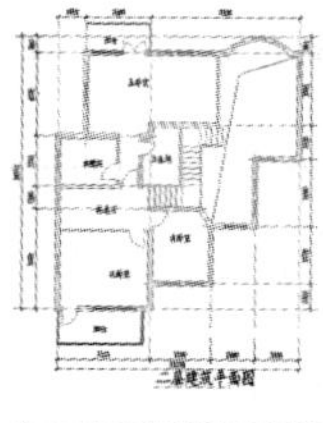

◎ 二层建筑平面图

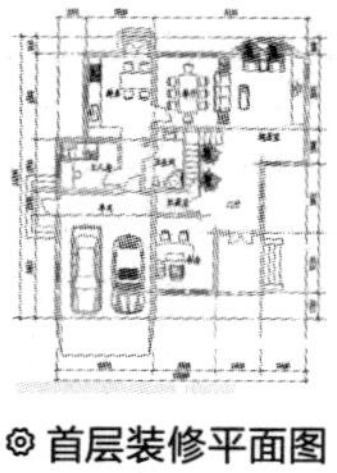

◎ 首层装修平面图

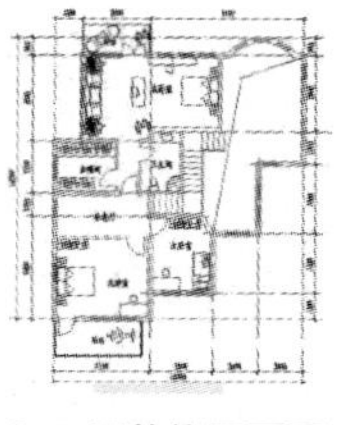

◎ 二层装修平面图

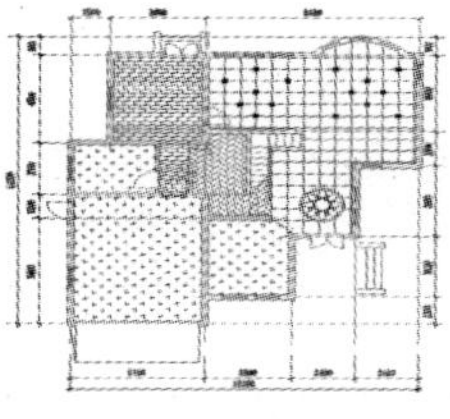

◎ 首层地面铺装图

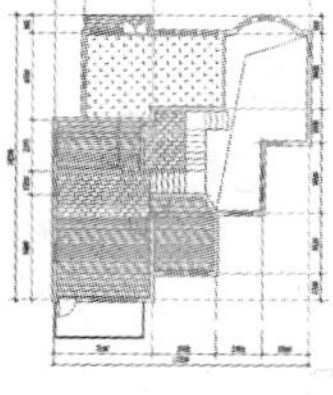

◎ 二层地面铺装图

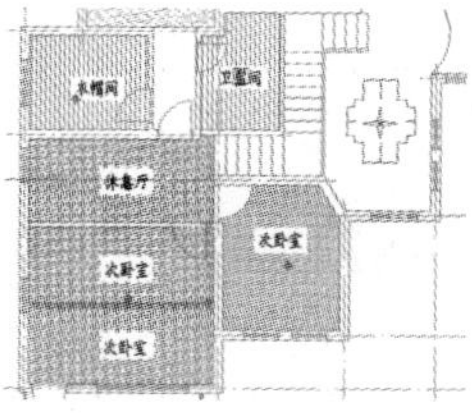

◎ 首层天花布置图

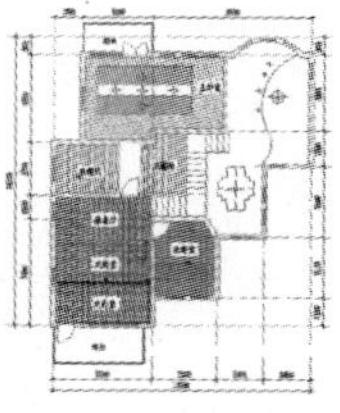

◎ 二层天花布置图

16.1 系统设计说明

就建筑功能而言，别墅平面需要设置的空间虽然不多，但应齐全，以满足日常生活不同需要。根据日常起居和生活质量的要求，空间平面的一般设置主要有下面一些房间。

（1）厅：门厅、客厅和餐厅等。

（2）卧室：主人房、次卧室、儿童房、客人房等。

（3）辅助房间：书房、家庭团聚室、娱乐室、衣帽间等。

（4）生活配套：厨房、卫生间、淋浴间、运动健身房等。

（5）其他房间：工人房、洗衣房、储藏间、车库等。

在上述各个房间中，门厅、客厅、餐厅、厨房、卫生间、淋浴间等多设置在首层平面中，次卧室、儿童房、客人房和衣帽间等多设置在2层或者3层平面中。与普通住宅居室建筑平面图绘制方法类似，同样是先建立各个功能房间的开间和进深轴线，然后按轴线位置绘制各个功能房间墙体及相应的门窗洞口的平面造型，最后绘制楼梯、阳台及管道辅助空间的平面图形，同时标注相应的尺寸和文字说明。

16.2 国标符号索引

一般来说，设计别墅室内装潢时需要用到的国家标准建筑符号如下表16.1所示。

表16.1 国家标准建筑符号

符号	名称	尺寸	符号	名称	尺寸
	双扇门	3m		单扇门	1.5m

16.3 别墅装修前建筑平面图

下面介绍图16-1、图16-2所示别墅的首层和二层建筑平面图的设计相关知识及绘图方法与技巧。

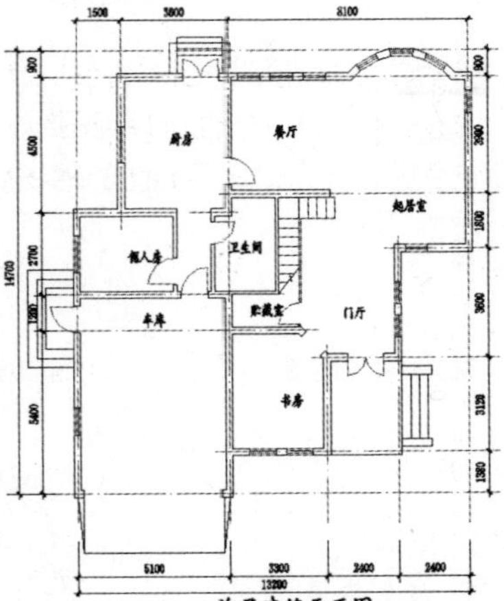

图16-1 首层建筑平面图

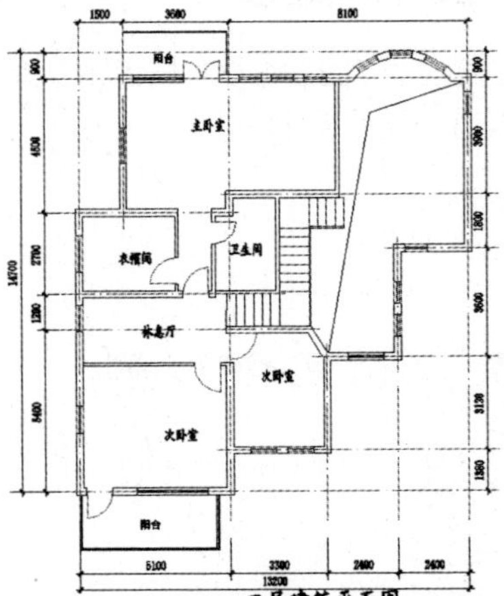

图16-2 二层建筑平面图

16.3.1 绘制墙体

本小节介绍别墅首层平面各个房间的墙体轮廓线的绘制方法与技巧。

Step 01 单击桌面上 Autocad 2012 图标，打开 CAD，熟悉操作界面，如 16-3 图所示。

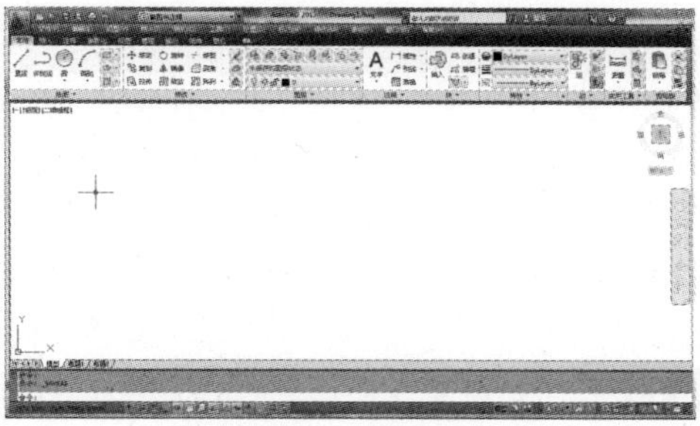

图16-3 打开界面

Step 02 单击菜单栏中“工具 > 选项”命令，可以对绘图的背景颜色、光标的大小等其他方面进行调整，如 16-4 图所示。

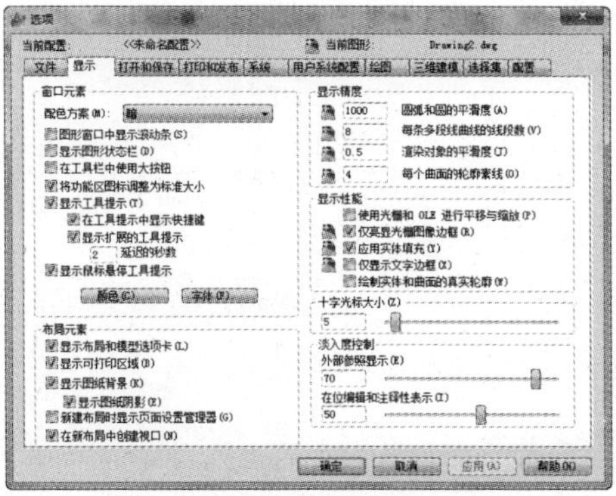

图16-4 设置绘图环境

Step 03 单击工具栏中“图层特性”按钮，弹出图层特性管理器，如 16-5 图所示。

图16-5 图层特性管理器

Step 04 对图层中的“颜色”、“线型”、“线宽”进行设置，如图 16-6 所示。单击“确定”按钮，完成设置。

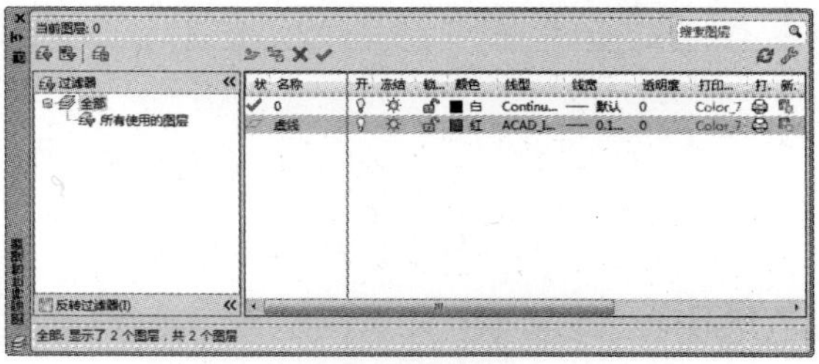

图16-6 设置图层

Step 05 单击绘图工具栏中的“直线”按钮 ⁄，绘制首层别墅建筑平面的墙体辅助线，如图 16-7 所示。

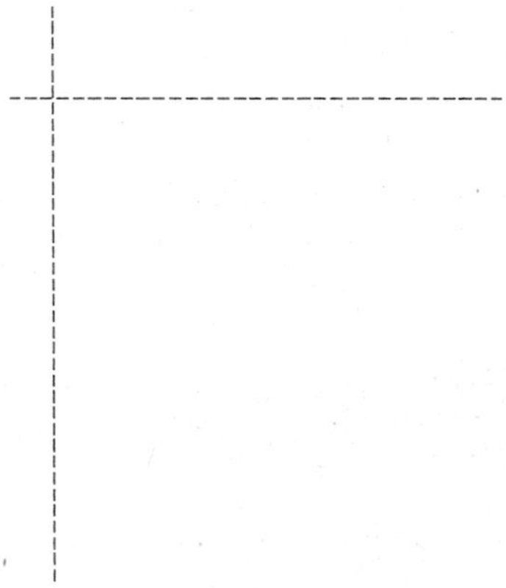

图16-7 绘制辅助线

Step 06 单击所绘制的直线，然后在“对象特征 > 线形控制”列表视图选择点画线，所选择的直线将改变线型，得到建筑平面图的轴线点画线。如图 16-8 所示。

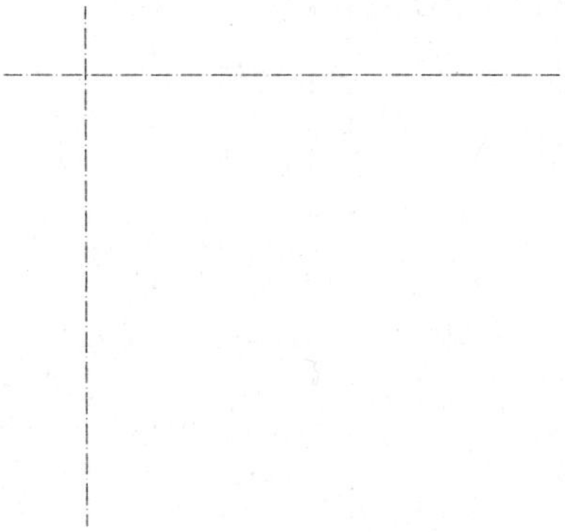

图16-8 绘制轴线点画线

Step 07 在菜单栏中执行“修改＞偏移”命令，绘制出其他轴线。如图 16-9 所示。

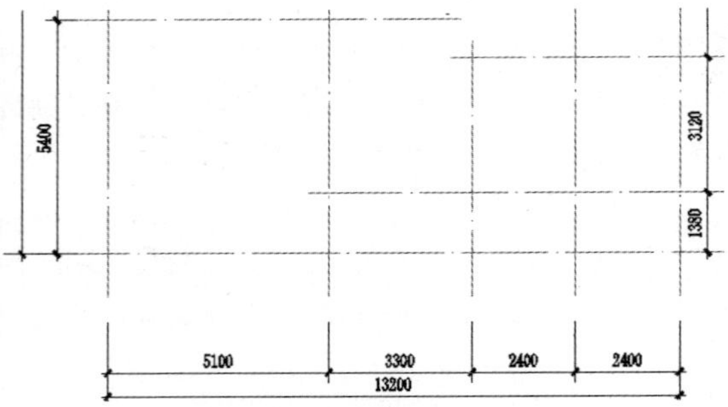

图16-9 用偏移命令绘制轴线

Step 08 别墅首层平面的墙体轴线按上述方法绘制完成。如图 16-10 所示。

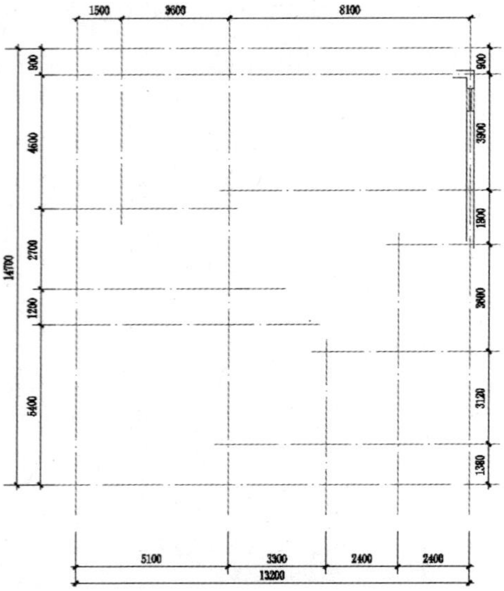

图16-10 首层轴线绘制完成

Step 09 在“新建多线样式”对话框中设置图元的“偏移”值为 5 和 -5，如图 16-11 所示。

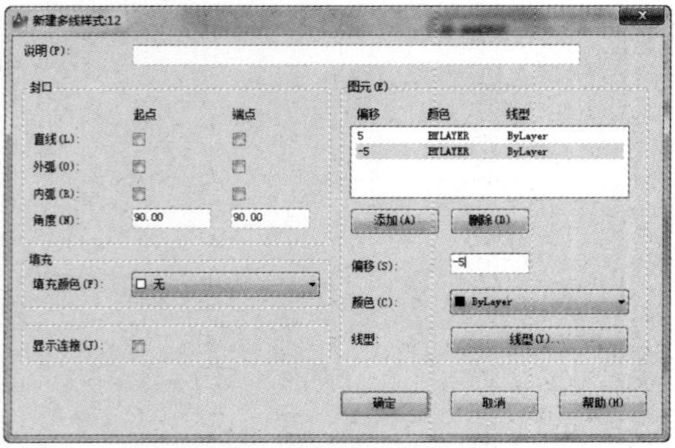

图16-11 设置偏移值

Step 10 利用多线命令绘制外墙体，如图 16-12 所示。

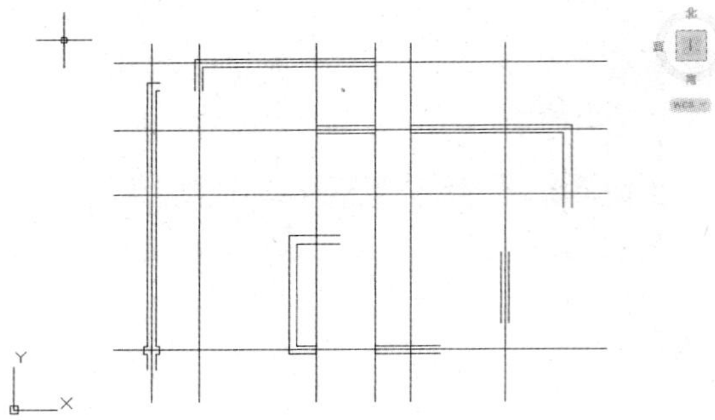

图16-12 薄墙的绘制

Step 11 在“新建多线样式”对话框中分别设置图元的“偏移”值为 2.5 和 -2.5，如图 16-13 所示。

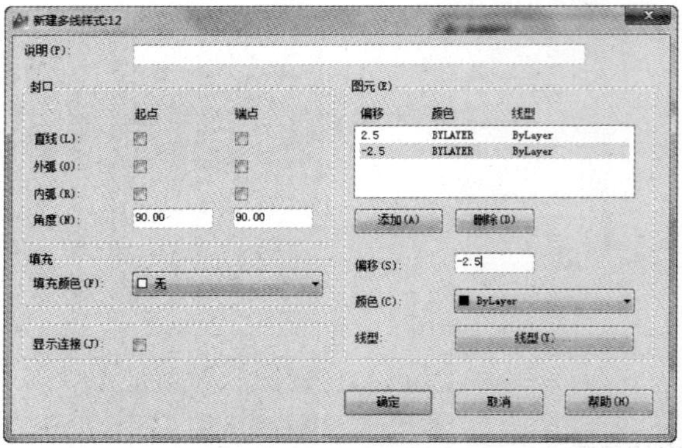

图16-13 设置图元偏移值

Step 12 利用设置好的多线命令绘制内墙体，如图 16-14 所示。

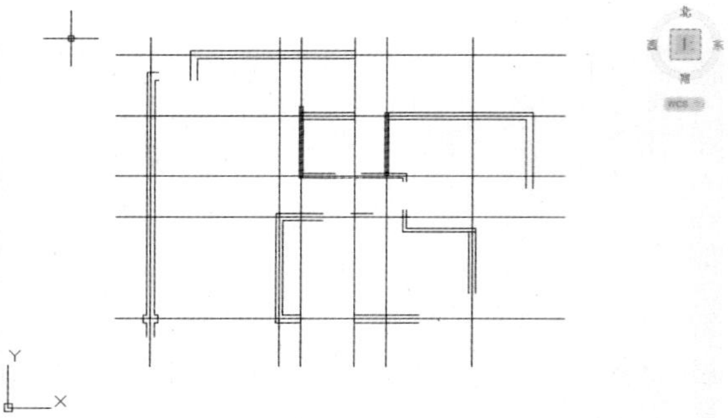

图16-14 绘制内墙体

Step 13 在“多线编辑器”对话框中选择“T 形合并”选项，并点击“确定”按钮，如图 16-15 所示。

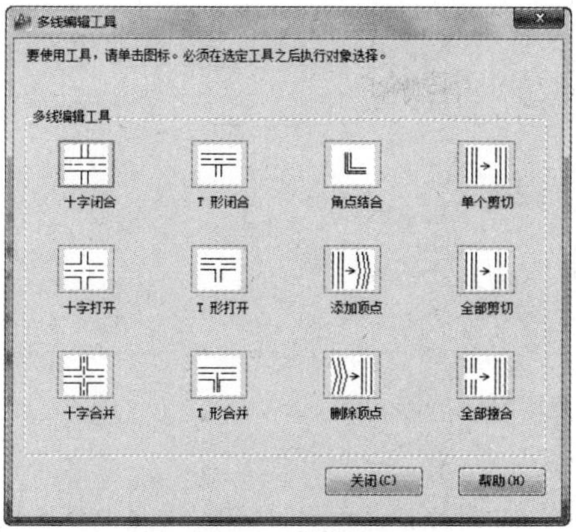

图16-15 T形合并

Step 14 利用“多线编辑器”命令修改多线交接处，利用“直线”命令封闭缺口，如图 16-16 所示。

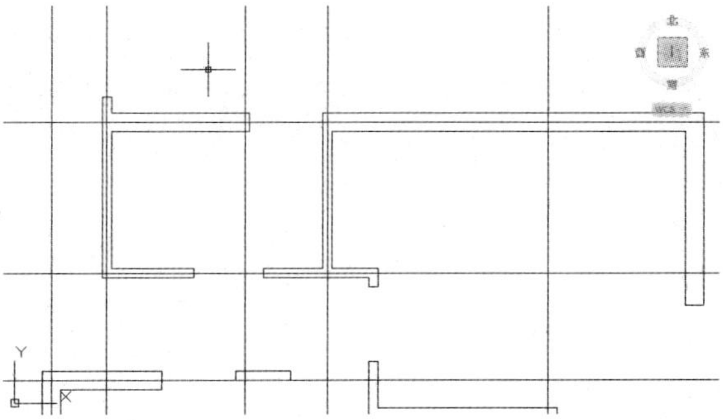

图 16-16 封闭缺口

Step 15 单击绘图工具栏中的圆弧命令，绘制弧形墙体，单击分解命令，把弧形附近的多线炸开。如图 16-17 所示。

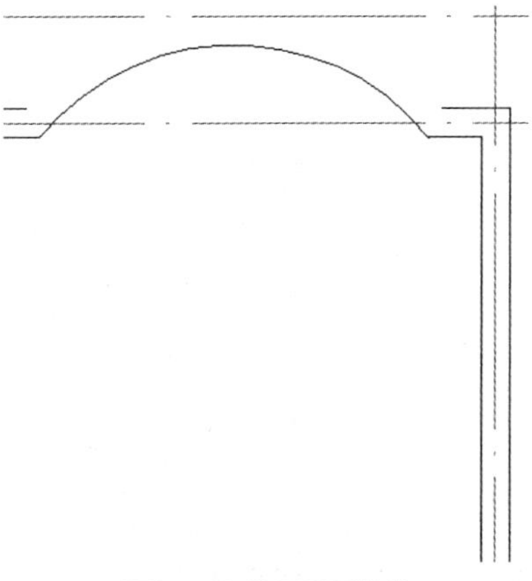

图16-17 炸开弧形墙体

Step 16 单击绘图工具栏中偏移命令，将圆弧偏移 120。然后执行修剪命令，将多余的线段修剪，完成弧形墙体的绘制。如图 16-18 所示。

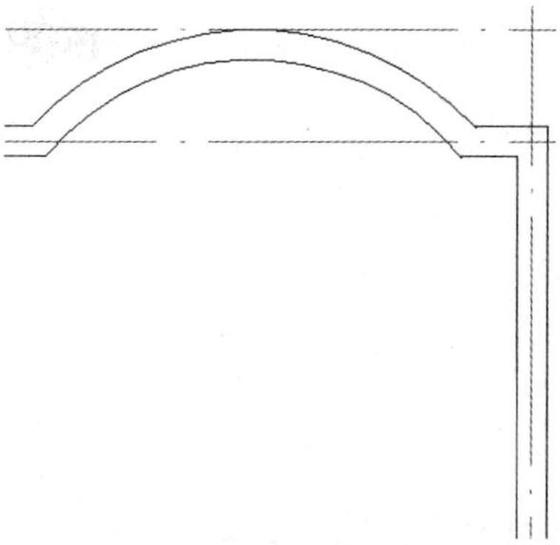

图16-18 修剪多余弧形墙体

Step 17 根据墙体的具体情况作出相应的修改并查看是否有错误，如图 16-19 所示。

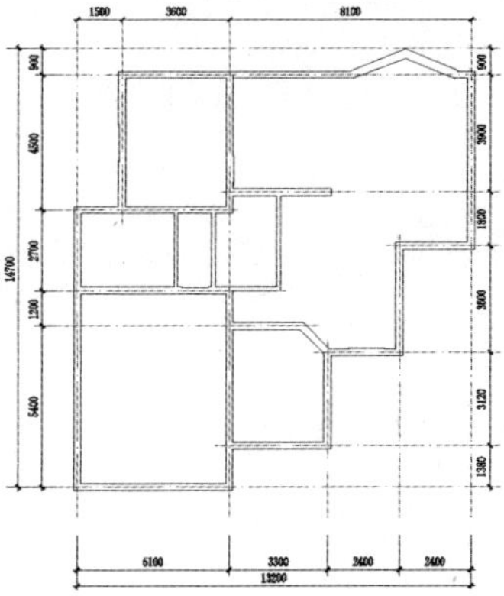

图16-19 绘制首层各个墙体并检查

Step 18 把首层的轴线网复制一份，并根据二层的平面情况适当调整。如图 16-20 所示。

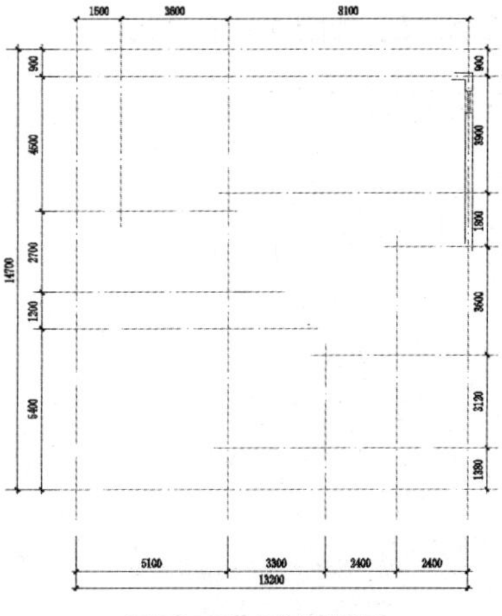

图16-20 复制轴线网

Step 19 使用“多线”功能命令来创建二层墙体，将比例设置为240。如图16-21所示。

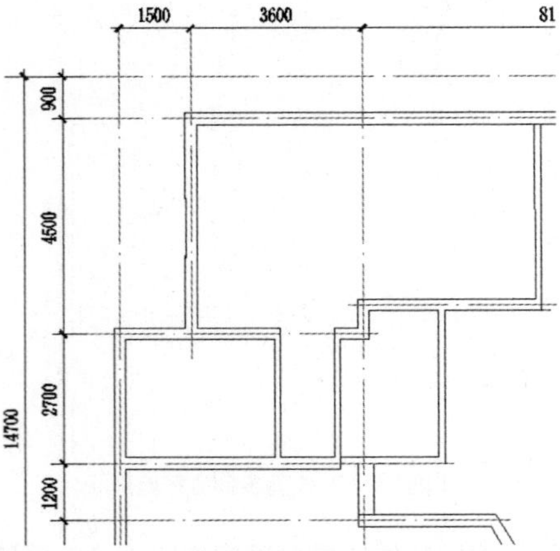

图16-21 设置墙体绘制比例

Step 22 用绘制一层墙体的方法来完成二层墙体，如图16-22所示。

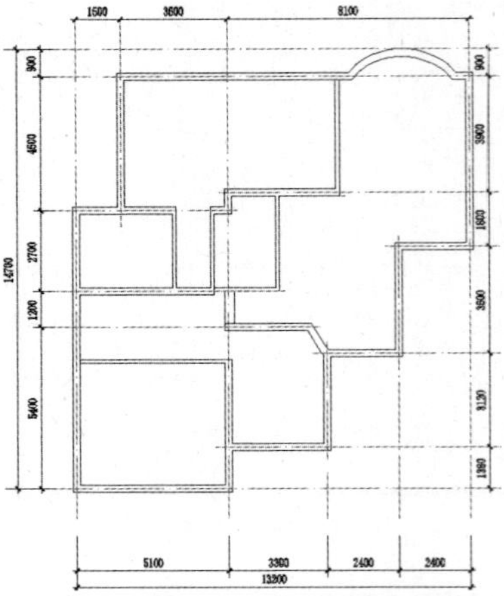

图16-22 依次绘制二层墙体

工程师点拨：墙体厚度的规格

别墅的墙体厚度一般设置为外墙360mm，内墙240mm，隔墙为120mm，应根据具体情况而定。

工程师点拨：轴线绘制

2层的建筑轴线也可以重新绘制。

16.3.2 绘制墙体

下面详细介绍如何在墙体上创建别墅的门和窗造型。

Step 01 单击绘图工具栏中直线命令，绘制轴线，然后单击偏移命令，将轴线向两边偏移60。如图16-23所示。

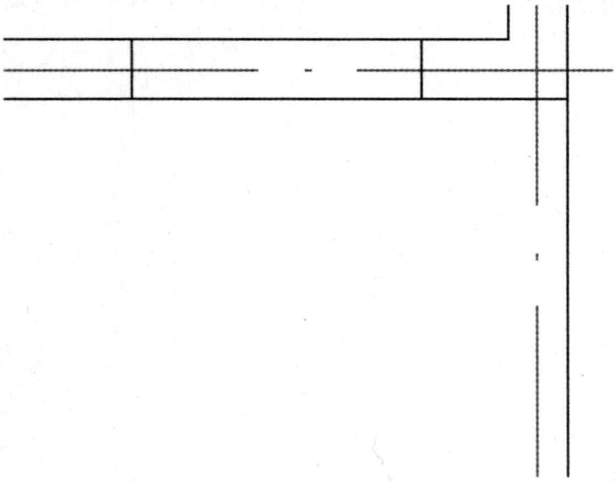

图16-23 绘制轴线

Step 02 利用剪切命令剪切墙体线条会得到门洞造型。如图16-24所示。

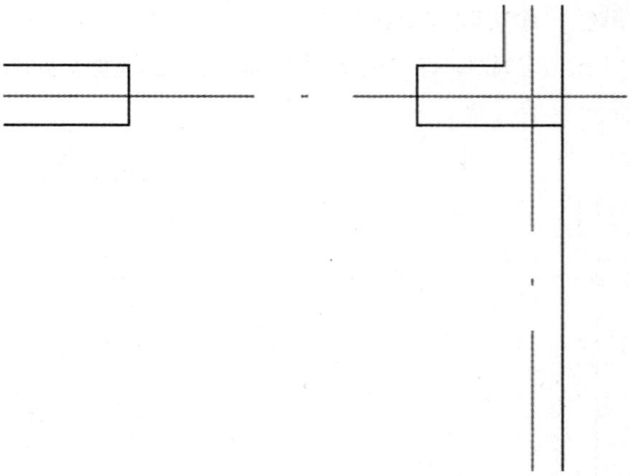

图16-24 剪切墙体线

Step 03 利用直线和圆弧命令绘制首尾连接的直线和弧线，构成门扇造型。如图 16-25 所示。

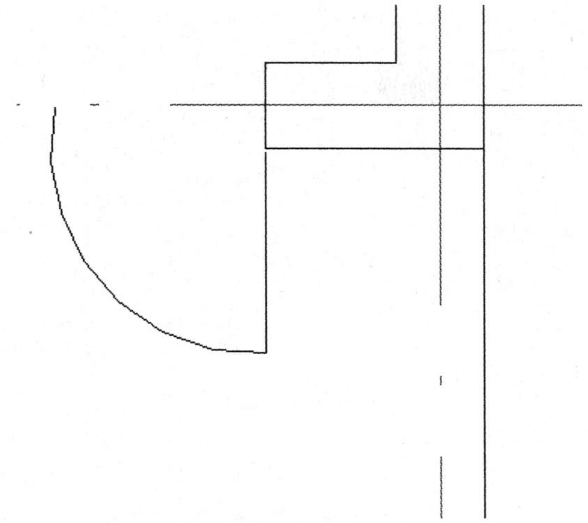

图16-25 绘制门扇

Step 04 利用“镜像”命令镜像直线和弧线，得到双扇门的造型。如图 16-26 所示。

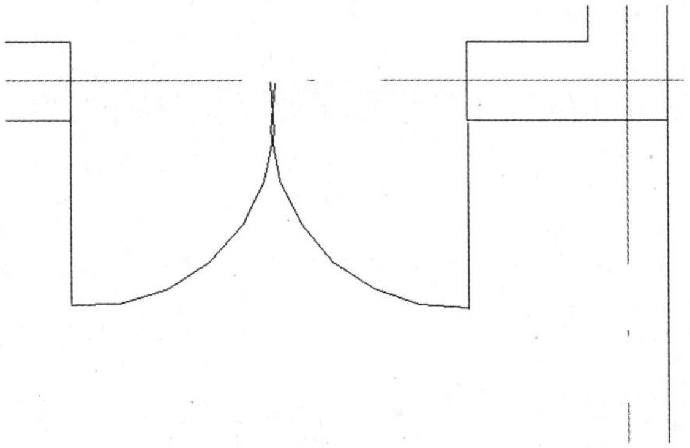

图16-26 镜像门扇

Step 05 利用直线命令，在适当的墙体上绘制 1 段短线，多次利用偏移命令，将短线向右偏移 900、1260、2160，这样就绘制出创建窗户的造型。如图 16-27 所示。

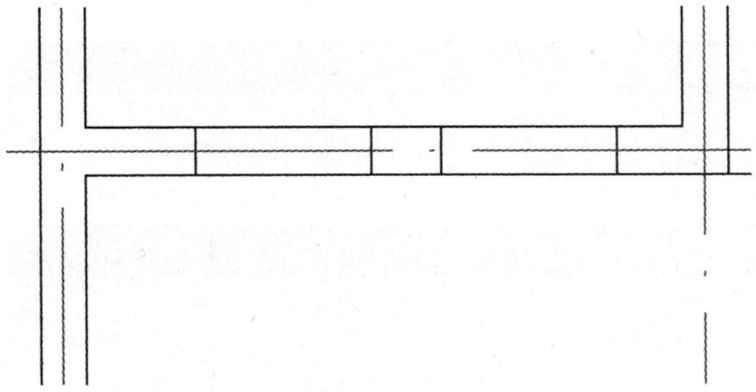

图16-27 绘制窗线

Step 06 利用偏移命令，在门边界线内侧绘制墙体平行方向的平行线，偏移上下两边的距离为 40。如图 16-28 所示。

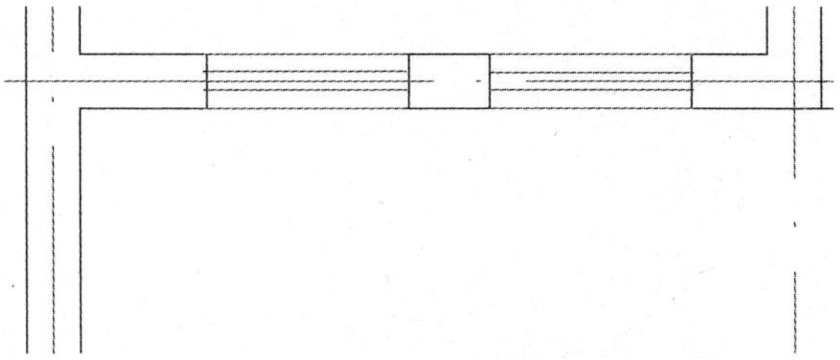

图16-28 偏移窗线

Step 07 利用多段线命令绘制弧形窗户造型。再利用直线命令，绘制一条斜线。如图 16-29 所示。

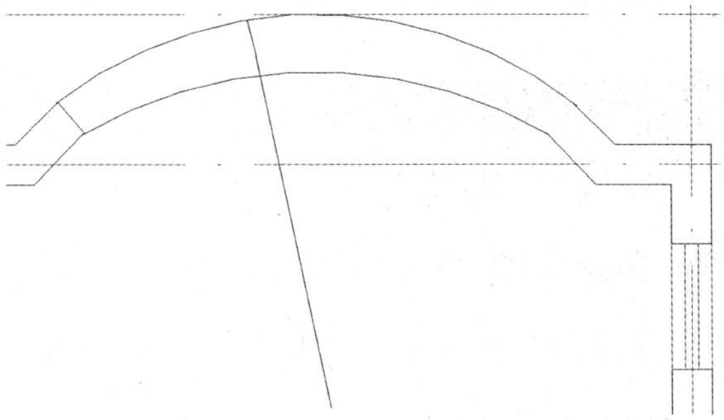

图16-29 绘制弧形窗户

Step 08 利用旋转命令，将刚才绘制的斜线进行旋转，复制出多条直径。如图 16-30 所示。

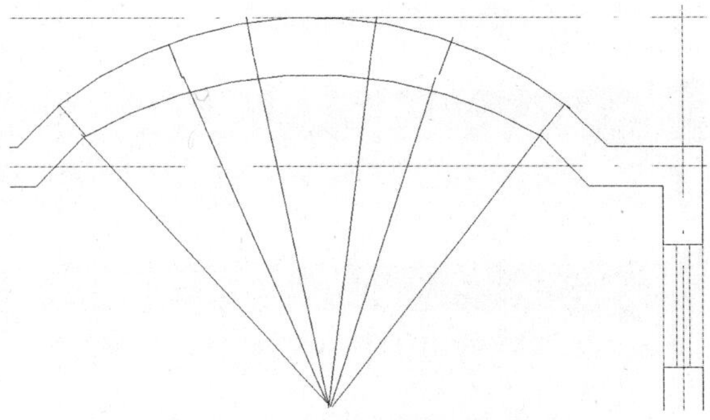

图16-30 用旋转命令复制直径条

Step 09 利用偏移命令偏移弧形造型。如图 16-31 所示。

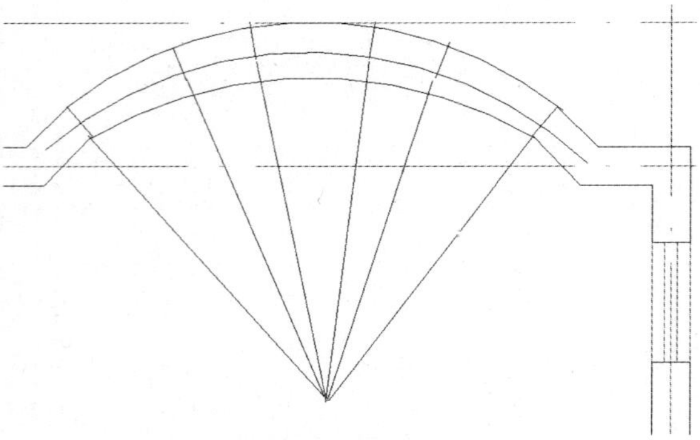

图16-31 偏移弧形

Step 10 利用剪切命令对直径进行剪切得到弧形窗户造型。如图 16-32 所示。

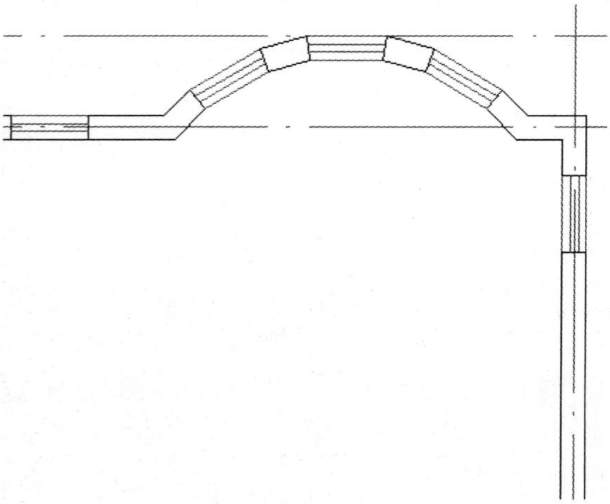

图16-32 弧形窗户选形

Step 11 别墅首层平面的门窗造型按上述方法绘制完成，检查是否有错误。如图 16-33 所示。

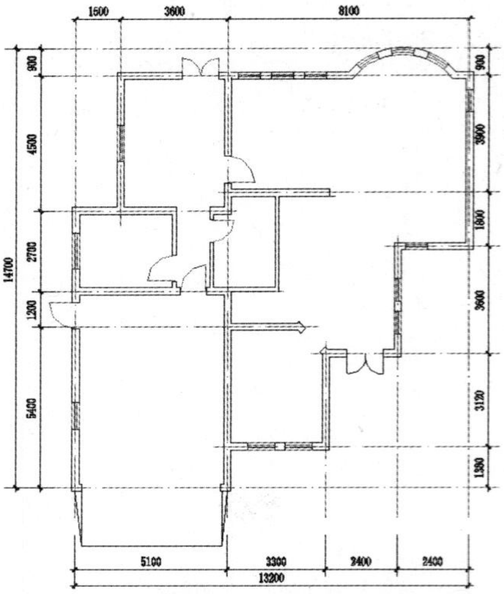

图16-33 前层门窗绘制完成

Step 12 参照别墅首层平面门窗造型的绘制方法，创建别墅二层平面的门窗造型并标注个房间的名称。如图 16-34 所示。

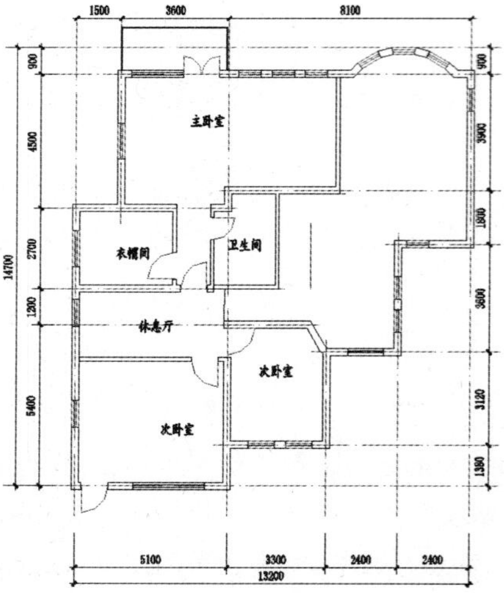

图16-34 创建二层门窗造型

工程师点拨：绘制门窗

先按门的大小绘制两条与墙体垂直的平行线确定门宽度。

工程师点拨：窗户的绘制方法

窗户的绘制方法2层的建筑轴线也可以重新绘制。

16.3.3 绘制阳台、楼梯和台阶等辅助空间

在别墅中，除了阳台和储藏间等辅助空间外，还有楼房等辅助空间，首层还有台阶、汽车坡道等。

Step 01 利用多段线命令绘制首层平面中的楼梯轮廓造型的外框。如图 16-35 所示。

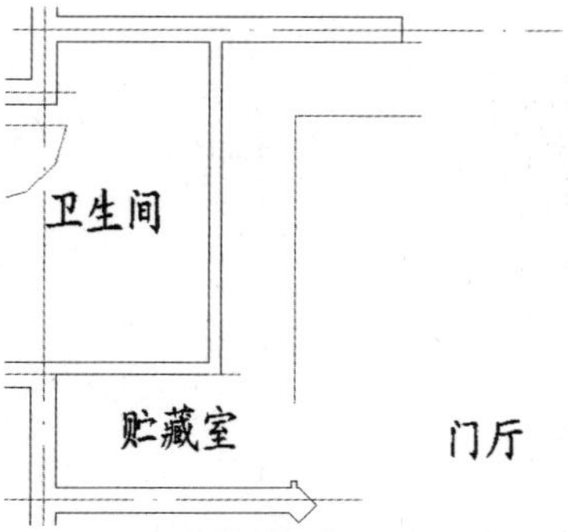

图16-35 绘制首层楼梯轮廓

Step 02 利用直线命令绘制首层平面图中踏步轮廓，再利用偏移命令，通过偏移得到其他楼梯踏步造型，偏移距离为 300。如图 16-36 所示。

图16-36 绘制踏步轮廓

Step 03 利用多段线命令在楼梯踏步上部绘制折线造型。再利用修剪命令，对突出的楼梯踏步进行修剪。如图 16-37 所示。

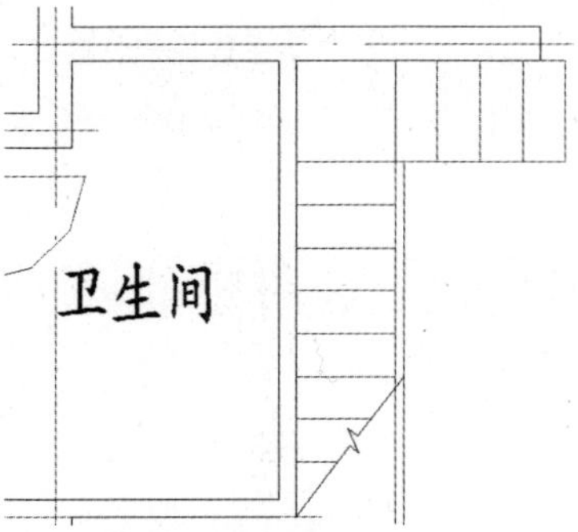

图16-37 绘制踏步折线

Step 04 利用直线命令，在楼梯间下面设计储藏间，再利用圆弧命令绘制一个小门。如图 16-38 所示。

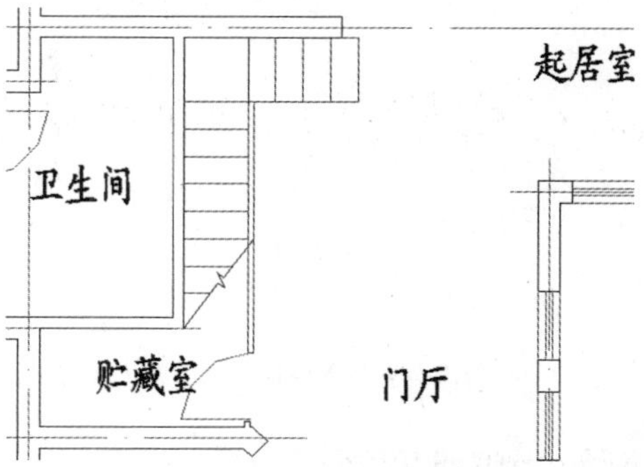

图16-38 绘制储藏间

Step 05 利用多段线命令，绘制首层平面中主入口台阶的平台轮廓。如图 16-39 所示。

图16-39 绘制首层入口平台

Step 06 利用矩形命令绘制首层平面中台阶造型，矩形长度为 1012，宽度为 293。然后再利用直线和偏移命令绘制台阶。如图 16-40 所示。

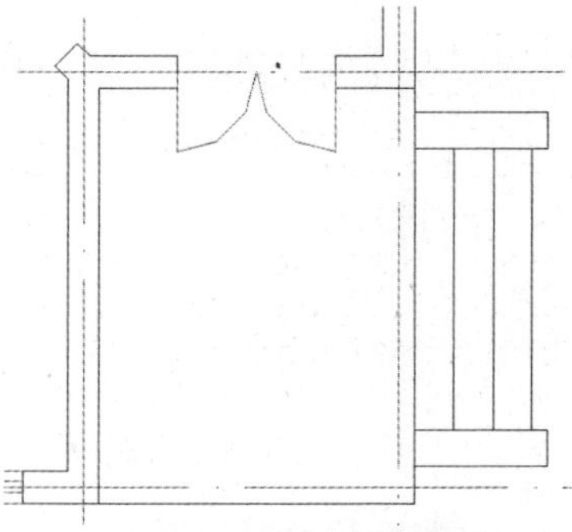

图16-40 绘制首层台阶造型

Step 07 利用直线命令绘制首层平面中的汽车库坡道造型。如图 16-41 所示。

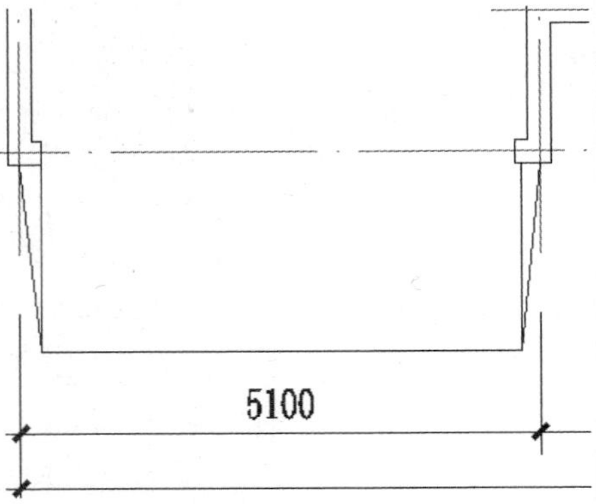

图16-41 绘制首层车库坡道

Step 08 二层平面中的楼梯造型可以根据首层的位置及其绘制方法进行绘制。如图 16-42 所示。

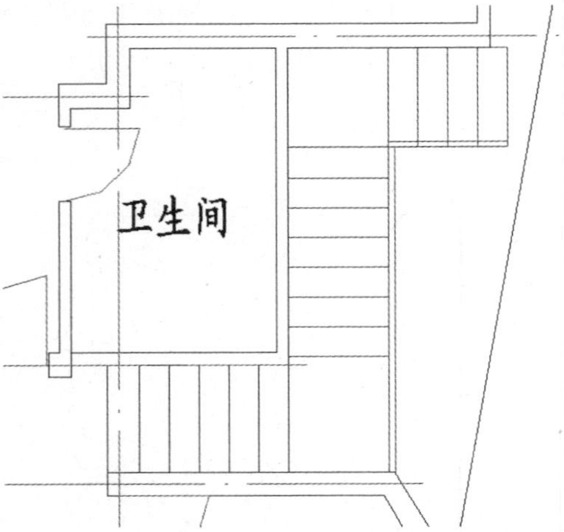

图16-42 绘制二层楼梯造型

Step 09 单击多段线命令和偏移命令，设置偏移距离为 36，绘制二层平面中的阳台造型。如图 16-43 所示。

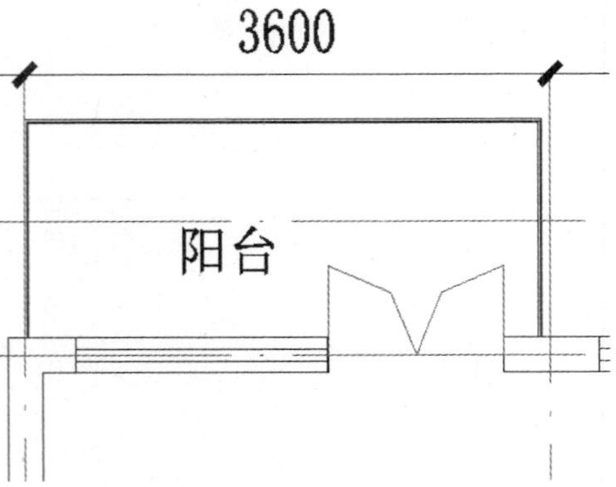

图16-43 绘制二层阳台

Step 10 绘制完成未装修的别墅建筑首层和二层平面建筑面图，可以缩放视图，观察并保存图形。如图 16-44、16-45 所示。

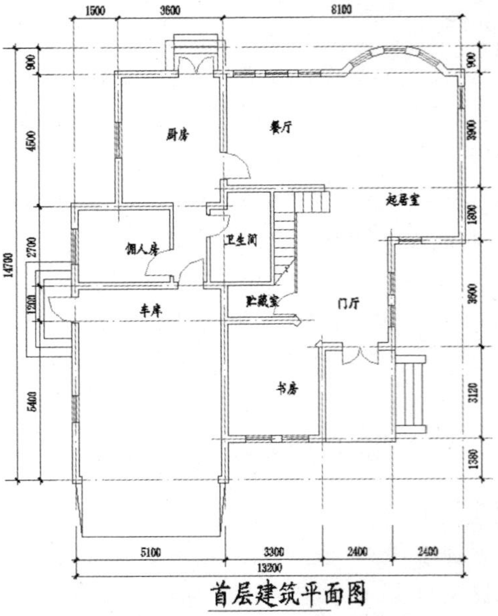

图16-44 绘制完成的首层建筑平面图

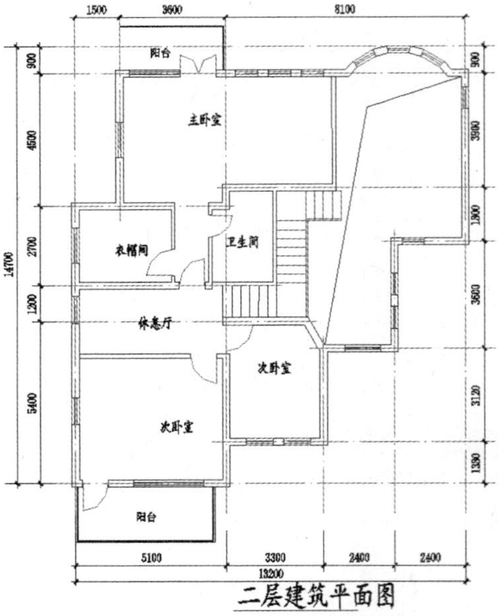

图16-45 绘制完成的二层建筑平面图

16.4 绘制别墅的装修图

绘制两层别墅的装修平面图时，因其厅大房多，合理的家具和空间设计是装修的关键。别墅内部空间设计得体，可以使别墅的装修精致高雅。厨卫设备要齐全，通风采光要良好。在别墅的卧室设计上，可以通过使用简单手法来表现丰富的韵味。例如，可以利用材料的多元化应用、几何造型的有机融入、线条节奏和韵律的充分展现、灯光造型的立体化应用等表现手法，营造温馨柔和、独具浪漫主义情怀的卧室空间。另外，在设计上可以更多地运用点、线、面等要素和形式美的基本原则，使造型和谐统一而富于变化。皮料细滑、壁布柔软、榉木细腻、松木返璞归真、防火板时尚现代，材料上多元化的使用使质感得以丰富展现，使背景墙层次错落有致。门厅作为一个过渡性空间，布置鞋柜等简单家具和花草即可，吊顶则可以设计一个造型进行美化。餐厅是家庭就餐的空间，需布置大小合适的餐桌，而客厅则可以安排造型别致的沙发和电视柜。主卧房间较大，可以布置分割为2个空间，其中一个可以布置床及梳妆台或写字台等家具，另外一个安排沙发和茶几。次卧则根据大小进行布置，主次卫生间除了座便器和洗脸盆外，还应布置淋浴设施。

下面介绍别墅的建筑装饰图设计相关知识及其绘制方法与技巧，如图16-46、16-47所示。

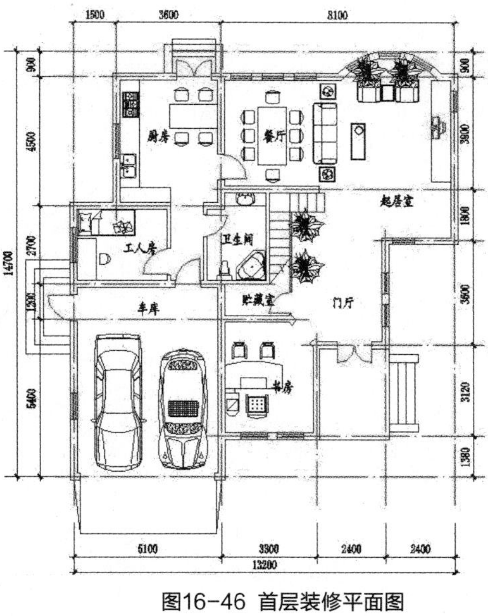

图16-46 首层装修平面图

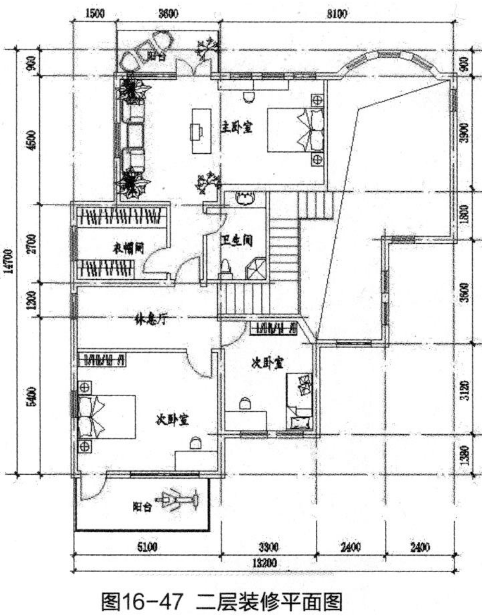

图16-47 二层装修平面图

16.4.1 门厅和客厅及餐厅平面布置

下面介绍门厅和客厅及餐厅的装饰平面绘制方法与技巧。

Step 01 本案例的别墅中，门厅、客厅和餐厅的空间平面如下图。如图 16-48 所示。

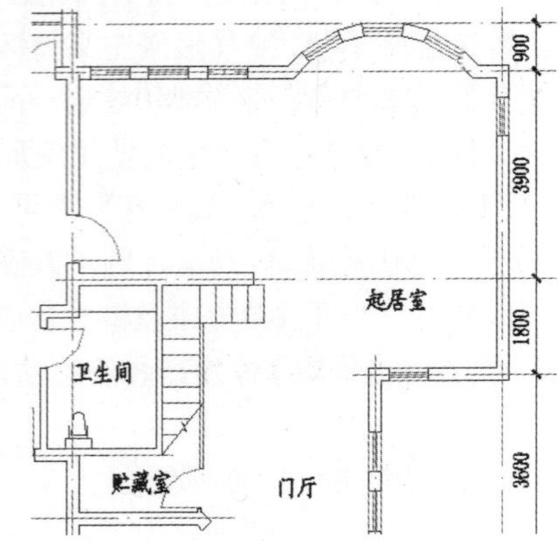

图16-48 首层平面空间

Step 02 利用插入块命令，插入“花草”图块，布置在相应的位置对门厅进行美化。如图 16-49 所示。

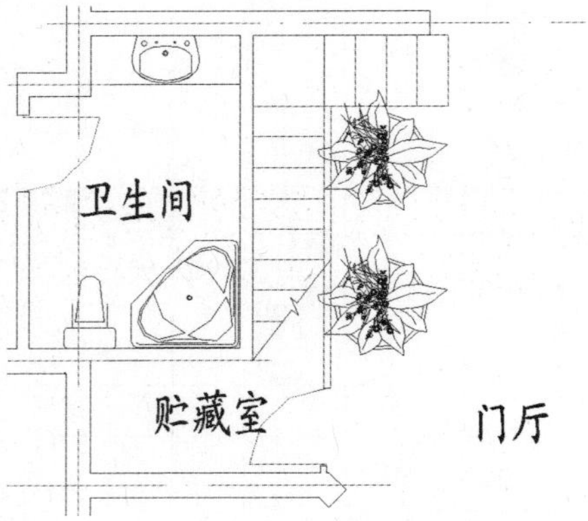

图16-49 插入图块

Step 03 利用插入块命令，在餐厅平面相应的位子布置“餐桌椅”造型。如图 16-50 所示。

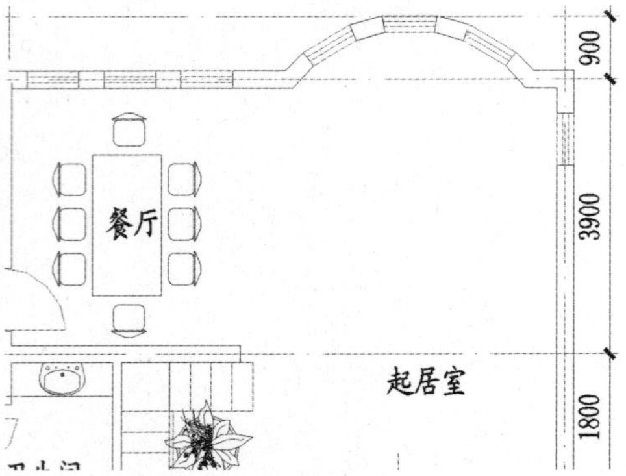

图16-50 插入块布置餐厅

Step 04 利用插入块命令，在客厅（起居室）中相应的位置对布置“沙发及茶几”造型。如图 16-51 所示。

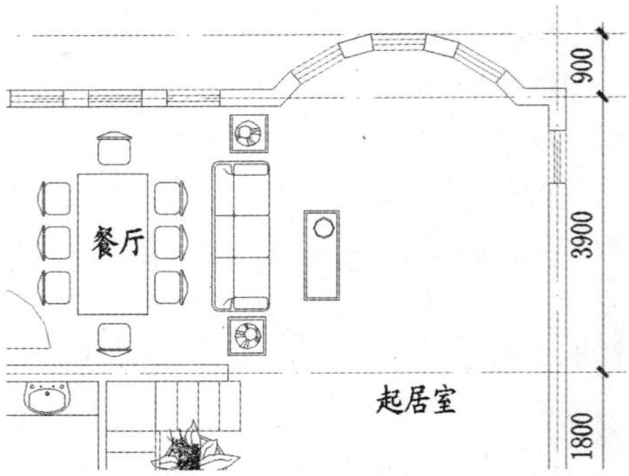

图16-51 插入块布置起居室

Step 05 利用插入块命令，在侧面布置“单人沙发”及其座间“茶几”造型。如图 16-52 所示。

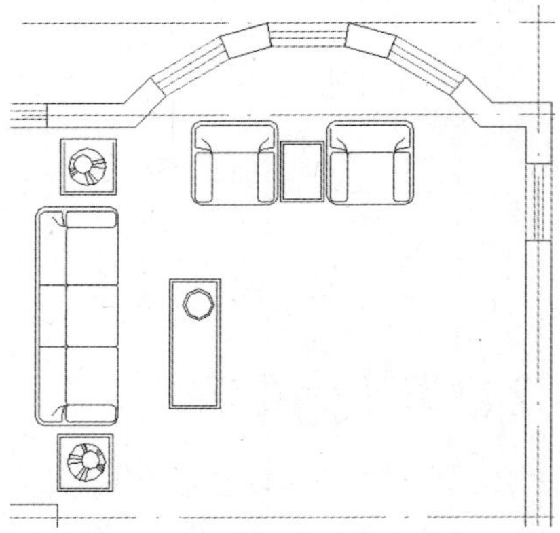

图16-52 插入块布置起居室

Step 06 利用矩形命令，绘制电视柜造型，再利用插入块命令，在电视柜上布置一个电视机造型。如图 16-53 所示。

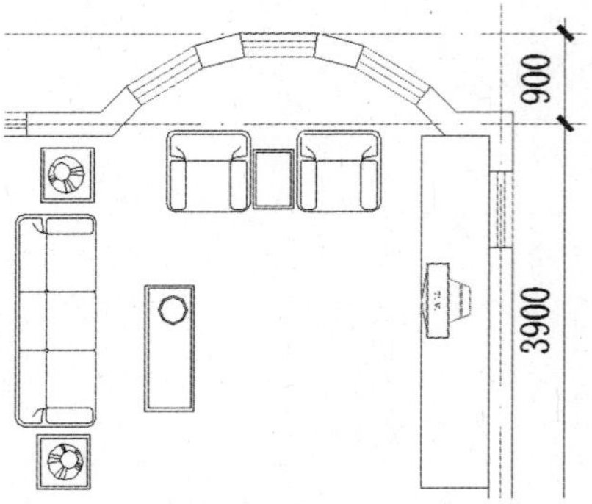

图16-53 插入块布置起居室

Step 07 利用插入块命令，在客厅相应的位置布置“花草”进行美化装饰。如图 16-54 所示。

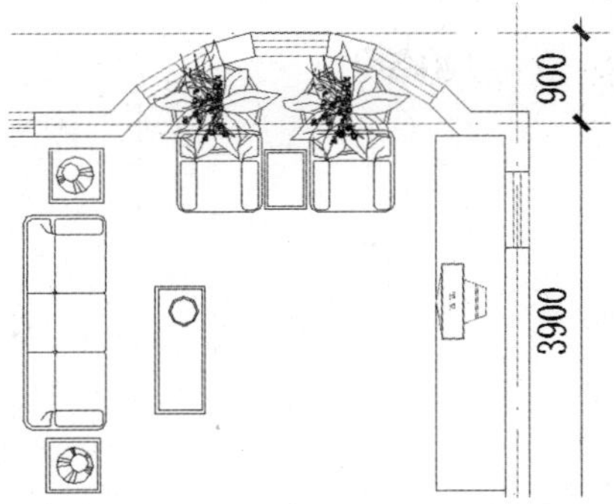

图16-54 插入块布置起居室

Step 08 别墅中汽车库空间平面如下图。如图 16-55 所示。

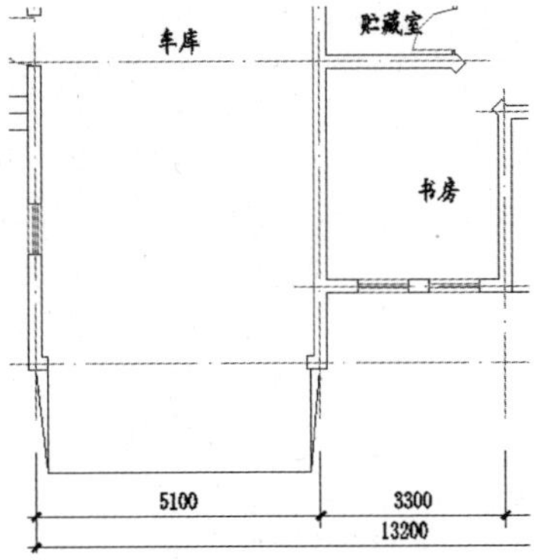

图16- 55 车库平面图

Step 09 利用插入块命令，在汽车库中合理布置“两辆小汽车”造型。如图 16-56 所示。

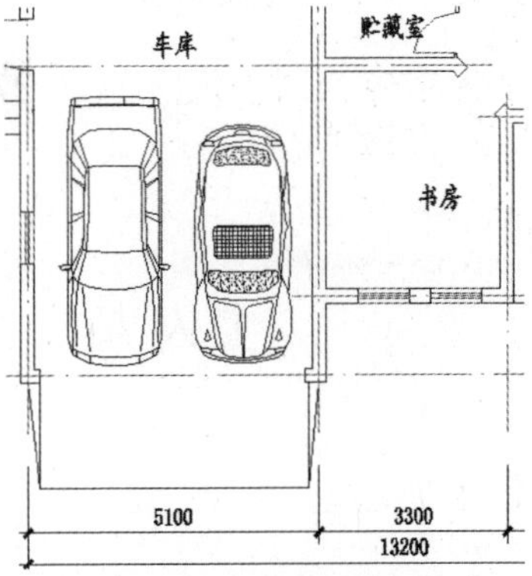

图16-56 插入块布置车库

工程师点拨：充分利用空间

根据车库的大小可布置两辆小车。

16.4.2 卧室平面布置

下面介绍别墅的各个卧室建筑装饰相关知识及布置方法与技巧。

Step 01 在别墅的首层有工人房及书房，需要布置相应的家具设施。如图 16-57 所示。

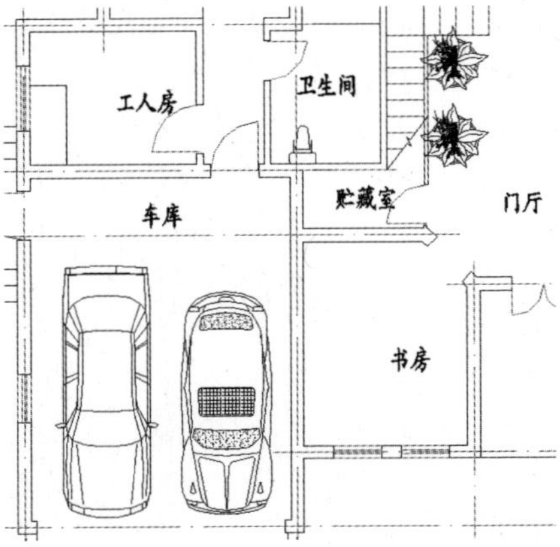

图16-57 工人房和书房

Step 02 利用矩形命令，绘制两个书柜矩形，再利用插入块命令，在书房中相应的位置布置“办公桌和椅子”造型。如图 16- 58 所示。

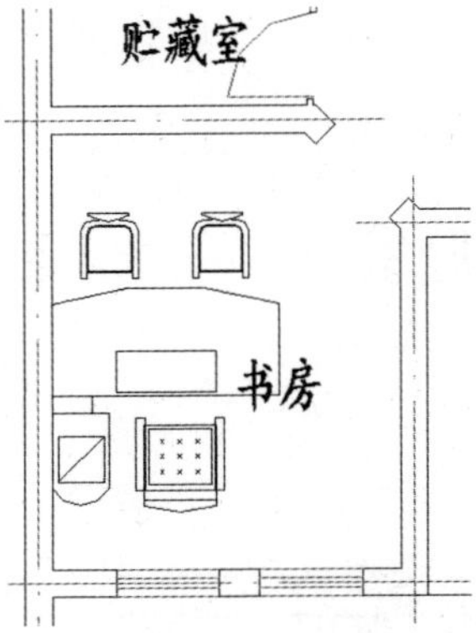

图16- 58 布置首层书房人房的布置

Step 03 利用插入块命令，在工人房相应的位置布置“单人床”和“桌子和椅子”造型。如图 16-59 所示。

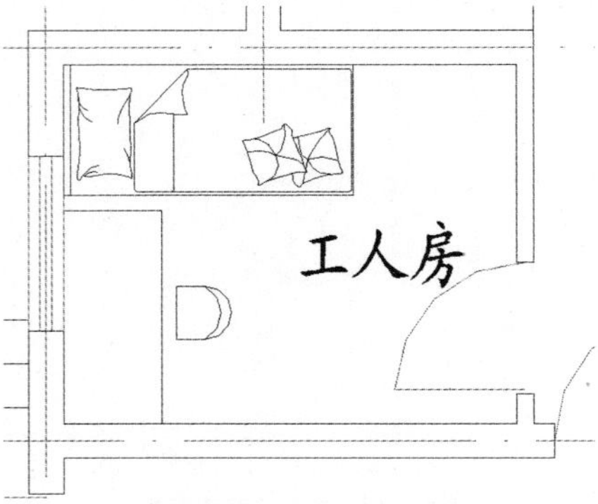

图16-59 首层工人房的布置

Step 04 利用插入块命令，在二层平面中的主卧室相应的位置布置“双人床”造型。如图 16-60 所示。

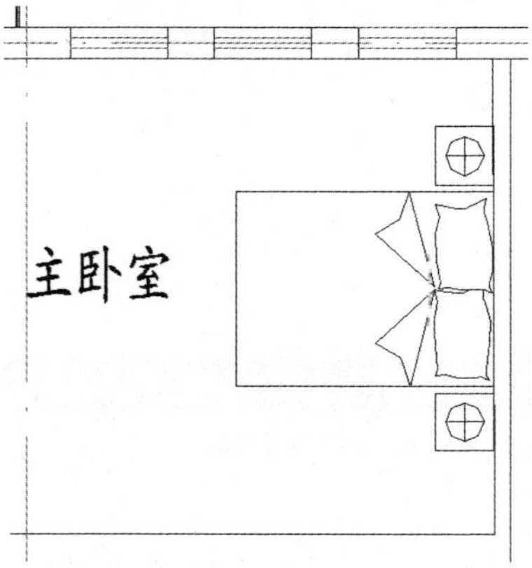

图16-60 二层主卧室的布置

Step 05 利用多段线命令，在双人床右侧绘制“梳妆台”造型，再利用插入块命令，在相应的位置布置“椅子”造型。如图 16-61 所示。

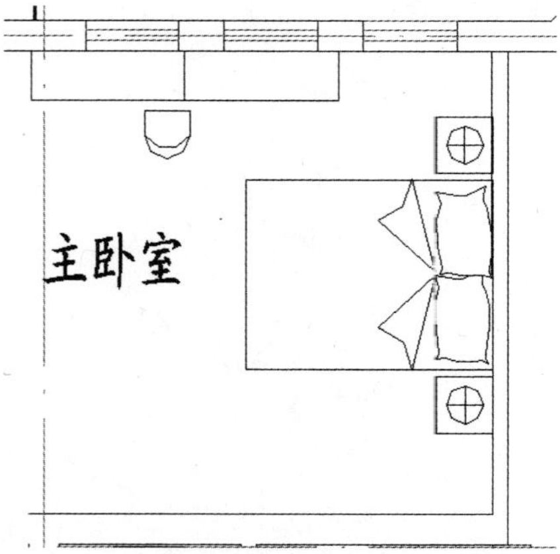

图16-61 二层主卧室布置梳妆台及椅子

Step 06 利用插入块命令，在主卧室左侧空间相应的位置布置“室内沙发”造型。再利用多段线命令，绘制一个电视设施造型。如图 16-62 所示。

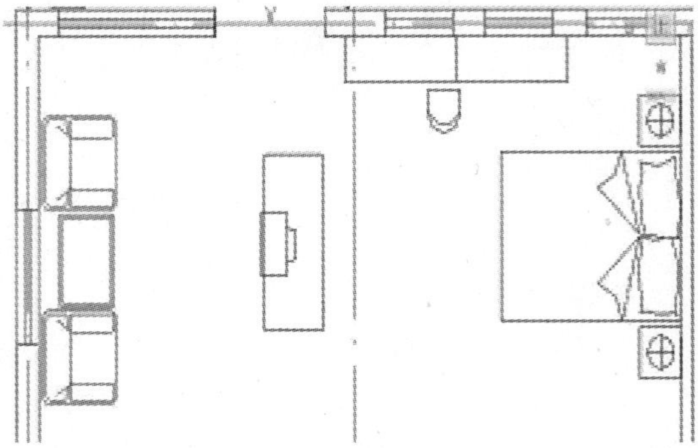

图16-62 二层主卧室布置沙发及电视

Step 07 利用插入块命令，在主卧室相应的位置布置“花草”造型。如图 16-63 所示。

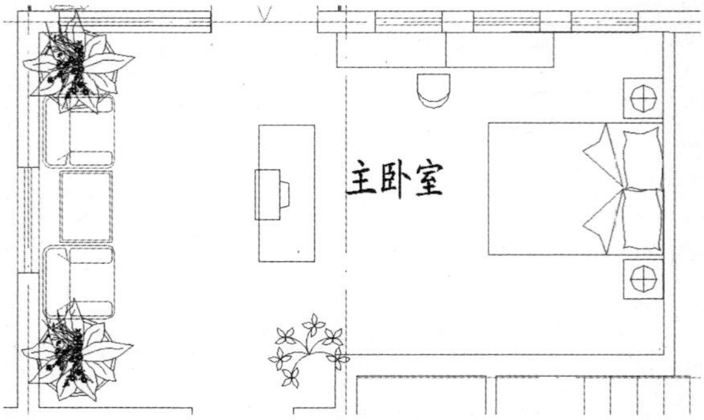

图16-63 二层主卧点缀草花以烘托氛围

Step 08 利用插入块命令，在主卧室的相应的位置布置“衣柜”造型。如图 16-64 所示。

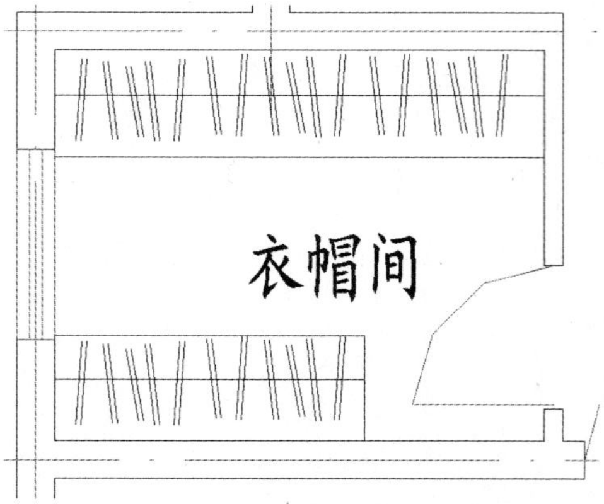

图16-64 绘制二层主卧衣帽间衣柜造型

Step 09 利用插入块命令，在两个次卧室相应的位置分别布置“双人床”和“单人床”造型。如图16-65所示。

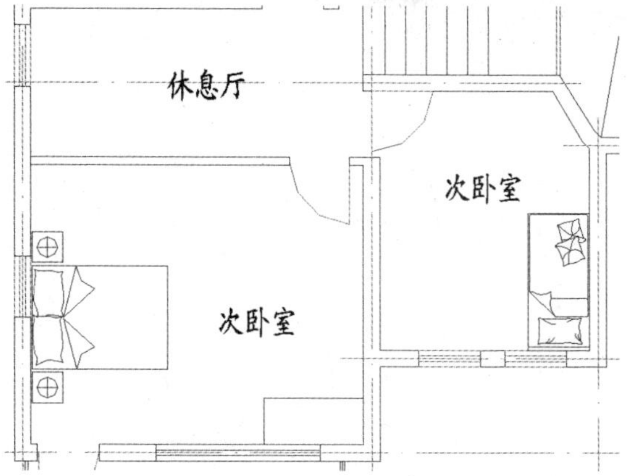

图16-65 分别绘制二层次卧平面布置

Step 10 利用插入块命令，在两个卧室相应的位置分别布置“衣柜”造型。如图16-66所示。

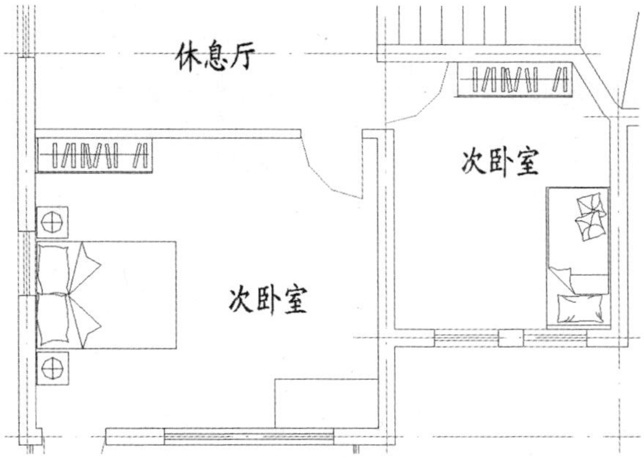

图16-66 分别绘制二层次卧衣柜

Step 11 利用插入块命令，在两个次卧室相应的位置分别布置“桌子”造型。如图16-67所示。

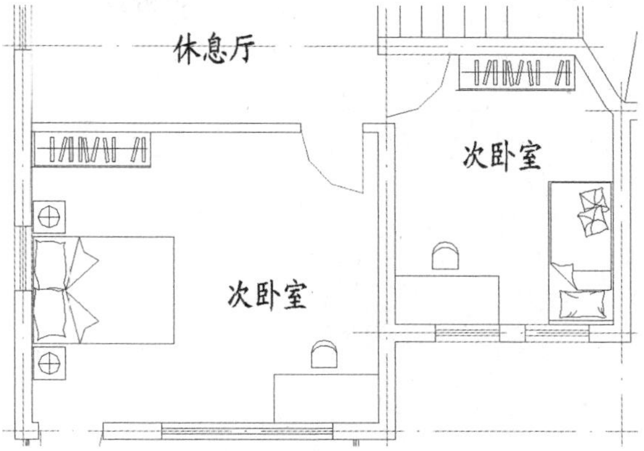

图16-67 分别绘制二层次卧桌子及休息厅沙发

工程师点拨：衣帽间

别墅现在的户型多是设置步入式衣帽间。

16.4.3 厨房和卫生间布置

下面介绍别墅的首层平面中厨房平面家具布置，再介绍首层和二层平面中的各个卫生间洁具布置。

Step 01 别墅的厨房空间平面比较强宽敞。如图16-68 所示。

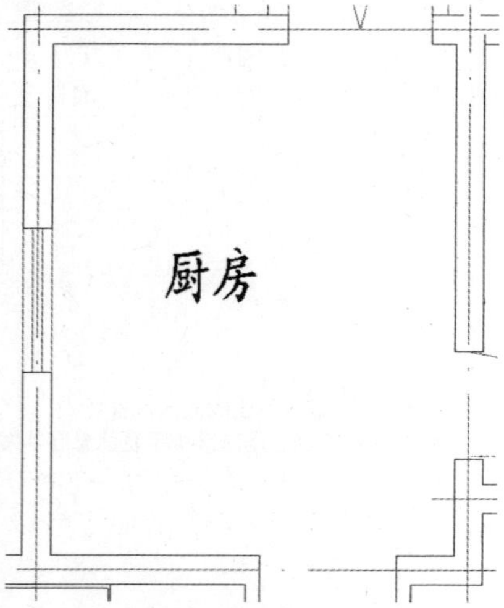

图16-68 首层厨房平面图

Step 02 利用多段线命令，绘制橱柜轮廓。如图 16-69 所示。

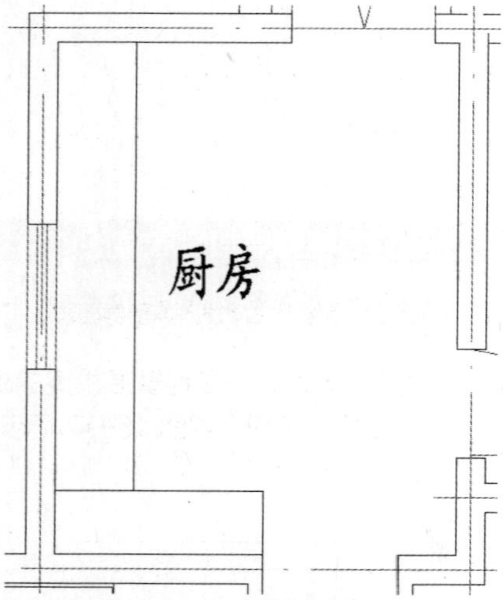

图16-69 绘制首层厨房橱柜轮廓

Step 03 利用插入块命令，在别墅厨房的相应位置处布置“燃气”造型。如图 16-70 所示。

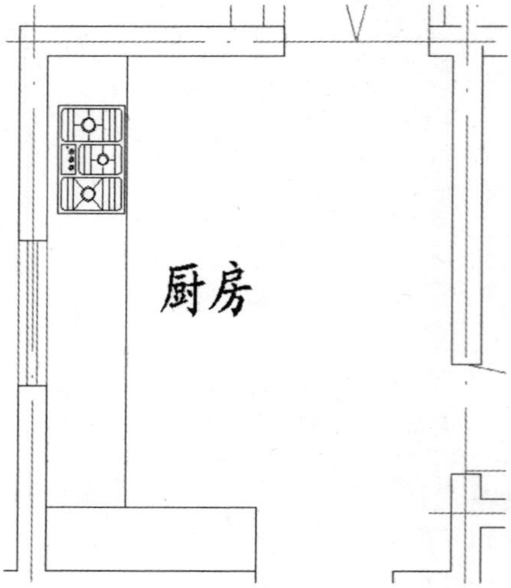

图16-70 插入燃气灶图块

Step 04 利用插入块命令，在别墅厨房的相应的位置处布置“洗菜盆”模型。如图 16-71 所示。

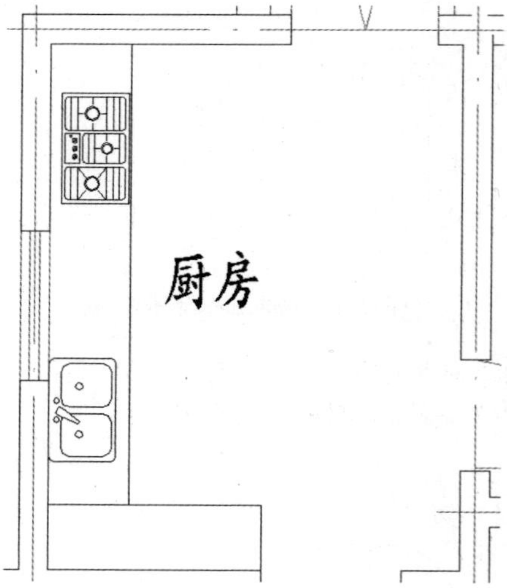

图16-71 插入洗盆图块

Step 05 利用插入块命令，在厨房内的相应的位置布置“小餐桌”模型。如图 16-72 所示。

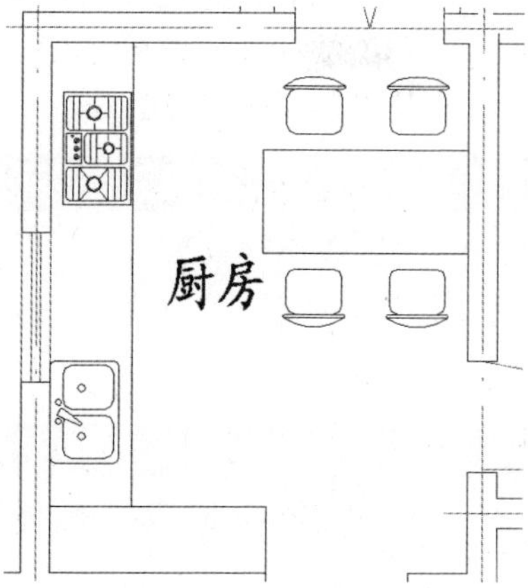

图16-72 插入餐桌图块

Step 06 别墅的首层和二层各有一个卫生间。如图 16-73 所示。

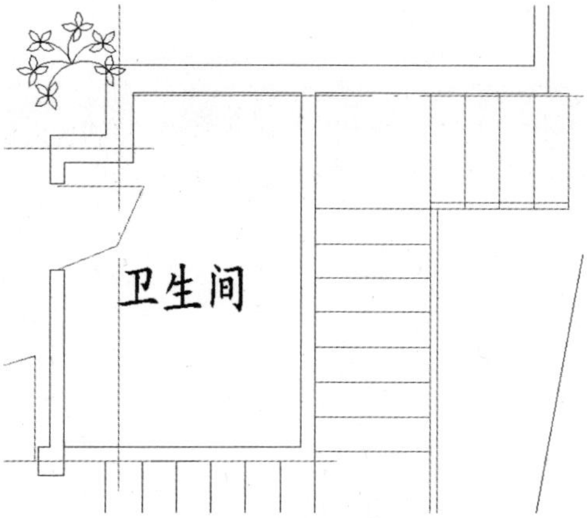

图16-73 首层卫生间平面图

Step 07 利用插入块命令，在房间的相应的位置布置“植物”模型。如图 16-74 所示。

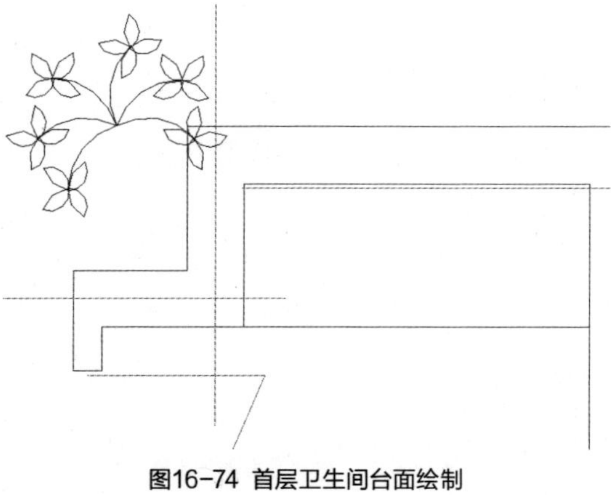

图16-74 首层卫生间台面绘制

Step 08 利用插入块命令，在台面上相应的位置处布置“洗脸盆”模型。如图 16-75 所示。

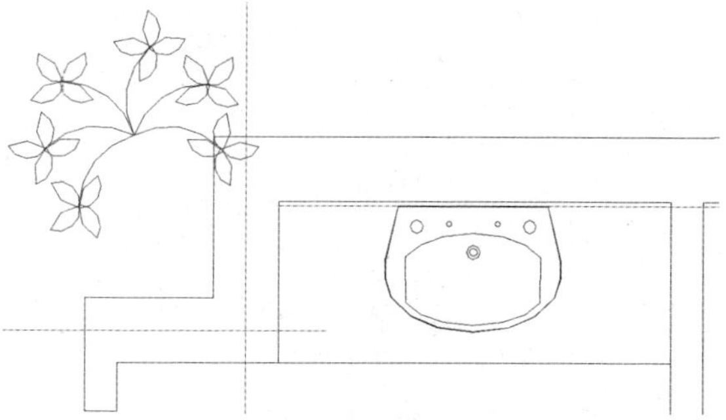

图16-75 首层卫生间插入洗盆图块

Step 09 利用插入块命令，在别墅卫生间的相应位置处布置“座便器”模型。如图 16-76 所示。

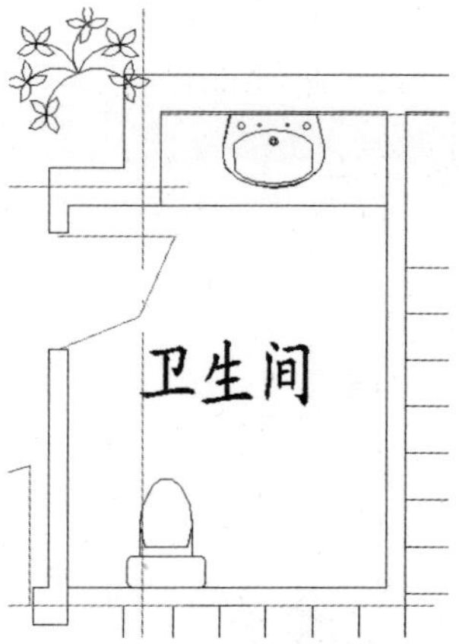

图16-76 首层卫生间插入座便器图块

Step 10 利用插入块命令，在别墅卫生间的相应的位置布置“淋浴设施”模型。如图 16-77 所示。

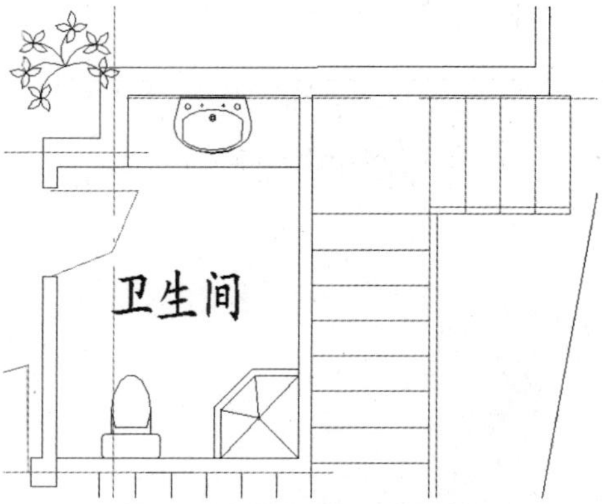

图16-77 首层卫生间插入淋浴房图块

Step 11 别墅首层的卫生间参照二层的卫生间进行布置。如图 16-78 所示。

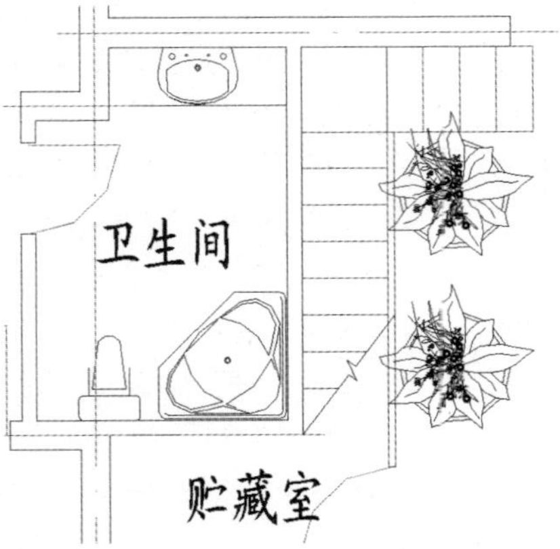

图16-78 二层卫生间布置

工程师点拨：厨房布局

此厨房操作台为L型布局方式。

工程师点拨：淋浴室的设计

淋浴设施为整体浴室造型。

工程师点拨：空间区域划分

在二层平面中的主卧室空间大，通过电视柜划分为两个空间。

16.4.4 阳台等其他空间平面布置

阳台根据其面积大小情况，可以作为休闲的平台，也可以作为运动健身之所，供休息闲用。本例阳台空间平面，如下图16-79所示。

工程师点拨：阳台的布置

在阳台配置一些花草或盆景进行室内美化，供休闲健身使用。

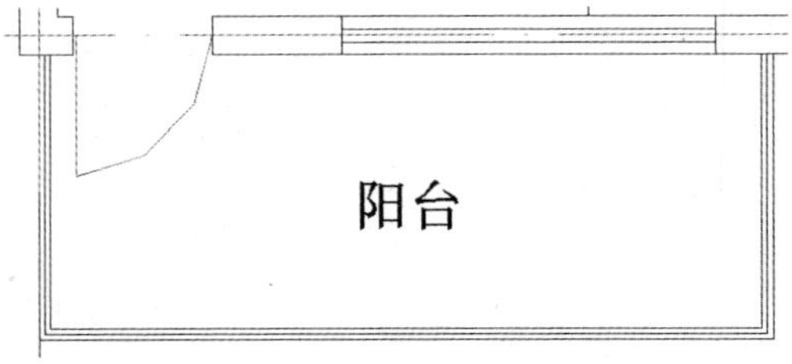

图16-79 首层建筑平面图

Step 01 利用插入块命令，在主卧室的阳台相应的位置布置“小桌子和椅子”模型。如图 16-80 所示。

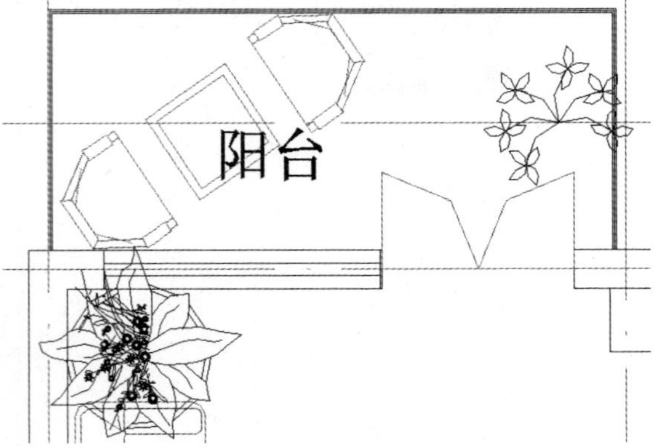

图16-80 二层主卧室阳台布置

Step 02 利用插入块命令，在次卧室的阳台相应的位置布置“运动器械”模型。如图 16-81 所示。

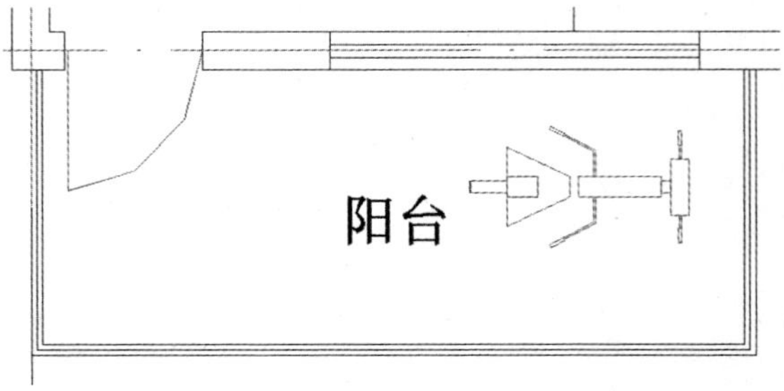

图16-81 二层次卧室阳台布置

16.5 绘制地面和天花等平面图

在别墅的地面和天花装修平面图中，材质是地面和天花装饰设计的首要因素，只有将材料的基本特征与居室的使用功能及人物的性格特点紧密联系起来，才可能达到满意的艺术效果。不同材料会给居室带来不同感觉。例如，大理石、花岗岩等天然石料板材的质地坚硬，会使居室显现出肃穆、豪华；毛毯、丝毯等织品手感温和、细腻，会给居室带来暖洋洋的气氛，陶瓷制品表面光亮，使居室显得明亮；塑料铺地材料色彩亮丽，可给居室带来丰富多彩的感觉。在实际的地面和天花的装饰中，现在很少采用单一色彩方案，总是通过几种色彩的组合形成一定的图案，以创造出具有立体感效果的空间美。

地面装修材料为地砖、实木地板和复合木地板等，其中门厅、餐厅和客厅、厨房、卫生间等采用地砖地面。而主次卧室则采用地板地面，通过选择不同的图案填充来表示其不同的材质。在进行天花绘制时，在客厅、餐厅和主卧室处设计局部造型来进行空间美化，卫生间和厨房采用铝扣板吊顶，其他卧室等房间吊顶采用乳胶漆，不需绘制特别的图形，仅布置照明灯或造型灯即可。

以图16-82、图16-83 、图16-84、图16-85所示的地面和天花板介绍装修绘制方法与相关技巧。

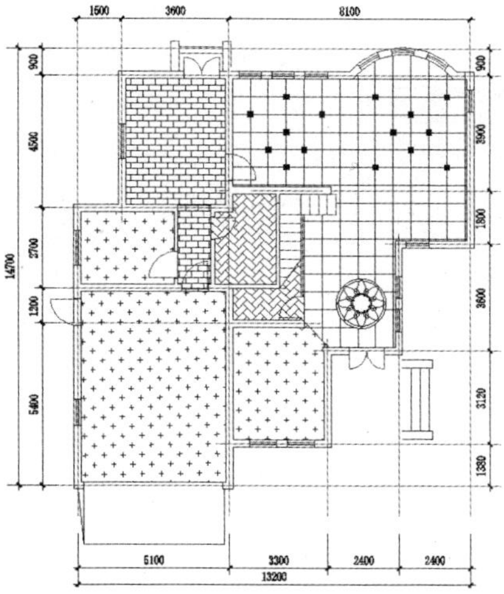

图16-82 首层地面铺装图

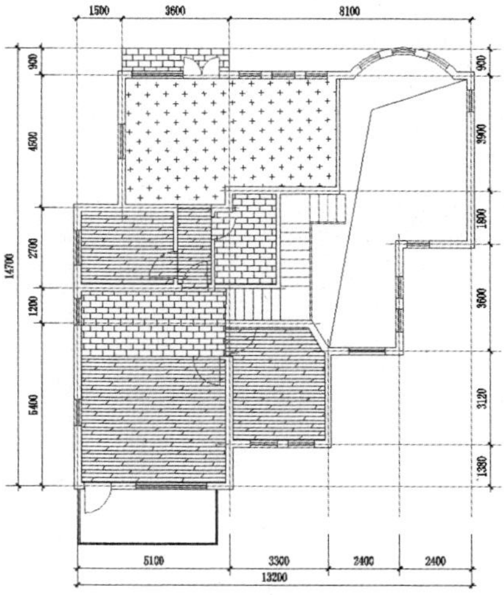

图16-83 二层地面铺装图

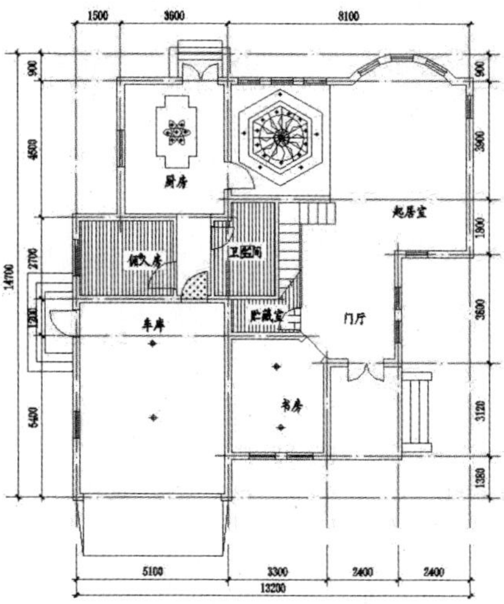

图16-84 首层天花布置图

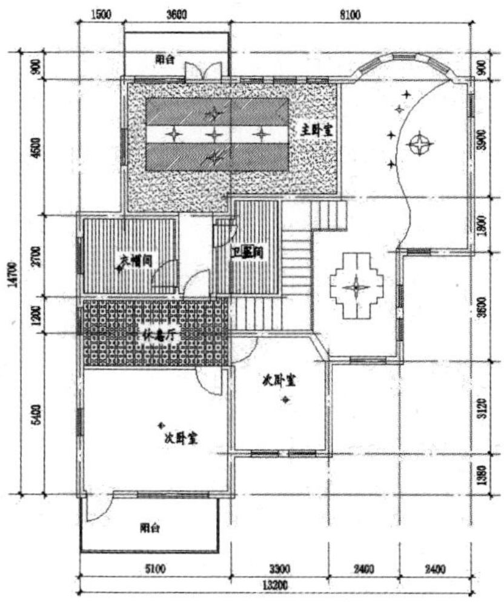

图16-85 二层天花布置图

16.5.1 绘制地面

下面介绍别墅的地面装饰图绘制方法与技巧。

Step 01 利用圆命令绘制两个同心圆，圆的直径分别为 1680，1530。是一个拼花图案的外框。如图 16-86 所示。

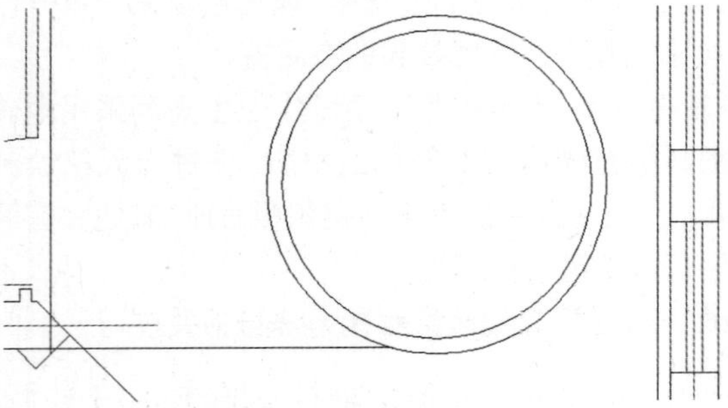

图16-86 绘制同心圆

Step 02 利用圆命令，在同心圆内再绘制两个小的同心圆，圆的直径分别为 684，610，结果如图 16-87 所示。

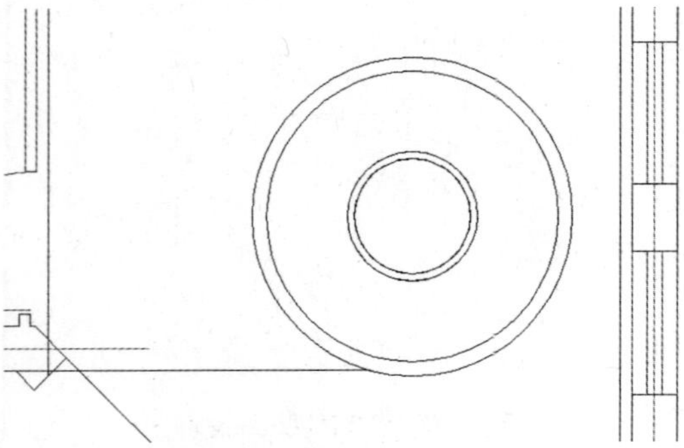

图16-87 绘制小同心圆

Step 03 利用直线命令，以圆心为起点绘制一条直线，再利用圆弧命令，绘制一条弧形。如图 16-88 所示。

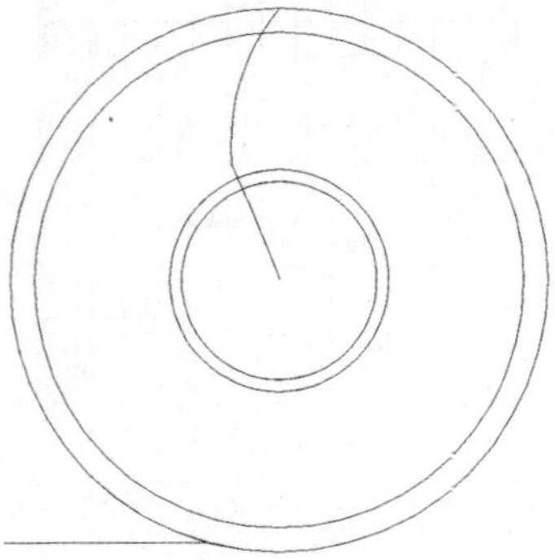

图16-88 绘制圆弧

Step 04 利用偏移命令，将直径为 684 的圆向外偏移 95。如图 16-89 所示。

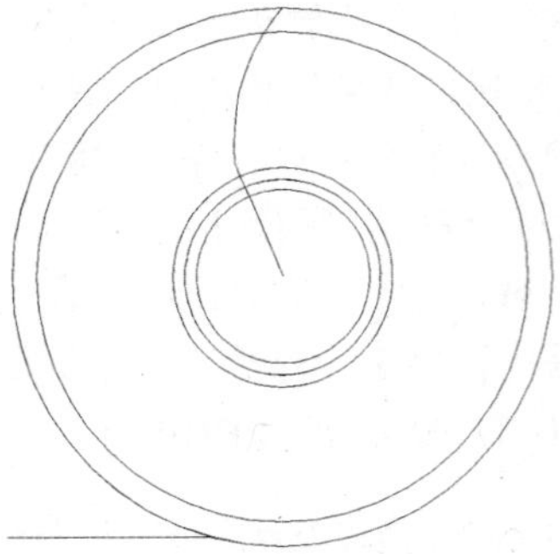

图16-89 偏移同心圆

Step 05 利用修剪命令，剪切得到一段短线。再利用删除命令将上步绘制的圆删除。如图 16-90 所示。

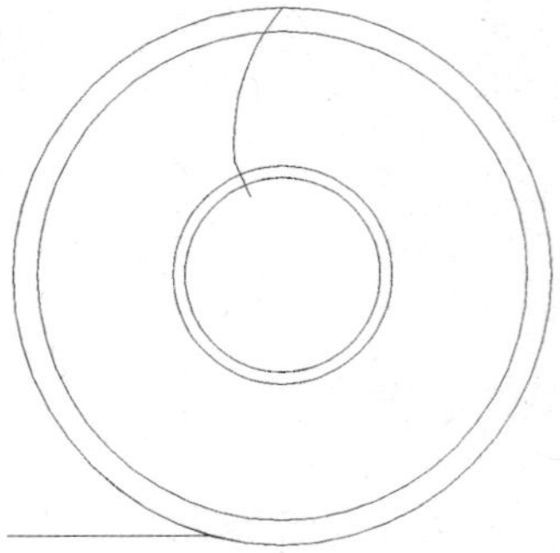

图16-90 修建多余线

Step 06 利用圆弧命令，在内侧再绘制一段弧形造型。如图 16-91 所示。

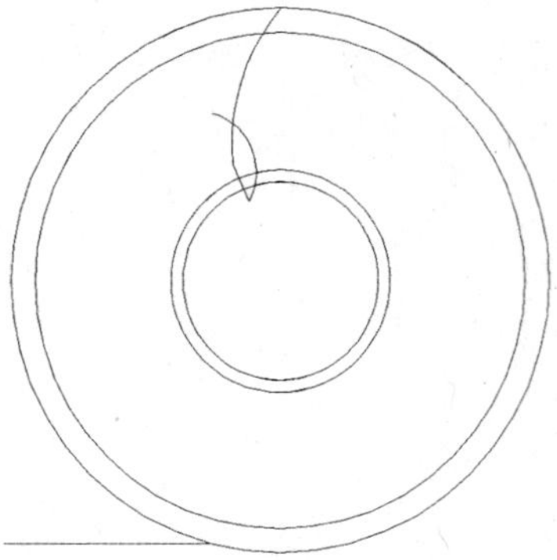

图16-91 绘制弧形造型

Step 07 利用镜像命令，对刚才绘制的俩个“圆弧”进行镜像得到对称图形。如图 16-92 所示。

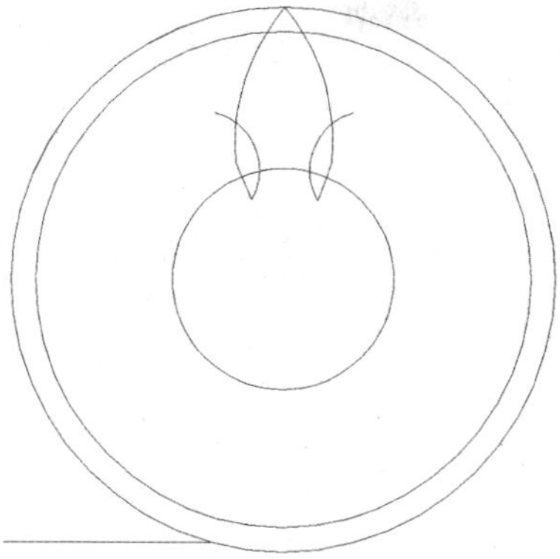

图16-92 镜像弧形

Step 08 利用“环形阵列”命令，对对称的图形进行阵列。如图 16-93 所示。

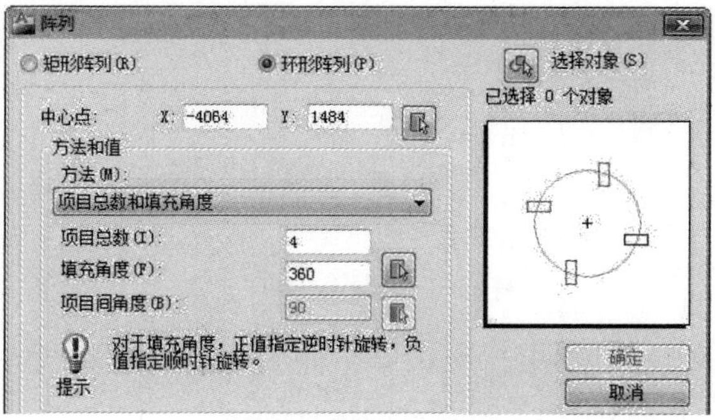

图16-93 打开阵列对话框

Step 09 如果阵列后结果满意，按 Enter 键，如图 16-94 所示。

图16-94 圆形阵列

Step 10 利用修剪命令，对该拼花图中的图线进行修剪，得到门厅地面的地面拼花图案造型。如图 16-95 所示。

图16-95 修建多余线

Step 11 利用直线和偏移命令，偏移的间距为 600。绘制客厅范围的地面图案竖直方向的线段。如图 16-96 所示。

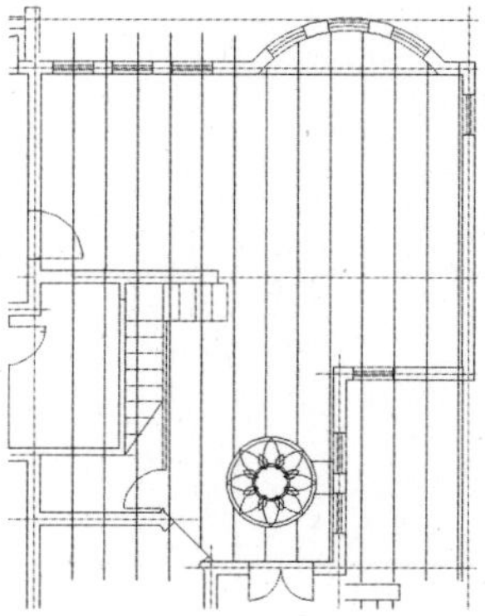

图16-96 竖向偏移地面铺装

Step 12 利用直线和偏移命令，偏移的间距为 600，绘制水平方向的线条。如图 16-97 所示。

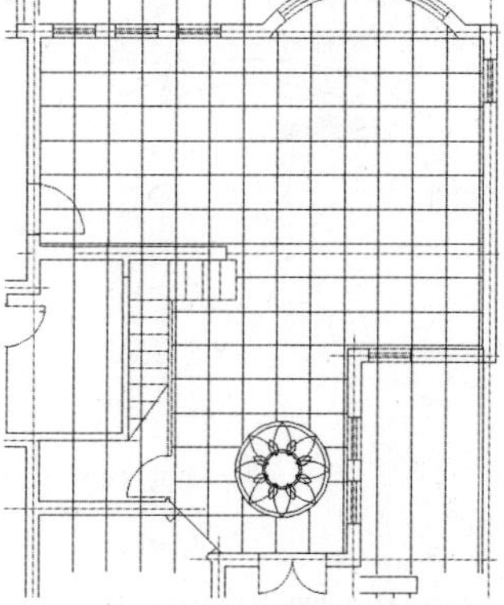

图16-97 横线偏移地面铺装

Step 13 利用修剪命令对起居室地面线条进行剪切，得到其铺装效果。如图 16-98 所示。

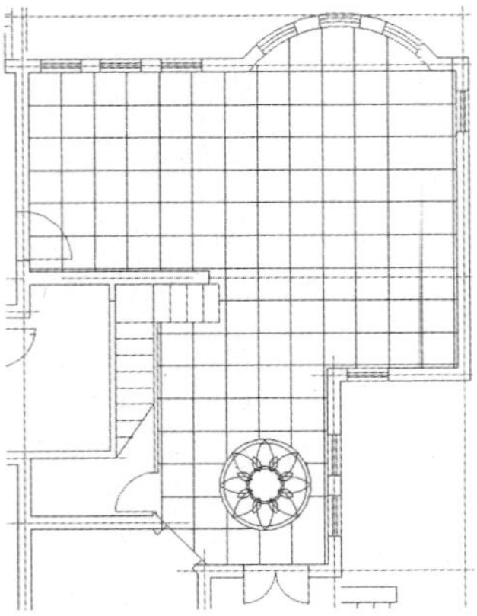

图16-98 首层地面图

Step 14 利用正多边形命令在水平与竖直线条交点绘制一个小正方形，宽度为 128。如图 16-99 所示。

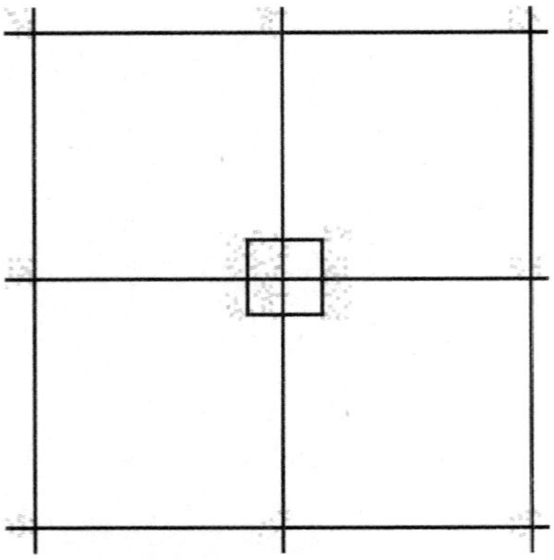

图16-99 绘制正多边形

Step 15 利用“图案填充”命令，在弹出的对话框中选择填充的图案。如图 16-100 所示。

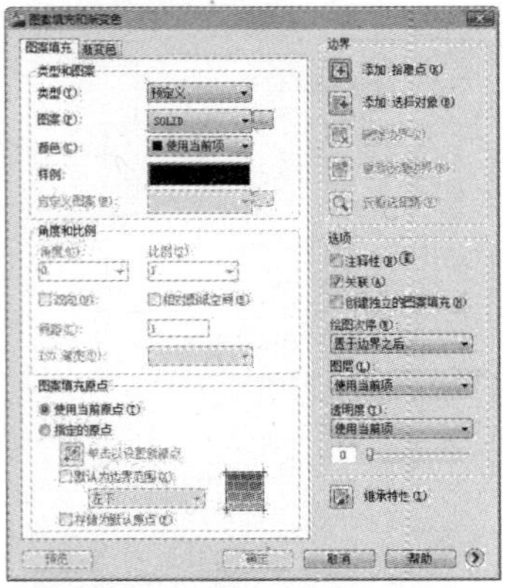

图16-100“图案填充”对话框

Step 16 对小正方向形进行填充。如图 16-101 所示。

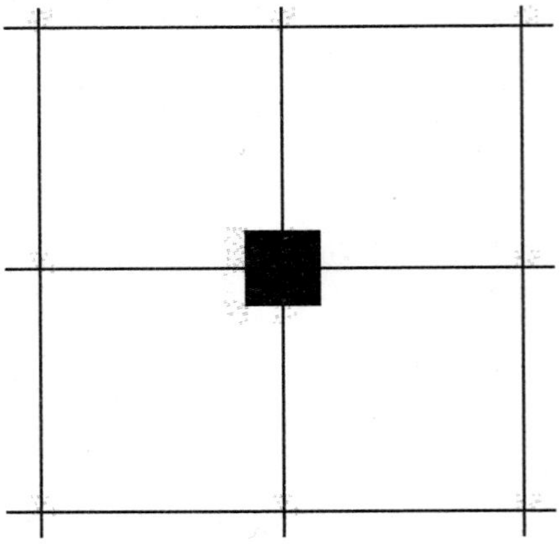

图16-101 填充图案

Step 17 利用复制命令，创建别墅首层客厅左侧地面装修效果。如图 16-102 所示。

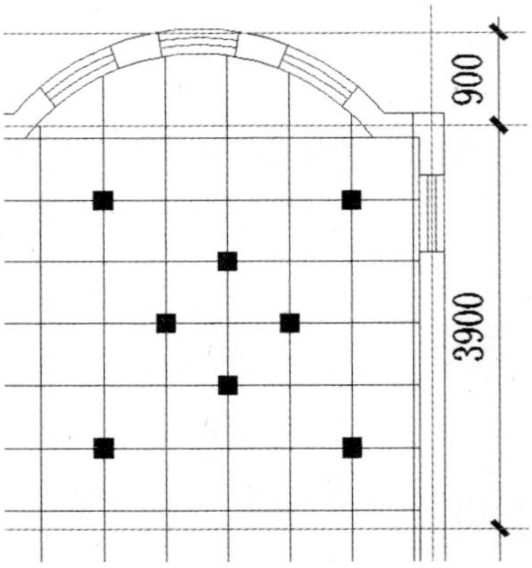

图16-102 复制填充图案

Step 18 利用复制命令在餐厅地面整个区域，按不同效果布置小方框造型。如图 16-103 所示。

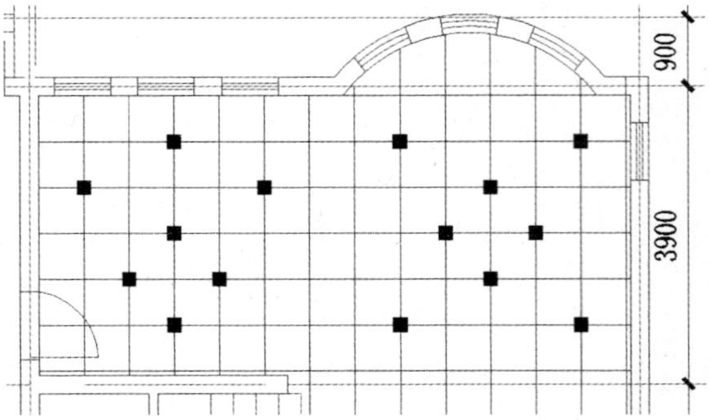

图16-103 地面图案造型

Step 19 利用直线命令，对于首层地面的其他房间，先将其门口、门洞等开口处封闭，形成填充边界。如图 16-104 所示。

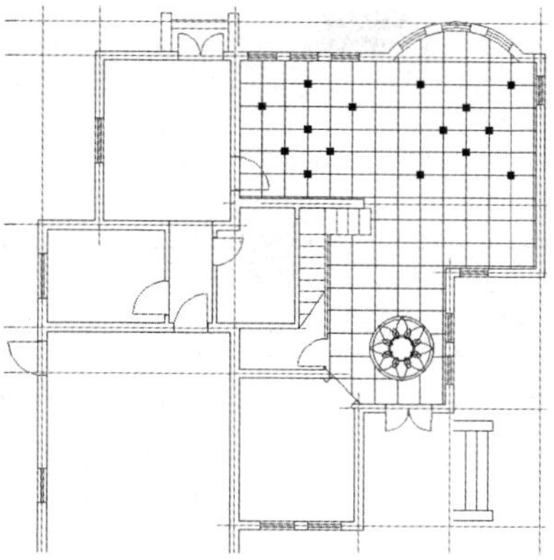

图16-104 绘制其他房间地面铺装

Step 20 执行“图案填充”命令，在弹出的“图案填充”对话框中对卫生间和储藏的图案设置。如图 16-105 所示。

图16-105 打开“图案填充”对话框

Step 21 用同样的方法设置厨房图案。如图 16-106 所示。

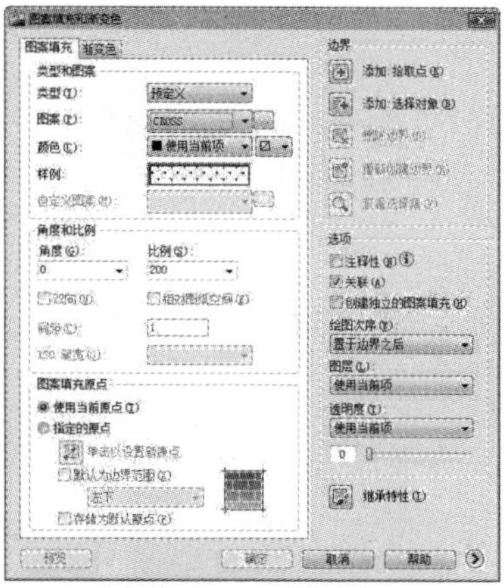

图16-106 填充厨房铺装图

Step 22 其他房间的地板图形用相同的方式绘制。如图 16-107 所示。

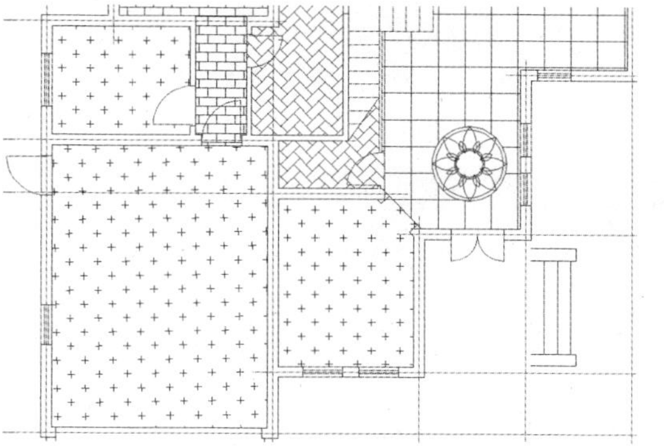

图16-107 填充其他房间地面铺装

Step 23 完成别墅首层地面平面的绘制。如图 16-108 所示。

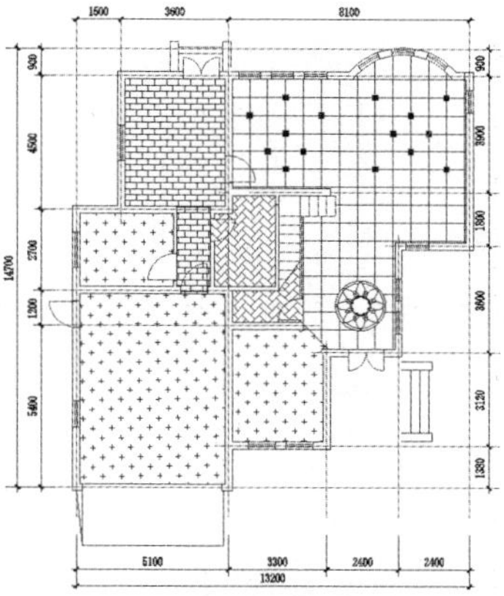

图16-108 首层地面铺装绘制完成

Step 24 别墅二层地面绘制，参照一层的地面进行，最后得到二层地面效果图。如图 16-109 所示。

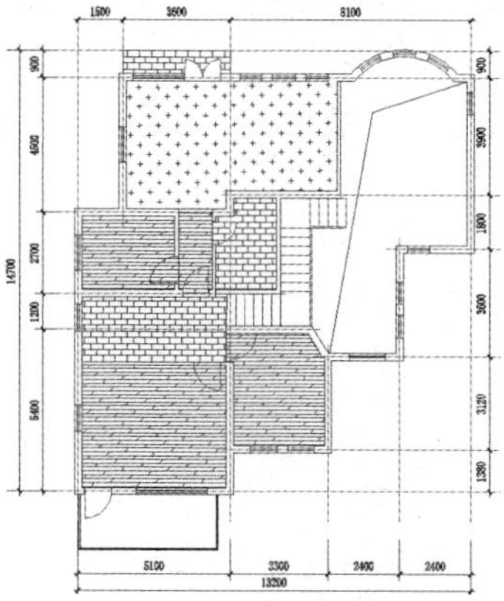

图16-109 二层地面铺装绘制完成

工程师点拨：填充地面铺装

选择合适的图案效果填充其他房间，如车库、储藏间、书房和卫生间等。

工程师点拨：地面铺装的绘制

可以先绘制竖直方向的线条，也可以先绘制水平方向的。

工程师点拨：图案填充

选择合适的图案效果，对厨房、工人和卫生间等进行地面效果填充。

16.5.2 绘制天花平面

下面介绍别墅天花绘制。

Step 01 在首层中，门厅和起居室是两层楼高，其天花设计在二层平面中进行。如图 16-110 所示。

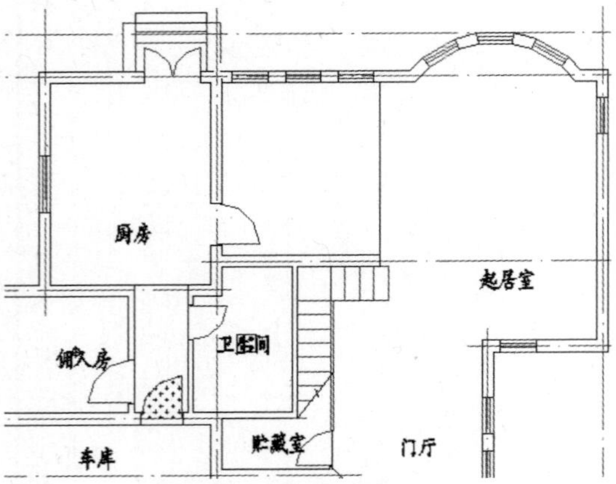

图16-110 首层起居室天花布置图

Step 02 利用圆命令，绘制直径分别为 1500，580 的两圆。如图 16-111 所示。

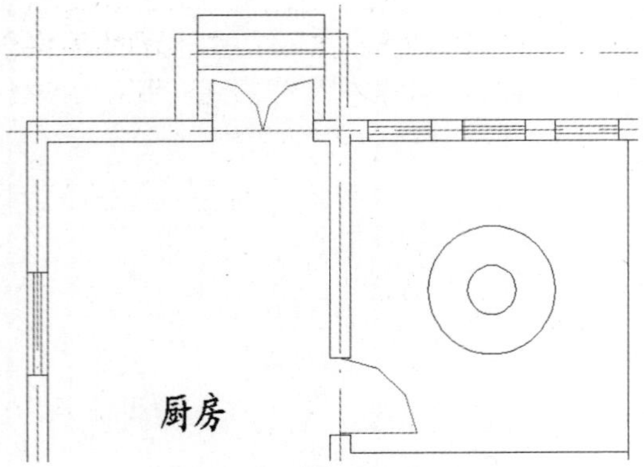

图16-111 首层餐厅天花布置图

Step 03 利用多段线命令，以圆心起点绘制直线段。如图 16-112 所示。

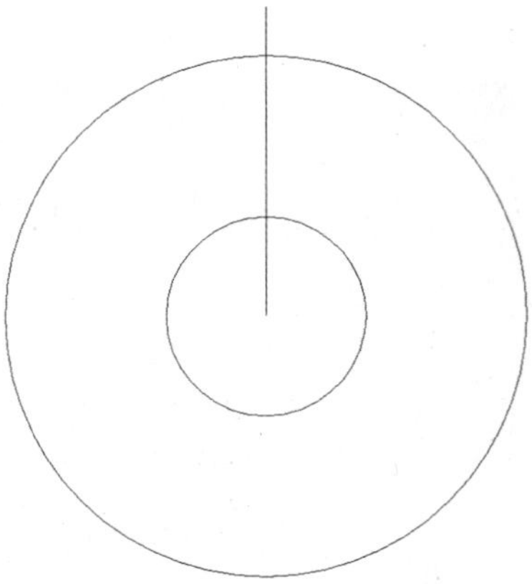

图16-112 绘制圆形

Step 04 利用圆弧命令，在圆环之间绘制出两个弧线段。如图 16-113 所示。

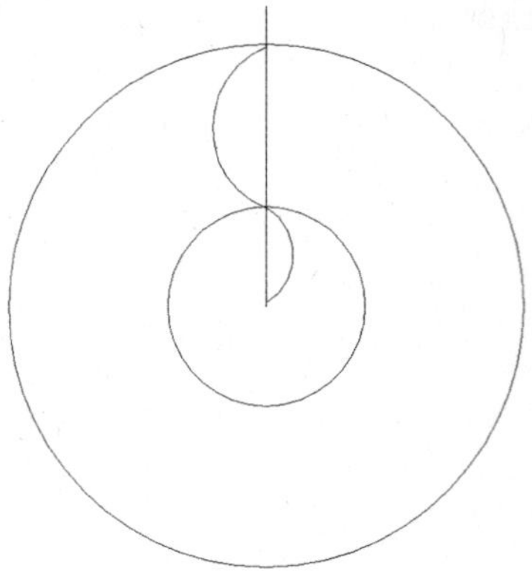

图16-113 绘制圆弧

Step 05 利用阵列命令，弹出“阵列”面板。如图 16-114 所示。

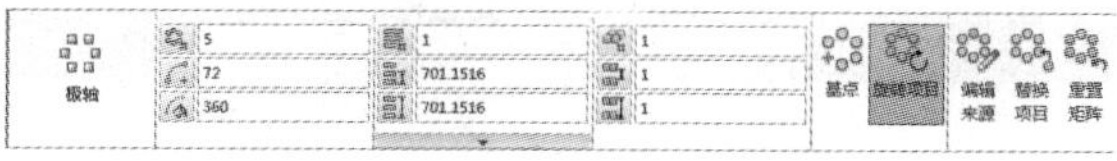

图16-114 打开阵列对话框

Step 06 将上步绘制的圆弧和直线段进行圆形阵列，得到吊顶造型。如图 16-115 所示。

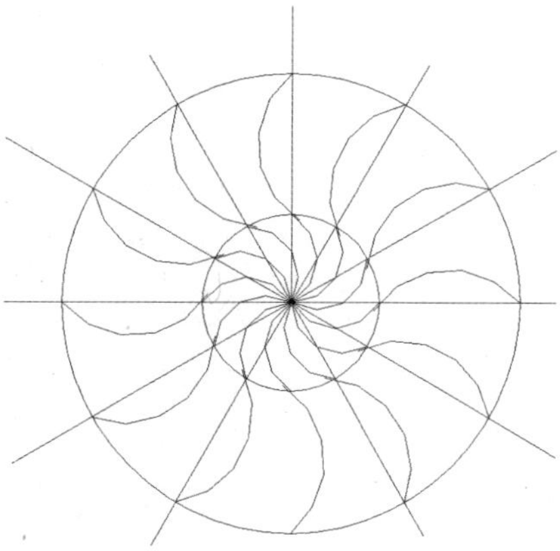

图16-115 餐厅吊顶造型

Step 07 利用正多边形命令，在外层绘制一个内切圆直径为 3220 的正六边形，得到需要的造型效果。如图 16-116 所示。

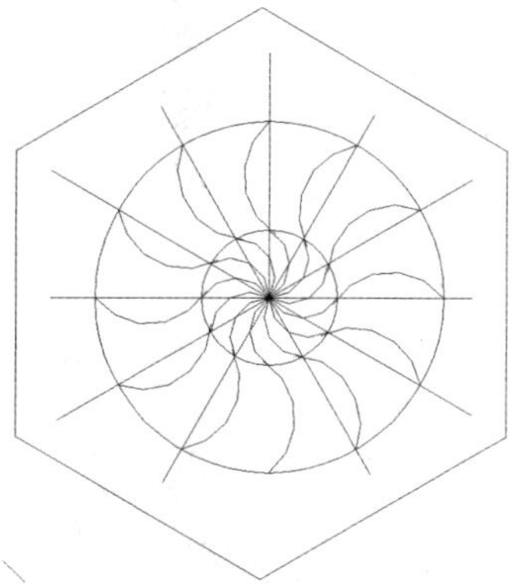

图16-116 绘制正多边形

Step 08 利用偏移命令，将上述绘制的正六边形向下偏移 340 和 490，对该正六边形进行偏移操作，得到更为形象的效果。如图 16-117 所示。

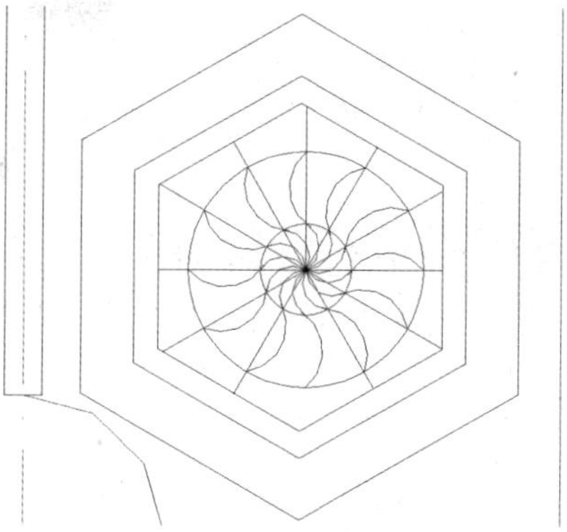

图16-117 偏移正多边形

Step 09 利用椭圆命令，在厨房绘制一个椭圆形作为其吊顶造型轮廓线，椭圆的长半轴长度为 910，短半轴为 260。如图 16-118 所示。

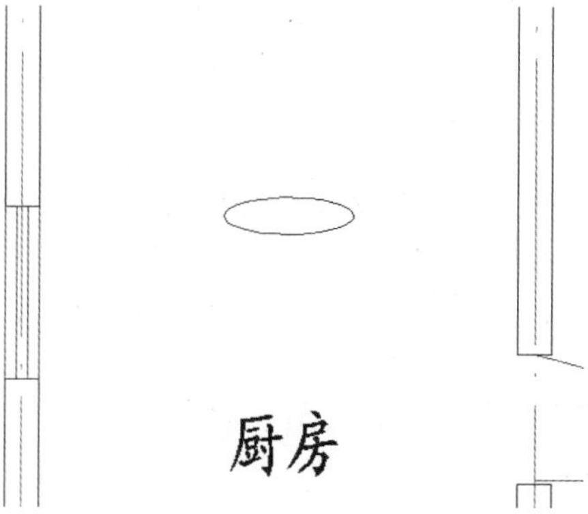

图16-118 绘制椭圆

Step 10 利用阵列命令，阵列椭圆形得到厨房吊顶造型，阵列个数为 6。如图 16-119 所示。

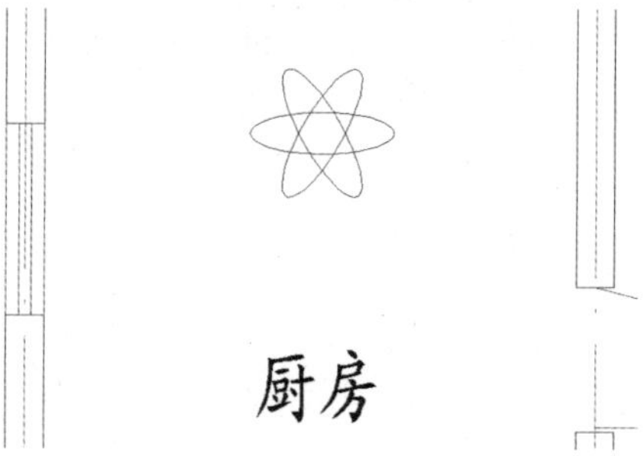

图16-119 阵列椭圆

Step 11 利用多段线命令，在椭圆形外侧绘制角线造型。如图 16-120 所示。

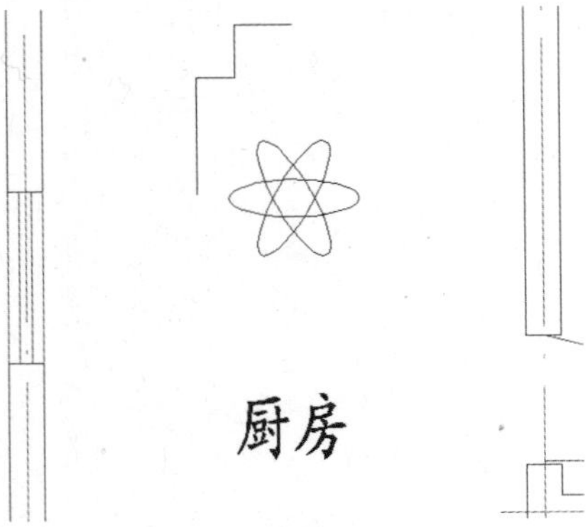

图16-120 绘制角线造型

Step 12 利用镜像命令，进行两次镜像操作，得到厨房吊顶造型。如图 16-121 所示。

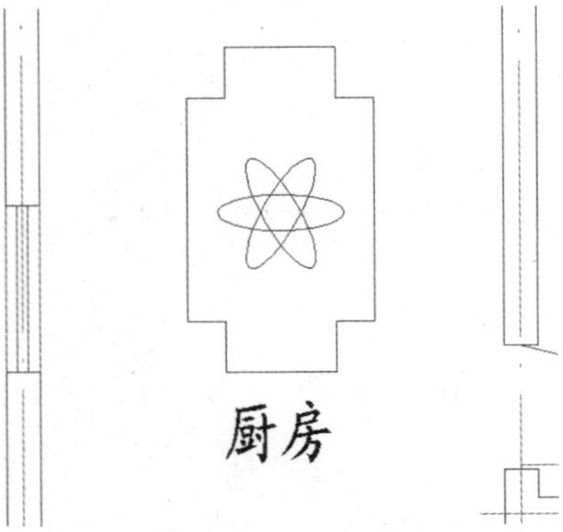

图16-121 镜像角线

Step 13 利用图案填充命令，填充别墅首层其他位置的天花。如图 16-122 所示。

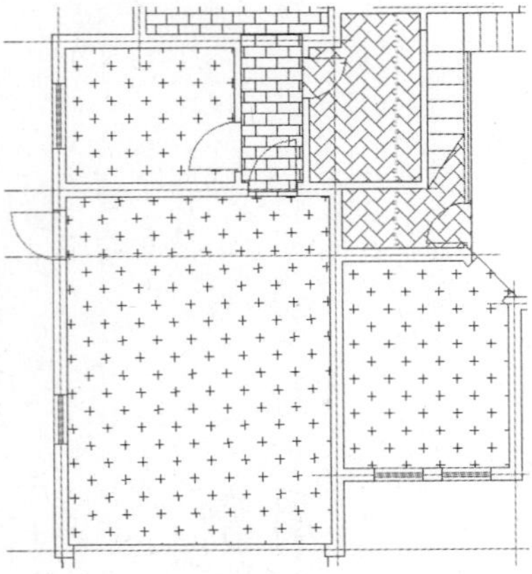

图16-122 填充首层其他房间天花

Step 14 利用插入块命令，为餐厅和厨房等吊顶配置灯具和卫生间布置“浴霸”等设施。如图 16-123 所示。

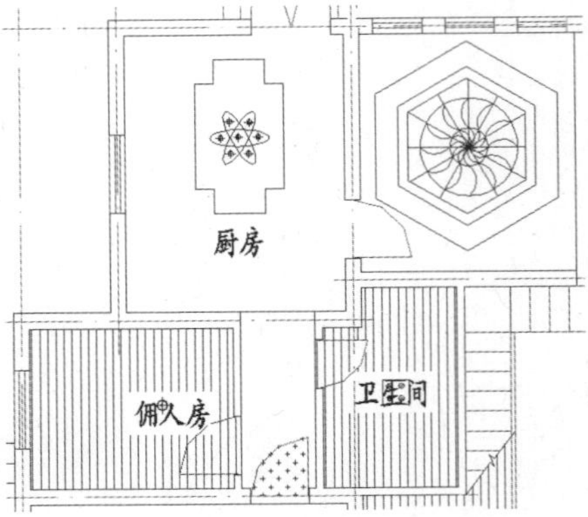

图16-123 插入图块配置灯具

Step 15 完成别墅首层吊顶的绘制。如图 16-124 所示。

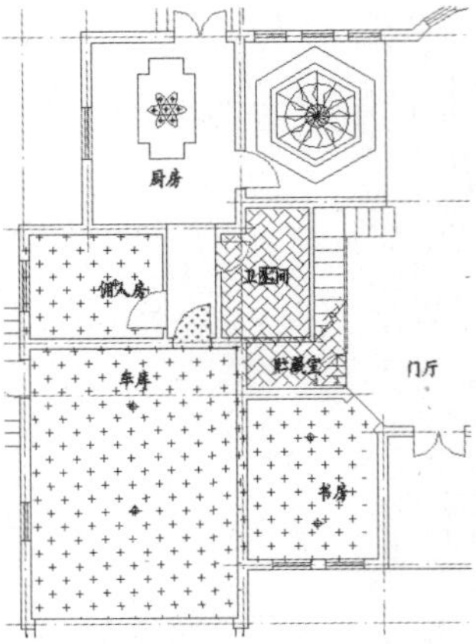

图16-124 首层吊顶绘制完成

Step 16 利用多段线命令，在别墅二层平面中门厅绘制吊顶造型。如图 16-125 所示。

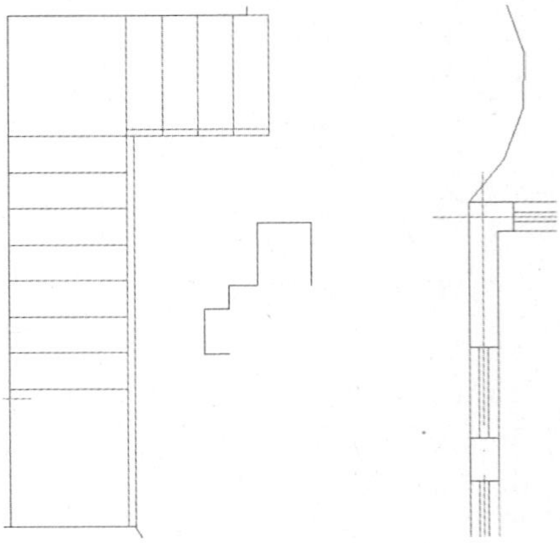

图16-125 绘制二层吊顶

Step 17 利用镜像命令，对吊顶造型进行两次镜像操作。如图 16-126 所示。

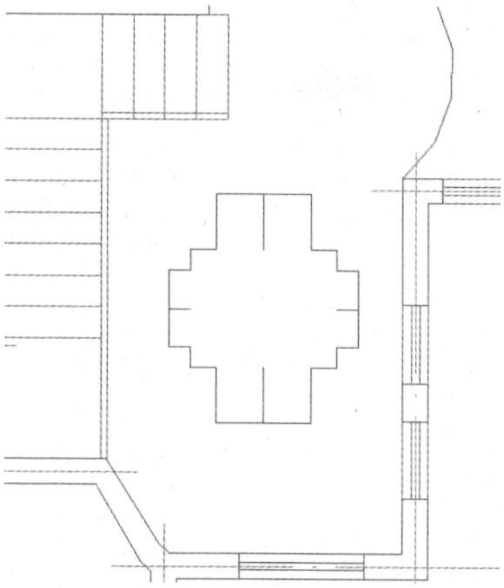

图16-126 镜像图形

Step 18 利用直线和镜像命令，在吊顶造型中绘制一个星星造型。如图 16-127 所示。

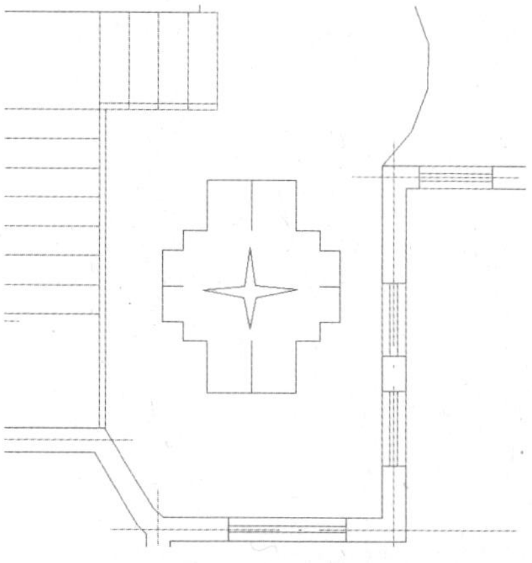

图16-127 绘制门厅星星造型顶

Step 19 利用插入块命令，在造型中相应的位置布置“照明灯”模型。如图 16-128 所示。

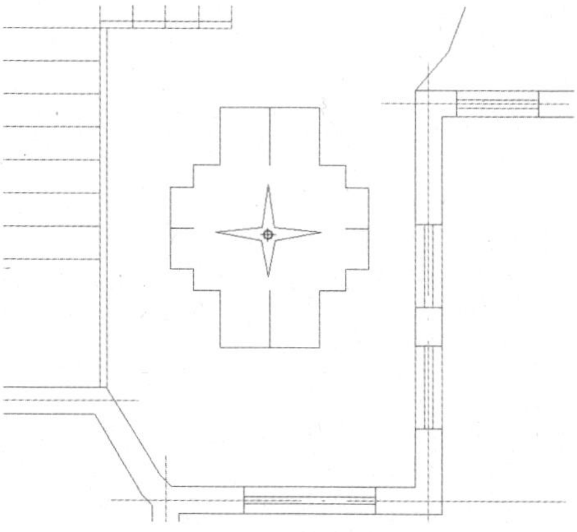

图16-128 门厅布置灯具

Step 20 利用圆弧命令，在起居室上空绘制两段弧线作为起居室吊顶造型。如图 16-129 所示。

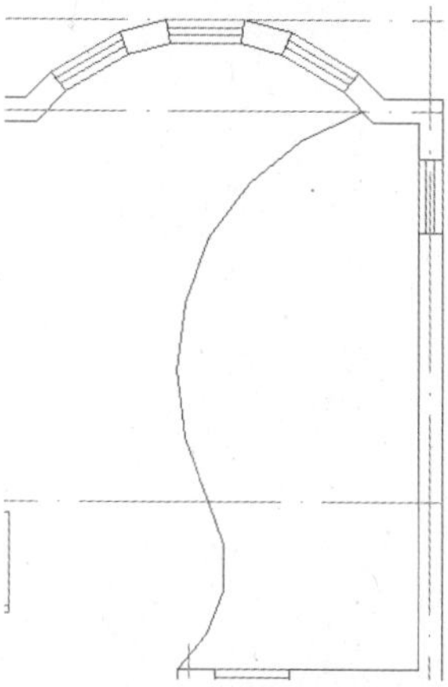

图16-129 绘制起居室造型吊顶

Step 21 利用复制命令，将步骤 11-120 绘制的星星复制到弧线一侧，再利用缩放命令，将星星放大 2 倍。如图 16-130 所示。

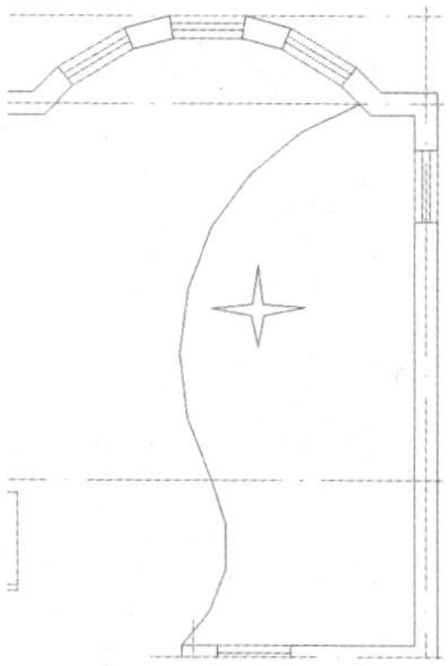

图16-130 复制图案

Step 22 利用圆命令，在星星外绘制一个圆形，再利用修剪命令，剪切其中的部分线。如图 16-131 所示。

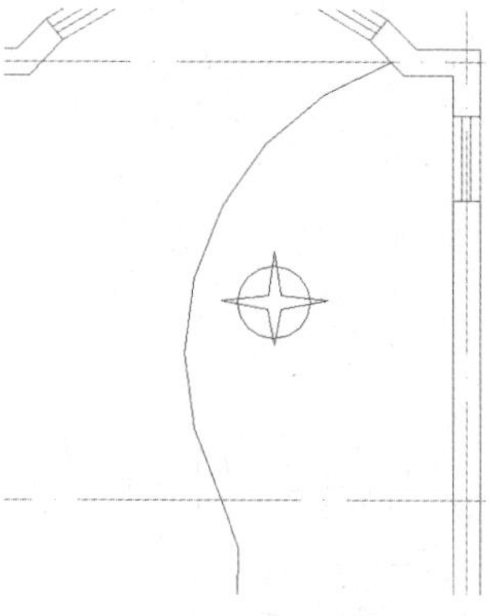

图16-131 修剪图形

Step 23 利用复制命令，将图 11-120 绘制的星星复制到弧线左侧，再利用缩放命令，将多个星星适当缩小。如图 16-132 所示。

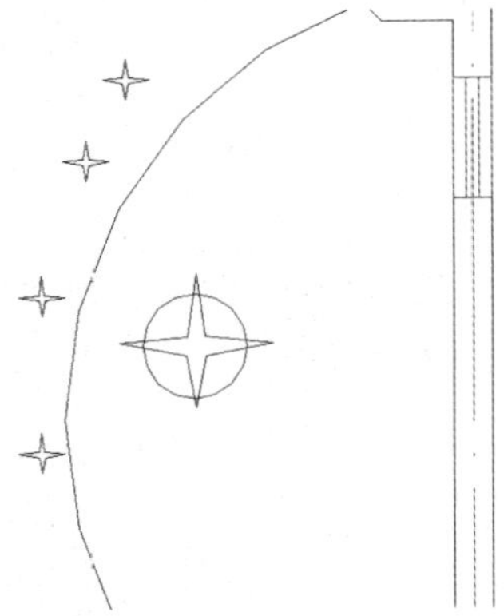

图16-132 缩放图形

Step 24 利用插入块命令，在大星星中布置相应的照明灯造型。如图 16-133 所示。

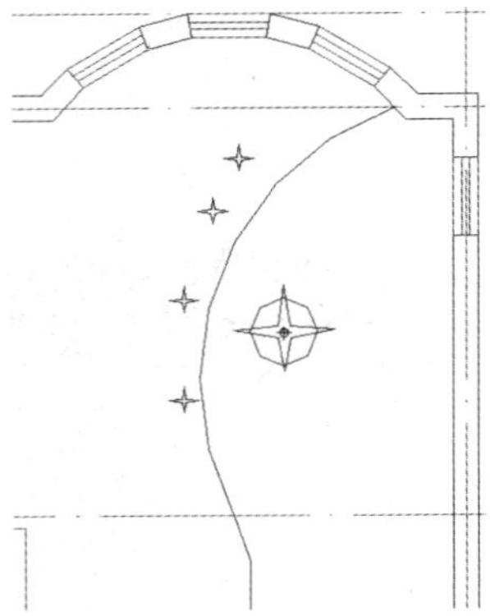

图16-133 插入照明灯

Step 25 利用矩形和直线命令，创建主卧室的吊顶造型外框，矩形的长度为 4800，宽度为 2400。如图 16-134 所示。

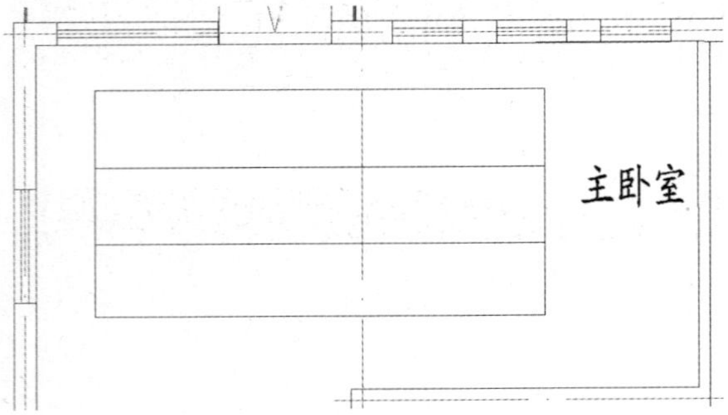

图16-134 绘制矩形

Step 26 利用插入块和复制命令，在主卧室吊顶中布置几个星星造型灯。如图 16-135 所示。

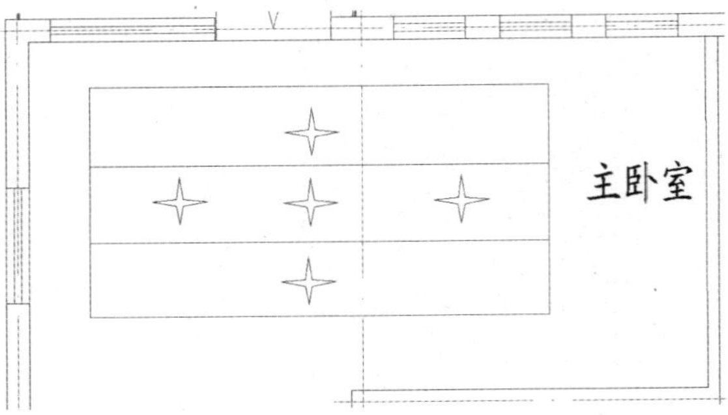

图16-135 复制图形

Step 27 利用图案填充命令，设置填充图案为 ANSI31，对该主卧室吊顶造型内侧进行部分图案填充。如图 16-136 所示。

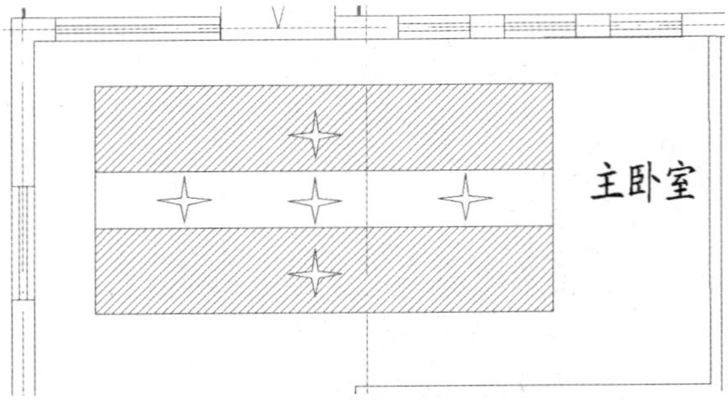

图16-136 填充图案

Step 28 利用图案填充命令，设置填充图案为 AR-SAND，对该主卧室吊顶造型外侧进行部分图案填充。如图 16-137 所示。

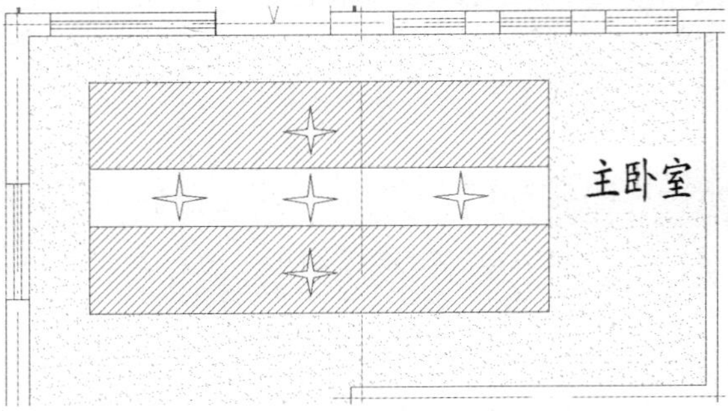

图16-137 设置图案样式

Step 29 利用图案填充和插入块命令，按上述方法创建相应的房间（如次卧室、休息厅等）的吊顶，并布置相应的照明灯和浴霸等设施。如图 16-138 所示。

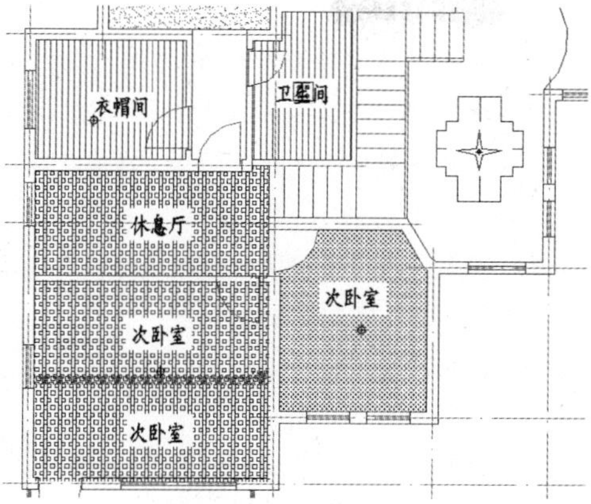

图16-138 绘制其他房间吊顶

Step 30 本案例的天花造型创建完成。可以根据做法使用折线引出顶标注出相应的说明文字，在此从略。如图 16-139 所示。

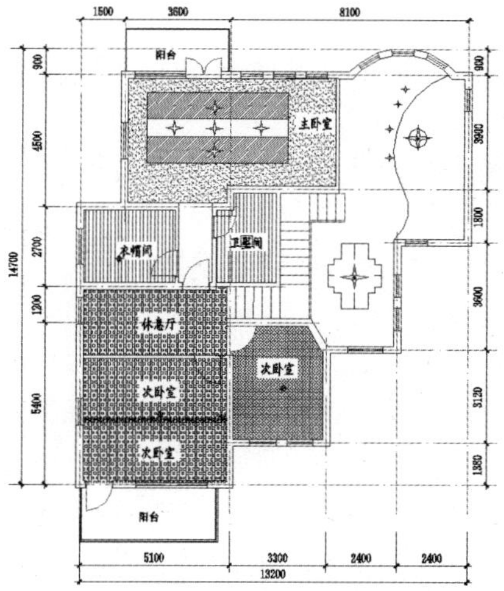

图16-139 绘制完成并标注

Step 31 执行“绘图＞文字＞单行文字”命令标注两个图形的名称，分别为“首层天花平面图”和“二层天花平面图”，如图 16-140 所示。

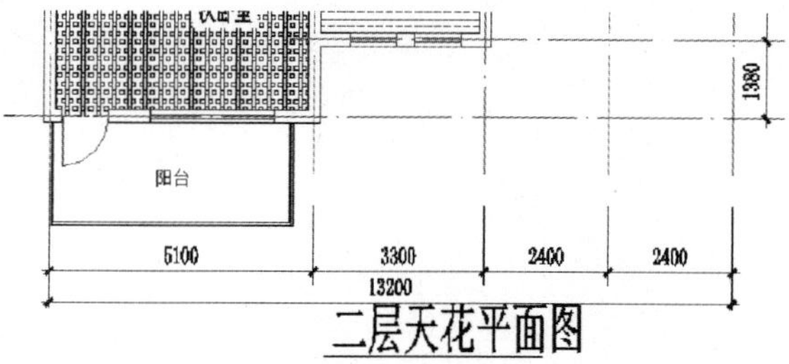

图16-140 标注图形名称

Step 32 执行“文件＞另存为”命令将绘制好的图形保存到指定的文件夹中，如图 16-141 所示。

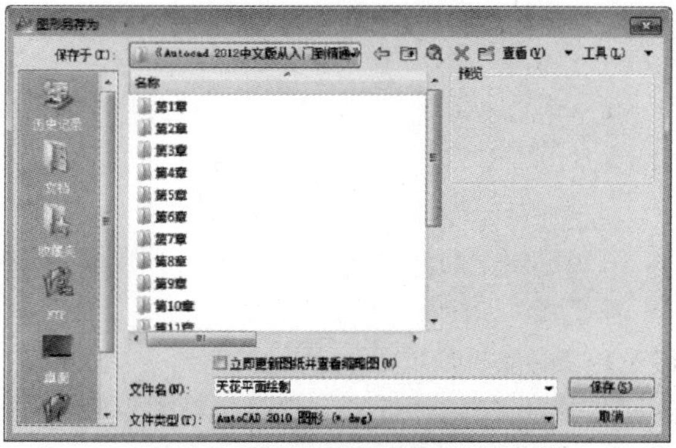

图16-141 保存图形

工程师点拨：天花设计

别墅的舒适性要比一般住宅好些，高层也稍高，一般为3000mm~3600mm，因此天花的装饰也更为灵活，造型可以多变化些。

工程师点拨：吊顶的设计

厨房的吊顶造型应与餐厅协调一致。

高手应用秘籍：建筑制图工程面积计算

一、计算建筑面积的范围

❶ 单层建筑物不论其高度均按一层计算，其建筑面积按建筑物外墙勒角以上的外围水平面积计算。单层建筑物内如带有部分楼层者，亦应计算建筑面积。

❷ 多层建筑物的建筑面积以建筑面积的总和计算，其底层按建筑物外墙勒角以上外围水平面积计算，二层及二层以上按外墙外围水平面积计算。

❸ 层高超过2.2米的地下室、半地下室、地下车间、仓库、商店、地下指挥部等及相应出入口的建筑面积按其上口外墙（不包括采光井、防潮层及其保护墙）外围的水平面积计算。

❹ 用深基础做架空层加以利用，层高超过2.2米的，按架空层外围的水平面积的一半计算建筑面积。

❺ 坡地建筑物利用吊脚做架空层，层高超过2.2米的按围护结构外围水平面积计算建筑面积。

❻ 穿过建筑物的通道，建筑物内的门厅、大厅不论其高度如何，均按一层计算建筑面积。门厅、大厅内回廊部分按其水平投影计算建筑面积。

❼ 电梯井、提物井、垃圾道、管道井等均按建筑物自然层计算建筑面积。

❽ 舞台灯光控制室按围护结构外围水平面积乘以实际层数计算建筑面积。

❾ 建筑物内的技术层（管道层、附层、夹层）是指房屋的局部层次，层高超过2.2米的，按其墙外围水平面积计算建筑面积。

❿ 与建筑物连接的，有柱雨篷按柱外围水平面积计算建筑面积；独立柱雨篷按其顶盖水平投影面积的一半计算建筑面积。

⓫ 有柱的车棚、货棚、站台等按柱外围水平面积计算建筑面积；单排柱、独立柱的车棚、货棚、站台等按其顶盖水平投影面积的一半计算建筑面积。

⓬ 突出屋面的有围护结构的楼梯间、水箱间以及电梯机房等按围护结构外围水平面积计算建筑面积。

⓭ 突出墙外的门斗按围护结构外围水平面积计算建筑面积。

⓮ 封闭阳台、挑廊，按其水平投影面积计算建筑面积。凹阳台、挑阳台按其水平投影面积的一半计算建筑面积。

⓯ 建筑物墙外有顶盖和柱的走廊、檐廊，按柱的外边线水平面积计算建筑面积。无柱的走廊、檐廊按其投影面积的一半计算建筑面积。

⓰ 两个建筑物间有顶盖的架空通廊，按通廊的投影面积计算建筑面积。无顶盖的架空通廊按其投影面积的一半计算建筑面积。

⓱ 室外楼梯作为主要通道和用于疏散的，按每层水平投影面积计算建筑面积；楼内有楼梯的，室外楼梯按其水平投影面积的一半计算建筑面积。

⓲ 跨越其他建筑物、构筑物的高架单层建筑物，按其水平投影面积计算建筑面积，多层者按多层计算。

⓳ 室内体育馆按实际层数计算建筑面积。体育馆（场）看台下空间加以利用的，其超过1.8米的部位计算建筑面积（多层按多层计算）。

⓴ 原始设计为假层（含顶层阁）屋面全部翻高后，前后墙沿口到楼板高度超过1.8米的，按实计算建筑面积。

秒杀工程疑惑

在学习本章关于“装潢施工图绘制”时会遇到各种各样的问题，下面我们来解决一些常遇到的问题，包括使用“块编辑器”、“标注问题”、“创建样条曲线”等方面的问题。解决这些问题对我们以后的进一步学习有很大的帮助。

问　题	解　答
什么是块编辑器?	块编辑器是一个专门的编写区域，用于添加块成为动态元素。大家可以重现创建块，也可以向现有的块定义中添加动态行为。在块编辑器中提供了专门的编写选项板。通过这些选项板可以快速访问块编写工具。除了编写选项板之外，块编辑器还提供了绘图区域，用户可以根据需要在程序的主绘图区域中绘制和编辑几何图形，并指定块编辑器绘图区域的背景色
在标注过程中标注修改文字或加入上下偏差时，会出现修改的对象或问好显示，如何解决?	解决方法：依次单击菜单栏中的“标注”>“标注样式”命令，或在命令行中输入字母 D，在系统中弹出的“标注样式管理器”对话框中，单击“修改 > 文字”选项，修改文字样式即可
在绘制剖面线的时候如何才能不出错误?	大家可以采用以下两种方法来创建样条曲线 ❶ 使用 PEDIT 命令的“样条曲线”选项创建样条曲线，还可以使通过 PLINE 所创建的现有多段线更加平滑 ❷ 使用 SPLINE 命令创建样条曲线，即 NURBS 曲线
如何创建样条曲线?	大家可以使用以下三种方法来指定精确位置 ❶ 使用绝对坐标或相对坐标输入端点的坐标值 ❷ 指定相对于现有对象的对象捕捉。例如，可以将圆心指定为直线的端点 ❸ 打开栅格捕捉并捕捉到一个位置
在 AutoCAD 中，标注有哪些类型?	标注是在图形中添加测量注释的过程，用户可以为各种对象沿各个方向创建标注，基本的标注类型包括线性、径向（半径和直径），角度、坐标和弧长等

读书笔记

AutoCAD 2012

CHAPTER 17

园林建筑立面图绘制

本章将以“园林建筑立面图”为例子进一步介绍利用AutoCAD 2012绘制建筑立面图的方法与技巧。通过本案例的学习，综合前面有关章节的基础绘图方法，可以进一步巩固相关的绘图知识与方法。

学完本章您可以掌握核心技能

知识点序号	知识点难易指数	知识点
1	★	了解园林的基本组成部分情况
2	★★	了解园林立面图的基本情况
3	★★★	绘制园林桥图设计思路
4	★★★★	绘制园林凉亭以及走廊图设计思路

本章内容图解链接

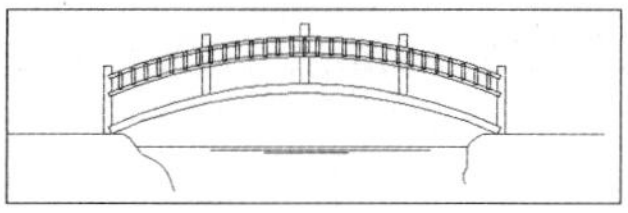
◎ 园林桥

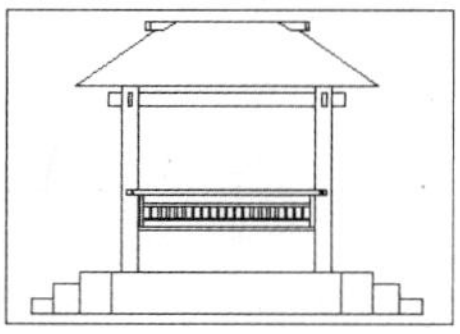
◎ 凉亭1

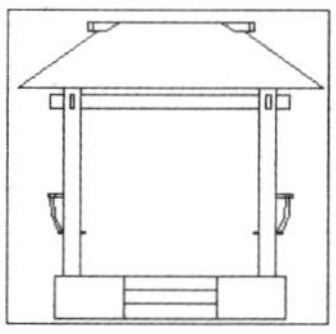
◎ 凉亭2

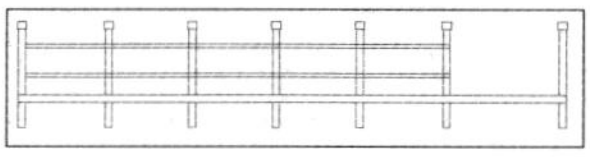
◎ 走廊立面图

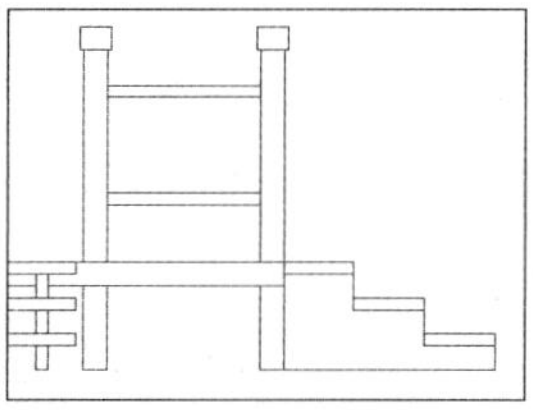
◎ 阶梯

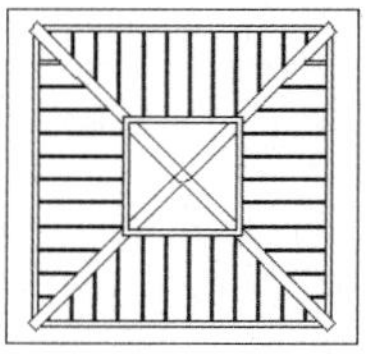
◎ 凉亭顶部

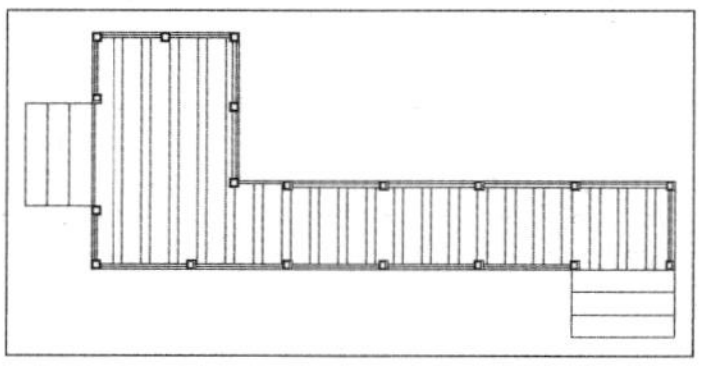
◎ 走廊平面图

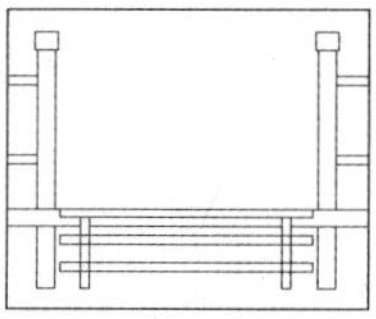
◎ 阶梯

17.1 绘制园林桥A立面图

我们在公园里经常会看见园林桥，这些桥让游者感觉到自己身处在大自然中，公园中园林桥的主要形状为弓形，桥的长度比较短，桥的高度一般不会太高，桥上会有些雕刻，主要是让游客观赏。

17.1.1 绘制园林桥 A 立面图

本实例绘制的是园林桥A立面图，在绘制立面图的过程中需要栏杆和扶手等物体的距离需要保持合理，提高其美观，圆弧的角度不能太大，以免游客行走困难，操作步骤如下。

Step 01 单击 Autocad 2012 图标，打开 CAD 的绘图环境并且熟悉操作界面，如 17-1 图所示。

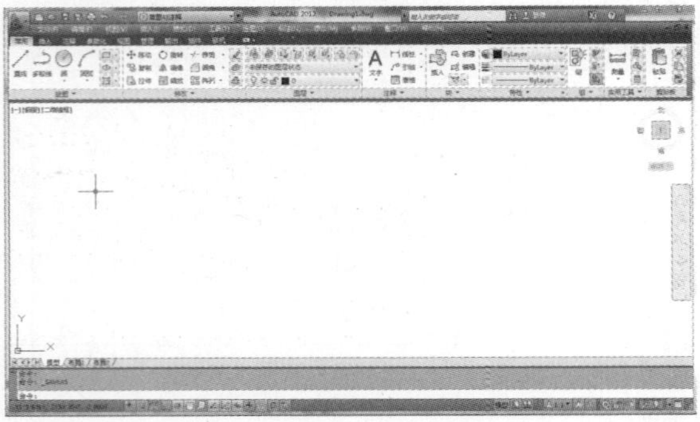

图17-1 打开Auto CAD 界面

Step 02 单击菜单栏“工具”>“选项”，可以对绘图的背景颜色、光标的大小等其他方面进行调整，如 17-2 图所示。

图17-2 调整

Step 03 执行菜单栏“格式>图形界限”命令，在命令栏提示下先后输入边界的两个坐标，分别为“0，0“和“420，297”，如 17-3 图所示。

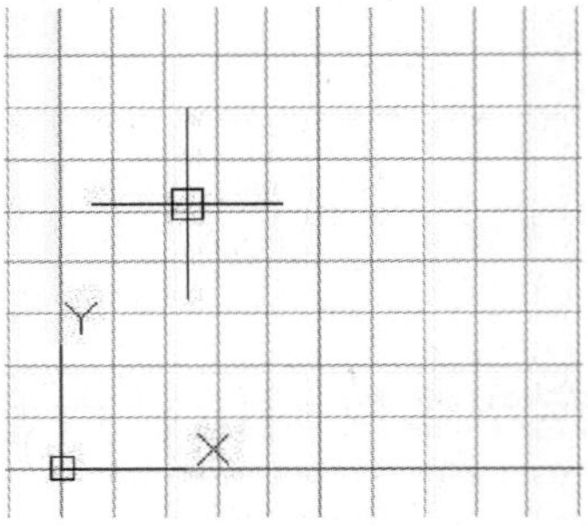

图17-3 图形界限

Step 04 单击工具栏中的“图层特性”按钮，弹出图层特性管理器，对图层设置，如 17-4 图所示。

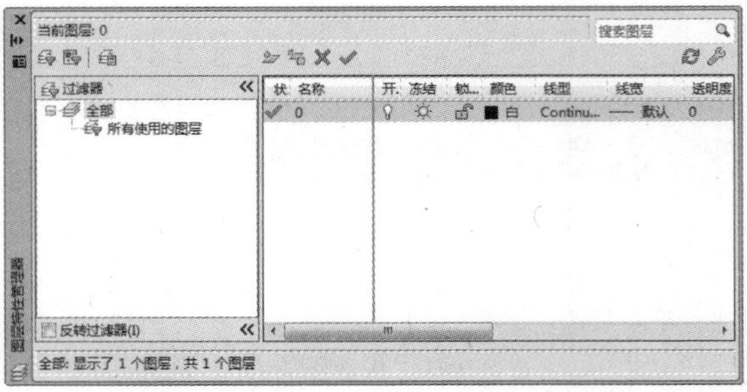

图17-4 图层特性管理器

Step 05 利用直线命令绘制出条水平线，长度为 3570，如图 17-5 所示。

图17-5 绘制直线

Step 06 利用矩形命令绘制一个矩形，矩形的长宽分别为 2300 和 245，矩形起辅助作用，如图 17-6 所示。

图17-6 绘制矩形

Step 07 利用圆弧命令在矩形中绘制一个圆弧，如图 17-7 所示。

图17-7 绘制圆弧

Step 08 利用偏移命令在圆弧的上方偏移出一个圆弧，偏移的距离为 50，如图 17-8 所示。

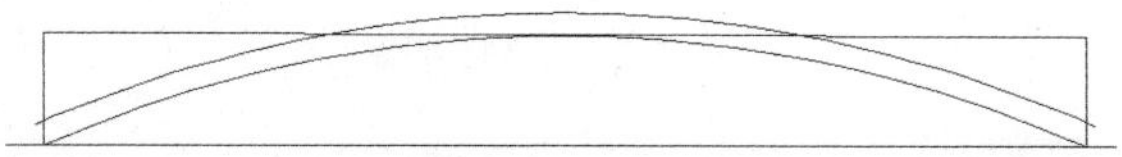

图17-8 偏移圆弧

Step 09 再利用偏移命令在圆弧的上方分别偏移出俩个圆弧，偏移的距离分别为 160 和 180，如图 17-9 所示。

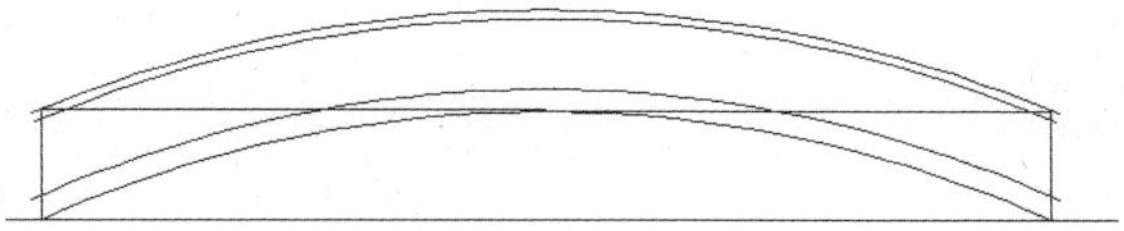

图17-9 偏移俩个圆弧

Step 10 利用删除命令删除起辅助作用的矩形，如图 17-10 所示。

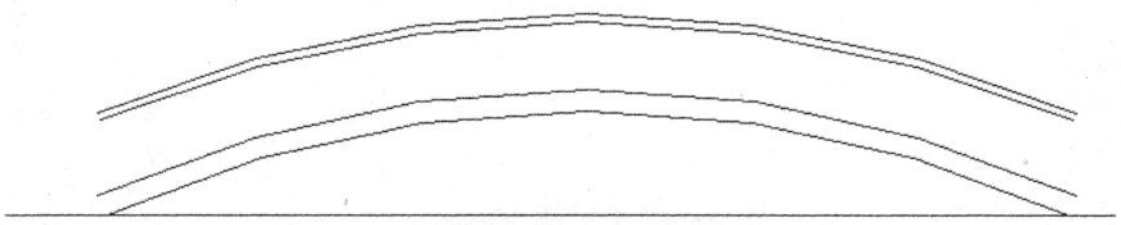

图17-10 删除矩形

Step 11 再利用偏移命令在圆弧的上方分别偏移出俩个圆弧，偏移的距离分别为 75 和 95，如图 17-11 所示。

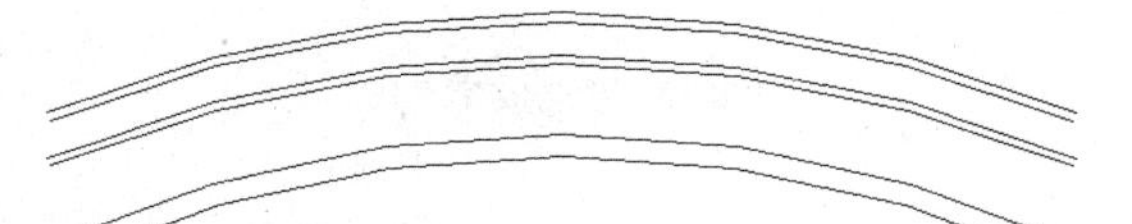

图17-11 再偏移俩个圆弧

Step 12 利用直线命令将两个圆弧的端口密封，如图 17-12 所示。

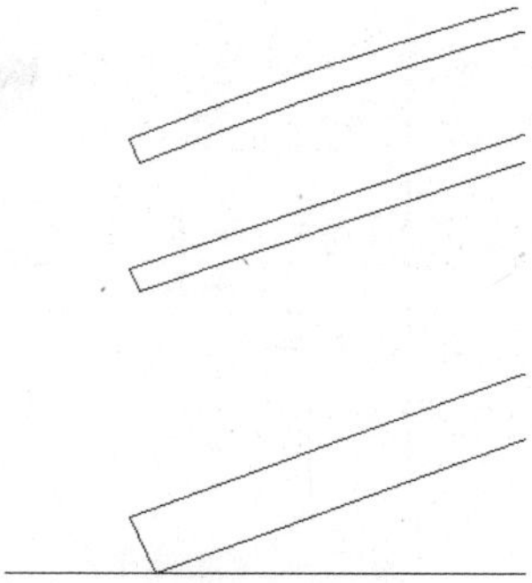

图17-12 端口密封

Step 13 利用矩形命令在圆弧的端点处绘制出矩形，矩形的长宽分别为 400 和 50，如图 17-13 所示。

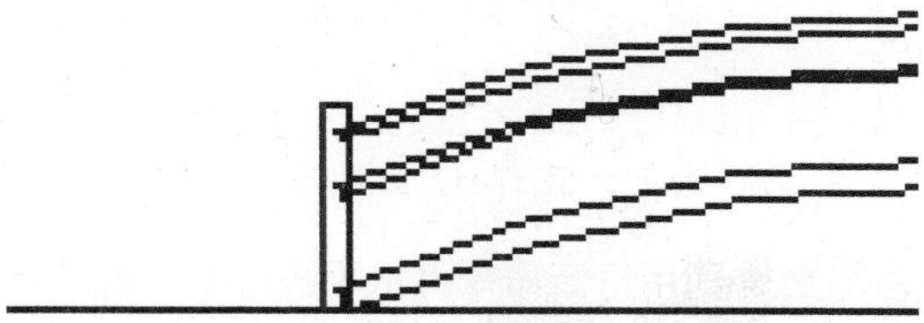

图17-13 绘制矩形

Step 14 利用路径阵列命令阵列出一排矩形，阵列数目为 5，路径为圆弧，如图 17-14 所示。

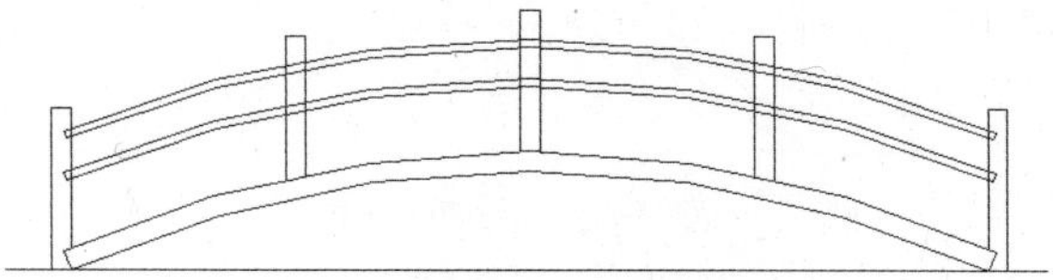

图17-14 阵列矩形

Step 15 利用剪切命令剪切矩形与圆弧相交的地方，如图 17-15 所示。

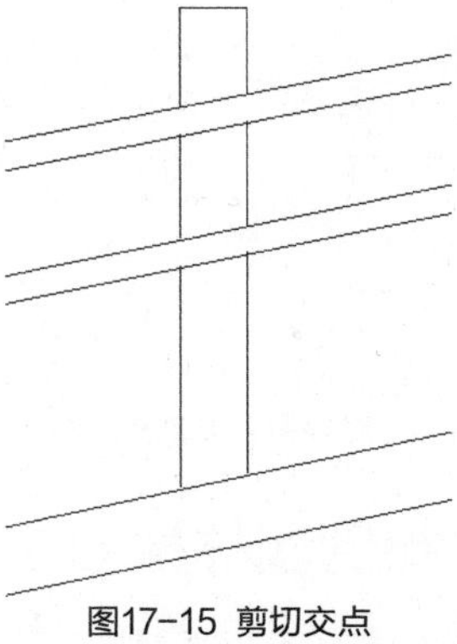

图17-15 剪切交点

Step 16 利用矩形命令在两圆弧之间绘制出矩形，矩形的长宽分别为 100 和 20，如图 17-16 所示。

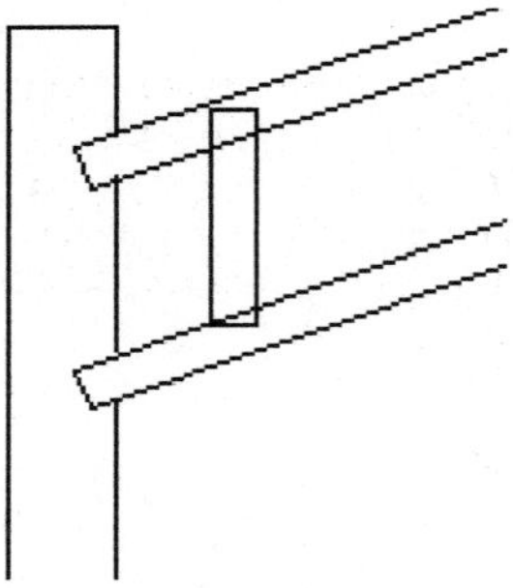

图17-16 绘制矩形

Step 17 利用路径阵列命令阵列出一排矩形，阵列数目为 29，路径为圆弧，如图 17-17 所示。

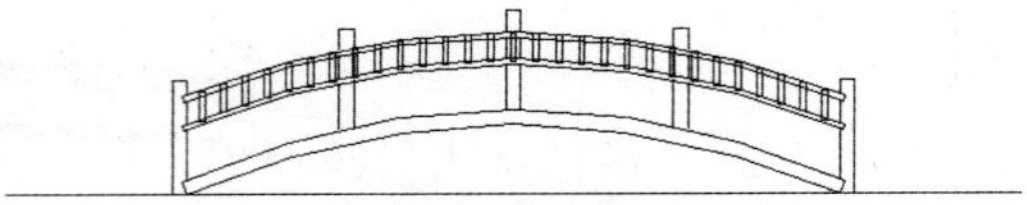

图17-17 阵列矩形

Step 18 利用打断命令将水平线打断，用打断的距离表示河宽，如图 17-18 所示。

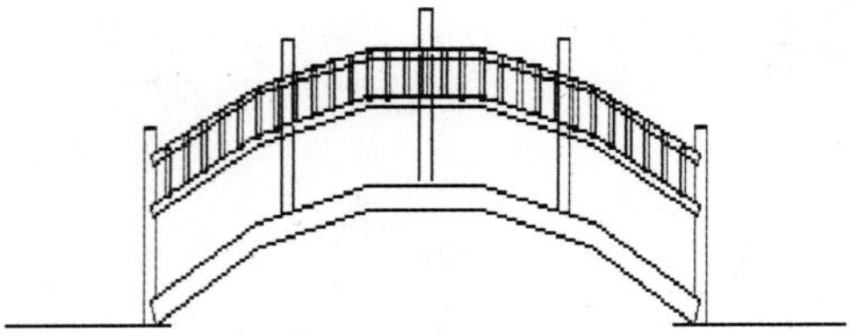

图17-18 将水平线打断

Step 19 利用样条曲线命令绘制左部分的河堤，如图 17-19 所示。

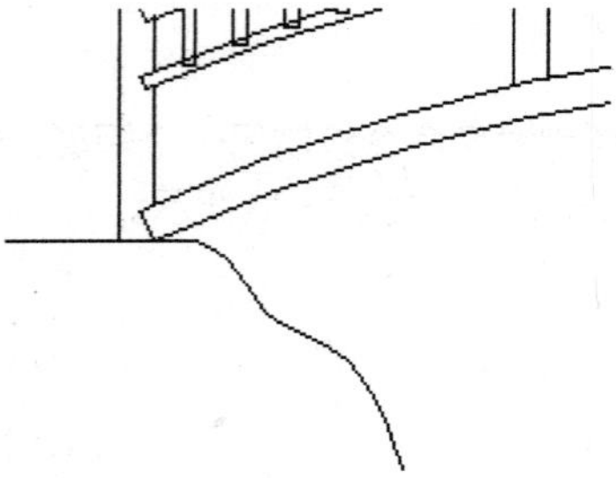

图17-19 绘制左河堤

Step 20 利用样条曲线命令绘制右部分的河堤，如图 17-20 所示。

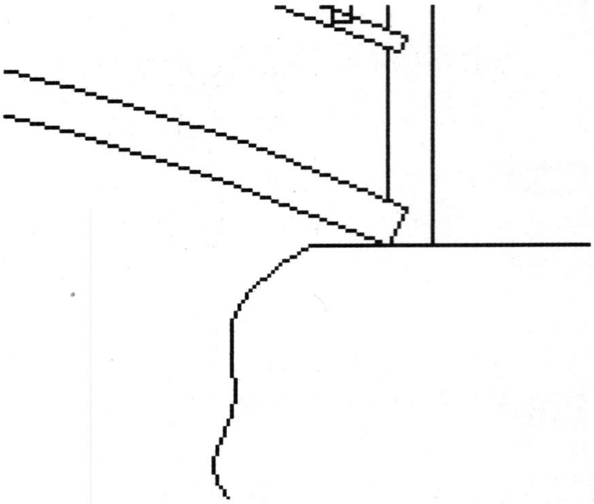

图17-20 绘制右河堤

Step 21 利用直线命令绘制河中的的水面，如图 17-21 所示。

图17-21 绘制水面

Step 22 整个园林桥立面图绘制完成，如图 17-22 所示。

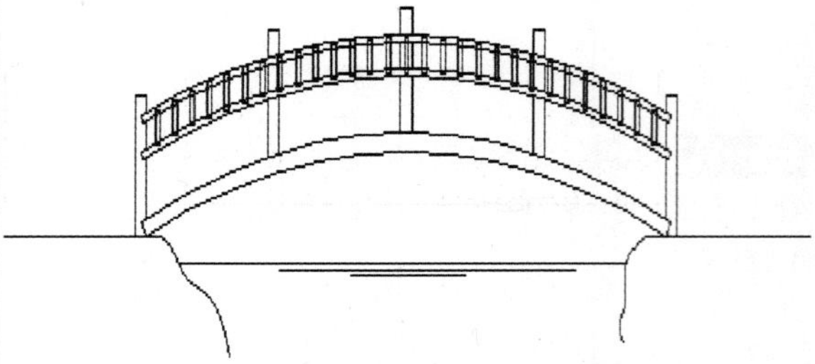

图17-22 完成园林桥

17.1.2 绘制园林桥 B 立面图

本实例绘制的是园林桥B立面图，此立面图主要绘制的是园林桥阶梯部分，虽然阶梯的高度相同，但因为视角的关系，随着阶梯的高度上升，相邻的阶梯的距离会越来越小，该立面图较上个立面图要简单，主要依靠“对称”和“偏移”命令来完成，在绘制的过程也需要认真仔细，操作步骤如下。

Step 01 单击桌面上 Autocad 2012 图标，打开 Auto CAD 的绘图界面，如 17-23 图所示。

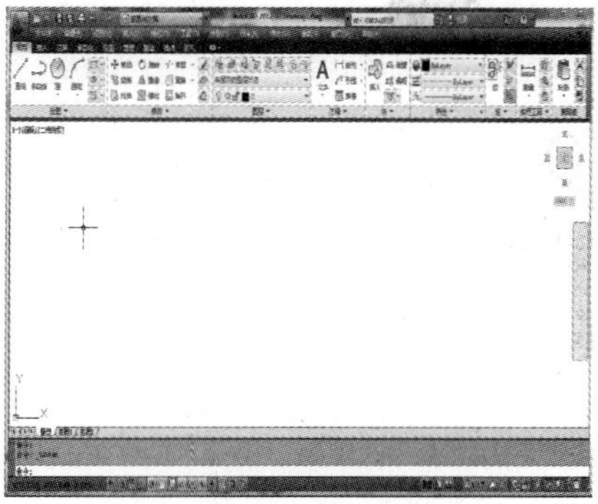

图17-23 打开软件

Step 02 执行菜单栏的“工具 > 选项”命令，可以对绘图的背景颜色、光标的大小等其他方面进行调整，如 17-24 图所示。

图17-24 调整绘图环境

Step 03 执行菜单栏“格式 > 图形界限”命令，在命令栏提示下先后输入边界的两个坐标，分别为（0,0）和（420,297），如 17-25 图所示。

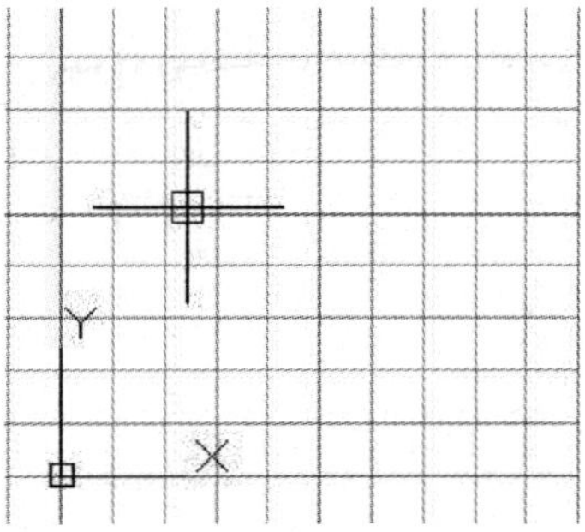

图17-25 图形界限

Step 04 单击工具栏中“图层特性”按钮，弹出“图层特性管理器”窗口，对图层进行设置，如 17-26 图所示。

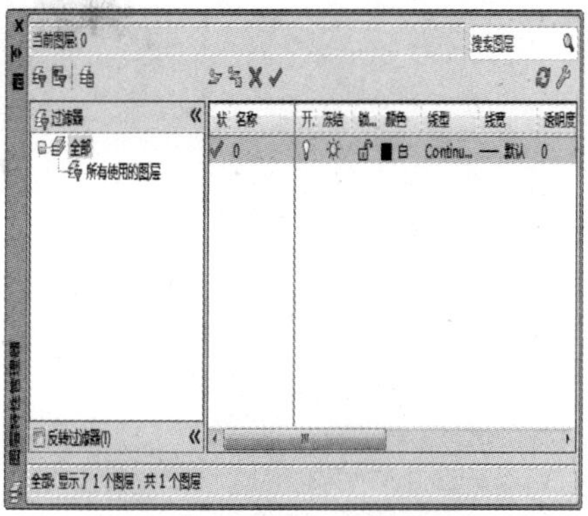

图17-26 图层设置

Step 05 利用直线命令绘制出一条水平线，长度为 1500，如图 17-27 所示。

图17-27 绘制出水平线

Step 06 利用矩形命令绘制一个矩形，矩形的长宽分别为（650,50）矩形是扶手栏杆的一侧，如图 17-28 所示。

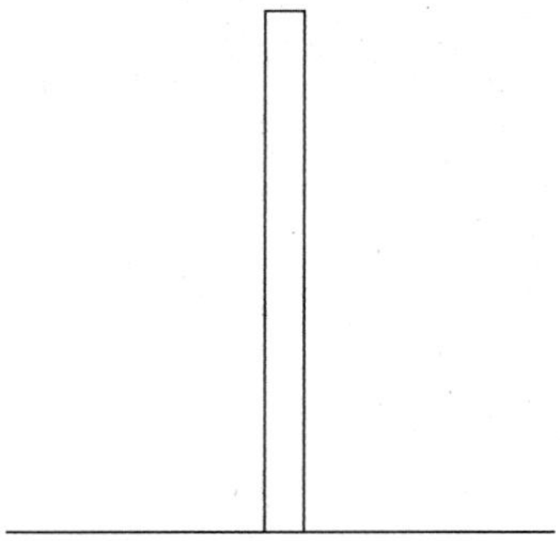

图17-28 绘制矩形

Step 07 利用镜像命令绘制另一个矩形，也就是扶手栏杆的另一侧，如图 17-29 所示。

图17-29 绘制另一个矩形

Step 08 利用偏移和剪切命令绘制出一条水平线，偏移的距离为 140，如图 17-30 所示。

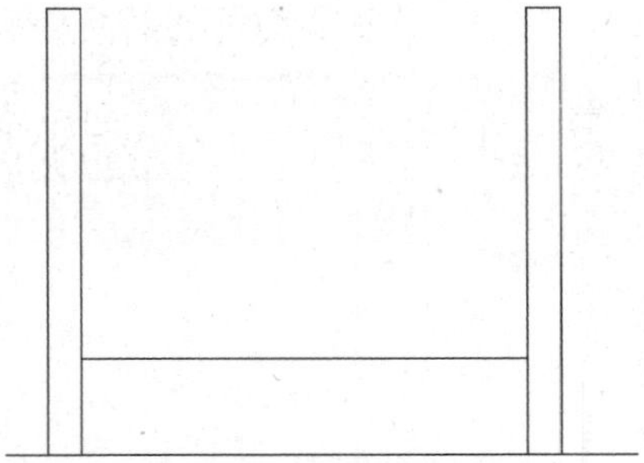

图17-30 绘制出水平线

Step 09 利用偏移命令偏移刚才完成的线段，偏移的距离为 50，如图 17-31 所示。

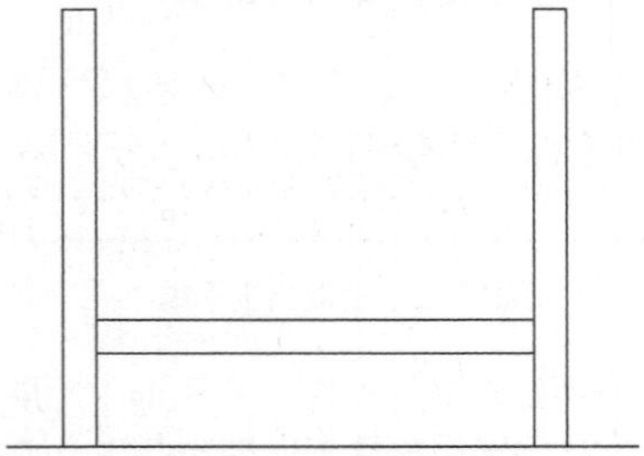

图17-31 偏移线段

Step 10 再利用偏移命令偏移线段，偏移的距离分别为 35，60，75，85，如图 17-32 所示。

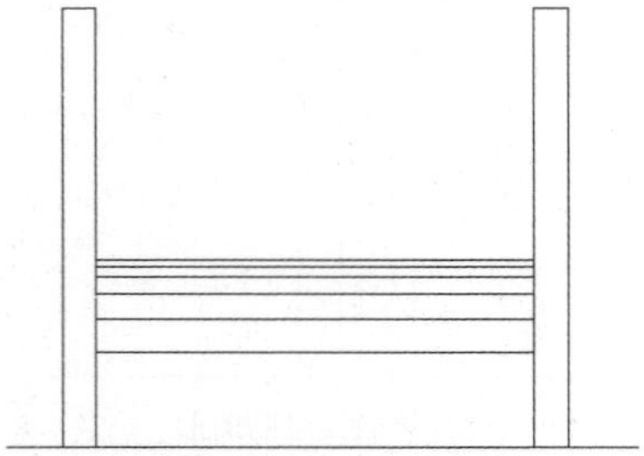

图17-32 再次偏移线段

Step 11 利用矩形命令绘制一个矩形，矩形的长宽分别为 350，30，如图 17-33 所示。

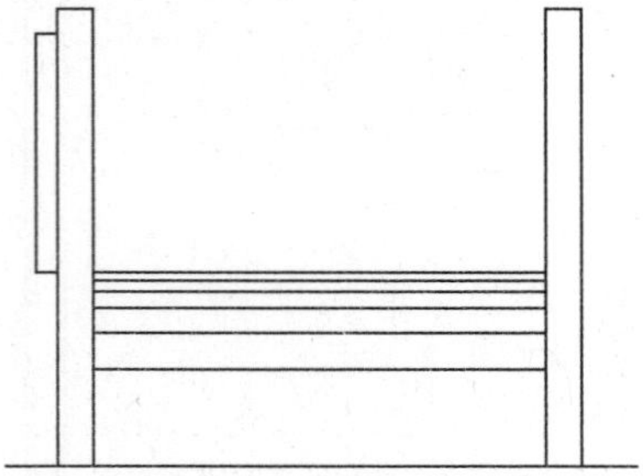

图17-33 绘制矩形

Step 12 利用镜像命令绘制另一个矩形，如图 17-34 所示。

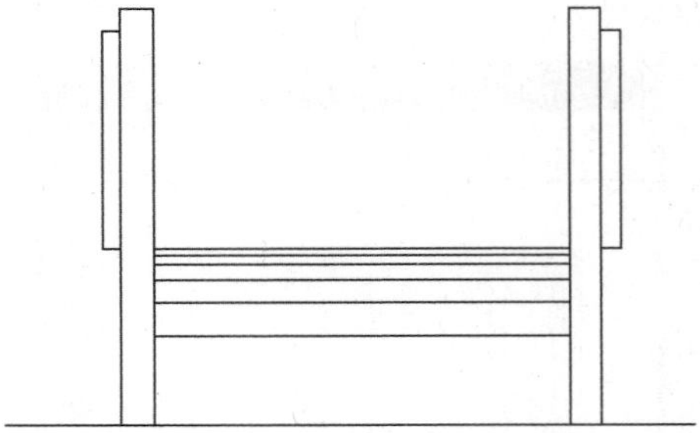

图17-34 绘制另一个矩形

Step 13 利用分解和偏移命令绘制出另外三条线段，偏移的距离分别为 15、105 和 120，如图 17-35 所示。

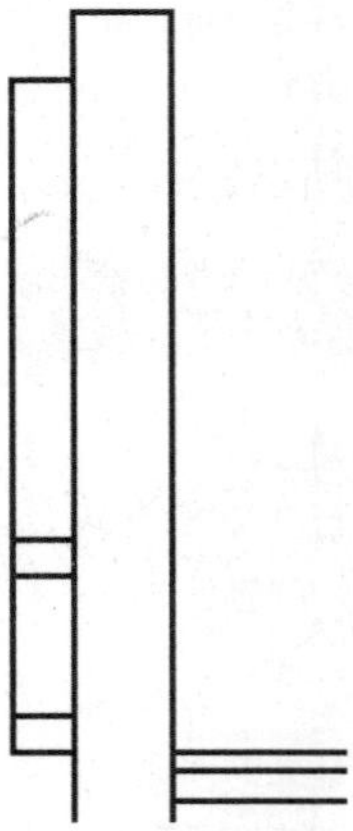

图17-35 绘制另外三条线段

Step 14 利用矩形命令绘制一个矩形，矩形的长宽分别为 18，90，08，如图 17-36 所示。

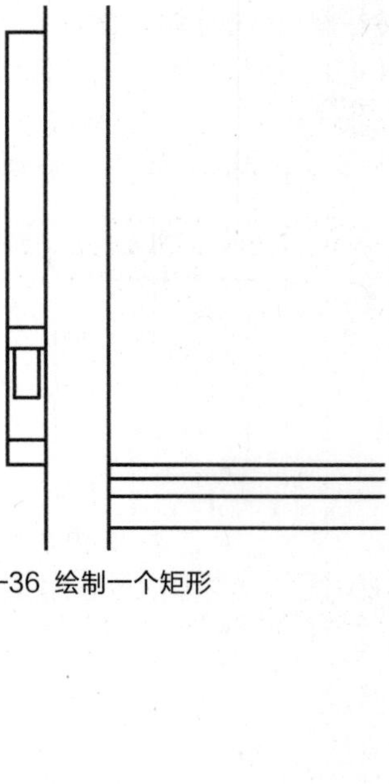

图17-36 绘制一个矩形

Step 15 利用镜像命令镜像三条线段和一个矩形，如图 17-37 所示。

图17-37 镜像对象

Step 16 图形绘制完毕后，保存到指定的路径中，便于以后寻找，如图 17-38 所示。

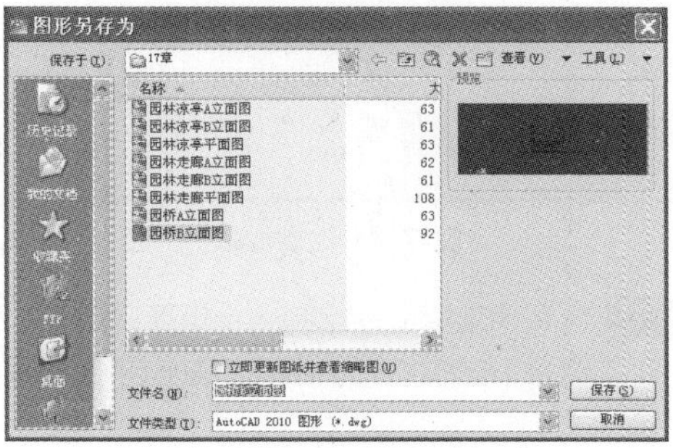

图17-38 保存

> **工程师点拨：复制对象注意事项**
>
> 选择复制对象单选按钮后，用户只能复制多行文字、单行文字、图块属性和形位公差4种实体对象。

> **工程师点拨：关于偏移圆弧的问题**
>
> 对圆弧进行偏移复制后，新圆弧与旧圆弧有同样的包含角，但新圆弧的长度发生了改变。当对圆或椭圆进行偏移复制后，新圆半径和新椭圆轴长要发生变化，圆心不会改变。

17.2 绘制园林凉亭立面图

在公园中，园林凉亭也是随处可见的，这些凉亭的形状基本相似，都由四个柱子支起凉亭的顶部。凉亭主要供游客观赏休息，一般都会安排座位。凉亭较一般的房屋绘制要简单的多，主要是因为它不需要绘制墙体。

17.2.1 绘制园林凉亭 A 立面图

本实例绘制的是园林凉亭A立面图，在绘制立面图的过程中需要主要绘制的是座位的靠背以及凉亭的顶部，这两部分比较复杂，需要用到阵列和修剪等命令，操作步骤如下。

Step 01 单击桌面上 Autocad 2012 图标，打开 Auto CAD 操作界面，如 17-39 图所示。

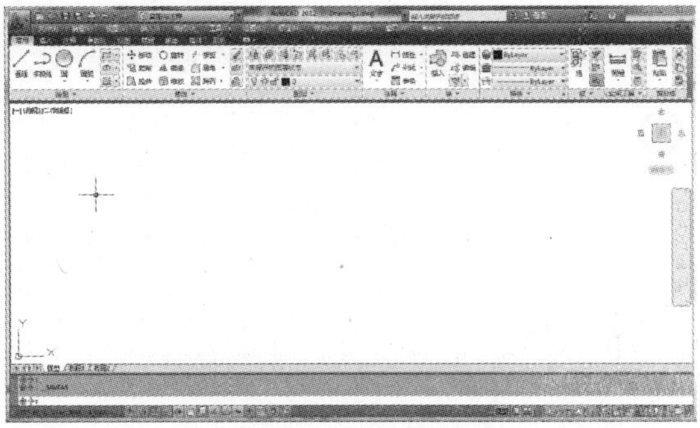

图17-39 打开软件

Step 02 单击工具栏中的“图层特性”按钮，弹出图层特性管理器，对图层进行设置，如 17-40 图所示。

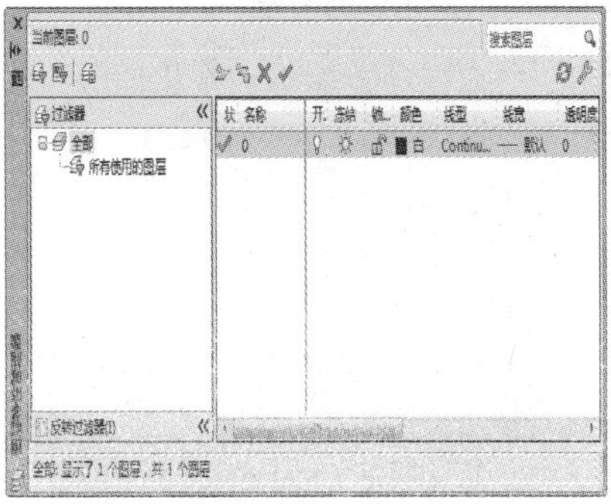

图17-40 对图层进行设置

Step 03 利用矩形命令绘制一个矩形，矩形的长宽分别为 2500 和 450，作为凉亭的地基，如图 17-41 所示。

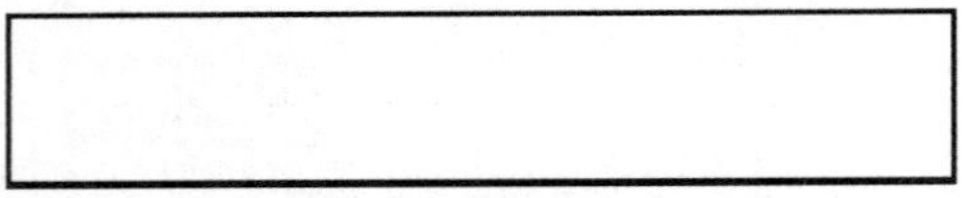

图17-41 绘制地基

Step 04 再利用矩形命令绘制一个矩形，矩形的长宽分别为 2000 和 180，作为凉亭的柱子，如图 17-42 所示。

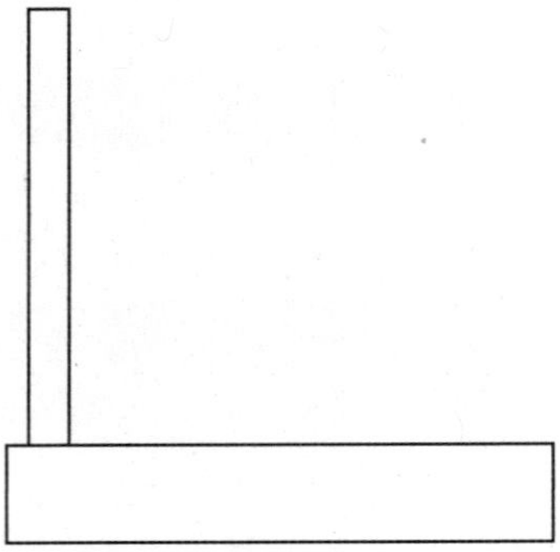

图17-42 绘制柱子

Step 05 利用镜像命令镜像矩形，这样形成了凉亭的两侧柱子，如图 17-43 所示。

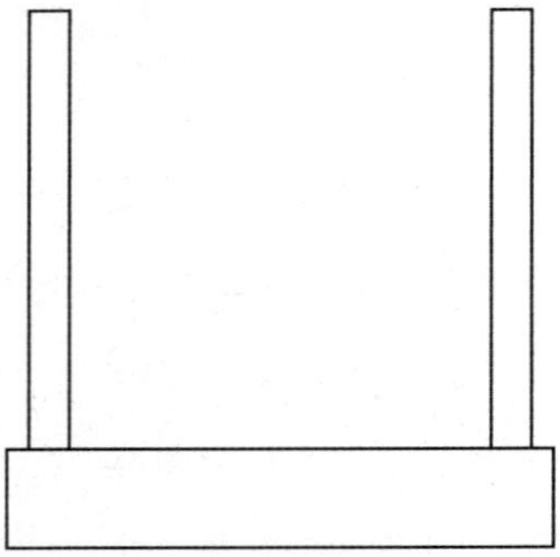

图17-43 镜像柱子

Step 06 利用直线命令绘制一等腰梯形，这个梯形作为凉亭的顶部，如图 17-44 所示。

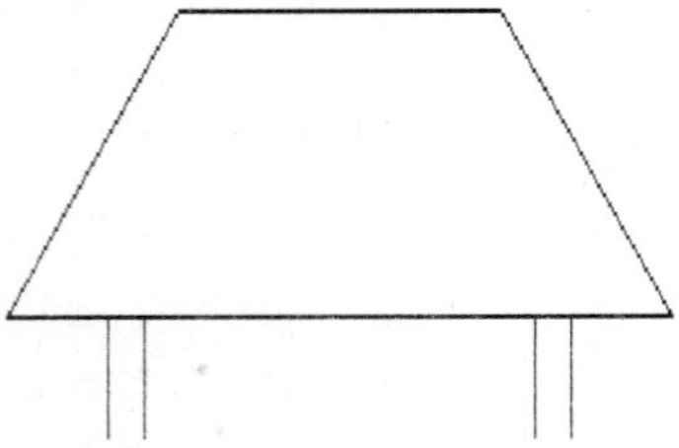

图17-44 绘制凉亭的顶部

Step 07 利用矩形命令在凉亭的顶部绘制矩形，矩形的长宽分别为 1800 和 100，如图 17-45 所示。

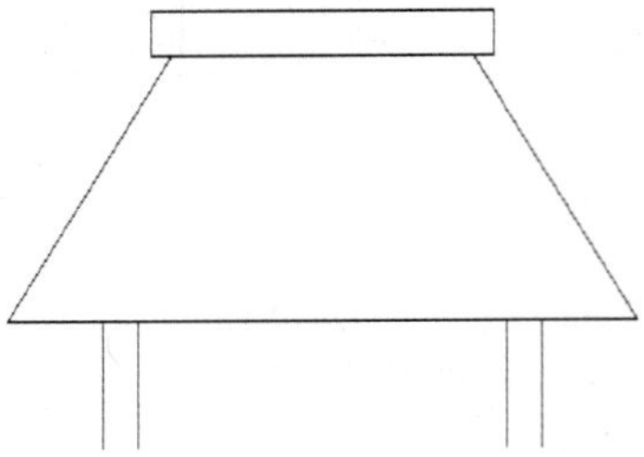

图17-45 绘制矩形

Step 08 利用分解、直线、剪切和偏移命令修饰凉亭的顶部，如图 17-46 所示。

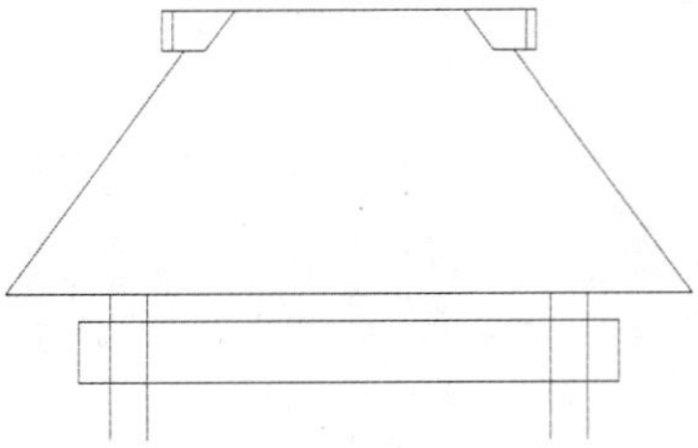

图17-46 修饰凉亭的顶部

Step 09 利用矩形命令在凉亭的柱子之间绘制横条，矩形的长宽分别为 2600 和 160，如图 17-47 所示。

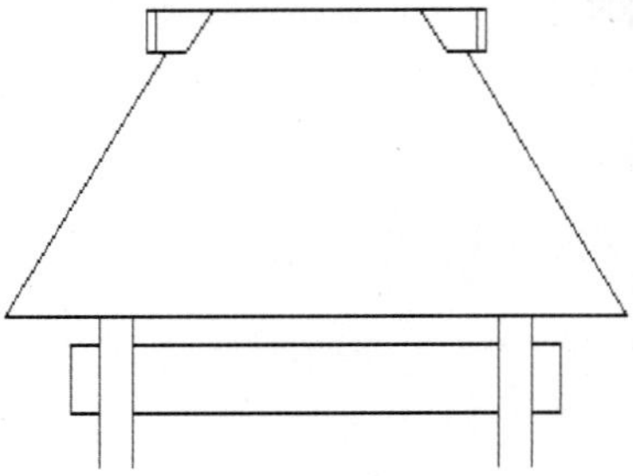

图17-47 绘制横条

Step 10 利用矩形命令在柱子和横条相交处绘制矩形，矩形的长宽分别为 150 和 50，再利用镜像绘制出另一个矩形，如图 17-48 所示。

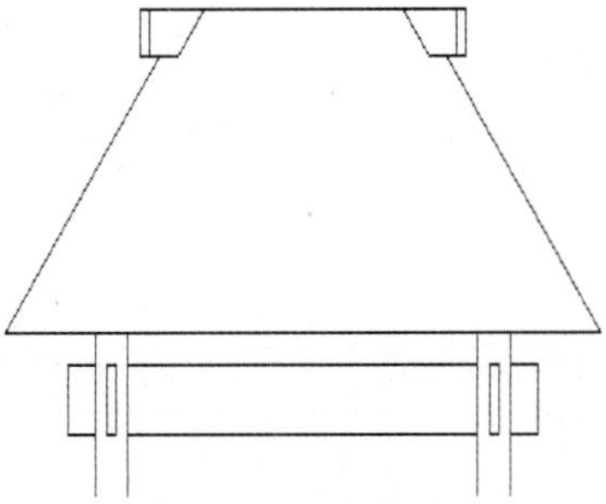

图17-48 镜像矩形

Step 11 利用矩形命令在凉亭的柱子之间绘制椅子靠背的上部分，矩形的长宽分别为 2200 和 60，如图 17-49 所示。

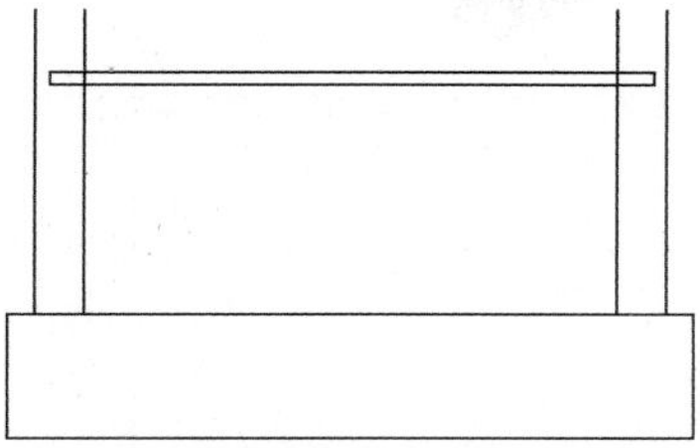

图17-49 绘制椅子

Step 12 利用修剪命令在两个矩形的相交处进行修剪，如图 17-50 所示。

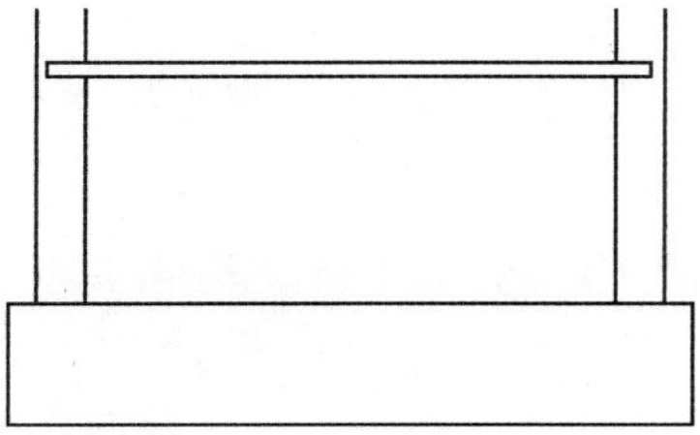

图17-50 修剪

Step 13 利用矩形命令在凉亭的柱子之间绘制椅子靠背的下部分，矩形的长宽分别为 1950 和 30，如图 17-51 所示。

图17-51 绘制椅子靠背

Step 14 利用矩形命令在两个矩形之间绘制出一个矩形，矩形的长宽分别为 350，40，再利用镜像命令绘制出另一个矩形，如图 17-52 所示。

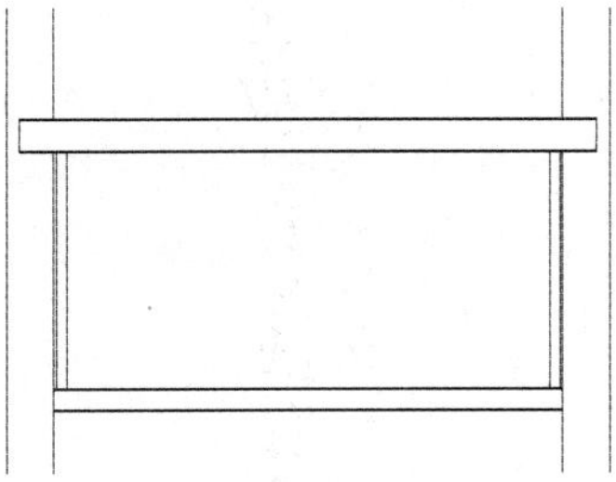

图17-52 绘制出矩形

Step 15 利用偏移命令在凉亭的柱子之间偏移线段，偏移的距离分别 70,95,230,55,如图 17-53 所示。

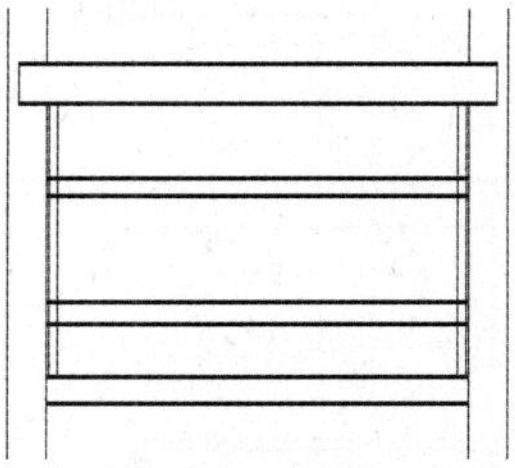

图17-53 偏移线段

Step 16 利用修剪命令在线段与矩形的相交处进行修剪，如图 17-54 所示。

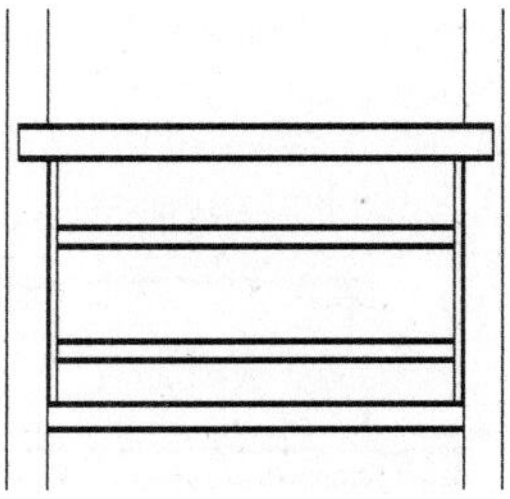

图17-54 修剪

Step 17 利用矩形命令在柱子和横条相交处绘制矩形，矩形的长宽分别为 30 和 30，再利用镜像绘制出另一个矩形，如图 17-55 所示。

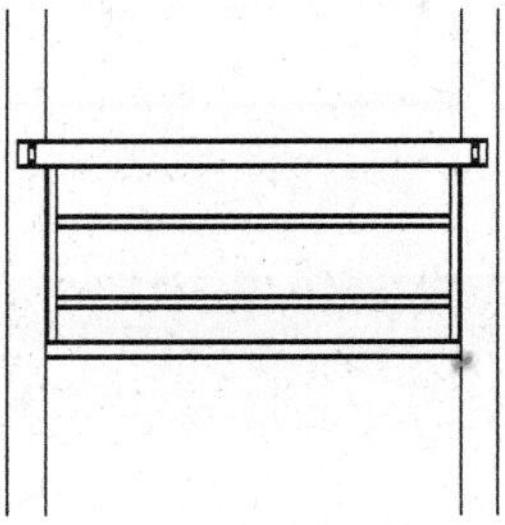

图17-55 绘制出另一矩形

Step 18 利用矩形命令在水平线段之间绘制绘制矩形，矩形的长宽分别 135，25，如图 17-56 所示。

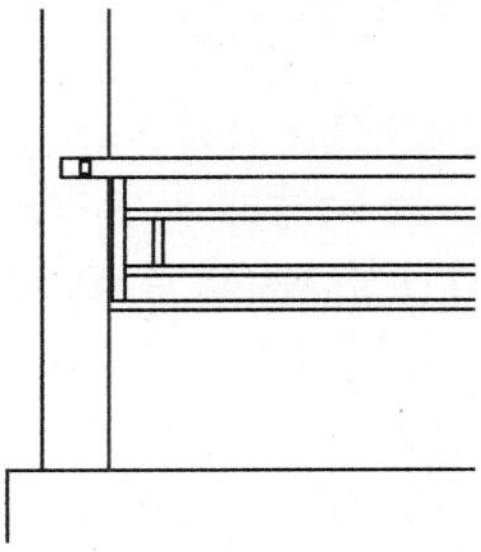

图17-56 绘制矩形

Step 19 利用矩形阵列命令在水平线段之间阵列出多个矩形，矩形数目为 20，间距为 92，如图 17-57 所示。

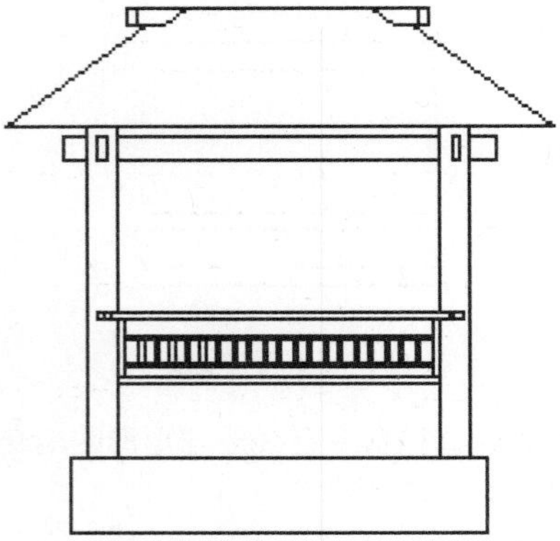

图17-57 阵列出多个矩形

Step 20 利用直线命令在凉亭的左侧绘制阶梯，分别有三节阶梯，如图 17-58 所示。

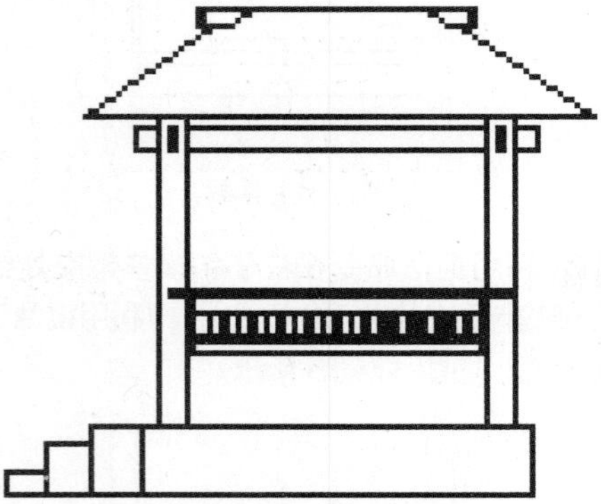

图17-58 绘制阶梯

Step 21 利用镜像命令在凉亭的右侧镜像出阶梯，命令，如图 17-59 所示。

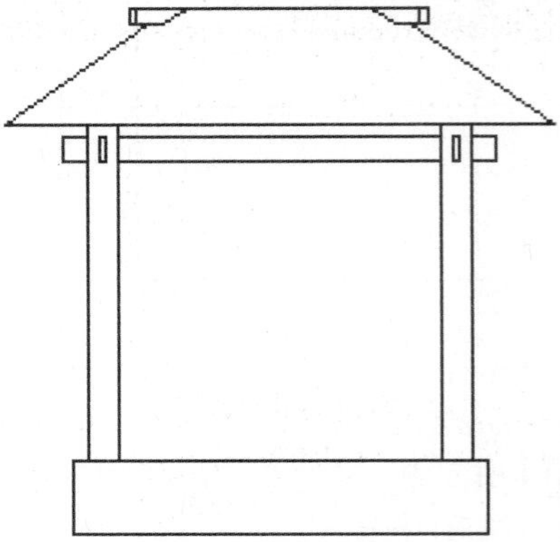

图17-59 镜像出阶梯

Step 22 检查绘制好的图形，再将其保存到指定的路径中，如图 17-60 所示。

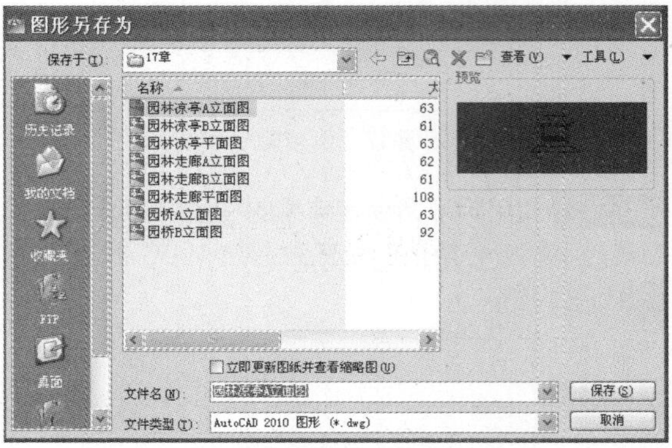

图17-60 保存

> **工程师点拨：绘制门窗**
>
> 先按门的大小绘制两条与墙体垂直的平行线来确定门的宽度。

> **工程师点拨：绘制直径线的方法**
>
> 通过捕捉弧形的圆心位置来绘制直径线。

17.2.2 绘制园林凉亭 B 立面图

本实例绘制的是园林凉亭B立面图，B立面图和A立面图的主要区别在于观看的方位不同。B立面图比A立面图要简单，主要有两方面原因，一是B立面图是在A立面图的基础上完成，不需要绘制柱子、凉亭顶部等，二是从B立面图的方向看过去，只能看见座椅靠背的侧面。B立面需要绘制的的地方较少，操作步骤如下。

Step 01 单击桌面上 Autocad 2012 图标，打开 Auto CAD 的操作界面，如 17-61 图所示。

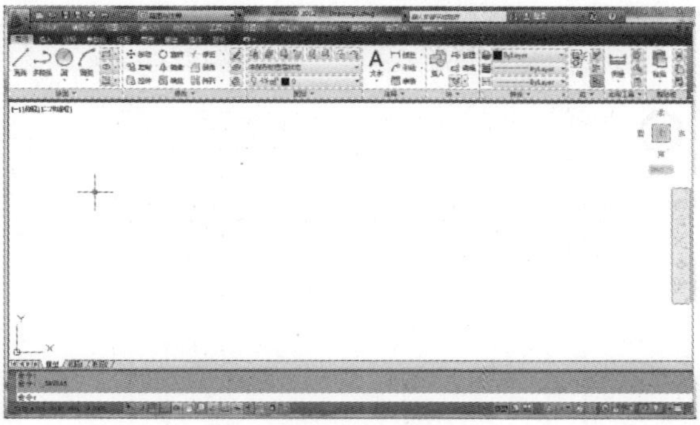

图17-61 打开软件

Step 02 打开绘制好的凉亭的 A 立面图，如 17-62 图所示。

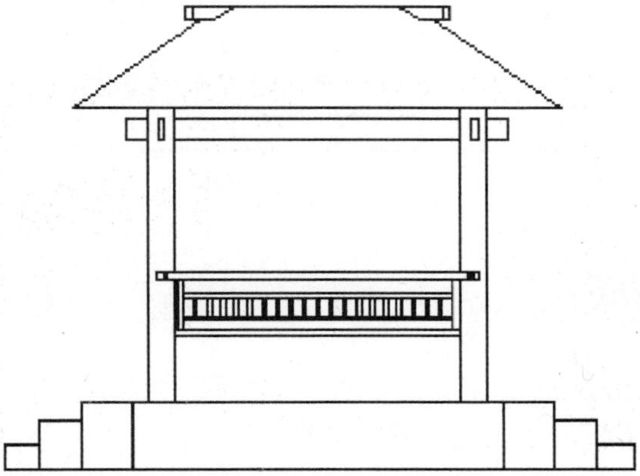

图17-62 打开图形

Step 03 利用删除命令删除凉亭的 A 立面图中一部分，如 17-63 图所示。

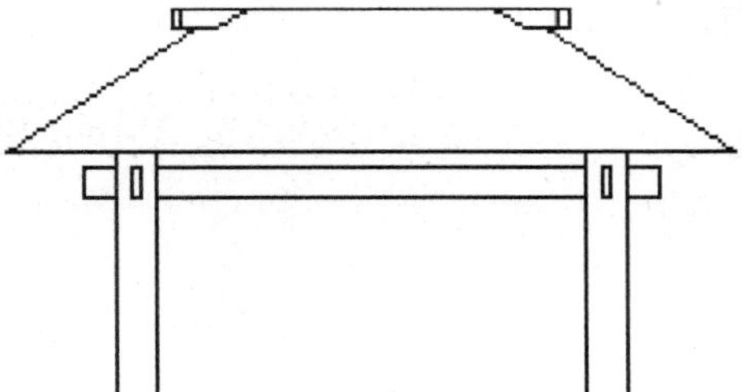

图17-63 删除

Step 04 利用直线和偏移命令绘制阶梯的宽度，偏移距离为 1000，如 17-64 图所示。

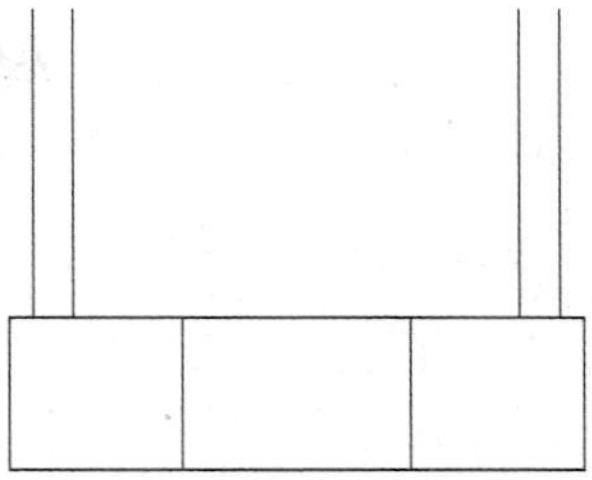

图17-64 偏移

Step 05 利用直线和偏移命令绘制凉亭的 B 立面图阶梯的宽度，偏移距离为 150，如 17-65 图所示。

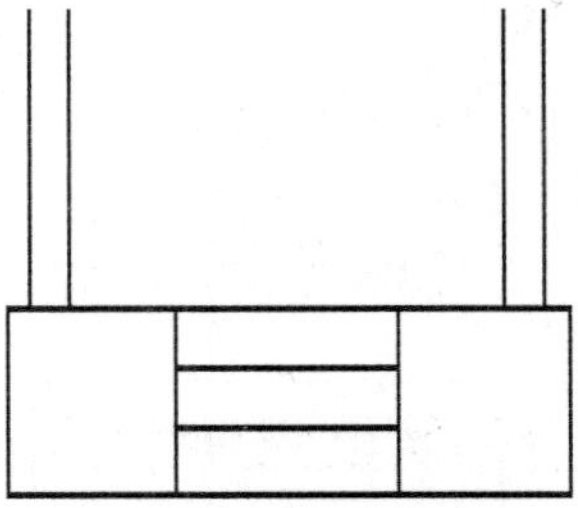

图17-65 偏移阶梯

Step 06 利用矩形命令绘制凉亭的 B 立面图座位靠背的侧面，如 17-65 图所示。

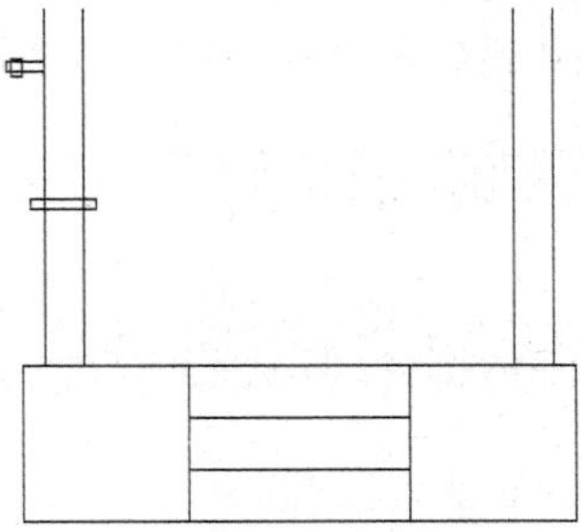

图17-66 绘制座位侧面

Step 07 利用剪切命令将两个矩形相交的地方进行剪切，如 17-67 图所示。

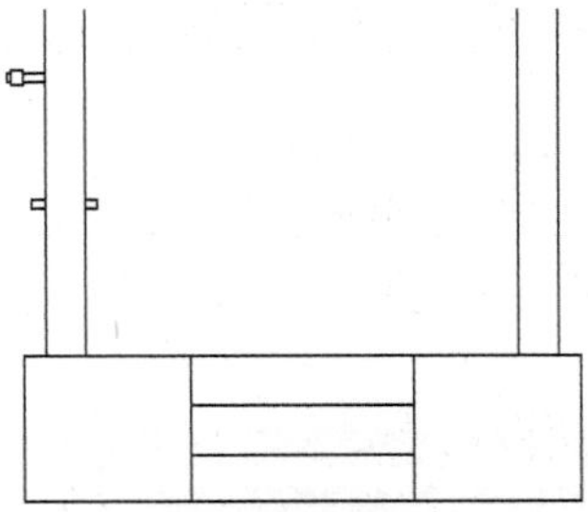

图17-67 剪切

Step 08 利用圆弧和偏移命令将两个矩形连接起来，偏移的距离为 50，如图 17-68 所示。

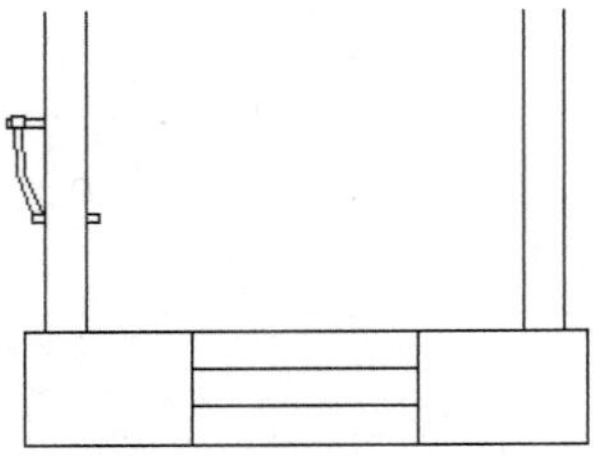

17-68 圆弧

Step 09 利用镜像命令镜像座位靠背的侧面，形成对称图形，如 17-69 图所示。

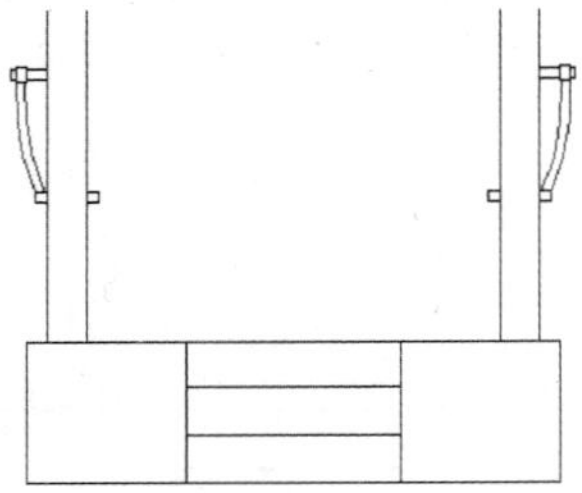

图17-69 镜像

Step 10 检查绘制好的凉亭的 B 立面图，并将其保存到指定的路径中，如 17-70 图所示。

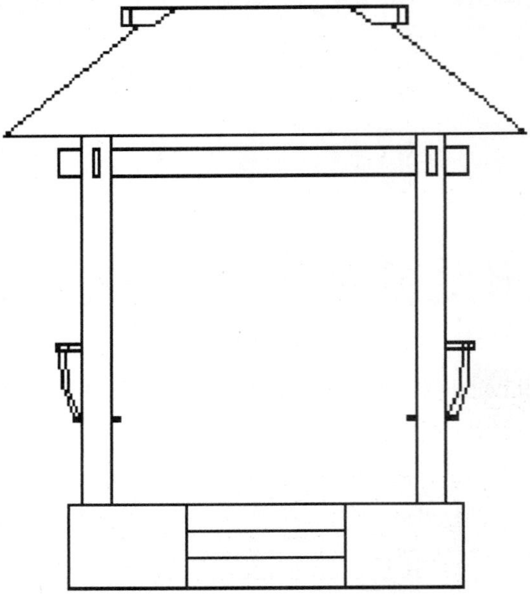

图17-70 最终效果

17.3 绘制园林走廊立面图

在公园里如果有园林凉亭，一般情况下会配置相应的走廊。如果说凉亭的主要作用是供游客休息，那么走廊的作用就是供游客游玩。走廊的材料一般都是木头，让人更加感觉接近大自然。

17.3.1 绘制园林走廊 A 立面图

本实例绘制的是园林走廊A立面图，绘制园林走廊立面图和绘制园林桥的立面图的过程比较相似，它们都是有序的排列，多次用到阵列、修剪和偏移命令，操作步骤如下。

Step 01 单击桌面上的 Autocad 2012 图标，打开 Auto CAD 的操作界面，如 17-71 图所示。

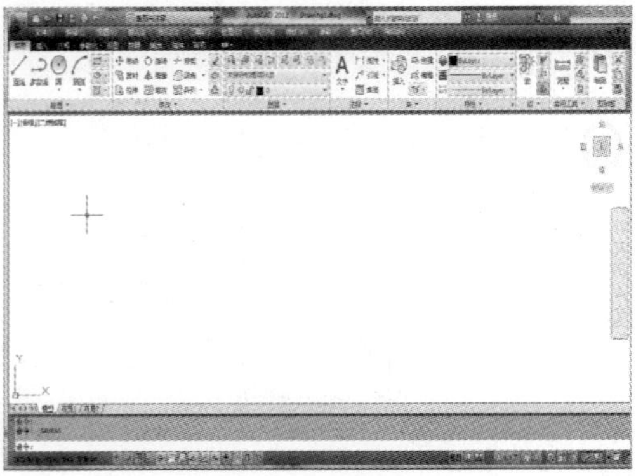

图17-71 打开软件

Step 02 执行“工具 > 选项”命令，对绘图的背景颜色、光标的大小等其他方面进行调整，如 17-72 图所示。

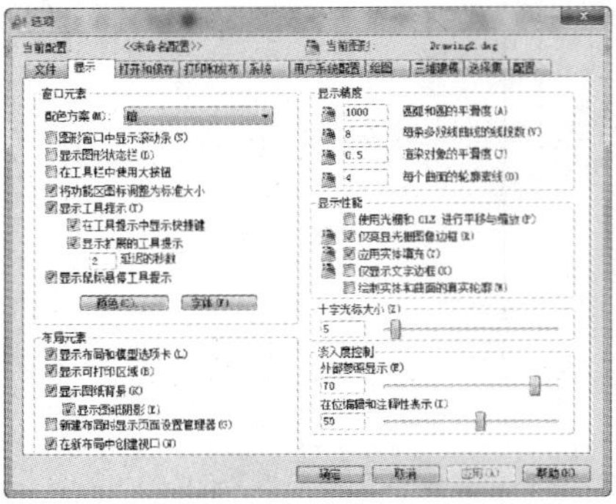

图17-72 调整绘图环境

Step 03 执行“格式 > 图形界限”，在命令栏提示下先后输入边界的两个坐标，分别为（0,0）和（10024,5600），如 17-73 图所示。

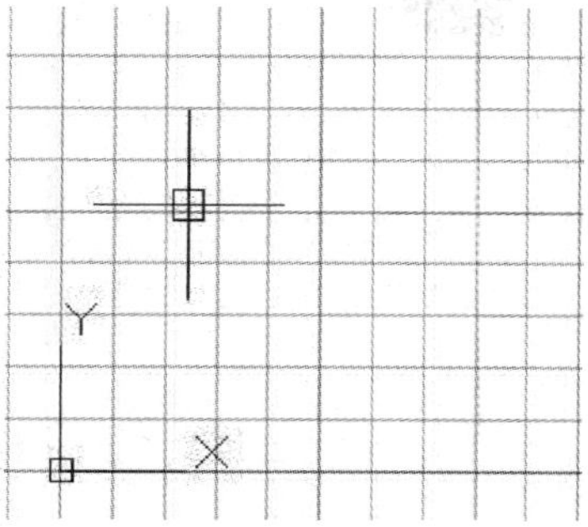

图17-73 图形界限

Step 04 单击工具栏中的“图层特性”按钮，弹出图层特性管理器，如 17-74 图所示。

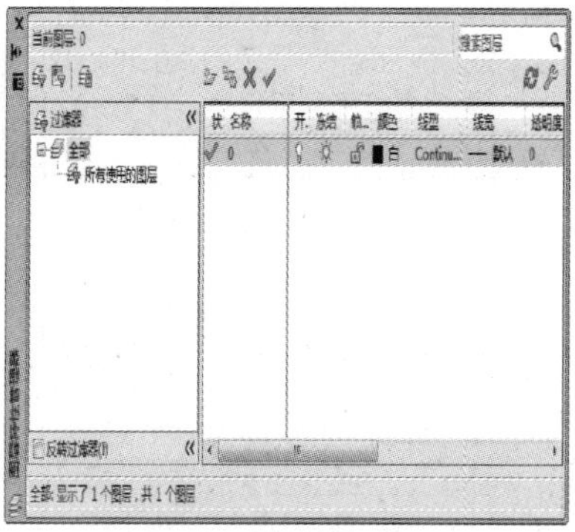

图17-74 图层特性管理器

Step 05 对图层中的“颜色”、“线型”“线宽”进行设置，如图 17-75 所示。单击“确定”按钮，完成设置。

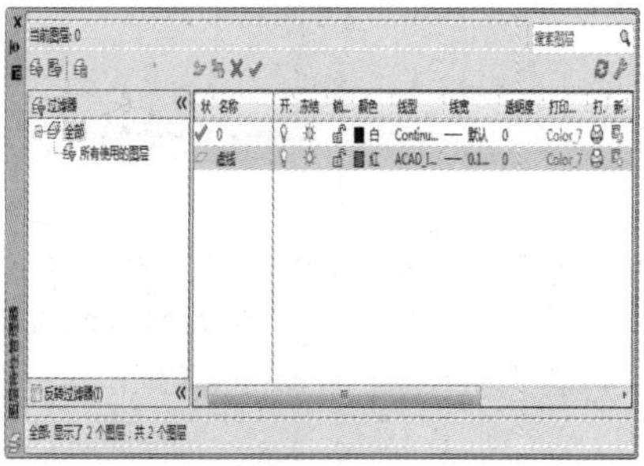

图17-75 设置层

Step 06 利用矩形命令绘制矩形，矩形的长宽分别为 7600 和 100，矩形为走廊的底部，如图 17-76 所示。

图17-76 绘制走廊底部

Step 07 利用矩形命令在左侧绘制矩形，矩形的长宽分别为 1350 和 100，作为走廊的柱子，如图 17-77 所示。

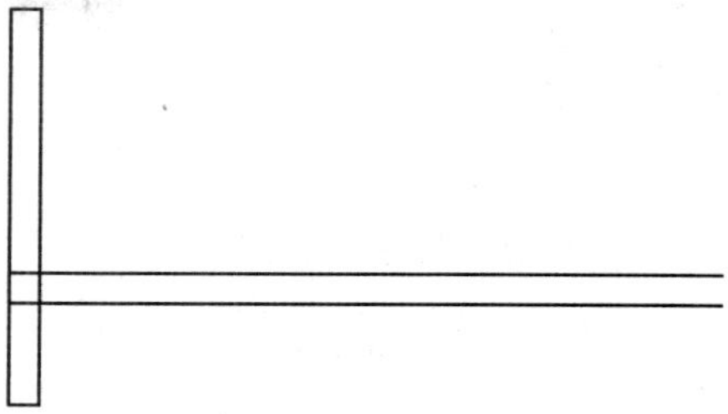

图17-77 绘制柱子

Step 08 利用矩形命令在刚才绘制矩形的上方绘制一个矩形，矩形的长宽分别为 130 和 100，如图 17-78 所示。

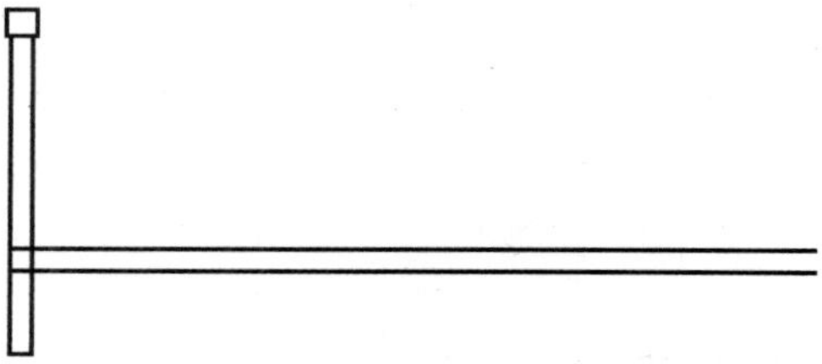

图17-78 绘制矩形

Step 09 利用矩形阵列命令阵列两个矩形，形成一排走廊柱子，如图 17-79 所示。

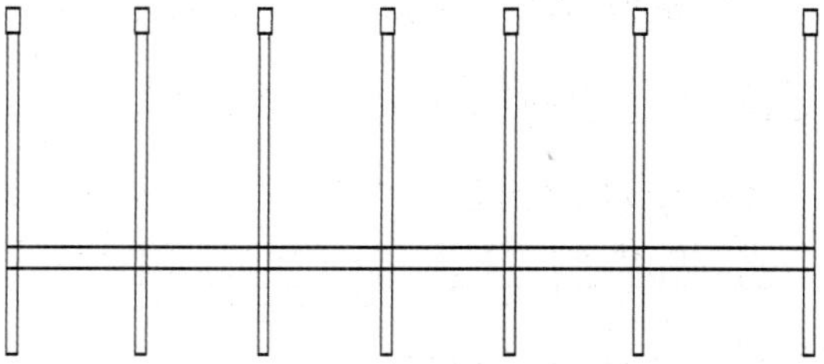

图17-79 阵列矩形

Step 10 利用剪切命令剪切走廊矩形柱子和走廊底部的矩形相交处，如图 17-80 所示。

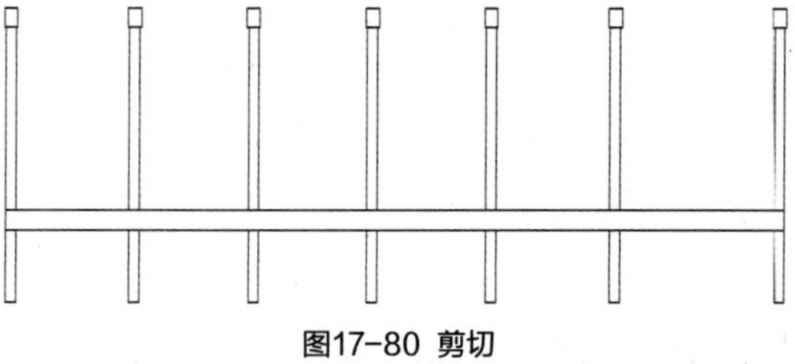

图17-80 剪切

Step 11 利用偏移命令偏移出四条水平线段，偏移距离分别为 250，300，650，700，如图 17-81 所示。

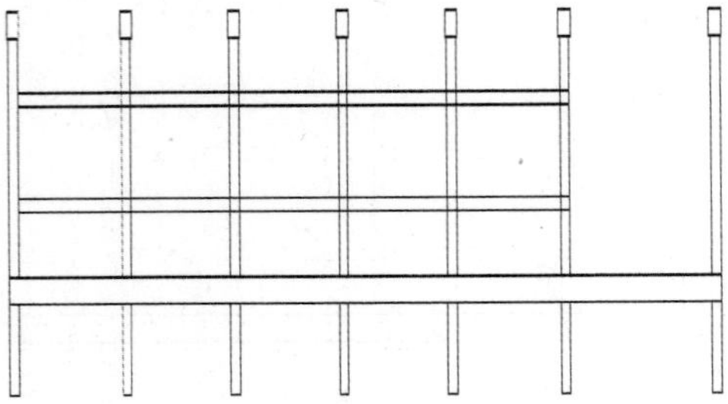

图17-81 偏移四条水平线段

Step 12 利用剪切命令剪切走廊矩形柱子和走廊栏杆的矩形相交处，如图 17-82 所示。

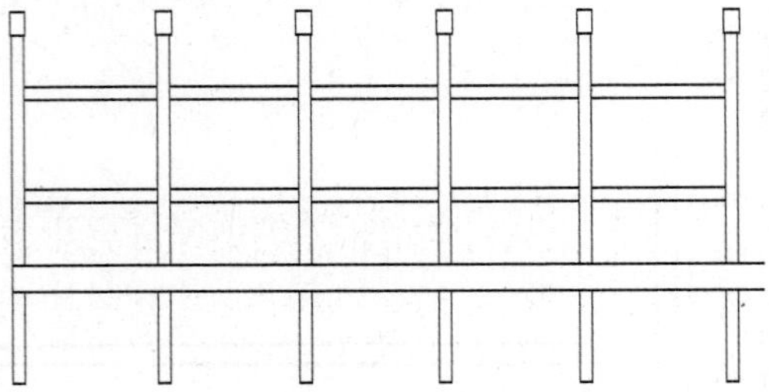

图17-82 剪切

Step 13 利用矩形和偏移命令绘制出阶梯的外框，矩形的长宽分别为 50 和 400，如图 17-83 所示。

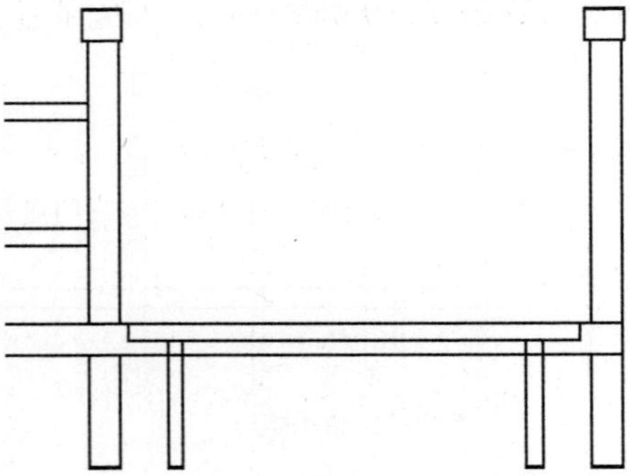

图17-83 绘制出阶梯

Step 14 利用矩形和复制命令绘制出两个并排的矩形，形成阶梯的踏板，矩形的长宽分别为 1450 和 50，复制距离为 150，如图 17-84 所示。

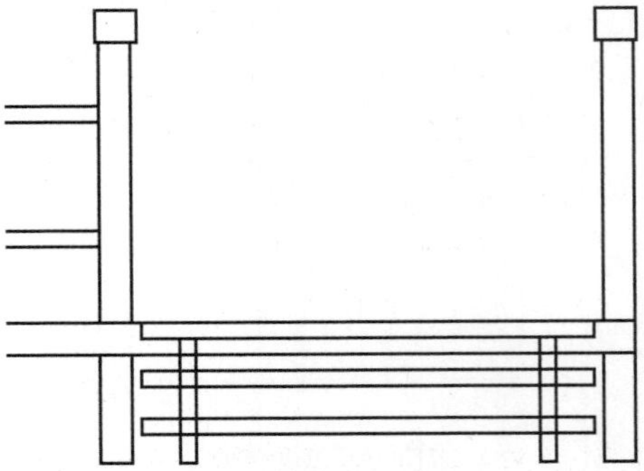

图17-84 绘制踏板

Step 15 利用剪切命令剪切阶梯的外框和阶梯的踏板相交处，如图 17-85 所示。

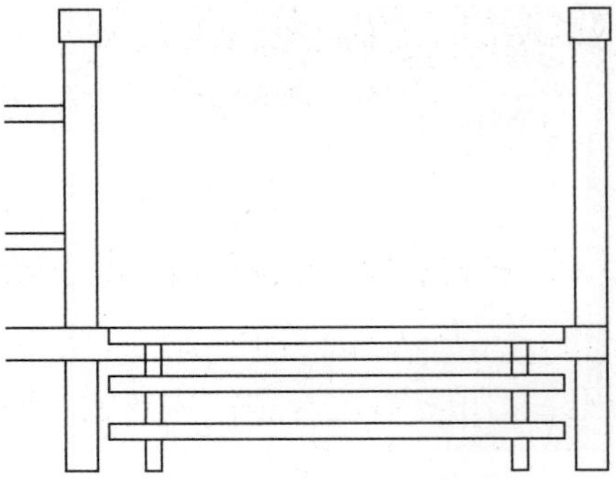

图17-85 剪切图形

Step 16 利用直线命令在走廊的左侧绘制阶梯，分别有三节阶梯，如图 17-86 所示。

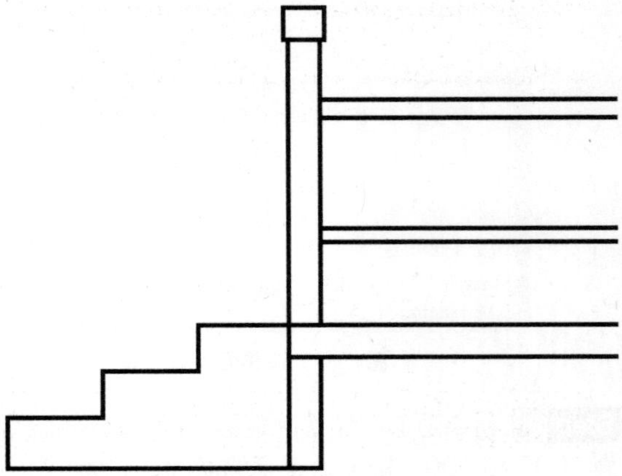

图17-86 绘制阶梯

Step 17 利用直线和偏移命令对走廊的左侧阶梯做一下修饰，如图 17-87 所示。

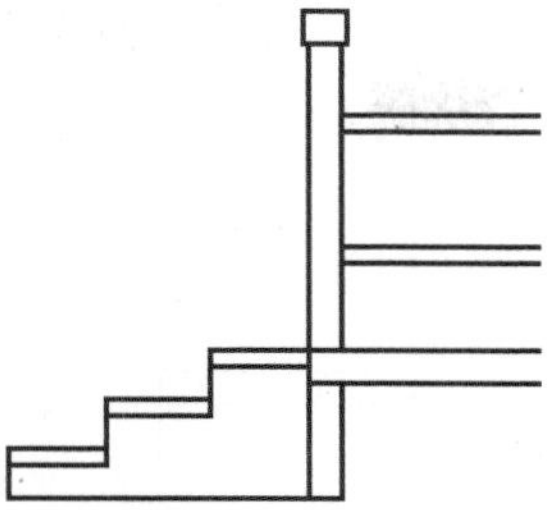

图17-87 修饰

Step 18 走廊的一个立面图绘制完成后，在检查没有错误的情况下，保存到指定的路径中，如图 17-88 所示。

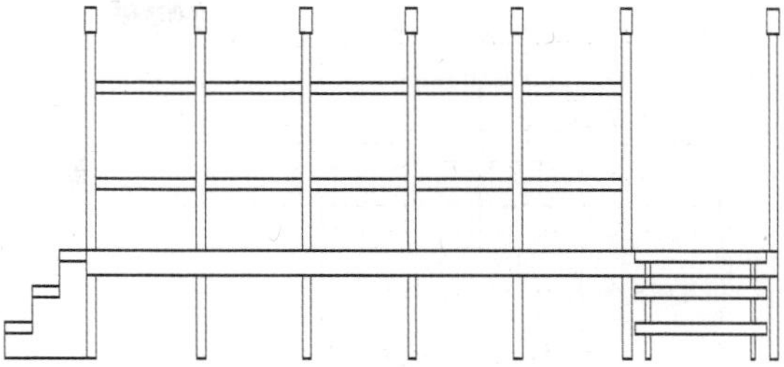

图17-88 绘制完成

工程师点拨：阵列命令

在命令行输入ARRAY，将会打开阵列对话框，可按照图4-15所示进行设置。设置完成后单击选择对象按钮，选择正五边形，并在命令提示符下按Enter键，打开"阵列"对话框，单击该对话框中的"确定"按钮即可。

工程师点拨：阵列角度设置

对于默认设置下的填充角度而言，正值表示将沿逆时针方向环形阵列对象，负值表示将沿顺时针方向环形阵列对象。

17.3.2 绘制园林走廊 B 立面图

本实例绘制的是园林走廊B的立面图，绘制园林走廊B立面图和绘制园林桥的B立面图基本一样，主要都是绘制的阶梯部分。但是园林走廊的阶梯是由一个个木头踏板组成，相互之间会有空隙，操作步骤如下。

Step 01 单击桌面上 Autocad 2012 图标，打开 AutoCAD 操作界面，如 17-89 图所示。

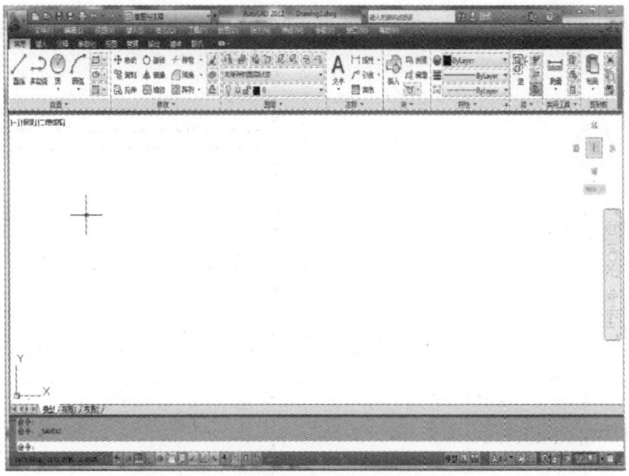

图17-89 打开软件

Step 02 执行菜单栏"工具＞选项"命令，可以对绘图的背景颜色、光标的大小等其他方面进行调整，如 17-90 图所示。

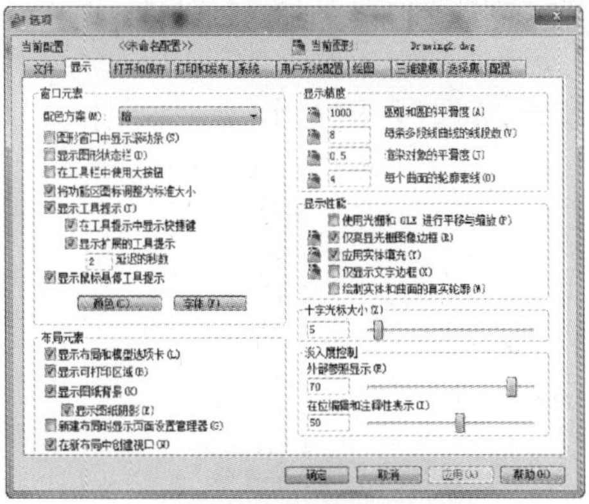

图17-90 调整绘图环境

Step 03 执行菜单栏“格式 > 图形界限”命令，在命令栏提示下先后输入边界的两个坐标，分别为(0,0)和(4200,2970)，如 17-91 图所示。

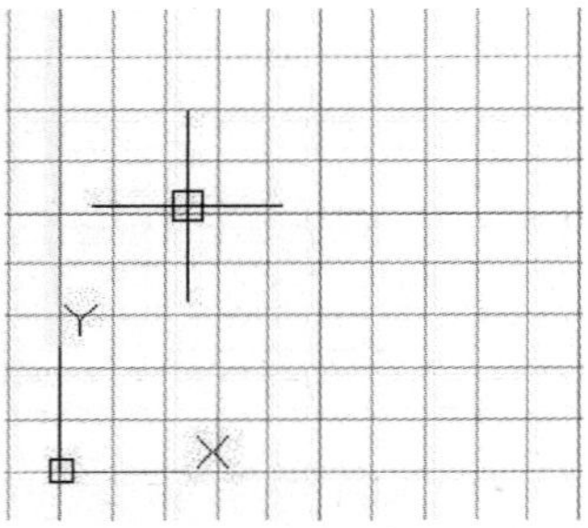

图17-91 输入坐标

Step 04 单击工具栏中的“图层特性”按钮，弹出图层特性管理器，设置图层，如 17-92 图所示。

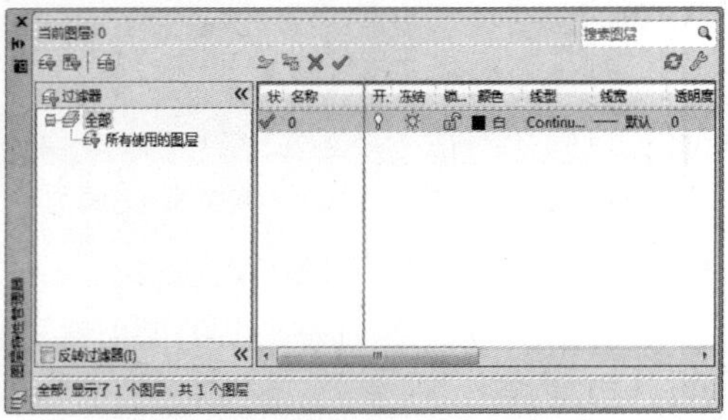

图17-92 设置图层

Step 05 利用矩形命令绘制矩形，矩形的长宽分别 3200 和 100，矩形为走廊的底部，如图 17-93 所示。

图17-93 走廊的底部

Step 06 利用矩形命令在左侧绘制两个矩形，一上一下，矩形的长宽分别为 1350 和 100，矩形作为走廊中柱子，如图 17-94 所示。

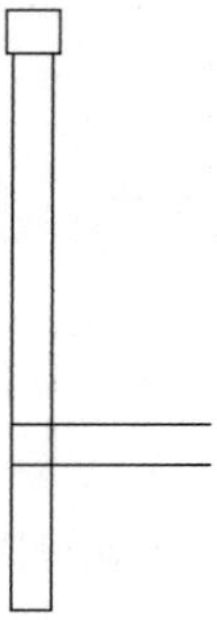

图17-94 走廊中的柱子

Step 07 利用复制命令绘制另两个矩形，复制的距离为 750，如图 17-95 所示。

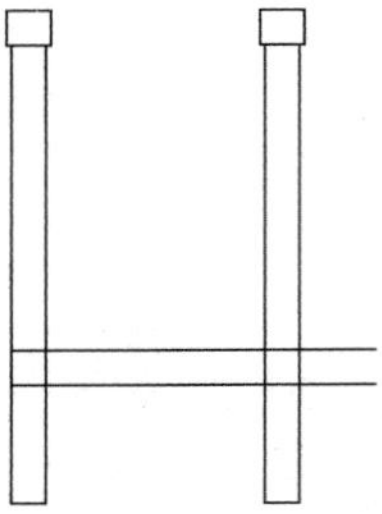

图17-95 绘制另两个矩形

Step 08 利用偏移命令偏移出四条线段，偏移的距离为 250，300，650，700，如图 17-96 所示。

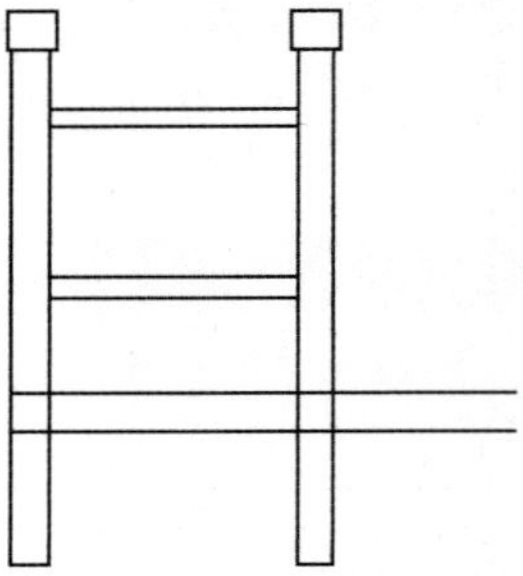

图17-96 偏移出四条线段

Step 09 利用镜像命令镜像出右侧的走廊栏杆，如图 17-97 所示。

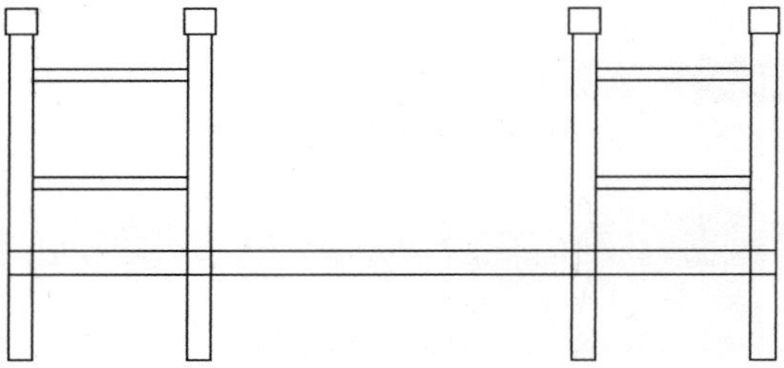

图17-97 镜像对象

Step 10 利用剪切命令剪切走廊矩形柱子和走廊底部的矩形相交处，如图 17-98 所示。

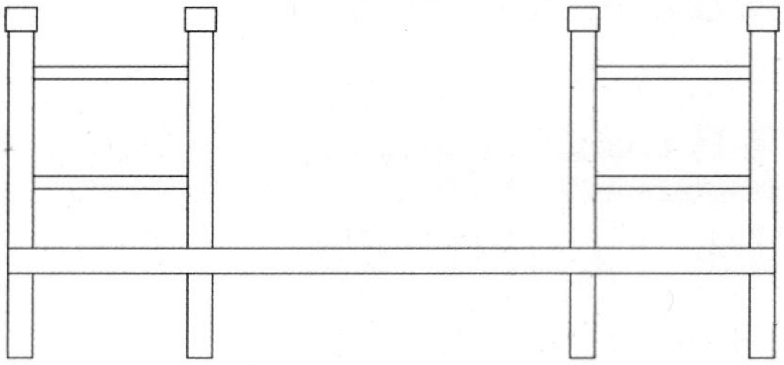

图17-98 剪切对象

Step 11 利用矩形和偏移命令绘制出阶梯的外框，矩形的长宽分别为 50 和 400，如图 17-99 所示。

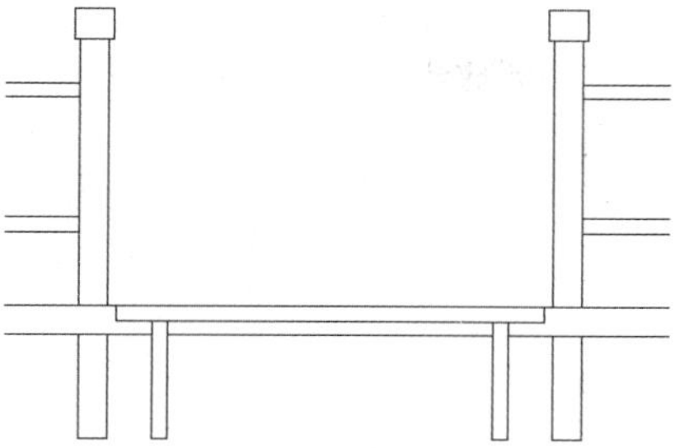

图17-99 阶梯的外框

Step 12 利用矩形和复制命令绘制出两个并排的矩形，形成阶梯的踏板，矩形的长宽分别为 1450 和 50，复制距离为 150，如图 17-100 所示。

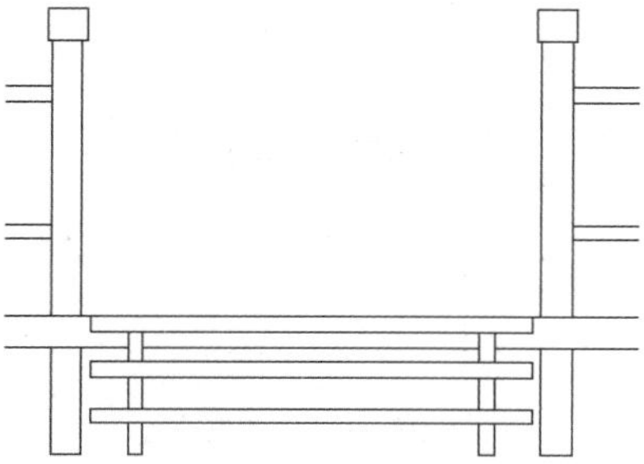

图17-100 阶梯的踏板

Step 13 利用剪切命令剪切阶梯的外框和阶梯的踏板相交处，如图 17-101 所示。

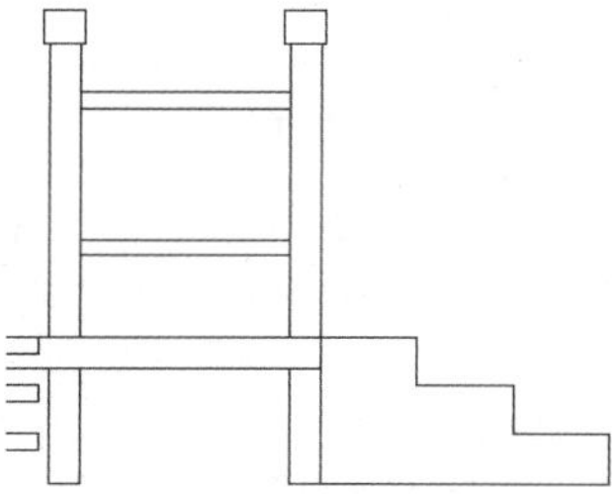

图17-101 剪切

Step 14 利用直线命令在走廊的右侧绘制阶梯，分别有三节阶梯，如图 17-102 所示。

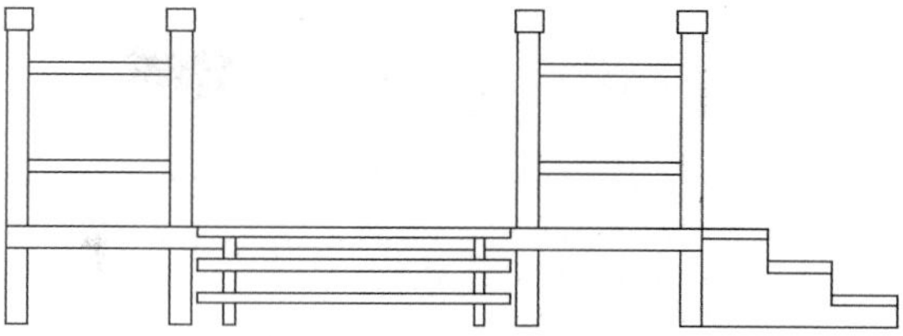

图17-102 三节阶梯

Step 15 利用直线和偏移命令对走廊的右侧阶梯做一下修饰，如图 17-103 所示。

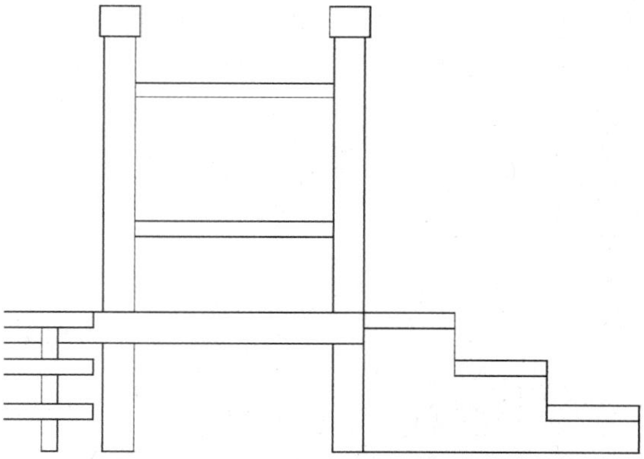

图17-103 修饰

Step 16 走廊的一个立面图绘制完成，在检查没有错误的情况下保存，如图 17-104 所示。

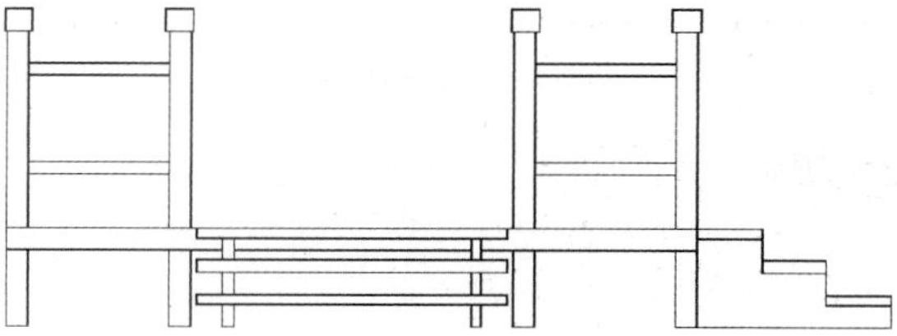

图17-104 完成效果

17.4 绘制园林平面图

现在开始绘制园林的平面图，主要绘制园林凉亭的平面图和园林走廊的平面图，这些平面图都是俯视图，平面图可以形象地表示出建筑物的水平方向的具体情况。

17.4.1 绘制园林凉亭平面图

本实例绘制的是园林凉亭平面图，由于凉亭的顶部面积比下面的建筑物要大，所以它的平面图只能看见凉亭的顶部，绘制园林凉亭平面图时就是绘制它的顶部，绘制操作步骤如下。

Step 01 单击桌面上Autocad 2012图标，打开AutoCAD的绘图环境并且熟悉操作界面，如17-105图所示。

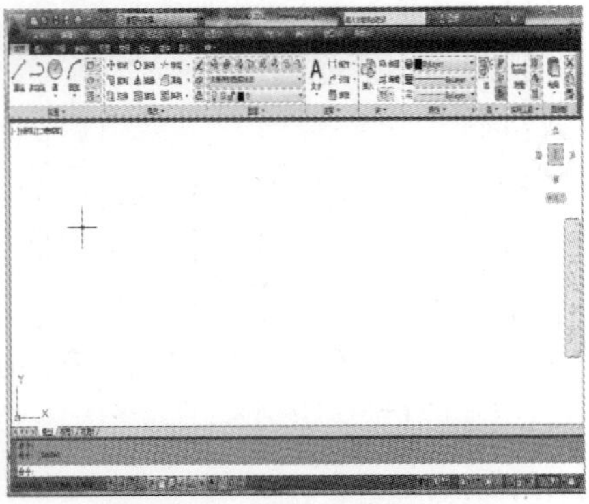

图17-105 打开软件

Step 02 执行“工具＞选项”命令，可以对绘图的背景颜色、光标的大小等其他方面进行调整，如17-106图所示。

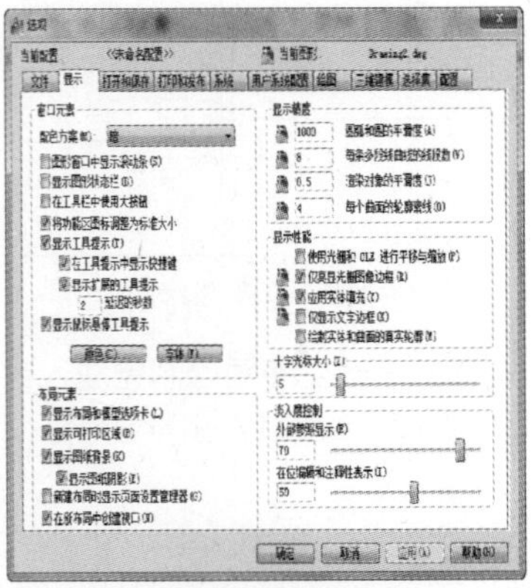

图17-106 调整绘图环境

Step 03 执行菜单栏“格式＞图形界限”命令，在命令栏提示下先后输入边界的两个坐标，分别为（0,0）和（4200,2970），如17-107图所示。

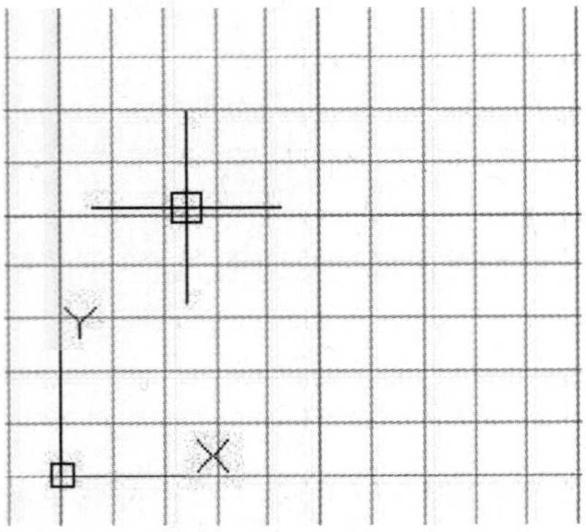

图17-107 输入坐标

Step 04 单击工具栏中“图层特性”按钮，弹出图层特性管理器，对图层进行设置，如17-108图所示。

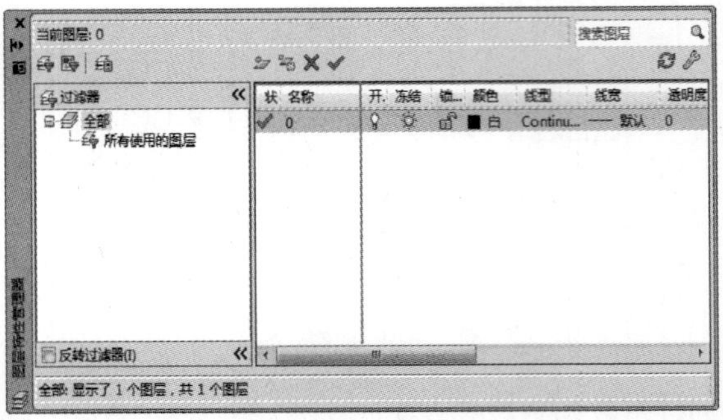

图17-108 设置图层

Step 05 利用矩形命令绘制出凉亭平面图的外框，矩形的长宽分别为2500和2500，如图17-109所示。

图17-109 亭平外框

Step 06 利用偏移命令绘制出凉亭平面图的外框的内边沿，偏移距离为50，如图17-110所示。

图17-110 外框的内边沿

Step 07 利用直线和偏移命令绘制出凉亭顶部的屋檐，直线的长度为3530，偏移距离为100。如图17-111所示。

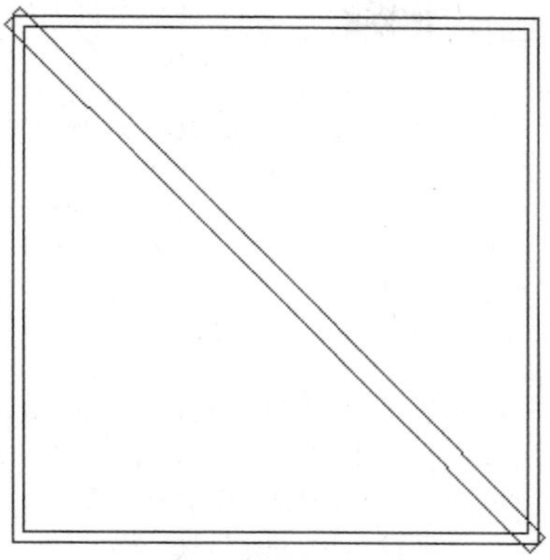

图17-111 凉亭顶部的屋檐

Step 08 利用相同的命令绘制出凉亭顶部的另一侧屋檐，如图17-112所示。

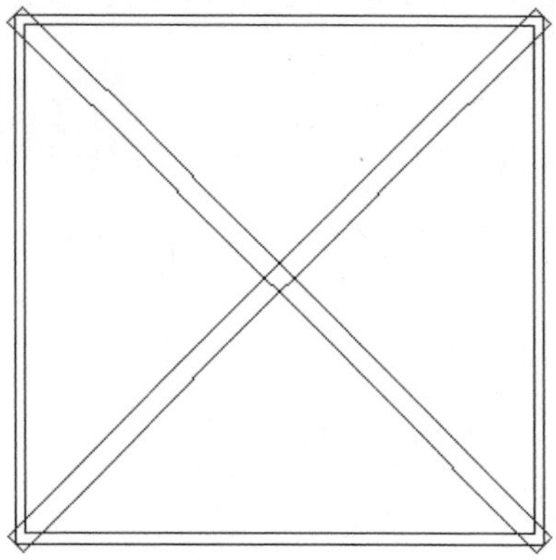

图17-112 另一侧屋檐

Step 09 利用剪切命令剪切直线和两个矩形相交处，如图17-113所示。

图17-113 剪切图形

Step 10 利用矩形命令绘制出凉亭顶部的中间凸起部分，矩形的长宽分别为1000和1000，如图17-114所示。

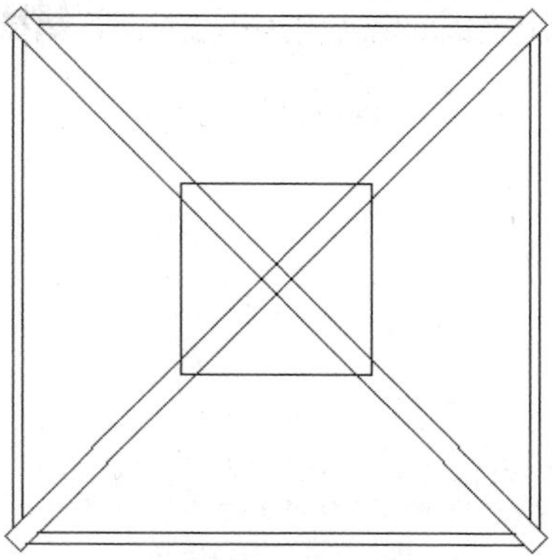

图17-114 凸起部分

Step 11 利用偏移命令绘制出凉亭顶部的中间凸起部分的内边沿，偏移距离为50，如图17-115所示。

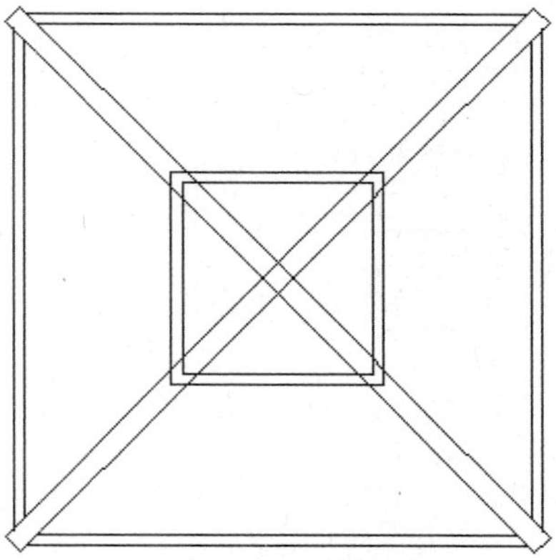

图17-115 绘制内边沿

Step 12 利用剪切命令剪切直线和两个矩形相交处，如图17-116所示。

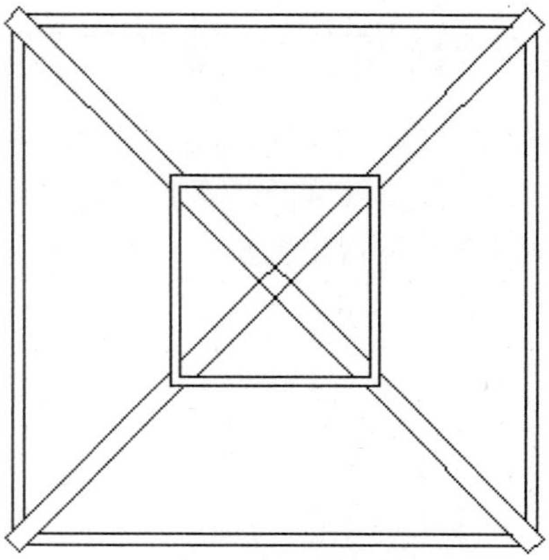

图17-116 剪切

Step 13 利用图案填充命令对凉亭的顶部进行填充，选择填充材料 JIS-LC-A8，如图 17-117 所示。

图17-117 填充图案

Step 14 对凉亭顶部的一部分进行填充的效果如图 17-118 所示。

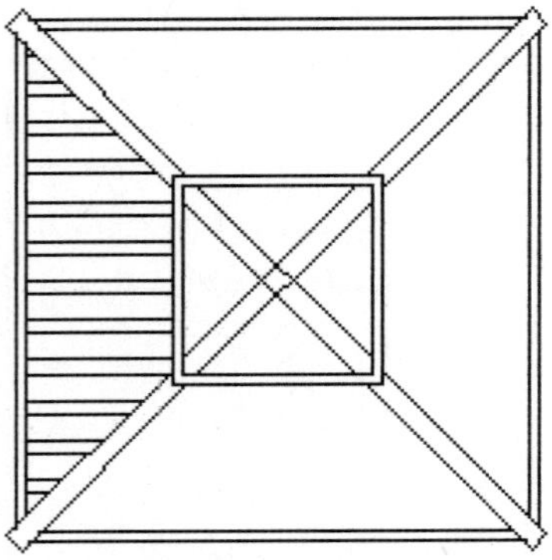

图17-118 填充效果

Step 15 对凉亭顶部的总体进行填充效果，如图 17-119 所示。

图17-119 总体填充效果

Step 16 检查是否有错误，然后将其保存到指定的路径中，如图 17-120 所示。

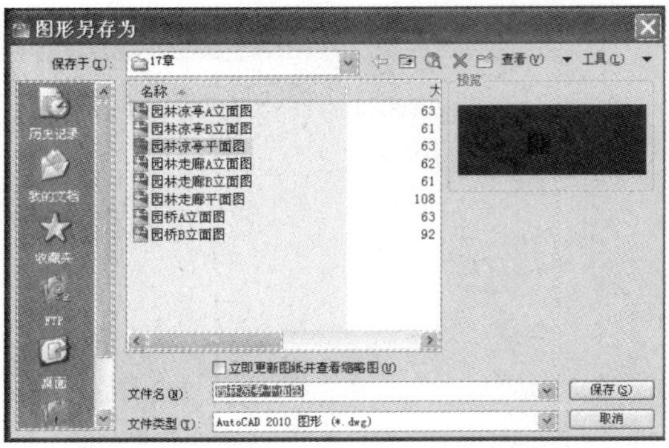

图17-120 保存文件

工程师点拨：保存文件格式选择

用DWT模板文件绘图结束时需将保存格式改为DWG格式。定制模板文件过程中只需注意文件保存时，保存为图形样板，即选择以DWT保存格式。再次绘图时，只需打开DWT模板文件，但绘图结束时则应将其保存为DWG格式文件。

17.4.2 绘制园林走廊平面图

本实例绘制的是园林走廊平面图，柱子的平面图为两个矩形，栏杆的平面图为两条线段组成，在绘制柱子和栏杆的平面图时需要用到复制和阵列命令，这样可以提高绘图效率。走廊的地面图案利用图案填充命令绘制，操作步骤如下。

Step 01 单击桌面上Autocad 2012图标，打开AutoCAD的绘图环境并熟悉操作界面，如17-121图所示。

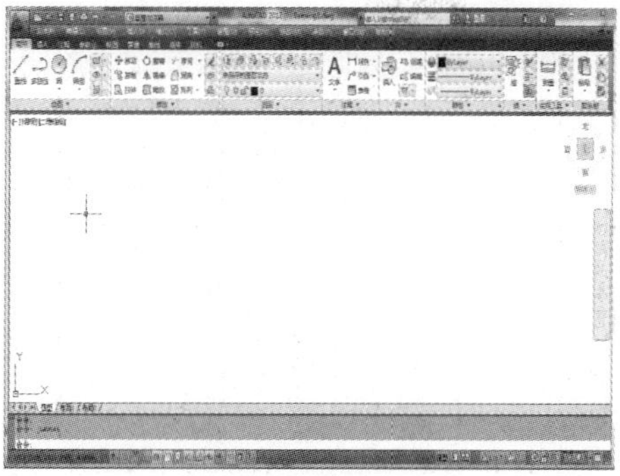

图17-121 打开软件

Step 02 执行“工具＞选项”命令，可以对绘图的背景颜色、光标的大小等其他方面进行调整，如17-122图所示。

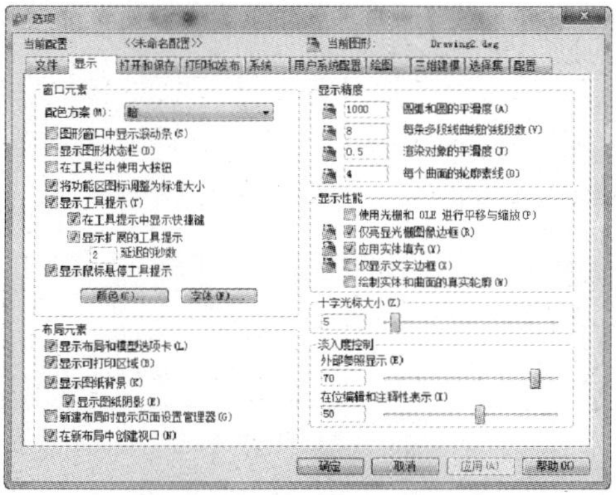

图17-122 调整绘图环境

Step 03 执行“格式＞图形界限”命令，在命令栏提示下先后输入边界的两个坐标，分别为（0,0）和（4200,2970），如17-123图所示。

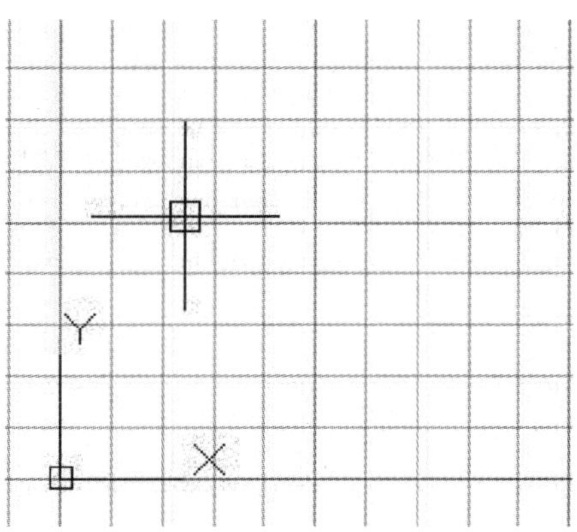

图17-123 输入坐标

Step 04 单击工具栏中“图层特性”按钮，弹出图层特性管理器，对图层进行设置，如17-124图所示。

图17-124 设置图层

Step 05 利用直线命令绘制走廊的平面图框架，线段的距离分别为2000和1200，如图17-125所示。

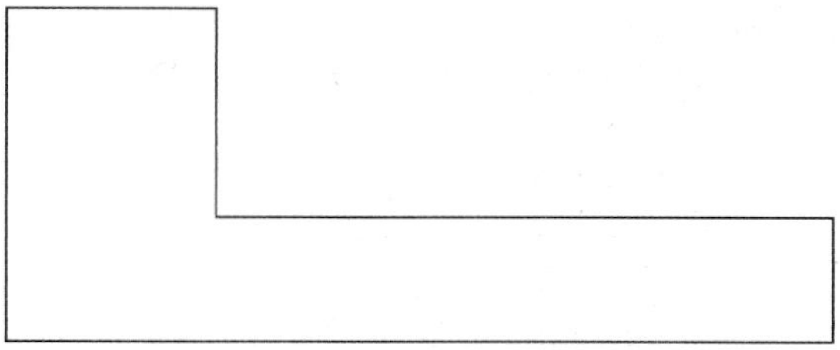

图17-125 框架

Step 06 利用矩形命令在线段相交处绘制矩形，矩形的长宽均为120，如图17-126所示。

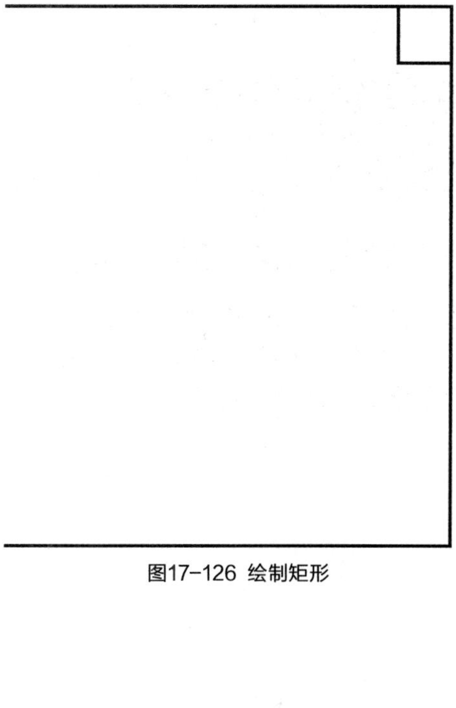

图17-126 绘制矩形

Step 07 利用偏移命令绘制出另一个矩形，偏移距离为 20，这两个矩形形成了走廊柱子的平面图，如图 17-127 所示。

图17-127 走廊柱子

Step 08 利用镜像命令绘制出另两个矩形，两个矩形的位置也在线段相交处，如图 17-128 所示。

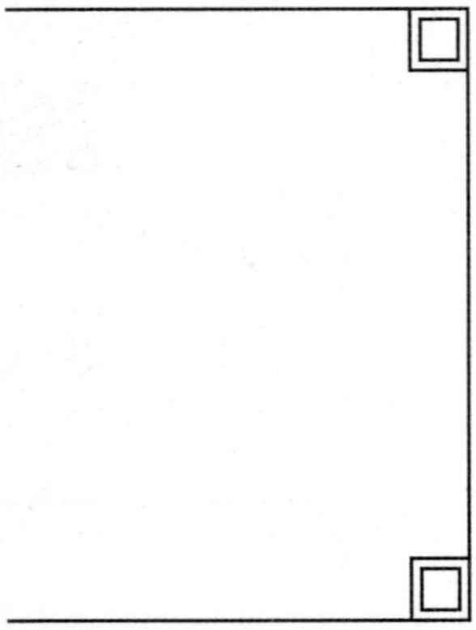

图17-128 绘制出另两个矩形

Step 09 利用直线命令绘制走廊栏杆的平面图，直线与两个矩形相交，如图 17-129 所示。

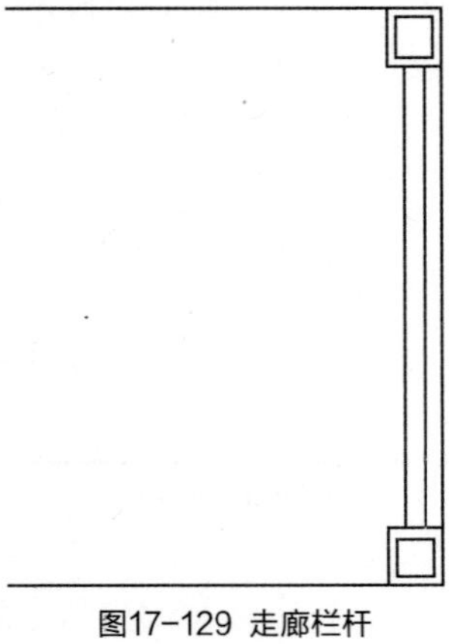

图17-129 走廊栏杆

Step 10 利用复制和矩形阵列命令绘制出走廊一侧栏杆和柱子的平面图，如图 17-130 所示。

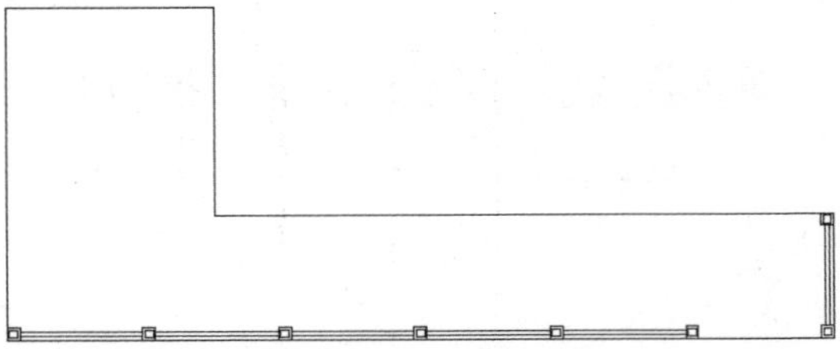

图17-130 一侧栏杆和柱子

Step 11 利用相同命令绘制出走廊其他方向栏杆和柱子的平面图，如图 17-131 所示。

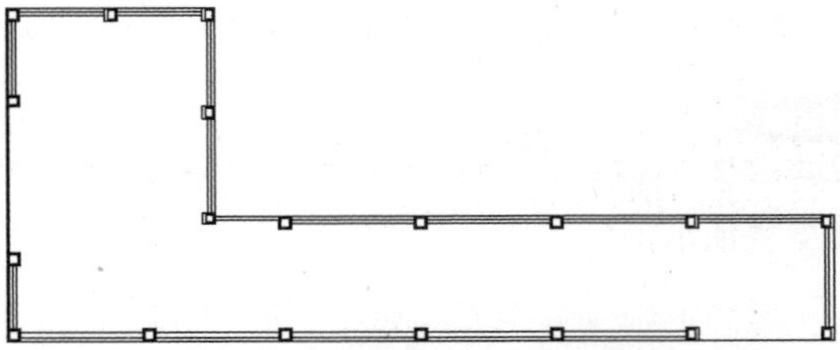

图17-131 其他方向栏杆和柱子

Step 12 利用图案填充命令对走廊地面进行填充，填充的材料为 ANSI132，如图 17-132 所示。

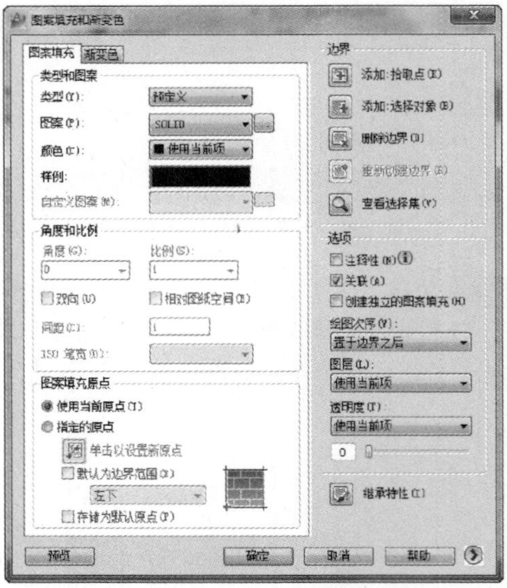

图17-132 填充

Step 13 利用直线和偏移命令绘制走廊一侧的阶梯，偏移距离为 300，如图 17-133 所示。

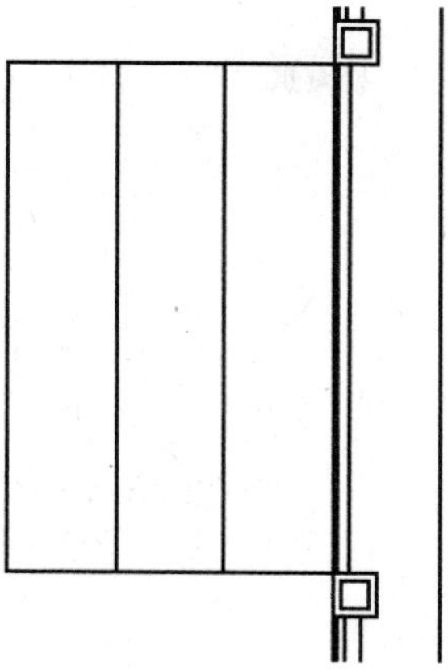

图17-133 阶梯

Step 14 利用直线和偏移命令绘制走廊另一侧的阶梯，偏移距离为 300，如图 17-134 所示。

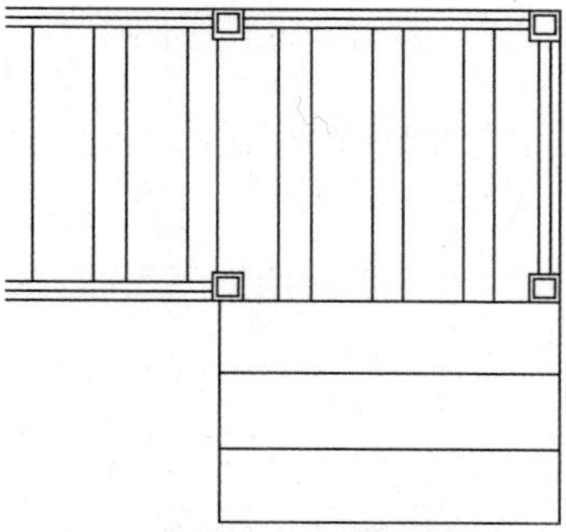

图17-134 另一侧的阶梯

Step 15 检查绘制好的图形是否有遗漏，如图 17-135 所示。

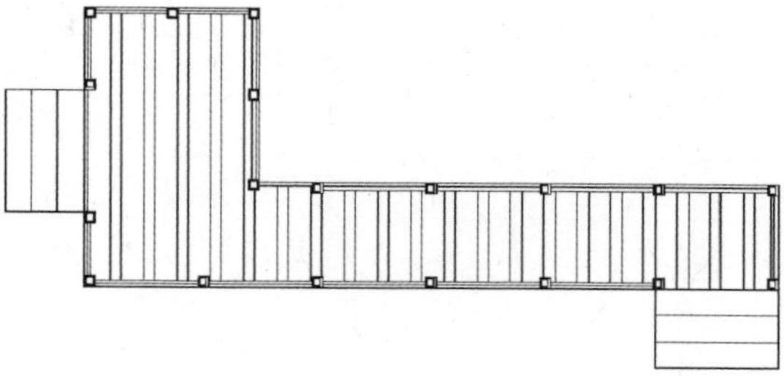

图17-135 检查

Step 16 在确定图形正确的情况下，将其保存到指定的路径，如图 17-136 所示。

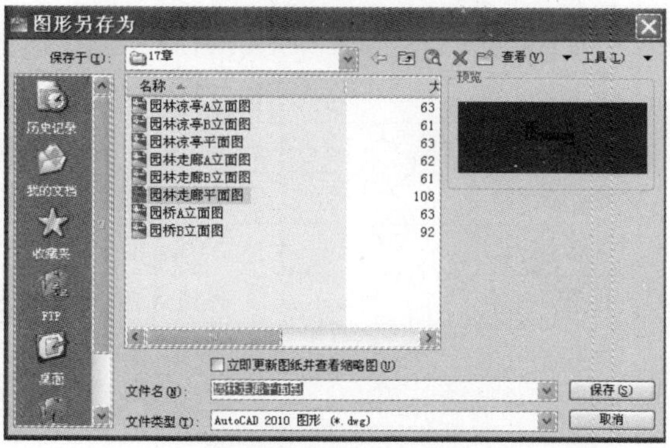

图17-136 保存文件

高手应用秘籍：家具设计基本尺寸

1. 房间物品尺寸（单位：厘米）

衣橱	深度一般为60~65；推拉门为70，衣橱门宽度为40~65
推拉门	深度75~150，高度190~240
矮柜	深度35~45，柜门宽度30-60
电视柜	深度45-60，高度60-70
单人床	宽度分为90，105，120；相应长度为180，186，200，210
双人床	宽度分为135，150，180；相应长度180，186，200，210
圆床	直径一般为186，212.5，242.4（常用）
室内门	宽度80-95，高度有190，200，210，220，240
厕所、厨房门	宽度80，90；高度190，200，210
窗帘盒	高度12-18；单层布深度12；双层布深度16-18（实际尺寸）
沙发	单人式长度80　95，深度85　90；坐垫高35　42；背高70　90
双人式沙发	长度126　150；深度80　90
三人式沙发	长度175　196；深度80　90
四人式沙发	长度232　252；深度80　90
长方形茶几	长度60　75，宽度45　60，高度38　50（38最佳）
圆形茶几	直径75，90，105，120；高度33　42
方形茶几	宽度90，105，120，135，150；高度33　42
书桌	固定式深度为45　70（60最佳），高度75
活动式	深度65　80，高度75　78
书桌下缘离地至少58	长度最少90（150-180最佳）
餐桌	高度75　78（一般），西式高度68　72，一般方桌宽度有120，90，75；
长方桌	宽度80，90，105，120；长度150，165，180，210，240
圆桌	直径90，120，135，150，180
书架	每一格深度25　40，长度60　120；
活动未及顶高柜	深度45，高度180　200
木隔间墙厚	6~10；内角材排距：长度（45-60）*90

2. 餐厅（单位：毫米）

餐桌高	750　790
餐椅高	450　500
圆桌直径	二人圆桌分为500mm和800mm，四人圆桌为900mm，五人圆桌为1100mm，六人圆桌为1100mm　1250mm，八人圆桌为1300mm，十人圆桌为l500mm，十二人圆桌为1800mm
方餐桌尺寸	二人方餐桌为700×850，四人方餐桌为1350×850，八人方餐桌为2250×850

（续表）

餐桌转盘直径	700 800
餐桌间距	(其中座椅占500)应大于500
主通道宽	1200 1300
内部工作道宽	600 900
酒吧台高	900~l050，宽500
酒吧凳高	600~750

3. 商场营业厅

单边双人走道宽	1600mm
双边双人走道宽	2000mm
双边三人走道宽	2300mm
双边四人走道宽	3000mm
营业员柜台走道宽	800mm
营业员货柜台	厚600mm，高800mm~l 000mm
单*背立货架	厚300mm~500mm，高1800mm~2300mm
双*背立货架	厚600mm~800mm，高1800mm~2300mm
小商品橱窗	厚500mm~800mm，高400mm~1200mm
陈列地台高	400mm~800mm
敞开式货架	400mm~600mm
放射式售货架	直径2000mm
收款台	长1600mm，宽600mm

4. 饭店客房

标准面积	大客房25平方米，中客房16 18平方米，小客房16平方米
床	高400mm~450mm
床头柜	高500mm~700mm；宽500mm~800mm
写字台	长1100mm~1500mm；宽450mm~600mml高700mm~750mm
行李台	长9l0mm~1070mm；宽500mm高400mm
衣柜	宽：800mm~1200mm；高1600mm~2000mm深500mm
沙发	宽：600mm~800mm；高：350mm~400mm，背高1000mm
衣架高	1700mm~1900mm

6. 会议室

中心会议室客容量	会议桌边长600mm
环式高级会议室客容量	环形内线长700mm~l 000mm
环式会议室服务通道宽	600mm~800mm

秒杀工程疑惑

在本章绘制图形时会遇到各种问题，下面我们来解决一些常遇到的问题，包括时打开多个图形文件、局部打开图形好处与操作、启用命令的方法、等方面的问题。解决这些问题对我们以后的进一步学习有很大的帮助。

问　题	解　答
在 AutoCAD 2012 中是否可以同时打开多个图形文件?	在一个AutoCAD任务下可以同时打开多个图形文件。方法是在“选择文件”对话框中，按下Ctrl键的同时选中几个要打开的文件，然后单击“打开”按钮即可。也可以从Windows浏览框把多个图形文件导入AutoCAD任务中 若欲将某一打开的文件置为当前文件，只需要单击该文件的图形区域即可。也可以通过组合键Ctrl+F6或Ctrl+Tab在已经打开的不同图形文件之间进行切换
在 AutoCAD 中，局部打开图形文件有哪些好处，如何操作?	当绘制大而复杂的图形的时候，可以只打开大家关心的那部分图形对象，从而节省图形存取时间，提高作图效率。可以基于视图或图层来打开图形文件中所要关注的那部分图形或外部参照文件 局部打开图形文件的方法是，在“选择文件”对话框中选中欲打开的文件，然后单击“打开”按钮右侧的下拉列表框，从中选择“局部打开”选项，在随后弹出的“局部打开”选项
在 CAD 中怎么清理对象?	在命令行中输入“pu”后按“Enter”键，会出现“清理”对话框，选择“查看能清理的项目（V）”，再选择“所有项目中”下拉菜单中一项，单击“清理”按钮，被选中的一项就被清理了
什么叫做全剖视图?	用一个假想剖切平面完全地剖开机件所得的剖视图称为全剖视图。全剖视图主要适用于外形简单、内部较为复杂且不对称的机件或全由回转面构成外形的机件
在 CAD 中，直线只能是独立的线段吗?	在AutoCAD中，直线对象可以是独立的一条线段，也可以是一系列相连接的直线段。大家可以单独编辑这一系列线段中的所有独立线段对象而不影响其他线段，还可以闭合一系列线段，将第一条线段与最后一条线段连接起来

AutoCAD 2012

CHAPTER 18

锥形楼三维模型

本章将详细讲解锥形楼三维模型的绘制方法与技巧。包括墙体和屋顶的绘制方法。本章主要学习的锥形楼三维模型绘制方法和技巧。

学完本章您可以掌握如下知识点

知识点序号	知识点难易指数	知识点
1	★	了解锥形楼三维模型空间
2	★★	了解锥形楼三维模型构成
3	★★★	绘制锥形楼三维模型设计思路
4	★★★★	绘制锥形楼三维模型方法

本章内容图解链接

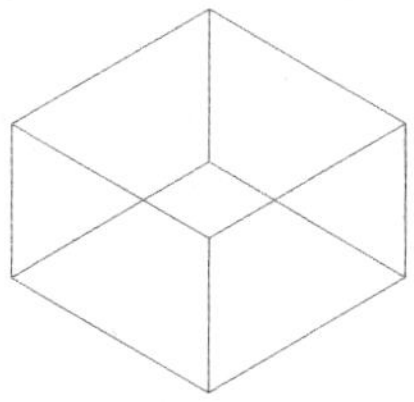

◎长方体

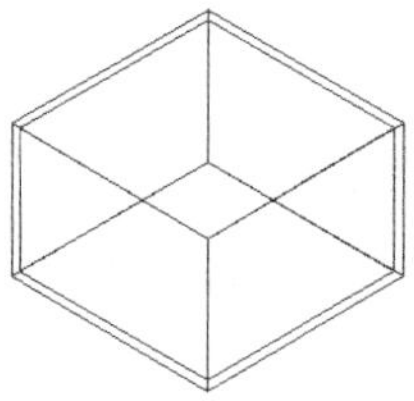

◎抽壳编辑

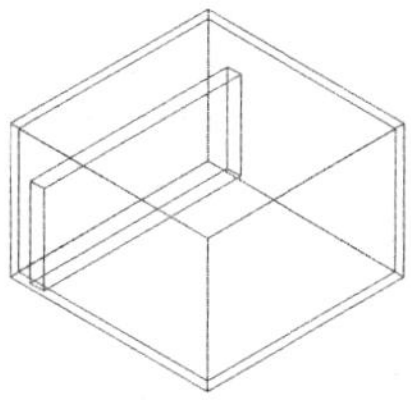

◎绘制长方体

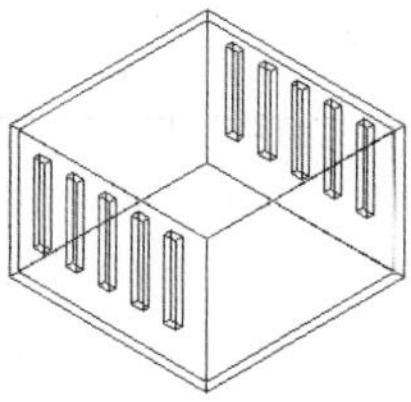

◎差集操作

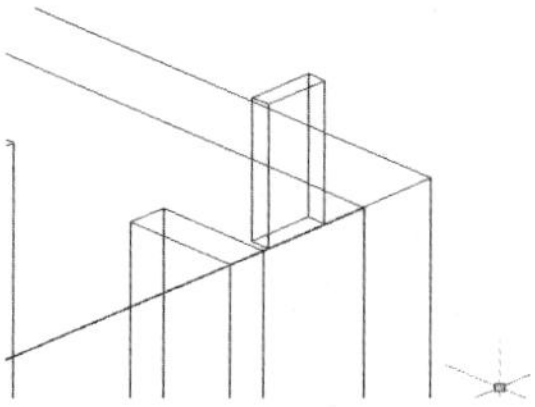

◎绘制长方体

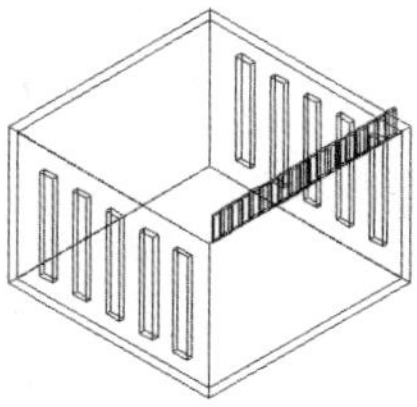

◎阵列编辑

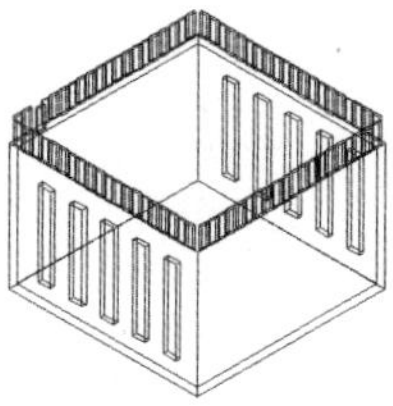

◎对称操作

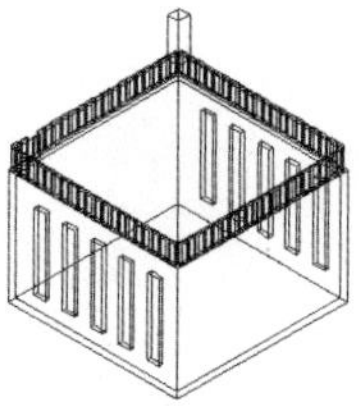

◎锥形楼三维图

18.1 设置三维视图

在绘制三维图形之前需要对绘图环境进行设置，一部分与二维图形相似，但有一部分与二维图形不同。三维图形需要设置“三维视图”，操作步骤如下。

Step 01 单击桌面上 AutoCAD 2012 图标，打开 CAD 的绘图环境并且熟悉操作界面，如图 18-1 所示。

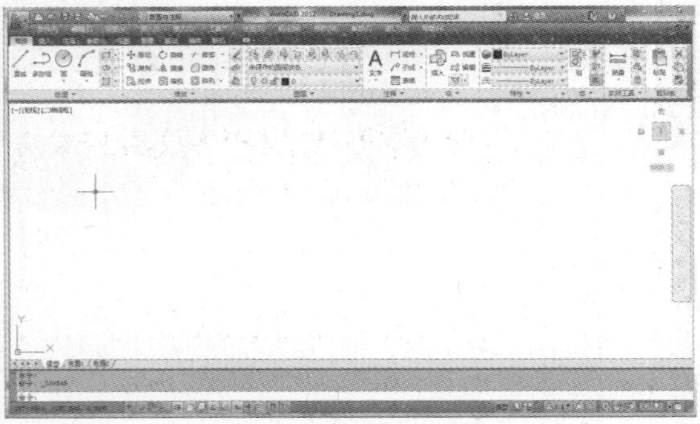

图18-1 绘图环境

Step 02 执行菜单栏“工具 > 选项”命令，可以对绘图的背景颜色、光标的大小等其他方面进行调整，如图 18-2 所示。

图18-2 设置绘图环境

Step 03 执行“格式 > 图形界限”命令，在命令栏提示下先后输入边界的两个坐标，分别为（0,0）和（1500,1500），如图 18-3 所示。

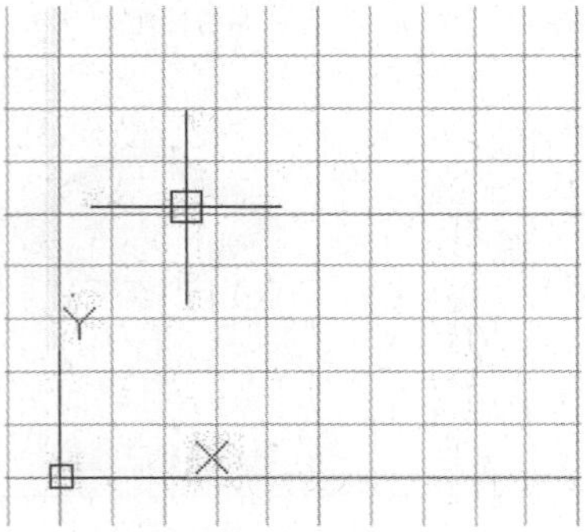

图18-3 图形界限

Step 04 单击工具栏中“图层特性”按钮，弹出图层特性管理器，并进行设置，如图 18-4 所示。

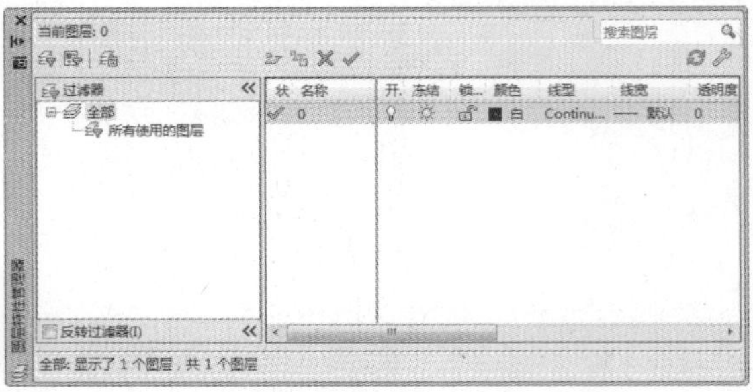

图18-4 新建图层并设置

Step 05 单击“视图 > 三维视图 > 东南等轴测”命令按钮，将视图调整为东南等轴测视图，如图 18-5 所示。

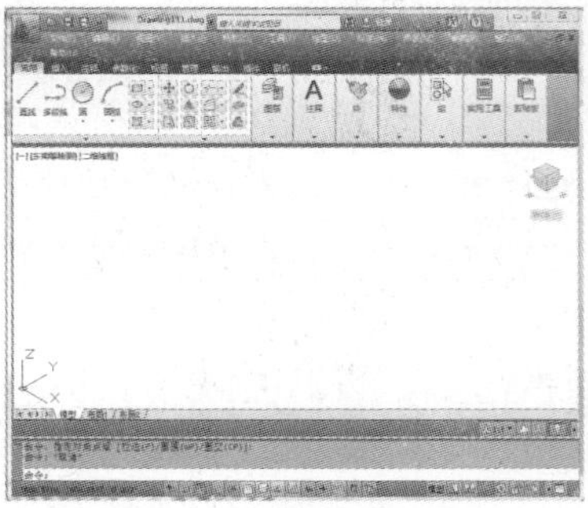

图18-5 调整为东南等轴测视图

Step 06 单击菜单栏“绘图 > 建模 > 长方体”按钮，如图 18-6 所示。

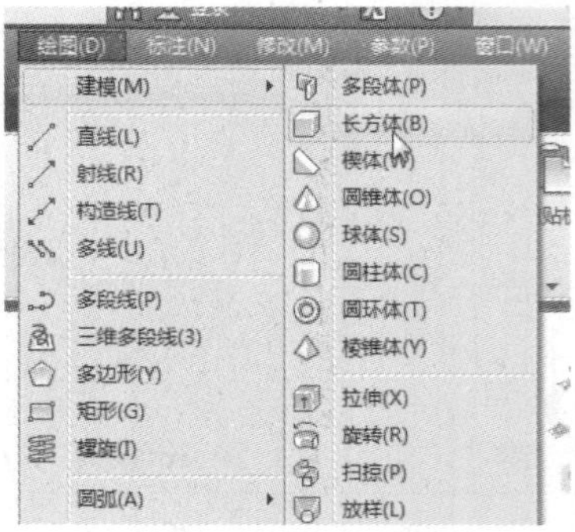

图18-6 单击“长方体”按钮

18.2 绘制三维图形

本节绘制的是锥形楼三维模型，虽然图形不复杂，但是包涵了三维图形一般的绘制方法，操作步骤如下。

Step 01 单击桌面上 AutoCAD 2012 图标，打开 AutoCAD，熟悉操作界面，如图 18-7 所示。

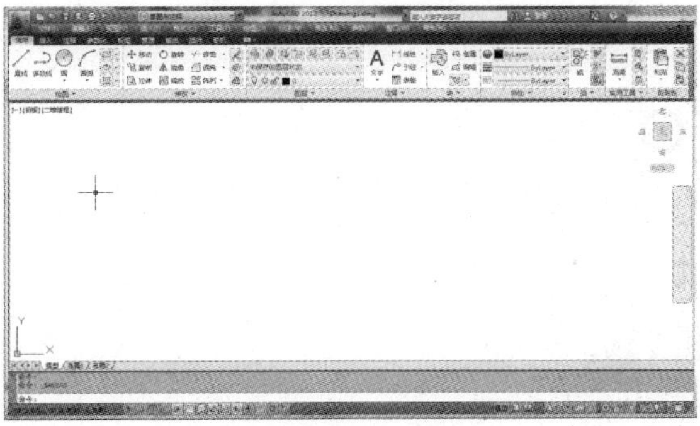

图18-7 打开绘图软件

Step 02 执行“工具 > 选项”命令，可以对绘图的背景颜色、光标大小等其他方面进行调整，如图 18-8 所示。

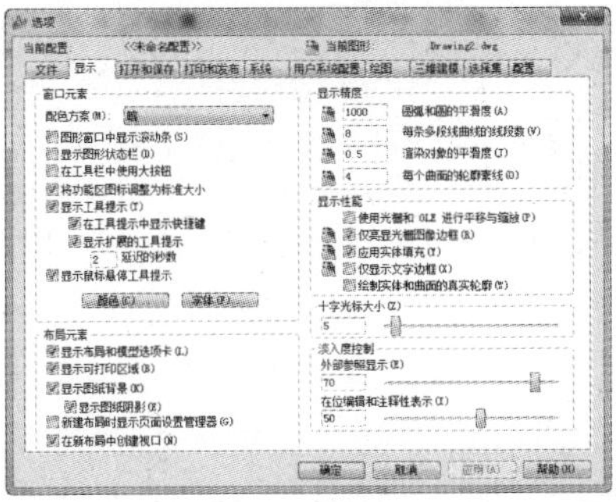

图18-8 设置绘图环境

Step 03 执行菜单栏中的“格式 > 图形界限”命令，在命令栏提示下先后输入边界的两个坐标，分别为（0,0）和（1500,1500），如图 18-9 所示。

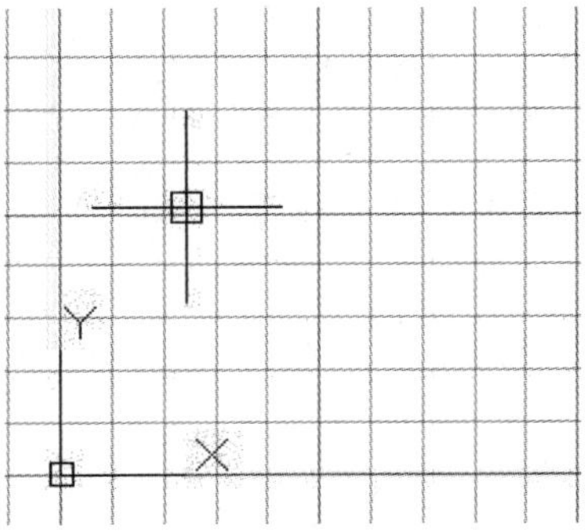

图18-9 图形界限

Step 04 单击工具栏中“图层特性”按钮，弹出图层特性管理器并进行设置，如图 18-10 所示。

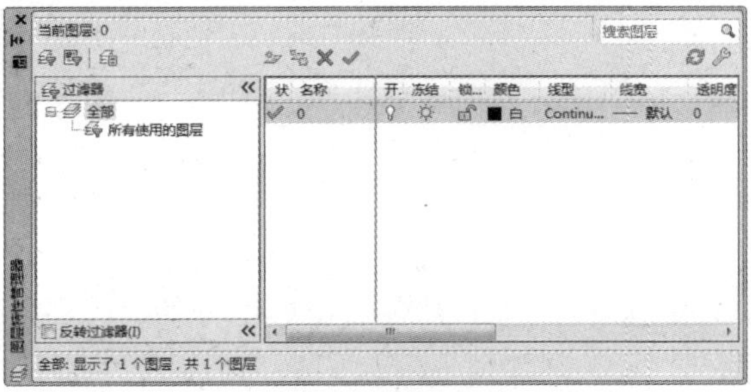

图18-10 设置图层

Step 05 执行“视图 > 三维视图 > 东南等轴测”按钮，将视图调整为东南等轴测视图，如图 18-11 所示。

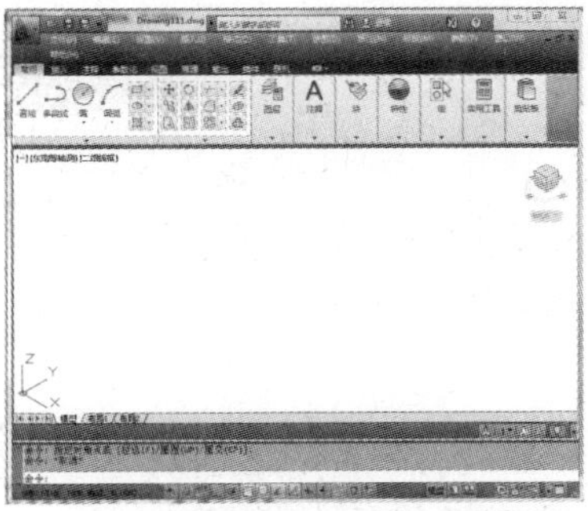

图18-11 调整为东南等轴测视图

Step 06 执行“绘图 > 建模 > 长方体”按钮，如图 18-12 所示。

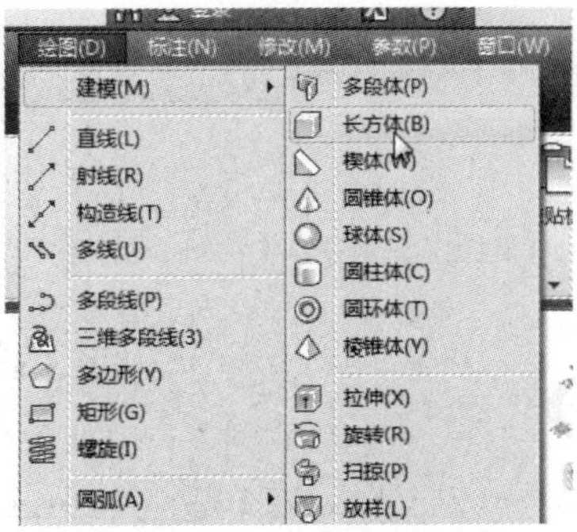

图18-12 “长方体”命令按钮

Step 07 在绘图区内绘制一个尺寸为 900×900×600 的长方体，作为锥形楼的主体，如图 18-13 所示。

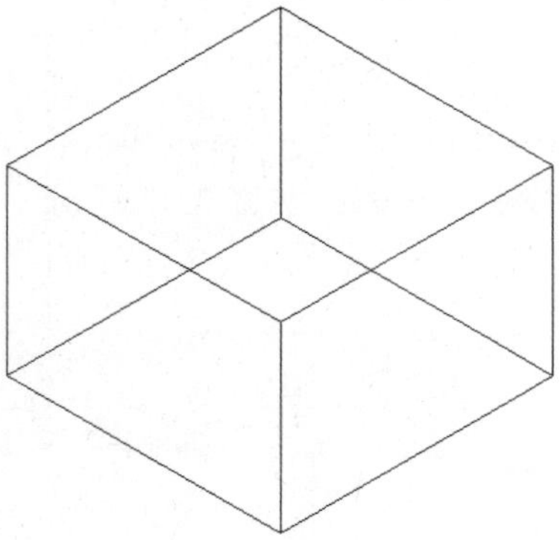

图18-13 绘制长方体

Step 08 单击“实体编辑”工具栏中的抽壳”按钮，如图 18-14 所示。

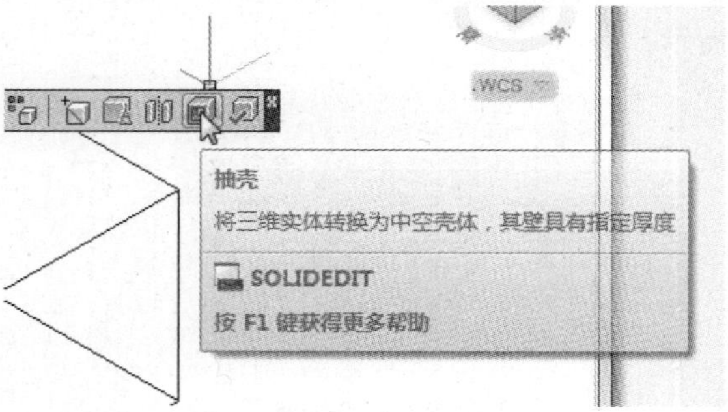

图18-14 单击“抽壳”按钮

Step 09 利用抽壳命令，设置抽壳距离为 20，对长方体进行抽壳编辑，如图 18-15 所示。

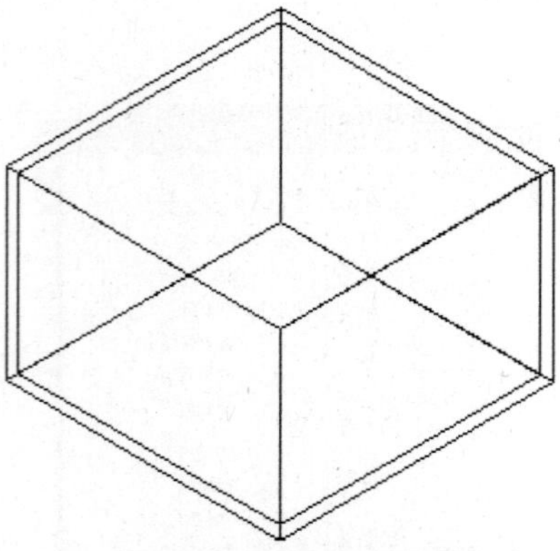

图18-15 对长方体进行抽壳编辑

Step 10 执行菜单栏的“绘图 > 建模 > 长方体”命令，如图 18-16 所示。

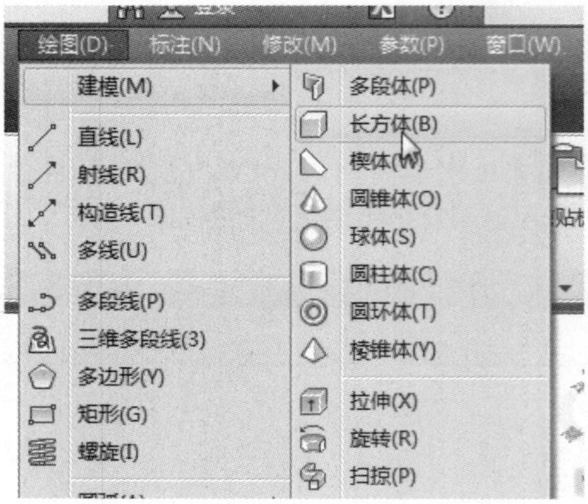

图18-16 执行长方体命令

Step 11 按住 Shift 键同时右击鼠标，在出现的快捷菜单中选择“自（F）”命令，如图 18-17 所示。

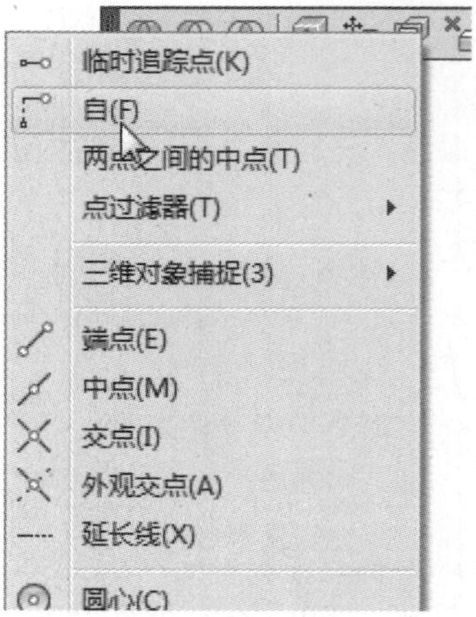

图18-17 选择自（F）命令

Step 12 利用长方体命令，捕捉自抽壳后的长方体外边框左下角角点，设置偏移距离为（@100,0,100），绘制一个尺寸为（@60，900，400）的长方体，如图 18-18 所示。

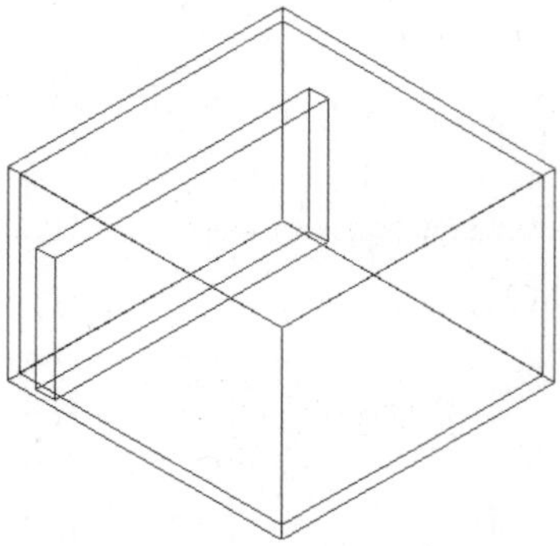

图18-18 绘制长方体

Step 13 在“修改”面板中选择“阵列”下拉菜单中的“矩形阵列”按钮，如图 18-19 所示。

图18-19 选择“矩形阵列”按钮

Step 14 调出“阵列”面板，设置“列数”为 5，“列偏移”为 150，对上一步中所绘制的长方体进行阵列编辑，如图 18-20 所示。

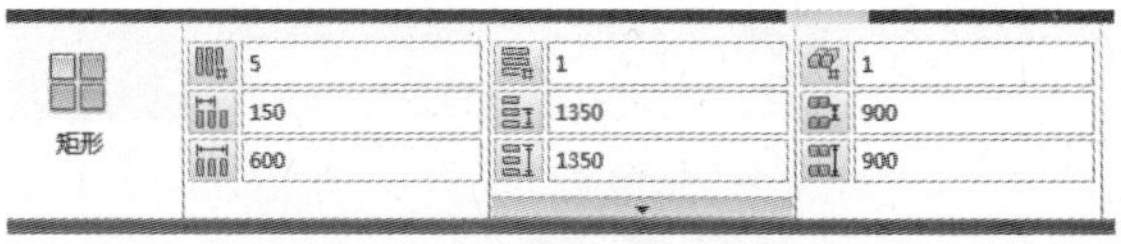

图18-20 “阵列”面板

Step 15 单击“实体编辑”工具栏中的“差集”按钮，如图 18-21 所示。

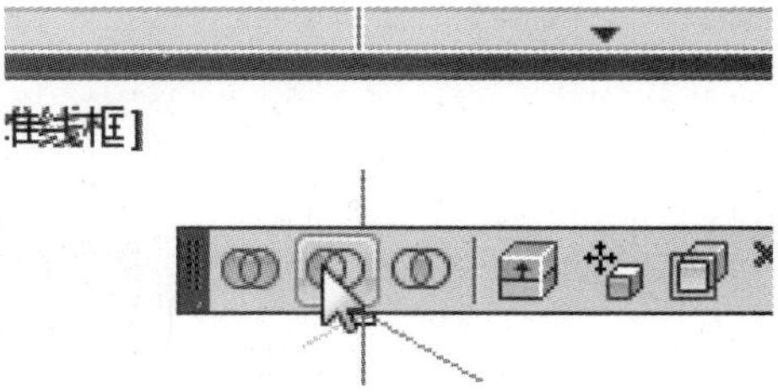

图18-21 单击差集按钮

Step 16 用锥形楼的主体长方体减去上一步中所阵列的五个长方体，如图 18-22 所示。

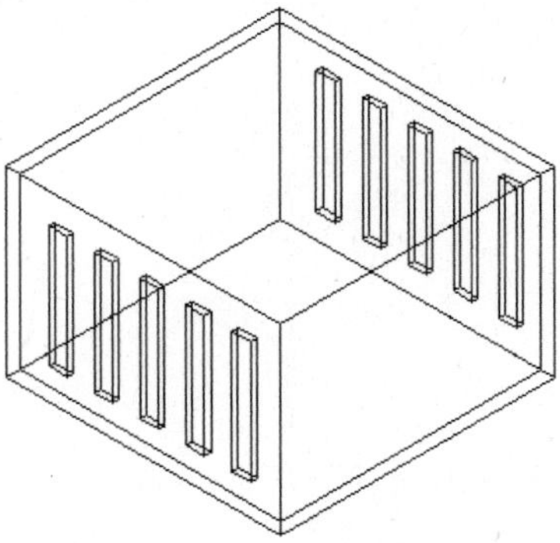

图18-22 差集操作编辑

Step 17 执行菜单栏中的“绘图 > 建模 > 长方体”命令，如图 18-23 所示。

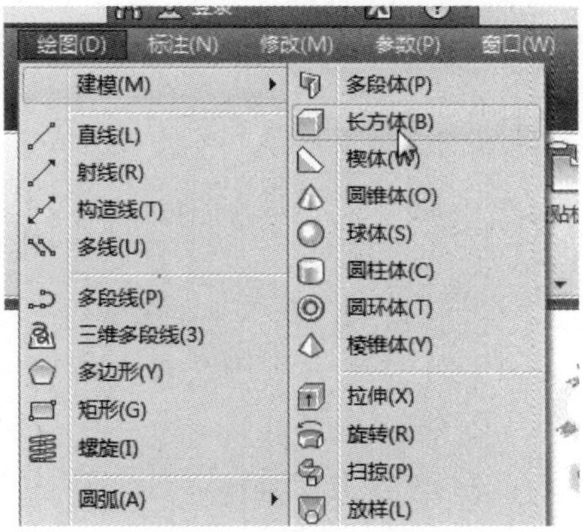

图18-23 长方体

Step 18 按住 Shift 键同时右击鼠标，在出现的快捷菜单中选择“自（F）”选项，如图 18-24 所示。

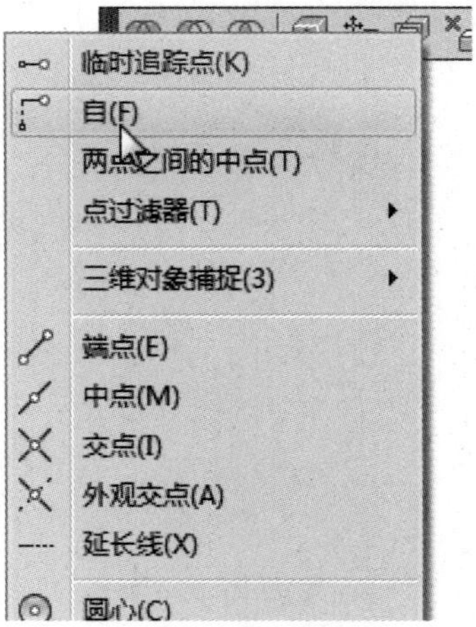

图18-24 选择“自（F）”命令

Step 19 利用长方体命令以锥形楼楼台下表面左下角角点为起点，绘制一个尺寸为 33.5×10×100”的长方体，作为装饰，如图 18-25 所示。

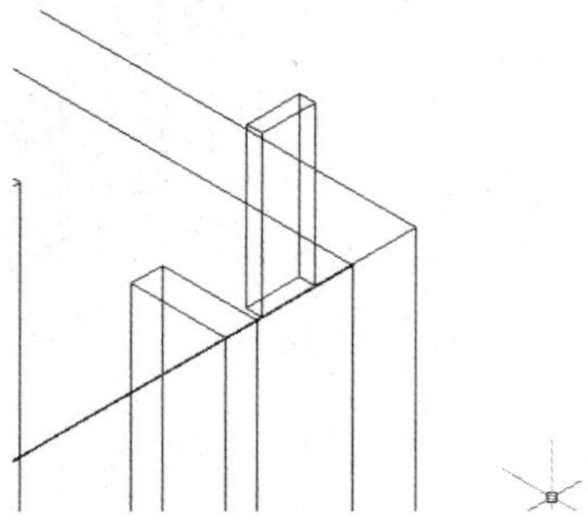

图18-25 绘制长方体

Step 20 弹出“阵列”面板，设置“行”为1，“列”为20，“行偏移”为 860，“列偏移”为 43.5，对上一步中所绘制的长方体进行阵列编辑，如图 18-26 所示。

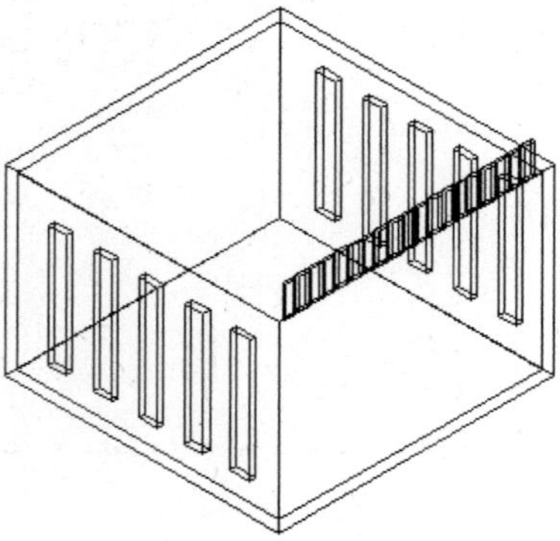

图18-26 阵列编辑

Step 21 利用对称命令，将刚才绘制的阵列图形对称到另一个墙体上，如图 18-27 所示。

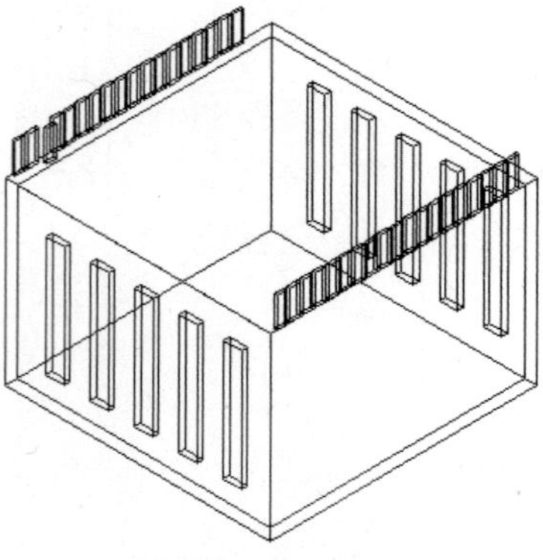

图18-27 对称操作

Step 22 另外的两面墙上装饰品也需要利用长方体、阵列和对称命令来完成，如图 18-28 所示。

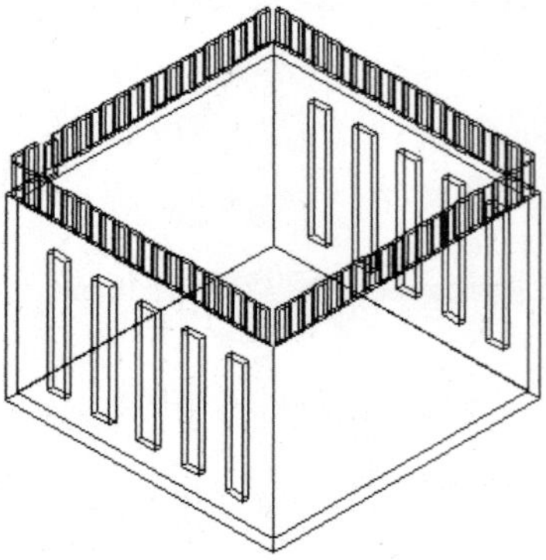

图18-28 装饰品

Step 23 单击“实体编辑”工具栏中的“拉伸面”按钮，如图 18-29 所示。

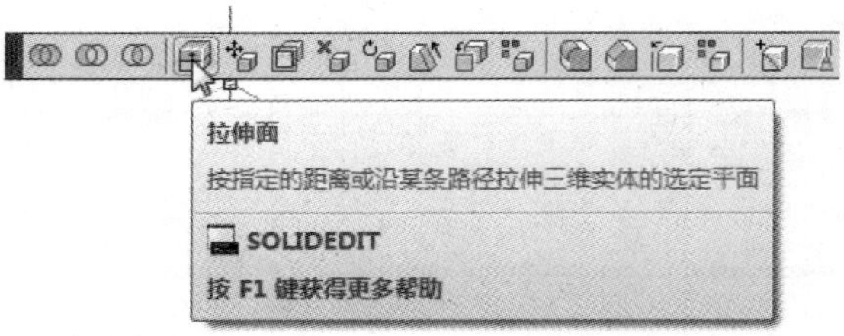

图18-29 单击“拉伸面”按钮

Step 24 设置拉伸高度为 400 个绘图单位，将上一步中所绘制的长方体的上表面进行拉伸，如图 18-30 所示。

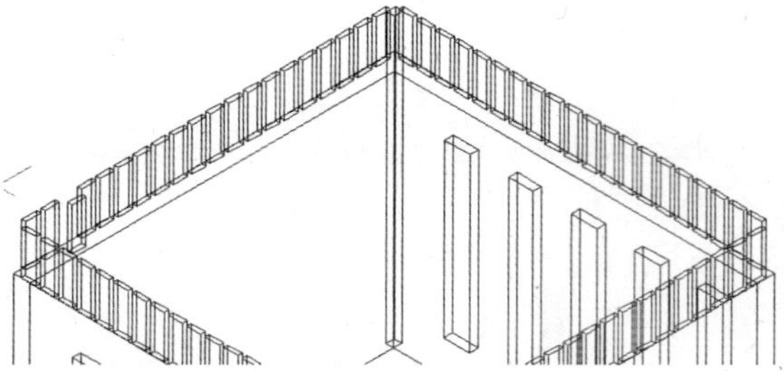

图18-30 进行拉伸

Step 25 单击“实体编辑”工具栏中的“拉伸面”按钮，如图 18-31 所示。

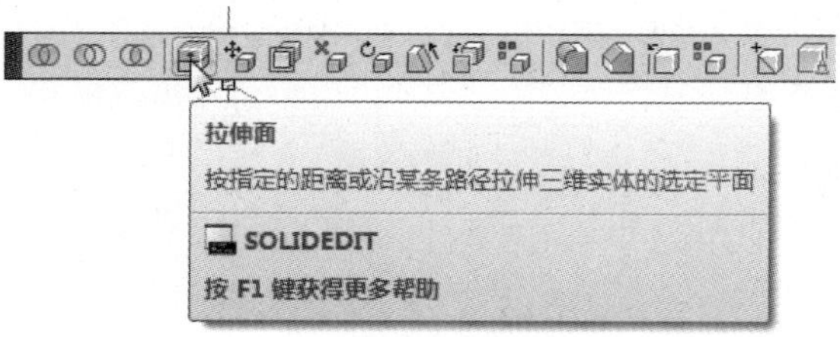

图18-31 拉伸面

Step 26 将上一步拉伸的楼台上表面再次垂直向上拉伸，设置拉伸高度为 200，效果如图 18-32 所示。

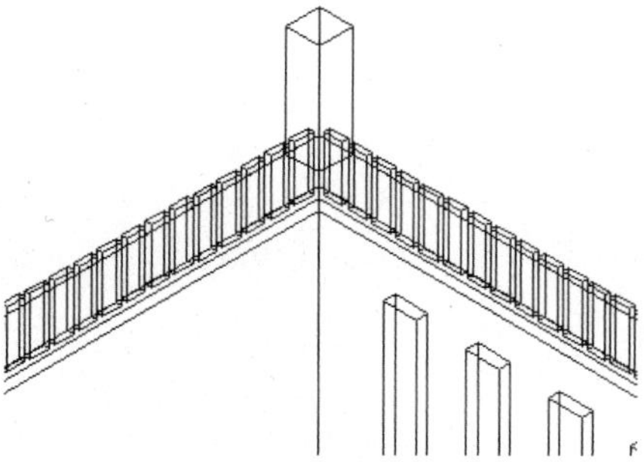

图18-32 垂直向上拉伸

Step 27 检查绘制好的三维图是否有错误，如果发现错误要及时修改，如图 18-33 所示。

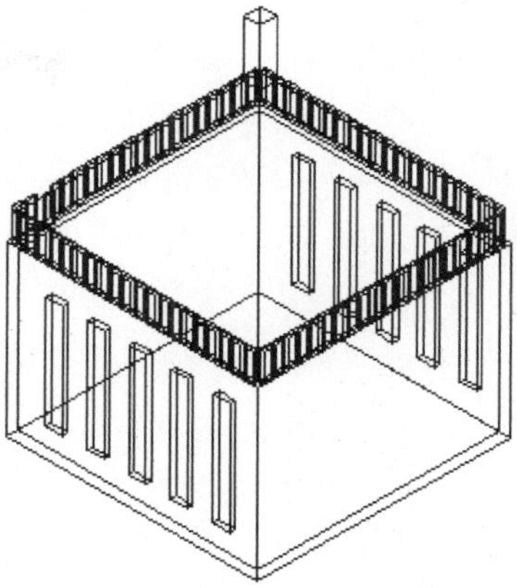

图18-33 检查

Step 28 将绘制好的图形保存到指定的路径中，以便以后容易找到，如图 18-34 所示。

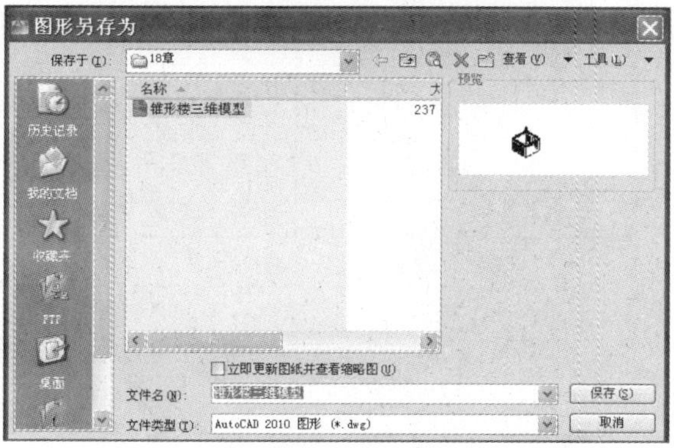

图18-34 保存

工程师点拨：创建边界曲线注意事项

必须选择定义曲面片的四条邻接边。邻接边可以是直线、圆弧、样条曲线或开放的二维或三维多义线。可以按任何次序选择这四条边。

高手应用秘籍：建筑照明设计标准

我们对CAD图输出的各种方法，进行了分析比较和研究，下面简介有关CAD图输出的几个问题。

❶ 民用建筑照明照度标准值应按以下系列分级：0.5、1、2、3、5、10、15、20、30、50、75、100、150、200、300、500、750、1000、1500和2000lx。

❷ 照度标准值是指工作或生活场所参考平面上的平均照度值。

❸ 根据各类建筑的不同活动或作业类别将照度标准值规定高、中、低三个值。设计人员应根据建筑等级、功能要求和使用条件，从中选取适当的标准值，一般情况下应取中间值。

❹ 在照明设计时，应根据光源的光通衰减、灯具积尘和房间表面污染引起照度值降低的程度，除以表18.1中的维护系数。

表18.1 照度标准值

环境污染特征	工作房间或场所	维护系数	
		白炽灯、荧光灯、高光强强气灯放电灯	卤钨灯
清洁	住宅卧室、办公室等	0.75	0.8
一般	商店营业厅、候车室、船室、影剧院观众厅等	0.7	0.75
污染严重	厨房	0.65	0.7

图书馆建筑照明的照度标准值应符合表18.2的规定。

表18.2 图书馆照度标准值

类别	参考平面及其高度	照度标准值		
		低	中	高
一般阅览3室、少年儿童阅览室、研究室	0.75mm水平面	150	200	300
才年读者阅览室	0.75mm水平面	200	300	500
陈列室、目录厅、出纳厅	0.75mm水平面	75	100	150
读者休息室	0.75mm水平面	30	50	75
书库	0.25mm水平面	20	30	50
开放式运输传送设备	0.75mm水平面	50	75	100

秒杀工程疑惑

在学习本章关于"锥形楼三维模型"时会遇到各种各样的问题，下面我们来解决一些常遇到的问题，包括使用"倒角操作"、"块"、"精确定义"等方面的问题。解决这些问题对我们以后的进一步学习有很大的帮助。

问　题	解　答
可以进行倒角操作的对象有哪些?	可以进行倒角操作的对象包括直线、多段线、射线、构造线和三维实体。使用倒角命令可以为多段线的所有点加倒角
什么是块?	块可以是绘制在几个图层上的不同颜色、线型和线宽特性的对象的组合
是否可以向块中添加参数和动作?	可以，通过使用块编辑器可以向块中添加参数和动作，以便向新的或现有的块定义中添加动态行为
如何指定精确定义每条直线端点的位置?	**大家可以使用以下 3 种方法来指定精确位置** ❶ 使用绝对坐标或相对坐标输入端点的坐标值 ❷ 指定相对于现有对象的对象捕捉。例如，可以将圆心指定为直线的端点 ❸ 打开栅格捕捉并捕捉到一个位置

读书笔记

AutoCAD 2012

CHAPTER 19

水管布置图形

本章将以“水管布置图形”为例子绘制，介绍利用AutoCAD 2012绘制水管布置的方法与技巧。绘制水管的布置并不是仅仅绘制水管，还要绘制安装水管的房间以及需要与水管连接的物品。

学完本章您可以掌握核心技能

知识点序号	知识点难易指数	知识点
1	★	了解水管布置的基本组成部分情况
2	★★	了解水管布置的基本组成部分情况
3	★★★	绘制水管布置图设计思路
4	★★★★	绘制与水管连接物品设计思路

本章内容图解链接

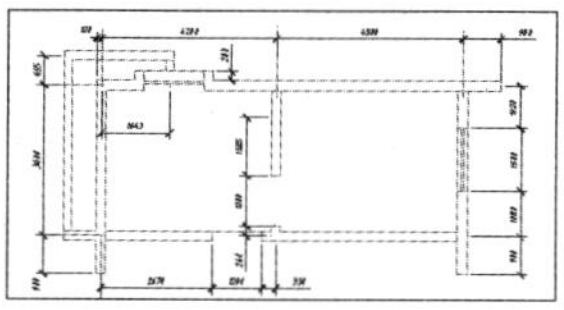
◎水龙头

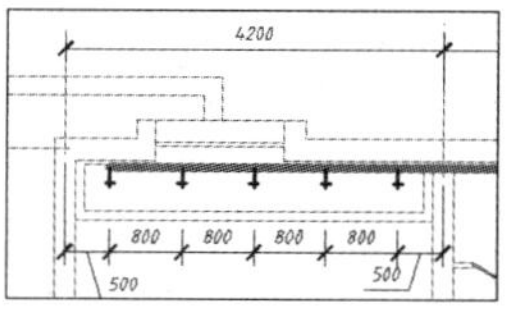
◎墙体

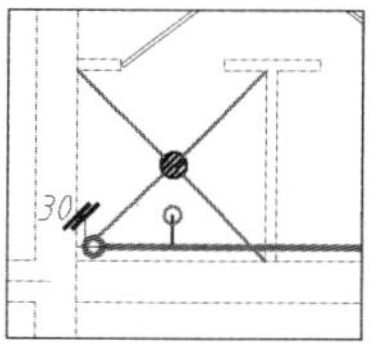
◎隔间

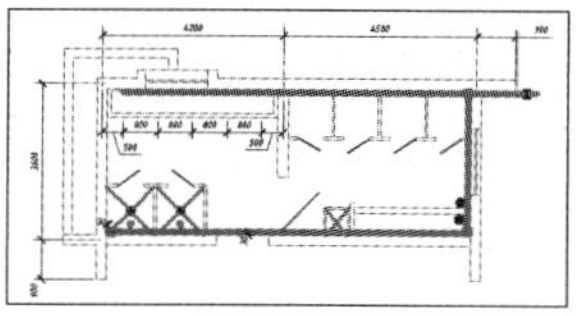
◎水管布置图

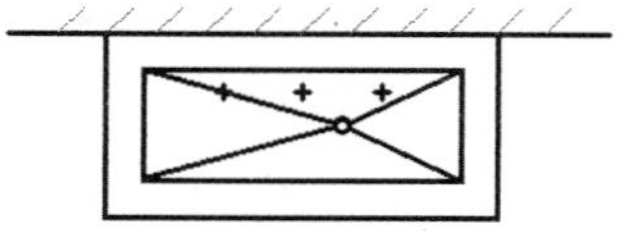
◎水池

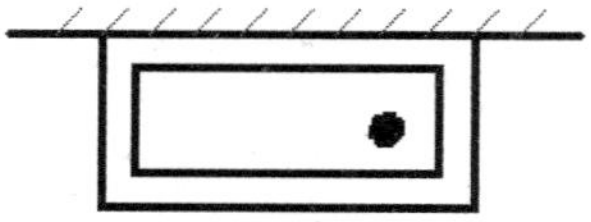
◎小便器

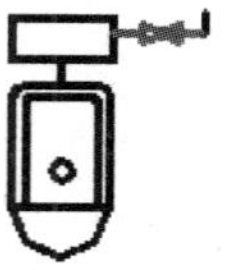
◎座便器

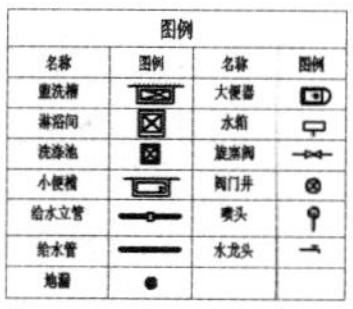
◎图例表格

19.1 绘制墙体和门窗

本节绘制房屋的墙体和门窗，由于水管是在室内安装的，所以必须首先绘制墙体，才能确定水管在室内的具体位置，在绘制墙体的过程中需要应用多线命令，同时还要对多线进行修改，操作步骤如下。

Step 01 单击桌面上 AutoCAD 2012 图标，打开 AutoCAD 的操作界面，如图 19-1 所示。

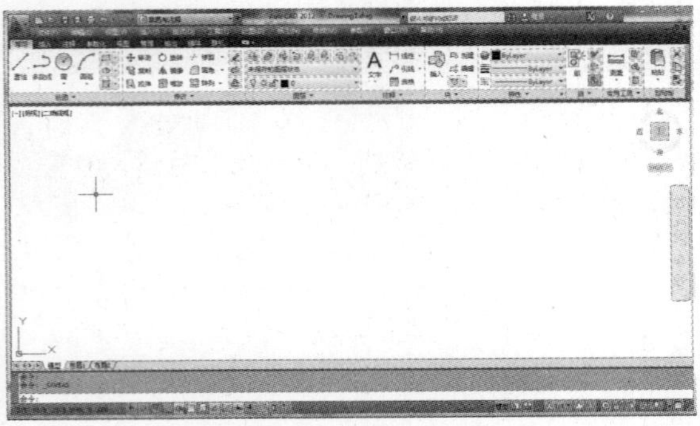

图19-1 打开软件

Step 02 执行菜单栏的“工具 > 选项”命令，可以对绘图的背景颜色、光标大小等方面进行调整，如图 19-2 图所示。

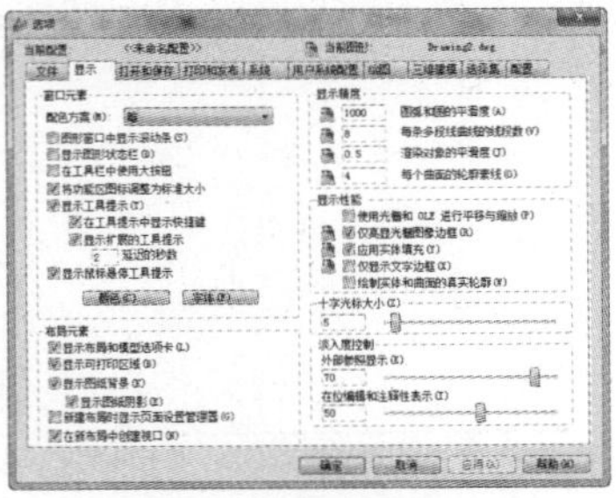

图19-2 调整绘图环境

Step 03 执行菜单栏中的“格式 > 图形界限”命令，在命令栏提示下先后输入边界的两个坐标，分别为 0，0 和 1189,785 ，如 19-3 图所示。

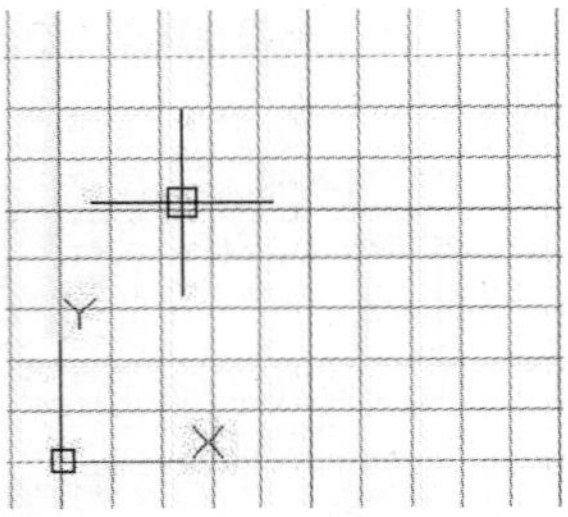

图19-3 输入边界的两个坐标

Step 04 单击工具栏中的“图层特性”按钮，弹出图层特性管理器并进行设置，如 19-4 图所示。

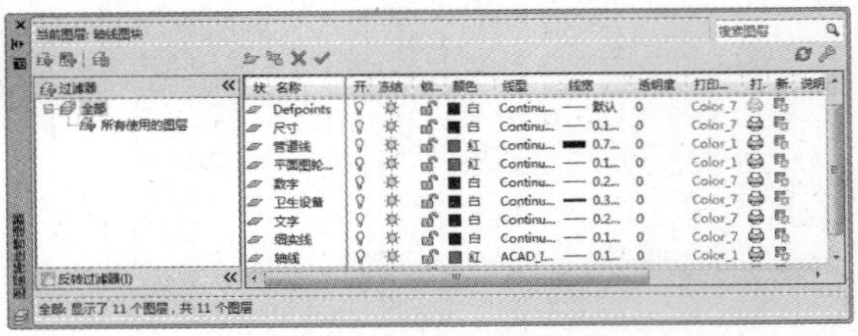

图19-4 设置图层特性

Step 05 先选择好图层，再利用直线命令绘制出水平和竖直的辅助线段，如图 19-5 所示。

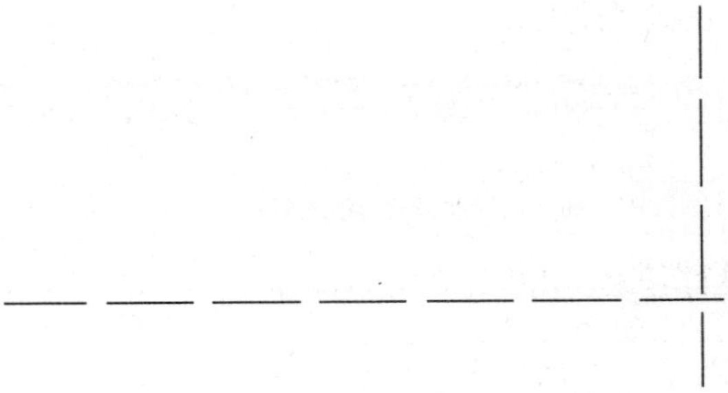

图19-5 绘制辅助线段

Step 06 还是利用直线命令绘制出其他水平和竖直的辅助线段，如图 19-6 所示。

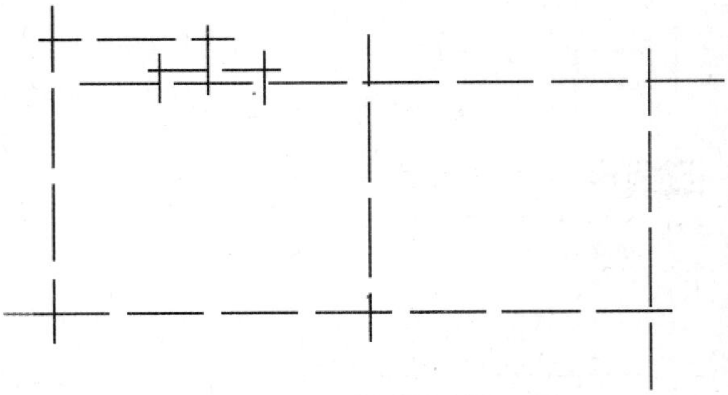

图19-6 绘制其他辅助线段

Step 07 绘制出的水平和竖直的辅助线段具体尺寸情况，如图 19-7 所示。

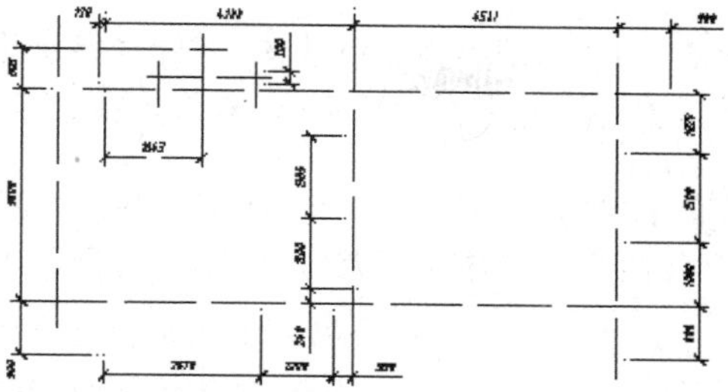

图19-7 绘制尺寸情况

Step 08 在“新建多线样式”对话框中设置图元的“偏移”值分别为 5 和 -5，如图 19-8 所示。

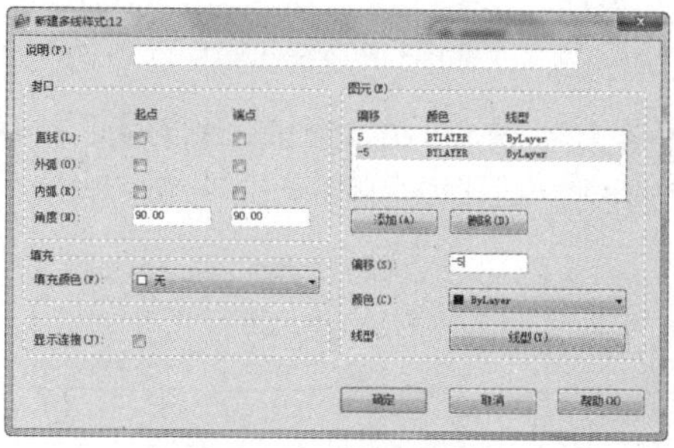

图19-8 设置偏移值

Step 09 利用多线命令绘制墙体，如图 19-9 所示。

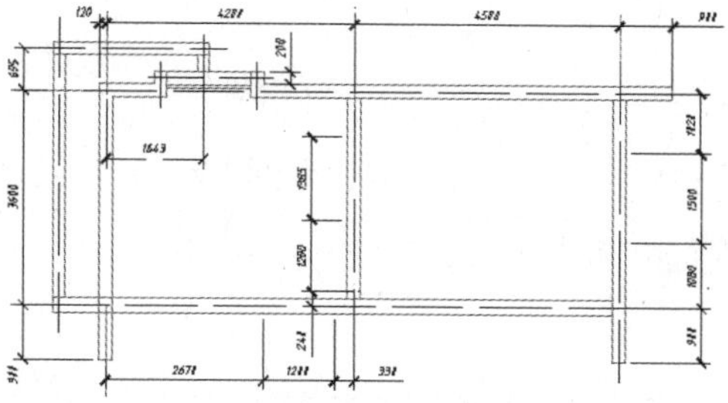

图19-9 绘制出墙体

Step 10 在“多线编辑器”对话框选择“T 形合并”或“十字合并”选项，并单击“确定”按钮，如图 19-10 所示。

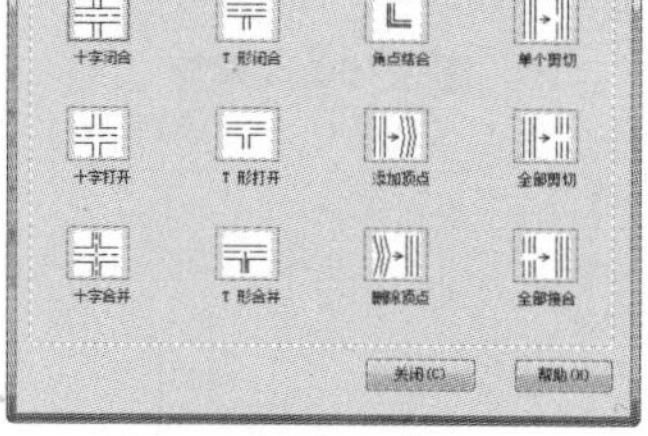

图19-10 合并

Step 11 利用多线编辑器命令修改多线交接处，如图 19-11 所示。

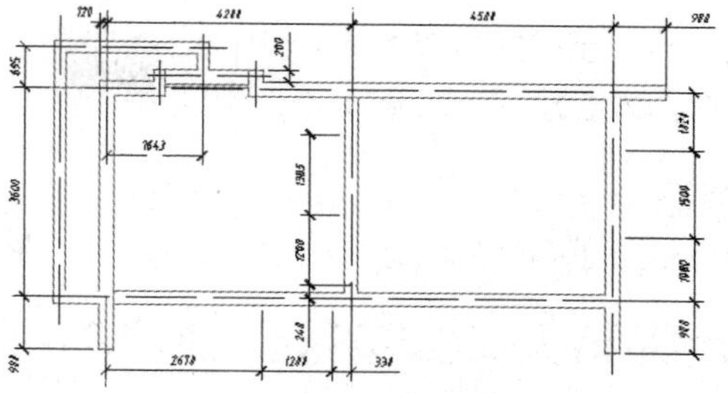

图19-11 修改多线交接处

Step 12 利用打断命令将一部分线段打断，再利用直线命令将其封口，如图 19-12 所示。

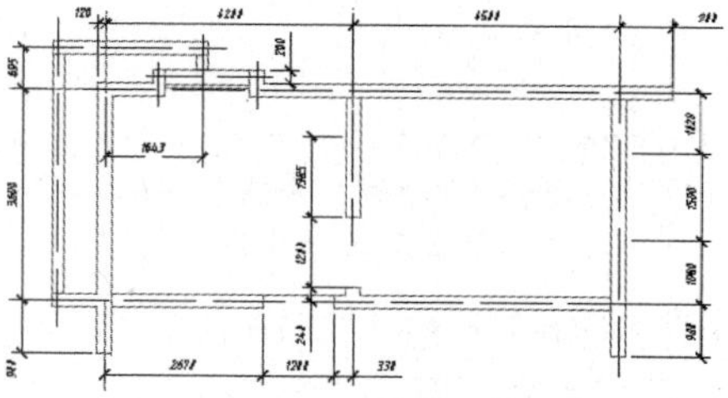

图19-12 打断并封口

Step 13 利用直线和偏移命令绘制出窗户，如图 19-13 所示。

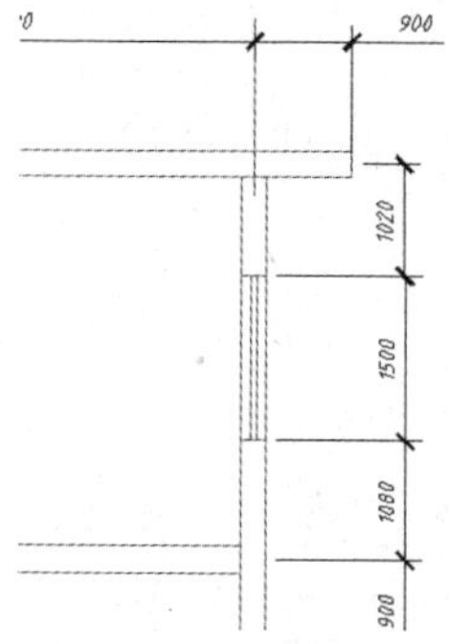

图19-13 绘制窗户

Step 14 墙体的绘制过程完毕，需要检查是否出现错误，如图 19-14 所示。

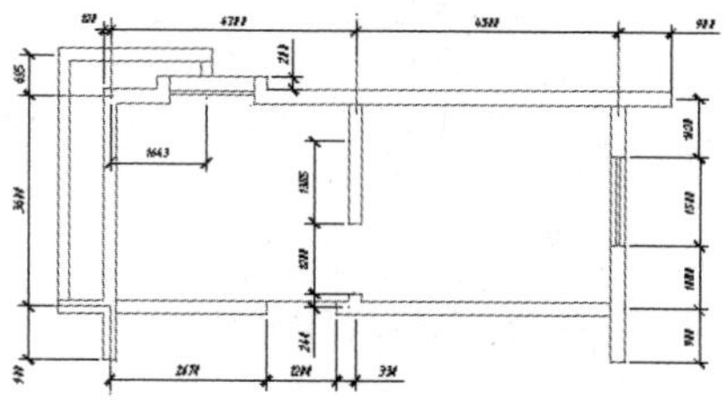

图19-14 检查

Step 15 利用直线、偏移和修剪命令绘制出水池，如图 19-15 所示。

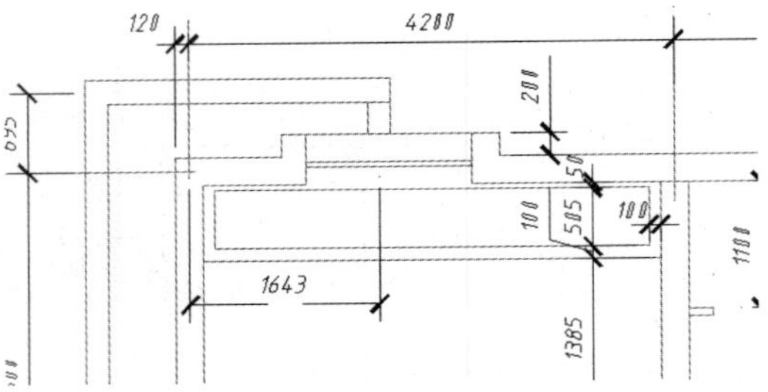

图19-15 绘制水池

Step 16 利用直线、偏移和修剪命令绘制淋浴隔间，如图 19-16 所示。

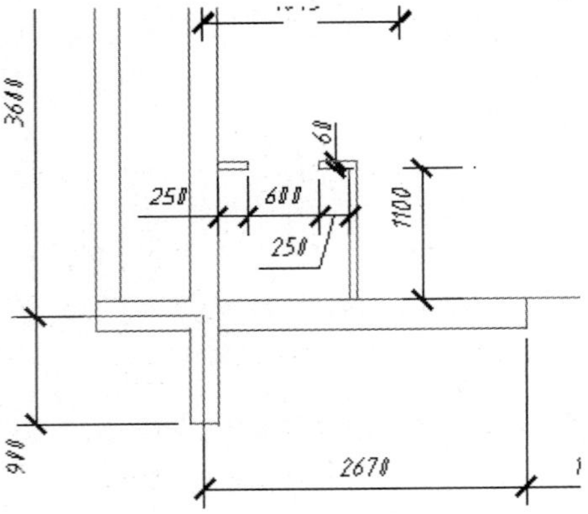

图19-16 绘制淋浴隔间

Step 17 另外一个淋浴隔间也同样利用直线、偏移和修剪命令绘制出来，如图 19-17 所示。

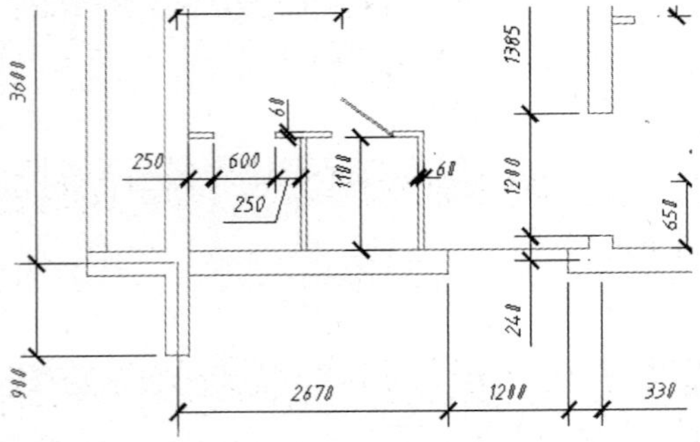

图19-17 绘制另外一个淋浴隔间

Step 18 卫生间隔间的绘制方法和淋浴隔间是相同的，也是利用这三个命令来完成，如图 19-18 所示。

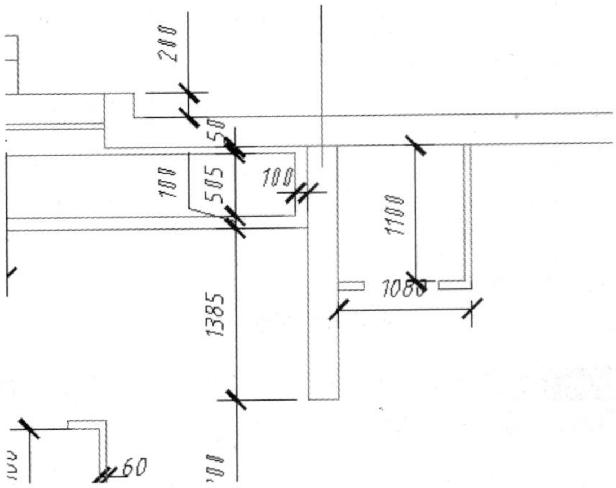

图19-18 卫生间隔间

Step 19 这一排卫生间隔间的绘制方法与绘制一个的方法相同，如图 19-19 所示。

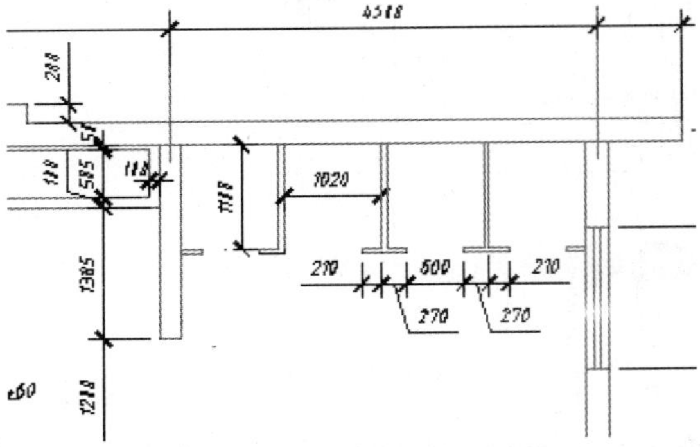

图19-19 一排卫生间隔间

Step 20 利用矩形命令绘制出一个小隔墙，如图 19-20 所示。

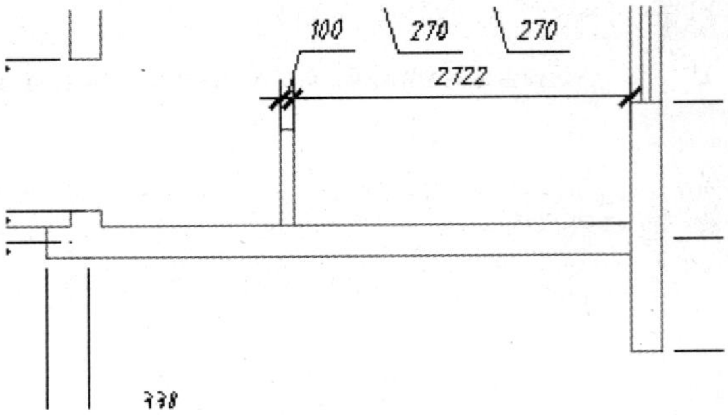

图19-20 小隔墙

Step 21 在隔墙右侧利用直线、偏移和修剪命令绘制出小便池，如图19-21所示。

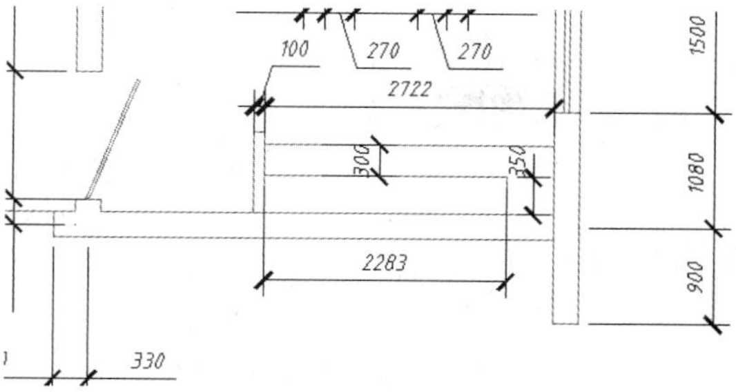

图19-21 绘制小便池

Step 22 在隔墙左侧利用矩形和偏移命令绘制出洗手池，如图19-22所示。

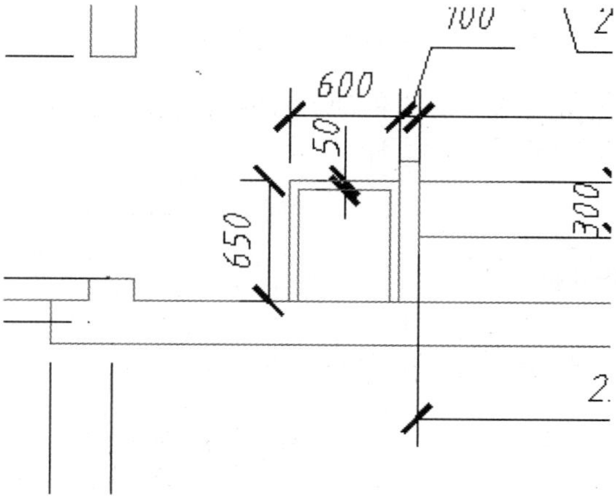

图19-22 绘制洗手池

Step 23 在隔间出口的地方，利用矩形和旋转命令绘制出门，如图19-23所示。

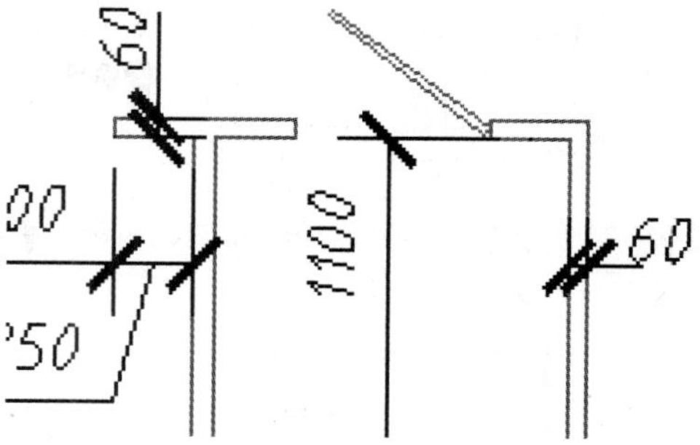

图19-23 绘制门

Step 24 每个隔间出口的地方，都利用矩形和旋转命令绘制出门，如图19-24所示。

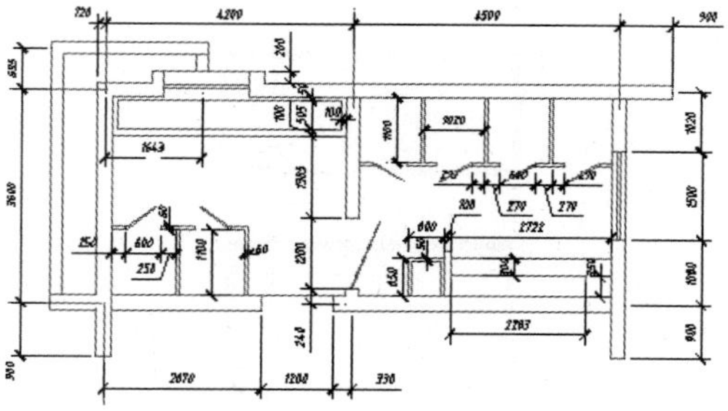

图19-24 绘制所有的门

工程师点拨：地面铺装的绘制

可以给房间增加铺装使设计更美观，可以先绘制竖直方向的线条，也可以先绘制水平方向的线条。

工程师点拨：图案填充

选择合适的图案效果，对厨房、浴池和卫生间等进行地面效果填充。

工程师点拨：旋转命令操作要点

默认情况下，用户直接输入要旋转的角度值，也可采用拖动方式确定相对旋转角。

19.2 绘制座便器

本节绘制的是与水管连接的座便器，座便器主要由矩形和圆弧以及圆角组成，在绘制座便器的同时还要需要绘制旋塞阀，旋塞阀主要由直线和圆命令完成，座便器是与水管连接的许多物品中的一个，操作步骤如下。

Step 01 利用矩形命令绘制马桶后面的水箱，如图19-25所示。

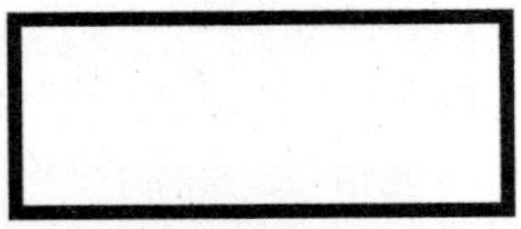

图19-25 绘制水箱

Step 02 利用“矩形”命令绘制马桶的框架，如图19-26所示。

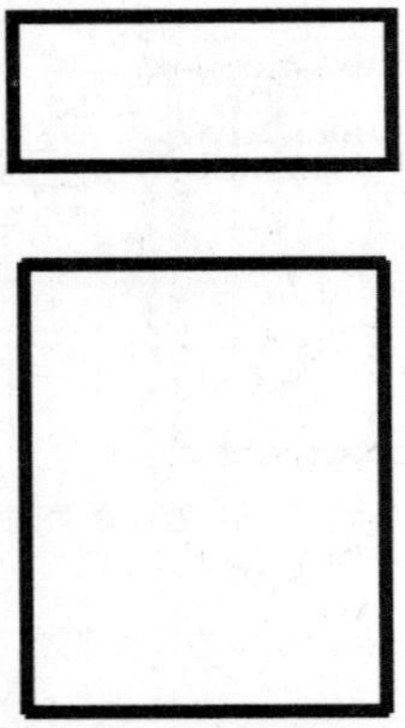

图19-26 绘制马桶的框架

Step 03 利用直线命令绘制马桶和水箱相连的水管，如图19-27所示。

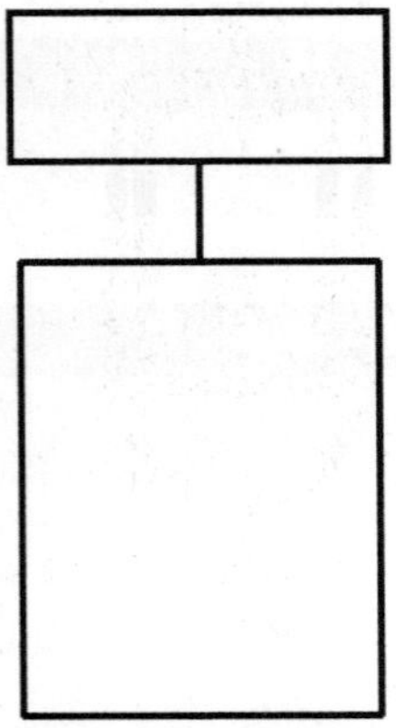

图19-27 绘制水管

Step 04 利用偏移命令绘制马桶内边沿，如图19-28所示。

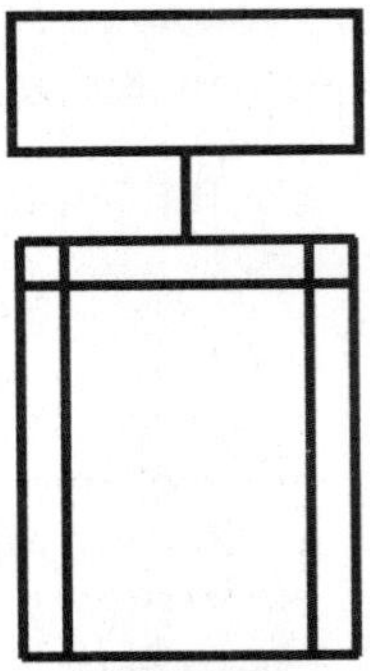

图19-28 马桶内边沿

Step 05 利用剪切命令剪去线段中多余的部分，如图19-29所示。

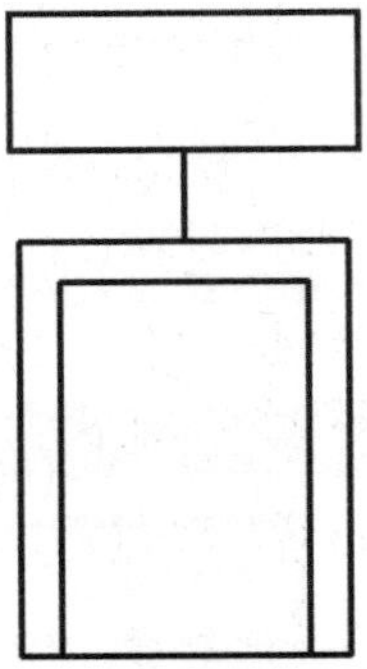

图19-29 剪切多余部分

Step 06 利用圆角命令对马桶内边沿进行圆角，如图19-30所示。

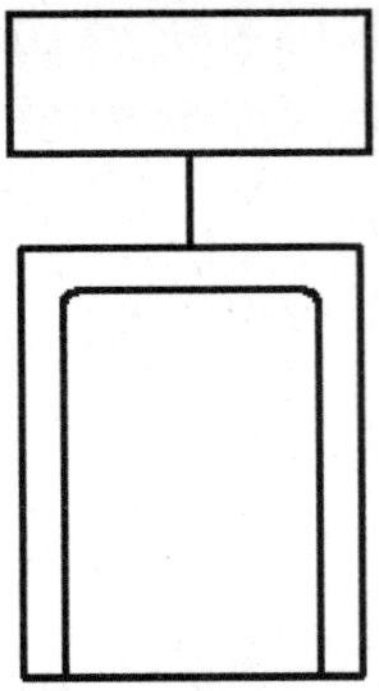

图19-30 圆角操作

Step 07 再利用圆角命令对马桶外边沿进行圆角，如图 19-31 所示。

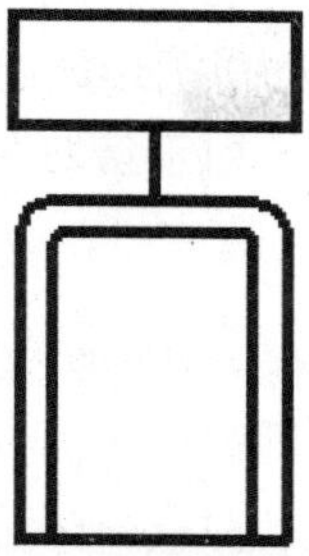

图19-31 对外沿进行圆角操作

Step 08 利用圆弧命令绘制马桶的前沿部分，如图 19-32 所示。

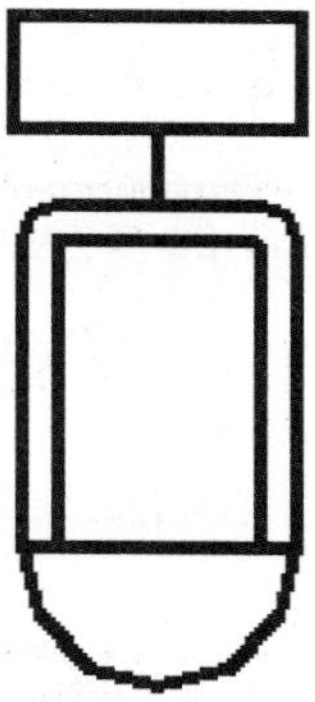

图19-32 绘制马桶前沿

Step 09 利用圆命令绘制马桶的出口，圆的直径为 50，如图 19-33 所示。

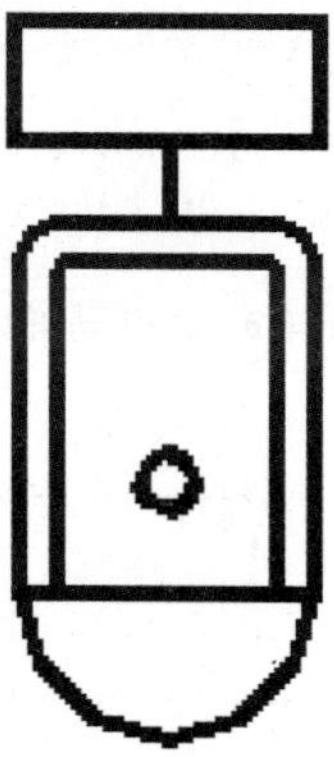

图19-33 马桶的出口

Step 10 利用直线命令绘制出旋塞阀，如图 19-34 所示。

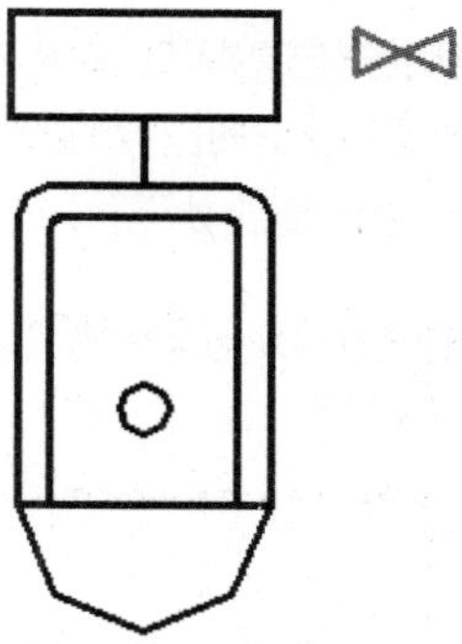

图19-34 绘制旋塞阀

Step 11 利用直线命令绘制旋塞阀的中间部分，圆的直径为 15，如图 19-35 所示。

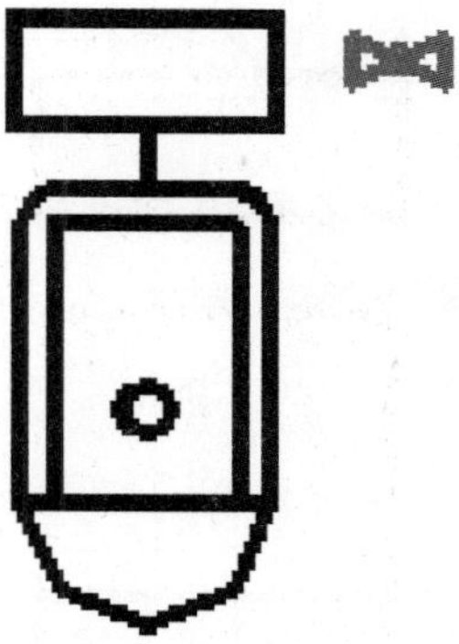

图19-35 旋塞阀的中间部分

Step 12 利用直线命令绘制马桶的水箱与外部的连接情况，如图 19-36 所示。

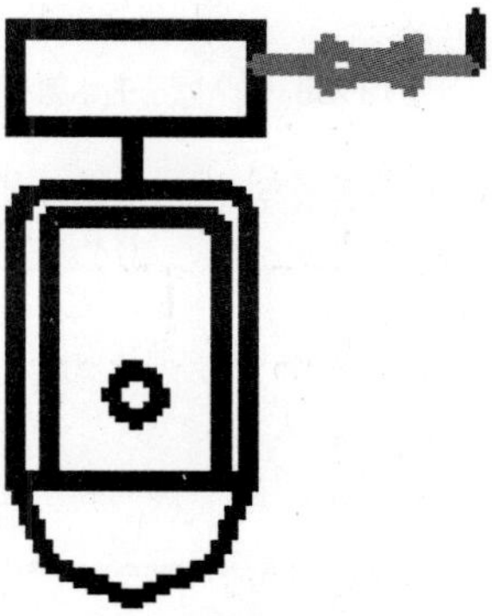

图19-36 水箱与外部的连接

19.3 绘制管道

本节绘制的是管道布置，利用直线代表管道，在管道上还需要绘制管道的接头，用圆来表示。整个房间的管道还需要一个阀门井，阀门井的主要作用是，当房间内的管道出现问题时，关闭阀门井就可以对管道进行维修，操作步骤如下。

Step 01 利用直线命令绘制一侧墙壁水管的布置情况，如图 19-37 所示。

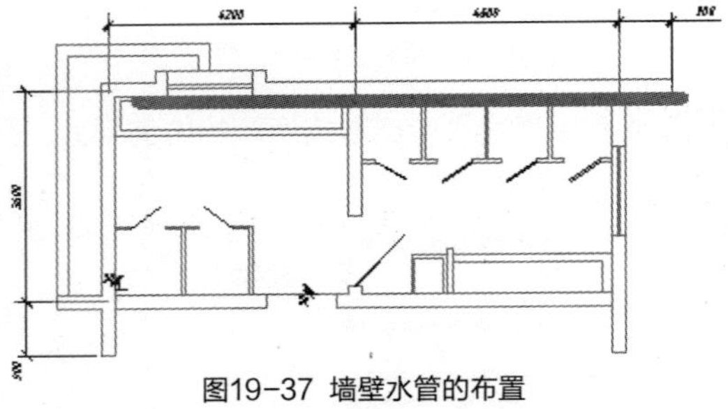

图19-37 墙壁水管的布置

Step 02 利用直线命令绘制整个屋子的水管布置情况，如图 19-38 所示。

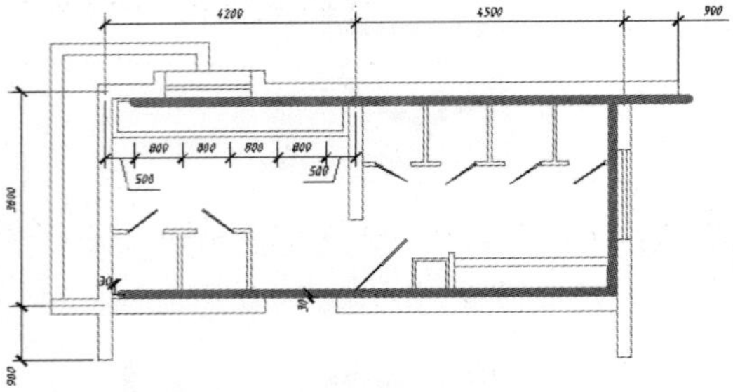

图19-38 整个屋子的水管布置

Step 03 利用圆命令绘制两个管子的接头情况，如图 19-39 所示。

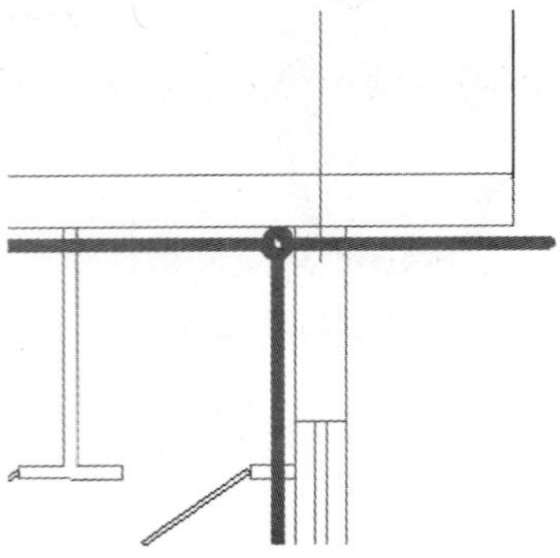

图19-39 管子的接头

Step 04 管子在接头和拐弯的情况下，都需要用“圆”来表示，设置圆的直径为 100，如图 19-40 所示。

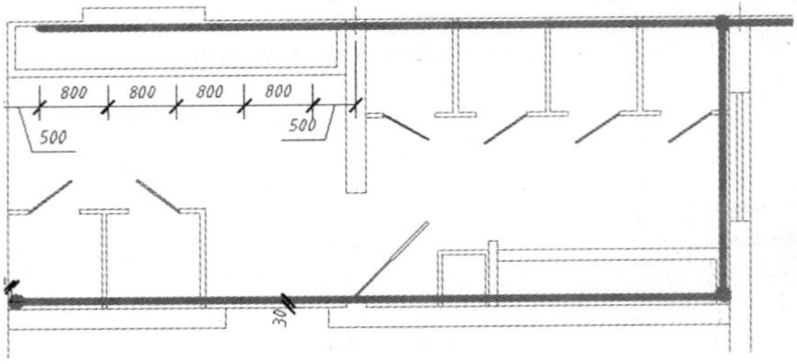

图19-40 管子接头和拐弯

Step 05 利用圆和直线命令绘制阀门井，圆的直径为 200，如图 19-41 所示。

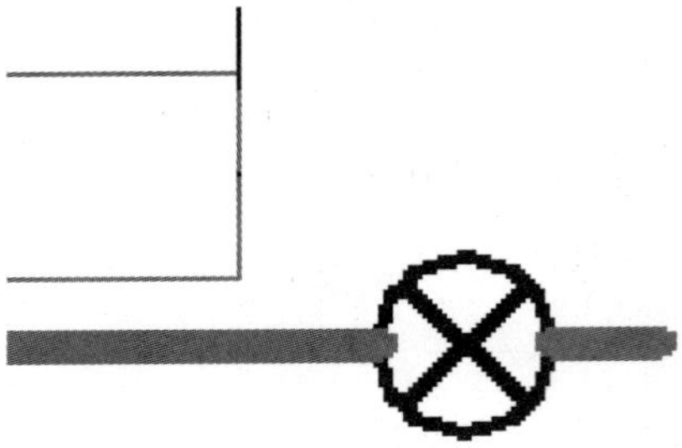

图19-41 阀门井

Step 06 分别利用圆和直线命令绘制喷头，设置圆的直径为 100，如图 19-42 所示。

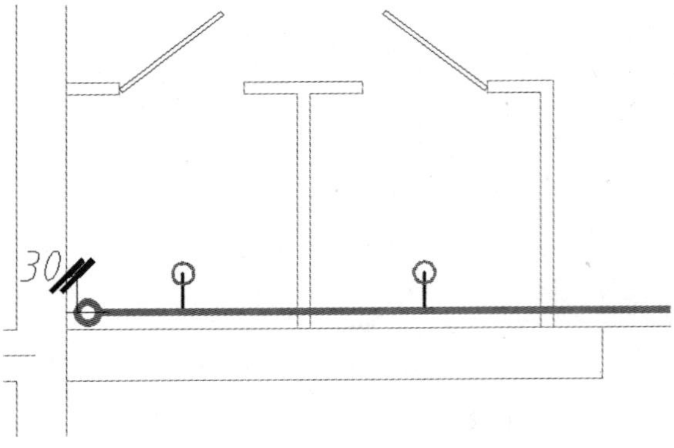

图19-42 喷头

Step 07 利用圆命令绘制地漏的外框，设置圆的直径为 150，如图 19-43 所示。

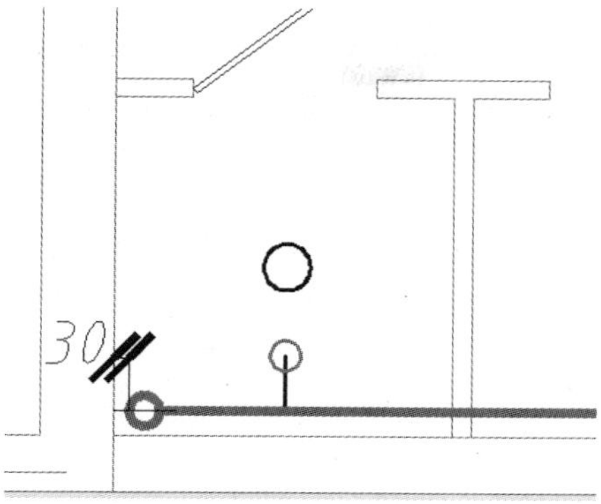

图19-43 地漏的外框

Step 08 利用图案填充命令填充地漏，填充的图案为 USER，如图 19-44 所示。

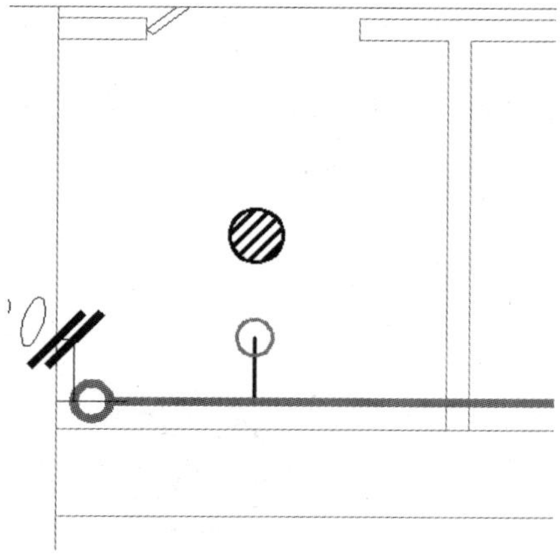

图19-44 填充地漏图案

Step 09 利用直线命令绘制地面的水流情况，如图 19-45 所示。

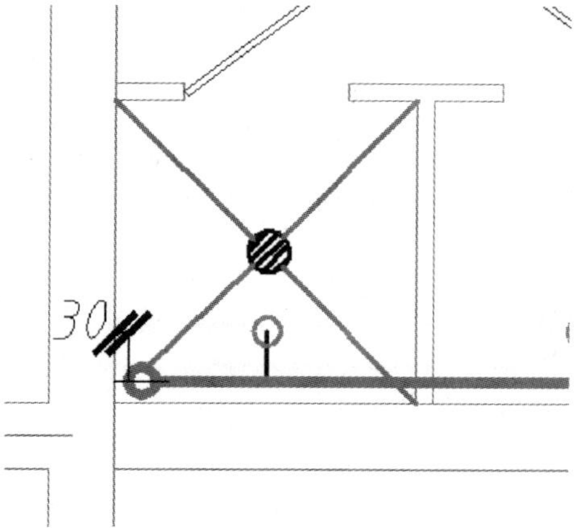

图19-45 绘制地面的水流

Step 10 图形中多处需要绘制地漏，也是利用圆和图案填充命令来绘制，如图 19-46 所示。

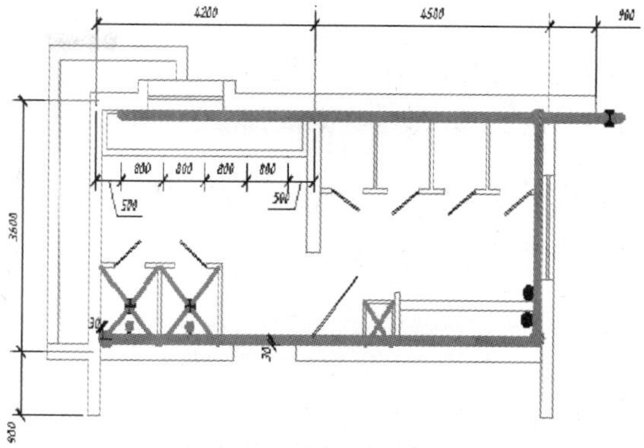

图19-46 图案填充

Step 11 利用直线命令绘制小便池上方的水管，如图 19-47 所示。

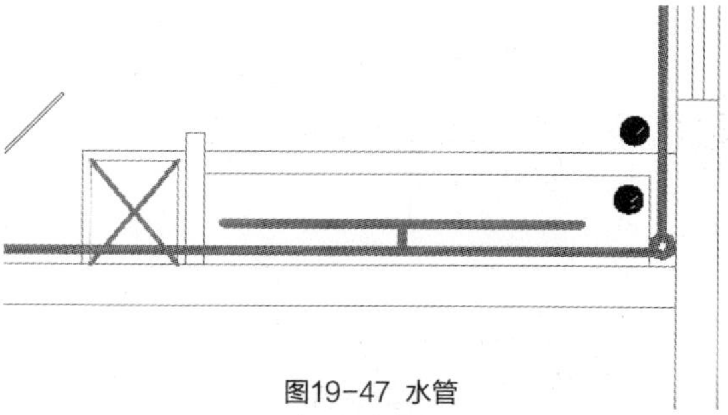

图19-47 水管

Step 12 利用直线命令绘制洗手池的水龙头，如图 19-48 所示。

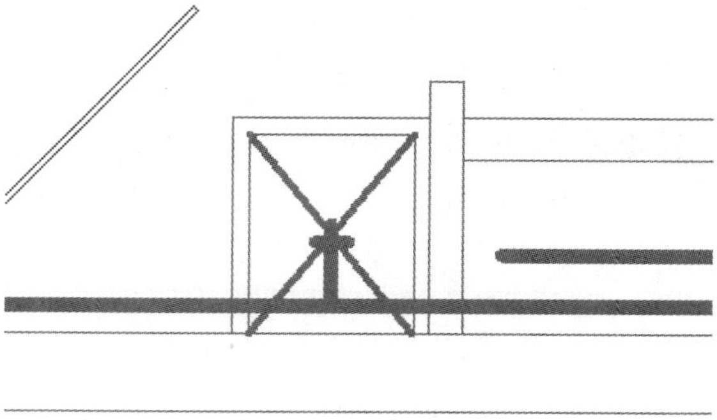

图19-48 洗手池的水龙头

Step 13 利用直线命令绘制水池上方的水龙头，如图 19-49 所示。

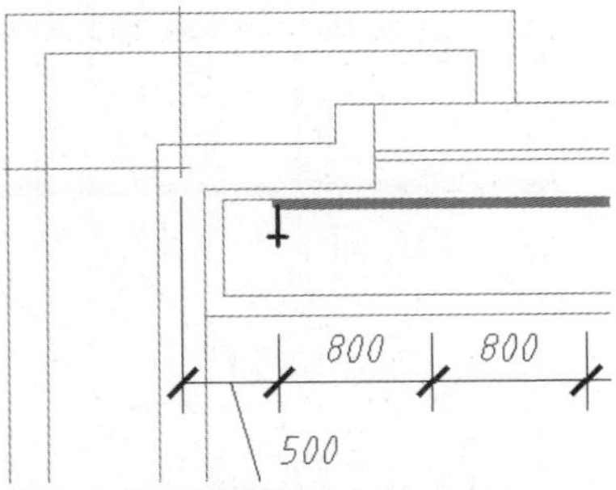

图19-49 水池上方的水龙头

Step 14 利用矩形阵列命令在水池上方阵列出一排水龙头，如图 19-50 所示。

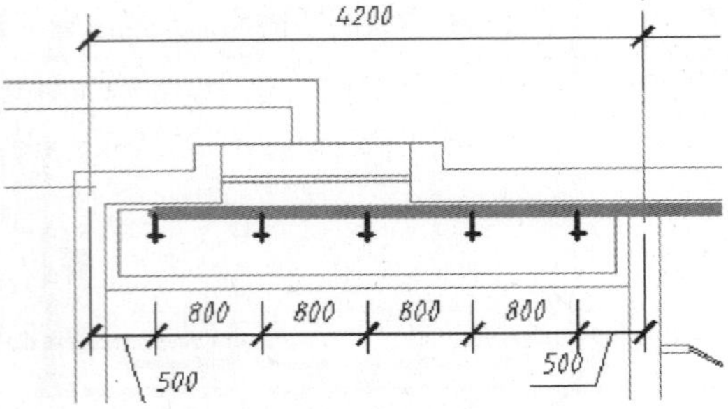

图19-50 阵列出一排水龙头

Step 15 利用插入块命令在卫生间隔间中插入座便器，如图 19-51 所示。

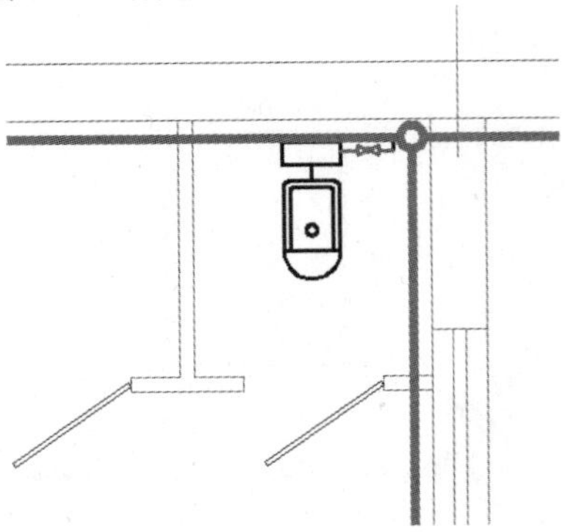

图19-51 插入座便器

Step 16 利用相同的命令在各个卫生间隔间中都插入座便器，如图 19-52 所示。

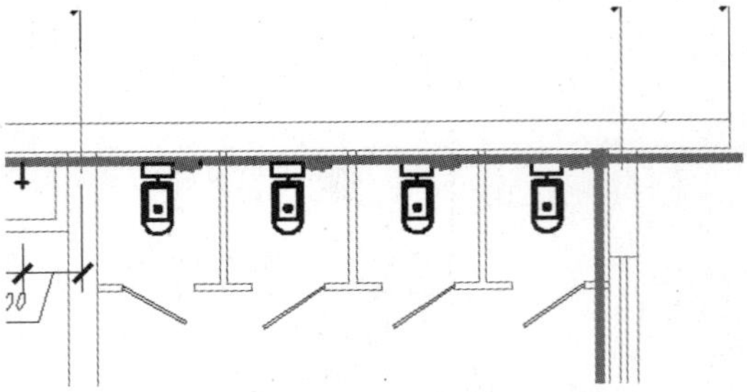

图19-52 插入座便器

19.4 绘制图例

本节绘制的是图例，图例的作用是方便读图者能够更好地明白图中绘制的图形代表何种物体，图例即可以在图形中复制后缩放，也可以重新绘制一个，但是这种方法比较复杂，所有的图例会放置在一个表格中，操作步骤如下。

Step 01 利用直线和圆命令绘制水池的图例，也可以在图形中复制后再缩放，如图 19-53 所示。

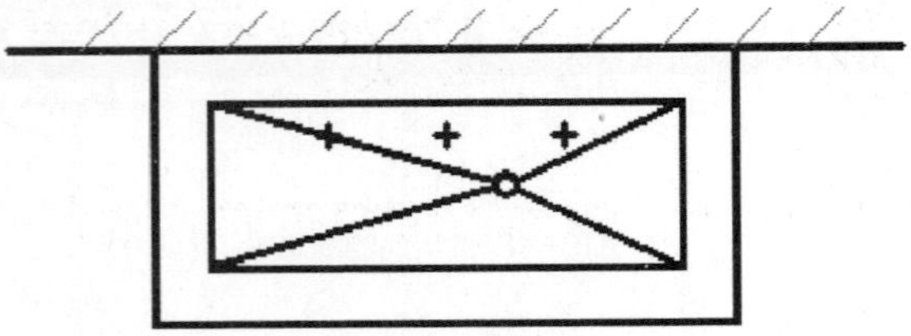

图19-53 绘制水池

Step 02 利用直线和圆命令绘制小便槽的图例，也可以在图形中复制后再缩放，如图 19-54 所示。

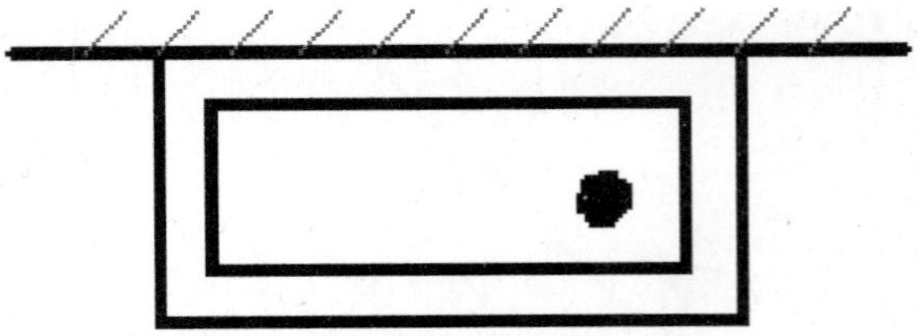

图19-54 绘制小便槽

Step 03 利用直线、圆、倒圆和圆弧命令绘制座便器的图例，也可以在图形中复制后再缩放，如图19-55所示。

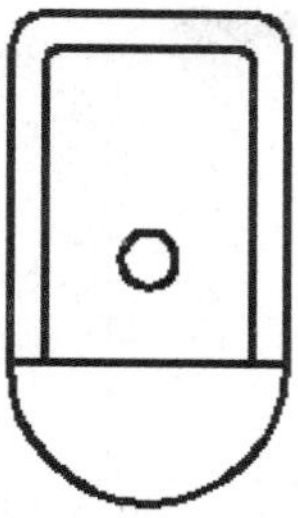

图19-55 绘制座便器

Step 04 利用矩形、圆、图案填充和直线命令绘制淋浴间的图例，也可以在图形中复制后再缩放，如图19-56所示。

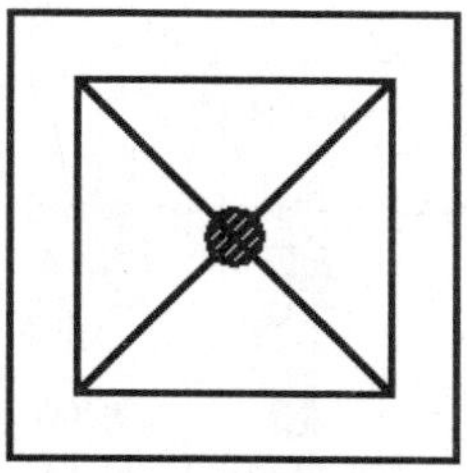

图19-56 绘制淋浴间

Step 05 利用矩形、偏移和直线命令绘制水池图例，也可以在图形中复制后再缩放，如图19-57所示。

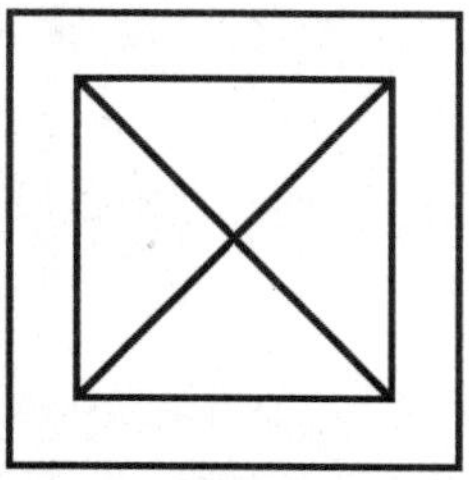

图19-57 绘制水池

Step 06 利用圆和图案填充命令绘制地漏的图例，也可以在图形中复制后再缩放，如图19-58所示。

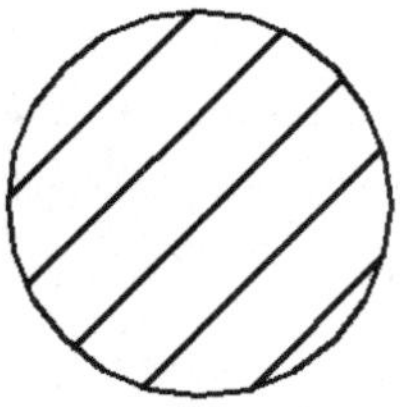

图19-58 绘制地漏

Step 07 利用直线命令绘制给水管的图例，也可以在图形中复制后再缩放，如图19-59所示。

图19-59 绘制给水管

Step 08 利用圆和直线命令绘制喷头的图例，也可以在图形中复制后再缩放，如图19-60所示。

图19-60 绘制喷头

Step 09 利用圆、直线和剪切命令绘制给水立管的图例，也可以在图形中复制后再缩放，如图19-61所示。

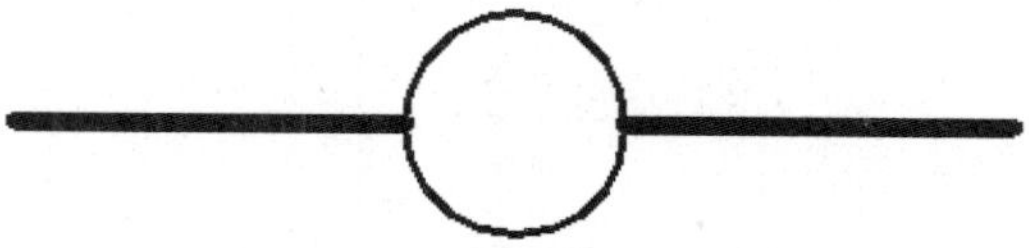

图19-61 绘制给水立管

Step 10 利用圆、直线和剪切命令绘制旋塞阀的图例，也可以在图形中复制后缩放，如图19-62所示。

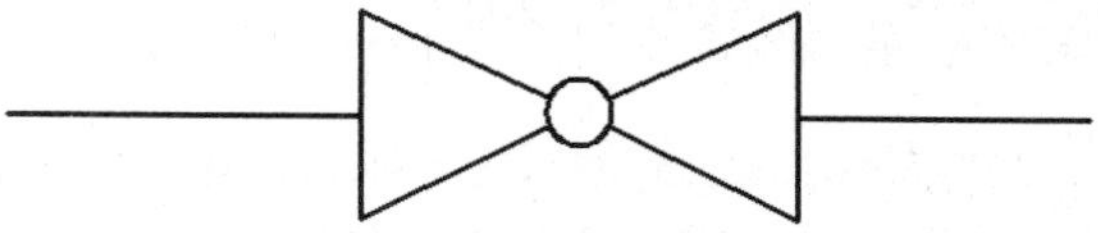

图19-62 绘制旋塞阀

Step 11 利用矩形和剪切命令绘制给水立管的图例，也可以在图形中复制后再缩放，如图19-63所示。

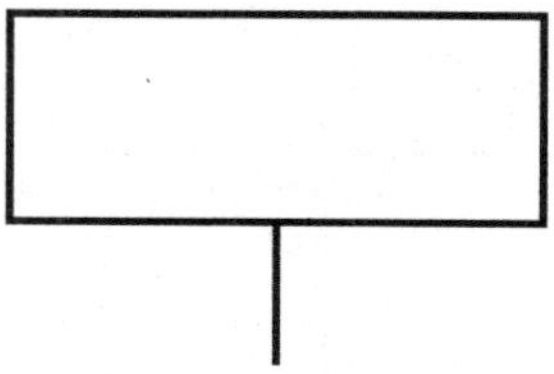

图19-63 绘制给水立管

Step 12 利用直线命令绘制水龙头的图例，也可以在图形中复制后再缩放，如图 19-64 所示。

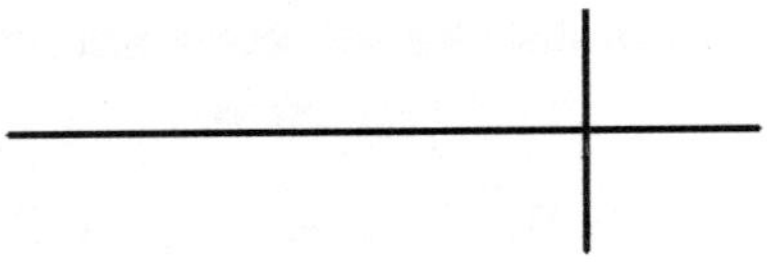

图19-64 绘制水龙头

Step 13 利用圆和直线命令绘制给水立管的图例，也可以在图形中复制后再缩放，如图 19-65 所示。

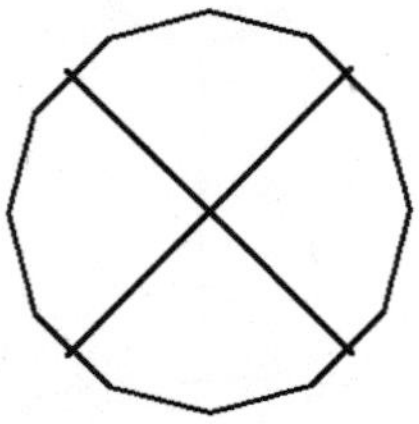

图19-65 绘制给水立管

Step 14 利用直线和剪切命令绘制图例的表格，如图 19-66 所示。

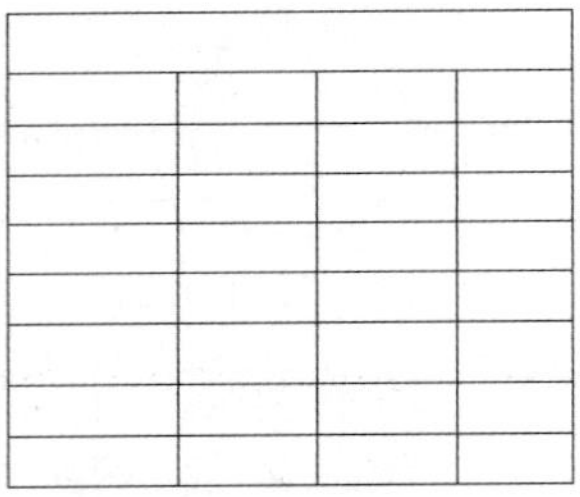

图19-66 绘制图例的表格

Step 15 利用文字命令在绘制图例的表格中填写图例的名称，如图 19-67 所示。

图例			
名称	图例	名称	图例
盥洗槽		大便器	
淋浴间		水箱	
洗涤池		旋塞阀	
小便槽		阀门井	
给水立管		喷头	
给水管		水龙头	
地漏			

图19-67 填写图例

Step 16 利用移动命令将绘制好的图例放置在图例的表格中，如图 19-68 所示。`

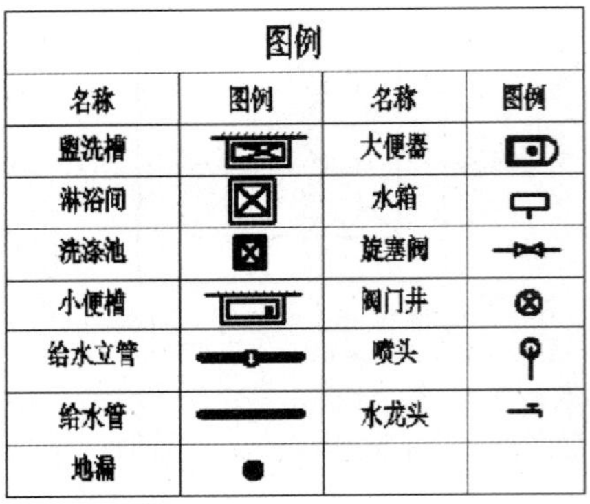

图19-68 将图例放置在图例的表格中

19.5 标注图形

本节是对图形进行标注，分别标注基准面、管道的情况以及房屋的标高。如果只是画出图形，而不对图形进行标注，这张图形就是一张废纸，任何人都不能明白图形想要表达什么意思。具体操作步骤如下。

Step 01 利用圆和文字命令绘制标出竖直方向的一个基准，如图 19-69 所示。

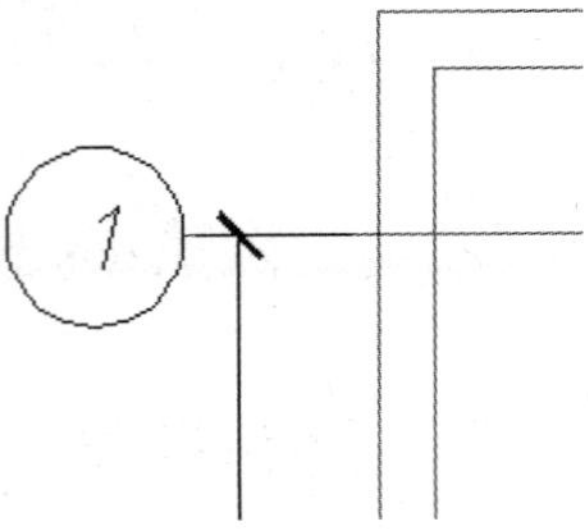

图19-69 绘制标出竖直方向的一个基准

Step 02 利用相同命令绘制出竖直方向的另一个基准，如图 19-70 所示。

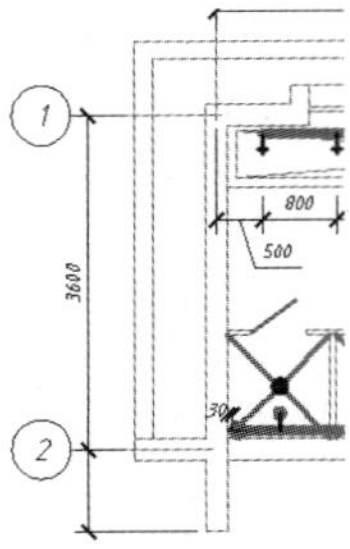

图19-70 绘制出竖直方向的另一个基准

Step 03 利用圆和文字命令绘制出水平方向的一个基准，如图 19-71 所示。

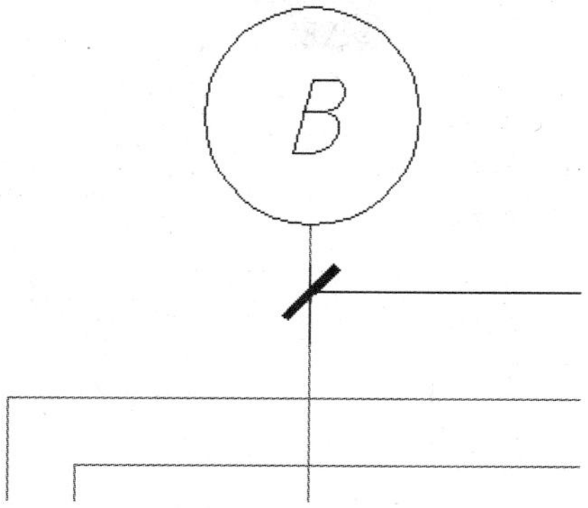

图19-71 绘制出水平方向的一个基准

Step 04 利用相同命令绘制出水平方向的另外两个基准，如图 19-72 所示。

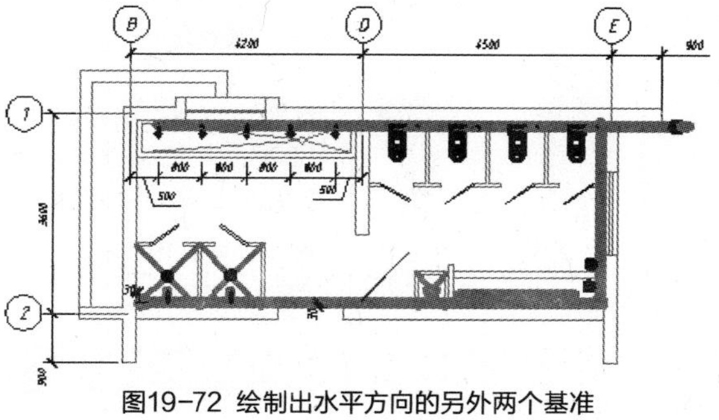

图19-72 绘制出水平方向的另外两个基准

Step 05 利用圆和直线命令绘制出水管图形的标注符号，如图 19-73 所示。

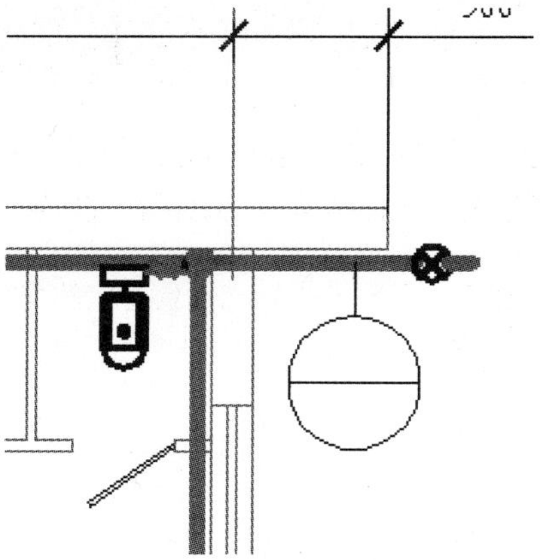

图19-73 水管图形的标注符号

Step 06 利用“文字”命令标出水管图形的标注符号中的数字，如图 19-74 所示。

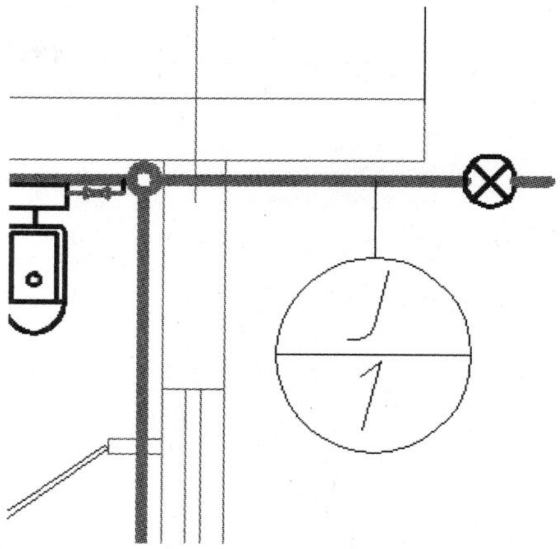

图19-74 水管图形的标注符号中的数字

Step 07 利用文字命令标出水管接头处的标注符号，如图 19-75 所示。

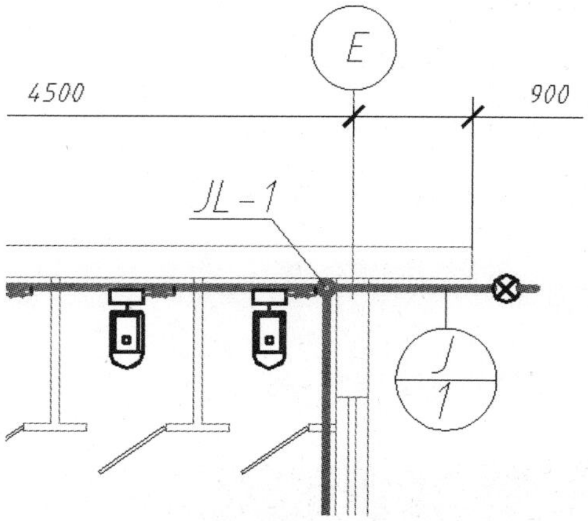

图19-75 水管接头处的标注符号

Step 08 利用相同命令标注水管接头处或水管拐弯处的标注符号，如图 19-76 所示。

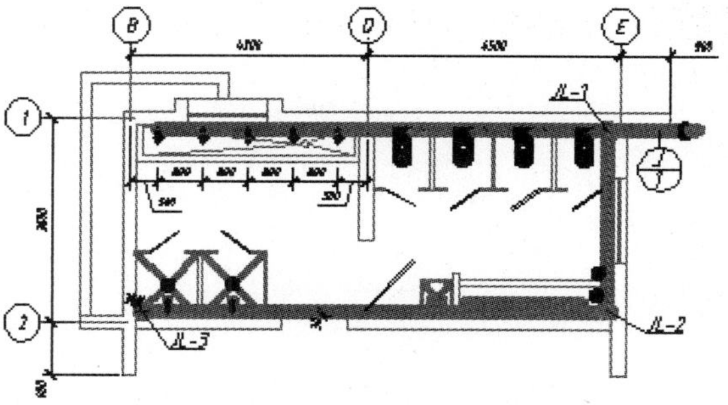

图19-76 水管拐弯处的标注符号

Step 09 利用直线命令绘制出标高的符号，如图 19-77 所示。

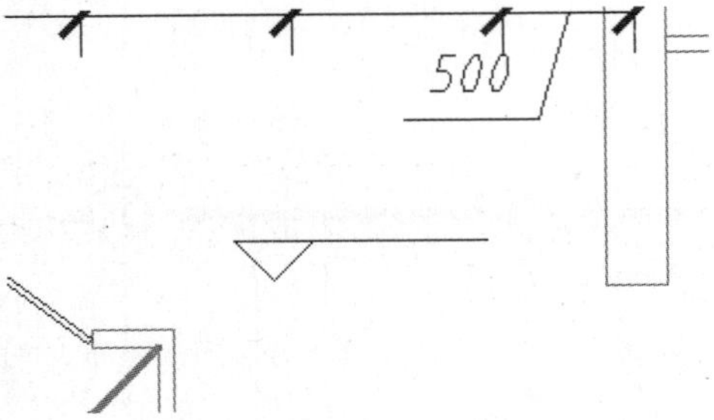

图19-77 标高的符号

Step 10 利用文字命令标出标高的数值大小，如图 19-78 所示。

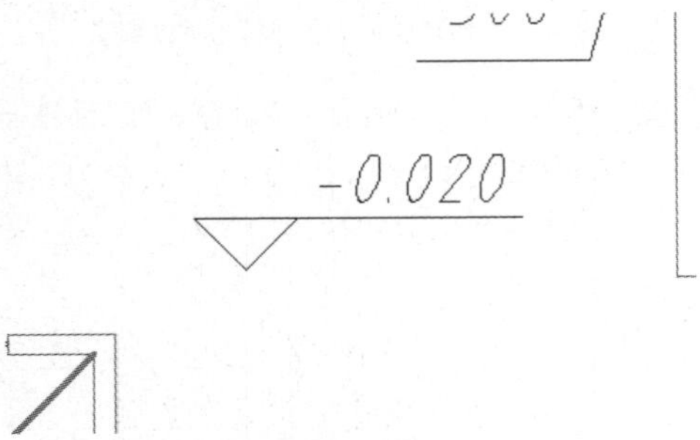

图19-78 标高的数值大小

Step 11 检查图形是否有错误，以及是否需要标注的地方未标注，如图 19-79 所示。

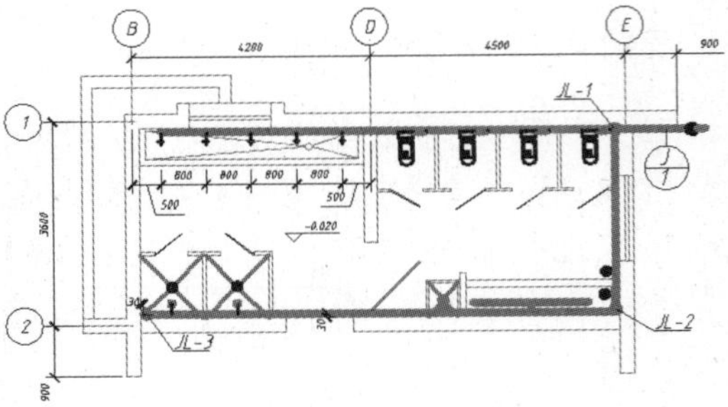

图19-79 检查

Step 12 将绘制好的图形保存到指定的路径中，便于以后寻找，如图 19-80 所示。

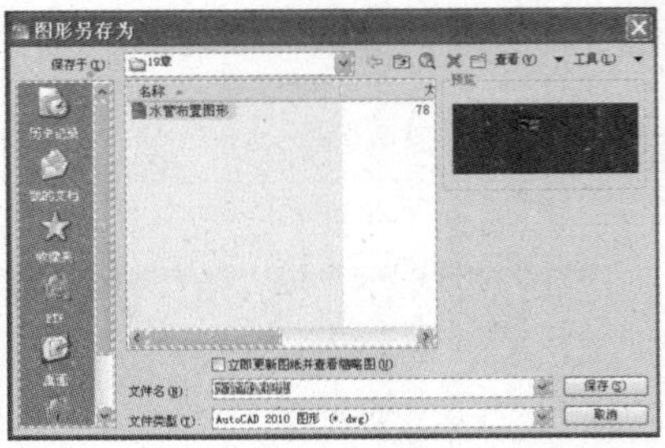

图19-80 保存

工程师点拨：对象标注要点

在该操作方式下，AutoCAD只允许用拾取框选择标注对象，不支持用其他方式。选择标注对象后，AutoCAD 将自动把标注对象的两端点作为尺寸界线的起始点。

工程师点拨：删除标注尺寸

用户可删除“<>”内容，自行输入完整的尺寸文本。

高手应用向导：建筑室内消防给水管道要求

室内消防给水管道，应符合下列要求。

❶ 室内消火栓超过10个且室内消防用水量大于15 L/s时，室内消防给水管道至少应有两条进水管与室外环状管网连接，并应将室内管道连成环状或将进水管与室外管道连成环状。当环状管网的一条进水管发生事故时，其余的进水管应仍能供应全部用水量。

注：①7至9层的单元住宅和不超过8户的通廊式住宅，其室内消防给水管道可为枝状，进水管可采用一条。

②进水管上设置的计量设备不应降低进水管的过水能力。

❷ 对于超过6层的塔式（采用双出口消火栓者除外）和通廊式住宅、超过5层或体积超过10000m^{3}的其他民用建筑、超过四层的厂房和库房，如室内消防竖管为两条或两条以上时，应至少每两根竖管相连组成环状管道。每条竖管直径应按最不利点消火栓出水，并根据本规范表8.5.2规定的流量确定。

❸ 高层工业建筑室内消防竖管应成环状，且管道的直径不应小于100mm。

❹ 超过4层的厂房和库房、高层工业建筑、设有消防管网的住宅及超过5层的其他民用建筑，其室内消防管网应设消防水泵接合器。距接合器15m～40m内，应设室外消火栓或消防水池。接合器的数量应按室内消防用水量计算确定，每个接合器的流量按10L/s～15L/s计算。

❺ 室内消防给水管道应用阀门分成若干独立段，当某段损坏时，停止使用的消火栓在一层中不应超过5个。高层工业建筑室内消防给水管道上阀门的布置，应保证检修管道时关闭的竖管不超过一条，超过三条竖管时，可关闭两条。阀门应经常开启，并应有明显的启闭标志。

❻ 消防用水与其他用水合并的室内管道，当其他用水达到最大秒流量时，应仍能供应全部消防用水量。淋浴用水量可按计算用水量的15%计算，洗刷用水量可不计算在内。

❼ 当生产、生活用水量达到最大、且市政给水管道仍能满足室内外消防用水量时，室内消防泵进水管宜直接从市政管道取水。

❽ 室内消火栓给水管网与自动喷水灭火设备的管网，宜分开设置；如有困难，应在报警阀前分开设置。

❾ 严寒地区非采暖的厂房、库房的室内消火栓，可采用干式系统，但在进水管上应设快速启闭装置，管道最高处应设排气阀。

秒杀工程疑惑

在学习本章关于"水管布置图形"时会遇到各种各样的问题，下面我们来解决一些常遇到的问题，包括使用"尺寸公差"、"标注"、"相切的圆"等方面的问题。解决这些问题对我们以后的进一步学习有很大的帮助。

问　题	解　答
什么是尺寸公差?	尺寸公差表示所测量距离允许变动的值。大家可以控制尺寸公差的显示，还可以从多种尺寸公差样式中进行选择。通过指定生产中的公差，可以控制部件所需的精度等级
一个标注具有哪几个部分?	对于一个标注，通常具有以下几种独特的元素：分别为标注文字、尺寸线、箭头、尺寸界线、中心线和圆心等 ❶ 标注文字：用于指示测量值的字符串，文字还可以包含前缀、后缀和公差 ❷ 尺寸线：用于指示标注的方向和范围，对于角度标注、尺寸线是一段圆弧 ❸ 箭头：也称为终止符号，显示在尺寸线的两端。用户可以为箭头或标记指定不同的尺寸和形状 ❹ 尺寸界线：也称为投影线，从图形部件延伸到尺寸线 ❺ 中心线：是标记圆或圆弧中心的虚线 ❻ 圆心：是标记圆或圆弧中心的小十字
如何创建与其他对象相切的圆?	切点是一个对象与另一个对象接触而不相交的点。要创建与其他对象相切的圆，首先应该选定要相切的对象，然后指定圆的半径
图层有哪些作用?	使用图层可以在图形中将信息按功能进行编组，还可以对图形对象的线型、颜色及其他参数进行设置。图层的作用类似于在绘制图纸的时候使用透明重叠图纸的作用，它是在绘制图形中所使用的重要组织工具